U0716827

"十三五"国家重点出版物出版规划项目

采矿手册

第四卷　露天与特殊开采

古德生◎总主编

吴爱祥◎主编

吴顺川　王洪江◎副主编

Mining Handbook

·长沙·

内容提要

本卷涉及露天开采与特殊开采理论与技术，分为10章。第1~6章是露天开采，按照开采工艺划分为开采境界、开拓与开采方法、采剥方法及进度计划、穿孔爆破、铲装运排工艺、边坡工程等内容；第7章是露天转地下开采；第8~10章是特殊开采，包括砂矿床开采、溶浸采矿、海洋矿床开采。

本卷介绍了我国露天与特殊开采方面的采矿方法、技术与装备，既有基础理论，也有前沿技术。集中反映了国内外近十年来的发展动态，也是国内相关理论成果与实用技术的结晶，具有较大的参考价值。可供矿山生产和管理、科研和设计人员使用，也可作为大专院校师生的工具书。

《采矿手册》总编辑部

总　主　编　古德生

总 编 辑 部　(按姓氏笔画排序)

王李管　古德生　刘放来　汤自权　吴爱祥
周连碧　周爱民　赵　文　战　凯　唐绍辉
廖江南

编辑部工作室　古德生　刘放来　王青海　鲍爱华　谭丽龙
胡业民

《采矿手册　第四卷　露天与特殊开采》编写人员

主　　编　吴爱祥

副 主 编　吴顺川　王洪江

编撰人员　(按姓氏笔画排序)

王进强　王贻明　刘　洋　孙　浩
尹升华　吴鸿云　宋卫东　金爱兵
高永涛　高宇清　韩　斌　璩世杰

《采矿手册　第四卷　露天与特殊开采》审稿人员

主　　审　于长顺

审 稿 人　(按姓氏笔画排序)

王明和　甘德清　任凤玉　吴春平
余　斌　饶运章　蔡嗣经

Preface 总序

矿产资源是在地球长达46亿多年的演化过程中形成的、不可再生的可开发利用矿物质的聚合体。矿业是人类开发利用矿产资源而形成的产业，包括矿产地质勘探、矿床开采和矿物加工，是获取初级矿产品、为后续工业提供原材料的基础性产业。

人口、资源、环境是人类社会可持续发展的三大要素，而矿产资源是核心要素。人猿揖别后，人类文明“一切从矿业开始”：从旧石器时代到当前大数据、人工智能、物联网协同发展的“大人物”时代，人类从未须臾离开过矿业！矿产资源的开发利用与人类社会的发展，在历史长河中相辅相成，各类矿产资源为人类的衣、食、住、行，社会的发展与科技进步提供了重要的物质基础，衍生了人类社会，创造了人类的物质文明、科技文明和精神文明。现代社会的冶炼和压延加工业、建筑业、化学工业、交通运输业、机械电子业、航空航天业、核能业、轻工业、医药业和农业等国民经济的各行各业，没有矿业一切都将成无米之炊。

绵延五千年，在中华大地上，炎黄子孙得以生存发展与繁衍生息，中华文明的传承和发扬光大，与矿产资源的开发密不可分。华夏祖先是世界上开发利用矿产资源最早、矿物种类最多的先民之一，在世界矿业史上开创了辉煌的时代，创造了灿烂的矿冶文明。1973年，在陕西临潼姜寨文化遗址中出土的黄铜片和黄铜管状物，年代测定为公元前4700年左右，是世界上最古老的冶炼黄铜，标志着我们的祖先早已为人类青铜时代的到来奠定了坚实的基础。成批出土了青铜礼器、兵器、工具、饰物等的二里头文化，表明在距今已有4000余年的夏朝时期，华夏文明就已进入了青铜时代。2009年，在甘肃临潭磨沟寺洼文化墓葬中出土的两块铁条，距今已有3510~3310年，表明3000多年前华夏的铁矿采冶技术就已经相当成熟，为春秋战国时期大量开采铁矿、使用铁器和人类跨入铁器时代奠定了基础。到了近代，特别是1840年鸦片战争以后，由于列强的掠夺、连年战乱和长期闭关锁国，中国矿业开始逐渐落后于西方国家。

1949年，中华人民共和国成立后，国民经济得到了迅猛的恢复和发展，中国矿业从年产钢15万吨、10种有色金属1.3万吨、煤炭3200万吨、原油12万吨起步，开启了快速发展与重新崛起的新纪元。

20世纪50年代初期，为规划“建设强大的社会主义国家”，振兴矿业成为头等大事。

1950 年 2 月 17 日，正在苏联访问的毛泽东主席在莫斯科为中国留学生亲笔题写了“开发矿业”四个大字，号召有志青年积极投身祖国的矿山事业，为中国矿业的发展和壮大贡献青春和智慧。七十多年弹指一挥间，经过几代人的努力，我国已探明了一大批矿产资源，建成了比较完整、齐全的矿产品供应体系，为国民经济的持续、快速、协调、健康发展提供了重要的物质保障，取得了举世瞩目的成就：2019 年生产钢材 12.05 亿吨，10 种有色金属 5866 万吨，原煤 38.5 亿吨，原油 1.91 亿吨。

1 矿业特点与产业定位

在人类社会漫长的发展过程中，被发现和利用的矿产种类越来越多。依据矿业经济和社会发展的不同历史阶段所需矿物种类的差异性，可以大致将矿产资源分为三类：

第一类是传统矿产，包括铜、铁、铅、锌、锡、煤和黏土等工业化初期需要的主导性矿产品。

第二类是现代矿产，包括铝、铬、锰、钨、镍、矾、铀、石油、天然气和硅等工业化成熟期到高技术发展初期广泛利用的矿产品。

第三类是新兴矿产，包括钴、锗、铂、稀土、钛、锂、金刚石、高纯石英、晶质石墨等知识经济高技术时代大量使用的矿产品。

一个国家的科技及经济处于哪个发展阶段，依据上述三类矿产品的生产量和需求量的比例就可做出判断。当今世界正面临着新的技术革命，不仅需要第一类、第二类矿产，还需要大力开发第三类矿产。比如，航空航天、医疗设备、电子通信、国防装备等，都需要大量的新兴矿产品。

在联合国的《国际标准行业分类》(ISIC-4.0)和欧盟标准产业分类(NACE2006)、北美产业分类(NAIC2012)等文件中，矿业(包括探矿、采矿和选矿)均归属于从自然界获取初级矿产品、为后续加工产业(第二产业)提供原材料的第一产业。世界矿业大国和矿产品消费大国，如俄罗斯、美国、巴西、澳大利亚、新西兰、加拿大、南非等，都把矿业作为一个独立产业门类且归属为第一产业。仅有日本、德国等少数国家，因其国内矿产资源较为贫乏，所需要的矿产品主要依靠国外进口，矿业在其国民经济中所占份额较少，而把矿业列为第二产业。

由于历史的原因，我国矿业被划分在第二产业，这是不合适的。中华人民共和国成立之初所确定的产业分类法，是从苏联移植的按生产单位性质划分产业类型的方法，完全没有考虑经济活动的性质。因此，把设在冶金联合企业(包含探矿、采矿、选矿、冶炼和材料加工等生产业务)内部的矿山采掘生产作业(探矿、采矿、选矿)连带划入了第二产业。几十年来，我国一直维持着这一分类法。到 2003 年，国家统计局颁布的《三次产业划分规定》及现行的《国民经济行业分类》(GB/T 4754—2017)中，依然将采矿业划归为第二产业，且把勘查业划归为第三产业。这种把矿业等同于加工业的产业分类方法，混淆了企业经济活动的性质，压制了矿山企业的经济活力，实在有待商榷。马克思在《资本论》中阐述剩余价值学说时，就曾论述到：农业、矿业、加工业和交通运输业是人类社会的四大生产部类，农业和矿业是直接从自然界获取原料的生产部类，是基础性产业；加工业是对农业和矿业所获得的原料进行加工，以满足社会的需求；交通运输业是连接农业、矿业、加工业等的纽带和桥梁；没有农业和矿业的发展，就没有加工业和交通运输业的繁荣。

随着经济和社会的发展，中国已成为世界第一矿业大国，理应同世界上绝大多数国家一样，把矿业归属于第一产业。从生产活动的性质上看，矿业不仅应该划归第一产业，而且它还应该是个独立的产业门类。因为它与一般工业有本质的不同，主要有如下特性：

(1)建矿选址的唯一性。一般工业可选择相对有利于人们生产、生活的地区建厂，而矿山只能建在矿床所在地。大多数蕴藏矿产资源的地区往往是水、电、交通条件很差的边远山区，建矿如同建社会，矛盾多、投资大、工期长。

(2)开采对象的差异性。开采对象资源禀赋天然注定，其工业储量、有用矿物种类与价值、赋存条件、矿床形态、矿岩的物理力学性质、矿石品位等的差异非常大，由其所决定的生产方式、开发规模、服务年限与可营利性等千差万别。这些差别表明矿山投资风险高、技术工艺多变、建设周期长。

(3)作业场所的不确定性。矿山开采作业人员和设备的工作面随着生产推进而日新月异，同时还面对地质构造、地下水、地压、矿体边界等许多不确定性，以及采、掘(剥)等主要生产工序间的协同性，导致矿山生产作业、安全管控难度大、风险高。

(4)矿产资源的不可再生性。矿产资源是地质作用下形成的有用矿物质的聚合体，是不可再生的，因此，矿山终将随着资源的枯竭而关闭，大量固化工程将报废，大量固定资产因失效而流失，同时还有大量的如闭坑等善后处理工程。

(5)产业发展的艰难性。目前，矿山生产与建设需要遵守国家五十多项法律法规，矿山建设准备工作纷繁复杂；矿山生产设施和废碴排放需要占用大量土地，矿山建设与矿区周边复杂的利益关系往往使得矿地关系协调异常困难；受矿床赋存条件制约，矿山建设工程量大、建设周期长、投资风险高；采矿生产过程需要经常移动作业地点、资源赋存条件也往往不断变化，这些都会导致生产安全、生态环境等诸多不确定性，根本不可能用管理工厂的固定工艺流程的办法来管理矿山。

(6)矿业的基础性。矿业处于工业产业链的最前端，它为后续加工业提供初级原料，向下游产业输送巨大的潜在效益，全面支撑国民经济的可持续发展。我国85%的一次能源、80%的工业原材料、70%以上的农业生产资料均来自矿业。没有矿业就没有工业、没有国防，也没有国家现代化。矿业与粮食一样是国家立业之根本。

世界上最早认识到矿业处于国民经济基础地位的是现代工业发源地英国，其后是非常重视矿产资源基础地位、掀起了第二次工业革命浪潮的美国。当今时代，矿业在国民经济的发展和国家安全中的重要性尤为突出。但是，长期以来我国矿业被定位为第二产业，与加工业混为一谈，这漠视了矿业的特殊性，严重扭曲了矿业的租税制度，导致我国的矿业管理几近碎片化，致使矿业负担过重、资源开发过度、环境破坏严重，形成了当代矿业发展与后代子孙的资源权益同时受损的局面。在面临百年未有之大变局的今天，国际政治、经济、军事环境复杂多变、世局纷扰，无不涉及矿产资源的激烈竞争。对于我国这样一个涉及油气、煤炭、冶金、有色金属、化工、核工业、建材等领域的矿业大国来说，缺乏全国性的统一管理部门，对我国经济和社会的健康发展与有效应对复杂多变的国际环境十分不利。现实在呼唤：中国矿业应该与同是基础产业的农业一样划入第一产业，并由独立部门负责管理，以加强我国矿业发展的战略规划和政策引导。这有利于将矿业作为一个整体纳入国民经济体系之中，有利于制定统一的矿业发展战略和发展规划，有利于制定统一的方针政策和行业规范，有利于协调不同行业之间的矛盾，有利于解决行业内部遇到的共同问题，有利于制定并实施全球资源战略和参与国际竞争。让中国矿业大步跨出国门，积极融入"一带一路"建设，这也是第一矿业大国应有的担当。

2 矿产资源开发的世界视野

矿产资源的不可再生性，决定了世界矿产资源保有量的枯竭性和供应量的有限性。加上矿产资源供需不均衡，致使世界范围内争夺矿产资源的矛盾加剧，造成了全球局势的纷扰动荡。

在近代，全球地缘政治复杂多变，无不与资源争夺有关。矿产资源丰富本是一个国家的优势，但在世界资源激烈争夺的过程中，相对弱小的国家，资源优势成为了外国入侵的导火索，如某些中东国家的石油，非洲国家的钻石、黄金等，都带着资源争夺的血腥味。

当前，全球四千三百多家国际矿业公司中，尤其是占比达63.5%的加拿大、美国、澳大利亚等国的矿业公司，在一百多个国家和地区既争夺资源，又争夺市场。这种争夺不仅表现在贸易摩擦和投资竞争的激烈性上，也表现在这些国际矿业公司与东道国之间矛盾的尖锐性上，有时甚至演化成为领土间的争端和冲突，造成世界经济、政治和军事的动荡不安。

邓小平同志在1992年曾经说过："中东有石油，中国有稀土"，中国稀土年产量曾经独占全球的九成。随着高新科技产业的快速崛起，稀土资源成为极其重要的战略资源，特别是产于中国南方离子吸附型矿床中的钆、铽、镝、钬、铒、铥、镱、镥、钇、钪等10种重稀土。长时间超大规模、超强度的无序开采，给中国南方稀土矿区的生态环境带来了非常严重的破坏。为了保护生态环境，国家2007年决定对稀土出口实行配额管理，使得稀土的出口量缩减了35%~40%。2012年，美国、欧盟、日本等纠集起来，在世界贸易组织对中国的稀土配额管理制度横加指责、粗暴干涉。这些深刻地反映出世界矿产资源争夺与国际市场贸易战的激烈程度。

作为世界第一矿业大国，中国矿业对世界矿业的影响举足轻重，在矿业市场全球化的环境下，中国矿业已经深深地植根于全球化的矿业市场中，面对日益激烈的竞争，中国应加快从矿业大国向矿业强国转变。

到2050年，全球人口将会突破90亿，水、粮食和矿产资源的需求将大幅增加。资源过度开发利用所带来的环境破坏，以及资源过度消耗所造成的环境污染与气候变迁，将使人类面临更为严峻的生态危机。

放眼世界，资源是世局纷扰的主要因素。资源占有和资源供应决定着国家战略。发达国家之所以不惜投入巨资发展太空科技，研究打造月球基地和小行星采矿，努力向外太空发展，除了国家安全战略方面的考虑外，开发太空资源是其重要动因。未来一定是谁掌握了未来资源，谁就掌握了未来。

当前，我国经济已由高速发展阶段转向高质量发展阶段，对矿产资源的需求也由全面、持续、快速增长转变为差异化增长。矿产资源的供给安全正逐步突破以数量、规模、成本、利润为目标的市场供给范围，新一轮科技革命必将驱动矿产资源的供应安全渗透到国家经济发展和地缘政治领域。

面对错综复杂的国际环境，中国矿业要紧扣矿业领域新的发展阶段、新的发展理念、新的发展格局，以推进高质量低碳发展为目标，以短缺矿产资源找矿突破为重点，以树立绿色低碳矿业新形象为标志，加快构筑互利共赢的全球产业链、供应链命运共同体，形成以国内大循环为主体、国内国际双循环相互促进的发展新格局。

3 矿业的可持续发展

矿业要坚定不移地走可持续发展之路，“绿色开发”将成为矿业发展的永恒主题。人类在石器时代，对矿产品的认识、采集、加工利用等活动仅在地表进行，矿产品产量、开采方式和废弃物排放等，与生态环境的承载能力基本上相适应。自青铜时代起，铜、铁等矿产品先后出现规模化开采矿点，涉及地表、地下开发，但规模有限，对生态环境的影响也有限，故早期人类并没有十分重视矿业对周边生态环境的影响。进入工业化时代以后，经济和社会的发展使得矿产资源的需求量激增，矿业对生态环境的破坏也越来越严重。为了解决现代工业发展与生态环境保护间的矛盾，自20世纪70年代以来，人类在不懈地探求生存和发展的新道路，提出了“可持续发展”理念，倡导绿色矿业。经过几十年的实践，可持续发展和绿色矿业的理念，已被越来越多的人接受，并已成为全球共识。

我国是世界上少有的几个资源总量大、矿种配套程度较高的资源大国之一，矿产资源总量居世界第三位。但是，大宗矿产资源赋存条件不佳，可持续供给能力不强，人均资源量约为世界人均的58%。从这个意义上说，我国实际上还是一个资源相对贫乏的国家。目前，我国的镍、铜、铁、锰、钾、铅、铝、锌等大宗矿产品的后备资源储量较少，品质不高，且经过多年远高于全球平均水平的高强度开采，资源消耗过快，静态储采比大幅下降，总体上处于相对危机状态。

目前，我国正处于工业化中期阶段，对矿产资源的需求强度将进入高峰期，矿产资源的供需矛盾日益突出，因此，矿产资源的可持续开发利用更加引人瞩目。自20世纪末以来，我国矿业的可持续发展理念有了很大升华，归纳为以下四点：

(1) 矿业经济的全球观。将一个国家和地区的资源供求平衡过程与国际平衡过程紧密地联系起来，采取两种资源和两个市场的战略方针和对策，稳定、及时、经济、安全地在国际范围内，实现国内总供给和总需求的平衡；同时积极、主动地适应矿业全球化的大趋势，以获得全球竞争与合作的“红利”，防止被边缘化。

(2)矿业的可持续发展观。将矿产资源的开发利用和生态环境的保护与整治紧密联系起来，强调资源利用的世界时空公平性和资源效益的综合性，在生产和消费模式上，实现由浪费资源到节约资源和保护资源，由粗放式经营到集约化经营，由只顾当代利用到兼顾后代持续利用的转变。

(3)资源开发利用增值观。通过科技进步，提高资源的综合回收率，开拓资源应用的新领域，延伸资源开发利用的产业链，从根本上改变“自然资源无价”和“劳动唯一价值论”的传统观念，使资源得到最大限度的利用。

(4)矿产资源供应安全观。矿产资源在很大程度上决定着一个国家的经济发展实力和综合国力，因此，资源需求大国应大大提高资源供求意义上的国家安全观，强化重要资源的安全供给。

矿业可持续发展是矿产资源开发利用与人口、经济、环境、社会发展相协调的可持续发展。2003 年，我国提出了“坚持以人为本，实现全面、协调、可持续发展”的科学发展观，它成为我国实施可持续发展战略的原动力和重要指导方针。为了实现矿产资源可持续开发，在树立上述四个新观念的基础上，人们十分关注与矿产资源可持续开发相关的矿业政策与措施：

(1)健全矿产资源法律法规体系。在已有《矿产资源法》《固体废物污染环境防治法》等的基础上，制定《矿山环境保护法》《矿业市场法》等法律；科学编制和严格实施矿产资源规划，加强对矿产资源开发利用的宏观调控，促进矿产资源勘查和开发利用的合理布局；健全矿产资源有偿使用制度，加强矿山生态环境保护和治理，制定矿业监督监察工作条例，加强矿业执法、检查和社会监督。

(2)择优开发资源富集区。加强矿产资源调查评价和矿产勘查工作，积极开拓资源新区，开发国家短缺的和有利于西部经济发展的矿产资源；依据资源配置市场化的战略思路，对战略性资源实行保护性开采；按照价值规律调节资源供求关系，重视开发利用过程中资源价值的增值问题；科学地探索和总结矿床地质理论，不断创新勘探技术与方法，提高矿产资源保证程度。

(3)提高矿产资源开采和回收利用水平。依靠科技进步，推广采、选、冶高新技术，大力提高矿石回采率和伴生、共生组分的回收利用能力，最大限度地合理利用矿产资源，减少矿业对环境的影响；促进资源开发的节能降碳、绿色发展；大力培养全民节约资源和保护资源的意识，建立节约资源和循环利用资源的社会规范。

(4)用好国内外两种资源、两个市场。从国内矿产资源供应为主，转变为立足国内资源，通过扩大国际矿产品贸易、合作勘查开发和购置矿业股权等途径，最大限度地分享国外资源；组建海外经济联合体，形成利益共同体，掌控海外矿冶产业链的主导权，以稳定国外资源供应。对国内优势矿产，坚持保护性开发，以保障国家资源安全。

(5)矿产开发与环境保护协调发展。推进矿产资源开发集约化之路，提高矿业开发的集中度，发挥规模经济效益；发展现代装备技术，提高采掘装备水平，变革采矿工艺技术，“在保护中开发，在开发中保护”，推进安全生产、绿色发展，促进矿产资源开发利用与生态建设和环境保护的协调发展。

(6)建立重要战略矿产资源储备制度。采用国家储备与社会储备相结合的方式，实施战略性矿产资源储备；建立重要战略矿产资源安全供应体系和预警系统，最大限度地保障国家经济和国防建设对资源的需求；完善相关经济政策和管理体制，以应对国内紧缺支柱性矿产供应中断和国际市场的突发事件；积极开展大洋与极地矿产资源的调查研究，为开发海底与极地资源做好技术储备。

4 金属矿采矿工程

我国目前已经发现的矿产有173种，其中金属矿产59种、非金属矿产95种、能源矿产13种、水气矿产6种。本书所涵盖的内容主要涉及金属矿产资源的开采领域，包括已探明储量的54种金属矿产。

根据金属矿床赋存的空间环境和所采用的采矿工艺技术及装备的不同，金属矿床的开采方式目前一般分为露天开采、地下开采和海洋开采三种。

“露天开采”用于开采近地表的矿床。我国的铁矿石和冶金辅助原料，以及化工、建材及其他非金属矿产多采用露天开采。

“地下开采”用于开采上覆岩土层较厚或滨海、滨江、滨湖的矿床。我国的铅、锌、钨、锡、锑、金等有色金属矿产主要采用地下开采。

“海洋开采”用于开采海水、海底表层沉积物和海底浅表基岩中的有用矿物，至今仍然处于探索阶段。我国已于1991年成为海底资源“先驱投资者”国家，在国际公海上获得了15万km^2的“开辟区”和“保留区”的权利。我国在深海海底资源勘探、深海耐高压采掘设备和机器人等领域的研究，也已取得重要进展。

采矿工程学科是一个以矿山地质、矿床开采系统与方法、采矿工艺技术、矿山装备与信息技术、数字矿山与智能采矿、矿床开采设计、矿山建设与管理、矿山安全与环境工程等为主线，以岩体力学为专业基础理论，以机械化、自动化、信息化、智能化为重要技术支撑的工程科学技术学科。为了开发利用矿岩中的有用矿物资源，需要在长期地质作用下所形成的矿岩体中进行采掘作业而形成采矿工程，因而打破了亿万年来地层结构的原始应力平衡状态，必须通过支护、充填或崩落等地压控制手段在矿岩中形成一个新的应力平衡。但在长期的地质作用下所形成的板块、地块、断层、裂隙、层理、节理等多层次的结构体存在着复杂多变的地应力，直接影响着岩体本构关系的性质，使得采矿工程学科的基础理论与工艺技术比一般工程学科更加复杂。作为采矿工程基础理论的岩体力学，由于受到开采过程中多种随机因素的影响，要研究和处理非均质、非连续介质、内部充满各种软弱面的力学问题，也变得十分复杂。但在近代计算力学成果的基础上，通过计算机仿真技术，岩体力学已经能够从工程的角度诠释混沌问题的本质，为采矿工程技术的发展提供科学基础。

5 金属矿采矿的未来

我国钢铁和有色金属产量已于2000年前后分别跃居世界第一位，成为世界金属矿业大国。如今，我国正处于迈向矿业强国的重要转折期。站在世界矿业科技前沿的高度，去审视我国金属矿业的发展状况，前瞻未来，明确重点发展领域，全面落实可持续发展、绿色开发理念，努力构建非传统的“深地”开采模式，寻求“智能采矿”技术的新突破，是当代中国矿业人的重大使命。

(1)遵循矿业可持续发展模式——绿色开发。遵循矿业可持续发展的模式，将矿区资源、环境和社会看作一个有机整体，在充分开发、有效利用矿产资源的同时，保护矿区土地、水体、森林等生态环境，实现资源-环境-经济-社会的和谐发展是绿色开发的基本特征。“绿色开发”的技术内涵很广，主要包括矿区资源的高效开发设计和闭坑设计，矿区循环经济规划设计，固体废料产出最小化和资源化，节能减排，矿产资源的充分综合回收，矿区水资源的保护、利用与水害防治，矿区生态保护与土地复垦，矿山重金属污染土地生物修复，矿区生态环境的容量评价等。

2005年8月15日，习近平同志首次提出“绿水青山就是金山银山”的理念。按照“绿水青山”和“金山银山”和谐共存、互利互惠的基本原则，充分依靠不断创新的充填采矿工艺技术和装备，特别是金属矿山“采、选、充”一体化技术、特殊资源原位溶浸开采技术、闭坑后采掘空间绿色开发利用技术，推广节能降碳、绿色发展的矿业新模式，是矿山企业践行“绿水青山就是金山银山”的绿色发展理念、建设美丽中国的时代要求。

新建矿山必须牢牢把“绿色、智能、安全、高效”作为矿山建设发展方向，高起点、高标准建设，把绿色发展理念贯穿到矿产资源开发的全过程，一次性建成“生态型、环保型、安全型、数字化”的绿色矿山，正确处理和妥善解决好矿产资源开发与生态环境保护这个主要矛盾，实现“开发一矿、造福一方”的目标，不断增强企业员工和矿区人民群众的获得感、幸福感和安全感。

已建成矿山应该秉持“天地与我并生，而万物与我为一”的中国传统哲学思想，把矿区的资源与环境作为一个整体，在充分回收利用矿产资源的同时，协调开发利用和保护矿区的土地、森林、水体等各类资源，实现绿色发展。

(2)开拓矿业的科技前沿——深部(深地)开采。由于浅部资源正在消耗殆尽，未来金属矿山开采的前沿领域必将是深部开采。对于“深部”概念的确定，国内外采矿专家、学者历经近半个世纪的研究，到目前为止尚无统一的标准。我国有些专家、学者建议以岩爆发生频率明显增加作为标准来界定，普遍认为矿山转入深部开采的深度为超过800~1000 m。谢和平院士指出：确定深部的条件应是由地应力水平、采动应力状态和围岩属性共同决定的力学状态，而不是量化的深度概念，这种力学状态可以经过力学分析得到定量化的表述，并从力学角度出发，提出了“亚临界深度”“临界深度”“超临界深度”等概念。

“深地”的科学内涵包括揭露陆地岩石圈结构，揭示地壳结构构造、地壳活动规律与矿物质组成；探索地球深部矿床成矿规律，开展深部矿产资源、热能资源勘查与开发；进行城市地下空间安全利用、减灾、防灾与深地核废料处理等。为开发“深地”基础科学与工程技术研究，2016年、2017年，国家项目“深部岩体力学与采矿基础理论研究”“深部金属矿建井与提升关键技术”“深部金属矿安全高效开采技术”和“金属矿山无人开采技术”等已先后启动，我国矿业拉开了向“深地”进军的大幕。

随着开采深度的增加，开采难度将越来越大。开采深度达到2000 m后，开采环境将更加恶化，井下温度将高达60℃以上，地应力在100 MPa以上，开采活动变得更加困难，这被视为进入“超深开采”(或“深地开采”)阶段。“高地应力能”“高地热能”和“高水势能”的“三高能”特殊开采环境，现有传统技术已经难以应对。因此，“深地开采”必将成为矿业发展的前沿领域。

任何事物都有两面性，如可以引起岩爆、造成事故的“高地应力能”，目前已能利用其诱导岩石致裂来提高破碎效果。严重危害人的健康，甚至能引发炸药自爆的“高地热能”或许可用来供暖、发电，甚至实现深井降温；可造成管网爆裂和深井排水成本大幅增加的“高水势能”或许可作为新的动力源，用于矿浆提升或驱动井下机械设备。从能量角度思考，可以说，深地开采中的难题源自“三高能”的可致灾性，而这些难题的解决在一定程度上又寄望于“三高能”的开发利用。因此，在“深地”开采中，既要研究“三高能”的能量控制与转移，以防止诱发灾害，又要研究“三高能”的能量诱导与转化，为“深地”开采所利用。遵循这一技术思路，在基础理论、装备与工程技术的研究中，就会有更宽广的路线，实现安全、高效、绿色开采，从而有更宽阔的空间发展未来的“深地”矿业科技。

“深地”开采包含许多需要研究开发的高端领域，如：整体框架多点支撑推进、导向钻进的智能竖井掘进机械；深井集约开采智能化无轨采掘装备；大矿段多采区协同作业连续采矿技术；高应力储能矿岩的诱导致裂与深孔耦合崩矿技术；深井开采过程地压调控与区域地压监测技术；井下磨矿、泵送地面选厂的浆体输送技术；深部井底泵站与全尾砂膏体泵压充填技术；“深地”地热开发利用与热害控制技术；集约开采生产过程智能管控技术，等等。

“深地”矿物资源、能源资源的开发利用，已引起世人的极大关注，它是未来矿业的重要领域，是矿业发展高技术的战略高地。

(3)迈向矿业的未来目标——智能采矿。智能采矿是新一代信息智能技术与矿山开发技术深度融合，人文智慧与系统智能高效协同，通过人-机-环-管5G网络化数字互联智能响应矿产资源开发环境变化，实现采矿作业遥控化、采掘装备智能化、开采环境数字化、生产管理信息化的绿色智能、安全高效开采技术，是21世纪矿业发展的必然趋势。近期目标是全面实现矿山采矿机械化、信息化、自动化，个别矿山初步构建较完善的智能采矿应用场景，针对井下有轨/无轨作业装备实行局部智能调度；中期目标是构建完善成熟的智能感知、智能决策、自动执行的智能采矿技术规范与标准体系，以矿山无轨装备远程自主智能化作业为基础，实现矿山开拓设计、地质保障、采掘(剥)、出矿(充填)、运输通风、供风排水、地压监控等系统的智能化决策和自动化协同运行；远期目标是矿山开采全过程三维可视化及数据实时采集智能化处理、矿山生产决策及管控一体化平台高效协同，地下矿山生产作业全部实现机器人替代，矿产资源开发实现全流程智能化开采。

矿业作为传统而复杂的产业，面对着采矿条件复杂、生产体系庞大、采掘环境多变等诸多挑战，抓住新一代信息技术变革机遇，树立互联网新思维，利用无线遥控传感技术、云计算、人工智能、机器视觉、虚拟现实、无人驾驶、工业机器人等先进技术，解决了生产、设备、人员、安全等制约矿山发展的瓶颈问题，着力打造“智能化矿山”，是当前矿业高质量发展的努力方向。

“智能采矿”的发展，起步于数字矿山的基础平台建设，发展于信息化智能化采矿技术的创新过程。近几年来，一批具有远见卓识的矿山企业，已把矿山数字化、信息化列为矿山基础设施工程，初步建成了集多功能于一体的矿山综合信息平台，包括矿产资源评价、资源动态管理、开采优化设计、矿山安全生产指挥调度中心、灾害远程监测与预报、矿山固定设备远程集中控制、井下移动目标跟踪定位、智能采装运设备检测与遥控系统、生产经营管理，等等。一批如杏山铁矿、迪庆普朗铜矿、城门山铜矿、乌山铜矿、三山岛金矿和即将投产的思山岭铁矿等智能化矿山标杆企业，已经走在前头。总体而言，我国大型矿山企业的智能化发展水平与国际先进水平的差距正逐步缩小，其中在智能化装备技术应用方面已基本与国际实现同步发展；在智能软件设计和应用，以及井下有轨矿山智能化改造等方面已经处于国际先进水平。

“智能采矿”是一个综合的系统工程，在推进智能采矿的过程中，需要矿业软件、矿山装备与通信信息等学科及产业部门的大力合作和支撑，但把握矿山工程活动全局的采矿工作者要做实践智能采矿的主导者，以推动矿业全面升级：实现采矿作业室内化，最大限度地解决矿山生产安全问题，使大批矿工远离井下作业环境；实现生产过程遥控化，大幅提高井下作业生产效率，大幅降低井下通风、降温等费用；实现矿床开采规模化，大幅提升矿山产能，大幅降低采矿成本，使大规模低品位矿床得到更充分的利用；实现职工队伍知识化，大幅提升职工队伍的知识结构，使矿工弱势群体的社会地位发生根本性的改变。

人类文明始于矿业，未来仍将以矿业为基石，伴随着中华文明的伟大复兴，中国采矿必将走向星辰大海，前途一片光明！

Foreword 前言

露天开采是人类利用矿物的最早开采方式，初期主要开采矿床的露头和浅部富矿，20 世纪以来，露天开采技术与开采范围得到了快速发展。由于露天开采具有开采规模大、基建时间短、机械化程度高、生产效率高和作业条件好等优点，在矿床赋存条件合适和环境允许的条件下，一般均优先采用露天开采方式。

经过几十年的发展，我国露天开采技术取得了丰硕成果，特别是在陡帮开采、分期开采、间断-连续开采、高台阶开采等方面具有一定的技术优势，部分技术达到了国际领先水平。在露天矿山运输系统、设备大型化、自动化等方面，接近了国际先进水平，在数字矿山、开采监控手段现代化以及矿山现代管理等方面仍存在较大差距。网络技术、信息技术、智能技术的发展，为传统的矿产资源开发注入了活力，机械化、自动化、智能化将成为露天采矿工程发展的主要趋势。

随着采深的增加，露天开采成本逐渐上升，由露天转为地下开采成为采矿方法的发展趋势。而此时，矿山的生产与管理仍以露天开采为主，地下开采的开拓系统、设施设备尽可能利用露天开采生产系统，应着重研究露天转地下的过渡期间生产能力与开采方式的衔接，因此，露天转地下开采也列入本卷论述。

从技术演变角度来看，砂矿床开采主要借鉴或利用露天开采工艺与装备，早期归属于露天开采。在砂矿床开采过程中，陆地砂矿床形成了水力机械化开采工艺，水下砂矿床形成了采砂船开采工艺，而这两种工艺与露天开采工艺存在较为明显的区别，故列入了特殊开采的范畴。

溶浸开采也是一种较为古老的开采方式，最初用于盐类矿床开采，以水作为溶剂进行矿物提取。随着技术的发展，该方法逐步应用于地表堆浸和原地浸出，以化学溶液为溶剂，处理理化特性适宜浸出的矿物。目前溶浸开采已发展到微生物浸出，海洋锰结核和钴结壳的选冶方向。总体来看，溶浸采矿技术为集采、选、冶于一体的短流程工艺，属于特殊开采的范畴。

海洋是一个巨大的资源宝库，占地球表面面积约71%的海洋中，大约15%的海底表面赋存锰结核。随着陆地矿产资源的枯竭，向海底索取矿产资源已成为发展趋势，深海资源探测与开采关键技术、深海开采装备研发已提到了议事日程。从开采对象看，海洋开采的对象与露天开采相似，均是获取地球浅表层的固体资源。但是，由于开采活动处于海洋底部，水体施加了较大的压力，决定了其开采环境不同于陆地开采。与陆地采矿相比，海洋采矿具有完全不同的工艺和设备，涉及海洋地质、潜水机械、扬矿系统、遥感遥测等一系列复杂且先进的技术及装备，也属于一种特殊开采方法。

本卷尽可能突出露天与特殊开采的实用性和新颖性，重点反映开采技术、主要装备的使用条件，也收集了一些较新的工程案例；在内容编排上，对于一些基本概念或术语、技术形成的历史、技术应用现状等叙述较少。

本卷由北京科技大学吴爱祥担任主编，昆明理工大学吴顺川、北京科技大学王洪江为副主编。本卷共分10章，其中第1章、第2章、第3章和第5章由北京科技大学高永涛、金爱兵、孙浩等撰写，第4章由北京科技大学璩世杰、王进强撰写，第6章由昆明理工大学吴顺川、北京科技大学刘洋撰写，第7章由北京科技大学宋卫东、韩斌撰写，第8章由北京科技大学王洪江、王贻明撰写，第9章由北京科技大学吴爱祥、尹升华撰写，第10章由长沙矿山研究院有限责任公司高宇清、吴鸿云撰写。本卷由中国恩菲工程技术有限公司于长顺主审，华北理工大学甘德清、北京矿冶科技集团有限公司余斌、东北大学任凤玉、江西理工大学饶运章、长沙矿山研究院有限责任公司王明和、北京科技大学蔡嗣经、北京矿冶科技集团有限公司吴春平组成审稿专家组，在百忙之中对本卷进行了认真审阅，并召开了多次审稿专题研讨会，形成了具体的修改意见与建议。此外，还有一大批没有署名的人员，他们提供了素材、进行了文字编录、插图绘制等工作，在此一并向他们表示感谢。

本卷虽由多位长期工作在设计、科研、生产第一线的技术与研究人员共同编写而成，但仍然存在一些不足之处。希望各位读者不吝赐教、批评指正，以便再版时修正和完善。

本卷在编写过程中，部分引用了原《采矿手册》《采矿设计手册》等资料，并参阅了大量的国内外文献。在此谨向文献作者表示衷心的感谢，对个别引用而漏标的作者表示真诚的歉意。

编　者

2021年6月于北京

Contents **目录**

第 1 章

露天开采境界

1.1 概述

矿床开采可以分为露天开采、地下开采以及海洋开采。露天开采是一种在敞露地表的采场采出有用矿物的方法，是最古老的开采方式，其具有单位成本低、作业安全、效果优良，便于采用新技术，能够保持很高的开采效率，从而有利于开采单位价值(品位)很低的矿石或矿物原料等优点，适合于矿体埋藏浅、赋存条件简单、储量大的矿床。

除法国、瑞典和日本等少数国家以地下开采为主外，大部分国家的采矿业，露天开采所占的比例较大。目前，世界上每年采出的矿石中，约有 2/3 源自露天开采。

现代露天采矿是在现代生产技术条件下逐步发展起来的，它比地下开采更适合使用现代化的生产工具，尤其是大型化的设备，在适宜的矿床技术条件下能达到更高的劳动生产率。国内外广泛应用露天开采的主要原因是它与地下采矿相比有着更为突出的优点：

(1)受开采空间限制较小，可采用大型的机械设备，有利于实现自动化，从而可以在很大程度上提高开采强度和矿石产量。特大型露天金属矿的矿石年产量可达 3000 万~5000 万 t，采剥总量达 1 亿~3 亿 t。

(2)矿山劳动生产率较高，露天开采的劳动生产率是地下开采的 5~10 倍。

(3)开采成本较低，因而有利于大规模开采低品位的矿石。露天开采的成本和剥采比、工艺、矿岩运输距离有着密切的关系。只要剥采比不超过矿床赋存条件、矿物品位和工艺系统所要求的水平，露天开采成本一般是地下开采的 1/3~1/2。

(4)矿石的损失贫化相对较小，因而可以充分回收地下资源。损失率不超过 5%，废石混入率不超过 10%。

(5)相比于地下开采，露天开采基建时间更短，此外对于单位矿石的基建投资，露天开采也比地下开采低。

(6)安全程度高，劳动条件好。因为露天开采是在敞露的地表进行的，使用的是大型现代化的机械设备，安全事故发生率远远低于地下开采。特别是对于高温易燃的矿种，露天开采比地下开采更加安全可靠。

但是，露天开采也有其自身的缺点：

(1)露天开采往往需要剥离比矿石量多几倍乃至十几倍的表土和废石，一般适用于开采埋藏相对较浅、厚度较大的矿床。

(2)占地面积大，而且对环境有深远的影响。一个露天开采矿区，占用的土地可达十几平方公里，在开采过程中，穿爆、采装、运输、排岩等对地形地貌、生态环境、文化遗址以及周边居民的身体健康等有直接的影响。近年来，露天开采对环境影响这一问题，日益受到公众和有关部门的重视。

(3)受气候影响大。严寒、酷热、风雪及暴雨等对露天矿生产的影响较大。气候的影响使露天矿生产具有季节性，降低了生产效率。

(4)需引进大量设备，投资较大，这主要是对大型露天矿而言。在边远地区建设大型露天矿，由于铁路、公路、供水、供电以及生活设施等都要同步甚至超前建设，所需资金和设备量很大。

总体来讲，露天开采的优点占主要地位。正是由于它在技术上和经济上的优越性，决定了各国优先发展露天开采的总趋势。与此同时，露天开采虽然在经济上和技术上的优越性很大，但它不能取代地下开采。随着露天开采深度的增加，剥岩量不断加大，当开采达到某一深度后继续使用露天开采就会带来经济上的损失，在这种情况下，就应当转为地下开采。

1.1.1 国外露天开采现状

世界金属矿床露天开采的现状可从生产规模、装备水平和自动化控制三个方面介绍。

1)露天开采所占比例和生产规模大

自20世纪下半叶以来，露天开采发展迅速。据2000年对世界预计投产的639座非燃料固体矿山的统计，露天开采产量占总产量的比例达到60%以上。其中，铁矿占90%，铝土矿占98%，黄金矿占67%，其他有色金属矿占57%。相关资料显示，世界上年产1000万t以上矿石的各类露天矿山有80多座，其中年产矿石4000万t、采剥总量8000万t以上的特大型露天矿山20多座。最大的露天矿山年矿石生产能力超过5000万t，采剥总量超1亿t，最深的露天矿达850 m。

2)露天矿的装备技术水平高

设备的大型化与生产规模的大型化相得益彰。目前，国外金属露天矿装备水平比较高，牙轮钻机已经成为露天矿普遍采用的穿孔设备。近10年来，凿岩技术突飞猛进地发展，牙轮钻机向着大直径、高动力、高扭矩、深钻进的方向发展，国外59R、61R牙轮钻机钻孔孔径均已达到445 mm，轴压力分别达到184 t和152 t，扭矩分别达2万N·m和3万N·m，单杆钻孔深度超过20 m，最大钻孔深度超过50 m；P&H公司的P&H120A型牙轮钻机的最大孔径达559 mm，轴压力为6800 kN。而潜孔钻机也在朝着液压钻机、高动力、深钻进、大直径、良好的地形适应能力和高精度的方向发展。

在采装方面，最常用的单斗电铲斗容为9~25 m^3。此外，液压铲以其重量轻、灵活性好、不受场地限制、使用性能高于电铲的优点而被广泛应用，国外矿山的使用比例已超过26%。同时，还研发出多种系列的大型轮式装载机，大大降低了采掘费用。

而在运输设备方面，20世纪80年代以来，国外各类金属露天矿约80%的矿岩量是由汽车运输(又称公路运输)完成的，因此，汽车是露天矿生产的主导运输设备。目前，国外大型矿山，无论是液压机械传动的，还是交流驱动的电动轮汽车，其载重量大多为150 t、240 t、320 t，日本小松公司与美国卡特彼勒公司目前已研制出载重量达360 t的汽车。

随着露天矿深度的增大，汽车-破碎站-胶带输送机运输(即间断-连续运输)系统在露天矿也得到推广应用。国外大型露天矿间断-连续运输多采用移动式破碎站，如美国的西雅里塔铜钼矿、南斯拉夫马伊丹佩克铜矿、智利丘基卡马塔铜矿、澳大利亚的纽曼山铁矿以及乌克兰的中部采选公司1号露天矿等。

3)自动化及信息技术应用广泛

20世纪80年代以前，采矿技术的发展主要依靠采矿工艺与设备的不断进步。20世纪80年代之后，露天采矿技术的进步主要是通过计算机及相关信息技术的发展取得的。计算机辅助设计、计算机优化设计和管理信息系统在国外露天矿山得到广泛应用，形成了集检测、采样、计量、操作控制、数据分析处理、参数优化以及图文信息显示和输出等功能于一体的集成系统。另外，遥控采矿、无人工作面甚至无人矿井等已在加拿大、瑞典、美国、澳大利亚等国家成为现实。美国已成功地开发出一个大范围的采矿调度系统，它是采用最新计算机、无线数据通信、调度优化以及全球卫星定位系统(GPS)技术，进行露天矿生产的计算机实时控制与管理，其核心是全球卫星定位系统，在工业中应用非常成功，让露天矿接近无人采矿。

1.1.2 我国露天开采现状

1)我国露天开采发展现状

中华人民共和国成立后，很重视发展露天开采。在执行第一个五年计划期间，建立了一批现代化的大中型露天矿，如大孤山铁矿、南芬铁矿、大冶铁矿等，为我国现代化露天开采的发展奠定了良好的基础。随着采矿规模的扩大，采矿技术也得到了迅速发展。尤其是近30年来，各种现代化采矿工艺和技术的攻关研究有力地促进了露天开采的发展。

我国金属矿床露天开采新工艺和新技术的发展主要表现在以下几个方面：

(1)陡帮开采："八五"期间，陡帮开采被列为国家科技攻关项目，并在南芬露天矿开展了大规模的陡帮开采工业试验，取得了成功。生产剥采比由原来的2.7 t/t下降到2.44 t/t，年推迟剥岩量832万t，获经济效益3477万元。实践证明，该技术是减少矿山前期剥岩量、均衡生产剥采比、减少边坡维护量、降低生产成本的有效技术。该项技术已在我国金堆城、紫金山等露天金属矿山得到推广应用。

(2)间断-连续开采：自20世纪80年代开始，我国先后在大孤山、东鞍山、石人沟、水厂铁矿和德兴铜矿应用间断-连续开采工艺。1997年，齐大山铁矿通过引进大型可移动式破碎-胶带运输装备，建成了采场内可移动式矿岩破碎-胶带运输系统，标志着我国间断-连续开采工艺已进入世界先进水平。

(3)陡坡铁路：马鞍山矿山研究院和攀钢矿业公司在攀钢矿业公司朱家包包铁矿建设了一条长820 m、坡度为40‰(最大纵向坡度为42.22‰)的陡坡铁路。通过224 t电机车牵引的工业试验，验证了陡坡铁路的技术参数符合安全要求，运营安全可靠。这项成果把我国露天矿铁路运输的最大坡度从原来的25‰提高到了40‰~45‰，在攀钢矿业公司实施后取得5000万元/a的经济效益。该项工艺在我国许多进入深部开采、采用铁路运输的露天矿山具有良好的应用前景。

(4)大型装备的应用：随着高新技术的进一步扩大应用，大功率柴油机和大规格轮胎相继研制成功，为装载设备大型化的发展创造了条件。1988年，露天矿穿孔设备实现了国产化。20世纪90年代，国产15~154 t的矿用自卸汽车形成系列产品，使露天矿用汽车不再依靠进口。目前，我国大型露天矿山汽车的载重量也达到了 170 t，并有超过 200 t 的电动轮汽车投入使用。

(5)高台阶采矿：近年来我国大型露天矿装备水平有了很大的提高，采用 10 m^3 以上的大型挖掘设备逐渐增多，为高台阶开采新工艺的实施提供了有力的技术保证。“八五”期间，南芬露天铁矿南山扩帮区开采参数优化表明，与 12 m 台阶相比，18 m 高台阶开采的单位成本可以降低 5.76%~6.12%，动态效益每年可节省 1052 万~1162 万元，经济效益可观。

(6)无废开采：无废开采技术是最大限度地降低废物采出量，或是使采出的废物得到充分利用的一种理想状态下的开采技术。马钢姑山铁矿作为科技部批准的冶金矿山生态环境综合整治技术示范基地，一方面进行边坡稳定性研究，尽量提高边坡角，减少废石剥离量；另一方面用采出的废石代替黏土，烧制建筑用砖，采出的片石作为建筑石料，选矿尾矿按不同粒级用作各种建筑石料，矿区矿产资源得到了有效利用，基本做到了少废或无废开采。

(7)露天–地下联合开采、露天转地下开采技术：随着露天开采的延深，对于一些埋藏很深的大型倾斜、急倾斜矿床，都要相继转为露天–地下联合开采或者地下开采，这是露天矿山发展的必然趋势。我国目前进行露天转地下或露天–地下联合开采的矿山，如眼前山铁矿，大冶铁矿，大石河铁矿，安徽的新桥硫铁矿、铜山铜矿、凤凰山铜矿，河南的银洞坡金矿等，取得了大量的成功经验。

(8)爆破技术：牙轮钻机正向增大孔径、加大孔深以及自动化方向发展。新型炸药及爆破器材如铵油炸药及各种含水炸药、防水胶状炸药、塑料导爆系统、电子雷管等的不断问世和使用，对于提高爆破精度、改善爆破质量和加强爆破安全等都有重大的影响。而控制爆破广泛应用了微差爆破、挤压爆破、孔内微差爆破、大爆区微差爆破等技术，解决了难爆矿岩的破碎块度问题和爆破减震问题。

我国露天开采发展不平衡，主要的大中型矿山在采矿工艺技术方面与世界先进水平较接近。但部分矿山的装备与发达国家相比还有较大差距，如开采条件差、工艺落后、设备更新困难、生产成本较高，这些均严重地制约了矿山的持续发展，部分小矿山甚至仍在采用手工作业。

2)我国露天开采面临的挑战

我国金属矿床露天开采面临巨大的挑战，主要表现在以下几个方面：

(1)开采规模小

截至 2018 年底，我国共有非油气矿山 58185 个，其中：大型矿山 4077 个，中型矿山 6405 个，小型矿山 34435 个，小矿 13268 个(小矿为规模不超过小型矿山企业生产规模上限的 1/10 的矿山)。我国露天开采的产量所占比例相当大，铁矿石占 77%左右，有色金属矿石占 52%左右，化工原料占 70.7%左右，建筑材料近似为 100%。尽管大中型露天矿基本实现了机械化开采，但与世界先进水平相比，我国露天开采单个矿山生产规模小、劳动生产率低、效率低下。

(2)装备水平低

采矿装备一直是制约我国采矿技术发展的主要因素。尽管 20 世纪末，我国露天采矿装备已初步形成了千万吨级的设备成套化，但我国矿山装备的整体水平仍远远落后于矿业发达国家，导致矿山规模小，矿山建设周期长，采矿效率低，矿山整体效益很差。

目前，国产牙轮钻机生产水平已经接近世界先进水平，但在整体性能上与国外同类产品还有一定差距，具体体现在品牌单一、动力单一、功能单一、结构形式单一、传动方式落后等方面。

采装设备方面，我国重点矿山以电铲为主，斗容量一般为4 m^3、10 m^3、16.8 m^3，而国外的电铲斗容量则以16.8 m^3、21 m^3、30 m^3、38 m^3、43 m^3 为主。

露天矿运输方面，国外已极少使用铁路运输，但在中国仍占一定比例。铁路运输设备主要是载重80 t、100 t和150 t电机车和载重60 t、100 t自翻车。目前，露天矿采用比较多的是铁路和公路联合运输，原采用铁路运输为主的老矿山，也大都配备了公路开拓延深或铁路和公路联合运输。采用公路运输的矿山，汽车吨位很小，100 t以上的大型汽车只在少数几个大型露天矿有应用。采用间断-连续运输系统的矿山更少，而且只停留在“采场外固定式破碎站胶带输送机”和“采场内半固定式破碎站胶带输送机”阶段。

(3)开采工艺落后

我国露天开采工艺的一个重要特点是广泛采用全境界开采，矿山寿命大都为几十年。在开采过程中，随着技术条件和经济环境的不断变化，初步设计确定的开采境界很可能不再适用。由于最终境界的不确定性，造成开采的盲目性，严重影响开采的总体经济效益。虽然个别矿山也采用分期开采，但这种分期开采一般不是一开始就计划好的，而是由于采剥严重失调或者因扩大生产规模的需要而进行分期扩帮，分期长，分期数很少，没有充分发挥分期开采的优越性。

(4)露天采场逐渐进入深凹，开采条件恶化

我国大型重点露天矿多已进入深部开采，矿山生产条件恶化，开采难度大，生产效率低，产量低，成本高。采场空间逐渐缩小，线路展线非常困难，线路曲线半径小，回头曲线或折返站多。不仅行车运行周期大幅度增加，而且使最终边坡角变缓，增大了剥岩量。随着采场的延深，运距增加，运输周期增长，重车上行的路段逐渐增加。目前，多数矿山运输成本占作业成本的40%左右，开采难度大，生产效率低，产量低，成本高。

(5)矿山安全隐患增多

随着采场的延深，露天矿边坡暴露面积越来越大，不稳定因素也越来越多。另外，排土场和尾矿库不断加高，不稳定因素不断增加，排土场滑坡和尾矿库溃坝事故的隐患也在增加。

(6)尾废资源化利用水平低

我国尾矿和废石累积堆存量已接近600亿t，其中废石堆存438亿t，75%为煤矸石和铁铜开采产生的废石；尾矿堆存146亿t，83%为铁矿、铜矿、金矿开采形成的尾矿，综合利用潜力巨大。近年来，我国尾矿利用增速明显高于排放增速，但利用量仍赶不上新增量，并且受矿业市场影响，近几年，尾矿利用增速大幅下降，我国尾矿综合利用率仅为18.9%，主要用于矿山采空区充填及建材生产资料。

(7)科学技术水平落后

如果说装备水平低严重制约了我国露天矿生产向大规模、高强度和高效率发展，那么，科学技术在露天矿应用中的落后会大大降低给定装备水平条件下露天开采的经济效益。20世纪80年代中期，我国露天矿的计算机应用从无到有，计算机应用和优化研究取得了很大的进展，尤其是在优化方法与算法上达到国际水平，但未很好地用于露天矿的生产实践中，主要表现在应用的深度、广度及其发挥的作用十分有限。另外，我国幅员辽阔，全国经

济发展水平差别很大，矿业发展水平也千差万别。在一些发达地区，采矿技术已经达到了国际先进水平，而在欠发达地区，采矿技术装备仍比较落后，造成开采效率偏低。

1.1.3 露天开采的发展方向

随着露天开采的不断深入，其正朝着开采规模大型化、设备大型高效化、工艺连续化、开拓方式联合化、发展可持续化、管理现代化、矿山数字化与智能化等方向发展。

1）开采规模大型化

开发一批大型和特大型露天矿山，生产能力为10～30 Mt/a。

2）设备大型高效化

采矿装备的发展特征是设备成龙配套化，机械化程度高；装备无轨化、液压化、自动化程度高，并向着大型化、遥控化和智能化的方向发展。穿孔、采装、运输、排土等环节应采用一系列大型设备，如斗容10～30 m^3 的挖掘机、载重100～154 t的卡车、带宽2～3 m的输送机等。

3）工艺连续化

为了加大开采规模，在露天矿中对条件适宜的矿山尽量采用连续工艺；对于岩石较硬的矿山，可采用移动式或半固定式破碎机来扩大生产环节中的连续作业部分。

4）开拓方式联合化

根据矿山不同条件，选用多种开拓方式配合，进行扬长避短的强化开采，如纵横采中可利用横采加大工作线推进强度等。

5）发展可持续化

矿业可持续化发展应该建立矿业生态系统，即以矿业资源开发加工为主体、固体废渣利用、土地生态修复、环境景观塑造、农林及旅游业协调发展的产业生态系统，主要解决以下4个关键问题：

（1）矿业生态系统中，资源环境价值评价及环境成本内在化问题；

（2）对矿业生态系统主要领域开展研究的问题；

（3）探索矿业生态工业园的组织结构及其运行机制问题；

（4）加强可持续发展意识，加强矿业生态工业园建设的问题。

6）管理现代化

除了技术进步对矿山经济效益的影响之外，矿山的管理水平也是决定矿山经济效益的重要因素之一。我国矿山企业管理现代化主要体现在管理思想、管理组织、管理方法、管理手段、管理人才等方面，矿山企业管理现代化是改变矿山落后面貌的根本途径。

目前，我国矿产资源开发利用的程度还比较低，采选冶技术还有相当大的发展空间。作为技术和管理人员，应时刻牢记充分、合理、高效开发利用矿产资源的宗旨，充分发挥人力资源的作用，利用现代的先进生产工艺及管理经验，不断地进行科技创新。

7）矿山数字化与智能化

21世纪的矿山需要引进一种全新的采矿理念，构建一种全新的数字化与智能化矿山模式，或者说是高度现代化的无人采矿模式。

关于数字矿山建设，包括以下4个模块：

（1）矿山数字地质、矿床模型，包括数字地质模型子系统和数字矿床模型子系统；

(2) 虚拟条件下的矿山模拟开采技术；

(3) 矿山生产过程管控一体化，包括 GPS 露天采场生产调度监控系统、矿山安全监测与预警系统等；

(4) 建立起有效的生产经营管理信息系统(包括生产计划、车间生产统计、调度生产监控、地测管理、物资管理、财务管理、人事劳资、文秘档案等)，形成企业局域网络，应该有一个具有足够容量、能传递声频数据和视频信息的通信网络，使企业由封闭式管理向开放式管理过渡，成为与国内外市场接轨的现代化矿山。

对露天矿来说，如何有效地、动态地监测、调度和管理设备，并协调好人员与设备、设备与设备、设备与生产的关系，是露天矿实现智能无人采矿目标的重要内容。以矿山数字化为基础，智能化采矿设备(机器人)与现代采矿调度系统的集成就是遥控机器人采矿，即无人采矿。矿业的最终目标是实现开采系统完全自动化操作。由于采掘作业环境恶劣，实现采掘作业的自动化和机器化必须解决传感器的可靠性以及快速的数据传输和处理能力问题。实现露天开采的完全自动化必须跨越的最后一道关卡是智能型监督管理系统的开发。这种系统应能对露天开采作业循环每个环节的工作状态进行协调和控制。

1.2　露天开采剥采比

剥采比是指露天开采矿床时，开采单位矿石需剥离的废石量。对一个露天矿来说，剥采比是影响开采境界大小的因素之一。

剥采比按其计算基础不同，分储量剥采比和原矿剥采比，其单位有 m^3/m^3、t/t 和 m^3/t。露天矿设计多用体积比(m^3/m^3)，生产统计多用质量比(t/t)。露天矿设计和生产常用的几种剥采比如下：

1. 平均剥采比

平均剥采比是指露天开采境界内全部废石与全部矿石量之比，如图 1-1 和式(1-1)所示。

$$N_p = \frac{V}{Q} \tag{1-1}$$

式中：N_p 为平均剥采比；V 为开采境界内全部废石量，m^3 或 t；Q 为开采境界内全部工业储量，m^3 或 t。

2. 生产剥采比

生产剥采比(时间剥采比)是指露天矿某一生产时期剥离的废石量与采出矿石量之比，如图 1-2 和式(1-2)所示。

$$N_s = \frac{V_s}{Q_s} \tag{1-2}$$

式中：N_s 为生产剥采比；V_s 为露天矿某一生产时期剥离的废石量，m^3 或 t；Q_s 为露天矿同一生产时期开采的工业储量，m^3 或 t。

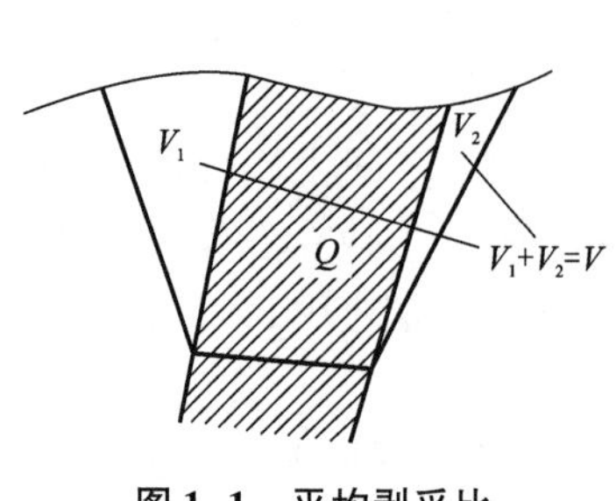

图 1-1 平均剥采比

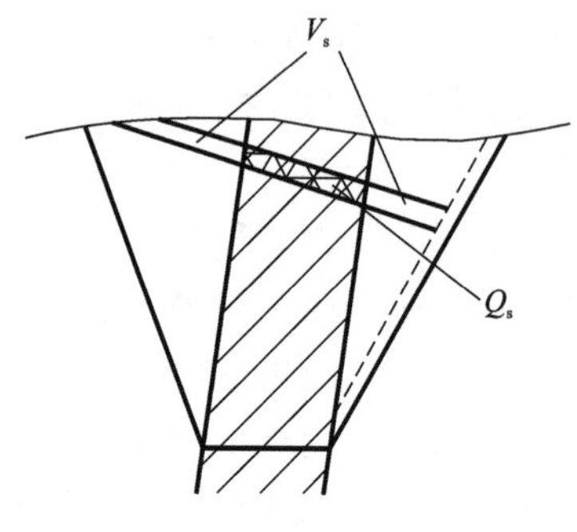

图 1-2 生产剥采比

3. 境界剥采比

境界剥采比是指露天开采增加单位深度后，所引起的岩石增量与矿石增量之比，如图 1-3 和式(1-3)所示。

$$n_j = \frac{\Delta V}{\Delta Q} \tag{1-3}$$

式中：n_j 为境界剥采比；ΔV 为露天开采境界做少量扩大时增加的废石量，m^3 或 t；ΔQ 为露天开采境界做少量扩大时增加的工业储量，m^3 或 t。

与此同时，境界剥采比还有其他具体的计算方法。就方法而言，对于走向延伸较大的长露天矿通常采用局部法计算境界剥采比，而对于水平截面近乎等轴状的短露天矿通常可采用整体法计算境界剥采比。具体而言，长露天开采境界侧帮上的境界剥采比可在一系列横剖面图上计算，端帮上的境界剥采比适合在平面图上计算；短露天矿不易区分端帮和侧帮，其整体境界剥采比可一次性在平面图上计算。

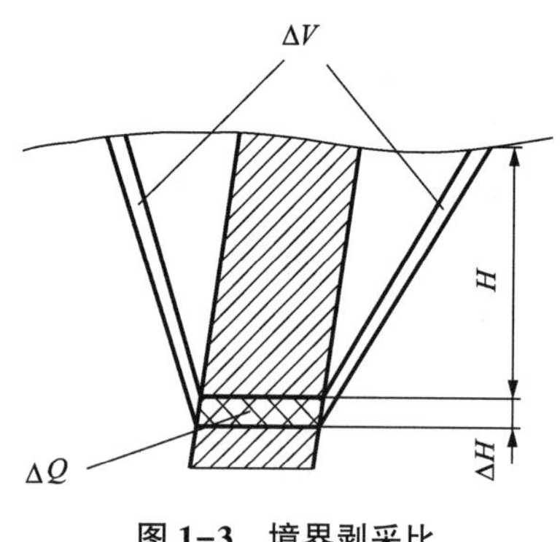

图 1-3 境界剥采比

1) 在横剖面上计算境界剥采比

对于走向长度较大且厚度变化较小的倾斜、急倾斜矿体，地质横剖面图能较充分地反映其赋存特征，设计中常用地质剖面图法来计算境界剥采比。其具体计算方法有面积比法和线段比法。

(1) 面积比法。

如图 1-4 所示，首先，根据开采与运输设备的规格、作业形式、设备两侧的安全距离等，选定最终开采境界的最小底宽，并根据边帮岩体的稳定性确定上、下盘最终边坡角 γ 和 β；其次，在地质横剖面图上按选定的台阶高度绘出表示各水平标高的横线；然后，从各横线上位于矿体内的采场最小宽度的两个端点，按照选定的边坡角 β 和 γ 绘出各开采水平的边坡线，例如 AB、CD、$A'B'$、$C'D'$，从而得到开采深度为 $H+\Delta H$ 时的采场境界 $ABCD$ 和开采深度为 H 时的采场境界 $A'B'C'D'$；最后，用求积仪或计算机计算出开采深度为 H 延伸至 $H+\Delta H$ 时的矿石增量 ΔP 和岩石增量 ΔV(分别用面积 S_p 和 S_v 表示)，则开采深度 $H+\Delta H$ 的境界剥采比可用面积表示为：

$$n_{\mathrm{j}} = \frac{\Delta V}{\Delta P} = \frac{S_{\mathrm{v}}}{S_{\mathrm{p}}} \tag{1-4}$$

式中：n_{j} 为境界剥采比，m^3/m^3。

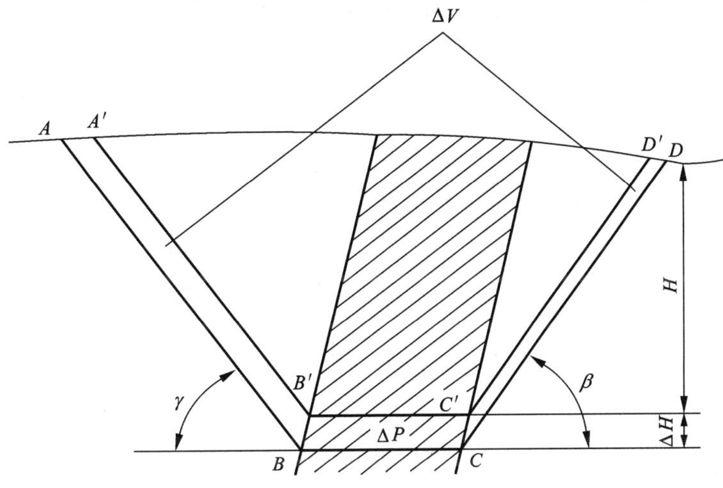

图 1-4　n_{j} 的面积比法

(2)线段比法。

地质横剖面上的线段比是面积比的一种简化形式。当矿体走向较长，且矿体形态变化不大时，可运用线段比来代替面积比。这样既可保证设计工作具有一定的精度，又免除了求算面积的工作。

当使用线段比法时，根据矿体的倾角大小、是否为单一矿体而有不同的计算方法。

① 单一矿体的境界剥采比的计算。

如图 1-5 所示，在地质横剖面图上，确定开采深度从 H 下降至 $H+\Delta H$(取 ΔH 等于台阶高度或其整数倍)。通过 H 作水平线交矿体于 EF。

按照确定的露天采场底宽和顶、底盘边坡角，确定底宽 BC，并作两帮的边坡线 AB 和 CD，交地表于 A、D 点。

通过 A、D、E、F 点，作平行于 EB 的线段 AA'、DD'、FF'。则境界剥采比为：

$$n_{\mathrm{j}} = \frac{A'B + F'D'}{BC + CF'} \tag{1-5}$$

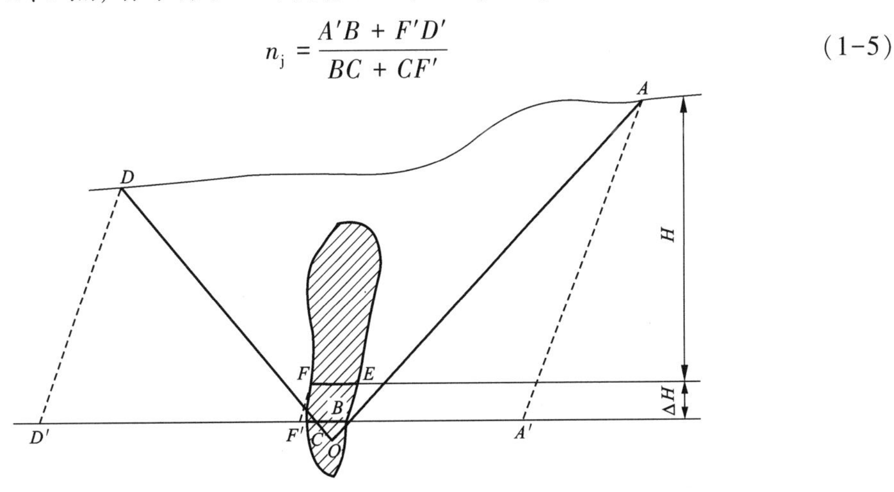

图 1-5　n_{j} 的线段比法

② 主矿体有夹层和顶、底盘有小矿体时境界剥采比的计算。

如图 1-6 所示，作图方法与单一矿体相同，境界剥采比计算式为：

$$n_j = \frac{A'G' + I'B + KQ + F'H' + J'D'}{BK + QC + CF' + G'I' + J'H'} \tag{1-6}$$

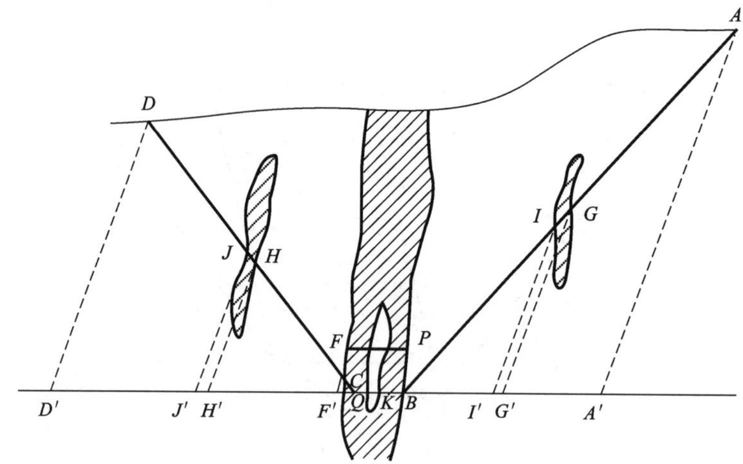

图 1-6 矿体有夹层和顶、底盘有小矿体求 n_j 的线段比法

③用线段比法计算缓倾斜或近似水平矿体的境界剥采比。

如图 1-7 所示，境界剥采比计算式为：

$$n_j = \frac{AB}{BC} = \frac{H\sin(\alpha + \gamma) - b}{m\sin\gamma} - 1 \tag{1-7}$$

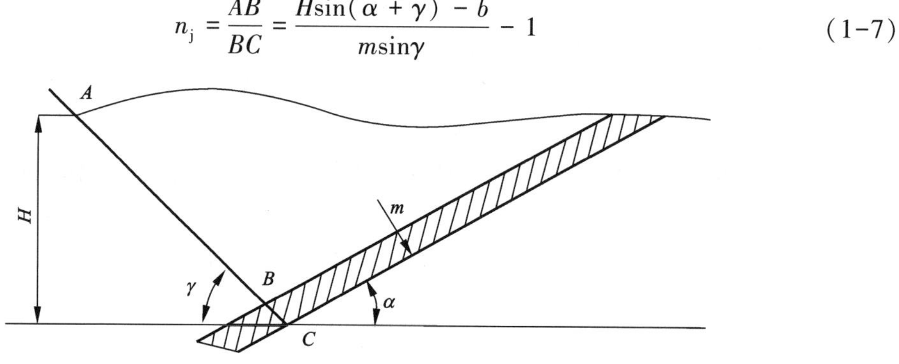

图 1-7 缓倾斜矿体求 n_j 的线段比法

2)在平面图上计算境界剥采比

对于走向长度短的矿体，其端部的矿岩量占总矿岩量的比例较大，用地质横剖面图确定境界剥采比往往误差很大，此时水平剖面图能较好地反映矿体的赋存特点和形态。所以，通常采用平面图法把采场作为一个整体，在平面图上确定总的境界剥采比，参照图 1-8，具体的计算步骤如下：

(1)选择几个深度方案，基于地质勘探线剖面图绘制出每一深度方案所在水平的平面图。

(2)在各开采深度的平面图上，依据矿体形态、运输设备的要求确定该水平的境界底部周界，再根据境界底部周界与境界边坡角确定各地质勘探线剖面图上的相应开采境界(图 1-9)。

(3)将各地质勘探线剖面图上的地面境界点投影到带有底部周界的平面图上，依次连接地面境界点，圈定矿体上、下盘两侧的地表境界线。

(4)为了确定矿体端部的开采境界线，需要切割出若干个端部辅助剖面，如图 1-10 所示。在各辅助剖面上，依据端部境界边坡角确定地表境界点(图 1-10 中的 m 点)，将该点投影到平面图上，依次连接各辅助剖面的地表境界点，即形成端部开采境界(图 1-8)。

(5)在水平平面图上，根据确定的地表境界内(图 1-8 中的 L)所包含的矿石面积与岩石面积，运用面积比法计算出 n_j：

$$n_j = \frac{L - SO_1 - SO_2}{SO_1 + SO_2} \tag{1-8}$$

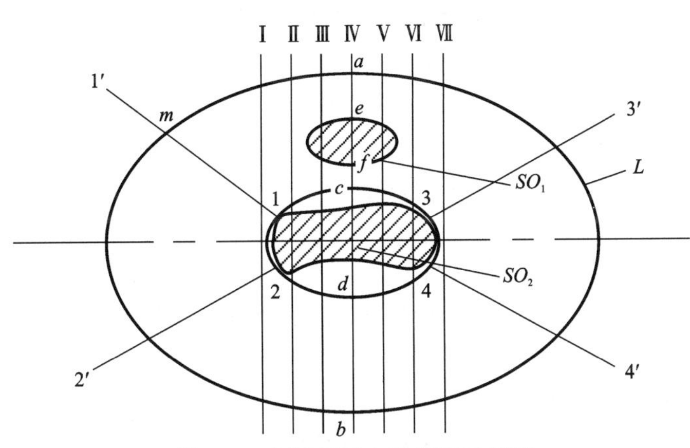

图 1-8　短露天矿水平剖面示意图

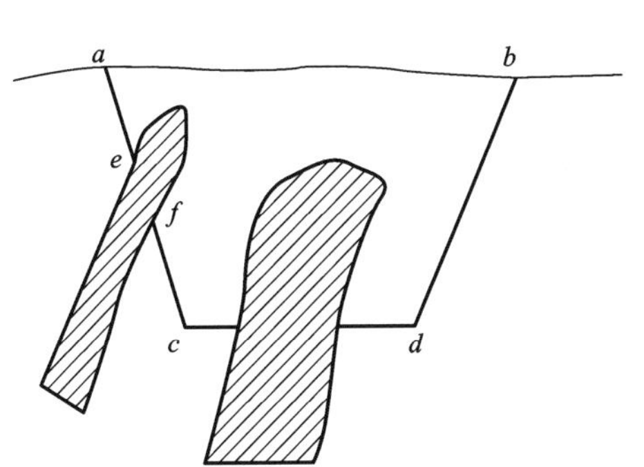

图 1-9　图 1-8 中勘探线Ⅳ的剖面图

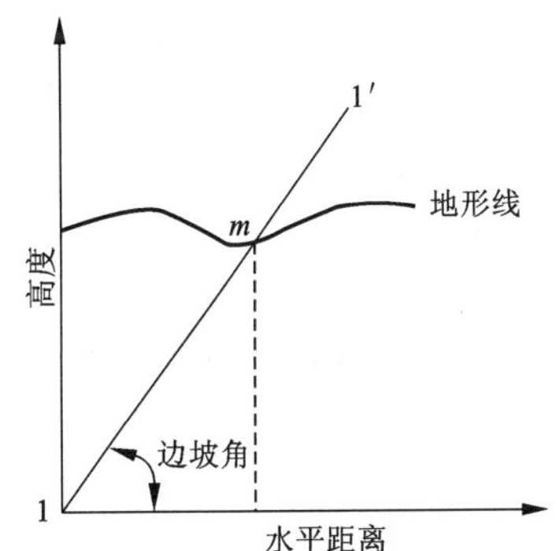

图 1-10　图 1-8 中 1-1′端部的辅助剖面图

3)储量剥采比和原矿剥采比的关系

储量剥采比指露天开采境界内依据地质勘探报告计算的废石量与矿石量之比；原矿剥采比指同一范围内考虑矿石损失和贫化后得出的剥离岩石量与采出矿石量之比。由于开采过程中矿石的损失和混入，矿石损失量与混入量之间有一差值。此值大小受回采率和废石混入率的影响。储量剥采比与原矿剥采比之间有如下关系：

$$N' = N\frac{1}{\eta'} + \frac{1 - \eta'}{\eta'} \tag{1-9}$$

式中：N'为原矿剥采比；N 为储量剥采比；η'为矿石视在回收率，即采出的矿量(包括混入的废石量)与工业储量之比，%。

$$\eta' = \frac{\eta}{1 - \rho}$$

式中：η 为实际回采率，即采出的纯矿量与工业储量之比；ρ 为废石混入率，%。

1.3 经济合理剥采比的确定

1.3.1 经济合理剥采比的确定原则

经济合理剥采比是指“在特定的技术经济条件下露天开采单位矿石量允许的最大剥岩量，它是一个理论上的极限值，是考量矿床露天开采经济效益的重要依据”。根据我国的资源情况、矿床赋存条件、开采和建设条件、装备水平以及各项方针、政策、市场经济等因素确定经济合理剥采比的原则如下：

(1)结合各个矿山的具体条件计算经济合理剥采比，必须保证露天矿在合理正常生产期间有盈利或不超过规定允许成本。

(2)根据建设和生产单位的要求，如盈利指标、偿还银行本息等，计算经济合理剥采比。

(3)考虑矿石资源利用程度，对有经济价值的表外矿、围岩及其他有用成分，在计算中要考虑其利用价值。

(4)结合各矿山的具体条件或参考类似矿山生产指标计算与选取技术经济指标，而且必须要符合规定。此外，要按照国内、外市场价格确定产品价格，税费则按照国家以及各省或当地的规定计算。

(5)一般以矿山或企业(采、选)为独立经济核算单位。

(6)计算参数的选取，要经过调查、研究分析，接近实际。

(7)结合各矿山的具体条件和需要，试算一个或几个露天开采经济合理剥采比，个别矿山需要从上到下分别计算每个开采水平或每年的经济合理剥采比，并进行比较、分析、选优。

(8)工程设计初期，试算经济合理剥采比，初步圈定露天开采境界。随着工程设计进展的深化，向技术经济室提交正式委托资料时，要进一步验算经济合理剥采比。如果与初期试算结果有较大出入，则要调整或重新圈定露天开采境界。

1.3.2 经济合理剥采比的确定方法

经济合理剥采比是露天开采设计的重要依据。目前确定经济合理剥采比的方法有很多，归纳起来主要分为3种：第一种是成本比较法，分为原矿成本法和产品成本比较法，它是以露天开采和地下开采的经济效果做比较来计算的，用以划分矿床露天开采和地下开采的界线；第二种是储量盈利比较法，也分为原矿盈利法和产品盈利法；第三种是价格法，它是用露天开采成本和矿石价格做比较来进行计算的，计算得到的经济合理剥采比与矿产品的销售价格紧密联系在一起。

1)成本比较法

(1)按原矿成本计算

以露天开采和地下开采原矿的单位成本相等作为计算基础，即：

$$n_{jh} = \frac{c - a}{b} \tag{1-10}$$

式中：n_{jh} 为经济合理剥采比，t/t；c 为地下开采单位矿石成本，元/t；a 为露天开采单位矿石的采矿费用(不包括剥离的费用)，元/t；b 为露天开采单位剥离费用，元/t。

(2)按产品成本计算

以露天开采和地下开采 1 t 精矿的成本相等为计算基础，确定经济合理剥采比，即：

$$\left.\begin{aligned}
n_{jh} &= \frac{c_d - a_t}{bT_t} \\
c_d &= (c + f_d)T_d \\
T_d &= \frac{\beta_d}{[\alpha(1 - \rho_d) + \rho_d\alpha_d]\varepsilon_d} \\
a_t &= (a + f_t)T_t \\
T_t &= \frac{\beta_t}{[\alpha(1 - \rho_t) + \rho_t\alpha_t]\varepsilon_t}
\end{aligned}\right\} \tag{1-11}$$

式中：c_d 为地下开采单位产品的成本，元/t；a_t 为露天开采单位精矿的费用(不包括剥离的费用)，元/t；T_t，T_d 分别为露天开采和地下开采单位产品需要的原矿，t/t；f_t，f_d 分别为露天开采和地下开采中单位原矿的选矿费用，元/t；β_t，β_d 分别为露天开采和地下开采产品金属品位，%；α 为地质品位，%；α_t，α_d 分别为露天开采和地下开采混入的废石品位，%；ρ_t，ρ_d 分别为露天开采和地下开采的废石混入率，%；ε_t，ε_d 分别为露天开采和地下开采的原矿加工到产品的回收率，%。其他符号的意义同前。

2)储量盈利比较法

以露天开采和地下开采相同工业储量获得的总盈利相等为计算基础，确定经济合理剥采比。

(1)按原矿计算

$$\left.\begin{aligned}
n_{jh} &= \frac{n'_t(B_t - a) - n'_d(B_d - c)}{b} \\
n'_t &= \frac{n_t}{1 - \rho_t} \\
n'_d &= \frac{n_d}{1 - \rho_d}
\end{aligned}\right\} \tag{1-12}$$

式中：B_t，B_d 分别为露天开采和地下开采每吨原矿的销售价格，元/t；n'_t，n'_d分别为露天开采和地下开采的视在回采率，%；n_t，n_d 分别为露天开采和地下开采的实际回采率，%。其他符号的意义同前。

(2)按产品计算

$$\left.\begin{aligned}
n_{jh} &= \frac{A_t - A_d}{b} \\
A_t &= \frac{\alpha'_t\varepsilon_t}{\beta_t}P_t - n'_t(a + f_t) \\
A_d &= \frac{\alpha'_d\varepsilon_d}{\beta_d}P_d - n'_d(c + f_d)
\end{aligned}\right\} \tag{1-13}$$

式中：A_t，A_d 分别为露天开采和地下开采每吨工业储量加工成产品所获盈利，元；α_t'，α_d'分别为露天开采和地下开采的采出矿石品位，%；P_t，P_d 分别为露天开采和地下开采的每吨精矿价格，元/t。其他符号的意义同前。

用储量盈利法确定多金属矿床的经济合理剥采比时，应按式(1-12)或式(1-13)分别计算出各金属品种用露天和地下开采的单位盈利后累加求得。

3)价格法

价格法适用于矿床采用单一露天开采的情况。它是以动用单位可采储量产出矿产品的销售价格大于(等于)矿产品成本为基础计算的，以保证矿山不亏损。以原矿产品为例：

$$n_{jh} = \frac{n_t'(B_t - a_t)}{b} \tag{1-14}$$

与上述比较法类似，价格法可以计算到原矿，也可以计算到精矿：

$$n_{jh} = \frac{n_t' A_t}{b T_t} \tag{1-15}$$

1.3.3 各种计算方法的评价和适用条件

1)成本比较法

原矿成本比较法建立在将地下开采与露天开采的贫化率和回采率视作相等的基础上，忽略了露天开采资源利用率和采出矿石质量高的优势，也没有涉及矿石的价值，与实际有一定偏离。因此，只有在两种开采方法的矿石损失率和贫化率相差不大，且地下开采成本低于产品售价时才使用。但是，该方法所需基本数据少，数据来源比较方便，计算简捷，在金属矿山和化工原料矿山的建设前期(如机会研究和可行性研究工作)应用较多，一些矿山建设的初步设计(基本设计等)中也有应用。

精矿成本比较法比原矿成本比较法前进了一步，它考虑了两种开采方式采出矿石的质量对选矿指标影响的差异，但未考虑矿石损失的因素。因此，只有在两种开采方法的矿石贫化率相差较大，损失率接近，以及地下开采的矿石加工为最终产品及其成本低于市场售价时采用。此外，该法要求的基础数据较多，数据来源困难，而且计算过程也显得比较烦琐。

2)储量盈利比较法

该法相对精矿成本比较法来说，又前进了一步。它综合考虑了露天和地下两种开采方法在采出矿石的数量和质量、选矿指标等技术经济因素方面的差别。当露天和地下开采的矿石损失和贫化率相差较大，且两种开采方法采出的矿石加工成最终产品的成本均低于销售价格时采用这种方法。从理论上说，储量盈利比较法是一种最合理的经济合理剥采比的计算方法。不过，在实际应用时，它有如下缺点：

(1)要求的基础数据最多，而且数据来源不尽可靠，计算也较为烦琐；

(2)受产品价格的影响，而目前某些金属产品的价格背离实际的价值；

(3)当露天开采和地下开采的损失贫化相差较大时，计算出来的经济合理剥采比偏大。

通常情况下，成本比较法求得的经济合理剥采比小于储量盈利比较法。换言之，成本比较法求得的经济合理剥采比更为严格，这主要是因为成本法只考虑了露天开采和地下开采采出单位矿石量的成本，而没有考虑露天开采在资源回收及矿石贫化方面的优势。

3)价格法

该法不是对露天开采和地下开采所产生的经济效果进行对比，而是以动用单位可采储量产出矿产品的销售价格大于(等于)矿产品成本为基础计算的。该方法适用于某些价值较低的矿床，如石灰矿、白云石矿、硅石矿、油页岩、劣质煤、贫金属矿床等，以及某些由于技术条件不宜用地下开采而只能用露天开采的矿床，如砂矿、含硫较高易自燃的矿床等。

用储量盈利比较法和价格法计算经济合理剥采比，其大小受产品价格影响是十分明显的。

1.3.4　经济合理剥采比成本指标的选取

计算经济合理剥采比采用的成本指标，一般以类似矿山的成本指标为基础。还要考虑其他影响成本的因素，主要有以下几种：

(1)矿岩性质、水文地质条件。

(2)开采深度和矿岩运输距离。

(3)矿山规模、采用的开采工艺和设备类型。

(4)原材料消耗指标、设备效率及生产管理水平。

(5)费用的时间因素等。

上述因素在选取成本指标时，应根据矿床具体条件综合考虑。对一个露天矿，在其采剥成本中，一部分费用不随开采深度变化而变化，如穿孔、爆破、装载等，可参照类似矿山的成本指标选取；另一部分费用则随开采深度变化而变化，如运输费和排水费等，在采剥成本中运输费占比较大。根据冶金矿山资料统计，运输费占矿石成本比例：汽车运输为 24%~30%，机车运输占 24%~33%(矿石成本不包括破碎费用)。

1.4　最终边坡构成和最终边坡角

1.4.1　最终边坡角的确定

露天矿最终边帮由台阶坡面和安全平台、清扫平台、运输平台组成。最终边坡角是露天采场最下一个台阶的坡底线和最上一个台阶坡顶线构成的假想平面与水平面的夹角(图 1-11 中 β 角)。

露天矿最终边坡由最终台阶和其间的出入沟构成。台阶坡面和平台形成了最终边坡面。台阶平台按其功能可分为安全平台(图 1-11 中 a)、清扫平台(图 1-11 中 b)和运输平台(图 1-11 中 c、d)。我国部分露天矿最终边坡组成要素见表 1-1，按稳定性条件计算的最终边坡角见表 1-2。

露天矿的最终边坡角对剥采比有很大的影响。随着采场开采深度的增加和边坡角的减缓，剥岩量将急剧增加，从经济效果看，边坡角应尽可能加大。然而，陡边坡虽然可以带来较好的经济效益，但往往会导致严重的滑坡事故，乃至破坏生产。从安全角度来考虑，应尽可能减缓边坡角。因此，综合考虑经济与安全因素，是合理选取边坡角的基本原则。

露天矿最终边坡角的选取，通常从安全条件和技术条件两方面考虑。安全条件就是根据矿岩的物理力学性质，使选取的角度能保证边坡稳定，一般来自两个途径：一是参照类似矿山实际资料选定，并用已有的资料对边坡稳定性进行初步分析和简要计算；二是有足够的岩石力学研究结果，利用边坡稳定性计算分析软件处理得出边坡角推荐值，调整选用。当露天矿岩石条件复杂时，应根据不同区段和剖面选定多个边坡角，以保证边坡稳定，作业安全和经济效益好，如图 1–12 所示。

露天矿最终边坡角的技术条件必须满足矿山的开采运输需要。为了保证矿山正常生产，露天矿边坡通常由安全平台、清扫平台、运输平台及相应的坡面组成，如图 1–11 所示。安全平台 a 一般不小于 2 m，清扫平台 b 一般每隔 2~3 个台阶设一个，其宽度要保证清扫运输设备正常工作，通常大于 6 m。至于水平运输平台 c 和倾斜运输平台 d，其宽度依运输设备规格和线路数目而定，当运输平台与安全平台或清扫平台重合时，其宽度要增加 1~2 m。近年来，由于安全平台和清扫平台往往因宽度不够而起不到应有的作用，不少矿山取消安全平台，将两个台阶合并在一起，然后设一个宽达 8~12 m 的清扫平台，还有人提出将 4~6 个台阶合并，设一个宽达 24~50 m 的大清扫平台，确保清扫工作可以使用大型设备。当各种平台确定之后，露天矿最终边坡角可按下式计算：

$$\tan\beta = \sum_1^n h/\left(\sum_1^n h\cot\alpha + \sum_1^{n_1} a + \sum_1^{n_2} b + \sum_1^{n_3} c + \sum_1^{n_4} d\right) \tag{1-16}$$

式中：β 为最终边坡角，(°)；n 为台阶数目；h 为台阶高度，m；α 为台阶坡面角，(°)；a 为安全平台的宽度，m；b 为清扫平台的宽度，m；c 为水平运输平台的宽度，m；d 为倾斜运输平台的宽度，m；n_1、n_2、n_3、n_4 分别为安全平台、清扫平台、运输平台和倾斜运输平台数目。

满足上述安全条件或技术条件的边坡角，便是露天矿的最终边坡角。不过，对缓倾斜矿体来说，若边坡角大于倾斜矿体，则最终边坡角应沿矿体下盘布置，以便充分采出下盘矿石。如图 1–12 所示，这时要用 cd 作境界线而不是用 cd'。

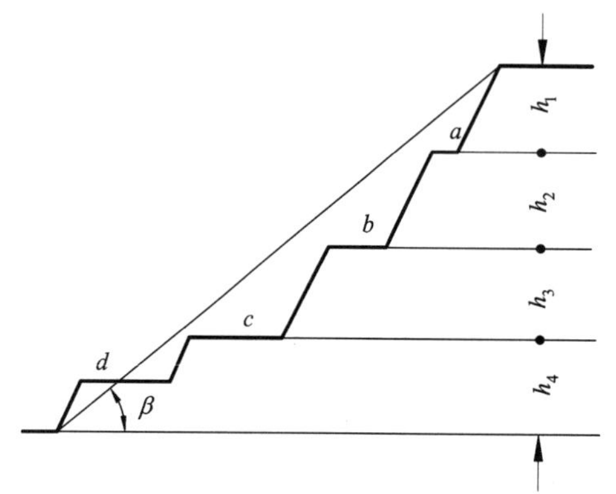

图 1–11　露天矿的边坡组成

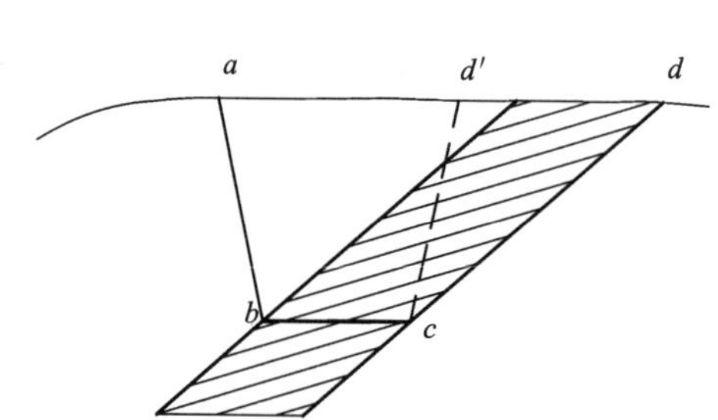

图 1–12　缓倾斜矿体下盘的边坡角

1.4.2　最终台阶坡面角

最终台阶坡面角与岩石性质、岩层的倾角、倾向、构造、节理，以及穿爆方法等因素有关。当岩层倾角大于 30°，并且岩层层理较发育时，如选取台阶坡面角大于岩层倾角，则岩石容易滑落。这时，应取台阶坡面角等于岩层倾角。露天矿设计一般采用的最终台阶坡面角资料见表 1–3。

表 1-1　我国部分露天矿最终边坡组成要素

矿山名称	建矿时间/年	围岩种类		坚固性系数 f		最终阶段坡面角/(°)		平台宽度/m		最终边坡角/(°)		台阶高度/m	运输方式
		上盘	下盘	上盘	下盘	上盘	下盘	安全	清扫	上盘	下盘		
南芬铁矿	1823	石英片岩、混合岩	角闪岩	8~12	8~12	65	35~43	5	13	48	38	12	汽车-溜井
大孤山铁矿	1916	石英片岩、千枚岩	混合岩	8~10	8~12	65	65	12.5	7.5~12.5	32	32	12	汽车
大石河铁矿裴庄采区	1960	黑云混合片麻岩	黑云斜长片麻岩	8~10	8~10	60	60	5	8	52~54	52~55	12	汽车
大石河铁矿二马采区	1960	石榴黑云变粒岩、黑云浅粒岩	含紫苏辉石混合片麻岩	8~10	8~10	65	65	4	7	48.5	30~50	12	汽车
水厂铁矿	1969	片麻岩、花岗岩	片麻岩	8~10	8~10	60	60	3~10.5	10.5~14	40~45	40~45	15	汽车-胶带半连续
德兴铜矿富家坞区	1958	闪长斑岩、变质千枚岩	闪长斑岩、变质千枚岩	6~8	6~8	60	60			40~42	40~42	12	汽车-溜井
弓长岭独木采场	1958	角闪岩、混合岩	角闪岩、混合岩	8~12	8~12	65	55	5	7	42	30~39	12	汽车
石人沟铁矿	1970	角闪片麻岩	角闪片麻岩	6~10	6~10	65	65	6~8	12~15	43~45	43~45	10	汽车
云浮硫铁矿	1979	砂岩	千枚岩			65	65	3	8	37~47	34~42	12	汽车
海南铁矿	1939	矽化透辉岩、角闪灰岩	矽化透辉岩、角闪灰岩	8~10	8~10	45~65	45~65	5~6	8~12	32~42	32~42	11~12	汽车
司家营铁矿	2005	黑云变粒岩、含磁(赤)铁石英岩及各种混合岩	黑云变粒岩、含磁(赤)铁石英岩及各种混合岩	8~15	8~15	65	65	5	10	41.4~43.9	30.8~36	12、15	汽车
大宝山矿	1958	石灰岩、流纹斑岩	石灰岩、流纹斑岩	8~14、11~15	8~14、11~15	55~60	55~60	4~8	10.5~12	40~43	40~43	12	汽车
西藏华泰龙	2007	角岩	角岩、灰岩	8~12	8~12	70	70	16	12 或 16	41.5~43	41.5~43	15	汽车
栾川上房沟钼矿	1988	蚀变碳酸盐岩、花岗斑岩、角岩、变辉长岩	蚀变碳酸盐岩、花岗斑岩、角岩、变辉长岩	8~15	8~15	70	70	3	11.94~16.08	45	45	15	汽车
洛钼集团三道庄矿	1968	石灰岩	石灰岩、长英角岩	8~14	8~14	73	73		10.5	50	50	12	汽车

表 1-2 按稳定条件进行的岩石分类和露天采场边坡角概略值

岩性分类	岩体特征	最终边坡角
硬岩(抗压强度大于 80 MPa)	(1)裂隙不发育，弱面显露不明显	55°
	(2)裂隙不发育，弱面呈急倾斜(大于 60°)或缓倾斜(小于 15°)	40°～45°
	(3)裂隙不发育和中等发育，弱面对开挖面倾角为 35°～55°	30°～45°
	(4)裂隙不发育和中等发育，弱面对开挖面倾角为 20°～30°	20°～30°
不坚固的硬岩、中硬岩和致密岩石(抗压强度 8～80 MPa)	(1)边帮岩石相对稳定，弱面显露不明显	40°～45°
	(2)边帮岩石相对稳定，弱面对开挖面倾角为 35°～55°	30°～40°
	(3)边帮岩石严重风化	30°～35°
	(4)一组岩石，弱面对开挖面倾角为 20°～30°	20°～30°
软岩和松散土岩(抗压强度小于 8 MPa)	(1)延展性黏土，无旧滑落面，岩层与弱面的接触带不明显	20°～30°
	(2)延展性黏土或其他黏质土岩，弱面位于边坡的中部或下部	15°～20°

表 1-3 最终台阶坡面角

岩石坚固性系数 f	15～20	8～14	3～7	1～2
台阶坡面角/(°)	75～85	70～75	60～65	45～60

1.4.3 最终平台宽度

最终平台分安全平台、清扫平台和运输平台，其宽度根据最终边坡角、台阶高度、台阶坡面角、运输设备的类型和规格确定。

设露天矿深度为 H，最终边坡角为 β，台阶高度为 h，台阶坡面角为 α。

露天矿边帮水平投影宽度 $L=H\cot\beta$；

台阶数 $n=H/h$；

台阶坡面投影宽度 $b=h\cot\alpha$；

边坡平台平均宽度 $a=(L-nb)/(n-1)$。

计算平台平均宽度后，按平台组成确定安全平台和清扫平台宽度。一般三个台阶组成一个单元，每两个安全平台设置一个清扫平台(当最终边帮实行并段时，可不留安全平台)。安全平台宽度一般不小于 2 m，清扫平台宽度根据清扫运输方式确定。

运输平台位置根据开拓系统布置的运输线路确定，其宽度取决于运输设备的类型和规格。露天矿运输平台宽度资料见表 1-4、表 1-5、表 1-6。

表 1-4 金属露天矿准轨铁路运输平台宽度 单位：m

设备类型	线路平面情况	单线	双线	三线
电 机 车	直线	7.0	11.5	17.0
	曲线	7.5	12.5	18.0

注：①最外侧线路中心至稳定路基边缘不应小于 3 m；②表中数值不包括双线会让站线间距；③本表摘自《冶金矿山设计参考资料》。

表 1-5　金属露天矿窄轨铁路运输平台宽度　　单位：m

机车类型	车辆最大宽度	单线			双线		
		600 mm 轨距	762 mm 轨距	900 mm 轨距	600 mm 轨距	762 mm 轨距	900 mm 轨距
电机车	2. 4~2. 8		6. 0	6. 1		10. 5	10. 5
	1. 9~2. 3		5. 7	5. 8		9. 5	9. 5
	1. 4~1. 8	5. 3	5. 5	5. 6	8. 5	8. 5	8. 5
	<1. 3	5. 1			7. 5		

注：①表中数值不包括双线会让站线间距；②轨距单位为 mm；③本表摘自《冶金矿山设计参考资料》。

表 1-6　汽车运输平台最小宽度　　单位：m

汽车载重量/t	单线	双线
32	10. 0	14. 5
68	12. 0	17. 5
100	15. 0	22. 5
154	18. 0	26. 0

注：摘自《现代采矿手册》。

1.5　露天开采境界的确定原则

1.5.1　影响露天开采境界的因素

露天开采境界指露天开采终了时(或某一时期)达到的空间轮廓。它由采矿场的地表境界、底部境界和四周帮坡组成。其研究的内容为采矿场底部境界、最终帮坡和开采深度三部分。

影响露天开采境界的主要因素有：

(1)自然因素。包括矿床埋藏条件，如矿体形态、大小、厚度、倾角等；矿石和围岩性质；地形；矿山附近的河流；工程和水文地质；矿石品位等。

(2)技术组织因素。包括露天和地下开采的技术水平，装备水平；矿山附近的铁路，主要建筑物、构筑物等对开采境界的影响。

(3)经济因素。包括基建投资、基建时间和达产时间；矿石的开采成本和销售价格；开采过程矿石的贫化和损失，以及国民经济发展水平等。

以上因素，对不同矿床条件，其影响程度是不同的，在确定开采境界时应综合考虑。

1.5.2　合理开采境界的条件

露天开采境界的大小，对整个露天矿建设与生产有重大影响。它决定着露天矿的基建剥离量、可采矿量、矿岩生产能力和开采年限等主要技术经济指标。因此，合理确定露天开采境界是露天开采设计的一项重要任务。确定开采境界涉及的因素较多，经济合理剥采比是其中一个十分重要的因素。用经济合理剥采比初步确定开采境界后，尚需要考虑自然因素、技术组织因素等对开采境界的影响，进行综合分析后确定境界。合理的开采境界应能保证以下条件：

(1)露天矿正常开采时期的生产成本一般不应超过地下开采生产成本或允许成本；

(2)在经济因素允许的范围内，尽可能使开采境界获得的矿石储量最大，以充分利用国家矿产资源；

(3)露天矿基建投资不应超过允许投资；

(4)保证生产安全。

通常用某种剥采比与经济合理剥采比相比较来确定开采境界，以达到合理地利用矿产资源，充分发挥露天开采的优越性和使整个矿床开采获得最佳经济效益。

1.5.3 确定露天开采境界的主要原则及其评价

露天开采境界确定原则主要有以下三种。

1)境界剥采比不大于经济合理剥采比，即 $n_j \leqslant n_{jh}$

该原则的理论依据是，在开采境界内边界层矿石的露天开采费用低于或等于地下开采费用，使全矿床开采的总费用最低或总盈利最大。我国大多数冶金、煤炭、化工等露天矿设计多按此原则确定开采境界。

按该原则确定的露天开采境界，不能直接控制露天矿投资和生产成本(生产剥采比)。例如，对某些不连续矿床或上薄下厚矿床，在应用该原则确定境界时，其境界剥采比可能符合要求，但初期剥采比将会超过允许值。对这类矿床，不能单独用该原则确定开采境界，需要其他原则进行补充。

2)平均剥采比不大于经济合理剥采比，即 $N_p \leqslant n_{jh}$

该原则的理论依据是，用露天开采境界内全部储量的总费用等于或小于用地下开采该部分储量的总费用。该原则的优缺点有：

(1)与第一种原则比较，该原则扩大了露天开采境界；

(2)由于露天开采境界过大，使矿床开采的总费用不能达到最小，并且可能引起基建剥离量大，投资多，基建时间长；

(3)衡量矿山企业经济效果的重要因素是生产剥采比。设计与生产实践说明，露天矿的生产剥采比一般为平均剥采比的1.1~1.5倍。而 $N_p \leqslant n_{jh}$ 原则上是一个算术平均的概念，没有考虑露天开采过程的生产剥采比超过允许值，使企业长期处于亏损状态。

由于该原则存在上述缺点，故在矿山设计中很少采用。

3)最大均衡生产剥采比(N_{max})不大于经济合理剥采比，即 $N_{max} \leqslant n_{jh}$

该原则的理论依据是，露天矿任一生产时期按正常工作帮坡角进行生产时，其生产成本不超过地下开采成本或允许成本。此原则的优缺点有：

(1)反映了露天开采的生产剥采比的变化规律，保证了各个开采时期的生产剥采比不超过允许值；

(2)用该原则确定的开采深度，一般比第一种原则大；

(3)该原则没有考虑整个矿床开采的总经济效果；

(4)对同一矿床，由于开拓方式和开采程序不同，最大生产剥采比出现的时间、地点、数值及其变化规律亦不同，这对开采深度影响很大，也给开采境界的确定带来一定困难。

1.5.4　确定露天开采境界各原则的适用条件

(1)一般应用 $n_j \leqslant n_{jh}$ 的原则确定露天开采境界。

(2)矿体不规则、沿走向厚度变化较大，上部覆盖层较厚等可按 $n_j \leqslant n_{jh}$ 的原则确定境界，并用 $N_{max} \leqslant n_{jh}$ 的原则进行校验。必要时需进行综合技术经济比较，以确定采用露天开采还是地下开采。

(3)对贵重的有色或稀有金属矿床，为了减少资源损失，有时可考虑采用 $N_p \leqslant n_{jh}$ 的原则确定开采境界。

(4)当采用 $n_j \leqslant n_{jh}$ 的原则确定境界后，境界外余下的矿量不多，用地下开采方式开采这部分矿石的经济效果较差时，应考虑扩大开采境界，对余下的矿量用露天开采方式。

1.6　露天开采境界确定的方法和步骤

1.6.1　露天采场底平面宽度的确定

露天采场底平面宽度确定的原则是最小底宽应保证设备正常运行、安全作业，不应小于开段沟宽度。底部最小宽度按采装和运输设备规格及路线布置的有关计算结果来确定，可参考表 1–7。露天采场最小底宽亦可按下列公式计算：

当采用铁路运输时(图 1–13)：

$$B_{min} = 2R_w + T + 3E \tag{1-17}$$

表 1–7　露天采场底部最小宽度

运输方式	装载设备	运输设备	最小底宽/m
铁路运输	1 m³ 以下挖掘机	窄轨机车(600 mm 轨距)	10
	1 m³ 挖掘机	窄轨机车(762 mm、900 mm 轨距)	12
	4 m³ 挖掘机	准轨机车	16
	6~12 m³ 挖掘机	准轨机车(1435 mm 轨距)	20
公路运输	1 m³ 挖掘机	7 t 汽车	16
	4 m³ 挖掘机	10~32 t 汽车	20
	6~12 m³ 挖掘机	100~154 t 汽车	30

当采用公路运输时(图 1–14)：

1)回转式调车

$$B_{min} = 2(R_{min} + 0.5T + E) \tag{1-18}$$

2)折返式调车

$$B_{min} = R_{min} + 0.5T + 2E + L_c \tag{1-19}$$

式中：B_{min} 为露天矿最小底宽，m；R_{min} 为汽车最小转弯半径，m；R_w 为挖掘机尾部回转半径，m；T 为运输设备最大宽度，m；E 为挖掘机、运输设备和阶段坡面两两之间的安全间隙，一般取 $E=0.5$ m；L_c 为汽车长度，m。

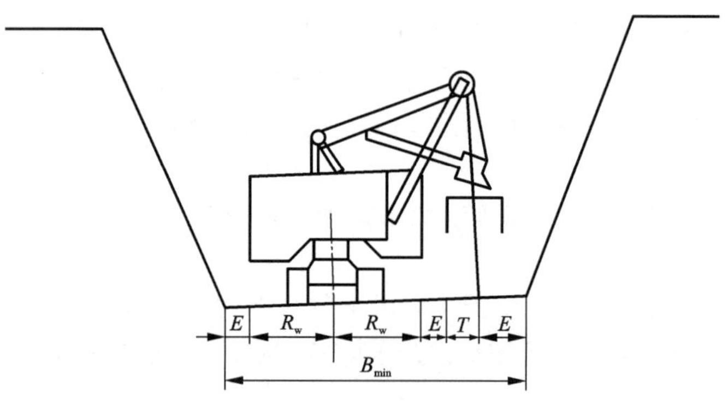

图 1-13 铁路运输露天采场最小宽度

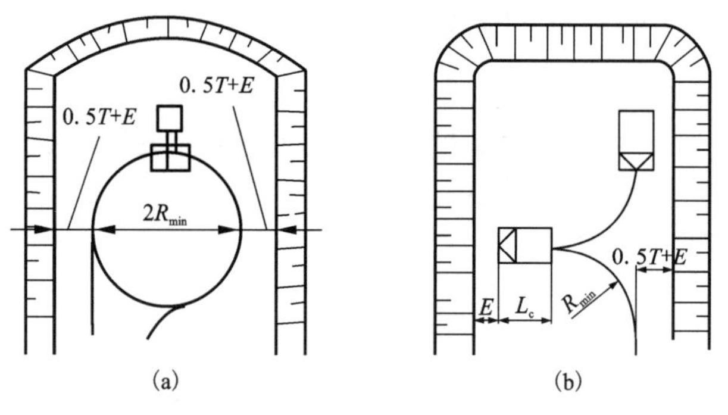

图 1-14 公路运输露天采场最小宽度

视矿体水平厚度不同，露天采场底的位置可能有三种情况。当矿体水平厚度小于最小底宽时，露天采场底平面按最小宽度绘制；当矿体水平厚度等于或略大于最小底宽时，露天采场底宽取矿体水平厚度；当矿体水平厚度远大于露天矿最小底宽时，则按照最小底宽绘制底平面，并按照下列因素确定露天矿底的位置：

(1)使境界内的可采矿量最大而剥岩量最小。

(2)使可采矿量最可靠，通常露天矿底宜置于矿体中间，以避免地质作用误差所造成的影响。

(3)根据矿石品位分布，使采场的矿石质量最高。

(4)根据矿岩的物理力学性质调整露天矿底的位置，使边坡稳固且穿爆方便(见表 1-7 露天采场底部最小宽度)。

1.6.2 露天采场开采深度的确定

在每个地质横剖面图上，根据境界剥采比不大于经济合理剥采比的原则初步确定露天开采深度。

矿石品位变化不大的矿床，其经济合理剥采比可采用全矿床的平均品位计算，各地质剖面的经济合理剥采比控制在同一数值内即可。矿石品位变化较大的矿床，则按各剖面不同的矿石品位分别计算各剖面的经济合理剥采比。

在用各地质横剖面图计算境界剥采比时，对与矿体走向不成正交的横剖面，需将设计的最终边坡角换算成相应的伪边坡角，以换算的伪边坡角进行计算。

非正交横剖面的采场伪边坡角按下式计算。

$$\tan\beta' = \cos\varphi \cdot \tan\beta \tag{1-20}$$

式中：β'为非正交横剖面的伪边坡角，(°)；φ 为非正交横剖面与正交横剖面在平面上的夹角，(°)；β 为设计的露天采场的边坡角，(°)。

1) 长露天矿的开采深度的确定

露天矿走向长度大时，首先在各地质横剖面图上初步确定开采境界合理深度，然后用纵剖面图调整开采境界底部标高。

首先，在各地质横剖面图上做出若干个深度的开采境界方案(图 1-15)。当矿体埋藏条件简单时，深度方案做得少一些，矿体复杂时深度方案多做些，并且必须包括境界剥采比有显著变化的深度。依据前面选定的最小底宽和边坡角绘制境界，这时既要注意露天矿底在矿体中的位置，还要鉴别该横断面上的边坡角是实际的还是伪倾角，若为伪倾角，则需进行换算。

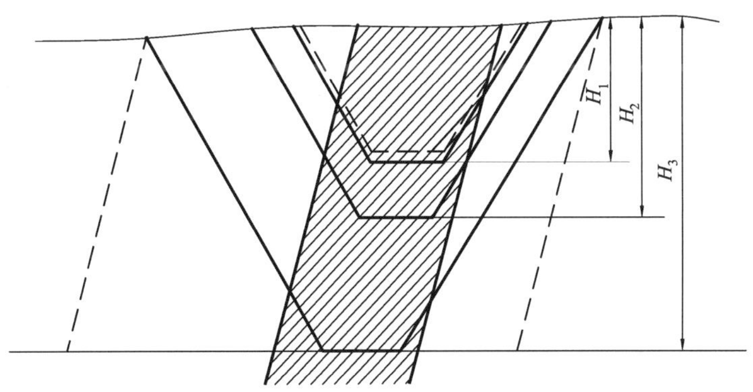

H_1、H_2、H_3—不同深度的开采境界方案。

图 1-15　长露天开采深度的确定

其次，针对各深度方案，用面积比法或线段比法计算其境界剥采比。

最后，将各方案的境界剥采比与开采深度绘成关系曲线(图 1-16)，再画出代表经济合理剥采比的水平线，两线交点的横坐标 H_j 就是开采境界的合理深度。

至此，完成了一个地质横剖面图上露天开采理论深度的确定。按同样的方法，可将露天矿范围内所有横断面上的理论深度都确定下来。

应当指出，在确定厚矿体的开采深度时，鉴于露天矿底的位置不易确定，有时先按矿体厚度而不是最小底宽作图(图 1-17)，然后继续向下无剥离地采矿，直至最小底宽为止。这时，露天开采的最终深度显然是最初确定的深度与无剥离开采深度之和。

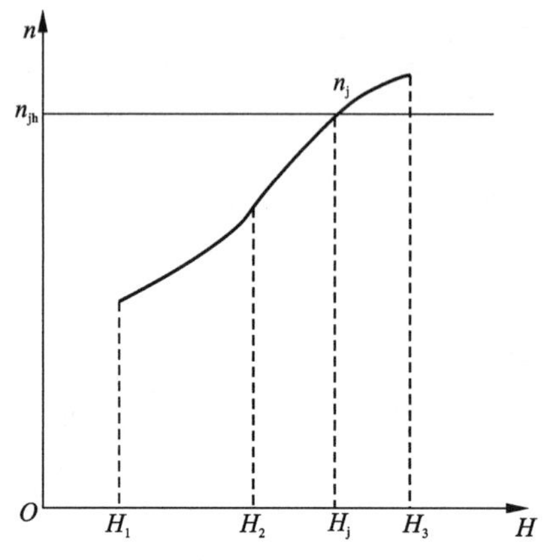

图 1-16　境界剥采比与深度的关系曲线

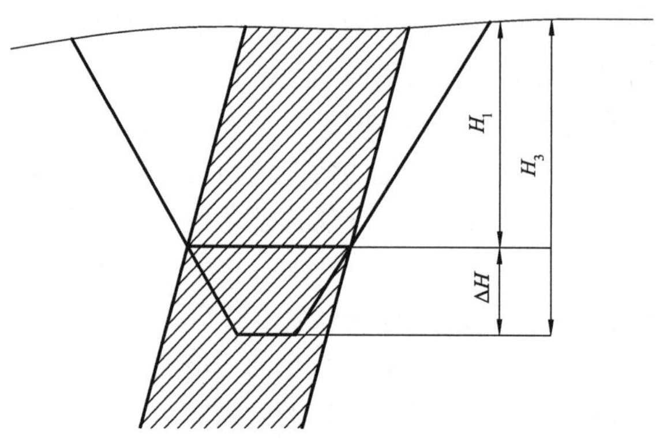

H_1—最初确定的开采深度；ΔH—无剥离开采的深度；H_3—最终的露天开采深度。

图 1-17　厚矿体的无剥离开采

2) 在地质纵剖面图上调整开采境界底部标高

在各个地质横剖面图上初步确定了露天开采的理论深度后，由于各剖面的矿体厚度和地形变化不等，所得开采深度也不一样，将各横剖面图上的深度投影到地质纵剖面图上，连接各点，得出一条不规则的曲线(图 1-18 中的虚线)。

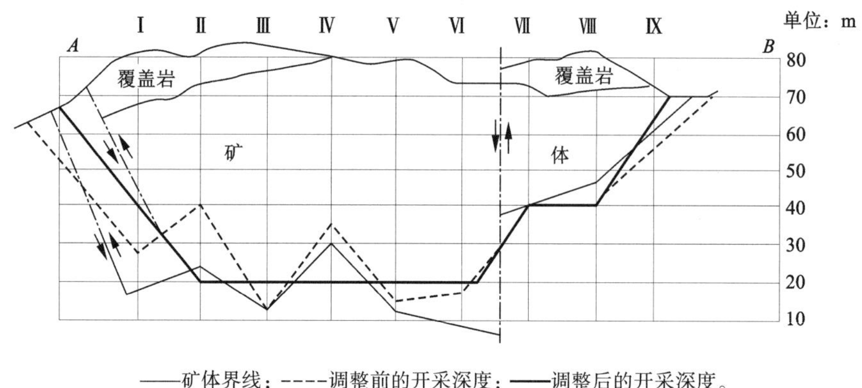

——矿体界线；----调整前的开采深度；——调整后的开采深度。

图 1-18　在地质纵剖面图上调整露天矿底平面标高

为了便于开采和布置运输路线，露天矿的底平面应调整至同一标高。当矿体埋藏深度沿走向变化较大，并且长度又允许时，其底平面可调成阶梯状。调整的原则是使少采出的矿石量与多采出的矿石量基本均衡，并让剥采比尽可能小。图 1-18 的粗实线便是调整后的设计深度。

3) 短露天开采深度的确定

对走向长度短、深度大的露天矿，端帮剥离量所占比例较大，用地质横剖面图不能正确确定矿床境界剥采比时，可用平面图法确定，具体步骤见 1.2 节。首先按平面图法计算各深度方案的境界剥采比 n_1、n_2、n_3，然后绘制境界剥采比 n_j 随深度 H 变化的关系曲线，再在曲线上找出境界剥采比等于经济合理剥采比的深度，这一深度就是露天矿的合理开采深度。

1.6.3　露天采场底部周界的确定

无论是长露天矿还是短露天矿，调整后的开采深度往往不再是最初方案的深度，因而需要重新绘制底部周界(见图 1-19)。其步骤是：

(1)按调整后的露天开采深度，绘制该水平的地质分层平面图；

(2)确定各剖面的底部周界位置。按调整后的开采深度，在露天底平面图上各剖面线上确定底部位置，每个剖面一般得到两个点，连接各点，得出理论上的底部周界(图 1-19 的虚线)；

(3)确定端帮位置。实质是在走向上确定露天开采境界，以便减少露天矿两个端帮岩石量对露天开采经济效益的影响，也就是按端帮 $n_j \leq n_{jh}$ 的原则，把不符合要求的少量端部矿体及相应的大量端部岩石圈出开采境界。

如图 1-20(a)所示为纵剖面图，k 为矿体走向末端位置，b 为能满足上述原则要求的端帮坡面位置，L_y 为圈出的端部矿体长。

端帮境界剥采比等于端帮在垂直面 A-A 上的岩石投影面积 S_V 与矿石投影面积 S_A 之比，如图 1-20(b)所示。

确定端帮位置可用方案法。即选定若干个端帮位置方案，如图 1-20 中的点 a、b 等，然后分别求出其端帮境界剥采比，绘出 n_j 曲线和 n_{jh} 水平线，两线交点即为所求的端帮位置，如图 1-20(c)所示。

将确定的端部点位置投影到底部平面图上，即底部周界在端部的位置；

(4)连成底部边界。将(2)、(3)得到的点连成一条圆滑的线，这条线即是底部周界。底部周界要平直，弯曲部分要满足运输路线曲线半径要求；底部长度要满足设置运输线路的需要，如图 1-19 中实线所示。

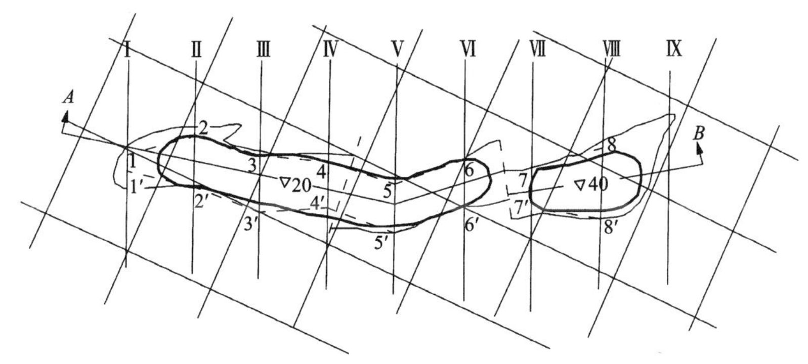

Ⅰ～Ⅸ剖面线；---理论周界；——最终设计周界。

图 1-19　底部周界的确定

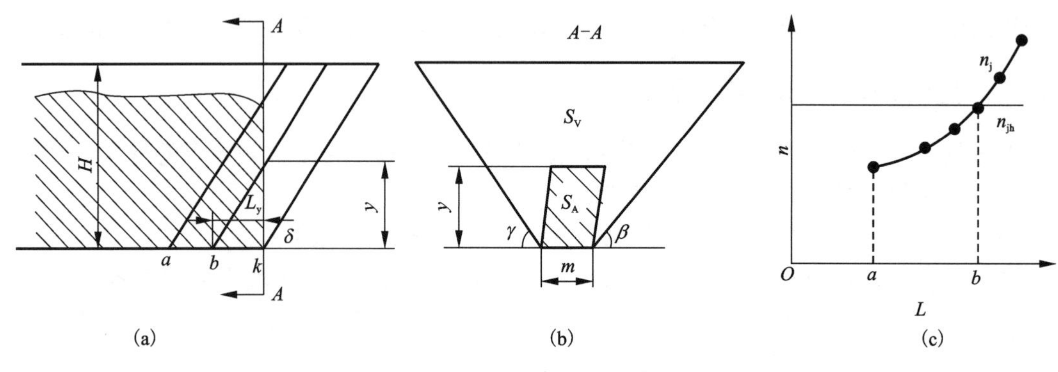

图 1-20　端帮位置确定

1.6.4　露天采场终了平面图的绘制

露天开采终了平面图的绘制方法：

(1)将设计的底部周界绘在透明纸上。

(2)将透明纸覆盖在地形平面图上，按照最终边帮组成要素(台阶高度、坡面角、台阶宽度)，从底部周界开始由内向外(标高是由下而上)依次绘出各台阶坡底线。显然，开采境界封闭圈以下各台阶的坡底线在平面图上是闭合的，而处在封闭圈以上的坡底线则不能自行闭合甚至分割成多段。按投影关系，这些非闭合坡底线应与同标高的地形等高线交接闭合(图 1-21)。

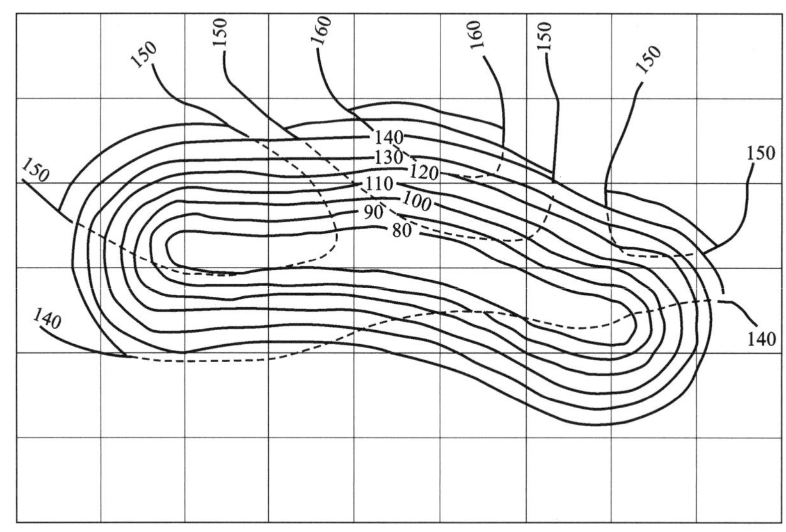

图 1-21　初步圈定的露天开采终了平面图

(3)在图上布置开拓运输路线，即图上定线。图上定线要选择好开采境界上部出入沟口位置和下部盆底沟道端口位置。图上定线后，由于最终边坡插入了倾斜运输沟道，该边坡上的最终台阶的位置会有不同程度的外移。当最终边坡位置变动过大时，应及时检查开采境界合理性，以便进行调整和修正。

(4)按最终边坡组成设计和开拓运输线路布置，从底部周界开始，由里向外依次重新绘出各台阶的坡底线及坡顶线，形成台阶坡面和平台(图 1-22)。绘制倾斜运输沟道时，要注意与相关台阶的连接及闭合。

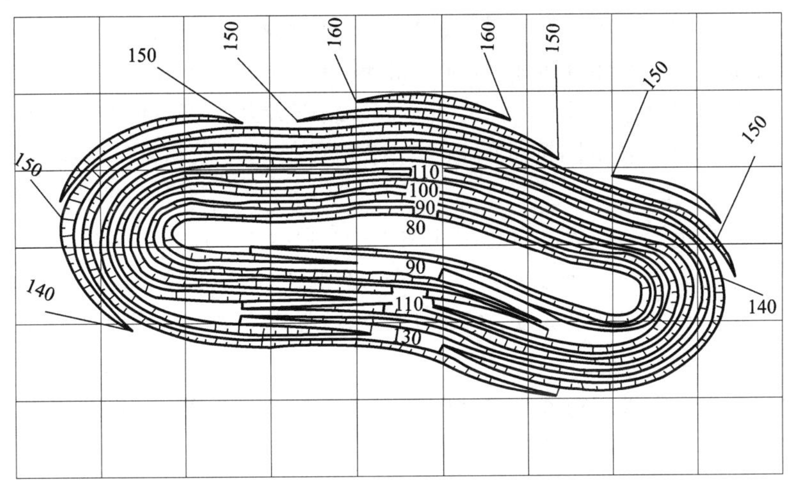

图 1-22　露天开采终了平面图

(5)检查和修改上述露天开采境界。由于在绘图过程中，原定的露天开采境界常受开拓运输线路影响而有变动，因而需要重新计算其境界剥采比和平均剥采比，检查它们是否合理。假如差别太大，就要重新确定境界。此外，上述境界还要根据具体条件进行修改。例如，当境界内有高山峻岭时，为了大幅度减小剥采比，就需要避开高山部位。又如，当境界外所剩矿量不多时，若全部采出所增加的剥采比又不大，则宜扩大境界，全部用露天开采。

(6)开采终了平面图绘制完成后，按投影关系，绘制工程境界的横剖面图和纵剖面图。至此，便完成了矿床露天开采境界设计。

上述选用若干地质剖面图来模拟矿体，然后在剖面图上确定开采深度并据此圈定露天开采境界的方法，由于所选剖面不一定垂直于露天矿边坡走向，每一个剖面与露天矿边坡走向的交角也并不一定一致，上部交角与深部交角不一样，上盘交角与下盘交角不一样的现象也很常见。所以用剖面图上矿岩面积相比较的方法来模拟真正剥采比，有时会产生较大误差。此外，端部工程量通常不小，而且往往剥岩多、采出矿量少，剖面法却对此难以反映。因此，所确定的露天开采境界往往难以获得令人满意的效果。故设计中多用平面法来确定开采境界。

1.7　露天开采境界的计算机优化方法

目前，国内外已应用电子计算机来确定露天开采境界，并获得了较好的效果。方法很多，概而言之，可分为两大类。第一类是模拟法，如剖面图法、平面投影法、浮动圆锥法；第二类是数学优化法，包括线性规划法、图论法、三维动态规划法、网络流法等。近年来，国内有关设计部门主要采用了浮动圆锥法、三维动态规划法、网络流法、平面投影法等。本节主要对浮动圆锥法做一个详细介绍。

1.7.1　浮动圆锥法确定原理及数学模型

浮动圆锥法是美国 M. T. 潘纳等人于 1965 年提出的，这是一种用系统模拟技术来解决露天开采境界的方法。它的基本出发点是将最简单的圆形露天矿近似地看成一个截头倒圆锥。它锥立在矿石方块之上，上部直通地表，圆锥的母线与水平线夹角等于露天矿的帮坡角。由于组成露天矿边坡的岩性、节理、裂隙性质不同，故露天开采境界的帮坡角亦应随之变化。所以露天矿实际上是由许多不同锥度的相互交错和重叠的可采圆锥体来模拟的。圆锥体越密，越逼近真实的露天矿。

用浮动圆锥法确定开采境界的示意图如图 1-23 所示。矿床开采设计的目的，是要寻求一种开采手段，使该矿床的开采成本最低。对于上部可用露天开采、下部用地下开采的矿床，就是要寻求露天矿合理开采深度，使得矿床开采总成本最低。用浮动圆锥法确定露天开采境界也符合这一原则。

现举例说明手工方法确定境界与浮动圆锥法确定境界两者之间的顺应关系：

设有一急倾斜矿体，埋藏情况如图 1-24 所示。

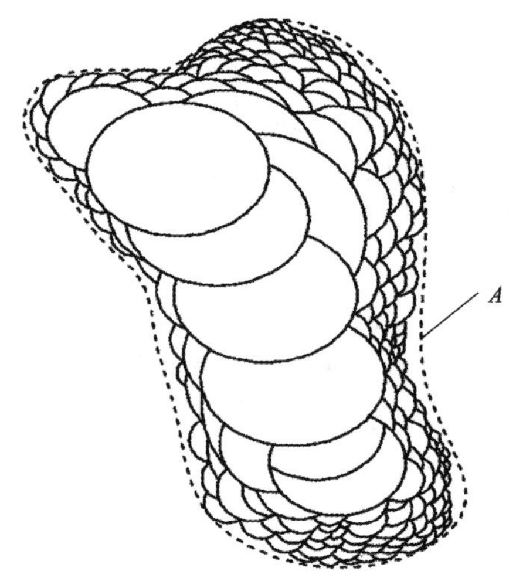

A—露天开采经济境界。

图 1-23　浮动圆锥法确定开采境界图

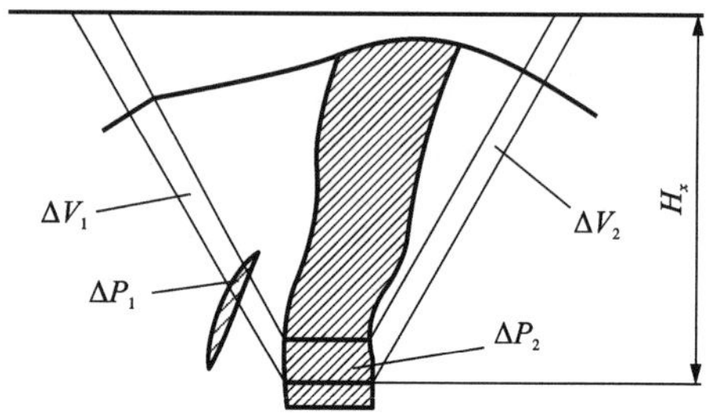

图 1-24　手工法确定开采境界示意图

图中单位若用走向长度计算境界剥采比，则

$$n_{\mathrm{j}} = \frac{\Delta V_1 + \Delta V_2}{\Delta P_1 + \Delta P_2} \tag{1-21}$$

当 $n_{\mathrm{jh}} = n_{\mathrm{j}}$ 时，则

$$\frac{c - a}{b} = \frac{\Delta V_1 + \Delta V_2}{\Delta P_1 + \Delta P_2} \tag{1-22}$$

式中：c 为地下开采单位体积矿石成本，元/m^3；a 为露天开采单位体积矿石的采矿费用，

元/m^3；b 为剥离单位体积岩石剥离费用，元/m^3。

令 $\Delta V=\Delta V_1+\Delta V_2$，$\Delta P=\Delta P_1+\Delta P_2$，由式(1-22)可得：

$$c\Delta P = a\Delta P + b\Delta V \tag{1-23}$$

从式(1-23)得知，当露天开采深度达到某一定值 H_x 时，地下开采单位体积矿石的费用等于露天开采单位体积矿石的费用，此时露天开采深度 H_x 便是露天矿的极限开采深度，再往下必须转入地下开采，否则露天开采费用便高于地下开采费用。

浮动圆锥法确定露天开采境界，其目标是寻求盈利最大的露天矿。这是针对矿床经济矩阵而言的，那么对于矿化矩阵又是如何呢？见图 1-25。

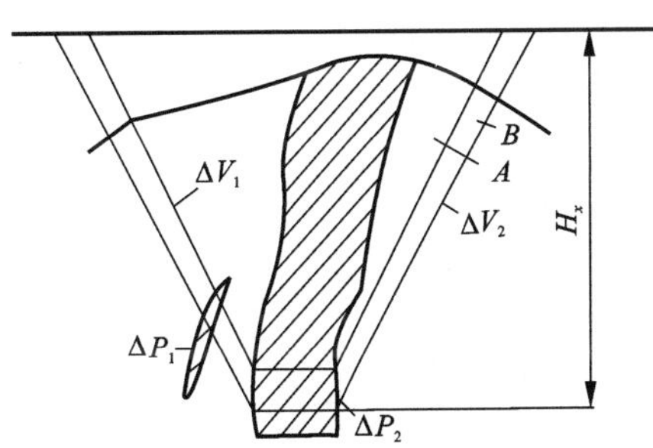

图 1-25　浮动圆锥法确定露天开采境界原理图

图 1-25 是上、下两个分层发生的相互重叠的圆锥体剖面图。A 是上一分层的圆锥体，B 是下一分层的圆锥体。两个锥体之间的移动增量用 S 表示，则：

$$S = \Delta P_1 + \Delta P_2 + \Delta V_1 + \Delta V_2 \tag{1-24}$$

在锥体 A 已经采出的情况下，衡量锥体 B 能否开采，取决于 S 的值。

$S>0$ 时，锥体移动增量值为正，锥体可采；

$S=0$ 时，锥体移动增量值为 0，此时圆锥的下沉深度 H_x 便是该锥体开采的极限深度，此锥体也可作为可采圆锥而移除；

$S<0$ 时，锥体移动增量值为负，此锥体不可采，所发生的圆锥体界限作废。

从式(1-21)得知，用人工方法确定露天开采境界，其露天深度取决于$\dfrac{\Delta V_1+\Delta V_2}{\Delta P_1+\Delta P_2}$的值，而用浮动圆锥法确定开采境界，其圆锥可采与否取决于式(1-24)中 $\Delta P_1+\Delta P_2+\Delta V_1+\Delta V_2$ 的值。若将矿化矩阵中的矿石方块的值用境界剥采比 n_{j} 代入，岩石方块用-1 代入，空气用 0 代入，则式(1-24)可表示为

$$S = \Delta P n_{\mathrm{j}} - \Delta V \tag{1-25}$$

令 $S=0$，有

$$\Delta P n_{\mathrm{j}} = \Delta V \tag{1-26}$$

即：

$$n_{\mathrm{j}} = \frac{\Delta V}{\Delta P} \tag{1-27}$$

从式(1-27)可以看出，浮动圆锥法确定开采境界也符合境界剥采比原则。

1.7.2 浮动圆锥法确定露天开采境界

1)建立符合浮动圆锥法要求的矿化模型及价值模型

确定露天开采境界总是针对一定矿床的，为便于计算机计算，必须对矿床进行数据处理，也就是必须建立能体现矿体特征的数学模型，使其能体现各块段经济值或有用矿物的品位。这就是我们所说的经济矩阵或矿化矩阵。建立矿化矩阵的数学方法很多，但目前常用的方法主要有“距离平方反比法”及“克里金法”。根据浮动圆锥法的要求，矿化矩阵是由许多三维模块所组成的。模块尺寸大小根据计算精度、采矿阶段高度、帮坡角、计算时间等要求的不同而异。计算机再依据矿化矩阵提供的模块中有关技术经济指标等信息，将矿化矩阵转化成经济矩阵，作为浮动圆锥法确定境界的基本依据。矿床三维价值模型示意图见图 1-26。

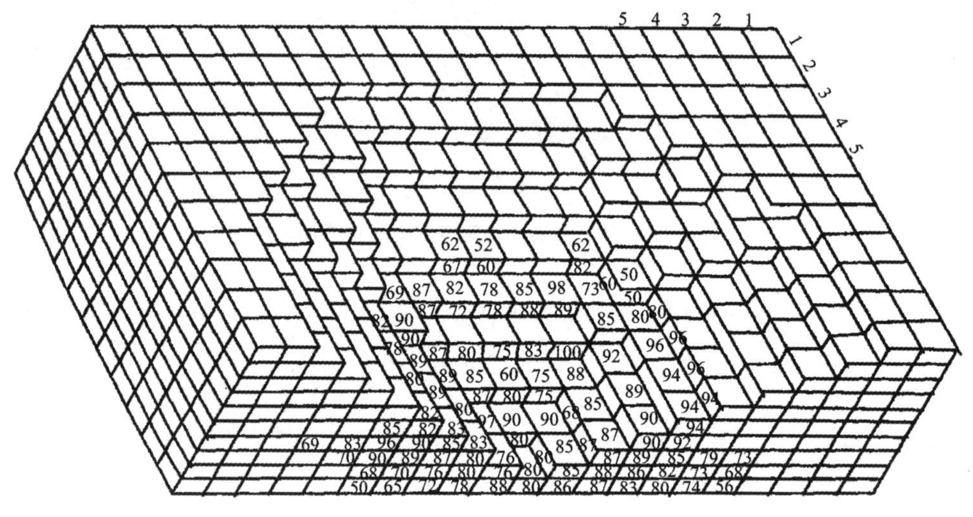

图 1-26 矿床三维价值模型示意图

2)用浮动圆锥法确定露天开采境界的方法

首先将矿床的经济矩阵或矿化矩阵输入电子计算机，并将帮坡参数、地表地形和地表构筑物、建筑物的限制以及其他一些对露天开采的约束条件也输入计算机。计算机根据输入的经济矩阵或矿化矩阵以及有关的约束条件，从初始开采深度水平起按一定的规律去寻找净值为正的块段，并以该块段的中心点为圆锥小头中心，向地表投射圆锥，使圆锥母线的倾角等于露天矿的帮坡角，这时映射在各个分层上的是半径不相同的同心圆，称之为投射圆。形成单圆锥的情况见图 1-27。

单圆锥形成以后，便到经济矩阵中去查询，看哪些模块落在锥体内，并在锥体内把各模块的净值(矿为正，岩为负，深部接近边界品位的贫矿也可能为负)进行累加。若锥体内净值之和为正或为零，则此锥体可采，将锥体内各块移除，并将其纳入最终境界，否则发生的圆锥界限作废。当第一个圆锥计算完毕后，圆锥小头中心按照原来的规律移向临近的净值为正的模块，继而按上述方法形成第二个圆锥。这两个圆锥之间可能有相当部分是重叠的，不相重叠部分的量称为移动增量，图 1-28 的阴影部分为移动增量。第二个圆锥可采与否，取决于移动增量的净值之和。

移动增量的计算方法：当第一个圆锥为可采圆锥时，将锥体各块段冲“0”，于是第二个圆锥与第一个圆锥重叠部分各模块的净值均为“0”，故累加第二个圆锥内各模块净值时，已扣除了重叠量，得到的便是移动增量。若移动增量的值为正，此锥可采，反之则发生的圆锥界限作废。照此原则，依次移动圆锥的小头中心，移动一次便计算一次移动增量，寻找净值为正的圆锥开采。一个阶段考虑完毕以后，再从初始开采深度起重新找寻可采圆锥，直至在本阶段以上(包括本阶段)找不到一个可采圆锥为止，再往下一阶段继续查询，并重复上一阶段的各个步骤，直到整个经济矩阵中找不到一个可采圆锥为止。所有的可采圆锥的集合便构成了露天开采境界。

为了提高浮动圆锥法的计算速度，目前一般都用圆锥模板来替代每次发生的圆锥。为了适应露天矿帮坡角多变的要求，一般是一个阶段建立一个模板。需要在某阶段发生圆锥时，便调用该阶段圆锥模板，计算机通过扫描的办法来判断哪些模块落在锥体内，不需再计算各模块的中心点到此次投射在该阶段投射圆圆心的距离，也不需判断它与该投射平面半径的关系，这样便达到了节约大量计算时间的目的。对落在模板范围内的各模块净值进行累加，判断圆锥可采与否，模板移动原则与前面介绍的“浮动圆锥法”原则完全一致。

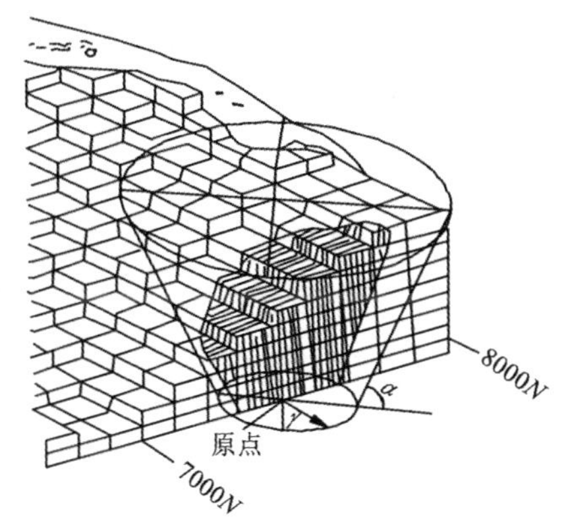

图 1-27　单个截头圆锥示意图

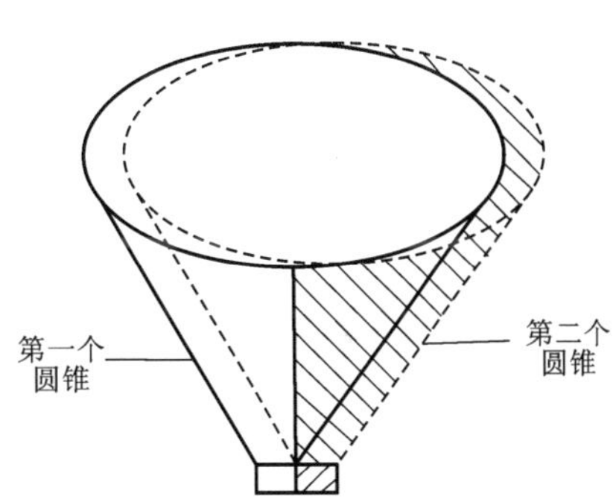

图 1-28　圆锥移动增量示意图

3) 多重圆锥法中基本尺寸的计算

设圆锥体穿越的经济矩阵各分层的中心点为 $F_z(x_z, y_z)$。其中，z 为圆锥体穿越经济矩阵各分层的序号，从圆锥顶 0 分层算起；x_z 为经济矩阵中 z 分层某模块的行标；y_z 为经济矩阵中 z 分层某模块的列标。

圆锥小头中心点为 $F_0(x_0, y_0)$；经济矩阵中各模块的中心点为 $Q_{zij}(x_{zij}, y_{zij})$。其中，$i$ 为模块的行标，即 x 方向序号；j 为模块的列标，即 y 方向序号。

对选定的初始露天矿底所在分层上，净值为正的诸模块，令其中心点为圆锥小头中心，分别求其移动增量。

若初始露天矿所在的 0 分层的某一块段的值 $m_{0ij}>0$ 条件成立，则 $Q_{0ij}(x_{0ij}, y_{0ij}) \Rightarrow F_0(x_0, y_0)$。对应于 F_0 的点都有一个圆锥体。

对于露天矿底以上各分层有哪些模块落入了圆锥体需要进行判断。其判断标准是每个模块中心点 Q_{zij} 与投射在该水平的投射圆中心点 $F_z(x_z, y_z)$ 的距离 $\overline{Q_{zij}F_z}$ 是否小于或等于该水平

的圆锥半径 R_z，若$\overline{Q_{zij}F_z} \leq R_z$，则该块段在锥体内，反之在锥体外。

以上含义可用下列算式表达：

$$\begin{aligned}\overline{Q_{zij}F_z} &= \sqrt{(x_{zij}-x_z)^2+(y_{zij}-y_z)^2}\\ R_z &= r + H_z\cot\alpha\end{aligned} \tag{1-28}$$

若$\overline{Q_{zij}F_z} \leq R_z$，则圆锥体内的净值(移动增量)为：

$$A_{0ij} = \sum_{i=1}^{MI}\sum_{j=1}^{MJ}\sum_{z=0}^{N} m_{zij} \tag{1-29}$$

式中：H_z 为各分层距锥底的高差，用阶段数表示；m_{zij} 为经济矩阵中的某块段的净值；MI 为经济矩阵中的最大行标；MJ 为经济矩阵中的最大列标；N 为圆锥体所穿越的阶段数。

浮动圆锥法的计算参见图 1-29。

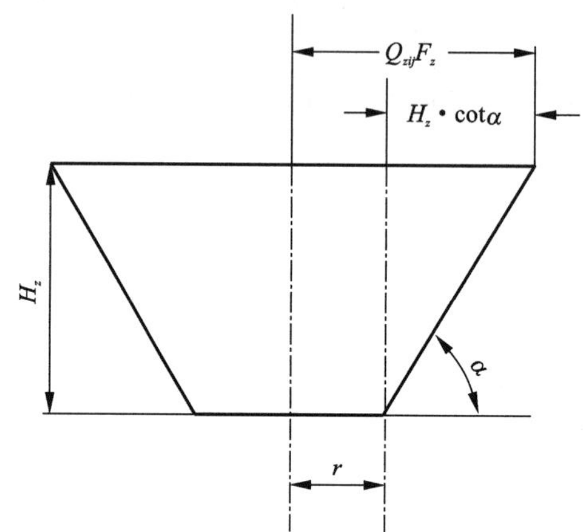

图 1-29　浮动圆锥法基本尺寸图

若 $A_{0ij}>0$，则此锥体可采，然后令 $0 \Rightarrow m_{zij}$ 以便计算一个圆锥的移动增量。整个经济矩阵中可采用圆锥的净值之和便是全矿的总盈利值。

浮动圆锥法的计算框图如图 1-30 所示。

4)浮动圆锥法评价

“浮动圆锥法”在国内外得到普遍应用，该方法计算结果精确，能获得优化开采境界。人工方法确定境界是基于二维的简易方法，而浮动圆锥法是在矿体三维空间上考虑其变化规律而确定的境界，故而其计算结果精确。另外，该方法计算速度快，在 100 万次/s 计算机上，计算一般大型矿山的露天开采境界需 10~15 min，便于进行多方案比较和选择最优方案。

浮动圆锥法确定露天开采境界，可用于方案设计和可行性研究阶段。如果计算机的输出结果和大型精密绘图仪连接则可用于初步设计阶段。

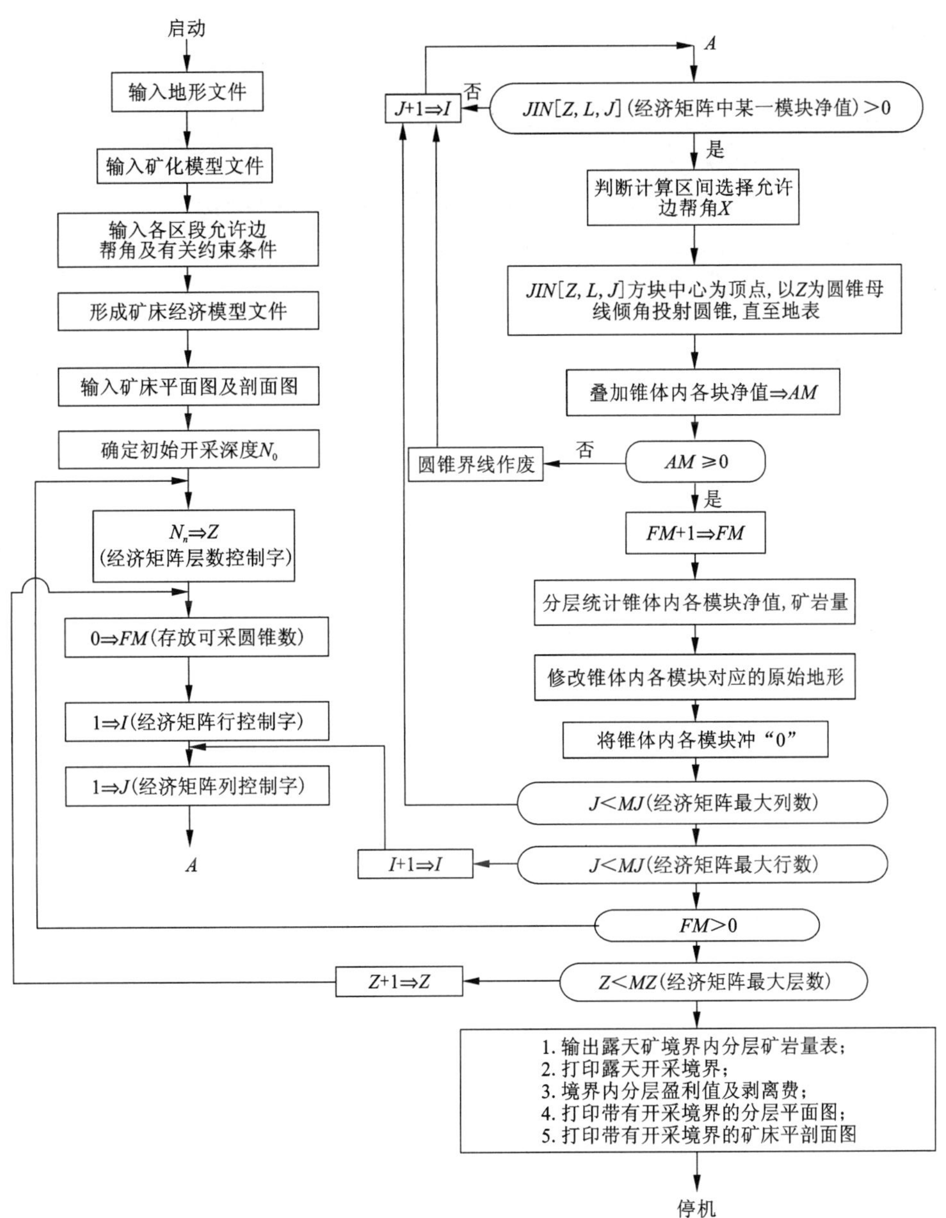

图 1–30　浮动圆锥法计算框图

1.8　露天矿生产能力

露天矿生产能力是指在具体的矿床地质、工艺设备、开拓方法和采剥方法条件下，露天矿在单位时间内的矿石开采量和矿岩采剥总量。露天矿生产能力包括两个指标，即矿石生产能力和矿岩生产能力。矿石生产能力指标有设计、实际和极限（最大）等若干种。

露天矿生产能力是企业的主要技术经济指标，露天矿生产能力直接关系到矿山的设备选型和数量、劳动力及材料需求、基建投资和生产经营成本等。因此，生产能力是露天矿设计的一个重要参数，合理确定露天矿的生产能力具有十分重要的意义。

露天矿生产能力的主要影响因素有：

(1) 自然资源条件，即矿物在矿床中的分布、品位和储量；

(2) 开采技术条件，即开采程序、装备水平、生产组织与管理水平等；

(3) 市场，即矿产品的市场需求及产品价格；

(4) 经济效益，即矿山企业在市场经济环境中所追求的主要目标。

露天矿的矿岩生产能力 A_n(t/a) 与矿石生产能力 A(t/a) 可以通过生产剥采比 N_s(t/t) 进行换算：

$$A_n = (1 + N_s)A \tag{1-30}$$

露天矿生产能力应综合考虑矿产品需求量、技术可行性和经济合理性等因素进行确定，并通过编制采掘进度计划进行检验落实。

1.8.1 露天矿生产能力确定方法

1. 按资源储量估算生产能力

在一般的矿产资源条件下，矿床的资源储量 A_0(露天开采境界内储量) 是矿石生产能力 A 的主要影响因素。同时，矿床的资源储量(露天开采境界内储量) 也是矿山服务年限 T(a) 的主要影响因素。假设矿床开采的表观回收率 $\eta'=1$，上述三者存在如下关系：

$$A_0 = AT \tag{1-31}$$

由此表明：

(1) 当 A_0 变化时，A 或 T 与 A_0 正相关；

(2) 当 A_0 不变时，A 与 T 彼消此长，存在着所谓的矿山经济寿命或最佳产量；

(3) 表观回收率也称视在回收率，为采出矿量与开采矿量间的比值。

H·K·泰勒根据多年的设计经验，在撰写的《矿山评价与可行性研究》一文中，提出了根据矿床的资源/储量(或露天开采境界内矿量) A_0(Mt) 估算矿山经济寿命 T^*(a) 的经验公式(泰勒公式)：

$$T^* = 6.5A_0^{1/4} \cdot (1 \pm 0.2) \tag{1-32}$$

将泰勒公式代入式(1-31)，可得到按矿床资源/储量 A_0(Mt) 估计矿山经济寿命期内平均矿石生产能力 A(Mt) 的计算公式：

$$A = (2/13)A_0^{3/4} \cdot (1 \pm 0.2) \tag{1-33}$$

表 1-8 列举了国内外部分大型矿山的设计生产能力与泰勒公式估计值。

表 1-8 典型矿山的资源储量与生产能力

矿山名称	资源储量/Mt	设计生产能力/(Mt·a^{-1})	泰勒公式计算值/(Mt·a^{-1})
中国德兴铜矿	1630.00	33.00	31.60~47.40
中国南芬铁矿	340.00	12.50	9.74~14.62
中国大孤山铁矿	180.00	6.00	6.05~9.00
中国白云鄂博东矿	172.20	6.00	5.85~8.77
美国双峰铜矿	447.00	13.70	11.97~17.95

续表1-8

矿山名称	资源储量/Mt	设计生产能力/($Mt \cdot a^{-1}$)	泰勒公式计算值/($Mt \cdot a^{-1}$)
加拿大卡罗尔铁矿	2000.00	49.00	36.80~55.21
加拿大莱特山铁矿	1800.00	44.50	34.00~51.01
澳大利亚纽曼山铁矿	1400.00	40.00	28.17~42.25
苏联南部采选公司	1445.00	30.50	28.85~43.27
苏联米哈依洛夫矿	233.70	10.00	7.36~11.40

2. 按需求量确定生产能力

按需求确定生产能力是将成品矿(精矿)的需求量 A_j(t/a)换算成原矿产量，即：

$$A = T_j A_j \tag{1-34}$$

式中：T_j 为换算系数，即生产单位成品矿(精矿)所需的原矿数量，t/t。

换算系数 T_j 按下式计算：

$$T_j = \frac{g_p}{\alpha'(1-r)\varepsilon} \tag{1-35}$$

式中：g_p 为成品矿(精矿)的品位；α'为原矿品位；r 为原矿运输损失率，一般为 1%~3%；ε 为矿物加工(选矿)回收率。

矿产品需求量要根据历年供求实际情况进行统计、分析和预测，同时还应对技术上的新成就如新材料替代等因素对矿产品需求量的影响进行及时估计。

3. 按开采技术条件确定生产能力

矿床开采技术条件对矿石生产能力的约束作用主要体现在采矿工程的空间范围和发展速度两个方面。

1)按可能布置的采矿工作面确定生产能力

挖掘机是露天矿的主要采掘设备，每台挖掘机服务一个工作面。挖掘机选定后，露天矿的生产能力取决于可能布置的挖掘机工作面数，即可能布置的采矿工作面数决定了矿山生产能力。

露天矿可能达到的矿石生产能力为：

$$A = \sum_{i=1}^{n_k} Q_{s,k} n_i = Q_{s,k} \sum_{i=1}^{n_k} n_i \tag{1-36}$$

式中：$Q_{s,k}$ 为采矿采掘机的平均生产能力，t/a；n_i 为台阶 i 可能布置的采矿工作面数目；n_k 为可能同时采矿的台阶数目。

台阶 i 可能布置的采矿工作面(采区)数目 n_i 为：

$$n_i = \frac{l_{gi}}{l_c} \tag{1-37}$$

式中：l_{gi} 为台阶 i 的采矿工作线长度，m；l_c 为采矿工作面(采区)的工作线长度，m。

一般情况下，对于铁路运输，要求 $n_i \leq 3$。

露天矿可能同时采矿的台阶数目 n_k 与矿床自然条件和开采技术条件有关。

(1)对于单矿体矿床，依图 1-31 所示的几何关系可得到下述两个等价的计算公式：

$$n_k = \frac{N_0}{b + h_t \cot\alpha_t} = \frac{m}{1 \pm \tan\varphi \cot\alpha} \cdot \frac{1}{b + h_t \cot\alpha_t} = \frac{m}{1 \pm \tan\varphi \cot\delta} \cdot \frac{1}{b + h_t \cot\alpha_t} \tag{1-38}$$

$$n_k = \frac{N_0}{h_t / \tan\varphi} = \frac{m}{1 \pm \tan\varphi \cot\alpha} \cdot \frac{\tan\varphi}{h_t} = \frac{m_z}{\sin\alpha \pm \tan\varphi \cos\alpha} \cdot \frac{\tan\varphi}{h_t} \tag{1-39}$$

式中：n_k 为可能同时采矿的台阶数；N_0 为矿体中工作帮坡线的水平投影，m；φ 为采矿台阶的工作帮坡角，(°)；b 为采矿台阶的工作平盘宽度，m；h_t 为采矿台阶高度，m；α_t 为采矿工作台阶坡面角，(°)；α 为矿体倾角，(°)；δ 为采矿工程延伸角，即矿体倾斜方向与工作帮水平推进方向夹角，(°)；m 为矿体水平厚度，m；m_z 为矿体真厚度，m，$m_z = m\sin\alpha$；“+”为用于下盘向上盘推进($\delta=\alpha$)；“-”为用于上盘向下盘推进($\delta=180°-\alpha$)。

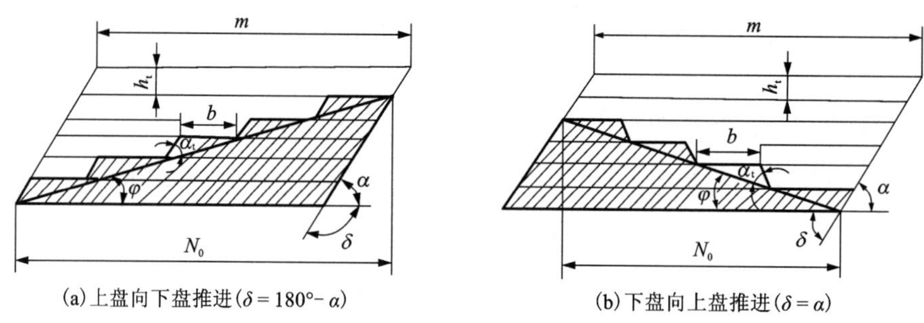

(a)上盘向下盘推进($\delta=180°-\alpha$)　　(b)下盘向上盘推进($\delta=\alpha$)

图 1-31　同时进行采矿的台阶数

下面对计算 n_k 的式(1-38)和式(1-39)作简要讨论：

① 对于直立矿体，即 $\alpha=90°$，$\cot\alpha=0$，$m=m_z$，则公式简化为式(1-40)：

$$n_k = \frac{m}{b + h_t \cos\alpha_t} = \frac{m_z}{b + h_t \cot\alpha_t} \tag{1-40}$$

② 对于水平矿体，即 $\alpha=0°$，$\sin\alpha=0$，$\cos\alpha=1$，则公式简化为式(1-41)：

$$n_k = \frac{m\tan\varphi}{h_t} \tag{1-41}$$

③ 对于倾斜矿体，若 $\alpha=\varphi$，$\tan\varphi\cot\alpha=1$，则式(1-38)化为：

$$n_k \begin{cases} = \dfrac{m}{2(b + h_t \cot\alpha_t)}, & \delta = \alpha\text{(即从下盘向上盘推进)} \\ \rightarrow +\infty, & \delta = 180° - \alpha\text{(即从上盘向下盘推进)} \end{cases} \tag{1-42}$$

式中：$n_k \rightarrow +\infty$ 在实际中意味着工作帮上全是采矿台阶。比如，倾斜矿体顶板全部出露的山坡露天矿。

对于多矿体矿床，式(1-38)和式(1-39)中的 N_0 为各矿体中工作帮坡线的水平投影宽度之和。设 n 为矿体数目，n_j'为矿体 j 中工作帮坡线的水平投影宽度，则有：

$$N_0 = \sum_{j=1}^{n} n_j' \tag{1-43}$$

2)按露天矿山工程延深速度确定生产能力

露天矿在生产过程中，工作线不断向前推进，开采水平不断下降，直至最终境界。通常用矿山工程(或工作线)水平推进速度和矿山工程垂直延深速度两个指标表示开采强度。

如图 1-32 所示，矿山工程水平推进速度 v_t(m/a)，是指工作帮或工作线的水平位移速度。延深速度有两个概念，一个是矿山工程(垂直)延深速度 v_y(m/a)，指矿山工程(或工作帮)在其延深方向(两相邻水平开段沟位置错动方向)的垂直位移速度；另一个是采矿工程(垂直)延深速度 v_k(m/a)，指矿山工程(或工作帮)在矿体倾斜方向的垂直位移速度，即相当于开采矿体水平截面的垂直位移速度。

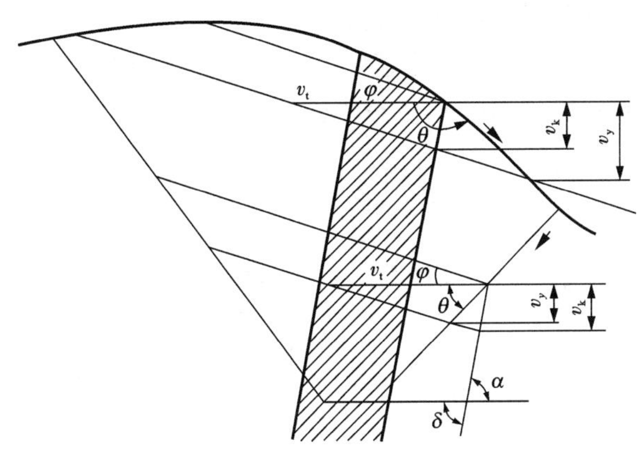

图 1-32　矿山工程垂直延深速度和水平推进速度

露天矿按采矿工程(垂直)延深速度可能达到的矿山生产能力可采用下式计算，即：

$$A = \frac{v_k}{h_t} A_c \eta' = v_k S \gamma \eta' \tag{1-44}$$

式中：A_c 为具有代表性的台阶水平分层矿量，t；η'为露天开采的矿石表观回收率，%；S 为具有代表性的矿体水平截面面积，m^2；γ 为矿石容重，t/m^3。

采矿工程(垂直)延深速度取决于或受制于矿山工程水平推进速度和矿山工程(垂直)延深速度。如图 1-32 所示，对于倾斜矿体工作线单侧推进的纵向采剥法，上述三者存在下述关系：

$$v_k = \frac{1}{\cot\varphi + \cot\delta} v_t \tag{1-45}$$

$$v_t = (\cot\varphi + \cot\theta) v_y \tag{1-46}$$

$$v_k = \frac{\cot\varphi + \cot\theta}{\cot\varphi + \cot\delta} v_y \tag{1-47}$$

式中：θ(0°~180°)为矿山工程延深角，即矿山工程(或工作帮)延深方向与水平推进方向的夹角，(°)。

由上述一组关系式，可得到采矿工程(垂直)延深速度 v_k 的制约关系式：

$$v_k = \min\left\{\frac{\cot\varphi + \cot\theta}{\cot\varphi + \cot\delta} v_y, \frac{1}{\cot\varphi + \cot\delta} v_t\right\} \tag{1-48}$$

在某些采剥方法中，v_k 与 v_y 或 v_t 的关系难以定量描述，因此，可令 $v_k = v_t$。

矿山工程(垂直)延深速度 v_y 与新水平准备时间 t_x(a)和水平分层高度或工作台阶高度 h_t(m)有关。

新水平准备时间是指现工作水平开始掘出入沟的间隔时间，或者说是指开辟新水平的持续时间。新水平准备的工程量包括掘出入沟、掘开段沟以及为下一水平掘出入沟提供必要空间所需的扩帮。可通过新水平准备时间与相应的水平分层高度计算矿山工程(垂直)延深速度，即：

$$v_y = h_t / t_x \tag{1-49}$$

在矿床开采设计中，矿山工程(垂直)延深速度和新水平准备时间可以采用类比法选取。

新水平准备时间也可以通过编制新水平准备工程进度计划来确定。

矿山工程水平推进速度 v_t 取决于工作帮上可能布置的挖掘机工作面数目 n_g 和工作帮的垂直投影面积 $S_z(m^2)$。设工作面 i 的挖掘机实际生产能力为 $Q_{s,i}(m^3/a)$，则有：

$$v_t = \frac{1}{S_z}\left(\sum_{i=1}^{n_g} Q_{s,i}\right) \tag{1-50}$$

1.8.2 露天矿合理生产能力的确定

由于生产能力的大小受到各方面因素的影响，合理地确定比较困难，影响的因素很多，有些因素还相互矛盾，这样就造成确定生产能力的复杂性。露天矿生产能力的确定，必须技术上可行，经济上合理。实践证明，技术上可行的生产能力，可能经济上是不合理的；反之，经济上合理的生产能力，技术上可能达不到。因此，必须综合分析技术和经济各种因素之后，方可确定生产能力。

目前，我国按经济合理原则确定露天矿生产能力时，主要考虑固定资产的有效利用，从技术上验证露天矿生产能力，主要考虑 3 个方面：

(1)按矿山可能布置的工作面数目；

(2)按矿山工程发展的速度；

(3)线路的运输能力。

用上述经济合理原则和技术验证确定露天矿生产能力是前人长期经验的总结，它为改善我国露天矿设计起过积极的作用。然而，随着科技的进步和新技术的发展，在研究露天矿生产能力时，应多考虑一些经济因素，这在西方国家研究得比较充分，并且具有较大的经济效益。这样，势必要寻求一种适合于合理确定露天开采的生产能力的方法。

根据上述思路，可依据静态分析法和动态分析法来进行生产能力的综合确定。

1. 静态分析法

1)按储量保证服务年限确定露天矿生产能力的计算

目前在计划和设计中，较广泛应用的是按储量保证服务年限(或“额定”的折旧年限)来确定露天矿的生产能力。这种方法虽然不够精确，仍不失为一种可行的简便方法。这种方法的基本出发点是有效利用固定资产。

矿石生产能力与储量保证服务年限关系如下：

$$A_1 = \frac{Q}{T_{min}(1-\rho)}\eta \tag{1-51}$$

式中：A_1 为矿石按储量保证年限的生产能力，万 t/a；Q 为露天矿境界内有用矿物的工业储量，万 t；T_{min} 为按设计规范确定的最短服务年限，a；η 为矿石回收率，%；ρ 为废石混入率，%。

经济学家泰勒根据大量统计研究给出一个确定矿山经济寿命的关系式，不少设计部门在参考应用，其关系式如下：

$$T_{min} = 2\sqrt[4]{Q}(1 \pm 0.2) \tag{1-52}$$

式中公式符号同上。

2)按利量分析的生产能力计算

露天矿生产能力与矿石的成本、产销数量及利润相关。对于成本、产量及利润之间关系的研究，称为利量分析。

成本分为可变成本和固定成本两大类，后者在一定范围内与产量无关，但超过某一范围它可能要变化；可变成本是随着产量增加而增加的，但也要考虑不完全成比例的调整系数。矿山的效益应该要盈利或至少不亏损。则保证矿山最低限度效益的最小规模应为：

$$A_2 = \frac{\alpha_1 C}{Z - \alpha_2 V} \tag{1-53}$$

式中：A_2 为利量分析最低限度的生产能力，万 t/a；C 为固定总费用，万元/a；V 为单位矿石可变成本，元/t；α_1 为考虑规模对固定费用影响的系数；α_2 为考虑可变成本不完全比例的调整系数；Z 为单位矿石销售价格，元/t。

矿石销售价格有进口价格和国内市场价格之分，国民经济急需的矿石还要计入补贴价格。从式(1-53)可以看出矿山固定费用越大，就越需增大矿山的生产能力来分摊固定费用。反之，矿石的市场价格越高，矿山的生产能力越可以降低。

3)按投资数额限制可能达到的生产能力计算

由于国家投入建设露天矿山的资金有限制，地方和企业筹集的资金仍然不足，在这种情况下，可按可能获得的资金开发矿山。这时露天矿的生产能力与可能获得的投资数额与单位矿石的投资有关，其关系如下：

$$A_3 = \frac{C_k}{C_d} \tag{1-54}$$

式中：A_3 为投资限制的生产能力，万 t/a；C_k 为可能获得的投资额，万元/a；C_d 为单位矿石的投资，元/t。

上面几个公式是传统的分析露天矿生产能力的一般公式，看起来它们是孤立的，没有什么内在联系，其实不然，经过比较(表 1-9)，发现它们存在着很大的联系。

表 1-9　三种生产能力分析比较

可能出现的情况类型	生产能力的大小顺序	关系与结论
第一类	$A_1>A_2>A_3$	(1)允许延长 T_{min} 减少 A_1，使其等于 A_3； (2)不能低于 A_2，否则亏本； (3)结论：按 A_3 开采必然导致经济亏损
第二类	$A_1>A_3>A_2$	(1)允许延长 T_{min} 减少 A_1，使其等于 A_2； (2)按 A_2 开采不赔不赚，但解决社会就业问题； (3)允许增大 A_2 使其等于 A_3，有利可图； (4)结论：按 A_3 为最大规模，A_2 为最小规模
第三类	$A_2>A_1>A_3$	(1)允许延长 T_{min} 减少 A_1，使其等于 A_3； (2)不能低于 A_2，否则亏本； (3)结论：按 A_3 开采必然导致经济亏损
第四类	$A_2>A_3>A_1$	(1)按 A_1 开采投资无限制，不满足 A_2 经济亏损； (2)结论：若有后继矿山开发，可酌情考虑

续表1-9

可能出现的情况类型	生产能力的大小顺序	关系与结论
第五类	$A_3>A_2>A_1$	(1)资金充足，储量少，按 A_1 开发，经济亏损； (2)结论：若有后继矿山开发，可酌情考虑
第六类	$A_3>A_1>A_2$	(1)允许增加 A_2，增大盈利； (2)投资无限制； (3)结论：A_1 为最大规模，A_2 为最小规模

2.动态分析法

经济合理的生产能力是在静态计算基础上，根据上、下限生产能力求出其间经济效益最优的矿山规模，它需要经多方案比较才能确定。露天矿合理生产能力优化的目标必须权衡投资、费用等问题，而生产能力和投资与费用之间是相互联系、相互制约的。一般而言，生产能力大，单位投资少，总投资大，生产费用低；反之则相反。但当露天矿生产能力超过一定范围之后，情况可能发生变化，由于主要设备升级，造成单位投资增大，设备折旧和维修费用增加，生产成本可能也随之增加。此外露天矿每年的利润取决于剥岩、采矿成本，以及生产剥采比数值。露天矿分期与不分期以及它们基建投资额的分配对生产能力也有很大影响。

动态分析法中目前主要有投资收益率法、净现值法和现值比法。有人曾研究得出投资收益率法与现值比法的结果基本是一致的，而净现值法则是生产期间净现金流入的现值总和与基建投资等净现金流出的现值总和之差，可比性难以说明；而现值比法，它是每个方案生产期间净现金流入的现值总和与基建投资和生产期间补充投资的净现金流出的现值总和之比，表示投入产出的经济效果，因而更具有可比性。为此，提出采用现值比法进行综合评价，现把现值比法描述如下。

(1)现金流出现值总和

设投资在 Y 年内以相等的金额于每年年末投入使用，当投资贴现率为 S 时，现金流出的现值总和由下式表示：

$$P=\frac{k[(1+S)^{Y}-1]}{YS(1+S)^{Y-1}} \tag{1-55}$$

式中：P 为现金流出的现值总和，万元；S 为投资贴现率，%；Y 为基建年限，a；k 为总投资额，万元。

如果投资在 Y 年内以不相等的金额于每年年末投放使用，则现金流出的现值总和可由下式表达：

$$P=K_1+\frac{K_2}{(1+S)}+\frac{K_3}{(1+S)^2}+\cdots+\frac{K_T}{(1+S)^{T-1}}+\frac{K_{t1}}{(1+S)^{T+t1-1}}+\cdots+\frac{K_{tt}}{(1+S)^{T+tt-1}} \tag{1-56}$$

式中：K_1、K_2、K_T 为基建期间第1、2、T 年的投资，万元；K_{t1}、K_{tt} 为生产期间第1、t 年的补充投资，万元。

如果露天矿是分期开采的，其分期基建投资和分期生产补充投资要分别进行计算，其计算原理基本相同。

（2）现金流入现值总和

当各年的净现金流量都是等额发生时，可按下式计算：

$$P' = M\frac{(1+S)^{Y}-1}{S(1+S)^{Y+T-1}} \tag{1-57}$$

式中：P'为生产期 Y 年净现金流入的现值总和，万元；M 为年净现金流入量，万元/a；T 为露天矿基建时间，a；Y 为生产期时间，a；其他符号同上。

当各年的净现金流量不等额发生时，则按下式计算：

$$P' = \sum_{i=1}^{Y} F_t \frac{1}{(1+S)^{t-1}} \tag{1-58}$$

式中：Y 包括基建时间和生产时间，a；F_t 为第 t 年的净现金流入量，万元；F_t 与生产能力、矿石售价、开采成本、剥采比有关。

当露天矿分期开采时，各期中净现金流量年年相等，期与期之间的净现金流量不等，可按下式计算：

$$P' = M_1\frac{(1+S)^{t_1}-1}{S(1+S)^{T+t_1-1}} + M_2\frac{(1+S)^{t_2}-1}{S(1+S)^{T+t_1+t_2-1}} + \cdots + M_n\frac{(1+S)^{t_n}-1}{S(1+S)^{T+t_1+t_2+\cdots+t_n-1}} \tag{1-59}$$

$$M_i = A_{pi}(Z - \alpha - n_{si}b + C) \tag{1-60}$$

式中：t_i 为露天矿第 i 期开采时间，a；Z 为矿石售价，元/t；n_{si} 为露天矿第 i 期的生产剥采比，t/t；α 为矿石生产成本，元/t；A_{pi} 为露天矿 i 期生产能力，万 t；b 为剥岩成本，元/t；C 为税金，元/t。

（3）现值比计算

现值比计算式的含义是现金流入现值总和与现金流出的现值总和之比，即：

$$E = P'/P \tag{1-61}$$

式中：E 为现值比。当 $E<1$ 时，表明投资经济效果达不到要求，方案不可取；$E=1$ 时表明投资经济效果达最低要求；$E>1$ 时表明投资经济效益超过了最低要求。

在对露天矿生产能力多方案比较中，现值比最大的方案就是优化方案。

参考文献

[1] 陈晓青. 金属矿床露天开采[M]. 北京：冶金工业出版社，2010.

[2] 王运敏. 现代采矿手册-中册[M]. 北京：冶金工业出版社，2012.

[3] 王运敏. 金属矿采矿工业面临的机遇和挑战及技术对策[J]. 现代矿业，2011，27(1)：1-14.

[4] 王运敏. 冶金矿山采矿技术的发展趋势及科技发展战略[J]. 金属矿山，2006(1)：19-25，60.

[5] 孙豁然，周伟，刘炜. 我国金属矿采矿技术回顾与展望[J]. 金属矿山，2003(10)：6-9，71.

[6] 王运敏. "十五"金属矿山采矿技术进步与"十一五"发展方向[J]. 金属矿山，2007(12)：1-9，13.

[7] 余斌，吴鹏. 中国露天矿山开采工艺技术与装备现状和未来[J]. 矿业装备，2011(s1)：48-50，60.

[8] 姜鹏. 眼前山铁矿露天转地下开采关键技术分析[J]. 矿业工程，2012，10(1)：15-17.

[9] 郭志杏，刘文进，方正. 大冶铁矿东露天转地下开采采矿巷道变形监测与分析[J]. 科协论坛(下半月)，2010(1)：16-17.

[10] 陈光富. 杏山铁矿露天转地下开采工程的设计实践[J]. 黄金，2009，30(7)：23-26.

[11] 康勇. 露天采矿技术发展方向及高校相关专业教学模式探讨[J]. 高等建筑教育，2008，17(2)：11-15.

[12] 贺媛. 浅谈我国金属矿山采矿技术现状及发展方向[J]. 科技信息, 2012(33): 412-413.
[13]《采矿手册》编辑委员会. 采矿手册 3[M]. 北京: 冶金工业出版社, 1991.
[14] 王青, 史维祥. 采矿学[M]. 北京: 冶金工业出版社, 2001.
[15] 黄礼富. 当代采矿技术发展趋势及未来采矿技术的探讨[C]//马鞍山矿山研究院等编. 全国金属矿山采矿新技术学术研讨与技术交流会论文集. 安徽: 金属矿山出版社, 2007, 27-34.
[16] 孙豁然, 徐帅. 论数字矿山[J]. 金属矿山, 2007(2): 1-5.
[17] 于润沧. 采矿工程师手册-上册[M]. 北京: 冶金工业出版社, 2009.
[18] 张荣立, 何国炜. 采矿工程设计手册[M]. 北京: 煤炭工业出版社, 2003.
[19] 高永涛, 吴顺川. 露天采矿学[M]. 长沙: 中南大学出版社, 2010.
[20] 王启明. 我国非煤露天矿山大中型边坡安全现状及对策[J]. 金属矿山, 2007(10): 1-5, 10.
[21] ZARE NAGHADEHI M, JIMENEZ R, KHALOKAKAIE R, et al.. A new open-pit mine slope instability index defined using the improved rock engineering systems approach[J]. International Journal of Rock Mechanics and Mining Sciences, 2013, 61(61C): 1-14.
[22] BENNDORF J. Application of efficient methods of conditional simulation for optimising coal blending strategies in large continuous open pit mining operations[J]. International Journal of Coal Geology, 2013, 112(112): 141-153.
[23] 李宝祥. 金属矿床露天开采[M]. 北京: 冶金工业出版社, 1992.
[24] 王青, 任凤玉. 采矿学[M]. 2 版. 北京: 冶金工业出版社, 2011.
[25] 冶金矿山设计参考资料编写组. 冶金矿山设计参考资料上册[M]. 北京: 冶金工业出版社, 1973.

第 2 章

露天矿开拓与开采方法

2.1 露天矿开拓方式分类及选择

露天矿开拓就是建立地面与露天采场内各工作水平以及各工作水平之间的矿岩运输通路(即出入沟或井巷)，以此保证露天采场正常生产的运输联系。

2.1.1 选择开拓方式的主要原则

露天矿开拓方式直接影响着基建工程量、基建时间和基建投资。不同的开拓方式，其矿岩运输成本及能耗亦各异。

露天矿开拓方式与运输系统要根据矿床地质地形条件、开采工艺技术条件和经济因素，通过技术经济综合分析比较，选择最佳方案。矿山开拓方式选择的主要原则是：

(1)基建工程量少，施工方便，占地少；

(2)技术先进可靠，生产工艺简单；

(3)运营成本低；

(4)投资少，投产快，投资回收期短，投资收益率高。

运输成本一般占矿岩生产成本的40%~60%；运输能耗占总能耗的40%~70%。因此需根据矿体的赋存条件，综合考虑各影响因素，经全面比较分析后，选出技术上可行、经济上合理的开拓方式。

以下是几种特殊地形露天矿应优先考虑的开拓方式：

(1)矿区内地形复杂，坡度陡(大于30°)，开采高差大于150 m的山坡露天矿，应优先考虑采用平硐溜井开拓，采场内采用汽车运输；

(2)地形及矿体形态复杂且运距不长(目前一般不超过3 km)的矿山，可采用单一汽车运输；

(3)矿区地形平缓(坡度小于25°)，采场较长(一般大于1.4 km)，开采高差150 m以内的大型山坡露天矿，可考虑采用铁路运输；

(4)深凹露天开采高差小于200 m时，可采用单一汽车运输；开采高差小于150 m，采场长度大于1.5 km，宽度大于0.5 km时，仍可考虑采用铁路运输；

(5)大中型深凹露天矿可以采用诸如汽车-铁路、汽车-箕斗、汽车-破碎站-胶带等联合运输方式。

2.1.2 影响开拓方式选择的主要因素

影响开拓方式选择的因素，概括起来主要有矿体赋存条件、生产能力、基建工程量和基建周期、矿石损失与贫化因素。

1）矿体赋存条件

矿体赋存条件是指矿体天然存在的状态，是客观存在且不可人为干预的因素，矿体的开采设计应该以矿体赋存条件为依据。同样的矿体赋存条件，可能有一种或几种不同的开拓方式和方案。对于赋存较浅、平面尺寸较大的矿体，可采用公路开拓或铁路开拓。对于赋存较深的矿体、开采深度较大的露天矿，可采用公路-胶带输送机开拓或斜坡箕斗提升开拓。当矿体赋存较深、平面尺寸较大时，可用公路-铁路联合开拓。

矿体赋存条件复杂、分散、平面尺寸和高差不大的山坡露天矿或开采深度不大的凹陷露天矿，采用公路开拓更为适宜。矿体赋存在地形高差很大、坡陡的山峰上，采用平硐溜井开拓被认为是技术上可行、经济上合理的开拓方式。

2）生产能力

露天矿生产能力的大小，影响着采剥运输设备的选型，运输设备类型不同，开拓方式亦各异。如生产能力大的胶带输送机运输与生产能力小的斜坡箕斗提升，其开拓方式不同。若在露天矿场最终边帮布置沟道，前者斜交最终边帮倾向布置沟道，倾角一般不大于18°；而斜坡箕斗提升是沿着最终边帮倾向布置沟道，并在集运水平设转载栈桥。

3）基建工程量和基建周期

基建期间为矿山企业的投资期，减少基建工程量、缩短建设周期可以使矿山企业尽快得到现金流，改善资金状况。为了达到这样的目的，可靠近矿体布置移动坑线开拓，矿体倾角小时采用底帮固定坑线开拓，以及采用横向布置开段沟进行开拓。

4）矿石损失与贫化

不同的开拓方式往往具有不同的损失和贫化率。矿石损失与贫化直接影响着矿产资源的利用程度和生产的经济效益。在选择开拓方式和方案时，要尽量降低矿石损失率与贫化率。在开采价值高的矿体时，损失率和贫化率的影响尤为显著。开采有岩石夹层的矿体时，采用公路开拓有利于进行分采，以减少矿石损失与贫化。采用工作线由顶帮向底帮推进的固定坑线开拓和靠近矿体上盘的移动坑线开拓，均可减少矿岩接触带处的矿石损失与贫化。

2.1.3 开拓方式的分类

露天矿床开拓方式可分为：

(1)公路开拓；

(2)铁路开拓；

(3)联合开拓。

联合开拓方式又可分为：

(1)公路-铁路联合开拓；

(2)公路-破碎站-胶带联合开拓；

(3)公路(铁路)-斜坡箕斗联合开拓；

(4) 公路(铁路)-平硐溜井联合开拓。

2.1.4　开拓线路布置原则

开拓的线路布置应遵循如下原则：

(1) 开拓线路应布置在工程地质、水文地质条件好或较好的地段。

(2) 线路布置尽可能平直，减少弯道和回头曲线。

(3) 线路应布置在爆破影响较小的区域。

(4) 开拓线路的布置应考虑选矿厂与排土场等的位置，减少运输距离。

(5) 山坡露天矿的每个开采水平至少应有一条运矿岩支线进入，当运量较少或地形较复杂、布线有困难时，也可每两个水平设一条进车线，另一水平可用移动线连通。

(6) 当深凹露天矿的采场长度大于 1.5 km 时，一般宜布置双折返线，以缩短采场内水平运距。

(7) 当大型深凹露天矿的矿岩卸载点分别在上、下盘时，宜在上、下盘边帮上各布置一套运输线路。

(8) 螺旋固定坑线开拓系统一般适用于中小型短矿体的矿山，其同时开采台阶数不超过两个。

(9) 应充分应用境界内的无矿平台，减少扩帮量。

2.2　公路开拓

2.2.1　主要优缺点及适用条件

公路开拓包括汽车(自卸汽车和汽车拖车)、前端式轮式装载机、轮式铲运机等运输设备，其中最常用的是自卸汽车。公路开拓在现代露天矿中广为应用。

公路开拓的线路坡度大，转弯半径小，因而线路工程量少、基建时间短、基建投资少；便于采用分散排土场；机动灵活，适应性强，可使挖掘机效率提高 20%~30%(与机车运输相比，经过动态优化，可能会更高)；深凹露天矿可减少基建剥离量和扩帮量；但公路开拓燃油和轮胎消耗量大，设备利用率低，运输成本高，经济运距短；汽车排废气污染环境(比铁路运输)较严重。

公路开拓适用于各类地形及矿体产状，尤其是矿体薄、倾角缓，需要分采分运的矿床，以及采用陡帮开采工艺，运距小于 3 km 的矿床，但对采用电动轮自卸汽车的大型露天矿，其合理运距可适当加大；不适于泥质、多水和全松散砂层的露天矿，也不适于多雨或水文地质条件复杂，且疏干效果不好、含泥量高的露天矿，深度或高差一般不大于 150 m。当采用 200~300 t 级自卸汽车时，开采深度可达 200~300 m。

该开拓方式除汽车运输本身具有的许多特点外，在工艺上又可以设多出入口进行分散运输和分散排土；便于采用移动坑线，有利于强化开采，提高露天矿生产能力；对开采地形复杂的矿山适应性更强。

对于不同采场所产矿石品位不同的矿山，采用公路开拓，可以方便地进行配矿和生产运营优化。

2.2.2 公路开拓线路布置形式

根据矿床赋存条件和露天采场的空间参数等因素，公路开拓坑线（即出入沟）布置形式可分为直进式、回返式和螺旋式。

1. 直进式

直进式坑线开拓是将运输道路沿露天采场边帮直进式布置坑线（图 2-1），汽车在坑线上直线行驶，不需经常改变运行方向和运行速度，司机的视线好。

山坡露天矿常采用场外直进式公路开拓，每个台阶设一条场外固定线路。沿地形线开掘单壁沟，扩帮后沿走向推进。

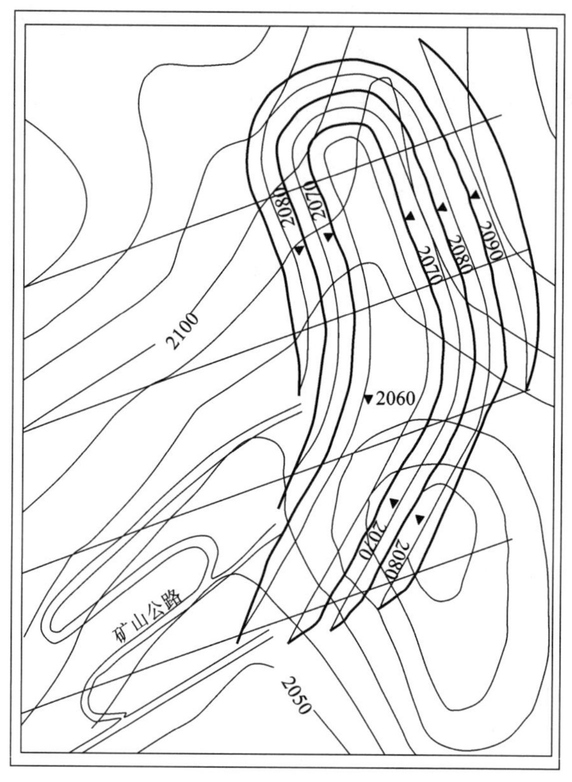

图 2-1 直进式坑线布置

2. 回返式

深凹露天矿回返式坑线布置如图 2-2 所示，汽车在坑线上运行时，需经过一定曲率半径的回头曲线改变运行方向，才能达到相应的工作水平。

1）坑线位置

公路开拓坑线位置受地形条件、露天采场空间状态和工作线推进方向影响很大，并且直接影响着基建剥离量、基建周期、基建投资、矿石损失贫化、总平面布置的合理性以及在生产期间安全可靠程度。因此，在确定坑线位置时，应综合考虑上述因素。

按坑线在开采期间固定与否分为固定坑线开拓和移动坑线开拓。

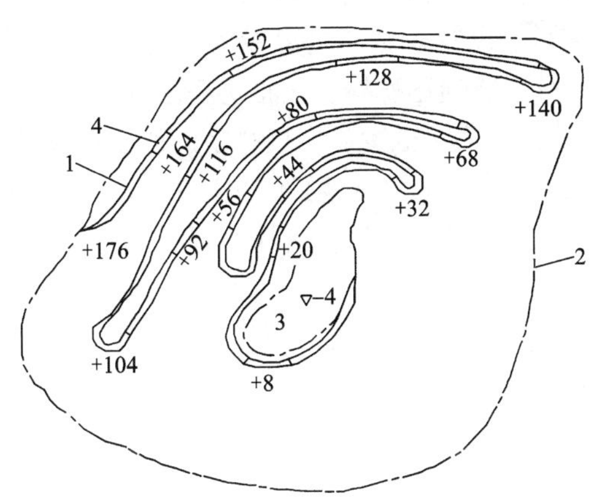

1—出入沟；2—露天开采上部境界；3—露天底平面；4—连接平台。

图 2-2　深凹露天矿回返式坑线布置

(1) 固定坑线开拓。

山坡露天矿多采用固定坑线开拓，坑线布置是随地形条件变化而变化的。图 2-3 为山坡露天矿单侧山坡地形回返式坑线布置图，开拓坑线布置在采场境界外的端部，各工作水平用支线与干线建立运输联系。

由于剥采工作从采矿场的最高水平开始，故开拓坑线需要一次建成。随着开采水平的下降，运输距离逐渐缩短，汽车运输效率相应提高。

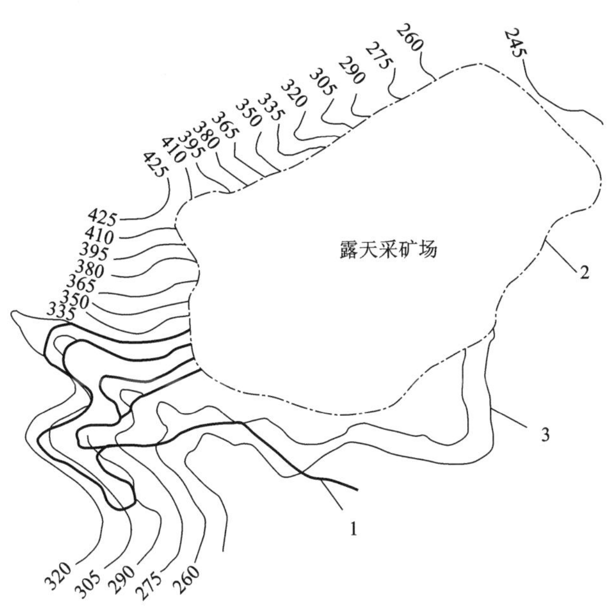

1—公路；2—露天开采境界；3—地形等高线。

图 2-3　山坡露天矿回返式坑线布置

在凹陷露天矿，固定坑线布置在开采境界内的最终边帮上(图 2-2)，一般多设在底帮，采剥工作线能较快地接近矿体，以减少基建剥离量和基建投资，缩短基建时间。坑线设在顶帮时，必须剥离大量上盘岩石才能到达矿体，从而使基建时间和基建投资增加。因此，只有在特殊情况下，如底帮岩石不稳固或为了减少矿岩接触带的矿石损失贫化时，才将坑线设在顶帮。

凹陷露天矿的固定坑线，除向深部不断延伸外，不做任何移动。随着开采水平的下降，坑线不断展长，使运输距离增加，因而汽车运输效率降低。

(2)移动坑线开拓。

为减少基建剥离量、缩短基建时间、加速露天矿的建设，可采用移动坑线开拓方式。出入沟布置在靠近矿体与围岩接触带的上盘或下盘，在开采过程中，出入沟随坑线的推进而移动，直至开采境界的最终边帮才固定下来，移动坑线布置情况如图 2-4 所示。

合理的坑线位置，应是线路移设工程量少、运输距离短，并具有良好的运输条件。但它们之间有时是相互矛盾的，在这种情况下选择开拓坑线位置时，应再对各布置方案进行技术经济比较后确定。

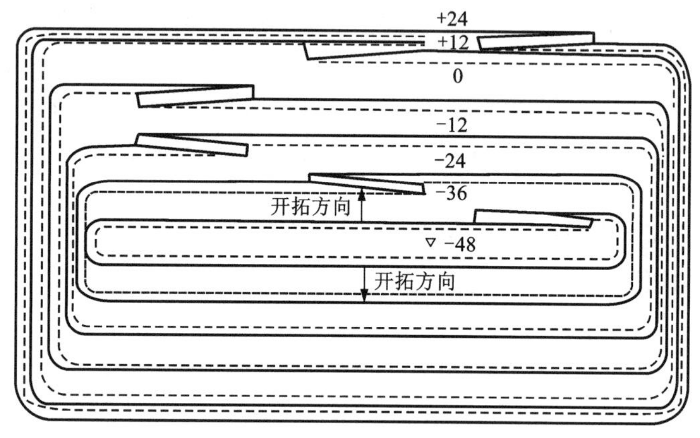

图 2-4　移动坑线布置

2)连接平台

重载汽车在坡度较大的开拓坑线上长距离下坡或上坡运行时，易使制动装置和发动机过热而降低其使用寿命。为使汽车得以缓冲，同时便于从坑线通往各工作水平，设有减缓坡道与坑线相连，该减缓坡道称为连接平台，如图 2-2 所示。该平台可以是水平的，也可以采用坡度不超过 3%的缓坡，其值应根据汽车的技术性能选取。连接平台的长度一般不小于 40 m。

3)出入沟口

当地表地形条件或排土场位置分散时，为保证露天矿生产能力，确保空、重车顺向运输，在服务年限较长的露天矿，采用多出入口是合理的。多出入口可使矿石和岩石的运输距离缩短，减少运输设备数量，降低运营费用。采用多出入口时，矿岩流量分散，当一个出入口和坑线发生故障时，露天矿运输工作不会中断。

在确定出入沟口位置时，应尽可能使矿石和岩石的综合运输功小，所需运输设备和运营费用少；沟口应避开工程量极大及工程地质条件差的地段；在凹陷露天矿，沟口应设在地形标高较低部位，以减少重载汽车在露天采场内上坡运行的距离，同时也要保证地面具有良好的运输条件。

图 2–5 为某凹陷露天矿多出入沟开拓示意图。设计的最终开采深度为–44 m 水平。为了先采富矿，缩短矿石和岩石的运输距离，沿露天采场底帮分别设置岩石运输坑线 1 和矿石运输坑线 3，至+4 m 水平汇合成一条坑线，继续延深至–44 m 水平的露天坑底平面。当开采到顶帮最终境界时，在顶帮两端已结束开采工作的地方分别增设一条岩石运输坑线 2 和矿石运输坑线 4。2 号坑线至–20 m 水平后分成两条线路，一条至–44 m 水平，一条至–36 m 水平。4 号坑线延深至–36 m 水平。

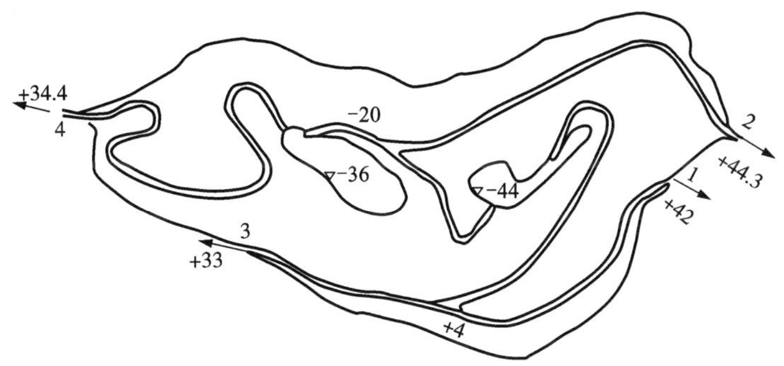

图 2–5　某凹陷露天矿多出入沟开拓示意图

由于坑线多，导致边帮的附加剥离量、掘沟工程量及其费用都有所增加。因此，坑线数目不宜过多，应根据生产需要进行综合技术经济分析后确定。

4）回返坑线的优缺点

与螺旋式坑线开拓相比，回返坑线开拓的开采工作线长度和方向较为固定，各开采水平间相互影响小，能适应地形复杂的山坡露天矿和矿体长度不大的凹陷露天矿的开采，可减少基建投资、缩短基建时间，有利于加速新水平准备，且生产组织管理简单。

但汽车通过回头曲线时，为保证行车安全，需减速行驶，从而影响汽车运输效率，且行车条件差于螺旋坑线。故在设计中，应根据露天采场的平面尺寸，尽可能减少回头曲线。

3. 螺旋式

螺旋式坑线开拓是使运输道路沿露天采场四周边帮螺旋式布置（图 2–6）。

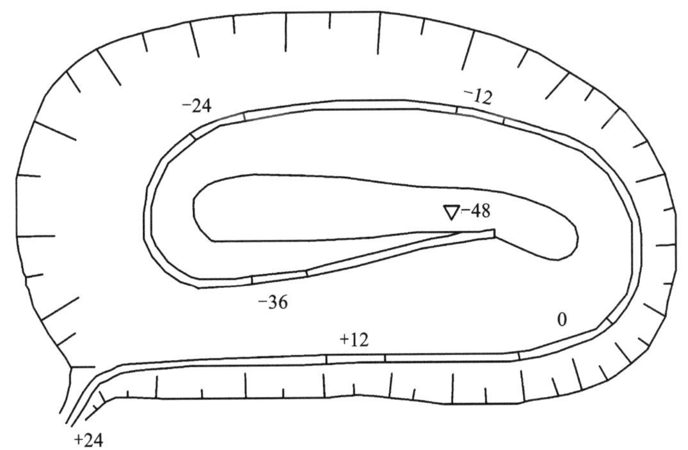

图 2–6　某凹陷露天矿螺旋式坑线开拓示意图

1)螺旋式坑线开拓工程发展程序

螺旋式坑线开拓工程的发展程序如图 2-7 所示。即沿采矿场最终边帮从上水平向下水平掘进出入沟，自出入沟末端沿边帮掘进开段沟，形成采剥工作线。以出入沟末端为固定点，使工作线呈扇形方式推进。当工作线推进到一定距离，不影响新水平掘沟工作时，在连接平台的端部，再沿采矿场边帮向新水平掘进出入沟和开段沟。随后进行扩帮工作。

以下各水平均按此程序发展，最后在露天采场四周形成螺旋坑线。

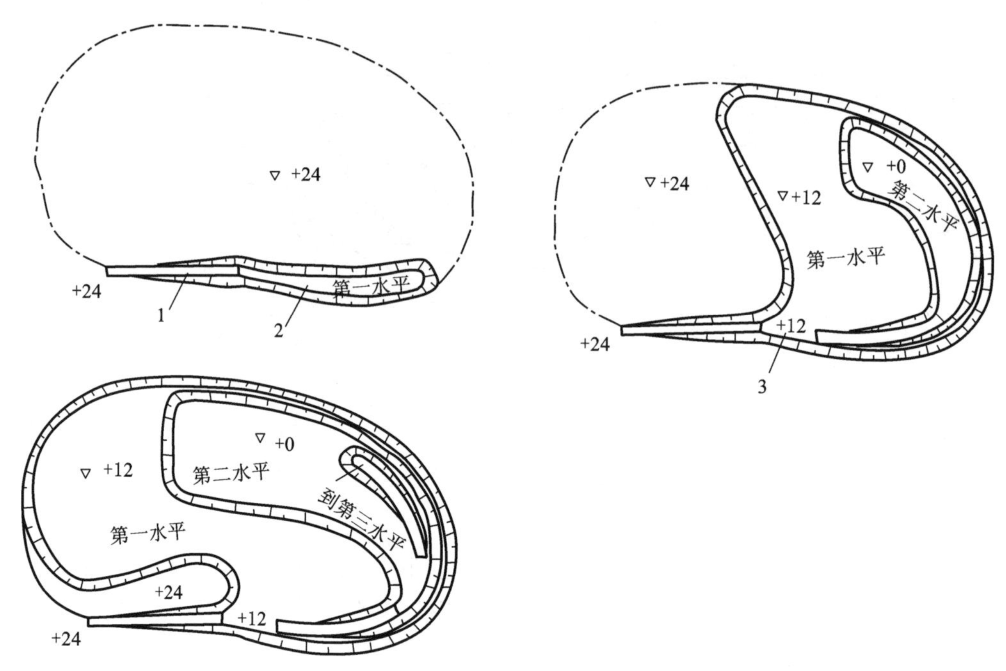

图 2-7 螺旋式坑线开拓矿山工程的发展程序

2)螺旋式坑线开拓的优缺点

螺旋式坑线开拓的工作线呈扇形方式推进，为及时进行新水平的掘沟工作创造了条件。螺旋坑线的弯道半径较大，线路通视条件好，汽车在坑线上近似直进行驶，不需经常改变运行速度，道路通行能力强。然而，工作线推进速度在其全长上是不等的，工作线长度和推进方向也经常发生改变，使露天矿生产组织管理工作复杂化。

螺旋式坑线开拓时，各开采水平之间相互影响较大，新水平准备时间较长，同时开采的台阶数量少，露天矿生产能力较低，并且要求采场四周边帮岩体较为稳固。

综上所述，对于露天采场长度不大、同时开采台阶数量很少的小型露天矿，可单一采用此开拓方法；一般情况下，大型露天矿不单一采用螺旋式坑线开拓，深部在采矿场平面尺寸缩小的情况下，改为螺旋式坑线开拓，如图 2-8 所示，这就形成了回返-螺旋式坑线开拓，这种开拓方法在使用汽车运输的露天矿中应用较广。

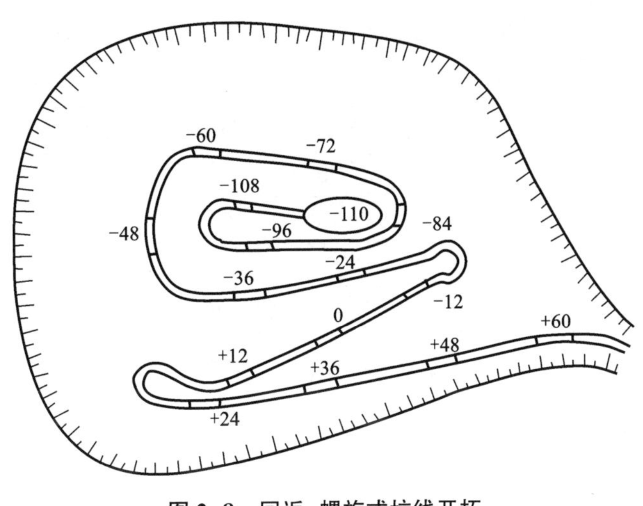

图 2-8　回返-螺旋式坑线开拓

2.2.3　公路开拓线路技术条件

公路开拓线路技术条件遵循的原则如下：

(1)采用组合台阶或倾斜分条采剥工艺时，为使运输线路少受爆破和线路移设的影响，采场内部的移动线路的路面宽度要比固定线路路面加宽 0.5~1 倍；

(2)固定、半固定线路一般只允许修筑挖方路基；仅对山坡开采的极个别条件恶劣而又无法回避的地段，才允许局部填方(一般不应大于路基宽的 25%)，但其边坡一定要进行加固处理，保证边坡稳定；

(3)《露天采矿设计技术规定与定额》规定：矿山道路路面、路肩宽度见表 2-1；常用自卸汽车适用年运量范围及采场内运输平台宽度见表 2-2；

(4)矿山道路等级、最小圆曲线半径、最大纵坡坡度等特征见表 2-3，回头曲线主要技术指标见表 2-4。

表 2-1　矿山道路路面、路肩宽度

计算车宽/m		2.3	2.5	3.0	3.5	4.0	5.0	6.0	7.0
双车道路面宽度/m	一级	7.0	7.5	9.5	11.0	13.0	15.5	19.0	22.5
	二级	6.5	7.0	9.0	10.5	12.0	14.5	18.0	21.5
	三级	6.0	6.5	8.0	9.5	11.0	13.5	17.0	20.0
单车道路面宽度/m	一、二级	4.0	4.5	5.0	6.0	7.0	8.5	10.5	12.0
	三级	3.5	4.0	4.5	5.5	6.0	7.5	9.5	11.0
路肩宽度/m	挖方	0.5	0.5	0.5	0.75	1.0	1.0	1.0	1.0
	填方	1.0	1.0	1.25	1.5	1.75	2.0	2.5	2.5

注：①生产线(除单向环形者外)和联络线一般按双车道设计，联络线在地形条件困难时可按单车道设计；②当挖方路基外侧无堑壁，原地面横坡陡于 25°或填方路基的填土高度大于 1 m 时，路肩宽度应按车型大小增加 0.25~1 m，路肩宽未包括挡车堆或护栏的宽度。

表 2-2 常用自卸汽车适用年运量范围及采场内运输平台宽度

车宽类型		一	二	三	四	五	六	七	八
计算车宽/m		2.3	2.5	3.0	3.5	4.0	5.0	6.0	7.0
车型		EQ340	QD351	BJ371	E540 SH380 35D	50B	W392	SF3100 W3101 120C	170C 常州 154
载重/t		4.5	7	20	27~32	45	68	100~103	154
年运量/kt		450	450~1800	800~5000	1700~9000	2500~12000	4500~18000	7500~30000	大于 30000
运输平台宽度/m	单线	7.5	8.0	9	10	11.5	13.5	15	17
	双线	10.5	11.5	13	14.6	16.5	19.5	22.5	26.5

表 2-3 矿山道路等级、最小圆曲线半径、最大纵坡坡度等特征

名称		道路等级		
		一(生产干线)	二(生产干线/支线)	三(生产干线、支线、联络线、辅助线)
单向行走密度/(辆·h^{-1})		>85	25~85	<25
计算行走速度/(km·h^{-1})		40	30	20
最小圆曲线半径/m		45	25	15
最大纵坡坡度/%		7	8	9
道路视距:				
停车视距/m		40	30	20
会车视距/m		80	60	40
竖曲线最小半径和长度:				
半径/m		700	400	200
长度/m		35	25	20
缓和坡段最小长度:				
一般地形条件/m		100	100	80(干、支线),60(联、辅线)
困难地形条件/m		80	80	60(干、支线),50(联、辅线)
纵坡限制长度/m	坡度 4%~5%	700	—	—
	坡度 5%~6%	500	600	—
	坡度 6%~7%	300	400	500
	坡度 7%~8%	—	250(300)	350
	坡度 8%~9%	—	150(170)	200
	坡度 9%~11%	—	—	100(150)

表 2-4　回头曲线主要技术指标

<table>
<tr><th colspan="2" rowspan="2">名称</th><th colspan="3">露天矿山道路等级</th></tr>
<tr><th>一</th><th>二</th><th>三</th></tr>
<tr><td colspan="2">计算行走速度/(km · h⁻¹)</td><td>25</td><td>20</td><td>15</td></tr>
<tr><td colspan="2">最小主曲线半径/m</td><td>20</td><td>15</td><td>15</td></tr>
<tr><td colspan="2">超高横坡/%</td><td>6</td><td>6</td><td>6</td></tr>
<tr><td colspan="2">超高缓和段高度/m</td><td colspan="3">按厂矿道路设计规定采用</td></tr>
<tr><td colspan="2">停车视距/m</td><td>25</td><td>20</td><td>15</td></tr>
<tr><td colspan="2">会车视距/m</td><td>50</td><td>40</td><td>30</td></tr>
<tr><td colspan="2">最大纵坡坡度/%</td><td>3.5</td><td>4</td><td>4.5</td></tr>
<tr><td rowspan="6">汽车轴距加前悬/m</td><td colspan="4">双车道路路面加宽值/m</td></tr>
<tr><td>5</td><td>1.3</td><td>1.7</td><td>1.7</td></tr>
<tr><td>6</td><td>1.8</td><td>2.4</td><td>2.4</td></tr>
<tr><td>7</td><td>2.5/2.0</td><td>3.3/2.5</td><td>3.3/2.5</td></tr>
<tr><td>8</td><td>2.5</td><td>3.0</td><td>3.0</td></tr>
<tr><td>8.5</td><td>2.7</td><td>3.3</td><td>3.3</td></tr>
</table>

2.2.4　山坡露天矿公路开拓

在山坡露天矿中，常采用场外直进式坑线开拓和固定式折返式坑线开拓，坑线布置是随地形条件而变化的。

由于地形条件的限制或因矿体上部矿岩量不多，设置固定坑线经济上不合理时，上部可采用移动坑线建立运输通路。当开拓坑线位于工作线同侧时，下部水平的推进，将切断上部水平与坑线的运输联系，此时工作帮上也可设置移动坑线。

2.2.5　凹陷露天矿公路开拓

(1)坑线的布置。

根据矿体赋存条件，凹陷露天矿可采用固定式回返式坑线开拓或固定式螺旋式坑线开拓，也可采用移动式回返式开拓或移动式螺旋式开拓。

(2)凹陷露天矿工程发展程序。

凹陷露天矿工程发展程序包括台阶的开采、工作帮的推进和新水平的开拓延深。新水平的开拓延深包括掘进出入沟、开段沟和为掘沟而在上水平所进行的扩帮工作。

① 固定坑线开拓时，凹陷露天矿的工程发展程序如图 2-9 所示。在露天矿最终边帮按确定的沟道位置、方向和坡度，从上水平向下水平掘进出入沟，自出入沟的末端掘进开段沟，以建立开采台阶的初始工作线。根据露天矿建设周期和剥采工作的要求，开段沟可以纵向布置[图 2-9(a)]，也可横向布置[图 2-9(b)]，或不设开段沟[图 2-9(c)]。

当开段沟纵向布置时，工作线垂直走向推进；开段沟横向布置时，工作线沿走向推进。采用横向段沟时，掘沟工程量少，因而可缩短基建时间，减少基建投资，有利于加速新水平的准备。对于不规则的、产状变化大的矿体和倾斜、急倾斜多层矿体或者矿岩层理发育时，采用横向剥采工作线进行开采，可降低矿石的损失贫化和减少大块、根底。

开段沟掘进到一定长度后，在继续掘沟的同时，开始扩帮作业，以加快新水平的准备工作。

无段沟的剥采工作线是在出入沟端部直接进行扩帮逐步形成的。

当扩帮工作线推进到使台阶坡底线距新水平出入沟沟顶边线不小于最小平盘宽度时，可开始新水平的掘沟工作和随后的扩帮工作，开拓坑线自上而下逐渐形成。

② 移动坑线开拓时，矿山工程发展程序如图 2-10 所示。在靠近矿体与围岩接触带的上盘或下盘先后掘进出入沟和开段沟。开段沟也分为横向布置和纵向布置，或不设开段沟。

与固定坑线类似，可使扩帮工作与部分掘沟工作平行作业向两侧推进。移动坑线可以在爆堆上修筑，也可以设在基岩上。前者修筑简单，它是汽车运输移动坑线开拓广泛应用的一种方式；后者将台阶分割为上、下两个三角台阶，其高度是变化的，由零到一个台阶高度，先采剥上三角台阶，后采剥下三角台阶，运输坑线随上、下三角台阶工作线的推进而移动。

当两帮工作线推进到使台阶坡底线距新水平出入沟沟顶边线均不小于最小工作平盘宽度时，便可开始新水平的掘沟工作。

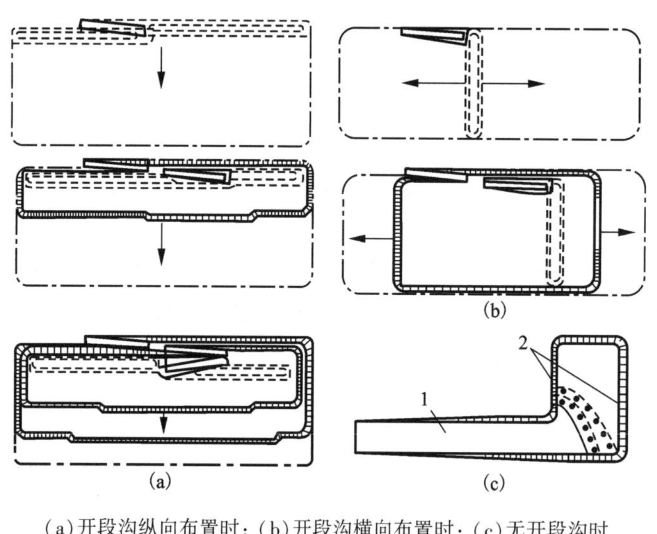

(a)开段沟纵向布置时；(b)开段沟横向布置时；(c)无开段沟时
1—出入沟；2—横向工作面。

图 2-9 固定坑线矿山工程发展程序

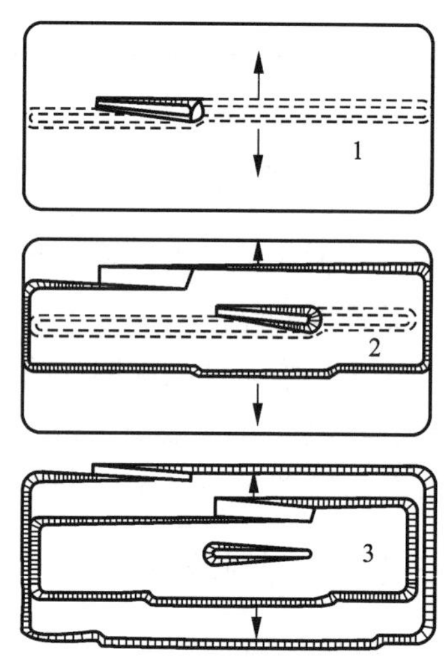

1—开掘临时出入沟；2—工作平台推进；
3—出入沟靠帮。

图 2-10 移动坑线矿山工程发展程序

2.2.6 斜坡道开拓

地下斜坡道开拓如图 2-11 所示，是在露天采场境界外设置斜坡道，并在相应标高处设出入口通往各开采水平，汽车自采矿场经出入口、斜坡道至地表。出入口底板朝采矿场倾斜 1°~3°，以防雨水进入地下运输道。

图 2-11(a)为螺旋式斜坡道开拓，斜坡道在露天矿境界外绕四周边帮呈螺旋式向下延深；图 2-11(b)为回返式斜坡道开拓，斜坡道设在露天边帮的外侧。

斜坡道开拓方式优点有：

(1)不在露天边帮上设置运输坑线，消除了因设露天坑线而引起的附加剥岩量。

(2)斜坡道比露天道路的岩石风化作用小，维修工作量和维修费用少(这种风化作用往往引起必要的大量维修)。

(3)斜坡道不受气候条件的影响，还可避免因边坡的稳定性问题而引起的运输工作问题。

(4)可集中和强化采剥工作。

斜坡道开拓的缺点是单位体积掘进费用比修筑露天道路的费用高，但它可以从减少的那部分剥岩量上得到一定的弥补；斜坡道掘进速度比修筑露天道路低。

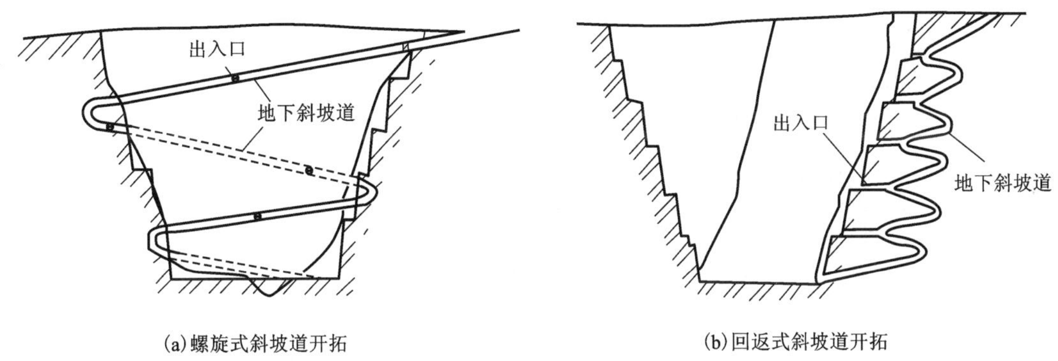

(a)螺旋式斜坡道开拓　　(b)回返式斜坡道开拓

图 2-11　地下斜坡道开拓

2.2.7　工程实例

公路开拓坑线形式较为简单，开拓坑线展线较短，对地形的适应能力较强。此外，公路还可以多设出入口进行分散运输和分散排岩，便于采用移动坑线开拓，有利于强化开采，提高露天矿生产能力。

2007 年末，庙沟铁矿采场最高开采水平标高为 564 m，最低开采水平标高为 492 m。共有 7 个工作平盘，它们的标高分别 564 m、552 m、540 m、528 m、516 m、504 m 和 492 m。开拓方式为公路开拓，采矿方法为纵运采矿法。年采剥总量为 600 万 t，年采出矿石能力为 154 万 t，剥采比为 3。0 线以南由于下盘开拓使采矿损失率高达 10.5%，贫化率高达 11%。矿岩主运输干道交汇处的最高标高为 540 m，矿石运距为 2300 m，岩、废石运距为 3300 m。东排土场排岩最高标高为 680 m，最低标高为 590 m，排岩段高为 20 m。开拓系统主要存在以下问题：

(1)采矿现有生产能力与选厂新增生产能力不相适应。为增加企业竞争力和适应钢铁市场发展的要求，2008 年末将庙沟铁矿选厂生产能力由原 122 万 t/a 提高到 190 万 t/a，选厂生产能力的提高必然要求采矿生产能力同时提高，按 2008 年末选厂达产时 190 万 t/a 生产能力，采矿损失率按 10%，碎矿抛废率按 15%，则年采出矿石量为 240 万 t，而 2007 年末采矿生产能力只有 154 万 t/a，这说明采矿现有生产能力已远不能适应选厂新增生产能力需要。

(2)没有运距最短且运输功最小的永久性运矿路。截至 2007 年末庙沟铁矿露天结存矿量只有 1400 万 t，按新增生产能力要求只能服务 6 年。2008 年正在进行深部接替资源地质钻探，2009 年 5 月初提交储量报告，2009 年下半年着手进行井下开采初步设计，至此庙沟铁矿进入露采转井采的过渡阶段。在井采开始前，主采场运距最短且运输功最小的永久性运矿路必须形成。

(3)0 线以南矿床开采损失率、贫化率偏高。0 线以南下盘开拓使采矿损失率高达 10.5%、贫化率高达 11%，同时出矿运距较远也不利于 F2 断层南北配矿。

(4)矿、岩石运距远，运输功大。矿石运距较大，东排土场由 680 m 标高排向 590 m 标高的排岩运距也较大。

为适应选矿能力的提升，庙沟铁矿对开拓系统进行了优化，使开采能力达到 240 万 t/a，(优化后的开拓系统总平面图见图 2-12)。开拓系统优化设计方案如下：

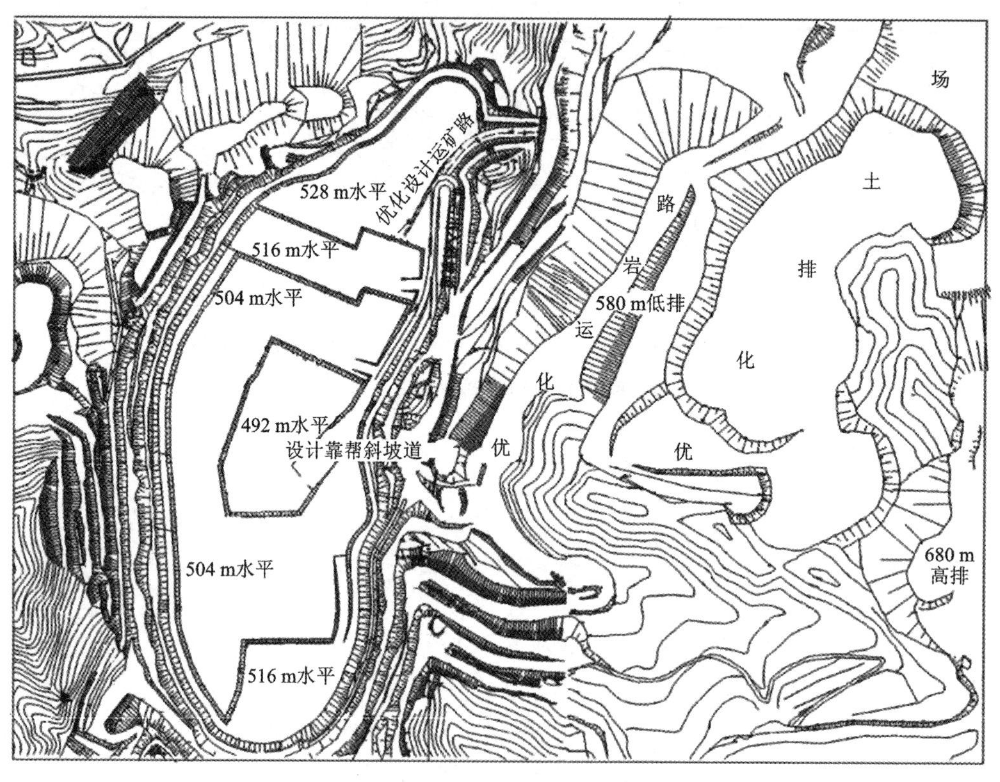

图 2-12 庙沟铁矿开拓系统优化设计后总平面图

(1)东边帮靠帮斜坡道的开拓。废掉 504~516 m 水平靠西边帮运输斜坡道，保留 516~528 m 水平中部临时性运输斜坡道，这一项优化可以在采区内减少矿岩运距 300 m。

(2)永久性运矿路的开拓。在 528~540 m 矿岩主运输斜坡道的最底端，沿 528 m 水平东边帮一直向北东方向延伸 75 m 后再向东延伸 100 m 到达主运矿路，这一项优化又可以减少矿石运距 300 m。

(3)改 0 线以南下盘开拓为上盘开拓。在 0 线以南，将沿西边帮靠帮斜坡道进入 492 m 及 504 m 台阶下盘开拓改为沿东边帮靠帮斜坡道进入 492 m 及 504 m 台阶上盘开拓，这一改进不仅降低了开采损失率和贫化率，还使采区内矿石运距缩短 300 m，极大地方便了 F2 断层南北配矿。

(4)东排土场优化改造。东排土场原设计由 680 m 标高向 590 m 标高排岩，后改为由 590 m 标高向 680 m 标高排岩，并在东排土场南部增设新排土场 1 座，这一改进不仅增大排岩量 390 万 m^3，而且还可以大大降低废石运距。

2.3　铁路开拓

2.3.1　主要优缺点及适用条件

铁路开拓的主要特点是运输量大，线路工程量大，基建投资多，基建时间长；道路移设工作量大；线路坡度小(比公路开拓)，因此，采深受限制，一般小于 200 m；经济合理的运距长，一般在 4 km 以上。

铁路开拓适用于地形和矿体产状简单的大型露天矿；山坡露天矿高差达 200 m 左右；露天坑长轴大于 100 m，年采剥总量大于 2×10^7 t 时，亦可采用；窄轨铁路适用于地形简单，高差较小，采用露天开采工艺的中、小型露天矿。

2.3.2　铁路开拓线路布置形式

铁路线路的平面曲线及纵向坡度要求严格，对矿山工程发展有一定制约。因此，铁路开拓系统无论从形式到内容都是最复杂的，其开拓线路布置的特征与矿床埋藏条件、地形条件等均有密切关系。

铁路线路的布置形式主要有直进式、折返式和螺旋式三种，其基本形式及其相互组合的使用取决于地形、露天采矿场的平面尺寸、开采深度以及车辆正常运行所允许的纵剖面、平面线路要素。

直进式坑线运行条件最好，但只能用于开采深度浅、采场很长的露天矿。它多与折返坑线结合使用，即直进若干个台阶之后，坑线经折返站折返改变方向再继续直进。如此变换延伸到采场底部，形成直进折返混合坑线，或称之为多水平折返坑线。

单水平的折返坑线是最基本的折返形式，在采场平面尺寸有限、深度较大的矿山使用较广。

折返坑线需在折返地段设置折返站实现列车的换向与会让，其站形主要取决于矿山开采规模及所要求的通过能力。车站的平面尺寸和线路数目又直接与机车车辆类型、有效牵引参数、信联闭方式和工作平盘配线相关。其中通过能力较高的有双线燕尾式折返站和双线套袖式折返站，前者空重车进路有交叉，站长 200~250 m。后者空重列车为平行进路，互不干扰，站场长达 440~550 m，通过能力最高。

折返坑线由于折返站的设置增大了铁路长度，停车换向、会让，降低了运输效率，增加了运行周期，故应尽量减少折返次数。

折返站是折返坑线的组成部分，限于铁路展线长度的要求，在凹陷露天矿中只能沿采场的长轴方向布置在底帮或顶帮上。

铁路螺旋坑线与公路螺旋坑线一样，沿采场四周的非工作帮设置，只有当采场形成最终边坡时才具备形成螺旋坑线的条件，所以在多数情况下是在折返坑线基础上，将上部已形成最终边坡的几个台阶改造成螺旋坑线，其下部未到境界的台阶仍使用折返坑线，组成螺旋-折返坑线。

采取分期开采铁路开拓的大型露天矿，有条件时应将分期开采与螺旋坑线结合考虑。螺旋坑线可以借助分期开采的临时固定帮形成。为保证向二期境界过渡扩帮时螺旋坑线的安全生产，可预留一定的安全宽度，当新线通车后再拆除旧线，与上述不分期开采条件相比，螺旋坑线形成得早，承担的运输最多，但需要移设。

铁路螺旋坑线比折返坑线的使用条件严格，大型露天矿境界长和宽一般要大于 1.5 km，坑线的形成与正常采剥和过渡扩帮工作相互制约。但其坑线通过能力可提高约 30%，坑线缩短约 16%，运输设备数量及运输费用也相应减少。

深凹露天矿铁路运输坑线的布置形式见表 2-5。图 2-13 为国内典型深凹露天矿歪头山铁矿陡坡铁路开拓示意图。山坡露天矿的地形、开采空间和技术条件不同于深凹露天矿，坑线的布置形式受自然地形影响较为突出，坑线布置形式见表 2-6。

表 2-5 深凹露天矿铁路运输坑线几种主要布置形式

布线形式	图示	适用条件
单线折返 双侧交替进车	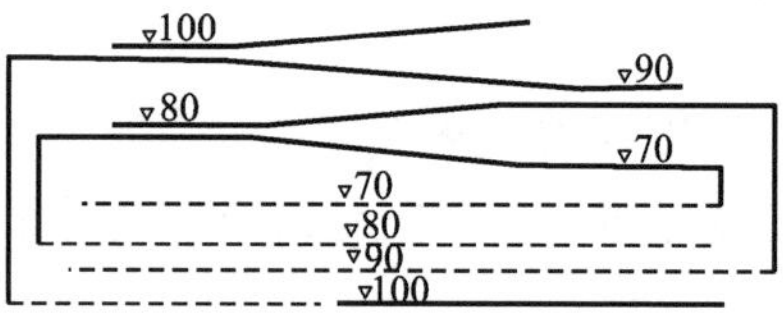 ▿100 ▿90 ▿80 ▿70 ▿70 ▿80 ▿90 ▿100	适于两侧端部有进车条件；每个阶段布置 1 台挖掘机作业；年采剥总量不超过 7000 kt，否则设双干线
单线折返 环行进车	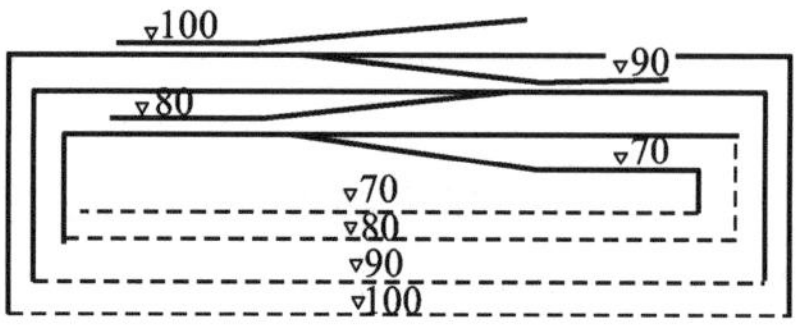 ▿100 ▿90 ▿80 ▿70 ▿70 ▿80 ▿90 ▿100	每个阶段挖掘机数量不小于 2 台时，尽量采用环形运输
双线折返 环形燕尾式	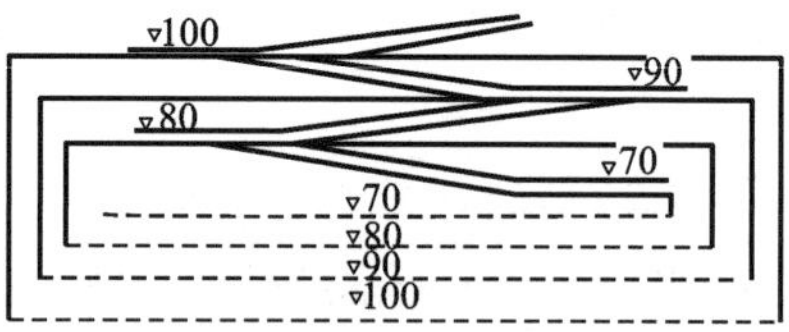 ▿100 ▿90 ▿80 ▿70 ▿70 ▿80 ▿90 ▿100	采场要长，尺寸大，各阶段可布置 2 台挖掘机；适于年运输量大于 7000 kt 的露天矿
螺旋坑线	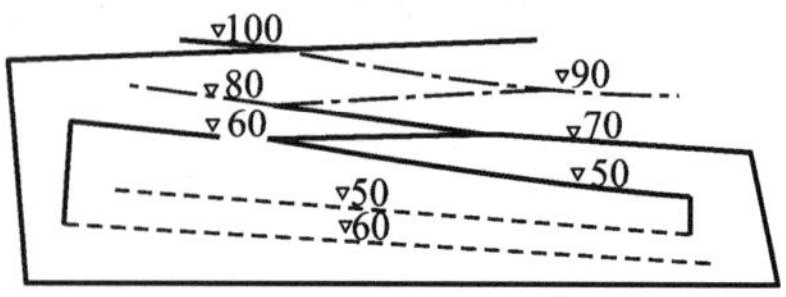 ▿100 ▿90 ▿80 ▿60 ▿70 ▿50 ▿50 ▿60	需二次改线；运输量大，开采年限长，当折返线不能完成运输量时，可过渡到螺旋坑线

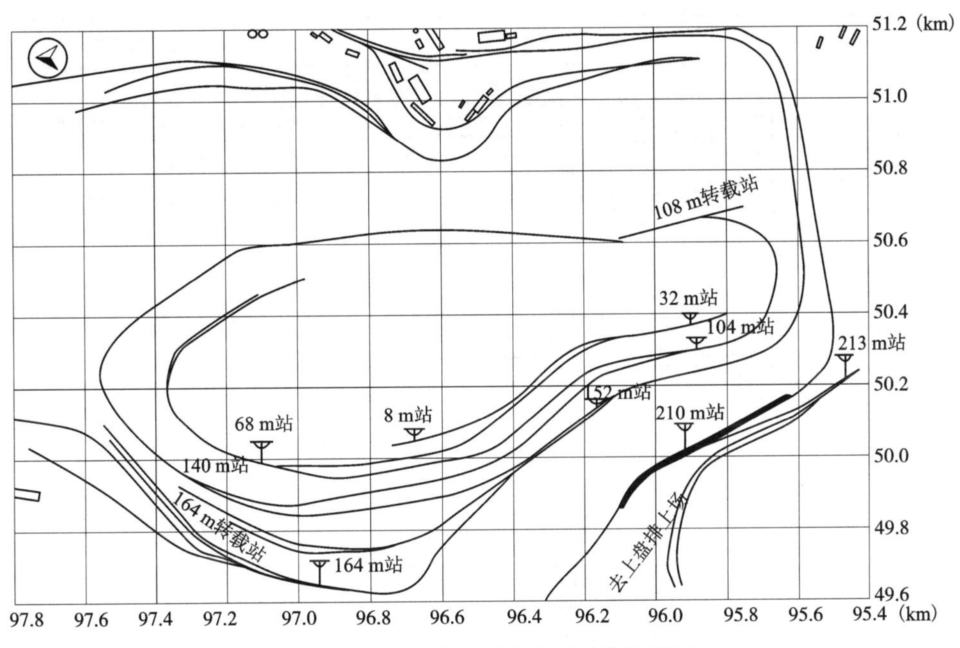

图 2-13　歪头山铁矿陡坡铁路开拓示意图

山坡露天矿具有单侧山坡和孤立山峰两种基本地形。单侧山坡时，为避免坑线的移动，多将坑线设在采场境界外的端部，以外部折返坑线连通各开采台阶和地面选矿厂，并利用地形高差采用多出口就近建立排土场，其坑线数目取决于矿岩运输量、流向及排土场的位置。当地处孤立山峰时，开拓坑线多布置在工作帮的背面一侧，以免采剥作业对坑线造成不安全与断路问题，坑线沿地形折返由端部绕到各个工作台阶，如图 2-14 所示。当曲线半径不能满足坑线的绕行要求时，则由相应水平折返站引出联络线(图 2-14 中的 *AB* 段)，通过双壁路堑与工作面上的采剥线连通。

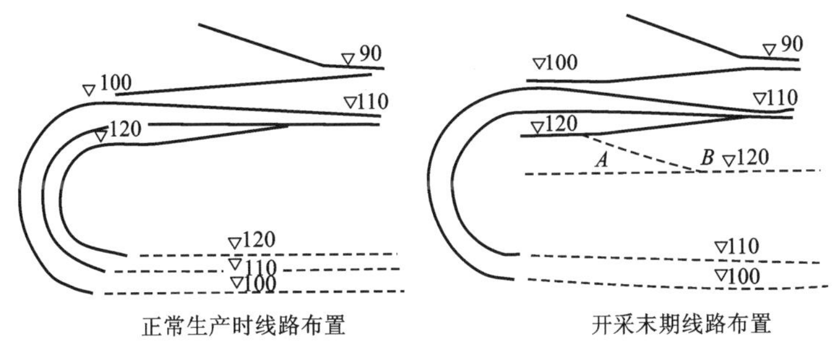

图 2-14　台阶回采线路的布置

开拓坑线按其固定性分为固定坑线开拓和移动坑线开拓，通常多采用固定坑线开拓。铁路运输移动坑线开拓线路移设工作量很大，线路质量差，开采三角台阶的设备效率低，故在生产实际中已很少使用。图 2-15 为国内典型山坡露天矿歪头山铁矿上部铁路开拓示意图。

表 2-6 山坡露天矿铁路开拓坑线几种主要布置形式

布线形式	图示	适用条件
单线折返 双侧交替进车		地形为孤立山峰；两侧地形有入车条件；每个台阶挖掘机少于两台，采剥总量为 3000~7000 kt/a
单线折返 单侧进车		地形为孤立山峰；仅一侧地形有入车条件；每个阶段挖掘机以 1 台为宜，如果使用 2 台则另一台效率降低 10%~20%
单线折返 环形进车		地形为孤立山峰；每个台阶挖掘机大于或等于两台，采场面积广，一般为 1.2 km×1.0 km 以上
端部折返 一侧进车		采场附近地形为单侧山坡；仅一侧地形有入车条件；每个台阶挖掘机只适于布置 1 台；如布置 2 台，则另一台效率显著降低

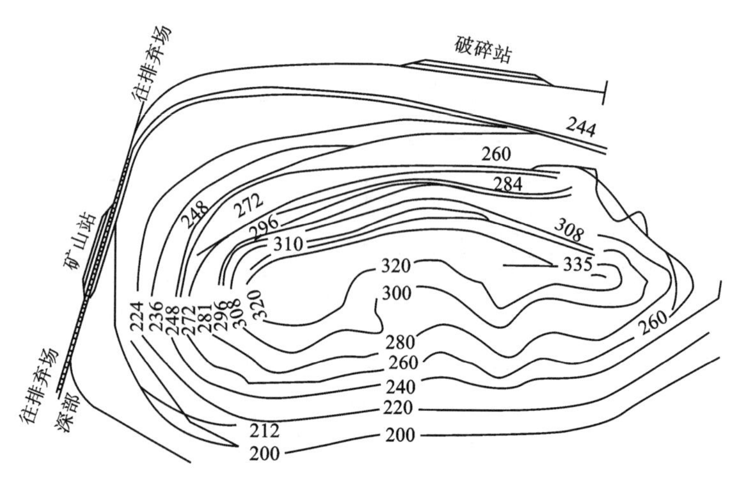

图 2-15 歪头山铁矿上部铁路开拓示意图

2.3.3　铁路开拓线路技术条件

1. 线路分类

1) 固定线：矿山运输干线、站线以及使用年限在 3 年以上的其他线路。

2) 半固定线：矿山的移动运输线，其移设周期或使用年限在 3 年以下、1 年以上的线路。

3) 移动线：移设周期或使用年限等于或小于 1 年的线路，如采矿工作面的装车线、废石场的卸车线。

2. 线路等级划分

矿山线路等级可按矿山重车方向的最大年运量划分，见表 2-7。

表 2-7　矿山线路等级划分

线路类别	线路等级	重车方向最大年运量/kt	线路轨距/mm			
			1435	900	762	600
固定线或半固定线	Ⅰ		≥6000	>2500	1500~2000	
	Ⅱ		3000~6000	1500~2500	500~1500	300~500
	Ⅲ		<3000	<1500	<50	<300
移动线		不分等级				

3. 线路平面

线路曲线半径应结合矿山地形、线路使用期限、机车车辆轴距和运行速度等因素合理确定，尽可能采用大半径曲线。因为小半径曲线要限制车速，增加周转时间，增加能量消耗，增加轮轨之间的磨耗，加大线路维修工作量等，使运营费增加。但矿山因地形限制，采用过大的曲线半径将增大基建工程量，因此，二者必须根据具体情况权衡。

1) 准轨

(1) 各级线路最小曲线半径不应小于表 2-8 的规定。

表 2-8　矿山准轨线路最小曲线半径　　单位：m

线路名称及等级		机车车辆类型					
		一类		二类		三类	
		一般地段	困难地段	一般地段	困难地段	一般地段	困难地段
固定线	Ⅰ、Ⅱ	180	150	200	150	250	200
	Ⅲ	150	120	180	150	200	180
半固定线	Ⅰ、Ⅱ	150	120	180	150	200	180
	Ⅲ	120	100	150	120	180	150
移动线	采场内	120	80(60)	120	100(80)	150	120
	向曲线外侧卸车的卸车线	200	150	200	150	250	200
	向曲线内侧卸车的卸车线	300	250	300	250	300	250

(2)机车、车辆分类。

一类为机车固定轴距小于等于2.6 m，全轴距小于11 m；矿车固定轴距1.8 m，全轴距小于11 m；

二类为机车固定轴距小于等于2.6 m，全轴距小于16 m；矿车固定轴距1.8 m，全轴距小于11 m；

三类为矿车固定轴距1.2 m，全轴距小于13 m。

(3)改、扩建矿山利用旧有机车固定轴距大于2.6 m且小于3 m时，可以考虑二类标准。

(4)联合线和其他线按Ⅲ级半固定线标准。特别困难地段最小曲线半径可考虑降低至相应等级。

(5)采场内环形移动线，在一次扩帮后即能加大曲线半径，参见表2-8括号内的数值，以低速通过。

2)窄轨

(1)窄轨线路最小曲线半径不应小于表2-9的规定。

(2)移动线和辅助线的最小曲线半径不应小于表2-10的规定。

当线路在条件特别困难的地段时，Ⅰ、Ⅱ级线路可按表2-9降低一级；Ⅲ级线和移动线的初始路基对600 mm轨距线路的最小曲线半径不小于固定轴距的15倍，对760 mm、900 mm轨距线路的最小曲线半径不小于固定轨距的25倍。

表2-9 矿山窄轨线路最小曲线半径

单位：m

固定轴距		≤2 m		2.1~3.0 m
轨距		600 mm	762 mm、900 mm	762 mm、900 mm
线路等级	Ⅰ		100	120
	Ⅱ	50	80	100
	Ⅲ	30	30	80

表2-10 窄轨移动线和辅助线最小曲线半径

单位：m

固定轨距			≤2 m		2.1~3.0 m
轨距			600 mm	762 mm、900 mm	762 mm、900 mm
线路等级	移动线	装车线	30	60	80
		向曲线外侧卸车线	30	60	80
		向曲线内侧卸车线	50	80	100
	辅助线		不小于固定轴距10倍	不小于固定轴距20倍	不小于固定轴距20倍

4.线路纵断面

1)坡度

固定线路最大坡度不得超过表2-11的规定。

表 2-11　固定线路最大坡度　单位：%

牵引种类	准轨		窄轨	
	一般	困难	矿车有制动装置	矿车无制动装置
电力机车	上坡 2.5	上坡 3.0	3.0	1.5
	下坡 3.5	下坡 4.0		
内燃机车	3.0		3.0	1.5

准轨移动装卸线一般设在平道上，困难情况下，当机车不摘钩作业时，最大坡度不应大于 1.5%。移动坑线斜坡装车线的最大坡度不应大于重车上坡方向的限制坡度值，但必须经重车上坡启动验算。

2）坡度折减

大坡度应包括下列各种坡度折减值。

（1）曲线折减

线路曲线地段坡度折减值可按表 2-12 进行计算。

表 2-12　曲线地段坡度折减值 i_R

轨距/mm	曲线长度等于或大于列车长度时	曲线长度小于列车长度时	备注
1435	$i_R=\frac{700}{R}$	$i_R=\frac{12.2\sum\alpha}{L}$	R 为曲率半径，m；L 为该段线路设计坡段长，m，若坡段长度大于列车长度，L 采用列车长度，当曲线范围内的坡段长度小于列车长度时，则 L 采用曲线范围内的坡段长度；$\sum\alpha$ 为位于坡段长度范围内的曲线转向角总和，(°)
900	$i_R=\frac{315}{R}$	$i_R=\frac{5.5\sum\alpha}{L}$	
762	$i_R=\frac{267}{R}$	$i_R=\frac{4.6\sum\alpha}{L}$	
600	$i_R=\frac{210}{R}$	$i_R=\frac{3.7\sum\alpha}{L}$	

（2）隧道折减

准轨：凡电力机车牵引，位于长大坡道上，长度超过 500 m 的隧道，其坡度不得大于限制坡度乘以隧道内线路最大坡度系数后所得到的数值；位于曲线地段的隧道，应先进行隧道折减，再按曲线折减。电机车牵引的准轨线路隧道内线路最大坡度系数见表 2-13。

窄轨：隧道长度大于 300 m 及其上坡进硐前，半个最大列车长度范围内的坡度不应大于最大坡度乘以隧道内线路最大坡度系数后所得到的数值；位于曲线地段的隧道，应先进行隧道折减，再按曲线折减。窄轨线路隧道内线路最大坡度系数见表 2-14。

表 2-13　准轨线路隧道内线路最大坡度系数

隧道长度/m	501～1000	1001～4000	>4000
系数	0.95	0.90	0.85

表 2-14 窄轨线路隧道内线路最大坡度系数

隧道长度/m	301~1000	>1000
系数	0.90	0.85

(3)最小地段长度

线路最小地段长度不得小于表 2-15 中的规定。

表 2-15 线路最小坡段长度

<table>
<tr><th rowspan="2">铁路等级</th><th colspan="2">轨距 1435 mm</th><th colspan="2">轨距 600 mm、762 mm、900 mm</th></tr>
<tr><th>一般</th><th>困难</th><th>一般</th><th>困难</th></tr>
<tr><td>Ⅰ、Ⅱ级线</td><td>200 m</td><td>大于 1 个列车长</td><td>1 个列车长</td><td>1/2 个列车长</td></tr>
<tr><td>Ⅲ级及移动线</td><td>140 m</td><td>大于 2/3 个列车长，
但不小于 80 m</td><td>1 个列车长</td><td>1/2 个列车长</td></tr>
</table>

窄轨铁路纵断面坡段长度一般不应小于最大列车长度，在困难情况下，可减至最大列车长度的一半，但必须满足设置竖曲线的要求。

(4)竖曲线

线路纵断面两相邻坡段的坡度代数差不得大于重车方向的限制坡度，当两相邻坡段的坡度代数差大于表 2-16 中的规定时，应按表列竖曲线半径设置圆曲线形竖曲线。

当准轨线路采用三类车型时，竖曲线半径不小于 2000 m；当外矢量计算值小于 10 mm 时，应加大竖曲线半径。

竖曲线应设在缓和曲线范围外，不应侵入无碴桥面及明桥面。窄轨线路的移动线可不设竖曲线。

表 2-16 竖曲线半径

<table>
<tr><th>轨距/mm</th><th colspan="2">铁路等级</th><th>需设置竖曲线的
坡度代数差/%</th><th>竖曲线半径/m</th></tr>
<tr><td rowspan="3">1435</td><td colspan="2">Ⅰ、Ⅱ级固定线路在一般情况下</td><td>≥0.4</td><td>≥2000</td></tr>
<tr><td colspan="2">Ⅰ、Ⅱ级固定线路在困难情况下</td><td>≥0.4</td><td>≥1000</td></tr>
<tr><td colspan="2">Ⅲ级固定线路及半固定线路</td><td>≥0.4</td><td>≥1000</td></tr>
<tr><td rowspan="3">762、900</td><td rowspan="2">Ⅰ、Ⅱ级固定
线路</td><td>一般情况</td><td>≥0.6</td><td>≥2000</td></tr>
<tr><td>困难情况</td><td>≥0.9</td><td>≥1000</td></tr>
<tr><td colspan="2">Ⅲ级固定线</td><td>≥0.9</td><td>≥1000</td></tr>
<tr><td>600</td><td colspan="2">Ⅱ、Ⅲ级固定线</td><td>≥0.9</td><td>≥1000</td></tr>
</table>

2.3.4　工程实例

我国露天矿山铁路运输大多采用坡度为 2.5%～3%的缓坡铁路运输，在开采时每下降一个开采台阶即需铺设 1200～1400 m 铁路线路。在空间不足的情况下，只有增加折返次数来弥补，这样增加了运输距离和台阶宽度，使采场空间越来越小，丢失了挂帮矿，缩短了铁路运输服务年限，从而不得不用大量资金更新运输方式。国外先进矿山经验证明，加大铁路运输线路坡度既能缩短其距离，又能延伸铁路深度和延长服务年限，减少运输线路压矿量，降低运输成本，可达到获得较大经济效益的目的。

攀钢朱家包包(朱家)铁矿采场主要由 3 座山头组成，封闭圈标高为 1270 m。朱家铁矿设计采用公路-铁路联合开拓：采场 1300 m 以上全部采用铁路运输，深部 1285 m 以下布置两套运输系统，一套是铁路，一套是公路。公路从矿仓西部下坑，纵向坡度为 8%，路面宽 21 m，可运行 100 t 的电动轮汽车。铁路运输系统为 1258 m 铁路，从矿山站东北侧进入采场深部，1270 m 和 1285 m 铁路也从矿山站东北侧进入采场深部，1267 m 封闭圈以下设置下盘固定帮折返线，纵向坡度为 3%，共有 1258 m、1234 m、1210 m、1186 m 等 4 个折返台。深部铁路一直延伸到 1162 m，掘沟及扩帮形成铁路进线空间的矿岩均由汽车公路运往场外倒装矿仓转铁路运出；在 1174 m 设置倒装台，1162 m 至露天坑底 1054 m 之间的矿岩均用汽车将矿岩运至倒装台，然后用挖掘机装到列车上经铁路运出。

攀钢集团矿业公司在朱家铁矿进行了陡坡铁路工业性试验。对 224 t、150 t 电机车和 150 t 电机车双机陡坡铁路运输的研究和不同条件下(坡度、牵引矿车数)的试验表明：

(1)224 t 电机车牵引 12 节 KF-60 型重矿车可在 4%～4.5%陡坡铁路上启动，上坡正常运行；

(2)150 t 电机车牵引 6 节 KF-60 型重矿车可在 4%～4.5%陡坡上启动(启动加速度为 0.018～0.04 m/s^2，距离为 100～200 m)；而牵引 8 节以上重矿车时，必须在平路上启动(启动加速度 0.12～0.17 m/s^2，距离大于 80 m)；

(3)150 t 双机牵引 12 节 KF-60 型重载矿车可在平路上启动，在 4%～5%陡坡上正常运行。

根据选取技术先进、可行、可靠、经济合理的坡度及列车组成的原则，结合试验、计算结果及朱家铁矿生产需要，最终采场内选用 224 t 电机车牵引 9 节 60 t 矿车，限制坡度为 4.2%，但是考虑到 224 t 电机车为新产品，同时朱家铁矿现有为数不少的 150 t 电机车，因此在设计中已经充分地考虑了 150 t 电机车双机牵引 12 节 60 t 矿车的可能性。

朱家铁矿陡坡铁路试验的成功，对我国露天矿铁路的继续使用起到了促进作用，为使用铁路的露天矿提供了新的发展空间，如对鞍钢齐大山铁矿北采区、东鞍山及本钢歪头山铁矿等都有一定的借鉴作用。

2.4　联合开拓

汽车运输虽然具有机动灵活、爬坡能力大等优点，但受到合理运距的限制，而且随着开采深度的下降，运输效率降低、运营费增加。重车长距离上坡运输，使汽车的使用寿命缩短，故其适用的合理深度也受到限制。即使采用大型载重汽车，也不能有效提高运输效率和降低运营成本。铁路开拓及其生产工艺有其固有的缺点，致使其合理的开采深度较小。因此，露天矿的生产实际上经常采用各种形式的联合开拓方式。

2.4.1 公路-铁路联合开拓

单一铁路开拓在国内外金属露天矿使用的比例逐渐减少。对于采用铁路开拓的露天矿，转入深部开采时，大多改用公路-铁路联合开拓，即采场上部保持铁路运输，采场下部采用公路运输，中间设置矿岩转载站。由于采场内运距在汽车合理运距之内，汽车的周转速度快、生产效率高。因此，采用公路-铁路联合开拓的经济效益比单一铁路开拓可提高 13%~16%，挖掘机效率可提高 20%~25%，从而提高了综合开采强度。其主要特点是能够充分发挥两种运输方式各自的优点，如公路爬坡能力大、机动灵活，而铁路运量大等。

1. 布置形式及优缺点

公路-铁路联合开拓已在我国十多座大中型露天铁矿成熟应用，常用的联合开拓形式见表 2-17。

表 2-17 公路与铁路联合开拓的形式

联合开拓的形式	适用条件	矿山实例
采场深部用公路，浅部用铁路	露天矿采矿场很深，深部水平汽车运距较远，浅部需用铁路运输接续或深部水平面积较小，铁路线延深困难，需改用汽车运输	东鞍山铁矿
深部掘沟用公路，其余用铁路	铁路运输的矿山用汽车掘沟加快新水平准备的速度	白云鄂博铁矿
孤立山峰公路，下部用铁路	山坡露天矿孤立山峰铁路运输展线困难地段需要汽车运输	歪头山露天铁矿

除小型矿山直接转载外，多数矿山一般会设置转载站(或转载矿仓)。转载站通常设在露天采场的端帮，转载量较大时可同时布置在端帮及非工作帮。转载站应随采矿场的延深而下移，若地面矿岩的运距较远时，矿山生产初期即可采用公路-铁路联合开拓。此时，第一个转载站应设在内部沟沟口附近，如图 2-16 所示。No. 1 转载站随着露天采矿场逐步延深，转载站逐步转移到 No. 2、No. 3 的位置，每个转载站服务 3~4 个台阶。

公路-铁路联合开拓可以充分发挥两者的优点，取长补短。联合开拓与单一开拓相比有下列优缺点。

1) 优点：

(1) 在采场深部水平使用汽车运输，机动性、灵活性大，能加快掘沟速度，减少新水平准备时间，加大矿山生产能力，提高挖掘机效率，改善矿石和矿岩分采效果。

(2) 可以取消采场工作面上的铁路移动线，改善机车运行条件，提高铁路运输能力，免除复杂的移道工作和改善工作组织。

(3) 在采场上部固定线使用铁路运输，缩短了汽车运距，降低了汽车运营费用，提高了汽车的生产能力和技术经济效果。

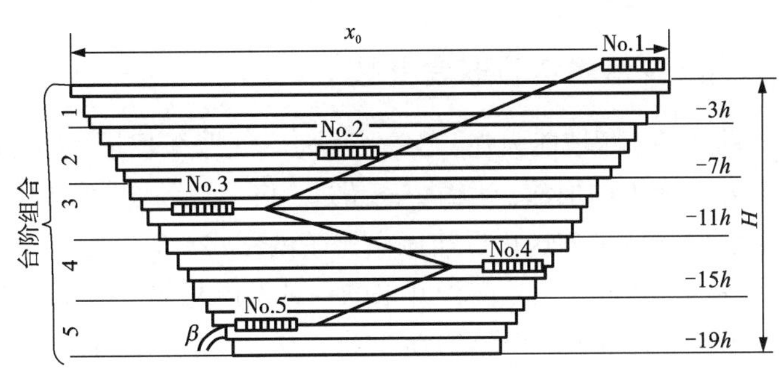

x_0—采场宽度；H—开采深度；h—台阶高度；1~5—各转载站所服务的台阶。

图 2-16　公路-铁路联合开拓转载站布置

2)缺点：

联合开拓的缺点是同时存在两种运输方式，工艺较复杂并需安设转载设施。

2. 工程实例

鞍钢集团矿业公司东鞍山铁矿是以 1992 年境界调整设计为基础进行采剥生产的。1998—2002 年执行分区设计开采。2006 年采场东部最高生产水平为 66 m，最低为-38 m；西部最高生产水平为 92 m，最低为-12 m。东西部生产水平高低不等，整个采场内共有生产台阶 11 个，比设计多 4 个。2006 年矿山积极组织实施“3735”工程，完成西部强化剥岩工作，恢复上部同水平铁路运输生产条件。但下部水平实现新水平准备工作，在同一水平进行是否还需要更长时间，主要取决于新水平的开拓工艺是否满足矿山采剥生产要求。

东鞍山铁矿一直采用铁路开拓方式，2000 年 9 月引进两台 3307 汽车，主要负责下部重点部位矿石倒装，实现简单的汽-铁联合运输方式。2005 年又引进两台 3307 汽车，以加强汽-铁联合运输，但是汽车运输仍然是东鞍山运输中的薄弱环节。东鞍山铁矿是深凹露天矿，铁路运输掘沟已满足不了矿山工程的发展。当时国内深凹露天矿山的掘沟工艺已无铁路掘沟方式，而且矿山工程越往下延深，铁路掘沟就越复杂、困难。因此，在东鞍山铁矿-25 m 及以下水平深部开拓方式改为 40 t 汽车-转载-铁路联合开拓方式是经济合理且可行的。

新开拓方式采用汽车掘沟，配备 4 m^3 电铲，一台电铲在西部开沟向东掘沟；另一台电铲在东部开沟向西掘段沟。于 2005 年 8 月末完成段沟矿岩采出量 148 万 t、斜沟 14 万 t。

在完成段沟、斜沟之后，两台电铲同时扩一次帮，然后铺设该水平扩帮线。2005 年 11 月中旬安排一台 4 m^3 电铲扩帮，掘沟的两台电铲分别在东西部扩环。东部电铲在东环形成之后，即 2006 年 6 月中旬回到中部扩帮，西部电铲于 2006 年 12 月底完成西部扩环，这样-25 m 水平准备工作历时 24 个月完成。该水平由于有两台电铲已完成 200 万 t 扩帮量，-38 m 新水平准备工作在 2007 年 1 月开始，因此，-25 m 新水平准备工作实际历时 24 个月。

由于汽车运输段沟形成较快，这样对处理 F7 中部压帮矿石量提出了具体的时间要求，-25 m 段沟于 2005 年 8 月末形成。因此，1 m 和-12 m 台阶的 75 万 t 和 110 万 t 的采剥量需要在 2005 年 8 月之前完成，于是，采用了两台电铲铁路运输强化该部位的生产。

3 个台阶的年度采出量均超过 300 万 t，这样在每年新水平准备过程中的汽车倒装量只需分流到两个台阶就可完成。而且台阶年度运输量均不大于 450 万 t。两年 432 万 t 全部用汽车运输到上部台阶再经铁路运出。选用 40 t 的汽车需要 6 台。

2.4.2　公路-破碎站-胶带输送机联合开拓

汽车运输具有机动灵活、爬坡能力强、转弯半径小、线路工程量小、基建时间短、管理方便等优点。但是随着开采水平的加深，运输距离超过 3 km 以后，运输成本迅速增加。据美国双峰露天铜矿对汽车运输和胶带输送机运输所做比较的结果(表 2-18)，在深凹露天矿采用胶带输送机开拓是合理的，并成为大型露天开采的一种发展趋势。适用条件为矿岩运量大于 3000 kt，汽车运距大于 3 km，采深大于 150 m 的露天矿，一般不适于开采深度小于 100 m 的露天矿。

表 2-18　双峰露天铜矿汽车运输和胶带输送机运输的比较

运输爬高/ft	汽车运费/美元		胶带输送机运费/美元		备注
	年运费	每吨运费	年运费	每吨运费	
100	1889000	0.0630	2252000	0.0751	汽车运输和胶带输送机运输的年运量均为 30 Mt。其中矿石 10 Mt、岩石 20 Mt；采用载重 100 t 电动轮自卸汽车；重车在 8%的坡道上上坡运行
200	2477000	0.0862	2489000	0.0830	
300	3128000	0.1043	2726000	0.0909	
400	3846000	0.1282	2963000	0.0988	
500	4619000	0.1540	3203000	0.1068	
600	5458000	0.1819	3440000	0.1147	

注：1ft=0.3 m。

但应该注意的是，胶带输送机作为唯一运输通路时，一旦发生故障即会影响生产的进行。矿岩运输都具有重度大、振动大等特点，因此在安装调试时应注意驱动组件的抗振动性，且驱动组件工作频率与胶带输送机固有频率不能太接近，否则容易产生共振，损坏驱动组件。

国内的水厂铁矿、齐大山铁矿、白云鄂博铁矿、南芬铁矿、大孤山铁矿、紫金山金矿、德兴铜矿等矿山，初期运距为 3~4 km 时，均采用单一汽车运输或铁路运输，而中后期运距超过 3 km 时，均采用汽车-胶带输送机联合运输方式。乌奴格吐山铜钼矿二期工程在生产前 5 年，采用单一汽车运输方式，第 6 年采用汽车-胶带输送机联合运输方式。

爆破后的矿岩块度较大，采用胶带输送机运输时，矿石和岩石必须预先经破碎机破碎后，才能用胶带输送。

按破碎机是否固定和胶带输送机的布置方式以及生产工艺流程，露天矿常用的公路-破碎站-胶带输送机联合开拓系统可分为：公路-半固定式破碎站-胶带输送机联合开拓、公路-半固定或固定式破碎站-斜井胶带输送机联合开拓、移动式破碎站-胶带输送机开拓。

1. 公路-半固定式破碎站-胶带输送机联合开拓

这种开拓方法如图 2-17 所示，破碎站和胶带输送机布置在露天矿场的非工作帮上。由于露天矿边坡角一般比胶带输送机允许的坡角大，故胶带输送机多为斜交边帮布置。矿石和岩石用自卸汽车运至破碎站，破碎后经板式给矿机转载给胶带输送机运至地面，再由地面胶带输送机或其他运输设备转运至卸载地点。破碎机的选型，应根据露天矿生产能力、破碎工作的难易以及破碎费用，在综合分析比较的基础上确定。

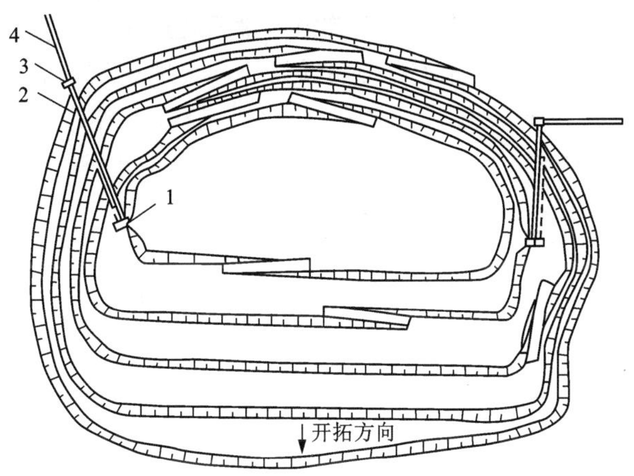

1—破碎站；2—边帮胶带输送机；3—转载点；4—地面胶带输送机。

图 2-17　公路-半固定式破碎站-胶带输送机联合开拓

在采矿场内常用的破碎设备有旋回破碎机和颚式破碎机。前者生产能力大，耗电量和经营费少，使用周期长(即两次修理间隔时间)，但投资多，机体高大，移设和安装工作较为复杂。后者机体小，移设和安装工作相对于前者较为简单，但经营费用高。在一般情况下，当生产能力超过 1000 t/h 时，采用旋回破碎机；生产能力较小时，可采用颚式破碎机。

不论采用哪种破碎设备，破碎站的移设和安装工作均较为复杂，所需时间较多。为解决这个问题，可采用组装形式的半固定式破碎站，也就是把破碎站分割成为 100 t 左右的组装件，使其易于拖动和拆装，每移设一次只需 10~15 天。

汽车在卸载平台上向倾斜格筛卸载，格筛上的大块进入旋回破碎机，破碎的矿石或岩石经排料口进入漏斗。小于格筛孔网的矿石或岩石直接落入漏斗，漏口下部设有板式给矿机，向胶带输送机供料，经采矿场边帮胶带输送至地面。

在露天采矿场内，为保持汽车的经济合理运距，随着开采深度的增加，破碎站每隔 3~5 个台阶移设一次。其合理的移设步距也可按式(2-1)确定。计算求得的移设垂直距离，按台阶高度的整数倍的小值来确定。

$$H = \frac{C}{(C_1 - C_2)\gamma S} \tag{2-1}$$

式中：H 为破碎站移设的垂直距离，m；C 为破碎站移设费用，元；γ 为矿岩的平均容重，t/m^3；C_1、C_2 分别为汽车和胶带输送机折算的矿岩提升费用，元/(t · m)；S 为矿岩的平均水平截面积，m^2。

$$C_1 = \frac{A_1 K}{1000\sin\alpha},\ C_2 = \frac{A_2}{1000\sin\beta} \tag{2-2}$$

式中：A_1、A_2 分别为汽车和胶带输送机矿岩运输费用，元/(t · m)；α、β 分别为汽车运输坑线和胶带输送机的坡角，(°)；K 为汽车运输坑线展长系数。

2. 公路-半固定或固定式破碎站-斜井胶带输送机联合开拓

公路-半固定或固定式破碎站-斜井胶带输送机联合开拓能够最大程度地发挥汽车在采场内运输的机动灵活、适应性强的优点，同时利用了采场外胶带输送机运输能力大、爬坡能力强、运营成本低的优势，已成为大型露天矿山运输系统最主要的发展方向之一。河北司家营铁矿Ⅱ采场岩石开拓系统，即采用斜井胶带输送机连接地表胶带输送机的开拓方式。

如图 2-18 所示，岩石和矿石胶带输送斜井分别布置在两端帮的境界外，破碎站布置在两端帮上。在采矿场内，用自卸汽车将矿石和岩石运至破碎站破碎，然后经斜井胶带输送机运往地面。

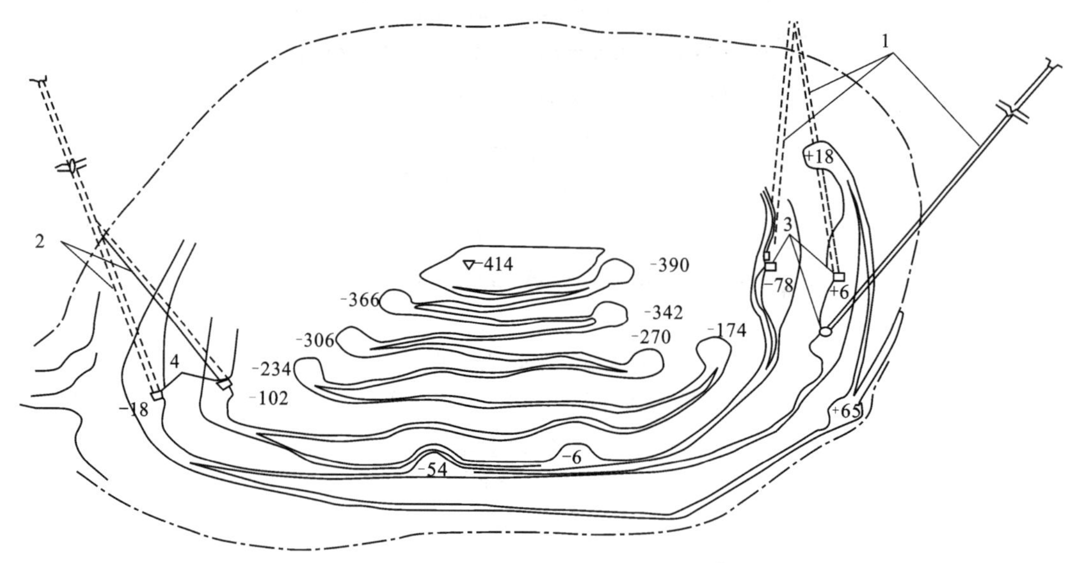

1—岩石胶带输送斜井；2—矿石胶带输送斜井；3—岩石破碎站；4—矿石破碎站。

图 2-18 公路-半固定式破碎站-斜井胶带输送机联合开拓

某矿旋回破碎机破碎系统如图 2-19 所示，汽车在卸载平台上向旋回破碎机卸载，将矿石或岩石破碎至粒度为 350 mm 以下，进入排料仓，通过板式给矿机向斜井胶带输送机供料。此外，也可以在破碎机下部设置一段溜井作储矿仓用，破碎后的矿岩通过溜井经板式给矿机转载到斜井胶带输送机上。

破碎站还可以固定形式设在露天矿境界底部，矿石或岩石通过溜井溜放到地下破碎站破碎，然后经板式给矿机和斜井胶带输送机运往地面。这种布置方式，破碎站不需移设，生产环节简单，减少了因在边帮上设置破碎站而引起的附加扩帮量。但初期基建工程量较大，基建投资较多，基建时间较长。溜井易发生堵塞和跑矿事故，井下粉尘大，影响作业人员的健康。

3. 移动式破碎站-胶带输送机联合开拓

移动式破碎站-胶带输送机联合开拓是用挖掘机将矿石或岩石直接卸入设在采剥工作面的破碎机内，也可用前装机或汽车在搭设的卸载平台上向破碎机卸载，破碎后的矿岩用胶带输送机从工作面直接运出采矿场(图 2-20)。

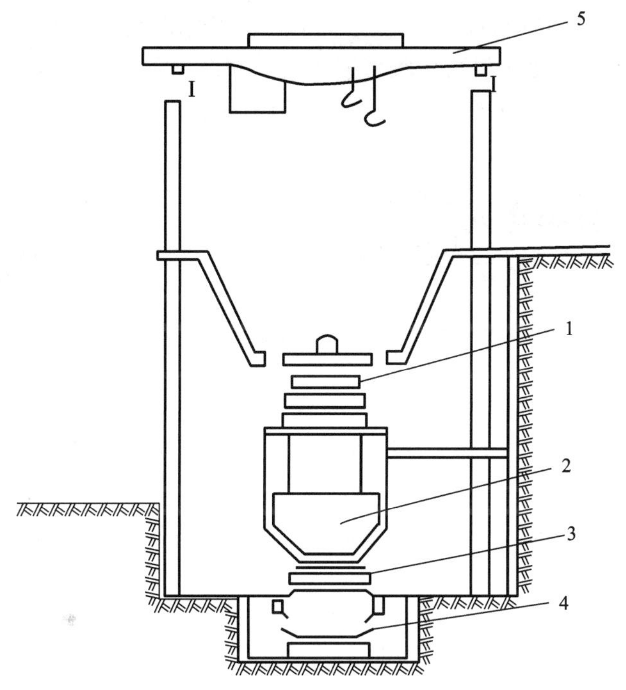

1—旋回破碎机；2—排料仓；3—板式给矿机；4—胶带输送机；5—吊车。

图 2-19　某矿旋回破碎机破碎系统

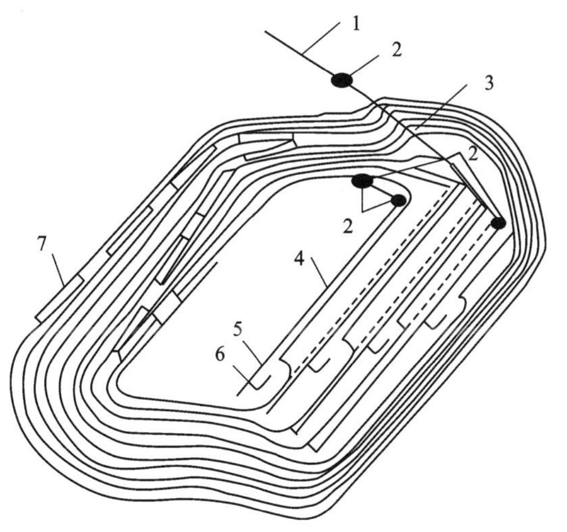

1—地面胶带输送机；2—转载点；3—边帮胶带输送机；4—工作面胶带输送机；
5—移动式破碎机；6—桥式胶带输送机；7—出入沟。

图 2-20　移动式破碎站-胶带输送机联合开拓

在开采过程中，破碎机随工作面的推进而移动。工作台阶上的胶带输送机也随工作线的推进而移设。

工作台阶上胶带输送机的布置方式，主要取决于工作线长度。当台阶工作线较长时，胶带输送机可平行于台阶布置，破碎机与该胶带输送机之间设一条桥式胶带输送机[图 2-21(a)]。当台阶工作线较短时，采用可回转的胶带输送机[图 2-21(b)]。

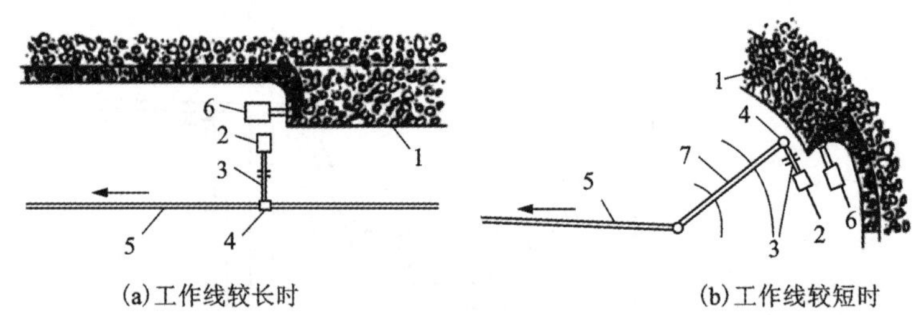

1—爆堆；2—移动式破碎站；3—桥式胶带输送机；4—转载点；5—工作面胶带输送机；6—挖掘机；7—可回转的胶带输送机。

图 2-21 胶带输送机在工作台阶上的布置方式

移动式破碎机的行走机构可分为履带式和迈步式这两种，一般当破碎设备质量大于 300 t 时，采用液压迈步式行走机构。图 2-22 为液压迈步式短头旋回移动式破碎机，这种破碎机高度较低，可用挖掘机直接给料，而不需其他给料设备。

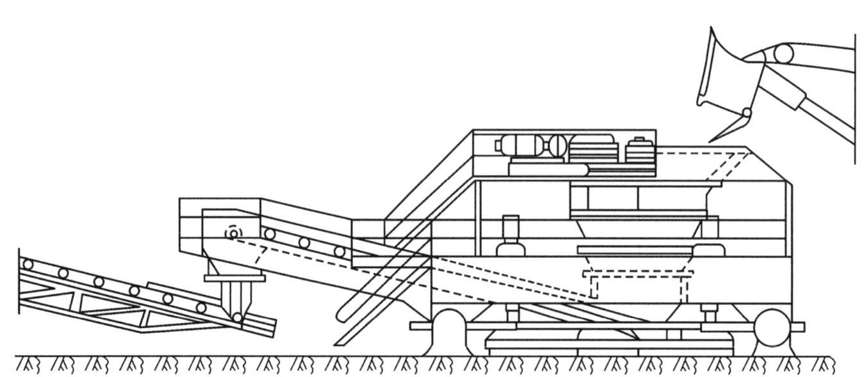

图 2-22 液压迈步式短头旋回移动式破碎机

4. 公路-破碎站-胶带输送机联合开拓评价

公路-破碎站-胶带输送机联合开拓，胶带输送机运输能力大。美国西雅里塔露天铜钼矿的一条运输岩石的胶带输送机，全长 2.4 km，带宽 1840 mm，胶带坡角 13°，输送能力达 8000 t/h；升坡能力大，坡角可达 16°~18°；运输距离较短，为汽车运距的 1/4~1/3，为铁路运距的 1/10~1/5；基建工程量少；运输成本低，据资料介绍，采用汽车运输时，开采深度每增加 10 m 运输成本就增加 1.5 倍，而用胶带输送机运输时仅增加 5%~6%，因此可扩大开采范围，加大开采深度；由于连续运输，便于实现自动控制；采用汽车-半固定式破碎站-胶带输送机开拓时，其劳动生产率比用单一公路开拓时提高 1~3 倍，挖掘机效率提高 25%~50%，使用的汽车台数可减少 25%~30%，露天矿下降速度可达 20~30 m/a。采用移动式破碎站时，基建费用为半固定式破碎站的 70%~75%，经营费为半固定式破碎站的 80%~85%，挖掘机效率和劳动生产率均比半固定式破碎站高。

当露天开采深度不大时，用胶带输送机输送矿岩，矿岩需用破碎机预先破碎，而用汽车运输时，则不需预先破碎即可直接运出采矿场。

表 2-19 和表 2-20 为国内、外胶带输送机应用实例。

表 2-19　国内胶带输送机应用实例

项目单位	昆阳磷矿		云浮硫铁矿			大孤山铁矿		石人沟铁矿排土场			
	1、2 采区	3、4 采区	1 号	2 号	3 号	岩石 1 号	矿石 2 号	1 号	2 号	3 号	4 号
运输物料	磷矿石		硫铁矿			废石		废石			
胶带输送机长度/m	429	1260	447	470	538	519.2	1183.45	342	703.5	391.4	600
提升角度	-12°	-11°34′	-13°	-10°	-10°	0°~12°36′	0°~13°	12°~0°	2°11′~6°	5°12′	0
提升高度/m	-30	-132	-45	-58	-22	94	125.36	49.97	46.84	33.95	0
生产能力/$(t\cdot h^{-1})$	600~900	540	750			1795	1323	930			
带宽/m	0.8	0.8	1.0	1.0	1.0	1.4	1.4	1.0	1.0	1.0	1.0
带速/$(m\cdot s^{-1})$	2.5	2.0	2.0	2.0	2.0	2.0	2.0	2.5	2.5	2.5	2.5

注：表中的“-”表示重载下坡输送。

表 2-20　国外胶带输送机应用实例

企业	胶带输送机				采场内运输方式	破碎机		提升高度/m
	总长/m	带宽/mm	带速/$(m\cdot s^{-1})$	生产能力/$(t\cdot h^{-1})$		规格形式	进口/出门尺寸/mm	
西雅里塔铜钼矿		1800	4.2	8000	汽车运输			133
双峰铜矿		1500	4.9	6600				330
巴比特铁矿	610	1500		3500		旋回	1524/220	
巴特勒铁矿	863	1372	2.54	4000		旋回	1524/152	
马克萨多铁矿		1200	5	1800				
萨马科铁矿	360	1200		500				
库德雷穆克铁矿		1600		3500		旋回	1600/178	
南方采选公司	2600	2000	2.3	4500		旋回	1500/180	200
斯托依林公司	6375	2000	1.6	4000		旋回	1500/180	140
卡恰尔采选公司	1755	2000	3.15	4300		颚式	1500/180	100

5. 工程实例

袁家村铁矿是国内目前生产能力最大的露天铁矿，生产能力为矿石 2200 万 t/a，岩石

6380 万 t/a。露天采场长轴为南北向，短轴为东西向。露天底标高为+1095 m(东侧)和+1110 m(西侧)，封闭圈标高为+1455 m，山坡最高生产水平标高为+1695 m。袁家村铁矿生产规模大、走向长、矿岩运输量大、运距长。矿石开拓系统初期为山坡露天矿石开采时，将半移动式破碎站布置在采场内西侧的山脊上，后期当采场进入深凹露天开采时，主胶带输送机布置在采场中部固定帮上，岩石开拓系统初期山头剥离时采用单一汽车运输，后期在上、下盘分别布置一套汽车-半移动破碎-胶带系统。

矿石开拓系统：矿石开拓采用汽车-半移动式破碎站-胶带输送机系统，破碎机为 63″~89″旋回破碎机，半移动式破碎站-胶带输送机系统能力为 2200 万 t/a。

山坡露天开采时，首先将半移动式破碎站布置在采场内西侧的山脊上，汽车卸矿平台标高 1650 m，该位置胶带标高 1629 m。从选矿厂原矿堆场(卸矿标高 1518.5 m)建一条 1#明胶带到露天采场半移动式破碎站，胶带输送机另一端与半移动式破碎机排料胶带输送机相连。主胶带输送机以明胶带沿地形布置。随着山坡露天采场开采标高下降，半移动式破碎机分别向下移设到 1595 m 和 1530 m 处。

后期当采场进入深凹露天开采时，新建 2#、3#运矿主胶带，2#主胶带一端连接选矿厂原矿堆场(卸矿标高 1518.5 m)；另一端初期布置在采场总出入沟附近，标高 1455 m，随着采场的延深，将破碎机向采场内移设，3#主胶带布置在采场中部固定帮上，随着半移动式破碎机移设由 1455 m 转运站向下延伸。最终半移动式破碎机卸矿平台固定在 1176 m 水平。3#主胶带最低标高 1155 m。

岩石开拓系统：袁家村铁矿初期山头剥离期间，由于采场工作面小，分层岩量相对小，采场下降速度快，并且上、下排土场距离采场较近，汽车排岩运距较短，可充分发挥汽车运输灵活机动、适应性强的特点。因此前期山坡露天开采时，岩石运输采用单一汽车运输。

当采场靠固定帮后，随着采场的降深，岩石运距逐步增大，若采用单一汽车运输方式，其运输成本将大幅增加，矿山的运营费用也急剧升高。同时考虑下盘尾矿筑坝所需废石量较大以及尾矿坝安全的需要，设计根据露天采场开采情况在上、下盘分别布置一套岩石汽车-半移动式破碎站-胶带输送机系统。

下盘岩石汽车-半移动式破碎站-胶带输送机系统：该系统在采矿第 5 年开始生产。半移动式破碎机选择 63″~114″旋回破碎机，半移动式破碎站-胶带输送机系统能力为 3500 万 t/a。

下盘半移动式破碎机首先布置在采场下盘境界外，汽车卸矿平台标高 1560 m，主胶带输送机一端与下盘岩石半移动式破碎机排料胶带输送机相连；另一端与下盘排土场相连。下盘主胶带输送机采用明胶带沿地形布置方式。

随着采场降深，将下盘岩石半移动式破碎机向采场内移设，约每隔 4 个台阶向下移设一次，主胶带输送机布置在采场下盘固定帮上，随着半移动式破碎机移设而向下延伸。最终下盘岩石半移动式破碎机卸矿平台固定在 1296 m 水平。主胶带最低标高为 1275 m。

从第 5 年开始，每年有 3500 万 t 岩石通过采场内矿用自卸汽车就近运到下盘岩石半移动式破碎机破碎后，通过胶带输送机运到下盘排土场。

上盘岩石汽车-半移动式破碎站-胶带输送机系统：该系统在采矿第 13 年开始生产。半移动式破碎机选择 63″~89″旋回破碎机，半移动式破碎站-胶带输送机系统能力为 2880 万 t/a。

上盘半移动式破碎机首先在采场上盘东南帮境界内，汽车卸矿平台标高 1560 m，主胶带输送机一端与上盘岩石半移动式破碎机排料胶带输送机相连；另一端通过斜井胶带与上盘排土场衔接。

随着采场降深，将上盘岩石半移动式破碎机向采场内移设，约每隔4个台阶向下移设一次，主胶带输送机布置在采场上盘固定帮上，随着移动破碎机移设而向下延伸。最终上盘岩石半移动式破碎机卸矿平台固定在1266 m水平。主胶带最低标高为1245 m。袁家村铁矿开拓系统见图2-23。

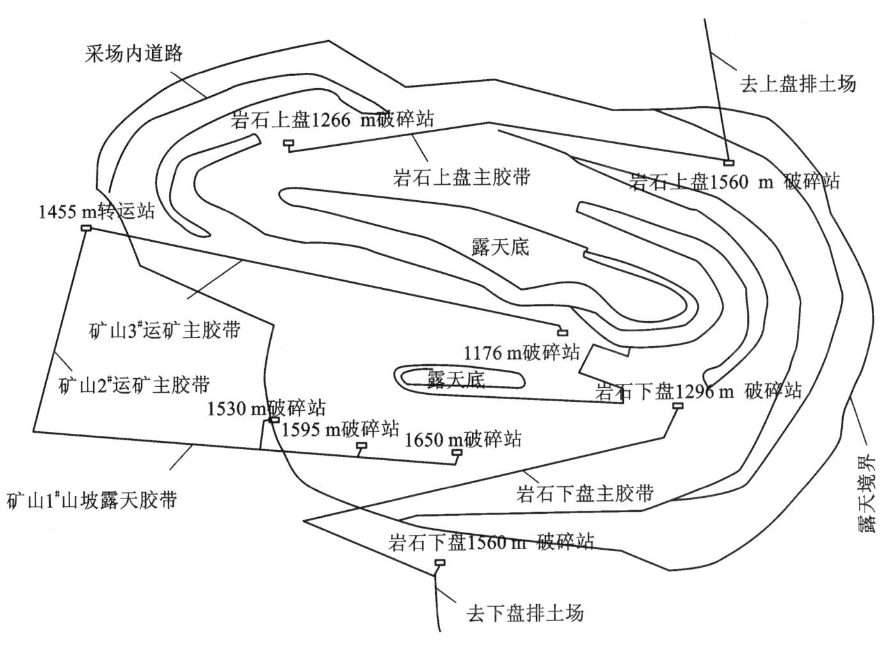

图2-23　袁家村铁矿开拓系统图

2.4.3　公路(铁路)-斜坡箕斗联合开拓

该开拓方法以箕斗为运输容器，由装载站、斜坡沟道、地面卸载站和提升机装置4个基本部分组成。按照采场处于深凹或山坡的不同条件，相应采取重载箕斗提升或下放运行的不同方式。其采场内部需要公路或铁路建立运输联系，形成以箕斗斜坡沟道为开拓中心环节，包括采场内部运输与转载、地面运输与转载等多环节的联合开拓系统，其中采场内部使用汽车运输最为广泛。

由于在采场内和地表多次转载，转载站的移设和箕斗道的延深，使露天矿的生产能力受到限制；箕斗提升系统形成后，再扩大生产能力很困难。故目前使用斜坡箕斗提升开拓的矿山不多，今后也不会继续发展。

这种开拓方法的主要特点是斜坡道倾角大于胶带输送机倾角；运距短，运输设备少；一次提升量大，设备维修方便；运输环节多，矿岩需经转载，要设置转载栈桥。适用于大、中型山坡和深凹露天矿；斜坡道坡度一般在30°以下；山坡露天矿不能用平硐溜井运输时才采用公路-斜坡箕斗提升联合开拓。

1. 布置原则和注意事项

采场内工作面运输，山坡露天矿可采用汽车或窄轨铁路运输，深凹大型露天矿多用汽车运输，深凹中小型露天矿多采用窄轨铁路与箕斗提升相配合。

山坡露天矿箕斗道一般应布置于露天采场爆破危险界线外。正对箕斗道下方不应布置任何建筑物，以防箕斗跑车造成事故。

深凹露天矿箕斗道一般沿采场固定边帮布置，箕斗道倾角原则上可按采场终了边帮角选取。箕斗道也可斜交露天边帮布置以减缓倾角。箕斗道的倾角一般不超过30°。

箕斗道位置应布置在采场非工作帮和端帮的固定边帮上，并尽量避免与公路、铁路线路的立体交叉。箕斗道的起点、终点位置应有较长的服务年限。

箕斗道的提升机房应与厂区公路相通。箕斗卸载矿仓应直通破碎厂原矿仓。

2. 布置形式

1) 山坡露天矿

山坡露天采场内用汽车或窄轨运输时，箕斗道一般布置在采场外的一侧或两侧，每隔3个水平层设一座矿岩转载栈桥，如上部水平矿量较少，则第一栈桥可以多负担一些水平层。

2) 深凹露天矿

深凹露天矿浅部用铁路，深部用公路运输时，则箕斗道布置于采场两个端帮最终边帮上，不横跨铁路、公路。斜坡箕斗道的布置形式见表2-21。

表2-21 斜坡箕斗道的布置形式

布置形式	图示	特点
山坡露天矿，采场内为铁路运输	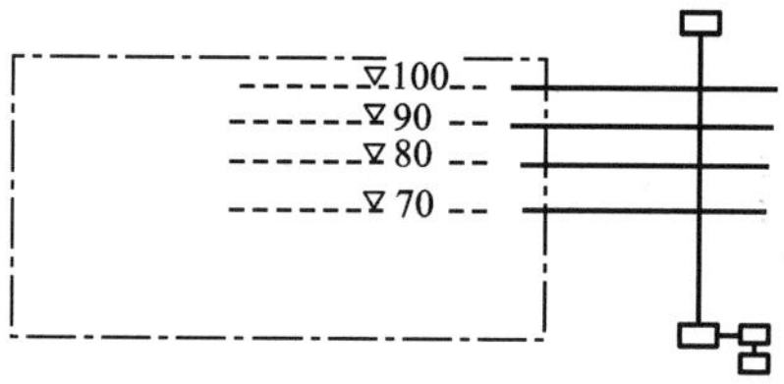 ▽100 ▽90 ▽80 ▽70	箕斗道布置在采矿场外一侧；每个工作水平设转载栈桥
山坡露天矿，采场内为公路运输	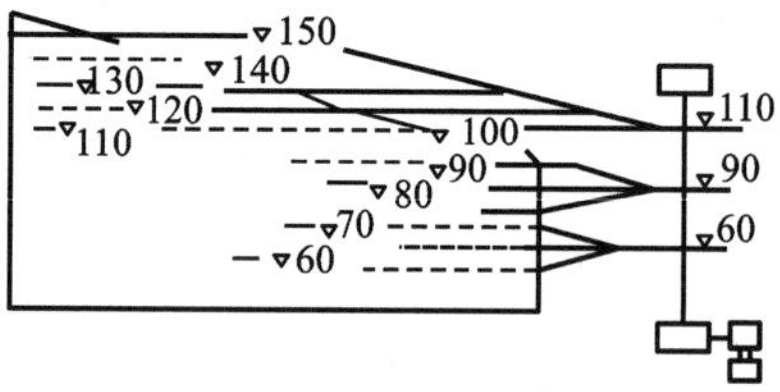 ▽150 ▽140 ▽130 ▽120 ▽110 ▽100 ▽90 ▽80 ▽70 ▽60 ▽110 ▽90 ▽60	箕斗道布置在采矿场外一侧；每隔三个水平层设一座转载栈桥；上部水平矿量少，第一个栈桥负担水平数可以多些
深凹露天矿，上部为铁路运输，下部工作面为公路运输	▽-150 ▽-140 ▽-130 ▽-120 ▽-110 ▽-100 -140 -110	箕斗道最好布置在端部

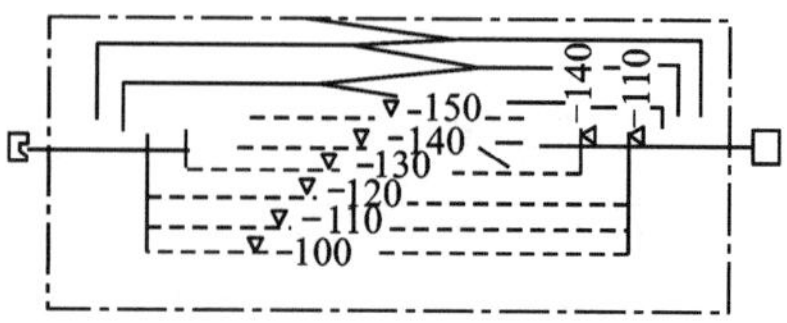

山坡露天矿公路-箕斗联合开拓系统如图2-24所示。

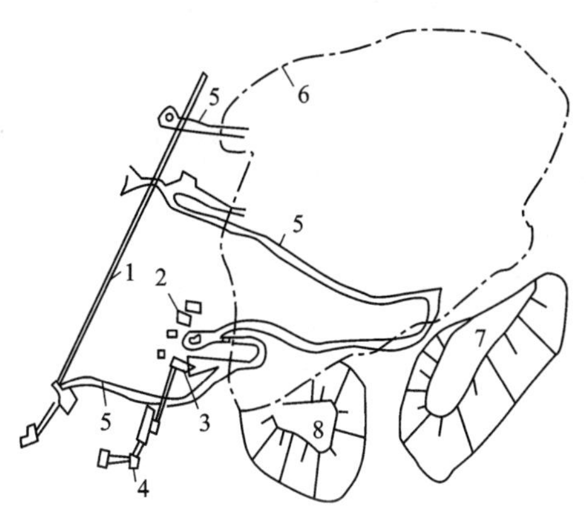

1—斜坡箕斗道；2—工业场地；3—粗破碎车间；4—转运站；5—公路；
6—露天境界；7，8—排土场。

图 2-24　山坡露天矿公路-斜坡箕斗联合开拓系统

深凹露天矿的公路-斜坡箕斗联合开拓系统如图 2-25 所示。

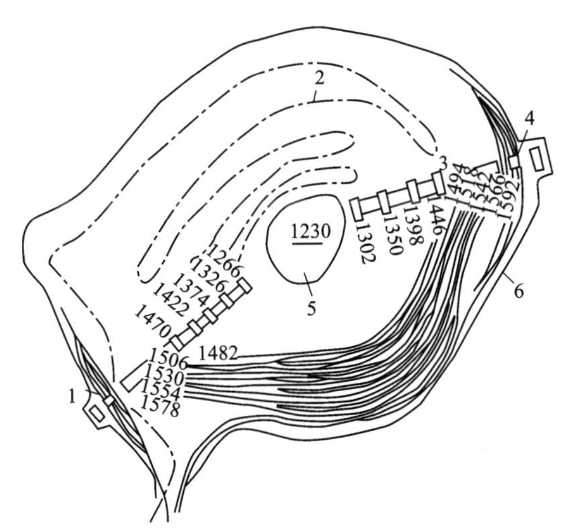

1—斜坡箕斗道；2—公路；3—箕斗栈桥；
4—地面矿仓；5—露天矿底部；6—露天开采终了境界。

图 2-25　深凹露天矿公路(铁路)-斜坡箕斗联合开拓系统

该矿山开拓系统为一比较典型的布置，深凹露天矿的浅部用准轨铁路开拓，线路呈“之”字形折返，布置于露天矿的南帮。深部用公路开拓，公路干线布置于露天矿的北帮，为回返公路干线。两个斜坡箕斗道布置于露天采矿场的两端，避免了与铁路干线和公路干线相交。

斜坡箕斗布置形式按提升系统中提升机房与斜坡道的相对位置，又可分为顺向布置、反向布置和有尾绳布置。为使两箕斗提升中心线间距与两卷筒中心线间距相等，还有各种不同的布置形式。各种布置形式的优缺点及使用实例参见表 2-22。部分露天矿斜坡箕斗提升的主要技术参数见表 2-23。

表 2–22 各种布置形式的优缺点及使用实例

序号	布置形式	优缺点	使用实例
1	顺向布置	提升机房在斜坡箕斗道延长线的上端，整个布置简单合理，钢丝绳运行阻力小，磨损少，是一种常用的布置形式	峨口铁矿
2	反向布置	反向布置是受地形限制的特殊布置，提升机被迫反向布置在卸矿仓端。需要多一倍钢丝绳，且通过转向轮组反向提升箕斗，故系统复杂，钢丝绳磨损快	大宝山铁矿 耀州区水泥厂
3	有尾绳布置	当水平运输或斜坡角小于 7°时，空箕斗不能赖其自重下行，应设尾绳装置。它虽然布置复杂，增加了钢丝绳，但纯属由地形所决定，且紧急制动时比较安全	永登水泥厂 大同水泥厂 大宝山铁矿
4	加导轮布置	将其中一根钢丝绳用两个水平导向轮偏离，使第二根钢丝绳中心等同提升到两轨中心，由于钢丝绳偏角小于 5°，故两根钢丝绳磨损基本相同	湘乡水泥厂
5	提升机转角布置	提升机房与斜坡箕斗道呈 0~90°的拐角。由于钢丝绳经过转角，故寿命短。转角处导向轮切忌作平、竖两个方向的转变，否则钢丝绳会在此处因急剧疲劳而断丝。大宝山铁矿斜坡箕斗在同一部位同时作平、竖两个方向的弯曲，钢丝绳仅使用一个月即行报废	大宝山铁矿
6	加长提升机轴的布置	加长提升机轴的布置是通过制造厂将提升机轴加长，使两卷筒中心适合两箕斗轨道中心。这种措施虽然增加设备投资，但安全可靠，适用于大型提升机	峨口铁矿

表 2–23 部分斜坡箕斗提升主要技术参数

矿山名称	斜坡箕斗道		提升方式	提升量/(kt·a^{-1})	轨型/(kg·m^{-1})	提升物料		钢丝绳绳速/(m·s^{-1})	提升机型号
	斜长/m	倾角				品种	最大块度/mm		
大宝山铁矿	720	9°，13°27′	下放	2300		铁矿	1200	6.75	XKT2×3.5×1.7
峨口铁矿	390	33°30′	下放	4800		铁矿	1000	6.7	2JKX6×2.4
耀州区水泥厂	436	10°20′，15°	下放	1200	38	石灰石	1000	5.6	2BM3000/1520
昆明水泥厂	838	5°7′，12°4′	下放	380	38	石灰石	600		2BM3000/1530
广西水泥厂	412	8°30′，13°30′	下放	750		石灰石	800	5.6	2BM3000/1520
湘乡水泥厂	504	18°，17°	下放	600	38	石灰石	800	5.64	2BM3000/1520
永登水泥厂	380	0°	水平	455	48	石灰石	800	3.7	2BM2000/1020
大同水泥厂	471	0°	水平			石灰石		4.8	双筒 2 m
七宝山铁矿	128	21°，8°	下放	500		铁矿	400		双筒 1.6 m

3. 工程实例

大宝山铁矿(设计原矿规模 2300 kt/a)用公路-斜坡箕斗联合开拓方式。

采场内用 12 t 汽车运输，4 m^3 挖掘机装车，矿石用汽车运至采场内下部斜坡箕斗(斗容 18 m^3)下放至破碎厂破碎后，沿 640 m 平硐窄轨(762 mm)铁路，由 14 t 电机车牵引 4 m^3 曲轨侧卸矿车运至 640 m 平硐西口的转运矿仓，经索道将矿石运至筛选厂储矿仓内，分级后经准轨铁路外运，如图 2-26 所示。

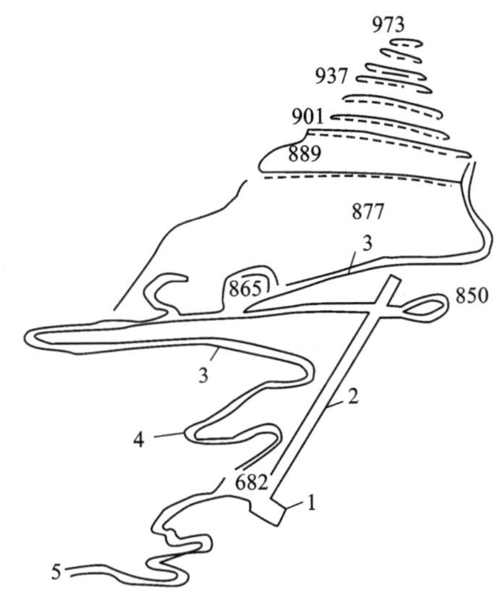

1—矿仓；2—斜坡箕斗道；3—公路；4—往排土场；5—往汽车保养场。

图 2-26　大宝山铁矿开拓平面示意图

露天采场开采标高 1015~445 m，采场内用载重 32 t 和 12 t 汽车，公路坡度为 8%，最小曲率半径为 15 m，公路路面宽 9~10 m。箕斗上口矿仓标高为 835 m，矿仓容量为 80 m^3，通过指状闸门装入斗容 18 m^3 后卸式箕斗(载重 25 t，电动机功率 560 kW)，下放至标高 684 m 卸入破碎矿仓。箕斗设计能力为 2300 kt/a，斜坡道长 720 m，坡度为 9°~23°27′。

2.4.4　公路(铁路)-平硐溜井联合开拓

公路(铁路)-平硐溜井联合开拓是将工作面的矿岩运至溜井口卸载，沿溜井自重溜放，装入平硐的运输设备后，运至卸载点的一种联合开拓方式。平硐溜井开拓方式用在地形复杂的矿山，可以大大缩短汽车爬坡运距，降低运输成本，比全汽车运输方式有较大的优势。主要特点是利用矿岩自重向下溜放，可减少运输设备和运输线路工程量；可缩短运距，使矿石生产成本低，经济效果好；溜井平硐基建工程量较大，施工工期较长。

适用条件：地形高差较大，一般高差大于 80~120 m，地形坡度小于 30°；溜井一般只适用于溜放矿石，只有当废石不能直接运往废石场或直接运往废石场不经济，且岩性较好时，才用溜井溜放废石；一个溜井一般只适用于溜放一种矿石，多品级矿山应有专用溜井；矿石黏结性大，在溜井放矿中产生堵塞或矿石易碎，溜放中产生大量粉矿，严重降低矿石价值时，不宜用平硐-溜井运输；平硐溜井位置，只适用于布置在工程地质条件较好，岩层整体性好的坚固地段，避免布置于工程和水文地质复杂、有较大断裂破碎带的地段。

平硐溜井开拓方式主要应用于山坡露天矿。露天矿年生产规模从几十万吨到几百万吨，有的达到近千万吨。我国采用平硐溜井开拓的冶金、建材、化工露天矿较多。绝大多数露天矿的溜井系统用于溜放矿石。剥离的废石通常采用运输设备由采矿场直接运至开采境界外的山坡排土场排弃，只有当采矿场附近无条件设置排土场时，或排土场与采矿场高差较大时，才采用溜井系统溜放废石。

1. 平硐溜井位置的确定

溜井应布置在稳固的岩层中，避开大的断层破碎带，使溜井系统位于工程地质条件好的地段。平硐顶板至采场的最终底部应保持一定的安全厚度，不应小于 20 m。

按溜井的位置分采场内溜井和采场外溜井。采场内溜井的优点是运输距离小，可减少汽车数量、基建投资、运输经营费用以及生产人员。如兰尖铁矿设计平硐溜井开拓时，采场内溜井比采场外溜井节省投资 518.7 万元，年经营费用节省 190 万元，生产人员减少 32 人。其缺点是平硐较长，溜井需随着开采水平的下降而降段，使管理工作复杂。

采场外溜井没有降段问题，且对采场生产没有影响。其缺点是采场至溜井的运输距离长，所需汽车数量多，投资、运输经营费用以及生产人员均有所增加，故当采场运距长时多采用铁路运输。采用大型电动轮汽车运输时，由于合理运距大，此时也可采用采场外溜井。

当岩石不需经溜井输送时，溜井的数目应根据露天矿矿石年生产能力和溜井的年生产能力决定；若岩石经溜井输送时，溜井数目分别按年剥岩量和矿石年生产能力决定。在一般情况下，岩石直接运往山上排土场排弃，只有山上不能设置排土场时才经溜井平硐运出。为减少溜井的掘进工程量，在有利的山坡地形条件下，上部采用明溜槽与下部溜井相接。采用多溜井开拓时，采场内溜井间距应保持在 80~100 m，使卸矿和溜井降段互不影响。当采用多个溜井时，应注意工程之间的衔接，采场外多溜井开拓时，溜井采用横向布置，其位置应考虑运输方便，并能延长使用时间。我国部分露天矿应用平硐溜井开拓的主要参数见表 2-24。

2. 溜井主要结构参数

溜井由井口、井筒、集矿部分(储矿段)及放矿口装置等组成。

1) 溜井直径

溜放非黏性物料时，主溜井的直径不小于 4 m；溜放黏结矿石时主溜井的直径不少于 6 m。

2) 溜井倾角

尽量采用垂直溜井。溜井倾角取决于物料的力学性质、黏结性、粒度组成、粉矿含量、含泥量及含水量等因素，溜井倾角 α 可按式(2-3)确定。

$$\alpha = \arctan f + (5° \sim 10°) \tag{2-3}$$

式中：f 为溜放物料与溜井壁的摩擦系数，一般取 0.5~1。

表 2-24 我国部分露天矿应用平硐溜井开拓的主要参数

矿山名称	规模 /($kt \cdot a^{-1}$)	平硐		数量	溜井				溜井位置
		断面面积/m^2	长度/m		形状	规格	深度/m	倾角/(°)	
兰尖铁矿	6500	4.6×7.3	2616	5	圆形 矩形	ϕ5 m 4 m×3 m	447	90 55	采场内
南芬铁矿	7500	5×5.5	1680	2	矩形	3.8 m×2.4 m	332	45~50	采场内

续表2-24

矿山名称	规模/(kt·a^{-1})	平硐		数量	溜井				溜井位置
		断面面积/m^2	长度/m		形状	规格	深度/m	倾角/(°)	
齐大山铁矿	1900	5×6.7	308	1	方形	6 m×6 m	64	90	采场内
德兴铜矿	1500	10.0	991	3	圆形	ϕ5.7 m	180	90	采场内
把关河石灰石矿	2500	16.6	789	2	圆形	ϕ4 m ϕ5 m	352	90	采场内
西沟石灰石矿	1800	10.1	1146	2	圆形	ϕ6 m	330	90	采场内
永登石灰石矿	800	15.0	405	1	圆形	ϕ3 m	140	90	采场内
口泉石灰石矿	300	15.0	328	1	圆形	ϕ3 m	90	90	采场内
龙门山石灰石矿	3000			2	圆形	ϕ3 m	90	110.9	采场内

兰尖铁矿斜溜井坡度为 55°。实践证明，在溜放块状物料时，贮满矿的斜溜井倾角为 60°~70°；溜放粉状物料时，应在 75°以上；溜放含泥、含粉并带一定黏性物料时，应设计为 90°。

3)溜井下部放矿口结构参数

溜井下部放矿口结构参数和所选物料的粒度组成、湿度、自然堆积角、黏结程度，以及运输方式和转载部件的额定生产能力有关。溜井放矿口是溜井系统的关键部位，其结构合理与否，对溜井的作业效率、生产能力有极大影响。

放矿口结构参数根据所放物料块度确定，如图 2-27 所示。孔口多为矩形，图中，高度 H_0 与宽度 B 之间的关系为：

$$H_0 = (0.6 \sim 0.9)B \tag{2-4}$$

放矿堆积角 β 应大于溜井倾角 α(即 $\beta>\alpha$)；而 β 一般在 60°~75°。或用式(2-5)计算：

$$\beta \geqslant 45° + \varphi/2 \tag{2-5}$$

式中：φ 为物料的自然安息角。

放矿口顶板倾角 β_1 应大于 β；放矿口有效高度 $H_0' \geqslant 3CL_{max}$(m)；排放物料堆置角起始点至溜口底板起始点距离为 L_0。

根据兰尖铁矿实测，得出如图 2-28 所示曲线关系。

溜井放矿口尺寸按以下步骤确定：

(1)按物料溜放确定放矿口底板坡度 α'；

(2)按 $L_0=f(\alpha')$ 曲线确定 L_0；

(3)在 L_0 端点上，放矿堆积角 β 作放矿口底板线；按放矿口有效高度 H_0'和放矿口顶板倾角 β_1 作放矿口顶板线；至此放矿口全部结构即可确定。

如兰尖铁矿两条溜井的下部放矿口，分别采用横向和顺向装车，放矿结构按上述方法确定，并总结出以下经验：考虑了放矿堆置角的存在，相应增大放矿顶板倾角(均为 75°)；增加放矿口设计断面，横向装车断面为 3.1 m×3.1 m，顺向装车断面为 4.0 m×3.1 m，减少了放矿口斜颈长度，使矿石容易溜放；放矿口上部扩大为储矿仓，其断面大小为 8 m×8 m，高度为

30 m，使进入放矿口的矿石预先再次松散，有利于防止结拱堵塞；对横向装车形式的放矿口，加大了紧接板式给矿机的底板坡度，有利于减少溜放矿石的堵塞，提高作业效率。

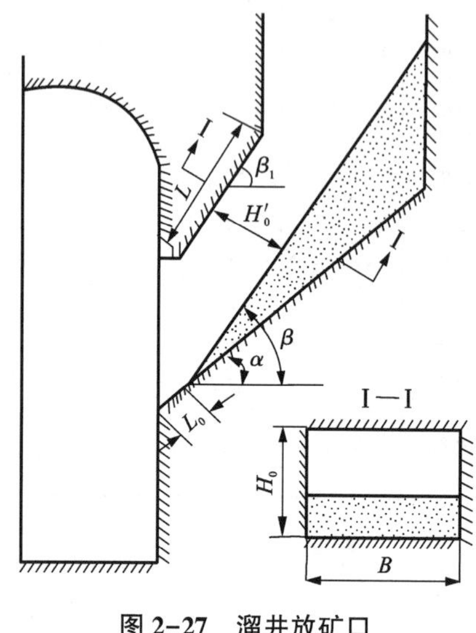

图 2-27 溜井放矿口

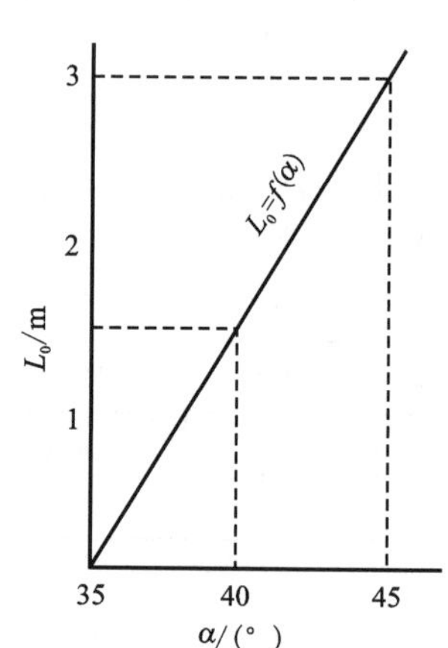

图 2-28 溜井放矿口处 L_0 与溜井倾角的关系

3. 溜井降段方法

1) 储矿爆破降段法

在投产初期，溜井降段一般用储矿爆破降段法。首先在溜井周围不影响卸矿道路的部位穿孔，并使溜井停止放矿，加速运矿以将溜井贮满。然后在溜井卸矿通路补孔，爆破后，先挖掘井口矿石爆堆，露出井口后，溜井放出矿石，此时溜井恢复正常生产。

2) 直接爆破降段法

溜井投入生产使用几年后，由于井壁磨损使溜井断面增大，井内贮存矿量增多。此时采用储矿爆破降段法有一定困难，而多采用直接爆破降段法。该降段方法的核心是控制直接落井的矿岩块度，以防止大块堵塞溜井。措施是“钻密孔，多装药”。爆破孔网参数比正常条件爆破孔网参数减小 60%左右，爆破药量比正常条件下增加 40%～70%，为使溜井下部给矿设备、矿仓底部结构免受高速下降矿流的冲击，井内要有一定高度的储矿“保护层”，一般降段高度为 15 m 时，储矿高度需 35 m。如果降段高度大，进入溜井矿量多，下部没有与外界相通的施工平巷和检查巷道等排气孔时，储矿高度应增加，否则可能造成跑矿事故。如兰家火山采场 2 号溜井堵塞区大爆破，一次降段 64 m，落井矿量为 30 万 t，井内储矿在 47 m 高度爆破时造成跑矿 1500 多 t。

直接爆破降段法在兰尖铁矿已使用 30 多次（储矿爆破降段法仅用过两次），均未发生过降段爆破堵塞溜井问题，停产时间也短，仅 3～5 d。虽然其爆破费用增加了一些，但因为省去了铲装和运输费用，因而降段总费用降低。据兰尖铁矿统计，直接爆破降段法所需费用仅为储矿爆破降段法的 1/3 左右。此法可保持采场与溜井均衡生产，从而克服了储矿爆破降段法影响 10～20 d 生产的弊端，且为实现多台阶汽车水平卸矿提供了条件，每条溜井一般均可保持上、下台阶同时卸矿，下台阶实现汽车水平运输，减少了运距，收到较好的经济效果。

采用爆破法进行降段，难免会增加对最终边帮的扰动。各种边坡稳定计算方法均已考虑爆破因素。

4. 工程实例

海南铁矿北一主矿体前期开采的是一个山坡露天矿，矿体出露最高标高为 540 m，附近地平标高 125 m，高差达 400 余 m。该矿在开采 400 m 以上水平时，曾经使用过平硐溜槽(井)-胶带输送机联合开拓系统近 10 年之久，其任务是将 540~400 m 的矿石输送至标高 145 m 铁路装车矿槽，然后用铁路运往八所港装船外运。各水平剥离的废石，则用窄轨铁路直接沿各水平层运至露天采矿场外的排土场就地堆置。

北一露天采场标高 400 m 以上水平层的采剥工作面用窄轨铁路机车运输，有两个布置在采场内的平硐溜槽(井)系统连接 400 m 水平，第一个系统采用溜槽-溜井-平硐胶带输送机联合开拓系统(图 2-29)。溜槽上部标高为 510 m，下部为 436 m，坡度为 52°~55°，槽底最小宽度为 3 m，开拓系统中的直井部分标高为 436~412 m，直径为 2.8 m，直井下口为裤衩式，设有检查天井。整个溜槽系统选择在坚硬铁矿石之中，不支护。

第二个系统采用直井(圆形结构)与平硐的组合形式，溜井直径为 2.5 m，最高标高为 497 m，溜井下口与平硐相连接。溜井通过的岩层上部为 f=2~5 的绢云母片岩和透辉石透闪石灰岩，下部为 f=8~12 的铁矿石。

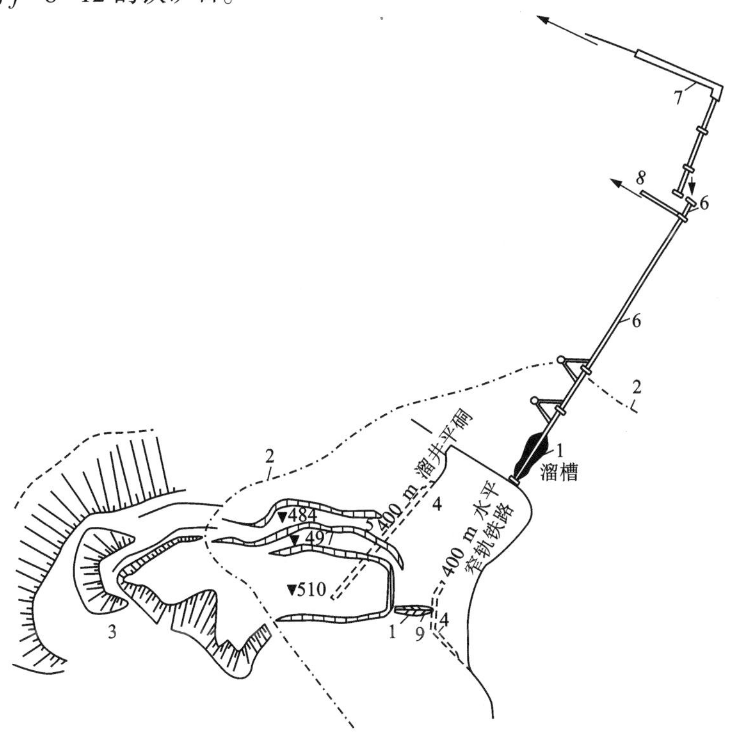

1—溜槽；2—露天采场境界线；3—排土场；4—平硐；5—溜井；
6—胶带输送机；7—铁路装车矿槽；8—去粉矿堆场；9—溜槽系统中的直井。

图 2-29　海南铁矿溜槽-溜井-平硐胶带输送机联合开拓系统

在该矿使用较好的是第一个系统。而第二个系统因溜井所通过的绢云母片岩和透辉石透闪石灰岩风化严重，虽用钢筋混凝土加固支护，但仍不理想。设有溜槽的平硐溜井结构如图 2-30 所示，平硐溜井结构如图 2-31 所示。

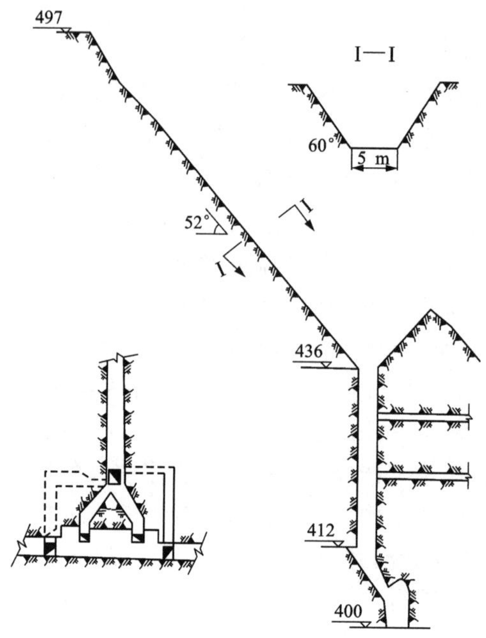

图 2-30 设有溜槽的平硐溜井结构

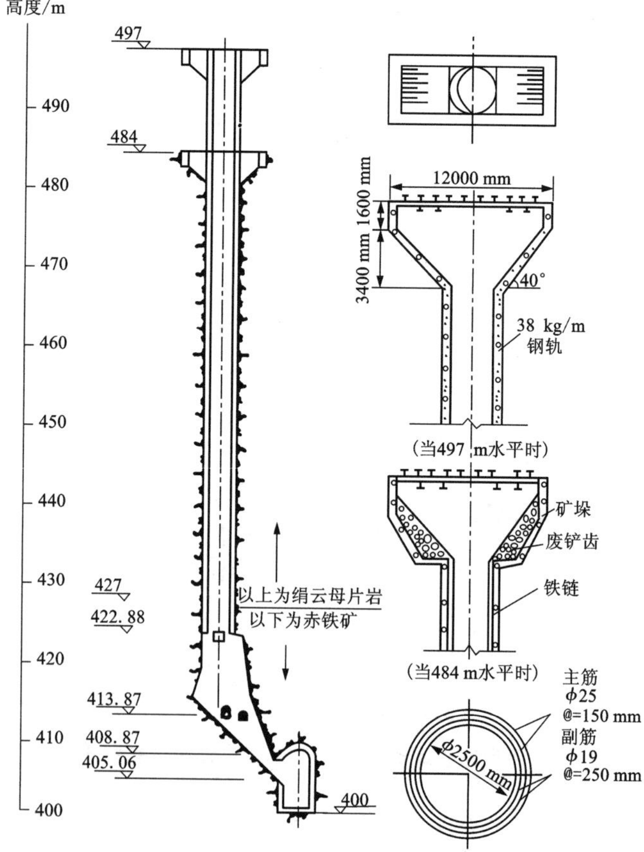

图 2-31 平硐溜井结构

2.5　露天开采方法

露天开采是在露天矿全部或某一开采时期，得到其全部或部分矿岩量，特别是其剥岩量，其采用的开采阶段、采剥顺序和发展的方式，总称为露天开采方法。

2.5.1　开采方法分类

在露天开采中，采矿和剥岩工艺一般区别不大，一个工作台阶上的一台设备往往既可进行采矿，又可进行剥岩。计算采矿或剥岩成本时不易把两者区别开，所以将采矿方法和剥岩方法统称为采剥方法。

露天开采方法分类主要针对境界内的全部矿岩，分为全境界开采、分期开采、分区开采以及陡帮开采，后三种是主体方法，在本章进行详述。台阶矿岩采剥方法分类详见第 3 章。

1. 全境界开采

对开采的剥离量不大，特别是初期开采剥离量不大的露天矿，往往采用一次性剥离到露天采场的最终境界的方法，称为全境界(不分期)开采方法。国内海南铁矿、大冶铁矿西露天矿等一些露天矿都曾采用全境界开采。图 2-32 是全境界开采示意图，从图中可以看出工作帮沿着水平方向一直推进到了最终的开采境界。

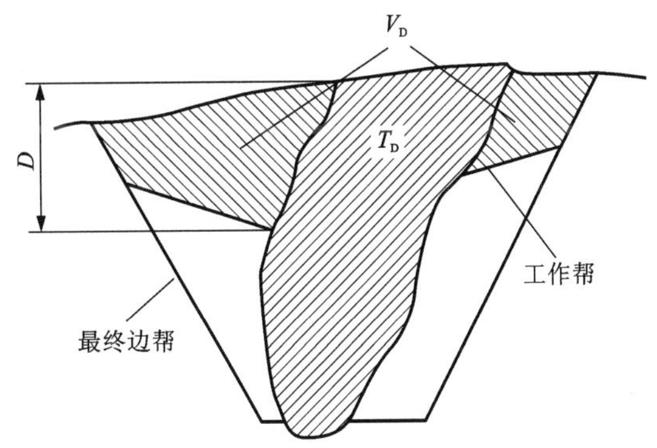

T_D—采出矿石；V_D—剥离岩石；D—开采深度。

图 2-32　全境界开采示意图

2. 分期、分区开采

1) 分期开采

与全境界开采相对应的是分期开采。分期开采就是将最终开采境界划分成几个小的中间境界(称为分期境界)，台阶在每一个分期内只推进到相应的分期境界。当某一分期境界内的矿岩将近采完时，开始下一分期境界上部台阶的采剥，即开始分期扩帮或扩帮过渡，逐步过渡到下一分期境界内的正常开采。如此逐期开采、逐期过渡，直至推进到最后一个分期境界，即最终开采境界。图 2-33 是分期开采示意图。

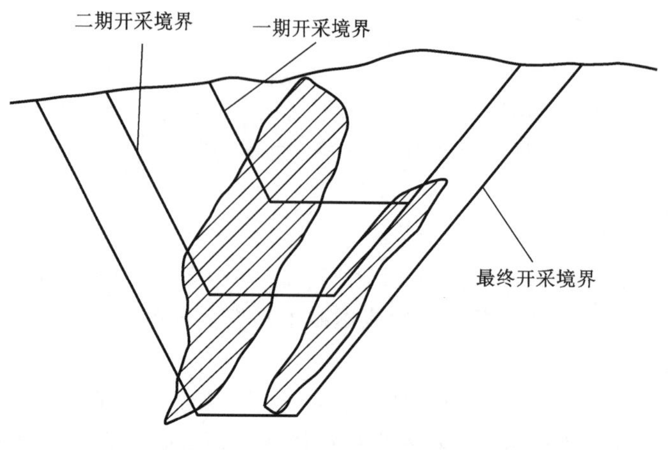

图 2-33 分期开采示意图

2)分区开采

所谓分区开采，其实质就是在采场平面上把露天开采境界范围内区域划分成若干个采区，各采区按照各自的开采程序进行开采，而采区之间的开采关系是连续式或搭配式的。分区开采一般适应于缓倾斜、较长矿体，典型实例如澳大利亚的惠尔巴克山铁矿。图 2-34 是分区开采示意图。

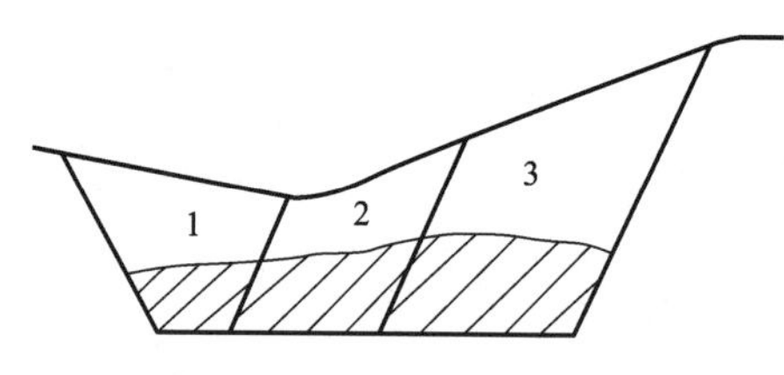

图 2-34 分区开采示意图

3)分期分区开采

在分期开采的基础上，当开采缓倾斜或水平矿床时(煤矿较常见)，一般将开采境界再划分成若干个采区进行开采，即分期分区开采。该法适用于开采范围和储量较大、开采年限较长的矿山，具体实例如国内霍林河等一些露天煤矿。图 2-35 是分期分区开采的示意图。

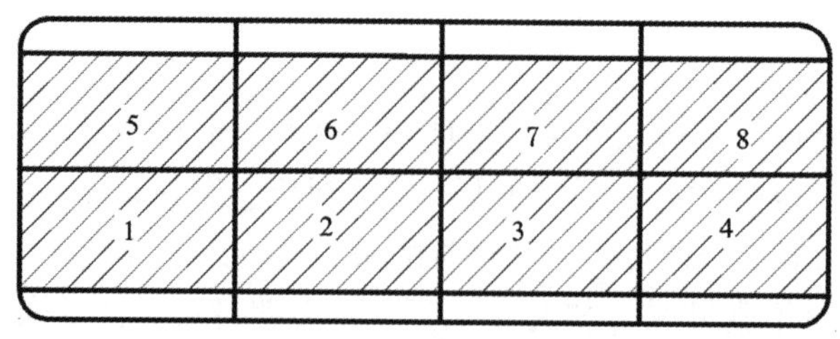

图 2-35 分期分区开采示意图

3. 陡帮开采

陡帮开采不是简单地加陡露天采场的工作帮坡角，而是一种专门的露天采矿工艺，泛指能为露天采矿创造较陡剥岩帮的一切采剥程序。

陡帮开采具有自己特定的开采程序及工作面作业方式，它与传统的缓帮开采工艺有着本质上的差别。

(1)横向采剥。陡帮开采时，工作台阶保留的暂不作业平盘宽度一般较小，有时还并段，即取 0 m。

(2)矿区分两个作业区工作，即剥岩区和采矿区。露天矿上部为剥岩区，下部为采矿区，上下两区同时作业，互不干扰。

(3)露天矿周期性剥岩。陡帮开采时，露天矿的剥岩是周期性地进行的，每次剥离一个岩石条带。每台挖掘机负责一个、几个或全部剥岩台阶的剥离工作，从上而下地轮流进行开采。当挖掘机剥离完一个岩石条带后，就返回地表或原来的位置，开始下一个岩石条带的剥离工作。

(4)台阶轮流开采。陡帮开采时，剥岩帮上不是每个工作台阶都布置挖掘机，即其中一部分台阶是作业台阶，另一部分台阶则处于暂不作业状态，称暂不作业台阶。作业台阶与暂不作业台阶轮流交换，故陡帮开采也称台阶轮流开采法。

(5)露天矿陡帮开采的剥岩生产与境界扩大在剥岩方式上与缓帮开采并没有本质区别。

(6)需要大型的采剥设备与灵活的运输设备。

2.5.2 分期开采

为了减小露天矿山，特别是大型露天矿山的初期生产剥采比、减少初期基建投资，使得矿山能够早日投产和达产，可以采用分期开采方法。分期开采的一个优点是可以降低由最终境界的不确定性所带来的投资风险。

根据国内外露天矿分期开采的实践，这种开采方式是符合露天矿建设和生产发展规律的，是多快好省地开发矿业的重要途径。目前我国金属露天矿山采用分期开采方法的有很多，如大孤山铁矿、南芬铁矿、白云鄂博铁矿和华子峪镁矿等。

1. 分期开采境界的划分方法

我国金属露天矿山在设计中对分期开采境界的划分，一直沿用经济合理剥采比的原则，先确定最大境界或最终境界，然后在最终境界内再划分分期开采的小境界。这种划分分期开采境界的方法，有利于远近结合、全面规划、统筹安排。

按矿床埋藏条件和岩石剥离量分布情况，分期开采境界的划分方法基本上分两种类型：沿倾向划分和沿走向划分。

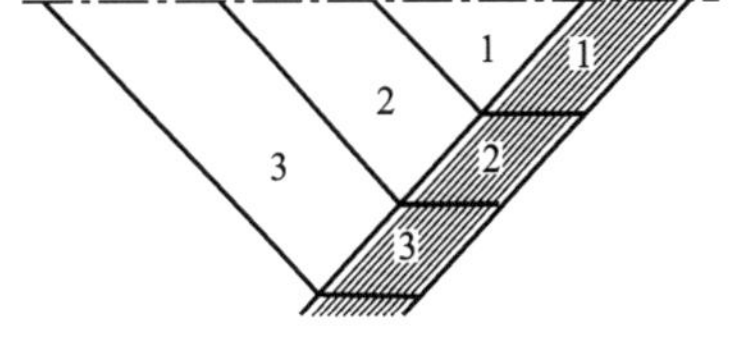

图 2-36　沿倾向分期开采示意图

1)沿倾向划分

适用于矿体厚度较大，倾向延续较深，储量丰富，开采年限较长的露天矿。如国内的华子峪镁矿、大冶铁矿东露天等一些露天矿的分期开采都曾采用此方法，示意图可参见图 2-36。

2)沿走向划分

适用于矿体走向较长、储量丰富、开采年限较长的露天矿。如国内的水厂铁矿、金堆城钼矿等露天矿的开采均采用此法。示意图可参见图 2-37。

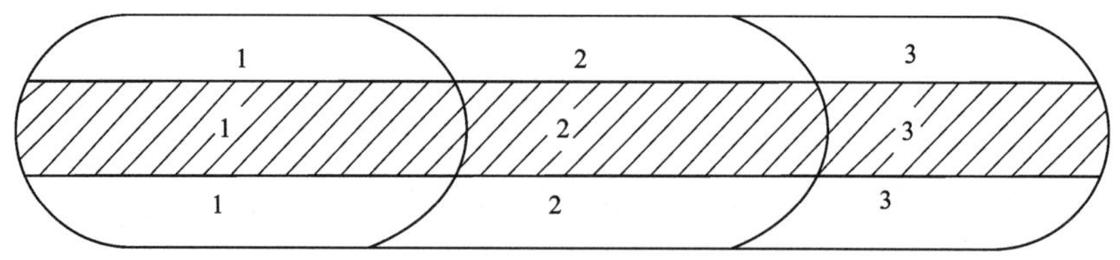

图 2-37　沿走向分期开采示意图

露天采场设计中，确定分期开采境界范围有两种方法，即按矿山服务年限确定和按矿山投资收益率确定。

1)按矿山服务年限确定

金属矿山第一期的服务年限应等于第一期正常开采和过渡期的生产年限总和，一般规定应大于 30 年。根据我国金属矿山开采的实际情况，正常开采 10 年左右为宜，过渡期一般为 10 年以上。

第一期临时境界可按两种方式圈定：

(1)按最终境界参数圈定。

(2)按半工作状态参数圈定。

2)按矿山投资收益率确定

采用动态投资收益率确定第一期的露天开采境界，这是符合露天开采经济发展规律的，其方法如下：

第一期开采时间：

$$T_1 \geqslant \frac{1}{i_0} \tag{2-6}$$

式中：T_1 为第一期开采时间，a；i_0 为投资收益率，国内 i_0 一般为 10%～15%。

第一期需要开采矿量：

$$Q = Q_1 + Q_2 = T_1A + T_1Ak \tag{2-7}$$

$$Q \geqslant \frac{A}{i_0}(1 + k) \tag{2-8}$$

式中：Q 为第一期境界内矿量，万 t；Q_1 为第一期需开采矿量，万 t；Q_2 为第一期露天坑底与工作帮坡角之间的剩余矿量，万 t；A 为第一期矿山生产能力，万 t/a；k 为第一期开采范围内剩余矿量系数，一般取 $k=0.4$～0.6。

我国金属露天矿在设计中对分期开采境界的划分方法基本都沿用上述方法。但是在欧美一些国家，由于矿石销售受市场价格的影响以及建设一个矿山往往依靠贷款等，这就要求矿山尽量用最少的投资尽快建成初期规模，然后靠企业获得利润后扩大开采规模。因此露天矿多采用分期开采方法，对分期境界的确定，一般多采用价格法。

2. 分期开采的适用条件

分期开采可首先选择矿床有利地段优先开采，由于此开采方法适用范围较大，在设计中一般在以下几种矿床开采条件下采用分期开采。

(1)矿床走向长或延续深，储量丰富，而采矿下降速度慢，开采年限超过经济合理服务年限。

(2)矿床覆盖岩层厚度不同，地表有独立山峰，基建剥离量大。

(3)矿床地表有河流，重要建筑物和构筑物以及村庄等。

(4)矿体厚度变化大，贫富矿分布在不同区段，或贫富矿石加工和选别的指标不同。

(5)矿床上部某一区段已勘探清楚，一般先在已获得的工业储量范围内确定分期开采境界。随着矿山开采和补充勘探不断地扩大，并增加矿产资源，引起境界扩大而形成自然分期开采。

3. 分期开采的过渡方式

分期境界之间的边帮，它的过渡必须是第一期矿石采到预定位置时，第二期的扩帮工作也处于完成状态。如果扩帮剥离工作量很大，不仅在第一期采矿的同时要进行第二期的扩帮剥离工作，甚至以后几期也要在第一期开采的标高上再次扩帮剥岩，以均衡生产剥采比，使矿山持续生产。

分期开采不允许停产过渡，其过渡方式按临时非工作帮留法的不同有下列三种情况：

(1)按最终开采境界的边帮条件确定，这种方式称为“采死过渡”。

(2)边帮上留有运输平台，其宽度根据采用的运输设备确定，一般单台阶或并段台阶为 8~12 m 的宽度，为扩帮过渡留有基本的工作条件，这种方式称为“半工作状态过渡”。

(3)边帮上留有宽平台，单台阶或并段台阶宽度大于 16 m，为扩帮过渡准备工作条件，这种方式称为“工作状态过渡”。

4. 分期开采的过渡时机

选择合理的过渡时机，确定扩帮起始水平标高，是分期开采矿山实现稳产或不停产过渡、均衡过渡期间剥岩的关键。扩帮开始时，若正常开采水平所处标高过高，过渡开始时间过早，则会失去分期开采的意义；扩帮开始时，若正常开采水平所处标高过低，过渡开始时间太晚，便会出现上一分期境界的矿量已采完，而扩帮岩量尚未采剥完的情况，将使矿山停产、减产。

扩帮过渡时间可由正常生产时延伸速度和扩帮区的延伸速度来确定，并以采剥进度计划来验证。图 2-38 是分期开采的横剖面示意图，图中 *ABCD* 为第一期开采的临时境界，其开采深度为 H_1，$A'B'C'D$ 为最终开采境界，开采深度为 H_2，*AHIJD* 为由第一期开采向第二期开采过渡时的第一期开采状态，开采深度为 H_0。*AH* 为第一期小境界的临时边坡，开采深度由 H_0 降到 H_1 为由第一期向下一期开采的过渡期，过渡结束时的工作状态为 *CBK*，过渡期的采剥量为 *AHIJCBKA'*，*AHMA'* 为分期开采与不分期开采在开采到 H_0 深度时缓剥的岩量，它应在过渡期内剥除，上述各参数之间相互联系，可近似确立以下关系：

$$H_1 = v_1 T_1 \tag{2-9}$$

$$H_0 = v_1 T_0 \tag{2-10}$$

过渡时期采矿的下降深度：

$$H_1 - H_0 = v_1(T_1 - T_0) \tag{2-11}$$

过渡时期剥离扩帮的下降深度：

$$H_1 = v_2(T_1 - T_0) \tag{2-12}$$

式中：H_1 为第一期临时境界的开采深度，m；v_1 为按产量要求的采矿下降速度，m/a；T_1 为第一期境界开采的总时间，a；H_0 为第一期正常生产（开始过渡时）的开采深度，m；T_0 为第一期正常生产的时间，a；V_2 为剥离扩帮的下降速度，m/a。

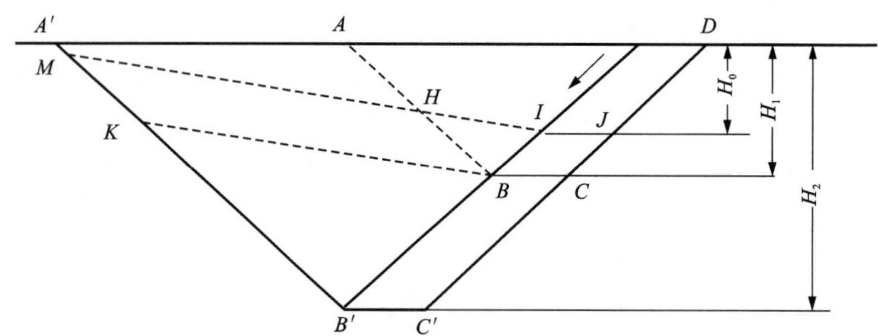

图 2-38 分期开采横剖面示意图

过渡开始应及时，为保证过渡结束时形成第二期的正常工作状态，应有：

$$\frac{H_1 - H_0}{v_1} = \frac{H_1}{v_2} \tag{2-13}$$

式中符号含义与上面相同。矿山规模确定后 v_1 是一个已知数，H_1、H_0、v_2 为未知数，可用方案法比较几个方案，以确定合理的过渡时机。另外，过渡的开始时间应尽量安排在第一期生产剥离高峰以后，以便把第一期开采范围内空出的设备用于过渡期间的扩帮工作。

5. 分期开采的安全问题

1）安全平台

安全平台不宜过窄，一般留 10~15 m 为宜，为了提高临时边坡角，可采取并段方法。如辽宁北台铁矿张家沟采场，在 310~290 m（两个 10 m 台阶）并段留 9 m 宽安全平台，生产中仍显宽度不够，拟在 290~260 m（292~256 m）并段时在 256 m 水平设置 13~15 m 的安全平台。

2）接滚石平台

在扩帮作业时，除组合台阶扩帮外，一般每隔 60~90 m 高度布置一个接滚石平台，其宽度为 20~25 m。必要时可在接滚石平台靠采空区一侧布置碎石堆，以防止扩帮滚石威胁下部正常采剥作业。如辽宁北台铁矿张家沟采场，在一期临时境界上盘 245 m 台阶上预留宽度为 20 m 的接滚石平台，扩帮开始标高在 310 m，正常采剥标高在 220 m。辽宁镁矿公司华子峪镁矿在一期临时境界上盘 135 m 台阶上预留宽度为 20 m 的接滚石平台，扩帮开始标高在 195 m，正常采剥标高在 115 m。上述两个矿山的扩帮实践证明，设置接滚石平台是保证正常采剥作业安全行之有效的措施。

3）定向爆破

扩帮采用定向爆破，其目的是防止扩帮爆破时产生的滚石威胁下部正常采剥作业的安全。辽宁北台铁矿张家沟采场上盘扩帮采用多排孔微差压渣定向爆破，对保证采剥作业安全取得了较好效果。

4)运输作业安全

当上部正在进行扩帮作业时，下部临时帮上运输线路一般不允许有运输设备通过。为保证运输作业安全，北美一些国家在设计主要运输干线时，在汽车道路靠采空区一侧布置 4~5 m 宽的碎石堆作为护栏。如美国福陆公司和凯萨公司分别在我国德兴铜矿和司家营铁矿的设计中考虑采用这一措施。

5)辅助设备

在设计中应考虑配备必要的辅助设备，如前装机、推土机等，用于穿孔、装载和运输等辅助作业，同时也是清扫运输道路及清理边坡碎石的主要设备。

6)生产管理和安全规程

从企业管理的角度来讲，对一个矿山而言，制定科学完善的生产管理制度和相关的安全技术规程是必不可少的。

2.5.3　分区开采

分区开采方式考虑问题的出发点和目的与分期开采是相同的，优缺点也基本一样。不同的是分区开采是在平面上划分开采区域，分期开采是在深度上划分采区。图 2-39 是分区开采的示意图。在图中整个露天采场分为三个区域进行生产，其顺序为Ⅰ、Ⅱ、Ⅲ。其中，Ⅰ区开采条件最好，Ⅱ区次之，Ⅲ区条件最差。

图 2-40 是分区开采与不分区开采采剥量的发展曲线图。这两种开采方式的矿石发展曲线相同，*OABCDEFG* 是分区开采时的剥岩发展曲线，*OAHIJKLMG* 是不分区开采时的剥岩发展曲线。显而易见，分区开采比不分区开采效果好得多。国内露天煤矿较多采用分区开采，如大峰、霍林河、伊敏河、平朔一号以及准格尔旗的黑岱沟等特大型露天矿。我国金属露天矿中，如金堆城钼矿和峨口铁矿也是采用分区开采方式。

采用分区开采的矿山，各区内部的开采程序如降深方法、工作线布置及推进、工作帮形式等都需要根据具体条件确定。此外还应注意协调各区生产的正常衔接。

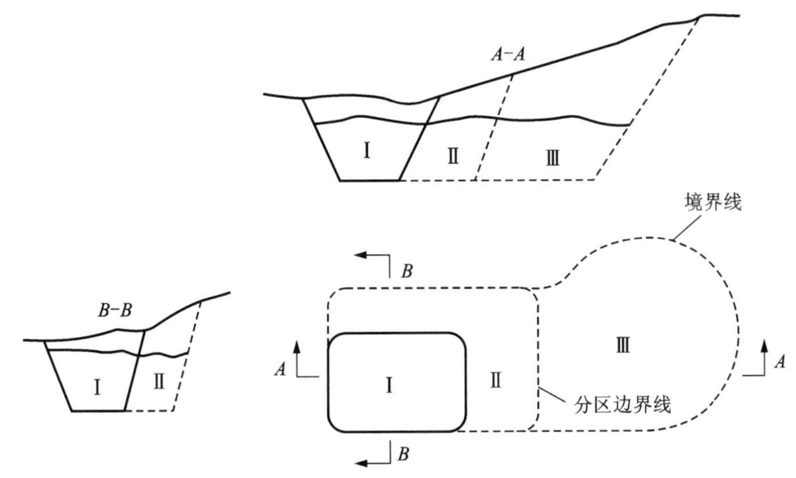

图 2-39　分区开采示意图

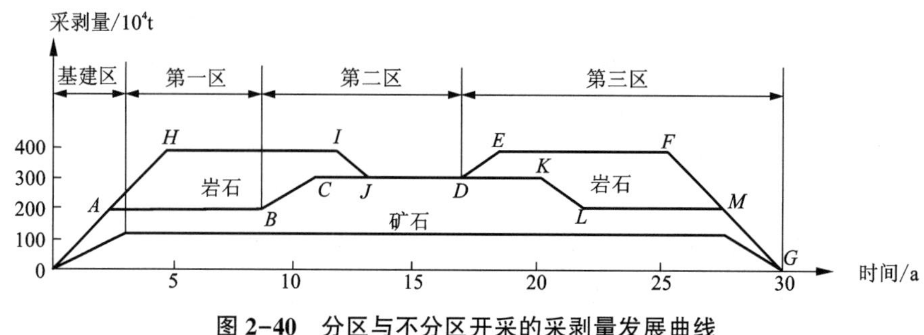

图 2-40 分区与不分区开采的采剥量发展曲线

2.5.4 陡帮开采

采用缓帮开采，即台阶全面开采时，工作帮坡角一般为 8°~15°；采用陡帮开采，即台阶轮流开采时，工作帮坡角可达 25°~35°，有时更大，接近最终边坡角。在技术和经济允许的条件下尽量多地采出矿石，最大限度地推迟剥离岩石、降低初期剥采比、减少基建投资费用，力图在较短的时间内获得更好的投资效果。生产实践表明，工作帮坡角是基建工程量和前期生产剥采比的决定因素，它对矿山开采的经济效益影响很大。

1. 陡帮开采的基本原理

陡帮开采时，一部分台阶是作业台阶，另一部分台阶是暂不作业台阶。作业台阶和暂不作业台阶轮流开采，如图 2-41 所示。

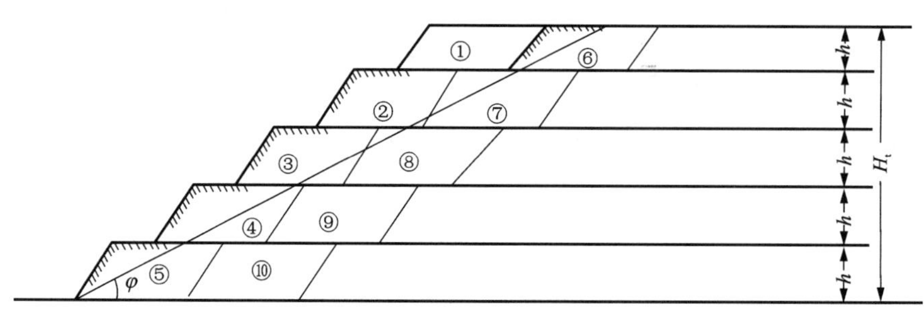

图 2-41 台阶轮流开采法

作业台阶保留最小工作平盘宽度，暂不作业台阶只保留很窄平盘。该值在弓长岭独木采场取 15 m，浏阳磷矿山田湾采场取 10 m。还可以将两个台阶并段。为了实施陡帮开采，加陡工作帮坡角，还可以采取其他一些技术措施。

1）实行横向采剥

陡帮开采时，实际采剥带宽度即爆破进尺比较大，其值从几十米到上百米，大大超过挖掘机一次可能采剥的宽度。为了充分利用采剥后作业空间进行调车和其他作业，挖掘机有时实行横向采剥作业，如图 2-42 所示，此时挖掘机的采剥方向与挖掘带垂直。

2）采取纵向爆破

缓帮开采时，一般实行横向爆破，爆堆在平盘中所占的宽度很大，因而增加了工作平盘

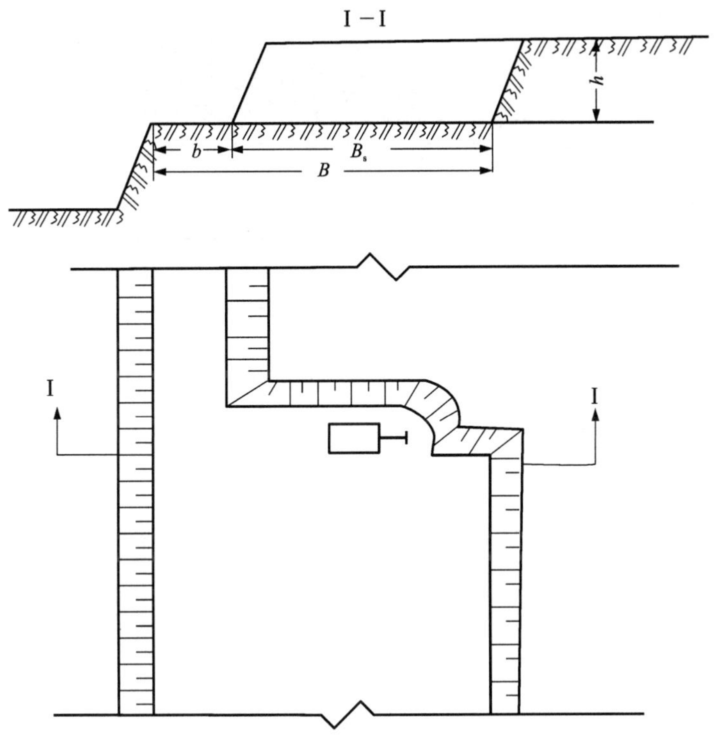

B—工作平盘宽度；B_s—爆破进尺；b—暂不作业平盘宽度；h—台阶高度。

图 2-42　横向采剥

的宽度。为了减少工作平盘的宽度，采取纵向爆破，爆破后形成的爆堆也是纵向布置。根据弓长岭独木采场的经验，设置纵向爆破时爆堆的旁冲值在 10~13 m，如图 2-43 所示。

3) 采用深度法设置备采矿量

备采矿量的设置方法可以分为宽度法、长度法和深度法。深度法备采矿量的含义是露天矿工作帮自然延深到最小坑底时所包含的矿量，即不需要扩帮就能采出的矿石量。当采用深度法设置备采矿量时，剥岩帮坡角越陡，备采矿量越大；采矿工作帮帮坡角越缓，备采矿量越大。这对陡帮开采是极为有利的。

2. 陡帮的作业方式

陡帮开采实质上是台阶轮流开采，但剥岩设备台效有大有小，工作帮上的台阶数目有多有少，所以台阶轮流开采的方式不完全相同。根据工作帮上台阶的轮流方式，可以将陡帮开采的作业方式分为以下四种：

1) 工作帮台阶依次轮流开采方式(倾斜分条开采)

这种作业方式如图 2-44 所示，其实质是露天矿整个剥岩工作帮由一台或两台挖掘机从上而下依次轮流进行开采，此时剥岩帮上只有一个台阶在作业，其余台阶处于暂不作业状态。也可以在相邻台阶上尾随作业。所留平盘宽度较窄，故能最大限度地加陡工作帮坡角，获得较好的经济效益。

当两台挖掘机进行采剥时，它们在同一个台阶上作业，一前一后，相互间隔一定的距离。

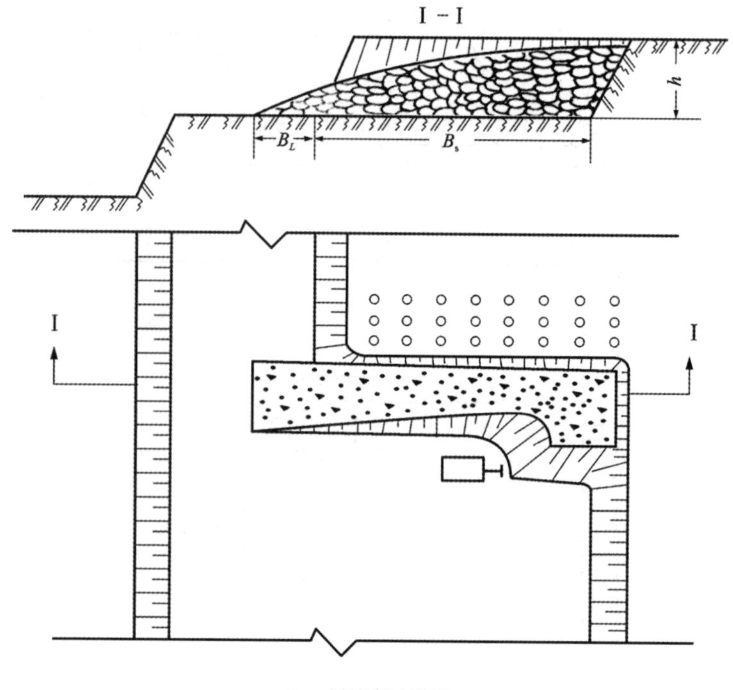

B_L—爆堆旁冲宽度。

图 2-43 纵向爆破示意图

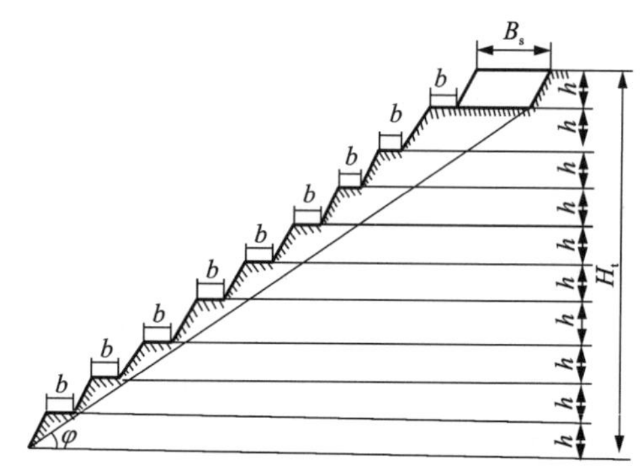

图 2-44 工作帮台阶依次轮流开采方式示意图

美国平托谷铜矿的作业平盘宽度约为 120 m，最小为 91.5 m，两台电铲作业，一前一后各占 60 m，彼此间隔约为 100 m，工作面横向布置，纵向爆破，一次爆破全宽，台阶高度为 13.7 m，两相邻台阶坡顶线之间的水平距离为 15 m。国内大孤山铁矿，工作平盘陡帮作业最小宽度可达到 20 m，8 个阶段的开采，第一条带上部为 25 m，开采至-150 m 水平时该值扩展为 40 m。采剥 7 个阶段，即 -66～-150 m，采剥量为 601 万 t，矿石为 376 万 t。其中，第一条带采剥矿石 124 万 t，剥离岩石 11 万 t；第二条带采剥矿石 252 万 t，剥离岩石 214 万 t。

采用此种作业方式时，工作帮坡角可以加陡至 25°～35°或更大，但必须保持以下条件的约束：

$$Q \geqslant B_s H_t L'/T' = B_s nhL'/T' \tag{2-14}$$

式中：Q 为参与作业挖掘机的生产能力，m^3/a；B_s 为爆破进尺（剥岩条带宽度），m；L'为露天矿的走向长度或剥岩区长度，m；n 为剥岩帮上的台阶数目，个；h 为台阶高度，m；H_t 为剥岩帮高度，m；T'为剥岩周期，a。

工作帮台阶依次轮流开采方式得到了广泛的应用，它是欧美等西方国家露天矿广泛采用的陡工作帮作业方式。我国浏阳磷矿山田湾采场也采用这种作业方式，并取得了较好的技术经济指标。

2) 工作帮台阶分组轮流开采方式

台阶分组轮流开采方式如图 2-45 所示。其实质是将工作帮上的台阶划分为 2~3 组，每组 2~5 个台阶，每组台阶由一台挖掘机开采，挖掘机在组内从上而下逐个台阶进行开采，当挖掘机采完组内最后一个台阶后就返回第一个台阶作业，剥离下一个岩石带。此时，组内除正在作业的台阶外，其余台阶均处于暂不作业状态，所留平盘宽度较小，或者并段，故能加陡工作帮坡角。在相同的环境技术条件下，台阶分组轮流开采的工作帮坡角比台阶依次轮流开采方式小。

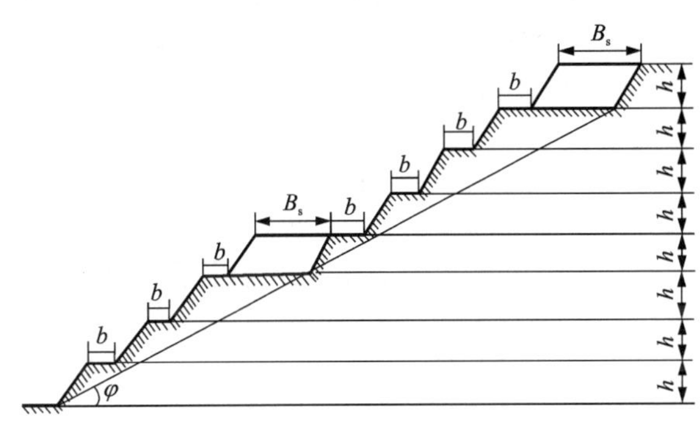

图 2-45　工作帮台阶分组轮流开采方式示意图

台阶分组轮流开采时，只要相邻组的挖掘机之间保持一定的水平距离就可以避免安全事故。非相邻组之间的挖掘机由一个或多个 30~50 m 或更宽的作业平盘隔开，挖掘机即使在同一垂直线上作业，也可以保证安全生产。

工作帮台阶分组轮流开采方式也有较广泛的应用基础。美国在 20 世纪 60 年代曾大量使用台阶分组轮流开采方式，但在 70 年代中期，由于主要采运设备的规格加大，这种作业方式的应用已大大减少，并逐步过渡到工作帮台阶依次轮流开采方式。美国的宾厄姆铜矿曾采用这种作业方式，我国的弓长岭铁矿独木采场也采用了这种作业方式，并取得了很好的经济效益。

3) 并段爆破、分段采装方式

此法的实质是工作台阶并段进行穿孔爆破，然后在爆堆上分段进行采装，它是靠增加高度和减少爆堆所占用的宽度来加陡工作帮坡角的作业方式，如图 2-46 所示。此法在钻机的穿孔深度能够得到保证的前提下才能使用。

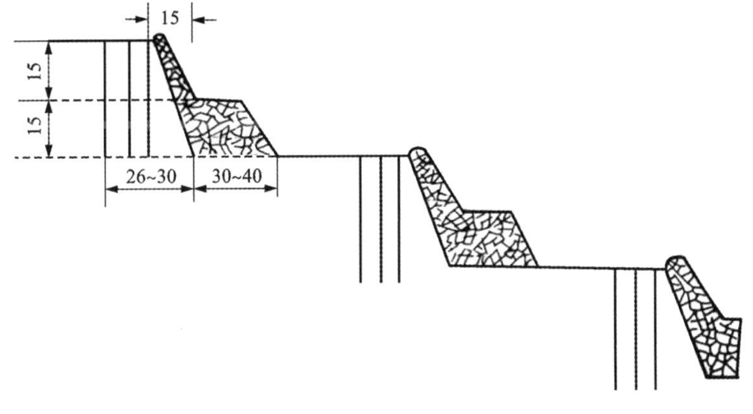

（单位：m）

图 2-46　并段爆破、分段采装方式示意图

4)台阶尾随开采方式

台阶尾随开采方式就是一台挖掘机尾随另一台挖掘机向前推进，如图 2-47 所示，同时向前尾随的挖掘机构成一组，组内有若干台挖掘机同时作业。如果一组挖掘机的生产能力无法满足露天矿剥离生产能力的要求，则可以布置第二组、第三组，其极限就是每个工作台阶都布置一台挖掘机进行作业。很明显，露天矿此时已由台阶轮流开采过渡到了台阶全面开采，这是台阶轮流开采的特例，是陡帮开采的极限情况。

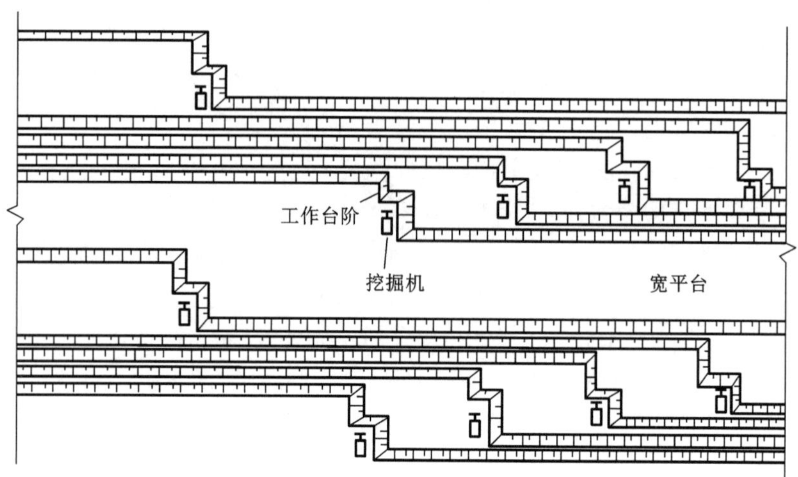

图 2-47 台阶(挖掘机)尾随开采方式示意图

从图 2-47 可以看出，当采用台阶尾随开采方式时，在工作帮任何一个垂直剖面上，组内只有一个台阶在作业，它保留工作平盘宽度，而其他台阶只暂留运输平台，其宽度很小，故可以加陡工作帮坡角，从而实现陡帮开采。马钢的高村采场和厂坝铅锌矿的设计均采用这种作业方式。

如果露天矿有几组电铲同时作业，则上下不同水平的电铲很可能在一条垂直线上工作，为了保证电铲安全作业，组与组之间必须用一条宽平台隔开。尾随挖掘机之间的间距与运输道路的布置、调车方式、爆堆宽度、一次爆破的矿岩长度、道路移设周期、挖掘机之间作业不平衡及安全技术条件等因素有关(有 200~300 m)，可按以下两种情况分析确定。

(1)当台阶之间不设运输连接平台[图 2-48(a)]时，尾随挖掘机之间的间距 L 为：

$$L=\frac{tQ}{12T'B_sh}K+\frac{100\,h}{i}+R \tag{2-15}$$

式中：L 为尾随挖掘机之间的间距，m；t 为一次爆破量能满足挖掘机装载作业的时间，月，一般取 $t=0.5$ 个月；Q 为挖掘机的生产能力，m^3/周期；B_s 为剥岩带的平均宽度，m；T' 为剥岩周期，a；h 为台阶高度，m；K 为尾随挖掘机之间的工作面推进和道路移设不均衡的影响系数，一般取 $K=1.5\sim2.0$；i 为运输道路坡度；R 为汽车运输的转弯半径，m。

(2)当台阶之间设置临时岩柱状回转平台[图 2-48(b)]或设置运输连接平台[图 2-48(c)]，作业区不设出入沟时，尾随挖掘机之间的间距 L 为：

$$L=\frac{tQ}{12T'B_sh}K+2R+1.5h \tag{2-16}$$

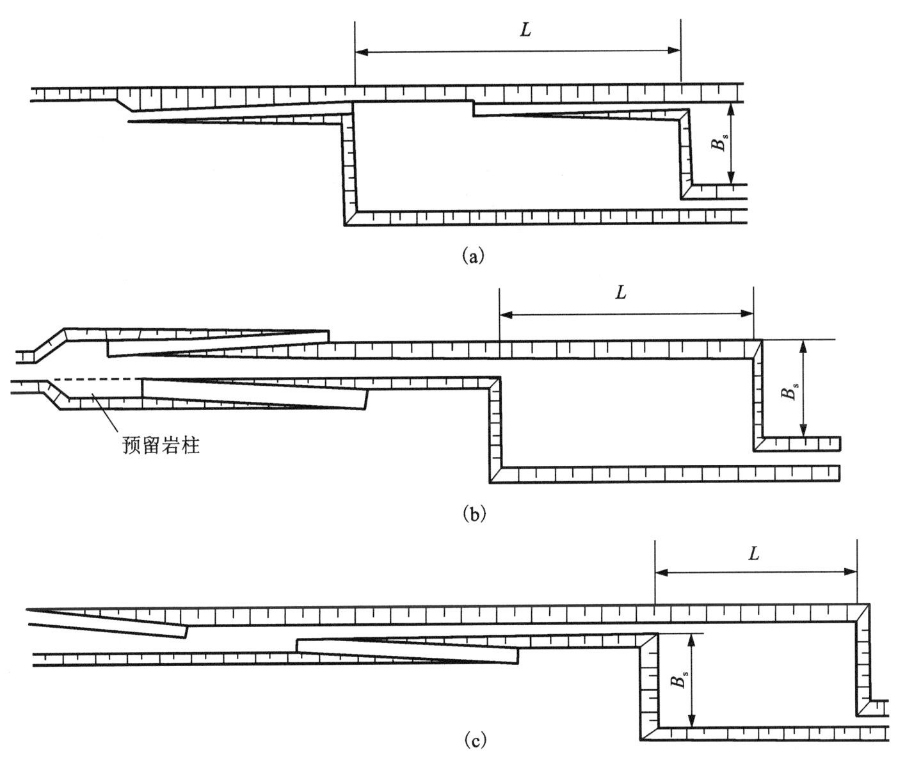

图 2-48　挖掘机作业区布置示意图

组内可以布置的挖掘机数目 n 为：

$$n = \frac{L'}{L} \tag{2-17}$$

式中：L' 为露天矿的走向长度或剥岩区长度，m；L 为尾随挖掘机之间的间距，m，其值不应小于 100 m；n 为挖掘机的数目，台。

由式(2-17)可以看出，露天矿的走向长度 L' 越大，n 就越大，尾随挖掘机的组数就越少，则宽平盘的数目就越少，工作帮坡角就越大，陡帮开采的经济效益就越好，反之就差一些。但是露天矿的走向长度越大，即 L' 越大，则要求挖掘机的生产能力也越大，因为每个台阶只能布置一台挖掘机，这是一个限制因素。由此可知，若挖掘机的生产能力一定，则露天矿的走向长度是受限制的，即：

$$L' \leqslant \frac{T'Q}{B_s h} \tag{2-18}$$

台阶尾随开采方式的主要优点是台阶尾随开采方式利用规格小的运输设备也能加大工作帮坡角，有一定的经济效益。其缺点是每个台阶都要求布置一台挖掘机，并且上、下台阶相互尾随，它们之间的作业容易受到相互干扰，降低了挖掘机的生产能力，因而，对提高陡帮开采的经济效益是不利的。

3. 陡帮开采参数

1) 工作帮及工作帮坡角

陡帮开采时，工作帮由三个部分组成，即作业台阶、运输道路、暂不作业台阶，如

图 2-49 所示。

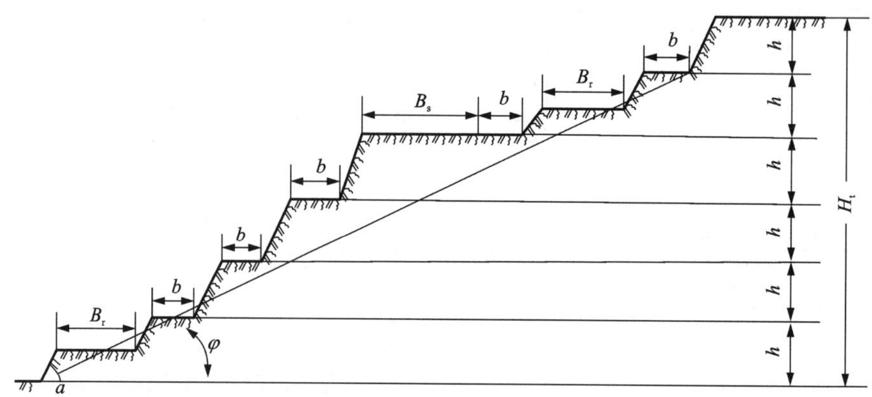

B_s—爆破进尺(剥岩条带宽度); b—暂不作业平盘宽度; B_r—运输道路宽度。

图 2-49 陡帮开采工作帮的组成

(1)作业台阶

推进中的剥岩帮都有作业台阶，暂不推进的剥岩帮则没有作业台阶，当后者恢复推进时就从最上一个台阶剥离一个岩石条带，即开辟新的作业台阶。作业台阶的平盘宽度由剥岩条带宽度 B_s 和暂不作业平盘宽度 b 组成。

作业台阶最小工作平盘宽度取决于挖掘机和汽车作业所要求的空间，如斗容 16 m³ 的挖掘机搭配载重 150 t 的矿用汽车或更大型设备时，作业台阶最小平盘宽度不应小于 50 m。

剥岩帮内同时作业的台阶数目与挖掘机的生产能力、剥岩帮高度、采区长度等因素有关，其值为：

$$n_y = \frac{T' V_t H_t L}{Q} \tag{2-19}$$

式中：n_y 为同时作业的台阶数目，个；V_t 为剥岩工程的水平推进速度，m/a；H_t 为剥岩帮的高度，m；L 为采区长度，m；Q 为挖掘机周期生产能力，m^3/周期；T'为剥岩周期，a。

当 $n_y=1$ 时，即为台阶依次轮流开采；当 $n_y=2\sim5$ 时，即为台阶分组轮流开采；当 $n_y=n$(剥岩帮上的台阶数目，$n>5$)时，即为台阶尾随开采。

(2)运输道路

运输道路是连通台阶与台阶之间的通道，也是采场到地表的通道，矿石和废石通过运输道路从采剥面运往地表。运输道路的数目与开拓系统有关，只能根据具体情况而定；运输坡道的宽度根据运输设备的规格及两侧的安全距离确定；运输坡道的坡度一般为 8%，长度等于台阶高度除以坡度。

在最终工作帮上，相邻台阶的坡道首尾相接，可能形成很长的连续坡道。为了减少陡坡的持续长度，以免重车在陡坡上连续行驶时间过长而引起引擎过热和加速机械磨损，同时避免下坡连续刹车使汽车制动鼓发热，造成可能的车速失控而发生事故，每隔一定距离设一段水平或坡度很缓的道路，成为缓冲平台。缓冲平台的坡度一般不大于 3%，长度在 80 m 左右。当坡道坡度为 8%左右时，连续坡道的坡长应限制在 350 m 以内。

运输道路的宽度、数目及布置对陡帮开采的工作帮坡角和最终帮坡角都有很大影响，在进行陡帮开采设计时，工作帮坡角和最终帮坡角的选取应考虑到运输道路的具体布置情况。

(3)暂不作业台阶

因为剥岩帮上大多数台阶是暂不作业台阶，其所构成的帮坡对剥岩帮坡角影响较大。暂不作业台阶除个别台阶保留运输平台外，只留暂不作业平盘或者并段，其宽度 $b \geqslant 0$。

当 $b=0$ 时，即台阶实行并段，这时的工作帮坡角最陡。

选择 b 值时，除使爆堆不压住下部的台阶外，还应保留一定的平台宽度以作联络之用。根据上述原则和我国国内露天矿山的经验，$b=10 \sim 15$ m 为宜。

(4)剥岩帮坡角

当剥岩帮上作业台阶、运输道路及暂不作业台阶都存在时，其帮坡角称为剥岩帮坡角，用 φ 表示。当剥岩帮上只有暂不作业台阶时，其帮坡角称为临时非工作帮坡角。φ 值可由下式确定：

$$\cot\varphi = \frac{(H_t - h)\cot a + (n - n_1 - 1)b + n_y B_s + n_1 B_r}{H_t - h} \tag{2-20}$$

式中：h 为台阶高度，m；a 为台阶坡面角，(°)；n 为剥岩帮上的台阶数目，个；n_1 为剖面上运输道路的数目，条；B_s 为剥岩带平均宽度，m；B_r 为运输道路的宽度，m；其余符号意义同前。

(5)剥岩带宽度

剥岩带宽度 B_s 是陡帮开采中非常重要的参数之一。B_s 的值越小，陡帮开采推迟的剥岩量越多，生产剥采比就越小，经济效果就越优。但是 B_s 的值越小，采剥设备上下调动的次数也将增加，对于铁路运输来说，线路移动变得频繁，移道工作量将增加，经济效益将降低。B_s 的值越大，剥岩周期就越长，所需的备采矿量就越多，推迟开采的剥岩量就越少，经济效益就越差。表 2-25 是南芬铁矿不同剥岩周期的生产剥采比，表 2-26 为国内外部分露天矿的剥岩带宽度。

表 2-25　南芬铁矿不同剥岩周期的生产剥采比

项目	单位	剥岩周期/a		
		1	2	3
生产剥采比	t/t	4.25	4.31	4.44

表 2-26　国内外部分露天矿的剥岩带宽度

矿山名称	剥岩带宽度/m
南芬铁矿	60
齐大山铁矿	60~80
德兴铜矿	50
司家营铁矿	44
西雅里塔铜钼矿	150

续表 2-26

矿山名称	剥岩带宽度/m
双峰铜矿	40~150
巴格达德铜矿	100
卡西厄石棉矿	91.4
博尔铜矿	50
马伊丹佩克铜矿	50

剥岩带的最小宽度 B_{smin} 的值必须满足以下要求：

$$B_{smin}=B_{min}-b \tag{2-21}$$

$$B_{smin(i)}=T'V_{t(i)}=T'V_{y(i)}\left[\cot\varphi_{c(i)}\pm\cot\delta\right] \tag{2-22}$$

式中：B_{smin} 为剥岩带最小宽度，m；$B_{smin(i)}$ 为本期（第 i 期）的推进量，m；$V_{t(i)}$ 为第 i 期的工作线水平推进速度，m/a；$V_{y(i)}$ 为第 i 期的采矿工程年延深速度，m/a；$\varphi_{c(i)}$ 为第 i 期的工作帮坡角，(°)；δ 为采矿工程延伸角，(°)，（上盘取"+"，下盘取"-"）；其余符号意义同前。

表 2-27 和表 2-28 分别为国内部分露天矿陡帮开采工作面参数和国外部分露天矿陡帮开采的工作面参数。

表 2-27 国内部分露天矿陡帮开采工作面参数表

矿山名称	台阶高度/m	工作平盘宽度/m	工作帮坡角/(°)	主要装运设备
德兴铜矿	12	30~45	25(设计)	电铲 13~16.8 m^3 汽车 154~220 t
南芬铁矿	12	60~70	8~10	电铲 7.6 m^3 汽车 108 t
齐大山铁矿	15	80~200	25.6~31.5	电铲 16.8 m^3 汽车 154~190
巴润矿	12	50	23	电铲 6~16 m^3 汽车 108~223 t

表 2-28 国外部分露天矿陡帮开采工作面参数

矿山名称	台阶高度/m	工作平盘宽度/m	工作帮坡角/(°)	主要装运设备
碧玛铜矿	7.5(表土) 12(矿岩)	60~75	21.8、26.6、 33.7	电铲 6.1~21.4 m^3 汽车 100~200 t
宾汉铜矿	12	33	26	电铲 5.4~11.5 m^3 汽车 100 t
伯克利铜矿	12	36~105	约 30	电铲 P&H2300；BE280、270 汽车 100~170 t

续表2-28

矿山名称	台阶高度/m	工作平盘宽度/m	工作帮坡角/(°)	主要装运设备
托格帕拉铜矿	15	>34	26.6~30	电铲 P&H1800(6.9 m^3) 汽车 85~100 t
丘基卡马塔铜矿	13	>24	24~28	电铲 6.1~21.4 m^3 汽车 100~250 t
马伊丹佩克铜矿	15	>50	20~30	电铲 4.6~11 m^3 汽车 65~150 t
博尔铜矿	15	>50	20~30	电铲 4.6~11 m^3 汽车 120~170 t
帕拉博尔铜矿	12	>37	26.6~30	电铲 4.9~13.8 m^3 汽车 100~170 t

2)采区长度

陡帮开采时，露天矿一般都是分区分条带剥岩，条带宽度即为剥岩带宽度 B_s。当剥岩帮高度、条带宽度及挖掘机规格一定时，采区长度 L 越大，剥岩周期就越长，所需的备采矿量就越大，坑底采矿区的尺寸也相应地加大，因而影响陡帮开采的经济效益。但 L 越小，剥岩周期越短，采剥设备上下调动越频繁，公路运输工程量越大，越会降低陡帮开采的经济效益。

采区的合理长度主要与挖掘机的规格有关，挖掘机斗容越大，L 也越大；挖掘机斗容越小，L 也就越小。弓长岭铁矿独木采场采用斗容 4 m^3 的挖掘机，采区长度为 350~400 m。若采用斗容 10 m^3 以上的大型挖掘机，采区长度可达 500~1000 m。

3)采场坑底参数

陡帮开采时，备采矿量的准备是周期性的。每剥完一个岩石条带，坑底就增加一定的备采矿量，但在剥岩期间又会采出一定的矿量。为了保证露天矿持续生产，备采矿量的保有期限应等于或略大于剥岩周期，即：

$$t_p \geqslant T' \tag{2-23}$$

式中：t_p 为备采矿量的保有期限，a。其余符号意义同前。

确定采场坑底尺寸，应符合如下原则：

(1)工作平盘的宽度一定时，采场坑底尺寸直接影响陡帮开采的备采矿量。因此，所确定的采场坑底尺寸应满足式(2-22)的要求。

(2)坑底采矿区的水平面积是有限的，应保证挖掘机有足够的作业空间，否则其生产能力将受到影响。坑底采矿区可以同时作业的挖掘机台数 n_y 为：

$$n_y = \frac{S_p}{S_p'}K_1K_2K_3 \tag{2-24}$$

式中：S_p 为坑底采矿区的水平投影面积，m^2；S_p'为每台挖掘机应有的作业面积，m^2；K_1 为考虑到台阶坡面投影面积的系数，K_1=0.85~0.93；K_2 为考虑到备用作业面积的系数，K_2=0.75~0.8；K_3 为作业面积的利用系数，K_3=0.7~0.9。

所以

$$S'_{\mathrm{p}} = \frac{S_{\mathrm{p}}}{n_y} K_y \tag{2-25}$$

式中：$K_y = K_1 K_2 K_3$。

$$n_y = \frac{A}{Q} \tag{2-26}$$

式中：A 为坑底采矿区的矿石产量，t/a；Q 为挖掘机的生产能力，t/a。

4. 陡帮开采开拓系统的补救措施

对于采用陡帮开采的凹陷露天矿，其开拓使用大量的移动坑线，并且坑线穿过整个工作帮，有时露天矿上盘和下盘都设置移动坑线，所以采场公路的修筑、维护和保养的工作量很大。

既要保证该运输系统安全可靠和畅通无阻，又要保证运输合理、经济效益高，这是陡帮开采需要解决的重大课题。其解决方法有：

1）建立两套完整的独立开拓系统

陡帮开采时，最好为上部剥岩区和下部采矿区建立两套完整的独立运输系统。它们各自独立，单独为各自的采区服务，但又用联络道将它们连接起来，建立两套或多套既各自独立，又相互联系、相互补充的开拓系统，以确保矿山运输畅通无阻。

南芬铁矿深部陡帮开采采用了这种开拓系统。浏阳磷矿山田湾采场也建立了两套独立的运输系统，通过上盘移动坑线将剥岩区的岩石运往排土场，下盘迂回式坑线为下部采矿区服务，通过它将矿石运到矿仓。两套运输系统在采场上部用端部环线连接，并互为备用。

2）在下盘建立一条运输干线

当矿体倾角比较缓，下盘的剥岩量不大时，可以在下盘实行缓帮开采。此时工作平盘较宽，在此工作帮上建立一条通向选矿厂（或矿仓）和排土场的运输通道是完全可靠的，这就解决了坑底采矿区的运输和安全问题。

南芬铁矿深部陡帮开采是在下盘布置了两条通向矿石破碎站的移动干线。浏阳磷矿山田湾采场利用其矿体倾角较缓、下盘剥岩量不大的特点，在下盘进行缓帮开采，并在工作帮上建立了一条通向矿仓和排土场的运输干线。

3）其他措施

对露天采场运输的车流量进行监控监测，并适当分流，从而保持露天矿合理的货流方向，以避免某个运输区间出现负荷过大的状况。还可以用端部环线将上、下盘的干线连接起来，确保每个工作面有不止一个出口，从而保证露天矿的运输安全可靠和畅通无阻。

基于露天矿陡帮开采时存在采场内部运输线路复杂、可移动式破碎站的建设和设备移设工程复杂、矿石流的中间环节多、矿岩势能及运输功浪费明显等诸多问题，国内的一些采矿专家已开始另辟蹊径，突破基于常规工艺和设备配套的设计理念，将陡帮开采的开拓工艺进行了不同方面的创新。

例如新形式的连续运输工艺，采用大斗容索铲下挖作业，实现自工作面开始的索斗铲–移动式破碎站–胶带输送机连续运输工艺，从而形成有利于提高陡帮开采总体技术经济效果的新工艺技术系统，如图 2–50 所示。该工艺系统取消了汽车运输环节，减少了设备投资，降低了运输费用，从而提高了生产能力和效率。但由于电铲（或前装机）的卸载高度限制，自行式破碎机目前仅限于采用水平轴反击式破碎机，只适用于破碎石灰岩等中硬强度以下的矿岩，这可能是目前坚硬矿物露天开采尚未应用全连续运输工艺的主要原因。

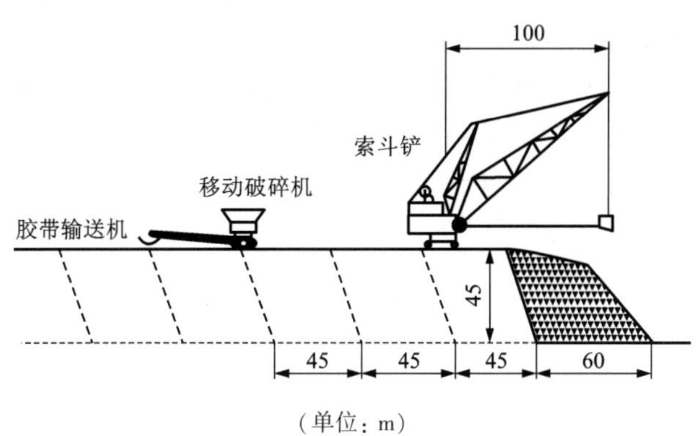

（单位：m）

图 2-50　索斗铲-移动式破碎站-胶带输送机连续运输工艺

5. 陡帮开采评价及适用条件

1）陡帮开采的优缺点

（1）陡帮开采的优点

① 基建剥岩量少、基建投资少、基建期短、投产和达产快，可以缓剥大量岩石，降低露天矿前期的生产剥采比。

② 均衡生产剥采比的潜力大，可以降低露天矿前期的生产剥采比。缓帮开采的工作帮坡角为 8°~12°，最大值不超过 15°，生产剥采比是自然均衡的，可调整的幅度小，对矿山开采的前期效益很不利。陡帮开采的工作帮坡角可以在 16°~35°（一般在 20°~35°）调整，因而生产剥采比均衡的潜力大，这就有可能把生产期的生产剥采比均衡到接近平均剥采比，使矿山前期不必花大量资金用于超前剥离。例如大孤山铁矿，缓帮开采时，前 15 年生产剥采比为 3.06~3.50 t/t（后期为 0.9 t/t），为平均剥采比的 1.66~1.9 倍；陡帮开采时，前期（1999 年前）生产剥采比为 2.4 t/t（后期为 1.4 t/t），为平均剥采比的 1.3 倍。因此，前 15 年可推迟剥离量约 50000 kt。

③ 推迟最终边帮的暴露时间，节省边坡维护费用。由于陡帮开采工作帮坡角较陡，最终边坡只有在开采最后几个条带时才逐渐暴露，因而出现时间晚，暴露时间短，有利于适当加大最终边坡角，减少境界剥岩量，减少边坡维护费用。根据大孤山铁矿资料，在开采境界内 40 个台阶中，与缓帮开采相比，陡帮开采（组合台阶）有 33 个台阶晚到最终境界。晚到境界的时间最长达 9 年，5 年以上的占总台阶数的 75%，由于最终边坡暴露时间短，可节省边坡维护费 562 万元，平均年节省 16 万元。

（2）陡帮开采的缺点

① 采剥设备上下调动频繁，影响采剥设备的利用，降低了其生产能力。

② 陡帮开采时，露天采场一般都使用移动坑线，当一个剥岩带采完以后，公路干线需要向前移动，修筑新的公路干线，公路干线的修筑和维护工作量大，费用高。

③ 采场辅助工程量大。陡帮开采时，采场内的供风管、给排水管以及供电线路的移设次数增加，因而工程费用增加。

④ 采场管理工作复杂。陡帮开采时，上下台阶之间的配合要协调，在编制年采剥进度计

划时，每年的采剥量不仅要数量平衡，而且要部位平衡，这种要求比缓帮开采要严格得多。所以陡帮开采对采剥进度计划的制订和实施，及对采场的管理要求很严格。

2)陡帮开采的适用条件

实践表明，陡帮开采与缓帮开采进行比较时，基建剥岩量的差额越大，生产剥采比的差额越大，则陡帮开采的经济效益就越好。采用陡帮开采合理的适用条件是：

(1)矿体倾角大，即适用于倾斜和急倾斜矿体；

(2)矿体表土层厚度大，即适用于埋藏较深的矿体；

(3)倾斜地形的矿体；

(4)上小下大的矿体。

2.6 新水平准备及掘沟

2.6.1 新水平准备

新水平准备是露天矿延深和持续生产必须进行的开拓准备工作。它包括新水平的出入沟、开段沟和为下一个新水平准备掘进出入沟所需要的扩帮工程以及所必需的其他工程量。新水平准备的方法和工程量的大小与矿床的赋存条件、露天采矿场的形状、采用的开采程序、生产工艺系统、开拓方式以及使用的采、装、运设备类型有关。

新水平准备的条件随着采矿工程的下降而恶化，因此，倾斜矿床露天开采时新水平准备速度的快慢是限制露天矿生产能力的重要因素，在露天矿的设计和生产中，对新水平的准备予以高度的重视。

1.影响新水平准备时间的因素和新水平准备工程量

露天采场的走向长度和形状直接影响到矿山工程新水平的延深方式，掘沟方法的好坏影响露天矿生产能力，所用的采剥运输设备类型与掘沟速度及水平推进强度有密切关系。沟的位置影响着矿山工程新水平的准备工程量和延伸深度。

新水平延深的准备工作量，包括出入沟和开段沟的工程量以及新水平掘沟所需上一个水平最小宽度的扩帮量的总和。采用联合开拓时，新水平准备工程量还包括转载站的工程量。

1)出入沟工程量

(1)双壁沟：

$$V_1 = \frac{h^2}{i}\left(\frac{b_1}{2} + \frac{h}{3\tan\alpha}\right) + \frac{h^2}{\tan\alpha}\left(\frac{b_1}{2} + \frac{2h}{3\tan\alpha}\right) \tag{2-27}$$

式中：V_1 为双壁出入沟工程量，m^3；h 为延深一个新水平的深度，一般为台阶高度，m；i 为出入沟平均坡度，%；b_1 为出入沟沟底宽度，m；α 为沟帮坡面角，(°)。

当纵向坡度小于4%时，端部沟量可忽略不计，即：

$$V_1 = \frac{h^2}{i}\left(\frac{b_1}{2} + \frac{h}{3\tan\alpha}\right) \tag{2-28}$$

(2)单壁沟：

$$V_1' = \frac{\Psi b_1^2}{2i}\left[h - \frac{\Psi b_1}{3}\left(1 - \frac{i}{\tan\alpha}\right)\right] \tag{2-29}$$

式中：V_1'为单壁出入沟工程量，m³；Ψ为工作帮坡面角(°)。

$$\Psi = \frac{1}{\cot\beta - \cot\alpha} \tag{2-30}$$

式中：β为地形坡角，(°)。

当纵向坡度小于 4%时，端部沟量可忽略不计，即：

$$V_1' = \frac{\Psi b_1^2}{2i}\left(h - \frac{\Psi b_1}{3}\right) \tag{2-31}$$

2)开段沟工程量

(1)双壁沟：

$$V_2 = (b_2 + h\cot\alpha)hL \tag{2-32}$$

式中：b_2 为开段沟底宽，m；L 为开段沟长度，m；V_2 为双壁开段沟工程量，m³。

(2)单壁沟：

$$V_2' = \frac{\Psi b_2^2}{2}L \tag{2-33}$$

式中：V_2'为单壁开段沟工程量，m³；

3)扩帮工程量

它主要取决于扩帮宽度和采剥程序，扩帮宽度(b_{3k})应保证下一水平能正常掘进出入沟、开段沟和扩帮水平能正常进行采剥工作的最小宽度。扩帮工程量(V_3)为：

$$V_3 = b_{3k}L_{3k}h \tag{2-34}$$

式中：L_{3k} 为所需扩帮长度，m；b_{3k} 为扩帮宽度，m；h 为台阶高度，m。

2. 新水平准备时间和延深速度

新水平准备时间是指上一水平开始准备到下一水平开始准备，或下水平掘沟时间与上水平为掘沟进行扩帮所需时间之和。

新水平准备时间通常采用露天矿每一年延深的垂直高度，用 h_y 表示，即

$$h_y = 12h/T_0 \tag{2-35}$$

式中：h 为台阶高度，m；T_0 为新水平准备时间，月；h_y 为年延深的垂直高度，m。

新水平准备时间有多种确定方法，这里介绍一种公式计算方法，供参考，具体为：

$$T_0 = l_0\left(\frac{1}{v_0} + \frac{1}{v}\right) + \frac{V_1}{KQ}(1 + m) + \left(\frac{1}{v_0} - \frac{1}{v}\right)\left[L_p\left(1 - \frac{3}{K} - l_0\right)\right] \tag{2-36}$$

式中：l_0 为掘沟挖掘机与扩帮挖掘机之间允许的最短距离，m；v_0 为扩帮速度，m/月；v 开段沟掘进速度，m/月；V_1 为保证下一水平的准备而在本水平的扩帮量，m³；K 为本水平的扩帮工作面数；Q 为扩帮挖掘机的生产能力，m³/月；m 为在一个水平上同时扩帮的挖掘机台数，台；L_p 为本水平的开段沟长度，m；T_0 为新水平准备时间，月。

延深速度和推进速度，两者之间关系如下：

$$v_T = h_y(\cot\Psi \pm \cot\beta) \tag{2-37}$$

式中：v_T 为工作帮推进速度，m/a；h_y 为延深速度，m/a；Ψ 为工作帮坡面角，(°)。

露天矿新水平准备时间取决于设备类型、新水平准备方法和延深工作的组织状况。在我国目前条件下，铁路运输山坡露天矿延深最大可达 8~12 m/a，而汽车运输延深速度最大可达 20~25 m/a。在此考虑相邻工作台阶配合发展的限制条件：

$$v_{T_i} \geqslant v_{T_{i+1}} - (B_i - B_{i\min})/T \tag{2-38}$$

式中：v_{T_i}，$v_{T_{i+1}}$ 为第 i 台阶和第 $i+1$ 台阶的水平推进速度，m/a；B_i 为第 i 台阶工作平盘宽度，m；$B_{i\min}$ 为最小工作平盘宽度，m；T 为新水平准备时间，月。

当工作平盘宽度相等时，则推进速度一致，即 $B_i = B_{i\min}$ 时，则 $v_{T_i} = v_{T_{i+1}}$。

每个工作帮的水平推进速度应满足下列条件：

$$nQ/(hL) \geqslant v_T \tag{2-39}$$

式中：Q 为挖掘机效率，m^3/a；h 为台阶高度，m；L 为采场工作线总长度，m；n 为工作帮上所配置的电铲数，台；v_T 为工作台阶完成生产能力所必需的推进速度，m/a。

3. 缩短新水平准备时间的途径

除前述提高掘沟速度的掘沟方法外，还采用横向采剥、纵向推进、短段沟或无段沟来加速新水平准备。如白银露天矿、铜绿山铜铁矿、金堆城钼矿等采用横向采剥方法，铜山露天矿、石录铜矿采用无段沟来加速新水平准备工作。在出入沟终端建立开拓基坑，其平面尺寸约为 50 m×50 m，以保证投入第二台采装设备，图 2-51 所示无段沟开拓简化了扩帮工程。当工作平盘形成后，用多台挖掘机扇形工作线作业，发挥了汽车运输的灵活性，使新水平准备工作量由 300000 m^3 减少到 100000 m^3 以下，从而使准备新水平时间由一年减至半年。铜绿山铜铁矿在矿体上盘处开掘临时出入沟(15~20 d)和 40~50 m 的短段沟后即可开始采矿，再逐步和固定坑线相连。这样既可降低矿石贫化损失，又可加速新水平准备。用此工艺掘沟一般只用 3 个月即可准备出一个新水平。

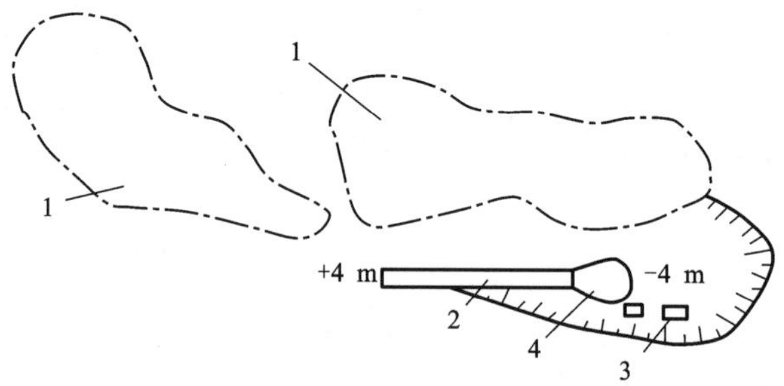

1—矿体；2—永久路堑；3—水池和泵房；4—基坑。

图 2-51　石录铜矿无段沟开拓

2.6.2　掘沟工程

新水平准备得及时与否，关键在于掘沟速度，这是我国许多矿山普遍存在的问题。掘沟速度在很大程度上决定着露天开采强度，并影响露天矿生产能力。因此，应正确地选择掘沟工艺即掘沟方法，合理地确定沟的主要参数，以提高掘沟设备效率，加快掘沟速度。

1. 掘沟方法

掘沟工作与剥采工作比较起来，虽然生产工艺环节基本相同，但掘沟工作本身却有不同特点。其特点是在尽头区采剥，工作面狭窄，靠沟帮的钻孔夹制性大。采用铁路运输掘沟时装运设备效率低，尤其雨季沟内积水对掘沟影响更大。

在掘沟工作中，一种掘沟方法与另一种掘沟方法的主要区别在于所采用的运输和装载方式。

(1)按运输方式不同，掘沟方法主要分为以下几类：

①公路运输掘沟；

②铁路运输掘沟；

③联合运输掘沟；

④无运输掘沟。

前三类掘沟方法常用于凹陷露天矿掘进梯形横断面的双壁沟，而无运输掘沟方法多用于沿山坡地形等高线掘进近于三角形横断面的单壁沟。在山坡也可用公路运输掘进宽工作面单壁沟。

(2)按挖掘机的装载方式不同，掘沟方法又分为平装车全段高掘沟、上装车全段高掘沟和分层掘沟。

无运输掘沟方法包括挖掘机倒堆掘沟和定向抛掷爆破掘沟。在坚硬岩石中，公路运输掘沟工艺包括穿孔爆破、采装、运输、二次破碎，在有涌水的露天矿还需进行排水工作。而铁路运输掘沟除上述工艺外，还有拆铺线路工作。

掘沟的穿孔爆破工作是在断面狭窄的尽头处进行，为了提高掘沟速度，广泛应用多排孔微差挤压爆破(图 2–52)。其起爆顺序可分为斜线微差起爆(a)、排间微差起爆(b)、行间微差起爆(c)。斜线微差起爆为纵向掏槽起爆。

在凹陷露天矿掘进双壁沟时，由于沟的断面较小，边孔爆破的夹制作用较大，为了按设计断面成沟，边孔的装药量比其他孔增加 15%～20%。靠非工作帮掘沟时，为保护边坡稳定性，应进行控制爆破。位于最终边帮平台部分的钻孔(图 2–53 中的 1)，宜采用较小的孔网参数和孔径，钻孔不超深或减少超深，适当减少钻孔的装药量；在沟帮坡面上加一行孔径小的垂直短孔(图 2–53 中的 2 所在的钻孔)或布置与沟帮坡面平行的钻孔。部分掘沟方法见表 2–29。

表 2–29　部分掘沟方法

掘沟方法			图示	沟底最小宽度/m
全断面掘沟	公路运输掘沟	环形调车	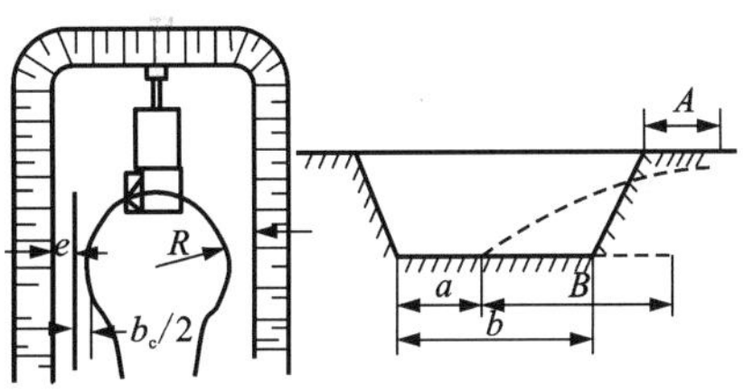	$b=B+a-A$ $b_{min}=2(R_{min}+b_c/2+e)$ 式中：B 为爆堆宽度；a 为道路宽度；A 为爆破带宽度；R_{min} 为汽车最小转弯半径；b_c 为汽车宽度；e 为安全间隙
		单折返调车	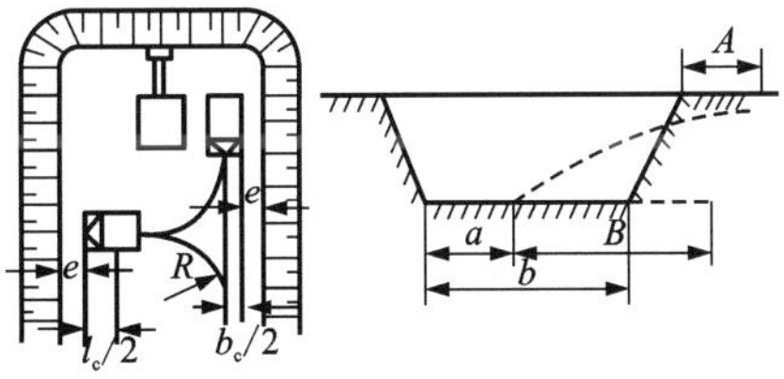	$b_{min}=R_{min}+b_c/2+l_c+2e$ 式中：l_c 为汽车长度
		双折返调车	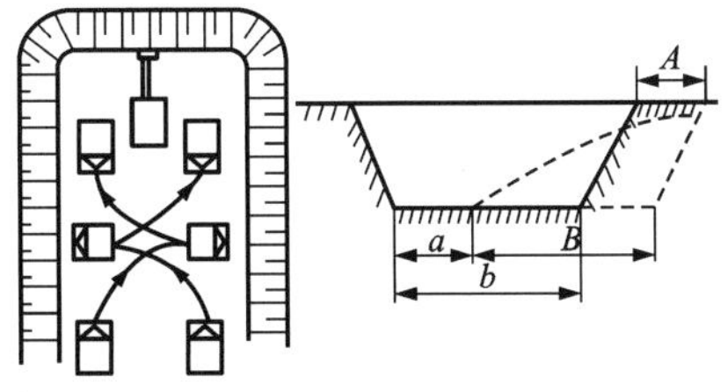	$b_{min}=R_{min}+b_c/2+l_c+2e$

续表2-29

掘沟方法			图示	沟底最小宽度/m
全断面掘沟	铁路运输掘沟	平装车	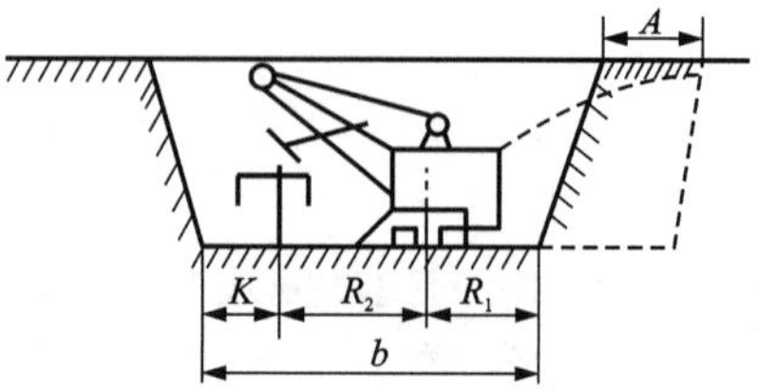	$b_{min}=R_1+R_2+K$ 式中：R_1 为站立水平挖掘半径；R_2 为卸载半径；K 为铁路线路中心至沟帮底线距离
		上装车	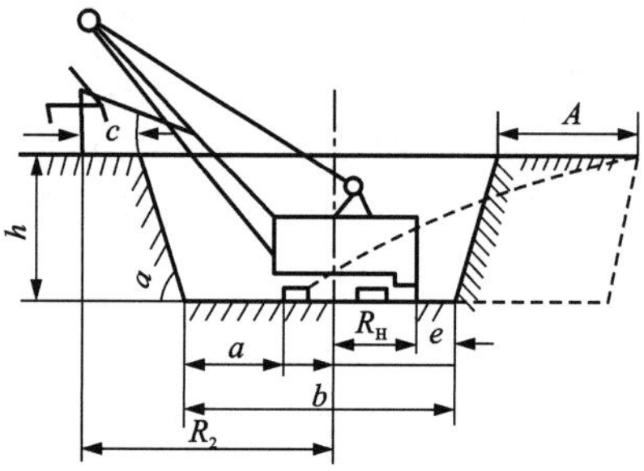	$b_{min}=R_H+R_2-c-h\cot\alpha+e$ 式中：R_H 为挖掘机回转半径；c 为线路中心至坡顶线距离；h 为台阶高度；α 为沟帮坡面角
	无运输掘沟	长臂铲掘沟	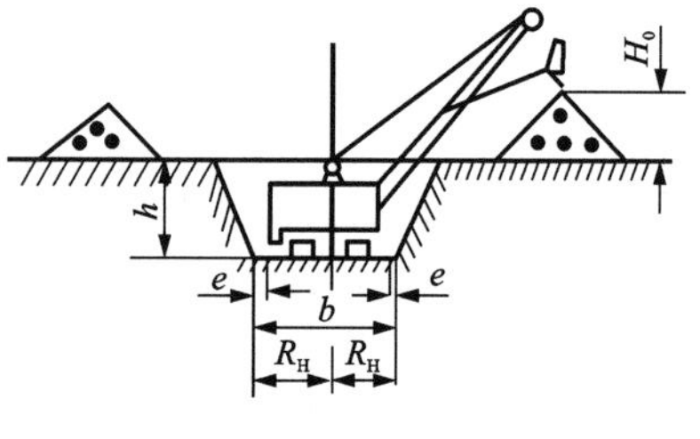	$b_{min}=2(R_H+e)$
		索斗铲掘沟	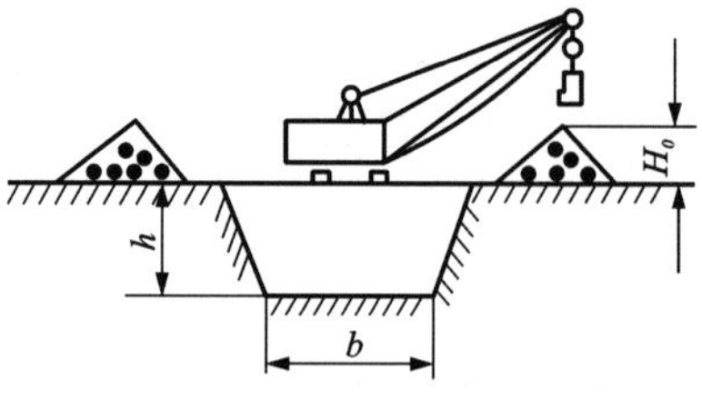	

续表2-29

掘沟方法		图示	沟底最小宽度/m
分层掘沟	单侧分层上装车掘沟		$b_{\min}=R_H+R_2-c-h\cot\alpha+e$ 式中：R_H 为挖掘机回转半径；c 为线路中心至坡顶线距离；h 为台阶高度；α 为沟帮坡面角
	交错分层上装车掘沟		$b_{\min}=R_H+R_2-c-h\cot\alpha+e$
	上分层上装车，下分层为平装车掘沟		$b_{\min}=R_1+R_2+K$

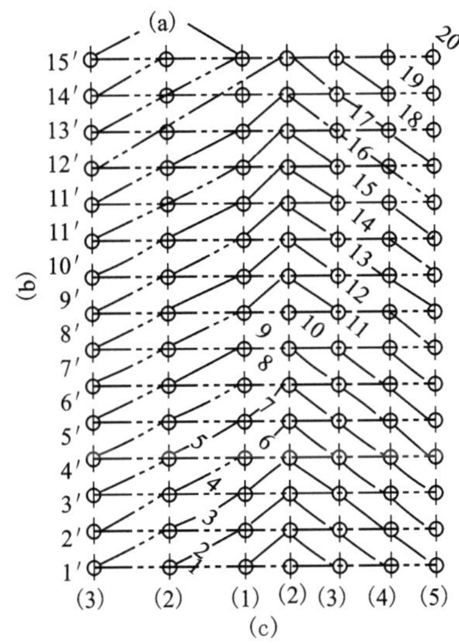

1~20—斜线微差起爆顺序；
1′~15′—排间微差起爆顺序；
(1)~(5)—行间微差起爆顺序。

图 2-52　多排孔微差挤压爆破起爆顺序

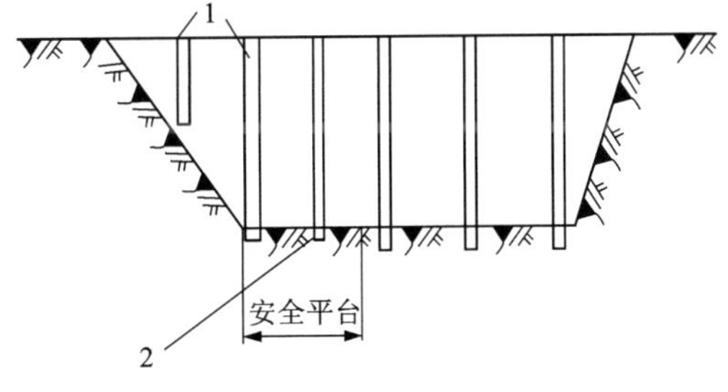

1—钻孔；2—钻孔超深。

图 2-53　多钻孔在沟内的横断面上的布置

2. 我国部分露天矿掘沟方法及实际指标

我国部分露天矿掘沟方法及实际指标见表 2-30。

表 2-30 我国部分露天矿掘沟方法及实际指标

矿山名称	掘沟方法及装运工艺	岩石坚固性系数 f	沟底宽度/m	沟深/m	挖掘机效率/[km^3·(台·月)$^{-1}$]	掘沟速度/(m·月$^{-1}$)	延深速度/(m·a^{-1})
大孤山铁矿	长臂铲上装车	10~12	35	12	60	60.78	6~6.3
南芬铁矿	公路运输、尽头式折返调车或环形调车	8~12	35	12	140~160	150~200	8~10
白银铜矿1号采场	公路运输、尽头式折返调车	5~7	30	12	50~63	100~150	10.1
眼前山铁矿	铁路运输、长臂铲上装车	8~12	27~33	12	66	254	12
昆阳磷矿	公路运输、分层掘沟、单侧折返调车	6	12	10(5+5)	20	240	12
德兴铜矿	公路运输、全断面平装车、折返调车	5~10	25~30	12		314	12

公路运输掘沟速度参考指标，见表 2-31。

表 2-31 公路运输掘沟速度参考表

<table>
<tr><th rowspan="2">掘沟方法</th><th rowspan="2">斗容/m^3</th><th rowspan="2">汽车载重吨位/t</th><th colspan="4">掘沟速度/(m·月$^{-1}$)</th></tr>
<tr><th>h=10 m</th><th>h=12 m</th><th>h=15 m</th><th>h=20 m</th></tr>
<tr><td rowspan="2">尽头式折返调车
b=25~27 m</td><td>4.6</td><td>40</td><td>245</td><td>190</td><td>150</td><td rowspan="2">130</td></tr>
<tr><td>8.0</td><td>75</td><td>310</td><td>240</td><td>200</td></tr>
<tr><td rowspan="2">环形调车
b=35 m</td><td>4.6</td><td>40</td><td>300</td><td>240</td><td>180</td><td rowspan="2">130</td></tr>
<tr><td>8.0</td><td>75</td><td>350</td><td>290</td><td>220</td></tr>
</table>

参考文献

[1]《采矿手册》编辑委员会. 采矿手册 3[M]. 北京：冶金工业出版社，1991.

[2] 王运敏. 现代采矿手册[M]. 北京：冶金工业出版社，2012.

[3] 高永涛，吴顺川. 露天采矿学[M]. 长沙：中南大学出版社，2010.

[4] 张子祥，许雁超. 庙沟铁矿开拓系统的优化[J]. 金属矿山，2009(5)：40-42.

[5] 李永强，高烈，胡志强，等. 歪头山铁矿铁路运输系统的研究[C]//中国金属学会编. 中国钢铁年会论文

集(第2卷). 北京：冶金工业出版社，2005，83-87.
[6] 吕文生，杨鹏，陈国桢. 朱家包包铁矿运输系统可靠性研究[J]. 金属矿山，2002(4)：33-35.
[7] 刘家明，程崇强，于洋. 陡坡铁路在露天开采中的应用[J]. 矿业工程，2006，4(2)：25-26.
[8] 亢建民，梁尔祝. 东鞍山铁矿深部开拓运输方式的研究[J]. 矿业工程，2011，9(4)：30-32.
[9] 鲍海文. 大型露天矿汽车-胶带机联合开拓运输方案优化[J]. 采矿技术，2012，12(1)：6-7，41.
[10] 何昌盛. 大型深凹露天矿半连续运输系统研究[J]. 现代矿业，2013，29(8)：77-80.
[11] 王先，张树伟. 司家营露天矿区开拓运输系统设计[J]. 中国矿山工程，2012，41(5)：15-18.
[12] 刘宏伟. 浅析袁家村铁矿开拓系统设计[J]. 矿业工程，2011，9(6)：16-17.
[13] 张新. 平硐溜井开拓方式的应用及改进[C]//中国金属学会等编. 全国矿山信息化建设成果及技术交流会论文集. 安徽：金属矿山出版社，2004(s1)：308-312.
[14] 李克民，张幼蒂. 露天矿分区开采优化数学模型[J]. 金属矿山，1992(3)：25-30，24.
[15] 陈遵. 露天矿陡帮开采述评[J]. 金属矿山，1989(6)：11-14.
[16] 李鼎权. 国内外金属露天矿的分期开采技术[J]. 冶金矿山设计与建设，1996(1)：3-10.
[17] 刘廷吉. 露天矿分期开采的技术特征[J]. 中国矿业，1994(4)：18-22.
[18] 查克兵. 露天矿分期开采问题探讨[J]. 中国矿山工程，2005，34(3)：20-22.
[19] 牛成俊. 论露天矿陡帮开采工艺[J]. 金属矿山，1983(1)：14-18.
[20] 孙忠铭. 露天金属矿山高台阶陡帮开采的新概念及连续运输工艺[C]//中国有色金属学会编. 金属矿采矿科学技术前沿论坛论文集. 湖南：矿业研究与开发，2006，33-35，43.
[21] 陈遵. 试论陡帮开采中的几个问题[J]. 化工矿山技术，1986，15(6)：13-16.

第 3 章

露天采剥方法及进度计划

3.1 露天采剥方法分类

采剥方法一般按工作线的布置方式进行分类，分为纵向采剥法、横向采剥法、扇形采剥法、环形采剥法等，在露天陡帮开采时还有纵横向布置以及混合布置。每种采剥方法的内容是由其采剥关系、工艺联系和特点所决定的。

3.1.1 纵向采剥法

纵向采剥时，露天矿的采剥工作线沿矿体走向布置，垂直走向推进，如图 3-1 所示。当露天矿采用固定坑线开拓时，工作线由顶帮向底帮推进，也可由底帮向顶帮推进，但一般多采用底帮固定坑线开拓，如大冶铁矿、眼前山铁矿都曾采用底帮固定坑线开拓。也可以采用移动坑线开拓，此时开段沟布置在矿体的上盘、下盘接触线或矿体中间。工作线由中间向顶帮和底帮推进。大孤山铁矿曾设计采用下盘移动坑线开拓，工作帮向顶帮和底帮推进。

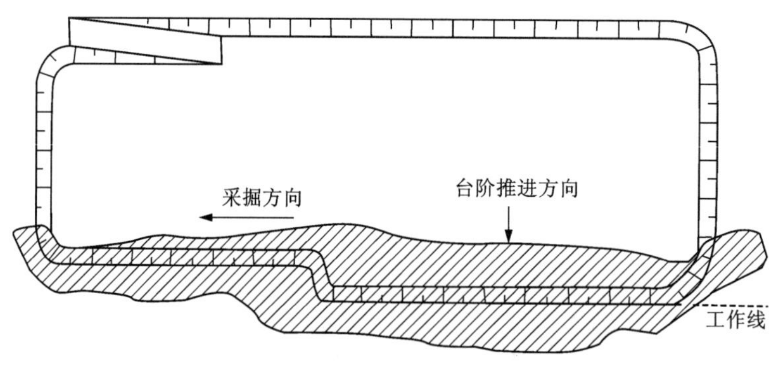

图 3-1　纵向采剥工作面布置示意图

1. 纵向采剥法工作面参数

工作面主要参数有：台阶高度、采区长度以及最小工作平盘宽度等。台阶高度及采区长度，分别列入表 3-1 和表 3-2。

表 3-1　台阶高度

挖掘机斗容/m^3	台阶高度/m
1~2	10~12
4~4.6	12~13
>6	14~16

表 3-2　采区长度

挖掘机斗容/m^3	台阶高度/m	挖掘机采区最小长度/m	
		铁路运输	公路运输
1	<10	200	150
2	<10	300	200
4	10	450	250
4	12	450	300
8~10	15		350
16	⩾15		400

工作平盘宽度：对于剥岩台阶，不小于最小工作平盘宽度 B_{min}。对于采矿台阶，工作平盘宽度 B 为：

$$B = B_{min} + B_p \tag{3-1}$$

式中：B_{min} 为最小工作平盘宽度，m；B_p 为备采矿量平盘宽度，m。

$$B_p = \frac{A_p T_p}{Lh} \tag{3-2}$$

式中：A_p 为露天矿的实体矿石生产能力，m^3/a；T_p 为备采矿量开采时间，a；L 为采矿工作线总长度，m；h 为台阶高度，m。

纵向采剥时工作帮坡角 φ 值为：

$$\cot\varphi = \frac{\sum_{i=1}^{n}(B_i + h_i\cot\alpha_i)}{\sum_{i=1}^{n} h_i} \tag{3-3}$$

式中：$B_i(i=1, 2, \cdots, n)$为第 i 个工作平盘宽度，m；$h_i(i=1, 2, \cdots, n)$为第 i 个台阶高度，m；$\alpha_i(i=1, 2, \cdots, n)$为第 i 个台阶坡面角，(°)；n 为台阶总数。

当 $B_1=B_2=\cdots=B_n=B$，$h_1=h_2=\cdots=h_n=h$ 时，公式(3-3)可写成：

$$\cot\varphi = \frac{B + h \cdot \cot\alpha}{h} \tag{3-4}$$

2. 纵向采剥法的主要优缺点

其主要优点是：

(1)纵向开采时，工作线是平行推进的，所以沿工作线上的采掘带宽度基本上是相等的，因而能充分利用工作线，有利于管理工作；

(2)开段沟可以布置在矿体的上盘或顶帮，工作线垂直走向推进，因而有利于减少矿石的损失和贫化。

其主要缺点是：

(1)在一定开采技术条件下，矿岩内部运输距离大(与横向采剥相比)；

(2)当工作线从底帮向顶帮推进时，矿石损失和贫化较大；

(3)当矿体为倾斜和急倾斜时，基建剥岩量较大；

(4)纵向采剥不灵活，对矿石品种和品位波动较大的矿山不利于分采。

3. 纵向采剥法的适用条件

(1)铁路运输的露天矿；

(2)长宽比接近 1 的汽车运输露天矿；

(3)有特殊要求的汽车运输矿山。

4. 工程实例

大孤山铁矿位于鞍山市东南 12 km 的千山脚下，占地面积约 10.6 km^2，始建于 1916 年，属于百年老矿。原始山顶标高为+260 m。累计探明铁矿石地质储量 4.2 亿 t，保有储量 2.1 亿 t，矿石类型为磁铁矿，剥采比为 1.753 t/t。

根据大孤山铁矿现状开采情况，大孤山铁矿采场分四期：−150 m、−234 m、−306 m 和 −414 m。其设计生产能力为矿石 600 万 t/a、矿岩总量 2100 万 t/a。之前矿山采用铁路运输的方式，由于铁路生产支线的存在，导致上部剥岩延缓，中下部采矿空间狭小，生产组织难度加大。近年来，随着矿山机械的逐步完善与发展，矿用汽车和胶带破碎系统在矿山的使用越来越普遍，大孤山铁矿于 2003 年 6 月将铁路生产支线全部拆除，采用了大型矿用汽车与胶带联合的运输方式。

矿山目前全部实现了机械化、系统化和现代化，大型生产设备门类齐全。矿山现有牙轮钻机 5 台，年穿孔能力在 18 万 m 左右；电铲 7 台，采装能力在 1800 万 t 以上；大型汽车 21 台，年运输能力在 1900 万 t 以上；150 t 的电机车 9 台，年运输能力在 600 万 t 以上；巷运系统运输皮带总长约 10000 m(东端岩石井皮带 6000 m，西端矿石井皮带 4000 m)，年运输能力在 1700 万 t 以上。大孤山采剥综合平面图见图 3-2。

3.1.2 横向采剥法

横向采剥法是指露天采剥工作线垂直矿体走向布置，台阶沿矿体走向推进，如图 3-3 所示。开段沟可以布置在露天矿的端部或者境界中的任何一个地方。这种方式一般是沿矿体走向掘出入沟，垂直于矿体掘短段沟形成初始工作面，或不掘段沟直接在出入沟底端向四周扩展，逐步扩成垂直矿体的工作面，沿矿体走向向一端或两端推进。由于横向布置时，爆破方向与矿体的走向平行，故对于顺矿层节理和层理比较发育的岩体爆破，会显著降低大块率和根底产出率，提高爆破质量。由于汽车运输的灵活性，工作线也可视具体情况与矿体斜交布置。

1. 横向采剥工作面主要参数

工作面主要参数有台阶高度、工作平盘宽度、工作帮坡角等。这些参数的取值和计算方法等均与纵向采剥方法相同或者相近。

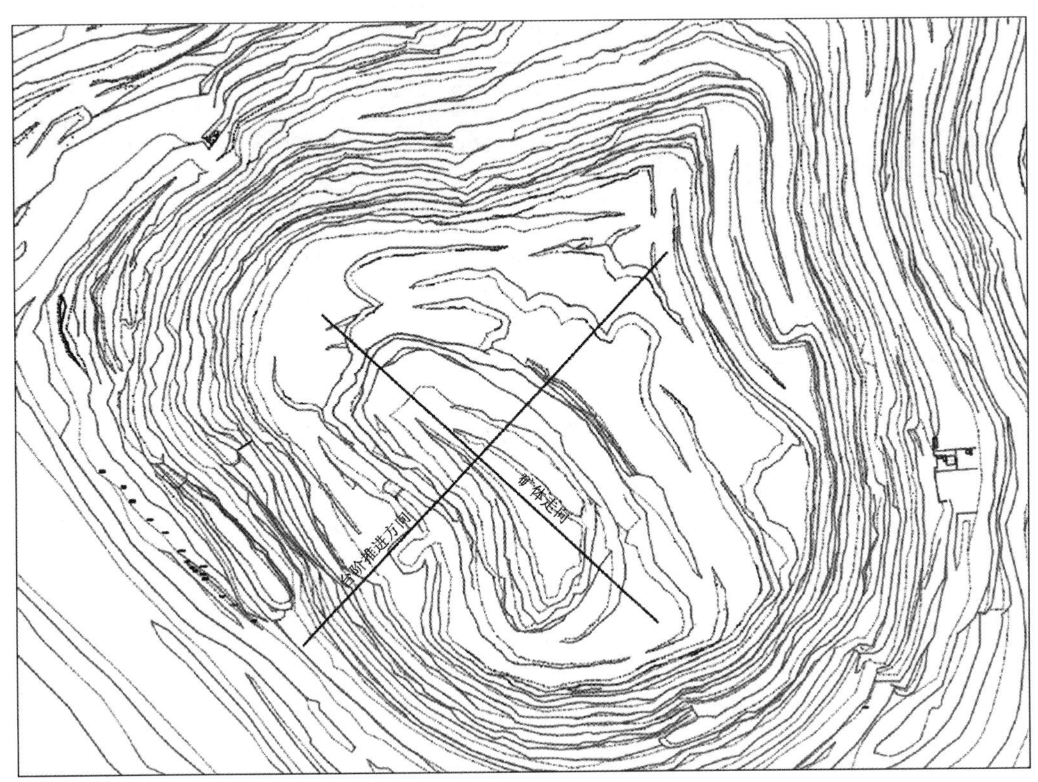

图 3-2　大孤山采剥综合平面图

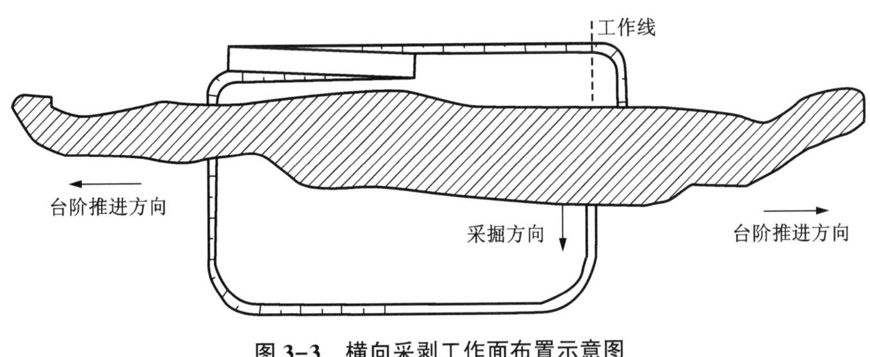

图 3-3　横向采剥工作面布置示意图

2. 横向采剥法的主要优缺点

其主要优点是：

(1)基建工程量少。不同采场长度的基建工程量见表 3-3。

(2)采场内部运输距离短。以兰尖铁矿为例，纵向、横向采剥法汽车运输距离对比见表 3-4，以纵向采剥为 100%(该矿采用平硐溜井开拓)。

(3)开段沟工程量少。当采用长段沟开拓并且采场的长宽比为 1.5~2.0 时，横向采剥时的开段沟工程量比纵向采剥减少 35%~50%。

(4)工作线长度大。以兰尖铁矿为例，当其开采技术条件和工作面参数相同时，不同采剥方法下的工作线长度见表 3-5。

表 3-3 采场不同长宽比时的基建工程量

采场尺寸/m		基建工程量/(万 m^3)			$\left(\frac{V_2}{V_1}\right)\times100\%$
长(L)	宽(B)	$\left(\frac{L}{B}\right)$	纵采(V_1)	横采(V_2)	
1000	1000	1	1428.6	1408.1	98.6
1500	1000	1.5	2142.9	1408.1	65.7
2000	1000	2	2857.2	1408.1	49.3
2500	1000	2.5	3571.5	1408.1	39.4

表 3-4 兰尖铁矿纵向、横向采剥运输距离对比

采场	开采部位	纵向采剥				横向采剥			
		矿石		岩石		矿石		岩石	
		平均运距/m	%	平均运距/m	%	平均运距/m	%	平均运距/m	%
兰家火山	上	450	100	900	100	200	45	350	39
	中	290	100	1400	100	200	69	700	50
	下	300	100	500	100	200	66.7	200	40
尖包包	上	200	100	1200	100	150	75	500	42
	中	400	100	1050	100	200	50	650	62
	下	400	100	1050	100	200	50	650	62

表 3-5 兰尖铁矿纵向、横向采剥工作线长度对比

采场部位	采剥工作线长度/m		增加值(横向-纵向)/m	增比/%
	纵向采剥	横向采剥		
上	2280	2950	670	29.4
中	3700	5500	1800	48.7
下	4390	6300	1910	43.5

从表 3-3~表 3-5 中的数据可以看出，在合适的条件下，横向采剥法优于纵向采剥法。对于横向采剥法，其主要缺点是：

(1)采场作业台阶多，设备上下调动频繁，影响其生产能力。

(2)生产组织和管理复杂，容易因计划不周而造成采场的采剥失调等。

(3)在山坡地形的条件下，横向采剥的生产剥采比比纵向采剥时大(工作线从上盘向下盘推进)。

3. 横向采剥法的适用条件

(1)汽车运输的露天矿。因为汽车运输机动灵活，对工作线长度要求比较短，能适应各

种不同的矿体埋藏条件和品位的空间分布。

(2)长宽比较大的露天矿。

(3)有特殊要求的铁路运输矿山。

4. 工程实例

太钢袁家村铁矿位于山西省岚县梁家庄乡，距离岚县县城 20 km。矿区出露地层有上太古宙吕梁山群裴家庄组和袁家村组，古生界寒武系和奥陶系，新生界第三系和第四系。矿区分布在南北长 6 km，东西宽 0.4~1.5 km 的范围内，袁家村铁矿按照矿石成因、矿物组成和典型构造划分为石英型和闪石型，按照工业类型可划分为石英型原生矿、石英型氧化矿和闪石型原生矿、闪石型氧化矿。主要矿石类型为赤(镜)铁矿、磁铁矿及褐铁矿。境界内矿石储量 8.6 亿 t，矿石平均品位 TFe 31.31%。设计年采剥总量 8580 万 t/a，采出矿量 2200 万 t/a，铁精矿产量 741.84 万 t/a，TFe 65%以上，生产剥采比为 2.9 t/t。

露天采场内最高为簸箕山山头部位，最高标高为 1810 m。矿山采用自上而下逐层水平缓帮分层的开采方法。因为存在采空区和配矿的需要，矿山的主要设备分为大小两类：穿孔设备为直径 310 mm 的牙轮钻机(5 台)和直径 140 mm 的潜孔钻机(30 台)，挖掘设备为斗容 16.8 m^3 的电铲(2 台)和斗容为 2 m^3 的液压反铲(30 台)，运输车辆为载重 220 t 别拉斯电动轮汽车(6 台)和载重 60 t 的非公路矿用宽体车(200 余台)。

当山坡露天开采时，掘沟方式采用沿地形线开单壁路堑，充分利用地形条件，采用由北向南横向推进的采剥方法。该采剥方法一方面便于布置开采工作面，另一方面有利于多品级矿石综合回采，对保证矿山生产，稳定产品质量十分有利。当采场进入深凹露天开采后，分层岩量逐渐减少。为均衡剥采比及增加采矿工作面，掘沟方式选择在采场中部掘横向沟，然后分别向采场南北方向推进。露天采场阶段高度为 15 m，工作台阶坡面角为 70°，最终台阶坡面角为 65°。正常情况下露天采场有 6~7 个水平同时工作，最小工作平盘宽度为 50 m，16.8 m^3 的挖掘机最小工作线长度为 500 m。袁家村铁矿采剥综合平面图见图 3-4。

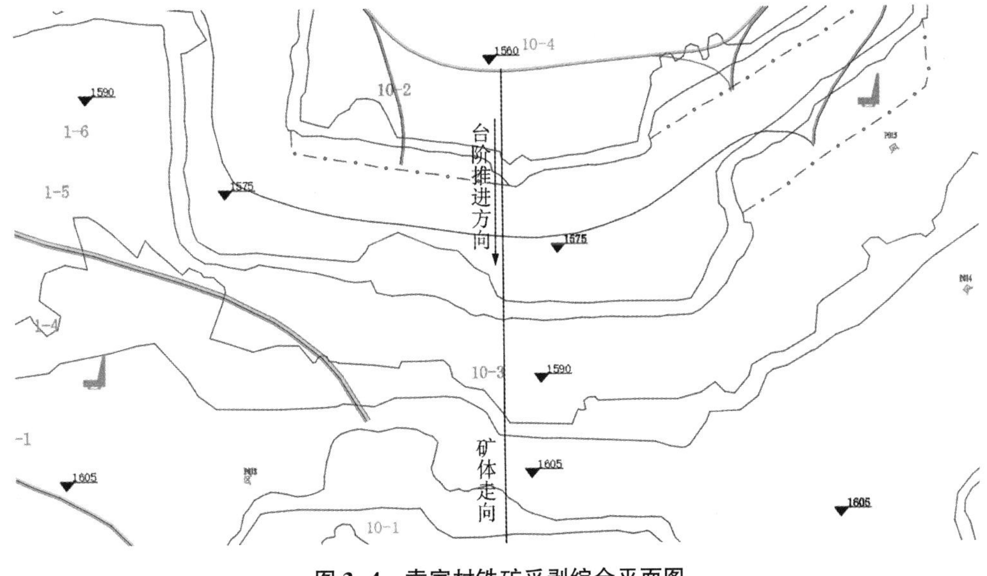

图 3-4　袁家村铁矿采剥综合平面图

3.1.3 扇形采剥法

扇形采剥法因其采剥工作面形状类似扇形而得名，工作线呈扇形布置时，其与矿体走向不存在固定相交关系，而是呈扇形向四周推进，如图 3-5 所示。这种布置方式灵活机动，充分利用了汽车运输的灵活性，可使开采工作面尽快到达矿体。

由图 3-5 可以看出，扇形工作面有围绕一点旋转而扩展的特点。其旋转中心有集中一点或分散多点两种情况。扇形采剥时，工作线每个点的推进速度是不同的，工作线的推进方向也是变化的，因而生产组织管理复杂，各个开采水平之间影响较大，新水平准备时间较长，且同时开采台阶数较少。

在不同采场的具体情况下，有时沟道线路与工作面线路可以直接连接，无须设置连接平台，因而可以减少运距，有利于提高露天开采的经济效益。在开采水平或缓倾斜矿体时，通过调整回转中枢的位置，可使露天矿的工作线长度基本保持不变，如图 3-6 所示。

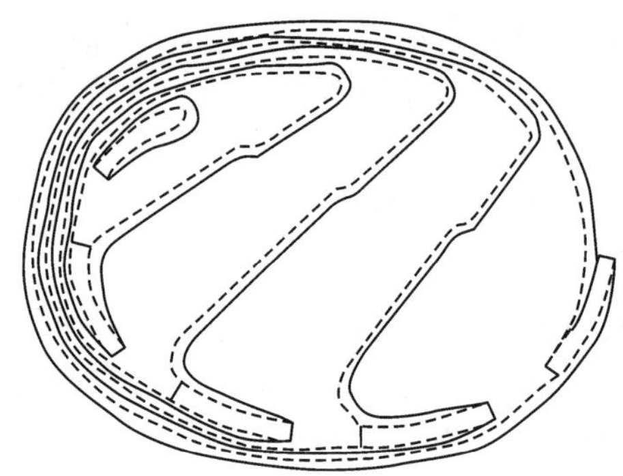

图 3-5 扇形采剥工作面布置示意图

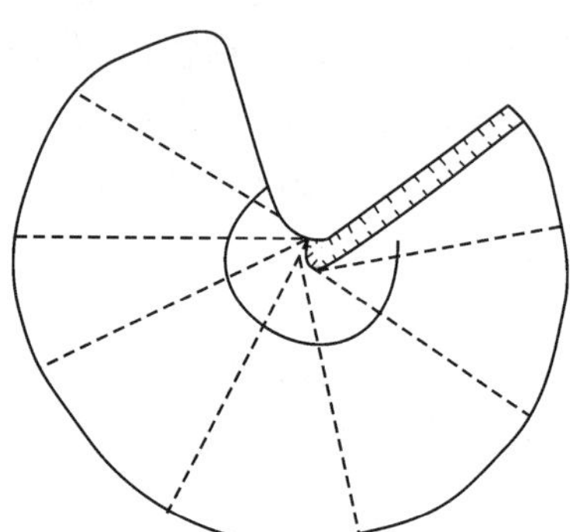

图 3-6 扇形采剥调整工作线长度

根据上述特点，扇形采剥法多用于：

(1) 矿岩比较松软的水平和缓倾斜矿体，特别是使用运输排土桥和胶带输送机的露天矿。

(2) 常用于开采不规则的矿床，但矿量分布较为集中。

(3) 用螺旋式坑线开拓的露天矿，常使用扇形采剥法。

中冶集团华冶资源开发有限责任公司租赁经营的巴基斯坦山达克露天铜金矿从 2009 年 7 月开始采用扇形工作线采剥法。优化完成后，经过一年的生产运行，节省了采场空间，使工作平盘变得宽阔、运输道路变得简单，各个生产环节衔接有序。与之前相比，2010—2012 年的生产能力分别提高了 59 万 t、68 万 t 和 109 万 t，取得了良好的经济效益。

3.1.4 环形采剥法

露天矿的剥岩帮和采矿帮的工作线都是环形布置，工作线由里向外发展。这时露天矿仍可分为剥岩区和采矿区，剥岩区的工作帮坡角大，采矿区的工作帮坡角小，剥岩和采矿都向同一个方向发展，即向露天矿的四周发展。

由于采剥工作面形状类似环形，所以将此类方法称为环形采剥法。环形采剥法多用于开采柱状、筒状和矿量较为集中的矿体。在圆形或椭圆形采场中，采剥工作面容易布置和发展成为环形工作面。环形工作面有从中心向周边逐步扩展的采剥特点。

采用这种工作线布置时，露天矿的备采矿量集中在坑底采矿区。在露天采场上部四周进行剥岩，在下部坑底采矿，上部工作帮坡角大，下部工作帮坡角小，上下同时作业，互不干扰。

1. 环形采剥法工作面主要参数

环形采剥时，采场工作线向四周扩展。当开采凹陷露天矿时(筒状矿体)，工作线自里向外扩展，如图 3-7(a)所示。当开采孤立山峰型露天矿时(柱状矿体)，工作线自外向里扩展，如图 3-7(b)所示。

采用环形采剥方法时，一般会先在矿体的中部挖掘一个圆形坑，其直径为 50~200 m，依据采掘运输设备的规格而定，然后向四周扩展。此时露天矿像一个截头圆锥沿矿体的倾斜方向下移，如图 3-8 所示，图中箭头表示延伸方向。可以看出，环形采剥时圆形工作线上各点的推进速度是不同的，依矿体倾角及推进方向而定，沿推进方向的工作线推进速度最大，逆推进方向的工作线推进速度最小。此时多采用移动坑线开拓，并且坑线多沿圆坑的周边布置。

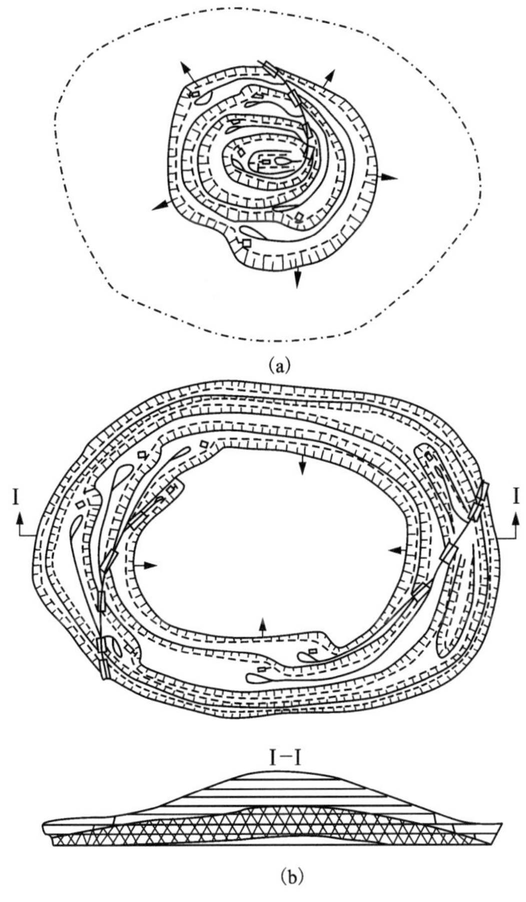

图 3-7　环形采剥方法布置示意图

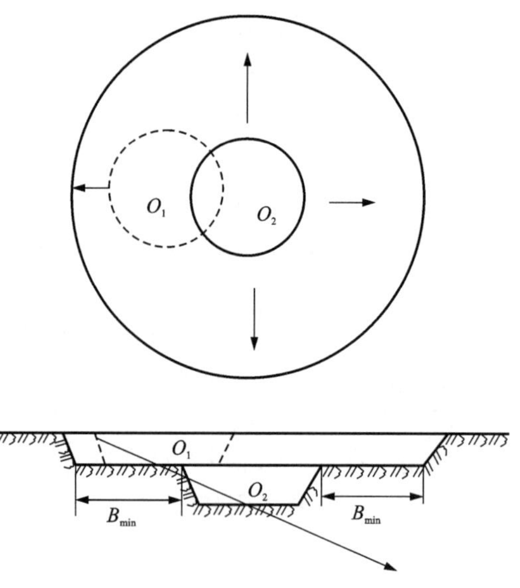

图 3-8 环形采剥方法的扩展图

2. 环形采剥法的主要优缺点

其主要优点是：

(1)基建工程量小，延伸速度快。当矿体的埋藏条件和开采技术参数相同时，纵向采剥、横向采剥及环形采剥方法的基建工程量见表 3-6。

表 3-6 三种采剥方法的基建工程量比较

采场尺寸/m			基建工程量/(万 m³)		
L(长)	B(宽)	L/B	纵向采剥	横向采剥	环形采剥
1000	1000	1	1408.6	1408.2	983.4
1500	1000	1.5	2142.9	1408.2	983.4
2000	1000	2	2857.2	1408.2	983.4
2500	1000	2.5	3571.5	1408.2	983.4

从表 3-6 可以看出，环形采剥基建工程量最小，横向采剥次之，纵向采剥最大。

(2)环形采剥法的使用比较灵活。环形采剥时，露天开采境界随时都可以从中央向四周扩大而不影响生产，若环形采剥法改为横向采剥法时，无须补做很多工程。

其主要缺点是：

线路的修筑和维护工程量大，这主要是由大量使用移动坑线所引起的。

3. 环形采剥法的适用条件

(1)矿体平面尺寸大致呈圆形的倾斜或急倾斜，例如斑岩铜矿型矿体，我国的富家坞铜矿就属于这个类型。

(2)环形采剥方法一般只用于汽车运输开拓的矿山。

国外很多露天铜金属矿都采用环形采剥方法，如宾汉姆、平托谷、双峰、碧玛等铜矿、西雅里塔铜钼矿以及山达克露天铜金矿。国内弓长岭铁矿独木采场、德兴铜矿也采用了这种采剥方法。

3.1.5　纵横向布置形式

纵横向布置形式是陡帮开采中使用最广泛的一种工作线布置形式，其实质是剥岩帮的工作线沿矿体走向布置，垂直于矿体走向推进；而采矿帮的工作线却垂直于矿体走向布置，沿矿体走向推进。图 3-9 是浏阳磷矿山田湾采场剥岩帮工作线的布置图，图 3-10 是采矿帮工作线布置图。

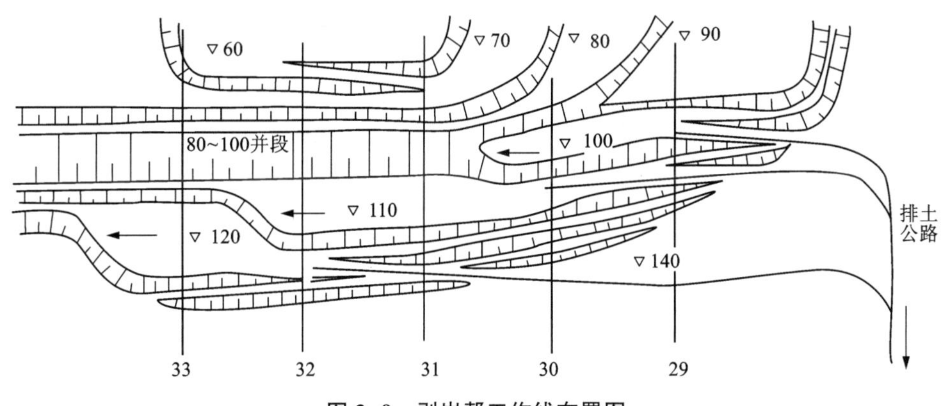

图 3-9　剥岩帮工作线布置图

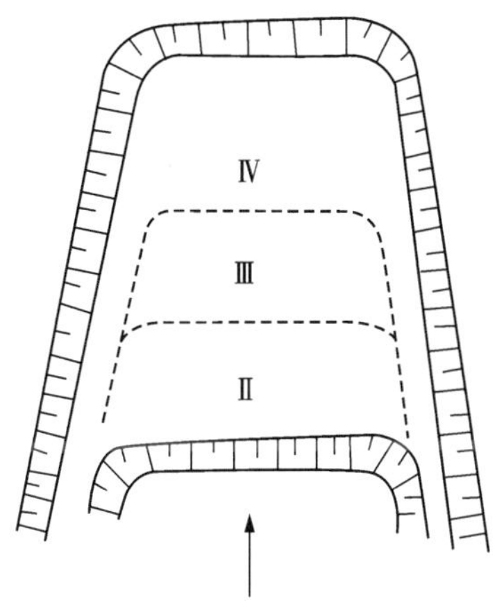

图 3-10　采矿帮工作线布置图

3.1.6　工作线混合布置形式

采矿帮工作线一般都采用单一的布置形式，而剥岩帮工作线有时采用单一的布置形式，有时采用多种方法混合的布置形式，如端帮是横向、顶帮和底帮是纵向的工作线布置形式。

攀枝花朱家包包铁矿的设计是另一种混合的布置形式。该矿的1315～1390 m水平铺设准轨铁路，它负担采场上部岩石的运输任务，故剥岩帮上部的工作线是纵向布置形式，而1300 m水平以下采用汽车运输，其工作线却是横向布置，台阶纵向推进，如图3-11所示。

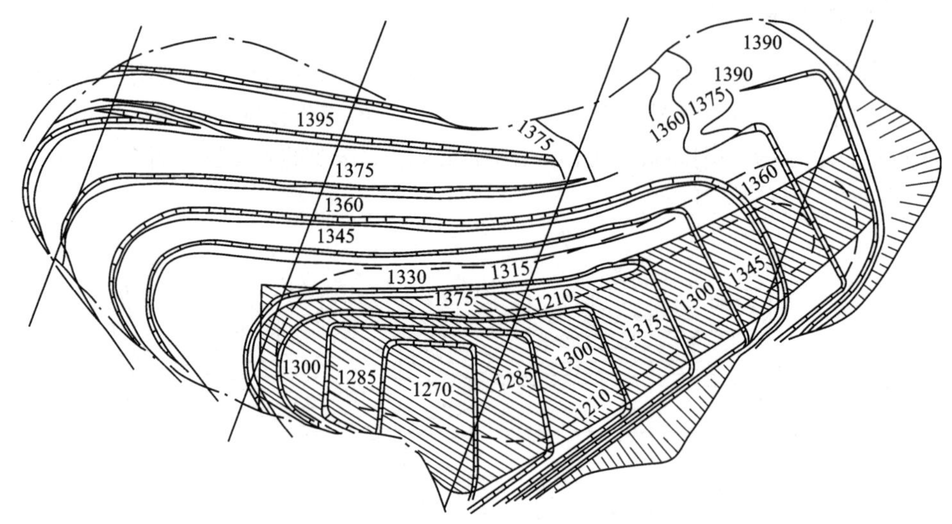

图3-11　朱家包包采场陡帮开采工作线布置示意图

3.2　露天采剥进度计划

3.2.1　首采地段和均衡生产剥采比

3.2.1.1　首采地段选择

编制采剥进度计划之前，要认真研究并确定合理的开采顺序，包括首采地段的选择和新水平准备方式以及确定矿山工程推进方向。其中首采地段的选择尤其重要。

下面以福建宁化行洛坑钨矿为例，说明首采地段的选择原则。

福建宁化行洛坑钨矿侵蚀基准面为676 m。基准面以上矿体被山谷自然分为南北两部分。南山地形较陡，矿石量少，剥离量大，但矿石品位高。北山地形较缓，矿石量较多，剥离量小，但矿石品位较低。设计考虑了南山、北山和中部3个首采地段方案。中部山谷方案虽然见矿早，但前期风化矿石较多，品位低，基建剥离量减少不显著，故放弃该首采方案。仅对南山、北山两个方案进行技术经济比较。

南山方案：首先开采南山矿体，再向北山扩展。优点是前期开采的矿石品位高，风化矿石可分期均衡采出；缺点是基建剥离量大。

北山方案：首先开采北山矿体，再向南山扩展。优点是基建剥离量小，风化矿石可分期采出；缺点是前期出矿品位低。

两方案均为陡帮开采，工作帮坡脚为21°～24°。方案比较结果见表3-7。

表 3-7　行洛坑钨矿首采地段方案比较

项目	南山方案		北山方案	
	基建	生产(第 1~6 年)	基建	生产(第 1~6 年)
基建剥离量/(万 m^3)	267		85	
其中：副产品/(万 t)	21		20	
年采剥总量/(万 $m^3 \cdot a^{-1}$)		118~120		74.0~88.0
采出矿石量/(万 $t \cdot a^{-1}$)		94~128		92~124
其中：送选场/(万 t)		82.5		82.5
堆存/(万 t)		11.5~45.5		9.5~41.5
采出矿石品位(WO_3)/%		0.245~0.277		0.195~0.228
生产剥采比/($m^3 \cdot m^{-3}$)		1.06~1.9		0.95~1.32
同时工作的挖掘机台数/台	3	3	2	2
投资偿还期/a		5		7

由表 3-7 比较结果可知，虽然北山方案的基建剥离量和生产剥采比均比南山方案小，但由于采出矿石品位低，投资偿还期长，因此设计选择南山方案作为首采地段。生产至第 7 年以后，由于南山剥离量下降，北山开始剥离。

3.2.1.2　均衡生产剥采比

在编制采剥进度计划前，应分析露天采场内各个开采时期的矿岩分布情况，结合开采顺序的选择，对生产剥采比进行均衡，尽量避免过早地出现剥离洪峰，力求各期间的生产剥采比稳定发展。

生产剥采比是露天矿生产过程中某一时段(或某一开采区域)内的岩石量与矿石量之比。常用的生产剥采比单位有 m^3(岩石)/m^3(矿石)、t(岩石)/t(矿石)、m^3(岩石)/t(矿石)。

为了与下面其他的生产剥采比相区别，这里将图 3-12 中的生产剥采比称为几何生产剥采比，记为 n_{sh}；将图 3-13 中的生产剥采比称为累积生产剥采比，记为 n_{sc}。几何生产剥采比一般是按工作帮进行计算的，采场下降一个台阶采出的岩石量与矿石量之比，在图 3-12 中，即 $n_{sh}=V_H/T_H$；累积生产剥采比是指从开采开始到某一深度(或时间)累积采出的岩石量与矿石量之比，在图 3-13 中，采场延深到深度 D 时的累积生产剥采比为 $n_{sc}=V_D/T_D$。

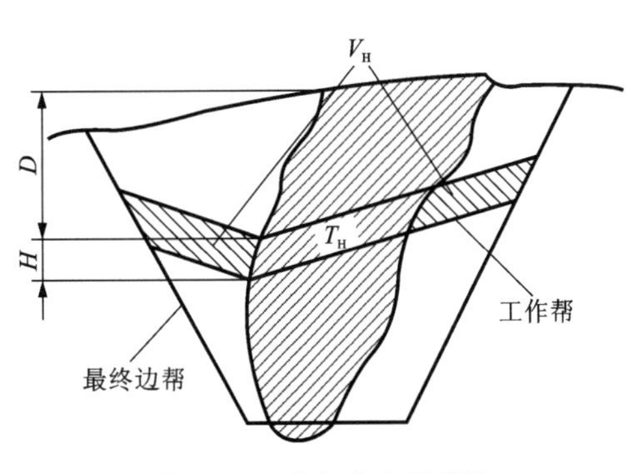

图 3-12　几何生产剥采比

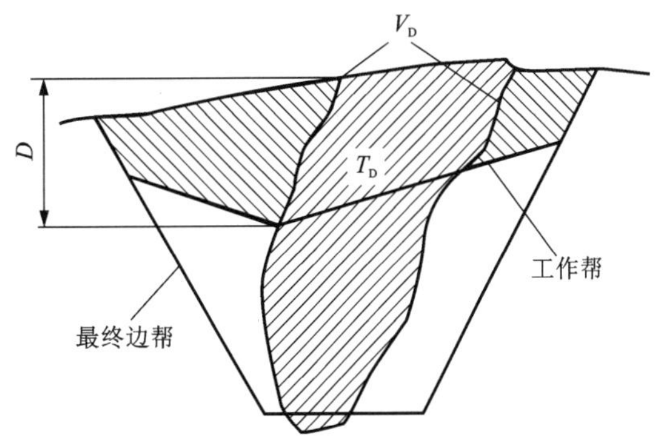

图 3-13　累积生产剥采比

在编制采剥计划时，往往需要考虑到剥采比的逐年变化情况，并采取措施(如改变台阶的推进方向、调整工作面的布置方式、调整工作平盘的宽度等)以尽量避免剥采比的大幅波动。因此，年生产剥采比是编制采掘进度计划时最常用的生产剥采比。顾名思义，年生产剥采比(n_{sy})是某一年内采出的岩石量(V_y)与矿石量(T_y)之比，即：$n_{sy}=V_y/T_y$。

1. 生产剥采比的调整和均衡

1)均衡生产剥采比的意义

露天矿的矿岩量不仅决定着露天矿的采剥设备及附属设备，还决定着矿山的基建投资。若矿石产量较稳定，而生产剥采比很大，且高峰期很短，则所需的采剥设备、运输设备、排土设备及其附属设备很多，投资大，高峰过后又要削减，这在经济上是不合理的。为此要调整生产剥采比，使其相对均衡，使露天矿的设备和附属设备也相对较均衡。

2)均衡生产剥采比的原则

(1)移交生产后要尽快达到设计产量，达产后第一期生产剥采比应尽量小，以减少初期的设备投资和矿石生产成本。

(2)大中型露天矿服务年限较长，可分期均衡生产剥采比，每期一般不应小于5年。小型露天矿服务年限较短，生产剥采比可作全期均衡。

(3)生产剥采比应由小到大逐渐增大，再由大到小逐渐减小。

(4)生产剥采比的变化幅度不宜过大，变化幅度应考虑到其他方面相应的变化，如工作面数、排土场建设、设备购置、辅助设备配备等。

(5)两个或两个以上采场同时生产的露天矿，应相互搭配，搞好综合平衡，使整体的生产稳步发展。

根据上述原则，得到最优的生产剥采比方案，即基建剥离量少，初期剥采比小的分期均衡方案。

3)均衡生产剥采比的方法

(1)采用矿岩变化 $P-V$ 曲线图均衡生产剥采比

在生产实践中，常常将矿山生产寿命分为几个均衡期，在每个均衡期内将生产剥采比均衡为常数。$P-V$ 曲线可用于均衡生产剥采比。$P-V$ 曲线是矿山开采过程中累计矿量与累计剥离量的关系曲线，如图 3-14 所示，$P-V$ 曲线上某点处的斜率即为开采至该点时的生产剥采比，$P-V$ 曲线斜率的变化反映了生产剥采比的变化。$P-V$ 曲线法均衡生产剥采比的一般步骤为：

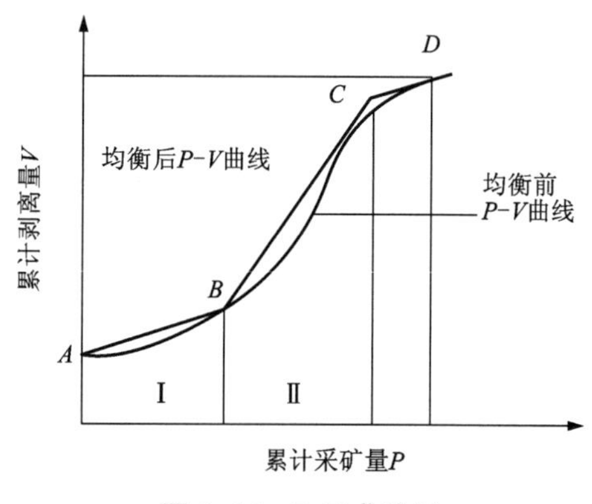

图 3-14 $P-V$ 曲线图

第一步：在矿山开采发展程序确定后，基于最大工作帮坡角(即工作平盘仅保持最小工作平盘宽度)计算出采场延深至各水平的采矿量与剥离量；

第二步：以累计矿石量为横坐标、累计剥离量为纵坐标，绘制 $P-V$ 曲线；

第三步：依据 $P-V$ 曲线变化趋势并综合考虑其他有关因素，或依据剥采比优化结果，确定其均衡期；

第四步：在 $P-V$ 曲线图上进行生产剥采比均衡。由于在生产实践中工作平盘宽度不能小于最小工作平盘宽度，实际的累计剥离量在任何时候都不能小于 $P-V$ 曲线上对应点的累计剥离量。所以，均衡后的 $P-V$ 曲线必然位于原 $P-V$ 曲线上方。图 3-14 中折线 $ABCD$ 是分三个均衡期的一个均衡方案，三个均衡期内的均衡生产剥采比分别为线段 AB、BC 和 CD 的斜率。往往需要比较若干个均衡方案才能得到满意的均衡结果。

利用 $P-V$ 曲线法进行生产剥采比的均衡，需要在各水平分层平面图上标出按最大工作帮坡角发展的推进线。计算采矿与剥离量时，绘图和计算很烦琐，所以，在实践中常以最大的相邻几个分层的平均剥采比作为均衡生产剥采比进行均衡。

(2) 参照最大几个相邻分层的平均剥采比进行均衡

金属露天矿山设计中常用此法均衡生产剥采比，其计算式如下：

$$n_{js} = \frac{\sum V}{\sum P} \tag{3-5}$$

式中：n_{js} 为均衡生产剥采比，m^3/m^3；$\sum V$ 为最大几个相邻分层剥离总量，m^3；$\sum P$ 为最大几个相邻分层采矿总量(分层数与工作水平数相同)，m^3。

式(3-5)是一个经验公式，简单实用。在工作帮坡角较小的情况下(小于 15°)，生产剥采比曲线很接近分层剥采比曲线，生产中剥离洪峰出现较早，最大几个相邻分层的平均剥采比比较接近前期的生产剥采比。因此，用此方法求出的均衡生产剥采比来指导安排露天矿山的进度计划是可行的。但如果工作帮坡角较大，生产中剥离洪峰出现较晚，用此方法计算求出的剥采比作为均衡生产剥采比对于前期的生产来说偏大，工作帮坡角越大，偏差越大。所以这一经验公式的使用是有约束条件的，即其适用于工作帮坡角较小的情况。

无论采用哪种方法来确定均衡生产剥采比，都是为编制采剥进度计划安排剥离量时提供依据和参考的。最终的生产剥采比要通过编制采剥进度计划加以验证和落实，换言之，在实际的生产过程中要通过安排采剥进度计划来具体均衡生产剥采比。

2. 生产准备矿量

对于露天矿而言，矿山的生产环节很多，各环节常会发生一些意外的事故，影响矿山的正常生产工作。为了保证矿山实现连续稳产，露天矿应具有相应的生产准备矿量(或称储备矿量)。生产准备矿量是指已完成一定的开拓准备工作，可以为近期生产提供的储量。生产准备矿量会随生产的进行不断减少，又会随开拓准备工程的进行而不断得到补充。为更好地理解生产准备矿量的意义及其作用，现引入开拓矿量和备采矿量的概念。

1) 开拓矿量

开拓矿量是工业储量的一部分，是按设计要求已全部完成或部分完成开拓工程的相应工业储量。而露天矿开拓工程是指已具备开拓下一水平的必要空间和运输与辅助工程，如凹陷露天矿已完成了出入沟，用斜坡提升开拓的矿山已完成提升机道的延深工程并形成了完整的运输系统。

2) 备采矿量

备采矿量是按照开采顺序，在矿体上部和侧面已揭露后，最小工作平盘以外的可采矿量，属于开拓矿量的一部分。

开拓矿量和备采矿量的划分如表 3-8 所示。

表 3-8 开拓矿量和备采矿量的划分

台阶开拓情况	图示
台阶开拓工程刚开始时，开拓矿量最多	B_{min}　B_{min}　B_{min}
正常扩帮生产时，开拓矿量逐渐减少	B_{min}
新台阶开拓工程将要完成时，开拓矿量最少	B_{min}　B_{min}
图例	开拓矿量　备采矿量　B_{min} —— 最小工作平盘宽度

由表 3-8 可知生产准备矿量在生产中是不断变动的。随着露天矿开拓工程的发展，每开拓一新水平，便会增添一批新的开拓矿量；随着剥离的进行，原有的开拓矿量不断转化为备采矿量；备采矿量又不断随采矿生产而消失。可见，生产准备矿量是随时间变化的，矿山生产期间总要保持一定的储量。

3. 生产准备矿量保有期的确定

为了保证矿山的持续稳产，露天矿会留有一定量的生产准备矿量。生产准备矿量可供露天矿按一定生产能力持续开采的时间(年数或月数)，称为生产准备矿量的保有期(或生产准备矿量保有时间)。生产准备矿量保有期过长，意味着过早进行了开拓和剥离工作，积压了生产资金，不利于资金周转；保有期过短，则起不到矿量储备的作用。

各矿山应根据其地形条件、矿体厚度、开拓方式等制定各矿的生产矿量标准并贯彻执行。例如同一个矿山(图 3-15)，若采用顶帮固定坑线开拓时，其开拓矿量较多，则其开拓矿量的保有期较长；而采用底帮固定坑线开拓时，其开拓矿量较少，则其开拓矿量的保有期较短。所以，上述两个方案可不必使用同一个开拓矿量保有期，各矿山可在其合理的工艺条件、空间状态下确定各自的储备矿量保有期。

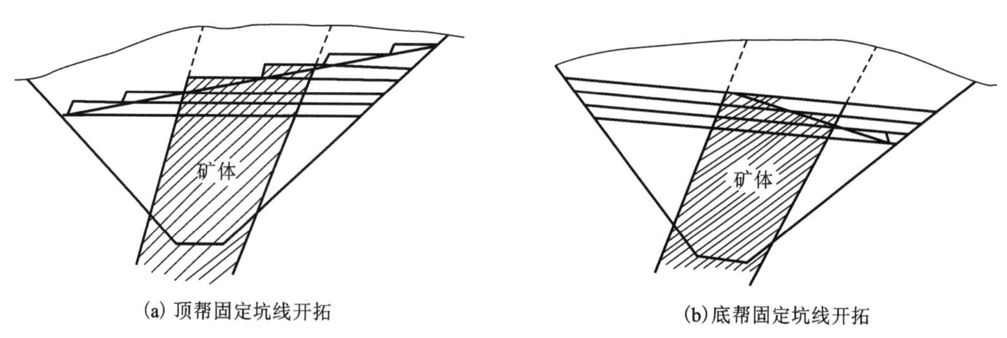

(a) 顶帮固定坑线开拓　(b)底帮固定坑线开拓

图 3-15 开拓矿量变化图

对于露天矿山，备采矿量保有期一般为 3~6 个月，而开拓矿量保有期则需根据各矿具体情况确定。矿量保有期的确定可参考表 3-9。

表 3-9　生产准备矿量保有期

工业部门	开拓矿量	备采矿量
黑色冶金矿山	2~3 年	1~3 个月
有色冶金矿山	1 年	6 个月
化工原料矿山	1 年	6 个月
建材矿山	1 年以上	6 个月以上

生产准备矿量(储备矿量)是衡量剥采关系的重要指标之一。它不仅有具体的数量，而且有空间的概念，它间接规定了采矿台阶之上剥离台阶的超前关系。但生产准备矿量只是说明了采矿台阶和紧挨它之上的剥离台阶之间的超前关系，再往上，工作帮上其他台阶之间的关系并没有说明。所以生产剥采比和生产准备矿量虽然都是表示剥采关系的重要指标，但要全面完整地表示剥离和采矿之间的时间关系和空间关系，只用这两个指标是不够的，还需要使用到采剥进度计划。

3.2.2　露天采剥进度计划编制

1. 露天采剥进度计划编制目标及分类

编制露天采剥进度计划的总目标是确定一个技术上可行且使矿床开采总体经济效益达到最大、贯穿于整个矿山开采寿命期的矿岩采剥顺序。从动态观点出发，所谓矿床开采的总体经济效益最大，就是使矿床开采中实现的总净现值(*NPV*)最大；所谓技术上可行，是指采剥进度计划必须满足一系列技术上的约束条件，主要包括：

(1)在每一个计划期内为选矿厂提供较为稳定的矿石量和入选品位；

(2)每一计划期的矿岩采剥量应与可利用的采剥设备生产能力相适应；

(3)各台阶水平推进必须满足正常生产要求的时空发展关系，即最小工作平盘宽度、安全平台宽度、工作台阶的超前关系、采场延深与台阶水平推进速度的关系等。

依据每一计划期的时间长度和计划总时间跨度，露天开采进度计划可分为长远计划、短期计划和日常作业计划。

长远计划的每一计划期一般为一年，计划总时间跨度为矿山整个开采寿命。长远计划是确定矿山基建规模、不同时期的设备、人力和物资需求、财务收支和设备添置与更新等的基本依据，也是对矿山项目进行可行性评价的重要资料。长远计划基本上确定了矿山的整体生产目标与开采顺序，并且为制订短期计划提供指导。没有长远计划的指导，短期计划就会没有“远见”，出现所谓的“短期行为”，造成采剥失调，损害矿山的总体经济效益。

短期计划的一个计划期一般为一个季度(或几个月)，其时间跨度一般为一年。短期计划除考虑前述的技术约束外，还必须考虑诸如设备位置与移动、短期配矿、运输通道等更为具体的约束条件。短期计划既是长远计划的实现，又是对长远计划的可行性的检验。有时，短期计划会与长远计划有一定程度的出入。例如，在做某年的季度采剥计划时，为满足每一季度选厂对矿石产量与品位的要求，四个季度的总采剥区域与长远计划中确定的同一年的采剥区域不能完全重合。为保证矿山长远生产目标的实现，短期计划与长远计划之间的偏差应尽可能小。若偏差较大，说明长远计划难以实现，应对之进行适当调整。

日常作业计划一般指月、周、日采剥计划，它是短期计划的具体实现，为矿山的日常生产提供具体作业指令。

我国矿山设计院为新矿山做的采剥进度计划属于长远计划。生产矿山编制的计划一般分为五年(或三年)计划、年计划、月计划、旬(周)计划和日(班)计划。

2. 编制露天长远采剥进度计划的原理

目前国内编制采剥进度计划仍以手工方法为主。虽然计算机在近几年开始被应用到这一工作中，但在方法上仍无根本改变，计算机只是辅助手工设计，所起的作用被一些工程师称为“计算器加求积仪”。

1)编制露天采剥进度计划所需的资料

手工法编制露天矿采剥进度计划所需的基础资料主要有：

(1)地形地质图。图上绘有矿区地形等高线和主要地貌、地质特征。对于扩建或改建矿山还需开采现状图。图纸比例一般为 1∶1000 或 1∶2000。

(2)地质分层平面图。图上绘有每一台阶水平的矿床地质界线(包括矿岩界线)和最终开采境界线、出入沟和开段沟位置。图纸比例一般为 1∶1000 或 1∶2000。

(3)分层矿岩量表。表中列出露天矿最终开采境界各分层的矿、岩种类和数量。

(4)开采要素。包括台阶高度、采掘带宽度、采区长度和最小工作平盘宽度及运输道路要素(宽度和坡度)等。

(5)露天开采程序(采剥方法)。包括台阶推进方式、采场延深方式、沟道几何要素。

(6)矿石回收率和矿石贫化率。

(7)挖掘机数量及其生产能力。

(8)矿山设计生产能力、逐年生产剥采比、储备矿量保有期和规定的投产标准。

2)露天采剥进度计划的内容和编制方法

编制采剥进度计划从基建第一年开始逐年进行，主要工作是确定各水平的年末工作线位置、各年的矿岩采剥量和相应的挖掘机配置。

露天矿采剥进度计划的内容及其编制方法分述如下：

(1)具有年末工作线位置的分层平面图

具有年末工作线位置的分层平面图如图 3-16 所示。分层平面图上有逐年的矿岩量、作业的挖掘机数量和台号、出入沟和开段沟的位置、矿岩分界面、开采境界以及年末工作线位置等。

绘制具有年末工作线位置的分层平面图，是为了确定各分层作为新水平投入生产的时间和各年末的工作线位置，可逐年逐水平依次进行。根据拟定的开采程序(采剥方法)、矿石生产能力及均衡生产剥采比、矿山基建开工时间和所配置挖掘机的实际年生产能力，从露天矿上部第一个水平分层平面图开始，对各开采分层的矿岩量进行划分，拟出各年的开采区域，便可画出该开采分层年末工作线的起始和终止位置。

在确定年末工作线位置时，应综合考虑采掘对象和作业方式对挖掘机效率的影响、矿山工程延深与扩帮的关系、矿石回收率、矿石贫化率及矿石产量与质量要求、最小工作平盘宽

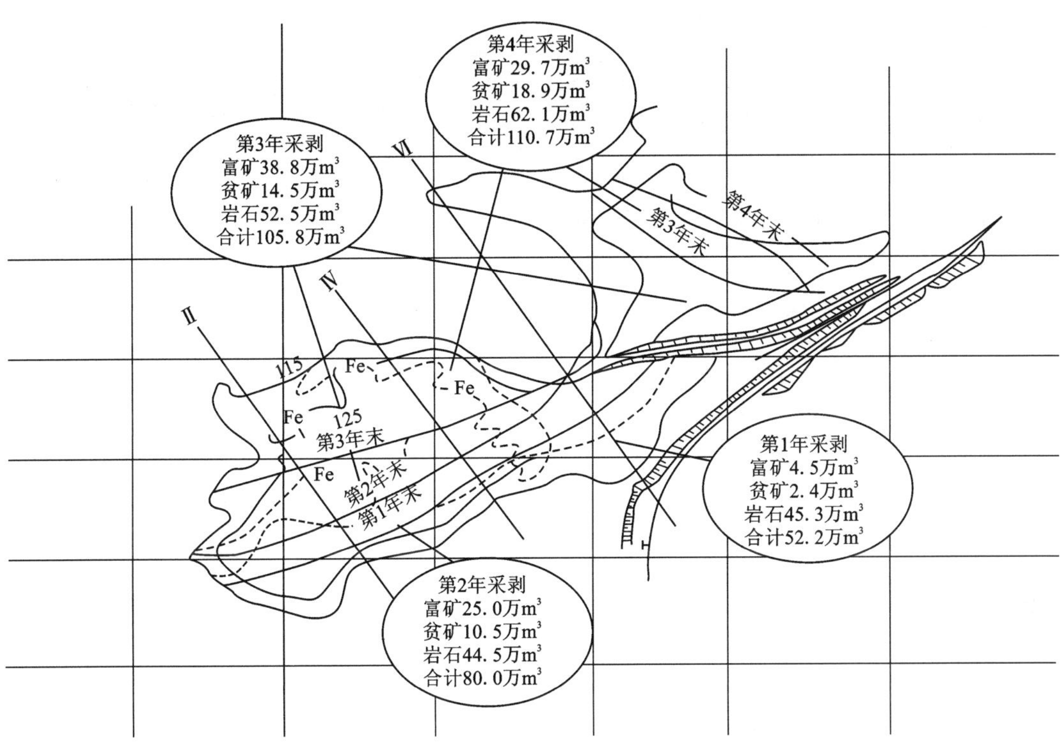

图 3-16　某露天矿+115 m 水平分层平面图

度及上下相邻水平的时空关系、储备矿量的大小、开拓运输线路通畅等因素。

可以看出，绘制具有年末工作线位置的分层平面图是一个试错过程，年末工作线的合理位置往往需要多次调整才能得以确定。借助计算机辅助设计软件，则可以加速这一过程。

(2)采剥进度计划表

采剥进度计划如表 3-10 所示。该表为二维表格，表体的行表示开采分层、表体的列表示开采年度。表中内容主要包括各开采分层的采掘工程量(出入沟、开段沟和扩帮工程量)、各开采年度的矿岩采剥量等。

采剥进度计划表应逐年编制，编到设计计算年以后 3~5 年，以后的产量以年或五年为单位粗略确定。在特殊情况下，如分期开采的矿山，则应编制整个生产时期。

所谓设计计算年是矿石已达到规定的生产能力和以均衡生产剥采比开始生产的年度，其采剥总量开始达到最大值。计算年的采剥总量是矿山设备、动力、材料消耗、人员编制和建设规模等计算的依据。

(3)露天采场年末综合平面图

露天采场年末开采综合平面图如图 3-17 所示，图上绘有采场各分层的工作台阶、出入沟和开段沟、挖掘机的位置及数量、地形、矿岩分界线、开采境界和铁路运输时的运输站线设置等。

表 3-10 高村采场采剥进度计划表(部分)

开采水平/m	2009年			2010年			2011年			2012年			2013年		
	表内矿	表外矿	岩 土	表内矿	表外矿	岩 土	表内矿	表外矿	岩 土	表内矿	表外矿	岩 土	表内矿	表外矿	岩 土
地表~+90															
+90~+78				9.91	26.84	88.44	17.44	26.74	79.55			135.80			130.76
+78~+66				18.21	6.42	240.27	13.08	8.89	145.99	19.46	7.22	138.81	7.85	23.50	174.43
+66~+54				44.07	21.69	193.84	25.97	9.37	206.30	19.89	16.35	185.30	21.57	10.56	131.39
+54~+42	18.89	17.84	57.06	22.68	58.26	182.76	40.45	45.63	163.59	32.42	20.43	194.23	22.78	22.11	194.09
+42~+30	0.62	10.34	146.83	56.83	33.94	180.54	45.78	22,57	195.14	85.13	13.30	147.78	38.86	18.10	181.94
+30~+18	10.06	2.03	247.71	56.89	43.98	141.61	77.58	31.71	161.10	90.92	24.24	126.46	83.00	31.12	128.32
+18~+6	19.07	38.00	197.58	98.22	72.39	85.81	90.96	42.50	111.34	95.12	34.83	87.35	109.55	26.71	77.96
+6~-6	23.51	18.25	216.88	67.26	62.41	36.73	89.63	63.88	86.99	85.82	32.46	59.64	87.96	44.46	50.14
-6~-18	89.15	70.57	176.34				30.18	17.64		44.99	77.42	74.63	49.44	102.43	30.97
-18~-30	168.00	78.99	70.83												
-30~-42	87.70	46.98	36.77												
-42~-54															
小 计	417.00	283.00	1150.00	374.07	325.93	1150.00	431.07	268.93	1150.00	473.75	226.25	1150.00	421.01	278.99	1100.00
原矿合计	700.00			700.00			700.00			700.00			700.00		
岩土合计	1150.00			1150.00			1150.00			1150.00			1100.00		
其中:生产剥离	1150.00			1150.00			1150.00			1150.00			1100.00		
基建剥离															
矿岩总量	1850.00			1850.00			1850.00			1850.00			1800.00		
生产剥采比	1.64			1.64			1.64			1.64			1.57		
汽车运量	1850.00			1850.00			1850.00			1850.00			1800.00		
电铲数量	6/4			6/4			6/4			6/4			6/4		
汽车数量	36			38			40			36			39		

注:1. 电铲数量分子为 4 m^3 电铲,分母为 10 m^3 电铲。2. 汽车数量均为 TR100 在籍车台数。3. 表中矿岩量单位均为万 t。

年末综合平面图可以反映该年末的采场现状。该图每年或隔年绘制一张，直到计算年。

采场年末综合平面图是以地质地形图和分层平面图为基础绘制而成的。在该图上先绘出采场以外的地形、开拓运输坑线、相关站场，然后将同年末各分层状态(平台或工作面位置、已揭露的矿岩界线、设备布置、运输线和会让站等)投影到图上。图中可以看出该年各分层的开采状况，各分层之间的相互超前关系。

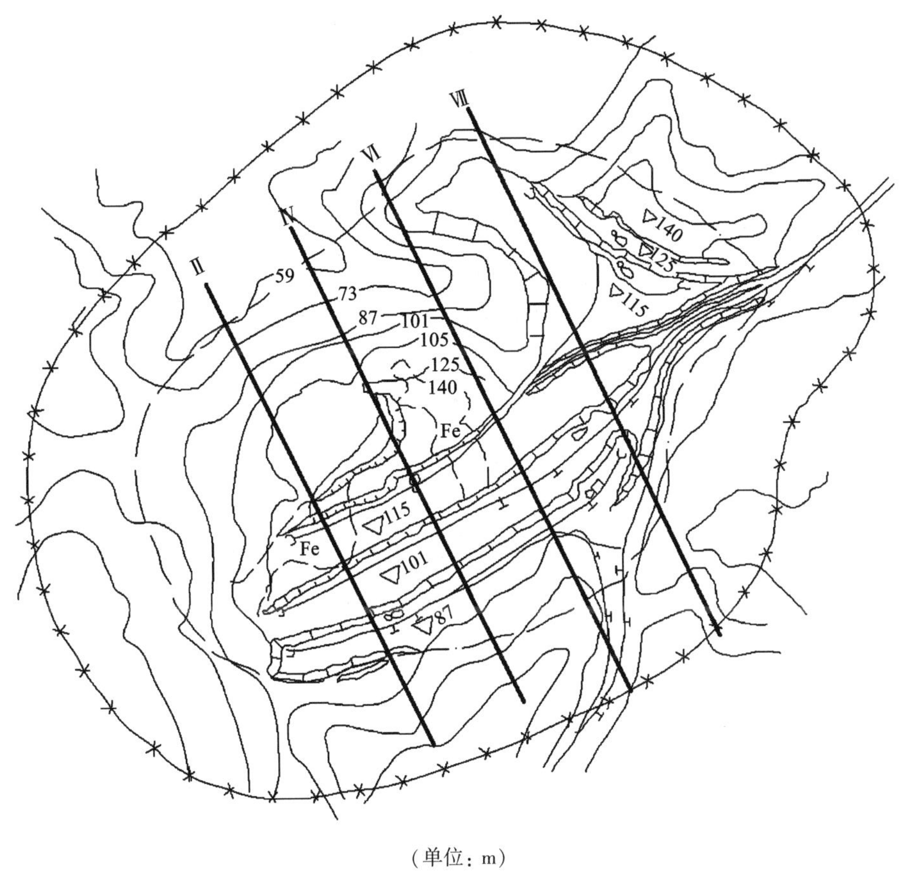

(单位：m)

图 3-17　某露天铁矿第 3 年末采场综合平面图

(4)逐年产量发展曲线和图表

高村采场逐年产量发展曲线如图 3-18 所示，图中绘有露天矿寿命期内每年矿石开采量、岩石剥离量和矿岩采剥总量三条曲线。逐年产量发展表如表 3-11 所示，表中填写露天矿寿命期内每年的矿石及其矿种开采量、岩石剥离量和矿岩采剥总量，以及采剥设备类型和数量。

逐年采剥发展曲线和逐年产量发展表是将采剥进度计划表中相关的矿岩量整理之后分别绘制和填写的。逐年产量发展曲线是绘在横坐标表示开采年度、纵坐标表示采剥量的坐标系内，逐年产量发展表是以行表示开采矿岩类别，列表示开采年度。

采剥进度计划只编制到设计计算年以后 3~5 年，后续历年产量可按各水平矿石量比例及剥采比推算。

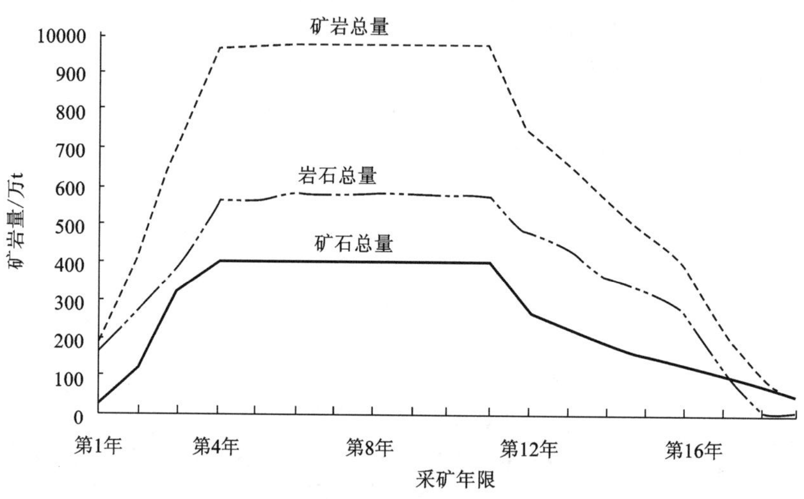

图 3-18 高村采场逐年产量发展曲线

表 3-11 高村采场逐年产量发展表

项目	开采年度									
	1	2	3	4	5	6	7	8	9	10
表内矿/(万 t)	78.3	99.4	118.8	265.1	417.0	374.1	431.1	473.8	421.0	477.2
表外矿/(万 t)	52.1	80.6	91.2	167.9	283.0	325.9	268.9	226.3	279.0	222.8
矿石合计/(万 t)	130.5	180.0	210.1	433.0	700	700	700	700	700	700
岩土合计/(万 t)	1030.3	1220.0	1240.0	1117.1	1150.0	1150.0	1150.0	1150.0	1100.0	1000.0
矿岩合计/(万 t)	1160.8	1400.0	1450.1	1550.1	1850.0	1850.0	1850.0	1850.0	1800.0	1700.0
剥采比/$(t \cdot t^{-1})$	3.68	3.17	3.05	1.43	1.64	1.64	1.64	1.64	1.57	1.43
电铲数/台	7/1	5/3	6/3	6/3	6/4	6/4	6/4	6/4	6/4	6/4

项目	开采年度									合计
	11	12	13	14	15	16	17	18	19	
表内矿/(万 t)	453.1	448.4	482.7	461.8	474.1	470.3	458.0	516.2	544.8	7465.2
表外矿/(万 t)	246.9	251.6	217.3	238.2	225.9	229.7	242.0	183.8	55.2	3888.3
矿石合计/(万 t)	700	700	700	700	700	700	700	700	600	11353.6
岩土合计/(万 t)	900	900	750	550	450	300	270	200	170	15797.4
矿岩合计/(万 t)	1600	1600	1450	1250	1150	1000	970	900	770	27151
剥采比/$(t \cdot t^{-1})$	1.29	1.29	1.07	0.79	0.64	0.43	0.39	0.28	0.28	1.39
电铲数/台	5/4	5/4	4/4	3/4	3/3	3/3	3/3	3/3	3/2	

(5)文字说明

露天矿采剥进度计划的编制需对编制原则、编制依据和编制要求等相关事项作必要的文字说明。

3)工程实例

马钢集团南山矿业有限责任公司高村采场为气成-高温热液型贫磁铁矿矿床，1974 年经安徽省地质局批准的地质储量为 34614.33 万 t，TFe 平均品位为 20.48%，其中表内矿有 21872.59 万 t，TFe 平均品位为 22.38%，表外矿有 12741.74 万 t，TFe 平均品位为 17.22%。

矿山采用露天开采，设计规模为年采矿石 700 万 t，采剥总量 1850 万 t，开拓运输采用汽车-铁路联合运输方式，采场内采用汽车运输，矿石经地表转载站转入电机车运往选矿厂。根据高村采场 700 万 t/a 建设工程的进度安排，矿山的基建剥离从 2005 年开始，矿山 2008 年投产，矿山投产年采出矿石量 433 万 t，达到设计规模的 62%，开拓矿量的保有期为 3 年，备采矿量的保有期为 3 个月。矿山于 2009 年达到设计的生产规模，矿石产量为 700 万 t/a，岩石量为 1150 万 t/a，生产剥采比为 1.64 t/t。

2009—2016 年为矿山采剥总量的均衡期，采剥总量为 1600 万~1850 万 t/a。高村采场采剥进度计划见表 3-10，逐年产量发展图、表分别见图 3-18、表 3-11，分层矿岩量见表 3-12。

表 3-12　高村采场境界内的分层矿岩量表

标高/m	以 Fe^{2+} 矿物为主的矿石		以 Fe^{3+} 矿物为主的矿石		矿石小计		岩石量/(万 t)	矿岩总量/(万 t)
	质量/(万 t)	品位/%	质量/(万 t)	品位/%	质量/(万 t)	品位/%		
+90							5.49	5.49
+78							22.51	22.51
+66							60.46	60.46
+54			0.17	15.59	0.17	15.59	300.7	300.87
+42	18.89	20.97	17.84	15.95	36.73	18.53	985.63	1022.36
+30	50.18	21.26	74.65	17.14	124.83	18.79	1554.41	1679.24
+18	123.35	21.64	135.27	17.26	258.62	19.35	1914.07	2172.69
+6	232.08	21.71	212.84	17.18	444.92	19.54	1904.38	2349.30
-6	410.74	21.49	347.51	17.06	758.25	19.46	1826.40	2584.65
-18	561.16	21.45	289.15	17.03	850.31	19.95	1541.18	2391.49
-30	639.71	21.64	272.38	16.95	912.09	20.24	1324.86	2236.95
-42	689.78	21.86	319.47	16.99	1009.25	20.31	1070.98	2080.23
-54	712.40	21.90	333.93	16.99	1046.33	20.33	852.84	1899.17
-66	717.35	22.02	355.06	16.99	1072.41	20.35	682.43	1754.84
-78	733.50	22.25	374.83	16.97	1108.33	20.46	525.96	1634.29
-90	720.36	22.33	317.51	16.89	1037.87	20.69	405.94	1443.81

续表3-12

标高/m	以 Fe^{2+} 矿物为主的矿石		以 Fe^{3+} 矿物为主的矿石		矿石小计		岩石量/(万 t)	矿岩总量/(万 t)
	质量/(万 t)	品位/%	质量/(万 t)	品位/%	质量/(万 t)	品位/%		
-102	671.83	22.33	281.54	16.79	953.37	20.69	340.04	1293.41
-114	610.24	22.35	241.56	16.75	851.80	20.76	299.70	1151.50
-126	524.26	22.42	180.26	16.83	704.52	20.99	207.12	911.64
-138	477.80	22.51	98.48	16.91	576.28	21.55	123.72	700.00
-150	421.73	22.56	72.69	17.07	494.42	21.75	71.75	566.17
-162	302.37	22.69	4.68	16.04	307.05	22.59	29.02	336.07
-174	207.06	22.68	6.90	15.65	213.96	22.45	26.74	240.70
-186	126.53	22.70	0.96	17.28	127.49	22.66	3.12	130.61
合计	8951.32	22.10	3937.68	16.96	12889	20.53	16079.45	28968.45

3. 国外编制采剥进度计划的方法

国外露天矿采剥进度计划的编制可以全部在计算机上完成，计算机不仅是工作平台和设计手段，而且使一些生产计划优化方法得到了应用。

发达国家的露天矿大部分采用分期开采，编制长远采剥计划主要是在分期开采境界内确定每个分期的台阶开采顺序(包括分期间的过渡)。

除露天开采境界设计所需的基础资料外，编制采剥进度计划还需下述基础资料：

1)开采境界等高线文件

即以闭合多边形形式存储的开采境界等高线文件，每一台阶平面的境界形态用位于台阶中线水平的一组多边形描述。

2)开采境界离散模型文件

该模型与地表地形离散模型相似，是二维块状模型，用于记录最终境界在 $X-Y$ 平面上每一模块中心处的标高。

3)已知数据与约束条件文件

文件中存有编制采剥计划需要考虑的所有约束条件和用到的所有数据，如最大采选能力、入选品位允许变化范围、最小工作平盘宽度、台阶要素、道路要素、价格、成本等。

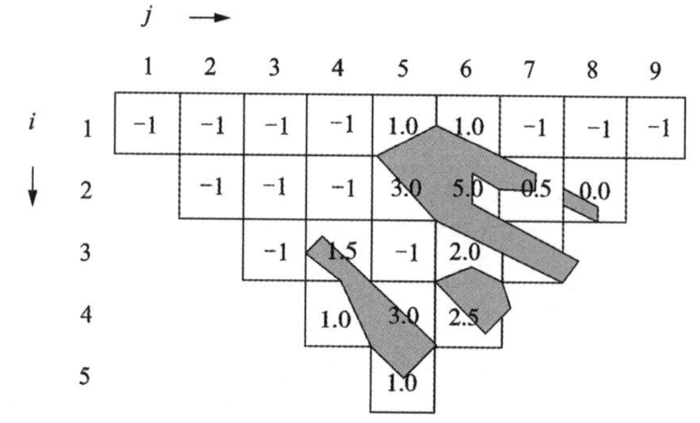

图 3-19 矿床露天分期开采境界横剖面

设有虚拟的矿床块体模型横剖面如图 3-19 所示，利用分期开采境界的数值分析方法确定露天分期开采境界序列 $\{C_7, C_3, C_2\}$，矿床拟分 3 期开采。最终境界划分为 16 个开采分层，由块体净值换算的经济合理剥采比为 7 m^3/m^3，每个块体的矿岩量为 16 Mt，按泰勒公式

(1-32)的计算结果拟定矿石生产能力为 3.0 Mt/a。下面以此为例来说明编制采剥进度计划的一般步骤。

第 1 步：矿岩量计算。依据块体矿岩量和分期开采境界在各分层的境界线，计算每一分层在各开采分期境界内的矿岩量，开采境界分期分层矿岩量。

第 2 步：绘制已开拓矿量曲线与累计矿岩量曲线。为简单起见，设定下述开采程序：

(1)矿山投产后，按设计矿石生产能力 3.0 Mt/a 持续生产；

(2)各分期境界内的矿量需在开拓完毕(即本分期覆盖岩层全部剥离)后，方可开采(开拓完毕的各分期境界内的矿量称为已开拓矿量)；

(3)各分期境界内的矿石依次开采，即一个分期的矿石采完后可开采下一个分期的矿石。

由上述开采程序可见：

(1)每个开采分期可分为剥离和回采两个阶段。剥离时段仅剥离覆盖岩层，回采时段既要开采已开拓矿量又要剥离围岩。从表 3-13 可以看出，A、B 和 C 三个开采分期的覆盖岩层分别为 02、04 和 09 分层及其以上的岩石量，即分别为 32 Mt、32 Mt 和 72 Mt。

表 3-13　开采境界分期分层矿岩量表　　单位：Mt

分层	A 分期		B 分期		C 分期		全境界		
	岩石	矿石	岩石	矿石	岩石	矿石	岩石	矿石	矿岩
01	16.0		8.0		8.0		32.0		32.0
02	16.0		8.0		8.0		32.0		32.0
03	14.0	2.0	8.0		8.0		30.0	2.0	32.0
04	10.0	6.0	8.0		8.0		26.0	6.0	32.0
05	0.5	7.5	7.0	1.0	8.0		15.5	8.5	24.0
06	2.5	5.5	6.0	2.0	8.0		16.5	7.5	24.0
07	4.5	3.5	7.0	1.0	8.0		19.5	4.5	24.0
08	4.5	3.5	7.0	1.0	8.0		19.5	4.5	24.0
09			4.0	4.0	8.0		12.0	4.0	16.0
10			4.0	4.0	7.0	1.0	11.0	5.0	16.0
11			5.0	3.0	6.0	2.0	11.0	5.0	16.0
12			5.0	3.0	6.0	2.0	11.0	5.0	8.0
13					4.0	4.0	4.0	4.0	8.0
14					4.0	4.0	4.0	4.0	8.0
15					5.0	3.0	5.0	3.0	8.0
16					4.5	3.5	4.5	3.5	8.0
合计	68.0	28.0	77.0	19.0	108.5	19.5	253.5	66.5	320.0
剥采比	$n_z=2.43$		$n_z=4.05$		$n_z=5.56$		$n_z=3.81$		

(2)每个开采分期的剥离时段与上一个开采分期的回采时段并行，A 开采分期的剥离时段为基建期。

(3)每个开采分期的回采时段长度等于本开采分期矿石量与矿石生产能力的商。因此，A、B 和 C 三个开采分期回采时段长度分别为 9.33 a、6.33 a 和 6.5 a，矿山服务年限为三者之和 22.16 a。本例基建期为 3 a，矿山寿命期为 25.16 a。

综上所述，绘制的已开拓矿量曲线和累计矿岩量曲线分别如图 3-20 和图 3-21 所示(在图 3-20 中，每个开采分期剥离覆盖岩层为瞬时完成)。

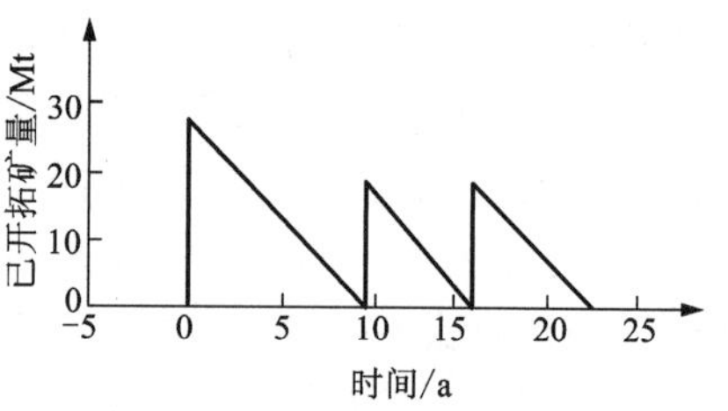

图 3-20 已开拓矿量曲线

第 3 步：试拟一个剥岩方案。最简单的剥岩方案是，在满足图 3-21 所示的最小累计剥岩量要求的前提下，每期年剥离岩石量相等。这样一个剥岩方案可用位于最小累计剥岩量曲线上方的一条折线表示，如图 3-21 中的计划累计剥岩量曲线所示。

根据这一剥岩方案，第一分期的 32 Mt 覆盖岩层在投产前 1 年(-1 年)被剥除，即第 1 分期的矿石被提前 1 年开拓出来。此后各分期的矿石均应提前一定时间开拓出来，提前的时间长度如图 3-21 中水平箭头所示。

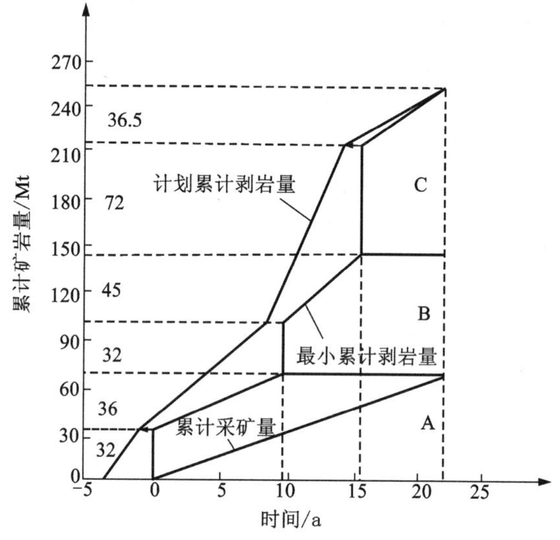

图 3-21 计划累计剥岩量曲线

在实际生产中，有时会遇到矿量不足(即模型的估计矿量大于实际矿量)、意外事故及生产组织欠佳等不可预见情况，可能造成矿石生产满足不了需求，甚至出现停产状况。为保证矿石供应，在剥岩方案中适当提前剥离是必要的。但提前剥离意味着资金的提前投入，会降低矿山项目的经济效益，故提前剥离的时间不宜太长。

第 4 步：绘制采剥进度计划年末工作线位置。依据试拟剥岩方案中每年的剥岩量与采矿量，在分层平面图上确定满足剥岩方案采剥量的开采区域，绘出年末工作线位置。在这一过程中，需要考虑台阶超前关系、运输道路布置等约束条件。有时由于某些条件的制约，某年(或某几年)的矿石产量难以在图纸上实现，需要对试拟剥岩方案进行适当调整。因此，年末工作线位置的绘制过程是对上一步试拟剥岩方案的检验与实现。

第 5 步：采剥进度计划优化。通过上述步骤得到的仅仅是一个可行的采剥进度计划。为找到较好的采剥进度计划，需要拟定多个剥岩方案(如在不同时期采用不同的剥岩速度、不同的超前时间等)，进行经济比较后从中选出最佳者。由于拟定的剥岩方案数有限，很难包容最优方案，因此需要借助数学算法对采剥进度计划进行优化。

3.2.3 采剥进度计划计算机优化原理及方法

采剥进度计划一般是针对预定的矿石年生产能力和生产剥采比，确定每年年末工作帮的推进位置。然而，矿石、矿岩生产能力和推进位置对矿山的经济效益均有重要影响，都是需要优化的参数。因此，本节中"采剥进度计划优化"指对这些参数的同时优化，回答的问题是每年开采多少矿石最好、剥离多少岩石最好、采剥什么区段最好，而"最好"的标准是总净现值最大。本节介绍能够达到这一优化目的的动态排序法优化原理和模型，该方法的基础数据是三维栅格地质品位模型，模型中每一模块的矿物品位是已知的。

1. 优化定理

确定了最终开采境界后，露天开采就是从现状地表地形开始，按工作帮坡角逐年推进和延深，最后到达开采境界的过程。因此，采剥进度计划优化的本质可以归结为在最终开采境界内确定每年年末工作帮应该推进到的位置，使总净现值最大，因为一旦确定了每年年末工作帮的最佳位置，每年剥离的岩石量、开采的矿石量、所采剥的区段也就随之而定。

对于给定的最终开采境界，在境界内每年都有多个位置、形状、大小不同的区段可供开采，使工作帮推进到不同的位置，形成不同的年末采场形态，问题是采哪个区段最好。以第一年为例，假如考察该年可能的采剥总量为 200 万 t、250 万 t 和 300 万 t。对于 200 万 t 的采剥量，在该境界内接近地表处有无数个区段具有 200 万 t 的采剥量，那么，究竟开采哪个区段呢？既然考虑 200 万 t 的采剥量，即使不进行经济核算，也自然会想到，最好是开采所有采剥量为 200 万 t 的区段中含有用矿物量最大者。对 250 万 t 和 300 万 t 也是如此，以后各年也类似。因此，优化的基本思想是首先对于一系列的采剥量，找出对每一采剥量而言含有用矿物量最大的区段作为候选开采区段，然后对这些候选开采区段进行动态经济评价，确定每年开采的最佳区段。

在最终境界内，如果一个采剥量为 P、工作帮坡角为 φ 的开采区段，所含有的有用矿物量是所有采剥量和工作帮坡角相同的区段中的最大者，该区段称为对应于 P 和 φ 的地质最优开采体，用 P^* 表示。

如图 3-22 所示，假设在最终境界 V 内以一定的采剥量增量找出 5 个地质最优开采体，前 4 个记为 P_1^* 到 P_4^*，最后一个就是最终境界 V。在最终境界内做采剥进度计划时，这些地质最优开采体就是每年考虑推进到的不同候选位置。例如：第一年可能推进到 P_1^* 或 P_2^*，如果选择了 P_1^*，第二年推进的候选位置可能是 P_2^* 或 P_3^*；如果第一年选择了 P_2^*，第二年推进的候选位置可能是 P_3^* 或 P_4^*；当然，无论几年采完，最后一年只能推进到最终境界 V。

这样，在一个最终境界内制订采剥进度计划，就转换为一个"确定每一年推进到哪个地质最优开采体"的问题。由于开采过程是采场逐年扩大的过程，所以，作为采剥进度计划候选推进位置的地质最优开采体必须是"嵌套"关系，即小的开采体被嵌套在大的开采体里面。

那么，以境界中的地质最优开采体序列作为采剥进度计划的候选推进位置，是否就能保证不遗漏总净现值最大的计划方案呢？以下定理给出了肯定的答案。

假设 1：对所开采的矿产品来说，市场具有完全竞争性，即一个矿山生产的矿产品数量不会影响矿产品的市场价格。

假设 2：在矿床范围内，采剥位置对现金流的影响相对于采剥量对现金流的影响而言很微小，可忽略不计。

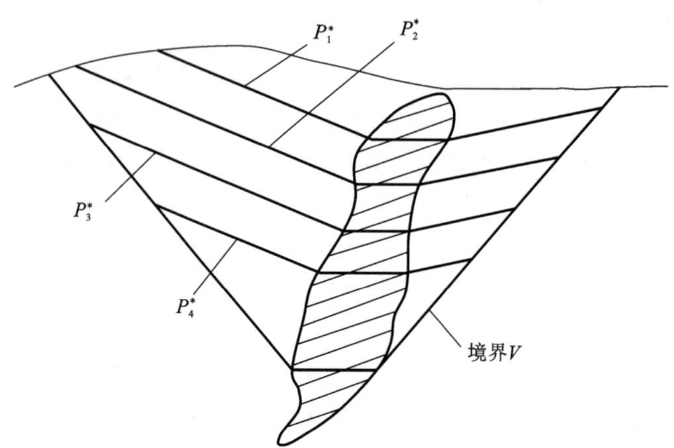

图 3-22 最终境界及其内的地质最优开采体序列示意图

假设 3：所开采的矿产品市场是相对稳定市场，真实价格上升率(除去通货膨胀上升率)不高于可比价格条件下的最小可接受的投资收益率，后者是净现值计算中的折现率。

定理 3.1 令$\{P^*\}_N$为开采境界 V 内的地质最优开采体序列，序列中的开采体数为 N，P_1^* 为最小开采体，P_N^* 为最大开采体(即开采境界 V)。如果相邻开采体之间的矿岩量增量足够小，且$\{P^*\}_N$是完全嵌套序列，那么在满足假设 1、2 和 3 的条件下，在境界 V 内使总净现值最大的最优采剥进度计划必然是$\{P^*\}_N$的一个子序列。(证明略)

"完全嵌套序列"是指序列中的每个开采体都被比它大的开采体完全包含。

$\{P^*\}_N$的"子序列"是指这样一个序列$\{P^*\}_M$，$\{P^*\}_M$中的每一个开采体 P_i^*($i=1$，2，…，M)都存在于母序列$\{P^*\}_N$中，显然，$M \leqslant N$。

上述说明，一个境界内每年的最佳推进位置必然是该境界内的地质最优开采体序列中的某一个。

2. 地质最优开采体序列的产生

依据以上优化思路和定理，采剥进度计划的优化首先需要在最终境界内产生一系列嵌套的地质最优开采体。产生多少个开采体、相邻开采体之间的矿岩量的增量多大，可以根据境界内的矿石储量、废石量和要求的分辨率预先确定。例如，对于某个矿山，所设计的境界内有 3000 万 t 矿石和 6000 万 t 废石，矿岩总量为 9000 万 t，平均剥采比为 2。根据对各种条件的分析，要考虑的年矿岩生产能力最小不低于 400 万 t、最大不超过 1000 万 t，二者之间以 50 万 t 为增量就可满足生产能力的分辨率要求。那么，需要产生的地质最优开采体序列中，最小开采体的矿岩量为 400 万 t、最大开采体为境界本身(即 9000 万 t)，相邻两个开采体之间的矿岩量增量为 50 万 t，共需产生 172 个开采体(不计境界本身)。

产生地质最优开采体序列的基本思路是从境界 V(即最大开采体 P_N^*)开始，从境界所包含的模块中剔除总量等于设定的矿岩量增量且平均品位最低的模块集，就得到序列中倒数第二个地质最优开采体 P_{N-1}^*。由于剔除的是品位最低(含矿物量最少)的部分，得到的 P_{N-1}^* 中肯定是在所有相同大小的开采体中含矿物量最大者，即它是一个地质最优开采体。然后从新得到的开采体 P_{N-1}^* 中剔除总量等于设定的矿岩量增量且平均品位最低的模块集，就得到开采

体 P_{N-2}^*。依此类推，直到境界中剩余的矿岩量小于或等于设定的最小开采体 P_1^* 的采剥量。

在剔除过程中必须保持开采体的帮坡角不大于给定的最大工作帮坡角。因此，不能按单个模块来考察剔除对象，必须考查以最大工作帮坡角为倾角的锥面与水平面共同组成的锥体。以二维模型为例，假设开采境界如图 3-23 所示，模块为长方形，其高度等于台阶高度，共有 21 个模块列。设最大允许工作帮坡角为 φ，若要剔除某一模块，就必须把顶点位于该模块中心的锥体(如虚线所示)内的所有模块也剔除，否则就会形成陡于工作帮坡角的工作帮。

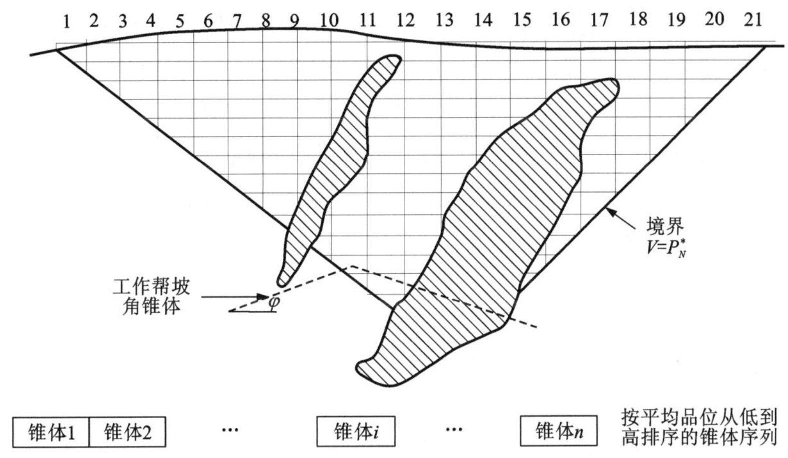

图 3-23　产生地质最优开采体的动锥删除过程示意图

参照图 3-23，生成地质最优开采体序列的算法如下：

第 1 步：构造一个锥面与水平面夹角为 φ 的锥体。

第 2 步：确定要考虑的最小和最大年采剥总量及其增量(步长)，年采剥总量的增量即为相邻开采体之间的矿岩增量，简称“开采体增量”。

第 3 步：当前开采体为最终境界，即 $P_N^*=V$。

第 4 步：取当前开采体范围内的第 1 模块列，即 $i=1$。

第 5 步：考虑当前模块列 i 在当前开采体内最底层的模块。

第 6 步：把锥体顶点置于该模块的中心，找出落入锥体内的所有模块，计算锥体的平均品位和矿岩量。如果锥体的矿岩总量不大于开采体增量，把锥体按平均品位置于锥体序列中，转入下一步；否则，转入第 8 步。

第 7 步：沿着同一模块列上移一个模块，如果该模块仍然在地表以下，重复第 6 步；否则，转入下一步。

第 8 步：如果当前模块列不是当前开采体范围内的最后一列，取下一个模块列，即令：$i=i+1$，回到第 5 步；否则，转入下一步。

第 9 步：至此，得到了 n 个按平均品位从低到高排序的锥体序列。从序列中找出前 m($m\leqslant n$)个锥体的“联合体”，联合体中不包括任何重复模块，联合体的矿岩总量约等于开采体增量。

第 10 步：把联合体中的模块从当前开采体中删除，就得到了一个新的开采体。以这一新开采体为当前开采体，如果其矿岩总量大于最小年采剥总量，回到第 4 步，产生下一个更小的开采体；否则，结束。

在算法中，由于从当前开采体中删除的是平均品位最低(含矿物量最少)的联合体，所以剩余部分是具有相同矿岩量的开采体中含矿物量最多的开采体，即地质最优开采体。又由于每一个新的(更小的)开采体是从当前开采体中去除一部分得到，所以上述循环产生的开采体序列一定是完全嵌套序列。

上述算法的核心是找出平均品位最低的、矿岩总量约等于开采体增量的锥体联合体。一个实际矿山的境界范围内可能有上万个模块列，如果把每个锥体都保存在锥体序列中，所需计算机内存会很大。事实上，并不需要把每一个锥体都保存在锥体序列中，只保存足够的平均品位最低的锥体就可以了。假设开采体增量是 50 万 t，一个模块的质量为 2 万 t。在每个锥体只包含一个其他锥体未包含的模块的极端情况下，只需要 25 个平均品位最低的锥体就可以形成一个总量为 50 万 t 的联合体。如果考虑有的锥体被另一个锥体完全包含的情形，适当扩大这一数字即可。这样，一般 PC 机的内存量就可以满足需要。当然，随着计算机技术的发展，这一问题将不复存在。

3. 采剥进度计划优化方法和地质最优开采体的动态排序

得到了一个地质最优开采体序列作为候选推进位置后，依据上述优化定理，采剥进度计划的优化问题就变成了一个在地质最优开采体序列$\{P^*\}_N$中寻求最优子序列$\{P^*\}_M(M\leqslant N)$的问题。

在地质最优开采体序列$\{P^*\}_N$中寻求最优子序列$\{P^*\}_M$，就是为采剥进度计划的每一年 $i(i=1, 2, \cdots, M)$ 找到一个最佳的地质最优开采体作为该年末形成的采场形态，以使总净现值最大。找到了这样一个最优子序列，子序列中的开采体个数 M 即为矿山的最佳开采寿命，子序列中的第 $i(i=1, 2, \cdots, M)$ 个开采体就是第 i 年末的最佳采场推进位置和形态(即开采顺序)，第 i 个和第 i-1 个开采体之间的矿岩量即为第 i 年的最佳采剥量(即生产能力)。

为叙述方便，假设对一个二维小境界求得一个地质最优开采体序列$\{P^*\}_N$，如图 3-22 所示，$\{P^*\}_N$ 包含 5 个技术最优开采体(即 $N=5$)：P_1^*、P_2^*、P_3^*、P_4^* 和 V，第 1 个 P_1^* 为最小开采体，第 5 个为最大开采体(即 P_5^*=境界 V)。

为了在$\{P^*\}_5$中寻求最优子序列$\{P^*\}_M(M\leqslant 5)$，把 5 个地质最优开采体置于图 3-24 所示的动态排序网络中。

图 3-24 的横轴表示阶段(a)，竖轴表示每个阶段可能的采场状态，即地质最优开采体；每个开采体为一个圆圈，圆圈的相对大小代表开采体的相对大小。第 1 年的两个开采体表示：第 1 年年末可能开采到 P_1^* 也可能开采到 P_2^*。第 2 年的三个开采体表示：到第 2 年年末可能开采到 P_2^*，也可能开采到 P_3^* 或 P_4^*。第 2 年年末可能到达哪几个开采体，取决于第 1 年年末到达的开采体：如果第 1 年年末开采到 P_1^*，第 2 年年末可能到达 P_2^*、P_3^* 或 P_4^*；如果第 1 年年末开采到 P_2^*，第 2 年年末可能到达的开采体为 P_3^* 或 P_4^*，不可能到达 P_2^*，因为这样意味着第 2 年什么也没采。其他各年也一样。

图 3-24 中每一条箭线表示相邻两年间一个可能的采场状态转移(即上面所说的“到达”)。由于采场是逐年扩大的，所以采场状态只能从某一年的一个开采体转移到下一年更大的一个开采体。这就是为什么每年的最小开采体(最下面的那个)随着时间的推移而增大，状态转移箭线都指向右上方。

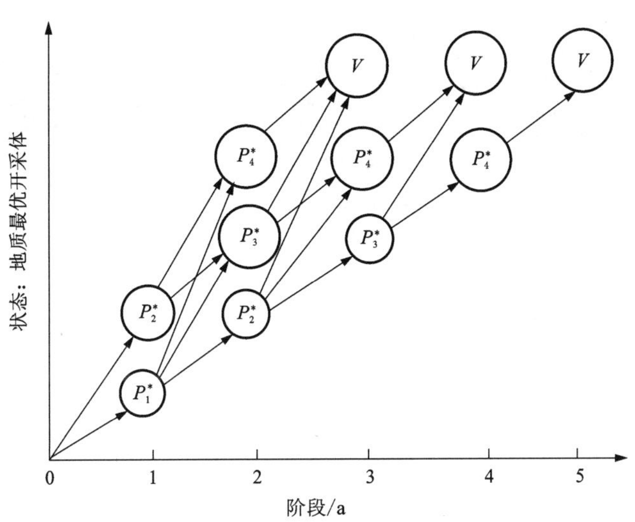

图 3-24　采剥进度计划优化的动态排序网络图

图 3-24 中的每一条从 0 开始沿着一定的箭线到达最终境界 V 的路径，都是一个可能的采剥进度计划方案，该路径上的开采体组成$\{P^*\}_5$的一个子序列。例如，图中箭线所示的路径 $0 \to P_2^* \to P_3^* \to P_4^* \to V$ 上的开采体组成的子序列为$\{P^*\}_4=\{P_2^*, P_3^*, P_4^*, V\}$。假设序列$\{P^*\}_5$中每个开采体 P_i^* 含有的矿石量为 Q_i^*，废石量为 $W_i^*(i=1, 2, \cdots, 5)$，其中 Q_5^* 和 W_5^* 是最终境界 V 含有的矿石量和废石量。那么，路径 $0 \to P_2^* \to P_3^* \to P_4^* \to V$ 或子序列$\{P_2^*, P_3^*, P_4^*, V\}$所代表的采剥进度计划方案是：

(1)开采寿命：4 年；

(2)每年推进到的位置：第 1、2、3、4 年末采场依次推进到位置 P_2^*、P_3^*、P_4^*、V(如图 3-22 所示)，第 4 年末的采场即为最终境界；

(3)各年采、剥量：第 1 年的采矿量为 Q_2^*、剥岩量为 W_2^*，第 2 年的采矿量为 $Q_3^*-Q_2^*$、剥岩量为 $W_3^*-W_2^*$，第 3 年的采矿量为 $Q_4^*-Q_3^*$，剥岩量为 $W_4^*-W_3^*$，最后一年的采矿量为 $Q_5^*-Q_4^*$，剥岩量为 $W_5^*-W_4^*$。

这样的一个采剥进度计划方案同时给出了矿床开采寿命、各年推进位置和每年的采剥量三大要素，并没有把某个要素作为优化其他要素的前提。总净现值最大的那条路径(即最优开采体子序列)就给出了最佳采剥进度计划方案。因此，这一动态排序优化法实现了采剥进度计划的“整体优化”。

以下介绍求解最优子序列的一般动态排序模型。

令$\{P^*\}_N$为境界 V 中的地质最优开采体序列，其中最大的开采体$\{P^*\}_N=V$。据前所述，把$\{P^*\}_N$置于如图 3-25 所示的一般动态排序网络中。图中每一年的开采体都是从最小开采体一直到最大开采体(境界 V)。显然，前几年就采到最终境界是不合理的，这些不合理的方案在经济评价中会自动被排除。在图中包括不合理的方案是为了不失一般性。

图 3-25 中的任意一条路径，记为 L，是从 0 点到某年 n 的最高位置开采体(即境界 V)的一个开采体子序列。路径 L 的时间跨度为 0 到 n 年($n \leqslant N$)，令 i_t 表示该路径上第 t 年的开采

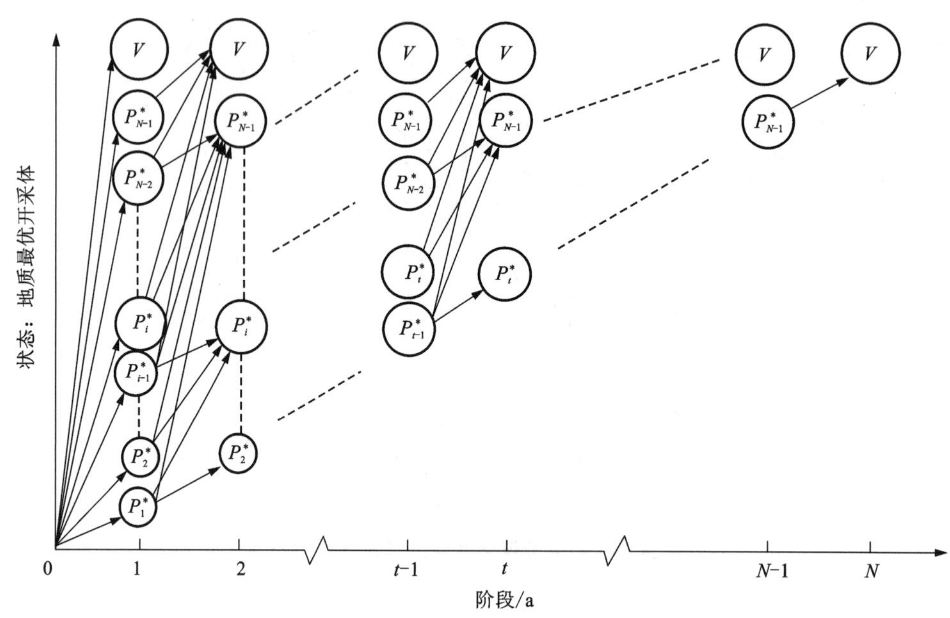

图 3-25 地质最优开采体动态排序一般模型

体在序列$\{P^*\}_N$中的序号($t \leqslant i_t \leqslant N$, $t=1, 2, \cdots, n$; $i_n=N$)，也就是说，该路径上第 1 年的开采体为$P^*_{i_1}$，第 2 年的开采体为$P^*_{i_2}$，⋯，最后一年 n 的开采体为$P^*_{i_n}$($P^*_{i_n}=P^*_N$ 境界 V)。

假设所研究的矿山为金属矿，最终产品为精矿。为叙述方便，定义以下符号：

$Q^*_i=\{P^*\}_N$ 中第 i 个开采体 P^*_i 含有的矿石量，$i=1, 2, \cdots, N$；

$G^*_i=\{P^*\}_N$ 中第 i 个开采体 P^*_i 含有的矿石的平均地质品位，$i=1, 2, \cdots, N$；

$W^*_i=\{P^*\}_N$ 中第 i 个开采体 P^*_i 含有的废石量，$i=1, 2, \cdots, N$；

Q_t=某一路径 L 上第 t 年开采的矿石量，$t=1, 2, \cdots, n$；

W_t=某一路径 L 上第 t 年剥离的废石量，$t=1, 2, \cdots, n$；

T_t=某一路径 L 上第 t 年的采剥量，$t=1, 2, \cdots, n$；

$c_m(t, T)$=单位采矿成本，可以是时间 t 和生产能力 T 的函数，也可以是常数；

$c_w(t, T)$=单位剥岩成本，可以是时间 t 和生产能力 T 的函数，也可以是常数；

$c_p(t, u)$=单位选矿成本，可以是时间 t 和年入选原矿量 u 的函数，也可以是常数；

$I(T)$=基建期各年投资折现到 0 点的现值；

P_t=某一路径 L 上第 t 年实现的净利润(净现金流)，$t=1, 2, \cdots, n$；

NPV_L=从 0 点沿某一条路径 L 到达路径终点(n 年)实现的总净现值；

d=折现率；

η=回采率；

ε=选矿回收率；

g_p=精矿品位；

p_t=第 t 年的精矿售价，可以是时间的函数，也可以是常数。

设基建投资的现值是路径 L 上最大年采剥量的函数，即基建投资的现值=$I(T_{\max})$，在时间 0 点($t=0$)的边界条件为：$Q_0^*=0$，$W_0^*=0$，$NPV_0=-I(T_{max})$。

在第 t 年，路径 L 上的开采体为 $P_{i_1}^*$，其中的矿石量为 $Q_{i_1}^*$、废石量为 $W_{i_1}^*$；在前一年($t-1$)，路径 L 上的开采体为 $P_{i_t-1}^*$，其中的矿石量为 $Q_{i_t-1}^*$、废石量为 $W_{i_t-1}^*$。那么，路径 L 上第 t 年开采的矿石量为：

$$Q_t = Q_{i_t}^* - Q_{i_t-1}^* \tag{3-6}$$

矿石量 q_t 的平均地质品位为：

$$g_T = \frac{Q_{i_t}^* G_{i_t}^* - Q_{i_{t-1}}^* G_{i_{t-1}}^*}{Q_{i_t}^* - Q_{i_{t-1}}^*} \tag{3-7}$$

剥离的废石量为：

$$w_t = W_{i_t}^* - W_{i_{t-1}}^* \tag{3-8}$$

采剥量为：

$$T_t = Q_t + W_t \tag{3-9}$$

路径 L 上最大年采剥量为：

$$T_{max} = \max_{t \in n}\{Q_t + W_t\} \tag{3-10}$$

选矿厂的入选原矿量为：

$$u_t = Q_t \eta \tag{3-11}$$

路径 L 上第 t 年实现的利润为：

$$P_t = \frac{Q_t \bar{g}_t \eta \varepsilon}{g_p} P_t - [Q_t c_m(t, T_t) + W_t c_w(t, T_t) + u_t c_p(t, u_t)] \tag{3-12}$$

从 0 点沿路径 L 到达路径的终点(n 年)实现的总净现值为：

$$NPV_L = \sum_{t=1}^{n}\left[\frac{P_t}{(1+d)^t}\right] - IT_{max} \tag{3-13}$$

应用上述公式，对从 0 点到某年的最高位置开采体(即境界 V)的全部路径计算其总 NPV，最大的那条路径上的开采体组成了$\{P^*\}_N$ 中的最佳开采体子序列。这样就得到了最优采剥进度计划，包括每年最佳的推进位置、最佳的采矿量和剥岩量、最佳矿山开采寿命。

在上述模型中可以加入预设约束条件，如最小和最大年矿石开采量、最大生产剥采比等。在计算过程中，如果一个路径 L 上某一年的矿石开采量或生产剥采比超出了预设范围，该路径被视为不可行方案，不予考虑。

这一算法是“穷尽搜索法”，如果设置的年采矿量和剥岩量的范围比较窄，单位采矿成本、剥岩成本、选矿成本和基建投资在设置的范围内可以认为不随生产能力变化，这样就满足了动态规划的“无后效应”条件，可以用动态规划算法求解。动态规划算法比穷尽搜索法节省大量的计算时间。

参考文献

[1] 王运敏. 现代采矿手册[M]. 北京：冶金工业出版社，2012.
[2] 高永涛，吴顺川. 露天采矿学[M]. 长沙：中南大学出版社，2010.
[3] 范晓明，任凤玉，肖冬，等. 大孤山铁矿露天转地下过渡期开采境界细部优化[J]. 金属矿山，2018(8)：19-22.
[4] 王青，任凤玉. 采矿学[M]. 2 版. 北京：冶金工业出版社，2011.
[5] 袁康. 山达克露天铜金矿中深部开采稳产技术探讨与应用[J]. 冶金经济与管理，2011(4)：25-30.
[6]《采矿手册》编辑委员会. 采矿手册 3[M]. 北京：冶金工业出版社，1991.

第 4 章

露天矿穿孔爆破

露天矿穿孔爆破一般用于台阶开采，故也称之为台阶炮孔爆破。它是用钻机钻凿垂直或倾斜炮孔进而装填炸药来实施爆破作业。与其他爆破工程类似，露天矿爆破是利用炮孔内炸药爆炸所释放出来的能量使矿石(或岩石)发生破坏，以便于岩石的挖掘装运。

露天矿穿孔爆破的炮孔深度一般在 5~18 m，由于其机械化水平高，施工速度快、效率高、成本低、安全性好，除露天矿山外，该技术也广泛应用于铁路和公路路堑工程、水电工程及基坑开挖等大规模岩石开挖工程。

4.1 露天矿穿孔

穿孔作业是露天矿山爆破工程的第一个工序。穿孔精度及成孔质量对爆破破碎效果和爆破安全及后续的矿岩装运作业效率与成本都具有重要影响。

4.1.1 穿孔方法及其分类

穿孔方法取决于使用的钻机。目前在露天矿爆破工程中使用的穿孔设备主要有潜孔钻机和牙轮钻机，牙轮钻机应用最为广泛，潜孔钻机次之。

根据穿孔直径和穿孔深度可将露天矿爆破的穿孔方法分为中深孔穿孔和深孔穿孔两种。通常孔径为 50~70 mm、孔深为 5~15 m 的为中深孔；孔径不小于 80 mm、孔深大于 12 m 的为深孔。

按炮孔角度则可将露天矿爆破的穿孔方法分为垂直孔和倾斜孔两类。一般的台阶炮孔爆破多采用垂直孔，其他则采用较小炮孔直径的倾斜孔。与倾斜孔相比，垂直孔穿孔作业效率高，成孔质量易于控制，但随着台阶坡面倾斜角度的增大，前排孔底部抵抗线随之增大，不利于前排孔台阶底部岩石的破碎。

4.1.2 钻机类型及其选择

目前国内外大型露天矿绝大部分使用牙轮钻机，中小型露天矿的钻机则呈多样化，有牙轮钻机、潜孔钻机(高风压)和全液压凿岩钻车等，在软岩中还使用旋转钻机。发展最快的应属牙轮钻机和全液压凿岩钻车。随着采矿技术的发展，露天矿山穿孔设备正朝着设备大型化、自动控制、全液压以及智能化方向发展。

1. 牙轮钻机的特点

目前国内外露天矿山大多采用牙轮钻机。依据牙轮钻机回转和推压方式的不同，目前的牙轮钻机可分为三种类型，即底部回转连续加压式钻机、底部回转间断加压式钻机、顶部回转连续加压式钻机。目前，国内外绝大多数牙轮钻机采用顶部回转连续加压方式。

按传动方式的不同，牙轮钻机又可分为以下两种基本类型：①滑架式封闭链-链条式牙轮钻机，如国产 HZY-250、KY-250c、KY-310 型钻机。②液压马达-封闭链-齿条式牙轮钻机，如美国 B-E 公司生产的 45R、60R、61R 钻机，美国加登纳-丹佛公司生产的 GD-120 和 GD-130 型钻机。

按钻机大小，牙轮钻机可分为轻型牙轮钻机、中型牙轮钻机、重型牙轮钻机。

牙轮钻机是目前国内外露天矿山应用最为广泛的穿孔设备，其优点主要有：

(1)与钢绳冲击钻机相比，穿孔效率高 3~5 倍，穿孔成本低 10%~30%。

(2)在坚硬以下岩石中钻直径大于 150 mm 的炮孔，牙轮钻机优于潜孔钻机，穿孔效率高 2~3 倍，每米炮孔穿孔费用低 15%。

牙轮钻机的缺点如下：

(1)钻压高，钻机重，设备购置费用高。

(2)在极坚硬岩石中穿孔或炮孔直径小于 150 mm 时成本比潜孔钻机高。钻头使用寿命较短，每米炮孔凿岩成本比潜孔钻高。

钻机的选择必须与岩石性质相适应(表 4-1)。

表 4-1 钻机选择

炮孔直径/mm	岩石硬度		
	中硬	坚硬	极硬
120~150	ZX-150, KY-150	KY-150	—
150~170	PowerROC D55	PowerROC D55	PowerROC D55
170~270	KY-250, YZ-35 45 R	YZ-35, 45 R, KY-250	YZ-35
270~310	60-R(Ⅲ), YZ-55	60-R(Ⅲ), KY-310, YZ-55	60-R(Ⅲ), KY-310, YZ-55
310~380	YZ-55, 60-R(Ⅲ)	YZ-55, 60-R(Ⅲ)	YZ-55, 60-R(Ⅲ)

此外，钻机的台班生产能力与台年综合生产效率须与矿山生产能力和爆破规模相匹配。

钻机的台班生产能力即每台钻机每一班钻进的米数，可按下式计算：

$$V_b = 0.6 \nu T_b \eta_b \tag{4-1}$$

式中：V_b 为钻机台班生产能力，m/(台·班)，表 4-2 为 2005 年国内冶金矿山牙轮钻机的实际台班生产能力；ν 为钻机机械钻进速度，cm/min；T_b 为班工作时间，h；η_b 为班工作时间利用系数，一般情况下 η_b=0.4~0.5。

表 4-2　国内若干冶金矿山牙轮钻机的实际台班生产能力　　单位：m·(台·班)$^{-1}$

钻机型号	KY-250	YZ-55	45R	HYC-250C	60R	YZ-35
大石河铁矿	25.0			33.3		
水厂铁矿		45.0	80.0			
北京首铁铁矿				25.0		
棒磨山铁矿	20.0					
庙沟铁矿	15.0					
南芬铁矿		43.0	32.0		42.8	20.0
大孤山铁矿		35.0	30.0			35.0
东鞍山铁矿						54.0
眼前山铁矿			35.0			35.0
弓长岭露天矿						38.5
齐大山铁矿		37.5	28.6			
攀钢矿业公司						30.0

钻机的机械钻进速度是钻机的重要技术性能指标，它与钻机的性能、钻头的形式、穿孔直径、穿凿矿岩的硬度等诸多因素有关，可按以下经验公式近似计算：

$$v = 3.75\frac{P_n}{9.8x103Df} \tag{4-2}$$

式中：P_n 为轴压，N；n 为钻具的转速，r/min；D 为钻头的直径，cm；f 为矿岩的硬度系数。

2. 钻机的台年综合效率

钻机的台年综合效率是钻机台班工作效率与钻机年工作时间利用率的函数。影响钻机工作时间利用率的主要因素有两个：一是组织管理不科学，二是钻机本身故障。

表 4-3 为部分牙轮钻机的平均台年综合效率。

表 4-3　部分牙轮钻机的平均台年综合效率

钻机型号	孔径/mm	矿岩硬度系数 f	台班效率/m	台年效率/m
KY-250	250	6～12	25～50	25000～35000
		12～18	15～35	20000～30000
KY-310	310	6～12	35～70	30000～45000
		12～18	25～50	
45R	250	8～20		30000～35000
60R	310	8～20		35000～45000

4.1.3 钻机的需求数量

露天矿所需钻机的数量取决于矿山的设计年采剥总量、所选定钻机的设计年穿孔效率与每米炮孔的爆破量，可按下式计算：

$$N = \frac{A_n}{Lq(1 - e)} \tag{4-3}$$

式中：N 为所需钻机的数量，台；A_n 为矿山设计年采剥总量，t/a；L 为每台钻机的年穿孔效率，m/a；q 为每米炮孔的爆破量，t/m；e 为废孔率，%。

每米炮孔的爆破量可按设计的爆破孔网参数计算，也可参照类似矿山的经验数据选取。表 4-4 为国内部分矿山的每米炮孔爆破量。

表 4-4 国内部分矿山每米炮孔爆破量

矿山名称	段高/m	孔径/mm	每米炮孔爆破量/($t \cdot m^{-1}$)	
			矿石	岩石
东鞍山铁矿	12	250	128~146	103~126
大孤山铁矿	12	250	125~135	120~135
齐大山铁矿	12	250	125	137
眼前山铁矿	12	250	115	110
南芬铁矿	12	250	103~120	89~97
		310	122~133	114~125

4.2 露天矿用炸药

露天矿用炸药多为混合炸药，其成分包括氧化剂、还原剂及其他添加剂。通过改变炸药配方可调整其起爆感度、爆炸威力等性能指标。一般的混合炸药具有以下特点：

(1)安全性能好，其火焰感度、热感度、静电感度、机械感度(撞击感度与摩擦感度)低，即矿用炸药的危险感度低。

(2)具有合适的起爆感度，使用雷管或起爆药柱能够顺利起爆。

(3)爆炸性能好，具有足够的爆炸威力。

(4)炸药处于零氧或轻微负氧平衡状态，爆炸后产生的有毒气体量不超出国家相关规程的规定范围。

(5)在规定的储存期内性能稳定，不会变质失效。

(6)原料来源广泛，加工工艺简单，操作安全，成本低。

目前的露天矿用炸药主要有硝铵类炸药、含水硝铵类炸药及重铵油炸药。硝铵类炸药包括铵梯炸药和铵油炸药，由于其组成成分不同，性能指标和适用条件也各不相同。该类炸药的主要缺点是具有吸湿性和结块性，不能应用于涌水量大的工作面。铵梯炸药的应用曾经很广泛，但因为铵梯炸药含有梯恩梯这种对人身健康极为有害的成分，国家已明令自 2008 年 1 月 1 日起停止生产和使用铵梯炸药。在我国目前露天矿山的爆破作业中，铵油炸药因成本低廉、爆炸性能优良、安全性好，应用最为广泛。在有水炮孔中多使用乳化炸药。

4.2.1　铵油炸药

铵油炸药主要有多孔粒状铵油炸药、粉状铵油炸药、改性铵油炸药及膨化硝铵炸药四种。

1. 多孔粒状铵油炸药

多孔粒状铵油炸药的原材料一般仅有硝酸铵和柴油，极少数情况下掺入木粉等调节剂。其加工方法极为简单：一般采用冷混工艺，即通过机械搅拌方式将硝酸铵和柴油简单混合至均匀，存放一定时间，待柴油充分浸入硝酸铵后即制成炸药。

多孔粒状铵油炸药不具有雷管感度，多用于露天大直径无水炮孔爆破。

另外，含水率合格的多孔粒状硝铵吸油率较高，配制的炸药松散性好，便于现场直接配制和机械化装药，生产工艺简单。

与其他炸药相比，铵油炸药的特点包括原材料来源丰富，加工工艺简单，成本低，生产、运输、使用较安全，具有较好的爆炸性能。铵油炸药临界直径大，感度低，不宜在小直径炮孔中使用，但恰好可在露天大直径穿孔爆破中使用，既可保证爆破效果，又能显著降低炸药成本。但是，多孔粒状铵油炸药极易吸湿，进而使其起爆感度和传爆能力显著下降。该炸药和粉状铵油炸药相比，具有不易结块、贮存时间长、吸油率高、流动性好和成本低等优点。

多孔粒状铵油炸药的性能受炸药成分、配比、含水率、装药密度等因素影响，主要取决于多孔粒状硝酸铵的性能、粒度、吸油率、含水量以及堆积密度等。

原国标《多孔粒状铵油炸药》(GB 17580—1998)规定的多孔粒状铵油炸药产品的爆炸性能如表 4-5 所示。

表 4-5　部分多孔粒状铵油炸药产品的性能指标

项目	水分/%	爆速/$(m\cdot s^{-1})$	猛度/mm	做功能力(铅铸法)/mL	炸药有效期/d	炸药有效期内	
						水分/%	爆速/$(m\cdot s^{-1})$
指标要求	≤0.3	≥2800	≥15	≥278	30	≤0.5	≥2500

注：炸药有效期自制造完成之日起计算。

多孔粒状铵油炸药在装药直径一定时，其起始爆速和不稳定爆轰区长度随起爆药包大小而变，如表 4-6 所示，在起爆药包一定时，爆速随装药直径增大而提高。

表 4-6　装药直径与爆速关系

直径/mm	爆速/$(m\cdot s^{-1})$	
	钢管	炮孔
10	2200	
100	3600	

续表4-6

直径/mm	爆速/(m·s^{-1})	
	钢管	炮孔
150		3600
270		4500

2. 粉状铵油炸药

粉状铵油炸药的原材料主要有硝酸铵、柴油和木粉，配方设计以轻微负氧平衡为基本原则。若选用柴油的分子式为 $C_{16}H_{32}$，则其氧平衡值为-3.42 g/g。硝酸铵的氧平衡值为 0.2 g/g。若按零氧平衡原则，则炸药的组成为：硝酸铵质量分数为 94.5%，柴油质量分数为 5.5%。一般常用硝酸铵与柴油质量之比为 94∶6，以使炸药处于轻微的负氧平衡状态。为减少炸药受潮结块，可加入少量木粉。

粉状铵油炸药的质量受成分、配比、含水率、硝铵粒度和装药密度等因素影响。其爆速和猛度随配比的变化而变化，当炸药中的硝酸铵、柴油、木粉配比为 92∶4∶4 时，爆速最高。

粉状铵油炸药采用轮碾机热碾混加工工艺制备。粉状铵油炸药多具有雷管感度，多用于小直径炮孔爆破。

几种粉状铵油炸药的组成及其性能如表 4-7 所示。

表 4-7 几种粉状铵油炸药的组分与性能

成分与性能		1 号铵油炸药	2 号铵油炸药	3 号铵油炸药
成分质量分数/%	硝酸铵	92±1.5	92±1.5	94.5±1.5
	柴油	4±1	1.8±0.5	5.5±1.5
	木粉	4±0.5	6.2±1	—
性能指标	药卷密度/(g·cm^{-3})	0.9~1.0	0.8~0.9	0.9~1.0
	水分质量分数(<)/%	0.25	0.80	0.80
	爆速(≥)/(m·s^{-1})	3300	3800	3800
	爆力(≥)/mL	300	250	250
	猛度(≥)/mm	12	18	18
	殉爆距离(≥)/cm	5	—	—

3. 改性铵油炸药

改性铵油炸药与铵油炸药配方基本相同，主要区别在于改性铵油炸药对组分中的硝酸铵、燃料油和木粉进行了改性。将复合蜡、松香、凡士林、柴油等与少量表面活性剂按一定比例加热融化配制成改性燃料油。硝酸铵改性主要是利用表面活性技术降低硝酸铵的表面能，提高硝酸铵颗粒与改性燃料油的亲和力，从而提高改性铵油炸药的爆炸性能和储存稳定性。与铵油炸药相比，改性铵油炸药的爆炸性能和储存性能明显提高。

改性铵油炸药的组分和质量分数如表 4-8 所示。

表 4-8　改性铵油炸药的组分、质量分数

组分	硝酸铵	木粉	复合油	改性剂
质量分数/%	89.8~92.8	3.3~4.7	2.0~3.0	0.8~1.2

4. 膨化硝铵炸药

膨化硝铵炸药是指用膨化硝酸铵作为炸药氧化剂的一系列粉状硝铵炸药，其关键技术是硝酸铵的膨化敏化改性。膨化硝酸铵颗粒中含有大量的“微气泡”，颗粒表面被“歧性化”“粗糙化”，当其受到外界强力激发作用时，这些不均匀的局部就可能形成高温高压的“热点”进而发展成为爆炸，实现硝酸铵的“自敏化”设计。膨化硝铵炸药的组分、性能指标分别如表 4-9、表 4-10 所示。

表 4-9　膨化硝铵炸药的组分

炸药名称	组分含量(质量分数)/%			
	硝酸铵	油相	木粉	食盐
岩石膨化硝铵炸药	90.0~94.0	3.0~5.0	3.0~5.0	—
露天膨化硝铵炸药	89.5~92.5	1.5~2.5	6.0~8.0	—
一级煤矿许用膨化硝铵炸药	81.0~85.0	2.5~3.5	4.5~5.5	8~10
一级抗水煤矿许用膨化硝铵炸药	81.0~85.0	2.5~3.5	4.5~5.5	8~10
二级煤矿许用膨化硝铵炸药	80.0~84.0	3.0~4.0	3.0~4.0	10~12
二级抗水煤矿许用膨化硝铵炸药	80.0~84.0	3.0~4.0	3.0~4.0	10~12

4.2.2　乳化炸药

乳化炸药是目前国内外应用普遍的一种含水炸药。过去常用的浆状炸药和水胶炸药也是含水炸药，但目前已基本被乳化炸药所取代。乳化炸药的细观颗粒是油包水型结构。

1. 乳化炸药的组分

乳化炸药由三种物相(液、固、气相)的几种基本成分组成，即氧化剂、水、可燃剂、乳化剂和敏化剂。

(1) 氧化剂：通常用硝酸铵、硝酸钠，质量分数可达 55%~85%。为提高炸药能容量，可添加少量氯酸盐或过氯酸盐作辅助氧化剂。

(2) 溶剂：将水用作溶解硝酸盐的溶剂，质量分数为 5%~18%。

(3) 可燃剂：柴油、石蜡、硫磺、铝粉或其他类似油类物质，质量分数为 1%~8%。

表 4-10 膨化硝铵炸药的性能指标

炸药名称	性能指标												
	水分/%	殉爆距离/cm		猛度/mm	药卷密度/(g·cm^{-3})	爆速/(m·s^{-1})	做功能力/mL	保质期/d	保质期内		有毒气体含量/(L·kg^{-1})	可燃气安全度	抗爆燃性
		浸水前	浸水后						殉爆距离/cm	水分/%			
岩石膨化硝铵炸药	≤0.30	≥4	—	≥12.0	0.80~1.00	≥3.2×10^3	≥298	180	≥3	≤0.5	≤80	—	—
露天膨化硝铵炸药	≤0.30	—	—	≥10.0	0.80~1.00	≥2.4×10^3	≥228	120	—	≤0.5	—	—	—
一级煤矿许用膨化硝铵炸药	≤0.30	≥4	—	≥10.0	0.85~1.05	≥2.8×10^3	≥228	120	≥3	≤0.5	≤80	合格	合格
一级抗水煤矿许用膨化硝铵炸药	≤0.30	≥4	≥2	≥10.0	0.85~1.05	≥2.8×10^3	≥228	120	≥3	≤0.5	≤80	合格	合格
二级煤矿许用膨化硝铵炸药	≤0.30	≥3	—	≥10.0	0.85~1.05	≥2.8×10^3	≥218	120	≥2	≤0.5	≤80	合格	合格
二级抗水煤矿许用膨化硝铵炸药	≤0.30	≥3	≥2	≥10.0	0.85~1.05	≥2.6×10^3	≥218	120	≥2	≤0.5	≤80	合格	合格

(4)乳化剂：多为脂肪类化合物，是一种表面活性剂，用来降低水、油表面张力，形成油包水乳化物。用 Span-80 作乳化剂，质量分数为 0.5%～6%。

(5)敏化剂：爆炸成分，金属镁、铝粉、发泡剂或空心微珠均可。如亚硝酸钠等起泡剂、空心玻璃微珠、空心塑料微珠或膨胀珍珠岩粉。

2. 乳化炸药特点与性能

乳化炸药与其他炸药比较，具有密度可调范围宽、爆速高、起爆敏感度高、猛度较高、抗水性强等优点。原国标《乳化炸药》(GB 18095—2000)规定的乳化炸药主要性能指标如表 4-11 所示，几种国产乳化炸药组分与性能如表 4-12 所示。

表 4-11　原国标规定的乳化炸药主要性能指标

<table>
<tr><th rowspan="2">项 目</th><th colspan="2">岩石乳化炸药</th><th colspan="3">煤矿许用乳化炸药</th><th colspan="2">露天乳化炸药</th></tr>
<tr><th>1 号</th><th>2 号</th><th>一级</th><th>二级</th><th>三级</th><th>有雷管感度</th><th>无雷管感度</th></tr>
<tr><td>药卷密度/($g \cdot cm^{-3}$)</td><td colspan="2">0.95～1.30</td><td colspan="3">0.95～1.25</td><td>1.10～1.30</td><td>—</td></tr>
<tr><td>炸药密度/($g \cdot cm^{-3}$)</td><td colspan="2">1.00～1.30</td><td colspan="3">1.00～1.30</td><td>1.15～1.35</td><td>1.00～1.35</td></tr>
<tr><td>爆速/($m \cdot s^{-1}$)</td><td>$\geq 4.5 \times 10^3$</td><td>$\geq 3.2 \times 10^3$</td><td>$\geq 3.0 \times 10^3$</td><td>$\geq 3.0 \times 10^3$</td><td>$\geq 2.8 \times 10^3$</td><td>$\geq 3.0 \times 10^3$</td><td>$\geq 3.5 \times 10^3$</td></tr>
<tr><td>猛度/mm</td><td>≥16</td><td>≥12</td><td>≥10</td><td>≥10</td><td>≥8</td><td>≥10</td><td>—</td></tr>
<tr><td>殉爆距离/cm</td><td>≥4</td><td>≥3</td><td>≥2</td><td>≥2</td><td>≥2</td><td>≥2</td><td>—</td></tr>
<tr><td>爆力/mL</td><td>≥320</td><td>≥260</td><td>≥220</td><td>≥220</td><td>≥210</td><td>≥240</td><td>—</td></tr>
<tr><td>撞击感度</td><td colspan="7">爆炸概率≤8%</td></tr>
<tr><td>摩擦感度</td><td colspan="7">爆炸概率≤8%</td></tr>
<tr><td>热感度</td><td colspan="7">不燃烧不爆炸</td></tr>
<tr><td>炸药爆炸后毒气含量/($L \cdot kg^{-1}$)</td><td colspan="5">≤80</td><td colspan="2">—</td></tr>
<tr><td>可燃气安全度</td><td colspan="2">—</td><td colspan="3">合格</td><td colspan="2">—</td></tr>
<tr><td>使用保证期/d</td><td colspan="2">180</td><td colspan="3">120</td><td>120</td><td>15</td></tr>
</table>

注：①表内数字均为使用保证期内有效，使用保证期自炸药制造完成之日起计算；②混装车生产的无雷管感度露天乳化炸药的爆速应不小于 $4.2 \times 10^3 m/s$；③用户有特殊要求的产品，其爆炸性能可由供需双方协商确定。

表 4-12 几种国产乳化炸药的组分与性能

炸药名称		EL 系列	RL-2	RJ 系列	MRY-3	CLH
组成成分质量分数/%	硝酸铵	63~75	65	53~80	60~65	50~70
	硝酸钠	10~15	15	5~15	10~15	15~30
	油相材料	2.5	2.8~5.5	2~5	3~6	2~8
	水	10	10	8~15	10~15	4~12
	乳化剂	1~2	3	1~3	1~2.5	0.5~2.5
	尿素	—	2.5	—	—	—
	铝粉	2~4	—	—	3~5	—
	密度调节剂	0.3~0.5	—	0.1~0.7	0.1~0.5	—
	添加剂	2.1~2.2	—	0.5~2	0.4~1.0	0~4; 3~15
性能	猛度/mm	16~19	12~20	16~18	16~19	15~17
	爆力/mL	—	302~304	—	—	295~330
	爆速/$(m \cdot s^{-1})$	4500~5000	3500~4200	4500~5400	4500~5200	4500~5500
	殉爆距离/cm	8~12	5~23	>8	8	—

4.2.3 粉状乳化炸药

粉状乳化炸药又称乳化粉状炸药，它以含水较低的氧化剂溶液细微液滴为分散相，特定的碳质燃料与乳化剂组成的油相溶液为连续相，在一定的工艺条件下通过强力剪切形成油包水型乳胶体，通过雾化制粉或旋转闪蒸使胶体雾化脱水，冷却固化后形成具有一定粒度分布的新型粉状硝铵炸药。

粉状乳化炸药已突破了传统的含水炸药的概念，其最终产品的水的质量分数已由普通乳化炸药的10%~20%下降到3%~5%，外观形态不再是乳胶体，而是粉末状。由于粉状乳化炸药保持了乳化炸药体系中氧化剂与燃烧剂接触紧密充分的特点，且呈粉末状态，故它无须专门引入敏化气泡就可具有雷管感度和较好的爆炸性能。粉状乳化炸药的做功能力大于乳化炸药。这种炸药的颗粒具有油包水(W/O)型微观结构，因而它具有一定的抗水性能，粉状乳化炸药兼具乳化炸药及粉状炸药的优点，其主要性能指标如表 4-13 所示。

表 4-13　粉状乳化炸药的性能指标

性能指标 炸药名称	药卷密度 /(g·cm^{-3})	殉爆 距离 (≥) /cm	猛度 (≥) /mm	爆速(≥)/ (10^3 m·s^{-1})	做功能 力(≥) /mL	炸药爆炸后 有毒气体 含量(<) /(L·kg^{-1})	可燃气 安全度 (半数引 火量≥)/g	抗爆 燃性	撞击 感度 (<) /%	摩擦 感度 (<) /%
岩石粉状 乳化炸药	0.85~1.05	5	13.0	3.4	300	80			15	8
一级煤矿 许用粉状 乳化炸药	0.85~1.05	5	10.0	3.2	240	80	100	合格	15	8
二级煤矿 许用粉状 乳化炸药	0.85~1.05	5	10.0	3.0	230	80	180	合格	15	8
三级煤矿 许用粉状 乳化炸药	0.85~1.05	5	10.0	2.8	220	80	400	合格	15	8

4.2.4　重铵油炸药

重铵油炸药是在铵油炸药和乳化炸药的基础上发展而来的。

重铵油炸药由多孔粒状硝酸铵或多孔粒状铵油炸药(ANFO)与乳化炸药的乳胶基质按一定比例均匀混合而成。与铵油炸药相比，其密度随乳胶基质所占比例的增加而增加，单位体积炸药的爆炸威力也相应增加。与铵油炸药相对照，由于乳胶基质的抗水作用，重铵油炸药的抗水性也随乳胶基质所占比例的增加而增加。

重铵油炸药的性能参数与组分的关系如表 4-14 所示。

表 4-14　重铵油炸药的性能与组分的关系

项　目	组分(质量分数)/%										
乳胶基质	0	10	20	30	40	50	60	70	80	90	100
ANFO	100	90	80	70	60	50	40	30	20	10	0
密度/(g·cm^{-3})	0.85	1.0	1.10	1.22	1.31	1.42	1.37	1.35	1.32	1.31	1.30
爆速(药径 127 mm) /(m·s^{-1})	3800①	3800	3800	3900	4200	4500	4700	5000	5200	5500	5600
膨胀功 /(4.1819 J·g^{-1})	908	897	886	876	862	846	824	804	784	768	752
冲击功 /(4.1819 J·g^{-1})						827					750

续表4-14

项 目	组分(质量分数)/%										
摩尔气体质量/100 g	4.38	4.33	4.28	4.23	4.14	4.14	4.09	4.04	3.99	3.94	3.90
相对质量威力	100	99	98	96	95	93	91	89	86	85	83
相对体积威力	100	116	127	138	146	155	147	171	133	131	127
抗水性	无	同一天内可起爆			在无约束包装下，可保持 3 天起爆				无包装保持 3 天		
最小直径/mm	100	100	100	100	100	100	100	100	100	100	100

4.2.5 炸药的爆炸性能指标及其确定

炸药的爆炸性能指标主要包括爆轰压力、爆炸威力、猛度、殉爆距离等。

1. 爆轰压力

通常把爆轰波 C-J 面上的压力称为爆轰压力，简称爆压。其测定方法很多，但较简便、费用较少的是水箱法，即通过测量炸药爆炸后所形成的水中冲击波参数来计算爆压。

冲击波阻抗公式：

$$P_{C-J} = \frac{1}{2}\mu_w(\rho_{w_0}D_w + \rho_0 D) \tag{4-4}$$

式中：ρ_{w_0} 为水的密度，g/cm^3；ρ_0 为炸药的初始密度，g/cm^3；D 为炸药的爆速，km/s；D_w 为炸药爆炸后，在水中所形成的冲击波初始速度，km/s；u_w 为冲击波波阵面后水中质点的速度，km/s。

根据莱斯和沃尔什的实验测定，在水中冲击波的压力 $P_w<450$ kPa 时，D_w 与 u_w 的关系为：

$$D_w = 1.483 + 25.306\lg\left(1 + \frac{\mu_w}{5.19}\right) \tag{4-5}$$

测得炸药的爆速 D 及爆炸后在水中所形成的冲击波初始速度 D_w，就可以计算爆轰波 C-J 面的压力 P_{C-J}。

2. 做功能力

理论上用爆轰产物绝热膨胀直到其温度降低到炸药炸前温度时，对周围介质所做的功来表示炸药的爆炸威力。其表达式为：

$$A = Q_V\left(1 - \frac{T}{T_d}\right) \tag{4-6}$$

式中：A 为炸药的做功能力，kJ/kg；Q_V 为炸药的爆热，kJ/kg；T_d 为炸药的爆温，K；T 为爆轰产物膨胀终了时的温度，K。

爆轰产物的膨胀过程一般可以认为是等熵绝热膨胀过程，即：

$$\frac{T}{T_d} = \left(\frac{V_d}{V}\right)\gamma - 1 \text{或} \frac{T}{T_d} = \left(\frac{P}{P_d}\right)\frac{\gamma - 1}{\gamma} \tag{4-7}$$

式中：P_d、P 分别为爆轰产物初态、终态的压力；V_d、V 分别为爆轰产物初态、终态的体积；

γ 为绝热指数，$\gamma=1+\frac{R}{C_V}$。

部分炸药的理论做功能力见表 4-15。

表 4-15　部分炸药的理论做功能力

炸药	$\rho_0/(\mathrm{g\cdot cm^{-3}})$	$Q_V/(\mathrm{kJ\cdot kg^{-1}})$	γ	做功效率 η/%	$A/(\mathrm{kJ\cdot kg^{-1}})$
硝酸铵	0.9	1590	1.30	86.2	1373
梯恩梯	0.9	3473	1.24	82.5	2877
	1.5	4226	1.23	83.3	3528
黑索金	1.0	5314	1.25	84.5	4494
	1.6	5440	1.25	86.6	4710
硝酸铵/梯恩梯(79/21)	1.0	4310	1.24	83.7	3570
太安	1.6	5690	1.215	82.7	4725
硝酸铵/铝(80/20)	1.0	6611	1.16	72.4	4788
硝化甘油	1.6	6192	1.19	79.7	4956

3. 爆力

炸药的爆力是指爆炸气体产物膨胀对外界做功的能力，它反映了炸药爆炸对外界的准静态作用。爆力也是衡量炸药爆炸威力大小的一个重要指标。

由于难以对炸药爆炸做功的绝对数值进行测量，常用对比测试的方法来评价炸药的威力。对具有雷管感度的炸药，通常采用如图 4-1 所示的铅铸扩张值试验法测定炸药的爆力。对于不具有雷管感度或临界直径偏大的工业炸药，则可采用抛掷爆破漏斗体积对比法。

(1) 铅铸扩张值试验法。如图 4-1 所示，铅铸是一个由纯铅铸成的圆柱体，直径和高度均为 200 mm，柱体轴心穿孔，孔径 25 mm，孔深 125 mm。

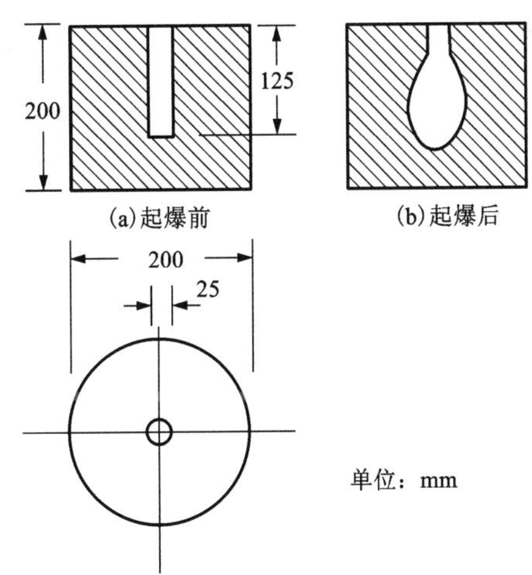

图 4-1　测定炸药爆力的铅铸几何尺寸

试验时，将受试炸药 10 g 用锡箔纸做外壳制成直径为 24 mm 的药柱，一端插入 8 号雷管，另一端插入铅柱轴心孔内，然后用网度为 144 孔/cm^2 的筛子筛选后的石英砂填满轴心孔。引爆轴心孔内雷管和炸药后，轴心孔被扩张为一呈梨形的空腔，此空腔容积与试验前轴心孔体积之差 ΔV，即为测试炸药的爆力值，单位为 mL。

因环境温度对铅铸法试验的结构有影响，规定试验的标准温度为 15℃。对不同的试验环境温度，试验结果须按表 4-16 修正。

表 4-16 铅铸法爆力试验结果的修正系数

环境温度/℃	-15	-10	-5	0	+5	+8	+10	+15	+20	+25	+30
修正系数 η/%	+12	+10	+7	+5	+3.5	+2.5	+2	0	-2	-4	-6

当直接测得的爆力 ΔV 和修正系数 η 已知时，按下式计算得到爆力试验结果的修正值 V：

$$V = (1 + \eta) \times \Delta V \tag{4-8}$$

采用铅铸法测得部分炸药的爆力见表 4-17。

表 4-17 采用铅铸法测得的部分炸药的爆力

炸药	爆力/mL
硝化甘油	600
太安	580
黑索金	520
梯恩梯	300
铵梯炸药	320
粉状铵油炸药	300

(2)抛掷爆破漏斗对比法。对于不具有雷管感度或临界直径偏大的工业炸药，则可以采用如图 4-2 所示的抛掷爆破漏斗体积对比法，即在爆破介质、炸药量、药包埋深等条件都相同的条件下，进行抛掷爆破漏斗试验，将待测炸药的抛掷爆破漏斗体积与其他炸药进行对比，以评判炸药的爆炸威力。

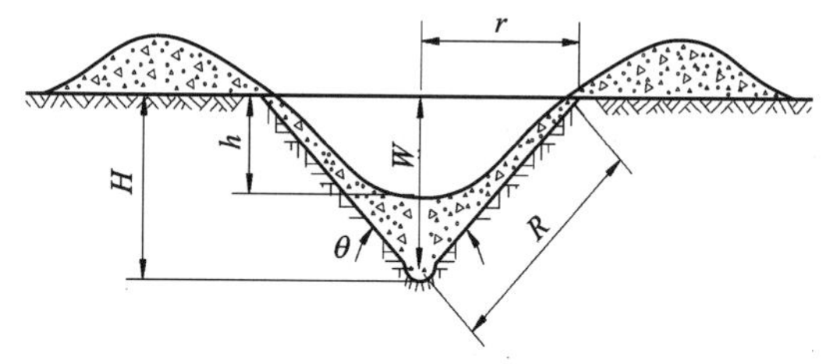

图 4-2 单自由面爆破漏斗

由于可将爆破漏斗视为倒立的正圆锥体，则爆破漏斗的体积可用下式计算：

$$V = \frac{1}{3}\pi r^2 W \tag{4-9}$$

此外还有弹道臼炮法、水下爆炸法等定量分析方法。近年来，我国还发展了一种弹道抛掷法，并形成了标准。

增加炸药的爆热和比容可提高炸药的做功能力，主要措施有：

(1)改善炸药的氧平衡，使炸药接近零氧平衡，此时爆炸反应完全，放出的热量最大，炸药的做功能力也最大。

(2)在炸药中加入铝、镁、铁粉，可以增加混合药剂的爆热，从而使炸药做功能力有较大幅度的提高。

(3)增加炸药的比容，也是提高炸药做功能力的途径之一，如在梯恩梯炸药中加入硝酸铵，可以增加比容，同时达到了提高炸药做功能力的目的。

做功能力的实验测定方法包括铅铸扩孔法、爆破漏斗法、做功能力摆测定、弹道抛掷法等。

进行爆破作业时，实际的有效功只占其中很小部分。部分研究表明：岩石爆破过程中破碎岩石所做的有效机械功一般只占炸药总能量的 10%左右。这是因为：

(1)炸药爆炸的侧向飞散，带走部分未反应的炸药，这部分损失叫化学损失，装药直径越小，化学损失相对越大。

(2)爆炸过程有热损失，如爆炸过程中的热传导、热辐射及介质的塑性变形等因素都会造成热损失，这部分热损失往往占炸药总放热量的一半左右。

(3)一部分无效机械功消耗在岩石的振动、抛掷和在空气中形成的空气冲击波上。

4. 猛度

炸药爆炸使与之直接接触的固体介质产生粉碎性破坏的能力，称为炸药的猛度。猛度的大小主要取决于爆速。爆速越高，猛度越大，岩石被粉碎得越严重。

炸药的猛度通常用铅柱压缩法或猛度摆进行试验测定。其中，铅柱压缩法简单易行，实际应用最为普遍。只要试验条件相同，不同炸药的猛度测试试验的结果就具有可比性。

如图 4-3 所示，炸药猛度测定一般是采用铅柱压缩法，以爆炸后铅柱的压缩量来表示炸药的猛度。

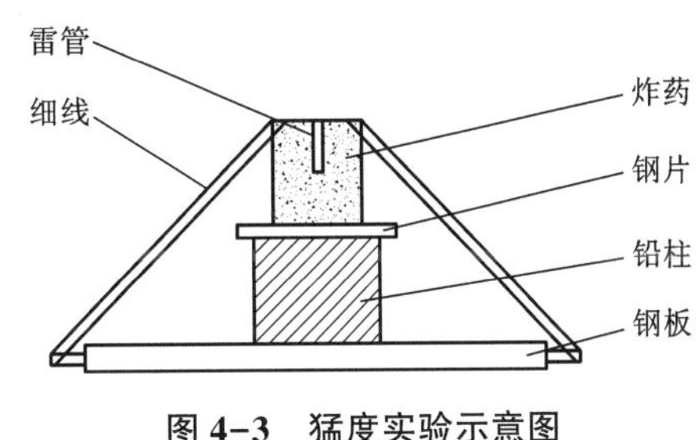

图 4-3　猛度实验示意图

在图 4-3 中，试验用铅柱高(60±0.5)mm，直径为(40±0.2)mm，两端面要求平行，精度为∇_4，纯铅铸成。钢片直径为(41±0.2)mm，厚度为(10±0.2)mm，两端面平行，精度为∇_4，硬度 HB=150~200，不允许重复使用。柱、片均对称布置，精度为 0.1 mm，取四个测量的平均值。待试炸药量为 50 g(精确到 0.1 g)，装入内径为 40 mm 的纸筒之中(纸厚 0.15~0.2 mm)，装药密度为 1 g/cm^3。将装有炸药的纸筒放入铜模中，用铜冲冲出直径为 7.5 mm、深 15 mm 的小孔，以便插入 8 号雷管。纸筒上部覆盖外径为 39 mm、厚 1.3~2.0 mm 的带孔圆纸板。按图 4-3 将铅柱、钢片、炸药沿同一轴线安放在钢板底座上，然后将底座平放在水泥台或其他坚实的基础上。

起爆后回收被压缩的铅柱，沿四个对称方向测量铅柱高度，然后取其平均值，即为该炸药的猛度。

一种炸药须平行做两次测定试验，取两次试验结果的平均值，精确到 0.1 mm，平行测定误差不超过 1 mm。如超差，允许重新取样，平行做三次测定，进行复验。

已知试验前铅柱的高度为 H，则炸药的猛度 Δh 可按下式求出：

$$\Delta h = H - h_0 \tag{4-10}$$

表 4-18 为若干炸药的猛度值。

表 4-18　若干炸药的猛度(铅柱压缩值)

炸药名称	密度 $\rho/(g \cdot cm^{-3})$	猛度 Δh/mm	试样药量/g
梯恩梯	1.0	16±0.5	50
特屈儿	1.0	19.0	50
苦味酸	1.2	19.2	50
黑索金	1.0	24.0	25
太安	1.0	24.0	25

5. 爆速

炸药爆炸时其化学反应区的传播速度即为炸药的爆速。

爆速的测定方法主要有爆速仪法和导爆索法(Dautriche 法)。

1)爆速仪法

该方法是利用爆速仪直接记录爆轰波在药柱长度方向上两点间传播的时间间隔，根据记录的时间和两点间的距离算出两点间的炸药平均爆速。

实测爆速的关键步骤是:

(1)将 0.41 mm 的漆包线剪成 10 cm 长各两段，分别将其对折扭成一体，剪去接通端，另一端用砂纸去掉绝缘漆，做成两对直探针。

(2)在待测炸药柱轴向距离大于 100 mm 的两点上，用大头针准确地沿径向穿两孔，将两对探针分别插入并露头 10 mm，用胶布固定后，再精确测量两探针之间的距离，注意使 1 号探针与起爆雷管的距离不小于 50 mm。探针装置如图 4-4 所示。

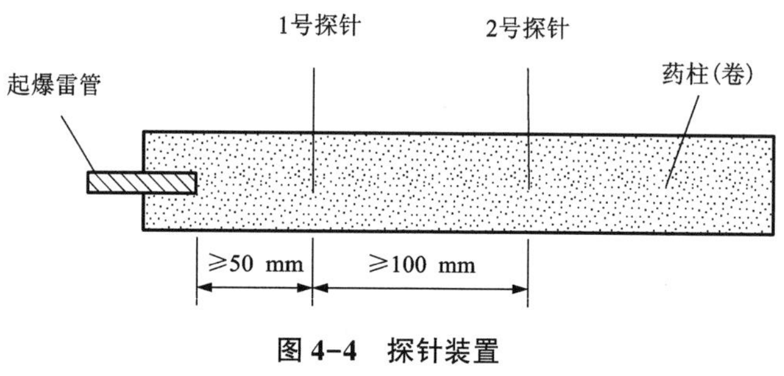

图 4-4　探针装置

(3)分别用屏蔽线的两极线与两对探针的去漆端两极仔细连接，使 1 号、2 号探针分别与爆速仪的 1 号、2 号接线柱连通。

(4)药卷爆炸过程中，爆速仪直接记录两相邻探针之间的时间间隔。

(5)根据记录的时间和两相邻探针之间的距离，用爆速仪求算出两点间的炸药平均爆速。

2)导爆索法(Dautriche 法)

该方法用于测量炸药的爆速，前提是炸药本身具有雷管感度。如图 4-5 所示，该方法是用已知导爆索的爆速作为对比，求出待测炸药一段长度内的平均爆速。

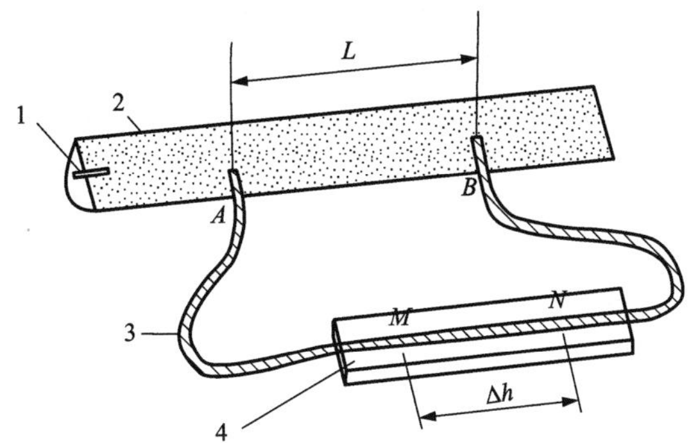

1—起爆雷管；2—待试炸药；3—导爆索；4—铅板。

图 4-5　导爆索法测定炸药的爆速

采用导爆索法测定炸药爆速的具体步骤主要包括：

(1) 药卷直径为 30~40 mm，药卷长 300~400 mm，一端插入起爆雷管。

(2) 取一段(长度通常为 1 m)爆速 d 已知的导爆索，量测并标记其长度的中点 M。

(3) 在待测药卷的 A、B 两点处将导爆索的两端分别插入待测炸药卷，插入深度为药卷半径。用字母 L 表示 A、B 两点之间的距离(一般取 $L=200$ mm)。

(4) 准备一块铅板(厚 3~5 mm，宽 40 mm，长 400 mm)，并在其一端的 20~30 mm 位置刻线作为标记。

(5) 用胶布将两块厚度约为 5 mm 的垫木分别固定在上述刻线处和铅板的另一端。

(6) 将导爆索沿铅板中线平直敷设，并保证导爆索中点与上述刻线的中点位置重合，然后使用胶布在上述两块垫木处将导爆索与铅板绑紧固定，使导爆索与铅板之间的间隙大致等同于垫木厚度。之后，即可起爆以测定待测炸药的爆速值。

待测炸药被起爆后，爆轰波沿药卷向前传播，并在 A 点引爆导爆索，从而在导爆索中产生一个向其中点 M 传播的爆轰波；经过一定时间，沿药卷继续传播的爆轰波到达 B 点，引爆导爆索的另一端，在导爆索中又形成一个向其中点 M 传播的爆轰波。来自 A、B 两点的爆轰波相向传播而相遇于点 N。由于两个爆轰波相遇而对撞，其冲击能量倍增，对铅板产生的冲击作用远比其他位置强烈，结果是在起爆的 N 点处形成明显深刻的爆痕。在导爆索的爆速 d 已知时，即可用式(4-11)求得炸药的爆速：

$$D=\frac{Ld}{2\Delta h} \tag{4-11}$$

式中：d 为导爆索的爆速，m/s；L 为插在被测药包中的导爆索两端之间的距离，mm；Δh 为两爆轰波相遇点 N 与导爆索中点 M 之间的距离，mm。

某些炸药的爆速如表 4-19 所示。

表 4-19 炸药的爆速值

炸药名称	密度/(g·cm^{-3})	直径/mm	爆速/(m·s^{-1})	备注
梯恩梯	1.595		6856	压装药柱
梯恩梯	1.62		7000	压装药柱
黑索金	1.796		8741	压装药柱
奥托金	1.85		8917	压装药柱
特屈儿	1.692		7502±29	压装药柱
钝化黑索金	1.65		8498	压装药柱
梯黑 40/60	1.726		7888	压装药柱
梯黑 50/50	1.68		7636	压装药柱
2#岩石	0.9~1.0	32	3200	散装药柱
铵油(硝铵 94%)	0.8	100	2800	用起爆药 40 g
铵沥蜡	0.9~1.0	40	3500	散装药柱
铵松蜡	0.9~1.0	35	3300	散装药柱
铵梯 80/20	1.4	32~40	5200~5400	散装药柱

6. 相对威力

实践中也常使用相对威力的概念。所谓相对威力是指以某一熟知炸药(如 TNT 或铵油炸药)的威力作为比较的标准。以单位质量炸药做比较的，称为相对质量威力；以单位体积炸药做比较的，则称为相对体积威力。

在选用含水炸药作为设计爆破参数的依据时，一般以相对体积威力来衡量较为合适。

7. 殉爆距离

主发药包爆炸后，引起与它不相接触的邻近被发药包爆炸的现象，称为殉爆，如图 4-6 所示。

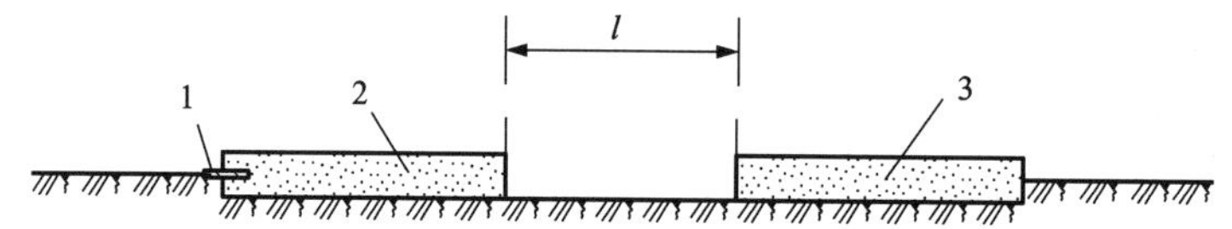

1—雷管；2—主发药包；3—被发药包。

图 4-6 炸药包殉爆示意图

在一定程度上，殉爆反映了炸药对爆炸冲击波的敏感度。引起殉爆时两装药间的最大距离称为殉爆距离，用字母 l 表示，单位为 cm。它表示被发炸药的殉爆能力。在工程爆破中，殉爆距离对于分段装药参数设计、孔网参数选择及盲炮处理等都具有指导意义。在炸药厂和危险品库房的设计中，它是确定安全距离的重要依据。

1)影响炸药殉爆的因素

(1)主发装药的药量及性质。主发装药的药量越大，且它的爆热、爆速越大时，引起殉爆的能力越大。

(2)装药密度。密度对主发药包和被发药包的影响是不同的，实践证明，主发药包的条件给定后，在一定范围内，被发药包密度小，殉爆距离增加。

(3) 装药间惰性介质的性质。在不易压缩的介质中，冲击波容易衰减，因而殉爆距离较小，介质越稠密，冲击波在其中损失的能量越多，殉爆距离也就越小。

(4) 药量和药径。试验表明，增加药量和药径，将使主发药包的冲击波强度增大，被发药包接收冲击波的面积也增加，殉爆距离也就可以增大。

(5) 药包约束条件和连接方式。如果主发药包有外壳，甚至将两个药包用管子连接起来，由于爆炸产物流的侧向飞散受到约束，自然会增大被发药包方向的引爆能力，因而会显著增大殉爆距离，而且随着外壳、管子材质强度的增加而进一步加大。

(6) 装药的摆放形式。主发装药与被发装药按同轴线的摆放形式比按轴线垂直的摆放形式容易殉爆。

2) 殉爆测试试验的步骤

用与被测药卷纸浆相当的圆木棒，将实验场地的松土或砂压成大于两个药卷长度的半圆沟，被测药卷置于其中。主爆药卷的前端以 8 号雷管起爆，雷管插入深度为雷管长度的 2/3 (图 4-6)。从炸药卷的前端与主药卷的聚能穴端对应，两药卷间不得有杂物阻挡。测出药卷间距之后，进行起爆。如确认已殉爆，可加大间距实验，连续三次都殉爆的最大距离(cm)即为该炸药的殉爆距离。

如起爆后，被发药卷留有残药，说明间距过大，应缩短间距复试，直至找到连续发生三次殉爆的最大距离为止。

3) 试验注意事项

(1) 一次只许试验一对药卷。

(2) 结块炸药在起爆前应允许将插雷管的一端揉松。

(3) 试样应从每批炸药中任意抽取，不准重新改制。

(4) 对散装炸药，按规定的密度制成直径为 32 mm、重 100 g 的药卷进行试验。

(5) 聚能穴端与被发药包的平面端相对。

(6) 应基本保证两药卷中心对正。

(7) 药卷之间不得有杂物阻挡。

(8) 量好两药包之间的距离，随后起爆主发药包。

8. 沟槽效应

沟槽效应也称管道效应、间隙效应，是当药卷与炮孔壁间存在空隙时，药柱中爆轰波传播过程所出现的自抑制(能量释放逐渐减少直至熄爆)的现象。实践表明，在小直径炮孔爆破作业中，药卷与炮孔壁间存在空隙的现象较为常见，故沟槽效应普遍存在，往往成为影响爆破效果的一种重要因素。

对沟槽效应的解释有两种：其一是爆轰产物压缩药卷和孔壁之间的间隙有空气，产生冲击波，它超前于爆轰波并压缩药卷，使得药卷的装药密度过大，对爆轰波的传播有抑制作用；另外一种解释认为，炸药起爆后在爆轰波阵面的前方有一等离子层(离子光波)，对前方未反应药卷段的表层产生压缩作用(见图 4-7)，使得药卷压实，装药密度过大，不利于该层炸药爆炸反应的产生与进行。等离子波阵面和爆轰波阵面分开得越大，或者等离子波越强烈，这个表层穿透得就越深，能量衰减得就越大。随着等离子波的进一步增强，就会引起药包爆轰反应的熄灭。测试表明，等离子光波的速度约为 4500 m/s。

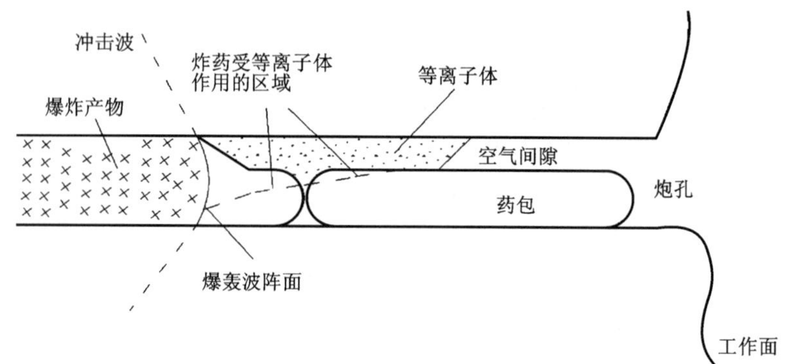

图 4-7　小直径炮孔中沟槽效应的等离子作用机理示意图

部分炸药的沟槽效应值见表 4-20。

表 4-20　部分种类炸药的沟槽效应值

国别	中国			美国			
炸药牌号及类型	EL 系列乳化炸药	EM 型乳化炸药	2 号岩石铵梯炸药	IremiteI 型铝粉敏化浆状炸药	Iremite Ⅱ 型乳化炸药	Iremite Ⅲ 型晶型控制的浆状炸药	IremiteM 型硝酸钾铵敏化浆状炸药
沟槽效应值(传爆长度)/m	>3.0	>7.4	>1.9	1~2	>3.0	3.0	1.5~2.5
试验条件	取内径为 42~43 mm、长 3 m 的聚氯乙烯塑料管(或钢管)，然后将 ϕ32 mm 的受试药卷一个连着一个放入其中，用一只 8 号雷管起爆						

沟槽效应与炸药配方、物理结构、包装条件和加工工艺有关。采取下列技术措施可以减少或消除沟槽效应：

(1)选用不同的包装涂覆物，如柏油沥青、石蜡、蜂蜡等；

(2)调整炸药配方和加工工艺，以缩小炸药爆速与等离子体速度的差值；

(3)为阻塞等离子体的传播，在炮孔中的药卷间插上一层塑料薄板或填上炮泥，用水或有机泡沫充填炮孔与药卷之间的间隙；

(4)增大药卷直径；

(5)沿药包全长放置导爆索起爆；

(6)采用散装技术，使炸药全部充填炮孔不留间隙，避免超前等离子层的出现。

9. 聚能效应

在某种特定药包形状的影响下可以使爆炸的能力在空间重新分配，大大增强对某一个方向的局部破坏作用，这种底部具有锥孔(也叫聚能穴)的药包爆炸时对目标的破坏作用显著增强的现象称为聚能效应。

如图 4-8 所示，对比普通装药与聚能装药爆炸后，其爆轰产物的飞散过程可知，圆柱形药柱爆轰后，爆轰产物沿近似垂直原药柱表面的方向向四周飞散，作用于钢板部分的仅仅是药柱端部的爆轰产物，作用的面积等于药柱端部面积；而带锥孔的圆柱形药柱则不同，当爆轰波前进到锥体部分时，其爆轰产物沿着与锥孔内表面垂直的方向飞出，由于飞出速度相等，药型对称，爆轰产物要聚集在轴线上，汇聚成一股速度和压力都很高的聚能流，它具有极高的速度、密度、压力和能量密度，具有强大的切割、穿透破坏能力。

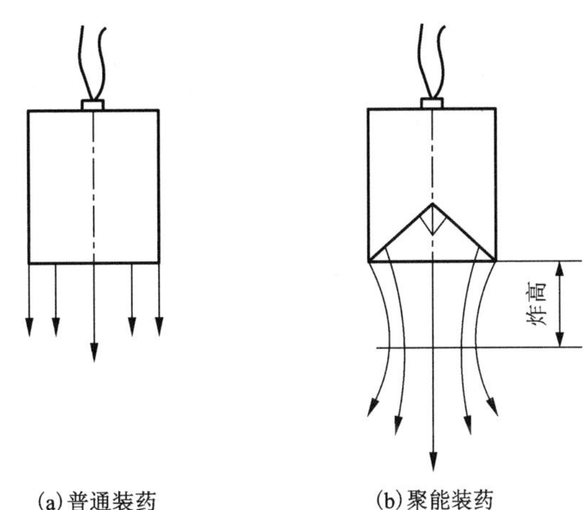

图 4-8　普通装药与聚能装药爆轰产物比较

试验表明，锥孔处爆轰产物向轴线汇集时，有下列两个因素在起作用：

(1)爆轰产物质点以一定速度沿近似垂直于锥面的方向向轴线汇集，使能量集中；

(2)爆轰产物的压力本来就很高，汇集时在轴线处形成更高的压力区，高压迫使爆轰产物向周围低压区膨胀，使能量分散。

由此可见，由于上述两个因素的综合作用，爆轰产物流不能无限地集中，而在离药柱端面某一距离处达到最大的集中，随后又迅速飞散开。因此必须恰当地选择高度，以充分利用聚能效应。对于聚能作用，能量集中的程度可用单位体积能量——能量密度 E 来衡量：

$$E = \rho\left[\frac{p}{(n-1)\rho} + \frac{1}{2}u^2\right] = \frac{p}{n-1} + \frac{1}{2}\rho u^2 \tag{4-12}$$

式中：E 为爆轰波的能量密度；ρ 为爆轰波阵面的密度，kg/m³；p 为爆轰波阵面的压力，Pa；u 为爆轰波阵面的质点速度，m/s；n 为多方指数。

式(4-12)的右边第一项为位能，占 3/4，第二项为动能，占 1/4。在聚能过程中，动能是能够集中的，位能则不能集中，反而起分散作用，所以只带锥孔的圆柱形药柱的聚能流的能量集中程度不是很高。必须设法把能量尽可能转换成动能的形式，才能大大提高能量的集中程度。

在药柱锥孔表面加一个药型罩(如钢、玻璃等)时，可大大提高能量的集中程度。由于罩的可压缩性很小，因此内能增加很少，能量的极大部分表现为动能形式，这样就避免了高压膨胀引起的能量分散而使能量更为集中；同时，罩壁在轴线处汇聚碰撞时，使能量密度进一步提高，形成金属射流以及伴随在它后面的一只运动速度较慢的杵体(图 4-9)。

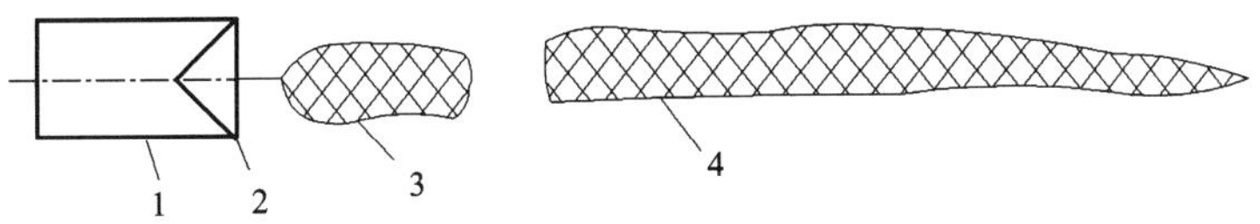

1—药柱；2—药型罩；3—杵体；4—射流。

图 4-9　有罩聚能药包的射流与杵体

高速射流打在靶板上，其动量变成高达数十万乃至百万倍大气压的压力，相比之下，靶板材质(钢)的强度就变得微不足道了。由此可见：

(1)聚能效应的产生在于能量的调整、集中，它只能改变药柱某个方向的猛度，而没有改变整个药包的总能量；

(2)由于金属射流的密度远比爆轰聚能流的密度大，能量更集中，所以有罩聚能药包的破甲作用比无罩聚能药包大得多，应用得也更多；

(3)金属射流和爆轰产物聚能流都需要一定的距离来延伸，能量最集中的断面总是在药柱底部外的某点，此断面至锥底的距离称为炸高。对位于炸高处的目标，破甲效果最好。

4.3　起爆器材

起爆器材指进行爆破作业所需的器具和材料，包括工业雷管、导爆索与继爆管、塑料导爆管及导爆管的连通器具、起爆药柱与爆破仪表。国家已明令自2008年1月1日起停止生产和使用火雷管、导火索。

在露天爆破工程中，雷管是一种关键的起爆器材。根据其内部装药结构的不同，分为有起爆药雷管和无起爆药雷管两大系列。其中，有起爆药雷管根据点火方式的不同，分为电雷管和非电雷管等品种；而在电雷管和非电雷管中，又分别有相应的秒延期、毫秒延期系列产品。目前，毫秒延期雷管已向高精度短间隔系列产品发展。另外，电子雷管则是目前雷管技术发展的一个重要方向，且已在露天矿山爆破工程中得到了成功应用。

4.3.1　电雷管

1. 电雷管的基本特征

电雷管是由电能来起爆雷管中的炸药，其基本构造如图4-10所示，其电引火装置的结构如图4-11所示。电引火由脚线、引火头和塑料塞构成。脚线为塑料绝缘外皮的铜线或铁线，铜线直径为0.45 mm，每米电阻为0.1~0.12 Ω，铁线直径为0.5 mm。每米电阻为0.55~0.60 Ω，引火头的电桥丝为镍铬丝(直径为0.35~0.04 mm)或康铜丝(铜镍合金，直径为0.045~0.05 mm)两种，桥距2.8~3.5 mm。引火药头有硫氰酸铅-硫酸钾或木炭-氯酸钾(或外加15%二硝基重氮粉)两种，前者多用硝棉胶作黏结剂，后者多用骨胶或桃胶作黏结剂。

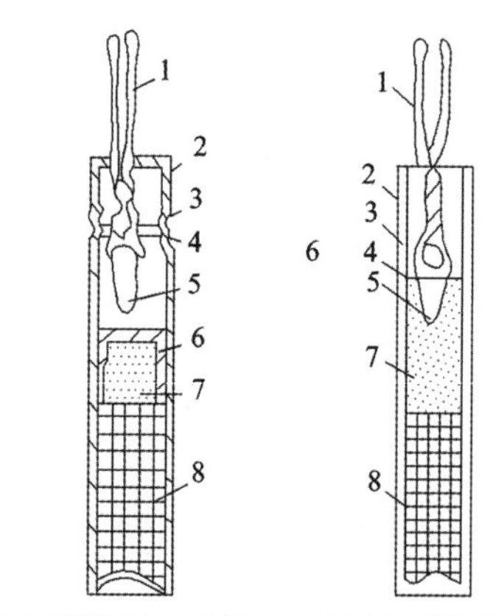

(a)金属壳瞬发电雷管　(b)纸壳直插式瞬发电雷管

1—脚线；2—管体；3—硫磺柱；4—纸垫；5—引火头；6—加强帽；7—起爆药；8—松装DDNP。

图4-10　瞬发电雷管结构图

根据国产电雷管技术标准(GB 8031—2015 工业电雷管)，2 m铁脚线雷管的全电阻：康铜桥丝雷管不大于4 Ω，镍铬桥丝雷管不大于6.3 Ω，封口牢固性应承受20 N荷重1 min，塑料塞无肉眼可见的移动，通以0.7 A直流电流时必须发火，通以0.05 A直流电流时5 min内不准许发火，串联性能：20发雷管串联，康铜桥丝雷管通以2 A直流电流，镍铬桥丝雷管通以1.5 A直流电流，应全部发火。在符合WJ231-77震动机上进行振动试验[频率为(60±1)次/min、落高为(150±2)mm]，振动5 min不爆炸，不出现断桥、电阻不稳定、短路、结构损坏，贮存有效期不小于2年。

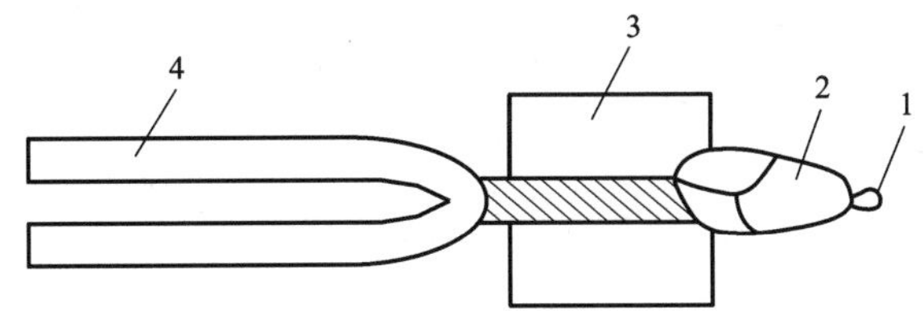

1—药头(引火头)；2—电桥丝；3—塑料塞；4—脚线。

图4-11 电引火装置

国产康铜桥丝电雷管(桥丝直径为0.05 mm，硫氰酸铅-氯酸钾引火药)的电发火参数如表4-21所示。两种桥丝电发火参数的比较如表4-22所示。

表4-21 康铜桥丝雷管的电发火参数

电发火特性	电流/A									
	1.0		1.5		2.5		3.5		4.0	
	最大	最小	最大	最小	最大	最小	最大	最小	最大	最小
发火冲能/(A^2·ms)	50	41	43	29.3	19.4	18.1	85.76	61.25	14.4	13.6
发火时间/ms	50	41	18.1	13	3.1	2.9			0.9	0.85
熔断冲能/(A^2·ms)	175	65	110.2	85.5	74.8	62.5			64	24
熔断时间/ms	175	65	50	38	12	10			4	1.5

表4-22 不同桥丝电雷管的一些参数比较

桥丝材料	桥丝直径/mm	桥丝电阻/Ω	最大安全电流/A	最小准爆电流/A	额定发火冲能/(A^2·ms)
康铜	0.047	1.2~1.33	0.30	0.425	14.9
镍铬合金	0.042	2.5~3.3	0.125	0.20	3.4

2. 毫秒延期电雷管

毫秒延期电雷管简称毫秒电雷管，是一种电力起爆器材，延期时间以毫秒计。与瞬发电雷管相比，毫秒延期电雷管只是增加了一个延期元件。延期元件是毫秒电雷管的重要部分，在很大程度上决定延期时间和延期精度。

从雷管脚线通入足够大电流到雷管爆炸之间的时间称为电雷管的延期时间，它实际上由引火头的激发时间、传导时间、引火头火焰喷出时间、延期药燃烧时间和炸药反应时间组成。其中最主要的是延期药的配方和延期元件的长度(或延期药量)。国产毫秒电雷管的延期时间系列见表 4-23，雷管段别标志见表 4-24。

表 4-23 我国毫秒电雷管延期时间

单位：ms

段别	第一系列		第二系列		第四系列 LYG30D900		G-1 系列		MG803-A 系列	
	延时	间隔	延时	间隔	延时	间隔	延时	间隔	延时	间隔
1	<13		<5		5+10 5-5		<13		<10	15
2	25±10	12	25±5	25	25±10	20	25±10	25	25±7.5	15
3	50±10	25	50±5	25	45±10	20	50±10	25	40±7.5	15
4	75+15 75-10	25	75±5	25	65±10	20	75±10	25	55±7.5	15
5	110±15	35	100±5	25	85±10	20	100±10	25	70+10 70-7.5	15
6	150±15	40	125±7	25	105±10	20	125±10	25	90±10	20
7	200+20 200-25	50	150±7	25	125±10	20	150±10	25	110±10	20
8	250±25	50	175±7	25	145±10	20	175±10	25	130±10	20
9	310±30	60	200±7	25	165±10	20	200±10	25	150±10	20
10	380±35	70	225±7	25	185±10	20	225±10	25	170+12.5 170-10	20
11	460±40	80			205±10	20	250±10	25	195±12.5	25
12	550±45	90			225+12.5 225-10	20	275±10	25	220±12.5	25
13	650±50	100			250±12.5	25	300±10	25	245±12.5	25
14	760±55	110			275±12.5	25	325±10	25	270±12.5	25
15	880±60	120			300+12 300-12.5	25	350+20 350-10	25	295+17.5 295-12.5	25
16	1020±70	140			330±15	30	400±20	50	330±17.5	35
17	1200±90	180			360+17.5 360-15	30	450±20	50	365±17.5	35
18	1400±100	200			395±17.5	35	500±20	50	400±17.5	35
19	1700±130	300			430+20 430-17.5	35	550±20	50	435±17.5	35
20	2000±150	300			470±20	40	600±20	50	470±17.5	35
21					510±20	40			520±25	50
22					550±20	40			570±25	50

续表4-23

段别	第一系列		第二系列		第四系列 LYG30D900		G-1 系列		MG803-A 系列	
	延时	间隔	延时	间隔	延时	间隔	延时	间隔	延时	间隔
23					290±20	40			620±25	50
24					630±20	40			670±25	50
25					670±20	40			720±25	50
26					710±20	40			770±25	50
27					750+25 750−20	40			820+30 820−25	50
28					800±25	50			880±30	60
29					850±25	50			940±30	60
30					900+20 900−25	50			1000±30	60

表 4-24　国产毫秒电雷管的段别标志

段号	1	2	3	4	5	6	7	8	9	10	11
脚线颜色	灰红	灰黄	灰蓝	灰白	绿红	绿黄	绿白	黑红	黑黄	黑白	挂汉字牌

根据延时起爆技术的要求，电雷管的延期系列和延期间隔，应该尽量满足矿山爆破中合理延期间隔时间选择的要求。为了使电雷管适用范围广，便于选择，所以国产毫秒电雷管的延期时间有几个系列，能提供几种不同延期间隔时间。

国产毫秒电雷管一般质量要求为：

(1)外观：管壳外表无裂缝、砂眼、变形、污垢，底部残缺、封口塞松动、锈蚀等，内外壁无浮药。脚线无折断，绝缘外层完好，芯线不锈蚀。从每批中任意取 200 发雷管做外观检验。

(2)尺寸：纸壳雷管长度为 45(或 50)mm，外径为 8. 5 mm，内径为 6. 18~6. 30 mm。

金属壳雷管长度为 60 ~ 90 mm，外径为 6. 8 mm，内径为 6. 18 ~ 6. 22 mm。脚线通常为 2 m。根据用户要求，其长度可另行决定。

(3)铅板穿孔试验：铅板厚 5 mm，穿孔直径不小于雷管外径。

(4)封口牢固性试验：荷重 1 kg，新标准 2 kg 持续 1 min，封口塞不松动、不脱落，电阻正常。取经震动试验合格的 10 发雷管作静拉力试验。

(5)浸水试验：不作正常验收项目，无统一标准，可视具体要求而动。

(6)分段标志见表 4-24，其延期时间见表 4-25。

(7)电阻：取经外检验合格的 40 发雷管进行电阻检验。不允许有断路、短路、电阻不稳或超出表 4-26 范围的情况。

表 4-25 国产毫秒延期电雷管的延期时间 单位：ms

规格＼段别	1	2	3	4	5	6	7	8	9	10
1	<0.1	1.5±0.6	3±0.7	4.5±0.8	6±0.9					
2	<0.1	2±0.4	4±0.6	6±0.8	8±0.9	10±1.0	12±1.1			
3	<0.1	1.0±0.5	2.0±0.6	3.1±0.7	4.3±0.8	5.6±0.9	7.0±1.0			
4	<0.1	0.5±0.2	1.0±0.2	1.5±0.2	2.0±0.2	2.5±0.2	3.0±0.2	3.5±0.2	4.0±0.2	4.5±0.2

(8)最大安全电流(单发)：通以恒定直流电流时，在 30 s 内不应爆炸的最大电流。最大安全电流不应低于 0.1 A。

(9)最小发火电流(单发)：指通以恒定直流电流时，在 30 s 内爆炸的最小电流。最小发火电流不应高于 0.6 A。

(10)串联准爆电流：取经震动试验合格的 20 发电雷管串联连结，通以恒定直流电时，应全部爆炸。其电流不应大于 1.2 A(该项试验可与铅板穿孔试验一并进行)。

(11)延期时间：是毫秒电雷管最主要的指标之一，测量延期时间常用仪表有 PT-1 型时间间隔测量仪、DT-1 型电雷管特性测量仪、BQ-Ⅱ型综合参数测试仪、BSW-2 五段爆速、SBD-1 单段爆速仪、LGS-1 型毫秒雷管计时仪等。

3. 秒延期电雷管

在电引火头和起爆药之间装配秒延期元件，就构成秒延期电雷管，延期元件由导火索段或由无气体产物的延期药制成，延期时间主要取决于索段长度。

国产秒延期电雷管的规格见表 4-26。

表 4-26 国产秒延期电雷管规格

脚线材质	桥丝材质	电阻/Ω		备 注
		桥丝电阻	全电阻	
铜线	镍铬 ϕ(35~40) μm	1.5~3.3	不大于 4	脚线长度 2 m
铁线	镍铬 ϕ(35~40) μm	1.5~3.3	不大于 6.3	脚线长度 2 m

4. 抗杂散电流、抗静电毫秒电雷管

随着矿山机械化和电气化程度的提高，杂散电和静电威胁着电雷管爆破作业的安全，抗杂电、抗静电雷管是为克服这种威胁而发展起来的。

国产抗杂电雷管分为无桥丝间隙式和低电阻桥丝式两种。无桥丝间隙式雷管用一种既能导电又能发火的导电药代替桥丝。导电药具有非线性电阻，在低电压(如杂散电压)下电阻很大，可以抗杂电，在高电压下(起爆电压)电阻迅速减小，保证成群准爆。其主要技术指标：电阻为 50~400 Ω，5 V 直流电压作用 5 min 不发火；15 V 直流电压作用时必须发火；导电引火药头作用时间小于 13 ms 的电压：单支 27 V/发。串联 20 V/发；20 发串联通以 380 V 交流电时应全部准爆；-20℃恒温 5 h，+55℃恒温 2 h 发火特性符合要求。串并联网路的额定成群起爆发数：QLDF-1000 型起爆器 120 发；GM-2000 型起爆器 400 发；380 V 交流电 400 发。低电阻桥丝式抗杂电雷管用紫铜丝作为桥丝，在杂散电流作用下桥丝不致发热到引燃引火药头，它的发火冲能很大，须用特制的起爆器引爆。该雷管的紫铜桥丝直径有 0.004 mm 和 0.06 mm 两种规格，最小发火电流为 1.8 A 和 2.8 A，6 ms 发火电流为 7.5 A 和 11.8 A，用 BCJX-5040 起爆器的额定起爆器发数：单串联 190 发和 100 发，两串并联 300 发和 140 发。

国产的两种抗杂电雷管的结构，除引火药头外，与普通电雷管相同，故它们的爆炸性能与工业 8 号雷管相同。如果装配延期元件，则构成毫秒或秒延期抗杂电雷管，并符合相应的延期时间技术标准。

抗静电雷管有三种类型，即阻泄式、漏泄式和抗静电引火药。前两种可防止脚线与管壳间放电。第三种对桥丝放电和脚线-管壳放电兼有防护作用。我国已在矿山试用过的品种属于漏泄式，见图 4-12。

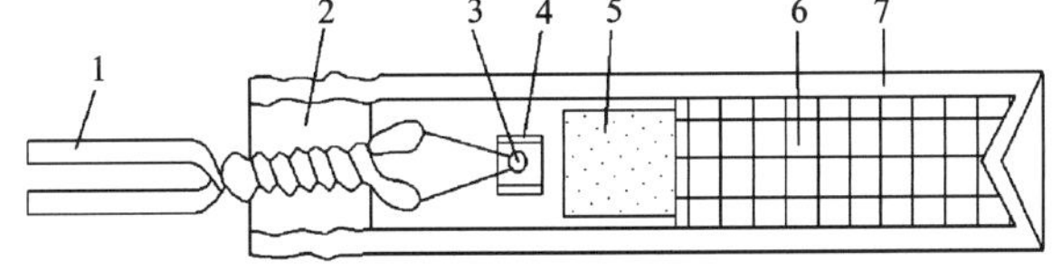

1—裸脚线；2—塑料塞；3—药头；4—加强帽；
5—起爆药；6—副装药；7—管壳。

图 4-12　漏泄式抗静电雷管结构图

5. 电雷管起爆网路使用注意事项

(1) 同一起爆网路，应使用同厂、同批、同型号的电雷管；电雷管的电阻值差不得大于产品说明书的规定。

(2) 电爆网路不应使用裸露导线，不得利用铁轨、钢管、钢丝作爆破线路，电爆网路应与大地绝缘，电爆网路与电源之间应设置中间开关。

(3) 电爆网路的所有导线接头，均应按电工接线法连接，并确保其对外绝缘。在潮湿有水的地区，应避免导线接头接触地面或浸泡在水中。

(4) 起爆电源能量应能保证全部电雷管准爆，流经每个普通电雷管的电流应满足：一般爆破，交流电不小于 2.5 A，直流电不小于 2 A；硐室爆破，交流电不小于 4 A，直流电不小于 2.5 A。

(5) 电爆网路的导通和电阻值检查，应使用专用导通器和爆破电桥，专用爆破电桥的工作电流应小于 30 mA。爆破电桥等电气仪表应每月检查一次。

(6) 用起爆器起爆电爆网路时，应按起爆器说明书的要求连接网路。

4.3.2　导爆管雷管

导爆管雷管是指利用导爆管传递的冲击波能直接起爆的雷管，由导爆管和雷管组装而成。产品延时规格见表 4-27，其他性能指标与电雷管相同。

导爆管起爆网路使用注意事项：

(1) 导爆管网路中不应有死结，炮孔内不应有接头，孔外相邻传爆雷管之间应留有足够的距离；

(2) 用雷管起爆导爆管网路时，起爆导爆管的雷管与导爆管捆扎端端头的距离应不小于 15 cm，应有有效措施防止雷管聚能射流切断导爆管，防止延时雷管的气孔烧坏导爆管，且导爆管应均匀地分布在雷管周围并用胶布等捆扎牢固；

(3) 使用导爆管连通器时，应夹紧或绑牢；

(4)采用地表延时时，地表雷管与相邻导爆管之间应留有足够的安全距离，孔内应采用高段别雷管，确保地表未起爆雷管与已起爆炮孔之间的距离不小于 20 m。

表 4-27 各段别导爆管、雷管的延时规格

段别	延期时间(以名义秒量计)							
	毫秒导爆管雷管/ms			1/4 s 导爆管雷管/s	半秒导爆管雷管/s		秒导爆管雷管/s	
	第一系列	第二系列	第三系列	第一系列	第一系列	第二系列	第一系列	第二系列
1	0	0	0	0	0	0	0	0
2	25	25	25	0.25	0.50	0.50	2.5	1.0
3	50	50	50	0.50	1.00	1.00	4.0	2.0
4	75	75	75	0.75	1.50	1.50	6.0	3.0
5	110	100	100	1.00	2.00	2.00	8.0	4.0
6	150	125	125	1.25	2.50	2.50	10.0	5.0
7	200	150	150	1.50	3.00	3.00	—	6.0
8	250	175	175	1.75	3.60	3.50	—	7.0
9	310	200	200	2.00	4.50	4.00	—	8.0
10	380	225	225	2.25	5.50	4.50	—	9.0
11	460	250	250	—	—	—	—	—
12	550	275	275	—	—	—	—	—
13	650	300	300	—	—	—	—	—
14	760	325	325	—	—	—	—	—
15	880	350	350	—	—	—	—	—
16	1020	375	400	—	—	—	—	—
17	1200	400	450	—	—	—	—	—
18	1400	425	500	—	—	—	—	—
19	1700	450	550	—	—	—	—	—
20	2000	475	600	—	—	—	—	—
21	—	500	650	—	—	—	—	—
22	—	—	700	—	—	—	—	—
23	—	—	750	—	—	—	—	—
24	—	—	800	—	—	—	—	—
25	—	—	850	—	—	—	—	—
26	—	—	950	—	—	—	—	—

续表4-27

段别	延期时间(以名义秒量计)							
	毫秒导爆管雷管/ms			1/4 s导爆管雷管/s	半秒导爆管雷管/s		秒导爆管雷管/s	
	第一系列	第二系列	第三系列	第一系列	第一系列	第二系列	第一系列	第二系列
27	—	—	1050	—	—	—	—	—
28	—	—	1150	—	—	—	—	—
29	—	—	1250	—	—	—	—	—
30	—	—	1350	—	—	—	—	—

4.3.3 电子雷管

传统的电力起爆和塑料导爆管起爆是目前露天矿山爆破工程中的主要起爆方法，其中的电力起爆技术由于具有能在爆破前导通检测、起爆可靠性较好等优点，应用广泛，但它易受杂电、射频电的影响，于爆破安全不利，而数码电子雷管的出现则能够弥补这方面的不足。

电子雷管(electronic detonator)的研究始于20世纪80年代初期，是一种可随意设定并准确实现延期发火的新型电雷管，具有发火时刻控制精度高、延期时间可灵活设定两大技术特点，是近代起爆器材领域里引人注目的新进展。其本质在于用一个微型电子定时器(集成电路块)取代电雷管中的化学延期药与电点火元件，不仅使延期精度有很大提高，而且控制了通往引火头的电源，从而最大限度地减少了因引火头能量需求的差异引起的误差。电子雷管各段之间的延时间隔通常为2 ms，延时误差为0.2 ms。

在电子雷管生产过程中，在线计算机为每发雷管分配一个识别ID码，打印在雷管的标签上并存入产品原始电子档案。依据ID码，电子雷管计算机管理系统可以对每发雷管实施全程管理，直至完成起爆使命。在使用时，编码器依据ID码对其予以识别。

目前，数码电子雷管的价格较贵，但应用实践表明，数码电子雷管操作简便、延时精确、安全性能及爆破效果良好，综合效益足以抵偿价格上的差异。

(1)技术特点。数码电子雷管是在原有雷管装药的基础上，采用具有电子延时功能的专用集成电路芯片取代普通电雷管中的延期药和电点火元件，不仅大大提高了延期精度，而且控制了通往引火头的电源，从而最大限度地减少了因引火头能量需求所引起的误差。每个雷管的延期时间可在0至100 ms范围内按毫秒量级编程设计，其延期精度可控制在0~2 ms。利用电子延期精确可靠、可校准的特点，极大地提高了雷管的延期精度和可靠性。数码电子雷管的延期时间在爆破现场由爆破员按其意愿设定，并在现场对整个爆破系统实施编程和检测。

(2)结构。数码电子雷管起爆系统基本上由数码电子雷管、编码器和起爆器三部分组成。①数码电子雷管(PBS)。在生产过程中，在线计算机为每发雷管分配一个识别(ID)码，打印在雷管的标签上并存入产品原始电子档案。ID码是雷管上可以见到的唯一标志，使用时编码器对其予以识别。依据ID码，电子雷管计算机管理系统可以对每发雷管实施全程管理，直到完成起爆使命。②编码器。其功能是在爆破现场对每发雷管设定所需的延期时间。操作方法是：首先将雷管脚线接到编码器上，编码器立即读出该发雷管的 ID 码。然后，爆破技术人员按设计要求，用编码器向该发雷管发送并设定所需的延期时间。③起爆器。控制整个爆破网路编程与触发起爆。起爆器的控制逻辑比编码器高一个级别，即起爆器能够触发编码器，起爆网路编程与触发起爆所必需的程序命令均设置于起爆器内。一只起爆器可以管理 8 只编码器，每只编码器回路最大长度为 2000 m，起爆器与编码器之间的起爆线长度为 1000 m。

由图 4-13 可见，电子雷管与传统雷管的不同之处在于延期结构和点火头的位置，传统雷管采用化学物质进行延期，电子雷管采用具有电子延时功能的专用集成电路芯片进行延期：传统雷管点火头位于延期体之前，点火头作用于延期体实现雷管的延期功能，由延期体引爆雷管的主装药部分；而电子雷管延期体位于点火头之前，由延期体作用到点火头上，并由点火头作用到雷管主装药上。

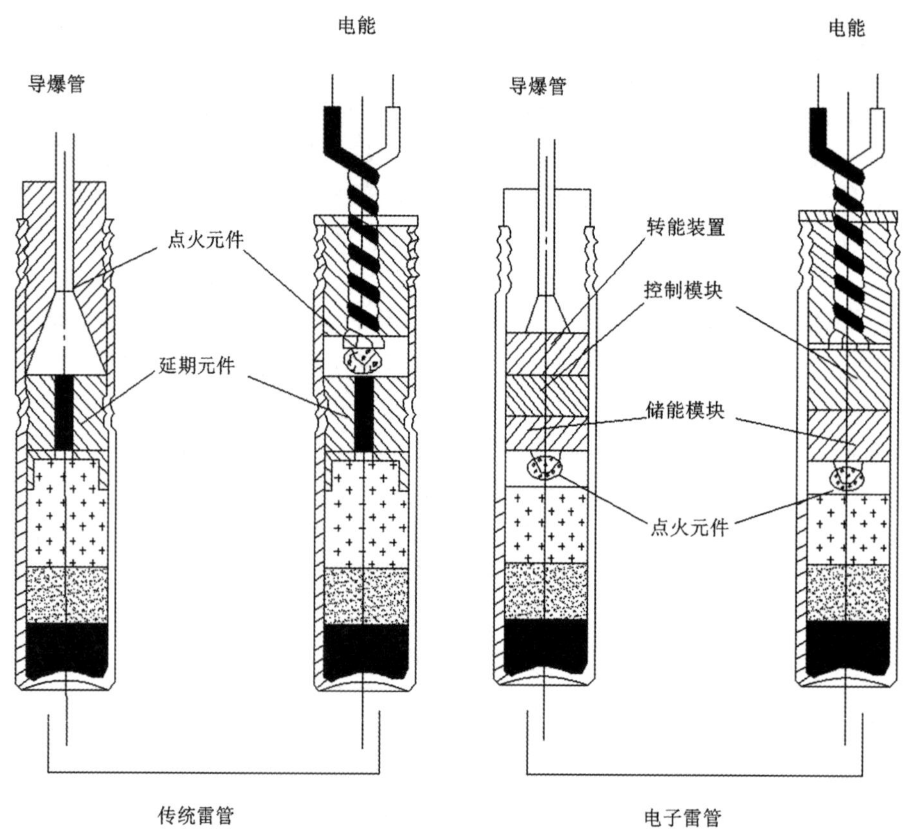

图 4-13 电子雷管结构及其与传统雷管的对比

(3)数码电子雷管分类。电子雷管的分类如表 4-28 所示。

表 4-28　电子雷管分类

按输入能量区分	导爆管电子雷管	按使用场合区分	隧道专用电子雷管
	数码电子雷管		
按延期编程方式区分	固定延期(工厂编程)电子雷管		煤矿许用电子雷管
	现场可编程电子雷管		
	在线可编程电子雷管		露天使用电子雷管

(4)电子雷管起爆网路。数码电子雷管具有专用的起爆控制系统，数码电子雷管起爆系统的典型结构如图 4-14 所示，其起爆由主、从起爆控制器两种设备构成，主设备(铱钵起爆器)由于对起爆过程的全部流程进行控制，是系统中唯一可以起爆网路的设备；从设备(铱钵表)主要用于对扩展雷管的起爆网路，以及在爆破网路布设时，对接入起爆网路的雷管进行注册，铱钵表本身不具备起爆雷管的能力，必须借助铱钵起爆器才能完成对雷管的起爆控制过程，按照起爆器的指令对所辖雷管起爆过程进行控制。

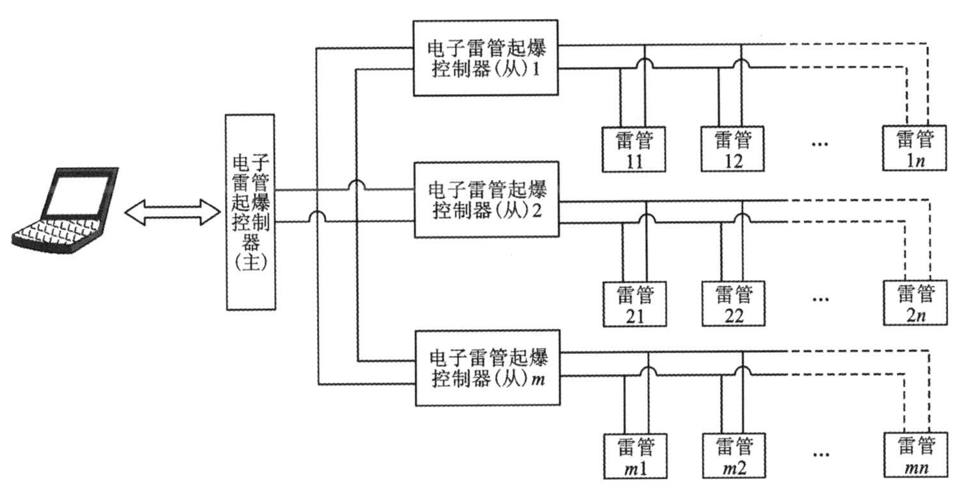

图 4-14　数码电子雷管起爆系统典型结构

数码电子雷管的起爆控制系统由于本身负载能力的限制，根据电子起爆系统中接入雷管数量的不同分为小规模起爆和大规模起爆两种不同的起爆系统。

电子雷管优缺点：通过集成电路块取代了传统延期药，实现了精确延期，有利于控制爆破效应；提高了雷管生产、运输、使用的技术安全性；可实现雷管的信息化管理；但是电子雷管较贵，成本较高。

4.3.4　其他起爆器材

1. 导爆索

导爆索又称为传爆索、导爆线。它是一种传导爆轰的索状起爆材料。根据用途，可分为普通导爆索和安全导爆索两类。

普通导爆索能直接起爆炸药。但是这种导爆索在爆轰过程中，产生强烈火焰，所以只能用于露天爆破和无瓦斯、矿尘危险的井下爆破。

普通导爆索结构与导火索相似。索芯中也有三根芯线，索芯外有三层棉纱线和纸条缠绕，并有两层防潮层，不同之处在于导爆索的芯药是采用黑索金或泰安制成的，而且在缠包层的最外层涂有红色颜料，工业导爆索结构如图 4-15 所示。

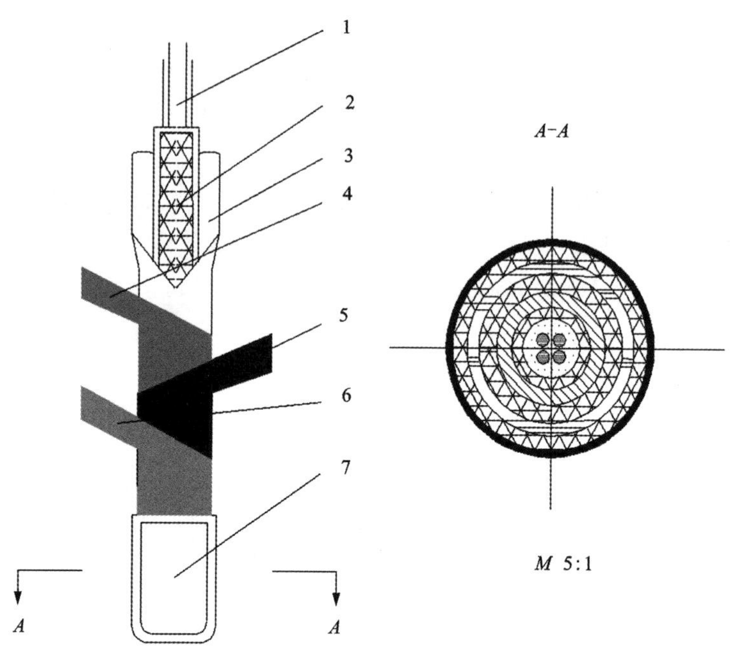

1—芯线；2—太安或黑索金药芯；3—纸条层；4—内纱层；5—防潮层；6—外纱层；7—防潮涂料层。

图 4-15 工业导爆索结构

导爆索爆速与药芯密度有关，目前国产导爆索黑索金密度为 1.2 g/cm^3 左右，药量为 12~14 g/m，爆速大于 6500 m/s。普通导爆索具有一定防水性和耐热性能。普通导爆索的外径为 5.7~6.2 mm，每(50±0.5)m 为一卷，有效期一般为两年。安全导爆索专供有瓦斯或矿尘爆炸危险的井下爆破作业使用。它与普通导爆索结构相似，不同之处在药芯或缠包层中增加适量消焰剂(通常是 NaCl)，使爆轰中产生的火焰小、温度较低。

导爆索起爆法的优点是操作简便，导爆索强度较高，能防潮，较为安全可靠，可使成组炮孔同时起爆，也可与起延时作用的继爆管相结合进行延时爆破。由于导爆索的爆速相当高，对炮孔内所装粉状炸药的传爆有利，故可用于导爆索法在露天和无煤尘、无瓦斯等气体引爆可能性的大型爆破作业中。导爆索价格较高。

除普通导爆索外，还有一些新型导爆索，如标准型塑料导爆索、LT-3 型塑料导爆索、LT-4 型低能导爆索、LT-5 型高能导爆索、LT-6 型检测导爆索、LT-7 型低爆速导爆索、SDB-1 型和 SDB-2 型油井导爆索等。

(1)导爆索爆速及继爆管延时的测定。导爆索爆速的测定方法用道特里什法，用已知爆速的导爆索与欲测定爆速的导爆索各取长 1120 mm 进行对比，求出后者的爆速。目前导爆索的爆速主要用示波器或爆速测定仪进行测定。

继爆管与延时起爆雷管的延时测定方法基本相同。所不同的是在测定时，首尾两根靶线插入或捆在继爆管两端的导爆索上，而测定延时起爆雷管时，是把雷管通电的信号作为起始信号，把靶线炸断的信号作为终止信号。

(2)导爆索起爆网路。在爆破工程中，可按串联法、簇联法、分段并联法三种方式实施成组药包的导爆索起爆(图 4-16)。

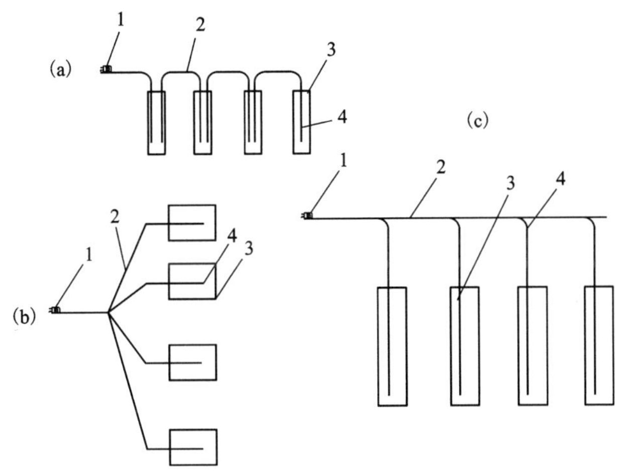

(a)串联法；(b)簇联法；(c)分段并联法。
1—雷管；2—导爆索；3—药包；4—引索。

图 4-16　导爆索网路联接的基本方法

采用分段并联法实施成组炮孔起爆的爆破网路，通常有开口网路和环形网路两种(图 4-17)。导爆索之间则有三种联接方法，其中以水手结接法较牢，不易拉脱，多用于炮孔内导爆索间的接头，而搭接法和扭接法多用于干索间或干索与引索间的接头。采用环形网路时，所有索间的联接都必须采用水手结或“T”形结等联接法(图 4-18)。

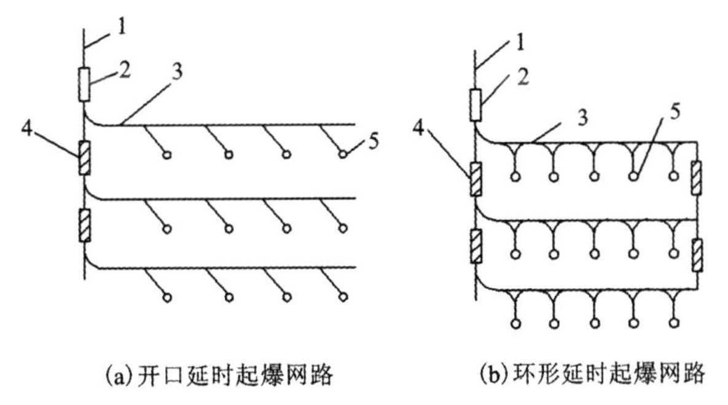

1—主导爆索；2—起爆雷管；3—支导爆索；4—导爆索继爆管；5—炮孔。

图 4-17　导爆索起爆网路

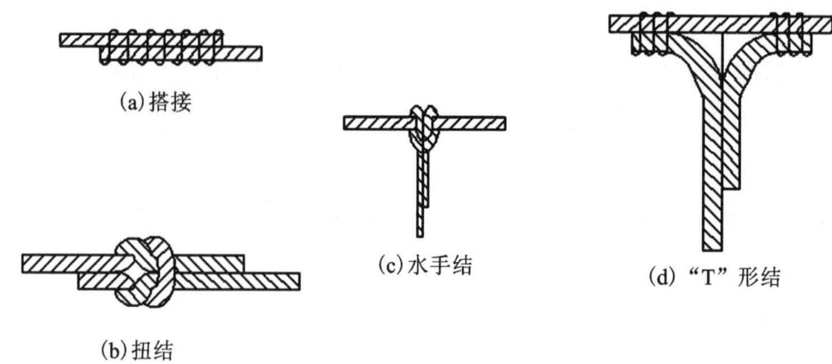

图 4-18　导爆索联接方式

导爆索-继爆管网路联接的基本形式是孔间延时和组合延时。实践中可根据具体条件因地制宜灵活设计各种形式，以获得不同的延迟时间。

导爆索起爆网路使用注意事项：

(1)起爆导爆索的雷管与导爆索捆扎端端头的距离应不小于 15 cm，雷管的聚能穴应朝向导爆索的传爆方向。

(2)导爆索起爆网路应采用搭接、水手结等方法连接；搭接时两根导爆索搭接长度不应小于 15 cm，中间不得夹有异物或炸药，捆扎应牢固，支线与主线传爆方向的夹角应小于 90°。

(3)联结导爆索中间不应出现打结或打圈；交叉敷设时，应在两根交叉导爆索之间设置厚度不小于 10 cm 的木质垫块或土袋。

2. 塑料导爆管

导爆管起爆系统是瑞典诺贝尔公司于 20 世纪 70 年代最先发展的技术，塑料导爆管则是这种非电起爆系统的传爆元件，用于起爆其末端的雷管。塑料导爆管非电起爆系统目前已经在国内外大中型露天矿山得到了广泛应用。其优点主要是：使用方便，较可靠；可耐三万伏左右静电压，不受杂散电流的影响；能防水；费用较低。与所有非电起爆系统一样，其缺点是无法像电起爆网路那样可以用仪表检测网路的联接质量。

塑料导爆管是一种内壁涂有混合炸药粉末的塑料软管(图 4-19)。管壁材料是高压聚乙烯，外径为(2.95±0.15) mm，内径为(1.40±0.10) mm，管内壁涂以薄层炸药，由 91%的奥克托金或黑索金、9%的铝粉和少量添加剂混匀而成。装药线密度按导爆管产品有两种装药量，即(16±1) mg/m 和(20±1) mg/m，爆速分别为(1650±30) m/s 和(1950±50) m/s。

图 4-19　塑料导爆管

塑料导爆管需用击发元件起爆。击发元件有工业雷管、普通导爆管、击发枪、火帽、电引火头或专用击发笔。当击发元件作用于塑料导爆管，所激起的冲击波在管内传播，管内炸药发生化学反应，形成一种特殊的爆轰。爆轰反应释放出的热量及时不断地补充沿导爆管传播的爆轰波，从而使爆轰波能以一个恒定的速度传播。由于导爆管内壁炸药量很少，形成的爆轰波能量不大、强度低，不能直接起爆工业炸药，也不会损坏管体，但能起爆雷管，然后再由雷管起爆工业炸药。

导爆管传爆的机理是管道效应。在断药 5~10 cm 的情况下能维持爆轰，能在较低速的起爆脉冲引爆后，自加速到稳定爆轰。如果将导爆管的爆轰简化为等效的均匀的理想气体爆轰，则可以计算出冲击波阵面参数(表 4-29)。

表 4-29　导爆管的空气冲击波参数

爆速/(m·s^{-1})	比容/(cm^3·g^{-1})	波面压力*/MPa	波面温度/K	质点速度/(m·s^{-1})
1500	166	2.4	1418	1195
1600	162	2.7	1576	1275
1700	159	3.1	1745	1373
1800	156	3.4	1924	1443
1900	154	3.8	2113	1530
2000	152	4.2	2316	1614

* 简化的等效气体爆轰模型计算结果较实测压力稍低。

导爆管管体承受 70 N 拉力仅伸长而不断裂(常温)。管端密封，20 m 水深浸 16 h，性能不变。用卡斯特落锤冲击，锤重 10 kg，落高 1.5 m，导爆管不起爆。长 700 m 盘卷导爆管置于烈火上焚烧，只燃烧，不爆炸。导爆管在-20~50℃环境温度下性能稳定，但低温易脆裂，高温易软化，由于导爆管传爆中会迫使管体变形，膨胀变形会引起爆速减小，不同温度下导爆管的实测爆速如表 4-30 所示。

表 4-30　不同温度下导爆管的实测爆速　　单位：m/s

温度/℃	装药量	
	(16±1) mg/m	(20±1) mg/m
70	1400±8.1	1689±24.2
50	1494±20.3	1863±4.7
34	1587±10.2	1936±17.1
22.5	1638±1.0	1958±6.6
14	1672±6.3	1991±9.0
0	1672±1.0	2008±20.5
-20	1674±5.1	2003±12.3
-42	1674±4.0	2009±7.3

导爆管耐高压电能力：取 15 cm 长的导爆管，装药量为(16±1) mg/m。两端插入电极，极距为 5～10 cm，导爆管耐高压试验结果如表 4-31 所示。

表 4-31 导爆管耐高压试验结果

极距/cm	电压/kV	电容/pF	耐压时间/min	发火情况
5	53	300	瞬间	发火
	30	21600	5	不发火
	50	21600	5	不发火
10	62	21600	瞬间	发火
	50	21600	5	不发火
	30	300	5	不发火
	30	21600	5	不发火

3. 继爆管

继爆管是与导爆索配合使用，实现延时起爆的一种起爆器材，借助于继爆管的毫秒延期继爆作用与导爆索一起实施延时起爆。继爆管有双向继爆管和单向继爆管两个品种。

单向继爆管是不对称的结构，如图 4-20(a)所示，只能从主动端[如与图 4-20(a)中的连接管 11 相连接的导爆索]起爆时，才能起到预期的延期和起爆作用，因此使用时切不可接反方向。

双向继爆管是一个对称的结构，如图 4-20(b)所示，从任一端起爆导爆索时，均可起到预定的延期和起爆作用。国产继爆管的延时规格：单向，(10±7) ms，(30±10) ms 和(50±10) ms，(75±10) ms；双向，10 ms、20 ms、30 ms、40 ms、50 ms，爆炸可靠性大于 99.7%，使用温度为-40～55℃，耐拉力为 150 N，持续时间为 3 min。

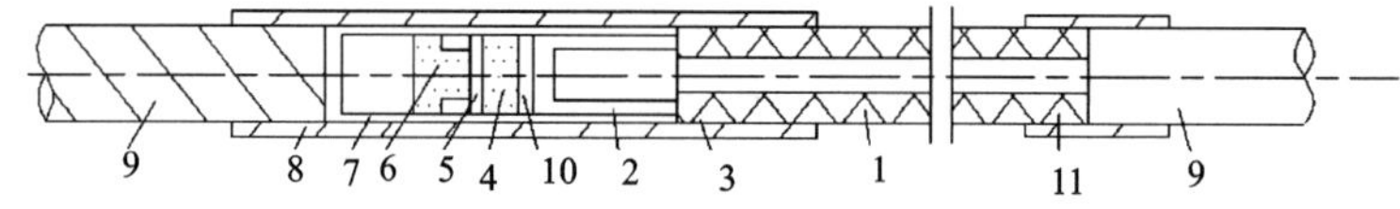

(a)单向继爆管

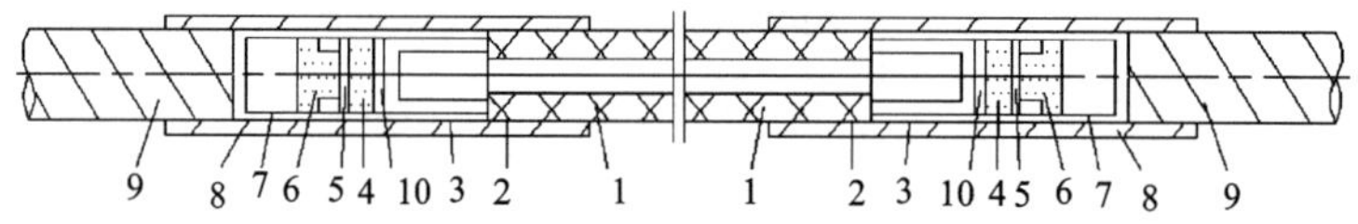

(b)双向继爆管

1—消爆管；2—长内管；3—外套管；4—延期药；5—加强帽；6—二硝基重氮酚；7—黑索金；8—雷管壳；9—导爆索；10—纸垫；11—连接管。

图 4-20 继爆管结构

YMB-1 型双向继爆管段别标准见表 4-32。

表 4-32　YMB-1 型双向继爆管段别标准　　单位：ms

段别	一系列	二系列
半段		5±1
1	10±4	10±2
2	25±5	20±3
3	40±6	30±3
4	55±7	40±4
5	75±8	50±4
6	100±9	60±4
7		70±4
8		80±4
9		90±4
10		100±4

4. 起爆具

起爆具又称起爆药柱、起爆体、起爆药包，是用于引爆铵油炸药等钝感炸药的起爆器材（图 4-21）。起爆药柱具有高威力、高爆速、高密度、高爆轰感度和强耐水性等特点，其上分别设有雷管盲孔插槽和导爆管（索）通孔，可以很方便地用雷管或导爆索直接将其引爆。按起爆方式分为单雷管（导爆索）起爆具和双雷管（导爆索）起爆具等。单雷管起爆具指起爆具本体上有一个雷管孔和一个导爆管（索）孔。双雷管起爆具指起爆具上有两个雷管孔，可用两个雷管起爆，起双保险的作用。

图 4-21　起爆具

按所装炸药爆速，起爆具产品一般分为两种，一种是爆速大于等于 7000 m/s，另一种是爆速大于等于 5000 m/s 但小于 7000 m/s。起爆具装药量大小差异较大，其结构及规格如图 4-22 所示。

在露天台阶爆破中，炮孔直径一般都比较大，使用的炸药多为起爆感度低、安全性好、临界直径大的炸药品种。在此情况下，需要采用雷管引爆起爆药柱，然后再由起爆药柱爆炸起爆炮孔中的装药，以保证装药的起爆可靠性。

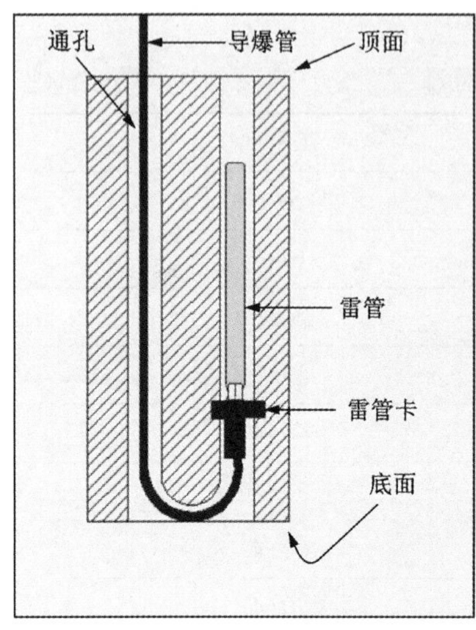

装药量	参考尺寸/(mm×mm) (直径×高)	起爆方式	备注
150 g	ϕ37×122	单发雷管或导爆索起爆	
150 g	ϕ38×129	单发雷管起爆	塑料壳,用于上行孔
200 g	ϕ46×128	单/双发雷管起爆	塑料壳,用于上行孔
200 g	ϕ40×125	单发雷管或导爆索起爆	
225 g	ϕ42×125	单发雷管或导爆索起爆	
300 g	ϕ46×185	单/双发雷管起爆	塑料壳,用于上行孔
300 g	ϕ50×125	单/双发雷管起爆	
340 g	ϕ50×125	单发雷管或导爆索起爆	
400 g	ϕ55×125	单发雷管或导爆索起爆	
450 g	ϕ61×125	单/双发雷管起爆	
450 g	ϕ58×127	单/双发雷管起爆	
450 g	ϕ58×131	单/双发雷管起爆	
500 g	ϕ58×135	单发雷管或导爆索起爆	
500 g	ϕ61×130	单/双发雷管起爆	
800 g	ϕ72×145	单/双发雷管起爆	
900 g	ϕ83×122	单发雷管或导爆索起爆	
1000 g	ϕ83×136	单/双发雷管起爆	
1200 g	ϕ93×125	单发雷管或导爆索起爆	

图 4-22 起爆具结构及规格

4.4 爆破用仪表及其使用

爆破工程中常用的仪表可分为三类，即网路检测仪表、爆破电源仪表和爆破安全检测仪表等。

4.4.1 网路检测仪表

这类仪表的用途是检测整个电爆网路中各个环节是否符合设计要求，保证网路起爆的可靠性和准确性。具体内容有三方面：

(1)测量电雷管及网路各个部分的电阻值与标签或计算值是否相符，发现误差超过 5%的地点和原因，以保证网路上各部分能获得按设计应当得到的准爆电流。这项工作习惯称为测阻。在选择电雷管、加工起爆药包、联线操作等工序中均需进行。

(2)检测单发或多发电雷管和整个网路是否导通，判断接头是否连接牢固，查明断路地点以便及时处理，这一任务称为导通。

(3)检测电源电压和电源内阻，保证有稳定的规定电压，使网路能获得必要的电流强度。

进行电爆网路参数测定时，除可使用常规的电压表检测电源电压、电流表测定电流之外，其他各参数值必须使用专用爆破仪表，如爆破欧姆表和爆破线路电桥等。

必须强调指出，有的矿山如果缺乏专用爆破仪表，绝不可贸然使用普通电工用万能表、惠斯登或开尔文电桥检测电雷管的电阻和导通电爆网路。因为普通电工仪表的工作电流往往超过规定的电雷管最大安全电流值 30 mA，存在着检测时发生爆炸事故的可能性。例如，用开尔文电桥对 100 发康铜桥丝电雷管检测，爆炸率竟达 5%。

1. 导通仪

导通仪是一种爆破欧姆表，其外形结构如图 4-23 所示。测量原理与普通欧姆表相同，只不过内部工作电流小于 20 mA，使用时能保证安全。

导通仪可用来测量电雷管电阻、导线和电爆网路的导电性能。其使用方法如下：

(1)检查仪表性能。用 10 cm 长的导线将两接线柱短路，此时欧姆表指针应指零，否则，应利用调节螺丝调整为零，若调不动则需更换电池。如果电池电量充足，亦可记下此不为零的原始数字，在测得结果读数中减去此数值。

(2)用万用表或毫安表检查接线柱上输出的电流强度。此时电流强度不应超过 30 mA 的最大安全电流，否则该表不能用。

(3)将待测电雷管或导线端头用砂布擦光，接在线柱上，指针能摆动说明通路，指针不动说明断路。同时读出欧姆数，与设计欧姆值相对照，即可知道正常与否。测量时，导线与接线柱接通时间不要超过 2 s，最多不超过 4 s，以确保测量时的安全，同时还可节约电池电量和减小测量误差。

(4)被测电雷管应与检测人员保持 10 m 以上距离或用 2 cm 厚的铁板隔开。每次检测电雷管的数目不超过 100 发。

2. 爆破线路电桥

爆破线路电桥又可称作爆破电桥或线路电桥，其外形如图 4-24 所示。

表 4-33 中列出了部分国产爆破欧姆表和爆破电桥的型号和规格。表中量程低的一挡供测量单发电雷管时用；量程大的挡次供检测线路时用。

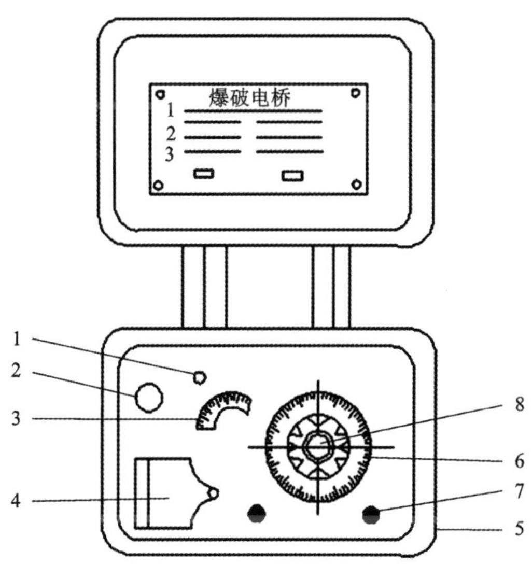

1—调整螺丝；2—转换开关；3—检流表；4—电池室；5—外壳；6—分划盘；7—接线柱；8—按钮。

图 4-23　导通仪

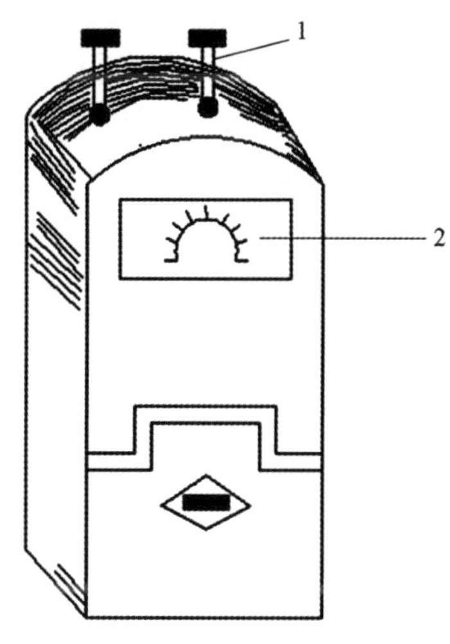

1—接线柱；2—欧姆表。

图 4-24　205-I 型爆破线路电桥

表 4-33 部分国产爆破欧姆表与爆破电桥型号和规格

型号	名称	量程/Ω	工作电流/mA	误操作最大电流/mA	备注
205	线路电桥	0.5~50 20~5000	<20	<30	原 QJ-4 型
205-I	线路电桥	0.2~3 3~9 0~3000	<20	<30	
ZC-23	欧姆表	0~3 0~9	<30	<50	
SCZO-2	电爆元件测试仪	0~1.1 0~10 0~60	<10	<50	
B-1	爆破电表	0~5 0~100 100~200	<20		测电阻及杂散电流两用
70-4	爆破欧姆表	0~2 2~6 0~∞	<10	<20	

仪表的技术要求应符合以下标准：

(1)测量电阻 0.3 至 30 Ω、30 至 3000 Ω 范围内的相对误差不超过被测电阻的±5%。常用 205 型电桥的精度可达±(1.5~20)%。仪表相对误差 δ 可用式(4-13)计算：

$$\delta = \frac{R - R_N}{R_N} \times 100\% \tag{4-13}$$

式中：R 为电桥测出(读数)的电阻值，Ω；R_N 为标准电阻箱读出的电阻值，Ω。

(2)被测电阻内流过的电流不超过 0.03 A，即应低于最大安全电流 30 mA。

(3)导电线路与外壳间的绝缘电阻不低于 20 MΩ。

(4)导电线路与外壳间的绝缘强度能经受交流 50 Hz、500 V 作用 1 min。

爆破电桥线路如图 4-25 所示，基本上与惠斯登电桥的作用原理相同。利用电桥平衡原理可测出电雷管或线路的电阻值，待测电阻相当于电桥中的一个未知桥臂。

205-I 型电桥的使用方法和步骤如下：

(1)检测电桥输出电流，其值不得大于 30 mA；检查电池是否有电，盒盖及螺丝各部位是否漏电或短路。

(2)用标准电阻箱校正电桥读数是否精确。

(3)调整指针调整螺丝，使指针正对分划玻璃指示器内的中线，然后结合所测对象扳动转换开关。

(4)将电雷管脚线或导线端头接于线柱，注意别让线头裸露部分相碰。

(5)按下按钮，同时转动刻度盘，转至使指针正对分划玻璃指示器的中线；松开按钮，读出中线所对刻度盘上的数字，即为所测对象(电雷管或导线)的电阻值。按按钮的时间最好不超过 4 s。

(6)读数时注意挡位、刻度盘上的数字，测电雷管的电阻读外圈，测导线电阻读内圈。

(7)用毕取出电池，并注意保持仪器的干燥和清洁，防止震动和撞击，不要轻易拆卸。

值得提醒的是，凡是用于测电阻及导通的仪表，应严格按照出厂说明书的要求进行操作。

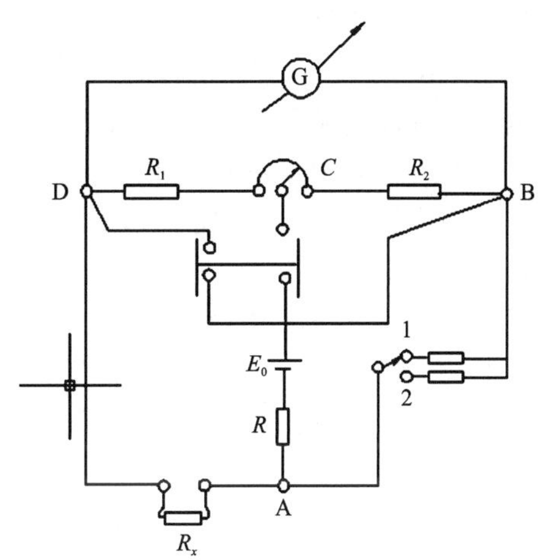

G—检流计；R_x—待测电阻或雷管；E_0—电池；R—限流电阻；R_1、R_2—电桥电阻；C—可调电阻(读数)；1—测电雷管开关；2—测电爆网路开关。

图 4-25　205-I 爆破电桥线路图

4.4.2　爆破电源仪表

起爆电源除常用交流、直流的动力电和照明电之外，还广泛采用仪表类电源设备，主要有起爆器(发爆器)、高能起爆器及专用变压器、整流器等。后者与普通电源通用设备相同。下面简要叙述常用的几种仪表类电源设备的原理和使用方法。

1. 电容式起爆器

电容式起爆器首先利用电池、直流照明电、交流动力电等电源，将起爆器中的电容充电。当电容量达到一定数值时，停止充电，仪器处于备用状态。起爆时，将爆破网路主导线接在起爆器输出接线柱上，按下起爆按钮，电容则以一定电压向爆破网路放电(放电在瞬间完成)，使网路上的全部电雷管准确起爆。整个过程为电容充电到电容放电，故称作电容式起爆器。

常用的电容式起爆器型号较多，其中几种国产起爆器的型号与性能见表 4-34。

表 4-34　几种国产起爆器型号及性能

起爆器型号	主要技术性能			充电最大时间，不大于/s	质量/g	外形尺寸(长×宽×高)/(mm×mm×mm)	电源
	起爆能力/发	输出峰值电压/V	最大外电阻/Ω				
MFB-50	50	430~450	170	12	1.7	161×108×92	1#电池三节
YJZD-150	铜脚线 150 铁脚线 75	950	245		0.95	150×80×115	1#电池四节
DR-9J	串联 120; 串并联 60 组	直流 600+30	串联 250 串并联 125 组	15	4.0	200×130×170	1#电池四节串联
GNDF-1200-B	1200	1800	900	50	5.8	220×120×190	
GM-2000	工业管 4000 抗杂管 480	2000		80	8.0	360×165×184	8VXQ-1 型电池
BCZX-5040	工业管千余发; 抗杂管 60~150	5000	2200	30~40	15.5	250×230×230	

1) MFB-50 型起爆器

MFB-50 型是较为常用的一种起爆器，它是用干电池作电源，经半导体间歇振荡回路将直流电变为脉冲电流，再经升压变压器及硅二极管整流后得到高压直流电，使主电容充电。充电 6~12 s 可达 430~450 V 的端电压。氖灯亮起，表示电已充满。起爆时，转动毫秒开关放电，网路就获得电流，电雷管起爆。由于在放电位置上只停留 3~6 ms，故保证冲能足够和安全性好，不致熔断某一桥丝。

MFB-50 型起爆器的使用方法是：

(1)在网路符合起爆要求的前提下，检查仪器能力，即充电 12 s 内氖灯是否亮。

(2)需起爆时，将网路两根主线分别接于线柱上，插上钥匙，拧至充电位置进行充电。

(3)氖灯亮后，立即将钥匙转至放电位置，放电起爆。

(4)爆后立即取下钥匙。钥匙应由专人保管。

起爆器充电时间不能过长，以免继续升压损坏仪器内部元件。一般充电时间以氖灯亮为准。放炮后起爆器的开关应转在放电挡上，以防止余电引爆电雷管事故。

MFB-50 型起爆器的起爆能力为 50 发电雷管以内，只适合用于井巷掘进、二次破碎、少量炮孔崩矿和小规模爆破的拆除爆破。

2) DR 型起爆器

其起爆原理、充电情况基本与 MFB-50 相同，不同之处在于多了一套测电阻的装置，可以测量雷管电阻和网路电阻，兼有测阻导通和起爆的用途，使用更为方便。

测阻装置有 0.4~10 Ω 和 4~100 Ω 两挡供选择。线阻不大于 20 Ω 时，可顺利起爆串联 80 发电雷管；线阻小于 6 Ω 时，可起爆串联 20 发电雷管的 4 个并联组。

表 4-34 中的 DR-9J 也属此类型，操作与 MFB 型的不同之处是，有起爆按钮和测阻按钮，挡位应分清。起爆按钮下有防护罩，可免误操作，确保安全，不用时应拧上此罩。使用时应注意换新电池和防潮防震。

3) GM-2000 型高能脉冲起爆器

起爆大量电雷管或高电阻抗杂电雷管时，必须采用高能量的起爆器，因为普通型起爆器总容量小，输出电流较小，满足不了准爆要求。

高能起爆器的使用方法要点如下：

(1)检查电源(电池)的电压；检查过载时起爆器应有正常蜂鸣声，电压能正常上升。

(2)将检测后的网路主线接入线柱，钥匙插入充电开关，顺时针转动，充电达 2000 V 时(视电压表读数)，按下起爆按钮；炮响后松开按钮，取下钥匙。

(3)拆下主线，清扫起爆器；注意人手不可触及线柱(因电容量大、电压高)，接线柱之间不允许短路，外电阻至少要 10 Ω，否则会烧毁元件；电压不得大于 2000 V；电源要配套。

2. 爆破用电源变压器

多数矿山在爆破实施中采用电力变压器作为网路的供电电源；小规模爆破条件下，也可不用变压器。为了保证输出电压稳定可靠，可设置专用的爆破变压器，不作他用。

爆破时使用变压器，变压器容量应满足下式要求

$$P = I^2R \times 10^{-3} \tag{4-14}$$

式中：P 为爆破供电变压器瞬时功率，kW；I 为网路总电流，A；R 为网路总电阻，Ω。

计算出的 P 值还应考虑附加 20%~30%的功率消耗，但也可由变压器工作曲线图中查出

瞬时功率选择变压器，以满足瞬时供电的要求。

由于变压器爆破合闸供电时间不超过 10 ms，而一般变压器允许超负荷两倍运行半小时，且变压器过载保护装置的动作时间一般都超过 10 ms。这些都说明，允许变压器在一定范围内过载使用，不必选用容量过大的变压器，也不必盲目采用多台变压器并联。

4.4.3　爆破安全检测仪表

为保证爆破作业安全，常对爆破环境和条件预先进行监测，以防意外事故(早爆)发生。这时所用的仪器或装置，称为安全专用仪表。目前这类仪表除电起爆用得较为成熟外，正在研制发展中的还有导爆管起爆系统和气体起爆用的检查仪表等。这里只介绍电起爆用的安全检测仪表。

1. 杂散电流测定仪

杂散电流是指存在于电爆网路之外杂乱分散的电流。金属矿区内通常都或多或少地存在杂散电流，威胁着电力爆破作业的安全。杂散电流主要来源于井下架线式电机车牵引网路和动力线路或照明线路的漏电。此外，大地自然电流、化学电以及电磁波辐射也是构成杂散电源的来源。

实测表明，杂散电流的存在和大小是杂乱无章的。矿岩、金属风水管和铁轨之间存在杂散电流的可能性最大，这给电爆网路带来早爆事故的危险。事实上，这类事故在国内外矿山都曾发生过。因此，当采用电力起爆时，必须预先对爆区进行杂散电流的测定，掌握其大小和流动规律，采取可靠的预防措施，防止早爆事故的发生。进行杂散电流测定时，由于被测两点间介质多变，其电阻值变化大，因而测定较困难。目前国产杂散电流测定仪的型号和性能见表 4-35。

表 4-35　国产杂散电流测定仪型号和性能

型号	测量范围			基本误差/%
	电阻/Ω	电流	电压/V	
703 型 爆破三用表	0.2~0.6 0.4~1.2 4~120	0~50 mA 0~500 mA 0~5 A	直流：0~250 0~500 交流：0~250 0~500	±5
B-1 型 爆破电表	0~5 0~100 100~200	交直流均可 0~100 mA 0~1 A		2.5~4
ZC-1 型 测杂表		直流：0~0.1 A 0~1 A 0~10 A	0~0.5 0~5 0~50	
ZS-1 型 杂散电流 测定仪		交流： 0~100 mA~500 mA~2.5 A~10 A~50 A 直流： 0~100 mA~500 mA~1 A~5 A		±2.5 ±5

2. 电雷管电参数检测仪表

电雷管的电参数主要是指其最大安全电流和最低准爆电流。为确保使用时的安全、可靠，对这两个参数进行测定是十分必要的。测定电雷管最大安全电流和最低准爆电流的仪表设备包括恒定直流电源、电流表、两只可变电阻器、控制开关和爆破线路电桥等。线路电桥是爆破专用仪表，其余的均是普通电工用的仪表。

测定方法与操作步骤如下：

(1)用电桥测出电雷管的全电阻后，再接入线路中；

(2)调节可变电阻 R_2，使其与待测电雷管的全电阻相等；

(3)将 K_2 接向 R_2 上方，合上 K_1 接通电源，此时毫安表 A 的读数，应为最大安全电流 30 mA；若有出入，调节 R_1 校准，务必使其达到 30 mA，等指针稳定后，断开 K_1；

(4)拨转 K_2，断开 R_2 接向电雷管一侧，测量线路电阻无误后，合上 K_1，送电 5 min，观察电雷管是否被引爆。

按上述步骤测定 25 发电雷管，若均不爆炸，则该批雷管合格；若其中有一发以上爆炸，则该批为不合格。

电雷管最低准爆电流的测定与最大安全电流的测定相同，仪表线路也一样。不同点是调整的电流应为规定的单发电雷管应达到的最低准爆电流 0.4~0.8 A。测试样 25 发，应全部爆炸为合格。若其中有一发以上不爆炸时，可逐次提高电流值 5 mA 再试，直至找出所测电雷管真实的最低准爆电流值。

应当注意，安全规程对电雷管的最大安全电流和最低准爆电流都有规定。如果测出的数值与规定的数值不符，则该批产品质量不合格，不能在爆破工程中使用。

3. 静电测定仪表

用压气装药器施行粉状炸药装填作业时，若环境相对湿度低，炸药和输药管之间的绝缘程度高，炸药微粒从输药管内高速流过，便会产生静电。静电积累可高达数万伏的高压。此时静电通常以火花形式放电，而火花放电对电雷管有一定的引爆能力。因此，测定装药器输药管的静电高低，对保证装药作业安全极为重要。

目前国内常用的静电测定仪表主要是 Q3-V 型高静电电压表或 KS-325 型集电式电位测定仪，并配用网式或箱式集静电装置。

井下深孔爆破用装药器装药，又采用电力起爆时，预防静电造成早爆事故的主要措施有：将输药管内产生的静电电荷随时导入大地，不让其集聚成高压。最好采用半导电输药管，因半导电输药管在低电压时导电性差，而在高电压时导电性良好，静电不易集聚。同时，在装药过程中，装药器和输药管必须接地，以便随时将电荷导走，防止集聚。

4.5 岩体可爆性及分级方法

岩体的可爆性反映岩体在炸药爆破作用下发生破坏的难易程度，它是爆破动载作用下岩石物理力学性质的综合体现。在岩体爆破过程中，除炸药爆炸性能、自由面条件和爆破技术参数外，岩体的可爆性是影响爆破破碎效果的重要因素。因此，对岩体的可爆性进行准确判断，是确定炸药消耗量等爆破技术参数和制定炸药消耗定额标准的基本依据，也是保证爆破效果的重要前提。

对岩石或岩体进行可爆性分级，大多是通过两个步骤，一是分级判据指标的种类(如岩石的某种强度等)与个数，二是对选用分级判据指标的数学处理，最终得出一个表征岩石或岩体可爆性高低的数值或排序。但是，由于岩体本身性质的复杂多变及对爆破机理研究的现状，迄今国内外爆破界在可爆性分级判据指标选择和数学处理方法上尚未取得共识。

迄今出现的岩体可爆性分级方法大致可分为两类：一类是爆破技术人员根据个人经验对不同岩体的可爆性进行分级；一类是基于对岩体某一或某些物理力学特性参数的分析计算来表示。前一种方法的特点是爆破技术人员根据以往爆破经验确定该种岩体的可爆性级别。经验表明，这种方法不能避免人为因素的影响，爆破效果难以得到有效控制。

具有代表性的岩体可爆性分级方法主要有以下四种。

4.5.1 普氏分级法

该方法是苏联学者普洛吉亚柯夫(M. M. протопъяконов)于 20 世纪 20 年代提出来的，它是根据岩石单轴抗压强度确定岩石坚固性系数 f，并以之作为主要判据，将岩石分为十个等级(表 4-36)。岩石坚固性系数与岩石单轴抗压强度的关系为：

$$f = R/10 \tag{4-15}$$

式中：f 为岩石坚固性系数；R 为岩石单轴抗压强度，MPa。

表 4-36 普氏岩石分级表

等级	坚实程度	岩石名称	极限抗压强度/MPa	f
Ⅰ	最坚固	最坚固、致密和有韧性的石英岩、玄武岩等极坚固的岩石	200	20
Ⅱ	很坚固	很坚固的花岗岩、石英斑岩、硅质片岩，较坚固的石英岩，最坚固的砂岩和石灰岩	150	15
Ⅲ	坚固	致密花岗岩，很坚固的砂岩和石灰岩、石英质矿脉，坚固的砾岩，极坚固的铁矿石	100	10
Ⅲa	坚固	坚固的石灰岩、砂岩、大理岩，不坚固花岗岩、黄铁矿	80	8
Ⅳ	较坚固	普通砂岩、铁矿	60	6
Ⅳa	较坚固	砂质页岩、页岩质砂岩	50	5
Ⅴ	中等	坚固的黏土质岩石、不坚固的砂岩和石灰岩	40	4
Ⅴa	中等	各种不坚固的页岩、致密的泥灰岩	30	3
Ⅵ	较软弱	软弱的页岩，很软的石灰岩、岩盐、石膏、冻土、无烟煤，普通泥灰岩、破碎砂岩、胶结砾岩、石质土壤	20~15	2
Ⅵa	较软弱	碎石质土壤、破碎页岩、凝结成块的砾石和碎石，坚固的烟煤、硬化黏土	15~10	1.5
Ⅶ	软弱	致密黏土、软弱的烟煤、坚固的冲积层、黏土质土壤		1.0
Ⅶa	软弱	轻砂质黏土、黄土、砾石		0.8

续表4-36

等级	坚实程度	岩石名称	极限抗压强度/MPa	f
Ⅷ	土质岩石	腐殖土、泥煤、轻砂质土壤、湿砂		0.6
Ⅸ	松散性岩石	砂、山麓堆积、细砾石、松土、采下的煤		0.5
Ⅹ	流砂性岩石	流砂、沼泽土壤、含水黄土及其他含水土壤		0.3

普氏岩石坚固性系数分级方法简单明了，易于在工程爆破中应用。但是这种方法没能反映岩石(岩体)其他影响可爆性的因素，有时会有较大的误差，比如系数f高的岩石并不一定比f低的难爆。

4.5.2 苏氏岩石分级法

苏氏岩石分级方法是苏联苏哈诺夫(Сухaнов)于1936年提出以炸药单耗为指标的可爆性分级方法。该方法认为，由于不同岩石的破坏机理不同，用不同方式破岩时，岩石表现出来的坚固性也会有所差别。该方法根据实际采掘方法的不同，按照标准条件下的钻速、单位耗药量等指标对岩石进行分级，以表征岩石的可爆性。表4-37给出了苏氏分级结果，并与普氏分级法相对照。

表4-37 苏氏分级与普氏分级(可爆性)比较表

普氏分级				苏氏分级		
等级	f	坚固程度	代表性岩石	等级	可爆性	炸药单耗/(kg·m^{-3})
Ⅰ	20	最坚固	致密微晶石英岩 极致密而无铵化物的石英 最致密石英岩和玄武岩	1 2 3	最难	8.3 6.7 5.3
Ⅱ	18 15 12	很坚固	极致密安山岩、辉绿岩 石英斑岩 极致密矽质砂岩	4 5 6	很难	4.2 3.8 3.0
Ⅲ Ⅲa	10 8	坚　固	致密花岗岩、铁砂岩 致密砂岩、石灰岩	7 8	难	2.4 2.0
Ⅳ Ⅳa	6 5	较坚固	砂岩 砂质页岩	9 10	中上等	1.5 1.25
Ⅴ Ⅴa	4 3	中　等	石灰岩 页岩	11 12	中等	1.0 0.8
Ⅵ Ⅵa	2 1.5	较软弱	软页岩 无烟煤	13 14	中下等	0.6 0.5

续表4-37

普氏分级				苏氏分级		
等级	f	坚固程度	代表性岩石	等级	可爆性	炸药单耗/($kg\cdot m^{-3}$)
Ⅶ	1.0	软 弱	致密黏土	15	易	0.4
Ⅶa	0.8		浮石及凝灰岩	16		0.3
Ⅷ	0.6	土 质	腐殖土、泥煤	(不用爆破)		
Ⅸ	0.5	松 散	松土、砂			
Ⅹ	0.3	流 砂	流砂、含水土壤			

注：炸药单耗用6号阿莫尼特(Аммонит)炸药在苏氏分级标准条件下测得(苏联，1936)。

4.5.3 哈氏分级法

哈氏分级法是苏联的哈努卡耶夫(Ханукаев)于1969年提出的以岩石波阻抗为指标的可爆性分级法(表4-38)。

表4-38 哈努卡耶夫可爆性分级

裂隙等级	裂隙程度	天然裂隙平均间距/m	天然岩体块度	天然裂隙单位密度/($m^2\cdot m^{-3}$)	岩石普氏系数 f	容重/($t\cdot m^{-3}$)	波阻抗	岩体内结构体块度质量分数/%			炸药单耗/($kg\cdot m^{-3}$)	岩石可爆性级别
								+300 mm	+700 mm	+1000 mm		
Ⅰ	极度裂隙	<0.1	碎块	33	<8	<2.5	<5	<10	~0	0	<0.35	易爆岩石
Ⅱ	强烈裂隙	0.1~0.5	中块	33~9	8~12	2.5~2.6	5~8	10~70	0~30	0~5	0.35~0.45	中等可爆岩石
Ⅲ	中等裂隙	0.5~1.0	大块	9~6	12~16	2.6~2.7	8~12	70~90	30~70	5~40	0.45~0.65	难爆岩石
Ⅳ	轻微裂隙	1.0~1.5	很大	6~2	16~18	2.7~3.0	12~15	100	70~90	40~70	0.65~0.9	很难爆岩石
Ⅴ	极少裂隙	>1.5	特大	2	>18	>3.0	>15			70~100	>0.9	特别难爆岩石

注：表中波阻抗的单位为(Pa·s/m)。

4.5.4 库图佐夫分级法

1978年库图佐夫(B. H. Кутузов)等基于炸药单耗、岩石容重、抗压强度、岩体裂隙和结构情况等指标，编制了露天金属矿特定条件下的岩石可爆性分级表(表4-39)。

表 4-39 库图佐夫等的露天矿岩石可爆性分级表

可爆性分级	炸药单位消耗量/(kg·m⁻³)		岩体自然裂隙平均间距/m	岩体中大块质量分数/%		抗压强度/MPa	岩石容重/(t·m⁻³)	岩石坚固性系数 f
	范围	平均		+500 mm	+1000 mm			
Ⅰ	0.12~0.18	0.15	<0.10	0~2	0	10~30	1.4~1.8	Ⅶ~Ⅳ(1~2)
Ⅱ	0.18~0.27	0.225	0.10~0.25	2~16	0	20~45	1.75~2.35	Ⅳ~Ⅴ(2~4)
Ⅲ	0.27~0.38	0.320	0.20~0.50	10~52	0~1	30~65	2.25~2.55	Ⅴ~Ⅳ(4~6)
Ⅳ	0.38~0.52	0.450	0.45~0.75	45~80	0~4	50~90	2.50~2.80	Ⅳ~Ⅲ(6~8)
Ⅴ	0.52~0.68	0.600	0.70~1.00	75~98	2~15	70~120	2.75~2.90	Ⅲa~Ⅲ(8~10)
Ⅵ	0.68~0.88	0.780	0.95~1.25	96~100	10~30	110~160	2.85~3.00	Ⅲ~Ⅱ(10~15)
Ⅶ	0.88~1.10	0.990	1.20~1.50	100	25~47	145~205	2.95~3.20	Ⅱ~Ⅰ(15~20)
Ⅷ	1.10~1.37	1.235	1.45~1.70	100	43~63	195~250	3.15~3.40	Ⅰ(20)
Ⅸ	1.37~1.68	1.525	1.65~1.90	100	58~78	235~300	3.35~3.60	Ⅰ(20)
Ⅹ	1.68~2.03	1.855	≥1.85	100	75~100	≥285	≥3.55	Ⅰ(20)

4.5.5 北京科技大学岩体可爆性分级法

该分级法认为，爆破过程中岩石发生破坏的形式包括拉伸破坏、剪切破坏、压缩破坏，其中拉伸破坏的作用最大，剪切破坏次之，压缩破坏的作用最小。因此，需将岩石的抗拉强度 σ_t 作为衡量岩石爆破难易程度的一个基本指标。考虑到爆破过程是一个冲击动载作用下致使岩石发生破坏和位移的过程，也可用岩石动载冲击强度 σ_{SHPB} 替代岩石的抗剪强度 τ。

在绝大多数爆破工程实践中，岩体是岩块的集合体，岩块间存在不同程度的节理裂隙等各种地质结构面。除松散岩土介质中含有自然大块岩石外，岩体中的这种结构面越密集，则将岩石破碎至一定块度尺寸所消耗的炸药能量就越少，亦即这种岩体越容易爆破。因此，可将岩体的完整性系数作为判断岩体可爆性的另一指标。

岩体的完整性系数 ξ 定义为：

$$\xi = \left(\frac{C_{\text{mass}}}{C_{\text{rock}}}\right)^2 \tag{4-16}$$

式中：C_{mass} 和 C_{rock} 分别为岩体和岩石的纵波传播速度。

在爆破工程中，需要克服矿岩体的惯性力，才能使矿岩产生位移与抛掷运动，从而使爆堆矿岩具有足够的松散性。矿岩的这种位移与抛掷运动消耗炸药能量的多少，与岩石体重 γ 直接相关。

因此，该分级法一般采用岩石的抗拉强度 σ_t 与抗剪强度 τ、岩体的完整性系数 ξ 及岩石容重 γ(或岩石密度 ρ)作为衡量岩体可爆性的判据指标，并通过聚类分析计算得出不同矿岩体的可爆性分级指数。必须明确指出，采用这种方法，各指标的权重系数是人为给定的，而这些系数的大小将对分级结果产生直接影响。

假设用 $\rho_i(i = 1, 2, \cdots, m;\ \sum\rho_i = 1)$ 表示岩石可爆性分级中各项指标的权重，则样本距

离系数 D_{ij} 可写成

$$D_{ij} = \left[\sum_{k=1}^{m} \rho_i (x_{ki} - x_{kj})^2 \right]^2$$

式中：j 为样本序号($j = 1, 2, \cdots, n$)。

对于任何一种岩体，当分级判据指标值已知时，就可以按上述方法计算其与标准样本库中各样本的间距系数，通过样本间距系数 D_{ij} 值的大小判断该岩体的可爆性级别。

采用岩石的容重 γ、静载抗拉强度 σ_t、动载冲击强度 σ_{SHPB} 及岩体完整性系数 ξ 作为分级判据指标，将此分级法应用于南芬铁矿和歪头山铁矿，分别得到两矿山的可爆性分级结果(表 4-40)。

表 4-40　南芬铁矿和歪头山铁矿岩体可爆性分级判据指标与可爆性指数

可爆性等级	岩石容重 $\gamma/(g \cdot cm^{-3})$	抗拉强度 σ_t/MPa	动载冲击强度 σ_{SHPB}/MPa	岩体完整性系数 η	可爆性指数 ξ	可爆性描述
Ⅰ	2.5	6.6	160	0.0494	0.73	最易
Ⅱ	2.6	10	200	0.2555	0.90	易
Ⅲ	2.75	13	260	0.3654	0.95	较易
Ⅳ	2.9	17	310	0.5122	1.00	中等
Ⅴ	3.16	20	400	0.6021	1.15	较难
Ⅵ	3.3	23	500	0.7122	1.30	难
Ⅶ	3.45	26	600	0.8232	1.42	最难

4.6　台阶炮孔爆破技术

随着牙轮钻机等大型采矿设备和新型爆破器材日益普遍的应用，台阶炮孔爆破是露天矿山最常用的矿产资源开采方法。一般情况下，台阶炮孔爆破使用的炮孔直径不小于 80 mm (目前我国应用最为普遍的有 250 mm 和 310 mm)，孔深 10~15 m，甚至 20 m(其中以 12 m 和 15 m 最为常见)。

由于爆破作业的地形条件和工程要求等，矿山日常爆破生产常用的爆破技术可分为清碴爆破、压碴爆破、掘沟爆破几类，有时还需要对一般爆破作业产生的不合格大块岩石和遗留的台阶根底以液压机械破碎或爆破破碎的方式进行二次处理。

反映露天矿爆破工程效果的指标主要包括实际爆破范围与爆破矿岩量、爆堆形状、爆堆矿岩的破碎块度(含大块率、根底率、台阶底板标高及平整程度)与松散程度。此外，爆破振动和飞石现象等对环境有害的效应也是反映露天矿爆破效果好坏的重要方面。

在邻近边坡时，还需要采用控制爆破技术，即在爆破设计与施工过程中采取相应的控制性措施，提高边坡坡面的齐整程度，减少爆破振动对边坡岩体稳固性的消极影响。边坡控制爆破技术主要有四种，即预裂爆破、缓冲爆破、光面爆破、密集孔爆破。但在工程实践中应用最为广泛的是预裂爆破和缓冲爆破相结合的方法。对临时性的边坡，一般只进行缓冲爆破。

台阶炮孔爆破的工艺过程一般包括基础资料收集、爆破技术方案制订、技术设计、穿爆施工四个阶段。基础资料是制订爆破技术方案、确定爆破技术参数的基本依据。爆破技术设计主要是确定炮孔布置方案与参数、炮孔装药量与装药结构及起爆网路设计三个部分，为穿爆施工提供依据。

4.6.1 清碴爆破

清碴爆破是指爆区台阶坡面上无相邻爆区生成的爆堆矿岩等任何固体覆盖物，即台阶坡面将是爆区前排炮孔的自由面。

1. 炮孔参数

如图 4-26 所示为工作面炮孔的布置图，炮孔参数包括孔径、穿孔角度、孔深、炮孔布置相关参数等。

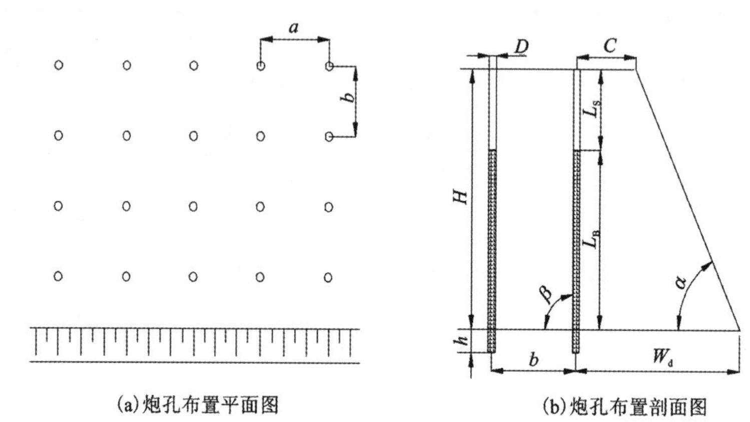

H—台阶高度；α—坡面角；h—炮孔超深；β—炮孔倾角；D—孔径；a—孔距；b—排距；
W_d—底盘抵抗线；L_S—填塞长度；L_B—装药长度。

图 4-26 工作面炮孔的布置图

1)孔径

台阶炮孔爆破的孔径主要取决于钻机类型、台阶高度和岩石性质。当采用潜孔钻机时，孔径通常为 80~200 mm；采用牙轮钻或钢绳冲击钻时，孔径一般为 250~310 mm，最大可达 420 mm。一般钻机选型后，炮孔直径也就固定下来，孔径越大，越有利于炸药的稳定传爆和达到理想爆轰，有利于充分释放炸药能量从而提高延米爆破量。目前台阶炮孔爆破使用的炮孔直径大多不小于 80 mm，孔深 10~15 m，甚至更大。

2)穿孔角度

台阶炮孔爆破的穿孔形式一般分为垂直孔和倾斜孔两种。从爆破效果的角度考虑，斜孔优于垂直孔。采用斜孔时，各炮孔在上下不同位置的抵抗线大小基本一致，利于保证爆破效果。但是，钻凿斜孔时，难以控制炮孔钻进的方向，技术操作较复杂。在台阶高度一定时，斜孔的长度比垂直孔大。由于炮孔角度，斜孔在穿孔过程中和成孔后都易发生塌孔和堵孔现象。目前在大型露天矿山，垂直孔更为普遍。

3)孔深和超深

孔深由台阶高度和超深确定。台阶高度主要考虑为穿孔、爆破和铲装创造安全、高效率的作业条件，一般由铲装设备选型和矿岩开挖技术来确定。目前国内露天矿山多采用10~15 m 台阶，也有采用 15~20 m 高台阶。

经验表明，超深可按下式确定。

$$h_c = (0.15 \sim 0.35) W_d \tag{4-17}$$

或

$$h_c = (10 \sim 15) d \tag{4-18}$$

式中：W_d 为底盘抵抗线，m；h_c 为炮孔超深，m；d 为孔径，m。岩石松软时可取小值。如台阶底盘处有水平裂隙或软夹层等地质结构，甚至不用超深。

4)底盘抵抗线 W_d

底盘抵抗线是指从台阶坡底线到最邻近炮孔中心轴线的水平距离。它是一个重要的爆破参数，底盘抵抗线过大时不易爆落台阶底部的岩石，从而产生根底，同时也容易产生大块，爆破后冲作用大；底盘抵抗线过小，则不仅增大穿孔工作量，浪费炸药，而且易产生飞石，不安全。

底盘抵抗线的大小同炸药威力、岩石可爆性、岩石破碎块度要求以及穿孔直径、台阶高度和坡面角度等因素有关。根据钻机安全作业要求：

$$W_d \geqslant h_t \cot\alpha_t + B \tag{4-19}$$

式中：H 为台阶高度，m；α_t 为台阶坡面角，一般 $\alpha_t = 60° \sim 75°$；B 为从深孔中心到坡顶线的安全距离，$B \geqslant 2.5 \sim 3.0$ m。

按每孔可以装入药量的条件，则：

$$W_d = d\sqrt{\frac{7.85\Delta\psi}{mq}} \tag{4-20}$$

式中：d 为孔径，dm；Δ 为炮孔装药密度，g/cm^3；ψ 为装药系数，装药长度与孔深的比值，一般 $\psi = 0.7 \sim 0.8$；q 为炸药单耗，kg/m^3；m 为炮孔邻近系数，$m = a/b$，a 和 b 分别为孔距和排距，m。

5)孔距与排距

孔距 a 是指同一排中相邻两孔中心线的距离。排距是指多排孔爆破时，相邻两排孔之间的距离。

对前排孔，$a = mW_d$；对其他炮孔，$a = mb$。

炮孔邻近系数 m 一般大于 1.0，即炮孔的排距一般小于孔间距。但是，第一排炮孔往往由于底盘抵抗线过大，应选用较小的邻近系数，以克服孔间区域的台阶底盘岩体对爆破的抵抗作用。在炮孔排数较多时，考虑到后排孔爆破时的岩石夹制效应，可选择排距为$(0.8 \sim 0.9) W_d$。采用等腰三角形布孔，且使炮孔邻近系数 $m = 1.155$，炮孔在不同方向上的抵抗线最为均匀，有利于增大炮孔的矿岩爆破量和改善爆破破碎质量。

6)炮孔布置几何型式

如图 4-27 所示，露天台阶爆破的炮孔布置型式有矩形和三角形(也称梅花形)两种。从穿孔施工的角度考虑，采用矩形布孔，更易于钻机穿孔的准确定位。

在工程实践中，具体应采用哪种布孔型式，应以各个炮孔起爆瞬间各方向上的抵抗线趋

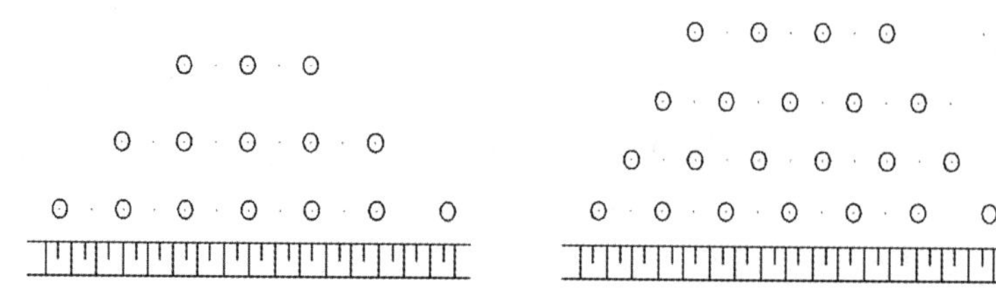

(a)矩形布孔　　(b)三角形布孔

图 4-27 露天台阶爆破炮孔的布置型式

于均匀为原则，结合炮孔的实际起爆顺序具体确定，目的在于保证各炮孔设计爆破漏斗全范围内的岩石都能够得到基本充分的破碎，避免出现岩墙和根底等爆破质量问题。

由于前排炮孔爆落岩石对后排炮孔爆落岩石移动的阻挡作用，一般都需要控制爆区炮孔的排数。炮孔排数较多时，爆堆隆起高度相应增大，爆堆矿岩松散性下降，甚至导致后排炮孔爆破的大块率和根底率增大。

2. 装药参数

炮孔的装药参数主要包括单孔装药量及装药结构和起爆位置。

1)炮孔装药量与炸药单位消耗量

一般采用式(4-21)计算单排孔爆破及多排孔爆破时的第一排炮孔的装药量：

$$Q_k = qabHW_d \tag{4-21}$$

式中：q 为单位炸药消耗量，简称炸药单耗，kg/m^3；a 和 b 分别为孔距和排距，m；H 为台阶高度，m；W_d 为底盘抵抗线，m。

炸药单耗首先取决于爆破的性质。压碴爆破炮孔的炸药单耗一般是清碴爆破炮孔的 1.1~1.15 倍。

单位炸药消耗量的确定方法大致有三种，一是工程类比方法，如基于本地工程经验或参考他人在类似矿岩条件下采用的炸药单耗；二是通过爆破试验方法确定不同矿岩体的炸药单耗；三是应用公式计算方法初步确定炸药单耗，然后在实践中逐步调整得到。但是，不论采用何种方法，矿岩体的爆破难易程度即可爆性是确定炸药单位消耗量的基本依据。

根据经验，在选用 2#岩石硝铵炸药时，可据表 4-41 按岩石的坚固性系数 f 选取单位炸药消耗量 q。

表 4-41 单位炸药消耗量 q

岩石坚固性系数 f	0.8~2	3~4	5	6	8	10	12	14	16	20
q/(kg·m^{-3})	0.40	0.43	0.46	0.50	0.53	0.56	0.60	0.64	0.67	0.70

多排孔爆破时，后排孔应取表 4-41 中 q 值的 1.1~1.3 倍。

2)炮孔装药结构

装药结构是调节炸药能量分布和控制爆破效果的一个重要因素。

露天台阶爆破炮孔的装药结构可以分为：①连续装药：装药在炮孔内连续装填，装药段内没有间隔；②间隔装药：装药在炮孔内分段装填，装药段之间用岩粉或气体隔开；③耦合装药：装药直径与炮孔直径相同；④不耦合装药：装药直径小于炮孔直径；⑤不耦合间隔装药：同时使用不耦合装药和间隔装药。各种装药结构形式如图 4-28 所示。

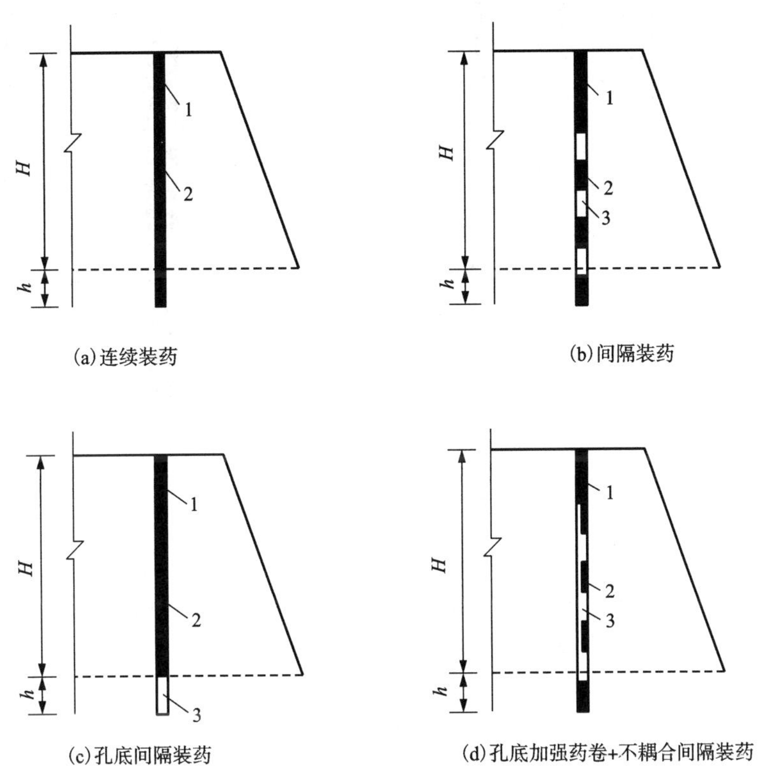

1—填塞；2—炸药；3—空气。

图 4-28　露天台阶爆破炮孔的装药结构形式

在不同的地质条件下(图 4-29)，通过采用不同的装药结构及其参数，可使炸药在炮孔中的分布与炮孔不同高度上的抵抗线大小相对应，从而改变孔壁周围岩体中爆炸应力波的参数，避免药包周围可能存在的溶洞、软弱夹层及地下结构的卸能效应，以有效控制爆破效果。

采用间隔装药，主要是确定间隔段与装药段各自的位置、长度及间隔介质。一般认为，气体间隔的效果显著好于岩粉等其他材料。可选用的间隔材料有空气、水、气体间隔器及钻机穿孔过程中在孔口积聚的岩粉等。采用空气等气体实现间隔装药，可以延长爆炸气体产物的膨胀作用时间，降低爆破振动效应，加强对岩体的抛掷作用，提高炸药能量的有效利用率。将水作为间隔材料，往往是用于孔底间隔装药。图 4-30 为使用间隔装药的间隔位置示意图。

采用耦合装药时，孔壁受到爆炸冲击波直接作用，炸药的一大部分能量消耗于压碎区的形成过程。而采用药包直径小于炮孔直径的不耦合装药，则可降低爆炸冲击波和爆炸气体产物在孔壁产生的冲击压力，减小甚至不出现压碎区。因此，不耦合装药往往应用于预裂爆破等控制爆破。与空气等气体间隔装药时的情形类似，采用不耦合装药时，也将延长爆炸气体产物的膨胀对岩体的作用时间，利于使炸药能量消耗于破裂区的形成。显然，这种作用同时利于降低爆破振动效应，提高炸药能量的有效利用率。采用不耦合装药，实践中至关重要的是确定装药不耦合系数即穿孔直径与装药直径的比值。

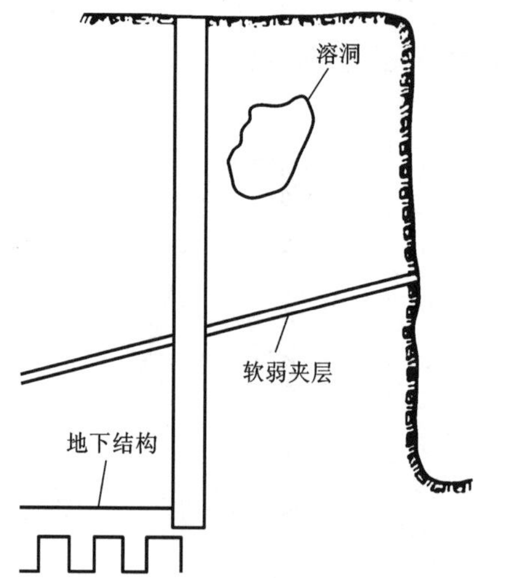

图 4-29　炮孔周围可能存在的溶洞、软弱夹层及地下结构

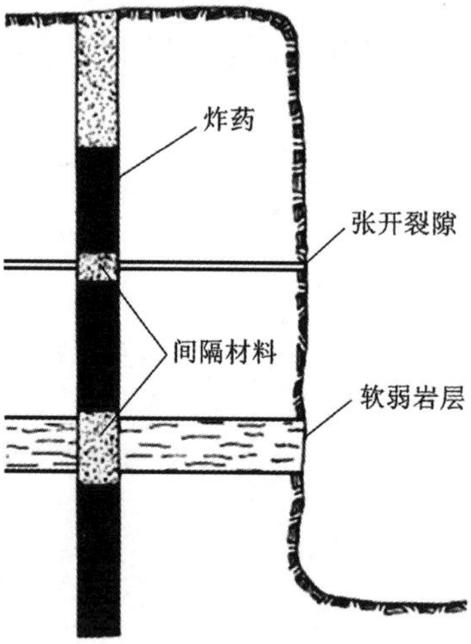

图 4-30　间隔装药的间隔位置

3)炮孔起爆位置

起爆药柱或雷管的所在位置称为起爆点。通常只使用一个起爆点，但在装药长度较大时，则应设置多个起爆点或沿装药全长敷设导爆索起爆，以避免因炸药质量或装药连续性问题可导致的药柱传爆不完全而发生拒爆现象。

起爆点的位置决定着爆轰波和岩体中应力波的传播方向(图 4-31)。另外，由于炮孔不同位置上的抵抗线大小差异的原因，起爆点位置对爆轰气体膨胀压力的作用时间长短也具有直接影响。

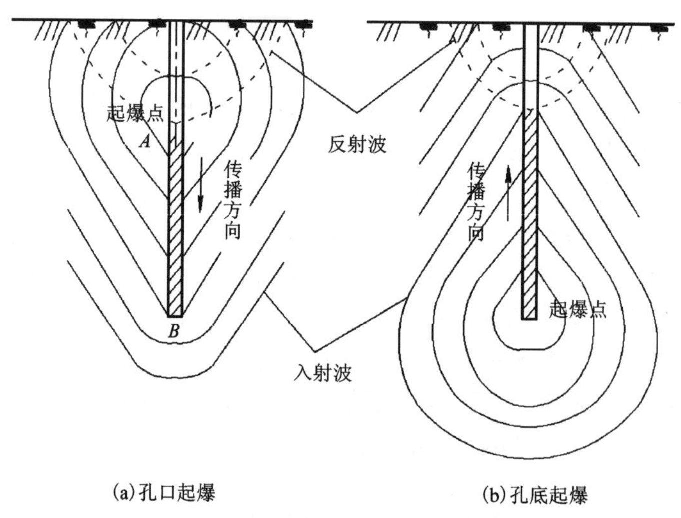

(a)孔口起爆　　(b)孔底起爆

图 4-31　起爆位置与爆炸应力波的传播

根据起爆点位置的不同，炮孔装药的起爆方式主要分为正向起爆(孔口起爆)、反向起爆(孔底起爆)和多点起爆三种。

(1)正向起爆。起爆药柱(或起爆雷管)接近炮孔装药的近孔口端附近，雷管聚能穴朝向孔底，炸药被起爆后，爆轰波的传播方向指向孔底[图 4-31(a)]。

采用正向起爆时，若装药长度足够大，就有可能出现这种现象：炮孔装药的爆轰反应尚未结束，*A* 点起爆后产生的应力波遇自由面产生的反射波要越过 *A* 点。此时反射波形成的裂隙将使炮孔内的气体迅即泄出，导致孔底位置的孔壁压力下降，不利于提高炸药能量的有效利用率和下部岩石的充分破碎。

(2)反向起爆。起爆雷管或起爆药柱接近炮孔底部，雷管的聚能穴朝向孔口，爆轰波向孔口方向传播[图 4-31(b)]。在一般情况下，与正向起爆相比，反向起爆装药更利于克服炮孔底部较大的抵抗线，利于保证爆破效果。这是因为在采用反向起爆时，爆炸气体产物被密封在炮孔内的时间长，维持在孔壁外岩体上的压力作用时间也较长，有利于岩石特别是台阶底部岩石的破碎。以台阶爆破的前排炮孔为例，炮孔不同深度位置上的抵抗线随炮孔深度的增加而增加，孔底位置的抵抗线最大。此时若采用正向起爆，台阶上部岩体早于台阶下部发生破坏和抛掷，导致爆炸气体产物较早逸出而降低孔壁压力，不利于台阶下部抵抗线范围内岩体的破坏和破碎。

(3)多点起爆。多点起爆，即在孔内装药的上端和孔底的附近甚至装药的中段分别设置起爆点，或沿装药全长敷设导爆索起爆。采用多点起爆，主要是为了避免因炸药质量或装药施工问题可能导致的孔内装药传爆不完全而出现的拒爆现象。

孔口填塞是用黏土、砂或土砂混合材料将装好炸药的炮孔封闭起来。填塞长度是指炮孔装药段以上至孔口部分的长度。实践中大多是按炮孔直径确定炮孔填塞长度，一般取为孔径的 12~32 倍，具体视岩石和炸药性质而定。

填塞的作用主要包括：①在孔口方向上增强对孔内炸药爆炸反应的约束作用，利于提高炸药爆轰的质量，使炸药能量释放更为充分；②延迟爆炸气体产物从炮孔口溢出的时间，延长孔壁压力的持续时间，使炸药能量更多地转化为对周围岩石做机械功，提高炸药能量的有效利用率，使岩石得到更为充分的破坏和破碎；③抑制爆破飞石和空气冲击波现象。

图 4-32 表示在有填塞和无填塞的炮孔中，压力随时间变化的关系。从图中可以看出，有填塞和无填塞两种条件下对炮孔壁的冲击初始压力虽然没有明显的影响，但是填塞却大大增大了爆轰气体膨胀作用在孔壁上的压力和延长应力作用的时间，从而大大提高了它对岩石的胀裂和抛移作用。

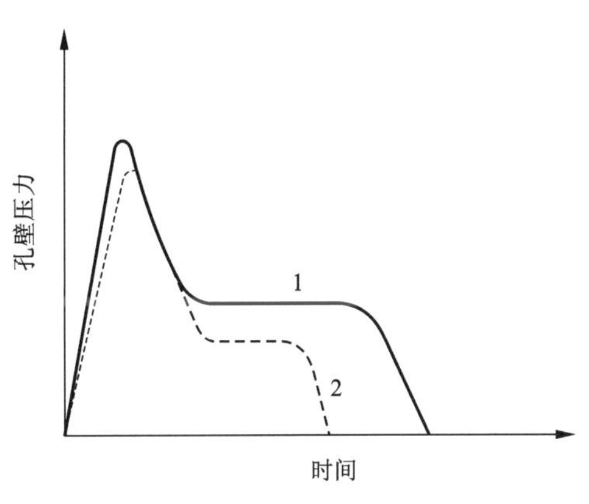

1—孔口有填塞；2—孔口无填塞。

图 4-32　填塞对孔壁压力的影响

填塞材料的性质和填塞长度是决定填塞效果的重要因素。填塞材料多为穿孔岩粉或粒度合适的碎石。但需要明确指出的是，对于有水炮孔，在装药段之上仍有水时，不宜使用岩粉作为填塞材料，这是因为岩粉与水混合后呈泥浆状，不能很好地起到填塞的作用，容易造成“穿炮”，使得大量爆轰气体从孔口逸出，其能量不仅没能有效地用于破坏和抛掷岩石，而且容易产生飞石和空气冲击波这两种有害效应。

表 4-42 给出了国内若干露天矿穿爆参数及有关指标。

表 4-42 国内若干露天矿穿爆参数及有关指标

矿山名称	矿岩种类	岩石硬度系数 f	孔径/mm	段高/m	底盘抵抗线/m	排距/m	孔距/m	炮孔邻近系数前排/后排	孔深/m	填塞高度/m	后排孔药量增加系数	单位炸药消耗量/(kg·m^{-3})	延米爆破量/(t·m^{-1})	布孔方式	延时起爆方案	延迟时间/ms
大孤山铁矿	磁铁矿 混合花岗岩	12~16 8~10	250	12	8~9 8~9	5.5~6.5 7~7.5	6~7 7.5~8	0.8/1.0 0.9/1.1	14.5~15.5 14~14.5	6.5~7 6.5~7	1.1 1.1	0.76 0.56	150.8 126.0	矩形及三角形垂直孔	排间或倾斜	25~50 50~75
眼前山铁矿	磁铁矿 角闪岩 闪长岩	15~17 8~12	250	12	7~9 7~9	5.5~6 5.5~6	6.5~6.8 7.3~8	0.8/1.2 1.0/1.4	15.5 14.5	6.5~7 6.5~7	1.3~1.4 1.3~1.4	0.7~0.8 0.45~0.55	108~118 125	三角形垂直孔	按排顺序	50~75
齐大山铁矿	难爆矿石 千枚岩	14~16 1~6	250	12	8 8~10	5.7 7~8	6.7 8~9	0.8/1.2 0.94/1.13	14~14.5 14~14.5	>6 6~7	1.2 1.2	0.7 0.5	110~125 115~120	三角形垂直孔	按排或倾斜	50~75
马钢南山矿	赤铁矿 黄铁矿化辉长闪长岩 风化闪长岩	4~7 8~12 2~6	250	14~15	10~12 9~11 10~12	5.5~6.5 4.5~5.5 6~7	6~7 5~6 7~8	0.5/1.08 0.6/1.1 0.7/1.2	15.5~17 15.5~17 15.5~17	8 8 8	不增加 不增加 不增加	0.32~0.5 0.35~0.37 0.28	110 80 120~140	三角形垂直孔	按排顺序	25~50
大冶铁矿	砂卡岩 花岗闪长岩 磁铁矿	8~12 10~12 10~14	170~200	12	6 6 6	3.5~4 3~3.5 3~3.5	3.5~4 4~4.5 3~3.5	0.6/1.2 0.5/0.8 0.5/1.0	14.5~15.5 14.5~15.5 14.5~15.5	7~8 7~8 7~8	1.3~1.5 1.3~1.5 1.3~1.5	0.5~0.6 0.5~0.6 0.8	37~40 37~40 37~40	方形或三角形倾斜孔	按排顺序	25~50
首钢水厂铁矿	块状磁铁矿 层状磁铁矿 混合花岗岩	>14 12~14 8~10	250	12	7~8 7~8 8~9	5~6 5.5~6 6~7	7.5~8.5 8~9 9~10	1.1/1.5 1.1/1.4 1.1/1.4	14~15 13.5~14.5 13.5~14.5	4.5~5.5 5.5~6.5 6~6.5	1.2 1.2 1.2	0.5~0.6 0.5~0.6 0.5~0.6	120~140 140~150 150	三角形垂直孔	按排顺序	25~75

续表4-42

矿山名称	矿岩种类	岩石硬度系数 f	孔径 /mm	段高 /m	底盘抵抗线 /m	排距 /m	孔距 /m	炮孔邻近系数前排/后排	孔深 /m	填塞高度 /m	后排孔药量增加系数	单位炸药消耗量/($kg \cdot m^{-3}$)	延米爆破量/($t \cdot m^{-1}$)	布孔方式	延时起爆方案	延迟时间 /ms
大连石灰石矿	石灰岩	6~8	250	12~13	9~10	6~6.5	10~11	1.1~1.7	14.5~15.5	6~6.5	不增加	0.3~0.4	160~165	三角形直孔	按排	25~75
南芬铁矿	石棉矿 富矿 矽酸铁	16~20	200 250 310	12	7 10 12	4.5 5.5 6.5	3~5 4~5.5 5~6.5	1.43/1.1 0.4/1 1.42/1	14.5~15.5 14.5~15.5 14.5~15.5	4~5 5~6 6~7	1.15~1.2 1.15~1.2 1.15~1.2	0.9 1.0 1.2	117	三角形或矩形直孔	按排顺序、斜线及楔形	25~75
	块状角闪岩 绿泥角闪岩	8~10	200 250 310	12	8 10 12	5.5 6.5 7.5	4~5.5 4.5~7 5.5~7.5	0.5/1 0.45/1.08 0.46/1.0	13.5~14.5 13.5~14.5 13.5~14.5		4~5 5~6 6~7	1.15~1.2 1.15~1.2 1.15~1.2	0.72 0.64 0.88			
南京吉山铁矿	磁铁闪长岩	12~14	200	12	7	5	8	1.1/1.6	14	5.5~6.5	1.2	0.4	90	三角形斜孔	斜线	50~70
南京白云石矿	白云岩	6~8	150	12	6~7	4.0	6~7	1/1.6	14.0~14.5	4~5	1.2	0.4~0.5	50~60	三角形直孔	按排	25~50

4.6.2 压碴爆破

压碴爆破也称挤压爆破或留碴挤压爆破。压碴爆破与清碴爆破的区别在于爆区台阶坡面上覆盖有相邻爆区的爆堆矿岩。这种覆岩对本爆区前排孔抵抗线范围内矿岩的移动产生一定的阻力。

压碴爆破具有以下积极作用：

(1)补充破碎。在压碴爆破过程中，本爆区破碎岩块会与压碴岩块产生机械碰撞和挤压，造成矿岩的二次破碎，从而可提高爆炸能量的有效利用率，减小爆破块度，降低大块率。

(2)爆堆形状。由于压碴层的阻碍作用，爆堆将更为集中、规整。

(3)飞石和空气冲击波。由于压碴层的阻碍作用，可显著减少飞石现象，降低空气冲击波强度。

(4)生产管理。由于以上三因素的作用，可增大一次爆破量，减少矿山的爆破次数；无须清除完爆堆就可继续进行穿爆作业，从而可增加爆堆矿岩储量，利于提高电铲铲装作业的连续性。

但是，与清碴爆破相比较，压碴爆破也具有一些消极作用，具体包括：爆堆矿岩的松散性下降，炸药消耗量增加，爆破振动效应一般也会有一定程度的增大。

与清碴爆破时相比，为获得预期的爆破破碎效果，需要在考虑压碴厚度影响的基础上对前排孔的底部孔抵抗线、超深、装药量三个参数进行一定的调整，而炮孔的装药结构、起爆位置、孔口填塞、起爆位置、起爆网路，一般都不受压碴条件的影响。

(1)前排孔抵抗线 W 与孔边距。压碴爆破炮孔的抵抗线为孔径的 26~28 倍，或为清碴爆破时抵抗线的 0.78~0.95 倍。压碴爆破时，应尽量减小前排炮孔的孔边距。但是，为钻机穿孔作业安全和成孔质量考虑，一般不允许将前排孔布置在压碴区域以内。

(2)炮孔超深。采用倾斜穿孔时，压碴爆破前排孔超深一般可与其他排炮孔的相同；采用垂直穿孔，则与清碴爆破类似，前排孔超深不小于其他炮孔的超深，具体装药取决于前排炮孔的底部抵抗线大小。

(3)前排炮孔装药量 Q。压碴爆破前排炮孔装药量 Q 一般为清碴爆破时的 1.25~1.35 倍。在普通条件下，其他炮孔的装药量是清碴爆破时的 1.1~1.15 倍，具体视炮孔抵抗线大小、矿岩可爆性、炸药性能和压碴层厚度等因素确定。实践中往往通过试验总结确定。

(4)炮孔起爆延时。由于压碴层矿岩的阻力，爆区矿岩在爆破过程中的移动将比清碴爆破时较为缓慢。因此，炮孔之间的起爆延时应相应加大。

(5)留碴厚度。合理的留碴厚度应既改善矿岩的破碎质量，又能控制爆堆膨胀前冲形成一个采掘带的宽度，同时保证爆堆矿岩的松散性，有利于提高铲装效率和作业安全。

留碴厚度过大，对爆破产生的夹制力相应增大，不利于岩石的破坏和移动，爆堆松散性变差；留碴厚度过小，将起不到压碴的作用。确定留碴厚度时需要考虑的因素包括：爆区炮孔排数、炮孔直径和孔网参数、炮孔抵抗线、岩石的可爆性、炸药爆炸性能及压碴层本身的松散系数。一般爆区炮孔排数越多、炮孔直径越大、炮孔抵抗线越小、岩石的可爆性越好、炸药爆炸威力越大、压碴层本身松散性越好，应取较大的压碴层厚度。在矿山爆破实践中，往往需要通过试验确定特定条件下的压碴层厚度。一些矿山经常使留渣厚度保持在 10~20 m，也有些矿山采取了提高能量利用率措施或选取小的孔网参数，使留碴厚度达到 30~

40 m。若干矿山清碴爆破与压碴爆破的相关参数见表 4-43 和表 4-44。

表 4-43　露天矿压碴爆破相关参数

矿　山	岩石种类	台阶高度 H/m	留碴厚度 B/m	爆堆推移距离 S/m
大连石灰石矿	石灰岩 f=6~8，三排孔	11~15	7~9 11~13 >15	13~9 7~5 <3
大孤山铁矿	花岗石 f=10~12，孔径 250 mm	12	8 6	14 18
大冶铁矿	闪长岩 f=8~12， 孔径 250 mm、310 mm	12	14~16	11~15
苏联 杜库长也夫斯克 公司白云石矿	白云石和白云石化 石灰岩，f=8~10 3 排孔；6 排孔	12~14 12~14	10~12 14~16	6~8 4~6

表 4-44　清碴爆破与压碴爆破第一排孔抵抗线比较

矿　山	孔径 ϕ/mm	第 1 排抵抗线/m		炮孔抵抗线/mm	
		清碴	压碴	清碴	压碴
大连石灰石矿	230	9~9.5	7~8	(39~41)ϕ	(30~35)ϕ
歪头山铁矿	250	10~11	4~5	(40~44)ϕ	(16~20)ϕ
水厂铁矿	250	9~10	5~6	(36~40)ϕ	(20~24)ϕ
南芬铁矿	200	7~8	5~7	(35~40)ϕ	(25~35)ϕ
南芬铁矿	250	9~11	6~8	(36~44)ϕ	(24~32)ϕ
南芬铁矿	310	11~13	7~9	(35~42)ϕ	(22~29)ϕ
大冶铁矿	170	6~7	4~5	(35~41)ϕ	(24~29)ϕ

4.6.3　延时起爆技术

露天台阶爆破多采用多排孔爆破。根据各炮孔的起爆时间，其起爆方式可归纳为两种：排间延时起爆和孔间延时起爆。延期时间则可分为毫秒延时和秒延时两种。

孔间延时起爆也称为逐孔起爆。采用孔间延时起爆，不仅各排之间按时间先后顺序起爆，同时同排炮孔的起爆也是按时间先后顺序起爆。目前，国内外的露天矿山多采用多排孔孔间毫秒延时起爆。

与过去普遍使用的单排孔齐发爆破相比，延时起爆(尤其是孔间延时起爆)的突出特点是先爆炮孔为相邻的后继起爆炮孔提供一个瞬时存在的自由面，从而改善炮孔的自由面条件。其积极作用包括：

(1)爆堆矿岩块度减小且更趋均匀、大块率低；

(2)爆堆集中，后冲作用小；

(3)提高炸药能量有效利用率，降低炸药单耗，孔网参数可有一定程度的增大，提高炮孔延米爆破量；

(4)在相同震级条件下，可增大一次爆破量，减少爆破次数，提高爆堆矿岩的装运作业效率；

(5)在同等药量条件下，地震效应减弱，减少爆破振动危害，利于减少飞石和降低空气冲击波强度。

1. 毫秒延时起爆的作用原理

采用毫秒延时起爆，相邻炮孔以毫秒级的时间间隔先后顺序起爆。由于在爆破过程中先爆炮孔为相邻的后爆炮孔多创造一个自由面，其作用可包括：

(1)瞬时自由面的产生及其作用。采用毫秒延时起爆，在先起爆炮孔形成爆破漏斗范围内的岩体刚刚与原岩分离即在二者之间形成一条裂缝时，后起爆炮孔起爆，这一裂缝即为后起爆炮孔创造了一个新的自由面。由于这一新自由面存在时间短暂，常称之为瞬时自由面。例如在图 4-33 中，只要延时长短合适，起爆顺序为 1 的炮孔起爆后爆破漏斗的破裂面即为起爆顺序为 2 的炮孔的瞬时自由面。根据爆破漏斗的基本原理，这种自由面条件的改善，不仅将加强爆炸应力波的自由面反射拉伸作用，而且使后起爆炮孔不同方向上的抵抗线大小更趋均匀，从而利于岩石破碎，提高爆破效率，改善爆破破碎质量。

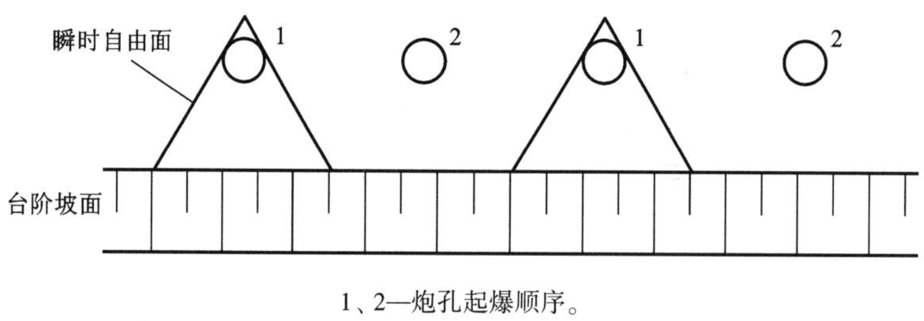

1、2—炮孔起爆顺序。

图 4-33 孔间交替延时起爆时炮孔的自由面条件

(2)应力场叠加效应。先爆孔内的孔壁压力减小，岩石回弹出现拉伸应力波时，再起爆相邻炮孔，先后相继起爆炮孔产生的应力场相互叠加，可使岩石得到更为充分的破坏。

(3)运动岩石的相互碰撞。采用毫秒延时起爆，相邻炮孔的起爆时差极短，且由于爆破后岩石的运动速度在其抛掷移动过程的中后期将很快下降，先后相继起爆炮孔爆落的岩块之间将会发生相互碰撞、冲击和剪切作用，可使岩石进一步破碎。

(4)在时间上分散地震波能量。当爆区炮孔个数和总药量一定时，采用毫秒延时起爆，同时起爆药量小，在时间上分散了爆破产生的地震波能量，从而可以减少爆破振动。

2. 延时起爆的网路连接形式

(1)排间毫秒延时起爆。排间延时起爆一般是指各排炮孔之间以毫秒级的时间间隔顺序起爆，而同排内各个炮孔同时起爆。排间延时起爆炮孔的排列形式则可有直线形和折线形两种，其中折线形有 V 形和波浪形。

在孔间延时起爆技术出现之前，采用三角形布孔和直线排间顺序起爆，应用最为广泛(图 4-34)。按同时起爆炮孔排列方向与台阶坡顶线关系的不同，还有斜线起爆[图 4-35

(a)]、V 形起爆[图 4-35(b)]、波浪形起爆[图 4-35(c)]和梯形起爆(图 4-36)等。但需要注意的是，在同排炮孔较多时采用排间顺序起爆，由于同排(同段)药量过大，爆破振动效应将相应增大。

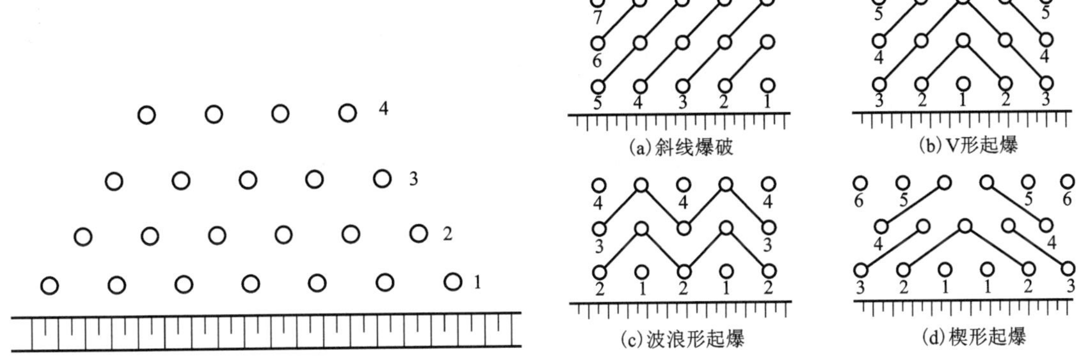

1、2、3、4 为起爆顺序。

图 4-34　三角形布孔的排间顺序起爆

1~6 为起爆顺序。

图 4-35　几种起爆形式

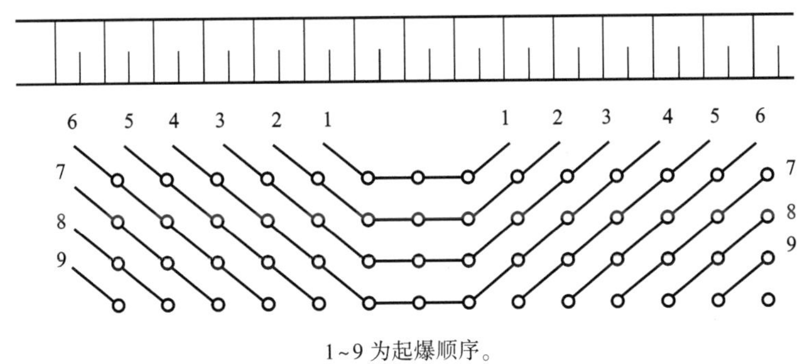

1~9 为起爆顺序。

图 4-36　梯形顺序起爆

斜线起爆常用于台阶有侧向自由面的情况。利用这种起爆形式，前段爆破能为后段爆破创造较宽的自由面。V 形起爆多用于掘沟爆破以形成新的台阶。

斜线起爆的优点：

①可正方形、矩形布孔，便于穿孔、装药、填塞机械的作业；可加大炮孔的邻近系数；

②由于分段多，每段药量少且分散，可降低爆破地震波的强度；

③后冲、侧冲作用减弱，减小对爆区后部和侧部岩体的冲击破坏；

④正方形、矩形布孔时，炮孔的邻近系数加大，可加强岩块在爆破过程中的相互碰撞和挤压作用，有利于减小爆破块度；

⑤起爆网路联结形式灵活，易于满足各种不同的设计要求。

斜线起爆的缺点主要有：

①所需起爆雷管的段数较多，起爆材料消耗量较大；

②起爆网路施工及检查均较繁杂，容易出错；

③由于雷管分段较多，后排孔爆破时的夹制性增大，后排塌落沟浅，爆破后矿岩松散性

较差。

（2）孔间毫秒延时起爆（即逐孔起爆）。采用孔间毫秒延时起爆时，孔内采用同段别毫秒导爆管雷管，表4-45为Exel系列长延时导爆管雷管标准延期时间，孔外采用地表延时导爆管雷管（表4-46）。表4-47为Exel系列毫秒延时导爆管雷管标准延期时间。

表4-45　Exel系列长延时导爆管雷管标准延期时间

段别	1	2	3	4	5	6	7	8	9
延期时间/ms	25	100	200	300	400	500	600	700	800
段别	10	11	12	13	14	15	16	17	18
延期时间/ms	900	1000	1200	1400	1600	1800	2100	2400	2700
段别	19	20	21	22	23	24	25		
延期时间/ms	3000	3400	3800	4200	4600	5000	5500		

表4-46　Exel系列地表延时导爆管雷管标准延期时间

延期时间/ms	9	17	25	42	65	100	150	200
颜色	绿色	黄色	红色	白色	蓝色	橘黄色	橘黄色	橘黄色

表4-47　Exel系列毫秒延时导爆管雷管标准延期时间

段别	1	2	3	4	5	6	7	8	9	10
延期时间/ms	25	50	75	100	125	150	175	200	225	250
段别	11	12	13	14	15	16	17	18	19	20
延期时间/ms	275	300	325	350	375	400	425	450	475	500

孔外的地表延时雷管用于控制炮孔的起爆顺序和孔间起爆时差。孔内延时雷管的延期时间一般都较长，其作用一是起爆炮孔中的炸药，二是保证当它爆炸时，相邻的后继起爆炮孔中的雷管都已经被"点燃"，保证先起爆炮孔周围岩体的移动和飞石现象尽管可能破坏地表起爆网路，但仍不会导致孔内起爆雷管拒爆。

孔内雷管的延期时间过短，不能可靠避免炮孔拒爆；延期时间过长，雷管产品的延期时间误差就相应增大，不利于准确控制炮孔间的起爆时差，影响爆破效果。我国大中型露天矿山采用逐孔起爆时，孔内雷管的延期时间一般为400 ms。

逐孔起爆典型网路如图4-37和图4-38所示。图中网路孔外分别采用17 ms和42 ms延时，孔内均采用400 ms延时。

（3）孔内延时起爆。孔内延时起爆是指在同一炮孔内分段装药，并在各分段间实行毫秒级时间间隔顺序起爆的方法。这种方法多用于炮孔长度较大或炮孔穿越软弱夹层的情况。实践证明，孔内延时起爆具有延时起爆和分段装药的双重特点。孔内起爆网路可以采用非电导爆管网路、导爆索网路，也可以采用电爆网路。

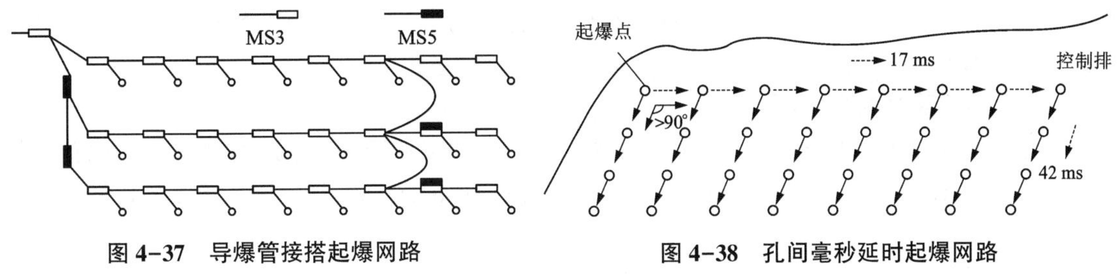

图 4-37　导爆管接搭起爆网路　　　图 4-38　孔间毫秒延时起爆网路

就我国当前技术条件而言，孔内一般分为两段装药。对同一炮孔，起爆顺序有上部装药先爆和下部装药先爆两种，即有自上而下孔内延时起爆和自下而上孔内延时起爆两种方式，一般选用后者。

对于相邻两排炮孔来说，同时采用孔间毫秒延时和孔内分段装药间的毫秒延时起爆，矿岩将受到多次反复的爆破作用，从而可以起到改善爆破效果的作用。

露天深孔台阶爆破时，孔内药柱间的延期间隔时间通常采用 15～75 ms（多为 25～50 ms），地表排间延时雷管的间隔时间更长，利于保证破碎质量、改善爆堆挖掘条件以及减少飞石和后冲作用。另外，随着炮孔排数的增加，排间的起爆延期时间应逐排加长。根据高速摄影测试，药包爆炸后 10 ms，地表岩石开始有明显的移动，接着在加速的过程中形成鼓包，到 20 ms 时，鼓包运动接近最大速度，到 100 ms 时，鼓包严重破裂。我国露天矿山多排孔挤压爆破排间的间隔时间通常取 50 ms 以上；在台阶高度为 12～15 m 的坚硬岩石中使用威力较高的炸药时，孔内毫秒延期时间以 10～15 ms 为宜；如果使用威力较低的铵油炸药，孔内毫秒延期间隔时间多选用 10～25 ms。

自上而下起爆时，在孔内、孔间延期起爆时间选取合理的情况下，对同一炮孔而言，由于台阶上部的矿岩首先爆破，会出现上部岩体爆后与同一水平和下部矿岩脱离并向自由面方向（向上、向前）抛掷，从而为下部的后起爆药包创造新的自由面。这种起爆方式的优点是爆破振动较小、爆堆松散；缺点是爆堆下部的破碎程度和松散性较差，对炮孔超深要求较严格，不利于控制采场底板的平整度。

自下而上起爆时，对同一炮孔而言，下部药包起爆时，先起爆药柱的上方没有自由面，爆破时仅依靠前方的自由面为矿岩提供膨胀空间，爆炸能量在被爆岩体内释放，对台阶底部矿岩的破碎作用较强，底板更平整，矿岩破碎比较充分，松散度也较好。由于下部先起爆的药包为台阶上部的爆破创造了一个新的准自由面，上部后起爆药包爆破时，有前、上、下共三个自由面。采用这种方式起爆时，孔口的填塞高度可适当减小，炮孔中间的填塞长度可适当增加，炮孔超深也可以适当减小。但是，与孔内自上而下的起爆方式相比，爆破振动偏大。

3. 延期时间的确定

合理确定毫秒延期爆破间隔时间，是保证爆破效果的关键因素之一。选择毫秒延期间隔时间，首先需要保证先爆孔不会破坏后爆孔的起爆网路，其次需要考虑的因素包括岩体爆破难易程度、抵抗线大小及减震要求等。实践中多采用经验方法确定炮孔之间的毫秒延期时间 Δt，然后根据 Δt 选择适用雷管的段别。

1)按产生应力波叠加

先爆孔内的孔壁压力下降，岩石回弹出现拉伸应力波时，再起爆相邻炮孔。照此原理计算，结果数值一般偏小。

2)按形成瞬时新自由面

先爆炮孔刚好形成破裂漏斗，漏斗内破碎岩石已明显脱离原岩，此时起爆相邻炮孔。从起爆到岩石被破坏和发生位移的时间，是应力波传到自由面(W')所需时间的5~10倍。

$$\Delta t = KW' \tag{4-22}$$

式中：K 为据统计分析确定的系数，台阶爆破多取2~5。一般 $\Delta t=20\sim100$ ms。

3)按降低地震效应的原则确定

(1)主震相刚好错开30~50 ms。

(2)地震波相互干扰，以最大限度降低地震效应：

$$\Delta t = \left(n + \frac{1}{2}\right) t_1 \tag{4-23}$$

式中：t_1 为振动周期。

这只是一种理想化的思想，因为地震波周期的大小随时随地在变化。

4)经验公式

$$\Delta t = \frac{2W}{v_p} + K'\frac{W}{C_p} + \frac{S}{v} \tag{4-24}$$

式中：W 为底盘抵抗线，m；v_p 为岩体中弹性纵波速度，m/s；K'为系数，表示岩体受高压气体作用后在抵抗线方向裂缝发展的过程，一般可取2~3；C_p 为裂缝扩展速度，它与岩石性质、炸药特性以及爆破方式等因素有关，一般中硬岩石为1000~1500 m/s，坚硬岩石为2000 m/s左右，软岩在1000 m/s以下；S 为破裂面移动距离，一般取0.1~0.3 m；v 为破裂体运动的平均速度，m/s，对于松动爆破而言，其值为10~20 m/s。

或

$$\Delta t = t_d + \frac{L}{v_c} = K''W + \frac{L}{v_c} \tag{4-25}$$

式中：t_d 为从爆破到岩体开始移动的时间，ms；K''为相关系数，一般为2~4 ms/m，也可通过观测确定；W 为底盘抵抗线，m；v_c 为裂隙开裂速度，m/ms；L 为裂隙宽度，m，一般取0.01 m。

5)以形成新自由面所需要的时间确定延期时间

$$\Delta t = \zeta \cdot W \tag{4-26}$$

式中：ζ 为与岩石性质、结构构造和爆破条件有关的系数，在露天台阶爆破条件下，ζ 值为2~5。

6)考虑岩石性质和底盘抵抗线的经验公式

$$\Delta t = K_1 \cdot W(24 - f) \tag{4-27}$$

式中：K_1 为岩石裂隙系数，对于裂隙少的岩石，取0.5，中等裂隙岩石取0.75，对于裂隙发育的岩石取0.9；W 为底盘抵抗线，m；f 为岩石坚固性系数。

7)长沙矿冶研究院提出的计算合理间隔时间公式

$$\Delta t = (1.25 \sim 1.8)\sqrt[3]{Q} + 9(\gamma_b D_B/\gamma_n C_n - 0.18)\sqrt[3]{Q} + S/v_{cp} \tag{4-28}$$

式中：γ_b 为炸药密度，kg/m^3；D_B 为炸药在孔内的爆速，m/s；γ_n 为岩石密度，kg/m^3；C_n 为岩石纵波传播速度，m/s；S 为距离常数，一般 $S=10$ mm；v_{cp} 为岩块运动平均速度，mm/ms；Q 为炸药量，kg。

计算延期间隔时间的方法虽然很多，但都不可能达到非常精确的程度。同时现有的雷管段别数量有限。因此，研制高精度、短时差雷管是目前改善爆破效果的主要技术途径之一。数码电子雷管的研制成功，为实现孔间精确的毫秒延期起爆提供了必要的条件。

4.6.4　预裂爆破

预裂爆破一般是在邻近边坡境界线布置一排孔间距较小的炮孔(称为预裂孔)，且在主爆区炮孔爆破之前先起爆，在岩体中沿预裂孔连线形成一定宽度的裂缝或破碎带，用以隔离或降低主爆区爆破产生的后冲和地震波对边坡的作用。同时，预裂爆破炮孔直径小、不耦合装药或采用低密度低猛度低威力的炸药，因而预裂爆破本身对边坡的影响程度和范围都可控制在期望的范围之内，保证边坡坡面的几何形状和边坡岩体的稳定性。衡量控制爆破(如预裂爆破)效果好坏的指标主要是爆破成缝质量(图 4-39)，实践中多采用预裂缝的贯通性与宽度或预裂缝的降震率来反映预裂效果的好坏。但是，在较破碎岩体中，难以形成一条清晰可见的裂缝，而只能沿炮孔连心线形成破碎带，这种情况下多采用破碎带的贯通性与宽度来反映控制爆破的效果。

预裂爆破由于孔间距小，不耦合装药操作比较麻烦，故穿爆施工的工程量较大，工程成本较高。

图 4-39　露天预裂爆破在岩体中形成的裂缝

1. 预裂爆破的技术参数

预裂爆破的技术参数主要包括预裂孔直径、孔间距、线装药密度等，这些参数及装药结构决定了预裂爆破的效果。至于这些爆破参数的取值，目前仍然建立在经验基础上，一般都是参照类似条件的矿山预裂爆破的经验、资料，并考虑具体矿山条件加以修改完善。

(1)炮孔直径。预裂孔有倾斜孔和垂直孔两种。在露天矿山，预裂孔径一般为 60～250 mm。

(2)孔距。从施工速度和经济效益讲，孔距大、穿孔少、速度快，但炮孔装药多，易使岩壁发生破坏；孔距小，则穿孔总长度增大，穿孔成本增加，装药施工工程量增加。一般取预裂孔间距 a 为

$$a=(8\sim13)d \tag{4-29}$$

式中：d 为预裂孔直径，难爆岩石取小值。

(3)炮孔装药结构。预裂爆破一般都采用不耦合装药和分段间隔装药相结合的装药结构。

不耦合系数指炮孔直径与装药直径之比。不耦合系数为 2.4~5.0。但是，为克服预裂孔

底部的夹制性，一般采用线装药密度加倍的底部加强装药。底部加强装药的长度一般为1.0~1.5 m。孔口 1.0~2.0 m 不装药。

如表 4-48 所示，炮孔装药不耦合系数一般取 3.5~5.0，具体视炸药猛度和岩石动抗压强度而定。炸药猛度高，岩石动抗压强度低，应减小炮孔的装药不耦合系数。

表 4-48 不耦合系数与岩石极限抗压强度的关系

矿山名称	岩石类型	岩石极限抗压强度/MPa	不耦合系数
南山铁矿	辉长闪长岩	94.1	3.75
	粗面岩	44.1	4.3
大冶铁矿	闪长岩	98~137.2	2~3.5
眼前山铁矿	闪长岩	96.2	3.1
	混合岩	81.2	3.5

间隔装药(及分段装药)一般是通过气体间隔器实现。预裂孔的装药结构如图 4-40 所示。

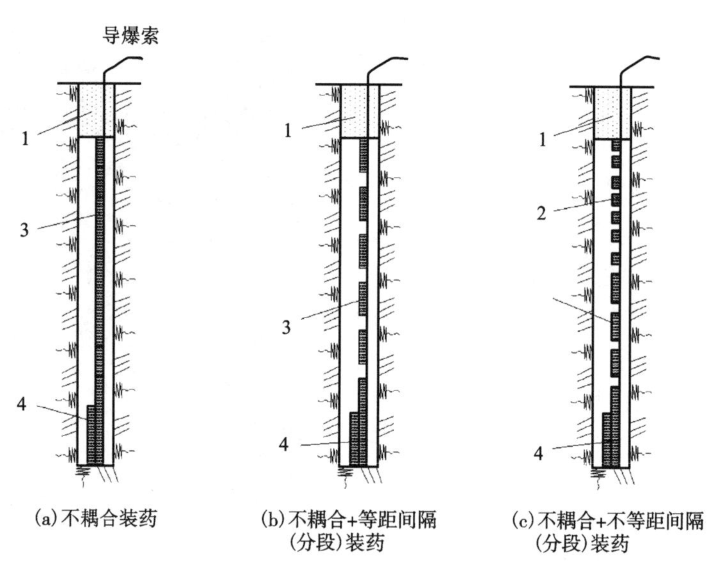

1—填塞段；2—顶部减弱装药段；3—正常装药段；4—底部增强装药段。

图 4-40 预裂孔装药结构示意图

预裂炮孔的孔口不装药段的长度通常不大于 8 倍孔径。裂隙极发育时，孔口不装药长度可达孔径的 15 倍以上。

对充满水的预裂孔，来自不耦合装药的炸药爆炸能量可被水有效地传递到周围岩石中。在节理裂隙发育的岩石中，充满水的预裂孔极易在爆破过程中产生较严重破坏。在类似条件下，进一步增大炮孔装药不耦合系数，缩小孔距和线装药密度，方可获得较为理想的预裂爆破效果。

(4)线装药密度。线装药密度指炮孔装药量与装药长度(即炮孔长度与填塞长度之差)的比值。采用合适的线装药密度来控制爆炸能对新壁面的损坏。针对不同地点、不同工程应有不同的合理线装药密度值，可通过实地试验加以确定。

线装药密度一般为 0.6~3.5 kg/m，具体取决于炮孔直径。在松散地层，炮孔上部的线装药密度需要减少 50%或更多，以便最大程度地减少孔口附近产生过大的后冲。

国内外预裂爆破参数部分数据统计见表 4-49 和表 4-50。

表 4-49　国内预裂爆破参数部分数据统计

孔径/mm	预裂孔距/m	线装药密度/($kg \cdot m^{-1}$)	孔径/mm	预裂孔距/m	线装药密度/($kg \cdot m^{-1}$)
40	0.3~0.5	0.12~0.38	125	1.2~2.1	0.9~1.7
60	0.45~0.6	0.12~0.38	127	1.5	1.3
76	0.9	0.5	150	1.5~2.5	1.1~2.0
80	0.7~1.5	0.4~1.0	152	2	1.4
89	1.2	0.7	200	2.6	3.3
100	1.0~1.8	0.7~1.4	251	3.3	5.3
102	1.3	0.8	270	3.6	6.1
114	1.4	1.1	311	4	17.8

表 4-50　国外预裂爆破参数(瑞典兰格弗斯)

孔径/mm	炸药品种	预裂爆破孔距/m	线装药密度/($kg \cdot m^{-1}$)
30	Gurit	0.25~0.50	—
37	Gurit	0.30~0.50	0.12
44	Gurit	0.30~0.50	0.17
50	Gurit	0.45~0.7	0.25
62	Nabit	0.55~0.8	0.35
75	Nabit	0.6~0.9	0.5
87	Dynamite	0.7~1.0	0.7
100	Dynamite	0.8~1.2	0.9
125	Nabit	1.0~1.5	1.4
150	Nabit	1.2~1.8	2.0
200	Dynamite	1.5~2.1	3.0

(5)起爆方式。理论上预裂孔应同时起爆(图 4-41)。但是，当预裂孔个数较多、累计装药量较大时，为控制预裂孔爆破产生的地震动效应，可考虑沿设计预裂线将预裂孔逐段分

组，组内炮孔同时起爆，组间顺序毫秒延时起爆(延时 50~100 ms)。预裂孔的起爆时间一般超前主炮孔 50~150 ms。

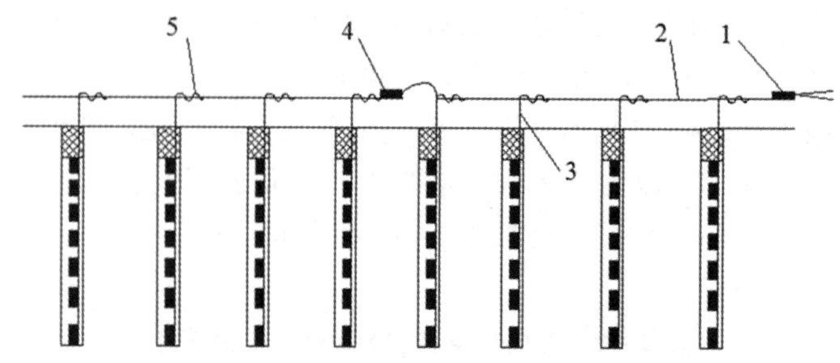

1—引爆雷管；2—敷设于地面的导爆索主线；3—由孔内药串引出的导爆索；
4—孔外接力分段雷管；5—孔内引出的导爆索与地面导爆索主线的连接点。

图 4-41 预裂爆破导爆索起爆网路连接示意图

根据经验，使用 ϕ32 mm 的药卷作为预裂孔装药时，实现“不耦合+分段间隔”装药，通常的做法是：①准备宽度为 6 cm 左右的竹条，竹条间搭接牢固，竹条全长大于预裂孔长度；②在地面上将双股导爆索与竹条敷设在一起；③按设计线装药密度沿竹条分布药包；④将导爆索和各个药包牢固捆绑在竹条上；⑤将装药放入预裂孔内。

另外，当炮孔装药量较小且炮孔为垂直孔时，也可考虑使用强度足够的索状材料悬吊炸药包，实现不耦合装药或分段间隔装药。

2. 工程实例

首钢水厂铁矿根据岩石物理力学性质(表 4-51)，采用的控制爆破技术参数分别如表 4-52 和表 4-53 所示。

表 4-51 岩石的物理力学性质

岩石名称	密度 /(g·cm^{-3})	抗压强度 /MPa	抗拉强度 /MPa	纵波速度 /(m·s^{-1})	横波速度 /(m·s^{-1})	动弹性模量 /GPa	动泊松比
混合岩 A	2.16	53.04	5.79	5094	3073	67.73	0.214
片麻岩 A	2.74	89.43	4.90	5026	2988	69.21	0.227
混合岩 B	2.58	133.19	3.04	5412	3183	75.57	0.236
片麻岩 B	2.66	89.13	5.77	5146	3044	70.44	0.231

表 4-52 干孔不耦合装药预裂爆破参数

岩石种类	孔距/m	孔底加强药包高度/m	线装药密度 /(kg·m^{-1})	孔口余高/m	填塞高度/m	炸药
混合岩 A	1.2~1.4	1.6	0.75	2.5~3.0	1.5	铵油
片麻岩 A	1.1~1.2	1.6	0.65~0.7	2.5~3.0	1.5	铵油
混合岩 B	0.9~1.0	1.6	0.6~0.65	2.5	1.5	铵油
片麻岩 B	1.0~1.1	1.6	0.65~0.7	2.5	1.5	铵油

表 4-53　水孔水耦合装药预裂爆破参数

岩石种类	孔距/m	孔底加强药包高度/m	线装药密度/(kg·m^{-1})	孔口余高/m	填塞高度/m	炸药
混合岩 A	1.2~1.4	1.5	1.0~1.1	3.0	1.5	乳化
片麻岩 A	1.1~1.2	1.5	0.9~1.0	3.0	1.5	乳化
混合岩 B	0.8~1.0	1.5	0.7~0.8	2.5	1.3~1.5	乳化
片麻岩 B	0.9~1.0	1.5	0.8~0.9	2.5	1.3~1.5	乳化

图 4-42 所示为首钢水厂铁矿用倾斜预裂孔进行邻近边坡预裂爆破时，预裂孔、缓冲孔与主爆区炮孔的布置情况。预裂孔沿设计境界线布置，孔径为 150 mm，孔深为 24 m，炮孔角度与台阶坡面角一致，向下倾斜 65°，孔间距为 0.9 m。预裂孔在主爆区炮孔之前 100~150 ms 起爆。缓冲孔对预裂线与主爆区后排孔之间的矿岩起辅助破碎作用。

水厂铁矿在邻近边坡预裂爆破实践中得到一些经验，包括：

(1)在水耦合装药爆破中，由于水的增压作用，在多裂隙软岩及破碎型岩石中进行预裂爆破时，为使孔壁不被压碎，保持完整的半壁孔痕，不耦合系数要增大，并适当缩小孔距，减少药量，才能获得较好的预裂效果。

(2)缓冲孔和辅助缓冲孔的参数是影响预裂爆破效果好坏，甚至成功与否的关键参数。主要控制缓冲孔和辅助缓冲孔到预裂孔的孔底距离。孔底距离过大则容易产生伞岩和根底。

(3)在施工中，如果实际孔距大于设计孔距，应适当增加药量；遇到未成孔的情况，在未成孔周围的炮孔中要适当增加药量，以利于拉开平整的裂缝。

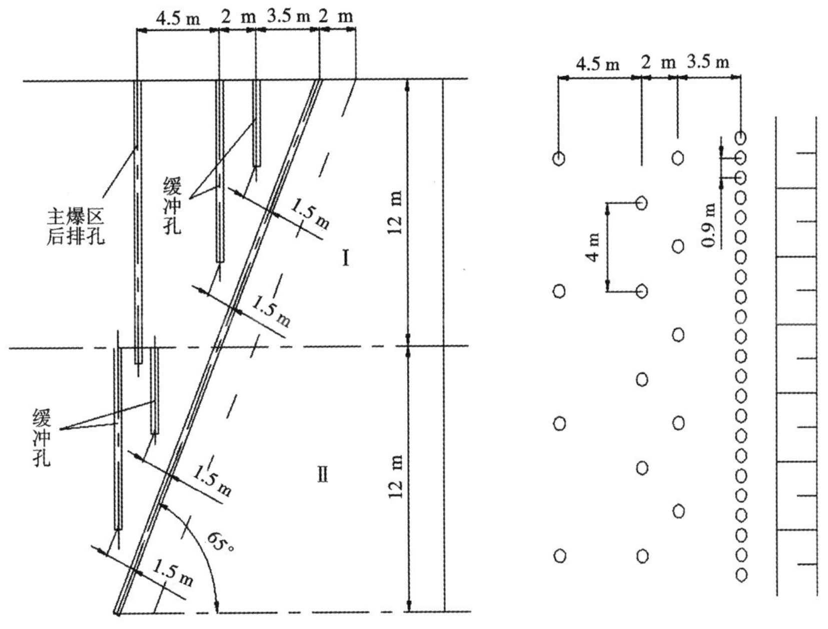

图 4-42　首钢水厂铁矿预裂爆破炮孔布置示意图

水厂铁矿在邻近边坡预裂爆破的效果如图 4-43 所示。

图 4-43　首钢水厂铁矿预裂爆破效果

哈萨克斯坦萨尔拜露天矿(图 4-44)，在邻近最终边帮时，采取两个台阶合并为一段的方式，段高 40 m，最后一排预裂孔采用 CBⅢ-250 型牙轮钻，钻 60°~70°斜孔，孔深约 50 m，其中超深 3~4 m，预裂孔间距 2~3 m，采用粒状硝铵长药卷，直径 90~100 mm，填塞高度 1.5~2.0 m，用导爆索与 2 个 400 g TNT 起爆药柱起爆，起爆顺序为预裂孔先爆，后爆邻帮生产炮孔，预裂爆破效果极好，在已形成的 300 m 固定边帮上，坡面平整光滑，可见到半壁孔。

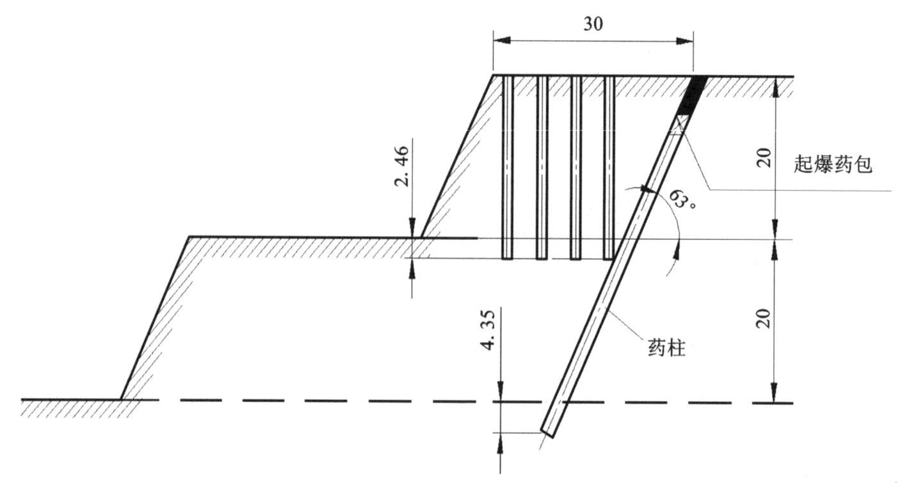

图 4-44　萨尔拜露天矿并段爆破炮孔与装药设计

4.6.5　缓冲爆破

与一般的台阶炮孔爆破相对比，缓冲爆破是在矿山开挖警戒线以内的一定范围内布置孔距排距都较小的炮孔，且前排孔到末排孔的超深和炮孔装药量也逐步减小，这样不仅使炸药单耗下降，还使炸药在岩体中的分布更为均匀，能够减弱爆破后冲效应，降低边坡岩体的振动强度，从而起到保护边坡岩体稳固性的作用。缓冲爆破和主爆区炮孔同次起爆。

在台阶炮孔爆破中，缓冲孔与主爆区炮孔相比主要有两个特点，一是孔网参数变小，二是炮孔装药量小。缓冲爆破由于孔网参数小，故穿孔和爆破施工的工程量增加，穿爆成本较高。一般仅在邻近边坡时使用。

缓冲爆破的主要技术参数及其确定方法如下。

(1)炮孔直径。在大中型露天矿山，缓冲孔直径一般与主爆区炮孔直径相同。

(2)孔网布置及参数。从主爆区最后一排孔往后布置缓冲孔，可以主爆区炮孔排距为基数采用递减方法确定缓冲孔的排距。最小的缓冲孔排距一般为主爆区炮孔排距的 0.5 倍，也有采用同一种排距的做法。缓冲孔的邻近系数一般与主爆区相同。但是，在缓冲爆破中不适宜采用宽孔距爆破技术。

缓冲孔和主爆区炮孔之间的排距是影响主爆孔爆破效果及缓冲孔缓冲效果的重要因素。为了避免根底，同时减少振动，主爆孔和缓冲孔的排距不得大于以缓冲孔计算的底盘抵抗线。按体积法计算底盘抵抗线：

$$W_d = \phi \sqrt{\frac{7.85\Delta\psi}{mq}} \qquad (4\text{-}30)$$

式中：W_d 为底盘抵抗线，m；ϕ 为缓冲孔孔径，dm；Δ 为装药密度，g/cm^3；ψ 为装药系数，是装药长度与炮孔长度的比值，取 0.7；m 为炮孔密集系数，一般为 0.8～1.2；q 为炸药单耗，kg/m^3。

炮孔直径为 250 mm 时，缓冲孔的底盘抵抗线可取为 4～5 m。

在预裂孔前面布置缓冲孔和辅助缓冲孔，炮孔布置如图 4-45 所示。

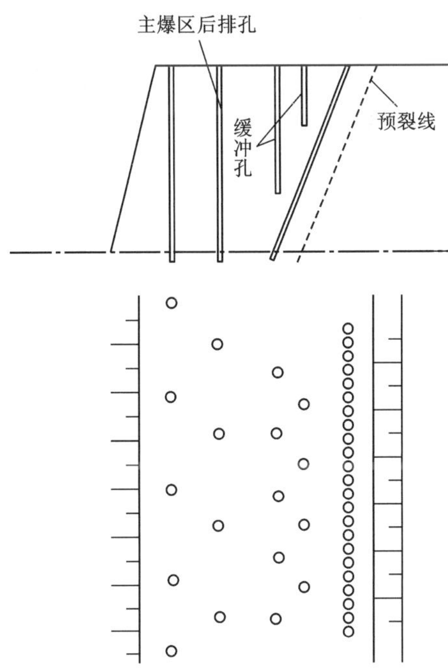

图 4-45　预裂+缓冲炮孔布置示意图

(3)炸药单耗与炮孔装药量。计算缓冲孔药量时，与主爆区炮孔相比一般单耗下降 10%～15%，每孔装药量为主爆区炮孔的 50%～60%，具体需要按岩体的可爆性和各炮孔的负担面积(体积)等因素通过试验确定。

首钢水厂铁矿在计算缓冲孔药量时，与主爆孔相比一般单耗下降 10%～15%，每孔装药量为主爆孔的 50%～60%，缓冲孔参数见表 4-54 和表 4-55。

表 4-54 干孔不耦合装药缓冲孔参数

缓冲孔类型	孔径 ϕ/m	孔距 a/m	排距 b/m	药量 Q/kg	孔深 H/m	孔底距/m
缓冲孔	250	5	5	250~300	15.5	1.5
缓冲孔	310	6	6	300~350	15.5	2.0
辅助缓冲孔	250	4~5	3.5	70	6	1.2
辅助缓冲孔	310	5~6	3.5	100	6.5	1.8

表 4-55 水孔水耦合装药缓冲孔参数

缓冲孔类型	孔径 ϕ/m	孔距 a/m	排距 b/m	药量 Q/kg	孔深 H/m	孔底距/m
缓冲孔	250	5	5	350~400	15	2.0
缓冲孔	310	6	6	400~450	15	2.5
辅助缓冲孔	250	5	3.5	96	6	1.5
辅助缓冲孔	310	5~6	3.5~4.0	120~144	6.5	2.0

(4)起爆网路。在设计缓冲孔的起爆网路时，一般是将缓冲孔视同主爆区炮孔，即将缓冲孔与主爆区炮孔合并一同设计。

4.6.6 光面爆破

光面爆破是在露天矿山邻近边坡处布置一排较密集且减弱装药的炮孔，其孔间距小于抵抗线，在主爆区炮孔起爆后或清碴之后再同时起爆，最终使炮孔连心线以外的岩体完全破碎，同时保持炮孔连心线另一侧岩体的完整性，最终得到一个较为平整的岩面，从而起到保持边坡岩体原有稳固性的作用。其基本原理是：若炮孔装药密度适宜，将可以控制炸药爆轰对孔壁的压力，炮孔周围岩石不会产生压缩破坏，不致产生压缩破坏区。在岩石整体性差、节理裂隙多且岩石风化程度不一而难以形成光面的地段，使用光面爆破，合理确定各个光面爆破孔的装药参数，可以获得较为平整的坡面。

光面爆破的技术参数主要包括孔距、抵抗线、装药不耦合系数和线装药密度。

1. 孔距 a

光面爆破时孔距 a 的计算公式：

$$a = K_s \cdot \phi \tag{4-31}$$

式中：K_s 为比例系数，一般为 15~16；ϕ 为炮孔直径，mm。

2. 抵抗线 W

光面爆破既要使岩石能沿炮孔连线裂开，又要使抵抗线范围内的岩石破碎。一般应使抵抗线不小于孔距，通常取 $a/W \leqslant 0.8$。

3. 不耦合系数与线装药密度

不耦合系数与预裂爆破的相同或略小，一般为 2~4。线装药密度与预裂爆破的相同或略大些，在孔径为 100~170 mm 时，可取线装药密度为 0.9~6 kg/m。

部分光面爆破参数及效果见表 4-56。

表 4-56　部分光面爆破参数及效果

岩石种类	岩石普氏系数	波阻抗/(10^6 kg·s·m^{-3})	孔径/mm	药包直径/mm	不耦合系数	线装药密度/(kg·m^{-1})	孔距/mm	抵抗线/mm	效果
粗粒花岗岩	12~14	1.31	40 150	梯恩梯 20 梯恩梯 70	2 2.14	0.35 5.5	450 2500	500~600 2500	半边炮孔出现率超过 80%
闪长岩	8~10	1.04	170	2 号岩石与铵油混合及水胶 80	2~2.13	5.5~9.3	2200~2500	3000~3500	坡面较平整
大理岩	6~8	1.27	170	水胶 80	2.13	6~8.25	2200~2400	2800~3000	坡面平整

4.7　露天穿孔爆破施工

露天台阶炮孔爆破施工的工艺流程如图 4-46 所示。因炮孔装药结构的特殊性，预裂爆破、光面爆破和缓冲爆破的施工只在炮孔装药操作上与台阶炮孔爆破有所不同，故不另述。

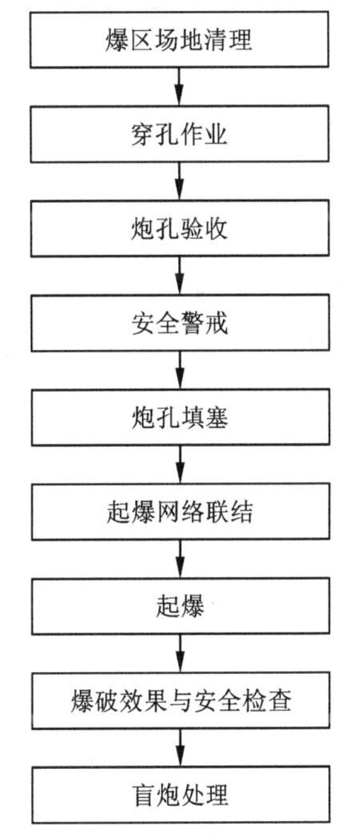

图 4-46　露天台阶炮孔爆破施工工艺流程

1. 爆区场地清理

当爆区有覆盖层或散落岩石时，应先安排推土机等机械进行剥离清理，力求爆区平台平整，便于钻机行走和穿孔作业，同时为爆破施工创造良好的场地条件。

2. 穿孔作业

钻机所需平台宽度一般不得小于 6 m，尽量保证一次布孔不少于 2 排。

穿孔操作须遵循的原则是："软岩慢打，硬岩快打"，钻杆轴压随岩石硬度增加而增加，合理掌握钻进速度，尽量延长钻头使用寿命。

穿孔操作的基本步骤如下：

(1)对准孔位。钻孔位置与角度的误差须控制在允许范围内。

采用手工方式完成爆区炮孔位置设计时，由爆破技术人员按设定的炮孔布置参数并根据现场实际地形在设计炮孔位置摆放标志物，为钻机司机指明炮孔位置。采用此种方式，难以控制孔位误差和炮孔角度误差。

在采用爆破设计软件和钻机钻孔卫星导航定位技术的条件下，则是由钻机司机按爆破设计给定的孔位坐标和钻孔角度来操控钻头的位置和钻杆角度。采用此种方式，易于控制孔位误差和炮孔角度误差。

(2)开口。对于完整的岩面，应先吹净浮渣，给小风不加压，慢慢冲击岩面，打出孔窝后，旋转钻具下钻开孔。当钻头进孔后，逐渐加大风量至全风全压快速凿岩状态。对于表面有风化的碎石层或由于上层爆破使下层表面裂隙增多甚至松散时，应使钻头离地用高风压吹净浮渣，然后按“小风压顶着打，不见硬岩不加压”的要领开口，避免形成喇叭状开口，尽量减少碎石掉入孔内造成卡孔或堵孔等现象。为防止孔口坍塌，可考虑采用泥浆护壁技术，即将黄泥浆注入孔内，旋转钻具下钻，将黄泥挤入孔壁石缝，在一定程度上将碎石黏结在一起。

(3)钻进。孔口开好后，进入正常钻进阶段。对于硬岩，应选用高硬度钻头，送全风加全压，但轴压和转速都不宜过高，以防钻头损坏；而对于软岩，应送全风加半压，慢打钻，排净渣，每进尺 1.0~1.5 m 提钻吹孔一次，防止孔底积渣过多而卡钻；对于风化破碎层，应采用小风量低轴压，勤吹风勤护孔。为了防止塌孔现象，可考虑每进尺 1 m 左右就用黄泥护孔一次。

(4)炮孔保护。钻完每个炮孔后，应使碎石碎屑远离孔口以免其掉落孔内，并用木塞或塑料塞堵塞或用板状物密实覆盖孔口，防止雨水或其他杂物进入炮孔。

3. 炮孔验收

炮孔验收主要内容有：

(1)测孔。用软尺(或测绳)系上重锤(球)测量并记录各炮孔的深度，用软尺(或测绳)测量孔网参数，计算孔深误差和孔位误差。孔深过小，必须“投孔”以使孔深达到设计要求；孔深过大，则需回填。孔间距离明显小于设计值时，应适当调整炮孔装药量；孔间距离过大时，则应考虑补钻炮孔。在补钻过程中，须保证不破坏周边炮孔。

(2)复核前排各炮孔的孔边距(孔口至台阶眉线的距离)和底部抵抗线，一是为穿孔安全管理提供依据，二是为实际确定前排孔的炸药种类选择和装药量提供参考依据。

(3)查看孔内水位。如发现孔内有水，须用软尺(或测绳)系上重锤(球)测量并记录各炮孔内的水深，为确定炮孔装药种类及相应的装药技术措施提供依据。

由于露天台阶炮孔爆破处于自然环境中，风、雨及采场其他区域的爆破活动和生产设备产生的机械振动，都难以避免塌孔现象。因此，当一个爆区的穿孔作业完成后，应尽快实施爆破。

4. 安全警戒

(1)装药警戒范围。装药警戒范围由爆破技术负责人确定，装药时应在警戒区边界设置明显标志并派出岗哨。

(2)爆破警戒范围。爆破警戒范围由设计确定。在危险区边界，应设有明显标志，并设岗哨。

(3)安全警戒工作。经公安机关审批的爆破作业项目，安全警戒工作由公安机关负责实施；其他爆破作业项目的安全警戒工作由施工单位负责实施。

(4)警戒人员。执行警戒任务的人员，应按指令到达指定地点并坚守工作岗位。

(5)水域警戒。靠近水域的爆破安全警戒工作，除按上述要求封锁陆岸爆区警戒范围外，还应对水域进行警戒。水域警戒应配有指挥船和巡逻船，其警戒范围由设计确定。

(6)信号。

①爆破预警声音信号：爆区装药连线工作完毕，爆破警戒范围内开始清场工作时，即发出爆破预警信号。

②起爆声音信号：起爆声音信号应在确认人员、设备等全部撤离爆破警戒区，所有警戒人员到位，具备安全起爆条件时发出。起爆信号发出并经指挥长确认下令后，方可起爆。

③解除警戒信号：安全等待时间过后，检查人员进入爆破警戒范围内检查、确认爆区的安全性，之后方可发出解除警戒的声音信号。在此之前，岗哨不得撤离，不允许非检查人员进入爆破警戒范围。

④注意事项：各类信号均应使爆破警戒区域及附近人员能清楚地听到或看到。

5. 炮孔装药

露天深孔爆破所需炸药量一般在几吨至几十吨，其装药作业主要有机械装药和人工装药两种方式。为缩短装药作业所需时间，需要尽可能地提高装药作业效率。因此，机械化装药技术已经得到了较为普遍的应用。机械装药与人工装药相比，不仅效率大大提高，而且更为安全和经济。按炸药种类，目前露天装药的机械设备有多孔粒状铵油炸药混装车、乳化炸药混装车、重铵油炸药装药车。

机械化装药技术源于国外，其中有代表性的是美国埃列克公司生产的 SMS 型和 3T(即 TTT)型装药车。目前我国的装药设备与技术也已经得到了快速发展，混制装药设备与技术也已经趋于成熟，应用范围广泛。国内一些厂家与国外合资生产了一些型号的混装炸药车，如矿冶科技集团有限公司(BGRIMM)研制开发的 BCRH-25 型乳化炸药混装车技术，实现了机械化快速装药，提高了装药质量及生产效率，适合大中型露天矿山推广使用。多年的生产实践证明，混装炸药车技术经济效果良好，促进了露天矿爆破工艺的改革，降低了装药劳动强度，提高了露天矿机械化水平。一个需装 400~500 kg 炸药的深孔，只需 1~1.5 min 即可装完。

露天矿山粒状铵油炸药混装车和乳化炸药混装车装药作业分别见图 4-47、图 4-48。

图 4-47　粒状铵油炸药混装车装药作业

图 4-48　乳化炸药混装车装药作业

1)使用混装炸药车的主要优点

(1)生产工艺简单，现场使用方便，装药效率高。

(2)同一台混装炸药车可以生产几种类型的炸药，其密度又可以随意调节，以满足不同矿岩、不同爆破的要求。

(3)生产安全可靠，炸药性能稳定，不论是地面设施或在混装车内，炸药的各组分均分装在各自的料仓内，且均为非爆炸性材料，进入孔内才形成炸药。

(4)生产成本低。

(5)大区爆破可以预装药。

(6)可在车上混制炸药，大大节省加工厂和库房的占地面积。

2)装药过程需要注意的事项

(1)在有水炮孔中，为保证装药的连续性，炸药的密度一般应大于 1.15 g/cm^3。

(2)为防止堵塞炮孔，结块的铵油炸药必须破碎后方可装入孔内，且破碎药块时不允许使用铁器。

(3)袋装乳化炸药，除采用不耦合装药另有具体要求外，不得整袋装入炮孔，以防堵塞炮孔。

(4)根据装入炮孔内炸药的多少估计装药位置。发现装药位置偏差很大时，须立即停止装药，并报爆破技术人员处理。

(5)特别是水孔装药，装药速度不宜过快，以确保乳化炸药沉入孔底，保证装药的连续性。

(6)放置起爆药包时，要顺直起爆线(塑料导爆管或雷管脚线等)，轻轻拉紧并贴在孔壁一侧，避免产生死弯而造成起爆线折断，同时也可减少炮棍捣坏起爆线的概率；起爆线的孔口端，须可靠固定，防止起爆线掉入孔内。

3)装药过程中发生堵孔时可采取的措施

首先了解发生堵孔的原因，以便在装药操作过程中予以注意，采取相应措施尽可能避免造成堵孔。发生堵孔的原因有：

(1)在水孔中由于炸药在水中下降速度慢，装药过快易造成堵孔；

(2)炸药块度过大，在孔内卡住后难以下沉；

(3)装药时将孔口浮石带入孔内或将孔内松石碰到孔中间，造成堵孔；

(4)水孔内水面因装药而上升，将孔壁松石冲到孔中间堵孔；

(5)起爆药包卡在孔内某一位置，未装到接触炸药处，继续装药就易堵孔。

堵孔的处理方法是：起爆药包未装入炮孔前，可采用木制炮棍(禁止用钻杆等易产生火花的工具)捅透装药，疏通炮孔；如果起爆药包已装入炮孔，严禁用力直接捅压起爆药包，可请现场爆破技术人员提出处理办法。

4)装药超量时可采取的处理方法

孔内装药为铵油炸药时，可向孔内缓慢注入适量的水，使上部炸药溶解失效，同时降低装药高度，保证填塞长度符合设计要求。但是，采用这种方法，必须注意两个问题，一是注水须慢，二是须严格控制注水量，以免“矫枉过正”。

孔内装药为乳化炸药时，可用炮棍等工具将炸药取出，满足炮孔填塞长度的要求。处理过程中一定要注意不得损伤起爆线。

难以处理的装药超量问题，应在填塞之前报爆破技术人员处理。

6. 孔口填塞

填塞材料一般采用钻屑、黏土、粗砂，并将其堆放在炮孔周围待用。

填塞时应缓慢将填塞材料放入孔内。炮孔填塞段有水时，宜采用粒径约 1 cm 的砂石填塞。每填入 30~50 cm 后用炮棍检查是否沉到位，待填塞物沉淀密实之后再继续进行填塞，避免因填塞物不密实不连续而导致“冲炮”及飞石现象。如果使用孔口钻屑作为填塞材料，须在装填完炸药后等待孔内水位下降至药柱上端以下再进行填塞，这是因为钻屑与水混合后易形成浆状物，约束力差，往往不足以起到填塞的作用，容易导致孔口“冲炮”和飞石现象，浪费炸药能量，影响爆破效果，不利于爆破安全。

填塞作业注意事项：

(1) 填塞料中不得含有尺寸过大的碎石或石块，以免形成飞石。

(2) 填塞料中不得含有竹木、金属物、纤维织物、易燃材料。

(3) 当填塞物料因潮湿、黏性较大或表面冻结而呈大块状时，应采取措施使之破碎，之后再进行填塞，禁止将大块直接装入孔内。

(4) 填塞过程中，不应捣固直接接触药包的填塞材料或用填塞材料冲击起爆药包。

(5) 填塞过程中，须避免挤压和拉扯孔内的起爆管线，并应保护引出线。

7. 起爆网络连接

爆破网络连接是爆破施工过程中的一个关键工序，且容易出现差错。爆破网络连接操作过程中，除网络连接操作人员外，其他人员应撤离现场。网络连接人员应能准确识别不同段别的起爆器材，并严格按照起爆网络设计图进行具体的网络连接操作。

在采用电爆网络时，如爆区规模大，一次起爆孔数较多，应采用分区并联方法进行网络连接，以减小整个爆破网络的电阻值。分区时要注意各个支路的电阻配平，保证各雷管获得的电流强度基本一致。为保证爆区正常起爆，必须避免接头虚接、导线过细、导线质量低劣等问题，必须使用高质量绝缘胶布缠裹接头，避免接头触地漏电。在网络连接过程中，必须使用爆破专用的仪表测量网络电阻。网络连接完毕后，必须对网络所测电阻值与计算值进行比较，如果误差超出允许范围，应查明原因，排除故障。

采用非电起爆网络时，由于不能使用仪表检测网络连接的正确性和质量，故对网络连接技术人员操作的要求更高。如爆区规模大，一次起爆孔数较多，也应采用分区方法分别进行网络连接操作，然后连接分区间的起爆管线，以降低错连漏连的概率。在导爆管网络采用簇联(大把抓)时，应两人配合将雷管和导爆管捆好绑紧，并对雷管的聚能穴端进行适当处理，避免雷管飞片将导爆管切断，产生瞎炮。在采用导爆索与导爆管连接起爆网络时，可用内装软土的编织袋覆盖导爆管，避免导爆索的冲击波破坏导爆管，造成瞎炮。

8. 起爆

起爆前，首先检查起爆器的充电电压、外壳绝缘性能是否完好正常，保证其起爆功能正常。

对电起爆网络，在连接主线前必须对网络电阻进行检测；当警戒完成后，再次测定网络电阻值，确认网络总电阻值与设计值相符之后，才能将主线与起爆器连接，并等候起爆命令。起爆后，及时切断电源，将主线与起爆器分离。

9. 爆破效果与安全检查

露天深孔爆破，爆后等待 15 min 之后方准爆破工程技术人员对爆破现场进行检查，只有在检查完毕确认安全后，才能发出解除警戒信号和允许其他施工人员进入爆破作业现场。

爆后检查的内容为：

(1) 发现残余爆破器材应收集上缴，集中销毁。

(2) 爆堆是否稳定，有无危坡、危石和超范围塌陷；

(3) 在爆破警戒区内公用设施及重点保护建(构)筑物等保护对象是否安全，发现爆破作业对周边建(构)筑物、公用设施造成安全威胁时，应及时组织抢险、治理，排除安全隐患。

(4) 确认有无盲炮。

(5) 爆区附近有溜井、隧道、涵洞和地下采矿场时，应对这些部位进行有害气体检查。

对影响范围不大的险情，可以进行局部封锁处理，解除爆破警戒。

10. 盲炮处理

(1)处理盲炮前应由爆破工程技术人员和相关责任人划定警戒范围，并在该区域边界设置警戒。处理盲炮过程中，无关人员不得进入警戒区。

(2)处理盲炮的爆破技术人员须具有足够的实践经验。

(3)电力起爆网络发生盲炮时，应首先切断电源，然后将盲炮电路短路。

(4)导爆索和导爆管起爆网络发生盲炮时，应首先检查导爆索和导爆管是否有破损或断裂，对所有破损或断裂处予以修复，之后复检整个起爆网络，最后重新起爆。

(5)起爆网络未受破坏，爆区环境条件无变化者，可重新连接起爆；爆区环境条件有变化者(如原为压碴自由面变化为清碴自由面)，应重新验算爆堆前冲距离和爆破飞石与空气冲击波安全距离，重新确定警戒范围，再连接起爆网络进行起爆。

(6)处理盲炮时，严禁强行拉出或掏出炮孔中的起爆药包。

(7)处理单个炮孔的盲炮，可在距盲炮孔口 10 倍孔径以外另打平行孔装药起爆。爆破参数由爆破工程技术人员确定并经爆破领导人批准。

(8)所用炸药为非抗水炸药且孔壁完好时，可先缓慢取出部分填塞物，然后向孔内缓慢注水使炸药失效，然后采取有效措施回收孔内的雷管。

(9)盲炮处理后，应再次仔细检查爆堆，将残余的爆破器材收集起来统一销毁；在不能确认爆堆无残留的爆破器材之前，应采取预防措施。

(10)盲炮处理完毕之后，解除警戒，并应由处理者填写登记卡片或提交报告，说明产生盲炮的原因、处理的方法、效果和预防措施。

4.8 爆破有害效应及其控制

露天爆破产生的有害效应主要包括振动、飞石、空气冲击波、有毒气体、噪声及扬尘。有效控制爆破有害效应，是保证爆破工程安全的基础。

4.8.1 爆破振动

爆破振动表现为地震波。爆破地震波可包含体波和面波，其中体波又分为纵波(P 波)和横波(S 波)，面波分为勒夫波(L 波)和瑞利波(R 波)等。纵波传播速度最快，故首先到达的应是爆破地震波中的纵波，随后才是横波和瑞利波。由于岩石的非均质性及地质构造等因素的影响，爆破地震波在传播过程中会发生衰减、反射、透射及叠加干扰等现象，引起的质点振动频率也会随距离发生衰减。由于这些原因，在测得的爆破地震图谱中，特别是在测距较小时，往往难以对 P、S、L、R 各类波进行辨识和区分。实践中监测得到的爆破地震波图谱多是各种波叠加而成的单条曲线。典型波形如图 4-49 所示。一般认为，爆破地震波所消耗的能量占爆破总能量的 2%~6%。

1. 爆破地震波的特征参数与爆破振动安全判据

质点振动的强度、频率及持续时间，是用于描述爆破地震波特征的三个基本参数。一般采用质点振速峰值作为反映质点振动强度的指标，但爆破振动频率与持续时间也是影响爆破振动破坏效果的重要指标。

爆破地震波具有与天然地震波不同的频率特性，振动强度及频率特性是决定破坏效应的

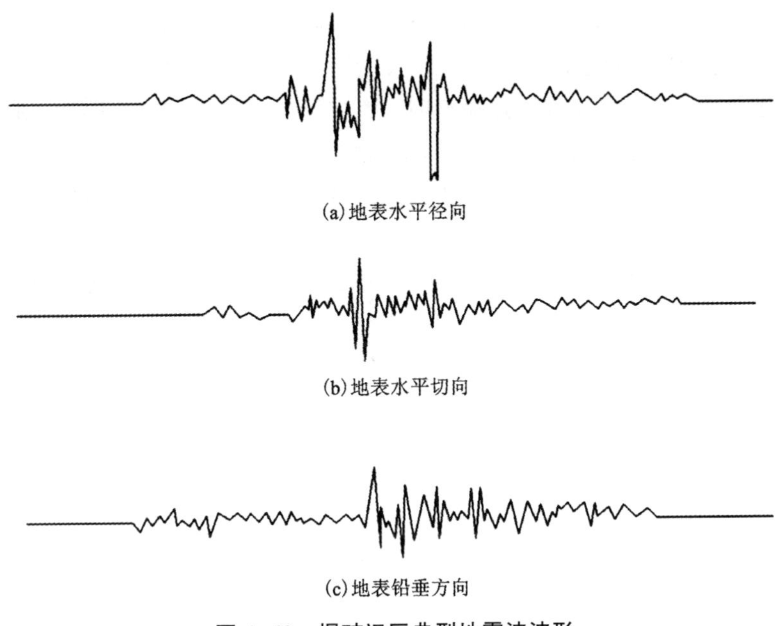

(a)地表水平径向

(b)地表水平切向

(c)地表铅垂方向

图 4-49　爆破远区典型地震波波形

主要因素。在同样强度的地震波作用下，天然地震可使结构物遭到严重破坏，而爆破地震波破坏性较小，这主要是由于前者的频率低，持续时间长。

爆破地震波的各谐波分量中振幅最大的谐波频率，称为主震频率，简称主频。较精确的主频求算方法是对振动波形进行频谱分析。

对于单次爆破，爆破振动的持续时间一般随炮孔起爆延迟时间和药量两个参量的增大而延长，但目前现尚没有出现公认有效的计算方法。

爆破振动预期地表质点产生机械振动，用于描述这种振动的物理量包括质点运动过程中的最大位移(振幅)A、质点位移 $u(t)$、质点振动速度 v、质点振动加速度 a。假定地震波在均匀弹性介质中传播质点作简谐运动，则可得：

$$u = A\sin\omega t \tag{4-32}$$

$$v = \frac{\partial u}{\partial t} = \omega A\sin\left(\omega t + \frac{\pi}{2}\right) \tag{4-33}$$

$$\alpha = \frac{\partial v}{\partial t} = \omega^2 A\sin(\omega t + \pi) \tag{4-34}$$

式中：$w=2\pi f$；f 为振动频率；t 为时间。

实际的地震波都是复杂的综合波形，且由于地质条件随地震波传播距离发生变化，目前还无法用理论公式进行可靠描述。

根据我国《爆破安全规程》(GB 6722—2014)，目前在考虑振动频率的基础上采用质点振速峰值作为爆破振动安全判据(表 4-57)。

在按表 4-57 选定安全允许质点振动速度时，应认真分析以下影响因素：

(1)选取建筑物安全允许质点振速时，应综合考虑建筑物的重要性、建筑质量、新旧程度、自振频率、地基条件等；

(2)省级以上(含省级)重点保护古建筑与古迹的安全允许质点振速，应经专家论证后选取，并报相应文物管理部门批准；

(3)选取隧道、巷道安全允许质点振速时，应综合考虑构筑物的重要性、围岩分类、支护状况、开挖跨度、埋深大小、爆源方向、周边环境等；

(4)永久性岩石高边坡，应综合考虑边坡的重要性、边坡的初始稳定性、支护状况、开挖高度等；

(5)非挡水新浇大体积混凝土的安全允许质点振速按表4-57给出的上限值选取。

表4-57 爆破振动安全允许标准

序号	保护对象类别	安全允许质点振动速度 $v/(cm \cdot s^{-1})$		
		$f \leqslant 10$ Hz	10 Hz $\leqslant f \leqslant 50$ Hz	$f > 50$ Hz
1	土窑洞、土坯房、毛石房屋	0.15~0.45	0.45~0.9	0.9~1.5
2	一般民用建筑物	1.5~2.0	2.0~2.5	2.5~3.0
3	工业和商业建筑物	2.5~3.5	3.5~4.5	4.2~5.0
4	一般古建筑与古迹	0.1~0.2	0.2~0.3	0.3~0.5
5	运行中的水电站 及发电厂中心控制室设备	0.5~0.6	0.6~0.7	0.7~0.9
6	水工隧洞	7~8	8~10	10~15
7	交通隧道	10~12	12~15	15~20
8	矿山巷道	15~18	18~25	20~30
9	永久性岩石高边坡	5~9	8~12	10~15
10	新浇大体积混凝土(C20)： 龄期：初凝~3 d 龄期：3 d~7 d 龄期：7 d~28 d	 1.5~2.0 3.0~4.0 7.0~8.0	 2.0~2.5 4.0~5.0 8.0~10.0	 2.5~3.0 5.0~7.0 10.0~12

注：①表中质点振动速度为三分量中的最大值，振动频率为主振频率；②根据现场实测波形确定或按如下数据选取频率范围：硐室爆破 f<20 Hz，露天深孔爆破 f=10~60 Hz，露天浅孔爆破 f=40~100 Hz，地下深孔爆破 f=30~100 Hz，地下浅孔爆破 f=60~300 Hz；③爆破振动监测应同时测定质点振动相互垂直的三个分量。

2. 爆破振动测试方法

观测爆破地震效应有宏观调查和仪器测试两种方法。宏观调查就是在爆破影响范围内选择有代表性的建筑物、构筑物、岩体以及专门设置的某些器物进行爆破前后的观测、描述与记录，以对比与统计方法了解爆破地震的破坏情况。

仪器测试法采用爆破振动测定仪测量质点运动参数，如振动位移、速度或加速度，并记录波形。一般测定三个相互垂直方向上(垂直方向、水平径向、水平切向)的运动参量，而采用测点空间运动合成的方法求出合矢量，实际上三个正交分量并非同时达到峰值，故常常测取各运动分量中最大分量来进行分析，这样既简单，又能满足工程需要。

测量爆破振动的传感器一般简称拾震器或测震仪，它的作用是将被测对象的振动转换为电磁信号，并可存储、传输和显示。

一般测试系统由拾震(传感)器、信号放大器和记录装置三部分构成。我国目前广泛采用非电量电测法，其拾震器的工作原理是地震引起带线圈的复摆在磁钢磁场中做相对运动而产生电信号。振动越强，复摆运动越快，产生的电信号也就越强，由此测得拾震器位置质点在复摆摆动方向上的位移量、位移速度、位移加速度及振动频率以及这些参量随时间的变化。

目前国内常用国产拾震器型号及性能参数如表 4-58 所示。

表 4-58　国内常用国产拾震器型号及性能参数

型号	测量的物理量	频率范围/Hz	量程范围
ZYO 强震仪	位移速度	1～100	<100 mm <150 cm/s
702 拾震器	位移速度	2～30	<100 mm <100 cm/s
65 型拾震器	位移速度	<40	±20 mm <10 cm/s
CD-1 拾震器	位移速度	10～500	≤1 cm <10 cm/s
YD 系列压电晶体加速度计	位移加速度	0～10000	0～2000 m/s^2
成都中科 TC-4850	位移速度	5～300 Hz (低频 1～500 Hz)	0.01～35.4 cm/s
四川拓普 NUBOX-6016	位移速度	5～200 Hz	0.1～30 cm/s

在进行爆破振动测量时，除合理布置测点、正确且牢固安装拾震器外，拾震器的触发电平和量程合适，是保证测量结果可靠性、准确性、有效性的重要前提。

目前爆破地震测量仪器的发展主要是传感器的测量精度和可靠性及爆破振动记录仪的频谱分析功能。

3. 爆破地震波质点振速峰值的预测方法

一般认为影响爆破地震波强弱的因素主要包括：①测点与爆源之间的距离 R；②最大一段起爆药量(即同响药量)Q_{max}；③爆破地震波传播路径上的地形条件；④爆破地震波传播路径上的介质性质及其变化；⑤爆破工艺条件。

1) 萨道夫斯基公式(简称萨氏公式)

常用萨道夫斯基公式(简称萨氏公式)预测爆破引起的地表质点振动速度峰值：

$$v = K\left(\frac{Q^n}{R}\right)^{\alpha} \tag{4-35}$$

式中：v 为质点振动最大速度，cm/s；Q 为炸药量（齐发爆破时为总装药量，延迟爆破时为最大一段起爆药量），kg；R 被保护对象至爆源中心的距离，m；K、α 分别为与爆破场地条件和地质条件有关的系数；n 为指数，集中药包取为 1/3，柱状药包取为 1/2。

将公式(4-35)进行变换，按保护对象所在地安全所允许的质点振速 v，得到爆破振动安全距离公式：

$$R = \left(\frac{K}{v}\right)\frac{1}{\alpha}Q^{n} \tag{4-36}$$

式中符号意义同前。

式(4-35)和式(4-36)中的 K、α 的值，原则上应通过现场爆破振动测试数据的回归分析得出，在无试验数据的条件下，可参考表 4-59 选取。

表 4-59 爆区不同岩性的 K、α 值

岩性	K	α
坚硬岩石	50~150	1.3~1.5
中硬岩石	150~250	1.5~1.8
软岩石	250~350	1.8~2.0

在被保护对象至爆源中心的距离 R 和 K、α 值已知时，即可按药包形式和质点振速允许上限由式(4-37)反求出保证爆破振动安全的允许最大一段起爆药量 Q：

$$Q = \left[\left(\frac{v}{K}\right)^{\frac{1}{\alpha}} \cdot R\right]^{\frac{1}{n}} \tag{4-37}$$

2）等效距离公式

在露天爆破工程中，地形的起伏变化对爆破地震波的传播具有重要影响。北京科技大学璩世杰和胡学龙等研究发现：基于爆源与测点之间的地形变化和地质条件，采用等效距离公式能够更为准确地预测露天爆破引起的地表质点振动速度峰值（图 4-50）。

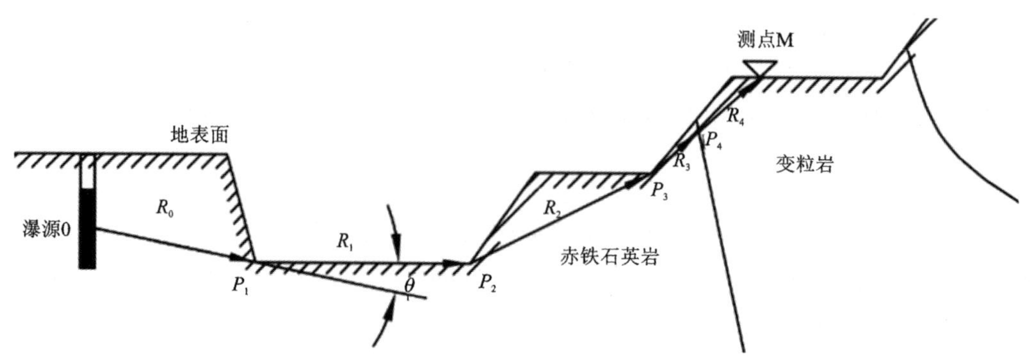

图 4-50 台阶炮孔爆破地震波传播的等效路径

预测露天爆破引起的地表质点振动速度峰值的等效距离公式为：

$$V = 1528\left[(Q \cdot Q_{\mathrm{v}})^{1/3}\sum_{i=0}^{n}\frac{1+\cos\theta_i}{2R_i\rho_i c_{\mathrm{mi}}/\eta_i}\right]^{1.91} \tag{4-38}$$

式中：V 为质点振速峰值，cm/s；Q 为最大单段起爆药量，kg；Q_{v} 为炸药的定容爆热，kJ/kg；R_i 为节点 P_i 与节点 P_{i+1} 之间的等效距离，m；θ_i 为地震波传播路径上节点 P_i 处的方向角，(°)；ρ_i 为岩石 i 的密度，g/cm^3；η_i 为岩体 i 的完整性系数，$\eta_i=(c_{\mathrm{mi}}/c_i)^2$，其中 c_{mi} 和 c_i 分别为岩体和岩石的纵波传播速度，m/s。

4. 降振措施

降低爆破振动的方法主要有以下几种。

(1)延时起爆。多段延时起爆是控制爆破地震危害的最有效手段，其降振是基于各段爆破独立作用原理，即地震效应主要取决于最大一段药量。因此，增多段数，便可以在总装药量不变甚至增加的情况下降低最大一段装药量，从而降低爆破振动效应。通过准确确定段数及最大一段的装药量，选用适宜的炸药及起爆顺序与延迟时间，可以把爆破地震效应控制在安全标准要求的水平以下，而又不影响总的爆破规模。

(2)预裂爆破。预裂爆破中，预裂孔在主爆破以前先爆，形成预裂缝，从而有效地吸收和反射爆破波能量，主爆区爆破在预裂缝以远产生的地震效应可下降 50%~90%。

(3)选用合理的爆破参数与保证施工质量。减少炮孔超深，采取小抵抗线爆破，选用低爆速炸药，采用分段间隔装药及空气间隔装药等均有一定的减震效果。

(4)掘防振沟。在被保护物朝向爆源的一侧，挖掘沟壕以隔断地震波特别是表面波的传播，是有效的防振保护措施。

4.8.2 飞石

飞石是指爆破时从爆区抛掷出较远距离的岩块。爆破飞石往往是造成人员伤亡、建筑物和仪器设备等损坏的主要原因。

1. 飞石成因

飞石的产生主要是由于爆炸气体推力作用于炮孔抵抗线范围内的岩块，个别岩块以较大速度运动而形成飞石。飞石现象的影响因素主要包括：

(1)炮孔装药量过大，或抵抗线过小；

(2)设计采用延时起爆时，炮孔起爆顺序不当或延时过短；

(3)孔口填塞段过小，或孔口填塞质量差；

(4)炮孔装药与地表面之间有破碎带或软弱夹层贯通，爆破产生高压气体通过破碎带或软弱夹层逸出，高压气体的冲能连续传递给个别岩块而形成飞石；

(5)炮孔与溶洞等贯通，局部装药量远大于设计值；

(6)二次爆破飞石破碎大块岩石时，由于药包抵抗线小、填塞质量不佳，特别容易产生飞石。

2. 安全距离

为了避免爆破飞石对人员、设备、结构物和建筑物的伤害和损坏，我国《爆破安全规程》(GB 6722—2014)规定：在进行各类爆破时，人员与爆破地点的安全距离不得小于表 4-60 的规定。一般露天爆破设计中须明确给出设备或建筑物的飞石安全距离，而在抛掷爆破时还需要明确对人员的飞石安全距离。

飞石距离有一定的方向性，岩移方向飞石距离较远，侧面次之，背面则较安全。设计中，个别飞石对人员的安全距离也可以参照式(4-39)估算：

$$R = 20Kn^2W \tag{4-39}$$

式中：K 为与地形、风向、岩石性质及地质条件有关的系数，一般取 1~1.5。沿抵抗线方向、顺风、下坡方向，硬脆岩石取较大值，反之取较小值；n 为最大药包的爆破作用指数；W 为药包的最小抵抗线，m；R 为安全距离，m。

表 4-60 爆破个别飞散物对人员的安全允许距离

爆破类型和方法		最小安全允许距离/m
露天岩土爆破	浅孔爆破法破大块	300
	浅孔台阶爆破	200(复杂地质条件下或未形成台阶工作面时不小于 300)
	深孔台阶爆破	按设计，但不大于 200
	硐室爆破	按设计，但不大于 300
水下爆破	水深小于 1.5 m 水深大于 1.5 m	与露天岩土爆破相同 由设计确定
破冰工程	爆破薄冰凌	50
	爆破覆冰	100
	爆破阻塞的流冰	200
	爆破厚度大于 2 m 的冰层或爆破阻塞流冰一次用量超过 300 kg	300
金属物爆破	在露天爆破场	1500
	在装甲爆破坑中	150
	在厂区内的空场中	由设计确定
	爆破热凝结物和爆破压接	按设计，但不大于 30
	爆炸加工	由设计确定
拆除爆破、城镇浅孔爆破及复杂环境深孔爆破		由设计确定
地震勘探爆破	浅井或地表爆破	按设计，但不大于 100
	在深孔中爆破	按设计，但不大于 30

注：沿山坡爆破时，下坡方向的个别飞散物安全允许距离应增大 50%。

对设备的安全范围可按式(4-39)的计算值减半，但应采取有效的防护措施。

对台阶炮孔爆破，还可以采用下式估计飞石距离：

$$S = 1000K_1K_2\left(\frac{r^3}{W^3}\right) \tag{4-40}$$

式中：K_1 为深孔密集系数(亦称邻近系数)(表 4-61)；K_2 为炸药爆破能量与抵抗线相关系数

(表 4-62)；r 为深孔半径，cm；W 为第一排炮孔的最小抵抗线，m。

表 4-61　深孔密集系数 K_1

K_1	2	1.5	1	0.7	0.6	0.5	0.4	0.3
深孔密集系数	0.5	1	2	3	4	5	6	7

表 4-62　炸药爆破能量与抵抗线相关系数 K_2

K_2	0.3	0.5	0.9	1.1	1.3	1.5	1.7	1.9	2
抵抗线/m	1	2	3	4	5	6	7	8	9

应当注意：当计算值小于爆破安全规程的安全距离时，须按规程选定。

3. 飞石控制与防护措施

(1)爆破前应将人员及可移动设备撤离到设定的飞石安全距离之外，对不可移动的建筑物及设施应施加有效防护。在安全距离以外各路口等位置设置封锁线和警示标志，防止人员及运输设备进入危险区。

(2)避免过量装药，如炮孔穿过溶洞等特殊区段，应在类似区段采取回填或间隔措施，严格控制过量装药。

(3)合理选择孔网参数，按设计要求保证穿孔质量，严格控制炮孔抵抗线和超深。

(4)对于抵抗线不均、特别是具有凹面及软岩夹层的前排孔台阶面，要选择合适的装药量及装药结构。

(5)保证填塞长度及填塞质量。露天深孔爆破填塞长度应大于最小抵抗线的 70%，过短的填塞长度，使爆炸气体易于先从孔内冲出引起表面飞石。与之同时，填塞材料要选用粒度合适、有棱角且具有一定强度的石料。

(6)采用合理的起爆顺序和延迟时间，延迟时间的选择应保证前段起爆后岩石已开始移动，形成新的自由面后再起爆后段炮孔。延迟时间过短甚至跳段都会造成后段炮孔抵抗线过大，形成向上的漏斗爆破而产生飞石。

(7)尽量采用液压锤等机械方法破碎不合格大块岩石。如果采用二次爆破方法破大块，尽量不用裸露爆破法。采用浅孔爆破法进行二次爆破时，应保证孔深不能超过大块厚度的 2/3；孔口填塞长度和填塞质量须得到保证。

(8)用钢丝网、纤维带与废轮胎编结成网，厚重的尼龙或帆布织物用作炮孔口覆盖物，可以有效控制飞石。

4.8.3　空气冲击波

炸药爆炸时，爆炸产物强烈压缩邻近的空气，使其压力、密度、温度突然升高，形成一个在空气中传播的冲击波，即为空气冲击波。

1. 空气冲击波成因

产生空气冲击波的原因主要包括：

(1)炸药和导爆索等裸露在空气中发生爆炸；

(2)炮孔装药量过大，或抵抗线过小，或多炮孔爆破时的起爆顺序不合理而导致部分炮孔的抵抗线变小或裸露，爆炸气体产物的膨胀压力过早作用于邻近空气；

(3)孔口填塞段长度不够，或孔口填塞质量差；

(4)断层、破碎带或软弱夹层将炮孔装药与地表贯通，爆破产生的高压气体过早逸出，大量高压气体的冲击波连续传递给邻近空气。

2. 空气冲击波的基本特征

空气冲击波是一种强间断压缩波，它与声波相比有以下特点。

(1)在空气冲击波过后，受压缩的空气质点将离开原来位置，跟随空气冲击波的传播向前运动，形成所谓的暴风即气浪。

(2)空气冲击波的传播速度恒大于当地的声速，并随空气冲击波强度而变，压力越大波速越快。

(3)波阵面特征及参数。爆破产生的空气冲击波波阵面参数有超压 ΔP、密度 ρ、温度 T、冲击波速度 D 等(表 4-63)。

表 4-63　各种超压下波阵面诸参数的计算值

ΔP/(98 kPa)	D/(m·s^{-1})	T/K	ρ/(kg·m^{-3})
0	340	288	1.25
0.01	341	289	1.253
0.1	354	296	1.34
0.2	367	303	1.42
0.4	392	316	1.58
0.6	416	329	1.73
1.0	460	353	2.01
2.0	555	405	2.61
3.0	635	455	3.09
4.0	707	503	3.49
5.0	772	552	3.81
10.0	1040	787	4.89
20.0	1430	1250	5.85
30.0	1730	1720	6.29

在空气冲击波传播过程中，其强度会因能量损耗而随着传播距离的增加而逐渐减弱。

空气冲击波在某一固定点的压力变化曲线(即压力-时间变化曲线)如图 4-51 所示，空气冲击波首先导致空气压力上升，形成正压区(压力高于大气压)，之后因卸压作用渐变为负压区(压力低于大气压，且其绝对值远小于波阵面峰值压力)。

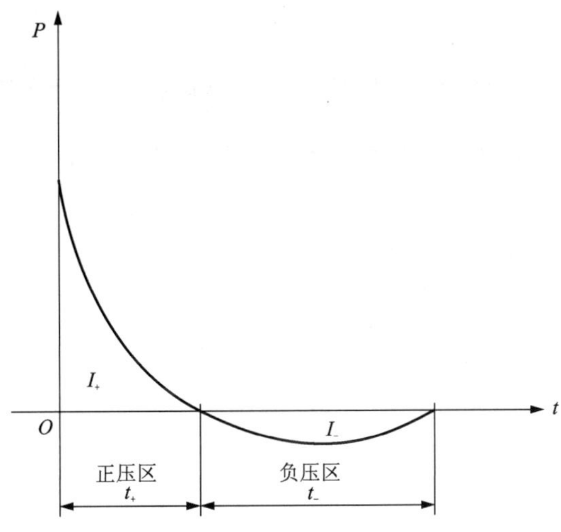

图 4-51　空气冲击波波阵面压力-时间(P-t)关系

3. 空气冲击波的危害

空气冲击波的破坏作用主要与如下因素有关，即冲击波超压(ΔP)、冲击波正压区作用时间(t_+)、冲击波冲量(I)、受冲击波影响的保护物的形状、强度和自振周期(T)等。

当保护物与爆区中心有一定距离时，冲击波对其破坏的程度由保护物本身的自振周期 T 与正压区作用时间 t_+决定。当 $t_+ \leqslant T$ 时，对保护物的破坏作用主要取决于冲量 I；反之，当 $t_+>T$ 时，保护物的破坏则主要取决于冲击波超压峰值 ΔP。

除超压外，气流、空气冲击波负压等，也是构成空气冲击波破坏的重要因素。

空气冲击波达到一定值后，会对周围人员、建筑物或设备造成破坏。工程爆破中，一般都是根据爆心与建筑物或设备的距离及它们的抗冲击波性能确定一次爆破的最大药量。一次爆破药量不能减少时，则需要设法降低冲击波的超压值，或对保护对象采取防护措施。

空气冲击波对人和建筑物的危害程度与冲击波超压、比冲量、作用时间和建筑物固有周期有关，其中对建筑物的破坏比较复杂，它不仅与冲击波的强弱有关，而且与建筑物的形状、结构强度有关。空气冲击波对人和建筑物的危害分别列于表 4-64 和表 4-65。

表 4-64　空气冲击波超压对人体的危害

损害等级	损伤程度	冲击波超压 $\Delta P/(10^4\ \text{Pa})$
轻微	轻微(轻度挫伤)	19.208~28.812
中等	中等(听觉器官损伤、中等挫伤及骨折)	28.812~48.020
严重	严重(内脏严重挫伤，可能引起死亡)	48.020~96.040
极严重	极严重(大部分死亡)	>96.040

表 4-65　空气冲击波超压与建筑物破坏程度的关系

破坏等级		1	2	3	4	5	6	7
破坏等级名称		基本无破坏	次轻度破坏	轻度破坏	中等破坏	次严重破坏	严重破坏	完全破坏
超压 $\Delta P/(10^5\ \mathrm{Pa})$		<0. 02	0. 02~0. 09	0. 09~0. 25	0. 25~0. 40	0. 40~0. 55	0. 55~0. 76	>0. 76
建筑物破坏程度	玻璃	偶然破坏	少部分破大块，大部分小块	大部分破成小块到粉碎	粉碎	—	—	—
	木门窗	无损坏	窗扇少量破坏	窗扇大量破坏，门窗、窗框破坏	窗扇掉落、内倒、窗框、门扇大量破坏	门、窗扇摧毁，窗框掉落	—	—
	砖外墙	无损坏	无损坏	出现小裂缝，宽度小于 5 mm，稍有倾斜	出现较大裂缝，缝宽 5~50 mm，明显倾斜，砖垛出现小裂缝	出现大于 50 mm 的大裂缝，严重倾斜，砖垛出现较大裂缝	部分倒塌	大部分或全部倒塌
	木屋盖	无损坏	无损坏	木屋面板变形，偶见折裂	木屋面板、木檩条折裂，木屋架支座松动	木檩条折断，木屋架杆件偶见折断，支座错位	部分倒塌	全部倒塌
	瓦屋面	无损坏	少量移动	大量移动	大量移动到全部掀动	—	—	—
	钢筋混凝土屋盖	无损坏	无损坏	无损坏	出现小于 1 mm 小裂缝	出现 1~2 mm 宽的裂缝，修复后可继续使用	出现大于 2 mm 裂缝	承重砖墙全部倒塌，钢筋混凝土承重柱严重破坏
	顶棚	无损坏	抹灰少量掉落	抹灰大量掉落	木龙骨部分破坏下垂	塌落	—	—
	内墙	无损坏	板条墙抹灰少量掉落	板条墙抹灰大量掉落	砖内墙出现小裂缝	砖内墙出现大裂缝	砖内墙出现严重裂缝至部分倒塌	砖内墙大部分倒塌
	钢筋混凝土柱	无损坏	无损坏	无损坏	无损坏	无损坏	有倾斜	有较大倾斜

4. 空气冲击波的安全距离

在爆破近区，当建筑物的自振周期大于四倍冲击波的正压作用时间时，以冲量作为破坏判据，反之则以超压作为破坏判据。根据保护对象的允许超压及空气冲击波传播规律确定安全距离。

露天台阶深孔爆破空气冲击波的安全距离按下式计算：

$$R = K\frac{\sqrt[3]{Q}}{\sqrt[\alpha]{\Delta P}} \tag{4-41}$$

式中：α 为即发爆破取 1.31，延时起爆取 1.55；K 为即发爆破取 0.08，延时起爆取 0.03；ΔP 为超压。其他符号同前。

4.8.4　噪声

爆破噪声是指炸药爆炸所产生的使人感到不适的声音。炸药爆炸时在爆源附近的空气中形成冲击波，随着传播距离的增加，空气冲击波逐渐衰减为声波，即形成爆破噪声。

1. 爆破噪声的危害

爆炸噪声的一个显著特点是持续时间短，属于脉冲型的高噪声，其危害是：

(1)损害听力；

(2)影响睡眠与休息，危害人体健康；

(3)伴有冲击波，形成爆风，对建筑物有一定的危害；

(4)噪声消耗了部分爆炸能量，减少了用于破碎岩石的有用功。

2. 爆破噪声的测试方法与仪器

目前国内外广泛采用 A 计权声压计来监测爆破噪声的强弱(声级)，其单位为 dB(A)。A 计权声压计是模拟人耳对 55 dB 以下低强度噪声的频率特性，我国现行的《爆破安全规程》(GB 6722—2014)即是按 A 声级作为衡量爆破噪声的指标。

国产的声级计有 PS-1 型、SJ-1 型普通声级计和 ND1 型精密声级计。但在绝大多数的露天矿爆破实践中，一般是使用兼具噪声监测功能的测振仪来同时监测爆破噪声和爆破振动。

3. 爆破噪声控制标准

根据我国现行的《爆破安全规程》(GB 6722—2014)，爆破噪声控制标准(允许值上限)如表 4-66 所示。

表 4-66　爆破噪声控制标准

声环境功能区类别	对应区域	不同时段控制标准(A)/dB	
		昼间	夜间
0 类	康复疗养区、有重病号的卫生区或生活区，进入冬眠期的养殖动物区	65	55
1 类	居民住宅、一般医疗卫生、文化教育、科研设计、行政办公为主要功能，需要保持安静的区域	90	70

续表 4-66

声环境功能区类别	对应区域	不同时段控制标准(A)/dB	
		昼间	夜间
2 类	以商业金融、集市贸易为主要功能，或者居住、商业、工业混杂，需要维护住宅安静的区域；噪声敏感动物集中养殖区，如养鸡场等	100	80
3 类	以工业生产、仓储物流为主要功能，需要防止工业噪声对周围环境产生严重影响的区域	110	85
4 类	人员警戒边界，非噪声敏感动物集中养殖区，如养猪场等	120	90
施工作业区	矿山、水利、交通、铁路、基建工程和爆炸加工的施工厂区内	125	110

在 0~2 类区域进行爆破时，应采取降噪措施并进行必要的爆破噪声监测。监测应采用爆破噪声测试专用的 A 计权声压计及记录仪；监测点宜布置在敏感建筑物附近和敏感建筑物室内。

4. 爆破噪声的防护措施

(1)保证炮孔填塞长度及填塞质量，可以大大减小空气冲击波，进而降低爆破噪声。

(2)采用多排延时起爆，减少最大一段起爆药量，可以降低爆破噪声。

(3)采用导爆索起爆系统时，应对地面导爆索网路用细砂土加以覆盖，以减弱爆破噪声。

(4)在二次爆破中，用穿孔水封爆破法代替裸露爆破，可降低爆破噪声。

(5)设置障碍及遮蔽物是降低爆破噪声的有效措施。

在露天矿山普通的爆破条件下，除了在夜间爆破的噪声易造成较大影响外，一般的爆破声构成的危害不大，这是由于爆破噪声的声压级别虽比较高，但是作用时间很短。离爆区较近的工作人员，可使用防声耳塞、防声耳罩及防声帽盔等听力保护器以减小爆破噪声对听力的影响。

4.8.5 有毒气体

1. 爆炸产生的有毒气体种类

炸药爆炸产物中的有毒气体主要是一氧化碳(CO)和氮的氧化物(NO、NO_2)，有时还可能有少量的硫化氢(H_2S)、甲烷(CH_4)、二氧化硫(SO_2)和氨气(NH_3)。常用的碳氢氧型炸药，主要的有毒气体是 CO 和 NO_2，它不仅污染环境，严重危害采矿工人的人身安全，而且对井下瓦斯、煤尘爆炸反应起催化作用，故有毒气体的含量是矿用炸药的一项重要的安全指标。表 4-67 列出了一些有毒气体的危害程度。

表 4-67 某些有毒气体的危害程度

种类	吸入 5~10 min 的致死浓度/%	吸入 0.5~1 h 的致死浓度/($mg \cdot m^{-3}$)
一氧化碳	0.5	1800~2600
二氧化氮	0.05	320~530
二氧化硫	0.05	530~650
硫化氢	0.08~0.1	420~600
氨气	0.5	2150~3900

根据 1973—1981 年 100 例矿山事故资料分析，炮烟中毒造成的事故占 26%以上。

2. 有毒气体的允许含量

苏联 1938 年制定的标准矿用炸药有毒气体的总含量不能超过 1 L/kg 炸药(按 CO 计)，我国也一直采用这一标准，按毒性程度、每升 NO_2 相当于 6.5 L CO，按下式折算成 CO 计算得有毒气体总含量：

$$V = V_{CO} + 6.5V_{NO_2} \tag{4-42}$$

很明显，对严格要求的单项有毒气体指标不能用公式(4-42)的近似方法来计算，而必须实际测定炸药的有毒气体。

3. 有毒气体测试方法

实践证明，有毒气体含量的测定结果与测定方法有关，现在国内外尚无统一的标准测试方法，但常用的方法有井下巷道法和实验室测定法。由于影响爆炸产物的因素很多，现场试验条件难以控制，往往测试结果差异大，不准确，因此较多地采用实验室模拟现场条件的爆压弹测试法。

1)实验室测定炸药爆炸有毒气体的原理

受试炸药在爆压弹内爆炸，爆炸气体冷却后，通过压力等数据，计算出气体产物的总体积，然后将定量气体引入气体分析器，采用气相色谱仪法、比色法等方法来分析确定有毒气体的含量。

2)实验室模拟方法

(1)以低碳钢管套来模拟现场炸药爆破的约束条件、接触条件以及接触介质对有毒气体生成过程中的作用，由于低碳钢与矿岩在物理力学性质上相差较大，此法很难全面准确地再现现场条件。

石英砂-钢炮法的测试仪器及测试方法详见煤炭工业部标准 MT60-82 中煤矿用炸药爆炸后有毒气体含量的规定及其测试方法。

(2)石英砂-玻璃套试验药包模拟法。采用玻璃套较好地模拟了现场岩矿的约束条件及破碎特性，因此能较准确地模拟和测定井下复杂条件下工业炸药爆破有毒气体生成量，获得与现场实际测定结果基本相符的结果。

(3)部分矿用炸药有毒气体生成量的测试结果见表 4-68。

表 4-68 几种矿用炸药的有毒气体生成量测定值

炸药名称	有毒气体含量/($L \cdot kg^{-1}$)		
	CO	NO_2	总量($V_{CO}+6.5V_{NO_2}$)
1 号岩石炸药	42.7	8.27	96.50
	45.1	5.46	80.45
2 号岩石炸药	35.6	7.88	89.90
	47.4	5.08	80.71
3 号岩石炸药	35.7	11.4	109.8

4. 影响有毒气体生成量的因素及保护措施

1)影响有毒气体生成量的因素

(1)炸药的氧平衡。随着正氧平衡的增高，产物中 NO_2 的含量增多，负氧平衡炸药 NO_2 有所减少。

(2)炸药的加工质量。混合炸药的颗粒越细，分散越均匀，则爆炸时反应越完全，生成的有毒气体减少，反之则反应不完全而生成较多的 CO 或 NO_2。

(3)炸药的可燃性包装，如蜡纸、塑料袋。

(4)药卷附近的介质情况。在煤层中爆炸生成较多的 CO，在硫化矿层中爆炸，有少量硫化物生成。

(5)装药及填塞情况。装药密度较大时 NO_2 较少，装药直径大时爆炸反应较完全，因而 CO、NO_2 含量均有所下降，偶合装药比空气间隔的不偶合装药有毒气体量减少，炮孔填塞质量好，也可抑制有毒气体的生成。

2)保护措施

针对影响有毒气体生成量的因素，可采取相应的措施，减少有毒气体生成量及其危害。

(1)生产及使用接近零氧平衡的炸药，由于 NO_2 毒性大，并且易于滞留在工作面碎矿中，CO 被破碎矿岩吸收量<0.007 mg/g，NO_2 为 0.2265 mg/g，故应采用稍偏负氧平衡的炸药(包括包装可燃物在内)。

(2)控制炸药卷的可燃性包装在规定范围之内，如每百克炸药限定包装纸质量在 2 g 以下，防潮剂质量不超过 2.5 g。

(3)严格控制炸药加工工艺，保证炸药的干、细、匀。

(4)采用合理的装药结构和爆破方法保证炸药反应的完全性，如改善约束条件，增大起爆能，保证填塞质量，均有助于反应完全，降低有毒气体生成量。

(5)加强人体保护，爆破后，井下要加速通风，现场人员应在炮烟消散后方可进入现场，必要时要佩戴防毒面具，此外放炮人员不要站在下风侧。

参考文献

[1]《煤矿火工技术丛书》编写组. 矿用炸药[M]. 北京：煤炭工业出版社，1978.
[2] 卢华，万山红. 硝铵炸药[M]. 北京：国防工业出版社，1970.
[3] 洪有秋，王又新，刘厚平. HW 系列新硝铵炸药的研究[J]. 矿冶工程，1982，2(4)：1-7.
[4] 王文佑，云主惠. 工业炸药[M]. 北京：兵器工业出版社，1993.
[5] 吕春绪，刘祖亮，倪欧琪. 工业炸药[M]. 北京：兵器工业出版社，1994.
[6] 云庆夏，杨万根，雷化南. 国外矿用工业炸药[M]. 北京：冶金工业出版社，1975.
[7] 吕春绪，刘祖亮，陆明，陈天云，叶志文. 膨化硝铵炸药[M]. 北京：兵器工业出版社，2001.
[8] 汪旭光. 乳化炸药[M]. 2 版. 北京：冶金工业出版社，2008.
[9] 汪旭光，云主惠，聂森林，胡能钦. 浆状炸药的理论与实践[M]. 北京：冶金工业出版社，1985.
[10] 倪欧琪，俞明熊. 粉状乳化炸药的研究与发展[J]. 爆破器材，2000，29(2)：12-15.
[11]《炸药理论》编写组. 炸药理论[M]. 北京：国防工业出版社，1982.
[12] 中国兵器工业标准化研究所. 民用爆炸物品行业标准汇编(上册)[S]. 2009 年 5 月.
[13] 中国兵器工业标准化研究所. 民用爆炸物品行业标准汇编(中册)[S]. 2009 年 5 月.
[14] 中国兵器工业标准化研究所. 民用爆炸物品行业标准汇编(下册)[S]. 2009 年 5 月.
[15] (美)库克(Cook M A). 工业炸药学[M]. 陈正衡，孙姣花，译. 北京：煤炭工业出版社，1987.
[16] Cook M A. The Science of Industrial explosives [M]. Toronto：Graphic Service & Supply Inc，1974.
[17] 王肇中，汪旭光，李国仲，夏斌. 测试工业炸药作功能力的方法——弹道抛体法[J]. 有色金属，2006，58(4)：109-111，114.
[18] 傅顺. 工程雷管[M]. 北京：国防工业出版社，1977.
[19] 蒋荣光，刘自锡. 起爆药[M]. 北京：兵器工业出版社，2005.
[20] 娄德兰. 导爆管起爆技术[M]. 北京：中国铁道出版社，1995.
[21] 张正宇，赵根，张文煊，占学军. 塑料导爆管起爆系统理论与实践[M]. 北京：中国水利水电出版社，2009.
[22] 史雅语. 非电导爆管网格式闭合网路[J]. 爆破器材，1988，17(2)：20-23.
[23] 付天光，张威颖，赵杰，郭俊国. 高强度和高精度导爆管雷管的应用[J]. 爆破器材，2005，34(4)：23-27.
[24] 徐东. 高强度导爆管研制[D]. 南京：南京理工大学，2004.
[25] 徐天瑞，李显泉，王秋成，胡国文，张锡钦. 安全工业雷管. 中国，CN85101936[P].
[26] 颜景龙. 铱钵起爆系统的安全性分析与试验[J]. 工程爆破，2008，14(2)：70-72+24.
[27] 吴新霞，赵根，王文辉，周桂松，刘小均. 数码雷管起爆系统及雷管性能测试[J]. 爆破，2006，23(4)：93-96.
[28] 阜双陆. 导爆索[M]. 北京：国防工业出版社，1975.
[29]《煤矿火工技术丛书》编写组. 矿用起爆材料[M]. 北京：煤炭工业出版社，1978.
[30] 陈福梅. 火工品原理与设计[M]. 北京：兵器工业出版社，1990.
[31] 刘建亮. 工程爆破测试技术[M]. 北京：北京理工大学出版社，1994.
[32] (美)杜邦公司. 爆破手册[M]. 龙维祺，译. 北京：冶金工业出版社，1986.
[33]《采矿手册》编辑委员会. 采矿手册 2[M]. 北京：冶金工业出版社，1990.
[34] 刘殿中，杨仕春. 工程爆破实用手册[M]. 2 版. 北京：冶金工业出版社，2003.
[35] 中国力学学会工程爆破专业委员会. 爆破工程[M]. 北京：冶金工业出版社，1992.

[36] (苏)哈努卡耶夫. 矿岩爆破物理过程[M]. 刘殿中，译. 北京：冶金工业出版社，1980.
[37] HENRYCH J，ABRAHAMSON G R. The Dynamics of Explosion and its Use [J]. Journal of Applied Mechanics，1980，47(1)：218.
[38] 璩世杰，辛明印，毛市龙，马明刚，吕文生，庄世勇，张红，李向明，王伏春. 岩体可爆性指标的相关性分析[J]. 岩石力学与工程学报，2005，24(3)：468-473.
[39] 璩世杰，毛市龙，吕文生，辛明印，宫永军，金效元. 一种基于加权聚类分析的岩体可爆性分级方法[J]. 北京科技大学学报，2006，28(4)：324-329.
[40] 北京工业学院八系《爆炸及其作用》编写组. 爆炸及其作用(上)[M]. 北京：国防工业出版社，1979.
[41] PERSSON P A，HOLMBERG R，LEE J. Rock Blasting and Explosives Engineering[M]. New York：CRC Press，1998.
[42] 冯叔瑜，马乃耀. 爆破工程[M]. 北京：中国铁道出版社，1980.
[43] 陶颂霖. 凿岩爆破[M]. 北京：冶金工业出版社，1986.
[44] 高尔新，杨仁树. 爆破工程[M]. 徐州：中国矿业大学出版社，1999.
[45] 璩世杰. 爆破理论与技术基础[M]. 北京：冶金工业出版社，2016.
[46] GB 6722—2014. 爆破安全规程[S]. 北京：中国标准出版社，2014.
[47] 郭学彬，张继春. 爆破工程师手册[M]. 北京：冶金工业出版社，2010.
[48] 董其锋. 现代矿山爆破技术实用手册[M]. 北京：化学工业出版社，2009.
[49] 张志呈. 爆破基础理论与设计施工技术[M]. 重庆：重庆大学出版社，1994.
[50] 高毓山. 提高露天矿爆破质量的方法[J]. 工程爆破，1999，5(1)：59-62.
[51] 郑炳旭，王永庆，李萍丰. 建设工程台阶爆破[M]. 北京：冶金工业出版社，2005.
[52] 王德胜，龚敏. 露天矿山台阶中深孔爆破开采技术[M]. 北京：冶金工业出版社，2007.
[53] 周传波，何晓光，郭廖武. 岩石深孔爆破技术新进展[M]. 武汉：中国地质大学出版社，2005.
[54] 高晓初，鲍光谟，周三举，黄全辉. 露天深孔爆破填塞长度的测试研究[J]. 爆破器材，1983，12(2)：23-26.
[55] 高毓山. 间隔装药爆破方法的试验研究与应用[J]. 辽宁工程技术大学学报(自然科学版)，2008，27(S1)：145-147.
[56] 顾毅成. 爆破工程施工与安全[M]. 北京：冶金工业出版社，2004.
[57] 中国力学学会工程爆破专业委员会. 土岩爆破文集-第二辑[M]. 北京：冶金工业出版社，1985.
[58] 刘殿中. 工程爆破实用手册[M]. 北京：冶金工业出版社，1999.
[59] 吴从清，张正宇. 长空气间隔深孔预裂爆破初步试验[J]. 爆破，2003，20(增刊)：63-64.
[60] 朱红兵，卢文波，罗天云. 空气间隔装药爆破技术在爆破工程中的应用[J]. 爆破，2003，20(增刊)：65-67.
[61] (苏)鲁契金，(苏)达维多夫. 露天矿微差爆破[M]. 聂森林，姜荣超，译. 北京：建筑工程出版社，1958.
[62] 付天光，张威颖，赵杰，郭俊国. 高强度和高精度导爆管雷管的应用[J]. 爆破器材，2005，34(4)：23-27.
[63] 璩世杰，谭文辉，王进强，张磊. 逐孔起爆炮孔布置型式对抵抗线分布的影响[J]. 金属矿山，2008(12)：31-33.
[64] 沈立晋，刘颖，汪旭光. 国内外露天矿山台阶爆破技术[J]. 工程爆破，2004，10(2)：54-58.
[65] (瑞典)古斯塔夫松. 瑞典爆破技术[M]. 齐景鑫，等译. 北京：人民铁道出版社，1978.
[66] 斯科维拉 D S，巴柏 M F，赵刚，宗海祥. 在最终边坡爆破技术设计和实施中须考虑的因素[J]. 国外金属矿山(炸药与爆破)，1999(5)：45-50.
[67] 孙学军，刘宏刚. 复杂环境下高梯段深孔光面爆破技术[J]. 工程爆破，1998，4(4)：60-65.
[68] 孟吉复，惠鸿斌. 爆破测试技术[M]. 北京：冶金工业出版社，1992.

[69] 唐海. 岩石预裂爆破成缝分析及爆破参数确定的智能研究[D]. 武汉：武汉理工大学，2004.
[70] 顾毅成，史雅语，金骥良. 工程爆破安全[M]. 合肥：中国科学技术大学出版社，2009.
[71] 汪旭光，于亚伦，刘殿中. 爆破安全规程实施手册[M]. 北京：人民交通出版社，2004.
[72] 顾毅成. 爆破工程施工与安全[M]. 北京：冶金工业出版社，2004.
[73] 朱传统，梅锦煜. 爆破安全与防护[M]. 北京：水利电力出版社. 1990.
[74] 吴新霞，张文煊. 浅谈建筑物爆破振动安全允许标准[J]. 工程爆破，2008，14(2)：80-83.
[75] 顾毅成. 对应用爆破振动计算公式的几点讨论[J]. 爆破，2009，26(4)：78-80.
[76] 阳生权，廖先葵，刘宝琛. 爆破地震安全判据的缺陷与改进[J]. 爆炸与冲击，2001，21(3)：223-228.
[77] 汪旭光，于亚伦. 关于爆破震动安全判据的几个问题[J]. 工程爆破，2001，7(2)：88-92.
[78] SISKIND D E, STAGG M S, KOPP J W, et al. Structure response and damage produced by ground vibration from surface mine blasting[R]. US Bureau of Mines, 1980: 74.
[79] 陈士海，魏海霞，钱七虎. 爆破震动持续时间对结构震动响应影响研究[C]. 现代爆破理论与技术——第十届全国煤炭爆破学术会议论文集，2008.
[80] ASHFORD S A, SITAR N. Topographic amplification in the 1994 Northridge earthquake: Analysis and observations[C]. 6th U. S. National Conference on Earthquake Engineering, 1997.
[81] 郭学彬，肖正学，张志呈. 爆破振动作用的坡面效应[J]. 岩石力学与工程学报，2001，20(1)：83-86.
[82] 裴来政. 金堆城露天矿高边坡爆破震动监测与分析[J]. 爆破，2006，23(4)：82-85.
[83] 宋光明，陈寿如，史秀志，周志国，肖清华. 露天矿边坡爆破振动监测与评价方法的研究[J]. 有色金属(矿山部分)，2000，52(4)：24-27.
[84] 舒大强，赖世骧，朱传云，卢文波. 岩石高边坡爆破振动效应观测及分析[J]. 爆破. 2007，17(S1)：245-248.
[85] 胡学龙，璩世杰，蒋文利，李华，杨威，黄汉波，胡光球. 基于等效路径的爆破地震波衰减规律[J]. 爆炸与冲击，2017，37(6)：966-975.
[86] 秦革，潘玉峰. 工业炸药爆炸后有毒气体含量的测定方法[J]. 爆破器材，1980，9(3)：26-31.

第 5 章

露天矿铲装运排工艺

5.1 露天采场铲装设备

5.1.1 挖掘机分类及应用范围

挖掘机的用途很广泛，它可以配备各种不同的工作装置，进行各种形式的土方或石方作业。在露天采矿中，单斗挖掘机可用作表土的剥离、堆弃以及矿物的采掘和装载工作。

单斗挖掘机是一种历史悠久的土石方挖掘和装载设备，自 19 世纪末它就开始应用于露天采矿工程。由于它具有铲取挖掘力大、作业稳定、安全可靠和生产效率高等突出优点，至今仍然是露天采矿工程及其他土石方工程中主要的挖掘和装载设备。除单斗挖掘机之外，还有多斗挖掘机。两者在工作原理及结构方面有着很大的区别。多斗挖掘机是一种连续作业的挖掘机，它们有链斗挖掘机、链斗挖沟机、成型断面挖沟机、斗轮式挖掘机、滚切式挖掘机、环轮式挖掘机和隧道联合挖掘机。

现在的单斗挖掘机，不管何种用途，都由下列各部分组成，即工作装置、动力和传动装置、运行和支撑装置。它可以按照不同的方式进行分类。

1. 按用途分类

按照用途，挖掘机一般可以分为通用式和专用式两类。通用式单斗挖掘机一般指斗容为 1 m^3 以下的小型挖掘机。它可以用在小型露天矿、城市建设、工程建筑、水利和交通等工程，故而称为万能式挖掘机或者建筑型挖掘机。

专用式单斗挖掘机有采矿型、剥离型和隧道型几种。采矿型挖掘机多为正铲挖掘机。剥离型挖掘机，工作尺寸和斗容都比较大，用于露天采场的表土剥离工作。隧道型挖掘机可以分为端臂式和伸缩臂式两种，用于开挖隧道时的出渣作业。

2. 按工作装置分类

根据工作原理及铲斗的动臂连接方式，挖掘机可以分两类，即属于刚性连接的正铲、反铲、刨铲和刮铲，以及属于挠性连接的拉铲(又名绳铲)、抓斗铲、刨铲等，挠性连接作其他用途的还有打桩器、吊钩、拔根器等。在矿山使用较多的是正铲，因为它在挖掘时有较大的推压力，可以挖掘坚实的硬土和装载已爆破的矿石。拉铲和抓斗铲的推压力或切入土壤的力主要靠铲斗的自重，故只适用于较松软的土壤和砂土的挖掘作业。

工作装置的灵活性是指挖掘机工作平盘的回转程度。按这种灵活性分类，单斗挖掘机的平台有全回转式(即旋转 360°)和不完全回转式(即旋转 90°~270°)两种。

3. 按行走方式分类

(1)轨道式，装有铁路运行和支撑装置的挖掘机，又分为窄轨距、标准轨距和特种轨距(即沿三四条钢轨运行)3 种，这类挖掘机在国内使用较少。

(2)轮胎式，它可以分为标准汽车底盘、特种汽车底盘(以上两种行走驾驶室和作业操纵室分开)、轮式拖拉机底盘和专用轮胎底盘运行装置。轮胎运行和支撑装置的挖掘机主要应用于城市建筑等部门。

(3)履带式，这种装置可分为刚性多支点和刚性少支点、挠性多支点和挠性少支点 4 种。斗容大于 1 m^3 的挖掘机多用履带运行装置。履带式挖掘机主要应用于露天采矿工程。

(4)迈步式，这种装置又可以分为偏心轮式、铰式、滑块式和液力式。迈步式(又称步行式)挖掘机主要用于松软土壤和沼泽地等接地比压很小的工作场所的剥离作业。有些大型采砂场也使用这种带迈步式装置的挖掘机。

4. 按动力装置及传动型式分类

单斗挖掘机的动力装置有电力驱动、内燃驱动(主要是柴油机)和复合驱动方式 3 种。挖掘机仅有一台原动机带动诸机构运动的称为单机驱动；以若干台发动机带动诸机构运动的称为多机驱动。在复合驱动中，有柴油机-电力驱动、柴油机-液力驱动等。

挖掘机的传动型式有机械传动、全液压传动和混合传动 3 种。电力驱动和机械传动的挖掘机简称为电铲；柴油驱动加机械传动的挖掘机称为柴油铲；传动机构均采用液压传动的挖掘机称为液压铲。

5. 按斗容的大小分类

按斗容的大小来分，单斗挖掘机可以分为小型、中型、重型和巨型四类。铲斗容积在 2 m^3 以下的称为小型挖掘机，3~8 m^3 的称为中型挖掘机，10~15 m^3 的称为重型挖掘机，15 m^3 以上的称为巨型挖掘机。

5.1.2　机械式单斗正铲挖掘机(电铲)

1. 使用条件

电铲是露天矿最广泛使用的铲装设备。它结构坚固，由于使用电动机和可控硅电力控制，其效率和可靠性都很高。主要电力控制设备位于司机室内，操作条件优于其他装载设备。电铲的重量、牵引力、提升力和推压力大，因此它对硬岩有很大的持续挖掘能力，几乎适用于各种坚硬岩石的作业，具有很好的适应能力，但是电铲的机动性差，这主要是因为受到外部电源条件的限制。

2. 结构特点

电铲结构和各部件名称如图 5-1 所示。

电铲行走机构的特点是多采用刚性少支点双履带式结构，这种结构对于任何工作条件几乎都能适用，且履带的承载面积较大，所以在松软岩层上能顺利移动，稳定性能较好，此外对猛烈铲挖时产生的冲击动载，双履带装置也具有强大的抗衡作用和很好的稳定性能。这种双履带装置尤其适用于工作面底板不平且伴有尖利石块的情况。因为采矿工作要求电铲尽量减少在相距较远的作业场地之间高速和频繁转移。电铲一般只有一种行走速度(0.75~2 km/h)，

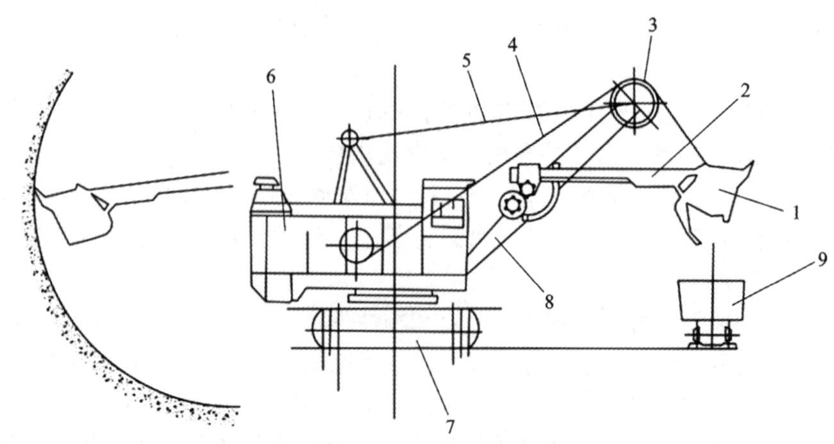

1—铲斗；2—斗柄；3—天轮；4—提升钢绳；5—绷绳；6—机体；7—行走机构；8—动臂；9—矿车。

图 5-1 WK-12 型正铲挖掘机

最大爬坡为 15°~20°，对土壤的平均比压为(1.2~2.3)×10^5 Pa。

电铲工作装置的特点是多数采用单梁动臂、双梁外斗柄、单滑轮提升、齿轮-齿条推压，还有双梁动臂、单梁内斗柄、双滑轮提升、钢绳推压，也有采用内方斗柄、齿轮-齿条推压。采矿型电铲为专用正铲工作装置，一般不配可更换的工作装置。平均提升速度为 0.65~1.10 m/s(大斗容取上限)。

推压机构有齿轮-齿条推压式(如 WK-10 型)和钢绳推压(如 WD-1200 型)等结构型式。

回转机构通常放置在回转平台的前部，采用立式双电机驱动，回转平台的回转速度为 2.75~4 r/min(对于小斗容取上限)。

动力装置的特点是：大多数采用以柴油机和交流电动机为主的发电机-电动机系统，以多台直流电动机分别驱动，各机构是独立的。此外还有静态交流转换直流系统(又称静态直流系统)和静态交流变频调速系统(又称静态交流系统)。静态直流系统没有电动机-发动机组，因此维修工作量少且无噪声，其反应较快而无机械惯性。它大大减少了机器启动时所产生的高峰电流，其总效率比电动机-发动机组系统增加了 12%~15%。静态交流系统功率因数可保持恒定，并可减少设备作业的动力费用。

3. 生产能力

1) 挖掘机生产能力计算

挖掘机台班生产能力 Q_c 用下式计算：

$$Q_c = \frac{3600qK_h T\eta}{tK_p} \tag{5-1}$$

式中：q 为挖掘机斗容，m^3；t 为挖掘机铲斗循环时间，s(表 5-1)；K_h 为挖掘机铲斗满斗系数(表 5-2)；K_p 为矿岩在铲斗中的松散系数(表 5-2)；T 为挖掘机班工作时间，h；η 为班工作时间利用系数(表 5-3)。

表 5-1　挖掘机工作循环时间 t 推荐值　　单位：s

挖掘机斗容/m^3	挖掘机工作条件			
	易于挖掘	比较易于挖掘	难于挖掘	非常难于挖掘
1.0	16	18	22	26
2.0	18	20	24	27
3.0~4.0	21	24	27	33
6.0~8.0	24	26	30	35
10.0~12.0	26	28	32	37
15.0	28	30	34	39
17.0	29	31	35	40

表 5-2　铲斗满斗系数 K_h 和物料松散系数 K_p

被挖掘物料性质	坚固度系数	满斗系数 K_h	松散系数 K_p
易于挖掘：如砂土及小块砾石	0~0.5	0.95~1.05	1.2~1.3
比较易于挖掘：如煤、砂质黏土及土夹小砾石	6.0~10	0.90~0.95	1.30~1.35
难于挖掘：如坚硬的砂岩、较轻矿岩和页岩	10~12	0.80~0.90	1.4~1.5
非常难于挖掘：如一般铜矿、铁矿岩爆堆	12~18	0.70~0.80	1.5~1.8

表 5-3　时间利用系数 η

工作效率	很好	良好	一般	较不利	十分不利
每小时纯工作时间/min	55	50	45	40	35
时间利用系数 η/%	92	83	75	67	58

挖掘机台班生产能力受多种技术和组织因素影响，如矿岩性质、爆堆质量、运输设备规格、其他辅助作业配合条件和操作技术水平等，其有几种表达指标。

2）矿山实际生产能力指标

挖掘机的生产能力与很多因素有关，其数值在生产过程中的变化幅度也很大。用式(5-1)计算得出的数据通常只是近似值。在实际生产中，当选用挖掘机时还常常依据大量的矿山生产统计数据。我国金属露天矿山推荐的挖掘机选型生产能力参考指标见表 5-4。

当挖掘机在特殊情况下作业时，其生产效率一般低于表 5-4 的推荐值。在下列情况下可做特殊处理：

(1)挖掘机在挖沟或采用选别开采作业时，一般取正面装车，工作条件劣于侧面装车，致使工作效率降低。挖掘机挖沟作业时生产指标参考值见表 5-5。

(2)在矿山基建初期，由于技术熟练程度和管理水平比正常生产时期差一些，因此设备效率也得不到充分发挥。挖掘机在某些特殊条件下作业时，生产效率降低参考值见表 5-6，国外挖掘机的实际生产效率统计值见表 5-7。

表 5-4 每台挖掘机的生产能力参考指标

铲斗容积/m³	计算单位	矿岩坚固性系数 f		
		<6	8～12	12～20
1.0	m³/班	160～180	130～160	100～130
	m³/a	140000～170000	110000～150000	80000～120000
	kt/a	450～510	360～450	240～360
2.0	m³/班	300～330	210～300	200～250
	m³/a	260000～320000	230000～280000	190000～240000
	kt/a	840～960	600～840	570～720
3.0～4.0	m³/班	600～800	530～680	470～580
	m³/a	600000～760000	500000～650000	450000～550000
	kt/a	1800～2180	1500～1950	1250～1650
6.0	m³/班	970～1015	840～880	680～790
	m³/a	930000～1000000	800000～850000	650000～750000
	kt/a	2790～3000	2400～2550	1950～2250
8.0	m³/班	1489～1667	1333～1489	1222～1333
	m³/a	1340000～1500000	1200000～1340000	1100000～1200000
	kt/a	4000～4500	3600～4000	3300～3600
10.0	m³/班	1856～2033	1700～1856	1556～1700
	m³/a	1670000～1830000	1530000～1670000	1400000～1530000
	kt/a	5000～5500	4600～5000	4200～4600
12.0～15.0	m³/班	2589～2967	2222～2589	2222～2411
	m³/a	2330000～2670000	2000000～2330000	2000000～2170000
	kt/a	7000～8000	6000～7000	6000～6500

注：①表中数据按每年工作 300 天、每天 3 班、每班 8 h 作业计算；②均匀侧面装车，矿岩容重按 3 t/m³ 计算；③汽车运输或山坡露天矿采剥取表中上限值，铁路运输或深凹露天矿取表中下限值。

表 5-5 挖掘机挖沟作业(正面装车)生产指标参考值

铲斗容积/m³	年台班数	电动机车运输/(m³·a⁻¹)	自卸卡车运输/(m³·a⁻¹)
1.0	700	105000	143500
2.0	700	294000	416000
4.0	700	366000	475000
8.0	700	500000	650000
10.0	700	800000	950000

表 5-6　挖掘机在特殊条件下作业效率降低参考值

挖掘机工作条件	运输方式	作业效率降低值/%
出入沟	机车运输	30
出入沟	汽车运输	10~15
开段沟	机车运输	20~30
开段沟	汽车运输	10~20
选别开采	机车运输	10~30
选别开采	汽车运输	5~10
基建剥离	机车运输	30
基建剥离	汽车运输	20
移动干线	机车运输	10
三角工作面装车	机车运输	10

表 5-7　国外挖掘机采剥作业的实际生产效率

挖掘机型号	挖掘机斗容/m^3	挖掘机实际载重量/t	最高台年生产率/($kt \cdot a^{-1}$)
120B	3.6	85	2000
150B	4.6	85	3000
190B	6.1	100	4700
эКГ-4	4.6	75	4000
эКГ-8	8.0	75	10000
280B	9.2	160	10320
P&H2100BL	11.5	116	16790
P&H2100BL	11.5	162	16790
P&H2300	16.8	120	20110
P&H2300	16.8	150	20110

注：矿岩坚固性系数 $f=8\sim14$。

(3)矿山生产所需挖掘机台数。

矿山所需挖掘机台数 N 可按下式计算：

$$N=\frac{A}{Q_a} \tag{5-2}$$

式中：A 为年采剥量，m^3/a；Q_a 为挖掘机台年效率，m^3/a，Q_a 值可以通过计算或参考挖掘机实际台年生产能力选取，并需要考虑效率降低因素。

露天矿生产配备的挖掘机台数一般不考虑备用数量，但不应少于两台。如果采矿和剥离作业的工作制度不同、设备型号及生产效率相差较大时，可以分别计算采矿和剥离作业所需的挖掘机台数。此外，若矿山还有其他工程，如修路、整理边坡以及倒堆等，可以考虑配备前装机、铲运机和推土机等辅助设备。

5.1.3 液压式单斗挖掘机(液压铲)

1. 使用条件

液压式单斗挖掘机也就是液压铲，由于在动力装置和工作装置之间采用容积式液压传动，靠液体的压力进行工作，因此，与机械传动相比有许多优点：可无级调速且调速范围大；能得到较低的稳定转速；传动平稳，结构简单、紧凑，可消除冲击和振动；操纵省力，易实现自动化控制。由于液压传动具有以上优点，大大地改善了单斗挖掘机的技术性能，它挖掘力大、牵引力大、机器质量小、作业效率高。

液压铲兼有前装机和电铲的一些优点，它比前装机的生产能力高，并可用于前装机达不到的高台阶工作面；质量比同斗容的电铲小 35%~40%，挖掘力高 35%左右(如斗容 10 m^3 的液压铲斗齿切削力为 120~150 kN，而同级电铲只有 100 kN 左右)；机动灵活，下铲准确，特别适用于选别回采。但是，液压铲对液压元件的制造精度要求高，维修困难，液压系统易漏油、发热，以及总效率较低等。因此还有待进一步研究解决这些问题。

2. 结构特点

液压铲的特点之一是可以换装多种作业机具，以扩大挖掘机的使用范围。正铲斗用在站立水平以上进行挖掘作业，反铲斗则是液压挖掘机最常用的作业机具，通常用于站立水平以下的挖掘作业。液压铲外形结构如图 5-2 和图 5-3 所示。

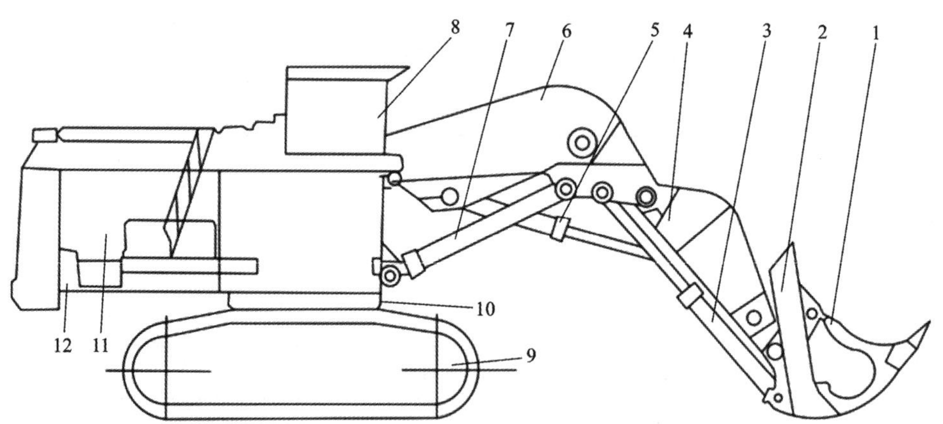

1—铲斗；2—铲斗托架；3—铲斗油缸；4—斗臂；5—斗臂油缸；6—大臂；7—大臂油缸；8—司机室；9—履带；10—回转台；11—机棚；12—配重。

图 5-2 单斗正铲斗液压挖掘机结构

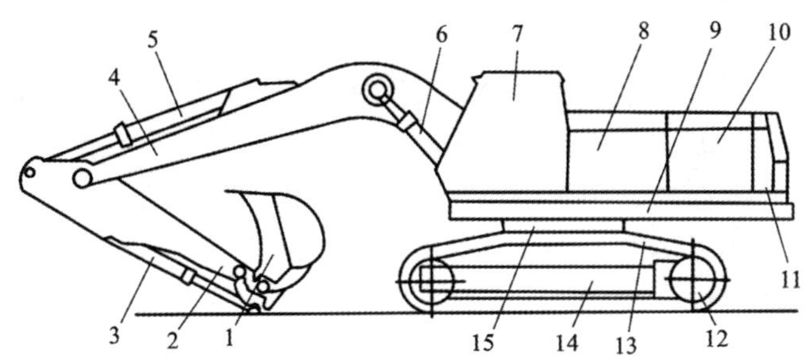

1—铲斗；2—斗臂；3—铲斗油缸；4—大臂；5—斗臂油缸；6—大臂油缸；
7—司机室；8—机棚；9—回转台；10—发动机；11—配重；
12—履带轮；13—履带；14—履带架；15—回转盘。

图 5-3　单斗反铲斗液压挖掘机结构

5.1.4　斗轮挖掘机

1. 斗轮挖掘机的分类及结构

斗轮挖掘机是多斗挖掘机的典型机型，它是以多个铲斗在大臂端部转轮上做圆周运动而连续挖掘岩土的多斗挖掘机；主要用于以上挖掘方式进行的剥离和采装作业、掘进堑沟、向排土场排土或向运输设备装载岩土。可在-40℃环境下挖掘软岩和中硬岩土或褐煤(中硬以上岩土需爆破预松动)；可进行选别回采。斗轮挖掘机与单斗挖掘机比较具有以下优点：挖掘效率高 1.5~2.5 倍，动力消耗少 30%~40%，机器质量小 30%~50%。但不适于挖掘坚硬矿岩，结构较为复杂且初期设备投资大。

斗轮挖掘机可按用途和生产能力大小进行分类。

按用途不同可分为采矿型、建筑型和取料型。

按生产能力大小可分为小型、中型、大型、特大型和巨型五类，技术指标见表 5-8。

表 5-8　斗轮挖掘机各规格技术指标

规格	生产能力/($m^3 \cdot h^{-1}$)	斗轮驱动功率/kW	总装功率/kW	挖掘机质量/t
小型	600~1000	60~160	145~360	70~150
中型	1000~2500	160~500	360~3300	150~850
大型	2500~5000	500~1000	3300~4000	850~2200
特大型	5000~10000	1000~1900	4000~8500	2200~7500
巨型	10000~20000	1900~9200	8500~16500	7500~14000

斗轮挖掘机由工作装置、排料输送机、回转平台、行走装置、动力和控制系统组成(图 5-4)。工作装置由铲斗、斗轮、卸料板、斗轮臂架及受料胶带输送机组成(图 5-5)。铲斗有挖掘坚硬物料的封底结构和挖掘湿料的环链结构两种，斗容为 0.02~6.3 m^3，一台斗轮挖掘机一般有 6~12 个铲斗。斗轮安装在臂架前端，由电动机或液压马达驱动，铲斗挖掘的

岩土从侧面或后端卸到受料输送机上。斗轮臂架的另一端铰接在回转平台上，自身平衡，内部设有受料胶带输送机，由专用提升机或液压缸驱动升降。回转平台由支撑装置、回转传动装置、平台和司机室组成。支撑装置为滚珠或滚柱轴承，平台由立式电动机经减速器小齿轮与装在行走车架上的回转盘上大齿圈啮合驱动 360°全回转。行走装置主要为履带式、双履带式和多履带式结构。多履带式采用三组三支点布置，用改变履带组的运行方式实现转向。履带式斗轮挖掘机的行走速度为 0.3~0.5 km/h，接地比压为 0.24 MPa。小型斗轮挖掘机为轮胎式，斗轮堆取料机多用轮轨式。

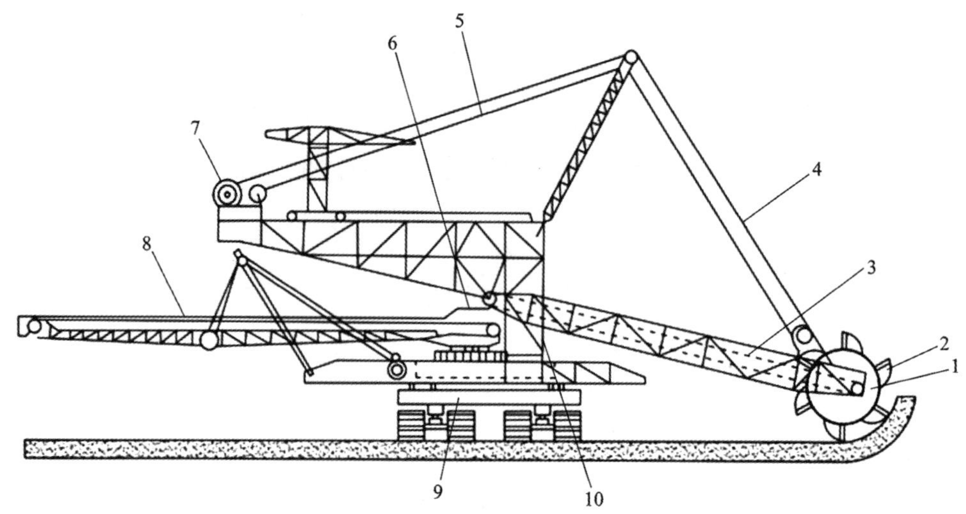

1—斗轮体；2—铲斗；3—受料胶带输送机；4—钢丝绳；5—悬绳；
6—料斗；7—提升机；8—卸载胶带输送机；9—行走机构；10—机体。

图 5-4 斗轮挖掘机结构

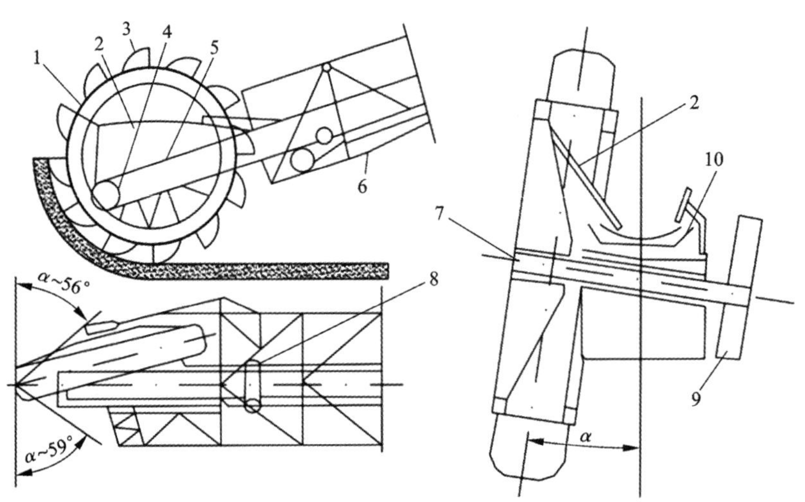

1—斗轮；2—卸料板；3—铲斗；4—胶带输送机滚筒；5—输送胶带；
6—斗轮臂；7—斗轮驱动轴；8—胶带托辊；9—传动装置；10—胶带托架。

图 5-5 斗轮工作装置

2. 生产能力

斗轮挖掘机的生产率是指在单位时间内从工作面上挖掘、装载到运输工具或排土场的岩土和矿岩的总体积(按实体积算)，通常用生产率衡量生产能力。

(1)斗轮挖掘机的技术生产率 Q_j 用下式计算：

$$Q_j = Q_L \frac{K_m K_w}{K_s} \tag{5-3}$$

式中：Q_L 为斗轮挖掘机的理论生产率，m^3/h，按设计值计算；K_m 为铲斗装满系数，其值见表 5-9；K_w 为挖掘条件影响系数，其值见表 5-9；K_s 为物料的松散系数，其值见表 5-9。

(2)斗轮挖掘机的实际生产率 Q_s 用下式计算：

$$Q_s = Q_j K_L \tag{5-4}$$

式中：Q_j 为斗轮挖掘机技术生产率，m^3/h；K_L 为斗轮挖掘机的利用系数。

表 5-9　斗轮挖掘机的计算系数

被挖掘物料性质	K_m	K_w	K_s
砂、砂土、小块砾石	1.0~1.05	1.0	1.20~1.30
煤、砂质黏土、砾石	0.95~1.0	0.95	1.30~1.40
坚硬砂质黏土层	0.90	0.80	1.40~1.50
坚硬黏土及页岩	0.85	0.70	1.50~1.60
一般爆破的铜、铁矿岩	0.80	0.65	1.60~1.80

5.1.5　索斗挖掘机(拉铲)

1. 基本结构和工作原理

索斗挖掘机主要用来挖掘松散的或固结不致密的松软土岩，在爆破质量好、块度比较均匀的条件下也可以挖掘中硬的矿岩。索斗挖掘机在露天采场中主要用作物料倒堆、露天矿浅部的基建剥离工作和配合其他采掘设备进行采场深部矿岩开采。由于索斗挖掘效率高，国外大型土石方工程、水电工程、露天煤矿等广泛采用索斗挖掘机，而且不断向大型化发展。

索斗挖掘机属于机械结构型式，它是以钢丝绳悬吊铲斗抛入工作面，再把铲斗拉向机身而挖掘岩土的单斗挖掘机，主要用于无运输系统剥离作业中挖掘停机面以下表土或爆破的软岩，倒堆到采空区、露天矿边缘以外排土场及装入运输设备内。特别适用于露天铲运机和推土机不能作业的潮湿和泥泞地区及水下挖掘，并且可用于堆筑高岩堆。其挖掘深度一般为臂长的 0.5~0.6 倍。

如图 5-6 所示，索斗挖掘机(拉铲)由工作装置、回转平台、行走装置、传动和控制系统组成。工作装置由铲斗、悬臂、导向器、提升绳、牵引绳和悬臂悬挂绳组成。铲斗为平底无顶式，由绕过悬臂主滑轮的提升绳悬吊；悬臂为桁架结构，其下端铰接在回转平台上，上端用悬挂钢丝绳桅杆或直接牵挂到双立柱上，与水平面成 25°~35°角。

索斗挖掘机按行走方式分为履带行走、迈步行走、轮胎行走和轨道行走四种。迈步式使用较多。轨道行走灵活性差，很少采用。轮胎式行走机动灵活，行驶速度快，但对道路要求严格，设备本身稳定性差，雨季作业困难。履带式行走速度小于 1.6 km/h。接地比压为 76~138 kPa，爬坡能力为 12°；迈步式行走速度为 0.16~0.22 km/h，接地比压为 70~130 kPa，爬坡能力为 8%。露天矿用索斗铲主要采用迈步式行走装置；其行走装置按工作原理分为偏心轮式和铰接式，用机械或液压装置驱动。偏心轮迈步机构对称布置在机体两侧，通过底座支撑在地面上；驱动轮和偏心轮转动 90°时，导架和履板下降接触地面，再转动 90°时偏心轮支撑在导向轮上，机体和底座上升，大部分重力经履板传给地面，小部分经底座一面边缘传给地面；机器向前移动半步，驱动轮再转动 90°。机体和底座一边下降一边继续移动半步，直至接地为止，液压缸铰接迈步机构，用两组液压缸取代偏心轮，其垂直缸用来提升机体，倾斜缸用来移位，这样的迈步式结构移动平稳，动载荷小，所以迈步式索斗挖掘机在大型矿山中应用比较广泛。

索斗挖掘机工作时，先放松提升绳和牵引绳，将铲斗抛入工作面，靠重力插入岩土，拉动牵引绳使铲斗进行挖掘，切削厚度由提升绳控制，装满后制动牵引绳，用提升绳提起铲斗，随回转平台回转到卸载点，放松牵引绳，使铲斗卸载，然后回转到初始位置。

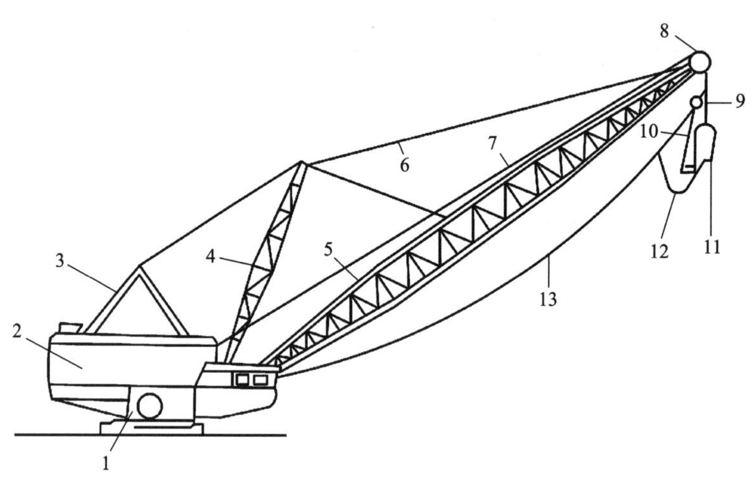

1—行走机构；2—机棚；3—A 型架；4—支臂；5—动臂；6—上绷绳；7—提升钢丝绳；8—天轮；9—提升链；10—卸载钢丝绳；11—铲斗；12—拖曳链；13—拖曳钢丝绳。

图 5-6 索斗挖掘机结构

2. 生产能力计算

(1)索斗挖掘机小时生产能力

索斗挖掘机的小时生产能力 Q_h 用下式计算：

$$Q_h = \frac{3600}{t} V_k \frac{K_h}{K_p} \tag{5-5}$$

式中：V_k 为索斗挖掘机斗容，m^3；t 为索斗挖掘机工作循环时间，s，参考表 5-10；K_h 为满斗系数，一般取 0.8~0.9，或参考表 5-11；K_p 为松散系数，一般取 1.15~1.5，或根据土岩分别选取，Ⅱ类岩土，$K_p=1.26$，Ⅲ类岩土，$K_p=1.3$，Ⅳ类岩土，$K_p=1.33$。

矿山常见的 WB-4/40 型和 ЭШ-4/55 型索斗挖掘机的小时生产能力计算值见表 5-12。

当阶段高度合理时，由于回转角度不同，不同型号索斗挖掘机在不同工程条件下的生产能力可以参考表 5-13 和表 5-14。

表 5-10　索斗挖掘机工作循环时间　　单位：s

型号	理论时间	实际时间	型号	理论时间	实际时间
WB-4/40	40~50	63~73	ЭⅢ-4/55	43~46	52~55

表 5-11　索斗挖掘机的满斗系数

阶段高度 h 及岩土类别	h<1 m	h>1 m(不同类别的土岩条件)			
		Ⅱ	Ⅲ	Ⅳ	Ⅴ~Ⅵ
满斗系数	0.66~0.85	0.9	0.94	0.8	0.76

表 5-12　索斗挖掘机的小时生产能力　　单位：m³/h

型号	土岩类别	阶段高度/m							
		0.5	1	2	4	6	8	10	12
WB-4/40	Ⅰ~Ⅱ	59.3	96.2	163	183.2	188	187.5	185.5	182
	Ⅲ	45	73	127.5	143.5	146.1	146.1	145	142.5
	Ⅵ~Ⅶ	40.3	65.1	87.8	99	100.9	110.9	100.9	99.5
	再倒堆	49.6	81	102.4	122	124.5	124.5	123.3	120.8
ЭⅢ-4/55	Ⅰ~Ⅱ	56	104.7	191	217	236	236	236	236
	Ⅲ	39.8	74.5	161.5	191	199	199	199	199
	Ⅵ~Ⅶ	37.2	69.8	100.7	119.3	124.5	124.5	124.5	124.5
	再倒堆	46.1	87.2	126	149	155.1	155.1	155.1	155.1

表 5-13　索斗挖掘机在不同回转角的生产能力　　单位：m³/h

索斗挖掘机型号	土岩条件	工作条件	回转角					
			70°	90°	110°	130°	150°	180°
WB-4/40	Ⅰ~Ⅳ	排弃场装车	243	236	228	220	212	200
			228	222	215	209	202	192
	软岩土（经过破碎）	排弃场装车	178	170	162	154	146	134
			162	151	149	142	135	125

表 5-14　回转角度为 135°时不同型号索斗挖掘机向排弃场倒运矿岩的生产能力　　单位：m³/h

设备型号	砂及砾岩	亚黏土	黏土	爆破的硬岩
ЭⅢ-4/40	252	249	239	161
ЭⅢ-14/75	910	900	850	640

(2)索斗挖掘机台班生产能力 Q_c 用下式计算：

$$Q_c = Q_h T_c \tag{5-6}$$

式中：T_c 为台班有效工作时间，h；其他符号意义同上。

(3)索斗挖掘机台年生产能力计算

索斗挖掘机的台年生产能力 Q_a 用下式计算：

$$Q_a = Q_c T_a \tag{5-7}$$

式中：T_a 为索斗挖掘机年有效工作班数。

(4)索斗挖掘机设备数量计算

矿山所需索斗挖掘机的台数 N 可按下式计算：

$$N = \frac{A}{Q_a} \tag{5-8}$$

式中：A 为年采剥量，m^3/a；Q_a 为索斗挖掘机台年效率，m^3/a。

在一般情况下，每台索斗挖掘机配司机 1 人，副司机 1 人。若矿山采用连续工作制，还应配备轮休人员，每台索斗挖掘机共需 7 人。

5.1.6 露天铲运机

1. 露天铲运机的分类和使用条件

露天铲运机按牵引车和铲斗的组装方式，可以分为自行式(图 5-7)与拖式(图 5-8)两种，自行式铲运机的牵引车与铲斗具有统一的底盘，分开后不能独立运行。反之，则称为拖式铲运机。它一般由履带拖拉机牵引，运行速度慢，总长度大且转向不灵活，多用于运输距离小于 600~700 m 的土方工程。自行式铲运机运行速度快，运输距离长。

露天采矿用的自行式铲运机有两种基本类型，即轮胎自行式铲运机和履带自行式铲运机。轮胎自行式铲运机合理运距较长，运行速度和生产率较高，因此近年来在露天矿应用较广，履带自行式铲运机一般在短距离和松软地面的小规模剥离作业中作短期或定期之用。轮胎自行式铲运机广泛地应用于覆盖层的剥离作业。

轮胎自行式铲运机又分为四种类型，其适用条件如下：

(1)三轴式适于在良好的平路上以高速作固定的长距离铲运作业。

(2)两轴式适用于中等运距，有一定坡度和底板条件适中的散装铲运作业。

(3)串接动力式铲运机，有两轴和三轴的。三轴串接动力式铲运机通常是一种大装载量的设备，适用于在坡度适中的较好道路上做长距离铲运。两轴串接动力式铲运机主要用于极恶劣的条件下，即坡度较陡、底板条件和路面较差等情况下的短途到中距离运送。它们在适宜条件下都能自行装载。

(4)升运式铲运机用于适中的条件下短途铲运各种矿岩。它可以完全自行装载。

铲运机的最大用途是铲装非固结性矿岩。这些矿岩在铲装前不需松动或只需略微松动。但铲运机在铲运那些需要松动或是先爆破后松动的矿岩方面应用范围正日益扩大。

在条件适宜的露天矿使用铲运机，主要有以下优点：①机动性好，可以开采分散的矿体，降低出矿贫化率；②铲运机以平铲法取料，不仅能开采较厚的矿岩，对较薄的水平或缓倾斜的矿层均能适用。它能剔除缓倾斜夹层，可按品级分采分运；③铲运机具有采、装、运等综合功能，设备简单可靠，操作和维修简单。矿山条件适合时，生产成本低，劳动生产率高；

④对运输道路状况要求不高，并能在斜坡工作面上作业；⑤可以将剥离与复垦造田结合起来，无须增加过多费用。

但使用铲运机有以下缺点：①作业有效性受气候影响较大，雨季和寒冷季节工作效率较低；②工作面有条件限制，只能铲挖松软的不夹杂砾石和含水不大的土岩；③经济合理的运距有限，不适合较大工作范围的长距离运输。

由于铲运机在露天矿生产中凸显很多优点，它的应用日益广泛，设备逐渐大型化，特别是在国外露天矿山，已有斗容为 20～30 m^3 的铲运机用于露天矿生产作业。

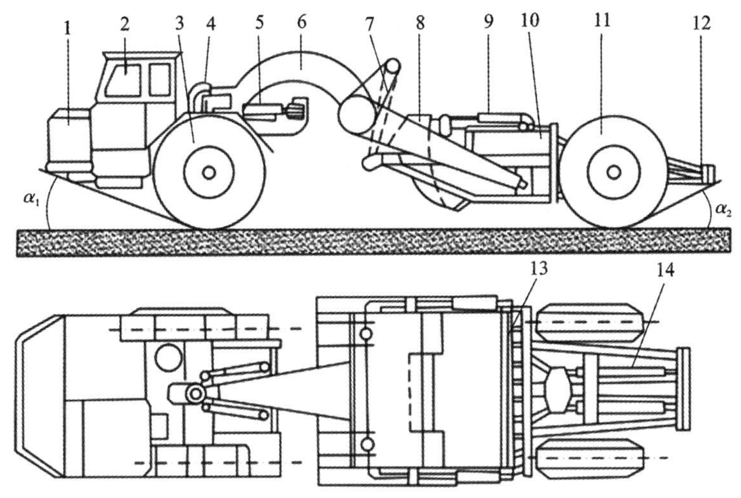

1—发动机；2—单轴牵引车；3—前轮；4—转向支架；5—转向液压缸；6—辕架；7—提升油缸；8—斗门；9—斗门油缸；10—铲斗；11—后轮；12—尾架；13—卸土板；14—卸土油缸；α_1—接近角；α_2—离去角。

图 5-7　自行式铲运机结构

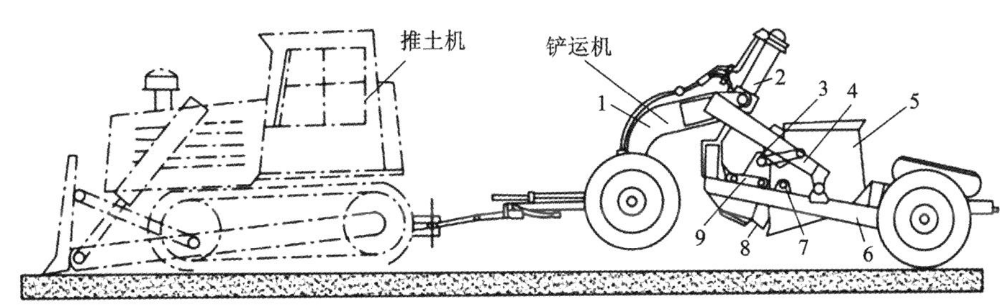

1—辕架；2—油压缸；3—侧板；4—铲斗连杆；5—铲斗；6—斗架；7—销轴；8—斗门；9—斗门连杆。

图 5-8　拖式铲运机结构

2. 生产能力

1) 台班生产能力

铲运机的台班生产能力 Q 用下式计算：

$$Q = 480 \frac{V_m K_m K_1}{T K_s} \tag{5-9}$$

式中：V_m 为铲运机的铲斗堆装容积，m^3；K_m 为铲斗装满系数，它取决于岩土类别及铲取方式，见表5-15；K_s 为岩土的松散系数，见表5-15；K_1 为工作时间利用系数，两班工作时取0.85，三班工作时取0.7；T 为一个工作循环需要的时间，min。

$$T = \frac{L_1}{V_1} + \frac{L_2}{V_2} + \frac{L_3}{V_3} + \frac{L_4}{V_4} + t_1 + 2t_2 \tag{5-10}$$

式中：L_1，L_2，L_3，L_4 分别为不同铲运路程，m；V_1，V_2，V_3，V_4 分别为不同的铲运速度，m/min；t_1 为每一循环中换挡时间，min，约0.17 min；t_2 为在两端转向所耗时间，min，约1 min。

表5-15 铲运机作业的装满系数及松散系数

土壤类别	岩土容重/$(t\cdot m^{-3})$	不同作业坡度的装满系数 K_m			松散系数 K_s
		-10%	0	+5%	
干砂、软碎岩	1.5~1.6	0.6	0.65	0.7	1.1~1.15
湿砂（湿度为12%~15%）	1.6~1.7	0.75	0.9	0.9	1.15~1.2
砂土和黏性土（湿度4%~6%）	1.6~1.8	1.2	1.1	—	1.2~1.4
干黏土、铝矾土	1.7~1.8	1.1	1.0	—	1.2~1.3

2）年生产能力

铲运机的年生产能力 Q_a 用下式计算：

$$Q_a = Qn \tag{5-11}$$

式中：Q 为铲运机台班生产能力，m^3/（台·班）；n 为年工作班数，班/a。

3）铲运机台数

所需铲运机台数 N 可用下式计算：

$$N = A/Q_a \tag{5-12}$$

式中：A 为年采剥量，m^3/a；Q_a 为铲运机生产能力，m^3/（台·a）。

5.1.7 露天装载机

1. 结构特点和使用范围

前装机是前端式装载机的简称。装载机按行走方式分为轮胎式和履带式；按转向方式分为铰接式和非铰接式；按传动方式分为机械传动式和液压传动式；按工作装置可分为铲车、爪车、叉车等。本节重点介绍履带式和轮胎式。

履带式前装机实质上是一种挖掘机，它用于单纯的挖掘作业或需要稳定性较高和对地比压较小的作业地点。在欧洲和日本的非金属矿，由于气候及地面条件，履带式前装机成了一种理想的设备。而在世界大多数地区，其使用则受到限制。

轮胎式前装机由于质量小、行走速度快、机动灵活、一机多能等优点，在露天矿使用越来越多。目前最广泛使用的是斗容为10~20 m^3 的轮胎式前装机，最大斗容达40 m^3。在中小型矿已经作为主要装载设备，在大型露天矿配合电铲作业，以提高电铲效率，并兼做多种辅助作业，如清理工作面、修路、填塞钻孔、排土、清理边坡、运输重型零部件、在储矿场进行装载工作、松散土岩及清理积雪等。

近年来一些新产品，如斗容13 m^3 的L-1000型电动轮前装机，斗容13 m^3 的TCL-1000型拖拽电缆式前装机、斗容10.6 m^3 的475C型带涡轮变速箱的前装机、斗容9.9 m^3 的992C型带双泵轮液力变矩器的前装机和遥控前装机等相继出现，使前装机的应用范围进一步扩大，并已经取代了一部分3~4.6 m^3 电铲。

我国生产的前装机斗容为0.25~5 m^3，其中斗容4.6~5 m^3 的比较适合矿山作业。在大型露天矿山可与电铲配合作业，在中小型矿山，当矿石破碎较好时，则可作为铲装设备与载重量15~32 t的自卸汽车配合工作，在运输距离不大时(300 m以内)，还可以作为铲装运设备使用。

与普通电铲相比，轮胎式前装机有下列优点：

(1)前装机自重仅为同斗容电铲的1/7~1/6；

(2)轮胎式前装机行走速度快，一般为电铲的30~90倍，机动灵活，可作露天矿的装载设备，还可以在一定距离内作为运输设备。其合理运距随前装机载重和年运输量而变，一般为65~1330 m。斗容越大，年运输量越小，合理运距越大。如斗容5 m^3 的前装机在年运输量100万t以上的露天矿使用时，其合理运距为347~384 m；

(3)机动灵活，有利于开采多品种矿石，分别进行回采；

(4)前装机爬坡能力强，一般可爬20°~25°的坡，因此可以在较大坡度的工作面上进行铲装或铲运作业。

但是，轮胎式前装机也有下列缺点：

(1)前装机工作机构的尺寸比电铲要小，因此，在台阶高度较小的露天矿用它作为主要铲装设备时，才较电铲效率高；

(2)对爆堆质量要求比较严格。

前装机工作机构和其他部件的结构都要比电铲单薄很多，加之铲斗较宽，故挖掘能力不如电铲。因此，必须提高爆破质量，使矿石破碎充分，大块少，从而有利于充分发挥设备的效率。

考虑到爆破效果，故矿石硬度较高的矿山不宜使用前装机为主铲，而可作为辅助设备配合电铲作业。

(3)轮胎磨损较快，特别在铲装坚硬的岩石时，轮胎使用寿命较短，使生产费用增加。但可在轮胎上加装保护链环和履带板等，以减少磨损，降低生产费用。

综上所述，轮胎式前装机在条件适宜的矿山，可以替代电铲作为主要的铲装设备使用，并取得较好的经济技术指标。它还可以完成电铲所难完成的某些作业，如台阶端部装车、短距离自铲自运、缺电时作业、清理工作面、采场路面养护、装运石料等。

条件适宜指矿岩硬度不大、爆破效果好、料堆高度不大、爆堆无根底等。只有在这种情况下，轮胎式前装机才可以替代电铲作为主铲使用。而在一些矿岩硬度较大的矿山，特别是大型金属露天矿山，电铲仍然是一种较为有效的铲装设备。

2. 生产能力计算

1) 前装机只作装载时的生产能力

当前装机仅作为运输车辆装载使用时，其生产能力 Q_s 可按下式计算：

$$Q_s = \frac{3600V_jK_hE}{T_1} \tag{5-13}$$

式中：V_j 为铲斗几何容积，m^3；K_h 为铲斗满斗系数；E 为短时作业时间利用系数，美国卡特彼勒资料推荐值为 0.75，日本资料推荐值为 0.75~0.85；T_1 为前装机一次作业循环时间，s：

$$T_1 = t_1 + t_2 + t_3 + t_4 \tag{5-14}$$

式中：t_1 为铲斗满装时间，s，包括铲斗向岩堆插入、翻转正位和动臂提升到运行位置所需要的全部时间；t_2 为重载前装机运行到卸载地点所需要的时间，s；t_3 为铲斗卸载时间，s，包括举升重载铲斗、翻卸物料和空斗回位所需全部时间；t_4 为空载前装机回程所需的时间，s。

2) 前装机作装运卸时的生产能力

当工作面与卸载地点（如溜井）距离较近时，前装机可以取代汽车、铲运机等，同时完成采、装、运三个环节的联合作业。这时的生产能力 Q_s 按下式计算：

$$Q_s = \frac{3600V_jKE}{T_2} \tag{5-15}$$

式中：T_2 为前装机一次装运卸工作循环时间，s：

$$T_2 = t_1 + t_2 + t_4 \tag{5-16}$$

式中：t_1 为铲斗满装时间，s；t_2 为重载前装机运行到卸载地点所需要的时间，s，$t_2 = L/V_1$；t_4 为空载前装机回程所需要的时间，s，$t_4 = L/V_2$；L 为前装机的运行距离，m；V_1 为重载前装机的平均行驶速度，m/s；V_2 为空载前装机的平均运行速度，m/s。

前装机的运行速度与路面状况、道路坡度和运输距离等因素有关，一般可取现场各种工况运行的平均速度，即 18 km/h。

3) 设备台数计算

(1) 计算台数

生产所需的前装机数量 N_b 可按下式计算：

$$N_b = \frac{A_nK_j}{ZmQ_b} \tag{5-17}$$

式中：A_n 为矿山年剥离总量，t；K_j 为工作不均衡系数，一般取 1.10~1.20；m 为前装机年工作天数；Z 为前装机日工作班数；Q_b 为前装机生产能力，t/班。

(2) 前装机数量的确定

① 根据矿岩铲装工作量和其他作业条件，按上式计算结果来确定生产中应有的前装机台数；

② 当前装机与挖掘机相配合作辅助装运卸设备时，应根据矿岩性质和作业条件选配前装机。其设备总台数应根据矿山产量及采场具体布置方案定。一般是 2~3 台挖掘机配备 1 台前装机。

③ 零散辅助作业所需的前装机数量，可按实际工作时间而定；小于 4 h，配备 1 台；大于 4 h，每增加 5 个工作面，增加 1 台前装机。全矿选型最好统一，以便于管理。

5.2　工作面参数

露天矿工作面参数主要包括台阶高度、采区长度、采掘带宽度和工作平盘宽度。工作面参数确定得合理与否，不仅影响挖掘设备的采装工作，而且影响露天矿其他生产工艺过程的顺利进行。

5.2.1　台阶高度 h

台阶高度受各方面的因素所限制，如挖掘机工作参数、矿岩性质和埋藏条件、穿孔爆破工作要求、矿床开采强度以及运输条件等。

1. 挖掘机工作参数对台阶高度的影响

挖掘机直接在台阶下挖掘矿岩，对台阶高度要求是既要保证作业安全，又要提高挖掘机工作效率。

1) 平装车时台阶高度

平装车即运输设备与挖掘机在同一水平上工作。当挖掘松软岩土时(采掘工作面见图 5-9)，为了便于控制挖掘，台阶高度一般不大于最大挖掘高度。若超过最大挖掘高度，上部残留的岩土易突然塌落，会引起局部掩埋和砸坏挖掘机，以致危及作业人员的安全。

当采用多排孔微差挤压爆破时，爆堆的最大高度一般大于台阶高度，故应控制爆破后的爆堆高度不大于最大挖掘高度(爆破岩石时的采掘工作面见图 5-10)。当爆破的块度不大、没有黏结性，又不需要分采时，爆堆高度可为挖掘机最大挖掘高度的 1.2~1.3 倍。

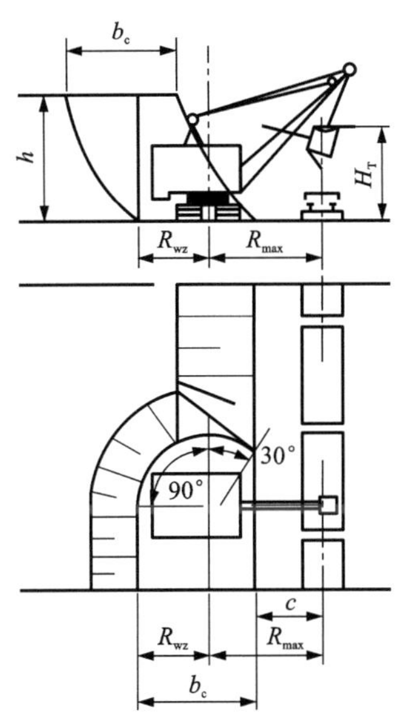

b_c—挖掘宽度，m；H_T—最小卸载高度，m；
c—线路中心至台阶坡底线的间距，m；
h—上装车时的台阶高度，m；
R_{max}—最大卸载半径，m；R_{wz}—站立水平挖掘半径，m。

图 5-9　挖掘松软岩土时的采掘工作面

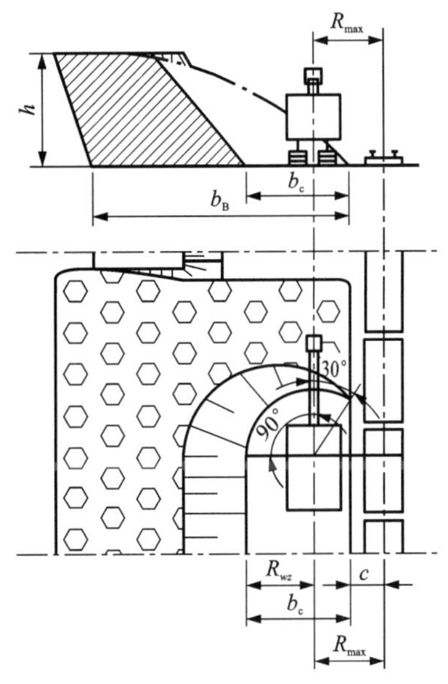

b_B—爆堆宽度，m；其他字母意义同图 5-9。

图 5-10　爆破岩石时的采掘工作面

台阶高度过低时，铲斗挖不满，使挖掘机效率降低。若采用铁路运输，因台阶数目增多，使铁路、管线等铺设和维护工作量相应增加。故松软岩土的台阶高度和坚硬矿岩的爆堆高度都不应低于挖掘机推压轴高度的2/3。

2)上装车时台阶高度

上装车即运输设备位于台阶上部平盘(见图5-11)。为使矿岩装入运输设备，台阶高度则以挖掘机的最大卸载高度和最大卸载半径来确定。即：

$$h \leqslant H_{max} - h_c - e_x \qquad (5-18)$$

$$h \leqslant (R_{max} - R_{wz} - c)\tan\alpha \qquad (5-19)$$

式中：h 为上装车时的台阶高度，m；H_{max} 为最大卸载高度，m；h_c 为台阶上部平盘至车辆上缘高度，m；e_x 为铲斗卸载时铲斗下缘至车辆上缘间隙，一般 $e_x \geqslant 0.5 \sim 1.0$ m；R_{max} 为最大卸载半径，m；R_{wz} 为站立水平挖掘半径，m；c 为线路中心至台阶坡顶线的间距，该值与台阶岩土稳定程度有关，m；α 为台阶坡面角，(°)。

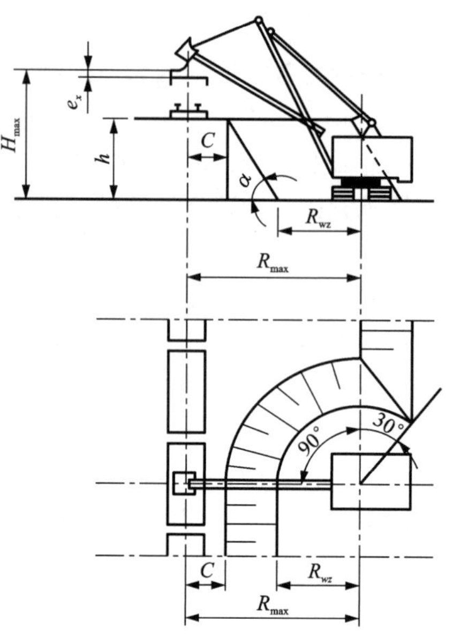

图5-11　上装车台阶高度确定示意图

上装车的台阶高度取上述二式中的较小值。

2. 其他因素对台阶高度的要求

1)矿岩性质和矿床埋藏条件

合理的台阶高度应首先保证台阶的稳定性，以便矿山工程能安全进行。因此，对于松软岩土，按安全条件不宜采用大的台阶高度。

在确定台阶高度及其标高时，应尽量使每个台阶都由均质岩石组成，台阶上、下盘的标高尽可能与矿岩接触线一致，以便于挖掘机的采掘和减少矿石的损失贫化。

2)开采强度

当台阶高度增加时，工作线推进速度随之降低，这样将会推迟新水平的准备工作。同时掘沟工程量也随台阶高度的加大而显著增加，使新水平准备时间延长，影响延深速度。因此，在矿山建设期间，往往采用较小的台阶高度，以加快水平推进速度，缩短新水平的准备时间，尽快投入生产。

3)运输条件

增大台阶高度，可减少露天矿台阶总数，简化开拓系统。尤其采用铁路运输时，可减少铁路、管线的需用量和线路移设、维修工作量。

4)矿石损失与贫化

开采矿岩接触带时，由于矿岩混杂而引起矿石的损失与贫化。在矿体倾角和工作线推进方向达到一定的条件时，矿岩混合开采的宽度随台阶高度的增加而增加，矿石的损失与贫化也因之而增大，这对于开采品位较低的矿石来说，大面积的矿岩混杂，将会大大降低采出的原矿品位。

图5-12为台阶高度对矿岩混采界限的影响示意图。当台阶高度由 h 增大到 h' 时，混采宽度由 L 增加到 L'，则混采的矿岩增加量：

$$\Delta S = L'h' - Lh \tag{5-20}$$

式中：ΔS 为矿岩混合开采的增加量，m^2。

5.2.2 采区长度 L_c

采区长度（又称为采掘设备工作线长度）就是把工作台阶划归一台挖掘机采掘的那部分长度（见图 5-13）。采区长度的大小根据需要和可能性，依据穿爆与采装的配合、各水平工作线的长度、矿岩分布和矿石品级变化、台阶的计划开采强度以及运输方式等条件确定。

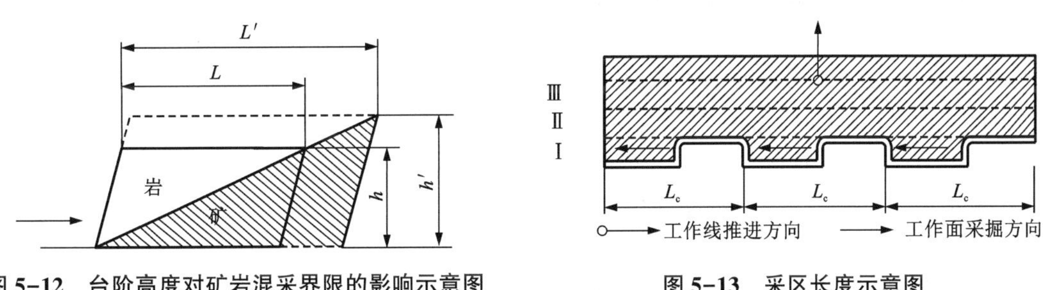

图 5-12 台阶高度对矿岩混采界限的影响示意图　　**图 5-13 采区长度示意图**

采区最小长度应满足挖掘设备的正常作业，应保证挖掘设备有 5～10 d 的采装爆破量。

不同的运输方式对采区长度的要求不等。采用汽车运输时，由于各生产工艺之间配合灵活，可缩短采区长度，一般不小于 150～200 m。采用铁路运输时，采区过短，尽头区采掘的比重相应增加，设备效率低。为此，采区长度一般不得小于列车长度的 2～3 倍，即不小于 400 m。对于矿石需要分采和中和的露天矿，采区长度可适当缩短。当工作水平上采用尽头式铁路运输时，为了保证良好的入换条件，及时向工作面供应空车，一个水平上同时工作的挖掘设备数量不超过两个；当采用环形铁道运输时，由于列车入换条件得到改善，若台阶工作线长度足够，可增加同时工作的挖掘设备数量，但不宜超过三台。

5.2.3 采掘带宽度 b_c

采掘带宽度就是一次挖掘的宽度。采掘带确定得过窄，则挖掘机移动频繁，增加了作业时间，使挖掘设备生产能力降低，同时增加了履带磨损。如果采用铁路运输还会使移道次数增加。采掘带过宽，则挖掘设备的挖掘条件恶化，采掘带边缘满斗程度低，残留矿岩较多，清理工作量大，因而也会使挖掘机生产能力降低。

为保证挖掘设备的采装生产能力，采掘带宽度（参见图 5-9 和图 5-10）应保持使挖掘机向里侧回转角度不大于 90°，且向外侧回转角度不大于 30°。其变化范围：

$$b_c = (1 \sim 1.5) R_{wz} \tag{5-21}$$

但也不得超过下式的计算值（铁路运输）：

$$b_c \leqslant R_{wz} + f_1 R_{max} - c \tag{5-22}$$

式中：b_c 为采掘带宽度，m；R_{wz} 为挖掘机站立水平挖掘半径，m；R_{max} 为挖掘机最大卸载半径，m；f_1 为铲杆规格利用系数，$f_1 = 0.8 \sim 0.9$；c 为外侧台阶坡底线或爆堆坡底线至线路中心距离，m。

上述三个参数，也就是采区的高度、长度和宽度，它们之间是相互联系又相互制约的。

一般情况下，三个参数中台阶高度是主要的，因为它对于采掘效果以至全矿生产，都有较大的影响。故设计时一般先确定台阶高度。

5.2.4 工作平盘宽度 B

工作平盘是进行采掘运输作业的场地。保持一定的工作平盘宽度，是保证上下台阶各采区之间正常进行剥采工作的必要条件。

工作平盘宽度取决于爆堆宽度、运输设备规格、设备和动力管线的配置方式以及所需的回采矿量。仅按布置采掘运输设备和正常作业必需的宽度，称为最小工作平盘宽度。其组成要素如图 5-14 所示。

汽车运输时最小工作平盘宽度[图 5-14(a)]：

$$B_{min} = b + c_0 + d + e + f + g \tag{5-23}$$

式中：B_{min} 为最小工作平盘宽度，m；b 为爆堆宽度，m；c_0 为爆堆坡底线至汽车边缘的距离，m；d 为车辆运行宽度(与调车方式有关)，m；e 为线路外侧至动力电杆的距离，m；f 为动力电杆至台阶稳定边界线的距离，f=3~4 m；g 为安全宽度，m；$g=h(\cot\gamma-\cot\alpha)$[$\alpha$ 为台阶坡面角，(°)；γ 为台阶稳定坡面角，(°)]。

铁路运输时的最小工作平盘宽度[图 5-14(b)]：

$$B_{min} = b + c_1 + d_1 + e_1 + f + g \tag{5-24}$$

式中：c_1 为爆堆坡底线至铁路中心线间距，通常为 2~3 m；d_1 为铁路线路中心线间距，同向架线 $d_1 \geqslant 6.5$ m，背向架线 $d_1 \geqslant 8.5$ m；e_1 为外侧线路中心至动力电杆间距，e_1=3 m；其他符号意义同公式(5-23)。

按照一定生产工艺所确定的最小工作平盘宽度，是在该条件下维持正常剥采的最小尺寸。露天矿实际工作平盘宽度通常都大于最小工作平盘宽度，因为上、下水平是不可能完全同步推进的。工作平盘小于允许的最小宽度时，就意味着正常生产被破坏，它将迫使下部台阶减缓或停止推进，造成矿山减产。因此保持一定的工作平盘宽度是保证露天矿正常生产的基本条件。

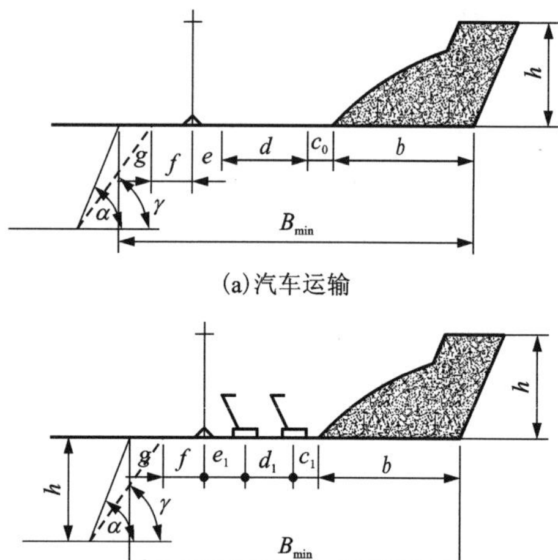

图 5-14 最小工作平盘宽度

袁家村铁矿位于山西省岚县。矿区分布在南北长 6 km，东西宽 0.4 至 1.5 km 的范围内。境界内矿石储量为 8.6 亿 t，设计年采剥总量为 8580 万 t/a，采出矿量 2200 万 t/a，露天采场内最高为簸箕山山头部位，标高为 1811 m，采掘设备为斗容 16.8 m^3 挖掘机。截至 2019 年 5 月，有 1545 m、1560 m、1575 m、1590 m、1605 m、1620 m 等 6 个台阶开展大规模采剥作业。

该露天矿为山坡转深凹开采，其典型工作面参数如表 5-16 所示。

表 5-16　露天矿典型工作面参数

台阶高度/m	工作台阶坡面角/(°)	最终台阶坡面角/(°)	采区长度/m	最小工作平盘宽度/m
15	70	65	500	50

5.3　露天矿运输

5.3.1　露天矿运输方式及其特点

露天矿可采用的运输方式有汽车运输、铁路运输、胶带输送机运输、斜坡箕斗提升运输，以及由上述各种方式组合成的联合运输，如汽车-铁路运输、汽车-胶带输送机联合运输、汽车(或铁路)-斜坡箕斗联合运输等。

实践证明，铁路运输由于爬坡能力低、运输线路的工程量大、线路通过的平面尺寸大，比较适用于深度较小且平面尺寸大的露天矿山。原先采矿用单一铁路运输的矿山，随着开采深度的增加，效率明显降低，甚至出现采场下部无法继续布置铁路开拓坑线的局面，因而改为上部铁路运输、下部联合运输方式。国内采用上部铁路运输，下部联合运输的矿山有鞍钢的大孤山铁矿、东鞍山铁矿等。

汽车具有爬坡能力大、运输线路通过的平面尺寸小、运输机动灵活、运输线路的修筑与养护简单、适用于强化开采等特点，在露天矿中得到广泛的应用。但与铁路相比，汽车运输吨公里运费高，设备维修较为复杂，需要熟练工人数多，能耗高，运行中易产生废气和扬尘。

胶带输送机在露天矿的应用方兴未艾，国内的大孤山铁矿下部开采即采用了汽车-半固定式破碎站-斜井胶带输送机运输系统；首钢水厂铁矿采用汽车-胶带输送机半连续运输系统。由于胶带输送机的爬坡能力大，能够实现连续或半连续作业，自动化水平高，运输能力大，运输费用低，所以在国内外深凹露天矿中得到广泛应用。

1. 连续运输工艺

连续运输工艺系统构成模式为“装载机—移动式破碎站—移动式胶带输送机—固定式胶带输送机”。采剥工作面装矿设备(如挖掘机、前装机等)将矿岩运载到移动式破碎站，经破碎后的矿岩转载至移动式胶带输送机，完成采场工作面内部运输；再将矿岩转载至固定在边坡上的胶带输送机，运至矿仓或矿山生产的下一个工艺环节(如选矿厂等)。

由“挖掘机-移动式破碎站-可移式胶带输送机-固定式胶带输送机”也可构成连续运输工艺，其设备布置状况如图 5-15 所示。所要求的破碎转载平台的相关尺寸见图 5-16。

2. 半连续运输工艺

半连续运输工艺也称“间断-连续运输”工艺。它的系统构成为“挖掘机-汽车-半固定式破碎站-固定式胶带输送机”。

电铲将矿岩装上汽车，由汽车完成露天采场内部的水平运输，将矿岩运至边坡的半固定式破碎站，经破碎转载至斜坡胶带输送机(此时属“汽车-胶带输送机联合运输”方案)。在此方案中，汽车运距短，提高了汽车的运输效率，并发挥了胶带输送机的优势。所以“汽车-胶带输送机联合运输”方案是目前各国采用较多的运输方案之一。

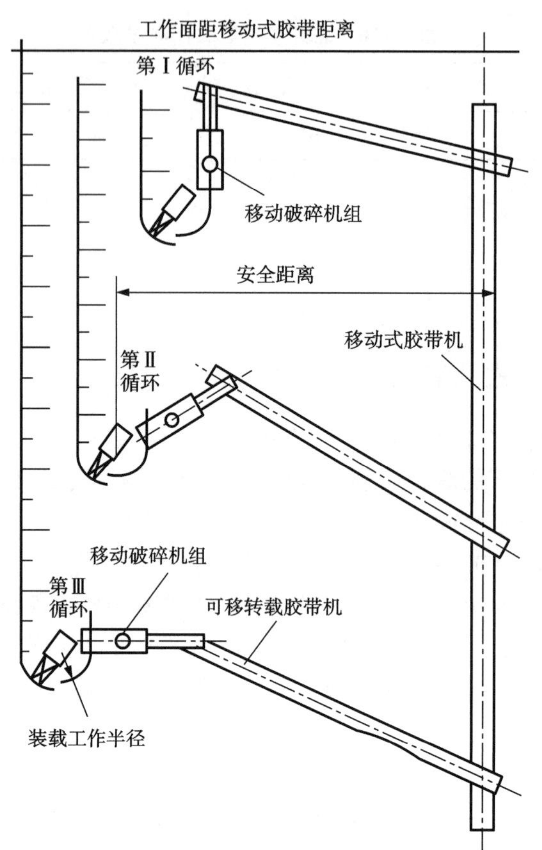

图 5-15　连续运输工艺布置

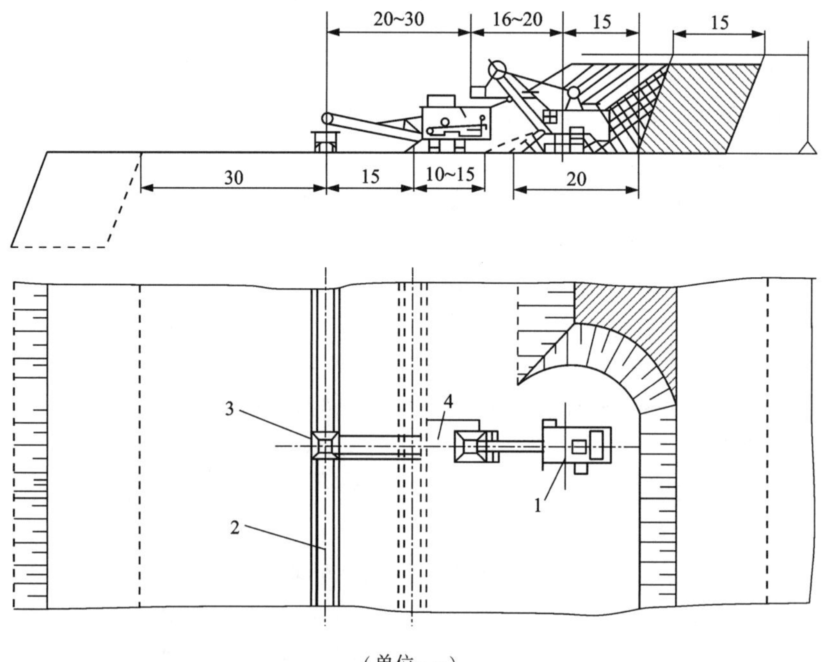

（单位：m）

1—电铲；2—胶带输送机；3—漏斗；4—移动式破碎站。

图 5-16　采矿工作面上电铲与移动式破碎站和胶带输送机联合作业

在间断-连续运输工艺中，半固定式破碎站是转载矿岩的关键，它可以随露天采场水平延深而定期下移，但在设计时应考虑尽量减少破碎站的移动。因为此方案所采用的破碎转载站大多为固定式的，移动时涉及技术问题多，工作量大。

5.3.2　露天矿运输方式的选择

运输方式的选择应综合考虑地形、地质、气候条件、露天矿生产能力、开采深度、矿石和围岩物理力学性质等因素，经过全面技术经济比较后，确定合适的矿山运输方式。方案初选可参见表 5-17。

表 5-17　各运输方式的应用条件

运输方式	露天矿参数					适用条件
	面积	深度或比高/m	运距/km	坡度	曲线半径/m	
普通自卸汽车	受限	<150	<2~3	≤8%	≥15	任意地形，开采周期短的露天矿
大型自卸汽车	受限	<250	4~5		≥30	
准轨铁路运输	面积大	100~250	>4	2%~4%	≥120	地形不复杂、规模大、运距长的露天矿
胶带输送机	不限	>80	>3	28%~33%		深度大、运距长、运量大的露天矿，需预先破碎
汽车-箕斗提升	受限	300~400	汽车 1.5	35%		深凹露天、高差大的山坡露天矿
平硐溜井		>120		55°~90°		山坡露天矿。不适于粉碎矿多、黏性大的矿石

在运输方式选择中，相关技术经济指标是重要的影响因素，露天矿三种主要运输方式的经济技术指标见表 5-18。

表 5-18　露天矿三种主要运输方式的经济技术指标

项目	平均坡度/(°)	经营费		能耗	
		单位费用/[元·$(t\cdot m)^{-1}$]	倍数	单位能耗/[$(kW\cdot h)\cdot(t\cdot m)^{-1}$]	倍数
铁路运输	1.15	0.00526	6	0.01300	7
公路运输	3.5	0.01145	12	0.00540	3
胶带输送机运输	18	0.00093	1	0.00187	1

三种运输方式对应生产规模的装备水平如表 5-19 所示。

表 5-19 三种主要运输方式对生产规模的装备水平

运输方式	设备	矿山规模			
		特大型	大型	中型	小型
公路运输	汽车(载重量)/t	≥100	50~100	≤50	≤20
铁路运输	电机车(自重)/t	150	100~150	14~20	≤14
	矿车(载重量)/m^3	100	60~100	10~16	≤10
胶带输送机	胶带输送机(带宽)/m	1.4~1.8	≤1.4		

矿岩运输方式的选择，一般应遵循下列原则：

(1)满足矿山企业生产规模对运输能力的要求，并应考虑对近期建设与远景规划之间的衔接。

(2)满足生产工艺的要求及矿石产品和物料特性(如块度、黏滞性等)对运输设施的要求。

(3)基建投资与经营费用两者权衡。以达到投资少、基建期短、成本低、能耗小、维修简单、管理方便的最佳技术经济效益。

(4)系统简单可靠，减少物料的装、卸、储、运和转载设施，并使各作业环节合理衔接，运输设备选型应立足国内。

(5)改扩建企业应合理利用与改造已有设施，以适应生产发展，提高综合经济效益。

(6)节约土地，少占好地，尽可能与土地复垦结合，注意生态平衡。

(7)矿岩运输线路及设施一般应布置在采矿爆破危险区和崩落区外。

5.3.3 自卸汽车运输

自卸汽车运输的主要特点是具有较高的机动性、灵活性，爬坡能力大，转弯半径小。与准轨铁路运输相比基建时间短，基建投资少，掘沟速度快，可缩短新水平的准备时间，提高装载设备生产能力。适应实施陡帮开采，横向开采，分期开采及分采、分装、分运作业，废石排弃工艺简单，生产效率高，堆置成本低等优点。其缺点是燃料和轮胎消耗大，运营费用高，经济合理运距短，在多雨季节土质工作面运输可靠性差。

汽车运输适用于地形或矿体产状较为复杂，矿点分散或考虑分期分区开采，生产年限不长，运输距离不大于经济运距的露天矿。

1. 自卸汽车选型

矿用自卸汽车的选型应考虑矿山年运量、装载设备的斗容、运距及道路技术条件等因素。

(1)自卸汽车载重等级与相适用的矿山年运量参见表 5-20；

(2)自卸汽车载重等级与挖掘机斗容相适应配比见表 5-21；

(3)矿用自卸汽车的车厢强度应适应大块矿石冲砸；

(4)矿山运输设备一般立足选用国产设备，有必要时方可选用进口设备；

(5)在一个矿山中宜选用同一型号自卸汽车，便于生产管理与维修保养。

表 5-20　自卸汽车载重等级与相适用的矿山年运量

自卸汽车载重等级/t	7	15	20	32	45	60	100	150
矿山年运量/($kt \cdot a^{-1}$)	<1500	700~4000	1200~6000	2500~12000	3500~18000	5500~25000	9000~45000	>35000

表 5-21　自卸汽车载重等级与挖掘机斗容相适应配比

自卸汽车载重等级/t	7	15	20	32	45	60	100	150
挖掘机斗容/m^3	1	2.5	2.5	4	6	6	10	16
装车斗数/斗	4/5	3/4	4/5	4/5	4/5	5/6	5/6	5/6

注：表中分子值的物料松散密度为 2.2 t/m^3，分母值的物料松散密度为 1.8 t/m^3。

2. 道路分类等级

1) 露天矿道路

(1) 生产干线：采场各工作平盘通往卸矿点或排土场的共用路段。

(2) 生产支线：由工作平盘或排土场与生产干线相连接的路段，以及由工作平盘不经干线直接到卸矿点或排土场的路段。

(3) 联络线：通往露天矿生产场所行驶自卸汽车的其他路段。

(4) 辅助线：通往辅助设施(爆炸材料库、水源地、变电站、机械厂、尾矿库等)，且行驶一般载重(或自卸)汽车的路段。

2) 道路技术等级

露天矿道路按其任务、性质、行车密度、使用年限和地形条件可分为三个等级，见表 5-22。

表 5-22　露天矿道路等级

道路等级	年运量/kt	单向行车密度/(辆$\cdot h^{-1}$)	适用条件
一级道路	>12000	>85	大型露天矿要求通过能力很大的生产干线
二级道路	3500~12000	25~85	一般大型露天矿的生产干线；大型露天矿生产干线为一级道路时的生产支线；中型露天矿要求通过能力较大的生产干线
三级道路	<3500	<25	一般大型露天矿生产支线；一般中、小型露天矿生产干线和支线；各型露天矿的联络线和辅助线

注：①露天矿各级道路适用的年运量是指该路段通过的矿岩总运量；②单向行车密度是指单向行驶的总车辆数，不同车型不必换算；③设计的年运量和行车密度，只要符合其中一项，即可采用与其相适应的等级；④对限期使用的生产干线和生产支线，可按三级道路考虑；⑤当露天矿道路同时具有厂外道路性质时，应同时符合厂外道路相当的等级要求。

3. 汽车运输计算

1) 计算参数

(1) 自卸汽车有效载重。影响自卸汽车有效载重的因素很多，如挖掘机斗容、铲斗满斗系数、汽车车厢容积以及有效利用程度等。

自卸汽车有效载重量 G_x 可按下式计算：

$$G_x = \frac{NE\gamma K_h}{K_p} \tag{5-25}$$

式中：G_x 为汽车有效载重量，t；N 为装载斗数，一般为 3~6 斗；E 为铲斗标准容积，m^3；γ 为矿岩密度，t/m^3；K_h 为铲斗装满系数；K_p 为矿岩松散系数。

根据上式计算的汽车有效载重还应按松散矿岩堆积容积验算，汽车车厢的容积 V 可按下式计算：

$$V = \frac{G_x K_p}{\gamma} \leqslant V_x \tag{5-26}$$

式中：V 为自卸汽车有效载重量为 G_x 时装载松散矿石的容积，m^3；V_x 为自卸汽车车厢的有效容积，m^3。

(2)平均运行速度。自卸汽车往返于装载点和卸载点之间的平均速度受汽车动力性能、制动条件、道路技术条件、路面种类及移动线所占道路比例、驾驶技术等因素影响，一般情况下，上坡运行受动力特性限制，下坡运行受安全运行条件限制。

根据我国矿山的实际情况，矿用自卸汽车在固定线上往返的平均速度可按 18~24 km/h 考虑。在采矿场和废石场移动线上的平均速度可按 10~12 km/h 考虑。

(3)时间利用系数。时间利用系数与挖掘机、汽车的完好状况及工作组织、气候因素有关，一般是按日工作班数的不同，采用不同的时间利用系数，如日工作班数为一班时，系数为 0.9；二班时系数为 0.85；三班时系数为 0.8。

(4)运输不均衡系数。运输不均衡系数可根据矿山具体情况确定，一般取 1.05~1.15，生产规模大，装运条件好时取小值，反之取大值。

(5)装车时间。挖掘机装自卸汽车的时间主要与挖掘机作业循环时间及装载斗数有关，一般挖掘机装载一斗的作业时间取 35~45 s，斗容小、装载质量轻的矿石取下限值，装载斗数参见表 5-21。

(6)卸车时间。汽车卸车时间主要取决于卸载物料的性质，正常情况下取 1 min，黏车严重时，可适当增加。

(7)调头及停留时间。调头时间与汽车和挖掘机的相对位置、装载平台的布置形式及场地大小有关，一般取 1 min。停留时间取 3~6 min，包括待装、待卸及运行中的耽误时间，它随汽车类型和运距而变化。

(8)出车率。出车率是指平均每班开动的汽车台数与在籍台数之比，影响汽车出车率的因素很多，如汽车检修能力、备品备件的供应情况、生产管理水平及不同的运行条件等。柴油驱动运矿汽车出车率为 50%~70%，100 t 以上电动轮汽车出车率为 70%~80%。

2)汽车数量计算

(1)汽车台班运输能力。生产汽车台班运输能力 A_b，可按下式计算：

$$A_b = \frac{480G}{T} K_1 K_2 \tag{5-27}$$

式中：A_b 为汽车台班运输能力，t/(台·班)，每班按 8 小时计算；G 为汽车额定载重量，t；T 为汽车往返一次周转时间，min，包括 t_1 装车时间，t_2 行走时间，t_3 卸车时间，t_4 调头时间，t_5

停留时间；K_1 为时间利用系数；K_2 为载重利用系数。

(2)汽车数量。自卸汽车数量 N 可按下式计算：

$$N = \frac{QK_3}{CHA_bK_4} \tag{5-28}$$

式中：N 为自卸汽车数量，台；Q 为露天矿年运输量，t/a；A_b 为汽车台班运输能力，t/(台·班)；K_3 为运输不均衡系数，一般取 1.05～1.15；K_4 为出车率；H 为年工作日数，d；C 为每日工作班数，班。

当计算结果出现小数时，一般情况下，大于 0.3 可按一台设备考虑，小于 0.3 应分析情况，可采用提高工作效率，调整作业时间等方法解决。

4. 汽车运输的合理运距

随着露天开采深度的增加，运距加长，汽车运输综合效率下降。统计数据表明，露天矿每延深 100 m，汽车运输效率下降 25%～27%。表 5-23 列出了不同条件下的汽车运输综合效率，表中以 1 km 的运距的综合效率为 100%作基准进行比较。

从此表中看出，在相同的纵坡条件下，运距从 0.5 km 增加到 3 km 时，平均每增加 1 km，汽车运输效率下降 20%～25%。在表 5-24 中列出了国产 5 种车型运距为 1～5 km 时汽车的生产能力。

对于经济合理的开采深度，普通自卸汽车不大于 120 m，电动轮自卸汽车不大于 250 m。

表 5-23　汽车运输在不同条件下的综合效率

汽车载重/t	道路坡度/%											
	4				6				8			
	运距/km											
	0.5	1.0	2.0	3.0	0.5	1.0	2.0	3.0	0.5	1.0	2.0	3.0
27	128	100	69.0	49.6	127	100	66.7	48	129	100	66.7	45.6
40	126	100	64.5	49.3	120	100	62.07	44.8	129.6	100	62.0	46.2
75	121.25	100	69	52.0	119	100	68.04	50.25	116.7	100	64.4	47.2
108	121.00	100	69.40	52.63	119.66	100	66.89	51.03	121.27	100	66.79	51.49

表 5-24　露天矿汽车生产能力　　单位：万 t/台年

运行条件	矿岩种类	运距/km	不同型号汽车生产能力				
			QD-325	BJ-371	SH-380A	LN-392	SF-3100
重车下坡 空车上坡	矿石容重 $\gamma = 3.3$ t/m^3	1	11.70	26.54	41.78	86.27	129.75
		2	7.93	17.93	28.03	58.83	89.48
		3	6.00	13.54	21.08	44.63	68.26
		4	4.82	10.88	16.89	35.94	55.18
		5	4.03	9.09	14.10	30.10	46.32

续表5-24

运行条件	矿岩种类	运距/km	不同型号汽车生产能力				
			QD-325	BJ-371	SH-380A	LN-392	SF-3100
重车下坡 空车上坡	岩石容重 $\gamma=2.7\ t/m^3$	1	9.57	23.86	34.18	79.56	118.22
		2	6.48	16.69	22.93	56.23	84.47
		3	4.90	12.84	17.24	43.41	65.68
		4	3.94	10.43	13.82	35.39	53.75
		5	3.29	8.78	11.53	29.86	45.47
	岩石容重 $\gamma=2.3\ t/m^3$	1	8.15	22.27	29.12	27.40	103.73
		2	5.52	15.58	19.53	52.58	74.02
		3	4.18	11.98	14.69	40.64	57.51
		4	3.36	9.73	11.77	33.14	47.05
		5	2.80	8.19	9.82	27.97	39.79
	矿石容重 $\gamma=2.3\ t/m^3$	1	11.30	24.57	38.66	80.23	120.93
		2	7.39	15.92	24.86	52.47	79.96
		3	5.49	11.77	18.31	38.98	59.74
		4	4.37	9.34	14.50	31.00	47.69
		5	3.63	7.64	12.00	25.75	39.66
	岩石容重 $\gamma=2.7\ t/m^3$	1	9.24	24.57	30.61	76.04	113.23
		2	6.04	15.34	20.35	51.69	77.90
		3	4.49	11.56	15.24	39.15	58.37
		4	3.57	9.27	12.18	31.50	47.97
		5	2.97	7.74	10.15	26.36	40.23
	岩石容重 $\gamma=2.3\ t/m^3$	1	7.87	21.32	34.33	71.37	99.72
		2	5.15	14.36	22.97	48.54	68.55
		3	3.82	10.82	17.26	36.78	52.23
		4	3.04	8.68	13.82	29.62	42.18
		5	2.53	7.25	11.53	24.78	35.39

4. 自卸汽车使用实例

自卸汽车使用实例见表5-25。

表 5-25　自卸汽车使用实例表

指标名称	南芬铁矿		白银露天矿		金川镍矿		兰尖铁矿		德兴铜矿		独木露天矿	
矿岩性质	矿石	岩石	矿石	岩石	矿石	岩石	矿石	岩石	矿石	岩石	矿石	岩石
f	12~16	18~12	9~12	15~10	10~14	3~11	10~16	8~14	8~12	5~8	12~14	8~12
密度/(t·m^{-3})	3.3	2.6	2.75~4.4	2.6	2.75~3.02	2.75	3.2~3.8	2.9	2.7	2.65	3.35	2.6
工作制度/(d·a^{-1})	330	365	365		330		330		330		330	350
年运量/(10^4 t·a^{-1})	2653		1# 136 2# 16	1# 44 2# 169	605		1346		948.04		99.2	98
电铲型号、斗容/m^3	WK-4 4	195B 7.6	CЭ-3 3	ЭKr-4 4	WK-4 4		WK-4 4		D-4,(WK-4) 4(4.6)		W-4 4	
汽车型号	贝拉斯540	120C	玛斯	贝拉斯	SH-380		T-20	Bf-371	贝拉斯 540		T-20	贝拉斯540
汽车额定载重/t	27	27 108	25	27	32		20	20	27		20	27
实际载重/t	25.6	22.5 88.9	21	26					18.08			
平均运距/km	1.83		1# 3.66 2# 3.66		3		0.35	1.0	0.629		1.30	1.45
平均运行速度/(km·h^{-1})	14		重车 5~6,空车 16				15~20					
汽车出车率/%	79.4	85.1	1# 58.8 2# 54.3		56.2		57.7		38.5		15	
单台汽车效率/(10^{4}t·km·a^{-1})	49.54	194.81	24	31	14		17.02		18.58		5.14	11.14
道路最大纵坡/%	平坡	上坡(8°)	8~9		8~12		8~12		7~8		8	
燃油油耗/(kg·km^{-1})	1.69	4.86	2.5	2.48	2.54		0.11 kg/(t·km)		15.1 kg/(100 t·km)		0.218 kg/(t·km)	
每条轮胎行驶里程/km	15297	27415	14000~34000		11410		33400		0.93 条/(万 t·km)		2700	
吨公里运输成本/元	0.54	0.34	0.48		0.5		0.41		0.663			
指标年份	1983		1# 1981 2# 1983		1984		1982		1984		1983	

5.3.4　铁路机车运输

准轨铁路运输有运量大，经济运距长，运营费用低，生产可靠，设备供应充足，受气候影响小等优点。在我国采用准轨铁路运输的矿山较为普遍，有一定管理经验。其缺点是要求采场尺寸大，线路工程量大，基建时间长，基建投资高，开采强度低，灵活性差，线路爬坡能力小，转弯半径大，线路维修及移设工程量大，劳动效率低等。

准轨铁路运输适用于地形平缓（25°以下），矿床埋藏较浅，矿体厚大，产状稳定简单，不要求分采配矿等条件。具有上述条件的矿山，对于运量大，采场境界较长（一般大于 1.5 km），比高较小，运距及矿山服务年限较长的大型露天矿，宜采用准轨铁路运输。

改、扩建矿山，当原有准轨铁路运输从山坡转入凹陷、露天矿底部距地表高差小于 150 m，采场境界长度大于 1.5 km，宽度大于 0.5 km 时，原有准轨铁路运输仍可应用，可以进行适当改造，以适应生产发展需要。

窄轨铁路运输与准轨铁路运输相比，具有投资少、基建快、装备简单、占地少等优点。其缺点是运营费用高、运输能力小、劳动效率低。因此只适用于中、小型露天矿及地下开采矿山的地面运输。

1. 运输设备

露天矿铁路运输设备主要是指机车和矿车。运输列车由牵引机车和若干载重矿车组成。

矿用机车动力类型主要有电动机车和内燃机车，按轨距又分为准轨机车和窄轨机车。其技术特性参数有功率、轮周牵引力、黏着牵引力、轴重、最小曲线半径、线性尺寸等。

矿车种类较多，准轨矿车有 60 t、100 t 和 180 t 三种。矿用车辆多采用侧卸式自翻车，这是露天矿运输范围小，卸载频繁的特点所决定的。我国露天矿应用最多的是国产 60 t 和 100 t 侧板下开式自翻车。

目前国内露天矿使用的准轨列车主要采用 1500 V 直流供电，黏着牵引力为 80~150 t 的电力机车牵引 8~10 辆 60~100 t 的自翻车。此类规格的列车适用于年运输量 1000 万~2000 万 t 的大型露天矿，而年运量为 3000 万~5000 万 t 时，宜采用 3000 V 直流电机车或 10000 V 交流电机车牵引 100~200 t 自翻车。

2. 列车质量的确定

1）列车质量的确定原则

（1）确保列车的质量能使露天矿主要生产工艺环节的综合经济效益最佳。

（2）保证列车在规定的制动距离内安全停车，并在列车上坡时顺利启动。

（3）为减少列车摘挂作业、加快设备周转，矿、岩或多品种矿物要分装、分运，列车组成应力求一致。

2）牵引列车质量的计算方法

山坡露天矿，先按空列车在上坡道上的计算速度（电力机车以小时速度）运行条件计算，然后再以重列车在车站、移动线启动和空列车在最大坡道上启动条件进行验算，同时对重列车在最大下坡道上进行制动验算。

深凹露天矿，先按重列车在最大上坡道上的计算速度（电力机车以小时速度）运行条件计算，然后再以重列车在该坡道上做停车启动验算。若为电力机车牵引时，还需进行电动机的发热温升校验。

3. 列车运输计算

列车运行周期：

$$T = t_1 + t_2 + t_3 + t_4 \tag{5-29}$$

式中：T 为列车运行周期时间，min；t_1 为挖掘机装车时间，min；t_2 为列车往返运行时间，min；t_3 为列车卸车时间，min；t_4 为列车运行周期中除了 t_1、t_2、t_3 外的其他时间，min。

1）挖掘机装车时间 t_1

$$t_1 = 60nq/Q_h \tag{5-30}$$

式中：n 为机车牵引的矿车数，辆；q 为矿车装载量，m^3；Q_h 为挖掘机生产能力，m^3/h。

挖掘机装车时间可按表 5-26 选取。

表 5-26　挖掘机装车时间　　单位：min

挖掘机与矿车配合	装矿	装岩	挖掘机与矿车配合	装矿	装岩
3 m^3 挖掘机装 60 t 自翻车	8	7	2 m^3 挖掘机装 10 t 自翻车	2.0	2.0
4 m^3 挖掘机装 60 t 自翻车	7	6	1 m^3 挖掘机装 10 t 自翻车	4.5	4.0
3 m^3 挖掘机装 100 t 自翻车	15	13	1 m^3 挖掘机装 6 t 自翻车	3.0	2.5
4 m^3 挖掘机装 100 t 自翻车	13	11	1 m^3 挖掘机装 1.2 m^3 矿车	1.5	1.5
3 m^3 挖掘机装 20 t 自翻车	3.5	3	0.5 m^3 挖掘机装 1.2 m^3 矿车	2.5	2.5
4 m^3 挖掘机装 20 t 自翻车	3.0	2.5	0.2 m^3 挖掘机装 0.6 m^3 矿车	3.0	3.0

2）列车往返运行时间 t_2

$$t_2 = 2 \times 60L/v_{cp} \tag{5-31}$$

式中：v_{cp} 为列车平均运行速度，km/h，可视矿山条件按表 5-27 选用；L 为运输距离，km。

表 5-27　列车平均运行速度　　单位：km/h

矿山线路条件	准轨	窄轨		
		900 mm	762 mm	600 mm
固定线：区间长度大于 3 km	25	17	16	13
固定线：区间长度 2~3 km	20	16	15	13
固定线：区间长度 1~2 km	17	15	14	12
固定线：区间长度小于 1 km	15	13	12	10
半固定线	17	15	15	12
移动线：采场内	12	10	10	8
移动线：排土场内	10	8	8	8

3）列车卸车时间 t_3

一辆矿车的卸车时间见表 5-28。

4）其他时间 t_4

其他时间包括列检、整备、等装、等信、等卸、临故等时间。影响其他时间的因素很多，其大小与运输系统、机车类型、配线方式、行车密度、运距长短、列检设施等有关。

$$t_4 = t_5 + t_6 \tag{5-32}$$

式中：t_5 为列车在车站停车和入换时间，一般车站停车时间按每站 3~5 min、入换时间按采场装车线 10~15 min/次、排土场翻车线 10~20 min/次计算；t_6 为列车检查时间，准轨为 10~15 min/次，窄轨为 5 min/次。计算时，应按列车每日周期次数及列车检查次数计算分摊至每一个周期的列检时间。

表 5-28 一辆矿车卸车时间

矿车类型	卸车方式	时间/(min·车$^{-1}$)
20 t 自翻车	气(油)压自卸	卸岩 1.0
60 t 自翻车		卸矿 1.5
100 t 自翻车		受破碎机限制 2.5
6 m^3 单侧自卸矿车	固定点气翻	0.6
1.6~4 m^3 矿车	曲轨卸车	按 0.83~1.4 m/s 通过曲轨
0.6~1.2 m^3 矿车	人工卸车	1~1.5

4. 运输设备数量计算

运输设备计算公式见表 5-29，相关系数见表 5-30。

设备检修系数 α、β 为考虑外委维修的因素。当设计矿山的机车、车辆部分修理外委时应按实际情况确定。机车、车辆检修系数 α、β 可按下式确定：

$$\alpha(\beta)=\frac{定检台日+临故台日}{露天矿年工作日} \tag{5-33}$$

定检台日数为平均每台机车一年中所需定检台日，包括大、中、年修，月检，日检等修理台日。临故台日为一年中定检以外的修理日。

表 5-29 运输设备计算公式

名称	符号	计算公式	备注
年运量/(t·a^{-1} 或 m^3·a^{-1})	M		
矿山年工作日/天	S		
日运量/(t·d^{-1} 或 m^3·d^{-1})	Q	$Q=\frac{MK_1}{S}$	K_1 可按表 5-30
列车装载量/(t 或 m^3)	Q_n	$Q_n=nq$	
平均运距/km	L		装载中心至卸载中心加权平均运距>0
挖掘机装车时间/min	t_1		t_1 按表 5-26
列车往返运行时间/min	t_2	$t_2=\frac{120L}{v_{cp}}$	v_{cp} 可按表 5-27
卸车时间/min	t_3		t_3 按表 5-28
其他时间/min	t_4	$t_4=t_5+t_6$	

续表5-29

名称	符号	计算公式	备注
列车运行周期时间/min	T	$T=t_1+t_2+t_3+t_4$	
列车周转次数/(次·d^{-1})	M_1	$M_1=\dfrac{1440K_2}{T}$	K_2 按表 5-30
列车日生产能力 /[t·(列·d)$^{-1}$ 或 m^3·(列·d)$^{-1}$]	A_t	$A_t=nQ_n$	
工作列车数/台	N_1	$N_1=\dfrac{Q}{A_t}$	
检修机车台数/台	N_2	$N_2=N_1\alpha$	α 按表 5-30
杂业机车台数/台	N_3		冶金矿山一般为 2~3
机车台数/台	N	$N=N_1+N_2+N_3$	
工作矿车数/辆	W_1	$W_1=N_1n$	n 为列车组车辆数
检修矿车数/辆	W_2	$W_2=\beta W_1$	β 按表 5-30
矿车辆数/辆	W_3	$W_3=W_1+W_2$	

表 5-30　系数 K_1、K_2、α、β

名称			准轨	窄轨
运输不均衡系数 K_1		铁路运输	1.10~1.15	1.15~1.20
		联合运输		1.0~1.2
时间利用系数 K_2		三班制	0.35	0.73~0.80
		二班制		0.85
设备检修系数	机车 α	内燃机车	0.20	0.25
		电力机车	0.15	0.17
	自翻车 β	20~100 t	0.15	0.15
		10 t 及 10 t 以下	无 10 t 准轨矿车	0.2~0.25

5. 铁路运输的合理运距

由于铁路运输多为折返坑线开拓，随着开采深度的下降，列车在折返站因停车换向而使运行周期增加，尤其开采深度大时，因运行周期长而运输效率明显下降。按单位矿岩运输费用考虑，对凹陷露天矿单一铁路开拓的经济合理开采深度为 120~150 m，当采用牵引机车组运输时，可将线路坡度提高 60%，开采深度最大可达 300 m。对山坡露天矿在地形比高一般不超过 150~200 m 的条件下，可取得理想的经济效果。故单一铁路开拓的合理使用范围在地表上下可达 300~350 m(不含牵引机组运输)。

6. 工程实例

歪头山铁矿是本溪钢铁(集团)公司的主要铁矿石基地之一，是已生产 30 余年的矿山企业。目前，下盘 152 m 以上台阶已靠帮，已形成 152 m、140 m 两个固定站场和 128 m、116 m 两个移动站场，铁路生产水平有 140 m、128 m、116 m 三个，104 m 水平汽车扩帮，92 m 掘沟正在进行。现生产能力为 4000 kt、采剥总量为 18500 kt，采用铁路-公路联合开拓。采用两期境界方案(临时境界和终了境界)，临时境界从 152~8 m 各台阶上盘均留有缓剥岩石，累计缓剥岩石量为 26100 kt。临时境界的露天矿底部标高为 8 m，采用铁路-公路联合运输系统，上盘逐步形成由 152 m、140 m、128 m、116 m、104 m、92 m 站场及联络线组成的铁路折返线系统。除 152 m、140 m 两站场在终了境界内，其余 4 个站场均在临时境界内，铁路直接运输最低标高为 92 m。2008—2013 年，由临时境界向终了境界扩帮过渡，过渡期为 6 年，在过渡期拆除临时境界内上盘铁路折返系统(128 m、116 m、104 m、92 m 四个站场及其各站场间的联络线 7 km)，全部采用汽车运输，总扩帮量为 26109. 7 kt。

终了境界内逐步形成螺旋跟踪倒装系统，具体是由 152 m 站沟通 140 m 站，穿过立交桥以螺旋线的形式连通三段倒装站场，各倒装站场卸矿标高分别为 164 m、128 m、88 m，出车线标高分别为 146 m、108 m、68 m，该系统机车进入最低标高为 68 m。

矿山现主要存在以下两个问题：矿山在过渡期，拆掉上盘的铁路折返线，采用汽车扩帮，为保证生产能力，在 2006—2008 年集中更新及补充 60 台 TEREX33207 汽车，需资金 15000 万元，集中投巨资购置设备，将严重影响歪头山铁矿的长远发展。矿山在终了境界内生产时，缓剥岩石及 92 m 以下各台阶所有矿岩量全部用铁路-公路联合运输，即随着采场开采延深，汽车将矿岩分别运输到 164 m、128 m、88 m 倒装站台，然后再用铁路运出采场。这种方式，汽车运距逐年增加，特别是 88~-56 m 的矿岩汽车运距相当大，直接影响采矿成本。

通过研究，采用陡坡铁路技术优化歪头山铁矿的开拓系统，既可减少投资，又可大幅度增加铁路直运量，降低矿山运营费用，对矿山长远发展十分有利。由 140 m 固定站出线，4. 0%陡坡铁路线(双线)沿上盘最终境界往南连续向下延伸 3 个台阶(高度 36 m)，即一次下降至 104 m 水平，在 104 m 水平设置折返站。原设计第二段倒装场站平台标高 128 m(受矿标高为 108 m)的位置不变。由 104 m 折返站出线，沿上盘最终境界往北连续延伸 3 个台阶(高度 36 m)，一次下降至 68 m 水平，在 68 m 水平北部下盘建设折返站。原设计第三段倒装场站台标高 88 m(受矿标高为 68 m)仍不变，上盘 68 m 折返站经过北端帮直接连接第三段倒装场 68 m 标高出车线。由 68 m 折返站出线，4. 0%陡坡铁路线(单线)沿上盘最终境界往南向下连续延伸 3 个台阶(高度 36 m)至 32 m 水平，在 32 m 水平建设折返站。由 32 m 折返站出线，沿上盘最终境界往北向下连续延伸两个台阶(高度 24 m)至 8 m 水平，在 8~-4 m 形成挖掘机倒装站台(图 5-17)。

陡坡铁路运行采用 2 台 150 t 电机车双机牵引，一台电机车在矿车组前方牵引，另一台电机车在矿车组后面推进，确保由 9 节载重矿车组成的车组在陡坡段上安全运行，不至于发生重车上坡时脱钩、断钩等严重事故。

采用陡坡铁路-公路联合开拓系统与原设计开拓系统相比具有以下明显的优势。

(1) 节省扩帮运输成本。改原设计汽车扩帮为铁路扩帮，节省运输成本 6587. 99 万元。

(2) 节省一次性汽车购置费。改原设计 60 台 TEREX3307 汽车为 22 台，省 38 台汽车购置费 9500 万元。

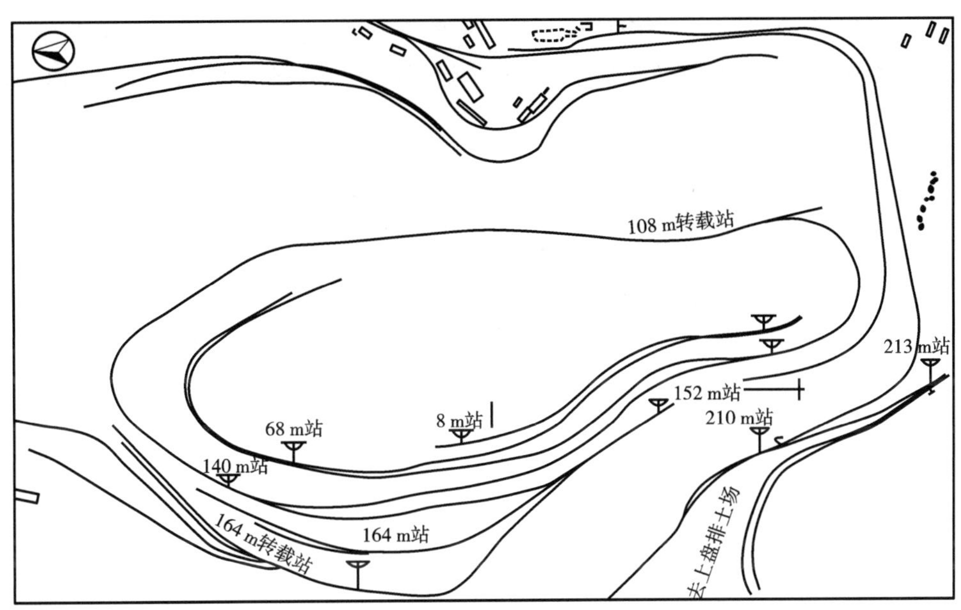

图 5-17　歪头山铁矿陡坡铁路开拓系统

(3)铁路运输延伸效益。改原设计铁路直抵水平 68 m 为 8 m，将 68~8 m 矿岩 77.43 Mt 汽车运量改为 154.86 Mt 铁路运输，节省成本 10995.06 万元。改原设计 68 m 以下矿岩全用汽车倒装为 8 m 以下矿岩全用汽车倒装，8 m 以下矿岩汽车运距缩短，而铁路运距增加。节省成本 1360.50 万元。

(4)节省建设费。取消原设计下盘环线(铁路复线)，两处立交桥，节省建设费 1200 万元。

(5)多采矿石 483.9 kt，多剥岩石 377 kt，节省成本 886.20 万元。

(6)增加设备购置费。需增加 4 台 150 t 电机车，增加设备费 1520 万元。

(7)增加陡坡铁路建设费 2300 万元。

(8)陡坡铁路运输方案总经济效益 26709.75 万元。

5.3.5　胶带输送机运输

胶带输送机分为普通型和特殊型两大类。特殊型又分为钢绳芯胶带输送机、钢绳牵引胶带输送机、胶轮驱动胶带输送机、直线摩擦驱动胶带输送机和移置式胶带输送机等多种类型。冶金矿山一般采用钢绳芯胶带输送机。

胶带输送机与其他运输设备相比较，有其明显的优点，如输送能力大、操作简便、安全可靠、自动化程度高、设备的维护检修容易、节省人力和材料、运输费用较低等。另外爬坡能力大，缩短了运输距离、减少了基建工程量、缩短了基建周期、减少噪声和污染。

胶带输送机与汽车或铁路运输配合，一般通过破碎转载站，形成一个联合运输系统，为采场至选厂、采场至排土场等输送矿石(岩石)服务。根据输送物料性质和当地气候条件，胶带输送机全线选用敞开、半敞开、全密闭的类型或采取仅在驱动站上加盖等措施。但必须保证胶带输送机的正常运转和物料输送的要求。

1. 胶带输送机的组成和布置

胶带输送机是以输送带为牵引机构，同时又是承载机构，整个输送带支承在托辊组上，并绕过驱动滚筒和拉紧滚筒，利用摩擦力带动输送带以完成物料的运输，如图 5-18 所示。

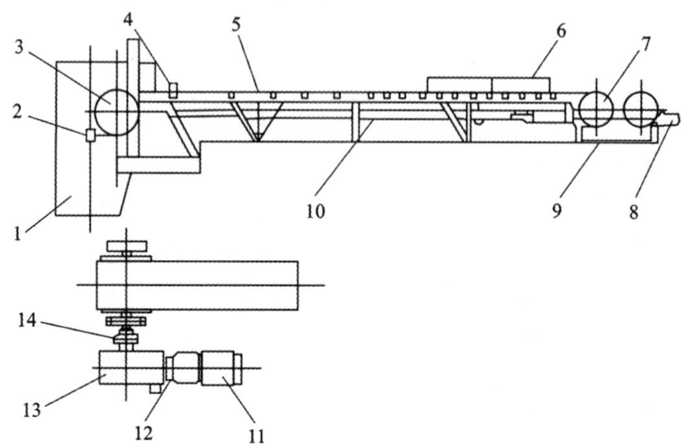

1—头部漏斗；2—头部清扫器；3—传动辊筒；4—安全保护装置；5—输送带；6—导料槽；7—改向滚筒；8—螺旋拉紧装置；9—尾架；10—空段清扫器；11—电动机；12—制动器；13—减速器；14—联轴器。

图 5-18 胶带输送机结构

国产胶带输送机主要有 TD75 型、DTⅡ型、DX 型等。TD75 型胶带输送机是一般用途的胶带输送机。由于输送量大，结构简单，维护方便，成本低，通用性强等优点，在冶金、煤炭、交通、水电等部门中广泛用于输送散状物料或成件物品。根据输送工艺的要求可以单机输送，也可多机或与其他输送机组成水平或倾斜的输送系统。TD75 型输送机在环境温度 -10℃到+40℃的范围内使用，输送物料的温度在 50℃以下。对于有防爆、防水、防腐蚀及耐热、耐寒等特殊要求的场合，应另行采取措施。TD75 型输送机整机布置如图 5-19 所示。

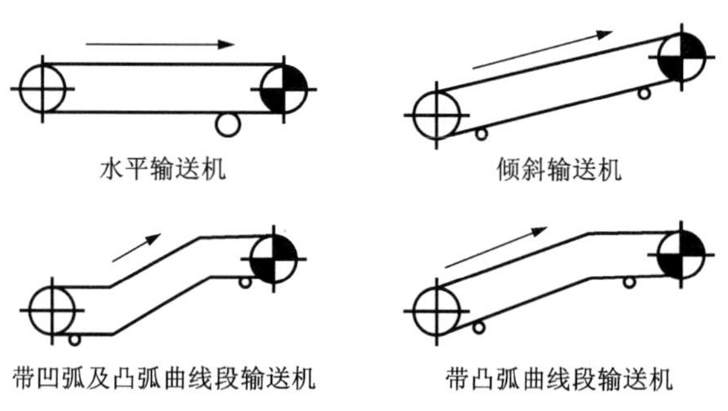

图 5-19 TD75 型输送机整机布置

DTⅡ型胶带输送机也是通用型系列产品，可以广泛用于冶金、矿山、煤炭、港口、电站、建材、化工、石油等各个行业。由单机或多机组合成运输系统来输送物料，可输送松散密度为 500~2500 kg/m³ 的各种散状物料及成件物品。DTⅡ型固定胶带输送机适用的工作环境温度一般为-25~+40℃。对于在特殊环境中工作的胶带输送机如要具有耐热、耐寒、防水、防爆、易燃等条件，应另采取相应的防护措施。DTⅡ型固定式胶带输送机均按部件系列进行设计，机架采用了结构紧凑、刚性好、强度高的三角形机架，机架部分、中间架和中间架支腿全部采用螺栓连接，便于运输和安装。

DX 型钢绳芯胶带输送机是高强度胶带输送机，能满足水平、向上及向下(输送机倾角小于 20°的运输条件)输送容重为 0.8~2.5 t/m^3 的各种块状或粒状散装物料的要求，广泛应用于矿山、冶金、电力、化工、交通等部门的连续输送系统。采用钢绳芯胶带和多机传动方式，能满足长距离、大运量的要求，并具有设备牢靠、寿命长、运营费低、便于操作等优点，根据工作环境的不同，可配有制动器、逆止器及各种保护装置。

胶带输送机可做水平输送、倾斜向上输送和倾斜向下输送，其布置原则如下：

(1)胶带输送机在纵断面上尽可能布置成直线形，应避免有过大的凸弧或凹弧的布置形式，以利于正常运行。输送带通过凸弧段时，为限制其边缘的伸长率不超过许用值，规定通用胶带输送机的凸弧段曲线半径 $R_1>18B$(B 指胶带宽度，mm)，而钢绳芯胶带输送机的凸弧段曲线半径 $R_1\geqslant(75\sim85)B$。输送带通过凹弧段时，为防止输送带脱离托辊，要求输送带的自重必须大于凹弧段输送带张力的向上分力，设凹弧段起点或终点的张力为 S_i，每米输送带的重力为 q，则凹弧段曲线半径 $R_2\geqslant S_i/q$。

(2)驱动装置应尽量布置在卸载端，以利于减小输送带的最大张力。而拉紧装置一般应布置在输送带的张力最小处。

(3)双滚筒驱动时，为提高输送带寿命和不降低输送带与滚筒表面间的摩擦系数，不用 S 形布置。

(4)多滚筒驱动的功率配比应采用等驱动功率单元法分配。输送带在驱动滚筒上的围包角应满足等驱动功率单元法的圆周力分配要求，并考虑布置的可能性。

DTⅡ型胶带输送机整机布置如图 5-20 所示。

2. 采用钢绳芯胶带输送机实例

钢绳芯胶带输送机使用实例见表 5-31。

表 5-31 钢绳芯胶带输送机使用实例

项目名称	大孤山铁矿一期	大孤山铁矿一期	东鞍山铁矿(钢绳牵引)	昆阳磷矿	永登水泥厂大闸子石灰石1号矿	永登水泥厂大闸子石灰石2号矿
运输物料	铁矿石	岩石	废石	磷矿石	石灰石	石灰石
输送机长度/m	1183.45	519.2	860	574	2897.25	1967.48
输送机倾角	6°4′	10°22′	1°21′	-12°，-5°，+8°	0~1°8′45″	0°21′38~1°39′40″
带宽/mm	1400	1400	1200	800	800	800
带速/($m\cdot s^{-1}$)	2.0	2.0	2.5	2.5	2.5	2.5
生产能力/($t\cdot h^{-1}$)	1323	1795	1500	600~900	686	686
带强/($kN\cdot cm^{-1}$)	40	40	30	10	12.5	12.5

续表5-31

项目名称	大孤山铁矿一期	大孤山铁矿一期	东鞍山铁矿（钢绳牵引）	昆阳磷矿	永登水泥厂大闸子石灰石1号矿	永登水泥厂大闸子石灰石2号矿
驱动滚筒直径/mm	1640	1640		800	1000	1000
滚筒摩擦系数	0.3	0.3	0.35	0.3	0.35	0.35
托辊阻力系数	0.04	0.04	0.04	0.63	0.35	0.35
最大张力/kN	579	403	211.23	103.06	79.523	79.524
最小张力/kN			33.59		17.651	17.651
驱动方式	头部双滚筒三电机	头部双滚筒三电机	双滚筒双电机	单滚筒单电机	三滚筒三电机头尾	三滚筒三电机头部
电动机型号功率/kW	JRQ1510-3 475×3	JRQ1510-8 475×3	445+211	JS136-4 115	JS-114-4 115×3	JS-114-4 115×2
机架形式	固定式	固定式	固定式	固定式	固定式	固定式
拉紧形式	绞车式自动拉紧	绞车式自动拉紧	张力传感器与张紧重锤两套	液压拉紧	自动绞车拉紧	自动绞车拉紧

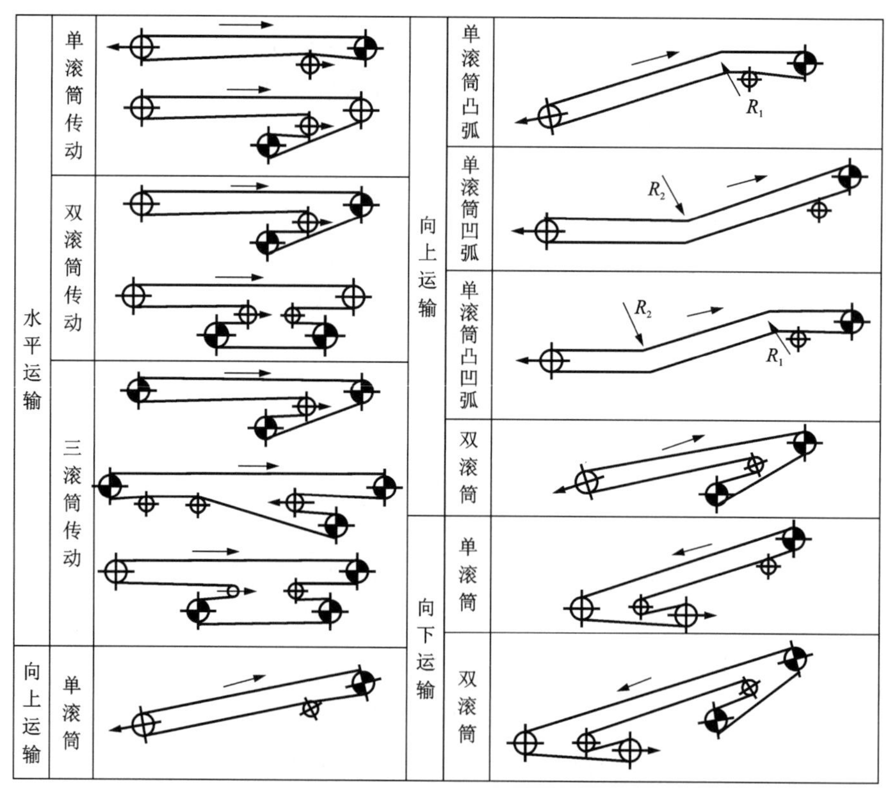

图5-20 DTⅡ型胶带输送机整机布置

5.3.6　联合运输

1. 联合运输的特点、分类和适用条件

联合运输是指两种或两种以上的运输方式相联合，把矿、岩从工作面运到地表的受矿点或排土场。实施联合运输是为了利用不同运输方式的优点，扬长避短，以获得更好的技术经济效果。

联合运输有以下主要特点：即从采场工作面到地表受料点由数种(一般 2~3 种)运输方式分段运送矿、岩；根据联合运输的组成形式，可能有多次物料转载。为了转载，在地表或采场内需设置受矿及转载设备。联合运输的组织一般考虑在以下三个主要线路区段的运输方式中选择。

1)采场内工作平盘区段

工作平盘运输的特征是：以水平移运为主；运输线路具临时性，需不定期移设。选择此区段的运输方式时应考虑：

(1)因作业条件狭窄，要求用回转半径小、机动灵活的运输设备；

(2)运输设备要保证挖掘设备的最大利用率；

(3)修筑临时道路要简单、经济；

(4)在转载站卸载要简单、迅速。

2)沿露天采场边帮的区段

该区段以提升移运为主，一般用固定线路。因为是坡度运输，当露天采场深度很大时，该区段矿岩运输量在全线中所占的比重最大。选择该区段适合的运输方式时应考虑：

(1)运输设备应保证露天矿所要求的生产能力；

(2)以尽可能短的距离运输矿岩，即有较大坡度上行运输的能力；

(3)有安装和移设转载站的可能性；

(4)建设投资和生产费用较低。

3)地表运输的区段

该区段用采场外的固定线路，线路断面简单，但运距往往很长。如果是在排土场内的线路段，通常会铺设在松散的岩石上，且要经常移设。

根据汽车运输的特点，一般最适宜承担采场内工作平盘区段的运输任务，因此常用的联合运输形式主要有：

(1)汽车与铁路运输联合；

(2)汽车与胶带输送机联合；

(3)汽车与溜井、溜槽运输联合；

(4)汽车与箕斗提升运输联合。

实施联合运输，各不同运输方式之间必须设置矿岩转载设施，将矿岩从一种运输方式转到另一种运输方式。联合运输的主要问题是转载方案的解决。

2. 汽车-铁路联合运输

汽车-铁路联合运输一般出现在原先采用单一铁路运输的矿山。随着开采深度的增加，出现了采场深部难以布置铁路开拓坑线的局面，或者需改用汽车掘沟以提高新水平准备效率，因而改造为采场下部采用汽车运输、上部仍延续铁路运输的联合运输方式。采用这种联合运输方式的矿山，需要设置转载站。其位置应在尽可能不压矿及不过多增加扩帮量的条件下，尽量缩短汽车运距。根据汽车、铁路运输任务的不同，转载站位置主要分为三种情况：

(1)深凹露天矿采深过大时(超过 150 m)，深部矿岩用汽车运到边帮某一高度，再用铁路列车转运。转载站宜设在采场端帮或边帮的宽平台处。

(2)采场内运输用汽车，地表的长距离运输改用铁路列车。转载站设在紧靠露天采场边缘的地表，以设在总出入沟附近为宜。

(3)在采用铁路运输的矿山，为加速深凹露天采场的掘沟、扩帮工程，采用汽车作新水平准备的运输方式。转载站位于正在掘沟的上一个水平，一般设在开采推进方向另一侧的铁路站场附近。

转载站可以分为转载平台转载、挖掘机转载及矿仓转载三种方式。选取转载方式的主要原则是工艺简单，生产可靠；有利于提高劳动生产率和减轻劳动强度；能充分发挥设备效率和提高经济效益；符合安全环保要求。对于设在露天矿深部转载站的要求是紧凑，转载工作平盘宽度不大，保证受矿、装载和转载车辆的入换时间最少。

转载平台转载是汽车在转载平台上直接往列车中卸载。其优点是无须机械设备，施工简单，转载简便可靠，适用于局部采区或小型露天矿。缺点是汽车、列车互相影响，降低运输效率及设备周转率。转载过程中容易损坏车辆和出现偏载、跑矿等情况。当汽车载重大于 20 t 时，一般不宜采用直接转载。

挖掘机转载简单易行，曾被多数矿山采用。挖掘机转载具有工作可靠、转载能力大、堆场结构简单，有利于不同品级矿石的配矿等特点。这种转载方式的缺点是投资大、耗电多，转载费用高，占用场地多，向下搬迁困难，转载汽车运距不能保持在合理范围内(0.7～1.5 km)，生产运营费用高及污染环境等。

矿仓转载是汽车-铁路联合开拓系统较为常用的一种转载形式，其优点是不需要转载机械设备，转载速度快，可以提高运输车辆的周转率。在选用矿仓转载时应注意矿仓的位置、形式、卸矿平台的宽度以及有效容积等问题。传统的矿仓转载站多是采用钢筋混凝土矿仓的固定转载站，转载站址多设在采场外。

下面分别介绍这几种转载方式：

1)转载平台转载

汽车在转载平台上直接向铁路车辆转载。表 5-32 中列出汽车直接向铁路车辆转载的三种情况以及转载平台宽度。此种转载方式的优点是作业简单、基建投资少；缺点是汽车和铁路车辆运输互相影响，汽车卸载时掉块多，清道工作量大，且砸车严重等。这种方式转载一般应用较少。

2)倒装站单斗挖掘机转载

挖掘机转载示意图如图 5-21 所示。其优点是可以避免汽车和铁路车辆之间互相影响，生产可靠，清理铁路上的掉块量少；一般堆存矿量多，利于调节生产平衡性。白云露天矿、金川镍矿等在实践中都将转载平台转载改为倒装站挖掘机转载。倒装站设在采场内时可利用上下台阶高差进行布置。倒装站的缺点是经营费用高。

(1)矿(岩)堆高度按挖掘机最大挖掘高度 H_{max} 来定。在采场内其高度与采场工作面台阶高度一致。

表 5-32　转载平台宽度

进车方式	图示	计算公式
单侧转载左面进车		$B=R+S+C$
单侧转载右面进车		$B=R+S+C$
		$B=R+S+C$
双侧转载右面进车		$B=2(R+S)$

注：B—转载平台宽度，m；R—汽车转载半径，m；S—汽车轴距加停车游动范围，一般取一个车长，m；C—汽车运行中心线至平台边缘距离，可为 1/2 倍车宽加 1.5 m。

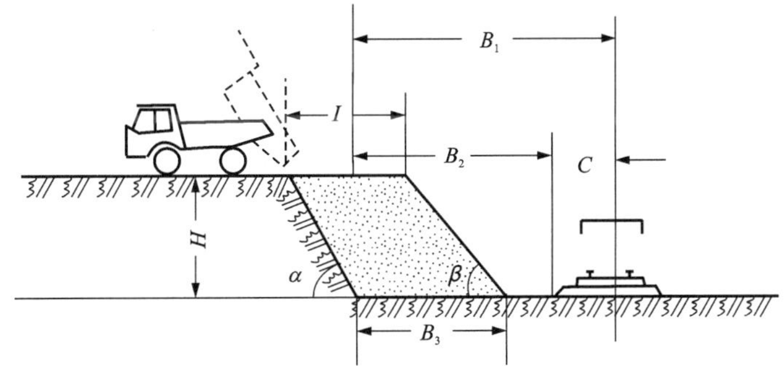

B_1—挖掘机装车平台宽度，m；B_2—挖掘机最小工作宽度，m；C—线路中心至挖掘机尾部安全距离，m；B_3—矿（岩）堆底宽，m；H—转载台阶高度，m；I—贮矿（岩）堆上宽，m；β—贮矿（岩）堆坡面角，（°）；α—台阶坡面角，（°）。

图 5-21　挖掘机转载示意图

(2)挖掘机装车平台宽度(B_1)：

$$B_1 \leqslant R_1 + fR_2 \quad (5-34)$$

式中：R_1 为挖掘机站立水平挖掘半径，m；R_2 为挖掘机最大卸载半径，m；f 为铲杆长度利用系数，f=0.8~0.9。

(3)挖掘机倒装最小工作宽度(B_2)：

$$B_2 \geqslant 2R_3 \quad (5-35)$$

式中：R_3 为挖掘回转半径，m。

(4)倒装线长度(L)：

$$L = L_1 + L_2 \quad (5-36)$$

式中：L_1 为贮矿场长度，一般为 $3L_3$，m；L_3 为卸矿、装车时待装的最小长度，一般取 40 m；L_2 为装车线长度，$L_2=nl+c$，m；n 为翻斗车辆数，载重 100 t 的翻斗车取 6 台，60 t 翻斗车取 8 台；l 为翻斗车长度，m；c 为附加长度，一般取 5 m。

当汽车卸载和铁路在同一标高时，单斗挖掘机在转载沟中进行装车作业。这种形式适用于场地狭窄不需贮矿(岩)或贮矿(岩)少的条件。

3)矿(岩)仓转载

矿仓转载具有装卸迅速、生产效率高、成本低等优点。但构筑费用较高，需控制大块，否则易堵塞，一般应用较少。矿仓转载对于所采矿石具有缓冲和均匀化作用，可方便进行不同品位矿石之间的配矿工作。

(1)矿(岩)仓结构如图 5-22 所示。

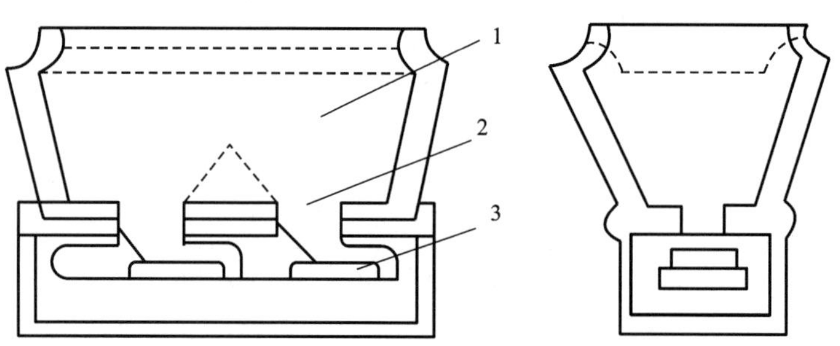

1—储矿(岩)仓；2—漏矿(岩)口；3—重型板式给矿机。

图 5-22 矿(岩)仓转载示意图

(2)转载能力。重型板式给矿机理论生产能力很大，但受调车等因素影响，其实际生产能力应按理论值 50%~60%选取。料仓转载能力主要决定于料仓下的闸门放矿能力或给矿机的给矿能力，并和料仓的容积等有关。

给料设备能力。一般给料设备能力可按照式(5-37)计算：

$$Q = 3600VBH\gamma\psi \quad (5-37)$$

式中：Q 为给矿(放料)设备小时能力，t/h；V 为给料口速度，m/s；B 为给料口宽度，m；H 为料层厚度，m；γ 为物料(矿、岩)松散密度，t/m^3；ψ 为物料充满系数。

给料设备能力主要与其给料口的尺寸和给料速度有关。根据一些矿山实际资料和有关文献，几种不同类型的给料机给矿能力见表 5-33。

表 5-33　不同类型给料机给矿能力

给料设备	给料机(槽)宽度/m	给料机(槽)长度/m	给料速度/(m·s^{-1})	台时产量/[t·(台·h)$^{-1}$]	年生产能力/(kt·a^{-1})	使用矿山
振动给矿机	4.85	9.2	0.08	4932	5520	眼前山铁矿
板式给料机-1	2.1	11.49	0.12	2531	4320	齐大山铁矿
板式给料机-2	3.6	8.0	0.12	3306	6370	攀枝花矿业公司

(3)转载矿仓数量按年产量和矿种来定。

(4)转载矿仓平台布置，如图 5-23 所示，受矿口 a、b 的尺寸应与选用的转载矿仓设备规格相适应，转载平台宽度 B 依调车法和平台上的转载方式确定；两矿仓的间距依铁路车辆宽度和允许的线路最小间距决定。

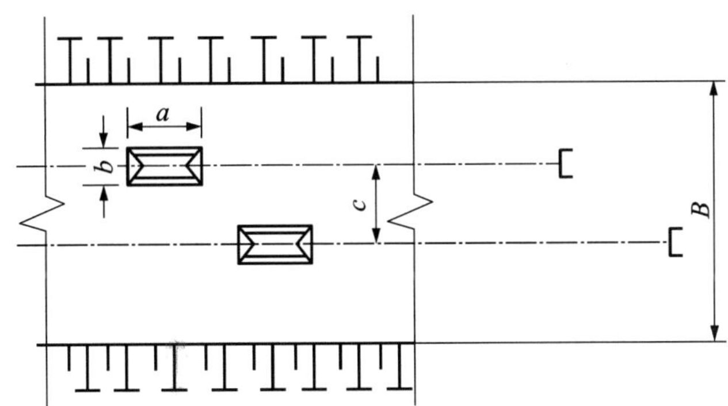

a—受矿口长度，m；b—受矿口宽度，m；c—两受矿口中心线间距，m；B—转载平台宽度，m。

图 5-23　转载矿仓平台示意图

20 世纪 90 年代后，我国部分大型露天矿由山坡露天开采转入深凹或凹陷开采，这些矿山年采剥总量均在 1000 万 t 以上，转载站要有相应的转载能力。根据汽车-铁路联合运输的工艺特点，应使承担深部运输任务的自卸汽车在经济运距(≤3 km)内运行，这就要求转载站能随开采降深而易于向深部搬迁。为此，有关部门和单位开展了大型深凹露天矿汽车-铁路联合运输转载方式研究，并取得了一系列成果，包括：明确了可移动放矿机仓式转载方案的优越性；设计了可拆卸金属结构矿仓，可组装振动放矿机，便于机车自放矿口通过并减少列车入换时间，可整体搬迁的操作室、信号室、卸车板和挡碴板等占地面积小的仓式转载站。经实验获得的转载方案效果指标对比如表 5-34 所示。

表 5-34 转载方案比较表

比较内容	单位	可移动转载方案的主要设备			
		4 m^3 电铲	10 m^3 电铲	重板给矿机	振动放矿机
设备台数	台	3	2	1	6
设备总重	t	200×3=606	459×2=918	420	250
设备功率	kW	250×3=750	750×2=1500	75×2=150	15×6=90
年转载能力	万 t/a	150×3=450	300×2=600	400	750
装车(60 t×8 台)时间	min	35	25	20	10
转载仓储矿量	t	15000	15000	800	1000
基建设备投资	万元	1150	2110	805	470
运营成本	元/t	2.0	2.0	1.0	0.5
单位转载耗电量	(kW·h)/t	0.5	0.7	0.1	0.015

图 5-24 为移动转载站模块结构示意图。

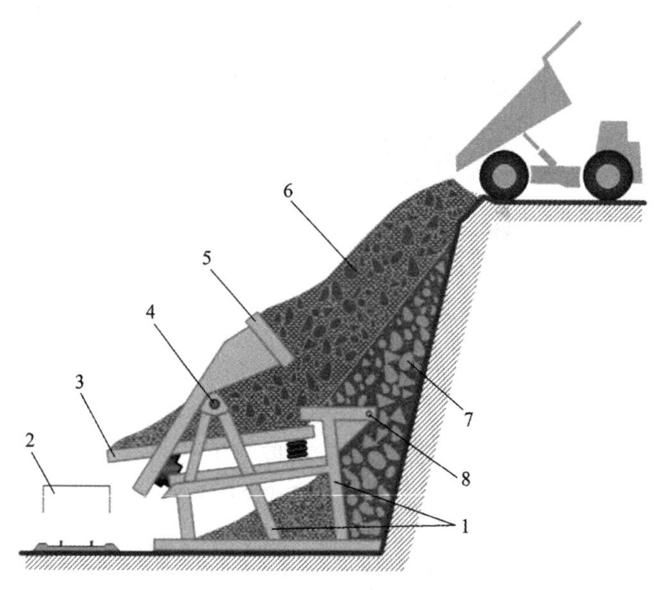

1—支撑框架；2—列车；3—振动给矿机；4—活动关节；5—前挡；
6—矿仓；7—碎石垫层；8—后档。

图 5-24 移动转载站模块结构示意图

3. 汽车-胶带输送机联合运输

汽车-胶带输送机联合运输方式，是把汽车运输的灵活性和胶带输送机的优点结合起来，由汽车承担采矿场内工作平盘区段运输，利用胶带输送机完成提升输送和地表运输的方式，是原来采用单一汽车运输的露天矿，在开采深度不断增加的情况下，解决运费上升、油耗增加、改善运输状态的措施。这种联合运输方式，又被称为间断连续运输工艺，是当前深凹露天矿运输中的主要发展方向。

虽然增加胶带输送机系统初期投资高，但完成相同运输量的总投资比单一汽车运输低，且经营费用低。该系统由三个主要部分组成，即采场内的汽车集运部分、从露天采场到卸载点的胶带输送机运输系统、联系两个运输系统之间的破碎转载系统。

汽车和胶带输送机联合运输系统的组合方案，有下列几种形式：

(1)破碎转载站设在地表露天采场的边缘，自卸汽车由采场往破碎转载站运送物料，破碎后用胶带输送机往卸矿点或排土场运送矿岩。其破碎转载站一般为固定式，转载条件好，且不影响采场作业，适合于开采深度小于 100 m 的露天矿。

(2)破碎转载站设在露天采场的集运水平上，汽车仅服务于工作面到破碎站之间的运输。集运水平设置的破碎转载站为半固定式，一般服务 3~4 个工作水平。半固定式破碎站通常设在采场非工作帮或端帮上，一般 8~10 年移设一次。

(3)在采场内设置每半年至两年移设一次的半移动式破碎机。该破碎机通过多轮拖车或履带运输车移设，随采掘工作推进的需要逐步推进，缩短汽车运距，简化集运水平设置半固定式破碎站的复杂环节，可提高矿山生产能力并降低运输成本。

(4)破碎机设在采场底的坑内硐室中，由工作面到破碎硐室顶部的溜井用汽车运输，破碎后沿平硐或斜井用胶带运输。

汽车运输和胶带输送机运输系统之间的物流联系枢纽是破碎转载站。随着胶带输送机系统被越来越多地应用于矿岩运输，露天矿的移动破碎系统发展迅速，主要表现在破碎机的破碎能力上，最大的半固定式破碎站生产能力已达到 20000 t/h，移动式破碎机能力已达到 10000 t/h。

矿用破碎机的机型主要有颚式破碎机、圆锥式破碎机、旋回式破碎机、双齿辊式破碎机、MMD 型轮齿破碎机等。可移动破碎机中以旋回式破碎机在露天矿应用较广泛，其优点是生产能力大，目前已超过 6400 t/h、维修量小、破碎比小。具体情况将在下一节详述。

近年来，汽车-胶带输送机半连续运输工艺系统中各种设备的研究与应用有了较大的发展。国产大型电铲、大型自卸汽车、可移动式破碎机组、高强度钢绳芯胶带输送机、排岩机等大型设备，为我国深凹露天矿山采用汽车-胶带输送机半连续运输工艺提供了设备保证。

4. 溜井(槽)-平硐、斜井运输

1)溜井(槽)-平硐运输

溜槽、溜井运输是山坡露天矿利用地形高差进行矿岩下放运输的理想方式。溜槽、溜井作为运输设施，通常会单独与汽车或铁路机车联合组成运输系统。在有利的山坡地形条件下，为减少溜井的掘进工程量，可采用上部明溜槽与下部溜井相连。溜井有竖井和斜井两种，我国常用竖井，斜井采用较少。通常在溜井井底设置平硐，组成“溜井-平硐”运输系统。

溜井-平硐运输系统的最大特点是利用重力原理，显著缩短运输设备的运行距离，降低运输成本，实现高效节能的经济效果。

确定溜井位置时，应保证溜井穿过的岩层稳固，避免穿过软岩层、大断层、破碎带以及裂隙发育区。在工程水文地质复杂地段，要预先进行工程勘探，防止投产后因过分磨损导致塌落，造成溜井报废。溜井内含有一定的泥水并具有一定的黏结性时，容易堵塞，含泥水过多时，容易造成跑矿。故而溜井不应穿过大的含水层，避免将溜槽设置在自然山沟内，以免增大汇水面积。

根据溜井与露天开采境界的相对位置，分为内部溜井和外部溜井。内部溜井是指将溜井设在采矿场内的布置形式，具有采场运输距离小，能减少运输汽车数量、基建投资、运营费用及生产人员少等优点，我国大多数高山露天矿都将溜井设在采场内。内部溜井的井口随开采水平的下降而逐台阶下移的过程叫作降段。

内部溜井位置的选择应考虑以下原则：

(1)应根据矿床埋藏特点，以运输功最小，平硐距选厂距离最短为原则，溜井布置在稳固的岩层中；平硐顶板至采场的最终底部标高应保持最小安全距离，一般不小于 20 m；

(2)当采场采用汽车运输时，溜井应尽量设在接近矿岩量中心位置，使运距最短，并实现采场内平坡运行；

(3)当设在采场内时，矿石溜井应布置在矿体中，以便降段和避免矿石贫化。岩石溜井可布置在岩石中。

在决定溜井数量时，应综合考虑下列因素：

(1)生产期间的经济合理性。如运输距离的远近、经营费用的高低等，应综合技术经济条件进行比较；

(2)单条溜井的生产能力，应考虑适当的富余能力；

(3)溜井检修、降段、堵塞和跑矿事故对生产的影响；

(4)生产管理水平。

露天采场内溜井的数量取决于溜井系统的生产能力及其布置。单条溜井的生产能力由其上部井口卸矿能力、井筒通过能力、底部放矿能力及平硐(斜井)运输的通过能力中的最小能力决定。一般主要考虑上部井口卸矿及平硐装载列车的运输条件。

按井口卸矿能力计算。当采用汽车运输时，井口一个卸矿平台的卸矿能力由下式确定：

$$Q_1 = \frac{3600T_b}{t}nqk_1 \tag{5-38}$$

式中：Q_1 为卸矿能力，t/班；T_b 为卸矿平台每班工作时间，h，一般取 6~7 h；t 为汽车卸矿时间(包括调车时间)，s，一般取 90~150 s；n 为平硐内列车牵引矿车数；q 为汽车有效载重量，t；k_1 为卸矿平台利用系数，一般取 0.4~0.6。

按平硐列车装矿能力计算：

$$Q_2 = \frac{3600T_b}{n(t_1 + t_2) + t_3}nqk_5 \tag{5-39}$$

式中：Q_2 为平硐运输通过能力，t/班；n 为平硐内列车牵引矿车数；q 为矿车有效载重，t；t_1 为闸门放矿装一个矿车的时间，s；t_2 为装满一个矿车后的移动时间，s；t_3 为列车入换时间，s；k_5 为溜井放矿口装车工作系数，一般取 0.7~0.9。

由于溜井生产能力很大，所以中小型露天矿，特别是建材矿山多使用一条溜井生产。一些大型露天矿山，如南芬铁矿，也采用一条溜井生产，效果很好。经验证明，矿石在溜井中常处于流动状态，只要加强管理，是可以避免堵塞的。由于溜井开凿费用较高，因此要慎重考虑是否增设备用溜井。

当溜井位于采场内时，溜井应随开采台阶下降而下降，每次降段一个台阶高度。溜井降段有两种方法，一种是直接降段法，另一种是贮矿降段法。图 5-25(a)为溜井降段炮孔布置示意图。

直接降段法用于溜井断面较大、不易堵井、不易溜矿，并不会因为井颈周围矿层崩入井内而导致矿石严重贫化。其降段程序是在溜井正常放矿条件下，沿井颈周边穿孔、爆破，被爆矿(岩)直接进入溜井。此法的关键技术是控制直接入井的矿岩块度，以避免大块堵塞溜井。因此应适当加密炮孔和增加装药量。为避免降段爆破对溜井下部设施的冲击破坏，溜井内应保留一定的贮矿高度。

贮矿降段法是先将溜井装满矿石，爆破溜井周边矿石，将爆破下来的矿石用挖掘机倒堆或装车运走。该降段方法安全可靠，但降段期间须停止放矿从而影响生产。

为避免在溜井整体降段后切断原上部台阶的卸矿通道，一般采用半壁降段法，即仅对溜井的半壁先降段，以便及时服务于新下降的台阶水平。未降段的另半壁仍可服务于上一台阶的矿岩溜放。这种半壁降段的施工过程，又称为“劈井”，如图 5-25(b)所示。

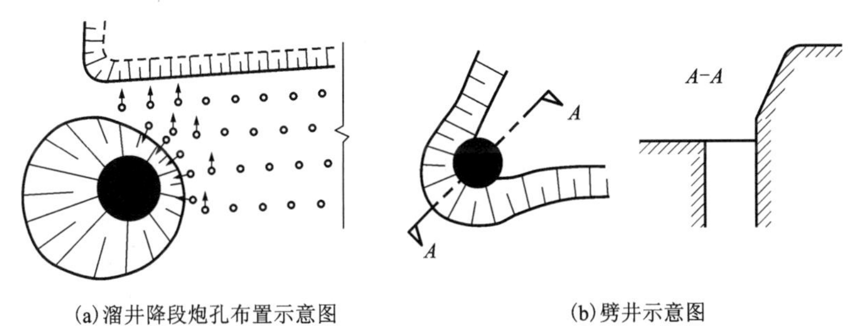

(a)溜井降段炮孔布置示意图　(b)劈井示意图

图 5-25　溜井降段炮孔布置与劈井示意图

溜井堵塞是溜井运输中多发而又突出的事故。溜井堵塞不仅会中断正常运输作业，而且容易引发跑矿事故。跑矿是指溜井内大量矿石突然下落，形成具有巨大冲击力的矿石流，使井底放矿设施遭到破坏。跑矿是溜井放矿中的突出事故。

根据事故的统计和分析，重大的跑矿事故一般都是先堵塞后跑矿，最终导致严重后果。

溜井堵塞的原因主要有溜井设计不合理或基建施工未达到设计要求，导致溜井尺寸过小而造成堵塞；井筒穿过不稳定岩层，导致使用中井壁片帮，大块掉落而堵塞；溜放含水或黏性、粉状物料较多时，在溜放过程中压实结块，导致在溜井中形成悬拱；因停产、检修等原因使溜井内矿岩长时间积压固结，形成拱形堵塞。

针对上述原因，预防溜井堵塞的措施主要包括：

(1)保证溜井尺寸的合理性。我国露天矿山生产的实践总结出了“大断面，贮满矿”的溜井设计和生产管理原则，设计的溜井直径一般为 5~6 m，个别溜井贮矿段的直径达 8 m。在设计上还应尽量减少与溜井井筒相通的巷道(如检查巷道、施工巷道)，以防止破坏负压放矿，即减少矿石在溜井井筒中的移动阻力和增加溜井的垂直压力。

(2)生产中尽量做到溜井贮满矿。溜井管理应按“贮满矿，常松动”的原则。贮满矿可降低矿石自由下落高度，减少或避免卸矿时矿石直接冲击井壁，减轻并避免卸矿时的磨损，也减少对井内矿石的夯实作用。矿石还有支撑井壁作用，有利于防止溜井片帮和塌方。另一方面，溜井应保持持续放矿。即使暂停生产，也必须每班都从溜井放出适量矿石(1~2 车)，避免矿石被压实而堵塞。

(3)严禁不合格的大块矿石入井。大块卸入溜井中，很可能在溜井出口处堵塞，堵后用爆破方法处理，还会破坏井底结构及给、放矿设备。当大块从溜井口放出时，会影响矿车装满系数，甚至将矿车砸坏。

(4)粉矿和水的管理工作。溜井堵塞和跑矿事故多发生在雨季，主要是大量粉矿和充足的水分相结合造成的。因此，粉矿最好安排在旱季溜放，雨季要按 1:3 或 1:4 的比例将粉、块搭配，做到快卸、快放，缩短矿石在溜井井筒中的贮存时间。

溜井的堵塞与跑矿都与井内矿石的含水量密切相关，为减少水的危害，应在井口和溜槽两帮设截水沟，将雨水截住排走；应采用堵水、排水或堵排相结合的措施，严防地下水流入溜井。尤其应严禁从溜井井口注水来处理溜井堵塞。

溜井堵塞和跑矿可通过严格的溜井生产管理来避免，其主要内容包括避免不合格的大块矿石入井、控制贮矿量、松动放矿、做好粉矿和水的控制及溜井降段工作等。

溜井(槽)-平硐运输其实是汽车-铁路联合运输的特例。在地形高差条件适合的露天矿山，以溜井(槽)作为转载设施，以矿岩自重下放实现露天采场边帮区段移运的联合运输。在该运输系统中，汽车通常用作采场内工作平盘区的运输设备，而平硐内的铁路列车则作为连通地表的运输设备。

需要指出的是，在特殊情况下(如历史原因)，也有在采场内工作平盘区段使用铁路运输通过溜井转载的案例，平硐内的运输设备也可以选择胶带输送机。

溜井作为转载设施，应根据后续运输方式的需要(如胶带输送机运输)决定是否设置破碎系统。如果是矿石溜井，则可将矿石粗破碎作业从选矿厂移至露天采场的地下破碎硐室，可提高装载、运输效率。溜井平硐内破碎的缺点是井巷工程量大、投资高、建设期较长。

适合安装在井下破碎硐室的破碎机常用高度小的倾斜破碎腔的颚式破碎机。如振动颚式破碎机，其最大规格机型的最大给料粒度达 1300 mm，破碎产品粒度为 150~300 mm，生产能力为 800~1800 t/h、电机功率为 250 kW、质量为 120 t。我国开发的新型外动颚低矮颚式破碎机，性能良好、运行稳定可靠、设备开动率达 97%。其低矮外形较同规格复摆式颚式破碎机高度降低 25.6%，可以减少硐室的开挖量。

溜井破碎系统设计时应注意，放矿闸门硐室处应有单独的通风防尘设施，并有贯穿风流；放矿、卸矿地点应有喷雾洒水装置；操作室要密闭，室内应有新鲜风流。放矿闸门硐室内操作人员所在部位应与安全道相通。为防止跑矿时堵死平硐，安全道应有单独的出口；当安全道的出口必须设在同一个运输平硐内时安全道出口应设在进车侧，并距放矿闸门硐室边缘不小于 20 m。

平硐位置应根据工业场地和溜井位置确定。确定原则为：

(1)平硐长度最短；

(2)采场内运输距离短；

(3)平硐穿过的岩层应基本稳固，避免布置在滑坡、泥石流区内或较大断层破碎地带内，硐口底板标高应高于最高洪水位标高；

(4)平硐如果布置在露天采场底部之下时，应保留一定高度的保护层。

当平硐服务于多条溜井时，各条溜井应分别布置于分支平硐内，以免一条溜井发生跑矿事故而影响其他溜井正常放矿。

2)溜井(槽)-斜井运输

溜井(槽)-斜井运输是汽车-胶带输送机联合运输转载形式的派生方案，且不限于用在山坡露天矿，当深凹露天采场边帮布置胶带输送机干线困难时，也可考虑利用斜井布置胶带输送机，如图 5-26 所示。

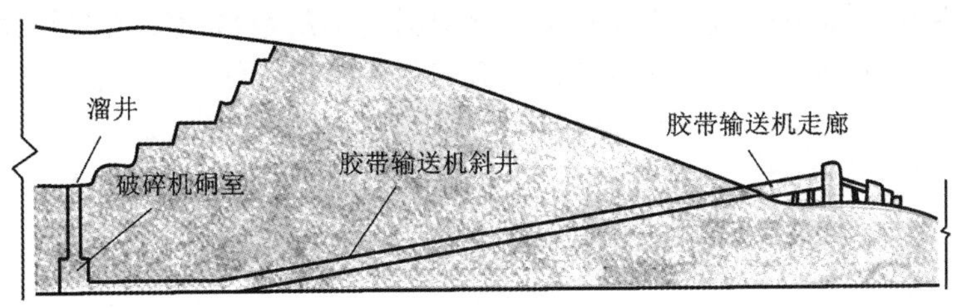

图 5-26　溜井-斜井运输示意图

溜井坑内破碎转载形式可简化新水平准备工作，胶带布置在地下斜井内可简化采场边帮结构，不影响正常生产，破碎站使用期限较长。

5. 汽车-斜坡提升联合运输

1）汽车-斜坡箕斗提升联合运输

汽车-斜坡箕斗提升联合运输也是较为常用的联合运输形式。它可结合汽车运输灵活和箕斗运输克服高差大的特点。在采用汽车运输的深凹露天矿，高差超过 150 m 时，可采用与箕斗联合运输，箕斗一般设置在采场的非工作帮或端帮上。箕斗提升后，可采用汽车、铁路等完成地表区段的运输。其主要缺点是矿岩需经采场边坡下部、上部两次转载；转载站需随开采下降移设。

箕斗提升的转载设施多为带矿仓的转载栈桥，需随工作水平的延深而经常移设。为了便于安装和移设，常采用装配式的钢结构或钢筋混凝土结构，同时应考虑多水平共用。设于地面的转载矿仓，则为永久性结构。

采用箕斗提升的联合运输时，必须架设跨越箕斗道斜沟的栈桥。栈桥结构形式的选择，应考虑诸多因素，比如线路坡度、栈桥两侧车场布置形式、供车方式、装矿闸门的结构形式、装载矿仓形式和容积、汽车装载量、矿石块度等。其中装载矿仓形式对栈桥结构起决定性作用。装载矿仓大多布置在山坡地形上，要求结构紧凑合理，满足装矿要求，应尽量避免在地形复杂的山坡上修建结构复杂的矿仓。

2）汽车整车提升系统

以上各种联合运输方式均需设置转载设施。为发挥汽车运输的优越性，避免增加转载环节，国内外已开展了露天矿自卸汽车整车提升系统的研究。该系统借鉴了斜井提升的原理，利用大功率电动机卷动钢绳，将载有汽车的斜坡轮式台车从露天矿底部水平拉动到地表水平，而后汽车从台车开出，驶往目的地。同时，台车也可以用于空车的下放。

整车提升系统的特点是在露天采场内装载及地表运输都采用一种运输设备，取消了转载过程，利用专用提升装置解决汽车运输在露天采场边帮区段长距离上坡及其造成的费时、耗能、污染排放等问题。

已公开过的斜坡提升系统方案按驱动方式分为两类：其一是借助于外部驱动力的“整车卷扬提升系统”；其二是利用自卸汽车自身驱动力为主、外部驱动力为辅的“汽车自驱动+卷扬提升系统”。

(1)整车卷扬提升系统

该提升系统由2台电动机驱动的多绳摩擦卷扬机、钢绳、轮式台车、轨道等组成。提升系统工作方式为钢绳在提升重载汽车上行时，钢绳另一端的空载汽车可起平衡作用，提升能量仅消耗在提升货载上面，汽车本身以及轮式台车自重所需的能量则由另一侧下降汽车的势能提供。其优点有：

① 大幅度降低燃油消耗。

② 延长了汽车使用寿命。汽车无须进行长距离重载爬坡，汽车轮胎、传动装置、制动器及其他零部件的磨损减少。

③ 提升机安全有保障。使用多绳摩擦式卷扬机作为传动装置，在一条钢绳发生断裂的情况下，不致造成轮式台车失控。

④ 露天矿深度增加后，提升机仍可以继续使用。只需延长轮胎式台车行驶轨道长度，更换更长的钢绳即可。

该提升系统的提升角度可达到40°~45°。但当露天矿采深很深时，这种提升机就显得很笨重，需要大型的提升设备和大直径的钢绳，导致基建投资增加。

(2)汽车自驱动-卷扬机提升系统

该提升系统主要依靠汽车本身的动力进行整车提升，系统为自卸汽车装备挂钩装置(连接装置)，而在专用斜坡道设置牵引钢绳，在下部固定接车平台上将重载车挂在牵引钢绳上，同时在上部固定接车平台上将空载车挂在牵引钢绳上，重载汽车行驶至上部出车平台摘钩，空载自卸汽车行驶至下部出车平台摘钩。

该提升系统的工作原理是下行空载汽车重量与上行重载汽车的自重平衡。同时，下行空载自卸汽车利用它的发动机动力，通过牵引钢绳向上行的重载自卸汽车提供牵引力，重载自卸汽车利用它的发动机动力克服载重。提升机仅是辅助设备，它的作用仅在于对重载自卸汽车补充牵引力，使自卸汽车的有效载重量增加或爬坡能力增强。提升系统的运送能力取决于同时挂在钢绳上的重载自卸汽车数量、自卸汽车的载重量、行驶速度和斜坡路段长度。

虽然结构比较简单，但由于卷扬提升坡道倾角的增加，将引起被牵引汽车车厢内矿岩的洒落及重载汽车的重心后移。同时，挂在钢绳上的上行汽车和下行汽车的行驶速度与牵引钢绳的运行速度不易协调。从提升机的技术性能可以看出，它的生产能力和提升高度都不大。因此，仅在开采深度较浅的露天矿中，用外部沟开拓或堑沟布置在采区很长、坡面角很缓的工作帮时，采用此类提升机才是合理的。

汽车整车提升系统的优点在于它能快速克服高差、缩短运输时间。

露天矿对矿用汽车整车提升运输工艺的主要要求包括：保证整车提升运输系统具有额定生产能力；提升设备的基建投资少；提升设备能快速装配和安装；提升过程自动化等。

与单一汽车运输相比，整车提升运输所节省的费用能很好地弥补用于建设安装斜坡提升系统所需的基建投资。研究认为，在矿山整个服务年限内，与行驶在斜坡道上的自卸汽车运输相比，其运费减少近40%。

受提升设备能力的限制，整车提升运输系统生产能力有限，一般为300万~600万t/a，不能满足现代大型露天矿山的规模要求。但对于生产周期短、自卸汽车载重量小的大多数中小型露天矿，是一种改善汽车运输状况的较好选择。

5.4 露天采场破碎站

在大型金属矿山和部分建材矿山，由于所钻凿炮孔的孔深及孔距较大，致使爆破后的矿岩块度较大，块度大于 1 m 的矿岩在爆破后岩堆中的比例为 15%~20%；其中少数矿岩块度可达 2~3 m。这些大块矿岩不但影响装运设备的工作效率，还会严重磨损设备，甚至砸坏运输车辆。有些采用胶带输送机的连续出矿系统，对于矿岩块度则有更加严格的要求，否则，胶带输送机无法工作。近年来，为了提高露天矿山生产效率，连续开采工艺迅速推广和发展，因而要求在露天采场配有相适应的破碎设备，构成露天采场破碎站。早期的大型露天矿山破碎站，一般都建在爆破界线以外的安全地带，多在采场外面。随着采矿工艺和矿山设备技术的发展，出现了多种形式的破碎站，有些已设在露天矿边坡或采场工作面内，而且可以随同采场工作面一起转移，以保持较高的生产效率。近几年，移动式破碎站的发展方向是大型化、系列化和提高自动化水平，以及进一步优化破碎机的破碎腔形状。为适应露天矿大型化发展的需要，要发展特大型可移式破碎站；在移动方式、破碎机类型、配套设备等方面多样化发展；向提高设备的可靠性和使用寿命、降低生产成本的方向发展；向遥控、监测、诊断、控制等实现破碎过程自动化的方向发展；并注重环境效益，有效控制噪声和粉尘扩散污染。

5.4.1 露天采场破碎站的分类

露天采场破碎站按固定设置模式不同可分为移动式、半固定式和固定式三种装备系统。

1. 移动式破碎站

移动式破碎站是将移动破碎机组安放在露天采场工作水平上，随着采剥工作面推进和向下开采延伸到一定距离，用履带运输车等牵引设备将移动破碎机组整体牵引移动；较小型的破碎站可以依靠本身匹配的驱动装置，自行转移工作地点。移动式破碎站有给料、破碎和卸料装置。其工艺流程是：采剥工作面爆破后，用挖掘机（或装载机）将矿岩装入汽车，运至采场移动式破碎站卸入给料装置，矿岩进入破碎机系统被粗碎，碎后的合格矿岩装上胶带输送机运至指定地点。

常见移动式破碎站的分类如下：

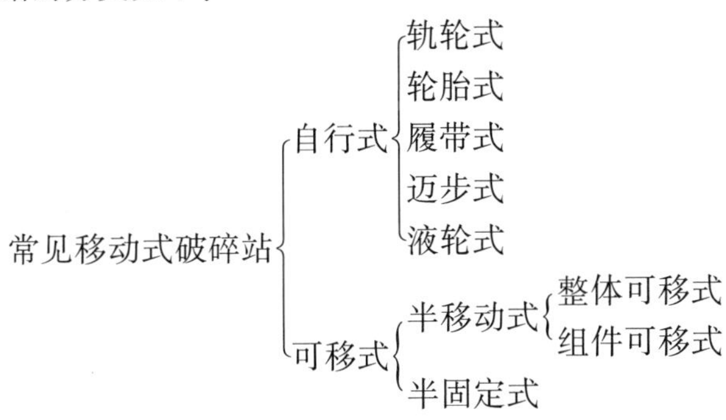

大型移动式破碎站一般由三个相互独立的部分组成，即破碎机、给料装置和卸料装置，另外还包括维修系统和运输车。破碎站三个部分各成独立系统，分别借助运输车移设。可移式破碎站一般只有设备与金属结构构件，没有混凝土及其基础工程。

1) 自行式移动破碎站

破碎站本身具有行走机构，它在采掘工作面内工作，由装载设备(如挖掘机等)直接给料；当采矿工作面向前推进时，它随着装载设备一起向前移动。破碎站的移设频率，取决于装载设备的推进速度。由于破碎站移动频繁，因而需要装配具有高度灵活性的胶带输送机系统，以便与破碎站配套工作。

按行走方式分，自行式移动破碎机有轨轮式、轮胎式、履带式、迈步式、液轮式等几种。在选用时应综合考虑矿山的地质条件、行走机构承受的负荷、移动的频繁性、道路坡度、开采工作面位置和开采进度等因素。

(1) 轨轮式移动破碎站适用于单向进路采矿和坡度小于3%的场合，其轨道承载能力和机组运行不受气候条件的影响。这种破碎站移动坡度受到限制，因而适应范围较小。

(2) 轮胎式移动破碎站的搬迁移动需借助牵引车、拖拉机或推土机牵引；移动速度为8~16 km/h，轮胎充气压力为0.5~0.6 MPa；其机组的载荷受其转运机构和轮胎承载能力的限制，一般适用于小型破碎站，其处理能力多在400 t/h以下。这种破碎站结构简单，移动方便，投资较少，使用安全可靠。

(3) 履带式移动破碎站行走机构结构坚固，对地面不平度的适应能力较强，对地面压力小(约为轮胎式的1/3)，行走速度约为轮胎式的1/3，道路坡度可达10%(图5-27)。

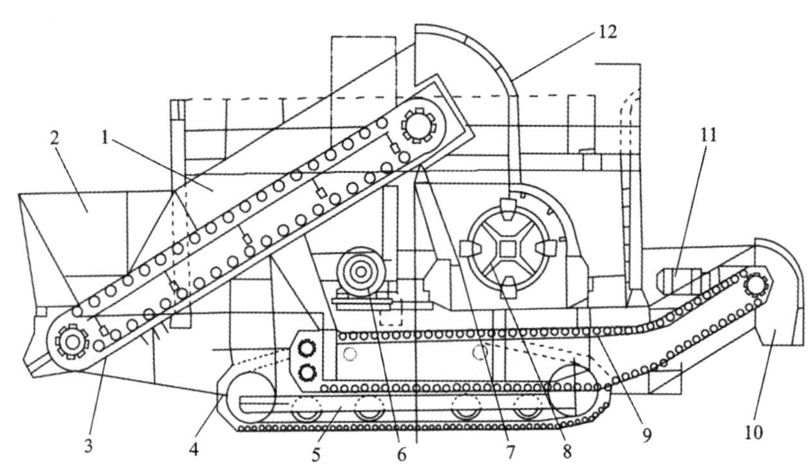

1—机棚；2—上料斗；3—上料输送机；4—行走履带；5—履带架；6—电动机；7—破碎机体；8—破碎机转子；9—下料输送机；10—卸料斗；11—电动机；12—防尘罩。

图5-27 履带式移动破碎站结构

(4) 迈步式移动破碎站多采用液压机构拖动，类似迈步式索斗挖掘机的行走机构，这是较常用的一种移动式破碎站。通常这种自行机组是借助三组各具有一垂直油缸和水平油缸的机构驱动行走底盘而移动。其移动速度在0.6 km/h以下，能爬10%的坡道。对地压力为0.15~0.25 MPa，适用于不同耐力的工作场所。这种机组运转时，底盘直接与地面接触，不用行走机构支撑。其步行机构用静液压驱动，移动速度较慢。与其他移动方式相比，具有底盘低、稳定性好、质量轻、磨损小、维修量不大的优点。

(5) 液轮式破碎站的车轮支腿上均装有液压伸缩机构，每个轮子上都有各自的液压驱动马达。支腿能自动调节机组底盘的高度，使破碎站保持水平状态。由于液轮对地面的压强(0.4~0.9 MPa)较大，所以只能用于地面承受压力允许的场所(图 5-28)。

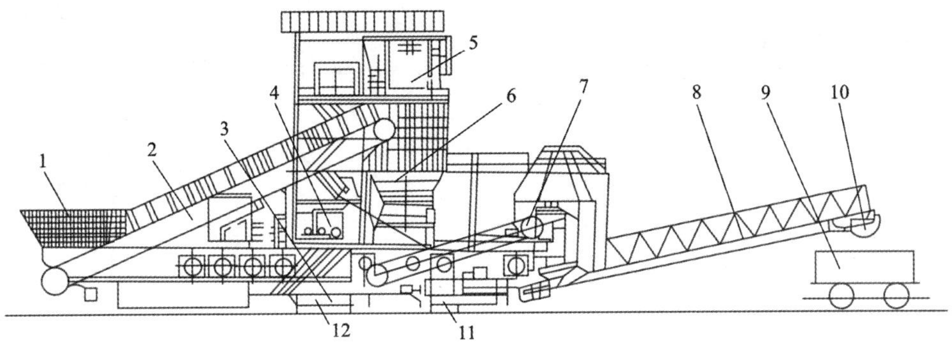

1—装料斗；2—上料胶带输送机；3—行走机构；4—液压站；5—监控室；6—破碎机；7—中间输送机；8—末端输送机；9—运输车辆；10—装车料斗；11，12—液压支承装置。

图 5-28　移动式破碎站结构

2)半移动式破碎站

这种破碎站本身不能自行运转，需要为其配备专门的移动设备——履带运输车或轮胎运输车。运输车可行驶到破碎站下面，用液压装置将破碎站顶起，并将其移至新的地点。这种破碎站在采场内靠近采矿工作水平的中心位置；它可以根据需要，几个月或几年移动一次，以便同采掘工作面保持一定的距离和高差。整体可移式破碎站能将整个机组整体搬迁，其移设工作可在 40~50 h 内完成。组件可移式破碎站将机组分成给料装置、破碎机和卸料装置三部分，也可拆卸成尺寸和质量更小的组件来搬运。拆卸和重新安装需 30 d 左右，每移设一次的使用期限不超过 5 a。

3)半固定式破碎站

半固定式破碎站通常由破碎机和胶带输送机的给矿设备组成(图 5-29)。在两者之间还设有缓冲仓，高度约 30 m，破碎站安装在混凝土基础上或钢结构平台上。机组移设时需将其拆解，由运输车分别运输各独立部件至新的位置重新组装。一般移设期限不超过 10 a，移设工作约几周时间。这种破碎站安设于露天采场内和非工作帮平台上，主要优点是使采场内汽车运距缩短(与固定式破碎站相比)，加快车辆周转，提高劳动生产率。随着露天开采的延伸，可将破碎站多次向下移设，直至露天开采终结。它的主要缺点是破碎站要随采场开采下降而移设，每隔若干年要搬迁一次，设备系统建设周期长、工程量大、移设困难，需要专门配备履带式运输车拖曳。

2. 固定式破碎站

固定式破碎站在露天矿整个服务年限内位置一直不动，它们大多设在露天采场的边帮或地表，也有的设在露天采场的底部，在溜井硐室内安装破碎机(图 5-30)。

固定式破碎站需要开凿设备硐室及构筑大量的混凝土基础，并有一段胶带及斜井构筑工程，施工时间长、费用高，并且随着采场延深，汽车运距又不断加大，导致汽车运费增加。20 世纪后期，多数金属露天矿曾采用固定式破碎站。由于采矿工艺不断改进和矿山设备水平提高，近年来，移动式破碎站技术推广很快，采用固定式破碎站的露天矿越来越少。

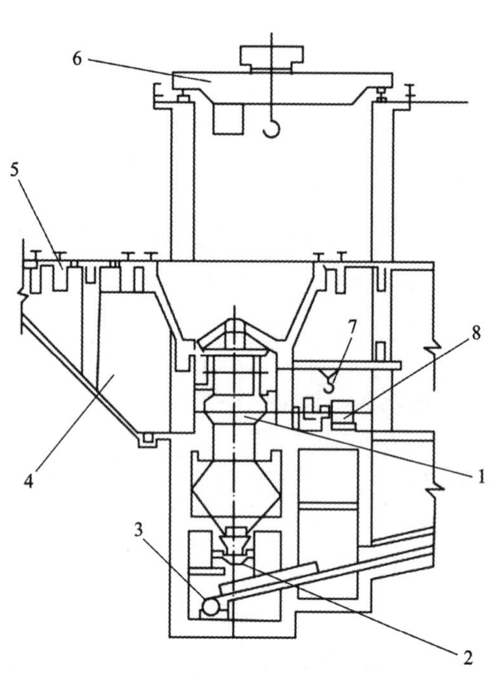

1—旋回破碎机；2—给矿机；3—胶带输送机；4—矿仓；
5—卸载桥；6，7—单梁吊车；8—驱动电动机。

图 5-29　半固定式破碎站组成

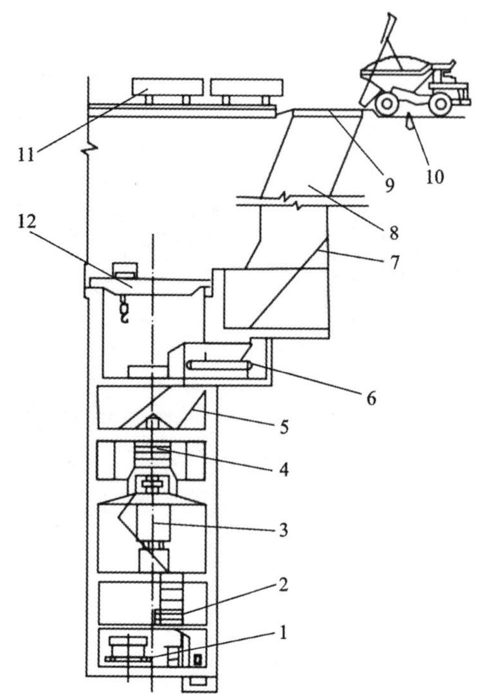

1—胶带输送机；2—转载给矿机；3—振动筛；
4—旋回破碎机；5，7—防冲索；6—板式给矿机；
8—溜矿井；9—格筛；10—矿用载重汽车；
11—矿用有轨车辆；12—单梁吊车。

图 5-30　固定式破碎站结构

破碎机是破碎站的核心设备，它对破碎站的生产能力和工作适应性起决定性作用。通常旋回式和颚式破碎机多用于可移动式破碎站，锤式、反击式、辊式破碎机多用于自行式破碎站。因为后者生产能力较小，多用于石灰石矿和煤矿等非金属矿山。大型金属矿山大部分采用以旋回破碎机为主体的破碎站。

给料装置包括给料设备和受料设备。给料设备一般为重型板式给矿机、胶带输送机、链式给矿机、圆盘给矿机等。板式给矿机应用最广，约占 80%，胶带输送机占 13%～15%。受料设备一般为受料仓和漏斗。

输送和卸料装置最常用的是胶带输送机，占 73%～75%；其次是板式输送机，占 23%～25%。

运输车一般为履带式，运载能力为 500～1500 t，匹配柴油机的功率为 500～1500 kW；负载爬坡能力可达 20%。维修系统主要包括起重设备和其他维修设备。

常见国外露天矿移动式破碎站的类型与生产能力见表 5-35。

表 5-35　国外移动式破碎站的类型与生产能力

公司名称	生产能力/($t \cdot h^{-1}$)	破碎机类型	移动方式
阿泰克拉公司(法国)	<1500	颚式、反击式	自行式(轮胎)、移动式
奥尔曼·贝克舒特公司(德国)	<3000	颚式、反击式、辊式	自行式(轮胎、履带)、移动式
杜瓦尔技术公司(美国)	<3600	旋回式	移动式
山鹰破碎机公司(美国)	<3000	颚式、反击式、锤式、辊式	自行式(轮胎)
海默磨机制造公司(美)	<1300	颚式、反击式	自行式(轮胎)
依阿华公司(美国)	<1000	颚式、反击式	自行式(轮胎)
柯恩公司(芬兰)	<1500	颚式	自行式(轮胎)
克虏伯工业技术公司(德国)	>6000	颚式、反击式、锤式、辊式	自行式(履带、迈步)、移动式
马拉松公司(美国)	3000	反击式	移动式
山州矿物企业(美国)	3600	旋回式	移送式
奥伦斯坦·柯佩尔股份公司(德国)	>5000	旋回式、反击式、锤式、辊式	自行式(履带、迈步)、移动式
波尔蒂克开发部(美国)	3000	颚式、反击式	自行式(轮胎)
威泽许特公司(德国)	<3000	旋回、颚式、锤式	自行式(履带、迈步、轮轨)、移动式
斯坦姆勒公司(美国)	<3000	锤式	自行式(履带)
斯蒂芬斯·艾当逊公司(美国)	>2000	旋回	自行式(履带、迈步、轮轨)
巴件·格林公司泰勒斯密矿物公司(美国)	<3000	颚式、反击式	自行式(轮胎)
泰特劳特工程公司(美国)	<1200	颚式、反击式	自行式(轮胎)
顿涅茨机器制造厂(俄罗斯)	1000	颚式	自行式
新克拉马托尔机器制造厂(俄罗斯)	5000	旋回	自行式

5.4.2　破碎机的分类和适用条件

露天采场破碎站可选用的破碎机，其种类规格很多，所适用的工作条件也不相同，选择破碎机时要综合考虑矿山采场的生产能力、矿岩性质、原矿块度和所要求的产品粒度等。在一般情况下，破碎硬岩多选用颚式破碎机和旋回破碎机。这两种破碎机适宜的破碎比为 3~6，粗碎原矿块度可达 1200~3000 mm，产品粒度在 400 mm 以下。破碎中等粒度的矿岩可选用旋回破碎机或反击式破碎机。破碎软岩可选用锤式破碎机或辊式破碎机。根据我国多数金属露天矿山和建材矿山的具体情况，选用颚式破碎机和旋回破碎机较多。颚式破碎机和旋回式破碎机又各有其优缺点，故在选择设备时还要根据具体条件而定。一般大型矿山，宜选用旋回式破碎机；矿山规模较小时宜采用颚式破碎机。

1. 颚式破碎机

颚式破碎机又称虎口破碎机，它靠可动颚板向固定颚板的迅速冲击运动破碎矿岩。颚式破碎机的主要结构如图 5-31、图 5-32 所示。

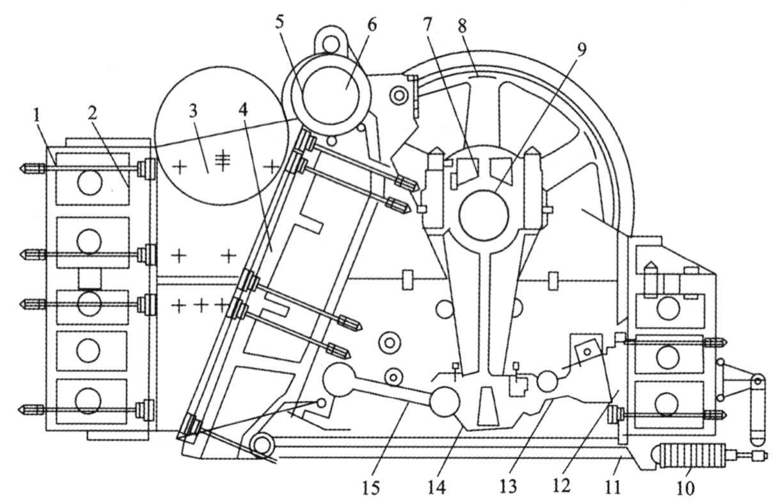

1—机架；2，4—破碎板；3—侧面衬板；5—可动颚板；6—芯轴；7—连杆；8—飞轮；9—偏心轴；10—缓冲弹簧；11—拉杆；12—楔铁；13—后推力板；14—肘板座；15—前推力板。

图 5-31　简摆颚式破碎机结构

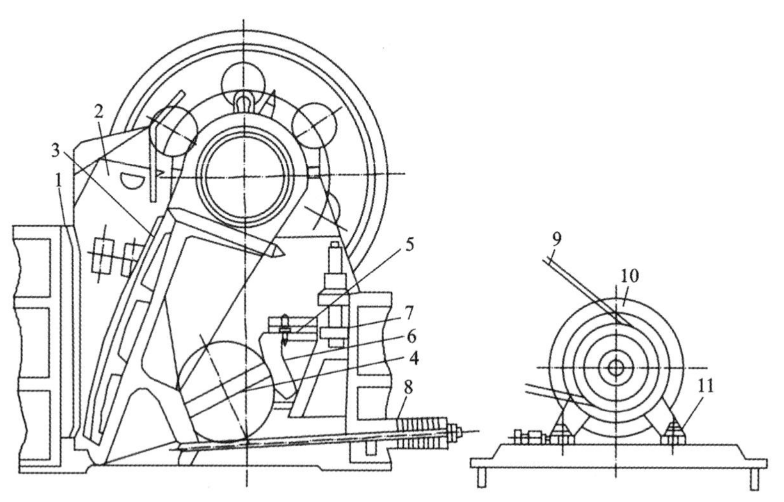

1—固定颚板；2—边护板；3—破碎板；4，6—肘板座；5—推力板；7—楔铁；8—缓冲弹簧；9—三角皮带；10—电动机；11—导轨。

图 5-32　复摆颚式破碎机结构

颚式破碎机的主要优点是结构简单、两颚衬板和肘板易于更换、便于操作和维修；动颚上部的作用力，随着与固定颚板的接近而增加，推力板形成的钝角越大(接近于 180°)，此力也越大。在动颚上部形成的最大力，使得较大的矿块先被破碎，因而对于破碎坚硬矿岩颇为有效。

颚式破碎机的缺点是工作时振动大，必须把破碎机安装在坚实的基础上；破碎机前要设置给矿机，要求给矿粒度均匀，以免破碎机被矿岩卡住；它适宜破碎块状矿岩，对条状或片状矿岩有时排出粒度过大。

颚式破碎机的尺寸是以给矿口的宽度和长度表示的。破碎机的处理能力，可视其轴的转速(动颚摇动次数)和破碎比(调节排矿口)以及其他因素而定。

2. 旋回破碎机

旋回破碎机的构造特点是圆锥体转子(动锥)与缸筒形定子(定锥)形成越向下越小的环形破碎腔；动锥悬挂于搭在定锥上口的横梁上，当破碎机下部的偏心轴套旋转时，就使动锥偏心回旋而沿圆锥面破碎矿岩。一般旋回破碎机的结构如图 5-33 所示。

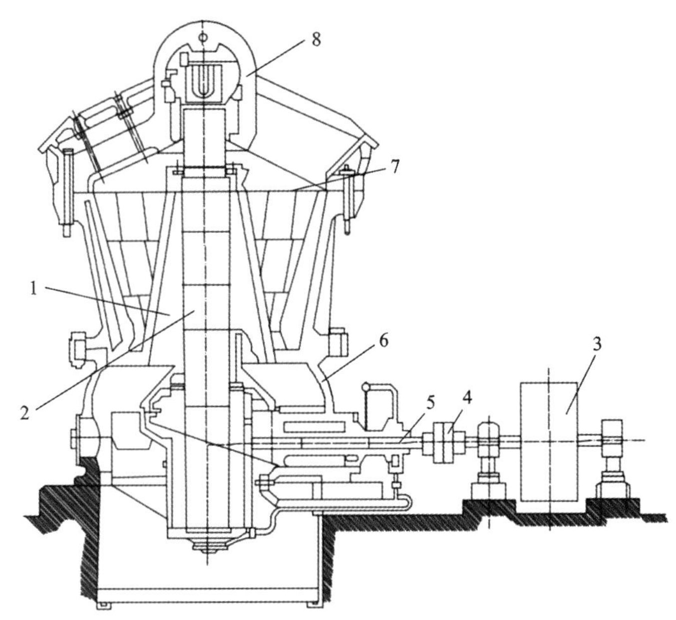

1—破碎锥；2—主轴；3—皮带轮；4—联轴节；5—传动轴；6—机座；7—横梁；8—支承环。

图 5-33　旋回破碎机结构

旋回破碎机进行破碎作业时，由于矿石和动锥工作面间的摩擦力比偏心轴套和轴之间的摩擦力大得多，动锥会反向旋转。

旋回破碎机与颚式破碎机不同，由于可动锥是偏心回转，趋近定锥时破碎矿岩，工作是连续而均匀的；生产率较高，能耗较少，破岩适应性较好。

近年出现的液压旋回破碎机，其外形和结构与同规格的旋回破碎机相同，只是局部改变并增加一套液压装置，其作用是调节破碎机的排放口，且可自动保护破碎机不致过载损坏。

综上所述，颚式破碎机和旋回破碎机各有其优缺点，在矿山被广泛选用，它们的特点见表 5-36。

表 5-36 颚式破碎机和旋回破碎机的特点比较

项目	颚式破碎机	旋回破碎机	项目	颚式破碎机	旋回破碎机
破碎机机体外形	小	大	受矿条件	需设置给矿机	可直接受矿
破碎机质量	小	大	产品粒度	不均匀	较均匀
维护检修	方便	较困难	破碎片状、条状矿石效果	差	较好
基建投资	少	多	振动状况	强烈	一般
每吨矿石耗电量	较多	较少	破碎规模	小	大

3. 反击式破碎机

有些移动式破碎站采用反击式破碎机，如图 5-34 所示。当物料进入壳体内的板锤作用区时，受到板锤高速冲击而破碎；同时被抛向安装在转子上方的反击板进行再次破碎。然后物料又从反击板弹回到板锤作用区被重新破碎。这个过程反复进行，直到物料被破碎至所需粒度而排出机外。反击式破碎机有单转子和双转子两种，其结构简单，使用和维修方便，破碎比较大，一般为 10~20，最高可达 60，因而简化了破碎流程。而且可进行选择性破碎工作，降低破碎成本，提高经济效益。这种破碎机适用于破碎中等硬度的脆性物料，如石灰岩、白云岩、页岩、砂岩和煤炭等。此外，有些矿山移动式破碎站采用圆锥破碎机、锤式破碎机和辊式破碎机。圆锥破碎机的外形结构与旋回破碎机的外形结构相似，但二者的动锥与定锥形成的破碎腔倾斜方向相反，即旋回破碎机定锥上端直径大，下端直径小；而圆锥破碎机的定锥上端直径小，下端直径大。因此，旋回破碎机更适宜破碎大块矿岩，排料块度和生产率较大；而圆锥破碎机适合中等块度矿岩的破碎，可获得较小的排料块度。

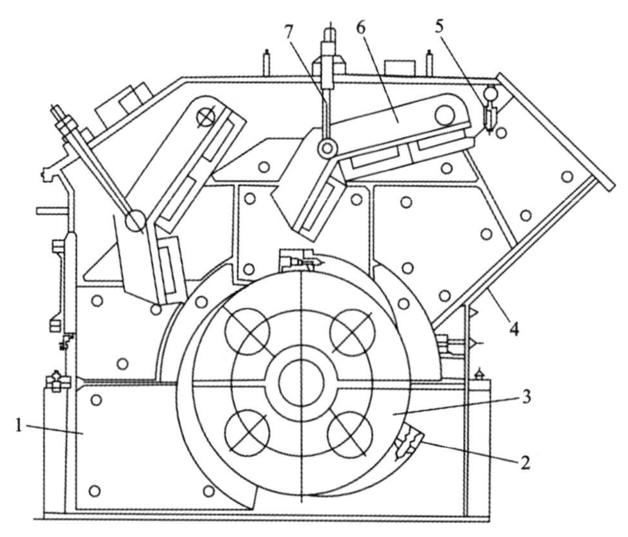

1—机体；2—板锤；3—转子；4—给料斗；5—链幕；6—反击板；7—拉杆。

图 5-34 单转子反击式破碎机结构

5.4.3　破碎机生产能力计算

破碎机的生产能力与矿岩性质(可碎性、比重、节理、粒度组成等)、破碎机的类型规格以及破碎机的运行条件(破碎比、负荷系数、给矿均匀程度)等因素有关。目前还没有把上述因素都包括进去的理论计算方法。因此，在选型设计时可以采用经验公式概略计算，并根据实际条件加以校正，或者参照类似矿山的生产实践来确定破碎机的生产能力。国内外使用的方法很多，这里仅介绍国内经常采用的计算方法。

1. 颚式破碎机参数计算

颚式破碎机的生产能力 Q 用下式计算：

$$Q = \frac{60nLSdk\rho_0}{\tan\alpha} \tag{5-40}$$

式中：n 为主轴转速，r/min；L 为排矿口长度，m；S 为动颚行程，m；d 为破碎矿岩的平均直径，m，$d=(2e+S)/2$；e 为排矿口宽度，m；k 为破碎矿岩的松散系数，通常可取 $k=0.25\sim0.7$，大型破碎机在破碎硬岩时，取小值，中小型破碎机在破碎较软岩石时，取大值；ρ_0 为矿岩的实体密度，t/m^3；α 为颚式破碎机的啮角，(°)。

2. 旋回破碎机的参数计算

旋回破碎机的生产能力 Q 用下式计算：

$$Q = \frac{D^{2.5}e\rho k_2}{1000} \tag{5-41}$$

式中：D 为动锥在排矿口平面的活动直径，m；e 为排矿口宽度，m；ρ 为破碎矿岩的松散密度，t/m^3；k_2 为经验系数，一般取 $k_2=0.95\sim0.98$。

3. 反击式破碎机的参数计算

反击式破碎机的生产能力 Q 可用下式计算：

$$Q = 3600k\rho_0 L\delta V \tag{5-42}$$

式中：k 为矿岩的松散系数，通常 $k=0.2\sim0.7$；ρ_0 为矿岩的实体密度，t/m^3；L 为转子体的长度，m；δ 为反击板与板锤间的间隙，m；V 为转子的圆周速度，m/s。

此外，圆锥破碎机的参数计算可参照旋回破碎机进行，锤式破碎机的参数计算可参照反击式破碎机进行。

在矿山实际生产中，为了简化选型设计计算，通常是根据破碎机制造厂家给出的铭牌数据，参考已有矿山现役同类设备，用经验公式进行估算。

在初选破碎机时，颚式和旋回破碎机的生产能力 Q 可按下式计算：

$$Q = K_1K_2K_3Q_0 \tag{5-43}$$

式中：Q_0 为标准条件下(指中硬岩石，松散密度为 1.6 t/m^3)的生产能力，t/h；K_1 为矿岩可碎性系数(表 5-37)；K_2 为矿岩相对堆密度修正系数，$K_2=\frac{\rho}{1.6}\approx\frac{\rho_0}{2.7}$，$\rho$ 为松散密度，t/m^3，ρ_0 为堆密度，t/m^3；K_3 为粒度修正系数(表 5-38)。

破碎机在标准条件下(中硬矿石、密度为 1.6 t/m^3)的生产能力 Q_0，可按下式计算：

$$Q_0 = q_0 e \tag{5-44}$$

式中：q_0 为破碎机单位排矿口宽度的生产力，t/(mm·h)，见表5-39和表5-40；e 为破碎机排矿口宽度，m。

在一般生产矿山，所需破碎机台数 n 可用下式确定：

$$n = \frac{Q_n}{Q} \tag{5-45}$$

式中：Q_n 为破碎作业的设计矿岩量，t/h；Q 为破碎机的生产能力，t/h。

表5-37 矿岩可碎性系数 K_1 值

矿石强度	抗压强度/MPa	坚固性系数 f	K_1
硬	160~200	16~20	0.9~0.95
中硬	80~160	8~16	1
软	<80	<8	1.1~1.2

表5-38 粗碎设备的粒度修正系数 K_3 值

给矿最大粒度 D 和给矿口宽度 B 之比(D/B)	0.85	0.6	0.4
粒度修正系数 K_3	1	1.1	1.2

表5-39 颚式破碎机 q_0 值

破碎机规格/(mm×mm)	250×400	400×600	600×900	900×1200	1200×1500	1500×2100
q_0/[t·(mm·h)$^{-1}$]	400	650	950~1000	1250~1300	1900	2700

表5-40 旋回式破碎机 q_0 值

破碎机规格/(mm/mm)	500/75	700/130	900/160	1200/180	1500/180	1500/300
q_0/[t·(mm·h)$^{-1}$]	2500	3000	4500	6000	10500	13500

5.4.4 移动式破碎站的布置和移设

在露天采场，无论是固定式破碎站还是移动式破碎站，其主要功能都是将爆破后岩堆中的大块矿岩，按照要求的粒度破碎成小块，以利于矿用汽车、有轨车辆或胶带输送机向外运输，提高生产效率并避免大块矿岩对运输设备的损伤。为了克服固定式破碎站转移建设周期长、移设安放工程量大、投资费用较高、矿岩运输成本随着开采延深而逐渐增加的缺点，近年来，各种类型的移动式破碎站在国内外露天矿山得到广泛应用。

在露天采场，破碎站机组上承装载设备(如挖掘机、装载机等)，下接运输设备(如专用车辆和胶带输送机等)，又是破碎矿岩的转载站，所以也称破碎转载站，它最适用于露天开采中的连续运输工艺和半连续运输工艺。

破碎转载站在露天采场占据一定场地，构成“转载平台”，以完成爆破后矿岩的破碎、转载、调车和设备维修工作。破碎站的空间位置、平台尺寸和破碎站的移设步距，是合理确定露天矿山连续或半连续运输系统，并使其充分提高综合生产能力和降低矿岩运营成本的重要因素。

1. 破碎转载站的构建和位置选择

1) 破碎转载站的构建要求

(1) 控制室应位于粗仓一侧上方，且有良好的视角，能看清各卸载口、矿仓内状况及碎石机工作情况，以便指挥车辆进、出卸载及进行翻卸作业和操作碎石机破碎矿仓内的大块物料，以及控制破碎机运转。

(2) 对于不合格的大块矿岩，可在粗破碎矿仓顶装设碎石机进行破碎。

(3) 金属露天矿通常采用连续工作制，每日三班作业，为缩短停机时间，大都采用整体部件更换检修制。因而要求粗碎矿仓一侧留有足够的更换部件(如动锥、横梁、架体、机座、偏心套、伞齿轮、衬板等)堆放和检修的场地。

(4) 破碎机除由粗碎矿仓的控制室控制外，在破碎机室内应设置就地进行操纵的控制房间。所设破碎机四周的检修平台应为可拆卸式。为防止破碎机作业时粉尘从堆体底部液压装置检修道逸出，需设置密封性能良好的可拆卸的密封隔板。在地形条件允许时，破碎机室应设置大门直通外面，以加强通风、采光和便于安装、检修时运送部件。

(5) 为调节所用破碎机的排矿及胶带输送机作业的均衡状况，应设置缓冲矿仓；缓冲矿仓内设有高、低料位计。

(6) 缓冲矿仓底的给矿机要与输送机相匹配。使用板式给料机时，其尾轮中心至溜槽外侧净距应能容纳 3 块以上的槽板。为便于检修，尾轮上方应设置起重梁。在板式给矿机前护罩一侧观察窗旁的操作室，应为密封可拆卸式。

(7) 粗碎矿仓上料卸载时产生粉尘，在各卸矿点应设置高压水喷嘴进行喷雾降尘，使物料通过水幕后落入矿仓。喷嘴的位置和水管的铺设应防止被卸下的物料砸坏。所产生的粉尘常用抽出式通风机和湿式吸尘器净化，使缓冲矿仓保持在负压状态，以获得较好的收尘效果。

2) 破碎转载站的位置选择

破碎转载站位置的合理选择关系到基建投资大小、生产是否正常顺畅、运输能力能否发挥、运输系统的布置是否合理以及运输费用高低等，应慎重决策。一般情况下，选择破碎转载站应遵循以下原则：

(1) 尽量节省汽车运输耗能，设法延伸铁路车辆和胶带输送机的运距，缩短汽车运距和爬坡，使汽车运距控制在 3 km 左右，爬高控制在 150 m 以内，否则会显著影响汽车运输效率，使矿岩运费大量增加。

(2) 不影响或少影响采场的推进及扩帮过渡，便于上下两段运输工作的衔接顺畅。

(3) 尽量利用采场内的合适地形、采空区及采场内的空旷平台等位置设置破碎转载站，以利于施工并节省工程量。

(4) 应使每个破碎转载站能集运较多开采水平的矿岩，使用延续时间较长，而且便于向下个预定位置转移。破碎转载站的位置可设在采场外，也可设在采场内，根据采场的具体条件而定。在一般露天矿山，通常把破碎转载站设在露天采场的两端或非工作帮，这样对工作帮的推进影响较小。如果几个台阶共用一个破碎站，则应设在集运水平上。

破碎转载站所服务台阶数目的确定，主要应考虑两方面因素：其一是能使破碎站在同一水平上的工作时间最长，破碎站的移设次数和费用最少；其二是能尽量缩小矿岩在露天矿内部的运输距离，减少矿岩运费。生产实践证明，破碎站的移设间隔为 80～100 m 比较合理。经验认为，深凹露天矿的破碎转载站宜先设在采场境界外的边缘，随开采深度的下降而移至采场内。

“汽车-破碎站-胶带输送机联合运输”系统中的粗碎转载站，宜设在靠往流向一侧的境界外边缘，矿石破碎站为去选厂方向一侧，岩石破碎站为去排土场方向一侧。下延的破碎转载站宜设在比较宽而固定的平台和不扩帮(或少扩帮)的采场两端帮位置。

3)破碎转载平台的尺寸确定

破碎转载平台尺寸除取决于破碎站形式及结构外，还取决于破碎站胶带输送机配套运输车辆的调车及翻卸方式。目前国内外露天矿山多采用自卸汽车和准轨铁路车辆转载两种运输方式与之配套。

自卸汽车与“破碎站-胶带输送机”配套，是“半连续开拓系统”工艺中最优的配套形式。合理确定破碎转载平台的尺寸，可提高生产系统的综合生产能力，减少露天矿山的剥岩量和运输量。

当采用自卸汽车与破碎站配套时，其卸载平台的最小宽度 B 可用下式计算：

$$B = R + L + b/2 + e_0 \tag{5-46}$$

式中：R 为汽车回转半径，m；L 为汽车长度，m；b 为汽车宽度，m；e_0 为附加安全值，m，可取 1～2 m。

在一般情况下，露天矿山铁路运输系统布线，其位置、标高应满足破碎站的移设步距要求。站场的设置应满足线路竖向和平面技术条件，尽量减少破碎站转载平台的宽度。

2. 移动式破碎站的移设

1)破碎转载站的移设步距确定

移设步距是指破碎站在露天采场内向延深方向迁移的垂直距离。破碎站移设步距的大小关系基建投资和运营费用，移设步距小，则采场内汽车运距缩短，节省矿岩的运费，但破碎站的移设费用增加；移设步距大，移设的次数较少，基建投资可减少，但汽车运距增加，运费则增加。合理地确定破碎站的移设步距，可使采场内单位矿岩运费与移设费用之和为最小，即达到最佳的经济效果。

一般情况下，确定移设步距应遵循以下原则：

(1)合理分布露天开采境界范围内各开采阶段的矿岩量，使各时期逐年采出的矿岩量与选择的胶带输送机开拓系统相适应；

(2)尽量减少和避免“开采境界分期过渡”与“半连续运输系统续建”两者之间的干扰，合理安排露天开采境界的过渡与破碎转载站续建的衔接关系；

(3)全面分析半连续运输系统中各项技术经济指标。在满足采场空间、有利于破碎转载站及胶带输送机安设的条件下，力求工程量和基建费用最低。

确定“移设步距”可采用“综合费用分析比较法”，即根据运营费和基建投资二者的关系确定破碎站的移动时间和步距，其表达式为：

$$\Delta A_2 + \Delta A_3 + \cdots + \Delta A_n \approx D \tag{5-47}$$

式中：ΔA_2 为破碎站投产第二年与第一年汽车运输费之差；ΔA_3 为破碎站投产第三年与第二

年汽车运输费之差；ΔA_n 为破碎站投产第 n 年与第($n-1$)年汽车运输费之差；n 为投产后从第一年开始往后的第 n 年；D 为破碎站基建投资，元。

当满足上式时，n 即为需要移动式破碎站的最佳时间，移动的步距 H 则为：

$$H=(n-1)v+h \tag{5-48}$$

式中：v 为采场下降速度，m/a；h 为采场阶段高度，m。

所求出的 H 应取开采段高的整数倍。因破碎站建设需要较长时间，通常至少需要一年的时间，应考虑加一个 h 值。构建破碎站需在生产延伸到其所处的水平时才能开始基建，到建成投产时，正常的生产已降到破碎站所处的水平以下，因此在开采进度计划中最好能将需要建站的位置提前剥离，为基建争取时间。基建也应准备充分，尽量缩短周期，以免出现因基建拖延而赶不上生产需要的局面。

某些采用移动式破碎站的露天矿山，对多次移设步距数据进行了统计分析，认为可用下面更简明的经验算式确定移动式破碎站的合理移设步距 H：

$$H=1.414\sqrt{\frac{iZ}{CF\rho k}} \tag{5-49}$$

式中：i 为汽车道路坡度，%；k 为汽车道路展线系数，由矿山实际运输系统确定；C 为汽车运输单位里程费用，元/(t·km)；Z 为破碎站移设总费用，元；F 为采场内爆后岩堆的平均面积，m^2；ρ 为矿岩平均密度，t/m^3。

在露天矿边帮设置破碎站时，边帮要进行扩帮。扩帮量不但与破碎转载站深度和面积有关，还与破碎站的长度与宽度之比有关。为了减少扩帮工作量，应使平行边帮的长度大一些，垂直边帮的宽度小一些。国内外有些矿山用设在工作面的移动式破碎站取代汽车运输，这种方案与配有汽车的半连续运输系统相比，运输费用可节省 20%，基建投资可节省 30%。

关于破碎转载站的移动步距，国内外有关文献介绍的经验认为，一般取 6～8 个台阶较好，但不宜超过 120 m。

2)采场内移动式破碎站的移置

露天采场每向下延深一个阶段，移动式破碎站需要向下移置一次。移置一次需 40～50 h。移置前需要做好如下准备工作：

(1)沿移动式胶带输送机的轴线向下挖掘铺设胶带输送机的斜坡道，然后铺设机架和尾部滚筒。

(2)当下部阶段已形成可布置破碎站的空间时，即应着手调平三个柱脚区并进行测量。

(3)挖掘出布置板式给矿机尾部的沟槽及附加工作空间。

停机期间需完成如下工作：

(1)移走移动式胶带给料机、转载料槽及辅助设施，协调移后空间。

(2)移置胶带输送机的尾部滚筒，接长移动胶带输送机，延伸到主胶带输送机的位置。

(3)接通外部电源后，使给料胶带输送机从破碎机下面自行到新位置。

(4)用牵引车将移动式破碎站拖运到新位置，定位后重新接上电缆和仪表控制线路。当形成板式给矿机的翻卸坑后，全系统即可在新的位置上恢复正常工作。

5.5　露天矿排土工艺

露天开采的一个重要特征就是剥离覆盖在矿床上部及其周围的表土和岩石，将其排弃到专设的排土场(或废石场)。在排土场用一定的方式进行堆放岩土的工作称为排土工作。

排土工作是露天矿的主要生产过程之一。合理地选择排土场位置、改进排土工艺和提高排土工作效率，不仅关系着运输和排土的技术经济效果，同时还涉及占用农田和环境保护等问题。排土工程包括：排土场位置、排土工艺技术、排土场稳定性、排土场病害治理和排土场占用土地、排土场环境污染及其复垦等主要内容。

露天矿的剥离量，一般要比采出的有用矿物量大数倍，相应的排土工作也需要占用大量的人力、物力。排土工作还应满足采掘的需要，并有一定的备用能力。

露天矿排土技术与排土场治理方面的发展趋势表现在三个方面：

(1)采用高效率的排土工艺，提高排土强度。

(2)增加单位面积的排土容量，提高堆置高度，减少排土场占地。

(3)排土场复垦，减少环境污染。

排土运输工艺与采场的运输系统有密切联系，国外一些大型露天矿都采用大型高效率运输机械，实行科学化管理，排土运输也是面向设备大型化和排土连续化方向发展。

美国矿山排土场占地面积约为矿山总占地面积的56%，矿山占地复垦率高达80%，其中排土场的复垦率为52%。据对我国冶金露天矿的调查，排土场占矿山总占地面积的39%~55%，土地复垦率仅为25%左右。与澳大利亚、德国和美国等发达国家较高的复垦率相比，差距较大，具有很大的复垦利用潜力。

排土工程仍然是露天矿生产的薄弱环节。排土场占用土地及其与环境保护的矛盾日趋突出。随着我国矿山事业的发展和采矿技术的进步，大型深凹露天矿将逐渐增多，排土新工艺新技术和许多大型高效率的排土设备将能得到广泛应用。排土场的技术管理，排土场与环境工程将会得到改进与完善。

5.5.1 排土场规划

1. 排土场位置选择

排土场按照其与采场的相对位置，可分为内部排土场与外部排土场。内部排土场运距较短，但技术条件要求较高，在绝大多数的金属和非金属露天矿不具备内部排土条件的情况下，需要采用外部排土场。外部排土场限制条件相对较少，但运距较长。

一个矿山可在采场附近设置一个或多个排土场，根据采场和剥离岩土的分布情况，可以实行分散或集中排土，通常采用线性规划方法对排弃物料的流向、流量进行平面规划和竖向规划。对于近期和远期排土量进行合理分配，以达到最佳的经济效益。

排土场地选择必须综合考虑排土场的地形、环境、排土场容量、矿床的远景分布、废石排弃运距、排土场对环境的污染、废石回收利用及排土场复垦等因素。排土场位置的选择应遵守下列原则：

(1)排土场应靠近采场，尽可能利用荒山、沟谷及贫瘠荒地，不占或少占农田。就近排土减少运输距离，但要避免在远期开采境界内进行二次倒运废石。有必要在二期境界内设置临时排土场时，一定要做技术经济方案比较后确定。

(2)有采空区或塌陷区的矿山，在条件允许时应将其采空区或塌陷区开辟为内部排土场；开采水平或缓倾斜(小于12°)的矿体和一个采场内有两个不同标高的底平面的矿山，应考虑采用内部排土；露天矿山和分区分段开采的矿山，应合理安排采掘顺序，选择易采矿体先行强化开采，腾出采空区作内部排土场。

(3)有条件的山坡露天矿，排土场的布置应根据地形条件，实行高土高排、低土低排、分散货流，尽可能避免上坡运输，减少运输功的消耗。做到充分利用空间，扩大排土场容积。

(4)选择排土场应充分勘察其基底岩层的工程地质和水文地质条件，如果必须在软弱基底上(如表土层、河滩、水塘、沼泽地、尾矿库等)设置排土场，必须事先采取适当的工程处理措施，以保证排土场基底的稳定性。

(5)排土场不宜设在汇水面积大、沟谷纵坡陡、出口又不易拦截的山谷中，也不宜设在工业厂房和其他构筑物及交通干线的上游方向，以避免发生泥石流和滑坡，危害生命财产，以及污染环境。

(6)保证排土过程中不致因滚石、滑坡、塌方等威胁采场、工业场地(厂区)、居民点、铁路、道路、输电网络和通信干线、耕种区、水域、隧道涵洞、旅游景区、固定标志及永久性建筑等的安全。

(7)排土场位置要符合相应的环保要求，防止对环境产生不良影响，尽可能保护自然景观。

(8)排土场不应设在居民区或工业建筑主导风向的上风侧和生活水源的上游，以防止粉尘污染居民区。应防止排土场有害物质的流失，污染江河湖泊和农田，含有污染物的废石必须按照现行国家标准《一般工业固体废物贮存、处置场污染控制标准》(GB18599—2001)要求进行堆放、处置。

(9)排土场的选择应考虑排弃物料的综合利用和二次回收的方便，如对于暂不利用的有用矿物或贫矿、氧化矿、优质建筑石材，应该分别堆置保存。

(10)在不影响排土作业的前提下，尽早创造复垦条件，以提高土地的利用率。排土场的建设和排土规划应结合排土场结束或排土期间的复垦计划统一安排，排土场的复垦和防止环境污染是排土场选择和排土规划中一个重要内容。

2. 排土规划

露天矿排土规划与采场采掘规划、短期采掘计划同等重要，是验证矿山生产能力的重要举措之一，具有判据性指标的功能。在某种意义上说，排土规划比采场采掘规划和采掘计划更重要。因为它属于露天矿固体废弃物有序存放、安全堆置、环境保护等的范畴。在各级政府日益重视安全、环保监管的情况下，在极端性气候频频出现、滑坡与泥石流地质灾害多发的今天，管好排土场，用好排土场，及时发现排土场排水、渗水环保整治等方面存在的问题，及时对排土场进行综合治理，都要通过排土规划和堆置计划落实。

此外，为了露天矿岩土排弃的经济合理性，也必须进行排土规划。排土规划的经济准则是露天开采的整个时期内，折算到单位矿石成本中的废石运输、排弃、排土场的复垦与污染防治等费用的总贴现值最小。当采场的开拓系统已确定时，排土规划的最终目的是使排土工作达到经济合理的运输距离，并使全部剥离排土的运营费的贴现值最小。排土规划还要考虑排土场的数量与容积、排土场与采场的相对位置和地形条件，以及其对环境的影响等。

排土场设计时应进行排土场平面规划和竖向规划。当选择有多个排土场，分散排土时，则通过平面规划，达到运输量的合理分配。而在一个排土场范围内，由于它和采场存在一定的高差关系，所以竖向规划特别重要，尤其是山坡露天矿和在沟谷、山坡地形设置排土场时，我们经常遇到的是竖向规划问题。

1）竖向规划的原则和堆置形式

将采场内需要剥离的岩土在竖向上划分一定的台阶，按照排土场地形条件及排土工艺，在竖向上也要划分台阶，使之与采场剥离台阶的划分相协调。根据露天矿排土运输条件和排土场建设类型，其竖向规划可分为以下几种堆置形式（如图 5-35 所示，图中方块面积表示各个台阶的岩土量，箭头方向表示运输线路方向）。

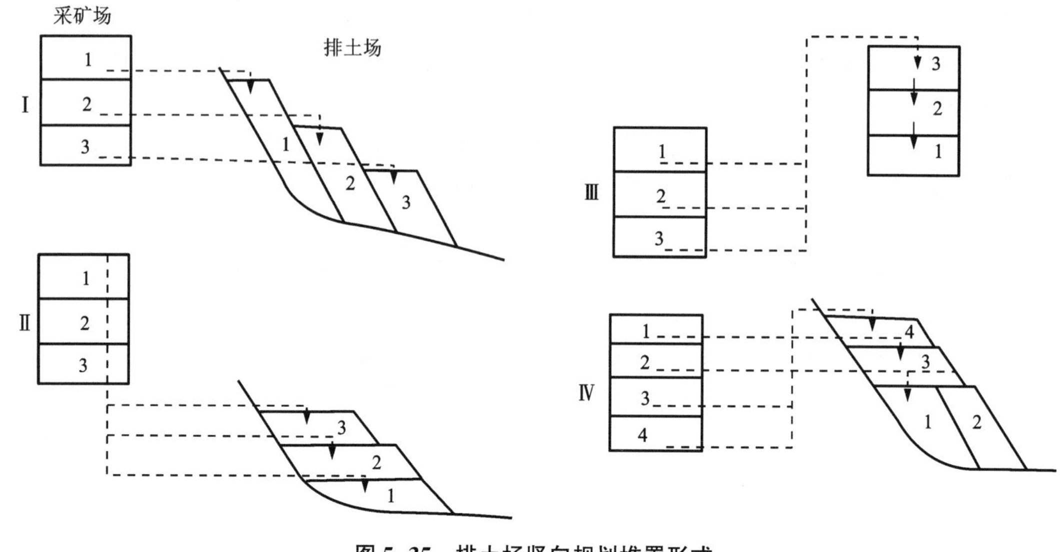

图 5-35 排土场竖向规划堆置形式

Ⅰ型为平缓坡运输形式。这种类型的特点是采场剥离台阶比排土台阶高一个台阶，采场由上往下剥离，排土场由上往下堆置，其运输路线是平缓坡，运输技术条件最佳，适用于公路和铁路运输排土。

Ⅱ型为下降运输形式。排土运输的特点是采场剥离台阶高于排土场两个以上的台阶高度，必须采用下降运输形式。采场由上至下剥离，而排土场由近向远或由下至上排土。如果条件允许则可以按模型实行单层高台阶排土，这样下降距离小，运输线路简单，运输费用较低。若高台阶排土的条件不允许，则采用低分段分层堆置。

这种类型需要大幅度下降运输，对于铁路运输，因线路降坡能力低、展线长，很不经济。对于汽车运输，虽坡度可以增大，但也需要较长的展线，增加运费，同时重车下坡处由于制动刹车的状况，其行车条件恶劣，一般重车下坡比缓坡运输的费用高 10%左右。当剥离量大，下降运输高差很大时，可在采场内采用溜井重力下放的运输方式。

Ⅲ型为上升运输形式。其特点正好与Ⅱ型相反，采场剥离岩土都要采用上升运输形式运至排土场，它的运输功和运输费用最高，是最不利的排土类型。当采用汽车或铁路运输方式时，同样存在线路长、运费高的缺点。如汽车运输，重车上坡的运费比下坡运输高 10%左右，比平缓坡运输高 30%左右。

上升运输的坡度大，可采用胶带运输，它爬坡能力强、效率高。

上升运输最好采用水平分层堆置方式。从理论上分析，分层高度越小，运输功就越小。但是，分层高度小，则分层运输路线增多，这是不经济的。因此分层高度要经过技术经济比较后再确定。

Ⅳ型是以上三种模型的组合型，它适合于山区地形，比高很大，上部是山坡露天开采，下部为深凹露天开采，而排土场也是在比高较大的山谷。这样的竖向规划往往比较复杂，需要进行多方案分析比较和优化。

2)线性规划数学模型

露天矿剥离岩土运往排土场时其运量及流向的合理规划，即用最少的运输距离和费用开支达到排土的目的，且使矿山排土费用总和最小。

线性规划运输的一般形式，是设定目标函数式：

$$Z = \sum_{i=1}^{m} \sum_{j=1}^{n} V_{ij} C_{ij} \rightarrow \min \tag{5-50}$$

式中：V_{ij} 为从采场第 i 个水平的岩土运输到第 j 个排土场可能的运输量，t；C_{ij} 为从采场第 i 个水平的岩土运输到第 j 个排土场的单位排土费用，元/t；m 为采场内剥离水平总数，个；n 为排土场(或排土台阶)总数，个；Z 为矿山排土费用总和，元。

排土场规划应满足的约束条件有两个：一是从采场任一开采水平运到各个排土场的岩土量应等于该水平岩土量的总和，如式(5-51)所示；二是任一排土场所容纳的总岩土量应等于从采场各水平运到该排土场的岩土量之和，如式(5-52)所示。

满足上述约束条件的计算公式：

$$\sum_{j=1}^{n} V_{ij} = C_j = a_i (j = 1,\ 2,\ \cdots,\ n) \tag{5-51}$$

$$\sum_{i=1}^{m} V_{ij} = D_i = b_j (i = 1,\ 2,\ \cdots,\ m) \tag{5-52}$$

式中：a_i 为采场内任一开采水平的岩土总量，m^3；b_j 为任一排土场所容纳的岩土总量，m^3；C_j 为任一个开采水平运到各排土场的岩土总量，m^3；D_i 为任一个排土场所容纳各开采水平的岩土总量，m^3。

同时应满足条件，$V_{ij} \geqslant 0 (i=1,\ 2,\ \cdots,\ m;\ j=1,\ 2,\ \cdots,\ n)$。

3. 排土场容量

设计的排土场总容积应与露天矿的总剥离量相适应。经过排土场选择和规划，根据排弃岩土的物理力学性质及排土工艺参数，分析计算排土场堆置参数和堆置容量。

排土场的设计总容量：

$$V = k_f V_y \tag{5-53}$$

式中：V 为排土场的设计总容量，m^3；k_f 为排土场容积富余系数，1.02~1.05；V_y 为排土场有效容量，m^3。

排土场有效容量计算公式如下：

$$V_y = \frac{V_0 K_s}{K_c} \tag{5-54}$$

式中：V_0 为剥离岩土的实方量，m^3；K_s 为初始剥离岩土的碎胀系数；K_c 为排土场沉降系数(1.1~1.2)。

岩土的碎胀系数、排土场沉降系数的参考值分别列于表 5-41 和表 5-42。

表 5-41 岩土的碎胀系数 K_s

岩土类别	级别	初始碎胀系数	终止碎胀系数
砂	Ⅰ	1.1~1.2	1.01~1.03
砂质黏土	Ⅱ	1.2~1.3	1.03~1.04
黏土	Ⅲ	1.24~1.3	1.04~1.07
夹石与黏土	Ⅳ	1.35~1.45	1.1~1.2
块度不大岩石	Ⅴ	1.4~1.6	1.2~1.3
大块岩石	Ⅵ	1.45~1.8	1.25~1.35

表 5-42 排土场沉降系数 K_c

岩土类别	沉降系数	岩土类别	沉降系数
硬岩	1.05~1.07	砂质岩石	1.07~1.09
软岩	1.10~1.12	砂质黏土	1.11~1.15
砂和砾石	1.09~1.13	黏土	1.13~1.19
亚黏土	1.18~1.21	黏土夹石	1.16~1.19
泥夹石	1.21~1.25	小块岩石	1.17~1.18
砂黏土	1.24~1.28	大块岩石	1.10~1.20

沉降系数 K_c 也可按下式计算：

$$K_c = 1 + \frac{h_{p1} - h_{p2}}{h_{p2}} \tag{5-55}$$

式中：h_{p1} 为下沉前排岩台阶高度，m；h_{p2} 为下沉后排岩台阶高度，m。

5.5.2 排土工艺

1. 排土场分类

排土场可根据多项特征分类。按排土场与露天矿的相对位置，排土场可分为内部排土场和外部排土场；按排土堆置顺序可分为单台阶堆置、水平分层覆盖式堆置、倾斜分层压坡脚式；按运输排土方法可分为汽车-推土机运输排土场、铁路-电铲(排土犁、推土机、前装机、铲运机等)运输排土场、胶带输送机-排土机排土场，以及水力运输排土场和无运输排土场；按排土场地形条件可分为山坡和平原型排土场等类型(表 5-43)。

表 5-43 排土场分类特征

分类标准	排土场分类	排土方法和堆置顺序
按排土场位置区分	内部排土场	排土场设置在采场境界内已采完区域
	外部排土场	排土场设置在采场境界以外

续表 5-43

分类标准	排土场分类	排土方法和堆置顺序
按堆置顺序区分	单台阶堆置	单台阶一次排土高度较大，由近向远堆置
	多台阶覆盖式堆置	由下而上水平分层覆盖，留有安全平台
	倾斜分层压坡脚式堆置	由上而下倾斜分层，逐层降低标高，反压坡脚
按运输排土方式区分	铁路-电铲运输排土场	按转排物料的机械类型区分： 排土犁排土、电铲排土、推土机排土、前装机排土、铲运机排土、索斗铲排土等
	汽车-推土机运输排土场	按岩土物料的排弃方式区分： 边缘式——汽车直接向排土场边缘卸载，或在距边沿 3~5 m 卸载，由推土机排弃和平场 场地式——汽车在排土平台上顺序卸载，堆置完一个分层后再用推土机平整场地
	胶带输送-排土机排土场	采用带式排土机排弃，按排土方式和排土台阶的形式可分别分为上排和下排，扇形排土和矩形排土
	水力运输排土场	采用水力运输、铁路运输、轮胎式车辆运输岩土到排土场，再用水力排弃
	无运输排土场	采用推土机、前装机、机械铲、索斗铲和排土桥等直接将剥离岩土排卸到采空区或排土场；工艺简单、效率高、成本低。多数适用于内部排土场

对于长度大的倾斜、急倾斜厚矿体或一个矿区有几个采场的矿山，按照传统采矿工艺是很难采用内排土的，通过技术经济论证和采掘计划安排，可以先强化开采部分采场或分区开采，将采空区作为内部排土场。而对于缓倾斜薄矿体及一些铝土矿、砂矿，适宜于进行内排土，其技术经济效益显著。

废石运输工艺一般取决于采场的开拓方式，只有在特殊情况下才采用二次倒运，改变运输排土方式。除了一些剥离量不大的露天矿采用提升机运输或索道堆置废石山之外，我国露天矿的外排土场一般采用汽车排土、铁路排土和胶带输送机排土等运输方式。

国外技术先进的国家排土机械化的特点是类型多样化，设备系统化，因地制宜组织多种设备联合排土，能较充分发挥各种设备的特长，提高排土综合效益。

2. 排土初始路堤建设

排土初始路堤的修筑是形成排土线的基础。根据地形条件和排土方式不同，初始路堤的形成和排土线的扩展方法也不相同，但归纳起来可分为山坡型和平地型两种修筑方法。地形条件对初始路堤的堆垒影响很大，在山坡坡度适宜时，不同标高的排土水平可同时建设，且建设工程量小。在平地或缓坡上建设排土线时，不同标高的排土水平只能由下而上地建设，建设速度也比较慢。

当排土场基底松软、含水或在多雨地区时，应先做好基底清理、疏干和防排水工作，以确保排土场建成后能正常作业。

建设初始路堤时可以采用排土犁、推土机、挖掘机、铲运机、前装机和带式排土机等多种设备。

1）山坡型初始路堤

若修筑铁路运输排土线初始路堤，应沿山坡等高线方向开挖一单壁路堑或半挖半填，整平后铺上线路便形成初始排土线（如图 5-36 所示）。若修筑汽车运输排土线初始路堤，应根据调车方法确定其路堤宽度。

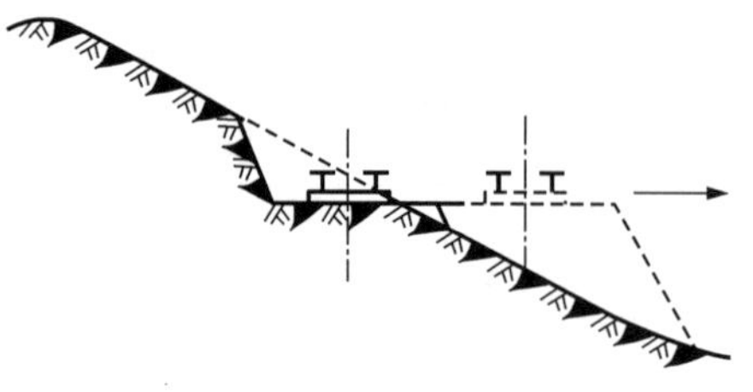

图 5-36 铁路运输山坡排土线初始路堤

由于地形条件所限，当排土线需要跨越深谷时，为避免一次填方工程量大，可沿山体等高线先开辟临时排土线，通过堆排不断扩宽，直到初始排土线全部贯通。因深谷和冲沟往往是汇水的通道，为了排土路线的稳定性，在深沟处应堆置透水性好的岩块。

当堆置多台阶排土场时，下水平排土场的初始路堤可以在上水平排土场的终排边坡上修筑。可以采用半挖半填方式或全部用新排弃的岩石填筑排土初始路基，应根据路堤上水平排土场达到的稳定状态而定。

2）平地型初始路堤

平地型排土场初始路堤的修筑较为复杂，需要分层堆筑和逐渐涨道。视工程量大小及具体条件可以采取不同的修筑方法。

采用排土犁修筑时，常采取交错堆垒的方式，每次涨道的高度可达 0.4~0.5 m（如图 5-37 所示）。

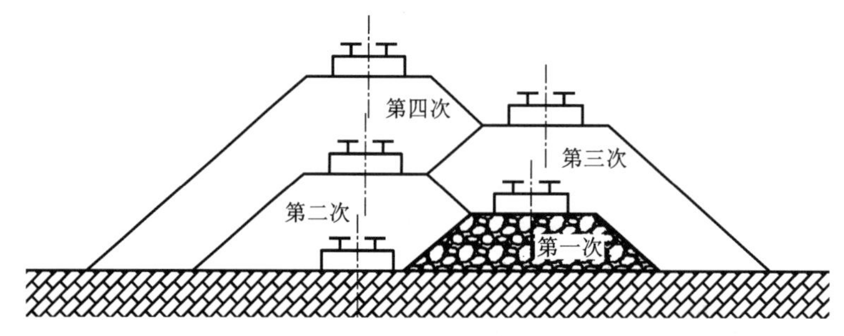

图 5-37 排土犁修筑初始路堤

采用推土机修筑时，一般用两台推土机相对推土，此法可修筑高度达 5 m 的初始路堤（如图 5-38 所示）。

采用挖掘机修筑时（如图 5-39 所示），首先是从原地取土，并在旁侧堆筑第一分层，为了加大第一分层堆垒高度，也可以在两侧取土，取土的地段形成取土坑。第一分层平整后铺上线路，就可由列车运送岩土并翻卸在路堤旁，再由挖掘机堆垒第二分层、第三分层直至达到所要求的台阶高度，这样便形成初始排土线。

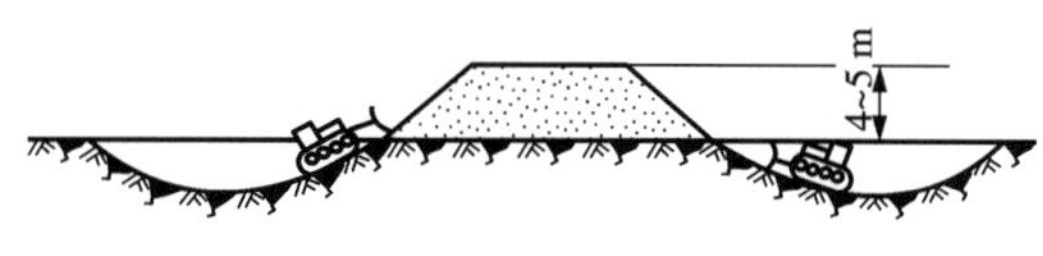

图 5-38 推土机修筑初始路堤

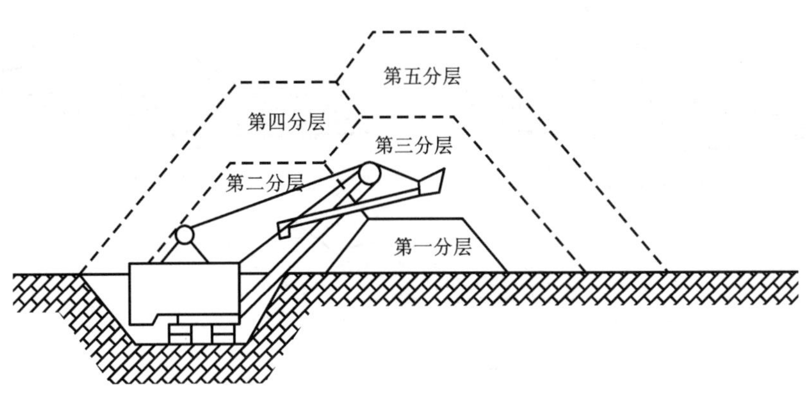

图 5-39　挖掘机修筑初始路堤

采用胶带排土机修筑时(如图 5-40 所示)，首先由排土机形成台阶 1 和 2，然后把排土机移到台阶 1 和 2 的上面进行排土，直到排土台阶达到所要求的高度 3 时，便形成了初始排土路堤。

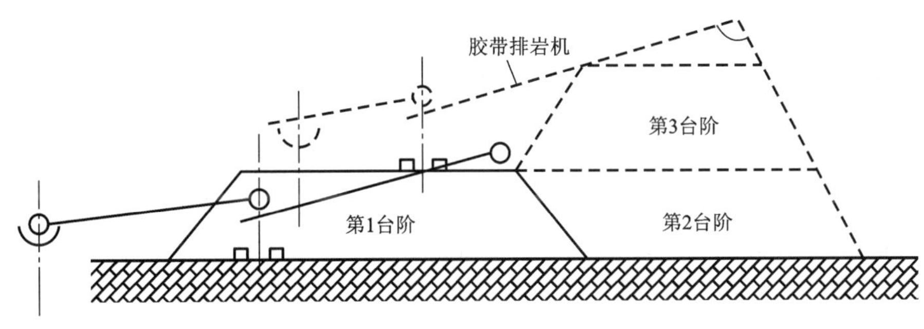

图 5-40　胶带排土机修筑初始路堤

3. 排土场堆置顺序

按照排土场地形条件、岩土性质以及矿山开拓方式等，排土场的堆置顺序可分为单台阶排土、覆盖式多台阶排土、压坡脚式组合台阶排土(图 5-41)。它们均适合于汽车运输、铁路运输和胶带输送机运输等排土方式。但要经过技术经济方案比较，结合矿山具体条件而选择某种排土场的堆置方式或两种及以上的堆置顺序的综合堆置形式。

1)单台阶排土场

采用单台阶排土场[图 5-41(a)]的矿山多数是汽车排土，排土场地形一般为较陡的山坡或者沟谷。其特点是分散设置、每个排土场规模不大、数量较多，排土场空间利用率较高，但堆置高度大，安全条件较差，所以采用铁路运输的单台阶排土场高度受到一定限制，因为台阶高度大、沉降量大，线路维护和安全行车都比较困难。

单台阶排土场的初始路堤一般是沿着等高线方向开辟半壁路堑，并向路堤一侧排土，逐渐向外扩展。初始路堤顺山脊修筑时，可根据需要向路堤的两侧排土。汽车卸车和调车的平台尺寸可根据汽车类型确定，32 t 以内的载重汽车的初始平台不宜小于 50 m×40 m。为了延

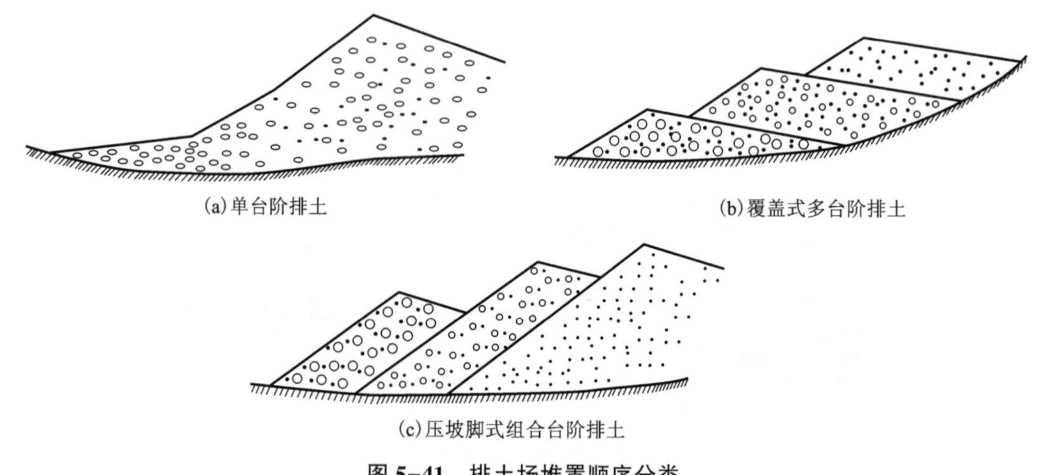

(a)单台阶排土　(b)覆盖式多台阶排土

(c)压坡脚式组合台阶排土

图 5-41　排土场堆置顺序分类

展初始路堤，首先沿着等高线方向排土，然后垂直等高线方向扩展，两个方向交替排土使得排土线呈扇形扩展。

单台阶排土场一般高度大，沉降变形也大，所以它适合于堆置坚硬岩石，排土场基底要求不含软弱岩土，以防止滑坡和泥石流。这种堆置方式的优点是高台阶排土场的单位排土线受土容量大，移道、修路等辅助作业量少。因此在国外的一些山坡型单台阶排土场应用较为广泛，排土场高度可达数百米。

2)覆盖式多台阶排土场

覆盖式多台阶排土[图 5-41(b)]，也称为逆排，它适用于平缓地形或坡度不大而开阔的山坡地形条件。其特点是按一定台阶高度的水平分层由下而上、逐层堆置，即“上土下排”和“下土上排”，也可几个台阶同时进行覆盖式排土，而保持下一台阶超前一段安全距离。然而这种集中型多台阶排土场也有缺点，随着采场剥离台阶的下降，排土场的堆置标高逐渐上升，采场上部台阶的岩土运距较远，是重车下坡运输，而深部水平的岩土运出采场境界后往往是重车上坡运输到排土场，使得排土成本较高。根据地形条件可采用适当分散的办法，选择上、中、下若干分散的排土场，在总体上达到“上土上排”和“下土下排”的目的，但在每个排土场仍按自下而上的多台阶排土顺序。

多台阶排土场的参数和基底承载能力等都要通过分析进行设计，往往基底岩土层的承载能力和第一台阶(即与基底接触的台阶)的稳定性，对于整个排土场的稳定和安全生产起着重要作用。原则上要控制第一台阶的高度，尤其在因地形变化而使局部高度很大的地段；作为第二、第三……后续各台阶的基础，要求初始台阶的变形小、稳定性好，所以一般它的高度应适当小于后续台阶的高度。同时要堆置坚硬岩石，其他松软和风化层表土堆存到离排土场较近的地方，作为以后复垦用。

第一台阶的高度以不超过 25 m 为宜，当基底为倾斜的砂质黏土时，第一台阶的高度不应大于 15 m。由于第一台阶的变形和破坏，可能引起整个排土场的松动和破坏。据苏联克里沃罗格矿区的经验，第一台阶必须堆置坚硬岩石，高度不超过 20 m，经过试验研究将后续台阶高度增加到 40 m，安全平台宽为 50 m，使铁路移道工作量减少约 1/2，劳动生产率提高 18%~20%。

国外露天矿由下而上覆盖式多台阶排土的实例有俄罗斯列别金铁矿和乌克兰 6 大采选公司 8 个特大型露天矿，因采矿场和排土场地形都是略有起伏的平原地形，只能用覆盖式多台阶排土。高山型矿床又具备压坡脚式组合台阶排土条件而应用了覆盖式多台阶排土的工程实例有菲律宾 JAMPANKAN 金铜矿，在 2 km×3 km 平地上拟建堆高 120 m 的覆盖式多台阶排土场，而在北西部有一大沟，可以采用“上土上排”“下土下排”压坡脚式组合台阶排土工艺，但在可行性研究时因环保工程师与社区工作工程师坚持，覆盖式方案打分最高而被确定采用，但代价是 12 亿吨剥离物因运距翻番，而增加汽车基建投资 2 亿美元，全期运营费需增加 10 亿美元，其优劣结论有待于实践检验。

国内覆盖式多台阶排土典型实例为攀钢集团有限公司朱家包包铁矿的铁路排土场。至 2008 年底，朱矿铁路排土场已形成Ⅰ$_{\text{土}}$、Ⅱ$_{\text{土}}$、Ⅲ$_{\text{土}}$、Ⅳ$_{\text{土}}$和Ⅳ$_{\text{土}}$-3 五个排土水平，共有Ⅰ$_{\text{土}}$-1、Ⅰ$_{\text{土}}$-4、Ⅱ$_{\text{土}}$-1、Ⅱ$_{\text{土}}$-2、Ⅲ$_{\text{土}}$-1、Ⅲ$_{\text{土}}$-2、Ⅳ$_{\text{土}}$-1 和Ⅳ$_{\text{土}}$-3 八条排土线，排土水平标高分别为 1230 m、1270 m、1310 m、1348 m、和 1372 m，设计台阶高度为 40 m（Ⅳ$_{\text{土}}$-3 台阶高度为 24 m），设计总容积为 3.64 亿 m^3，朱矿铁路排土场已收容岩石近 5 亿 t，其中Ⅰ$_{\text{土}}$收容废石达到 1.3 亿 t。另外，在生产过程中也力求与采场剥岩台阶及区段相协调，达到“上土上排”“下土下排”。

攀钢的白马铁矿Ⅳ号排土场是利用山谷有利地形堆置而成的，采用汽车-推土机排土工艺，多台阶自下而上覆盖式排放，属覆盖式多台阶排土场。

3）压坡脚式组合台阶排土场

压坡脚式组合台阶排土［图 5-41（c）］，也称为顺排，它适用于山坡露天矿，在采场外围有比较宽阔、随着坡降延伸较长的山坡、沟谷地形，既能就近排土，又能满足上土上排、下土下排的要求。这种排土堆置的顺序是上一台阶在时间和空间上超前于下一台阶，最后形成组合台阶。这时，下一台阶的初始路堤是由自身的岩土边排边修筑，也可在上一台阶的边坡上半挖半堆修筑初始路堤。如果是由近向远排土，在上一台阶结束前，为了适应多台阶同时排土的需要，下一台阶可以滞后一段距离，在上一台阶已结束的终了边坡上开始排土。

压坡脚式组合台阶排土场，前期剥离大量的表土和风化层被堆置在上水平的排土台阶，而在下部和深部剥离的坚硬岩石，则堆置在后期的排土台阶，压住上部台阶的坡脚，起到抗滑和稳定坡脚的作用。虽然在组合台阶形成后各台阶的相对高度不大，但是在每个台阶的堆置过程中所暴露的边坡高度仍然是很大的，在排土过程中也会遇到很多边坡稳定问题。加拿大霍汀露天矿利用压坡脚式堆置方法来反压和支撑上一台阶的松软岩土，防止滑坡。采用两种压坡脚形式：第一种先堆置坚硬岩石形成阻挡坝，然后再堆放软岩；第二种是后期用坚硬岩石压坡脚支撑原先堆置的软岩。

国外露天矿应用压坡脚式组合台阶排土的典型工程实例很多。智利 EL Morrow 金铜矿，在矿体下盘采用段高 60 m 压坡脚式组合台阶排土，最上排土标高 4005 m，其下有 3945 m、3885 m、3825 m，共 4 个排土水平。

国内露天矿应用压坡脚式组合台阶排土最成功的是南芬铁矿和兰尖铁矿，都应用下盘高阶段汽车排土场，段高 200~400 m。排土台阶与采矿生产台阶标高相匹配，剥离岩土平坡近距离运往排土场。南芬铁矿和兰尖铁矿应用压坡脚式排土均达 40 余年，排土量数亿吨，与覆盖式多台阶排土相比，节省运营费数亿元，并且生产能力迅速扩大，技术经济指标全国领先。其间也发生过滑坡和泥石流，但应用覆盖式组合台阶排土的矿山也同样发生滑坡和泥石流，这两种地质灾害是多因素影响的结果，并非压坡脚式组合台阶排土场一定发生滑坡和泥石流，只是发生概率可能大一些。

4. 排土工艺

排土工艺可根据废石的运输与排弃方式以及所使用设备的不同，分为如下三类：

(1)公路运输排土。利用汽车将废石直接运输到排土场进行排弃，并由推土机推排残留废石及整理排卸平台，也称为汽车运输-推土机排土工艺。

(2)铁路运输排土。利用铁路运输将废石运输到排土场，并利用排土设备进行排弃。

(3)胶带输送机运输排土。利用胶带输送机将剥离下的岩石直接从采场运到排土场进行排弃。

目前，多数矿山往往采用联合排土工艺。

1)汽车运输-推土机排土工艺

采用汽车运输-推土机排土具有一系列的优点，主要表现为机动灵活、爬坡能力大，适宜在地形复杂的排土场实行高台阶排土。排土场内的运输距离较短，可在采场外就近排土，而且排土线路建设快、投资少，又容易维护，其排土工艺和土场技术管理也比较简单，所以特别适合于矿体分散、开采年限短的中小型矿山。其主要缺点是排土运输费用相对较高，特别是当排土运距较远时，排土费用与效率之比显著增加。

汽车运输-推土机排土符合露天矿运输设备的发展方向，国内外金属露天矿广泛采用汽车运输，并且向大型化方向发展，与之相配合的推土机也随之向大马力方向发展。表 5-44 为我国部分露天矿的汽车运输-推土机排土场参数。

表 5-44 我国部分露天矿汽车运输-推土机排土场参数

矿山	排土场岩性	基底坡度/(°)	台阶数/个	堆置高度/m		边坡角/(°)	
				台阶高	总高度	台阶坡度	总坡度
南芬铁矿	石英片岩、混合岩	22~30		80~180	106~295	31~35	20~28
兰尖铁矿	辉长岩、大理岩	34~38	1	15	180~200	35	35~36
大石河铁矿	混合片麻岩	30~60	1	30~75	30~105	36~40	
峨口铁矿	云母石英片岩	27~39	1	60~120	60~120	40	
石人沟铁矿	片麻岩	20~30	1	40~75	40~75	37.7	
潘洛铁矿	石英片岩、凝灰岩	33~45	1	200	200	32~35	32~35
大宝山铁矿	页岩、流纹斑岩	30~50	1		280~440		
云浮硫铁矿	变质粉砂岩	30~40	3	20~40	150~200	40	35
德兴铜矿	千枚岩、闪长玢岩		1	40~60	120		
永平铜矿	混合岩	28~33	3	24~36	144~160	38	33
石录铜矿	石英闪长岩、黄泥	2~28	4	10~30	45~55	25~30	
金堆城钼矿	安山玢岩		1	35~90	35~90	34~36	34~36
白银铜矿	凝灰岩、片岩	30~50		6~15	30~80	37~40	
东川汤丹铜矿	白云岩、板岩	35~40	1	300~420	300~420	38	

汽车运输–推土机排土方式适用于任何地形条件，可堆置山坡形和平原形排土场，即单台阶和多台阶排土场。按排土堆置方式分为边缘式及场地式(图 5–42)，边缘式排土是自卸汽车沿排土台阶坡顶线直接卸载，或卸在边沿处再由推土机将岩土推到坡下，这种方式比较经济，推土机作业量小。场地式是汽车在排土平台上顺序卸载，排弃一个分层后由推土机压实和平整。如此循环，排土台阶逐渐加高。这种排土方式只有在堆置软岩或土场变形大、在平台边缘卸载不安全时才使用。

汽车运输–推土机排土时，推土机用于推排岩土、平整场地，堆置安全车挡，它的工作效率主要决定于平台上的岩土残留量。当汽车直接向边坡翻卸时，80%以上的岩土借自重滑移到坡下，由推土机平场并将部分残留量堆成安全车挡；当排弃的是松软岩土，台阶高度大，或因雨水影响，排土场变形严重，汽车直接向边坡卸载不安全时，可以在距坡顶线 5~7 m 处卸载，全部岩土由推土机推排至坡下，这样大大增加了推土机的工作量，增加了排土费用。

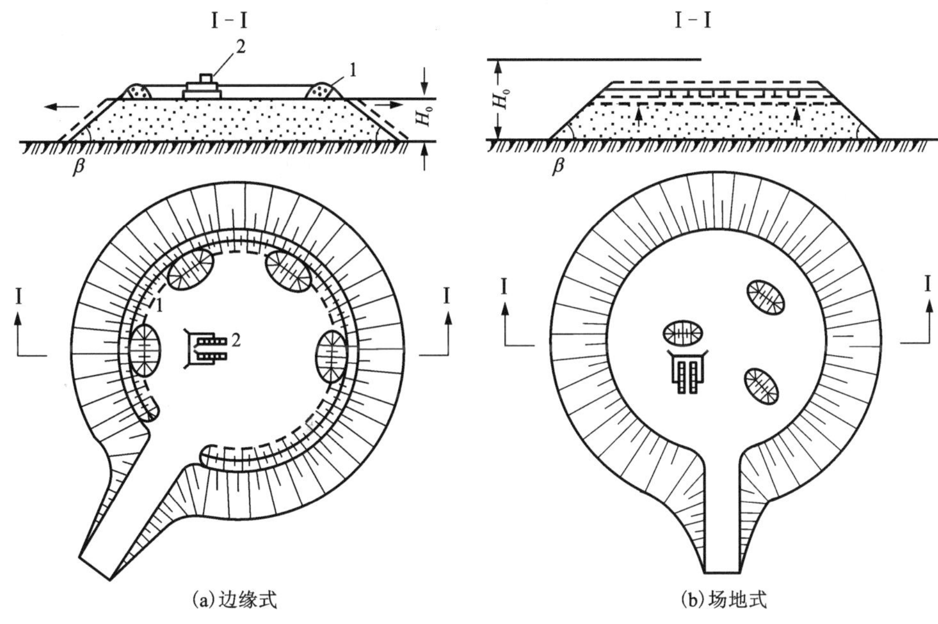

(a)边缘式　　(b)场地式

1—岩石安全车挡；2—推土机。

图 5–42　汽车运输–推土机排土方式

汽车运输–推土机排土工艺参数确定如下：

(1)排土线长度：

$$L = Nl \tag{5–56}$$

式中：N 为同时卸载汽车数，台；l 为每台汽车卸载所需排土线长度，m。

$$N = N_0 \times \frac{t_p}{60}$$

式中：t_p 为汽车卸载和调车时间，min；N_0 为排土场每小时卸载车数：

$$N_0 = \frac{A_d K_n}{q}$$

式中：A_d 为采场小时剥离量，t/h；K_n 为采场剥离工作不均衡系数($K_n = 1.25 \sim 1.5$)；q 为汽车载重量，t。

(2)排土场需要推土机台数：

$$N_T = \frac{V_s K_s K_T}{Q_T} \tag{5-57}$$

式中：V_s 为需要推土机推移的岩土实方量，m^3/班；K_s 为岩土松散系数；K_T 为设备检修系数($K_T = 1.2 \sim 1.25$)；Q_T 为推土机台班效率(松方)，m^3/(台·班)；N_T 为推土机台数，台。

推土机堆置岩土时，生产能力：

$$Q_T = \frac{3600 V_B T_c K_B}{t_H} \tag{5-58}$$

式中：V_B 为推土机一个循环堆置的岩土松方量，m^3；T_c 为班工作小时数，h；K_B 为推土机工作时间利用系数；t_H 为推土机一个循环的时间，s；Q_T 为推土机生产能力，m^3/(台·班)。

(3)推土机在平台上平场的台班效率：

$$Q_s = \frac{3600 F T_c K_B}{m(L/v + t_0)} \tag{5-59}$$

式中：F 为推土机一个行程平场的面积，m^2；L 为一个行程平场的区段长度，m；v 为推土机运行速度，m/s；m 为平整面积 F 需要的行程数；t_0 为推土机转向时间，s；其余符号同前。

推土机在排土场的工作效率主要与推土距离及岩石块度有关，一般在 15 m 范围内它能发挥最好的效率(表 5-45)，而汽车运输排土的效率也与距离和道路条件有关。

表 5-45 推土机排土效率 单位：m^3/(台·班)

运距/m	推土机功率			
	75 kW	112 kW	164 kW	224 kW
5	540~720			2 万~2.5 万 m^3/d
10	400~520	1100	2100	
15	320~400	1750	1750	
20	270~310	1200	1200	
25		850	850	
30		650	650	

2)铁路运输排土工艺

铁路运输排土工艺是早期建设露天矿中常见的排土工艺，主要由铁路机车牵引车辆将剥离的废石运至排土场，翻卸到指定地点再应用其他移动设备完成废石的转排工作。可选用的设备有排土犁、推土机、前装机、索斗铲等，目前国内常用的转排设备以挖掘机为主，排土犁次之，其他设备很少使用。辅助设备包括移道机、吊车等。

按照排土设备的不同，可将铁路运输排土工艺分为单斗挖掘机排土、排土犁排土和前装机排土等三类。

根据矿山剥离量和排土场布线能力而决定排土线数量和受土能力。一般排土线的有效长度以不小于三个列车长度为宜，即 500~1000 m；每条排土线受土能力，国内矿山用排土犁排土为 100 万~150 万 t/(条·年)，用挖掘机排土为 150 万~200 万 t/(条·年)；移道步距，排土犁排土为 2~2.5 m，挖掘机排土为 22~24 m；铁路运输排土场的堆置高度受排土设备和安全条件限制，其台阶高度为 15~25 m，排土场高度为 50~60 m，少数矿山达到 80~120 m；其台阶坡面角接近或小于自然安息角，为 28°~38°。我国部分露天矿铁路运输排土场参数见表 5-46。

表 5-46　我国部分露天矿铁路运输排土场参数

矿山	排土场岩性	基底坡度/(°)	台阶数/个	堆置高度/m		边坡角/(°)	
				台阶高	总高度	台阶坡度	总坡度
眼前山铁矿	千枚岩、混合岩	15~25	3	20~25	78	34	24.5
齐大山铁矿	石英片岩、千枚岩、混合岩		3	14~30	50	38~43	25~35
大孤山铁矿	石英片岩、千枚岩、混合岩	50	3	15~25	67	35~37	32
东鞍山铁矿	千枚岩、混合岩		3	20~34	45~50	36	33
歪头山铁矿	角闪片岩、石英岩	10~15	2	15~16	64	34	
甘井子石灰石矿	石灰岩、页岩	30~55	1	12~20	20~30	38	30
大冶铁矿	闪长岩、大理岩			40	70~110	35~42	28~35
朱家包包铁矿	辉长岩、大理岩	25~45	4	15~30	168		28~37
白云鄂博铁矿	白云岩、板岩	20~17	2	35~80	35~40	43	30~36
水厂铁矿	片麻岩、花岗岩	15~30	2	30~40	115		36~40
海南铁矿	透闪石灰岩、绢云母片岩	28~43	1	90~110	40~130	36~38	36~38
南山铁矿	闪长岩、安山岩	5~10	3	15	80	31~40	

(1)挖掘机排土

采用铁路运输的矿山广泛采用挖掘机排土，以满足其大量排土的需要。

列车进入排土线后依次将岩土卸入受土坑，受土坑的长度不小于一辆翻斗车的长度，受土坑底标高比挖掘机作业平台低 1~1.5 m，受土坑容积为 200~300 m^3。

排土台阶分上下两个分台阶，电铲站在下部分台阶平台上从受土坑铲取岩土，向前方、侧方和后方堆置；向前方和侧方堆置时挖掘机推进而形成下部分台阶，向后方堆置上部分台阶是为新排土线而修路基。如此作业直到排满规定的台阶总高度。上部分台阶的高度取决于挖掘机的最大卸载高度，而下部分台阶高度根据岩土的力学性质和基底条件，一般为 10~30 m(图 5-43)。

排土场的生产能力取决于排土线的接受能力和排土线数。按挖掘机生产能力计算排土场的受土量。在矿山生产实践中，影响排土线生产能力的往往不是挖掘机的生产能力，而是排

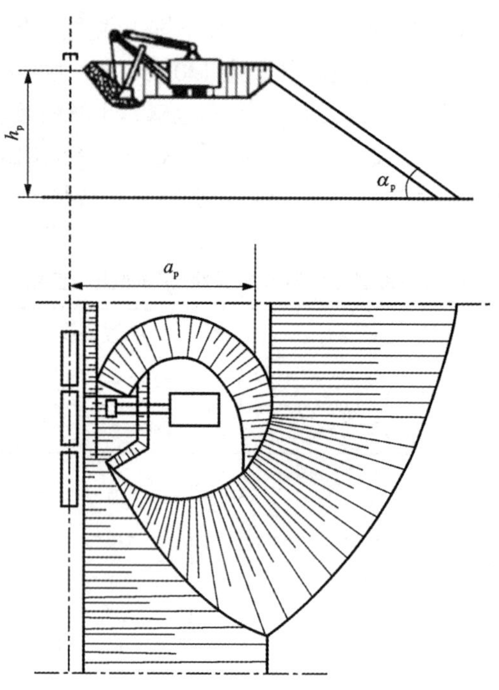

h_p—排土台阶高度，m；a_p—移道步距，m；α_p—排土台阶坡面角，(°)。

图 5-43 挖掘机排土作业示意图

土线的通过能力。每条排土线的接受能力 Q 为：

$$Q = \frac{TK_t n_g q}{K_s(t_1 + t_2 + t_3)} \tag{5-60}$$

式中：T 为班工作时间，min；K_t 为排土线作业时间利用系数，取 $K_t = 0.75 \sim 0.80$；n_g 为列车中的翻斗车数；q 为翻斗车装载松方量，m^3；K_s 为岩土松散系数；t_1 为列车从入站至卸载点行走时间，min；t_2 为列车卸车时间，min；t_3 为列车等入、等出、等卸时间，min；Q 为排土线接受能力，m^3/班(实方)。

排土线年平均接受能力为：

$$Q_n = nQ \tag{5-61}$$

式中：n 为排土线年工作班数；Q_n 为排土线平均接受能力，m^3/(条·年)。

排土场需要的排土线条数：

$$N_v = \frac{V}{Q_n} \times \eta \tag{5-62}$$

式中：V 为排土场计划平均排土能力，m^3/a；η 为排土线备用系数。

(2)排土犁排土

排土犁排土，具有投资少、见效快、工艺简单等特点。尤其山区排土场，在矿山建设初期，乃至中期，特别适用于推土犁排土工艺。它可以利用山谷自然形成段高，沿等高线铺设铁道线路，后道头直接触到山腰。这样既节省因涨道等所需的工程量，又解决了后道头萎缩问题。从安全方面也防止了列车顶掉道头的危险。

排土犁是一种行走在轨道上的排土设备，它自身没有行走动力，由机车牵引，工作时利用汽缸压气将犁板张开一定角度，并将堆置在排土线外侧的岩土向下推排，小犁板主要起挡土作用。

排土犁推刮，将一部分岩土推落到坡下，上部形成新的受土容积，然后列车再翻卸新土，直到线路外侧形成的平台宽度超过或等于排土犁板最大允许的排土宽度，排土犁已不能进行排土作业为止。

为了保证新路基的平整和稳定，最后一列车翻卸时保证全线翻土均匀，土堆连续，同时要排弃一些坚硬、块度适中、透水性好的岩石作为新线路的路基。为补偿新路基的下沉和保证线路的良好状态，在移道前一次卸土时，要把排土犁板提起 0.3~0.5 m，以保证在移道后外轨比内轨有 80~100 mm 的超高。

一般排土线每卸 2~6 列车由排土犁推刮一次，而经过 6~8 次推排后便可移设线路。排土犁排土场台阶高度通常为 10~25 m。

排土犁排土线路的移设用移道机移道，一次移道距离为 0.7~0.8 m。移道机要沿排土线往返多次移道，才能完成一个移道步距，即 2~2.5 m。所以排土线的移道作业量大，排土效率也低，但它的排土成本和设备投资比挖掘机排土低，而且适合于排弃软岩或在挖掘机作业危险的排土线上进行作业。

(3)前装机排土

前装机排土工艺与推土机排土工艺相比速度提高为之前的 2 倍，工作效率提高了 40%，材料(柴油)消耗下降了 50%。根据数据统计，处理同样的排土场和工作面时，用前装机比用推土机少消耗 10%~15%的油料。

铁路运输时采用轮胎式前装机排土的要素包括排土线长度、转排台阶高度及工作平台宽度。

① 排土线长度。每台前装机控制的排土线长度与铲斗容积有关，为了充分发挥前装机的设备效率和减少线路横向移设的频率，作业线长度至少能贮备并大于列车的有效长度。一条较长的排土线可以容纳几台前装机同时排土。

② 转排台阶高度。排土台阶的上部，即自铁路路基到前装机作业水平的高度。为保证路基稳定和铲装作业的安全，转排台阶高度一般不宜超过铲斗挖取时最大举升高度，当岩土块度较小无大块时，亦可稍高于铲斗举升高度。另外，为提高设备效率，转排台阶高度取低一些有利于铲斗切入并减少提升阻力。对于斗容为 5 m^3 的前装机，其转排台阶高度为 4~8 m。

③ 排土平台的宽度。为保证前装机正常进行排土作业，平台的最小宽度为(图 5-44)：

$$B_{min} = b_1 + b_2 \tag{5-63}$$

式中：b_1 为前装机作业的最小宽度，m；$b_1 = a + c + r$。b_2 为待排岩土堆的底部宽度，m，$b_2 = \frac{H}{\tan\alpha_1} - \frac{H}{\tan\alpha_2} + b_3$。$a$ 为前装机齿尖至后轮轴的距离，条件困难时可取一半，m；c 为安全车挡的底宽，不小于 2 m；r 为前装机外轮最小转弯半径，m；α_1 为岩土自然安息角，(°)；α_2 为转排台阶的坡面角，(°)；H 为转排台阶高度，m；b_3 为待转排岩土上部在路基水平处的宽度，一般为 2 m；B_{min} 为平台最小宽度，m。

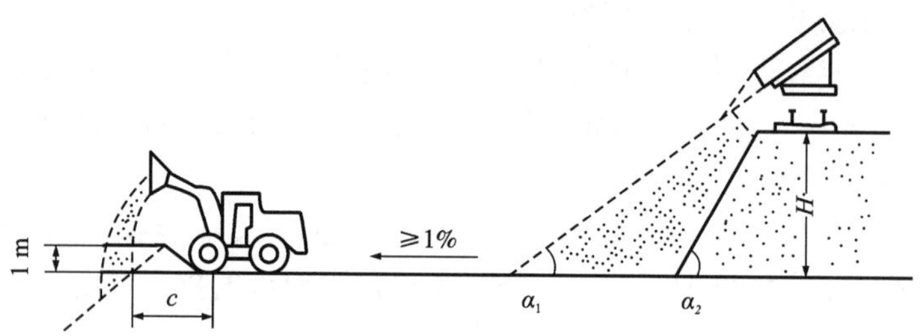

图 5-44 前装机排土作业图

前装机工作平盘不宜太宽，否则会影响工作效率，太窄时前装机转向困难，目前我国有些矿山使用 5 m^3 前装机的平盘宽度为 30~60 m。前装机排土台阶和汽车排土场一样可以达到很大的高度，如 5 m^3 前装机的排土台阶高度可达 150 m。排土平台宽度大于 25 m 时，前装机可在最大速度工作。当铁路运输时，也可采用推土机转排，它的排土过程与前装机相似，还可采用前装机和推土机联台铲装和排弃。

3)胶带排土机排土工艺

当露天矿采用胶带输送机运输时，为了充分发挥输送机的效率，需配合以连续作业的高效率的胶带排土机排土。我国露天矿采用的胶带输送机-胶带排土机是近几十年来发展起来的一种连续排土工艺。这一工艺系统的一般流程是用汽车将废石运至设置在采场最终边帮上的固定或移动式破碎站进行废石的粗破碎，破碎后的废石被转载到胶带输送机运至排土场，再转入胶带排土机进行排卸。当排到一个阶段的高度后，用推土机平整场地，移动胶带排土机。

如图 5-45 所示，胶带排土机是一种设有胶带输送机的可行走的排土设备，它由受料臂、卸料臂、回转台和行走部分组成。受料臂可以直接接受运输胶带的转载，也可通过转载装置转载。

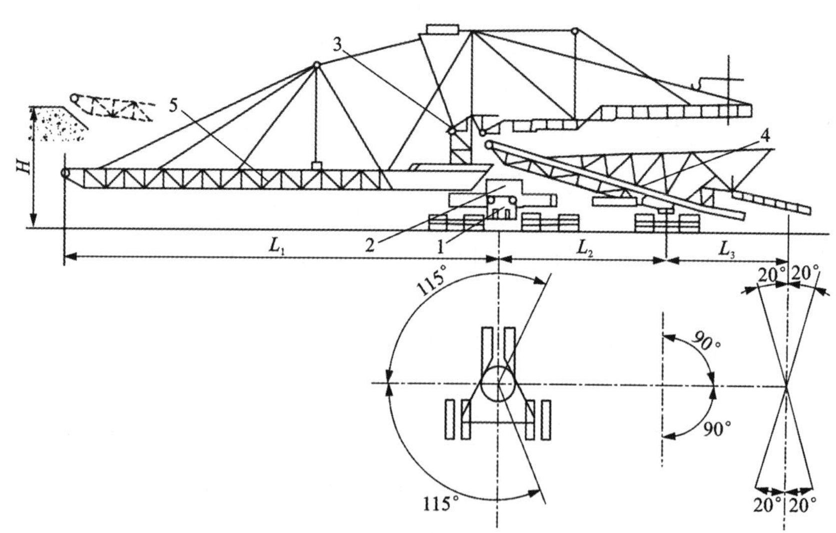

1—排土机底座；2—回转盘；3—铁塔；4—受料臂(装有接收运输机)；5—卸料臂(装有卸载运输机)。

图 5-45 胶带排土机结构示意图

(1)排土机排土工艺过程

“汽车-破碎机-胶带输送机-排土机”系统，与其他运输方式比较，胶带输送机的运输距离短，爬坡能力大。据统计，一般胶带输送机的平均运输距离是汽车运输的1/3～1/4，是铁路运输的1/10～1/15。同时，胶带输送机的运输速度可达2～7 m/s，最大运输能力可达1.6万t/h，与汽车比较，胶带输送机具有成本低、能源消耗少、维修费用低、设备的利用系数高等优点，它的缺点是投资大、灵活性差。据国外矿山资料，胶带输送机运输成本是汽车运输的30%～50%，维修费用是汽车运输的20%～30%，能源费用是汽车运输的70%。

在选用排土机时应考虑下列条件：

① 气候条件。排土机在气温-25～35℃和风速20 m/s以下进行工作较为适宜。气温过低，岩粉易在排土机的胶带上冻结积存，造成过负荷而停止运输；气温升高，机器易产生过热而引发事故；风速过大，排土机的机架容易摆动，工作时威胁工作人员和设备的安全。

② 排土机要求的行走坡度和工作坡度。一般排土机行走时坡度不超过1∶20(5%)，个别的可达1∶10～1∶14。排土机工作坡度为1∶20～1∶33。

③ 排土机工作时对地面纵、横坡的要求。纵、横坡是排土机稳定计算的一个条件，排土机工作时对纵、横坡的要求一般不大于下列数值：纵向倾斜1∶20、横向倾斜1∶33或纵向倾斜1∶33、横向倾斜1∶20。

④ 排土机对地面压力应小于排土场的地耐压力。

大型胶带排土机全长可达225 m，受料臂长60 m，卸载高度65 m，倾角17°～18°，理论排土效率每小时达1.25万m^3。岩土从胶带输送机经过卸料机而落到排土机的受料臂一端，最后由卸料臂排入排土场。当一个台阶高度排满后用推土机平整场地，然后移置移动式胶带输送机和排土机，进行下排形成下部排土台阶，再将胶带输送机向另一方向移置便可排弃第二台阶。在形成第二台阶期间，由推土机平整下排分台阶的表面，然后胶带输送机移动一个步距，如此排土过程循环下去，便形成排土台阶(图5-46)。

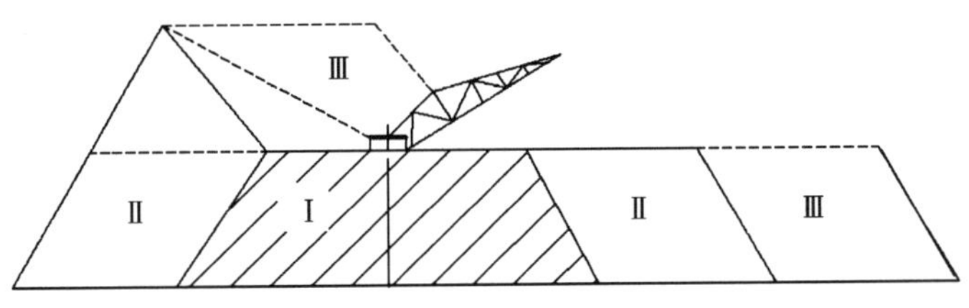

图5-46　排土机排土堆置顺序

(2)胶带排土机排土方式

一般分扇形排土、矩形排土(图5-47)和两种混合排土方式。

矩形排土或平行推进，随排土工作面的推进，端部干线胶带输送机需不断接长，运输距离不断增加，排土带宽度等于胶带输送机的移设距离。而扇形推进方式的每一排土线有一回转中心，排土线以回转中心为圆心呈扇形推进。它的优点是投资少，在移设过程中不需接长胶带输送机，移设工作简单；其缺点是在整条排土线上排弃宽度不相等，它的排土有效宽度只相当于矩形排土的一半。

为了避免工作面胶带输送机的缩短或延长，一般保持排土长度不变。因此，矩形排土适宜于长方形的排土场，而近似圆形的排土场使用扇形排土，当排土场地形发生变化时可因地制宜采用扇形和矩形相结合的方式。

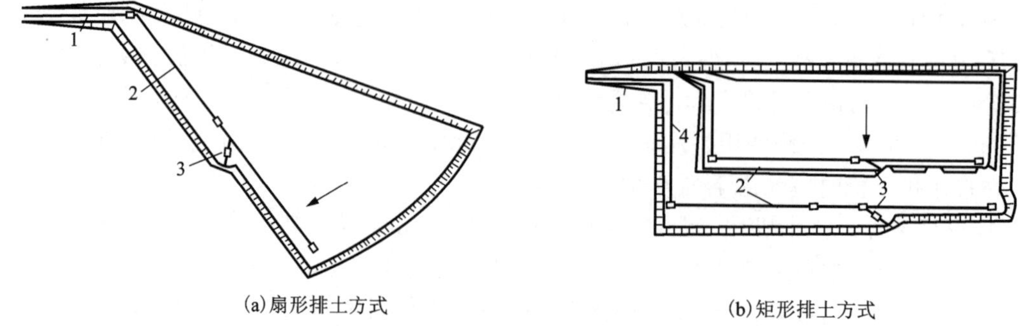

1—胶带输送机干线；2—移动胶带输送机；3—排土机；4—联合胶带输送机。

图 5-47 胶带排土机排土方式

(3)排土机生产能力

排土机和胶带输送机是相互联系的一套排土系统，排土机生产能力与胶带输送机生产能力一样，都反映了整个系统的生产能力。胶带输送机的年生产能力 Q 按式(5-64)计算：

$$Q = qTK \tag{5-64}$$

式中：Q 为胶带输送机生产能力，t/a；T 为年计划工作时间，h；K 为运输系统的完好率，%；q 为运输可能达到的生产率，t/h，按公式(5-65)计算：

$$q = 3600K_r B^2 v\gamma \tag{5-65}$$

式中：K_r 为与胶带上物料安息角有关的系数，它还与胶带的倾角有关，当倾角为 0°~18°时，查表可得 K_r 为 225~320；B 为胶带宽度，m；v 为胶带运行速度，m/s；γ 为物料容重，t/m³。

(4)排土机排土台阶高度

胶带输送机及扇形排土时排土台阶高度如图 5-48 所示，可用式(5-66)表示：

$$H_{max} = (R_0 - c_0)\tan\beta \tag{5-66}$$

式中：c_0 为由排土机旋转中心线至排土场坡底线距离，m；β 为排土场坡面角，(°)；R_0 为排土机的排土半径，m；$R_0 = L\cos\alpha + a + b$；$L$ 为排土机悬臂长度，m；α 为排土臂的倾角($\alpha \leqslant 180°$)；a 为排土臂枢轴中心和旋转中心线之间距离，m；b 为排土料堆脊部与卸料臂终端之间的水平距离，m；H_{max} 为排土机上排时的最大高度，m。

按上述公式计算的排土台阶高度必须根据排土机悬臂的最大倾角加以验证：

$$\alpha \geqslant \arcsin\frac{H_0 + P - h}{L} \tag{5-67}$$

式中：P 为排土臂与料堆脊线之间的安全距离，$P = 5 \sim 7$ m；H_0 为排土(堆)台阶高度，m；h 为排土臂枢轴的固定高度，m。

排土机下排时，卸料臂处于水平位置，根据排土机站立水平至基底面的距离和岩土的稳定性条件来确定排土台阶的高度。

(5)排土带宽度

$$A_0 = R_0(1 - \cos\theta) \tag{5-68}$$

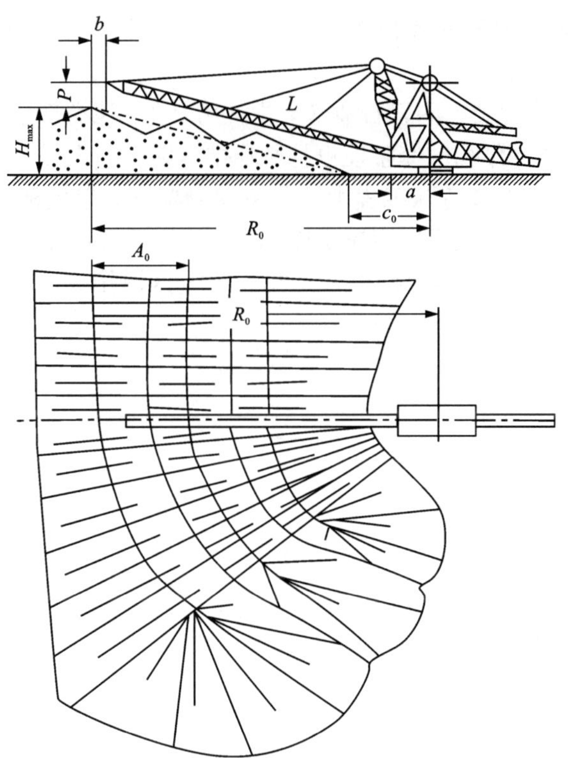

图 5-48　胶带输送机及扇形排土时排土台阶高度

式中：θ 为排土机悬臂回转工作角，(°)；A_0 为排土带宽度，m。

4）排土场与尾矿库联合堆置工艺

为了减少排土场占地面积，在有条件的矿山可采用排土场与尾矿库联合堆置的新工艺，这样既减少了土地占用面积，增加了库区堆置容量，又减少了环境污染。目前有以下几种联合堆置方式，即废石筑坝形成尾矿库、在尾矿库上覆盖排土场、废石和尾砂混合堆置。

(1）废石筑坝形成尾矿库

在尾矿库建设初期就利用剥离的岩土堆置初级坝，或在尾矿库形成后，利用废石筑坝增加库容量，延长尾矿库服务年限。例如鞍钢大孤山铁矿的排土场和尾矿库形成相互依存的关系，采用废石筑坝，既获得了排土空间，又解决了筑坝材料，增加了库容量。该矿尾矿库原三面环山，只需一面排土筑坝。1961 年起开始三面排土筑坝，只有一面环山，到 20 世纪 80 年代排土场坝高已超过 90 多米。尾矿库达到服务年限后，为了增加库容量，尾矿库坝高可进一步增加。

(2）在尾矿库上覆盖排土场

据统计，一般露天矿每百万立方米剥离岩土的占地面积（排土场）为 2.5 hm^2，每百万立方米尾矿库的占地面积为 6.7 hm^2。为了减少占地，可以采用排土场与尾矿库联合堆置的方法。

尾矿库上覆排土场工程具有以下特点：

① 由于尾矿库为排土场地基，因此排土场是坐在软基础上兴建起来的，对于排土场工程而言，为软土地基排土场范畴。

② 作为基础，尾矿库的浸润线位置、尾矿库固结程度是影响该工程安全的重要因素之一。

③ 随着排土场的不断增高，同岩石地基上排土场对比，该类型排土场变形、位移趋势将具有其特殊性，排土场内部结构的完整性也是影响排土场稳定的又一重要因素。

④ 尾矿库的安全问题在该特殊工程中不具备现场检查和鉴定的条件，尾矿库工程属于隐蔽工程范畴，因此采用探测技术鉴定尾矿库的安全程度非常重要。

尾矿库的排放堆置工艺可分为两个方案，即尾矿分区段排放（图 5-49）和倾斜分层排放尾矿（图 5-50），随后排土覆盖其上。

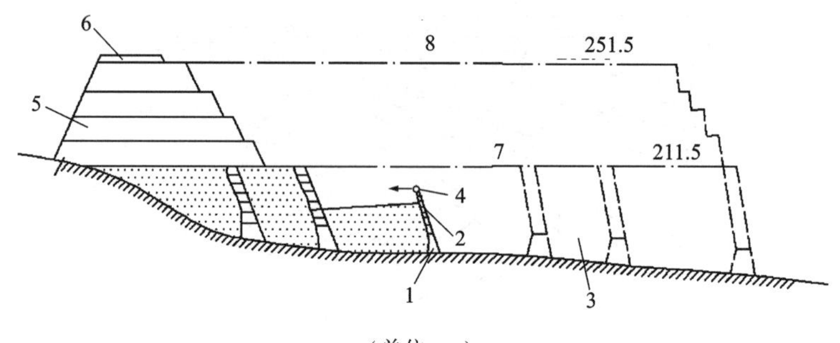

（单位：m）

1—初级坝；2—子坝；3—区段；4—尾矿管；5—排土分层；6—覆盖地段；7—尾矿库边界；8—排土场边界。

图 5-49　尾矿分区段排放

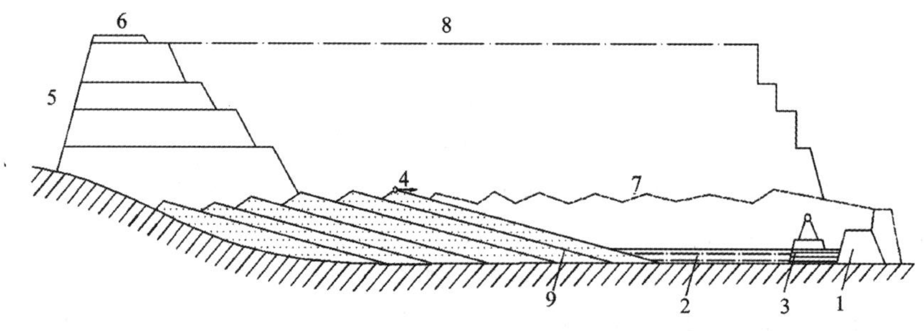

1—堤坝；2—沉淀池；3—循环水泵站；4—尾矿排放管；5、6、7、8—见图 5-49；9—尾矿沉淀后的倾斜分层。

图 5-50　倾斜分层排放尾矿

首先将尾矿库分作若干区段，每一区段容积以选厂 3~5 年的尾矿量计算，从沟谷上游向下游排放尾矿。初级坝是用岩石和土壤堆筑的，随着库容堆满，再用粗尾砂增高子坝（也可用水力旋流器排放），尾砂的堆积速度每年达到 12~15 m。

在第一区段排满之前就要建第二区段的初级坝，当第一区段排满结束后 4~5 年，便开始排土，随着第一层排土工作线推进，相继开始堆置第二、第三层……

为了提高尾矿库建设和堆置速度，缩短开始排土覆盖的时间，采用倾斜分层、沿山坡地形从最高处排放尾砂，一次达到设计高度。

在尾矿库上建排土场的工程实例非常少，国外也仅有苏联克玛矿区的斯托连矿和左布金矿实施过。某大型矿山由于近年来几经改造扩建，企业生产规模得到快速发展。2010 年底，公司 13500 t/d 的扩建项目竣工。但与之配套的剥离废石排弃占地问题一直未得到解决，为不影响生产，公司决定启动在原有停用尾矿库上建排土场工程。在 1#和 2#尾矿库上排土作业后，该排土场共计排土量约 1180. 8 万 m^3。该排土场为阶段覆盖式排土场，共设计 12 个台阶(350~460 m)，现已完成 9 个台阶(350~430 m)的施工量。每个台阶高度 10 m，安全平台宽度不小于 10 m。目前该排土场运行状况良好。

(3)废石与尾砂混合堆置

由于尾矿库选址困难，可以将尾矿砂脱水浓缩后与废石混合堆置形成排土场，而无须建设专门的尾矿库，这为平原地区寻找尾矿库库址困难、减少占地问题，提供了有效的解决途径。

5. 应用实例

我国一些露天矿先后建成胶带输送机排土机排岩系统，以提高排土效率和堆置高度，并减少排土场占地面积及其环境污染。如东鞍山铁矿、石人沟铁矿和小龙潭煤矿等自 20 世纪 80 年代初已先后采用国产胶带输送设备进行排土，其排土机型号为 PS-1000 型，钢芯胶带宽为 1. 0~1. 2 m，采用固定式破碎站。

(1)实例一

石人沟铁矿(图 5-51)设计年产矿石 150 万 t，1980 年以后矿山由三个采区的山坡露天开采，逐步转入深凹露天开采，采用载重 20 t 的单一汽车的运输效率逐年降低。根据实际资料分析，采场每下降 10 m，则汽车运输效率下降 1. 55 万 t · km/(台 · 年)，运输成本增加 0. 133 元/t。而且近几年来由于排土场严重不足，原设计 5 个排土场中的 4 个已经达到设计标高，只有北区的 4 号排土场尚未堆满，但其容积有限，严重影响了矿山生产，年产矿石已下降到 100 万 t，而且汽车排土运输距离最大已达 3 km，使得排土费用提高。为了维持矿山正常生产，还必须征用大量土地建设新排土场(包括搬迁两个村庄)，显然这一方案难以实现。

为了降低排土成本和减少占地，石人沟铁矿于 1986 年初建成投产了一条胶带排土系统，即汽车运输-固定式破碎站-胶带输送机-排土机系统。岩石经破碎站破碎后通过 1、2、3 号固定胶带输送机运至 4 号移动胶带输送机，再由 PS-1000 型排土机把岩土排弃到 4 号排土场。钢绳芯胶带全长有 2038 m，其中移动胶带输送机长 600 m，胶带宽 1 m，设计排土能力为 1000~1500 t/h。胶带输送机全程提升高度为 124 m，最终能提升高度达 160 m，即 4 号排土场标高由 200 m 提高到 240 m，最终能全部容纳采场剥离的岩石。排土系统的年生产能力为 300 万 t。生产实践证明，胶带输送系统的运输效率和排土成本比原来的汽车排土已有明显的改善。

(2)实例二

水厂铁矿(图 5-52)是我国大型的露天铁矿之一，历史上达到的最大生产能力为 1600 万 t/a，2018 年生产能力为 900 万 t/a。水厂铁矿建设有矿石运输和东、西排岩的汽车-胶带半连续运输系统，其中排岩系统单线最大运输能力达到 2100 万 t/a，矿石运输系统达到 1100 万 t/a。

水厂铁矿目前有三个排土场。一是印子峪排土场，最终排土标高为 200 m，总占地面积为 114 hm^2，容积为 4000 万 m^3；二是河西排土场，最终排土标高为 310 m，总占地面积为

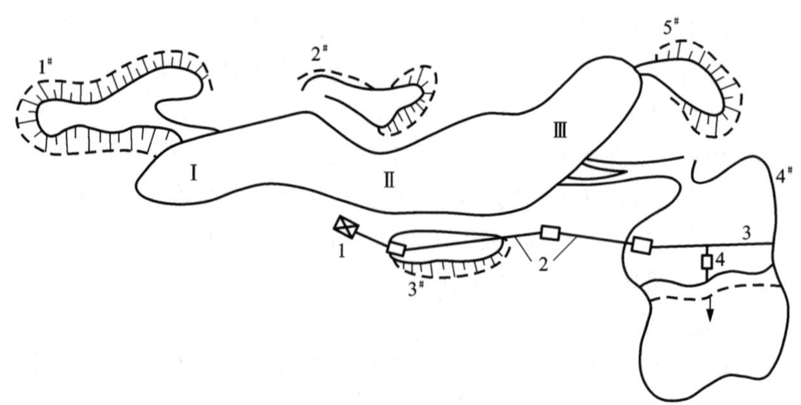

Ⅰ—南采区；Ⅱ—中采区；Ⅲ—北采区。

1—固定式破碎机；2—胶带输送机；3—胶带输送机；4—PS-1000 排土机；1#～5#—采场编号。

图 5-51　石人沟铁矿带式排岩系统工程布置图

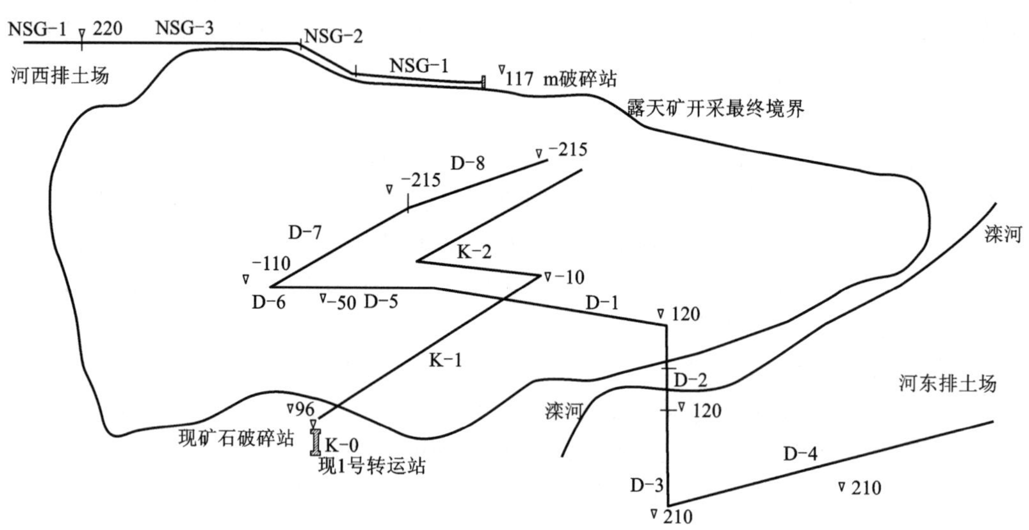

图 5-52　水厂铁矿矿岩胶带系统平面布置实施方案

280 hm^2，容积为 2.16 亿 m^3；三是河东排土场，最终排土标高为 300 m，总占地面积为 536 hm^2，容积为 2.06 亿 m^3；排土场总占地面积为 930 hm^2。

整个工程从 2001 年 9 月 30 日由中国首钢集团总公司立项开始，历时 5 年。从 2004 年 8 月第一台排土机供货到齐算起，现场实际施工三年(未含胶带输送机隧洞施工)。其中，西排(指西部破碎-胶带半连续排岩系统)排土机 2004 年 10 月底投产、东排全系统(指东部破碎-胶带半连续排岩系统)于 2006 年 3 月验收、矿石破碎胶带系统于 2006 年 8 月验收。

西排是带宽 B=1600 mm 的胶带输送机，设计能力为 1650 万 t/a。西排上除较早的且后期配备的排土机之外基本是国产设备，技术水平较低，投产后设备运行不顺畅，改造、理顺工作量很大。1997 年 10 月投产后当年只完成 13.3 万 t，1998 年完成 663.3 万 t，1999 年完成 1892 万 t。可以看出，突破设计能力用了 3 年多时间。

东排也是带宽 $B=1600$ mm 的胶带输送机，设计能力为 2100 万 t/a。东排由于技术设备和方案论证充分，采用了一系列国内外先进技术。2007 年 3 月中旬就完成了 164.4 万 t。2006 年按正常作业月份统计计算（扣除 3 月份投产试车和 8 月份停产整改），月均排岩 177.88 万 t，相当于年排岩能力 2135 万 t，即投产一年就达到并突破了设计能力，比西排达产时间缩短了两年多。矿石破碎-胶带系统 2006 年 8 月投产后，运行也比较稳定。东排矿石破碎-胶带系统的顺利投产以及西排完善系统后，使水厂铁矿采矿生产效率大大提高，生产成本平稳，对首钢矿业公司稳定采选主业有重大意义。

5.5.3　排土场稳定性

排土场稳定性的影响因素较多，主要取决于排土场的地形坡度、排弃高度、基底岩层构造及其承压能力、岩土性质和堆置顺序。排土场的稳定是其安全作业和正常工作的保证，也影响着全矿生产任务的完成。因此，必须采取措施防止和减少变形的发生。

1. 排土场的变形

排土场常见的变形包括滑坡和泥石流。要防止排土场的变形首先应做好防、排水工作，消除水的影响。此外，要查明排土场的岩性，使排土场建立在可靠的基底之上。同时，按照岩性合理排弃岩土，如将坚硬岩块排于底层，表土排于上部，合理混排，选择适宜的排土台阶高度。在雨季及融冻期要做好排水准备工作。

1）排土场滑坡

排土场的自然沉降-压实沉降率较小，属于正常现象。但如果基岩是软弱岩层，承压能力较低，则排土场可能会发生大幅度沉降并随地形坡度而滑动。这种滑动的先兆是沉降率比自然压实更快。

提高排土场基底的稳定性是预防滑坡的先决条件。因此，首先应根据基底的岩层构造、水文地质和工程地质条件等进行稳定性分析，控制排弃高度不超过基底的极限承压能力。

排土场与基底滑坡类型可分为三种，即排土场内部滑坡、沿排土场与基底接触面的滑坡和沿基底软弱层的滑坡（图 5-53）。

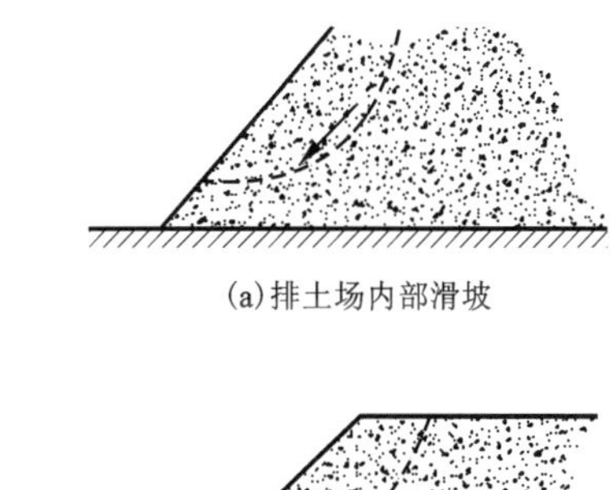

(a)排土场内部滑坡

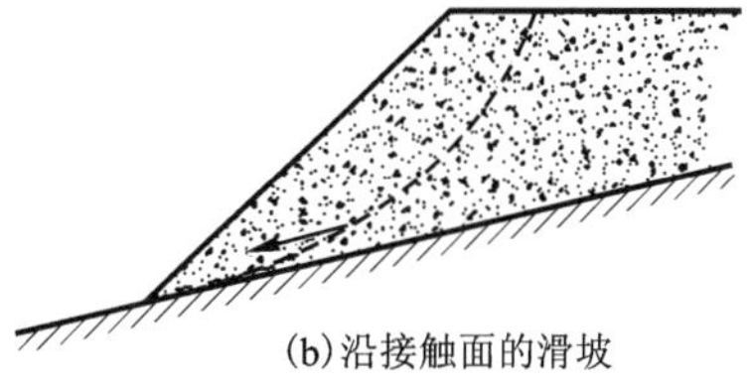

(b)沿接触面的滑坡

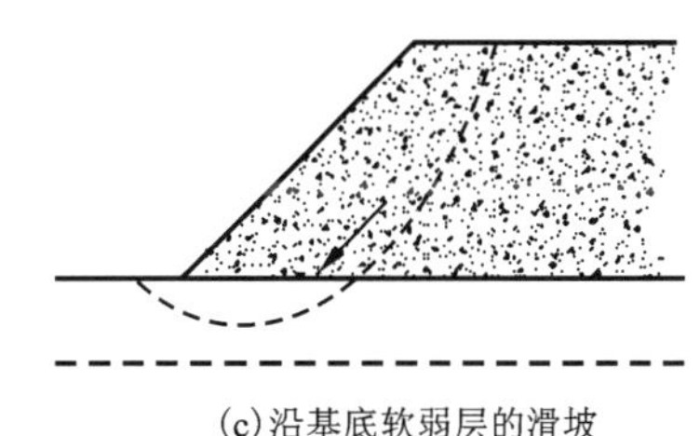

(c)沿基底软弱层的滑坡

图 5-53　排土场滑坡类型示意图

（1）排土场内部滑坡

排土场内部滑坡是基底岩层稳固时，由于岩土物料的性质、排土工艺及其他外界条件（外载荷和雨水等）所导致的滑坡，其滑动面出露在边坡的不同高度。

当排弃的是大块坚硬岩石时，其压缩变形较小，排土场比较稳定。若岩石破碎，含较多的砂土，并具有一定湿度时，新堆置的排土场边坡角较陡（38°~42°），随着排土场高度增加，剥离物被继续压实，排土场内部出现孔隙压力不平衡和应力集中区，从而形成潜在滑动面。孔隙压力降低了潜在滑动面上的抗滑阻力，或使潜在滑体的下滑分力增加，因而可能导致滑坡。在边坡下部的应力集中区产生位移变形或边坡鼓出，然后牵动上部边坡开裂和滑动，最后形成圆弧滑动面产生整体滑动。

排土场内部滑坡与主要剥离物的性质、排弃高度、大气降水及地表水的润湿作用等因素有关。如兰尖铁矿 1510 水平排土场于 1979 年 12 月发生国内矿山最大的排土场滑坡，滑坡量达 200 万 m^3(300 m×214 m×30 m)。其原因是基底坡度陡(40°左右)，排弃的表土和风化岩石在排土场形成软弱夹层。滑坡冲垮了运输主平硐 50 m，开裂破坏了 104 m，造成停产半年。又如，海南铁矿 6 号排土场东部于 1973 年 8 月连续两天大雨之后产生几十万立方米的大滑坡，滑体长 158 m、宽 48 m、下沉 15 m，导致排土场停产 80 多天。同样，8 号排土场于 1978 年 9 月发生了大滑坡，滑体长 200 m、宽 40~50 m、下沉 25 m，致使电铲、机车和矿车随滑体下滑，停产 20 多天。

(2)沿接触面的滑坡

沿接触面的滑坡主要是由于排土场的基底倾角较陡，剥离物与基底接触面之间的抗剪强度小于剥离物本身的抗剪强度所产生的滑坡。这类滑坡产生的主要原因是在基底与物料接触面之间形成了软弱的潜在滑动面，如在矿山基建初期，大量的表土和风化岩土都排弃在排土场的下部形成了软弱层。若原基底上生长有树木和植被，腐殖土层较厚，被排土场覆盖后，植物腐烂，它和腐殖土一样都成了潜在的软弱带。若遇到雨水和地下水的浸润，便会促进滑坡的形成。

朱家包包铁矿 1 号排土场自 1978 年 4 月至 1979 年 1 月先后发生三次滑坡，体积达 36 万 m^3，其原因是剥离的表土和砂质黏土排弃在排土场底层，后期覆盖坚硬岩石，软弱的黏土成为滑动面。

(3)沿基底软弱层的滑坡

由于基底承载能力低而产生滑移和底鼓，并牵动排土场产生滑坡。据统计，在冶金矿山排土场 40 多例重大事故中，这类滑坡约占排土场滑坡总数的 1/3，而且滑坡的范围和危害都大于纯剥离物滑坡，应引起足够重视。基底为软弱层可分为以下两种情况，一种是第四纪表土层和风化带，在山坡坡底和沟谷含冲积层及腐殖层较厚，受地表水的浸润作用，其承载能力下降，极易产生滑动；另一种是因人为活动而形成的软弱地层，如很多矿山的排土场坐落在尾矿池上或排土场的地基原来是小水库、水塘淤泥层及稻田耕地等。

齐大山铁矿二道沟排土场，堆置高度为 52 m，基底表面为 3~4 m 厚的沉积土。由于沟底渗水表土饱和后，在排土场压力下发生滑动，沟底翻出了黑色泥浆，坡脚滑移 200 余 m，滑体长 1000 余 m，滑坡量约 3.5 万 m^3。

歪头山铁矿 224 m 排土线电铲堆置初始路堤时，由于基底是软弱的淤泥沉积物，在路堤压力下产生 3.5 m 高的底鼓，水平移位达 40 m，70~80 m 长的一段路堤下滑，几次填方几次滑移，使得路堤长期形成不了。

2)排土场泥石流

泥石流是暴雨、洪水将含有沙石且松软的土质山体经饱和稀释后形成的洪流，它的面积、体积和流量都较大。典型的泥石流由悬浮着粗大固体碎屑物并富含粉砂及黏土的黏稠泥浆组成，在适当的地形条件下，大量的水体浸透流水山坡或沟床中的固体堆积物质，使其稳定性降低，饱含水分的固体堆积物质在自身重力作用下发生运动，就形成了泥石流。泥石流是一种灾害性的地质现象。通常泥石流爆发突然、来势凶猛，可携带巨大的石块。因其高速前进，具有强大的能量，破坏性极大。

天然的泥石流是由于山岩风化、滑坡、崩塌或人工堆积在陡峻山坡上(30°~60°)或沟床中的大量松散岩土物料充水饱和，形成的一种溃决。泥石流体在重力作用下沿陡坡和沟谷快速流动，形成一股能量巨大的特殊洪流。可在很短时间内排泄几十万到几百万立方米的物料，对于道路、桥梁、房屋、农田等造成严重灾害。

形成泥石流有三个基本条件。第一，泥石流区含有丰富的松散岩土；第二，山坡地形陡峻并有较大的沟床纵坡；第三，泥石流区的上游有较大的汇水面积和充足的水源。矿山泥石流多数以滑坡和坡面冲刷的形式出现，即滑坡和泥石流相伴而生。有降雨和地面沟谷水流时，排土场坡面受到冲刷，使滑坡迅速转化为泥石流而蔓延。所以从排土场的选址开始，就应消除泥石流产生的隐患。

矿山工程中筑路开挖的土石方、坑道掘进排弃的废石以及露天矿排土场堆积的大量松散岩土物料都给泥石流的发生提供了丰富的固体物料来源。据统计，自 20 世纪 70 年代起先后有 20 多个矿山发生了泥石流灾害。例如，四川泸沽铁矿 1972 年泥石流把筑路排弃的土石冲走 10 万 m^3，导致成昆铁路新村站和一段公路被掩埋。

海南铁矿排土场发生多次滑坡和泥石流，形成了两个泥石流区，即山前泥石流区和山后泥石流区。1959—1979 年共堆置含 80%黏土的岩石 1200 多万 m^3，泥石流流通区长 2~3 km。1973 年 8 月 6 日排土场发生 30 多万 m^3 的大滑坡，然后经过雨水或沟谷流水的冲刷形成大规模的泥石流。

云浮硫铁矿的三个排土场累计排土量为 2000 余万 m^3，先后形成了 6 条泥石流沟。1972 年 11 月因台风和暴雨的影响，大台及东安坑两个排土场发生的泥石流随峰远河洪水直泻向下，淹没了水田 151 hm^2，旱地 43 hm^2。1975 年 6 月发生第二次泥石流，危害更为严重。排土场汇水面积为 0.3 km^2 的泥石流把下游的窄轨铁路、桥梁、相邻公路都冲垮了，漫溢河水冲垮了河堤 28 处，长达 4187 m，1334 hm^2 农田受灾，并冲毁厂房和水轮泵站一处，共赔款 61 万元。

2. 排土场稳定性分析

影响排土场稳定性的因素较多，主要取决于岩土性质、排土场的地形坡度、排弃高度、排土工艺、基底岩层构造及其承压能力、地表水及地下水等。

1) 排土场岩土力学性质

排土场基底软弱岩层及松散体的力学性质是排土场稳定性研究的基础。根据松散介质理论，当基底稳定时，边坡角等于自然安息角的坚硬岩石的排土场可以达到任意高度。然而由于排土场岩石构成的不均匀性和外部荷载的影响，使得排土场高度受到限制。

排土场堆置体的力学属性受岩土性质、块度组成、容重、湿度及垂直荷载等影响(表 5-47)。理想的松散介质没有黏结力，但排土场物料经过压实或胶结而具有一定的黏结力(图 5-54)，它主要决定于细颗粒(3 mm 以下)含量的大小，细颗粒岩土充填到岩块之间的孔隙中经过压实后便改变了原来松散体的性质。一般新堆置的排土场的初始黏结力为 $5\times(10^4\sim10^5)$ Pa，经过沉降压实后的黏结力便达到 $5\times(10^5\sim10^6)$ Pa。内摩擦角与岩土性质及块度组成有关。根据排土场岩石块度分布规律，不同层位的块度组成不同，细颗粒多分布于上部和中部，粗颗粒分布于中、下部。粗颗粒含量高，组成骨架的刚性提高，颗粒间摩擦力占主导地位，φ 值增大；反之，细颗粒含量增大，φ 值便减小，但黏结力增大。在排土场下部堆集的大块岩石不含细颗粒和其他黏结性材料，故黏结力为零，但内摩擦角较大，接近或等于排土场的安息角。

表 5-47　排土场散体物料的力学参数

物料	容重/$(t\cdot m^{-3})$	湿度/%	黏结力/Pa	内摩擦角/(°)	备注
黏土	1.38~1.75	13~37	1×10^4	0~10	干容重
岩石(含 10%黏土)	1.44~1.91	5~15	$(2.9\sim4.8)\times10^4$	27~32	干容重
岩石黏土混合	1.31~2.07	9~19	$(1.9\sim4.8)\times10^4$	4~30	干容重
含铁石英岩(风化的)	2.4	7	5.1×10^4	32	
页岩	2.3	4		32	
风化页岩	2.25	10	1.4×10^4	26	新排弃的块度为 0.01~0.03 m
细干沙	1.6			30~35	堆置容重
砂岩	1.81~1.93	7.9~14.5	$(0.2\sim0.8)\times10^4$	33~35	堆置容重
粉砂岩	1.83~1.95	9.5~13.2	$(0.4\sim1.3)\times10^4$	30~32	堆置容重
泥质岩	1.87~1.93	7.8~12.4	$(1.1\sim2.3)\times10^4$	26~27	堆置容重
亚黏土	1.73	26.3	4.1×10^4	10	堆置容重
混合岩土	1.8~1.98	9.1~14.8	$(0.7\sim1.55)\times10^4$	32~34	堆置容重
软黏土	1.84		2.4×10^4	5~7	

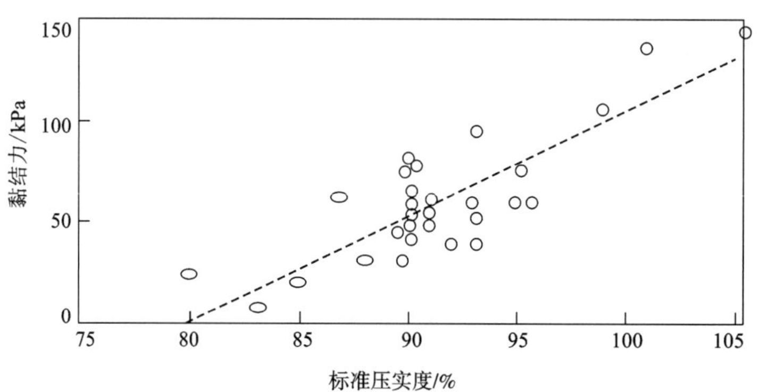

图 5-54　排土场物料黏结力与压实度的相关曲线(相关系数 $r=0.82$)

排土场物料的力学性质与湿度和含水量有着显著关系。当物料的湿度较小时，随着湿度增加，黏结力和内摩擦角逐渐上升，湿度继续增加则力学参数将下降。到饱和状态时，便对排土场有破坏性的影响。据统计，我国露天矿排土场由于雨水或地表水作用而引起滑坡的例子占 50%左右。

据美国 24 个露天矿排土场的观测资料，排土场中黏土和易水解风化岩石的含量与内摩擦角具有线性关系，软弱岩层对于排土场的力学指标和其高度有显著的降低作用。当黏土和易水解风化岩石含量超过 40%，台阶高度超过 18 m 时，排土场会出现频繁和严重的滑坡。若黏土质量分数为 20%~40%，则滑坡不严重。

根据排土场块度分布的实测资料、湿度和外载荷的影响因素，计算出内摩擦角和黏结力随排土场不同高度而变化。即已知细颗粒岩土的剪切实验结果(C 及 φ)和细粒级在不同层位上的分布规律(图 5-55)，再按颗粒组成对 C 和 φ 的相关曲线可分析计算不同级配物料(细粒级和大块各占的比例)的 C 和 φ。

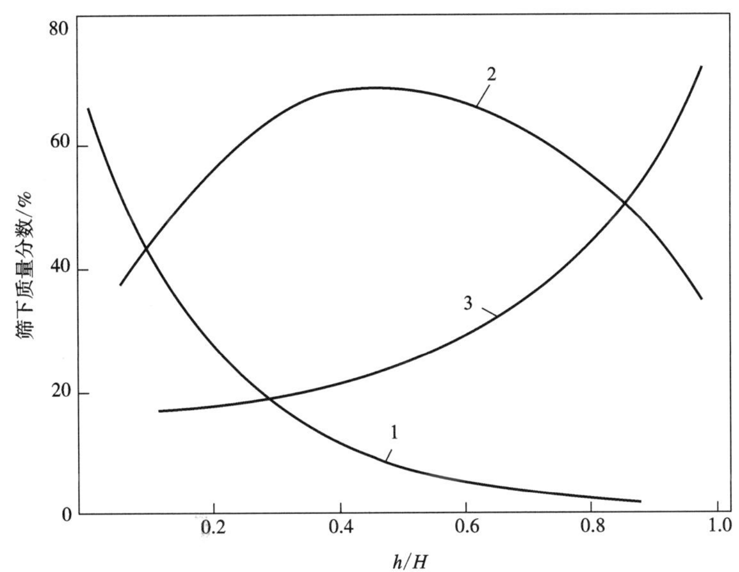

h/H—自坡顶到坡底的相对高度；1—细颗粒 $d<5$ cm；
2—中等颗粒 $5<d<40$ cm；3—大颗粒 $d>40$ cm。

图 5-55　排土场岩石块度在不同层位上分布曲线

根据细粒级岩石的抗剪试验的黏结力 C_M 计算某高度的混合粒级的黏结力 C_{h_i}：

$$C_{h_i} = C_{Mh_i} \times a_{Mh_i} \tag{5-69}$$

式中：C_{h_i} 为自坡顶至 h_i 处混合粒级岩石的黏结力，Pa；C_{Mh_i} 为 h_i 深处细粒级岩石的黏结力，Pa；a_{Mh_i} 为 h_i 深处细粒级占的比例。

同理，已知细粒级的内摩擦角可以计算混合粒级岩石的内摩擦角 φ_h：

$$\tan\varphi_{h_i} = \tan\varphi_k - (\tan\varphi_k - \tan\varphi_{Mh_i})a_{Mh_i} \quad (i = 1, 2, \cdots, n) \tag{5-70}$$

式中：φ_k 为大块岩石的内摩擦角，等于其自然安息角，(°)；φ_{Mh_i} 为 h_i 深处细粒级岩石内摩擦角，(°)。

2)排土场稳定性分析方法及计算

排土场边坡属非均质的松散介质体，其稳定性评价方法与通常的岩土边坡的稳定性分析方法比较，具有一定的特殊性。它主要受排土场的物料性质和块度分布规律控制，其分析评价方法有基于常规极限平衡原理的分析方法(量化模型)、基于可靠性分析的概率分析方法

(概率模型)等。

目前在边坡稳定性分析中应用较广的还是基于极限平衡原理的分析法，根据各种边坡条件和力系的作用原理，提出了不同的计算公式，如 Bishop 法、Janbu 法、Sarma 法、余推力法及 Morgenstern-Price 法等。基于极限平衡原理的分析法因其计算简便而被广为采用，其安全系数的大小得到同行的认同。传统的极限平衡分析将各种参数作为定值，没有考虑各个参数具有随机变量的特点。可靠性分析法是将安全系数与边坡可靠性相联系，使边坡分析既安全又可靠。该方法近年发展较快，并在边坡、排土场稳定性分析中得到迅速应用。

排土场稳定性评价研究不仅用于评价排土场稳定性状况，而且用于研究在保证排土场稳定的条件下合理地提出工程措施，比如提高排土效率，提高土地利用率，而且根据试验参数确定出合理的排土高度等工艺参数，提出在不同条件下的排土场临界高度，为矿山企业排土场安全生产运营提供设计依据，确保安全生产。

排土场边坡稳定性分析的具体方法及计算参见本卷第 6 章。

5.5.4 排土场安全防护

1. 安全防护距离

(1)剥离物堆置整体稳定、排水良好、原地面坡度不大于 24°的排土场，其设计最终坡度线与主要建、构筑物等的安全防护按下列要求确定：

①当采取防护工程措施时，应根据采取工程措施的不同，由设计确定；

②当未采取防护工程措施时，应按表 5-48 的规定确定。

表 5-48 排土场最终坡底线与保护对象间的安全距离

序号	保护对象名称	安全防护距离
1	国家铁(公)路干线、航道、高压输电线路、铁塔等重要设施	(1.00~1.50)H
2	矿山铁(道)路干线(不包括露天采矿场内部生产线路)	≥0.75H
3	露天采场开采终了境界线	根据边坡稳定性状况及坡底线外地面坡度确定，但应大于或等于 30 m
4	矿山居住地、村镇、工业场地带	≥2.00H

注：①安全防护距离：航道由设计水位岸边线算起；铁路、公路、道路由其设施边缘算起；建、构筑物由其边缘算起；工业场地由其边缘或围墙算起；②规模较大的(0.7 万人口以上)矿山居住区、有建制的镇，应按表列数值适当加大；③排土场分层堆置，各层间留有宽 20~30 m 安全平台时，序号 1、2 可取表列距离的 75%；零星建、构筑物及分散的个别农舍，可取表列序号 4 距离的 75%；20~30 m 安全平台系指各台阶或各平台最终宽度；④序号 1 排土场坡底线外地面坡度不大于 24°时，应根据需要设置防滚石区加设醒目的安全警戒标志；⑤表中 H 为排土场设计最终堆置高度。

(2)剥离物堆置整体稳定性较差、排水不良且形成泥石流条件的排土场，严禁布置在有可能危及工业场地、村镇、居民区及交通干线的上游。具有上述情况的排土场，有特殊要求需要在其下方布置一般性建筑物、构筑物而又无法满足安全距离要求时，必须采取可靠的安全防护工程措施，并征得有关部门同意后方可布置。

(3)排土场的设计等级应根据使用期内排土场总容量、排土场的地形、排弃物堆置高度、场地地基强度和失事后的危害程度按表 5-49 的规定划分确定。

表 5-49　排土场的设计等级

等级	单个排土场总量 V/万 m^3	堆置高度 H/m
一	$V \geq 1000$	$H \geq 150$
二	$500 \leq V < 1000$	$100 \leq H < 150$
三	$100 \leq V < 500$	$50 \leq H < 100$
四	$V < 100$	$H < 50$

注：①剥离物堆置整体稳定性较差、排水不良，且具备形成泥石流条件的排土场，其设计等级可提高一等；②排土场失事将使下游居民区、工矿或交通干线遭受严重灾害者，其设计等级可提高一等。

(4)排土场周围必须设置完整的排水系统，排土场排洪设施设计频率对于大、中型矿山宜为1/25，对于小型矿山宜为1/15，设计流量应采用调查并结合地区经验公式或推理公式确定。排土场构筑物防洪级别根据排土场的等级及其在工程中的作用和重要性可按表5-50中的规定划分确定。

表 5-50　排土场防洪构筑物的级别

排土场等级	构筑物的级别		
	主要构筑物	次要构筑物	临时构筑物
一	1	3	4
二	2	3	4
三	3	4	4
四	4	4	—

注：①主要构筑物系指失事后使村镇、主要工业场地遭受严重灾害或主要交通干线中断的构筑物，如整治滑坡、泥石流的主体构筑物；②次要构筑物系指失事后不致造成人员伤害或经济损失不大的构筑物，如护坡、谷坡、地表排水设施；③临时构筑物系指防洪工程施工期使用的构筑物。

(5)排土场与村镇、居民区及其他设施的卫生防护距离，应符合国家有关规定和标准要求。

(6)排土场的排土作业区宜设夜间照明，照明灯塔与安全车挡距离宜为15~25 m。

2. 排土场堆置参数

排土场的主要堆置参数应包括堆置总高度与台阶高度、岩土自然安息角与边坡角、最小平台宽度、有效容积和占地面积等。

(1)排土场在初期基底压实到最大的承载能力时，排土场的堆置高度可按式(5-71)计算：

$$H_1 = 10^{-4}\pi C\cot\varphi\left[\gamma\left(\cot\varphi + \frac{\pi\varphi}{180} - \frac{\pi}{2}\right)\right]^{-1} \tag{5-71}$$

式中：H_1 为排土场的堆置高度，m；C 为基底岩土的黏结力，Pa；φ 为基底岩土的内摩擦角，(°)；γ 为排土场物料的堆积密度，t/m^3。

在基底处于极限状态，失去承载能力，产生塑性变形和移动时，排土场的极限堆置高度可按式(5-72)计算：

$$H_2 = \frac{10^{-4} C\cot\varphi}{\gamma}\left[\tan^2\left(45° + \frac{\pi}{2}\right) e^{\pi\tan\varphi - 1}\right] \tag{5-72}$$

式中：H_2 为排土场的极限堆置高度，m。

当无工程地质资料时，堆置的台阶高度可按表 5-51 确定。

表 5-51　剥离物堆置台阶高度

单位：m

岩土类型	铁道运输					汽车运输推土机推土	斜坡卷扬废石山
	人工排土	推土机排土	排土犁排土	电铲排土	装载机排土		
坚硬岩石	40~60 (30~40)	40~50 (20~30)	20~30 (15~20)	40~50 (20~30)	≤200	≤200	<150
混合土岩	30~40 (20~30)	30~40 (20~30)	15~20 (10~15)	30~40 (20~30)	≤100	≤100	<150
松散硬质黏土	15~20 (12~15)	15~20 (10~15)	10~15 (10~12)	15~20 (12~15)	15~30 (15~20)	15~30 (15~20)	70~80
松散软质黏土	12~15 (10~12)	12~15 (10~12)	10~15 (8~10)	12~15 (10~12)	12~15 (10~12)	12~15 (10~12)	50~60
砂质土	—	—	7~10	10~15	—	—	—

注：①括号内数值系工程地质及气象条件差时的参考值；②当采用窄轨铁路运输时，表列数值可略为提高；③地基土壤(黏土类或淤泥类软土)含水量大，排土堆置后可能不稳定的排土场，初始台阶高度可适当减小；④排土场地基(原地面)坡度平缓，剥离物为坚硬岩石或利用狭窄山沟、谷底堆置的排土场，可不受此表限制；⑤剥离物运来土石类别明显的，排土时可根据其不同的土石类别，分别采用各自不同的台阶高度。当基底稳定时台阶高度做如下估算：堆置坚硬岩石时宜为 15~20 m，堆置松软岩土时宜为 10~20 m；⑥多台阶排土的总高度可经过验算确定，在相邻台阶之间应留安全平台，基底第一台阶的高度宜为 10~25 m。

(2)剥离物堆置的自然安息角应根据其物理力学性质和含水量，按表 5-52 规定选取。多台阶排土场剥离物堆置的总边坡角应小于剥离物堆置自然安息角。

表 5-52　剥离物堆置自然安息角

岩土类别	自然安息角/(°)	平均安息角/(°)
砂质片岩(角砾、碎石)与砂黏土	25~42	35
砂岩(块石、碎石、角砾)	26~40	32
砂岩(砾石、碎石)	27~39	33
片岩(角砾、碎石)与砂黏土	36~43	38
页岩(片岩)	29~43	38
石灰岩(碎石)与砂黏土	27~45	34

续表5-52

岩土类别	自然安息角/(°)	平均安息角/(°)
花岗岩	35~40	37
钙质砂岩		34.5
致密石灰岩	32~36	35
片麻岩		34
云母片岩		30
各种块度的坚硬岩石	30~48	32~45

(3)排土场工作平盘最小宽度应根据剥离物的物理力学性质、上一台阶的高度、大块石滚动距离、运排设备的工作宽度、平台上最外运输线至眉线间的安全距离等确定，并应满足上下两相邻台阶互不影响的要求。

公路运输平台宽度(图 5-56)，可按式(5-73)计算确定：

$$W = 1.5 + 2(R + L) + C \tag{5-73}$$

式中：W 为公路运输平台宽度，m；R 为汽车的转弯半径，m；L 为汽车长度，m；C 为超前堆置宽度，m，可按表 5-53 选取。

表 5-53　超前堆置宽度取值

堆排方式	超前堆置宽度 C/m
推土机	视作业条件而定
装载机	不小于装载和卸载半径之和
电铲	不小于一侧移道步距，宜取 18~24

铁路运输平台宽度(图 5-57)，可按式(5-74)计算确定：

$$W = F + D + B + C \tag{5-74}$$

式中：W 为铁路运输平台宽度，m；F 为外侧线路中心至台阶边坡顶的最小距离，m，准轨 1.6~1.7 m，窄轨 1.0~1.2 m；D 为线间距，m；B 为上台阶坡脚线至线路中心的安全距离，m，宜大于大块石滚落距离加轨道架线式电杆至线路中心距离；C 为大块石滚落距离，m，见表 5-54。

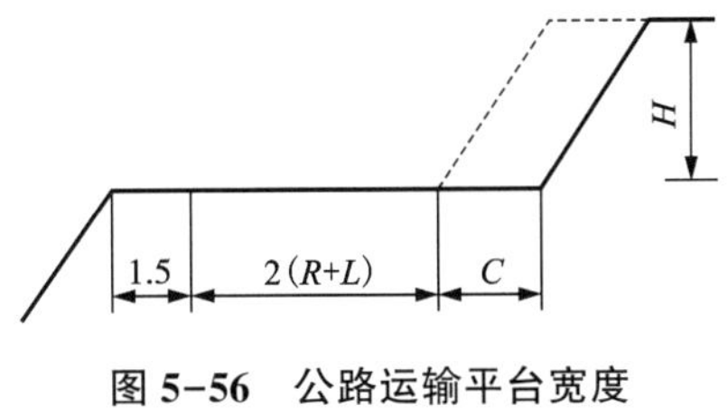

图 5-56　公路运输平台宽度

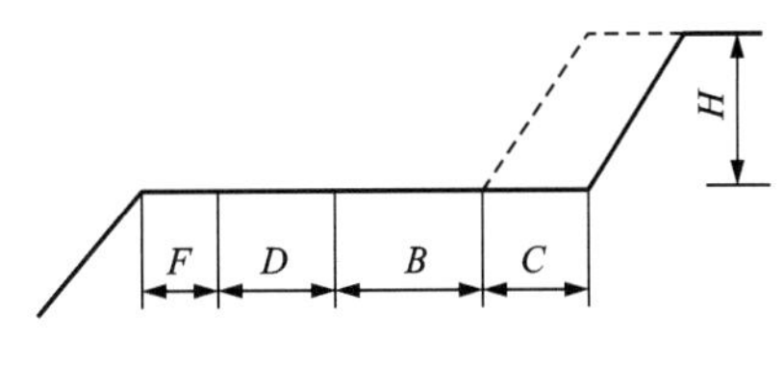

H—上下两平台间的高差，m。

图 5-57　铁路运输平台宽度

表 5-54 大块石滚落距离 单位：m

台阶高度	10	12	16	20	25	30	40
大块石滚落距离	15	16	18	20	22	24	27

排土场工作平盘宽度可按表 5-55 确定。

表 5-55 工作平盘宽度参考值 单位：m

运排方式	段高		
	15	15~25	30~40
汽车推土机	40~55	45~25	50~60
窄轨推土机	20~25	25~30	30~40
准轨推土机	30~40	40~50	50~60
准轨电铲	40~50	45~55	50~60
准轨排土犁	30~35	35~40	40~45

(4)多台阶排土场，各台阶最终平台宽度不应小于 5 m。

(5)排土场需要的有效容积按式(5-75)计算：

$$V = V_0 K \tag{5-75}$$

式中：V 为有效容量，m^3；V_0 为剥离岩土的实方量，m^3；K 为剥离岩土经下沉后的松散系数。

各类剥离物的松散系数按表 5-56 选取。

表 5-56 剥离物的松散系数

类别	松散系数
砂	1.01~1.03
带夹石的黏土岩	1.10~1.20
砂质黏土	1.03~1.04
块度不大的岩石	1.20~1.30
黏土	1.04~1.07
大块岩石	1.25~1.35

(6)排土场的用地面积，除应按有效容积结合实际地形和剥离物堆置要素计算用地外，尚应增加排水设施、稳定性措施等工程用地，且应适当增加堆场最外坡脚线至用地边界的防护距离。

3. 排土场运行安全管理

排土场运行安全管理按《金属非金属矿山排土场安全技术规范》(DB41T 1267)规范进行。

4. 排土场稳定措施

1) 排土场设计时应采取的措施

(1) 排土场设计时应配备排土场安全监测人员和配套仪器设备。

(2) 排土场设计必须有可靠的截排水设施，防止水土流失，影响周边环境。山谷或山坡堆置的排土场，应在场外周边设置截水沟或排洪渠。当山坡或沟渠与排土场发生交叉时，必须设置相应排洪设施。

排土场上游洪水较小时，可采用截水沟或排洪渠导排；排土场上游洪水较大时，应在上游加修拦截上游洪水的挡水坝，或视其地形特征，沿山坡修排洪渠或在排土场底部修暗涵将其排出场外。挡水坝的安全超高不应小于 1 m；兼顾挡渣与防洪功能的拦渣坝，应有一定的拦泥库容。

(3) 排土场分台阶排弃时，其平台应设计 2%～3%的向外坡度，使场内的地表水排至场外。

(4) 应合理确定台阶排土高度和最终堆置高度，设计应符合下列要求：

① 对结构松散、粒径小的土质边坡，台阶高差宜为 6～12 m，宜设置宽度不小于 1.5～2 m 的平台，对干旱、半干旱地区，台阶高差可大些。

② 湿润、半湿润地区，台阶高差可小些。

③ 当混合的碎(砾)石土高度大于 30 m，或在 8°以上的高烈度地震区，土坡高度大于 12 m 时，应设置宽 4 m 以上的宽平台。

④ 当山坡地形上陡下缓时，宜从底部先行排土，以确保剥离物的整体稳定，如图 5-58 所示。对软弱层基底，可采用低阶段超前的“盖被”式排弃顺序。

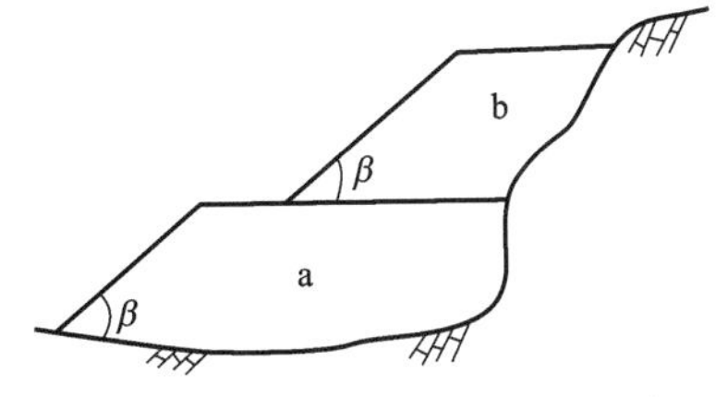

a—先期排弃；b—后期排弃。

图 5-58 排弃顺序

2) 防治排土场滑坡工程措施

(1) 排土场地基处理。对稳定性较差的土质山坡，宜将原山坡修成台阶状，以增加稳定性。对松软潮湿土宜在堆排土之前挖渗沟疏干基底，倾填块碎石作垫层，或预埋岩石挡墙。比较普通的护坡挡墙，采用预埋挡墙所需要的坚硬岩石量要少很多，是前者的 1/6～1/10。这点在矿山基建剥离初期表土多坚硬岩石少的情况下，其技术经济效益特别显著。

(2) 调整排土顺序，将大块石堆置在底部以增加基底稳定性或把大块石堆在最低的台阶。

(3) 清除软弱层，底部排弃大块坚硬岩石，有条件时，宜在排土场坡脚处采用大块石填筑高 5～10 m 的渗水层。

(4) 采用适宜的坡脚防护，包括沿排土场外侧堆置路堤或干砌(或浆砌)拦石堤。

(5) 有大量松散物质排放的陡坡场地，必须采用坡脚防护或拦渣工程，防止水土流失。

坡脚防护及拦渣工程可采取以下措施：

① 当坡面砂石对山沟下方可能造成危害时，应设置一级或多级挡沙堤(或坝)，即谷坊坝(见图 5-61)，用地紧张时可采用坡脚挡渣墙。

② 当小规模泥石流对山沟下方可能造成危害时，应在沟谷的收口部位设置拦渣坝等拦蓄、排导、防治构筑物。

③ 当滚石对山沟下方可能造成危害时，应设置拦石堤或沟渠，并应留有足够的安全距

离。拦石堤可使用当地土(或干砌片石)筑成，亦可采用铁丝笼坝或竹笼坝形式(图 5-59)，宜采用梯形，亦可采用较缓的内侧边坡，堤顶高出计算撞点的安全高度为 1 m。

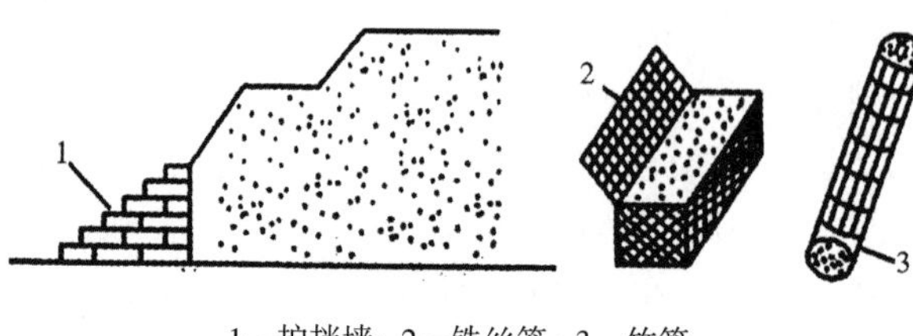

1—护挡墙；2—铁丝笼；3—竹笼。

图 5-59　不同形式的护坝挡墙

④ 当小规模滑坡对山沟下方可能造成危害时，应设置如重力式抗滑挡土墙、抗滑片石垛或抗滑桩等抗滑支挡构筑物。有关防护或拦渣措施示意图见图 5-60、图 5-61。

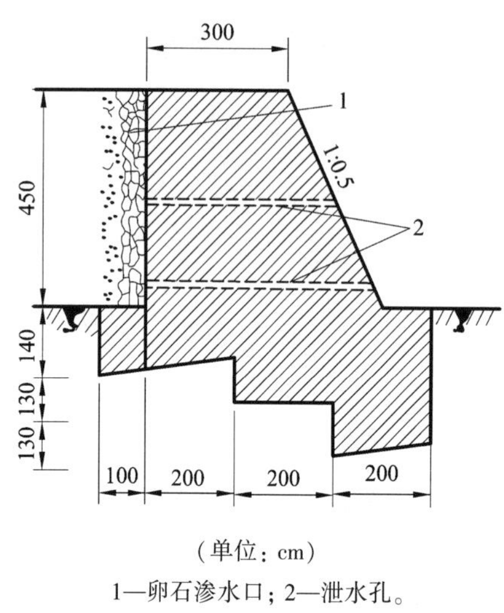

(单位：cm)

1—卵石渗水口；2—泄水孔。

图 5-60　云南可保露天矿皂角文昌宫排土场拦挡坝截面

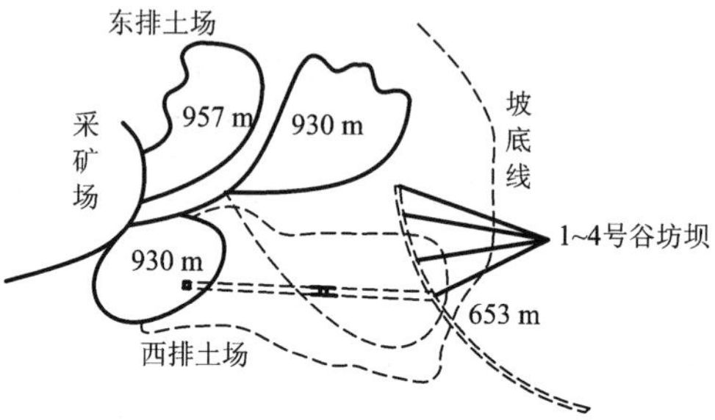

图 5-61　潘洛铁矿大格排土场谷坊坝

石笼坝：笼用毛竹或铁丝编织成长 2~4 m、直径 0.5~2 m 的笼子，移至有坝地点，就地将石块填充于笼中，使之成为一整体结构。既能渗水，又能拦截泥石流。石笼坝属非永久性构筑物，一般竹笼使用 2~3 年，铁丝笼使用 7~8 年，以后铁丝笼虽失效，但整个坝体并不失效。谷坊群坝是多次挡导相结合的设施，当泥石流规模较大时，采取多处设坝，每次拦挡一部分，以达到扩大停淤的目的，使另一部分按导引的方向排泄。这样分次拦挡加速其停淤，最后完全阻挡住泥石流。有外部水源补充、泥石流活动的规模和频率较大时采用此法。

(6) 排土场内的地下水和滞留水，在排弃物透水性弱对稳定性不利的情况下，应根据潜水量的大小，采用盲沟、透水管或涵洞形式将水引出场外(图 5-62、图 5-63)。

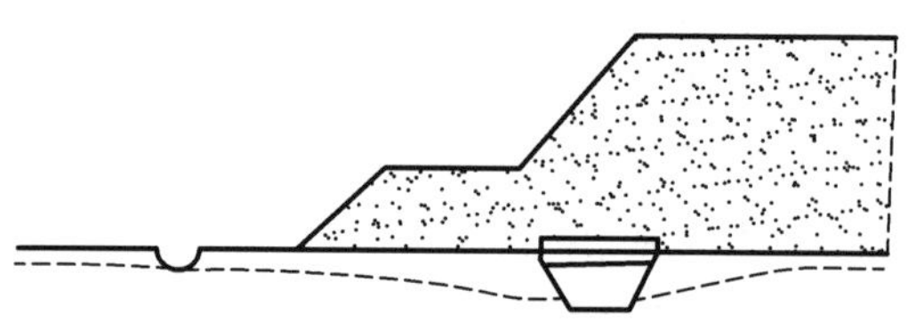

图 5-62　排土场底部开挖渗沟

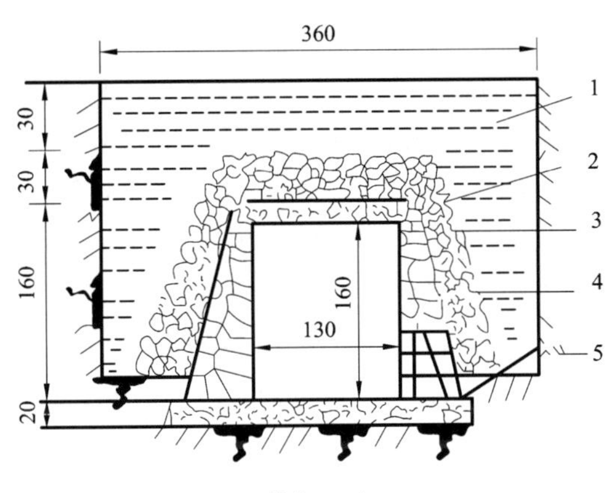

（单位：cm）

1—回填土；2—卵石渗水层；3—带孔混凝土盖板；4—料石沟帮；5—混凝土底板。

图 5-63　云南可保露天矿皂角文昌宫排土场总暗沟断面

3）防治排土场滑坡生物工程措施

（1）对于坡比小于 1∶1.5、土层较薄的土质或砂质坡面，可采取种草护坡措施。种草护坡应先将坡面进行整治，宜选用生长快的低矮型草种。

（2）对于坡比小于 1∶2、土层较厚的土质或砂质坡面，在南方坡面上土层厚 15 cm 以上的，北方坡面土层厚 40 cm 以上的，可采用造林护坡。造林护坡应采用根深与根浅相结合的乔灌混交方式，同时宜选用适合当地速生的乔灌木树种。坡面采用植树造林，宜带土栽植，如图 5-64 所示。

（3）在路旁或景观要求较高的土质或砂土质坡面，可采用浆砌块石格或钢筋混凝土结构，在坡面上做成网格状。网格内种植草皮。在已结束施工的排土场平台或斜坡上普遍进行植被（植树和种草），可以起到固坡的作用，并可防止雨水对排土场表面侵蚀和冲刷影响，尤其对堆置的表土和风化岩石，这种植被的效果比较明显。植被的根系可以加固排土场表面的岩土，阻止雨水往内部渗透，植物本身也吸收大量的水分。

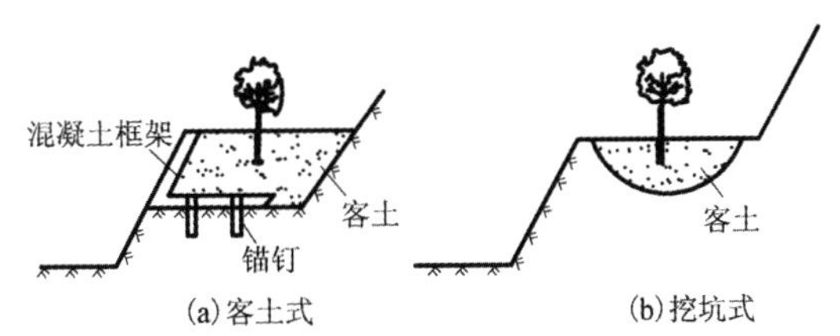

图 5-64　排土场边坡植树造林方法

排土场植被要结合排土作业计划统一规划，首先因地制宜，确定适宜种植的植物种类，然后根据排土台阶的形成顺序，进行场地平整、播种或栽植，并有专人施肥、浇水和维护，以获得较高的成活率。

例如：江西永平铜矿排土场含表土及强风化岩石较多，排土场进行了综合治理，普遍种植了马尾松、小斑竹和芮草等植物，其复垦率已达 60%，收到良好效果。植被对于排土场固表护坡，防止雨水的冲蚀，以及绿化环境起到良好的作用。

5.5.5 排土场复垦

建设矿山必然要占用一部分土地，其中由于矿床的自然赋存条件和开采技术条件所限，难免要占用一些农田。尤其露天矿比地下矿所占用的土地要多，其中排土场在露天矿的占地总面积比例很大。但是排土场还具有造地还田的可能条件。只要认真做到少占农田、覆土造田，就一定能在发展采掘工业的同时，为农田的保护和建设做出贡献。

露天矿的复垦工作可分为复垦地点的准备、回填与平整台阶、再植被。

按复垦地点可分为采空区(内部排土场)的覆土造田和外部排土场的覆土造田。

1. 复垦地点的准备

1)采空区复垦的准备工作

采空区的复垦工作是矿山开采阶段全部或部分完成后才开始进行的。在某些情况下可在开采结束后许多年才进行。

根据场地最终使用意图，做复垦准备时应考虑好道路的布置和最终使用的一切设备。同时还要计划好采选过程中的废石、尾矿等的回填方式和回填顺序。

2)外部排土场复垦的准备工作

外部排土场的复垦从开始接受岩土起就开始了覆土工作，所以开始时就要重视对场地的清理工作。场地上的树木砍掉运走，以免将树木掩埋使之易分解腐烂而引起地面塌落或陡坡地段滑动。在通常情况下的露天矿复垦场地的准备，可用推土机把表层堆积土推掉，保证复垦场地有足够稳定的地基。

3)排土场复垦的数据准备

(1)排土场附近地区的地貌、地质、土壤、水文、气象、植被、土地利用、水利、水土保持等文献数据；

(2)排土场土壤资源数据，包括较肥岩石、肥沃岩石、肥沃土及腐殖土资源情况；

(3)水源数据，包括地下水、地表水及其他供水数据；

(4)气象资料，包括气候、降雨量等情况；

(5)有关的社会经济统计资料；

(6)有关的矿区生产情况如各年度工作线和采区采剥量。

2. 回填与平整台阶

在排土场的复垦工作中，地面的平整程度或必要的回填程度，主要取决于四个因素：开采方法；有效范围内的耕作方式及其地形标高；气候条件；地面最终使用意图。

翻卸岩土时要有总体规划。整个复垦区的坡度，从水源至复垦的地点，根据自然地形，尽量做到有5‰左右的坡度，平整后田地能实现自流灌溉，复垦后要能便于实现机械化耕作。

我国南方大部分砂矿是将松软剥离物和粗选厂的尾砂用水力输送回采空区，回填时四周要适当高些，使泥浆沉淀于中间，一般使之与地面标高相同，充填后要开沟疏干。

平整工作是削高就低，填平补齐，然后覆盖一层黄土作隔水层(0.5 m左右)。黄土可以用运输设备和排土设备输送，也可以用泥浆泵把泥浆输送到已整平的岩土上，使泥浆先在修好的田埂里沉淀，水渗透到岩土层下或修沟排出。达到一定厚度的泥浆经过一定的干燥期(1.5~6个月)后再整平。选矿厂的尾矿经过处理后对农作物无害时也可用来覆土。

最后若有保存的腐殖土时，可将其铺在上面，铺盖厚度为0.15~0.3 m，若没有腐殖土时，可用其他土壤加以覆盖，厚度为 0.15 m 以上。

3. 再植被

再植被成功与否，主要取决于地形坡度、土地含石情况、废渣毒性、湿度、植被地点的微变气候等。

(1) 地形坡度。地形坡度过陡易引起水土流失，对栽种植物常有致死的危害。在降雨较多的地区把坡地平整到 30% 以下的坡度，并要避免斜坡过长。在平整过的地面铺上一层麦秆可以减少流失。

(2) 土地含石情况。从维持植物生长所需土质的渗透性及含水性来看，石块与土粒(小于 2 mm)的比例很重要。在潮湿地区要成功地复植，至少有 20% 的废石是土粒大小的，在干燥地区这种废石要超过 30%。含石情况还影响种植方法。块度大的石堆，限制甚至排除了机械种植的可能性。

(3) 废渣毒性。通常矿山废渣的毒性以其含酸量来衡量，即以 pH 表示，一般把 pH 等于 4 作为植物正常生长的分界值，在 4 以下时植物几乎不能生长，同样 pH 太高也会阻碍植物生长。根据各种植物的种类不同，pH 最优范围为 5~8。自然风化作用可以溶解一部分酸性物质，降低废渣的酸性，也可以用加石灰的办法来中和废渣，但二者都不能令人满意。其他毒性物质还包括对植物有毒的盐类和金属物质。先埋掉有毒物质，最后在地表铺一层适当的材料是消除地表有毒物的最好途径。

(4) 湿度。多数矿山排土场富有植物生长的养分，但有些地方由于缺水而不利于植被生长。当含黏土量太大不利于水的渗透时，会使植物生长不良。干燥地区可选择的办法是：用喷洒方式供水，或者选择耐旱植物。

(5) 微变气候。有些平整过的矿区，会受到阳光辐射和风的极大影响。暗黑色的废石，其表面温度可达 55℃ 以上，而较浅色的废石一般不超过 41℃。高温会使土壤失去水分，增强了植物的蒸发作用，而导致植物死亡。

4. 土地复垦实例

1) 平果铝土矿复垦

平果铝土矿位于 23°18′30″N—23°38′13″N，海拔 200~400 m，属高温多雨的亚热带季风气候，全年平均气温为 21.5℃，月平均最高温度为 28.2℃(七月份)，最低气温为 12.6℃，无霜期 300~350 天。

平果铝土矿二期工程建成后，每年占用土地达 40 hm^2 左右。为了保证铝工业持续稳产，每年开采足够铝矿石的同时，必须及时地恢复采矿作业破坏的土地，包括耕地、林地、草地等，以求实现矿区周围农、林、牧等用地的动态平衡。“九五”初期平果铝土矿开始“泥饼”回填和复垦等科技攻关。针对平果铝土矿复垦土源少、占地速度快、复垦难度大的特点，以加速土壤熟化、缩短复垦周期为重点，短时间内在采矿废弃地和排土场重建了以农业耕地为主，林、灌、草优化搭配的人工生态系统。利用本企业工业废弃物(如剥离土、粉煤灰、洗矿泥等)作为复垦地的人工再造耕层材料，边采矿边复垦。既解决了缺少覆土的难题，又初步实现了矿区废弃物的减量化、资源化和无害化。综合应用生物技术、工程技术、菌根技术，加速土壤熟化及植被重建，效果明显。复垦周期 1.5~2 年，矿区生态环境明显改善。建成了近千亩的示范区。种植的桉树、木薯、甘蔗、蔬菜等长势良好，边坡实现乔-灌-草立体植被，植被覆盖度达 90% 以上，有效地控制了水土流失，采区复垦率达到 100%，其中耕地面积占复垦面积的75%。为企业探索了占地、复垦、利用的有效途径，确保了平果铝业公司矿山持续稳产的需求。采用“边采矿、边剥离、边复垦”工艺达到了世界先进水平。

2)海南海钢集团有限公司石碌铁矿第八排土场复垦

海南海钢集团有限公司石碌铁矿位于海南西部昌江县境内，铁矿石生产规模为400万t/a，采用铁路运输，电铲、排土犁排土。至2003年，第八排土场东一、东三排土线完成设计受土量，关闭后形成复垦规划区，规划面积为0.278 km^2。

(1)排土场生态恢复与开发规划。

矿区地处热带海洋季节性气候，日照充足，年平均气温24.3℃，年平均降雨量1500 mm，水补给充沛。第八排土场复垦区域的东侧是自然山林，和霸王岭原始森林保护区相距10 km；南侧是农林区，并修筑有小型储水库。根据第八排土场周边环境、自然资源条件、土壤特性和气候特点分析，适合进行林业复垦，故其生态恢复和开发规划采用热带生态农业种养殖模式。

复垦区种植经济树木以火龙果、珍珠石榴两种热带水果为主，其具有经济价值较高，抗风、抗旱、防风、保水性能优异等特点，对土质要求不严，特别适合第八排土场复垦种植。

(2)排土场回填与平整。

排土场完成受土后，首先按复垦要求选择细粒岩土对复垦区进行回填、平整。第八排土场利用北一采场215 m、240 m水平扩帮和南矿扩帮剥离的表层土与风化岩石，掺杂细粒剥离岩石爆堆作为排土场复垦回填材料，利用电铲进行排土覆盖作业，并利用推土机平整。

(3)排土场土壤改良与果树种植。

排土场土质主要是露天采场剥离的废石和部分表土，块度不均，且含有砷、钾等有毒有害元素，需要在种植果树前对其土壤进行改良。土壤改良有多种方法，如绿肥法、化学法、客土法和施肥法、微生物法等。根据矿山历年的复垦经验并考虑树种的适应性，采用施肥法和客土法相结合实现土质改良。具体做法是先挖宽0.8~1.0 m、深0.5 m的种植坑，坑内施放有机肥和表层土混合物，然后在坑内种植果树。火龙果按每亩250株种植，珍珠石榴按每亩160株种植。规划在第八排土场复垦区共种植15 hm^2的火龙果和13.5 hm^2的珍珠石榴。同时在中市区修建一座30万 m^3的蓄水库，并进行水产养殖，在果林区进行家禽养殖，形成一体化立体生态的农业复垦模式。

(4)综合效益评价

矿山排土场复垦工程的实施，实现了矿区资源的优化配置，产业向农、林部分转化，安置了部分就业人员，也为矿区和周边提供了一个良好的生活和生产的空间环境。

排土场的复垦和开发利用，减少了对排土场周边环境的污染和原有生态的破坏，增加了复垦区域的森林覆盖率，对排土场的防风固沙、水土保持和空气净化、美化环境起到了重要作用；同时排土场的复垦对霸王岭自然保护区的生态保持具有促进作用。

排土场的复垦提高了土地利用价值和利用效率，增加了经济收入。复垦区规划的热带农业种植28.5 hm^2，种植果树250多万株，复垦绿化率达到了86.3%，年收入近30万元。

参考文献

[1]《采矿设计手册》编委会. 采矿设计手册 矿床开采卷[M]. 北京：中国建筑工业出版社，1988.

[2] 王运敏. 现代采矿手册-中册[M]. 北京：冶金工业出版社，2012.

[3] 高永涛，吴顺川. 露天采矿学[M]. 长沙：中南大学出版社，2010.

[4]《采矿手册》编辑委员会. 采矿手册 3[M]. 北京：冶金工业出版社，1991.

[5] 王青，任凤玉. 采矿学[M]. 2 版. 北京：冶金工业出版社，2011.

[6] 李宝祥. 金属矿床露天开采[M]. 北京：冶金工业出版社，1992.

[7] 鲍海文. 大型露天矿汽车-胶带机联合开拓运输方案优化[J]. 采矿技术，2012，12(1)：6-7，41.

[8] DAVID N，SKILLINGS J，王玉清. 澳大利亚纽曼山铁矿惠尔巴克山露天矿的生产现状[J]. 国外金属矿采矿，1981(6)：5-8.

[9] 何昌盛. 大型深凹露天矿半连续运输系统研究[J]. 现代矿业，2013，29(8)：77-80.

[10] 王培武. 露天矿排土场堆排方式探析[J]. 黄金，2012，33(1)：28-31.

[11] 谢代洪. 朱矿铁路排土场滑坡分析及治理[C]. 第十六届六省矿山学术交流会论文集，2009：74-75，79.

[12] 毛权生，乐陶. 多台阶覆盖式排土场边坡结构参数的确定[J]. 金属矿山，2013，42(5)：56-58.

[13] 王婉青，杨溢，陈印，等. 排土场堆置参数优化及稳定性分析[J]. 中国锰业，2016，34(3)：52-56.

[14] 李全明. 尾矿库上覆排土场工程危险源辨识及安全评估技术研究[J]. 中国安全生产科学技术，2013，9(7)：38-43.

[15] 侯国文. 浅谈提高露天矿推土犁排弃能力[J]. 煤炭技术，2003，22(6)：16-17.

[16] 王成. 大峰露天煤矿排土工艺的改进[J]. 露天采煤技术，2001，16(1)：20-22.

[17] 虞云林，侯克鹏，程涌. 某露天采场排水系统设计[J]. 现代矿业，2017，33(12)：76-77，96.

第 6 章

露天矿边坡工程

6.1 概述

我国露天开采的矿石产量所占比重很大，铁矿石占 77%左右，有色金属矿石占 52%左右，化工原料占 71%左右，建筑材料占比接近 100%。我国露天采场边坡工程研究起始于 20 世纪 60 年代，20 世纪 70—80 年代得到了飞速发展。进入 20 世纪 80 年代后期，我国越来越多的露天矿山转入深凹露天开采。

我国金属非金属露天采场边坡最终设计高度一般为 100~300 m，最高达 1000 m，随露天采场的不断延深，由于地质条件复杂、地应力增加、涌水量增多等诸多不利因素的影响，边坡稳定性及其管理问题越来越突出。

本章结合露天矿边坡工程的主要工作程序，从 5 个方面介绍边坡工作的基本内容：①地质调查与边坡岩土分析模型；②露天矿边坡结构参数设计；③露天矿边坡稳定性分析；④露天矿边坡工程处治；⑤露天矿边坡稳定性监测。

6.1.1 露天矿边坡工程主要特点

露天矿边坡工程泛指露天采场边坡工程、排土场和尾矿库的边坡工程。前者的理论基础是岩石力学和土力学，后者的理论基础是土力学和散体力学。狭义的露天矿边坡工程特指露天采场岩质边坡工程，本章的“边坡工程”主要指露天采场边坡，尤其指岩体边坡。

露天矿边坡工程是以岩体为工程材料和工程结构、以采矿作业为施工手段而形成的大型岩体工程。露天矿边坡工程设计是露天开采设计面临的首要问题，其具体工程问题主要包括：根据边坡岩体的工程条件和采矿工艺的约束，提供安全可靠、经济效益最大的边坡设计方案；研究在露天开采过程中环境、应力场不断改变的条件下，边坡岩体的变形和破坏规律；预测和控制边坡稳定状态，逐步实现生产边坡的现代化管理，以实现矿山经济效益最优。

露天矿边坡工程的主要特点包括：

(1)边坡稳定影响因素的复杂性：由于矿体赋存空间的限制，构成露天矿边坡的岩体、结构、地下水条件以及原岩应力状态都具有明显的不可选择性。露天矿边坡工程的复杂性除了表现在地质结构空间分布的不可选择性和随机性之外，还突出表现在：①工程活动的多样性，露天矿山边坡加陡、到界、闭坑、内部排土等工程活动时空关系复杂。②影响因素的耦合作用，比如降雨诱发的水压变化和爆破振动等引起的岩体损伤破坏。

(2) 边坡与采矿工程的整体性：就形成过程而言，露天矿边坡是采矿工程的伴随工程，依附于采矿作业而存在，其形态在很大程度上受采矿作业的制约；就运行系统而言，露天矿边坡是采矿系统的一个子系统，其功能是服务于采矿工艺，又在很大程度上制约采矿生产。边坡与采矿工程的整体观始终是处理边坡工程问题的出发点。

(3) 边坡岩体的可变形性：在采矿工程进行过程中不但可以允许边坡岩体产生一定的变形，甚至可以允许产生一定程度的破坏，只要这种变形或破坏不致影响露天矿的安全生产即可，即保证在矿山服务年限内不发生大规模滑坡的前提下，露天采矿设计应采用具有最大技术经济效益的最陡边坡角。

(4) 边坡稳定性认识的阶段性、循环性和动态稳定性：露天开采活动贯穿于矿山服务期限的始终，而且露天开采本身就是一种最有效、最直接的工程揭露与勘察。随着露天开采，边坡自上而下被划分为多台阶的水平层，具有阶段性及循环性。可见矿山边坡稳定是一个动态稳定的过程，为此应尽可能地调整不同阶段的工程地质勘察工作的内容与目标，以便与露天矿生产及边坡稳定性评价的不同阶段相适应。

(5) 边坡工程的深部延伸性：随着大型采掘设备的发展和资源的不断开发利用，深凹露天矿成为大型露天矿山的发展趋势。工程规模越来越大，工程环境越来越复杂，工作条件越来越恶劣。深凹开采过程中，随开采深度和坡高的增加，边坡稳定性和安全性越来越差；同时，对大型露天矿山而言，提高边坡角也是充分回收资源、降低生产成本、增加开采效益的重要手段之一。边坡工程所面临的新课题迫使工程设计、工程实施与之相适应，特别需要加强边坡工程管理，包括投产前的边坡设计、维护决策和采矿过程中的边坡控制。

6.1.2　露天矿边坡类型

从不同角度考察，露天矿边坡可分为如下类型：

(1) 按总体边坡高度划分：①超高边坡(大于 500 m)；②高边坡(大于 300 m，小于或等于 500 m)；③中边坡(大于 100 m，小于或等于 300 m)；④ 低边坡(小于或等于 100 m)。

(2) 按边坡与生产工艺的关系划分：①台阶边坡(组成露天矿边坡的基本单元)；②并段边坡(根据开采需求，由 2~3 个台阶合并而成的边坡)；③路间边坡(同一个剖面上，2 条运输道路间的台阶组成的边坡)；④总体边坡(由所有台阶组成的边坡)。

(3) 按边坡使用年限划分：①临时边坡(小于 2 年)；②短期边坡(2~30 年)；③永久边坡(大于 30 年)。

(4) 按边坡岩土构成划分：①土质边坡；②类土质边坡(岩体全风化呈砂土状、超固结土等)；③岩质边坡；④二元结构边坡(或岩土组合边坡)。

(5) 按边坡岩体结构划分：①类均质土结构边坡；②近水平层状结构边坡；③顺倾层状结构边坡；④反倾层状结构边坡；⑤斜交层状结构边坡；⑥碎裂状结构边坡；⑦块状结构边坡。不同岩体结构边坡的稳定性是不同的，尤其是含有软弱层和不利结构面的坡体，易出现边坡失稳滑塌灾害。

6.1.3　露天矿边坡工程工作程序

无论是新建矿山边坡，还是扩建矿山边坡；无论是总体边坡设计，还是局部边坡处治，一般都应遵循三个工作阶段，即工程勘察、工程设计和工程实施。具体而言：在充分把握工程地质与水文地质条件、边坡岩体特征及工程环境的基础上，进行边坡设计或单体工程设计，在开采过程及相关工程运行过程中，连续监测边坡工作状态，收集有关资料，验证设计，并将有关信息反馈到设计中，控制边坡稳定状态，确保边坡工程设计处于最优状态。因此，边坡工作程序并非传递式的单向过程，随着技术水平的提高、采掘工程的不同要求以及采矿工程的延深，其将是一个分时期的循环过程。

在整个矿床开采过程中，不同阶段均伴随着相应的边坡工程工作内容：

(1)工程勘察阶段：进行矿床储量评价的同时，应对开采条件做出初步论证，根据勘察结果，建立基本的地质模型、边坡岩体的结构模型以及矿区水文地质模型，为可行性研究提供可靠依据。在地质勘察报告的基础上，进行边坡工程规划，充分估计未来开采过程中可能出现的边坡问题，以及解决这些问题的相应措施。

(2)工程设计阶段：进行详细的边坡工程地质、水文地质测绘，必要时需布置一定数量的补充勘探工程；进行边坡岩体力学性质测试，以及其他相关影响因素的分析与评估；针对若干可行的边坡设计方案，进行稳定性评价和经济分析，为工程推荐最佳边坡设计方案。

(3)工程实施阶段：严格按照边坡设计参数控制边坡靠界工作，随采矿工程的延深，继续收集有关边坡地质资料，修正或补充原有边坡设计基础资料，并为未来可能的改造、设计提供新的依据；建立边坡岩土体位移、地下水压和爆破振动等监测系统，进行边坡稳定性实时监测。依据已形成边坡的形状及工作状态，预测未来数年的边坡稳定状况，以便矿山安全组织生产；针对具体边坡工程失稳问题，采取适当的工程技术措施进行处治。

综上所述，各阶段工作应按照相应的规范(规程)有序进行，露天矿边坡工程主要工作流程见图 6-1。

6.1.4 露天矿边坡工程发展现状与展望

1. 露天矿边坡工程发展现状

我国露天矿山经过长期开采，生产规模和能力不断扩大，边坡高度持续增加。据不完全统计，截至 2012 年，我国非煤露天矿设计边坡高度大于 300 m 的达 26 座，最高约 1000 m，实际边坡高度大于 300 m 的共 11 座。非煤露天矿边坡设计高度统计见图 6-2，边坡现状高度统计见图 6-3。

露天矿边坡稳定性问题直接关系到矿山的经济效益和生产安全。随着矿产资源的持续开发，露天矿边坡高度不断增加，边坡失稳已成为金属非金属矿山的重大事故源，约 40% 的露天矿山边坡不同程度地出现了边坡稳定性问题，近年来，仅金属非金属露天采场边坡滑坡坍塌事故达百起，损失巨大。

相应地，边坡研究理论水平、工程观念、分析方法、监测体系和管理水平等也得以全面发展和提高：

(1)边坡工程理论研究水平显著提高。初始阶段，边坡岩体被视为连续介质，通过连续介质力学理论进行研究；20 世纪 60 年代，对边坡岩体的认识和描述产生了质的飞跃，明确提出岩体是地质过程中形成的具有大量裂隙的地质体的概念，认识到裂隙对边坡稳定性的控制作用；此后发展了岩体结构的思想，开始从本质上揭示岩体结构对应力场、渗流场、震动场、重力场及其复合作用的效应。现代岩石力学理论认为，由于岩石和岩体结构及其赋存状态、赋存条件的复杂性和多变性，岩石力学既不能完全套用传统的连续介质理论，也不能完全依靠以节理、裂隙和结构面分析为特征的传统地质力学理论，必须把边坡工程视为一个系统，采用系统论方法进行边坡工程的研究，用系统概念来表征“岩体”，使岩体的“复杂性”得到全面、科学的表述。

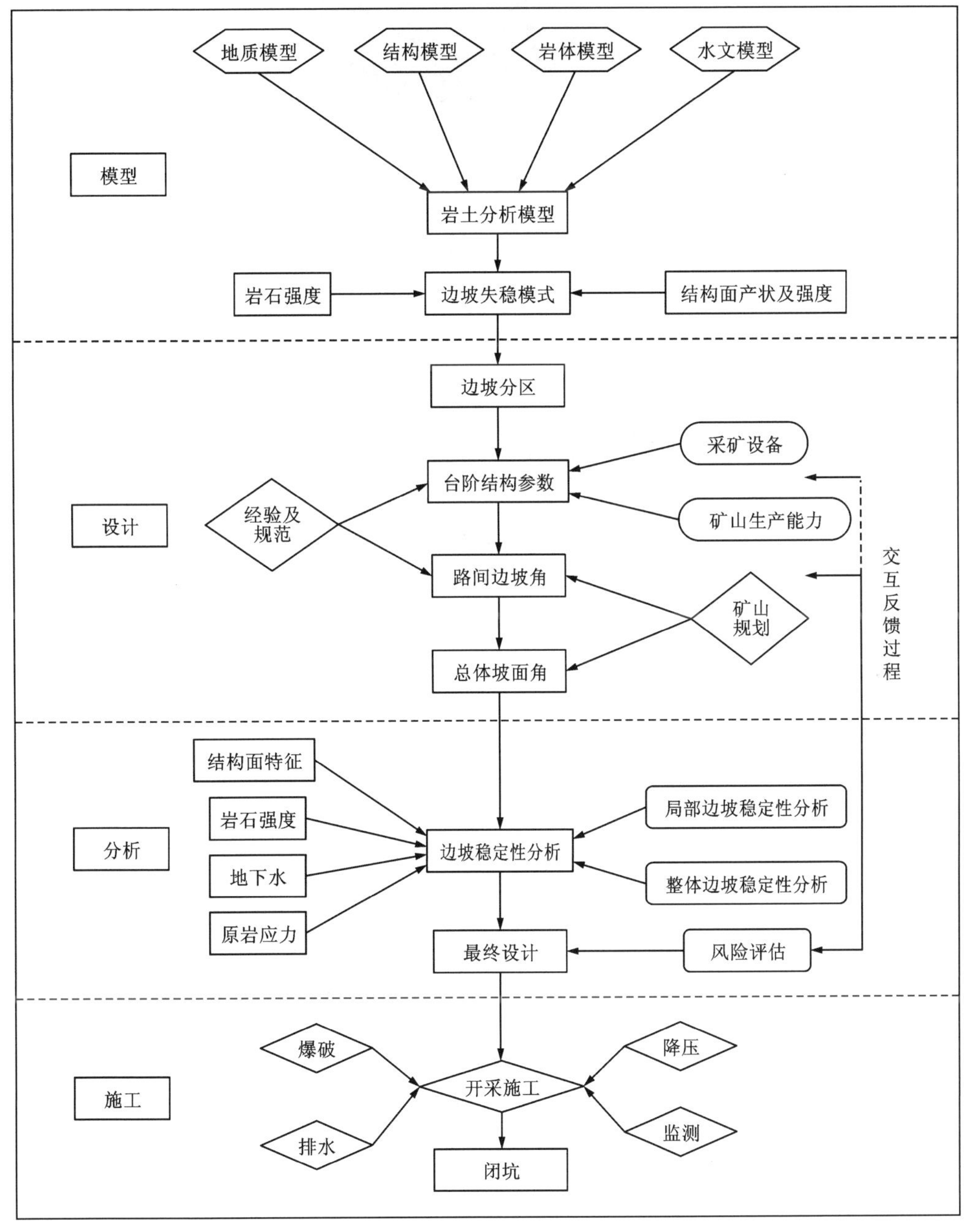

图 6-1　露天矿边坡工程主要工作流程

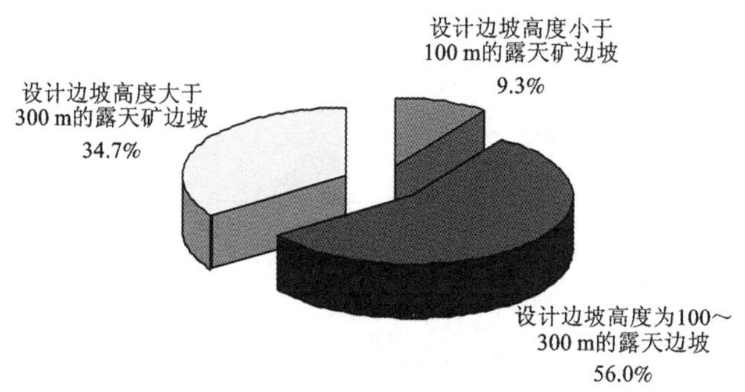

图 6-2　非煤露天矿边坡设计高度统计(截至 2012 年)

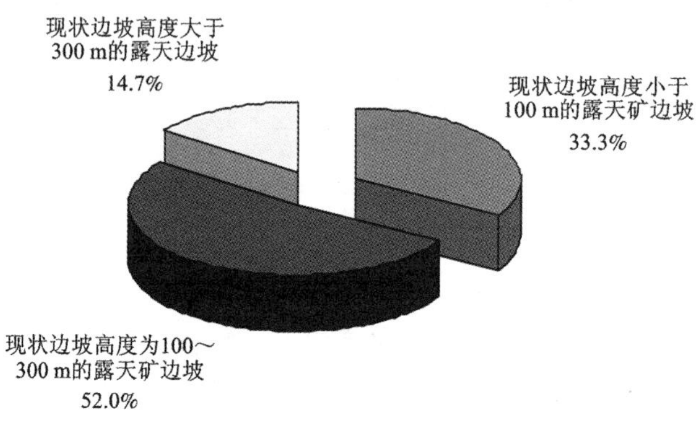

图 6-3　我国露天矿边坡现状高度统计(截至 2012 年)

(2)露天矿边坡的工程观念得以强化。边坡评价从静态评价转向动态分析，边坡失稳及其后果的预测能力不断提高，并且提出了露天矿边坡岩体强度参数识别表征方法和动态稳定性评价方法，实现了露天矿边坡稳定性动态分析预测；从单纯的安全保障转向系统优化，把边坡作为一个重大的经济因素纳入采矿设计和矿山经营计划；将边坡设计方案的经济指标和风险等级作为边坡性能的评价参数，以求在安全可靠的前提下，实现利润最大化，从而实现边坡工程的校验设计向优化设计的转化。

(3)边坡工程研究分析方法日趋完善。除传统的极限平衡分析方法，复杂、系统的力学模型和方法也已成为边坡工程问题分析的主要手段，并且把力学、物理学、系统工程、现代数理科学、现代信息技术等最新成果引入边坡工程领域，同时计算机的广泛应用为流变学、断裂力学、非连续介质力学、数值方法、灰色理论、人工智能、非线性理论等在边坡工程中的应用提供了可能。目前，在边坡工程研究领域，有限元、有限差分、边界元及其混合模型、离散元、DDA、无单元、流形元和损伤力学等方法均得到了广泛应用和发展。

(4)建立和健全边坡监测系统成为矿山边坡工程的基本技术措施，也是当前研究边坡变形、破坏机理的重要手段。监测内容包括岩土体位移、水压力和爆破振动力等。量测精度、数据处理速度以及专用仪器的商品化程度均有显著提高，并已逐步发展为边坡变形、破坏的远程自动化监测体系。

(5)边坡工程管理现代化是露天矿边坡工程界的热点研究课题。已将科学的管理方法和先进的计算机手段结合于边坡工程管理中，迅速从数据处理、数值计算职能转向管理职能，以边坡工程数据库的建立作为边坡工程现代化管理的开端，已形成了较为完善的边坡工程管理信息系统、边坡工程决策支持系统和边坡工程专家系统。

2. 露天矿边坡工程发展前景展望

传统的边坡工程研究都是一种正向思维或确定性思维，难以将错综复杂的边坡工程问题研究提高到全新高度。

20 世纪 70 年代中后期发展起来的、基于实测位移反演岩体力学参数和初始应力场的位移反分析法是逆向思维在岩石力学研究中的成功应用，并在边坡工程研究中逐渐发展成熟，可大幅提高分析结果的可靠性。对于线性问题，反分析方法是成功的，而对于非线性问题，由于其依赖于加载路径，反分析法往往具有多解性，这也是反分析法今后需要解决的关键问题。

20 世纪 80 年代末，伴随思维方式的变革而提出的“不确定性系统分析方法”，为大型边坡工程分析和设计提供了正确的思路，该方法也称为综合智能分析方法，是在系统科学、计算机科学、非线性理论、人工智能技术、信息技术等得到快速发展的基础上建立起来的。

为促进不确定性系统分析方法的进一步发展，使之更完善、更实用，在边坡工程系统的研究中，今后重点工作主要包括以下两个方面：

(1)系统扎实的岩石力学资料搜集、调查、试验和研究工作。虽然岩石工程系统中存在大量的不确定性因素，难以将岩石工程系统的初始条件掌握得十分清楚，但这并不是说可以减少或放松工程前期岩石力学基础资料的调查和试验工作。基础资料包括工程区域地应力状态，工程地质、水文地质条件，断层、节理、裂隙分布及其状况，岩体结构和岩性分布，岩石和岩体的物理、力学性质等。为使基础资料的采集更加全面和深入，应发展和采用新的探测和试验技术，如遥感技术、切层扫描技术、三维地质 CT 成像技术、高精度地应力测量技术、高温高压刚性伺服岩石试验系统和多功能高效率原位岩体测试系统等。只有充分完成基础资料的采集工作，才能提高工程规划、决策的准确性，提高工程安全性。

(2)岩石工程施工和运行过程中的全方位、多手段的现场监测工作。除了采用压力盒、多点位移计、测斜仪、全站仪等常规的应力、位移监测手段外，还应积极采用 GPS、GIS、激光扫描、雷达扫描、声发射和微震监测、岩体能量聚集和破裂损伤探测等技术，丰富的监测资料将为“黑箱→灰箱→白箱”边坡工程系统的分析和研究提供必要的信息资料。随着信息技术的发展和应用，工程师们完全可以对实时监测信息进行高效的理论分析和经验判断，将多元知识综合集成，并及时向工程执行系统反馈，进行工程决策，进而优化采矿、边坡工程设计及施工工艺。

6.2　地质调查与边坡岩土分析模型

露天矿边坡是对矿体及周边岩体的挖掘逐渐形成的，因此，边坡岩体的地质构造(包括岩石的成分、结构、构造、岩体工程特征以及矿区地下水及其对边坡岩体的作用等)是影响边坡稳定性最基本的因素。在整个露天开采过程中，从边坡初始设计，到采矿形成边坡并随采场逐步加深，必须开展边坡工程地质条件的研究，为评价边坡稳定性提供必要的基础依据。

影响边坡稳定性的因素很多，具体包括：①岩石物理力学性质：岩石是由矿物组成的，矿物的强度、结构构造在一定程度上决定了岩石的强度，包括抗压、抗拉、抗剪强度等；②岩体结构面：包括断层、破碎带、节理和层理等弱面、软岩夹层以及遇水膨胀的软岩等；③水文地质条件：包括地下水的静压和动压力、渗透系数、地下水活动的影响等；④强烈地震区地震的影响；⑤开采工艺技术条件，特别是爆破振动的影响、边坡服务年限等。因此，为保证边坡稳定性分析及边坡设计的合理性与有效性，必须通过相关技术手段，获取前述影响边坡稳定性的工程地质、水文地质数据，建立有效的边坡岩土分析模型。

工程地质、水文地质调查的目的主要是掌握边坡的工程地质及水文地质情况，包括地质构造的分布、规模、产状以及地下水特征等。

边坡工程地质调查的主要工作内容包括：收集原始资料、现场勘探、结构面详查、结构体物理力学参数确定、深部和外围补充钻探、工程地质资料综合分析等。边坡工程地质调查的任务包括：①查明边坡工程地质条件，描述和定量评价影响稳定性的工程地质因素，在明确边坡岩体组成、结构和构造特征的基础上，建立边坡工程地质模型；②调查并分析边坡岩体内各种不同规模的不连续面空间分布、组合关系及统计规律，形成结构模型；③查明构成边坡岩(土)体的物理力学性质，建立合理有效的岩体模型，为边坡稳定性分析提供必要的计算参数；④合理划分边坡工程地质分区，推断未来可能的边坡破坏模式，并作出综合性的工程地质分析。

边坡水文地质调查可以定性确定：各种岩(土)体分布及其相对水文地质特性；区域地质构造及其对地下水运动的影响；含水层和隔水层的分布及其相互关系；地形条件对边坡疏干、地表水排泄、补给及地下水径流的影响。调查结果可为边坡稳定性分析和预测提供地下水压力时空变化数据，为降低地下水压力确定有效的降压措施奠定基础。

需要特别注意的是，对于一些大型边坡，勘察工作应分阶段进行：①初步勘察：包括搜集已有的地质资料，进行工程地质测绘和少量的勘探；②详细勘察：对可能失稳的边坡及相邻地段进行详细的工程地质测绘、勘探和分析计算；③施工勘察：配合施工开挖进行地质编录，核对、补充前阶段的勘察资料，当勘察资料变化较大时，应进行设计计算的校核，必要时提出设计修改建议。

6.2.1 矿区地质背景研究与分析

矿区的地质状况属于区域地质的一部分，因此，为系统认识矿山边坡的工程地质条件，必须了解区域地质背景，主要包括以下工作内容：

(1)根据区域地层综合柱状图，了解矿区出现的各类地层的成因、时代和岩性的一般特征。

(2)根据区域地理位置及有关地质构造、地质历史资料，确定矿区所处的自然地理环境、大地构造单元、地质构造的演变过程及其构造体系的归属。

(3)根据构造变形的形迹，判定区域构造线方向，反推区域构造作用力的性质和方向，基本了解矿区构造的形成、发展以及构造格架。

(4)根据区域地震烈度资料确定矿区地震运动参数。地震是构造地应力活动的一种表现，地震力是作用于边坡岩体的一种动力。为确定地震力的量值，处在地震区的边坡工程，需根据当地的地震烈度资料确定地震波地面运动参数。必要时，可按区域地质及历史地震资料，用概率分析方法加以确定。

在结合区域地质资料的基础上，为分析露天矿采场边坡稳定性，还需通过相应的工程地质工作取得可靠的边坡工程地质资料，查明矿区范围内的地层、构造以及各级、各类不连续面的空间展布、产状及其组合规律，为后续边坡岩体结构类型确定及其相应的边坡破坏模式分析提供工程地质依据。

6.2.2　现场数据采集

采集充足、准确的数据是边坡稳定性分析的重要步骤。数据资料不足，可能导致边坡临界失稳模式、岩石强度及地质结构评估错误，进而造成边坡稳定性判断失误。

如图 6-4 所示，数据采集的内容主要包括地质、结构、岩体和水文等四个方面。地质模型、结构模型、岩体模型和水文模型是岩土分析模型的四个主要组成部分，也是露天矿边坡设计的基础，只有采集到充足、准确的数据并建立合理有效的岩土分析模型，后续工作才可以顺利展开。

在不同类型数据的收集方面，需要采用与之相对应的分析手段。对于地质和结构模型，有结构面的测线法、测窗法及摄影测量法、天然露头和探槽的岩样采集分析法、岩芯钻探及直接或间接地球物理方法等；对于岩体模型，有现场原位试验与室内试验等；对于水文模型，应对区域历史水文地质资料及矿山勘探水文地质资料进行统计分析。

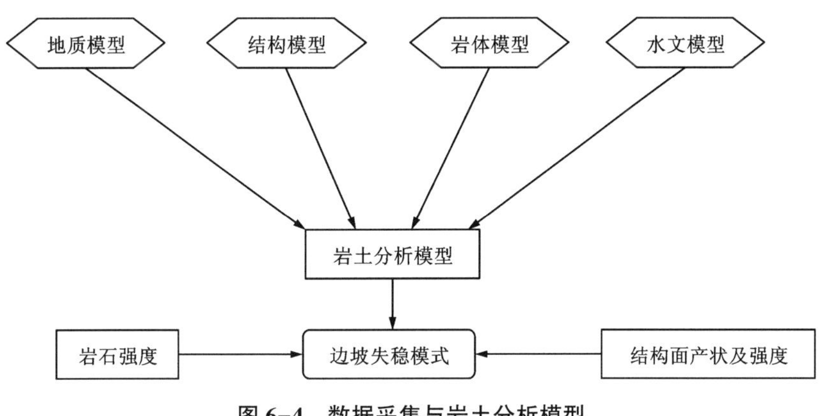

图 6-4　数据采集与岩土分析模型

1. 数据采集内容

1) 地质、结构模型

构建准确直观的地质模型需要进行详细的勘察工作以获取充足的现场数据。勘察工作主要包括：①地形地貌(当存在滑坡、危岩和崩塌、泥石流等不良地质因素时，应进行专项勘察)；②岩土的类型、成因、工程特性，覆盖层厚度，基岩面的形态和坡度等；③岩体主要结构面的类型、产状、延展情况、闭合程度、充填状况、充水状况、力学属性和组合关系，主要结构面和临空面的空间关系，是否存在外倾结构面等。

2) 岩体模型

工程岩体由不同岩层和岩石组成，在岩体形成、形变、蚀变和次生蚀变过程中，岩体内形成结构面，由结构面切割而形成各种形态的块体为结构体。可以认为，结构面和结构体的性质很大程度上决定了边坡的稳定性，因此在边坡设计中必须确定岩体结构面和结构体的力学参数，并判断影响边坡稳定性的主控因素。比如：在相对较高的边坡中，即使岩石坚硬，结构面也会对边坡稳定性产生重要影响；对于岩性软弱且高度较大的边坡，不论是否存在结构面，岩石强度对边坡稳定性都将产生较大影响。

在建立岩体模型确定岩土材料的物理力学性质时，必须考虑岩石暴露后的风化作用，特别是富含黏土的页岩等介质在泥化蚀变过程中，风化作用会显著降低岩石强度，同时也必须考虑采矿过程中其他因素(如爆破)的影响。

3)水文模型

地表水和地下水显著影响边坡稳定性，因此在边坡设计中必须掌握区域水文地质情况。

由于地表水或地下水的处治需要较长的工程周期，包括有效排水和减压措施等，因此在边坡工程早期必须全面了解水文地质赋存情况和特点，否则将严重影响矿山生产进度。水文地质调查与分析详见《采矿手册》第一卷。

2. 不同工作阶段的数据采集要求

为构建合理有效的边坡岩土分析模型，在边坡工程的不同阶段，数据采集及相关工作要求也不尽相同，详见表6-1。需要特别说明的是，数据采集完成之后需对其进行必要的简化，尽可能用较少的数据表达完整的现场信息。

表6-1 边坡工程不同阶段的数据采集及工作要求

工作阶段	前期	预可行性研究	可行性研究	设计和施工	矿山生产
地质模型	区域特征；前期勘探测绘和岩芯编录；建立地质数据库	矿山地质测绘和岩芯编录；完善地质数据库；建立初步三维地质模型	补充钻探和测绘；进一步完善地质数据库和三维地质模型	针对性地钻探和测绘；细化地质数据库和三维地质模型	开采过程的矿坑测绘和钻探；进一步完善地质数据库和三维地质模型
结构模型(断层等主要结构面)	航拍图片和地表特征	矿山尺度的露头测绘；定向钻探；建立初始结构模型	探槽测绘；补充定向钻探；建立三维结构模型	完善三维结构模型	矿坑台阶结构面测绘；进一步完善三维结构模型
结构模型(节理等次要结构)	区域露头测绘	矿山尺度的露头测绘；定向钻探；次要结构面赤平极射投影分析等	探槽测绘和定向钻探；优化数据库；确定结构面分组	节理等结构面参数及分组优化	矿坑台阶结构面测绘；节理等结构面参数及分组优化
水文模型	区域地下水调查	矿山尺度的抽水、压水试验，建立初始水文地质模型及水文地质数据库	针对性抽水试验等；优化水文地质数据库和三维模型；减压和降水工作的需求评估	水压计、抽水井测试等；完善水文地质数据库和三维模型；优化减压和排水措施	水压计与抽水井监测参数获取；进一步完善水文地质数据库和三维模型

续表6-1

工作阶段	前期	预可行性研究	可行性研究	设计和施工	矿山生产
结构面强度	经验数据及修正	钻孔岩芯、地面露头的结构面试样直剪试验；建立结构面强度数据库	特定结构面试样室内试验；优化结构面强度数据库	筛选岩样的室内试验；完善数据库	开挖过程修正结构面强度数据库
岩体模型	经验数据及修正	钻探岩芯的现场及室内试验；建立岩体强度数据库；初步岩性评估	特定的钻探、取样和室内试验；优化数据库；建立三维岩体模型	补充钻探、取样和室内试验，完善数据库和三维岩体模型	开挖过程修正岩体强度数据库和三维岩体模型

3. 数据采集方法与数据管理

数据采集要目标明确、组织有序。结合已有的数据资料，按采集计划对现场露头、开挖面和钻孔岩芯等进行调查、采样，同时对采集到的数据进行准确编录与必要分析。

1) 现有资料的收集和使用

首先应充分收集和利用现有资料，主要包括：① 1∶20 万或更大比例尺的区域性地形地质图；②比例尺为 1∶300 万的活动性构造和强震震中分布图、地震烈度区划图等；③矿床地质储量勘探报告和历次补充地质报告；④以往为边坡或其他工程所做的专门工程地质勘察报告、研究报告；⑤采矿设计说明书；⑥既有生产勘探资料；⑦既有滑坡分析报告；⑧边坡岩体位移、地下水压、爆破振动等监测数据、分析报告；⑨生产边坡管理规程或方法等。

综合分析和研究上述资料，可以了解露天矿的区域地质背景、宏观的建造和构造轮廓；可以初步估计边坡岩体地质环境、工程地质与水文地质条件、边坡工作状态以及可能出现的工程问题等。

2) 数据采集的一般步骤

在获取现有资料的基础上，还应通过工程地质测绘、调查、钻探、地球物理勘探等方法取得可靠的边坡工程地质资料，为下一步分析确定边坡岩体结构类型及其相应的边坡破坏模式提供工程地质数据。

(1) 工程地质测绘

①测线测绘：当矿区有相当大的岩石露头时，应进行系统测绘，以便获得一个代表性的工程地质图和剖面图。通过横越测区布置间距为 100 ~ 300 m 的测线，在底图上定好测线位置，并在现场做好标记，地质人员沿测线进行必要的观察与测量，测线间用内插法连接，并清晰地表示在成图上。在复杂地质地区，岩石类型界线和断层等一定要进行实地追溯。

②区段测绘：如果一个矿区天然露头率小于 10%，则采用区段测绘。在底图上勾画出每一个可利用的露头，且应把全部的地质观测结果描绘在这些露头略图内，最终成果是在一系列“露头岛”上绘制出工程地质图。露头岛间的地质迹线须用内插法处理，但需在成图上将内插资料与实测资料区分开。

(2) 工程地质调查

露天矿边坡主要工程地质调查对象为不连续面、岩石类型和露头的地质情况。其中露头包括天然露头和人工揭露的露头，具体类型如下：

①天然露头：天然岩石露头可提供最廉价的资料来源，应将露天矿区附近的天然露头首先绘录在地质图和野外记录表上。此外，地貌、小溪、泉眼等必须草绘成图。

②探槽：没有天然露头的露天矿，则须人工揭露，可以利用探矿工程中已经详细测绘过的探槽。为从探槽中获得尽可能多的信息，探槽应垂直于岩层、蚀变带或较大结构不连续面的走向。

③台阶：在露天矿开始采矿时，采掘工程提供了最大可能的暴露面。台阶测绘在露天矿整个生产过程中始终是最重要的，可以采用详细测线测绘或裂隙组测量等方法。

④勘探平硐：矿山平硐提供进入岩体的良好通道，从中可以获取有关构造、地下水流动和其他地质因素的重要资料。为利用地下平硐的平面形状，地质测绘应当注重平硐的交会处，因为该区域为取得地质信息的三维展布资料提供了有利条件。测绘方法类似于台阶测绘采用的方法。

⑤钻探岩芯：调查钻探岩芯是直接获取相应深度上构造资料最经济、最有效的途径。

(3)工程地质钻探

为查明地质构造所布设的钻孔，钻孔应与所要截交的构造面成30°~60°夹角，小于30°将产生较大的统计误差。

为确定较大不连续面的方位，可采用金刚石钻头进行钻探，但至少需三个钻孔。该方法只适用于探测较大的、连续的平面状断层等主要构造。地表详细线测量所获得的节理等不连续面数据，仅能代表地表数据及浅部的情况，不能反映深部不连续面分布规律及其特征，而定向岩芯钻探可获取深部岩体不连续面数据。

(4)地球物理勘探

为查明构造裂隙发育状况，追踪地层界限，可采用电法、磁法、钻孔声波测试等地球物理勘探法作为补充。

6.2.3 边坡地质模型

地质模型是描述矿体周边及上覆岩土体的性质和分布的模型，它把矿区的物理地质条件与矿体的形成因素紧密联系起来，体现矿体如何形成、矿床如何随时间的推移而发生变化以及影响边坡设计的主要矿岩特性，地质模型还能粗略展现边坡岩体性质及其变化的程度。

建立简单准确的地质模型是边坡设计的基础，因此需要对矿岩体地质条件进行全面了解。边坡设计过程中需要对矿岩体赋存环境进行鉴别，全面了解矿区地质情况、矿体赋存环境和岩土工程条件等；同时，随着矿山边坡高度的增加，尤其是高应力条件下的边坡坡脚，原岩应力的影响将十分突出，所以地质模型中还必须包括对原岩应力的评估。

1. 地质模型的内容

1)矿区自然条件

对露天矿矿区自然环境及条件的描述非常重要，众多矿区气候条件比较极端，掌握气候和地貌演变过程不仅对矿山基础设施的布局有重要影响，同时对了解矿岩的风化和演变过程均有积极意义。

矿区自然条件至少应包括下列内容：地理位置、构造演变、气候条件、地形地貌、地势情况、排水系统等。

露天开采不能仅关注矿体与岩体的物理力学特征，而忽视矿体形成之前的自然演变过程，只有全面掌握上述信息，才能建立可靠的地质模型。

2) 矿体环境

自然界存在的不同类型矿体中，每种矿体都有其独特的性质。虽然不可能完全掌握不同类型矿体的精确结构构造，但在实际工作中，可以根据不同矿床类型的地质特点，将矿体主要分为六种类型，分别为斑岩类矿床、低温热液矿床、角砾云橄榄岩（钻石类）矿床、火山块状硫化物矿床、矽卡岩矿床、层控矿床。

3) 岩土工程条件

在矿区自然条件和矿体环境信息的基础上，需按下述条件把工程岩体划分为不同类型：岩石类型（岩相）、主要结构面（褶皱和断层）、矿化作用（矿体和废石）、蚀变过程（包括矿化之前和矿化之后的蚀变）、风化作用、地质力学属性。应特别注意，矿体露头表征与矿石、母岩的性质通常有显著区别。

4) 区域应力状态

原岩应力是由重力场和地壳中活跃的构造活动等一系列复杂因素引起的。原岩应力实测数据和岩体开挖后对原岩应力的持续监测数据是评价边坡稳定性的重要依据，而深凹开采是未来露天开采的发展趋势，且深度不断加大，对区域原岩应力的测量显得更加重要，因此地质模型中必须包括对原岩应力的评估。如果已知岩体开采前的应力状态，可以利用数值模拟等方法进行开采过程对边坡稳定性的影响的评价。

除上述内容外，地质模型的建立还应包括区域地震活动和爆破振动的影响等。

2. 地质模型建立

建立地质模型时，首先将地质测绘、勘探工程中获得的工程地质数据编制在露天矿水平地质剖面图中，然后通过 Vulca、DataMine、MineSite、3Dmine、Dimine 或 Surpac 等矿业软件生成三维实体地质模型，如图 6-5 所示。一般采用 DXF 数据格式进行实体地质模型数据的导

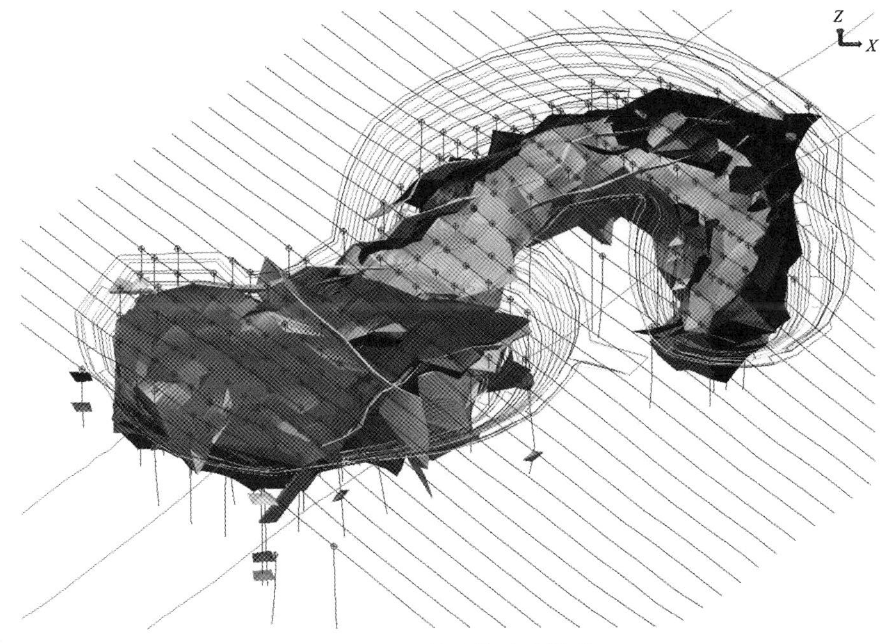

图 6-5　三维实体地质模型

入、导出，实现大型断裂、岩体岩性边界或其他地质地理边界等信息的完整整合；其次对生成的三维实体地质模型进行网格划分，以便进一步切割或获取不同方位的地质剖面，如图 6-6 所示。

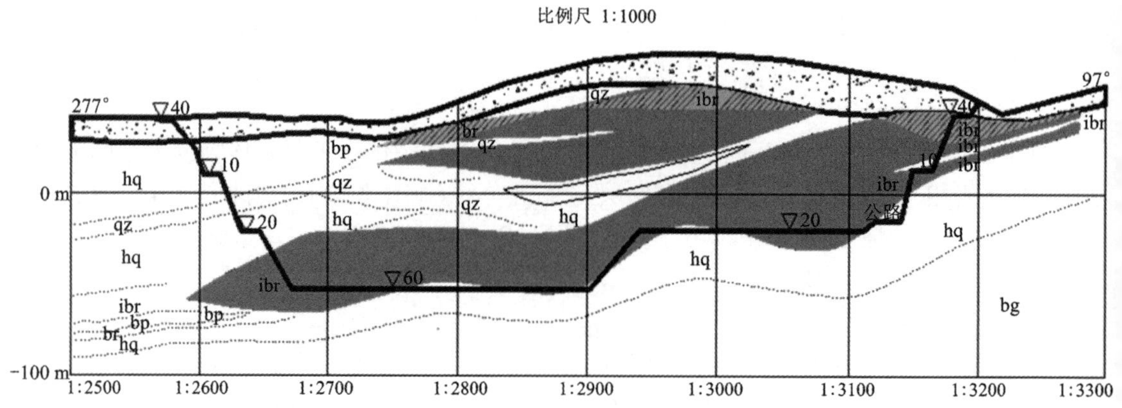

图 6-6　实体地质模型的横剖面图

建立地质模型过程中，模型上部的地质资料可通过地表露头测绘、钻探等方式获得，模型中的地层和结构边界、钻孔分布等信息准确性较高，而对于深部区域，由于钻孔数量少、确定性信息量小，地质数据需要结合既有资料进行推测，导致模型数据的不确定性，其随着模型深度的增加而加大。

6.2.4　边坡结构模型

边坡工程设计计算方法的选择取决于岩体结构模型，结构体和结构面是岩体结构模型的两大要素，岩体的力学性质通过结构体和结构面的力学性质进行表征。当岩体结构面发育时，虽然结构体强度较高，但岩体的力学性质是由结构面的力学性质决定的。通过岩体结构模型的建立，可以正确把握结构面的空间分布状态及其力学性质，进而分析判断其对边坡稳定性的影响。

1. 结构面与边坡岩体类别

1）结构面类型及特征

根据结构面的成因，通常可将其分为三种类型：原生结构面、构造结构面及次生结构面。

（1）原生结构面：包括所有在成岩阶段形成的结构面。根据岩石成因不同，可分为沉积结构面、火成结构面和变质结构面。

（2）构造结构面：岩体在构造运动作用下形成的各种结构面，如劈理、节理、断层、层间破碎夹层等。

（3）次生结构面：在地表条件下，由于外力（如风化、地下水、卸荷、爆破等）作用而形成的各种界面，如卸荷裂隙、爆破裂隙、风化裂隙、风化夹层及泥化夹层等。

结构面类型及其主要特征如表 6-2 所示。

表 6–2　结构面类型及其主要特征

<table>
<tr><th colspan="2">成因类型</th><th>地质类型</th><th>主要特征</th></tr>
<tr><td rowspan="3">原生结构面</td><td>沉积结构面</td><td>层面、层理、沉积间断面（不整合面、假整合面）、原生软弱夹层</td><td>产状与岩层一致，随岩层变化而变化；一般呈层状分布，延展性强，海相沉积中分布稳定，陆相及滨海相沉积中易于尖灭，形成透镜体、扁豆体，原生层面具波浪起伏状；一般层面结合良好，层面新鲜时只能显示黯淡或黑白条纹，风化后才能剥开，若经后期构造运动常形成层间错动带；层间特征多样，一般平整，常见有典型的泥裂、波痕、交错层理、缝合线等，在沉积间断面中常有古风化残积物；层间软弱物质在构造及地下水作用下易软化、泥化，强度降低，对岩体稳定性不利</td></tr>
<tr><td>火成结构面</td><td>流层、流线、火山岩流接触面、蚀变带、挤压破碎带、原生节理</td><td>产状受岩体与围岩接触面控制，随侵入岩体或岩脉的形态而异；流层、流线在新鲜岩体中不易剥开，但风化后易剥离或脱落，接触面延伸较远，原生节理延续性不强，但往往密集；冷凝原生节理常常是平行或垂直接触面的，为平缓或高倾角张裂面，较不平整，且粗糙；在浅成岩体及火山岩岩体内常发育有特殊的节理及柱状节理；
火山岩流间充填物松散，原生节理常被软弱物质充填，对边坡稳定不利；蚀变带和挤压破碎带的形态、产状、规模及特性均受侵入岩体及围岩性质控制</td></tr>
<tr><td>变质结构面</td><td>片理、板理、剥理、软弱夹层</td><td>产状与岩层一致，或受其控制；片理面延展性较差，一般分布密集；片理结构面光滑，但形态波浪起伏，在新鲜岩体中片理面多呈闭合状，但一般能剥开，片理面常呈凹凸不平状，面粗糙；软弱夹层中主要是片状矿物，如黑云母、绿泥石、滑石等富集带，抗剪强度低，是岩体的薄弱部位</td></tr>
<tr><td colspan="2" rowspan="4">构造结构面</td><td>劈理</td><td>短小、密集的剪切破裂面，影响局部地段岩体的完整性及强度</td></tr>
<tr><td>节理</td><td>在走向延展及纵深发展上范围有限；一般分为张节理和剪节理，张节理延续性弱，剪节理延伸较长；张节理一般具有陡立或陡倾产状，常垂直岩层走向；剪节理斜交岩层走向，其倾角随岩层倾角变陡而变缓；张节理面粗糙，参差不齐，宽窄不一；剪节理平直光滑，偶见擦痕镜面，常有各种泥质薄膜，如高岭石、绿泥石、滑石、石墨等，尽管接触面紧闭，但易于滑动</td></tr>
<tr><td>断层</td><td>规模悬殊，有的深切岩石圈几十公里，有的仅限于地表数十米，断层为延续性较强的结构面，对岩体稳定性影响很大；大多数断层为剪切作用形成，也有引张脆性破裂形成；一般断层带内都存在构造岩，如断层泥、糜棱岩、角砾岩、压碎岩，构造岩后期被侵染、胶结，如方解石或石英脉网络的形成对岩体稳定有利</td></tr>
<tr><td>层间破碎夹层</td><td>在层状岩体中沿软弱夹层发育，产状与岩层一致；一般呈层状分布，延展性较强，有时也呈透镜状或尖灭；结构面物质破碎，呈鳞片状，含泥质物，呈条带状分布</td></tr>
</table>

续表6-2

成因类型	地质类型	主要特征
次生结构面	卸荷裂隙	产状与临空面有关，一般近水平，多为曲折不连续状态；延续性不强，常在地表20~40 m发育；结构面粗糙不齐，常张开，充填物有气、水、泥质碎屑，宽窄不一，变化多样
	爆破裂隙	在边坡岩体中最为常见；产状与边坡走向近于平行，延展有一定的范围，视爆破力大小而异；多为张开型，松散、破碎，其状态受上述各种结构面及岩性控制，但一般都呈弧状分布
	风化裂隙 风化夹层	风化裂隙一般沿原生夹层和原有结构面发育，短小密集，延续性弱，仅限于地表一定深度；风化夹层产状与岩层一致，在风化带内延展性强；充填物质松散、破碎，含泥质物
	泥化夹层	产状与岩层一致，沿软弱岩层表部发育；延展性强，但各段泥化程度可能不一，视地下水作用条件而异；泥质物多呈塑性状态，甚至流态，强度低，是导致岩体边坡失稳破坏的常见因素

2)结构面的自然特性及其分级

结构面是岩体内具有一定方向、延展较大、厚度较小的二维面状地质界面，包括物质的分界面和结构的不连续面，边坡岩体的稳定性主要取决于结构面的特征及空间分布。

(1)结构面的特征主要包括：①结构面的形态可分为平直、波状、锯齿状等不同情况；②结构面的粗糙度可分为粗糙、光滑、镜面等级别；③结构面的相对厚度可根据充填物厚度和粗糙起伏差的关系进行分类；④结构面的结合状态可分为张开、闭合、胶结等；⑤结构面充填物质组成，可分为无充填、岩脉充填、碎屑充填、泥质充填、薄膜充填以及混合充填等；⑥结构面的特征还包括两侧结构体的岩性及其软硬差异。

(2)结构面空间分布状况主要包括：①结构面的产状及其变化；②结构面的贯通性；③结构面组数、组合特征及各组密度。

不同规模的结构面在边坡稳定性分析中所起的作用不同，按照结构面的规模和发育程度可分为五级，详见表6-3。

表6-3　结构面分级及特性

级序	分级依据	地质类型	力学属性	对岩体稳定性的作用
Ⅰ	延伸长度为数千米至数十千米以上，破碎带宽度为数米至数十米乃至几百米以上	通常为大断层或区域性断层	软弱结构面； 属于确定性结构面	直接控制区域性岩体的整体稳定性，其中活动断裂对工程建设的危害极大，一般工程应尽可能避开
Ⅱ	贯穿整个工程岩体，长度一般为数百米至数千米，破碎带宽度数十厘米至数米	多为较大的断层、层间错动、不整合面及原生软弱夹层等	软弱结构面，滑动块裂体的边界； 属于确定性结构面	通常控制工程区的山体或工程围岩稳定性，构成工程岩体边界，直接威胁工程安全。工程应尽量避开或采取必要的处理措施

续表6-3

级序	分级依据	地质类型	力学属性	对岩体稳定性的作用
Ⅲ	延伸长度为数十米至数百米，破碎带宽度为数厘米至一米	断层、发育的层面及层间错动、软弱夹层等	多数为软弱结构面，少数为较坚硬结构面；属于确定性结构面	影响或控制工程岩体的稳定性，如地下硐室围岩及边坡岩体等
Ⅳ	延伸长度为数十厘米至数十米，小者仅数厘米至十几厘米，宽度为零至数厘米	节理、层面、次生裂隙及较发育的片理、劈理等	多数为坚硬结构面，构成岩块的边界；属于随机性结构面	该级结构面数量多，分布随机，影响岩体的完整性和力学性质，是岩体分级及岩体结构研究的基础，也是结构面统计分析和模拟的对象
Ⅴ	规模小、连续性差，常包含在岩块内	隐节理、微层面、微裂隙及不发育的片理、劈理等	坚硬结构面；属于随机性结构面	影响或控制岩块的物理力学性质

3)边坡岩体结构分类

岩体结构类型的划分是根据结构面、结构体自然特性及其组合状况等条件综合确定的，其目的是确定边坡可能的破坏模式、判别岩体结构的力学效应和地下水渗流特性等。边坡岩体结构类型划分及其变形机制见表 6-4。

表 6-4　边坡岩体结构类型及其变形机制

边坡结构类型		岩体结构特征	地质特征	变形类型	变形机制
类	亚类				
块状结构	均质块状结构	坚硬块状体，不存在较大结构面	由坚硬厚层或巨厚层岩层组成，岩体内仅有微型结构面发育，其密度为 1～2 条/m，结构体较大，结构体之间联系性较好，结构面之间有铁质、钙质充填，岩体强度高	掉块、局部滑动	张破裂、剪破裂
	顺坡块状结构	岩层倾向与坡向一致的厚层状岩体		局部顺坡滑动	剪破裂
	反坡块状结构	岩层倾向与坡向相反的厚层状岩体		崩塌、局部滑动	张破裂、剪破裂
	直立块状结构	岩层直立的厚层状岩体		崩塌	张破裂
	顺坡弱面结构	弱面倾向与坡向一致的非层状岩体		顺坡滑动	剪破裂
	反坡弱面结构	弱面倾向与坡向相反的非层状岩体		崩塌、局部滑动	张破裂、剪破裂

续表6-4

边坡结构类型		岩体结构特征	地质特征	变形类型	变形机制
类	亚类				
层状结构	顺坡层状结构	倾向与坡向一致的层状岩体	由坚硬层状岩体组成，有软硬相间的特点，结构面发育，密度为1～5条/m，结构体大小为0.5 m×0.2 m×0.2 m～1 m×1 m×0.5 m，岩体强度较高	顺坡滑动	剪破裂
	反坡层状结构	倾向与坡向相反的层状岩体		崩塌滑动、倾倒	张破裂、剪破裂
	直立层状结构	岩层直立的层状岩体		崩塌	张破裂
碎裂结构	顺坡碎裂结构	岩层倾向与边坡坡向一致	由坚硬层状和块状岩体组成，岩体内结构面发育，其密度为5～10条/m，岩体较为破碎，结构体尺寸小于0.2 m×0.2 m×0.2 m，岩体强度较低	顺坡滑动	剪破裂
	反坡碎裂结构	岩层倾向与边坡坡向相反		崩塌、局部滑动	张破裂、剪破裂
	直立碎裂结构	岩层直立		崩塌	张破裂
	顺坡镶嵌结构	岩层倾向与边坡坡向一致		局部顺坡滑动	张破裂、剪破裂
	反坡镶嵌结构	岩层倾向与边坡坡向相反		崩塌、局部滑动	张破裂
	直立镶嵌结构	岩层直立		崩塌	张破裂
散体结构	块状散体结构	散体内以碎块为主	由于强烈的构造作用和风化作用，边坡岩体以碎块和断层泥为主，岩体强度低	有滑动面时为滑动；无滑动面时为崩塌	剪破裂
	泥状散体结构	散体内以岩粉、岩屑等泥质为主			张破裂

2. 结构模型内容及构建方法

1）结构模型的内容

建立结构模型的目的是将采场岩体分为一系列的结构区域，各个区域具有独立的边界和显著的组构特征。

结构模型重点关注下述结构面及结构体特征：①矿山尺度的地质接触变化，包括岩相变化、风化和蚀变类型变化等；②矿山尺度的断层；③矿山尺度的褶皱结构，尤其是褶皱方向的改变；④矿山尺度的变质结构及其方向变异性；⑤边坡台阶尺度的断层、褶皱和变质结构面；⑥台阶尺度的节理、解理和其他细观结构面。

上述结构特征均需要通过露头测绘、钻孔勘探等技术手段进行识别，并存储于三维地质结构数据库，矿区岩性及主要岩体结构如图6-7所示。

结构模型的建立主要采用实体模型、球面投影和裂隙网络模型三种方法。一般情况下，实体模型中仅包括边坡岩体及断层、褶皱等主要结构面（Ⅰ、Ⅱ、Ⅲ级结构面）；在收集统计分析主要结构面（Ⅰ、Ⅱ、Ⅲ级结构面）及节理、裂隙等次级结构面（Ⅳ级结构面）的基础上，

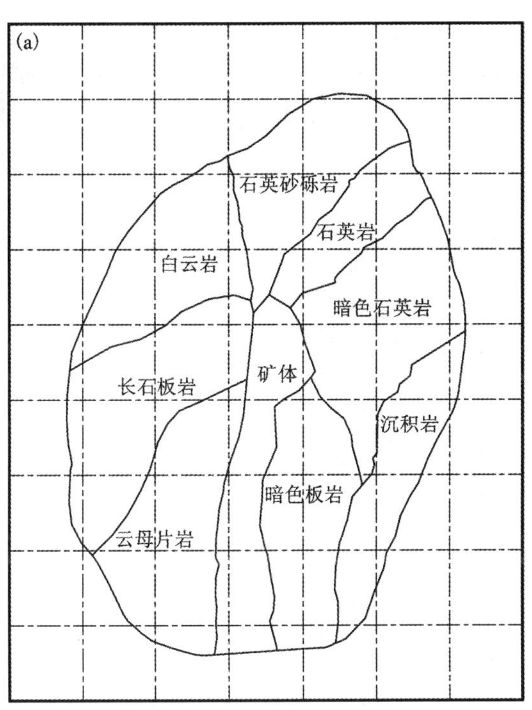

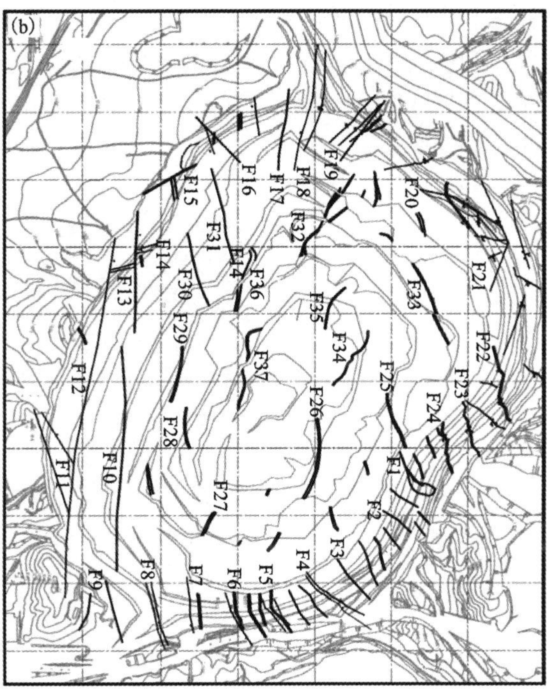

图 6-7　矿区岩性(a)及主要岩体结构(b)

形成球面投影图和离散裂隙网络模型。

2)结构面实体模型

近年来，利用如 DataMine、Vulcan、3Dmine、Dimine、Gemcom 或 MineSite 等矿业软件建立三维结构面的实体模型被广泛应用。结构模型构建过程与地质模型类似，在测绘、钻孔编录中的主要结构面数据及矿山地质地形剖面图基础上，采用专业建模软件，生成主要结构面的 3D 实体模型。

3)结构面球面投影

结构面球面投影是岩体结构面分组及边坡稳定性分析评价的常用方法，包括赤平极射投影和实体比例投影等，是露天矿边坡结构模型分析的重要方法。该方法可以确定边坡上的结构面(包括边坡临空面)的空间组合关系、次级结构面的分组情况，给出边坡上可能不稳定结构体的几何形态、规模大小，以及它们的空间位置和分布，也可以确定不稳定结构体的可能变形位移方向，做出边坡稳定条件的分析和稳定性状态的初步评价。

4)离散裂隙网络模型

在岩体工程中，全面了解和把握岩体结构面的空间分布特征是开展其他工作的前提和基础。对于规模较大的结构面，可以采用确定性的方法研究；而对于延伸短、分布广的Ⅳ级结构面，其分布虽然看似杂乱无章，但在统计意义上，反映岩体结构面分布特征的几何参数则服从一定的概率分布规律，因此可通过现场实地调查和室内统计分析结果，建立结构面几何参数的概率统计模型，进而应用随机模拟的方法，在计算机上重现表征结构面分布特征的节理网络图形。

DFN(离散裂隙网络)模型是目前描述结构面的先进方法，该方法通过展布三维空间中各类结构面组成的裂隙网络来构建整体结构面模型，各类结构面网络由大量具有不同形状、尺寸、开度、方位等属性的单个结构面组成，实现了对结构面几何形态的系统有效描述，是研究岩体变形和边坡失稳机制(尤其是当沿着主要结构面或者岩体中的断裂带时)的重要工具，如图 6-8 所示。

图 6-8 离散裂隙网络模型(DFN)

DFN 建模技术主要存在三方面优点：①DFN 模型实现了对结构面系统几何形态的逼真细致而有效的描述；②DFN 建模方法提供了一个整合各类结构面数据的平台；③DFN 模型具有动态拟合功能，可通过计算的模拟曲线和实测动态曲线的对比进行模型参数调整，确保模型的可靠性。

DFN 的计算机模拟过程实际上是一个现场测量统计的逆过程。根据实测统计分析结果建立关于结构面各几何特性参数的概率密度函数，通过 Monte-Carlo 法，按照已知密度函数进行“采样”，进而得出与实际分布函数相平行或相对应的人工随机变量。这些随机变量包括结构面的走向、倾向、倾角、迹长、间距以及结构面在模拟区域的中心点坐标等，进而可以确定每个结构面在模拟区域中的准确位置和产状。

DFN 随机模拟的一般步骤为：①选取工程岩体的特征尺度为研究域，通过测线、测窗等方法对研究域的结构面几何结构信息进行测量和调查；②对结构面测量数据进行统计分析，建立各组结构面几何要素的概率模型，并通过数据拟合的方式确定概率模型中的特征参数；③采用 Monte-Carlo 技术进行随机模拟，确定各组结构面的条数、中心位置、迹长(半径)、产状和隙宽等几何要素，组合各组结构面生成裂隙网络；④结合现场测量数据，对各组结构面的模拟结果进行有效性检验。

目前，许多建立 DFN 的专业软件被应用到岩石边坡工程分析中，包括 Fracman、JointStats、SIMBLOC、3FLO 等，同时结构面数据采集由人工测量过渡到激光雷达、数字摄像测量等先进方法。

结构面观测尺度对其分布结果有重要影响，将显著影响 DFN 生成的块体数量，比如，台阶尺度的观测导致在较长结构面迹线(即大于台阶高度)的记录中产生偏差，进而影响边坡运动学分析；同时，在岩石边坡或露天矿坑中，应当在充分考虑构造地质的基础上将不连续面的空间分布情况体现在 DFN 中。因此，在生成 DFN 的过程中，不仅要关注结构面几何参数(不连续面倾角、倾向的离散型，节理密度 P_{10}、P_{21}，迹线长度等)，而且应注重岩体中地质和结构变化对 DFN 构建、运动学分析以及综合岩体强度计算的影响。

6.2.5　边坡岩体模型

针对潜在的岩体边坡失稳，在坚硬岩体中，结构面可能是主要的控制因素，而在软弱岩体中，岩体强度成为控制因素。因此岩质边坡失稳主要有以下三类破坏模式：

(1)结构控制的边坡失稳：滑动仅沿主要结构面发生，如平面和楔形滑动，失稳规模一般为单台阶或多台阶尺度。此类失稳分析中，结构面强度是评价边坡稳定性的主要因素。

(2)部分结构控制的边坡失稳：滑动面一部分沿结构面，其余位于岩体中，失稳规模一般为多台阶或总体边坡尺度。此类失稳分析中，岩体强度和结构面强度均为评价边坡稳定性的主要因素。

(3)非结构控制的边坡失稳：滑动面主要位于岩体中，并未沿主要结构面破坏，失稳规模一般为多台阶或总体边坡尺度，软弱或节理十分发育的岩体易发生此类失稳，岩体强度成为评价此类边坡稳定性的主要因素。

因此，构建边坡岩体模型的目的就是建立岩体工程特性数据库，包括完整岩石强度、结构面及岩体强度，为边坡稳定性分析与设计提供必要的物理力学参数。

1.结构面抗剪强度试验与计算方法

结构面是岩体中原生构造和次生结构面的总称，包括岩层层面、断裂面、节理面等不连续面，其在岩体中的变化非常复杂。结构面的存在，使岩体呈现构造上的不连续性和不均质性，岩体力学性质也与结构面的特性密切相关。结构面的力学特点包括：垂直于结构面方向，不能受拉，但能承受较大的压力；平行于结构面方向，能抵抗一定的剪应力作用。因此，实际工程中结构面一般不承受拉应力，边坡岩体破坏以沿软弱结构面的剪切滑移破坏为主。

试验研究表明，结构面在剪切过程中的力学机制比较复杂，影响结构面抗剪强度的因素是多方面的，主要根据剪切试验确定结构面的抗剪强度指标。结构面抗剪强度一般可用莫尔-库伦准则表示：

$$\tau = c_j + \sigma_n \tan\varphi_j \tag{6-1}$$

式中：σ_n 是作用在结构面上的法向应力；内摩擦角可表示成 $\varphi_j = \varphi_b + i$，$\varphi_b$ 是岩石平坦表面基本摩擦角，i 是结构面粗糙度角。

试验表明，低法向应力剪切时，结构面存在剪切位移和剪胀效应；高法向应力剪切时，凸台被剪断，结构面抗剪强度降低为残余抗剪强度。在剪切过程中，凸台起伏形成的粗糙度以及岩石强度对结构面的抗剪强度起着重要作用。考虑到上述三个基本因素(法向应力 σ_n、粗糙度 JRC、结构面壁面岩石抗压强度 JCS)的影响，Barton 和 Choubey(1977)提出另一种结构面抗剪强度公式：

$$\tau = \sigma_n \tan\left[\varphi_b + JRC \lg\left(\frac{JCS}{\sigma_n}\right)\right] \tag{6-2}$$

式中：JRC 为结构面粗糙度系数，取值一般介于 0 和 20 之间，平坦近平滑结构面取 5，平坦起伏结构面取 10，粗糙起伏结构面取 20。

JCS 是结构面两侧岩石的抗压强度，如结构面两侧邻近的岩体完全没有风化，则 *JCS* 等于岩石的单轴抗压强度 σ_c，如结构面壁面及邻近的岩体风化，则 *JCS* 可近似取 $\sigma_c/4$。式(6-2)中，$JRC\lg\left(\dfrac{JCS}{\sigma_n}\right)$ 相当于结构面上的粗糙度角 i，当法向应力等于 *JCS* 时，$JCS/\sigma_n=1$，$i=JRC\lg\left(\dfrac{JCS}{\sigma_n}\right)=0$，表明结构面凸台剪断；当法向应力较低时，($JCS/\sigma_n$)较大，粗糙度角 i 在结构面抗剪强度中占较大比重。一般情况下 Barton 公式适用于中-高应力状态下的结构面抗剪强度计算。

2. 结构面抗剪强度经验确定法

岩体结构面抗剪强度指标一般根据室内不连续面剪切试验、现场原位试验等方法综合确定，试验方法应符合《工程岩体试验方法标准》(GB/T 50266)的有关规定。当不具备试验条件时，可按表 6-5 和折算后的室内试验指标按经验方法综合确定。岩体结构面的结合程度可按表 6-6 确定。

表 6-5 结构面抗剪强度指标标准值

结构面类型	结构面结合程度	内摩擦角 φ/(°)	黏聚力 c/MPa
硬性结构面	胶结的结构面，结合好	>35	>0.13
	无充填的结构面，结合一般	35~27	0.13~0.09
	岩块岩屑型，结合差	27~18	0.09~0.05
软弱结构面	岩屑夹泥型，结合很差	18~12	0.05~0.02
	泥膜、泥化夹层型，结合极差	<12	<0.02

注：①除第 1 项和第 5 项外，结构面两壁岩性为极软岩、软岩时取较低值；②取值时应考虑结构面的贯通程度；③结构面浸水时取较低值；④临时性边坡可取高值；⑤已考虑结构面的时间效应；⑥未考虑结构面参数在施工期和运行期受其他因素影响发生的变化，当判定为不利因素时，可进行适当折减。

表 6-6 结构面的结合程度

结合程度	结合状况	起伏粗糙程度	结构面张开度/mm	充填状况	岩体状况
结合好	铁硅钙质胶结	起伏粗糙	≤3	胶结	硬岩或较软岩
结合一般	铁硅钙质胶结	起伏粗糙	3~5	胶结	硬岩或较软岩
	铁硅钙质胶结	起伏粗糙	≤3	胶结	软岩
	分离	起伏粗糙	≤3 (无填充时)	无充填或岩块、岩屑充填	硬岩或较软岩

续表6-6

结合程度	结合状况	起伏粗糙程度	结构面张开度 /mm	充填状况	岩体状况
结合差	分离	起伏粗糙	≤3	干净无充填	软岩
	分离	平直光滑	≤3（无填充时）	无充填或岩块、岩屑充填	各种岩层
	分离	平直光滑	—	岩块、岩屑夹泥或附泥膜	各种岩层
结合很差	分离	平直光滑、略有起伏	—	泥质或泥夹岩屑充填	各种岩层
	分离	平直很光滑	≤3	无充填	各种岩层
结合极差	结合极差	—	—	泥化夹层	各种岩层

注：①起伏度：当 $R_A \leqslant 1\%$时，平直；当 $1\% < R_A \leqslant 2\%$时，略有起伏；当 $R_A > 2\%$时，起伏；其中 $R_A = A/L$，A 为连续结构面的起伏幅度（cm），L 为连续结构面取样长度（cm），测量范围 L 一般为 1.0~3.0 m；②粗糙度：很光滑，感觉非常细腻如镜面；光滑，感觉比较细腻，无颗粒感觉；较粗糙，可以感觉到一定的颗粒状；粗糙，明显感觉到颗粒状。

3. 岩体强度确定方法

岩体强度是指岩体抵抗外力破坏的能力，包括抗压强度、抗拉强度和抗剪强度。但对于节理岩体而言，其抗拉强度很小，同时岩体抗拉强度测试技术难度大，所以目前对岩体抗拉强度的研究较少，以下主要讨论岩体抗压强度和抗剪强度的确定方法。

岩体是由岩块和结构面组成的地质体，因此其强度受岩块和结构面强度及其组合方式的控制。一般情况下，岩体强度不同于岩块强度，也不同于结构面强度。如果岩体中结构面不发育，呈完整结构，则不考虑尺寸效应条件下可认为岩体强度大致等于岩块强度；如果岩体将沿某一结构面滑动时，则岩体强度完全受该结构面强度控制。上节已对结构面强度的确定方法进行了简单介绍，本节着重讨论被次级结构面切割的裂隙（节理化）岩体强度参数的确定问题。

岩体强度是岩体工程设计的重要参数。研究表明，裂隙岩体的强度介于岩块强度和结构面强度之间，其受岩石材料性质的影响及结构面特征（数量、方向、间距、性质等）和赋存条件（地应力、水、温度等）的控制。由于受现场试验规模、仪器、费用、未扰动试样等因素影响，岩体真实强度难以完全通过试验获取。常用的岩体力学参数确定方法包括经验折减法、经验关系法和数值试验法等。

1）经验折减法

该方法的实质是采用简单的试验或结构面统计指标对岩块强度进行修正，作为岩体强度的估算值。

（1）岩体抗剪强度参数折减法

根据《建筑边坡工程技术规范》（GB50330），当无试验资料和缺少当地经验时，结合边坡岩体完整程度，天然状态或饱和状态岩体内摩擦角标准值可根据天然状态或饱和状态岩块的内摩擦角标准值，按表 6-7 中的折减系数确定。

表 6-7 边坡岩体内摩擦角折减系数

边坡岩体完整程度	内摩擦角折减系数
完整	0.95~0.90
较完整	0.90~0.85
较破碎	0.85~0.80

注：①全风化层可按成分相同的土层考虑；②强风化基岩可根据地方经验适当折减。

通过对裂隙岩体的统计研究，发现岩体与岩块的内摩擦角相差较小，而黏聚力差别较大，岩体黏聚力折减法主要包括：

①M. Gergi 黏聚力折减法：

$$c_m = c[0.114e^{-0.48(i-2)} + 0.02] \tag{6-3}$$

式中：c 为岩块黏聚力，kPa；c_m 为岩体黏聚力，kPa；i 为岩体结构面密度，条/m。

②费辛柯黏聚力折减法：

$$c_m = \frac{c}{1 + \alpha \ln \dfrac{h}{l}} \tag{6-4}$$

式中：h 为岩体破坏高度，在边坡分析中可采用边坡高度，m；l 为结构面间距，m；α 为岩石特征系数，取决于岩石强度和岩体结构面分布特征，按表 6-8 选取。

表 6-8 岩石特征系数 α 建议取值

岩石类别和裂隙特征	岩块黏聚力/MPa	岩石特征系数 α
不密实或含轻微裂隙的砂-黏土质沉积岩，强风化、全高岭土化岩浆岩	0.4~0.9	0.5
密实砂-黏土质岩石，主要为直交裂隙	1.0~2.0	2
强高岭土化的岩浆岩	3.0~8.0	2
密实的砂-黏土质岩石，发育有斜交裂隙的高岭土化岩浆岩	3.0~8.0	3
中硬层状岩石，主要为直交裂隙	10~15 15~17 17~20	3 4 5
坚硬岩石，主要为直交裂隙	20~30 >20	6 7
坚硬岩浆岩，主要为直交裂隙	>30	10

另外，岩体等效内摩擦角也是边坡工程设计中常用的强度参数，其值可按当地经验确定，当缺乏当地经验时，可按表 6-9 取值，表中边坡岩体类型可按 GB 50330 确定。

表 6-9　边坡岩体等效内摩擦角标准值

边坡岩体类型	Ⅰ	Ⅱ	Ⅲ	Ⅳ
等效内摩擦角 φ_d/(°)	φ_d>72	72≥φ_d>62	62≥φ_d>52	52≥φ_d>42

注：①适用于高度不大于 30 m 的边坡；当高度大于 30 m 时，应做专门研究；②边坡高度较大时宜取较小值；高度较小时宜取较大值；当边坡岩体变化较大时，同等高度段应分别取值；③已考虑时间效应；对于Ⅱ、Ⅲ、Ⅳ类岩质临时边坡可取上限值，Ⅰ类岩质临时边坡可根据岩体强度及完整程度取大于 72°的数值；④适用于完整、较完整的岩体；破碎、较破碎的岩体可根据地方经验适当折减。

(2)岩体抗拉、抗压强度参数折减法

节理、裂隙等结构面是影响岩体强度的主要因素，其分布情况可通过弹性波速考察。弹性波穿过岩体时，遇到结构面发生绕射或被吸收，传播速度将有所降低。结构面越多，波速降低幅度越大，而小尺寸试件含结构面少，传播速度较大。因此根据弹性波在岩体和岩石试块中的传播速度比，可判断岩体中结构面的发育程度，此比值的平方即为岩体完整性系数，以 K_v 表示：

$$K_v = \left(\frac{V_{pm}}{V_{pr}}\right)^2 \tag{6-5}$$

式中：V_{pm} 为岩体纵波速度，km/s；V_{pr} 为完整岩石纵波速度，km/s。

进而可据此计算岩体抗压、抗拉强度：

$$\sigma_{mc} = K_v\sigma_c \tag{6-6}$$

$$\sigma_{mt} = K_v\sigma_t \tag{6-7}$$

式中：σ_{mc}、σ_{mt} 分别为岩体的单轴抗压、抗拉强度；σ_c、σ_t 分别为岩石的单轴抗压、抗拉强度。

2)经验关系法

工程中常采用岩体分级(类)方法确定岩体内摩擦角、黏聚力等参数的经验值，并用试验的方法加以校正。经验关系法是通过建立岩体力学参数与岩体分类指标之间的经验关系估算岩体强度和变形参数的一种方法，主要岩体分级(类)方法如表 6-10 所示。

表 6-10　主要岩体分级(类)方法

分级(类)法	提出者
Q 分类法(rock mass quality)	Barton, et al. (1974)
RMR 分类法(rock mass rating)	Bieniawski (1976)
MRMR 法(mining rock mass rating)	Laubscher (1977)
RMS 分类法(rock mass strength)	Selby (1980)
SMR 分类法(slope mass rating)	Romana (1985)
SRMR 法(slope rock mass rating)	Robertson (1988)
BQ 分级法(index of rock mass basic quality)	林韵梅(1988)
GSI 法(geologic strength index)	Hoek (1994)

续表6-10

分级(类)法	提出者
CSMR 分类法(chinese system for SRMR)	陈祖煜(1995)
RMi 分类法(rock mass index)	Palmström (1995)
M-RMR 法(modified rock mass rating)	Unal (1996)

3)数值试验法

数值试验法是近年发展的确定节理岩体力学参数的一种有效途径，该方法的基本思路为：首先建立岩体结构模型，在考虑岩块和结构面力学行为的基础上，利用数值方法在模型上施加荷载模拟力学试验的过程，以此来确定节理岩体的力学参数。本节以等效岩体技术为例对数值试验法进行简要说明。

(1)等效岩体技术简介

等效岩体技术提供了一种新的岩体强度计算与数值试验分析方法，该方法是以颗粒流理论为基础，以 PFC 软件为工具，采用颗粒体模型和光滑节理模型分别表征岩体中的岩块和结构面，构建与现场岩体结构几何、力学效应等效的数值模型。

等效岩体技术工作流程如图 6-9 所示，首先通过室内试样力学试验结果，标定颗粒体模型和光滑节理模型的细观力学参数。其次，通过现场节理地质调查，运用概率统计理论对节理等各类地质结构面的几何特征参数进行统计分析、偏差校正并建立概率分布模型；基于校正后的节理概率统计结果，采用 Monte-Carlo 随机模拟方法建立随机节理三维网络模型，并将其嵌入到颗粒体模型中，便可构建能充分反映工程岩体节理分布特征的等效岩体模型。最后通过对等效岩体模型进行各种荷载组合条件下的加卸载数值试验，即可获取节理岩体的强度、尺寸效应、各向异性、破裂过程、峰后状态等力学行为。

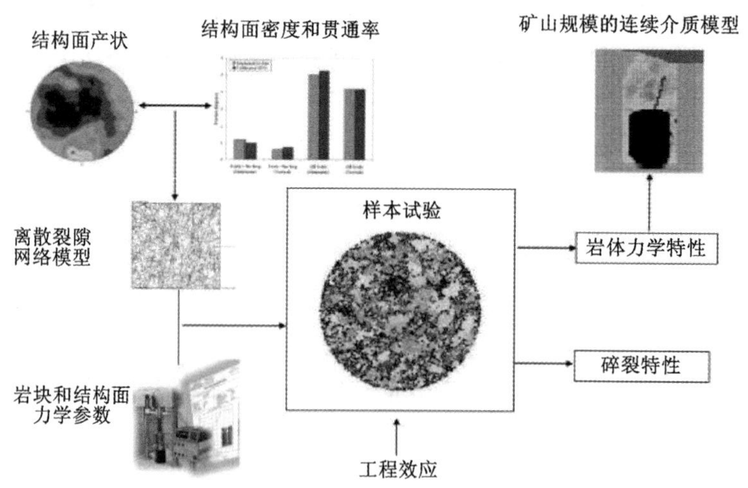

图 6-9 等效岩体技术工作流程示意图

(2)节理三维网络模型构建

岩体结构依赖于节理的空间分布，节理多为透入性结构面，其分布具有随机性，因此可借助统计学的方法进行研究，特别是对节理的形态参数(产状、间距、迹长等)进行概率学的描述和分析，进而研究岩体的工程性质，该方法即为岩体节理三维网络随机模拟。

随机节理三维网络模型的构建一般包含节理岩体测区确定、现场节理地质采样调查、节理产状优势组划分、节理采样偏差校正、节理地质参数概率模型建立、节理网络模型 Monte-Carlo 随机模拟及模拟结果检验等过程。图 6-10 为采用 Monte-Carlo 随机模拟方法生成的随机节理三维网络模型。

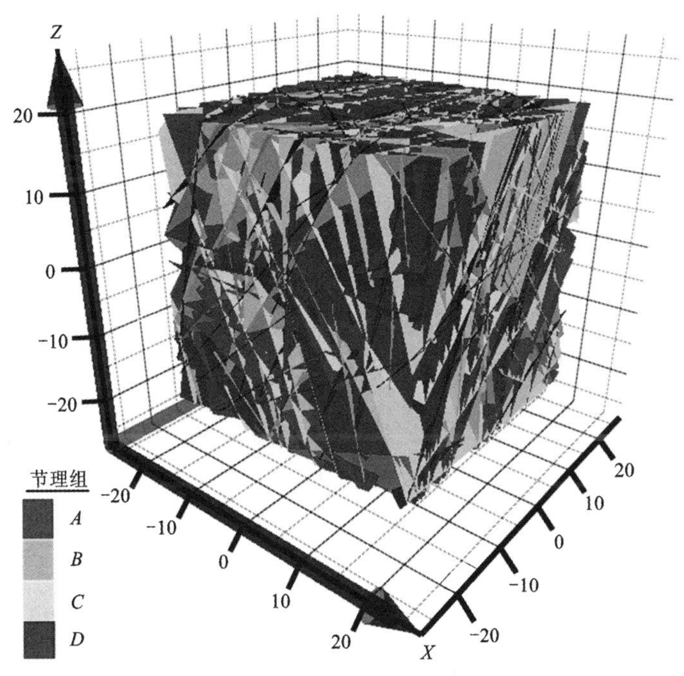

图 6-10　随机节理三维网络模型

(3)模型细观力学参数确定

颗粒流理论采用细观力学参数表征颗粒及其黏结的力学性质，对数值模型进行计算分析时，先赋予模型初定的细观力学参数，进行数值试样试验，岩石压缩和节理直剪试验结果分别如图 6-11 和图 6-12 所示，并将计算得到的试样宏观力学参数与室内试验结果对比。通过不断调整细观力学参数，确定最终用于实际计算模型的细观力学参数。

(4)等效岩体模型构建

在确定细观力学参数的基础上，构建岩石颗粒体模型，并将随机节理三维网络模型嵌入其中，确保两者的几何中心重合，此模型即为能充分反映现场节理空间分布特征的各类尺度(试验室尺度、现场原位试验尺度、工程尺度)等效岩体模型，如图 6-13 所示。

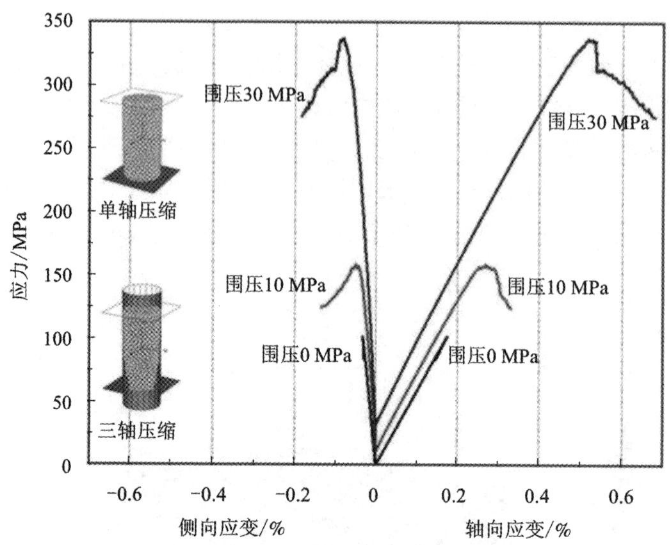

图 6-11　岩块压缩数值试验结果示意图

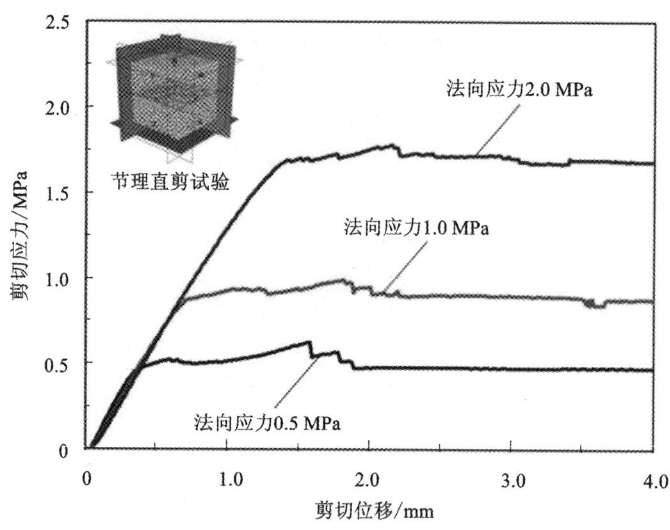

图 6-12　节理直剪数值试验结果示意图

(5)等效岩体模型的应用

对等效岩体数值模型开展各类数值试验，可实现节理岩体力学特性的量化研究，并能较为准确、方便地获取节理岩体峰前力学性质(弹性模量、起裂强度、抗压强度等)及峰后力学性质(脆性、剪胀角、损伤率、残余强度等)。图6-14为沿 X、Y、Z 三个方向对不同尺度等效岩体模型进行单轴压缩加载试验得到的应力-应变曲线，可有效体现节理岩体的尺寸效应及各向异性特征。

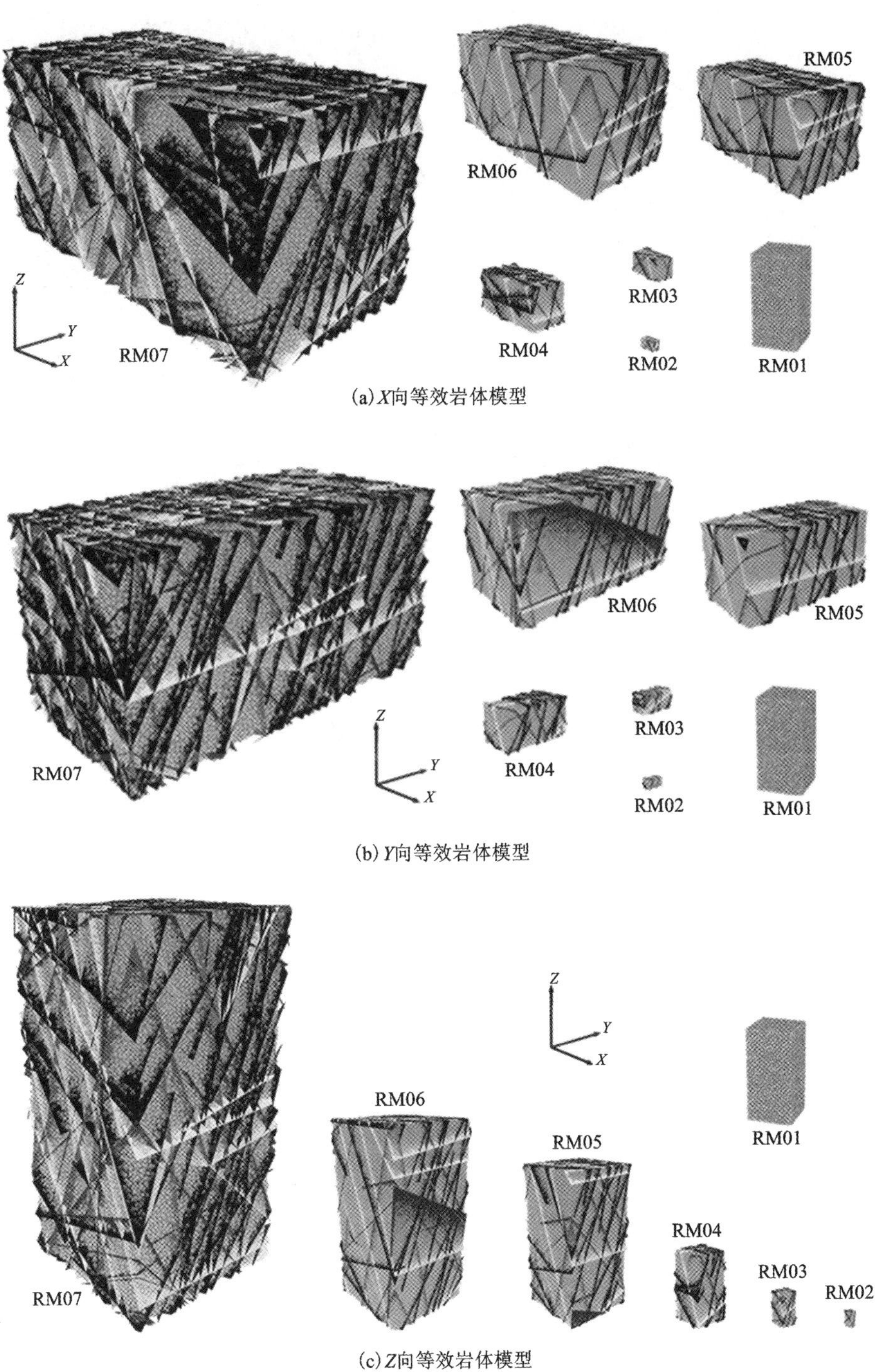

(a) X向等效岩体模型

(b) Y向等效岩体模型

(c) Z向等效岩体模型

图 6-13　多尺度等效岩体模型

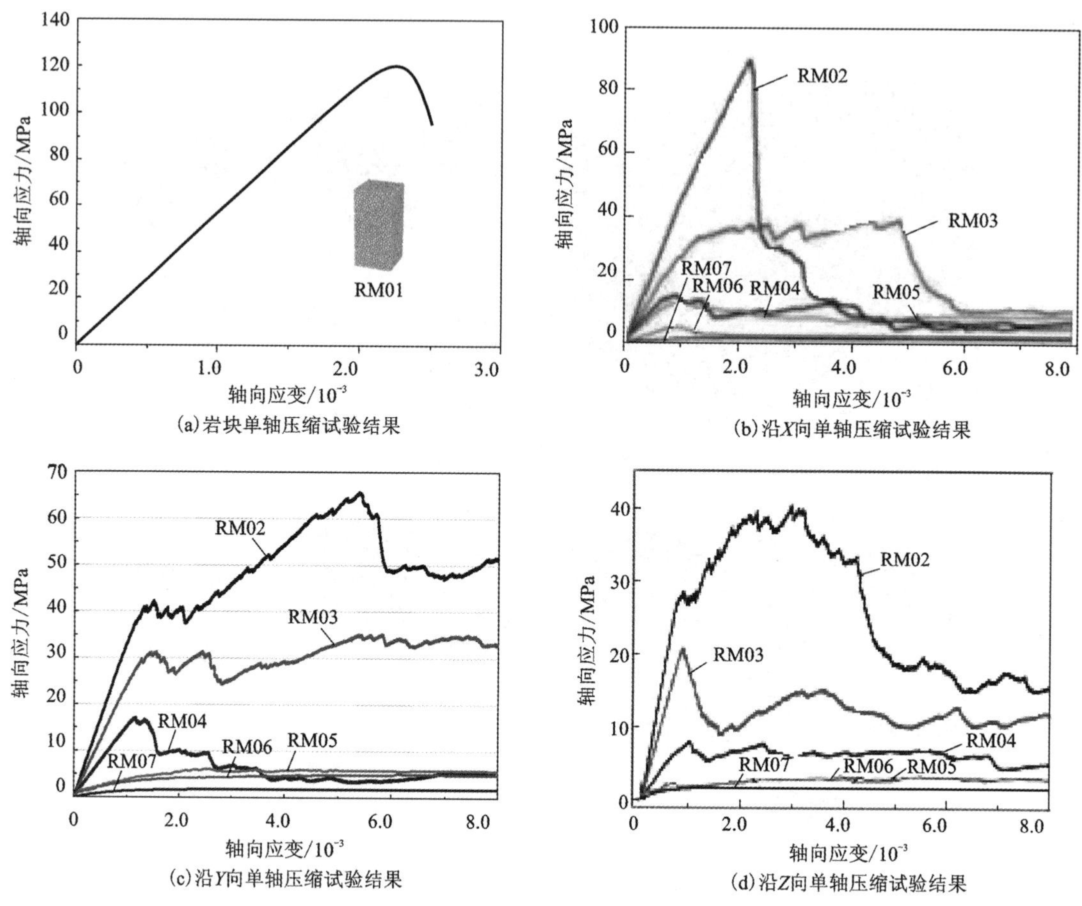

(a)岩块单轴压缩试验结果
(b)沿X向单轴压缩试验结果
(c)沿Y向单轴压缩试验结果
(d)沿Z向单轴压缩试验结果

图 6-14　等效岩体模型单轴加载应力-应变曲线

等效岩体技术是一种全新的节理岩体宏观力学参数确定方法，可代替部分节理岩体现场原位试验，大幅降低试验费用，弥补现有试验研究及数值计算的不足，为节理岩体力学性质的科学分类、判别与验证等提供新的技术手段。

4. 岩体变形模量估算方法

变形模量是描述岩体变形特性的重要参数，可通过现场荷载试验确定。由于荷载试验周期长、费用高，一般只在重要或大型工程中采用。因此，在岩体质量评价和大量试验资料的基础上，建立岩体分类指标、纵波波速等参数与变形模量之间的关系，是高效、经济地估算岩体变形模量的重要手段。

1) 由岩体分类指标估算

研究表明，用地质力学分类系统对岩体评分，根据评分结果可近似估算岩体变形模量，国内外很多学者在研究岩体变形模量实测资料的基础上，提出多种岩体变形模量 E_m 与分类指标间的经验关系式，如表 6-11 所示，与现场实测数据 *RMR* 的关系如图 6-15 所示。

表 6-11　E_m 与岩体分类指标间经验关系式汇总

曲线	经验关系式	提出者
1	$E_m=2RMR-100$	Bieniawski
2	$E_m=10^{(RMR-10)/40}$	Serafim and Pereira
3	$E_m=E_i/100[0.0028RMR^2+0.9\exp(RMR/22.82)]$，$E_i=50$ GPa	Nicholson and Bieniawski
4	$E_m=E_i\{0.5[1-\cos(\pi\cdot RMR/100)]\}$，$E_i=50$ GPa	Mitri 等
5	$E_m=0.1(RMR/10)^3$	Read 等
6	$E_m=10Q_c^{1/3}$，$Q_c=Q\sigma_{ci}/100$，$\sigma_{ci}=100$ MPa	Barton
7	$E_m=(1-D/2)\sqrt{\sigma_{ci}/100}\times10^{(RMR-10)/40}$，$\sigma_{ci}\leqslant100$ MPa	Hoek 等
8	$E_m=E_i(s^a)^{0.4}$，$E_i=50$ GPa，$s=\exp[(GSI-100)/9]$， $a=1/2+1/6[\exp(-GSI/15)-\exp(-20/3)]$，$GSI=RMR$	Sonmez 等
9	$E_m=E_is^{1/4}$，$E_i=50$ GPa，$s=\exp[(GSI-100)/9]$	Carvalho
10	$E_m=7(\pm3)\sqrt{Q'}$，$Q'=10[(RMR-44)/21]$	Diederichs and Kaiser

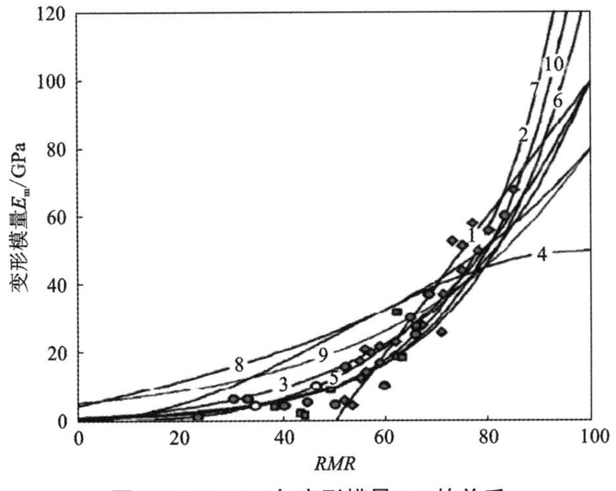

图 6-15　RMR 与变形模量 E_m 的关系

2006 年，Hoek 和 Diederichs 通过对中国 494 组岩体变形模量实测数据的统计分析，建立了岩体变形模量与地质强度指标（GSI）的回归关系式：

（1）简化 Hoek-Diederichs 关系式：

$$E_m = 100000\left\{\frac{1-D/2}{1+e^{[(75+25D-GSI)/11]}}\right\} \tag{6-8}$$

（2）通用 Hoek-Diederichs 关系式：

$$E_m = E_i\left\{0.02+\frac{1-D/2}{1+e^{[(60+15D-GSI)/11]}}\right\} \tag{6-9}$$

式中：E_i 为完整岩石变形模量，MPa，无实测值时，可用 $E_i=MR\cdot\sigma_c$ 进行估算，其中 MR 为模量比，取值参照表 6-12。

表 6-12 模量比 *MR* 的选取

岩石类型	类别	岩组	岩石结构：粗粒	中粒	细粒	极细粒
沉积岩	碎屑岩类		砾岩 300~400 角砾岩 230~350	砂岩 200~350	粉砂岩 350~400 杂砂岩 350	黏土岩 200~300 页岩 150~250① 泥灰岩 150~200
	非碎屑岩类	碳酸盐岩	结晶石灰岩 400~600	亮灰岩 600~800	泥晶灰岩 800~1000	白云岩 350~500
		蒸发岩		石膏 (350)②	硬石膏 (350)②	
		有机岩				白垩岩>1000
变质岩	无片状构造		大理岩 700~1000	角页岩 400~700 变质砂岩 200~300	石英岩 300~450	
	微片状构造		混合岩 350~400	角闪岩 400~500	片麻岩 300~750①	
	片状构造			片岩 250~1100①	千枚岩/云母片岩 300~800①	板岩 400~600①
火成岩	深成岩	浅色	花岗岩③ 300~550	闪长岩③ 300~350		
			花岗闪长岩③ 400~450			
		黑色	辉长岩 400~500	粗粒玄武岩 300~400		
			苏长岩 350~400			
	浅成岩		斑岩 (400)②		辉绿岩 300~350	橄榄岩 250~300
	喷出岩	熔岩		流纹岩 300~500 安山岩 300~500	英安岩 350~450 玄武岩 250~450	
		火山碎屑岩	集块岩 400~600	火山角砾岩 (500)②	凝灰岩 200~400	

注：①高度各向异性岩石：当法向应变和/或荷载平行于软弱结构面时，*MR* 取高值；当法向应变和/或荷载垂直于软弱结构面时，*MR* 取低值，单轴试验荷载施加方向应和现场情况一致；②括号内的数据是根据地质信息得到的估计值；③酸性花岗岩类：粗粒时 *MR* 取高值，细粒时取低值。

简化 Hoek-Diederichs 关系中仅包含 *GSI* 和 *D* 两个变量，适用于缺乏完整岩石力学参数的情况，当扰动系数 $D=0$ 时拟合效果较好；而通用关系式包含了完整岩石的变形模量参数，计算精度较高，适用范围广。

2)由纵波波速估算

由于声波测试技术对岩体扰动程度低，可真实反映岩体的赋存环境特征，并可由纵波波速 V_{pm} 直接估算岩体变形模量 E_m。

为获取岩体纵波波速 V_{pm} 与 Q 指标之间更普遍、更一般的关系，1995 年 Barton 通过对挪威、瑞典、中国大陆和中国香港等国家和地区大量工程数据的分析，总结出以下关系：

$$V_{pm}(\mathrm{km/s}) = \lg Q + 3.5 \tag{6-10}$$

并建立岩体变形模量与纵波波速的关系：

$$E_m(\mathrm{GPa}) = 10 \times 10^{(V_{pm}-3.5)/3} \tag{6-11}$$

事实上，岩体受扰动程度及所处的地应力环境均是影响纵波波速的重要因素，进而影响变形模量的取值。因此，采用更合理的方法测定纵波波速是准确求取岩体变形模量的关键。

6.3　露天矿边坡结构参数设计

露天矿边坡工程是采矿工程的重要组成部分，边坡设计是采矿设计中不可缺少的重点环节。采矿工程与边坡工程具有明显的相互关联、相互制约的作用，如图 6-16 所示。在采矿延深和边坡形成过程中，复杂的边坡岩体工程地质力学条件和采矿生产要求之间存在许多矛盾。诸如，为了降低采矿成本和提高开采效益，采矿工程要求加陡边坡角，减少剥岩量，但不良的岩体条件可能难以满足要求，即便可以采取技术上有效的加固措施，经济上亦未必合理；相反，边坡岩体工程地质条件可能允许形成很陡的边坡，但由于采矿设备、道路布置、作

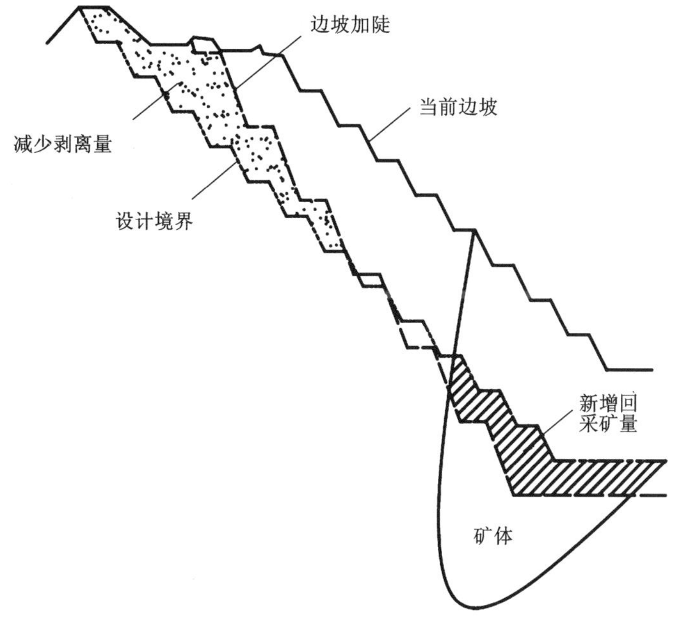

图 6-16　边坡工程与采矿工程的相互关联与制约

业空间和生产效率的要求，不得不放缓边坡角，相对增大剥岩量和相应的基建投资等。显然，在试图解决这些矛盾、顺应和协调边坡与采矿关系的过程中，以最佳经济效益为目标的现代生产和工程意识，尤其是整体化的观念，可为采矿与边坡设计提供必要的帮助。

合理的边坡设计是边坡工程地质、水文地质、岩土工程技术条件、采矿作业、资源利用、经济效果、环境因素及政府规范的综合优化结果，其基本目标是确保台阶边坡、路间边坡和总体边坡都能获得安全和经济的设计方案，同时结合经济价值最大的露天开采境界等其他要素，寻求满足安全可靠和采矿生产要求、综合经济效益大、资源利用好、承担风险水平低的最佳边坡设计方案。

确保边坡设计合理的前提是制订露天边坡设计的基本步骤，其完整过程必须包括基于岩土分析模型的露天矿边坡稳定性分析，具体分析方法详见 6.4 节。

6.3.1 露天矿边坡设计步骤

露天矿边坡设计是指根据露天矿边坡岩体的工程地质、水文地质和采矿工艺的约束条件，提供安全、可靠的露天采矿工程设计。露天矿剥离台阶推进到最终境界时，便形成最终边坡。露天矿最下一个台阶坡脚线和最上一个台阶坡顶线的连线与水平面的夹角成为最终边坡角，当边坡过陡时，稳定性差、易滑坡，危及人员和设备安全，当边坡过缓时，则增加剥离量，降低矿山经济效益，因此边坡结构参数的设计及其优化对露天矿生产十分重要。

边坡设计步骤包括 2 种定义，从广义上看，可按矿山服务期分为 3 个阶段，每个阶段的边坡设计深度与内容不同，从狭义上看，是指边坡的具体设计过程。

1. 边坡设计阶段划分

(1) 可行性研究阶段：为确定矿体开采是否经济，根据地质勘察报告和工程判断，初步划分边坡设计分区，拟定数个可能的采场轮廓线。

(2) 矿山设计阶段：根据边坡岩体详细工程地质勘察和试验结果，对所有边坡设计方案进行稳定性评价和经济效益分析，进而为矿山开采提供最佳的边坡设计和明确的边坡位置、边坡角。

(3) 矿山开采阶段：根据开采过程中积累的地质构造、地下水压力、岩体力学性质资料以及已形成边坡的稳定状态，验证原设计的假定和结论；必要时，进行局部设计修改或重新设计。

2. 边坡设计步骤与原则

在大多数露天矿中，边坡设计与施工的工程环境均十分复杂，且描述岩土及地下水特征的模型一般是基于不完整信息并结合主观推断建立的，模型可靠度往往受地质勘察及地质调查阶段、工期以及实际勘探工具和技术等因素的制约，特别是在新建工程的前期开采阶段尤为突出，由于矿体、岩石等地表露头少，新建工程缺乏甚至没有前期的开采记录，勘探钻孔间距过大进而不能准确、真实地反映地质信息。

在露天矿边坡设计过程中，掌握地质信息、结构产状等信息尤为重要，同时，矿山开采技术、开采整体规划及开采顺序、地表水与地下水的治理要求等因素也影响露天矿边坡稳定性，即使目前计算机分析技术日趋先进，也仍然不能对影响露天矿边坡稳定性的各项因素及其相互作用进行精确建模。因此，虽然建模是帮助了解并预测露天矿边坡状态的重要工具，但矿山边坡设计仍不同程度上依赖经验科学、矿山设计原则、设计者的判断等。

边坡设计的核心是基于边坡失稳模式判别及稳定性分析而展开的，其失稳模式涉及台阶尺度、路间边坡尺度和总体边坡尺度，不同尺度的边坡台阶如图 6-17 所示。通过对不同尺度边坡的运动学分析和稳定性评价，得到边坡安全系数，对于不稳定边坡可采用适当的采矿工艺、加固处治等技术措施，直到其满足国家及相关行业规范规定的允许安全标准，同时结合其他设计控制要素确定的边坡几何参数可作为最终边坡设计参数。边坡设计主要内容与步骤如图 6-18 所示。

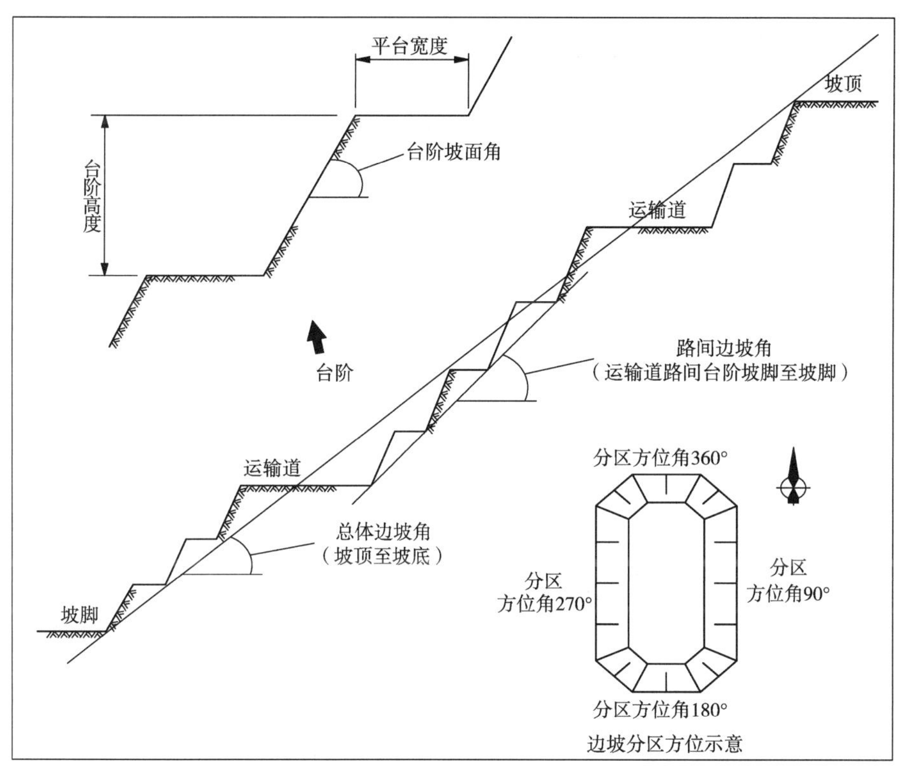

图 6-17　不同尺度的边坡台阶示意图

首先，根据矿山的岩土分析模型，对拟设计边坡区域按照地质、结构和岩体力学特征相类似的原则进行边坡设计分区，如图 6-19 所示；其次，针对每个分区，分别针对台阶尺度、路间边坡尺度和总体边坡尺度，结合工程经验与运动学分析，初步设计相关的边坡几何参数，按照规范规定的安全稳定判别标准，对潜在失稳区域进行分析评价。

不同分区、不同尺度边坡的潜在失稳类型与其关键控制因素有关，主要包括岩体强度、结构面产状及其强度，其他制约边坡设计参数的影响因素包括：采掘设备与性能（控制台阶高度）、地表水控制要求（影响台阶宽度）、相关规范的要求（如最小台阶宽度）、开采计划限制（影响开采境界及边坡高度）、安全考虑（可能影响台阶并段设计）等。

根据前述关键控制因素进行边坡潜在失稳机理分析时，一般情况下，硬岩边坡稳定性往往由结构面控制，而软弱岩石边坡，岩体强度会成为控制因素。结构面控制边坡稳定性时，边坡方位可能对稳定性计算结果影响较大，此时，应采用运动学方法分析边坡可能失稳的类型，如单结构面控制的平面破坏、多结构面控制的楔形破坏或倾倒等。结构面方位及其强度主要控制台阶坡面角的确定，应先分析其对台阶几何参数的影响，其次是分析其对路间边坡角、总体边坡角的影响。

具体设计过程中，应分别针对不同的边坡分区，根据各分区的岩土分析模型及其特征确定对应的设计分析原则，边坡稳定性控制要素及设计顺序如表6-13所示。

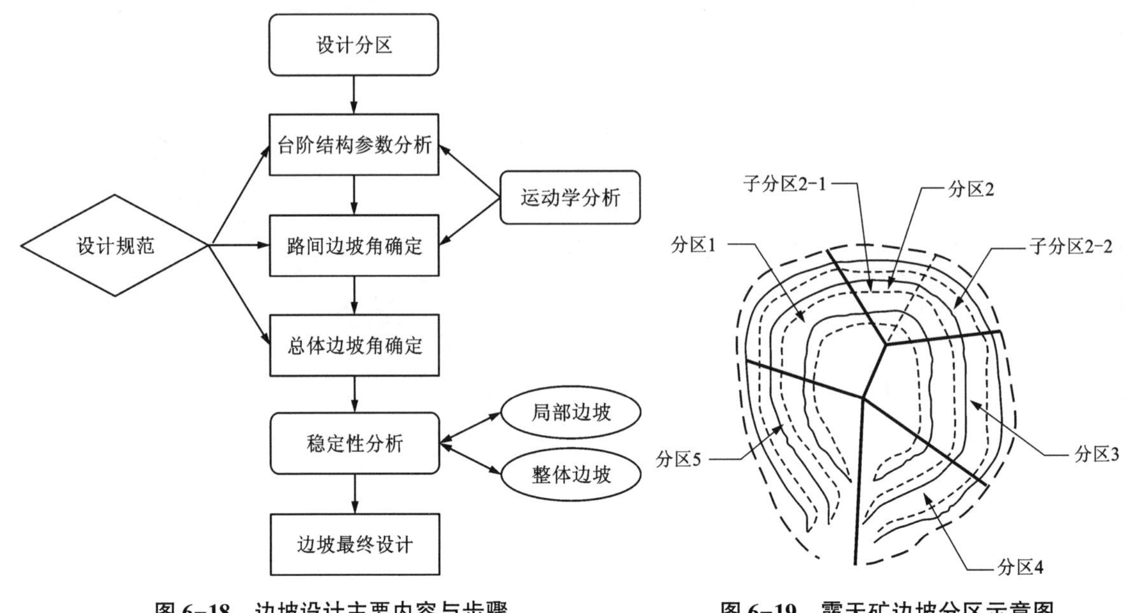

图6-18 边坡设计主要内容与步骤

图6-19 露天矿边坡分区示意图

表6-13 边坡稳定性控制要素及设计顺序

	边坡尺度	岩体强度		
		软弱	中等	坚硬
边坡稳定控制要素	台阶边坡	强度(或结构)	结构	结构
	路间边坡	强度	结构(或强度)	结构
	总体边坡	强度	结构(或强度)	结构(或强度)
设计顺序	范围	全部分区	单一分区	单一分区
	边坡尺度	总体边坡 ↑↓ 路间边坡 ↑↓ 台阶边坡	总体边坡 ↓ 路间边坡 ↓ 台阶边坡	台阶边坡 ↓ 路间边坡 ↓ 总体边坡

注：总体边坡或路间边坡的稳定性应重点考虑Ⅰ、Ⅱ、Ⅲ级结构面的影响。

综上所述，边坡设计步骤及设计原则的确定主要与岩体强度、结构面等因素有关，具体包括：

针对软弱岩石边坡：一般情况下，除非出现大型结构面，边坡稳定性主要受岩体强度控制，且一般不受边坡方位的影响；应先进行总体边坡稳定性分析评价，再设置台阶参数以满足总体边坡或路间边坡的要求；总体边坡角、路间边坡角主要受岩体强度控制，而台阶高度或角度可能受岩体强度或结构面控制；由于岩体强度较低，采矿过程中一般难以实现多台阶并段；地下水压力对边坡稳定性影响较大。

针对中等与坚硬岩石边坡：边坡稳定性主要受结构面控制；设计过程中，应针对每个设计分区分别进行分析与设计，首先确定台阶几何参数，再进行路间边坡和总体边坡参数的设计；台阶坡面角主要受结构面控制；台阶高度主要取决于采矿设备的工作参数；采矿过程中可进行多台阶并段，尤其适于坚硬岩石。

6.3.2　边坡结构参数确定的通用方法

1)台阶结构参数

边坡台阶的主要功能是为矿山开采期间边坡附近人员和设备提供安全的工作环境，其必须满足以下要求：①可靠，需要稳定的台阶坡面和坡顶，其稳定性主要由结构面的空间分布特征及其抗剪强度决定；②安全，能够阻止和减轻岩石崩塌危险，并具有容纳足够上部落石的空间；③为后续边坡监测、落石清理等提供工作空间。

台阶结构参数包括台阶高度、台阶平台宽度和台阶坡面角，如图 6-17 所示。台阶结构参数的设计分析流程如图 6-20 所示。

(1)台阶高度

大型露天矿台阶高度一般为 10~18 m，多为 15 m，但最终高度通常由矿山采掘设备(如绳铲或液压挖掘机)的性能决定。随着凿岩、爆破技术的发展，在岩石强度和设备生产能力允许的条件下，台阶并段使得路间边坡更陡，生产效率显著提高。

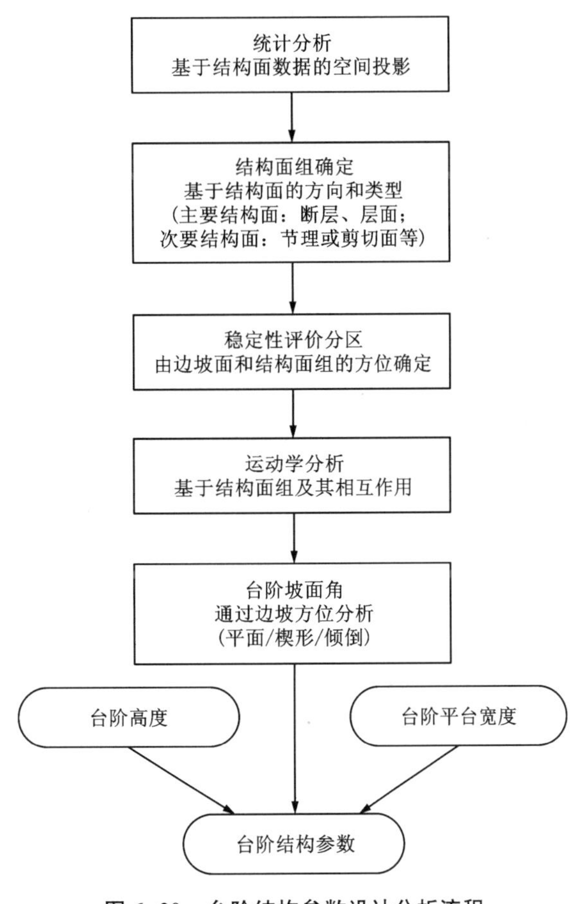

图 6-20　台阶结构参数设计分析流程

(2)台阶平台宽度

最终帮坡面上的平台按其用途分为安全平台、运输平台和清扫平台。

安全平台是露天矿最终边坡上为保持边坡稳定和阻截滚石下落的平台，常与清扫平台交替设置，其宽度一般为台阶高度的 1/3。国内大型露天矿安全平台宽度一般为 4~6 m，中小型露天矿一般为 2~4 m。美国、加拿大等国露天矿的安全平台宽度一般按 Call & Nicholas 公司推荐的经验公式确定(台阶宽度 = 0.2×台阶高度 + 4.5 m)，通常不小于

7 m。现场实际情况表明，由于爆破和岩体裂隙的影响，安全平台的宽度往往难以保证，为此常采用并段的方式加宽安全平台，如采用 7~10 m 宽的安全平台。

运输平台是指露天矿非工作帮上通过运输设备的平台，运输平台的设置将影响路间边坡的角度。运输平台宽度依矿山所采用的运输方式和线路数目决定。国内金属矿山采用单线铁路运输时，运输平台最小宽度一般为 6~8 m，采用单线汽车运输时，载重 154 t 汽车的运输平台最小宽度一般为 18 m，32 t 汽车为 10 m。美国一些矿山载重 154 t 汽车，最小运输平台宽度为 30 m，32 t 汽车最小运输平台宽度为 15 m。

清扫平台是指露天矿最终边坡上用于阻截滑落的岩石并用清扫设备进行清理作业的平台，通常是每间隔 2 个台阶设一个清扫平台。其宽度取决于所使用的清扫设备。当平台上设置排水沟时，还应考虑排水沟的技术要求。国内大型露天矿清扫平台宽度一般为 7~10 m。

(3)台阶坡面角

有效的台阶坡面角是由结构面的空间方位及其稳定性控制的，结构面的稳定性受一系列因素控制，包括结构面相对于台阶坡面的方位、台阶开挖过程对结构面的切割程度、爆破对结构面强度的扰动及其诱发的新裂隙等。

中等~硬岩台阶结构参数的典型设计分析流程如图 6-20 所示，对于软岩须同时考虑岩体强度和结构面特征。

设计的基本原则是确定的台阶坡面角尽可能不产生平面失稳、楔形滑动，此类失稳类型均可通过赤平极射投影法或极限平衡法求解。对于极限平衡法求解，下滑力与抗滑力主要由重力及结构面抗剪强度确定，求解过程中未知数和方程组数相等，可直接用显式算法求取安全系数或采用随机算法计算其失稳概率，考虑到爆破损伤和地应力较低，在台阶尺度分析中常忽略结构面黏聚力。

目前，台阶设计中平面、楔形滑动的极限平衡求解一般采用商业软件进行，主要包括 SBlock(SRK)、Swedge(Rocscience)和 Rocplane(Rocscience)等。专用的超挖分析软件在国外也得到一定程度的应用，比如 LOP(large open pit)项目中 CSIRO 开发的专用软件包 Siromodel，软件可以输入多种方式采集的结构面数据和用户定义的矿坑几何模型等，使用 DFN 技术创建矿坑区域的 3D 结构面模型并且可在台阶和路间边坡尺度上进行超挖分析，通过模拟采矿过程，分析台阶几何形状的变化以及受结构面控制的路间边坡稳定性等。

(4)对台阶倾倒破坏的考虑

倾倒破坏包括两种类型：块状倾倒和弯曲倾倒。块状倾倒常发生于边坡由一组大角度反倾密集结构面和另一组较大间距的正交结构面切割所形成的独立柱状体。当块体重心位于块体底部的矿坑侧或当坡脚块体被上部块体传递的荷载推倒时，即发生块状倾倒破坏。如果台阶坡面角大于 50°，则倾倒发生率大幅提高。

弯曲倾倒与块状倾倒的主要不同点：向坑内变形的柱状体具有连续性即其弯曲时仍保持层面间的相互接触，然后再倾倒分离。通常台阶尺度的弯曲倾倒发生在薄层状或弱变质岩石中，如页岩和千枚岩，而节理化的沉积岩或岩浆岩一般不会发生。

倾倒破坏的分析和预测方法主要包括：极限平衡方法、底部摩擦模型和数值模拟方法等，数值模拟包括连续介质方法(有限元、有限差分等)和非连续介质方法(离散元等)，但数值计算模型的建立必须基于对倾倒力学机制的深入理解。

模拟分析和现场经验表明，开采过程中的质量控制是预防倾倒的重要手段，应杜绝台阶开挖过程中的坡脚底部切入及坡顶拉裂缝中的瞬间孔隙水压力上升，倾倒一旦发生往往难以控制，重新开挖并形成更缓的台阶坡面角是唯一的有效控制措施。

2）路间边坡结构参数

多个台阶组合形成路间边坡，贯穿这些台阶的平面滑动、楔形滑动会破坏路间边坡及中部各个台阶平台的完整性，极端情况下可能会摧毁整个边坡，如图 6-21 所示。

图 6-21　路间边坡尺度的楔形滑动破坏

单一或多个断层、连续节理组会引起路间边坡尺度的平面滑动或楔形滑动，其规模可达 3 个台阶甚至整个边坡高度范围。从运动学角度考察，路间边坡设计与台阶设计所采用的方法是相同的，只是尺度不同。此外，由于路间边坡的高度较大，可能会产生更复杂的破坏模式，包括岩体强度的失稳破坏（例如无明显楔体）等，复杂的破坏模式通常需要采用数值模拟方法进行分析。

（1）路间边坡高度

路间边坡的高度是指两条运输道路之间的边坡高度，与矿山的运输方式、运输线路规划设计等因素有关，并没有统一的衡量标准。在大型露天矿高边坡设计中，根据采矿系统规划的要求，在不同高程设置运输平台和清扫平台，宽阔的平台宽度可为采矿生产提供更多的灵活性，同时其将高边坡分隔开，进而为下部边坡提供更高的稳定性或更安全的工作环境。宽大平台或运输平台间的最大高度可达 200 m。

（2）路间边坡角

虽然路间边坡与台阶的设计方法相同，但随着边坡高度的增加，多台阶边坡中潜在的大型平面或楔形破坏应作为设计关注点，例如岩石崩塌导致运输道或下方运输道被毁等灾害类型。

为确定最优的路间边坡角，设计分析过程中应注意以下关键点：

①由于断层或连续长大节理组可作为平面或楔形破坏的滑动面，因此该类结构的方向、间距、长度和位置等数据应该准确。虽然断层间距可能较大，但是区域性或矿区尺度的断层一般沿走向和倾向方向上连续延展，因此常常对路间边坡的稳定性产生重要影响；对于节理等结构面而言，如果分布密集，台阶尺度节理构造也可能由于失稳方向一致而构成一个大尺度的跨台阶破坏面或楔形面。

②准确确定节理和断层的抗剪强度。连续的节理和断层，尤其是区域性和矿区尺度的断层，很可能表面平整光滑且填充有断层泥等低强度介质，因此其抗剪强度与边坡稳定性密切相关，通常路间边坡分析中应考虑凝聚力的影响。

③利用①获得的数据确定是否构成平面或楔形滑动的基本条件，利用②获得的数据进行稳定性分析，计算路间边坡的安全系数及失稳概率，分析结果应包括潜在滑体体积及其滑动影响范围。另外，当控制性节理、断层和设计分区的方位走向夹角大于 20°时，按楔形滑动分

析，否则应按平面滑动分析。平面和楔形滑动极限平衡分析可借助 SBlock、Swedge、Rocplane 和 Siromodel 等计算软件。

(3)路间边坡倾倒

弯曲倾倒可发展为规模较大的逆向陡坎，且易于从台阶尺度发展到路间边坡尺度及整体边坡。

弯曲倾倒从台阶到整个边坡高度发展过程的预测、边坡安全系数或失稳概率的评估都是较为困难的。但工程经验表明，可以通过建立边坡变形速率与开采速度、边坡坡度等的关系控制倾倒破坏，关键因素是边坡坡度的影响，只要台阶仍较为完整且没有产生大量的碎石滑动，弯曲倾倒就不会产生灾难性后果，路间边坡角一般控制在 40°左右。

总之，成功预防路间边坡倾倒灾害的关键因素包括建立可靠的地质模型、正确识别倾倒可能性、选取安全的边坡角度、精心的台阶开挖过程控制、开采变形实时监测以及开采速率和边坡变形速率的协调。

6.3.3 边坡结构参数类比设计

类比设计法，又称经验设计法，是最早使用的矿山边坡设计方法。特别是在矿床开采的可行性研究阶段，工程地质等现场数据有限且岩土分析模型尚未完全建立，采用类比的方法进行边坡初步设计是最有效的方法，主要包括坡角与坡高关系图法、经验设计图法、直接类比法等。

类比设计法具有简单、直观、费用低等优点，但由于缺少定量的分析和评价，往往会产生一定的盲目性。对于规模巨大或条件复杂的边坡工程，一定要在工程类比的基础上，结合其他分析方法进行综合评价，以提出合理的边坡设计方案。

1. 坡角与坡高关系图法

边坡角与坡高关系图是边坡初始几何参数选定的有效工具，早期已有大量的研究，其中最著名的是 Hoek 和 Sjöberg 分别于 1970 年、1999 年的研究成果。Hoek 通过大量的稳定与失稳边坡实例研究，建立的坡角与坡高关系如图 6-22 所示，图中的符号均代表实际工程边坡的稳定状态，每条曲线代表不同的安全系数($FS=0.8\sim2.0$)，其中安全系数为 1.0 的曲线为边坡临界状态。

Sjöberg 建立的坡角和坡高关系，不仅考虑了稳定边坡与失稳边坡类型，而且考虑了岩体强度特征，如图 6-23 所示，其中空心和实心符号分别代表稳定和失稳边坡，2 根曲线表示不同的边坡稳定状态(安全系数分别为 1.0 和 1.3)，与图 6-22 类似，图中信息充分体现了边坡工程的不确定性，即按照关系图中的曲线，边坡的实际稳定状态与关系图曲线并不一致，部分显示稳定的边坡反而失稳。

岩体参数的不确定性、结构面控制的边坡失稳等要素难以在坡角与坡高关系图中体现，也往往是关系图中判别曲线与工程实际不符的根本原因，进而导致该方法的应用受到限制，一般仅作为边坡初步设计参数的定性确定方法。

2. 经验设计图法

经验设计图是依据边坡工程经验总结的边坡坡度、坡高与岩体质量等指标的关系曲线，所有原始数据均来自矿山实例边坡。其中 1991 年 Haines 和 Terbrugge 等基于 Laubscher MRMR 岩体分类方法建立的经验设计图应用最为广泛，如图 6-24 所示。

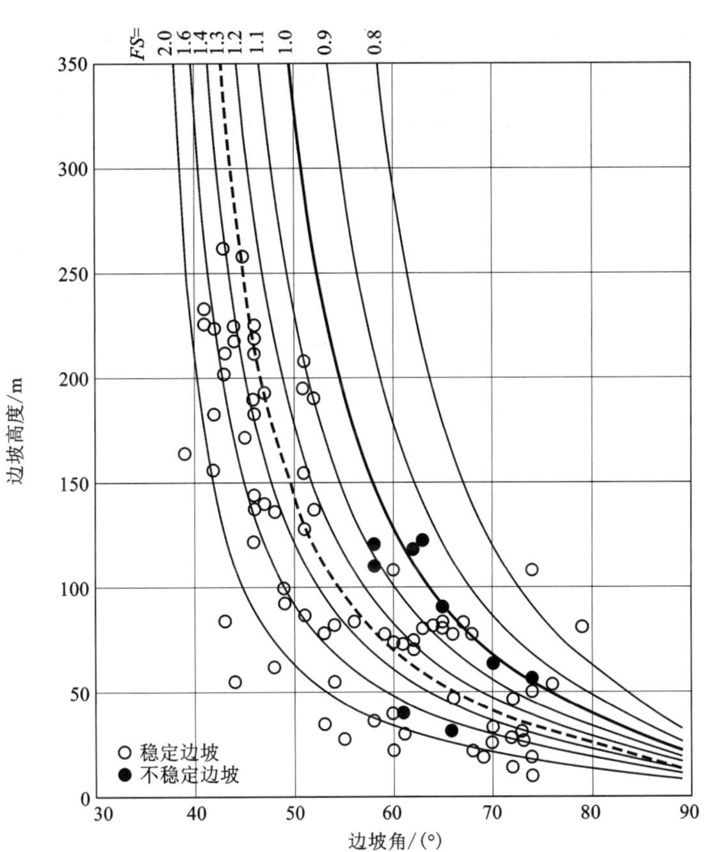

图 6-22　边坡坡角与坡高关系曲线

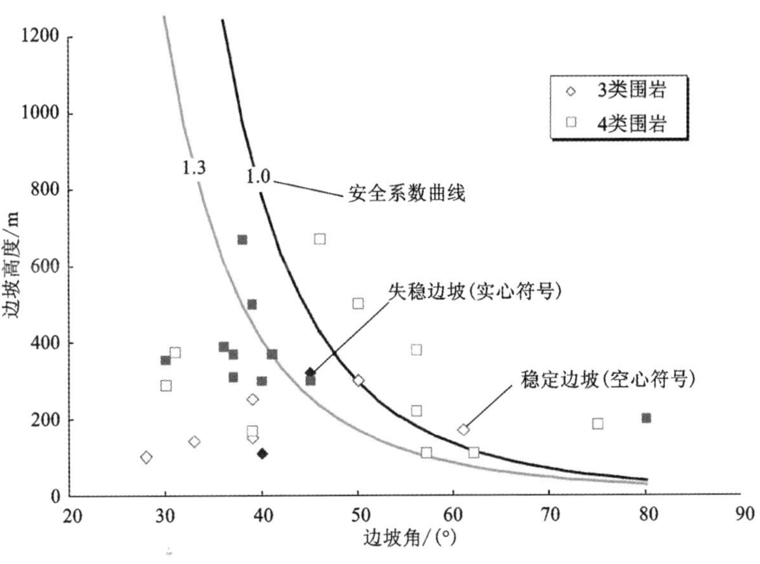

图 6-23　边坡坡角与坡高关系(考虑岩体强度等级)

经验设计图虽然能体现定量特征，但与坡角-坡高关系图类似，使用过程中仍需依赖工程经验，图 6-24 显示边坡的角度和高度仅取决于 MRMR 岩体等级，且得到的结果是边坡稳定参数的临界值，因此具体的边坡稳定性评价仍需结合其他方法加以分析。

在室内研究和矿山开发可行性研究阶段，经验设计图是边坡结构参数确定的有效工具，主要应用于路间边坡高度的确定与校核，必须明确，该方法不能应用于项目设计阶段。

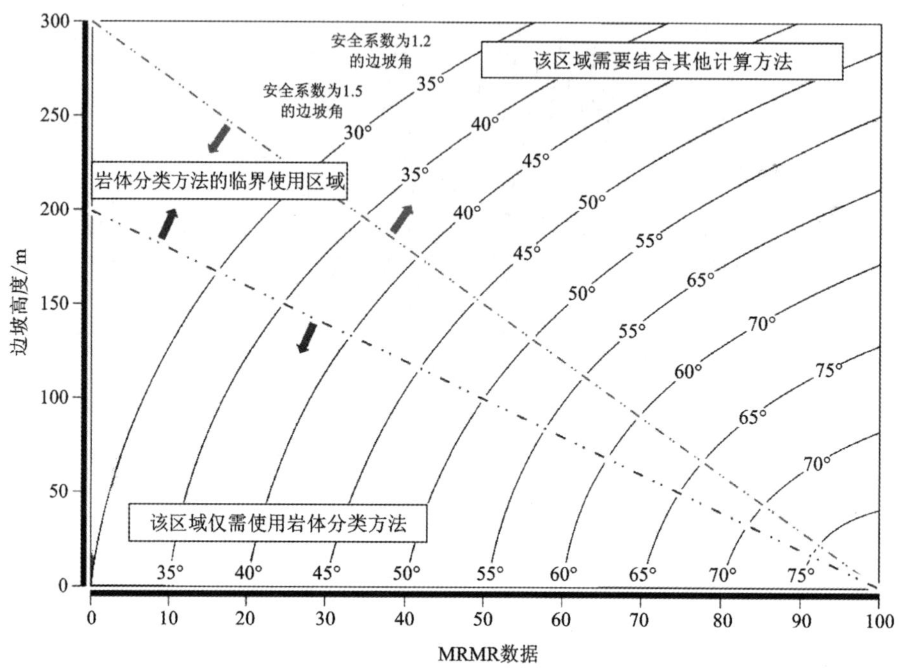

图 6-24 确定坡角-坡高关系的 Haines 和 Terbrugge 经验设计图

3. 直接类比法

直接类比法借助于拟建矿山附近的矿体埋藏形态、岩性、构造、地下水和开采深度等条件与之类似的已开采矿山的经验进行边坡设计。

在确定露天开采境界过程中，若通过直接类比法确定边坡角及其位置，必须充分考察类似的因素，主要包括：

(1) 地质条件：包括构成边坡的岩性、地质构造格架、边坡岩体的结构特征、节理裂隙的发育情况以及控制总体稳定性的大型不连续面分布情况；

(2) 边坡工程岩体性质：包括不连续面的组合关系、岩石风化程度和蚀变状态、岩体的物理性质和水理性质、有关岩体弱面的强度参数；

(3) 地表水与地下水条件：包括当地地势和地表水系、地下水赋存条件、地下水疏干降压条件；

(4) 边坡岩体可能发生的或(和)已经发生的变形和破坏模式；

(5) 露天开采方法及采场的范围大小、设计开采深度、采场形状等。

1) 直接类比矿山的选择条件

数百年的露天开采历史为直接类比设计方法提供了丰富的资料来源，国内部分露天矿最终边坡参数如本卷第 1 章表 1-1 所示。但是，世界上不可能存在完全相同的矿山，同时也难以对前述 5 项因素作出完整的解答。

直接类比设计方法的基本准则是：必须满足设计参数和稳定性控制因素的相似内容，具体包括：

(1)分期开采设计或扩建设计时同一矿山不同区段的类比，前期形成的边坡相当于试验边坡，根据已有边坡的设计参数和工作性质进行类比设计，较为切合实际；

(2)同一地质背景、同一层位矿体、位置毗邻的两座矿山类比，条件非常相似，具有良好的可比性；

(3)本地区内，矿床成因类型相同，边坡工程地质条件相近的两座矿山类比；

(4)其他地区，边坡工程地质条件相近的两座矿山。

2)使用直接类比法需注意的问题

(1)切忌生搬硬套。在有条件的情况下，应对类比矿山进行适当的现场调查，详细考察拟设计矿山与类比矿山的相似因素。

(2)履行边坡的基本设计准则。例如层状沉积或变质矿床，下盘边坡角一般应缓于层面倾角；端部边坡(考虑“端部效应”)可以采用略陡于其他部位的边坡角等。

(3)特殊问题专门处理。例如在境界域外 1/3 边坡高度范围内有较大的平行于边坡坡面的不连续面、有横穿边坡的宽大破碎带等。

(4)考虑边坡工程重要性的差异。例如坑内破碎站、出入沟或其他固定工业设施位置，应提高其所在边坡的稳定可靠程度。

6.3.4　边坡结构参数校验设计

任何一个合理的边坡设计方案，都必须根据经验对影响设计的关键因素进行不断校正，并验证设计方法与准则，因此，边坡设计必然是一个动态循环的过程。具体包括：根据有效信息和保守方法制定设计标准，依据设计标准进行边坡设计，将实际地质条件、最终边坡形状及边坡状态记录归档，对比边坡实际状况与预测的异同，修改边坡设计。

校验设计法，又称半经验设计法。它是在类比设计的基础上，补充有关稳定性影响因素的试验数据，采用确定性模型对设计边坡进行稳定性验算，对达不到允许安全系数阈值的边坡进行必要的设计修正。

校验设计主要包括 2 类，分别为设计之中校验法和设计之后校验法，其中设计之后校验法需要根据实际边坡开挖后的工程状态，结合边坡状态评估，进而修正设计，因而针对性较强，在实际工程中应用较广。

1. 设计之中校验

设计之中校验是指在矿山设计过程中，基于类比法所确定的开采境界与边坡结构参数，对边坡稳定性进行校验。

校验基本步骤包括：

(1)选取典型的验算剖面，判别可能的破坏模式。

(2)选取抗剪强度指标：在积累有抗剪强度试验资料或有滑坡反算强度指标时，可以适当取用；在有岩块抗压试验和点荷载试验资料时，可以按经验公式折算抗剪强度；在没有设计矿山试验资料的条件下，可根据其他工程的试验指标选取。

(3)采用极限平衡方法，进行稳定性验算。因为计算过程中的边界条件确定和强度参数选取的可靠程度较低，故设计安全系数一般取 1.3~1.5。

(4)根据验算结果调整设计境界。

设计之中校验方法的特点是把可能发生的稳定性问题处理在设计之中，验算结果直接用于边坡设计。

2. 设计之后校验

设计之后校验是指在完成矿山设计之后，对怀疑或已产生失稳的边坡进行稳定性校验。校验范围可以是整个采场，也可以是一个区段。

校验基本步骤包括：

(1)进行专门的边坡工程地质勘察，详细划分设计分区，确定可能的破坏模式，对工作区进行综合性工程地质分析。

(2)测定岩体和结构面的抗剪强度，如果工程重要且有试验条件，应在足够数量的中小型剪切试验基础上，完成一定数量的原位剪切试验。

(3)进行水文地质试验，确定基本的水文地质参数，预测未来边坡体内地下水状态的变化。

(4)进行爆破振动测量。

(5)计算安全系数，一般设计安全系数取 1.15~1.30。可同时采用数值模拟和可靠性分析方法，进行更详细的稳定性评价。

设计之后校验方法的特点是工作详尽，解决问题的针对性强，稳定性措施也比较切实，但难以大范围调整矿山设计。

具体的设计之后的校验分析过程，主要内容包括岩土分析模型验证与优化、台阶状态评估、路间边坡及总体边坡稳定性动态分析等。

6.3.5 边坡结构参数设计优化

露天矿边坡优化是一个系统问题。边坡设计是露天矿山系统工程中一个至关重要的决策过程，边坡设计的质量和水平及设计方案的优劣将在很大程度上及很长时期内影响矿山安全和企业效益。传统的设计方法实际上是一种校核设计，采用该设计方法，可以满足稳定性要求的边坡几何参数，但不能保证设计是最优的。在近代科学整体化、交叉化和数学化的进程中，边坡优化设计方法得到了发展。

1. 边坡优化设计基本思想

优化设计法，亦称现代设计法，是根据优化原理和优化方法，针对设计参数和设计效果的不确定性，建立风险预测随机模型，在边坡岩体工程力学特性、采矿生产和工艺、边坡安全度的约束下，寻求、比较、选取矿石利用率最大、剥岩量最小、滑坡处理和补救工程费用及土地占用量最低、企业盈利最大的边坡设计方案。

边坡优化设计的基本思想是：首先建立矿山矿化模型和边坡岩体模型，在一组可行边坡角下，求得各组价值最大的边坡设计方案，即初始优化边坡方案；在价值最大的前提下，对初始优化设计方案进行稳定性分析和可靠性分析，求得满足价值最大、安全可靠的边坡设计方案；然后，进行边坡形成过程的计算机模拟，以在价值最大、安全可靠基础上，满足采矿工艺过程的需要，最后进行边坡经济分析、风险分析及多目标决策分析，形成综合指标最佳的边坡设计方案。

2. 边坡优化设计原理

边坡优化设计是根据优化原理和优化方法，在满足系统功能要求即安全可靠的前提下，结合指令计划、技术经济和工程条件的约束，选取经济效益大、资金利用好的边坡设计方案，最终使得几项主要设计指标达到综合优化的目的。

边坡工程设计上的最优值是指在满足多种因素的约束下获得最满意的适用值，其反映了设计者的设计意图和使用目的，为衡量设计方案的优劣，必须确立一个客观标准，该标准称为评价函数或目标函数。露天矿边坡工程设计的总目标函数如式(6-12)所示：

$$\max\left\{W_1\beta_1\sum_{j=1}^{n}\left[\sum_{i=1}^{r}\alpha(B_{ij}-C_{ij}-I_{ij}-A_{ij}-a_{ij})-\alpha In_j\right]+W_2\beta_2\left(\sum_{j=1}^{n}\sum_{i=1}^{r}O_{ij}\right)\right\} \tag{6-12}$$

式中：B_{ij} 为采矿收益；C_{ij} 为开采成本；I_{ij} 为边坡不稳定费用；A_{ij} 为提高边坡稳定性采取工程措施的费用；a_{ij} 为相关工程措施的经营费；In_j 为建设投资；O_{ij} 为回采量；W_1、W_2 为权重系数，表明各参数在总体优化中的重要程度；β_1、β_2 为变换系数；α 为贴现系数；n 为评价年数，下标为 j；r 为边坡设计区数，下标为 i。

显然，在多目标优化情况下，所有设计指标不可能同时达到各自的最优状态，只能求得系统的总体最优。而且，在优化过程中，必须根据实际设计要求对设计变量的取值加以限制，即设计约束。设计约束一般表示为设计变量的不等式约束函数。

约束 1：保证安全可靠约束。一般使用可靠度 R 表征边坡安全的可靠程度，设计的边坡可靠度必须大于其限定值。

约束 2：年产量和采剥总量约束。矿山年产量和采剥总量是采掘生产的指标，其直接关系到边坡的形成时间、区段和水平。

约束 3：矿石边界品位约束。边界品位决定了可采矿量的范围，也就确定了开采境界，即边坡位置。

约束 4：边坡最终帮坡角约束。可以指定边坡最终帮坡角的变化范围。如果地表有其他工程设施限制矿坑境界位置，边坡最终帮坡角约束条件则更为严格。

约束 5：采矿工艺条件约束。主要包括开拓运输系统和开采方式的要求。

露天矿边坡工程是一个复杂系统，影响因素多且具有不确定性，而系统本身与各子系统之间并无明确的参数内在联系，难以通过一个完整的精确数学模型求解，只有根据整个系统的最优化目标分析，才能做出科学决策。因此，在整个设计过程中，应交替使用几种优化方法。在总体上，采用系统分析与系统仿真模拟技术，在具体步骤上，采用数值计算决策方法求取最优方案。优化的基本步骤如图 6-25 所示。

优化过程使用的参数包括 3 种类型：

(1) 设计参数：设计方案中的自变量 $X(x_1, x_2, \cdots, x_k)$，通常由设计者给出，包括几何参数、强度参数、外载荷参数、岩体结构参数、经营参数等。

(2) 性能参数：方案性能方面的特征参数，主要包括安全系数、可靠性、经济指标等，通常决定设计需要和采矿工艺的要求。性能参数 $Y(X)$ 是设计参数 X 的函数，设计前是未知的，经分析后方能确定。

(3) 环境参数：是设计依据的原始参数部分，包括地震危害与风险评估参数、特大暴雨发生概率等。

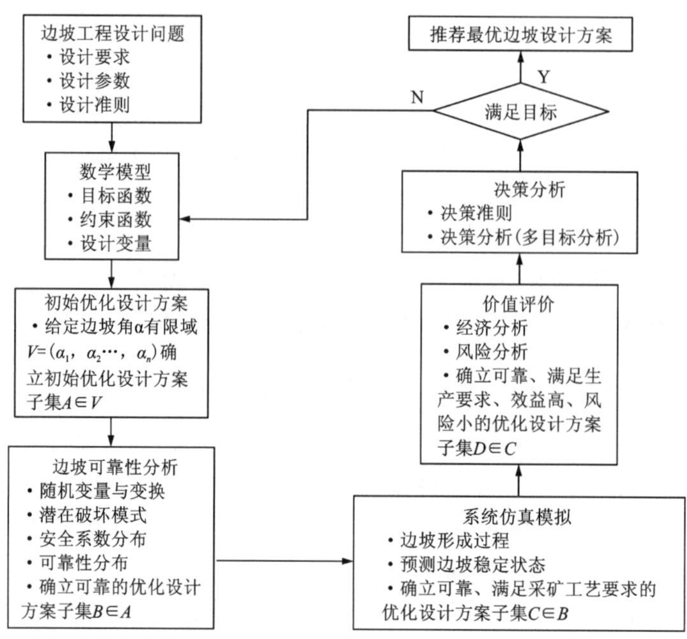

图 6-25 边坡设计优化步骤示意图

6.4 露天矿边坡稳定性分析

岩体边坡稳定性分析是露天矿边坡设计过程中必不可少的重要步骤，其主要目的是确定由岩体或结构面强度控制的边坡失稳可能性及其失稳机理，确保运动学分析过程中确定的路间尺度边坡不产生大规模失稳且岩体强度可满足总体边坡稳定性的要求。

基于土力学经验和方法的岩体边坡稳定性分析方法始于 20 世纪 50—60 年代，能否将岩体作为均匀介质进行分析评价主要取决于边坡规模和不连续面的密度，当节理组数量足够多且随机分布时，岩体中的岩块等同于各向同性的土体颗粒，此时可直接采用莫尔-库仑准则中的抗剪强度参数(内摩擦角、黏聚力)描述岩体强度，进而可以直接采用传统的极限平衡方法进行岩体边坡稳定性分析，如简化 Bishop 法、简化 Janbu 法、Lowe-Karafiath 法、美国陆军工程师团法、Spencer 法、Morgenstern-Price 法、通用条分法等，同时，基于各向同性假设的莫尔-库仑强度参数也普遍应用于露天矿边坡设计所使用的各类连续、非连续数值模拟方法中。

目前已有多种较成熟的边坡稳定性分析手段，对露天矿边坡而言，主要分析方法及其适用范围包括：(1)运动学分析方法，基于空间投影(如赤平极射投影)的方法适用于边坡结构参数初选；(2)极限平衡分析方法，适用于①稳定性受结构面控制的单台阶或多台阶边坡；②稳定性由岩体强度控制或由岩体、结构面强度共同控制的多台阶边坡及总体边坡；(3)数值模拟方法，适用于边坡应力-应变分析与评价；(4)可靠性分析方法，考虑多种不确定因素的影响，以概率形式描述边坡的失稳风险。

6.4.1 边坡变形与破坏模式

边坡形成过程中，由于应力状态的变化，边坡岩土体产生不同方式、不同规模和不同程度的变形，并在一定条件下发展为破坏。因此边坡的变形与破坏是边坡演化过程中两个不同的阶段，变形属量变阶段，而破坏则是质变阶段。这一过程对天然斜坡而言时间往往较长，对人工边坡则可能较短。通过对边坡岩体变形迹象的研究，分析边坡演化发展阶段，是边坡稳定性分析的基础。

不同岩土体组成的边坡，其变形破坏特征有所不同。在均质岩土体介质中（如土体、碎裂岩体），边坡的变形失稳以剪切破坏为主，滑动面一般呈弧形；在非均质边坡中，因受层面、节理裂隙等结构的影响，滑面形态较为复杂。

1. 土体边坡的变形破坏特征

铝土矿、高岭土矿等土体类边坡，易产生滑面呈近弧形的变形破坏，其稳定状态及变形破坏特点主要与土体性质密切相关。

碎（砾）石类土体边坡稳定性一般取决于粒径大小和颗粒级配情况，只要足够密实，其工程性质及稳定性较好；砂类土属于无黏性土，边坡稳定性较差，易发生滑动破坏；黏性土类边坡稳定性取决于其抗剪强度参数、密度、渗透系数及地下水等；在淤泥或淤泥质软土地段，由于淤泥的塑性流动，边坡随挖随塌，难以成形；黄土边坡稳定性往往取决于土的密实程度、结构特征及水的影响等，干旱时甚至可以直立陡峻，但一经水浸，强度大幅降低，失稳破坏时滑动速度快，规模和动能大，破坏力强。

2. 岩体边坡的变形特征

由于结构面的空间形态各异，导致岩体边坡呈现不同的变形破坏形式，变形破坏机理较为复杂。花岗岩、厚层石灰岩、砂岩边坡以崩塌为主，片岩、板岩、千枚岩边坡易产生表层挠曲和倾倒等蠕动变形，碎屑岩易产生碎屑流或泥石流等。

岩体边坡的变形以坡体未出现贯通性的破坏面为特征，但在坡体的局部区域，特别在坡面附近也可能出现一定程度的破裂与错动，从整体而言并未产生滑动破坏，边坡变形主要表现为松动和蠕动。

1）松动

边坡形成的初始阶段，坡体表部往往出现一系列与坡面近于平行的陡倾角张开裂隙，被此类裂隙切割的岩体向临空方向松开、移动，称为松动，是一种斜坡卸荷回弹的过程和现象。存在于坡体中的松动裂隙，可能是在应力重分布过程中形成的，但大多是沿原有的陡倾角裂隙发育而成，仅有张开现象而无明显的相对滑动。

2）蠕动

边坡岩体在自重应力为主的坡体应力长期作用下，向临空方向缓慢而持续地变形，称为边坡蠕动。蠕动的形成机制为岩土的粒间滑动（塑性变形）、沿岩石裂隙微错或由岩体中一系列裂隙扩展所致。

3. 岩体边坡的破坏类型

岩体边坡的破坏主要包括剪切（即滑动破坏）和拉断两种类型。大量的野外调查资料及理论研究表明，绝大部分岩体边坡的破坏为滑动破坏。岩体边坡破坏类型的划分，应当以滑动面的形态、数目、组合特征及边坡破坏的力学机理为依据。根据这些特征并参照 Hoek 的分类方法，将岩体边坡破坏划分为平面滑动、楔形滑动、弧形滑动及倾倒破坏 4 类，其中平面滑动又根据滑动面的数目划分为单平面滑动、双平面滑动与多平面滑动等亚类，各类及亚类边坡破坏的主要特征如表 6-14 所示。前 3 类以剪切破坏为主，常表现为滑坡形式，第 4 类为拉断破坏，常以崩塌形式出现。

表 6-14 岩体边坡破坏模式

<table>
<tr><th>类型</th><th>亚类</th><th>示意图</th><th colspan="2">主要特征</th></tr>
<tr><td rowspan="5">平面滑动</td><td rowspan="2">单平面滑动</td><td></td><td rowspan="5">滑动面倾向与边坡面基本一致，并存在走向与边坡垂直或近垂直的切割面，滑动面的倾角小于边坡角且大于其摩擦角</td><td>一个滑动面，常见于倾斜层状岩体边坡中</td></tr>
<tr><td></td><td>一个滑动面和一个近铅直的张裂缝，常见于倾斜层状岩体边坡中</td></tr>
<tr><td>同向双平面滑动</td><td></td><td>两个倾向相同的滑动面，下部为主滑动面</td></tr>
<tr><td>多平面滑动</td><td></td><td>三个或三个以上滑动面，常可分为两组，其中一组为主滑动面</td></tr>
<tr><td colspan="2" style="display:none"></td></tr>
<tr><td>楔形滑动</td><td></td><td></td><td colspan="2">两个倾向相反的滑动面，其交线倾向与坡向相同，倾角小于坡角且大于滑动面的摩擦角，常见于坚硬块状岩体边坡中</td></tr>
<tr><td>弧形滑动</td><td></td><td></td><td colspan="2">滑动面近似弧形，常见于强烈破碎、强风化岩体或软弱岩体边坡中</td></tr>
<tr><td>倾倒破坏</td><td></td><td></td><td colspan="2">岩体被结构面切割成一系列倾向与坡向相反的陡立柱状或板状体。当为软岩时，岩柱向坡面产生弯曲；为硬岩时，岩柱被横向结构面切割成岩块，并向坡面翻倒</td></tr>
</table>

6.4.2 边坡稳定性评价方法与标准

1. 安全系数评价方法

安全系数是结构工程和岩土工程中出现最早、使用范围最广的一种衡量安全度的指标。传统的安全系数定义为：

$$F = \frac{\text{结构可能提供的抗力(或力矩)}}{\text{导致结构破坏的作用力(或力矩)}} \tag{6-13}$$

但上述定义存在以下不足：

(1)一个完整的平衡力系应同时包括力和力矩平衡的概念，因此，上式的另一种表达形式是抗滑力矩和滑动力矩之间的比较，进行这种比较的前提，是静力平衡条件已充分获得满足。

(2)一般情况下，抗力和作用力是不相等的，且正常工作状态下抗力应大于作用力。因此，在进行安全系数计算时，结构并非处于真实的极限平衡状态，而是处于假设的具有安全储备的状态。此外，大部分岩土和结构分析问题是超静定和非线性的，内力和安全系数几乎同时获得，原则上不可能通过上述显式方法直接计算安全系数。

20 世纪 50 年代初，毕肖普提出了通过折减强度指标的方式定义安全系数，其本质是在具有一定安全储备的现有边坡基础上构筑一个“虚拟”边坡，该边坡具有与真实边坡完全相同的轮廓，但是构成边坡的所有材料的抗剪强度指标均从 c 和 φ 折减为 $c_e = c/F$ 和 $\tan\varphi_e = \tan\varphi/F$，此时边坡滑面上的法向应力和剪切应力仍满足莫尔-库仑准则。

采用此种方法处理后，作用在边坡上的力构成一个平衡力系，求解该力系，可解出安全系数。采用该安全系数定义，未知量可通过严格的静力平衡分析求取。

2. 失稳概率评价方法

概率评价方法是检验边坡各参数变化对边坡稳定性影响的系统方法，其基本原理是通过计算安全系数的概率分布确定边坡的破坏概率。

概率评价方法起源于 20 世纪 40 年代，最先应用于结构和航空工程领域的复杂系统可靠性检验。在采矿工程中，概率评价方法主要用于评估工程失稳风险的可接受程度，其早期主要应用于露天矿的边坡工程设计。在土木工程中，概率评价方法多应用于交通运输工程的边坡稳定性分析、滑坡灾害研究及危险废物贮存设施的设计等方面。

在边坡稳定性分析过程中，若设计数据有限且不具有整体代表性时，一般不建议采用概率设计方法。在这种情况下，可以利用主观评价方法从小样本中提取合理可靠的概率值。该方法的理论基础是通过专家或专家组评估、分析现有数据得到共同认可的概率分布，其结果的可靠程度往往随着分析时间和成本增加而提高。

与安全系数一样，概率评价方法也要求不同工程类型应有不同的可接受失稳概率范围。图 6-26 给出了不同类型工程项目的年失稳概率与破坏后果(死亡人数)之间的关系。例如，对露天矿边坡而言，因失稳而造成人员死亡的概率较小，年失稳概率的可接受范围为 10^{-1} ~ 10^{-2}，相比之下，水坝失稳可能导致数百人丧生，故其年失稳概率不应超过 10^{-4}。虽然图 6-26 中所示数据的取值范围较宽，但其为概率设计方法的推广应用奠定了重要基础。

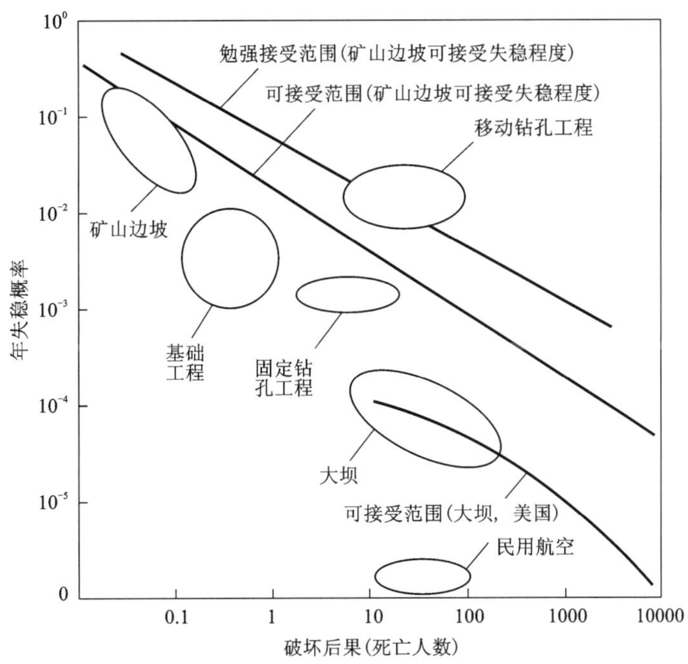

图 6-26　不同类型工程项目的年失稳概率与破坏后果关系示意图

3. 边坡稳定性评价标准

常用的边坡稳定性评价标准基于安全系数概念，其设计标准的确定与矿山安全和工程投资密切相关，所以对边坡工程设计安全系数的取值均十分慎重。根据《非煤露天矿边坡工程技术规范》(GB 51016)，在确定露天矿边坡设计安全系数标准时，首先需按表 6-15 划分边坡工程安全等级。

表 6-15 边坡工程安全等级划分

边坡工程安全等级	边坡高度 H/m	边坡危害等级
Ⅰ	H>500	Ⅰ、Ⅱ、Ⅲ
	300<H≤500	Ⅰ、Ⅱ
	100<H≤300	Ⅰ
Ⅱ	300<H≤500	Ⅲ
	100<H≤300	Ⅱ、Ⅲ
	H≤100	Ⅰ
Ⅲ	100<H≤300	Ⅲ
	H≤100	Ⅱ、Ⅲ

上表中关于边坡危害等级的规定如表 6-16 所示：

表 6-16 边坡危害等级

边坡危害等级		Ⅰ	Ⅱ	Ⅲ
可能的人员伤亡		有人员伤亡	有人员受伤	无人员伤亡
潜在的经济损失	直接	≥100 万	50 万~100 万	≤50 万
	间接	≥1000 万	500 万~1000 万	≤500 万
综合评定		很严重	严重	不严重

根据边坡工程安全等级，总体边坡的设计安全系数在不同荷载组合下应不小于表 6-17 的规定。

表 6-17 不同荷载组合下总体边坡的设计安全系数

边坡工程安全等级	边坡工程设计安全系数		
	荷载组合Ⅰ	荷载组合Ⅱ	荷载组合Ⅲ
Ⅰ	1.25~1.20	1.23~1.18	1.20~1.15
Ⅱ	1.20~1.15	1.18~1.13	1.15~1.10
Ⅲ	1.15~1.10	1.13~1.08	1.10~1.05

注：①荷载组合Ⅰ为自重+地下水；荷载组合Ⅱ为自重+地下水+爆破振动力；荷载组合Ⅲ为自重+地下水+地震力；②对台阶边坡和临时性工作帮，允许有一定程度的破坏，设计安全系数可适当降低。

除前述我国规范的相关规定外，众多学者针对边坡稳定性安全系数和失稳概率设计标准展开了深入研究，在总结国外矿山领域的露天边坡稳定设计标准的基础上，中国岩石力学与工程学会《露天矿山岩质边坡工程设计规范》(T/CSRME 009)明确了矿山边坡稳定性应同时满足静载和动载条件容许标准，条件许可时宜满足失稳概率容许标准，具体要求如表 6-18 所示。

表 6-18　边坡设计安全系数和失稳概率设计标准

边坡尺度	边坡工程安全等级	容许标准		
		静载条件[a]	动载条件[b]	失稳概率
台阶边坡	Ⅰ、Ⅱ、Ⅲ	1.10	—	25%
路间边坡	Ⅲ	1.15	1.00	20%
	Ⅱ	1.20	1.00	15%
	Ⅰ	1.20	1.10	
总体边坡	Ⅲ	1.20	1.00	15%
	Ⅱ	1.25	1.05	10%
	Ⅰ	1.30	1.10	5%
重要生产设施边坡	Ⅰ、Ⅱ、Ⅲ	1.30	1.10	5%

注：边坡安全系数宜采用严格极限平衡条分法的计算结果。

[a]静载条件主要考虑水和自重荷载。[b]动载条件主要考虑地震、水和自重荷载。

6.4.3　空间投影分析

1. 赤平投影原理与边坡失稳模式判别

1) 赤平投影原理

岩质边坡的各种破坏形态大多受结构面控制，把握结构面的几何特征，是正确判断边坡可能失稳模式的关键。在工程地质领域，结构面空间形态的描述方式有多种，其中采用倾向、倾角表达结构面产状较为常用，如图 6-27 所示。

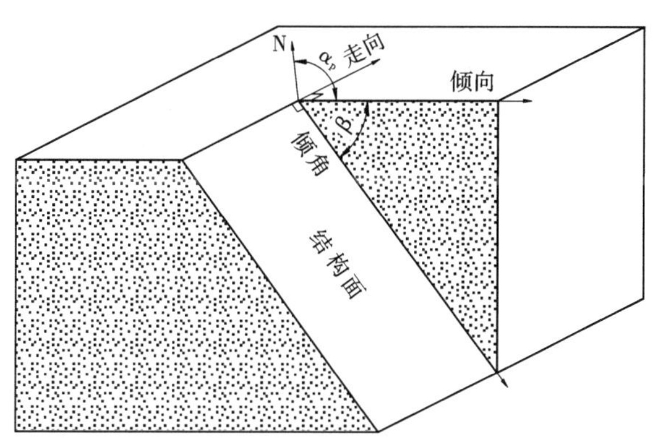

图 6-27　结构面的空间表现形式(产状)

赤平投影可以将节理岩体中结构面的空间几何信息表现在平面上。它以一个参考球作为投影工具，以参考球的中心作为比较物体几何要素(点、线、面)方向和角距的原点，以通过球心的一个水平面(通常称为赤道平面)作为投影平面。球体的上、下两个球极分别称为北极和南极，根据极射投影的方式不同(射线由北极或南极发出)又分为上半球或下半球投影。在赤平投影方法中，某一结构面的产状(倾向和倾角)可用一个大圆或一个极点唯一地表示(图 6–28)，然后通过不同的投影方法投影在赤道平面上，可以直观地反映岩体中结构面的分布情况。

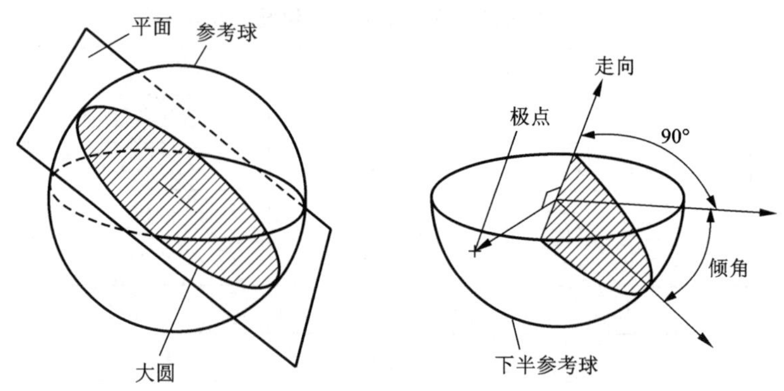

图 6–28　结构面和参考球的空间位置关系

目前较常用的赤平投影方法包括等角投影法和等面积投影法(图 6–29)。这两种投影法各有利弊，等角投影法的优点是直接方便，但是在将球面上不同的点投影到赤道平面上后，其相对位置将会变化。等面积投影法则弥补了这一缺陷，用它对结构面进行统计分析、绘制结构面极点等密度图时较为准确。

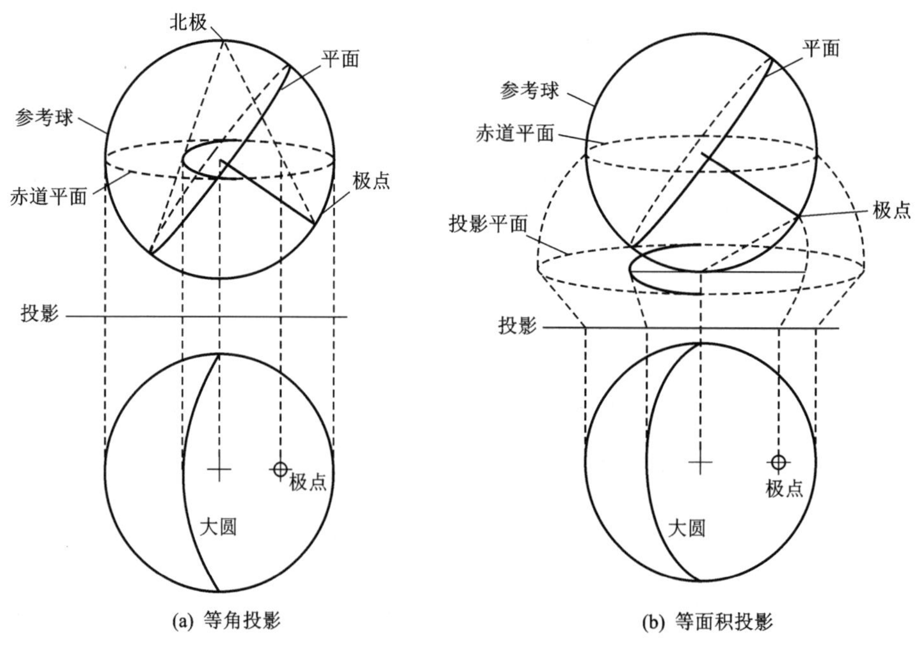

图 6–29　两种赤平投影方法原理示意图

在对实测结构面进行统计分析时，首先需建立一个参考坐标系，通常以正东方向代表 X

轴的正向，以正北方向代表 Y 轴的正向，如果采用上半球投影方式，则岩体中某一倾向为 α_p、倾角为 β 的结构面的极点，在该坐标系中的 x、y 坐标值分别为：

$$x = R\sin\beta\sin\alpha_p \tag{6-14}$$

$$y = R\sin\beta\cos\alpha_p \tag{6-15}$$

式中：R 为赤道投影平面大圆的半径。如果采用下半球投影方式，则应在式(6-14)与式(6-15)的右侧均加上负号。

根据上述公式，将现场实测的每条结构面的产状分别点绘在赤道投影平面上，得到极点散点图，如图 6-30(a)所示，在极点散点图的基础上可统计出极点密度。在投影平面上，任一点的节理极点密度可以定义为：以该点为圆心作一单位面积的圆，统计该圆内极点的数目，并计算所占总数的比例，即该点的极点密度。若采用等角投影，则上述“单位面积”还应根据该点的具体位置，用“等效面积”代替。根据图 6-30(a)中散点图统计所得投影平面上各点的密度如图 6-30(b)所示，据此可绘制等密度图，如图 6-30(c)所示。从等密度图上可清楚地看到岩体结构面的主要集中区域，即可确认该岩体中的主要发育结构面组。

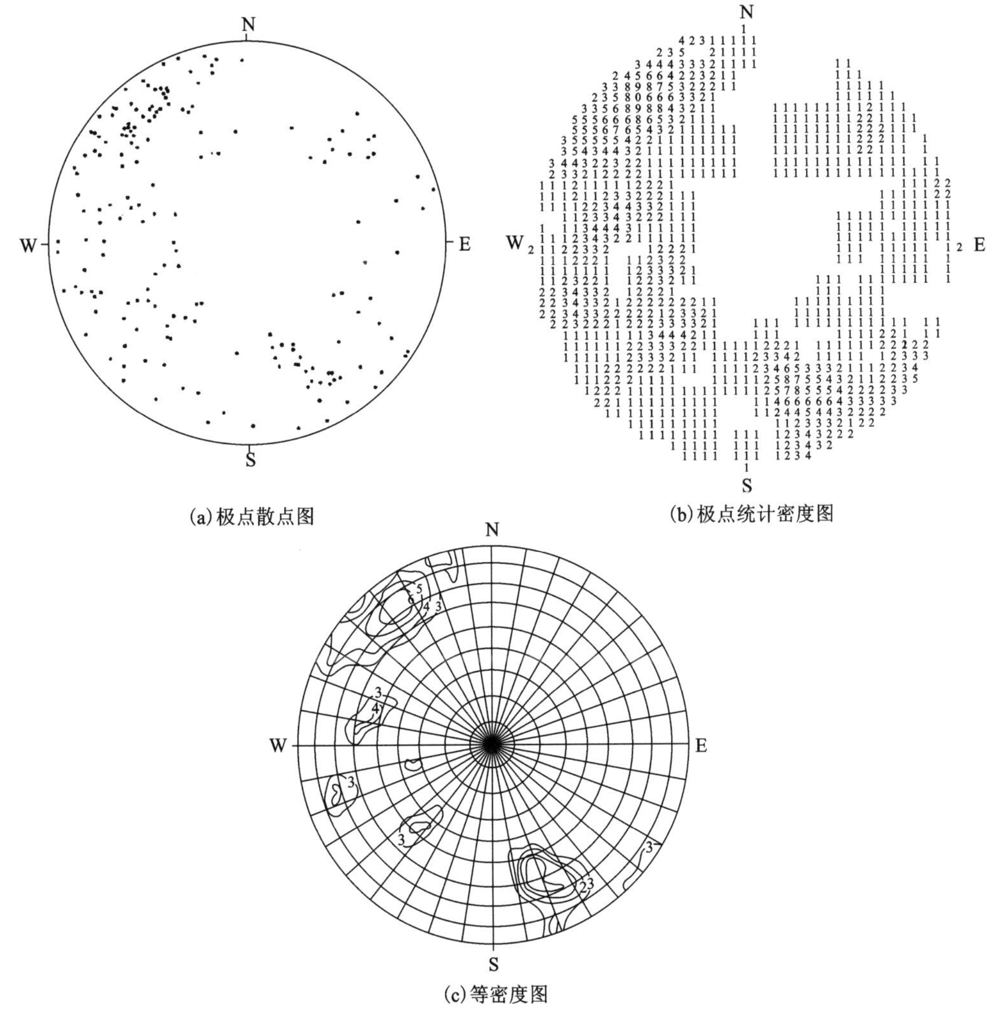

(a)极点散点图　　(b)极点统计密度图

(c)等密度图

图 6-30　结构面极点散点图及其密度统计图

初步分析时，对于某一工程区域，结构面统计数目应不少于 100 条。若从等值线图中仍看不出优势结构面的取向，应再增测 100～300 条结构面重复前述步骤的统计计算与绘图工作。通常结构面量测的条数越多，等值线集中区越突出，则优势结构面的取向越明显。

2）边坡失稳模式判别方法

在岩质边坡中，结构面之间的空间分布位置、组合关系（包括自然边坡或边坡开挖面的产状）与其物理力学性质等对边坡稳定性均起着至关重要的作用。赤平投影方法正是基于这一点进行的，应用该方法可以帮助地质及工程技术人员对边坡的稳定性做出快速、定性的判断。图 6-31 描述了典型的岩体边坡失稳类型及其对应的赤平投影图。

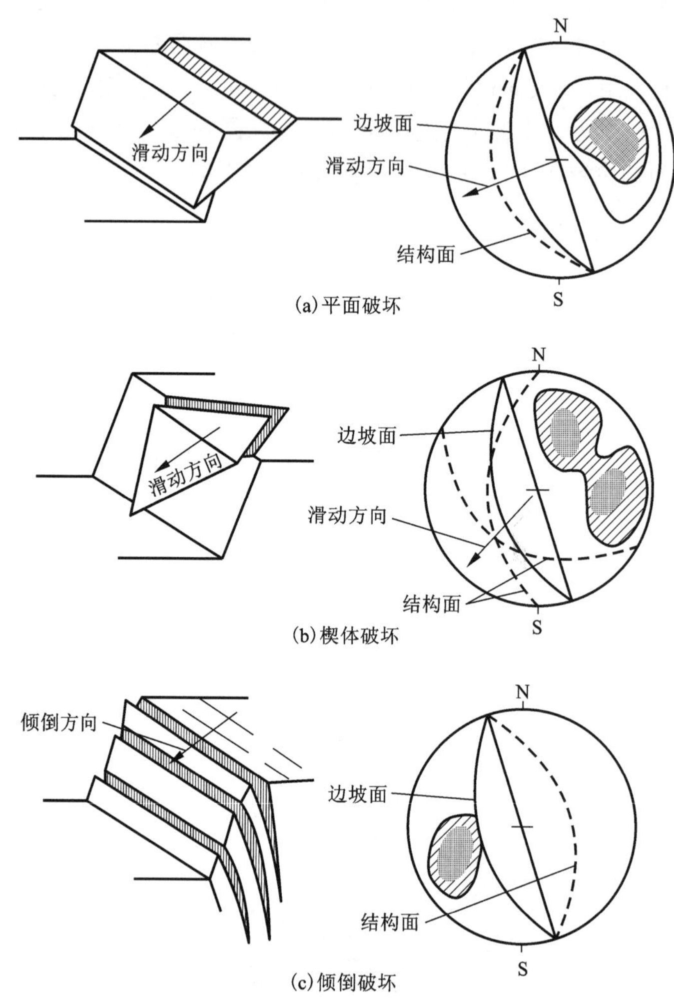

图 6-31 典型岩体边坡失稳模式与赤平极射投影

在平面破坏和楔体破坏两种类型中，其失稳或滑动的判别原则一般可简单归纳为：$\beta_p \geqslant \beta \geqslant \varphi$（图 6-32），其中 β 为结构面（或某两组结构面交线）在坡面倾向上的视倾角，β_p 为边坡面的倾角，φ 为结构面的摩擦角。应特别指出的是，该判别原则只考虑了结构面的摩擦角，如存在黏聚力，可按照等效摩擦角的概念综合考虑黏聚力的影响。假设结构面（或两组结构面交线)的倾向为α_j，倾角为β_j，坡面的倾向、倾角分别为α_p和β_p，则结构面(或两组结构面交线)的视倾角β可用下式表示：

$$\tan\beta = \cos(\alpha_j - \alpha_p)\tan\beta_j \tag{6-16}$$

在此判别方法中，还应考虑坡面倾向与结构面倾向的一致性(通常认为当两者夹角小于或等于20°时才可能发生滑动)。当有多组结构面组合构成楔体破坏时，还应综合考虑每两组结构面交线的产状与滑动方向的关系等因素。

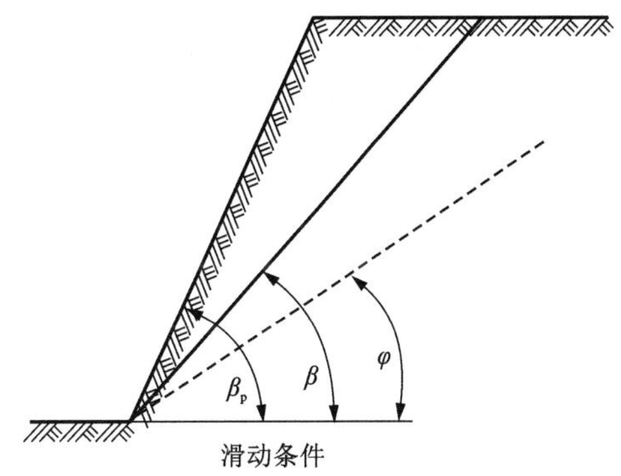

图6-32　平面破坏或楔体破坏的一般条件

基于上述原则，在赤平投影平面上的可能滑动区为由$\beta_p \geqslant \beta \geqslant \varphi$所包围的月牙形区域(图6-33)。

根据国内外有关文献资料及已有的工程经验，倾倒破坏一般应满足以下条件：

(1)边坡面的倾角大于或等于30°；

(2)结构面的倾向与边坡面的倾向相反，且两者的夹角应大于或等于120°；

(3)倾倒区的结构面倾角范围一般为：(120°-坡面倾角)至90°之间。

依据上述原则，在赤平投影图上的可能倾倒区如图6-33所示。

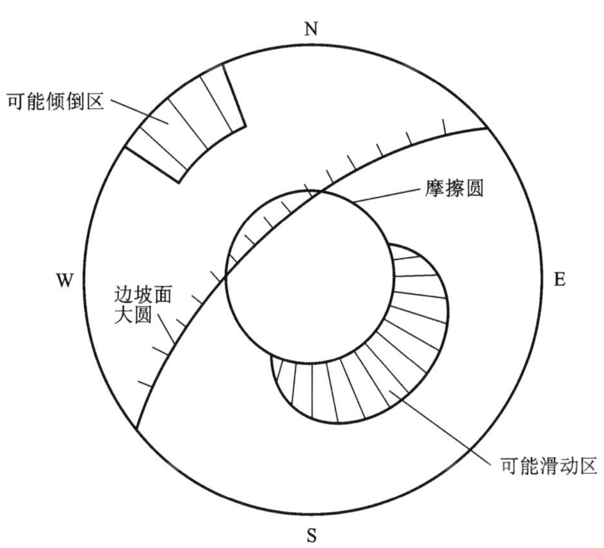

图6-33　岩质边坡稳定性判别赤平投影图

2. 边坡稳定坡角的初步判断

根据边坡岩体结构分析，不仅可初步判断边坡产生失稳的可能性，而且还能初步确定稳定的边坡角，推断的稳定边坡角具有以下作用：一是在边坡不高、地质条件比较简单的情况下，其可直接作为工程边坡设计的依据；二是在边坡较高、地质条件较为复杂的情况下，其可作为边坡力学分析计算的基础，最终确定一个真正安全经济的边坡角。

1)层状结构边坡的稳定条件分析

图 6-34 表示在层面(或其他结构面)走向与边坡面走向基本一致的条件下，层状结构边坡稳定条件的分析，可分为以下四种情况：

(1)不稳定条件

层面与边坡面的倾向相同，并且层面倾角 β 缓于边坡面倾角 α($\beta<\alpha$)，如图 6-34(a)所示，边坡处于不稳定状态。剖面图上 ABC 为有可能沿层面 AB 滑动的不稳定体。但在只有一个结构面的条件下，如图 6-34(a)中的 EF，虽然其倾角较边坡角缓，但其未在边坡面上出露，此时由于底部岩体的支撑作用，边坡岩体的稳定条件得到一定程度的改善。

(2)基本稳定条件

如图 6-34(b)所示，层面倾角等于边坡角($\beta=\alpha$)，沿层面不易出现滑动，边坡处于基本稳定状态，该条件下的边坡角即为从岩体结构分析的观点推断得到的稳定边坡角。

(3)稳定条件

如图 6-34(c)所示，层面倾角大于边坡角($\beta>\alpha$)，边坡处于稳定状态。此条件下边坡角可以提高到图中虚线 AB 的位置，使 $\alpha=\beta$，此时的边坡角较为经济合理。

(4)最稳定条件

如图 6-34(d)所示，当层面与边坡面的倾向相反，即层面倾向坡内时，无论层面的倾角陡或缓，对于滑动破坏而言，边坡均处于最稳定状态。但从变形观点来看，反倾向边坡也可能产生变形，仅是缺乏明显的滑动面。

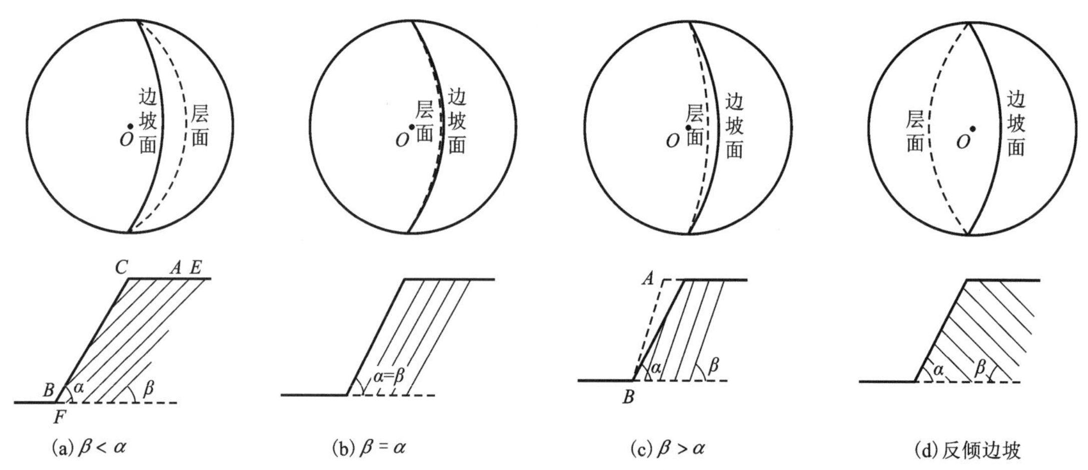

图 6-34　层状结构边坡稳定条件分析

对于结构面走向与边坡走向一致的层状结构边坡，其稳定边坡角可以直接根据层面的倾角确定，但自然界边坡的岩层走向与边坡走向一般具有一定的交角，该情况下边坡若要发生滑动破坏，必须同时满足两个条件：①滑动破坏一定沿层面发生；②必须存在一个潜在剪断面，该面在滑体作用下具有最小的抗剪强度和摩擦阻力。不难证明，剪断面必定是一个走向与层面走向垂直并垂直于该层面的平面，如图 6-35 中的 IKO 面所示。在滑体重力作用下沿该面剪断和滑动时，滑体重力在该面上的法向分力等于零，且重力在层面上的下滑力与该面平行，因此在潜在剪断面上只有黏聚力发挥作用而摩擦力等于零，该面称为最小剪切面。

由图 6-35 可见，层面 IAO 与最小剪切面 IKO 组合构成了边坡上的不稳定体 $AIKO$。如果为确保边坡稳定而将该不稳定体挖掉，即得到边坡的稳定坡角。如图 6-35 中的开挖线 GF 与水平面夹角 α_v，此时层面 IAO 与最小剪切面的交线 IO 必定在稳定边坡面上。因此，根据图 6-35 中各个面的空间关系，若已知层面产状和边坡面走向，可用赤平投影方法确定稳定边坡角。当然，该稳定边坡角是偏安全的，尤其是在边坡不高或层面走向与边坡面走向交角较大的条件下。

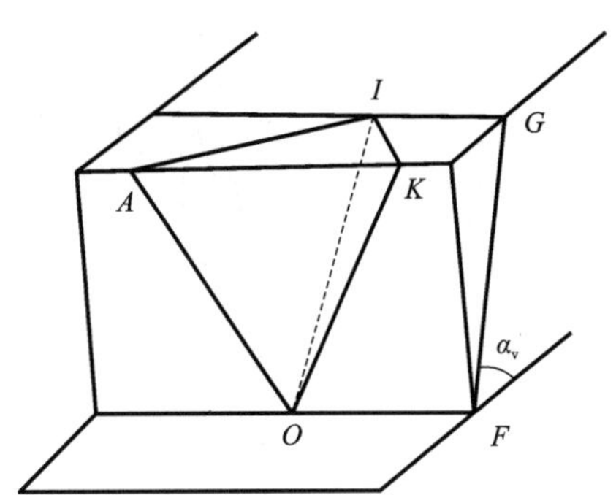

图 6-35　结构面与边坡面斜交的边坡示意图

2) 两组相交结构面边坡的稳定条件分析

图 6-36 表示由两组结构面组合切割构成的边坡稳定条件分析，可分为以下 5 种情况：

(1) 不稳定条件

如图 6-36(a) 所示，两结构面 J_1 和 J_2 投影大圆的交点 I，位于开挖边坡面投影大圆 S_c 与自然边坡面投影大圆 S_n 之间，即两结构面组合交线的倾角比开挖边坡面的倾角缓，而比自然边坡面的倾角陡。如果组合交线 IO 在开挖坡面和坡顶面上均有出露，则边坡处于潜在不稳定状态。如图 6-36(a) 所示的剖面图，阴影部分为潜在不稳定体。但是在某些结构面组合条件下，如结构面的组合交线在坡顶面上的出露点距开挖边坡面很远，以至组合交线未在开挖边坡面上出露，则属于较稳定条件。

(2) 较不稳定条件

如图 6-36(b) 所示，两结构面 J_1 和 J_2 投影大圆的交点 I，位于自然边坡面投影大圆 S_n 的外侧，表明两结构面的组合交线虽然较开挖边坡面平缓，但其在坡顶面上无出露。因此在坡顶面上没有纵向(边坡走向)切割面条件下，边坡可能处于稳定状态。如果存在纵向切割面，则边坡易出现滑动。

(3) 基本稳定条件

如图 6-36(c) 所示，两结构面 J_1 和 J_2 投影大圆的交点 I，位于开挖边坡面投影大圆 S_c 上，表明两结构面的组合交线 IO 的倾角等于边坡开挖面的倾角，边坡处于基本稳定状态。此时的开挖边坡角，即为根据岩体结构分析推断的稳定边坡角。

(4) 稳定条件

如图 6-36(d) 所示，两结构面 J_1 和 J_2 投影大圆的交点 I，位于开挖边坡面投影大圆 S_c 的内侧，表明两结构面的组合交线 IO 的倾角陡于边坡开挖面，边坡处于稳定状态。

(5) 最稳定条件

如图 6-36(e) 所示，两结构面 J_1 和 J_2 投影大圆的交点 I，位于开挖边坡面投影大圆 S_c 相对的半圆内，表明两结构面的组合交线 IO 倾向坡内，不考虑倾倒破坏，此时边坡处于最稳定状态。

图 6-36 表示的是两结构面组合交线的倾向与边坡面的倾向平行时的特殊情况，实际上，在结构面组合交线的倾向与边坡面的倾向不同时，边坡稳定条件的分析方法与图 6-36 类似，即在绘有结构面和边坡面的赤平极射投影图上，可以根据结构面投影大圆的交点位置，做出边坡稳定状态的初步判断。

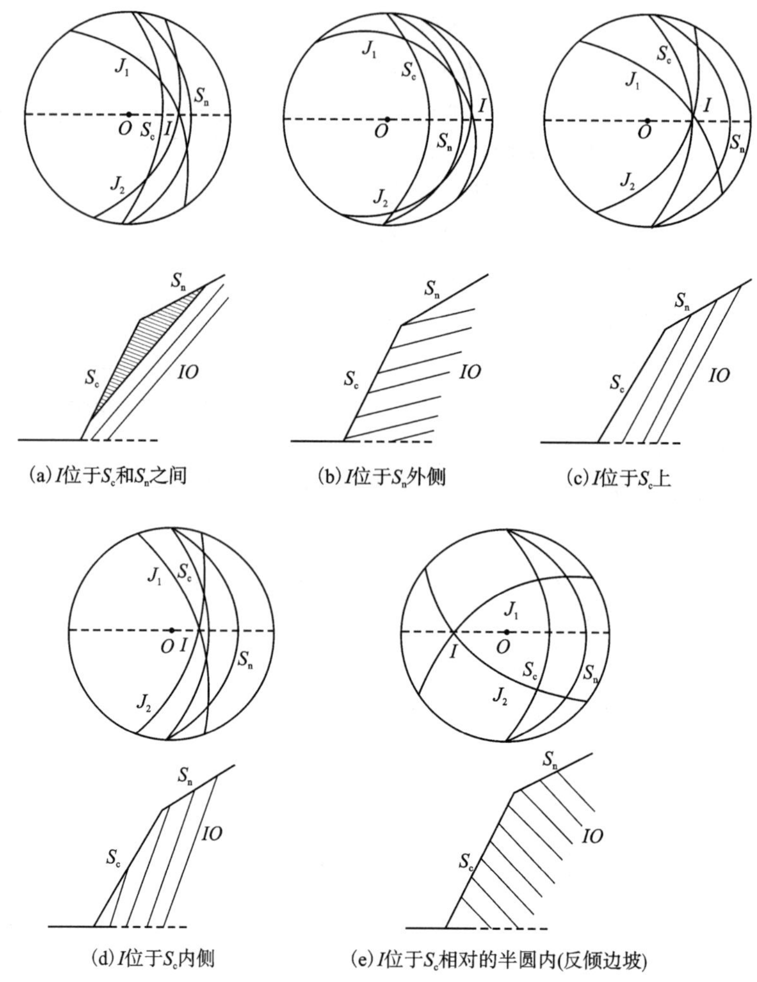
(a) I位于S_c和S_n之间 (b) I位于S_n外侧 (c) I位于S_c上

(d) I位于S_c内侧 (e) I位于S_c相对的半圆内(反倾边坡)

图 6-36 两组相交结构面边坡的稳定条件分析

3) 多组结构面条件下稳定边坡角的初步确定

如何确定既安全又经济的稳定边坡角是边坡设计的核心问题。对于结构简单、潜在滑面较为单一的边坡，可在设计阶段按照工程要求，通过岩体结构分析或力学计算等方式确定稳定边坡角。但边坡岩体往往由多组结构面切割而成，其组合形式十分复杂，而且在规模、力学性质、延展性、充填性等方面各有不同，对于此类边坡，可以采用赤平极射投影方法分析计算结构面不同组合条件下的安全系数，确定其稳定边坡角。

例如某边坡岩体共发育 6 组结构面，延展性均较强，产状见表 6-19。

表 6-19 结构面与边坡面产状示例

结构面/边坡面	走向	倾向	倾角/(°)
J_1	N50°E	SE	40
J_2	N22°E	NW	60
J_3	N8°W	SW	40

续表 6-19

结构面/边坡面	走向	倾向	倾角/(°)
J_4	N41°W	SW	50
J_5	N54°W	NE	70
J_6	N74°W	SW	50
边坡面	N	W	—

根据产状作各结构面的赤平极射投影图，如图 6-37 所示，6 组结构面的投影大圆共有 15 个交点，即 15 组控制岩体滑动方向的结构面组合交线。由图可知，在 15 组交线中有 11 组交线倾向与设计边坡倾向(W)同向，即构成 11 组潜在滑体。

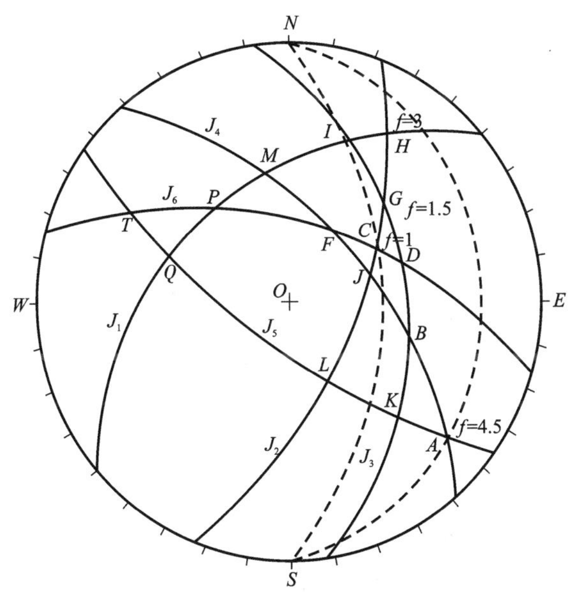

图 6-37　6 组结构面的赤平投影图

将投影图覆于投影网上，使设计边坡走向线与投影网 SN 线重合，找出与 A 点(其倾角最缓)重合的经线绘于投影图上，为虚线大圆 NAS，其倾角即为根据岩体结构分析推断的稳定边坡角，由图读得 15°，显然，该坡角过于平缓，必须结合结构面的强度参数进行核算。假设经过计算，沿组合交线 AO 的滑体安全系数 f 为 4. 5，说明采用 15°边坡角过于安全，是不合理的。

因此，需要确定一个安全经济的稳定边坡角。为此，按前述方法，由投影图周边沿结构面交点向圆心逐个确定设计边坡角，这是因为结构面的力学性质存在差异，组合交线倾角缓的块体，其安全系数未必就大。假设当选取与 C 点重合的经线(图中虚线大圆 NCS)倾角为稳定边坡角时(由图 6-37 读得 49°)，经分析计算，沿组合交线 CO 的滑体安全系数 f 恰好为 1，即可确定 49°为该边坡的最大稳定坡角，为安全考虑，可适当减缓几度以确保安全系数满足规范要求。

6.4.4 弱面控制型边坡稳定性分析

在边坡自重及其他外力作用下，当边坡内部存在弱面(结构面)时，由于弱面(结构面)强度通常远低于岩土体强度，边坡失稳时多沿弱面或组合弱面滑动。根据弱面(结构面)的空间展布，分析边坡稳定性问题时，可将其分为平面滑动和空间滑动两种情况。严格地讲，边坡滑体都是空间块体，但对于单一结构面控制的滑面，或由两个或两个以上平面构成的滑面，只要这些平面走向大致相同、滑动面走向与边坡坡面走向平行或接近平行，且滑体两侧不受约束或约束不大，即可按平面滑动进行分析，如单平面、同向双平面、折线形等滑动，否则边坡滑体应按空间滑动处理，如楔形滑动。

对于常见的弱面控制型边坡失稳类型，采用极限平衡方法可判断潜在滑面的位置，计算平面滑动、楔形滑动、倾倒破坏等不同边坡失稳类型的安全系数。

1.平面滑动稳定性分析

根据边坡岩土体中的弱面(结构面)数量及其空间关系，平面滑动包括单平面滑动、双平面滑动及折线形滑动等。

1)单平面滑动

典型的单平面滑动破坏通常是滑体沿与边坡倾向大致相近的弱面(结构面)滑移，滑面的倾角缓于边坡角，且在边坡面出露，滑体两侧一般临空或有人工开挖的凹槽切割。典型的单平面滑动如图 6-38 所示。

典型的单平面滑动，边坡受力示意如图 6-39 所示，其边坡安全系数 F 可按式(6-17)计算。

图 6-38 典型的边坡单平面滑动

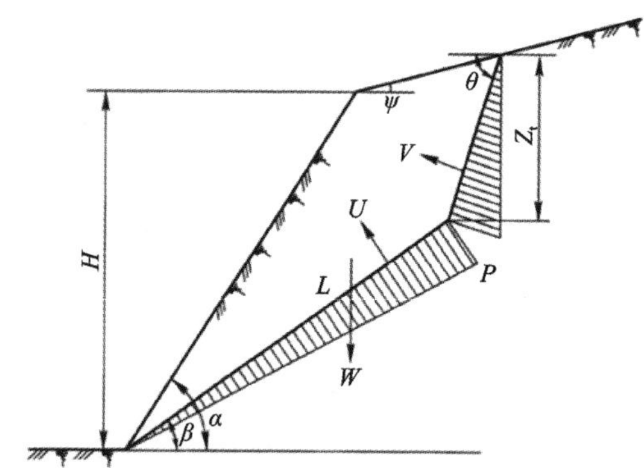

图 6-39 单平面滑动边坡受力示意图

$$F=\frac{cL+[W\cos\beta-U-V\cos(\theta-\beta)-K_{c}W\sin\beta]\tan\varphi}{W\sin\beta+V\sin(\theta-\beta)+K_{c}W\cos\beta} \tag{6-17}$$

式中：U、V 分别为滑动面和拉裂缝的静水压力；K_c 为水平地震加速度(也称地震动力系数)，其大小取决于地震烈度，一般取 0.1~0.2。

当采用预应力锚杆等主动加固措施时，边坡安全系数的计算表达式为：

$$F = \frac{N_R + T_N \tan\varphi}{N_S - T_S} \tag{6-18}$$

式中：T_N 为锚固力垂直于滑动面方向的分量；T_S 为锚固力平行于滑动面方向的分量；N_R 为抗滑力；N_S 为下滑力。

当采用黏结型锚杆等被动加固措施时，边坡安全系数的计算表达式为：

$$F = \frac{N_R + T_N \tan\varphi + T_S}{N_S} \tag{6-19}$$

一般情况下，被动支护的安全系数总是低于主动支护的安全系数。

2）双平面滑动

当边坡滑动面由两个相交的平面构成，且两平面走向均与边坡面相同或相近时，称之为同向双平面滑动，受力分析如图 6-40 所示；若两平面将滑体切割为楔形且滑体沿两平面的交线下滑，则为楔形滑动。

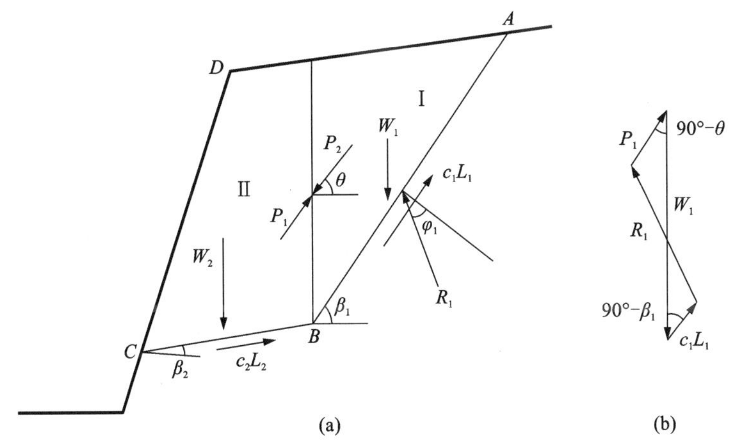

图 6-40　边坡同向双平面滑动稳定性分析示意图

当滑体比较完整时，可将滑体视为刚体进行计算。如图 6-40（a）所示，滑体 $ABCD$ 中，AB、BC 为两个同倾向的滑面，设 AB 的长度、倾角、黏聚力、内摩擦角分别为 L_1、β_1、c_1、φ_1；BC 的长度、倾角、黏聚力、内摩擦角分别为 L_2、β_2、c_2、φ_2。

为方便计算，以过 B 点的假想分界面将滑体划分为 Ⅰ、Ⅱ 两个部分，重力分别为 W_1、W_2。设 P_1 为块体Ⅱ对块体Ⅰ的作用力，P_2 为块体Ⅰ对块体Ⅱ的作用力，则 P_1、P_2 大小相等，方向相反，力的作用方向与水平方向夹角为 θ（θ 值可由图解法求出）。

假设边坡不受其他外力作用，且滑面 AB 和滑面 BC 无静水压力，块体Ⅰ受到基岩作用的摩阻力为：

$$R_1 = W_1 \cos\beta_1 \sqrt{1 + \tan^2\varphi_1} \tag{6-20}$$

R_1 与 AB 法线方向夹角为 φ_1。因此可以根据 W_1、c_1L_1、R_1 的大小及方向，作块体Ⅰ的力平衡多边形，如图 6-40（b）所示，即可求出 P_1 及 θ 大小，进而求得块体Ⅱ的安全系数 F_2 为：

$$F_2 = \frac{W_2 \cos\beta_2 \tan\varphi_2 + P_2 \sin(\theta - \beta_2) \tan\varphi_2 + c_2 L_2}{W_2 \sin\beta_2 + P_2 \cos(\theta - \beta_2)} \tag{6-21}$$

上式是在块体Ⅰ处于极限平衡状态下求得的，即隐含假定 $F_1=1$，在滑体为刚体的情况下，作为一个整体，滑体的安全系数应该有 $F=F_1=F_2$ 的关系，但若求得的 F_2 不等于1，则证明假定的 $F_1=1$ 存在误差。因此为了求得边坡安全系数 F 的大小，可先假定安全系数 F_1，然后将滑面 AB 上的剪切强度参数值除以 F_1，即得到强度参数 $\tan\varphi_1/F_1$ 和 c_1/F_1，将其代入式(6-20)中求得相应的 R_1，然后根据图 6-40(b)作力多边形，求出 P_1 及 θ，最后根据式(6-21)求解 F_2。循环试算所得多组 F_1、F_2 并绘制其关系曲线，如图 6-41 所示。在该曲线上找出 $F_1=F_2$ 的点，即为边坡的安全系数 F。

3)折线形滑动

天然边坡失稳一般沿坡体内的弱面(结构面)滑动，其滑动面往往不规则。实际工作中，一般根据地质勘察结果，将滑动面简化为折线形，如图 6-42 所示，对于此类滑动面，通常采用不平衡推力法(也称传递系数法或剩余推力法)进行稳定性计算。

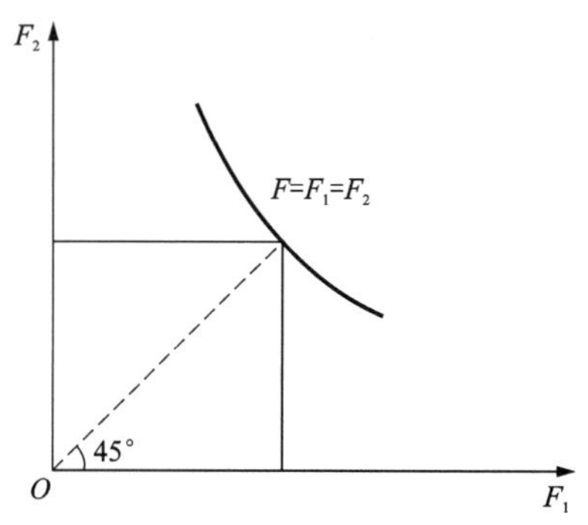

图 6-41　边坡同向双平面滑动稳定分析 F_1-F_2 关系曲线

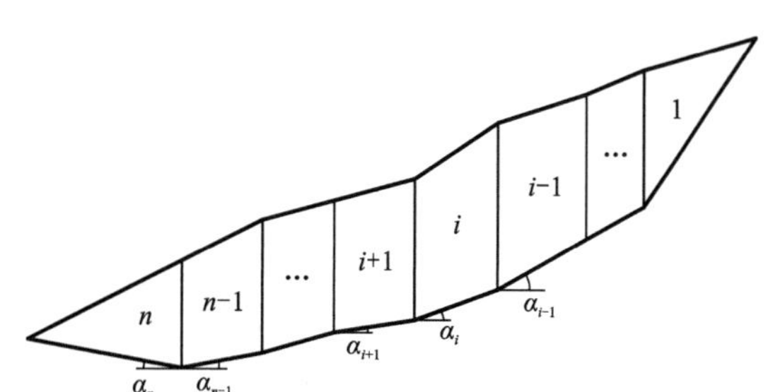

图 6-42　边坡折线形滑动示意图

不平衡推力法是刚体极限平衡法的一种，是我国学者提出的边坡稳定性分析方法。由于该法计算简单，并能为滑坡治理设计提供推力计算值，因此在矿山、水利、铁路等行业得到了广泛应用，相应的国家、行业规范均将其列为推荐方法使用。

不平衡推力法通常根据基岩面的实际情况，将滑体垂直分割为若干条块，各条块的安全系数与边坡安全系数相等。计算时，从边坡顶部第一块开始，将条块的剩余下滑力向下一条块投影，若剩余下滑力为负值，则令其为零，依次向下计算，直至最末一块。

计算基本假设包括：

(1)边坡每一计算条块的滑动面为直线，即整个滑动面在剖面上呈折线；

(2)条块间的合力与上一条块的底面平行，如第 i 条块作用在 $i+1$ 条块的推力 P_i 平行于第 i 条块的滑动面；

(3)当作用于第 $i+1$ 条块的外力(不含坡外水压力)出现负值时，取 $P_i=0$。

如图 6-43 所示，当边坡第 i 条块受到水平地震力 Q_i、竖直地震力 V_i、孔隙水压力 U_i(垂直于滑动面)、外力 J_i(与水平方向夹角为 β_i)等作用时，条块间作用力 P_i、底面抗滑力 T_i、第 i 条块底面下滑力的合力 N_{di} 可分别按式(6-22)、式(6-23)、式(6-24)计算。

$$P_i = N_{di} - T_i/F + \psi_i P_{i-1} \tag{6-22}$$

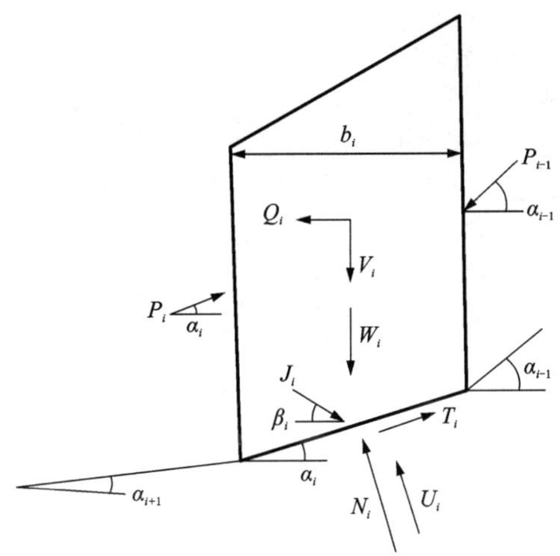

图 6-43　边坡不平衡推力法第 i 条块受力分析

$$T_i = [(W_i + V_i)\cos\alpha_i - U_i - Q_i\sin\alpha_i + J_i\sin(\alpha_i + \beta_i)]\tan\varphi_i + c_i b_i \sec\alpha_i \tag{6-23}$$

$$N_{\mathrm{d}i} = (W_i + V_i)\sin\alpha_i + Q_i\cos\alpha_i - J_i\cos(\alpha_i + \beta_i) \tag{6-24}$$

边坡安全系数可按下式计算：

$$F = \frac{\sum_{i=1}^{n-1}\left(T_i \prod_{j=i+1}^{n}\psi_j\right) + T_n}{\sum_{i=1}^{n-1}\left(N_{\mathrm{d}i} \prod_{j=i+1}^{n}\psi_j\right) + N_{\mathrm{d}n}} \tag{6-25}$$

式中：T_n、$N_{\mathrm{d}n}$ 分别为第 n 个条块底面抗滑力、下滑力的合力。

ψ_i 为第 i 个条块侧面的推力传递系数，可按式(6-26)计算：

$$\psi_i = \cos(\alpha_{i-1} - \alpha_i) - \frac{\tan\varphi_i}{F}\sin(\alpha_{i-1} - \alpha_i) \quad (i = 2, 3, \cdots, n) \tag{6-26}$$

应用不平衡推力法计算时，应先假定安全系数 F，然后从第一条块开始逐条向下推求，直至求出最后一条块的推力 P_n，P_n 须等于零，否则需重新假定 F 进行试算，直至 P_n 等于零。当分块较多时，上述试算、迭代计算量较大，通常采用软件求解。

2. 楔形滑动稳定性分析

1) 概述

在岩质边坡的失稳模式中，楔形破坏是一种常见类型。楔形体由两个或两个以上结构面对岩体切割而成，分离的楔形体将沿结构面交线方向滑动，即楔形滑动。在边坡开挖过程中，卸荷作用导致岩体结构松弛、强度降低，另外，边坡坡面平整度通常较低，岩块较易具备临空条件，因此，坡面经常发生楔形岩块滑塌现象，图 6-44 为典型的边坡楔形破坏实例。

由于边坡楔形破坏同时沿两个或多个结构面滑动，所以其力学机制较为复杂。影响楔形体稳定的因素包括楔形体自重、滑面黏聚力和内摩擦角、滑面及拉裂缝上的水压力、锚杆(锚索)的张拉力、外荷载、地震力等。

(a)

(b)

图 6-44 典型的边坡楔形破坏

2)楔形滑动条件与判别

产生楔形滑动的楔形体几何条件如图 6-45 所示，其产生楔形滑动基本条件包括：

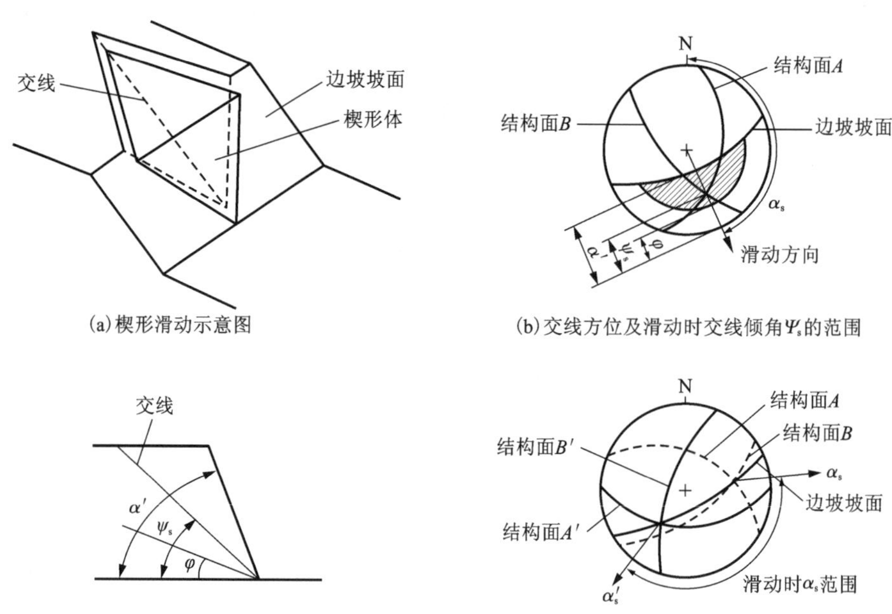

(a)楔形滑动示意图

(b)交线方位及滑动时交线倾角Ψ_s的范围

(c)沿结构面交线倾向方向边坡剖面图

(d)楔形滑动时交线倾向α_s的范围

图 6-45 楔形滑动几何条件

(1)在赤平极射投影中，两结构面的交线[图 6-45(a)]由两结构面大圆的交点表示，并用倾向 α_s 及倾角 ψ_s 表明其方位[图 6-45(b)]；

(2)结构面交线倾角必须小于边坡面的视倾角，且大于两结构面的平均内摩擦角，即 $\alpha'>\psi_s>\varphi$[图 6-45(b)、(c)]。视倾角 α'应沿结构面交线倾向的方向测量，而仅当交线倾向与边坡坡面倾向一致时，视倾角 α'等丁真倾角 α；

(3)结构面交线必须在边坡表面出露，交线倾向的可能范围介于 α_s 和 α_s' 之间[图6-45(d)]。

赤平极射投影可从运动学角度判定楔形体是否产生滑动，一般情况下，只有当结构面两个大圆的交点在图6-45(b)中的阴影区域内时，楔形滑动才可能发生。因为边坡安全系数取决于楔形体结构几何参数、各滑动面抗剪强度和水压力等，所以赤平极射投影方法无法得到边坡的安全系数。

3)楔体稳定性分析

(1)基本假设

如图6-46所示，①楔体由两条相交结构面、坡面和坡顶面构成；②楔体沿两结构面的交线下滑，无倾倒或者旋转滑动发生；③坡肩后部存在拉裂缝；④拉裂缝和结构面上存在水压力作用；⑤楔体滑动时与两个结构面一直保持接触；⑥结构面抗剪强度按莫尔-库伦准则确定；⑦楔体底面受到的抗剪力平行于结构面交线。

(2)力学分析和计算

设楔体重力为 W，结构面 A 上的总法向力为 N_A，有效法向力为 N_{Ae}，孔隙压力为 U_A；结构面 B 上的总法向力为 N_B，有效法向力为 N_{Be}，孔隙压力为 U_B；拉裂缝 C 上的孔隙压力为 V；锚杆(锚索)施加的锚固力为 J，水平地震力为 K_cW(其中 K_c 为水平地震加速度系数)。

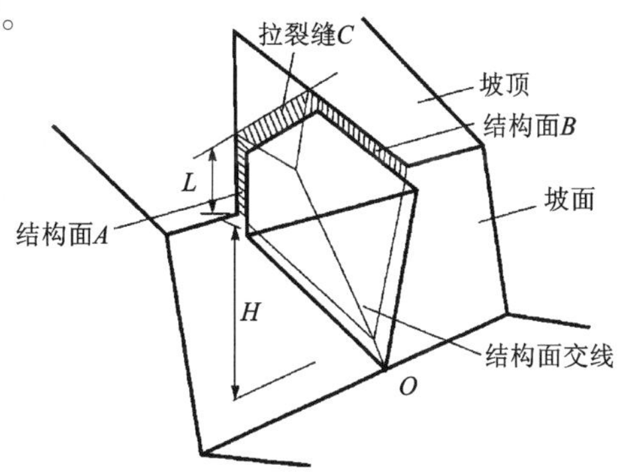

图6-46 楔体结构示意图

根据力平衡可得：

$$N_A + m_{nb\cdot na} \cdot N_B + m_{w\cdot na} \cdot W + m_{v\cdot na} \cdot V + m_{J\cdot na} \cdot J + m_{e\cdot na} \cdot K_cW = 0 \tag{6-27}$$

$$N_B + m_{na\cdot nb} \cdot N_A + m_{w\cdot nb} \cdot W + m_{v\cdot nb} \cdot V + m_{J\cdot nb} \cdot J + m_{e\cdot nb} \cdot K_cW = 0 \tag{6-28}$$

式中：$m_{na\cdot nb}$ 为结构面 A 法线和结构面 B 法线夹角的余弦值，$m_{w\cdot nb}$ 为楔体重力方向与结构面 B 法线夹角的余弦值，其他参数物理意义类似，不一一赘述。

联立式(6-27)、式(6-28)求解得：

$$N_{Ae} = qW + rV + sJ - U_A + o \cdot K_cW \tag{6-29}$$

$$N_{Be} = xW + yV + zJ - U_B + p \cdot K_cW \tag{6-30}$$

式中系数：

$$q = (m_{na\cdot nb} \cdot m_{w\cdot nb} - m_{w\cdot na})/(1 - m_{na\cdot nb}^2),\ r = (m_{na\cdot nb} \cdot m_{v\cdot nb} - m_{v\cdot na})/(1 - m_{na\cdot nb}^2)$$

$$s = (m_{na\cdot nb} \cdot m_{J\cdot nb} - m_{J\cdot na})/(1 - m_{na\cdot nb}^2),\ o = (m_{na\cdot nb} \cdot m_{e\cdot nb} - m_{e\cdot na})/(1 - m_{na\cdot nb}^2)$$

$$x = (m_{na\cdot nb} \cdot m_{w\cdot na} - m_{w\cdot nb})/(1 - m_{na\cdot nb}^2),\ y = (m_{na\cdot nb} \cdot m_{v\cdot na} - m_{v\cdot nb})/(1 - m_{na\cdot nb}^2)$$

$$z = (m_{na\cdot nb} \cdot m_{J\cdot na} - m_{J\cdot nb})/(1 - m_{na\cdot nb}^2),\ p = (m_{na\cdot nb} \cdot m_{e\cdot na} - m_{e\cdot nb})/(1 - m_{na\cdot nb}^2)$$

其中各余弦值：

$$m_{na\cdot nb} = \sin\psi_a \sin\psi_b \cos(\alpha_a - \alpha_b) + \cos\psi_a \cos\psi_b,\ m_{w\cdot na} = -\cos\psi_a$$

$$m_{w\cdot nb} = -\cos\psi_b,\ m_{v\cdot na} = \sin\psi_a \sin\psi_c \cos(\alpha_a - \alpha_c) + \cos\psi_a \cos\psi_c$$

$$m_{v\cdot nb} = \sin\psi_b \sin\psi_c \cos(\alpha_b - \alpha_c) + \cos\psi_b \cos\psi_c$$

$$m_{J\cdot na} = \cos\psi_J \sin\psi_a \cos(\alpha_J - \alpha_a) - \sin\psi_J \cos\psi_a$$

$$m_{J\cdot nb} = \cos\psi_J \sin\psi_b \cos(\alpha_J - \alpha_b) - \sin\psi_J \cos\psi_b$$

$$m_{e\cdot na}=\sin\psi_a\cos(\alpha_a-\alpha_s),\ m_{e\cdot nb}=\sin\psi_b\cos(\alpha_b-\alpha_s)$$

$$\alpha_s=\arctan\left(\frac{\tan\psi_a\cos\alpha_a-\tan\psi_b\cos\alpha_b}{\tan\psi_b\sin\alpha_b-\tan\psi_a\sin\alpha_a}\right)$$

$$\psi_s=\arctan[\tan\psi_a\cos(\alpha_a-\alpha_s)]=\arctan[\tan\psi_b\cos(\alpha_b-\alpha_s)]$$

式中：结构面 A 倾角和倾向分别为 ψ_a、α_a；结构面 B 倾角和倾向分别为 ψ_b、α_b；拉裂缝 C 倾角和倾向分别为 ψ_c、α_c；锚固力倾角和倾向分别为 ψ_J、α_J；结构面 A、B 交线 OC 的倾角和倾向分别为 ψ_s、α_s。

(3)安全系数计算

下滑力　$$N_S=m_{w\cdot s}\cdot W+m_{v\cdot s}\cdot V+m_{J\cdot s}\cdot J+m_{e\cdot s}\cdot K_cW \tag{6-31}$$

抗滑力　$$N_R=c'_AA_A+c'_BA_B+N_{Ae}\tan\varphi'_A+N_{Be}\tan\varphi'_B \tag{6-32}$$

式中：c'_A、φ'_A为结构面 A 的有效黏聚力和内摩擦角，c'_B、φ'_B为结构面 B 的有效黏聚力和内摩擦角。

则楔体安全系数为

$$F=\frac{N_R}{N_S}=\frac{c'_AA_A+c'_BA_B+N_{Ae}\tan\varphi'_A+N_{Be}\tan\varphi'_B}{m_{w\cdot s}\cdot W+m_{v\cdot s}\cdot V+m_{J\cdot s}\cdot J+m_{e\cdot s}\cdot K_cW} \tag{6-33}$$

式中：$m_{w\cdot s}=\sin\psi_s$，$m_{v\cdot s}=\cos\psi_s\sin\psi_c\cos(\alpha_s-\alpha_c)-\sin\psi_s\cos\psi_c$

$m_{J\cdot s}=\cos\psi_s\cos\psi_J\cos(\alpha_s-\alpha_J)+\sin\psi_s\sin\psi_J$，$m_{e\cdot s}=\cos\psi_s$

3. 倾倒破坏稳定性分析

1)概述

倾倒破坏是岩质边坡的一种主要失稳模式。当岩体中存在一组反倾的陡倾角结构面(特别是层面)，且其走向与边坡的走向接近时，由该组结构面切割形成的岩柱可能发生弯曲，边坡产生倾倒破坏现象，如图 6-47 所示。1976 年，Goodman 和 Bray 提出了边坡倾倒破坏分析的经典方法，即 Goodman-Bray 法，该法用反倾向的结构面将坡体切割成多个等宽的矩形岩块，处于不同受力状态下的岩块将坡体从上到下依次划分为稳定区、倾倒区、滑动区 3 个部分。

图 6-47　边坡倾倒破坏

2)倾倒稳定性计算方法

Goodman-Bray 法以规则的岩块系统为研究对象，边坡倾倒破坏分析模型如图 6-48 所示。

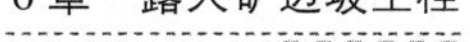

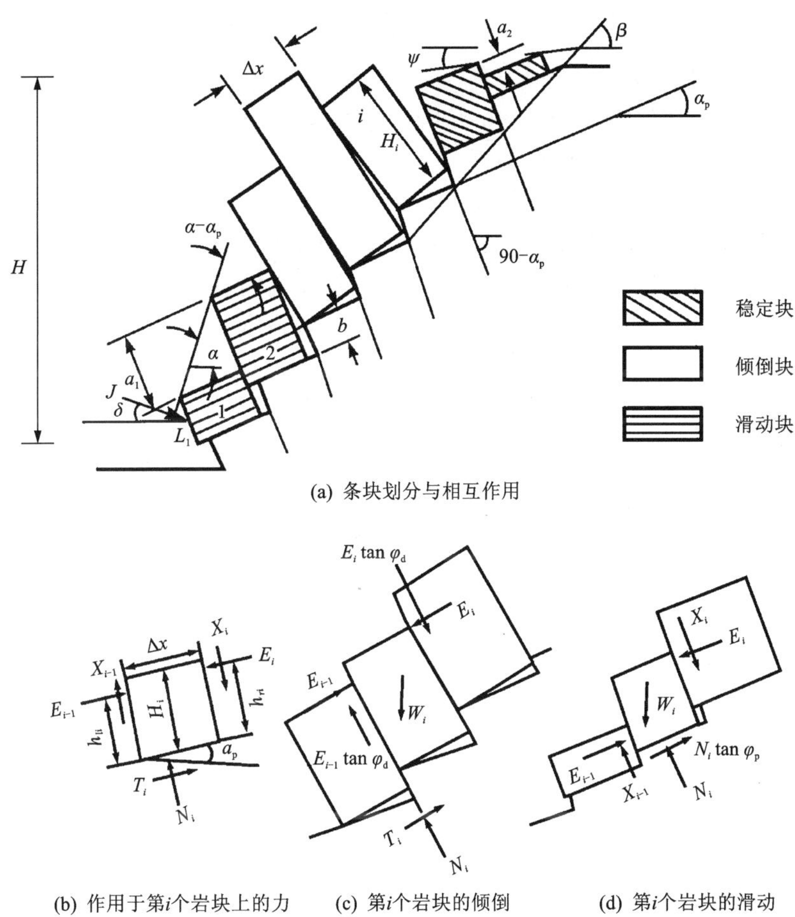

(a) 条块划分与相互作用

(b) 作用于第i个岩块上的力　(c) 第i个岩块的倾倒　(d) 第i个岩块的滑动

图 6-48　边坡倾倒破坏分析模型

通过底面力平衡可求得作用于岩块底面的外力：

$$\begin{cases} N_i = W_i\cos\alpha_p + (E_i - E_{i-1})\tan\varphi_d \\ T_i = W_i\sin\alpha_p + (E_i - E_{i-1}) \end{cases} \tag{6-34}$$

对倾倒岩块，如图 6-48(c)所示，根据力矩平衡条件，将各作用力对岩块左下端点取矩，可得阻止倾倒的力 E_{i-1} 值为：

$$E_{i-1,t} = \frac{E_i(h_{ri} - \Delta x\tan\varphi_d) + (W_i/2)(H_i\sin\alpha_p - \Delta x\cos\alpha_p)}{h_{li}} \tag{6-35}$$

且 $N_i>0$，$T_i \leqslant N_i\tan\varphi_p$

对滑动岩块，如图 6-48(d)所示，根据力的平衡条件，可得阻止滑动的力 E_{i-1} 值为：

$$E_{i-1,s} = E_i - \frac{W_i(\tan\varphi_p\cos\alpha_p - \sin\alpha_p)}{1 - \tan\varphi_p\tan\varphi_d} \tag{6-36}$$

且 $N_i>0$，$T_i = N_i\tan\varphi_p$

当坡趾岩块左侧出现不平衡力时，则需要施加锚固力维持边坡稳定。在图 6-48(a)中，为阻止第一个岩块倾倒所需的锚固力为：

$$J_t = \frac{(W_1/2)(H_1\sin\alpha_p - \Delta x\cos\alpha_p) + E_1(H_1 - \Delta x\tan\varphi_d)}{L_1\cos(\alpha_p + \delta)} \tag{6-37}$$

为阻止第一个岩块滑动所需的锚固力为：

$$J_s = \frac{E_1(1 - \tan\varphi_d\tan\varphi_p) - W_1(\tan\varphi_p\cos\alpha_p - \sin\alpha_p)}{\tan\varphi_p\sin(\alpha_p + \delta) + \cos(\alpha_p + \delta)} \tag{6-38}$$

因此，为保持边坡稳定所需锚固力取 J_t 和 J_s 中较大者。

图 6-48 和式(6-34)~式(6-38)中：α 为边坡倾角，(°)；ψ 为坡顶面仰角，(°)；α_p 为横向节理倾角，(°)；β 为底面总倾角，(°)；φ_d 为岩块侧面内摩擦角，(°)；φ_p 为岩块底面内摩擦角，(°)；H_i 为第 i 个岩块高度，m；Δx 为第 i 个岩块宽度，m；a_1 为坡面岩块错落距，m；a_2 为坡顶岩块错落距，m；b 为破坏面台阶错落距，m；h_{li} 为岩块左侧有效接触高度，m；h_{ri} 为岩块右侧有效接触高度，m；δ 为第 1 个岩块所受锚固力与水平方向的夹角，(°)；J 为第 1 个岩块所受锚固力，N；L_1 为第 1 个岩块所受锚固力的作用点至该岩块左下端点的距离，m。

3) Goodman-Bray 法分析倾倒稳定性步骤

(1) 边坡岩块编号从坡趾向坡顶递增，岩块总数 n：

$$n = \frac{H}{\Delta x}\left[\csc\beta + \frac{\cot\beta - \cot\alpha}{\sin(\beta - \alpha)} \cdot \sin\psi\right] \tag{6-39}$$

(2) 从最上部岩块开始，检验岩块是否满足 $\Delta x/H_i > \tan\alpha_p$ 且 $\alpha_p < \varphi_p$，如果满足，则该岩块处于稳定状态；反之，该岩块发生倾倒破坏；

(3) 从第一个发生倾倒破坏的岩块开始，根据式(6-35)和式(6-36)确定阻止倾倒所需的法向力 $E_{i-1,t}$ 和阻止滑动所需的法向力 $E_{i-1,s}$；

如果 $E_{i-1,t}>0$ 且 $E_{i-1,t}>E_{i-1,s}$，则该岩块处于倾倒状态，阻止岩块发生倾倒破坏的法向力为 $E_{i-1,t}$；

如果 $E_{i-1,t}>0$ 且 $E_{i-1,t}\leqslant E_{i-1,s}$，则该岩块处于滑动状态，阻止岩块发生滑动破坏的法向力为 $E_{i-1,s}$；

(4) 如果从第一个发生倾倒破坏的岩块开始，下部的任何岩块都不满足 $E_{i-1,t}<E_{i-1,s}$，则不存在滑动区，倾倒破坏将一直下延到第一个岩块；

(5) 对坡底岩块而言，如果 $E_0<0$，则该岩块既不滑动也不倾倒，处于稳定状态，即边坡整体稳定；反之，边坡整体处于不稳定状态，加固该边坡的锚固力按式(6-37)、式(6-38)计算。

6.4.5 极限平衡条分法

极限平衡条分法主要适用于土质边坡或碎裂、散体结构的岩质边坡。通常情况下，极限平衡条分法假定坡体沿水平方向足够长，故可采用平面应变问题进行二维分析，且计算过程中不考虑岩土体的应力-应变关系。

极限平衡条分法一般根据潜在滑体和滑面上的有效应力分布进行边坡稳定性计算，如果岩体强度服从莫尔-库伦准则，则必须先求取滑面上的有效正应力分布，因此二维模型一般将边坡潜在滑体划分成 n 个土条，通过对单个条块或整个滑体利用力平衡、力矩平衡、强度准则以及应力边界条件等建立数学关系式并求解。

1. 极限平衡条分法及其特点

图 6-49 为极限平衡条分法的条块受力示意图，据此可建立的联立方程数少于待求解的未知数数量，因此，为将超静定问题转化为静定问题进行求解，不同学者提出了不同的条间力假设及其相应的平衡条件，形成了多种不同的条分法，主要包括瑞典条分法、简化 Bishop 法、简化 Janbu 法、Lowe-Karafiath 法、美国陆军工程师团法、Spencer 法、Morgenstern-Price 法、通用条分法、Sarma 法以及在我国得到广泛应用的传递系数法（不平衡推力法）等，其中瑞典条分法是最早提出也是最简单的计算方法，其忽略了所有条间力且不满足滑体或单个条块的力平衡，因此计算结果与实际工况差异较大。

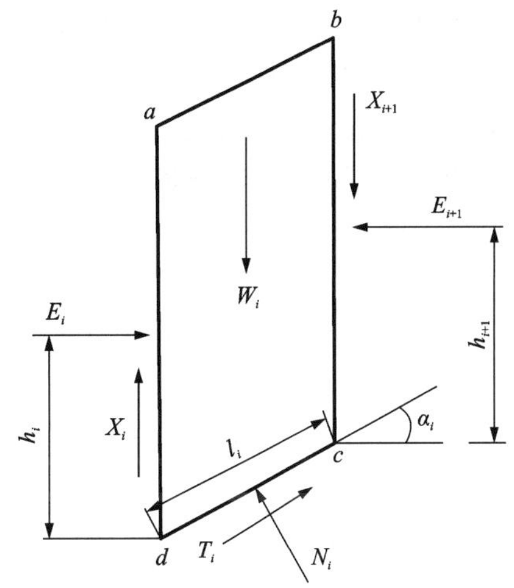

图 6-49　极限平衡条分法的条块受力示意图

常用极限平衡条分法的极限平衡条件、条间力假设条件等列于表 6-20。

表 6-20　常用极限平衡条分法的相关条件

方法	平衡条件			切向力（X）与法向力（E）的关系	滑动面假定
	力矩平衡	静力平衡			
		水平力	垂直力		
瑞典条分法（Fellenius 法）	是	否	否	无条间力	圆弧
简化 Bishop 法	是	否	是	仅水平力	圆弧
简化 Janbu 法	否	是	是	仅水平力	任意
Lowe-Karafiath 法	否	是	是	X/E 为条块顶部和底部倾角平均值的斜率	任意
美国陆军工程师团法#1	否	是	是	X/E 为从坡顶到坡脚直线的斜率	任意
美国陆军工程师团法#2	否	是	是	X/E 为条块顶部地面的斜率	任意
Spencer 法	是	是	是	常数	任意
Morgenstern-Price 法	是	是	是	X/E 为变量，用户函数	任意
通用条分法（GLE 法）	是	是	是	可采用各方法的假设条件	任意
Sarma 法	是	是	是	$X=ch+E\tan\varphi$（c、φ 分别为条块侧面内摩擦角和黏聚力；h 为条块斜长）	任意
传递系数法（不平衡推力法）	否	是	是	上一条块底面的斜率	任意

注：通用条分法（GLE 法）、Sarma 法在后续内容中详细介绍。

常用极限平衡条分法都有其各自的优缺点及适用范围，简述如下：

(1)瑞典条分法将安全系数定义为每一条块在滑面上所能提供的抗滑力矩之和与滑体在滑面上产生的滑动力矩之比，由于不考虑条间力作用，严格意义上，对每一条块力的平衡和力矩平衡均不满足，而仅满足滑体的整体力矩平衡条件，由此产生的误差一般使求得的安全系数偏低 10%~20%，这种误差随着滑面圆心角、岩土体内摩擦角和孔隙水压力的增大而增大。

(2)简化 Bishop 法在大部分情况下均可获得与 GLE 法较为接近的结果，其局限性主要是该法一般只适用于圆弧滑动面及有时会遇到数值分析问题(主要是 $m_{\alpha i}$ 不合理)。一般而言，简化 Bishop 法计算得到的安全系数比瑞典条分法略高，当比瑞典条分法小时，可认为采用该法存在数值分析问题。

(3)与简化 Bishop 法相同，简化 Janbu 法忽略条块间切向力，即 λ 为 0。因此，简化 Janbu 法的安全系数落在静力平衡曲线 λ 为 0 的点上。由于静力平衡对假设的条间切向力较为敏感，因此对于简化 Janbu 法的假定，不考虑条间切向力使得圆弧形滑动面的安全系数偏低。

(4)在 $\lambda-F$ 关系曲线图中，Corps of Engineers 法仅满足静力平衡，因此其安全系数落在静力平衡曲线上。然而，将计算出的安全系数置于 $\lambda-F$ 关系曲线中容易让人误解：与 Spencer 法或 M-P 法有单一 λ 值的情况相比，如果将 Corps of Engineers 法的安全系数表示在该曲线图中，相应的 λ 代表的是 λ 的平均值，但此平均值不能用来检验条间切向力与法向力的比值，只有计算出的条间力函数才能用来检验切向力计算的正确性。Lowe-Karafiath 法与 Corps of Engineers 法在本质上是相同的，只是 Lowe-Karafiath 法采用另一类条间力函数。

(5)Spencer 法同时考虑条间切向力 X 和法向力 E，且二者满足 $X=\lambda f(x)E$，其中 $f(x)$ 为常数，属 Morgenstern-Price 法中 $f(x)$ 为常数的一种条间力假设特例，此时，当假设滑动面为圆弧面时，该法又是简化 Bishop 法的一种更加精确的计算(同时考虑力和力矩平衡)。

(6)为消除计算方法引起的误差，Morgenstern-Price 法考虑所有平衡条件及边界条件，并为通用 Janbu 法推导的近似解法提供了更精确的解答。Morgenstern-Price 法是一种较为完备的条分法，其条间切向力 X 和法向力 E 满足的关系式 $X=\lambda f(x)E$ 中，$f(x)$ 可取多种形式的函数，当取作常数时，计算结果等同于 Spencer 法；当取作 0 时，计算结果等同于同时考虑了力平衡的 Bishop 法。

(7)通用条分法对传统条分法进行了总结概括，其包含了前述所有条分法的特征。由于 GLE 法假定 $X=\lambda f(x)E$，其中 λ 为介于 0 和 1 之间的任意常数，$f(x)$ 为待定函数，所以某种程度而言，Morgenstern-Price 法是 GLE 法的一种特例。

(8)Sarma 法是岩质边坡稳定性分析的常用方法，其主要特点是采用材料的物理力学性质建立条间力关系，直观上看，该方法比其他指定函数更容易理解，但就其本质而言，其只是用来指定条块间函数的另一种途径，具体包括：可根据滑体的地质特征、结构面空间方位等，对坡体进行斜条分及不等距条分；可有效表达由节理、断层构成的条分面的抗剪强度；潜在滑体滑动时，不仅滑面上的力达到极限平衡，条分面也同时达到极限平衡。

(9)传递系数法在我国边坡工程中广泛应用，并已积累了相当丰富的经验，研究成果表明，滑动面是圆弧时，其计算结果与简化 Bishop 法非常接近。因该法计算较为简单，能为滑坡治理提供设计推力而得到广泛应用，并纳入国家或行业规范的推荐方法。

根据各类极限平衡条分法在工程中的实际应用情况(应用范围、成熟程度)，具体选用原则包括：①对土质边坡和呈碎裂结构、散体结构的岩质边坡采用简化 Bishop 法、Morgenstern-Price 法、不平衡推力法等方法，计算方法的选用主要依据边坡体的构造情况确定；②当边坡体为相对均质体，可能发生圆弧滑动时，则选用简化 Bishop 法和 Morgenstern-Price 法计算均可；当边坡体呈层状结构且不同地层的抗剪强度有明显差别时，则选用 Morgenstern-Price 法计算更合适；③对块体结构和层状结构的岩质边坡，Sarma 法对其倾斜结构面的模拟和条块间力的考虑更合乎实际和全面，不平衡推力法也是折线形滑动面常用的分析方法。

2. 通用条分法

1) 概述

通用条分法(general limit equilibrium，简称 GLE 法)，是由萨斯克彻温大学的 Fredlund 教授于 1970 年提出。该法的条间力方程采用的是 Morgenstern 和 Price 在 1965 年提出的 $X=\lambda f(x)E$。

2) 安全系数计算方法

图 6-50(a)为复合型滑动面的简单边坡通用条分法计算模型，图 6-50(b)为第 i 个条块的受力示意图。

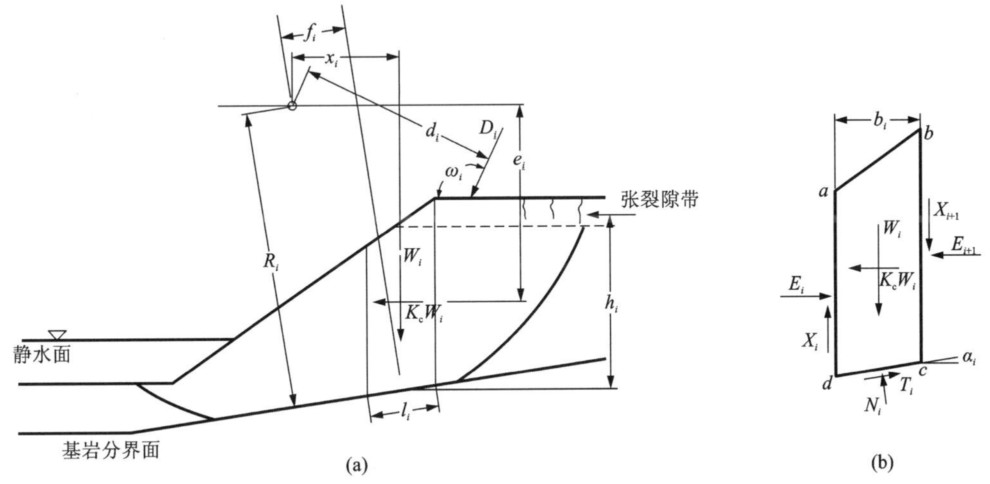

图 6-50　通用条分法(GLE 法)计算模型示意图

GLE 法提出两个安全系数 F_m、F_f，F_m 对应力矩平衡方程，F_f 对应力平衡方程。根据莫尔-库伦准则及力矩平衡方程可求得力矩平衡方程的安全系数 F_m：

$$F_m=\frac{\sum[c_i'l_iR_i+(N_i-u_il_i)R_i\tan\varphi_i']}{\sum W_ix_i-\sum N_if_i+\sum K_cW_ie_i+\sum D_id_i} \tag{6-40}$$

由单个条块及所有条块的水平力平衡方程可以求得力平衡方程的安全系数 F_f：

$$F_f=\frac{\sum[c_i'b_i+(N_i-u_il_i)\cos\alpha_i\tan\varphi_i']}{\sum(N_i\sin\alpha_i+K_cW_i-D_i\cos\omega_i)} \tag{6-41}$$

其中，N_i 可通过对条块竖向力求和得到：

$$N_i=\frac{W_i+(X_{i+1}-X_i)-(c_i'l_i\sin\alpha_i-u_il_i\sin\alpha_i\tan\varphi_i')/F}{\cos\alpha_i+\sin\alpha_i\tan\varphi_i'/F} \tag{6-42}$$

假定 X_i 与 E_i 满足下列关系：

$$X_i = \lambda f(x) E_i \tag{6-43}$$

式中：b_i 为第 i 个条块的水平宽度，m；l_i 为第 i 个条块的底面长度，m；d_i 为第 i 个条块的外部作用力 D_i 至滑动圆心的距离，m；h_i 为张裂隙带至第 i 个条块底面中心的高度，m；e_i 为第 i 个条块重心至滑动圆心的距离，m；f_i 为第 i 个条块底面中心法向方向至滑动圆心的距离，m；x_i 为第 i 个条块的重心方向至滑动圆心的距离，m；R_i 为第 i 个条块底面切向方向至滑动圆心的距离，m；φ_i'为第 i 个条块的岩土体有效内摩擦角，(°)；c_i'为第 i 个条块的岩土体有效黏聚力，Pa；α_i 为第 i 个条块底面与水平方向的夹角，(°)；u_i 为第 i 个条块的底部孔隙水压力，Pa；ω_i 为第 i 个外部作用力与水平方向(边坡临空侧)的夹角，(°)；K_c 为水平地震加速度系数；W_i 为第 i 个条块的重力，N；D_i 为第 i 个外部作用力，N；E_i 为第 i-1 个条块对第 i 个条块作用的法向力，N；X_i 为第 i-1 个条块对第 i 个条块作用的切向力，N；T_i 为第 i 个条块底面的切向作用力，N；$f(x)$可以是常量、正弦函数、梯形函数等。

3) GLE 法求解安全系数的主要步骤

(1)假定条间力函数 $f(x)$。

(2)设定安全系数 F 的迭代初值及 λ 值。按式(6-40)求出力矩平衡所对应的安全系数 F_m，再按式(6-41)求出力平衡所对应的安全系数 F_f。通常，F_m、F_f 并不相等。注意本步骤中 λ 值不变，由此可得到力矩平衡点(λ，F_m)和力平衡点(λ，F_f)。

(3)改变 λ，按步骤(2)再进行求解，得到一组新的力矩平衡点(λ，F_m)和力平衡点(λ，F_f)。

(4)求一系列 λ 值(一般 5 个以上)对应的力矩平衡点及力平衡点，在 λ-F 坐标系中连接对应的点，得到力矩平衡和力平衡曲线。两曲线交点的纵坐标即为同时满足力平衡及力矩平衡的边坡安全系数 F。

按照上述步骤，在假定 $f(x)$ 为已知函数之后，GLE 法根据不同 λ 值求得不同的(λ，F_m)、(λ，F_f)，如图 6-51 所示。

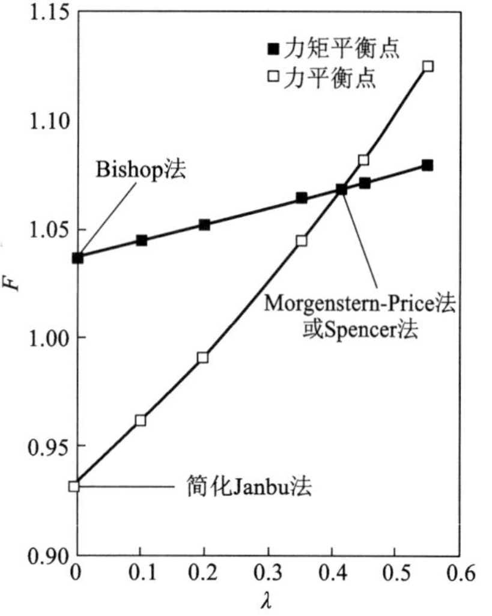

图 6-51 GLE 法求解边坡安全系数 λ-F 关系曲线

3. Sarma 法

1) 概述

常规极限平衡条分法一般采用垂直条分，而岩质边坡失稳多沿软弱结构面发生，故沿软弱结构面进行(斜)条分更为合适，由此产生 Sarma 倾斜条分法。Sarma 法认为斜条块间的剪切强度与滑面剪切强度被一致调用，即被同一安全系数 F 折减，再通过力的平衡条件求解边坡安全系数。

2) 安全系数计算方法

图 6-52(a)为滑动面为任意形状的简单边坡计算模型，图 6-52(b)为第 i 个条块的受力示意图。

由水平方向和垂直方向的平衡条件及各条分面上的莫尔-库伦强度准则可求得：

$$E_{n+1} = (A_n + A_{n-1}e_n + A_{n-2}e_n e_{n-1} + \cdots + \text{第 } n \text{ 项}) - K_c(p_n + p_{n-1}e_n + p_{n-2}e_n e_{n-1} + \cdots + \text{第 } n \text{ 项}) + E_1 e_{n-1} e_{n-2} \cdots e_0 \tag{6-44}$$

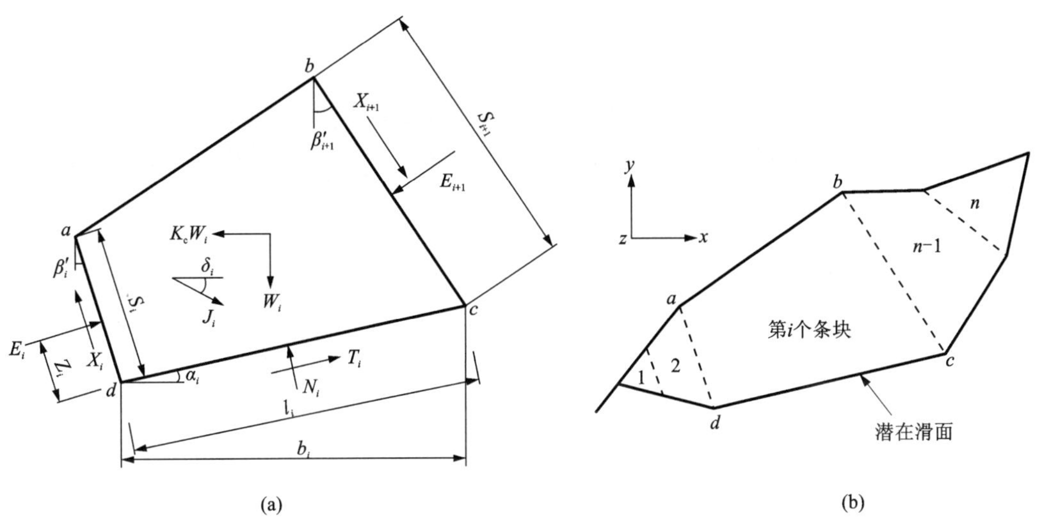

图 6−52　Sarma 法计算简图

无外荷载的情况下，$E_{n+1}=E_1=0$，得：

$$K_c=\frac{A_n+A_{n-1}e_n+A_{n-2}e_ne_{n-1}+\cdots+A_1e_ne_{n-1}\cdots e_3e_2}{p_n+p_{n-1}e_n+p_{n-2}e_ne_{n-1}+\cdots+p_1e_ne_{n-1}\cdots e_3e_2} \tag{6-45}$$

式中：

$$A_i=\frac{R_i\cos\varphi_{1i}^j+W_i\sin(\varphi_{1i}^j-\alpha_i)+Z_{i+1}\sin(\varphi_{1i}^j-\alpha_i-\beta'_{i+1})-Z_i\sin(\varphi_{1i}^j-\alpha_i-\beta'_i)}{\cos[\varphi_{1i}^j-\alpha_i+\varphi_{s(i+1)}^j-\beta'_{i+1}]\sec\varphi_{s(i+1)}^j}$$

$$p_i=\frac{W_i\cos(\varphi_{1i}^j-\alpha_i)}{\cos[\varphi_{1i}^j-\alpha_i+\varphi_{s(i+1)}^j-\beta'_{i+1}]\sec\varphi_{s(i+1)}^j}$$

$$e_i=\frac{\cos(\varphi_{1i}^j-\alpha_i+\varphi_{si}^j-\beta'_i)\sec\varphi_{si}^j}{\cos[\varphi_{1i}^j-\alpha_i+\varphi_{s(i+1)}^j-\beta'_{i+1}]\sec\varphi_{s(i+1)}^j}$$

$$R_i=c_{1i}^jl_i+J_i\cos(\alpha_i+\delta_i)+[J_i\sin(\alpha_i+\delta_i)-U_i]\tan\varphi_{1i}^j$$

$$Z_i=c_{si}^jS_i-P_i\tan\varphi_{si}^j$$

$$E_i=E'_i+P_i$$

$$N_i=N'_i+U_i$$

c_{1i}^j为第 i 个条块底面折减后的有效黏聚力，Pa；c_{si}^j为第 i 个条块侧面折减后的有效黏聚力，Pa；φ_{1i}^j为第 i 个条块底面折减后的有效内摩擦角，(°)；φ_{si}^j为第 i 个条块侧面折减后的有效内摩擦角，(°)；E'_i为第 i 个条块侧面有效法向作用力，N；N'_i为第 i 个条块底面有效法向作用力，N；P_i 为第 i 个条块侧面孔隙水压力，N；U_i 为第 i 个条块底面孔隙水压力，N；S_i 为第 i 个条块侧面(第 i−1 个条块侧)长度，m；β'_i为第 i−1 个条块与第 i 个条块接触面与竖直方向的夹角，(°)；δ_i 为第 i 个条块所受锚固力与水平方向的夹角，(°)；J_i 为第 i 个条块所受锚固力，N。

3) Sarma 法求解安全系数的主要步骤

(1)假定一系列安全系数 F，对强度指标进行折减，$c_j=c/F$，$\tan\varphi_j=\tan\varphi/F$，则抗剪强度为：

$$\tau = c^j + \sigma \tan\varphi^j \tag{6-46}$$

(2)根据不同的 c^j 和 $\tan\varphi^j$ 求得 K_c，变换 F 值，最终绘制 $F-K_c$ 曲线；

(3) $F-K_c$ 曲线与水平轴交点对应的 F 值即为传统意义的安全系数。当无地震力时安全系数 F 是使 K_c 为零的相应值，当有地震力时安全系数 F 是使 K_c 为实际水平地震加速度系数的相应值。

4. 三维极限平衡条分法

1)概述

三维极限平衡条分法采用和二维条分法相同的安全系数定义，将二维条块变为相应的三维条柱。目前，国内外诸多学者对三维极限平衡条分法进行了研究，为使问题变得静定可解，均引入大量假定，并且在进行假定时，通常不能完全达到方程数和经假定后剩余的未知物理量的数量匹配。陈祖煜(2001 年)等在总结这些方法的处理特点及其局限性基础上提出一个改进方法，即三维 Spencer 法，以下仅以该方法为例进行三维极限平衡条分法基本求解过程的介绍。

2)安全系数计算方法

边坡三维极限平衡条分法计算模型及条柱各面所受力的大小及方向假定如图 6-53 所示，作用在行界面(平行于 yOz 平面的界面)的条间力 G 平行于 xOy 平面，其与 x 轴的夹角 β 为常量，这一假定相当于二维中的 Spencer 法；作用在列界面(平行于 xOy 平面的界面)的作用力 Q 为水平方向，与 z 轴平行；作用在底滑面的剪切力 T 与 xOy 平面的夹角为 ρ，规定剪切力的 z 轴分量为正时 ρ 为正值。

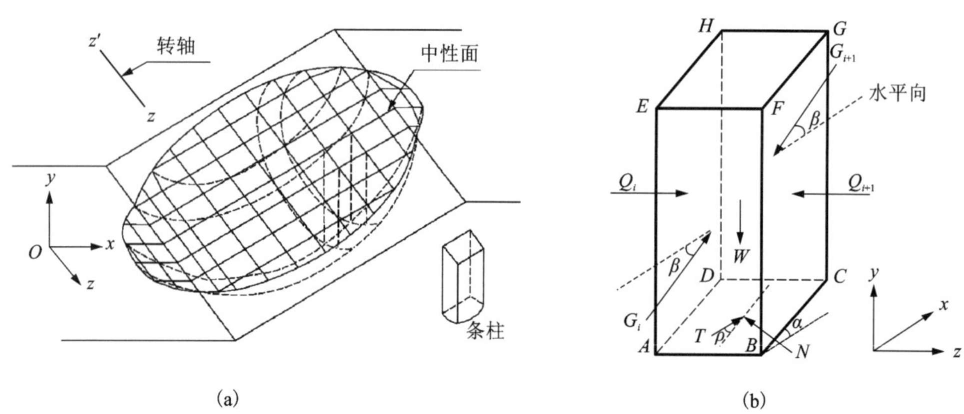

图 6-53 边坡三维极限平衡条分及条柱受力示意图

同一列条柱(z 相同)的 ρ 值相同，对不同 z 坐标的条柱，假定 ρ_i 的分布形状：① $\rho = k =$ 常量；或②在 xOy 平面的左、右两侧假定 ρ 的方向相反，并线性分布，假定此分布形状为：

$$\begin{cases} \rho_R = \kappa z & z \geqslant 0 \\ \rho_L = -\eta \kappa z & z < 0 \end{cases} \tag{6-47}$$

式中：系数 η 反映条柱左、右侧 ρ 变化的不对称特性，当滑体的几何形状和物理指标完全对称时，假定①的 k 值应为 0，假定②的 η 值应为 1。不同的分布形状假定将不会导致安全系数的重大差别。

根据 xOy 平面受力平衡，将各力投影到与条间作用力 G 垂直的方向，可得条柱力平衡方程：

$$-W_i\cos\beta+N_i(-n_x\sin\beta+n_y\cos\beta)+T_i(-m_x\sin\beta+m_y\cos\beta)=0 \tag{6-48}$$

结合莫尔-库伦准则：

$$T_i=(N_i-uA_i)\tan\varphi_e+c_eA_i \tag{6-49}$$

式中：$\tan\varphi_e=\tan\varphi/F$；$c_e=c/F$；$A_i$ 为底滑面面积；u 为作用于滑面上的孔隙水压力。

可得：

$$N_i=\frac{W_i\cos\beta+(uA_i\tan\varphi_e-c_eA_i)(-m_x\sin\beta+m_y\cos\beta)}{-n_x\sin\beta+n_y\cos\beta+\tan\varphi_e(-m_x\sin\beta+m_y\cos\beta)} \tag{6-50}$$

整体在 G 方向的力平衡方程：

$$S=\sum[N_i(n_x\cos\beta+n_y\sin\beta)_i+T_i(m_x\cos\beta+m_y\sin\beta)_i-W_i\cos\beta]=0 \tag{6-51}$$

整体沿 z 轴的力平衡方程：

$$Z=\sum(N_in_z+T_im_z)=0 \tag{6-52}$$

整体绕 z 轴的力矩平衡方程(逆时针为正)：

$$M=\sum(-W_ix-N_in_xy+N_in_yx-T_im_xy+T_im_yx)=0 \tag{6-53}$$

式中：m_x、m_y、m_z 和 n_x、n_y、n_z 分别为底滑面切向力 T_i 及法线的方向导数，可通过 ρ 按下式关系求出(m_x 小于0的解不合理，舍去)：

$$\begin{cases}m_z=\sin\rho\\ m_x^2+m_y^2+m_z^2=1\\ m_xn_x+m_yn_y+m_zn_z=0\end{cases} \tag{6-54}$$

联立式(6-51)、式(6-52)和式(6-53)，只含三个未知数(F, β, ρ)，采用牛顿-勒普生法迭代求解。

3)迭代求解步骤

(1)假定 F、β 和 ρ 的初值为 F_0、β_0 和 ρ_0，得到非零的 ΔS、ΔM 和 ΔZ，使 ΔS、ΔM、ΔZ 接近零的 F_1、β_1 和 ρ_1，可由下式求得(此时 $i=0$)

$$\left.\begin{aligned}\Delta F&=F_{i+1}-F_i=-K_F/D\\ \Delta\beta&=\beta_{i+1}-\beta_i=-K_\beta/D\\ \Delta\rho&=\rho_{i+1}-\rho_i=-K_\rho/D\end{aligned}\right\} \tag{6-55}$$

式中：$D=\begin{vmatrix}\frac{\partial S}{\partial F}&\frac{\partial S}{\partial\beta}&\frac{\partial S}{\partial\rho}\\ \frac{\partial M}{\partial F}&\frac{\partial M}{\partial\beta}&\frac{\partial M}{\partial\rho}\\ \frac{\partial Z}{\partial F}&\frac{\partial Z}{\partial\beta}&\frac{\partial Z}{\partial\rho}\end{vmatrix}$；$K_F=\begin{vmatrix}\Delta S&\frac{\partial S}{\partial\beta}&\frac{\partial S}{\partial\rho}\\ \Delta M&\frac{\partial M}{\partial\beta}&\frac{\partial M}{\partial\rho}\\ \Delta Z&\frac{\partial Z}{\partial\beta}&\frac{\partial Z}{\partial\rho}\end{vmatrix}$；

$K_\beta=\begin{vmatrix}\frac{\partial S}{\partial F}&\Delta S&\frac{\partial S}{\partial\rho}\\ \frac{\partial M}{\partial F}&\Delta M&\frac{\partial M}{\partial\rho}\\ \frac{\partial Z}{\partial F}&\Delta Z&\frac{\partial Z}{\partial\rho}\end{vmatrix}$；$K_\rho=\begin{vmatrix}\frac{\partial S}{\partial F}&\frac{\partial S}{\partial\beta}&\Delta S\\ \frac{\partial M}{\partial F}&\frac{\partial M}{\partial\beta}&\Delta M\\ \frac{\partial Z}{\partial F}&\frac{\partial Z}{\partial\beta}&\Delta Z\end{vmatrix}$。

(2)通过迭代，最终满足收敛条件。在计算中，要求 ΔF、$\Delta\beta$ 和 $\Delta\rho$ 均小于 0.001(β 和 ρ 以弧度计算)。

6.4.6 数值模拟分析

1.连续介质分析方法

连续介质分析方法主要包括有限单元法(FEM，如 ANSYS、RS3、NASTRAN、ADINA 等)、有限差分法(FDM，如 FLAC)、边界单元法(BEM，如 EXAMINE3D)、无单元法等，其中以有限元法应用最为广泛，其主要针对岩土介质的连续小变形和小位移特征进行分析，但在解决不连续问题和进行任意路径开裂计算等方面仍存在显著局限。

1)有限单元法

有限单元法是将边坡体离散成有限个单元体，或理解为用有限个单元体所构成的离散化结构代替原有连续体结构，通过分析单元体应力和应变来评价整个边坡稳定性的方法。

该方法是目前边坡工程中应用最广泛的数值分析方法之一，其主要优点包括：

①可用于非均质问题的求解；

②可用于非线性材料、各向异性材料的求解；

③可适应复杂边界条件，边界条件与有限元模型具有相对独立性；

④可用于计算应力变形、渗流、固结、流变、动力和温度问题等。

有限单元法以最小势能原理为理论基础，计算过程中将连续体对象离散化为由若干较小单元组成的连续体，离散后相邻单元彼此连接，并保持原有连续性质。有限单元法的特点是对有限个单元逐个分析处理，每个单元均满足其自身的几何方程、平衡方程和本构方程，形成单元的几何矩阵、应力矩阵和刚度矩阵，然后根据位移模式、单元边线和节点位移协调条件组合成整体刚度矩阵，参考边界条件和荷载条件后对节点位移进行求解。求得节点位移后，对每个单元逐一进行单元应力和应变计算，最终得到整个计算对象的位移场、应力场和应变场，计算模型如图 6-54 所示。

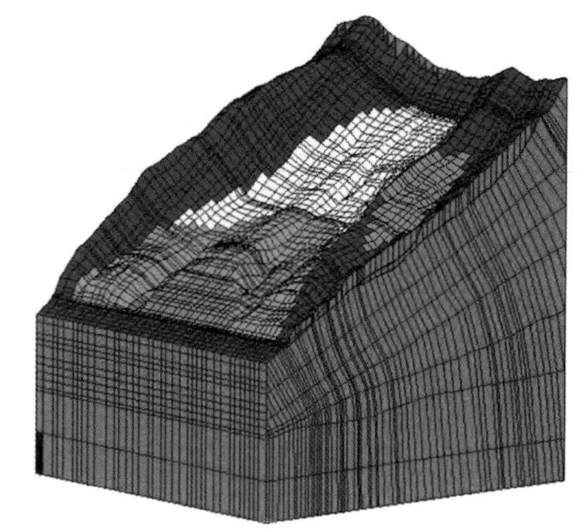

图 6-54 边坡稳定性有限单元法计算模型图

近年来，有限元强度折减法在各类工程中得到广泛应用，实际工程经验已证明其在岩土工程分析中的可行性与优越性，尤其在边坡稳定性分析领域优势突出。

有限元强度折减法与有限元荷载增加法统称为有限元极限分析法，其本质均为采用数值分析手段求解极限状态的分析法。有限元极限分析法中安全系数的定义依据岩土工程出现破坏状态的原因不同而不同，多数情况下边坡岩土体受环境影响，致使其强度降低从而导致边坡失稳破坏，该类问题宜采用强度储备安全系数，即通过不断降低岩土强度使有限元计算最终达到破坏为止，最终得到强度降低的倍数即为强度储备安全系数，此类有限元极限分析方法称为有限元强度折减法。

(1)强度折减安全系数

强度折减安全系数的定义与边坡稳定分析中极限平衡条分法安全系数的定义是一致的，均属于强度储备安全系数。但对实际边坡工程而言，它们都表示整体滑面的安全系数，即滑面的平均安全系数，而不是某个点的安全系数。针对强度折减安全系数计算问题，国内外学者在提高计算精度方面开展了大量工作，并将其应用于岩质边坡和边(滑)坡支挡结构的计算中，扩大了有限元强度折减法的应用范围。

(2)有限元强度折减法的优点

有限元强度折减法在理论体系上比极限平衡法更为严格，全面满足了静力平衡、应变相容及岩土体的非线性应力-应变关系，因此采用有限元强度折减法分析边坡稳定性具有下列优点：

①求解安全系数时，不需要假定滑动面的形状和位置，也无须进行条分，自动计算潜在滑动面，滑动破坏发生在岩土体剪切带位置、塑性应变和位移突变的区域；

②能够模拟岩土体与各种支挡结构的共同作用，可考虑开挖施工过程对边坡稳定性的影响，并能根据岩土介质与支挡结构的共同作用计算各种支挡结构的内力、边坡的新滑面及其安全系数等；

③能够对具有复杂地貌、地质条件的边坡进行计算，不受边坡几何形状、边界条件和材料不均匀性等条件的限制；

④能够模拟边坡的渐进破坏，并提供应力、应变和位移及其变化过程等信息。

2)有限差分法

有限差分法是计算机数值模拟最早采用的方法之一，至今仍被广泛应用。其基本思想是：将求解域划分为差分网格，用有限个网格节点代替连续的求解域，再通过 Taylor 级数展开等方法，把控制方程中的导数用网格节点上的函数值的差商代替进行离散，从而建立以网格节点上的值为未知数的代数方程组，即有限差分方程组。通过解此方程组即可得到原问题在离散点上的近似解，然后再利用插值方法便可得到在整个求解区域上的近似解。

有限差分法是一种直接将微分问题变为代数问题的近似数值解法，数学概念直观，表达简单，是发展较早且比较成熟的数值方法。目前岩土工程界应用最为广泛的有限差分软件 FLAC 由美国 Itasca 国际公司研发，其已被广泛应用于工程地质、构造地质学和采矿学等相关研究领域，有限差分法计算边坡应力场及位移矢量图如图 6-55 所示。

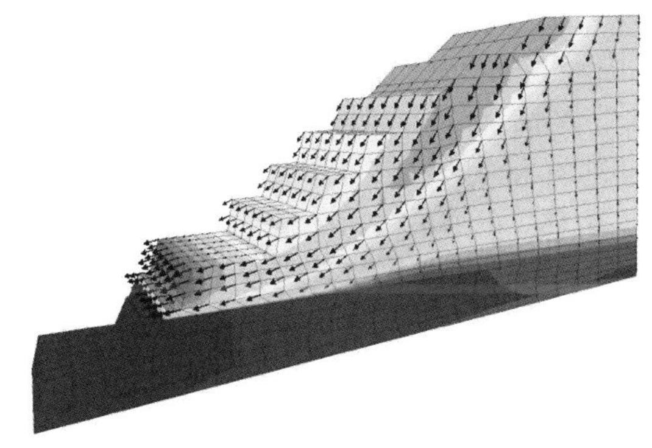

图 6-55　有限差分法计算边坡应力场及位移矢量图

与有限单元法类似，基于强度折减的有限差分法也得到了广泛应用。

3)边界单元法

边界单元法的基本思路为：根据积分定理，将区域内的微分方程变换为边界上的积分方程，然后将边界分割成有限大小的边界元素——边界单元，把边界积分方程离散成代数方程，从而把求解微分方程的问题变换成求解关于节点未知量的代数方程问题。

根据积分方程的形式和积分方程中未知函数的性质，边界单元法一般分为间接法和直接法两类。由于边界单元法对所考察问题的维数降低一维，只对研究区的边界离散化，因此具有输入数据少、节省计算机内存、计算效率高等优点。又由于只对边界离散，离散化误差仅来源于边界，区域内的相关物理量采用精确的解析公式计算，故边界单元法的计算精度较高，能直接对无限域或半无限域求解，示例如图 6-56 所示。

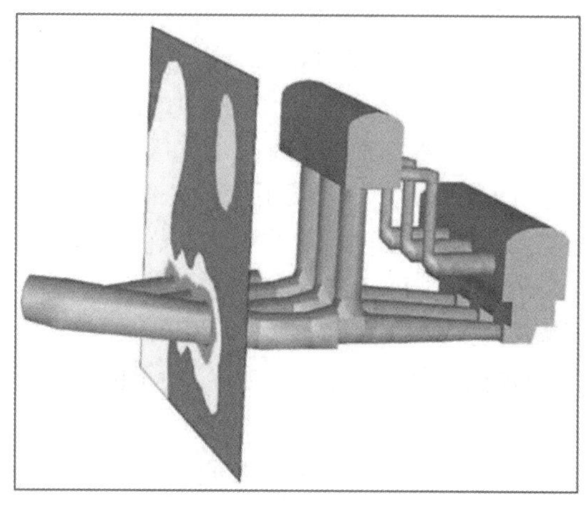

图 6-56 边界单元法应用于岩土工程稳定性分析

2. 非连续介质分析方法

非连续介质分析方法主要包括离散单元法(DEM，如 UDEC)、颗粒元法(PFC，如 PFC3D、EDEM)、不连续变形分析法(DDA)以及能够模拟和追踪材料断裂的流形元法(NMM)等。

1)离散单元法

离散单元法是模拟不连续介质性态的最有效方法之一。将含结构面的岩体假定为若干刚性块体单元的组合，且各单元之间用法向和切向弹簧联系以传递相互作用力，并以单个刚体运动方程式为基础，建立能描述整体破坏状态的联立方程组。离散单元法的理论基础是基于不同本构关系的牛顿第二运动定律。

岩块或颗粒组合体被模拟成通过角或边的接触面相互作用，块体之间边界的相互作用可以体现其不连续性，使用显式的时步迭代算法，计算过程可以直观地反映岩体的应力场、位移场及速度场等各个参量的变化，将其应用于边坡稳定性分析可以模拟边坡失稳的全过程，如图 6-57 所示。如果单元的分割与结构面的强度指标选取能满足工程精度要求，采用该方法分析岩体失稳过程和形态变化基本符合工程实际。

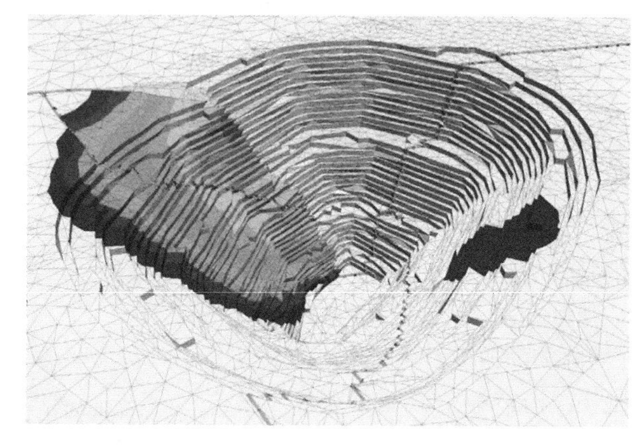

图 6-57 离散单元法应用于边坡稳定性分析

2)颗粒元法

颗粒元法是离散单元法的特例，其通过离散单元法模拟圆形颗粒介质的运动及其相互作用，将物体分为有代表性的多个颗粒单元，通过颗粒间的相互作用表现整个宏观介质的应力响应及运动特征。

目前岩土工程界广泛应用的颗粒元软件 PFC2D、PFC3D 由美国 Itasca 国际公司研发，在其计算循环中，假设颗粒均为刚性圆盘(PFC2D)或圆球(PFC3D)，在给定每个颗粒参数(半径、密度、摩擦系数、接触刚度系数等)和墙体参数(速度、摩擦系数、切向/法向刚度系数等)的条件下，对每一颗粒接触交替运用牛顿第二定律与力-位移定律，最终达到静态平衡。

大量实验及现场研究表明，PFC 是模拟离散物料及岩土介质力学分析的有效手段，计算示例如图 6-58 所示。由于 PFC 中细观力学模型的限制，应用过程中的主要难点是颗粒、接触的细观参数与材料宏观参数的匹配问题，同时随着颗粒数量的增加，PFC 模拟分析的存储需求与颗粒数量呈近几何级数增加，对计算机容量和速度要求很高。

图 6-58　边坡稳定性颗粒元计算模型

3)不连续变形分析方法(DDA)

DDA 方法是继离散单元法之后，从 20 世纪 80 年代后期发展起来的模拟散体系统力学响应的数值分析方法，其在满足弹性理论的基本方程条件下可反映岩体变形的不连续性，既有有限元理论基础的严密性、又具有离散元法可计算块体大位移的特点，是一种具有良好发展前途的数值计算方法。

DDA 理论的基本思想：以自然存在的节理面切割岩体形成不同的块体单元，单元形状可以是常见的规则形状，也可以是较为复杂的多面体，以各个块体的位移为未知量，通过块体间的接触和几何约束形成一个块体系统，单元体受不连续面的控制，在单元块体运动过程中单元之间可以接触、也可以分离，单元体之间的力通过块体接触作用相互传递，其大小可以根据“力-位移”关系求解，在块体运动过程中，严格满足块体间不侵入和无拉伸的条件，将边界条件和接触条件等一同施加到总体平衡方程中，求解方程组即可得到块体当前时步的位移场、应力场、应变场及块体间的作用力。因此，DDA 方法可模拟岩石块体的移动、转动、张开、闭合等全过程，据此可判定岩体的破坏程度、破坏范围，从而对岩体的整体和局部稳定性作出准确评价。

3. 数值计算方法新进展

1)多种数值计算方法的耦合

各种数值方法的耦合应用，能扬长避短、改善精度、提高计算效率。

(1)有限单元法与边界单元法的耦合

利用边界单元法处理无限域边界的优点以及有限单元法求解非线性问题的灵活性，可以克服有限单元法的“边界效应”及边界单元法处理多介质的困难。

(2)有限单元法与离散单元法的耦合

有限单元法与离散单元法的耦合计算过程中，只要使交界面上的有限单元节点与离散单元的角点重合，并保证它们的位移和力连续，即可通过节点力和位移的相互传递将离散单元与有限单元耦合起来。计算出的有限单元节点力，相对于离散单元即为外载，在外载作用下离散单元产生位移。根据交界面上离散单元与有限单元的位移连续条件，离散单元的位移可看成已知位移荷载向量施加于有限单元。

2)数值计算从确定性向非确定性过渡

(1)随机有限元法

对岩体工程进行有限元分析时出现的矛盾表现在：一方面，随着有限元理论和方法的发展、本构关系研究的深化、高精度单元的提出，计算精度越来越高；另一方面，在介质的材料性能参数、边界条件及载荷方面又存在较大的统计随机性。显然，随机性的影响大幅降低了有限元的计算精度。

随机有限元法是确定性有限元技术与概率统计方法相结合的数值方法。多采用以摄动法为基础的一次二阶矩分析，求出响应(应力、位移等)的均值、方差、协方差，并据此求出岩体结构内的局部破坏概率，然后利用动态规划法等寻求最可能的滑移面，得到岩体结构的整体可靠度。

(2)模糊有限元法

根据模糊数学的观点，岩体的不确定性和非精确性称为模糊性，首先表现在岩体力学性质的不确定性和非精确性，如岩体的弹性性质、不连续特征和整体强度等显示出模糊性，而且也不能用试验的方法对整个岩体进行试验并准确地确定其性质和强度；其次，岩体工程的模糊性还表现在边界条件上，即边界位移条件和约束条件本身是不确定的；最后，荷载的不确定性，如很难确定岩体中的原岩应力和残余应力等。

模糊有限元法可输入岩体力学参数、边界位移条件和边界荷载条件的模糊范围，得到输出量的模糊范围，并能对计算结果进行模糊分析，例如敏感性分析、局部安全系数分析、贡献权系数分析以及有限元计算结果的可靠性分析等。

6.4.7 可靠性分析

在边坡工程中，由于设计参数的变化和边坡岩体性质的不确定性，几乎所有的边坡工程设计在服务年限内均具有随机性，而传统分析设计方法难以完善地分析该类问题，因此，概率分析方法在近几十年得到了长足发展。

1. 概率分析方法

概率分析方法是检验边坡各参数变化对边坡稳定性影响的系统方法，其工作原理是通过计算安全系数的概率分布确定边坡破坏概率，并以概率形式表达边坡的未来风险。这里的概率限于对基础参数、破坏事件、物理模型及数学模型置信程度的描述和表征，而无频率之意，因为边坡破坏和形成过程是唯一的、不重复的。

在边坡稳定性分析过程中，若设计数据有限且不具有整体代表性时，一般不建议采用概率设计方法，该条件下可以利用主观评价方法从小样本中提取合理可靠的概率值。与安全系数一样，概率分析方法也要求不同工程类型应有不同的可接受失稳概率范围。

1)分布函数

在概率分析方法中，由于边坡各参数均具有一定的不确定性，故参数的取值范围通常由一个概率密度函数确定。岩土工程中常用的概率密度函数包括正态分布、beta 分布、负指数分布和三角形分布等。其中，正态分布函数的应用最为广泛，其均值为最可能值。

如图 6-59(a)所示，针对正态分布函数，数据的离散程度由标准偏差表示，该分布函数的重要性质为曲线与横轴围成的面积恒等于 1，即参数的所有概率值均在曲线范围内，同时，横轴区间($\mu-\sigma$, $\mu+\sigma$)内的面积为 0.68，两个标准偏差($\mu-2\sigma$, $\mu+2\sigma$)内的面积为 0.95。

相反，可以通过正态分布所定义参数的发生概率求出参数的值。如图 6-59(b)所示，$\Phi(z)$为均值为 0、标准偏差为 1 的正态分布累积函数。例如，当参数值出现的概率等于总数的 50%时，其参数值等于均值；参数值出现的概率等于总数的 16%时，其参数值等于平均值减去一个标准偏差。

正态分布函数可在坐标横轴正负两个方向无限延伸，但它不能真实地表征岩土参数的上、下限，此时可采用 beta 分布函数进行分析；当数据分布的信息较少时，宜采用由最可能值、最小值和最大值 3 种数值定义的三角形分布函数。

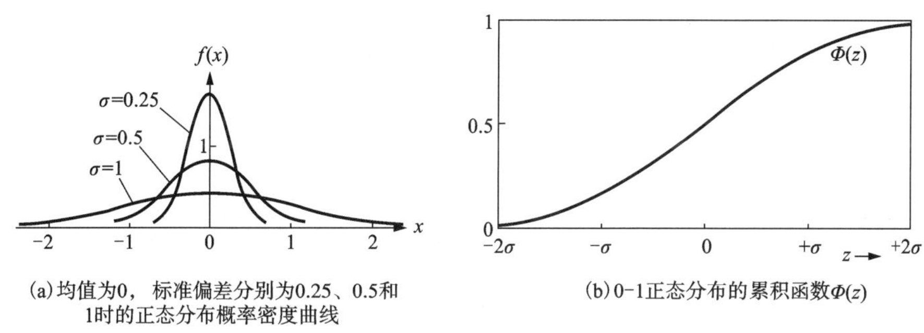

(a) 均值为0，标准偏差分别为0.25、0.5和1时的正态分布概率密度曲线

(b) 0-1正态分布的累积函数$\Phi(z)$

图 6-59　正态分布函数的性质

2) 失稳概率

概率设计方法中失稳概率的计算方式，与安全系数法计算边坡抗滑力及下滑力的方式类似，计算可靠性系数的常用方法包括安全余量法及蒙特卡罗法。

(1) 安全余量法

安全余量是抗滑力与下滑力之差，若安全余量为负值，则边坡可能表现为不稳定。定义抗滑力与下滑力的概率密度函数分别如图 6-60(a)中 $f_D(r)$ 与 $f_D(d)$ 所示，则据此可计算出安全余量的概率分布，若抗滑力概率密度函数 $f_D(r)$ 的下限小于下滑力概率密度函数 $f_D(d)$ 的上限，则边坡可能失稳，其失稳概率与阴影面积成正比，计算图中阴影的面积即计算安全余量的概率密度函数，该函数负数部分的面积为失稳概率 P_f，如图 6-60(b)所示。若抗滑力与下滑力定义为正态分布函数，则安全余量也为正态分布函数，其均值和标准偏差可按下式计算：

$$\text{安全余量的均值} = \bar{f}_r - \bar{f}_d \tag{6-56}$$

$$\text{安全余量的标准偏差} = (\sigma_r^2 - \sigma_d^2)^{\frac{1}{2}} \tag{6-57}$$

式中：$\bar{f}_r$ 和 $\bar{f}_d$ 为抗滑力与下滑力正态分布的均值，σ_r 和 σ_d 为抗滑力与下滑力正态分布的标准偏差。对于确定性分析方法，安全系数定义为 $\bar{f}_r/\bar{f}_d$，对于概率分析方法，在确定了安全余量的均值与标准偏差后，可根据正态分布函数的性质计算出边坡失稳概率。例如，当安全余量的均值为 2000 MN，标准偏差为 1200 MN 时，在(2000−0)/1200 = 1.67 倍标准偏差点的安全余量为 0，参考图 6-59(b)中安全余量的累积函数 $\Phi(z)$ 可知，此时边坡失稳概率接近 5%。

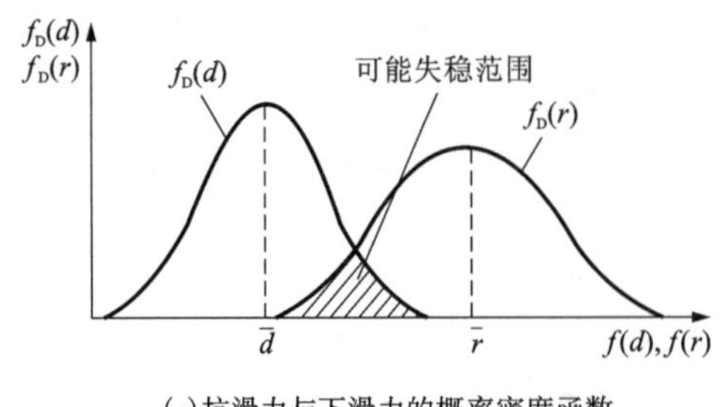

(a)抗滑力与下滑力的概率密度函数

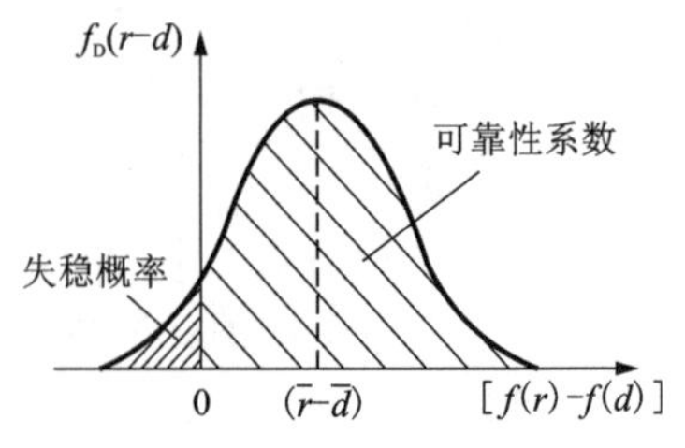

(b)抗滑力与下滑力之差(安全余量)的概率密度函数

图 6-60 利用正态分布函数计算失稳概率

工程中常用的可靠性指标 β 与失稳概率 P_f 存在一一对应的关系，当状态函数的分布确定之后，β 与 P_f 的关系就确定了。如果是正态分布，则 β 与 P_f 的关系可根据标准正态分布函数表求得，其主要数据列于表 6-21。

表 6-21 可靠性指标 β 与失稳概率 P_f 的关系

β	1.00	1.64	2.00	3.00	3.09	3.71	4.00	4.26	4.50
P_f	15.87×10^{-2}	5.05×10^{-2}	2.27×10^{-3}	1.35×10^{-3}	1.00×10^{-3}	1.04×10^{-4}	3.17×10^{-5}	1.02×10^{-5}	3.40×10^{-6}

可见，可靠性指标 β 与失稳概率 P_f 一样，可以作为衡量边坡可靠性的一个标准。

以上讨论的安全余量概念，仅适用于边坡抗滑力和下滑力为独立变量的条件，即下滑力仅与滑体重量有关，而抗滑力仅与加固措施有关，但实际边坡抗滑力不仅仅与岩体的抗剪强度有关，还与滑体的重力等参数有关，故其并非独立变量，因此一般采用蒙特卡罗法进行分析。

(2)蒙特卡罗法

相对安全余量法而言，蒙特卡罗法是一种更为灵活的边坡失稳概率计算方法，其可避免复杂的积分计算及 beta 分布函数无法显示求解的问题。此外，蒙特卡罗法的特殊意义在于其能解决混合分布类型及任意变量(无论变量是否为独立变量)的问题。

如图 6-61 所示，蒙特卡罗法为一个迭代过程，其主要步骤包括：

①估计每个输入变量参数的概率分布；

②为每个参数生成随机值，描述了一个呈正态分布的随机数(0~1)与其概率值的关系；

③计算抗滑力与下滑力，并确定抗滑力是否大于下滑力；

④重复上述过程 N 次(N>100)，然后根据下式确定失稳概率：

$$P_f = \frac{N - M}{N} \tag{6-58}$$

式中：M 为迭代过程中出现抗滑力大于下滑力(即安全系数大于 1)的次数。

2. 荷载抗力系数分析法

基于概率论的荷载抗力系数分析法，也称荷载抗力系数设计法(load and resistance factor design，简称 LRFD)，其为结构设计提供了合理的理论基础，最初在建筑工程领域得到应用，

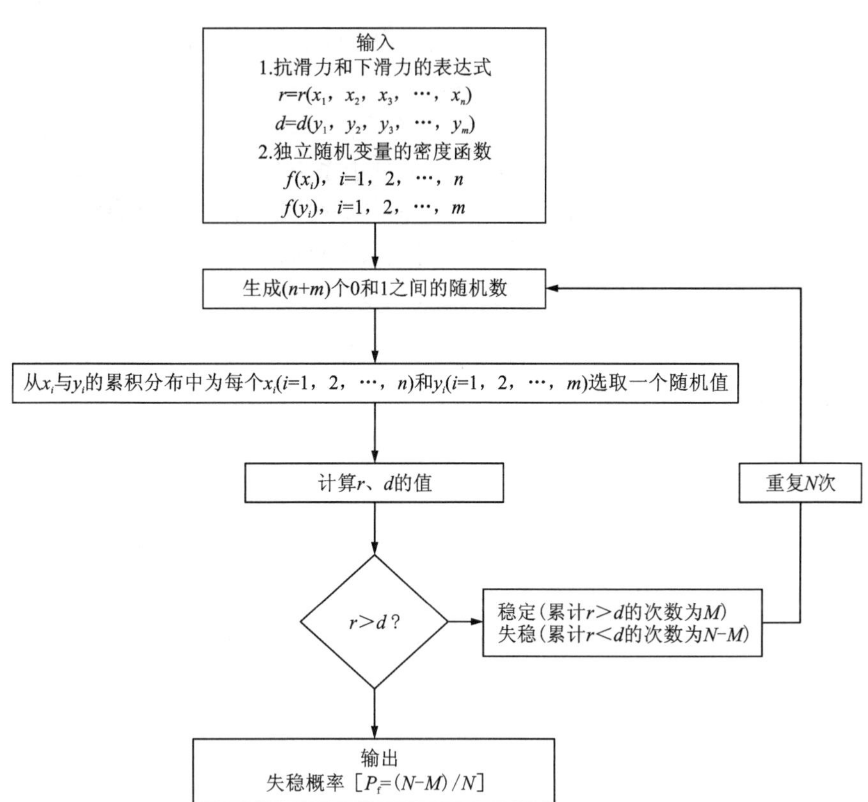

图 6-61　蒙特卡罗法计算边坡失稳概率流程图

随后进一步推广到桥梁等结构设计领域，主要用于解释荷载与抗力的变异性，其目的是在不同荷载条件下为钢筋混凝土结构(如桥梁结构)及岩土工程结构(如地基结构)等确定统一的安全余量。为了保证地基与结构设计的一致性，荷载抗力系数设计法目前已广泛应用于岩土工程领域。

Myerhoff 早期将荷载抗力系数设计法应用于岩土工程，提出了“极限状态设计”概念，包括两种边坡极限状态类型：承载力极限状态和正常使用极限状态，其定义如下：

(1)承载力极限状态：边坡由于滑坡、倾倒及强烈风化作用产生失稳。因此在设计服务年限内，边坡必须有足够的安全余量，以防在最大荷载作用下发生破坏；

(2)正常使用极限状态：边坡产生过大变形或工程结构不可接受的破坏，即超过使用极限状态。因此边坡及其附属结构必须发挥应有的设计功能，没有发生过大的变形和破坏。

荷载抗力系数设计法的基本原理是抵抗力和荷载分别为表征各自参数不确定性及变异性程度的分项系数的乘积，且需满足抵抗力与其对应的分项系数的乘积大于或等于荷载与其对应的分项系数的乘积之和，即：

$$\sum \varphi_k R_{nk} \geqslant \sum \eta_{ij}\gamma_{ij}Q_{ij} \tag{6-59}$$

式中：φ_k 为抗力分项系数；R_{nk} 为第 k 个失稳模式或正常使用极限状态下边坡的抗力标准值；η_{ij} 为单元或系统的延展性、冗余性及操作重要性的分项系数；γ_{ij} 为荷载分项系数；Q_{ij} 为第 i 个荷载类型在第 j 个荷载组合下的荷载效应。

上式中荷载分项系数通常大于1(荷载有利于构件稳定除外)，而抗力分项系数通常小于1，例如采用莫尔-库伦准则表示滑动面的抗剪强度时：

$$\tau = f_c C + (\sigma - f_u U) f_\varphi \tan\varphi \tag{6-60}$$

式中：黏聚力 c、内摩擦角 φ 等均需乘以小于1的分项系数(f_c, f_u)，而当计算边坡重量及外加载荷时，滑动面上正应力的计算需乘以大于1的荷载分项系数。一般情况下，抗力分项系数的实际值会随着工程施工、运营状态及外部荷载的变化而变化。

荷载抗力系数设计法一般仅适用于与结构相关的边坡设计，当边坡并非建(构)筑物的一部分时，通常采用其他分析方法进行边坡稳定性计算。

6.4.8　应用实例

赞比亚卢安夏矿区穆利亚希北露天矿，氧化矿矿石储量约为8388.3万t，全铜品位为1.04%，钴品位为0.02%，铜金属量约为87万t，钴金属量约为1.68万t，具有较高的开发利用价值。目前矿山年采矿量为450万t，是中色卢安夏矿业公司的主要生产矿山。

露天边坡稳定性是露天矿安全高效开采的关键因素。随露天开采的不断推进，穆利亚希北露天矿边坡发生多处不同程度的塌方。塌方在雨季、旱季均有发生。尤其是矿山实行双台阶并段开采后，台阶高度达到30 m时，边坡极易出现塌方。露天边坡塌方对生产进度与生产成本造成了较大影响，且已成为矿山生产重大安全隐患。随着矿山生产的进展，露天开采深度加深，这一问题将更加突出。

为有效控制和解决含顺层结构面边坡滑坡事故、实现矿山安全高效开采，采用极限平衡、有限差分、颗粒元等多种分析方法，对穆利亚希北露天矿滑坡成因、边坡稳定性、边坡失稳机理等相关问题进行了深入研究。

结合工程地质勘察揭露的地层分布、岩性特点以及岩体结构面现场调查结果，将露天矿边坡分为Ⅰ、Ⅱ和Ⅲ共3个工程地质分区，并根据边坡稳定性进一步将Ⅲ区划分为Ⅲ-1和Ⅲ-2两个亚区，如图6-62所示。初步分析表明，Ⅰ区边坡较稳定，Ⅱ区边坡基本稳定，Ⅲ区边坡不稳定，特别是Ⅲ-1区边坡应重点加强监测、防止滑坡发生。

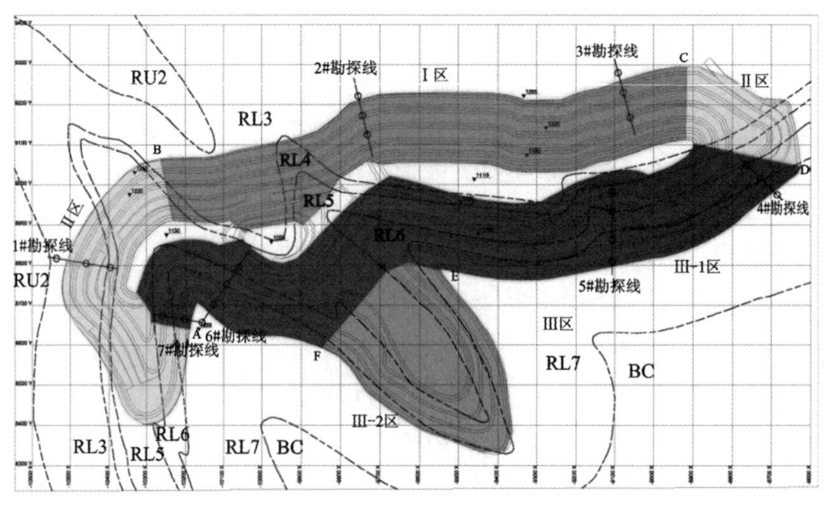

图6-62　工程地质综合分区图

开采境界与勘察剖面位置如图 6-63 所示，选取 5#剖面（勘探线）为研究对象，计算并分析该剖面边坡的稳定性状态；根据工程勘察结果，建立的 5#剖面稳定性分析模型如图 6-64 所示。

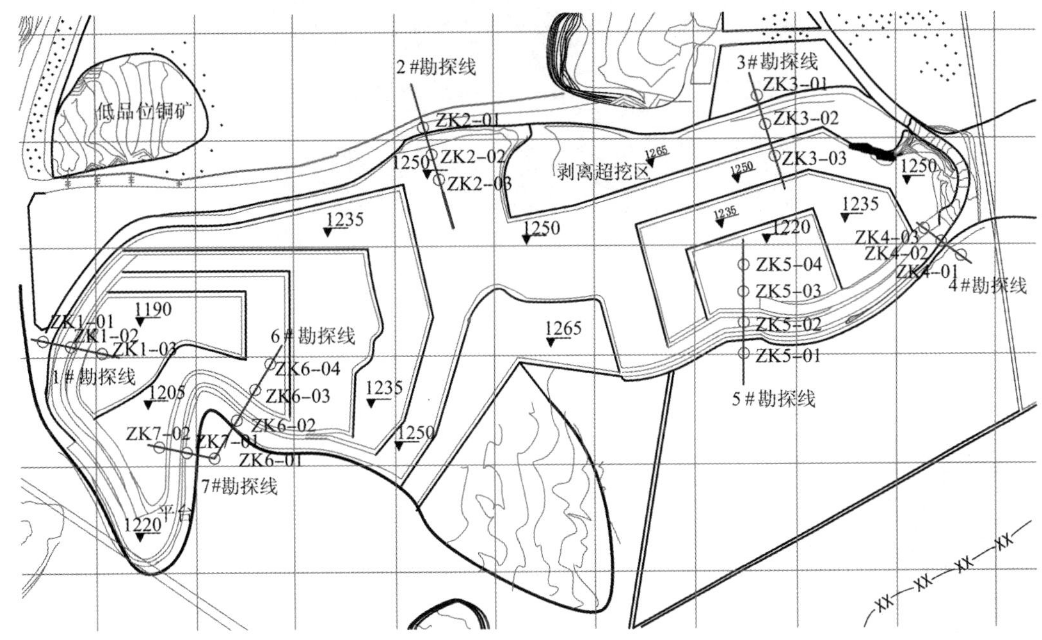

图 6-63　开采境界与勘察剖面位置

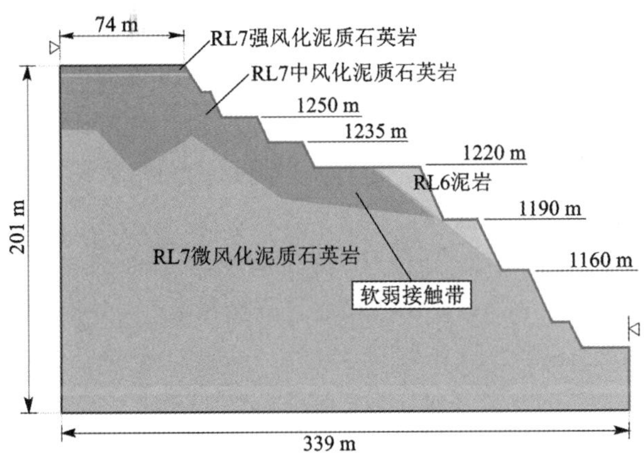

图 6-64　5#剖面稳定性分析模型

1. 赤平极射投影分析

依据调查区域以及岩性等因素，将结构面测线划分为 12 个区域，并采用软件分别绘制了各区域节理极点等密图、节理玫瑰图及节理散点分布图等，分析了节理及结构面与边坡稳定性关系。其中 5#剖面位于 2#坑南帮边坡中部，接近结构面调查区域，边坡照片如图 6-65 所示。图 6-66 为该区域结构面极点等密图及散点分布图。

图 6-65 5#剖面边坡照片

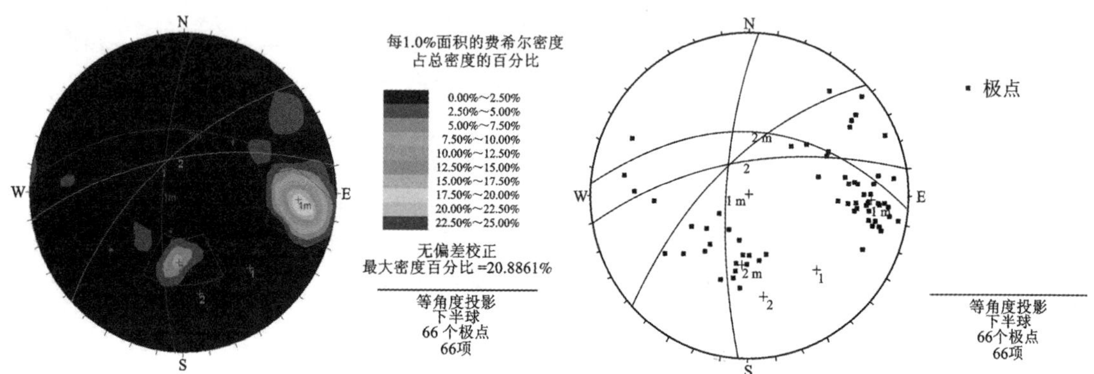

图 6-66 结构面极点等密图与散点分布图

该区域存在两组优势结构面同时切割岩体，边坡稳定性相对较差。

2. 极限平衡法计算边坡安全系数

根据勘察报告，不考虑岩体各向异性及爆破振动影响，5#剖面初步分析结果如表 6-22 所示，5#剖面安全系数小于 1.18(该矿山边坡允许安全系数)，边坡不稳定。

表 6-22 5#剖面初步分析结果

计算方法	安全系数	
	圆弧滑动面	折线滑动面
简化毕肖普法	1.137	1.103
瑞典条分法	1.118	—
美国陆军工程师团法#1	1.128	1.101
简化简布法	1.119	1.101
斯宾塞法	1.128	1.101

考虑爆破振动时，为模型施加 0.02g（$1g=9.8\ m/s^2$）的水平振动加速度，计算结果如图 6-67 所示。图中给出了可能的潜在滑动面及简化 Bishop 法计算的最小安全系数。

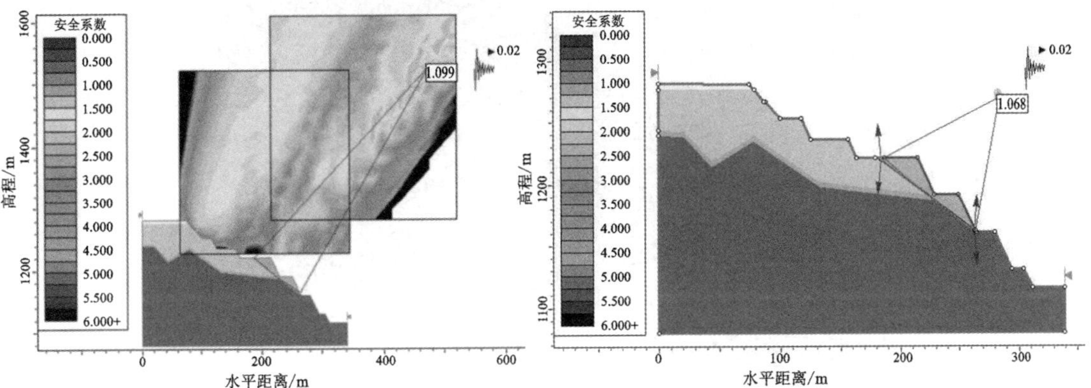

图 6-67　5#剖面考虑爆破振动极限平衡分析（分别为圆弧、折线滑动面）

表 6-23 给出了不同极限平衡分析方法计算的安全系数，结果表明，在考虑爆破振动后安全系数小于 1.10，边坡稳定性不满足规范要求。

表 6-23　5#剖面考虑爆破振动极限平衡分析结果

计算方法	安全系数	
	圆弧滑动面	折线滑动面
简化毕肖普法	1.099	1.068
瑞典条分法	1.080	—
美国陆军工程师团法#1	1.090	1.063
简化简布法	1.081	1.063
斯宾塞法	1.089	1.063

3. 有限差分法边坡稳定性分析

5#剖面边坡有限差分法计算模型如图 6-68 所示，模型包括黏土层、风化泥质石英岩、过渡带、泥岩夹云母片岩及泥质石英岩。数值模拟采用莫尔-库仑本构模型，计算参数如表 6-24 所示。

表 6-24　5#剖面岩土体参数取值

岩土层	重度 γ/（$kN\cdot m^{-3}$）	弹性模量 E/MPa	泊松比 μ	黏聚力 c/kPa	内摩擦角 φ/（°）
黏土	19.20	60	0.35	50	22
风化泥质石英岩	21.00	1000	0.35	100	23
过渡带	21.00	1150	0.37	30	26
泥质石英岩	26.70	5500	0.31	600	42
泥岩（夹云母片岩）	21.00	1000	0.35	60	23

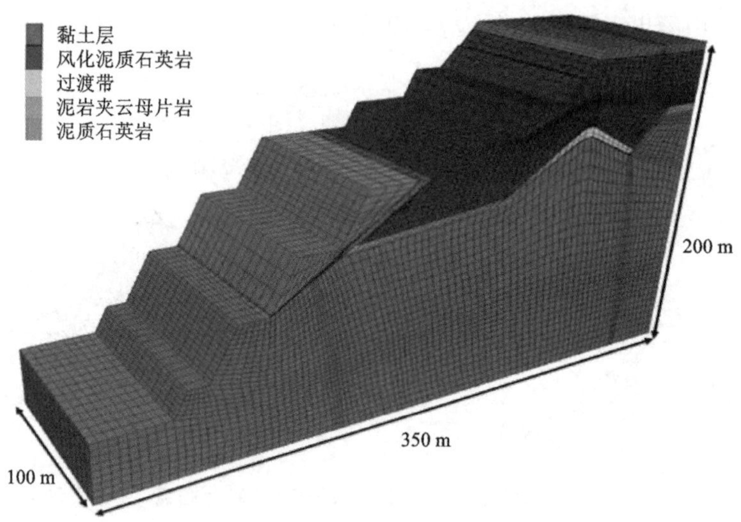

图 6-68　5#剖面边坡有限差分法计算模型

5#剖面开采至设计深度后，其塑性区分布如图 6-69 所示。1190 m、1220 m 平台发生大范围剪切塑性破坏，主要由于该区域岩层为 RL6 地层的泥岩与 RL7 地层的泥质石英岩之间存在软弱过渡带，其抗剪强度较低。

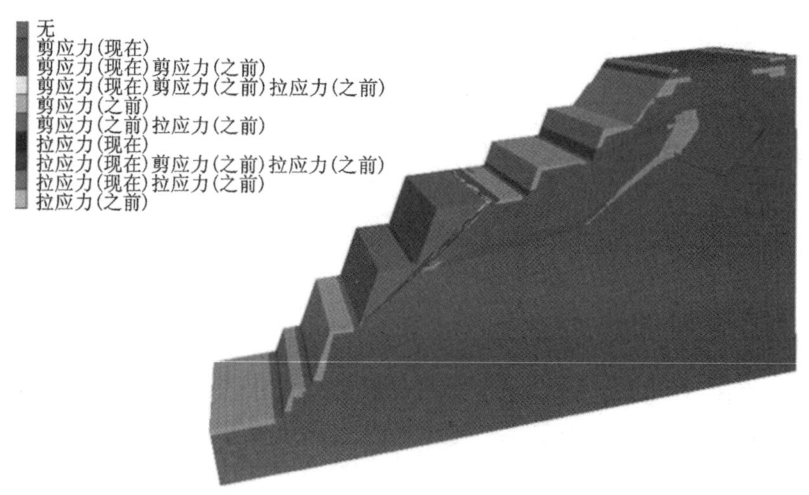

图 6-69　5#剖面开采至设计深度时的塑性区分布

5#剖面开采至设计深度时的最大剪应变增量如图 6-70 所示。5#剖面最大剪应变增量出现在 1190 m 与 1220 m 平台下的软弱过渡带，表明该处位移突增，边坡将产生失稳。

4. 颗粒离散元法边坡稳定性分析

建立 PFC 2D 数值计算模型，如图 6-71 所示。模型长约 339 m，高约 201 m。颗粒颜色的深浅分别代表不同的土层或岩层。

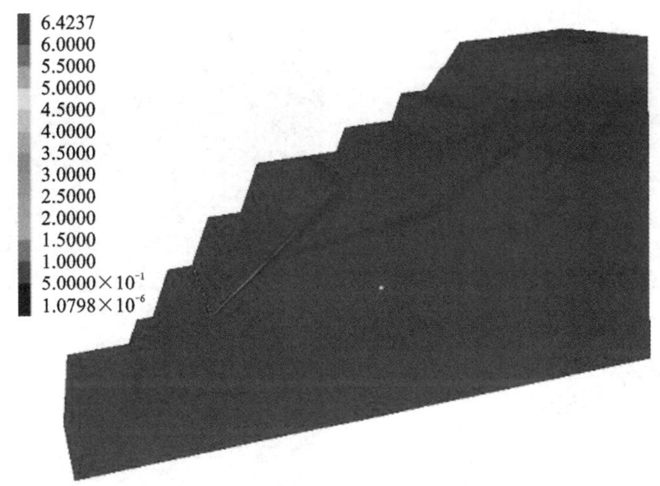

图 6-70　5#剖面开采至设计深度时的最大剪应变增量

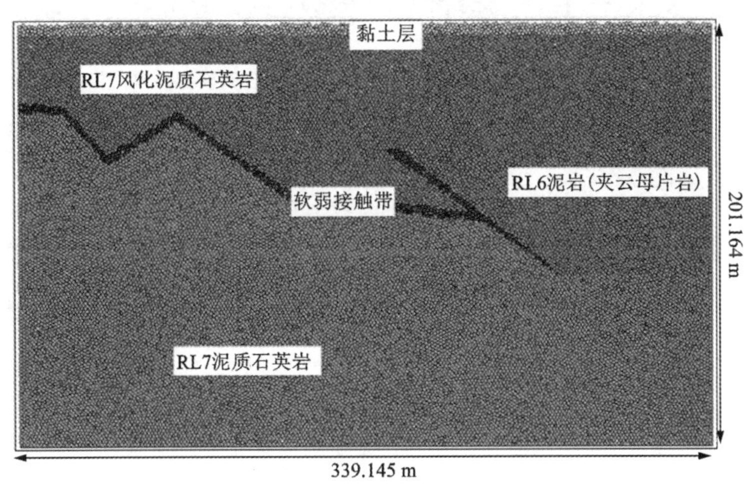

图 6-71　开挖前 5#剖面 PFC 2D 数值计算模型

根据岩土体物理力学性质，颗粒接触采用平行黏结模型，反复调试模型的细观力学参数，使其宏观力学参数与室内试验结果吻合。

边坡开挖过程中，由于岩土体颗粒的相互作用，颗粒间的平行黏结发生张拉或剪切破坏，图 6-72 中圈内范围颗粒即为平行黏结破坏的颗粒，边坡失稳破坏过程可大致分为四个阶段：第一阶段：施工开挖后初期，各台阶开挖临空面小范围岩土体受到扰动，黏结破坏颗粒零星散布于坡面浅层[图 6-72(a)]；第二阶段：软弱接触带外侧的 1220 m 台阶和 1190 m 台阶坡顶颗粒黏结破坏较多，位移增大，破坏初显。边坡内部变化较小，风化泥质石英岩黏结破坏颗粒逐渐增多[图 6-72(b)]；第三阶段：破坏范围扩大，1190 m 台阶坡脚处黏结破坏颗粒继续增多，破坏面积扩大，在重力作用下，部分颗粒开始滑移出坡面，1250 m 台阶、1235 m 台阶开始呈现较明显的滑塌[图 6-72(c)]；第四阶段，1220 m 台阶和 1190 m 台阶滑塌严重，两台阶近乎合并[图 6-72(d)]。

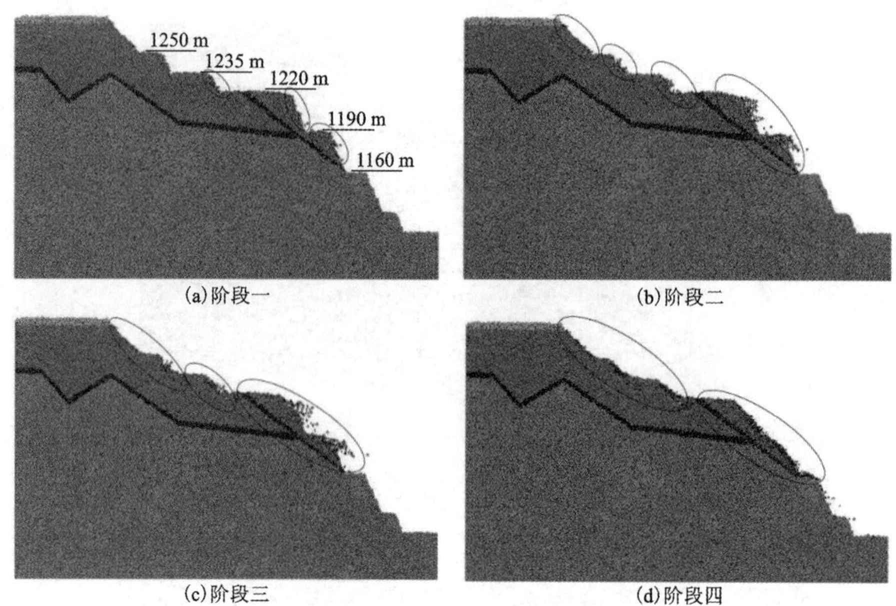

(a)阶段一　(b)阶段二　(c)阶段三　(d)阶段四

图 6-72　边坡失稳破坏过程颗粒流模拟

图 6-73、图 6-74 分别为模型计算结束时的位移和速度矢量图。由图可知，整个边坡从坡底至坡顶，位移和速度较大的颗粒均分布在边坡开挖面附近，其中开挖面软弱接触带右侧的 RL6 泥岩层的颗粒位移和速度最大，同时位移、速度矢量图均表明坡顶颗粒向下运动，运动方向基本一致，边坡中部稳定性较差。

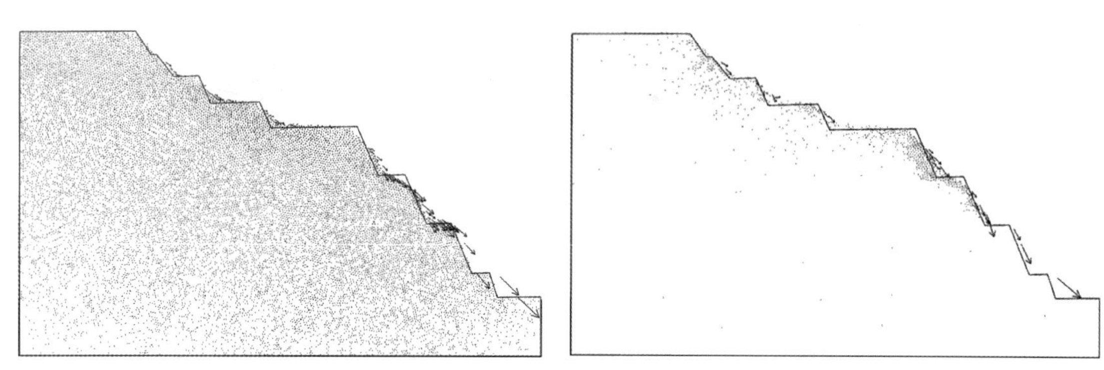

图 6-73　边坡位移矢量图　　**图 6-74　边坡位移速度矢量图**

5. 边坡可靠度分析

基于拉丁超立方抽样技术，采用极限平衡方法分析局部边坡和整体边坡的可靠度。

1）潜在滑面位置与安全系数分布

图 6-75 所示为采用极限平衡法得到的上部边坡、中部台阶和整体边坡安全系数最小的 100 条潜在滑面。上部潜在滑面可分为两部分，一部分集中于坡顶至 1250 m 台阶，另一部分集中于坡顶至 1220 m 台阶；中部台阶边坡潜在滑面位于 1160 m 至 1220 m 两个台阶泥岩层

中，而且安全系数较低；整体边坡安全系数最小的 100 条潜在滑面均集中在边坡坡底至 1220 m 平台之间。

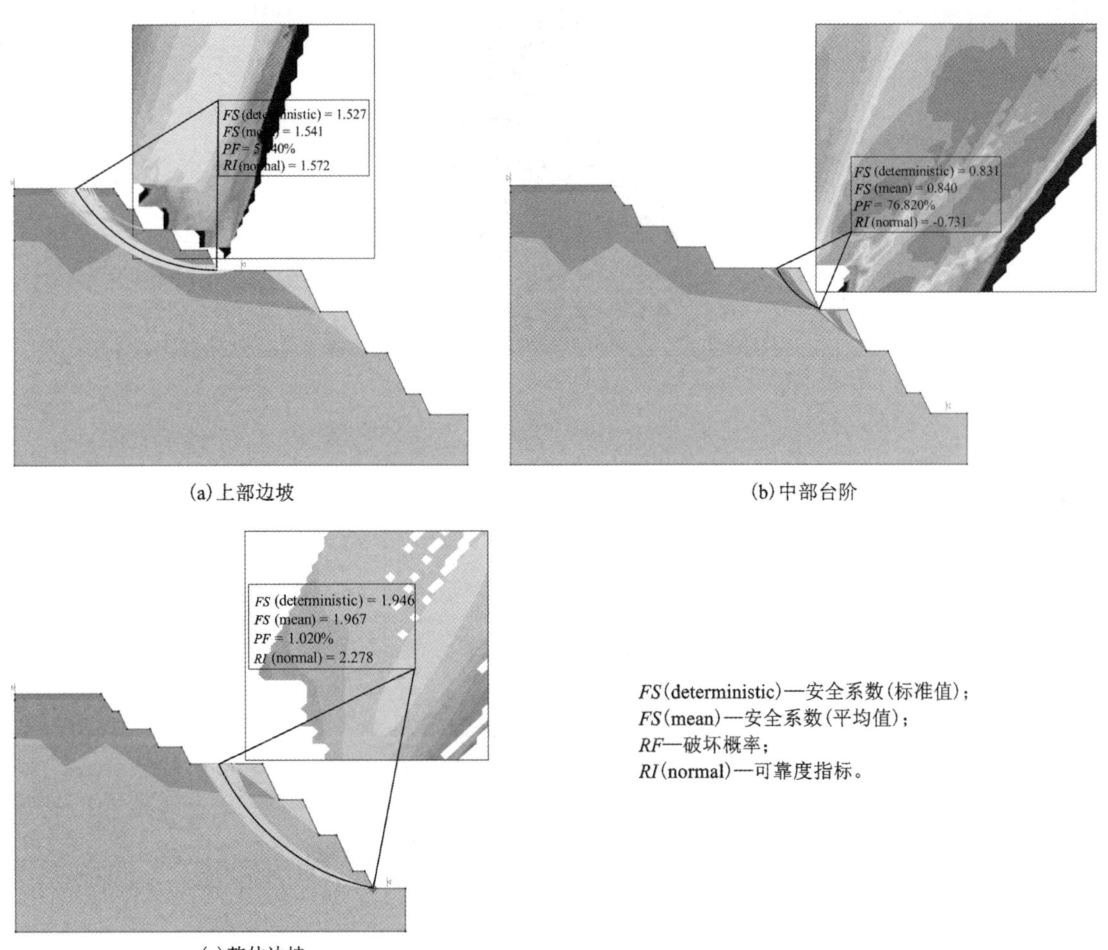

(a) 上部边坡　　(b) 中部台阶　　(c) 整体边坡

图 6-75　5#剖面边坡潜在滑面位置与安全系数

图 6-76 为 5#剖面上部边坡、中部台阶及整体边坡安全系数概率分布图，上部、中部及整体边坡安全系数均服从正态分布。

2) 可靠度计算结果分析

5#剖面上部边坡、中部台阶及整体边坡采用不同极限平衡方法得到的可靠度结果分别见表 6-25～表 6-27。

对于上部边坡，计算得到的破坏概率平均值为 6.608%，可靠度指标平均值为 1.504，略低于 1.51 的目标可靠度指标；对于中部台阶，计算得到的破坏概率平均值为 78.056%，可靠度指标为负数，该边坡中部两个台阶边坡失稳概率大，可靠度指标不可接受；对于整体边坡，破坏概率平均值为 1.191%，可靠度指标平均值为 2.228，高于 1.86 的边坡目标可靠度指标，满足边坡稳定性要求。

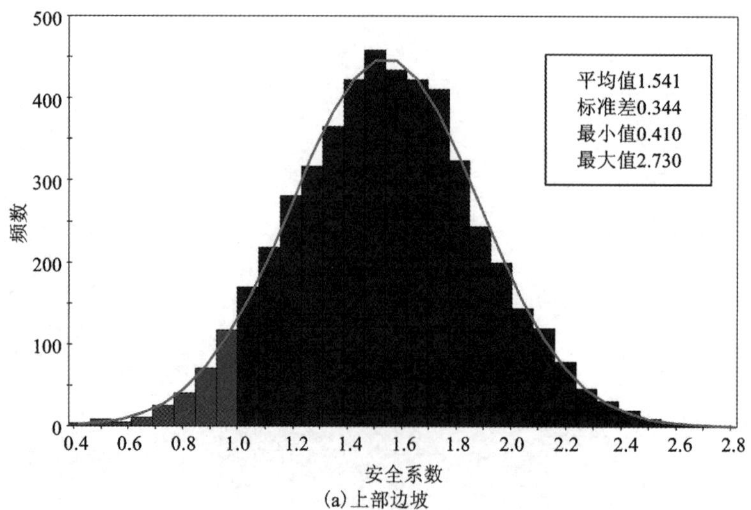

(a)上部边坡

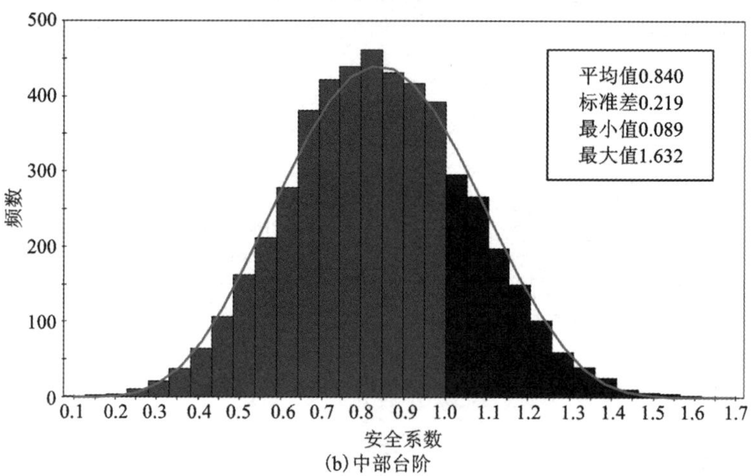

(b)中部台阶

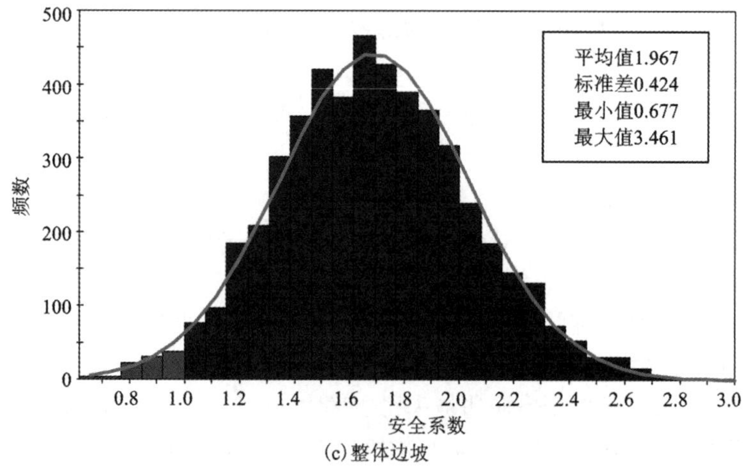

(c)整体边坡

图 6-76 5#剖面边坡安全系数概率分布

表 6-25 5#剖面上部边坡可靠度计算结果

	简化毕肖普法	瑞典条分法	简化简布法	美国陆军工程师团法#1	斯宾塞法	平均值
安全系数 FS(平均值)	1.541	1.466	1.428	1.556	1.537	1.506
破坏概率 PF/%	5.640	7.660	8.860	5.180	5.700	6.608
可靠度指标 RI	1.572	1.426	1.350	1.604	1.567	1.504

表 6-26 5#剖面中部台阶可靠度计算结果

	简化毕肖普法	瑞典条分法	简化简布法	美国陆军工程师团法#1	斯宾塞法	平均值
安全系数 FS(平均值)	0.840	0.838	0.844	0.832	0.790	0.829
破坏概率 PF/%	76.820	76.860	75.520	77.494	83.584	78.056
可靠度指标 RI	-0.731	-0.734	-0.697	-0.756	-0.994	-0.782

表 6-27 5#剖面整体边坡可靠度计算结果

	简化毕肖普法	瑞典条分法	简化简布法	美国陆军工程师团法#1	斯宾塞法	平均值
安全系数 FS(平均值)	1.967	1.896	1.839	1.937	1.952	1.918
破坏概率 PF/%	1.020	1.380	1.460	1.071	1.025	1.191
可靠度指标 RI	2.278	2.179	2.155	2.267	2.260	2.228

3)可靠度评价结果

依据穆利亚希露天矿边坡的目标可靠度指标(整体边坡可接受目标可靠度指标为 1.86,局部非关键区域、台阶边坡可接受目标可靠度指标为 1.51),对于 5#剖面边坡,整体可靠度指标大于 1.86,边坡稳定性可接受,可认为边坡发生整体失稳的可能性较低,处于稳定状态。对于边坡局部区域,由于岩体风化程度较高或岩性较差,边坡可靠度指标低于目标可靠度指标,存在局部失稳风险,应加强防范。

6.5 露天矿边坡工程处治

与其他边坡工程相比,露天矿边坡工程有其特殊性,即其允许一定程度的边坡变形和失稳。因此,应充分考虑和分析露天矿边坡工程的需求,确定经济合理、技术可行、安全可靠的加固与支护措施及其治理时机,以保障露天矿山的安全生产与可持续发展。对于露天矿边坡工程,常用的加固与支护技术包括削坡减载与减重反压、防水与排水、锚杆(索)加固、抗滑桩、落石防护、注浆加固等措施。

6.5.1 削坡减载与减重反压

为提高边坡抗滑稳定性，可采取减小下滑力或增大抗滑力的技术措施，改善边坡的力学平衡条件，通常实施削坡减载法和减重反压法以稳定边坡。

1. 削坡减载法

削坡减载法通过改变边坡形状即降低边坡高度或放缓边坡角，永久性地改变边坡岩土体应力状态，通常是提高边坡稳定性的最简易方法。但削坡减载在降低边坡下滑力的同时，也降低了潜在滑面的正应力和抗滑摩擦力，因此，该方法并不总是最有效的技术措施，实施前应根据潜在滑体的工程地质条件，进行施工设计，反复验算边坡稳定性，证明其有效性。

削坡是将过陡的不稳定边坡削缓，以达到边坡的力学稳定；减载是减少滑体或潜在滑体上部的质量，使下滑力减小，即相对增加滑动体的支撑力，使边坡达到力学平衡状态，维持边坡的稳定。因此，根据边坡的具体情况可采取以下措施：

(1) 对于高陡的岩石边坡，如不存在顺坡向的不利结构面，仅因岩体受节理裂隙切割，较为破碎，可能产生崩塌、坠石等局部失稳现象，则可采取剥除“危岩”、削缓边坡顶部的治理措施；

(2) 对于同向缓倾层状结构边坡，可削缓边坡坡度，减小潜在滑体体积，以减少下滑力。应注意，削坡前应对潜在滑体形态结构进行分析，削缓主滑部分，且避免削减阻滑岩体，否则可能加剧滑动变形的发展；

(3) 当边坡高度较大时，削坡时常须分级留出平台，以提高边坡稳定性。

一般情况下，当边坡为同向层状结构时，削坡的极限坡角常是沿顺坡结构面开挖，此时理论上任意高度的边坡均稳定。但沿结构面从坡脚一直到坡顶削坡挖方工作量大，故应分级削坡以减少开挖土石方量，如图 6-77 所示。

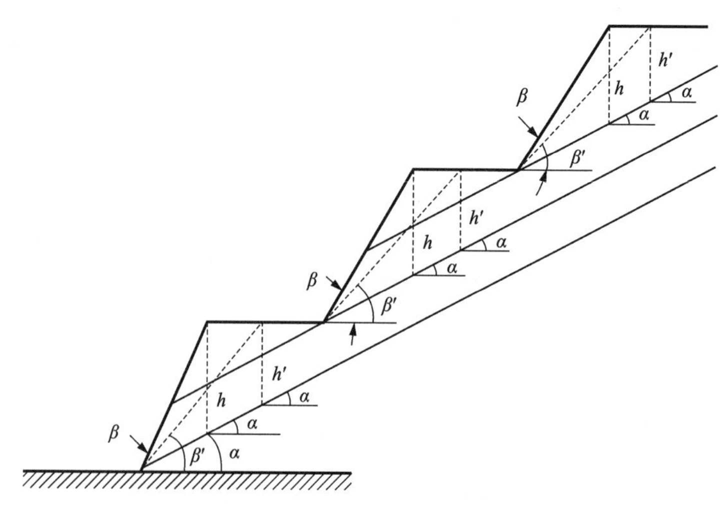

图 6-77 分级削坡示意图

2. 减重反压法

减重是挖除潜在滑体上部的岩土体，以减少其引起的下滑力；反压是在滑体前部的抗滑地段采取加载措施以增大抗滑力。研究表明，对于推移式滑坡，若将 4%左右的滑动体从坡顶转移到坡脚，边坡安全系数可提高约 10%。

减重反压法一般适用于滑动面具有上陡下缓或接近于弧形特征的滑体，当滑体后部的滑动厚度比滑体前缘厚度大很多时，效果尤为显著。因此，减重反压法主要适用于治理推移式滑动的边坡。

减重后的边坡应及时整平，做好防水措施，防止水沿裸露的裂隙渗入边坡内部。此外，还应注意避免由于减重开挖引起上方及周边岩土体产生新的滑移变形，确保工程安全。

生产矿山在开挖过程中，由于采深或其他条件限制，无法对潜在不稳定体实现削坡减载时，可在不稳定体坡脚预留临时或永久的岩土体反压，以稳定边坡。

6.5.2　边坡防排水

水是促使边坡失稳的一个主要因素，其不利效应十分明显，尤其对大型结构面力学参数影响较大。水的不利影响主要表现在：①降低岩土体的有效应力及抗剪强度；②增大岩土体容重，增加下滑力；③基岩面不透水时，产生扬压力(浮托力与渗透压力之和)；④地下水渗流造成动水压力；⑤对岩土体的物理化学软化作用。因此，尽量减少地表水向坡体渗透并排出坡体内的地下水，将对边坡稳定性发挥重要作用。

大量生产实践和现场研究证明，对于因地表水大量入渗和地下水活动影响而稳定性欠佳的边坡，采用疏干排水措施可取得良好效果。

治理地表水的原则：对于坡体以外的地表水，以拦截旁引为原则；对于坡体以内的地表水，则以防渗、尽快汇集排走为原则。

治理地下水的原则：采取排水措施降低地下水位，消除或减轻水对边坡体的静水压力、托浮力和动水压力，以及地下水对岩土体的物理化学软化作用。

1. 地表截排水

设置地表排水系统排除地表水，对处治各类边坡工程均适用。合适的地表排水设施，特别是对于软弱或易受侵蚀的岩土体，能够改善因地表水作用导致的边坡稳定性降低。常见的地表排水措施包括排水沟、截水沟、河流改道、调洪水库、拦河护堤等。

排水沟渠的设计要考虑防冲和防淤的要求，各种坡面排水沟渠的设计应符合相关规范的要求，可以通过改变排水沟的设置方向调整水流速度，排水沟的断面形状一般为矩形、梯形或 U 形。

当边坡上方地表径流量较大时，应设置拦截地表径流的截水沟。截水沟应结合地形和地质条件沿等高线布置，将拦截的水顺畅地排向自然沟谷或水道。

2. 地下截排水

地下排水系统的整体设计方案应根据边坡所处位置、工程地质和水文地质条件确定。对于地下水丰富的矿山，条件许可时尽可能采用截堵方案，其有利于地下水资源的保护，同时安全、经济性较好，通常可选用防水矿柱、注浆防渗帷幕、地下连续墙等形式；对于一般地下水条件的矿山，可考虑采用排水措施，通常选用排水洞、排水孔、集水井等结构。

1)截堵水措施

(1)注浆帷幕

在靠近临河(水源)侧矿坑边坡外通过注浆工艺形成止水注浆帷幕，作为边坡体的隔水结构。该措施主要优点是地面施工方便、工艺流程简单，适用于水文地质边界条件较为简单的矿区，但由于注浆结石体连续性一般，止水效果不够理想，同时帷幕墙体强度不够，对边坡的加固效果有限。

(2)隔水帷幕桩

在临河(水源)侧的边坡外施作连续桩体(如旋喷桩、搅拌桩等)，作为矿坑开挖的隔水结构，同时该结构具有岩土体加固效应。为提高隔水效果，一般帷幕桩直径为0.6~0.8 m，采用双排或多排布置。该方法的优点是止水效果较好、地面施工方便、造价较低，但由于隔水帷幕桩强度不够，对边坡的加固作用有限。

(3)地下连续墙

在临河(水源)侧的矿坑边坡外侧，修建混凝土或钢筋混凝土结构的地下连续墙，可实现良好的隔水效果。该结构防渗性好、墙体刚度大，适用于复杂地层条件，工效高、质量可靠；但地下连续墙造价较高，同时由于地下连续墙的止水效果好，会形成较大的静水压力差，墙体自身稳定性受土压力、水压力的影响较大，需要结合锚固等技术措施确保墙体的稳定。

2)排水措施

(1)排水洞

排水洞是人工开挖的隧洞，通常在隧洞周围布置一定深度的排水孔，形成一个有效降低地下水位的排水系统。由于岩体中的地下水属于裂隙渗流，因此此类排水系统可有效截排地下水，降低边坡内部地下水位。

排水洞一般平行于边坡走向布置，必要时可在其他方向设置支洞，以穿过可能的阻水带，扩大控制地下水的范围。对于较高边坡，通常需在不同高程布置若干条排水洞，以最大程度排出坡内地下水。

(2)排水孔

排水孔是地下排水的一种重要方式。排水孔施工简单、快速，而且可以控制较大范围的地下水，其布置方式主要包括：①通过坡面打排水孔，以疏干地下水；②与地下排水廊道(排水洞)或抽水井相连，以增大此类排水结构的控制范围。

排水孔的布置应满足下列要求：①排水孔应具有足够大的直径，保证水流通畅；②排水孔一般设置为仰角，坡度为3%~10%，保证进入排水孔的水全部流出孔外；③排水管应具有足够的刚度和强度，在保证自身结构完整的同时防止孔壁坍塌；④排水管一般为花管，通常用反滤材料保护，以防产生淤堵；⑤在坚硬岩体中布设排水孔，可考虑不做保护，直接钻孔排水。

(3)集水井

当通过排水洞和排水孔汇集的地下水不能依靠重力排出坡外时，可考虑采用集水井排水工程。选择地下水相对集中位置，设置直径大于3 m的竖井，并在井壁上设置水平钻孔，使附近地下水汇集到井中。

集水井深度一般为15~30 m。对于不稳定区域，集水井深度应浅于滑动面；对于稳定区域或滑坡区域外，集水井应进入基岩2~3 m。

6.5.3　锚杆(索)加固

锚杆(索)加固具有结构简单、施工安全、对坡体扰动小、对附近建筑物影响小、节省工程材料、控制坡体稳定效果显著等优点，近年来得到了迅速发展和广泛应用。

边坡锚固的基本原理是依靠锚杆周围稳定地层的抗剪强度来传递结构物(被加固物)的拉力，以稳定结构物或保持边坡自身的稳定。锚固作用机理主要包括悬吊作用、组合梁作用、挤压加固作用等。

为满足不同地质条件、岩土性质和工况下的工程加固需求，已研制了各种各样的锚杆，并同时衍生出多种锚固技术和方法。锚索是高承载力的锚杆，其强度、锚固深度、单锚拉力均较大。锚杆结构一般包括锚头、杆体和锚固体三部分，工程锚杆常按以下方法分类：

(1)按应用对象划分，包括岩石锚杆、土层锚杆；

(2)按是否预先施加应力划分，包括预应力锚杆、非预应力锚杆；

(3)按服务期限划分，包括临时锚杆、永久锚杆；

(4)按锚固机理划分，包括黏结式锚杆(水泥砂浆锚杆、树脂锚杆)、摩擦式锚杆(缝管式、水胀式及楔缝式锚杆)、端头锚固式(机械式)锚杆和混合式锚杆；

(5)按锚固体传力方式及荷载分布条件划分，包括压力型锚杆、拉力型锚杆、压力分散型锚杆和拉力分散型锚杆；

(6)按锚固体形态划分，包括圆柱形锚杆、端部扩大型锚杆和连续球型锚杆。

锚固布设原则与设计：在现场调查和工程勘察基础上，锚固工程应采用理论计算、工程类比和监控量测相结合的设计方法，合理发挥岩土体固有强度和自承能力。在锚杆设计前，应依据调查及勘察结果，对所采用的锚杆安全性、经济性进行评估，对施工可行性作出判断。

1. 锚杆布设基本要求

锚杆布设原则上应根据实际地层情况以及锚杆与其他支挡结构联合使用的具体情况确定，必须充分了解边坡的地质状况，确定边坡变形破坏模式后，方可确定锚杆布设位置。锚杆布设的总体原则是对边坡潜在滑体产生最佳的抗滑效果，一般应满足以下基本要求：

(1)锚杆间距和长度，应根据锚固工程周围地层的整体稳定性确定。

(2)锚杆间距除必须满足锚杆的受力要求外，还应大于 1.5 m，以避免“群锚效应”。当所采用的间距小于 1.5 m 时，应将相邻锚杆的倾角调整至相差 3°以上。一般条件下，Ⅰ、Ⅱ、Ⅲ级围岩边坡预应力锚杆间距宜为 3.0~6.0 m，Ⅳ、Ⅴ级围岩及土质边坡预应力锚杆间距宜为 2.5~4.0 m。

(3)锚杆与相邻基础或地下设施间的距离应大于 3.0 m。

(4)锚杆锚固段应在潜在滑面以外的稳定岩土体内，且上覆岩土层厚度不宜小于 4.5 m，避免坡顶反复荷载的影响，同时不会因较高注浆压力而使上覆土层隆起。

(5)根据锚杆的作用原理，对于不同类型工程，锚杆倾角是不同的，确定锚杆倾角应有利于满足工程抗滑、抗塌、抗倾或抗浮的要求，锚杆应避免与水平面成-10°~+10°的夹角，锚杆布设角度一般不小于 13°也不应大于 45°，以 15°~35°为宜。

(6)锚杆钻孔直径应满足锚杆抗拔承载力和防腐保护要求，压力型或压力分散型锚杆的钻孔直径应满足承载体尺寸的要求。

(7)对于不同的边坡破坏模式，预应力锚杆的布设方式可参照图 6-78 确定，当边坡失稳模式为滑动破坏时，应将锚杆布置在潜在滑动体的中、下部；当边坡失稳模式为倾倒破坏时，应将锚杆布置在潜在倾倒体的中、上部；当存在软岩层或风化带，可能导致边坡变形破坏时，锚杆长度应穿过软岩层或风化带布置，并采用混凝土加固封闭。

2. 锚固设计流程

以预应力锚杆为例，锚固工程设计主要包括边坡安全等级确定、锚固力计算、锚杆选型、锚杆布设、锚杆结构(杆体与锚固体截面面积、锚固段长度、自由段长度等)设计、传力结构与锚头设计、防腐保护构造设计、整体稳定性验算等内容，其基本流程如图 6-79 所示。其中，边坡安全等级可根据《非煤露天矿边坡工程技术规范》(GB 51016)等规范确定。

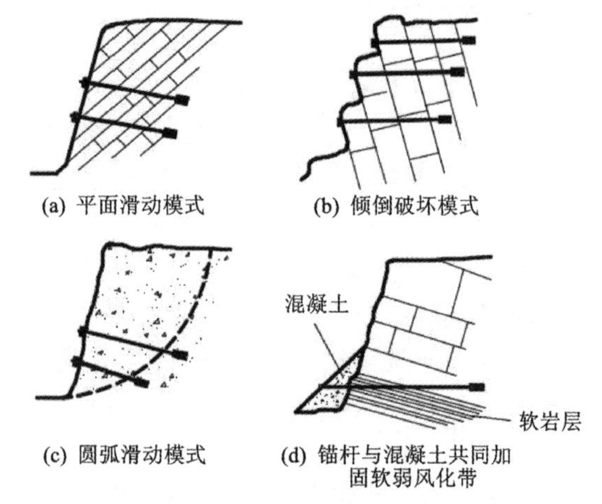

图 6-78 预应力锚杆布设方式示意图

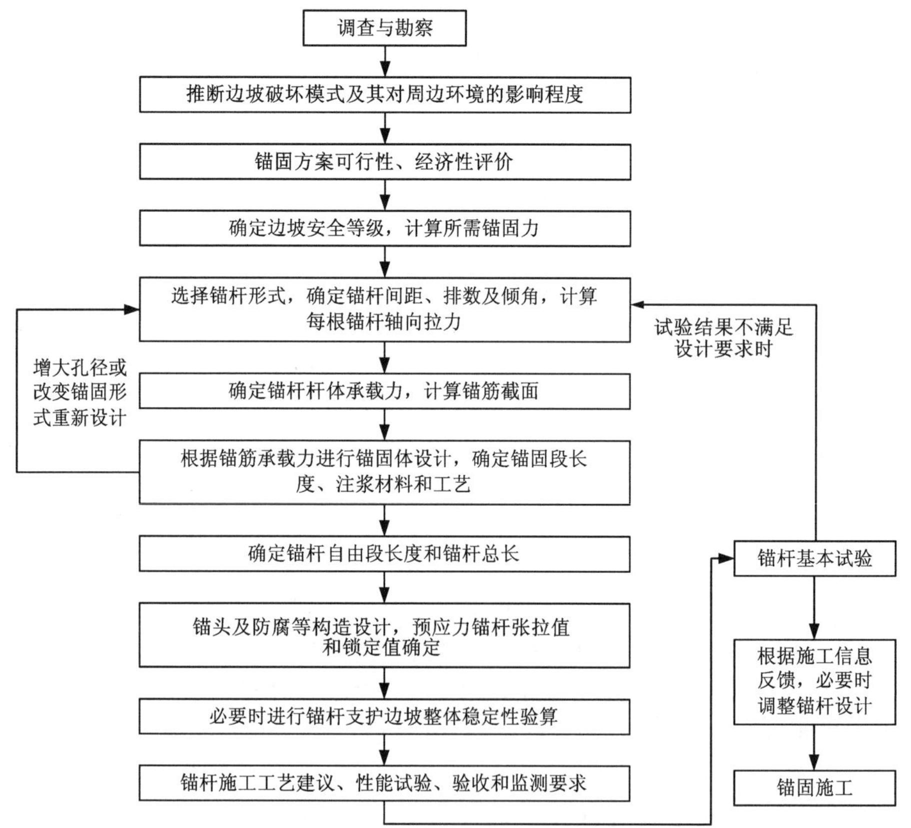

图 6-79 边坡锚固工程设计基本流程(以预应力锚杆为例)

3. 锚固设计计算

锚固边坡稳定性分析可采用极限平衡法，但对于重要或复杂边坡的锚固设计，宜同时采用极限平衡法与数值分析法进行计算。一般而言，对可能产生圆弧滑动的锚固边坡，宜采用简化毕肖普法、摩根斯坦-普赖斯法或简布法计算，也可采用瑞典法计算；对可能产生平面滑动的锚固边坡，宜采用平面滑动解析法计算；对可能产生折线滑动的锚固边坡，宜采用传递系数隐式解法、摩根斯坦-普赖斯法或萨玛法计算；对岩体结构复杂的锚固边坡，可配合采用赤平极射投影法和实体比例投影法等进行分析。

1) 锚杆拉力设计值

根据工程实际需求的锚固力，结合工程类比法，可初步选定锚杆排数和锚杆间距，即单根锚杆拉力标准值应根据边坡锚固力、锚杆排数及间距确定：

$$N_k = \frac{J \cdot l}{n} \tag{6-61}$$

式中：N_k 为单根锚杆拉力标准值，kN；J 为边坡延米锚固力，kN/m；l、n 分别为锚杆水平间距和排数。

预应力锚杆拉力设计值与锚杆拉力标准值之间存在下列关系：

对于永久锚杆：

$$N_d = 1.35\gamma_w N_k \tag{6-62}$$

对于临时锚杆：

$$N_d = 1.25N_k \tag{6-63}$$

式中：N_d 为单根锚杆拉力设计值，kN；γ_w 为工作条件系数，一般情况取 1.1。

2) 锚杆选型

锚杆类型应根据工程要求、锚固地层性质、锚杆极限受拉承载力、不同类型锚杆的工作特征、现场条件、施工方法等综合因素，按表 6-28 选取。此外，预应力锚杆设计的承载能力极限状态还应符合下列要求：

$$T_{uk} \geqslant KN_k \tag{6-64}$$

式中：T_{uk} 为锚杆极限受拉承载力，kN；K 为综合安全系数，可按相关规范选取。

表 6-28　不同类型预应力锚杆的工作特性与适用条件

序号	锚杆类型	锚杆工作特性与适用条件
1	拉力型锚杆	锚固地层为硬岩、中硬岩或非软土层；单锚的极限受拉承载力为 200~1000 kN；当锚固段长度大于 8 m(岩层)或 12 m(土层)时，锚杆极限抗拔承载力的提高极为有限或不再提高；锚杆长度可达 50 m 或更大
2	压力型锚杆	锚固地层为腐蚀性较高的岩土层；单锚的极限受拉承载力不大于 300 kN(土层)或 1000 kN(岩石)；当锚固段长度大于 8 m(岩层)或 12 m(土层)时，锚杆极限抗拔承载力的提高极为有限或不再提高；良好的防腐性能；锚杆长度可达 50 m 或更大

续表6-28

序号	锚杆类型	锚杆工作特性与适用条件
3	压力分散型锚杆	锚固地层为软岩、土层或腐蚀性较高的地层；锚杆极限抗拔承载力可随锚固段长度增大成比例增加；单位长度锚固段承载力高，且蠕变量小；良好的防腐性能；锚杆长度可达 50 m 或更大
4	拉力分散型锚杆	锚固地层为软岩或土层；锚杆极限抗拔承载力可随锚固段长度增大成比例增加；单位长度锚固段承载力高，且蠕变量小；锚杆长度可达 50 m 或更大
5	后(重复) 高压灌浆锚杆	适用于土层或软岩中的临时性或永久性锚杆；单位长度锚固段抗拔承载力可提高 1.0 倍以上；可对锚固段周边地层实施多次高压灌浆

设计轴向拉力小于 500 kN(小预应力)、长度小于 20 m 的锚杆，通常采用普通钢筋 HRB335、HRB400；设计轴向拉力不小于 500 kN(大预应力)、长度不小于 20 m 的长锚杆或具有蠕变的地层，宜采用钢绞线。在实际工程设计中，对于腐蚀性地层的永久锚杆，其锚杆杆体直径应增大 2~3 mm，以增强锚杆的耐腐蚀性。锚杆杆体材料选型可参考表 6-29。水泥宜采用普通硅酸盐水泥，强度等级不应低于 32.5，压力型和压力分散型锚杆应采用强度等级不低于 42.5 的水泥。

表 6-29　锚杆杆体材料选型

锚杆特征 锚杆类别	杆体材料	锚杆轴向拉力 N_d/kN	锚杆长度 L/m	应力状况	备注
土层锚杆	普通螺纹钢筋	<300	<16	非预应力	锚杆超长时， 施工安装难度较大
	钢绞线 高强度钢丝	300~800	>10	预应力	锚杆超长时施 工较方便
	预应力螺纹钢筋 (直径 18~25 mm)	300~800	>10	预应力	杆体防腐性好， 施工安装方便
	无黏结钢绞线	300~800	>10	预应力	压力型、 压力分散型锚杆
岩层锚杆	普通螺纹钢筋	<300	<16	非预应力	锚杆超长时， 施工安装难度较大
	钢绞线 高强度钢丝	300~3000	>10	预应力	锚杆超长时施工 较方便
	预应力螺纹钢筋 (直径 25~32 mm)	300~1100	>10	预应力或 非预应力	杆体防腐性好， 施工安装方便
	无黏结钢绞线	300~3000	>10	预应力	压力型、压力 分散型锚杆

3）锚杆结构设计

预应力锚杆结构的设计计算主要包括三个方面，即锚杆杆体的抗拉承载力计算、锚杆锚固段注浆体与杆体间的抗拔承载力计算以及注浆体与地层间的抗拔承载力计算。对于压力型或压力分散型锚杆，还应进行锚固段注浆体横截面的受压承载力计算。

（1）杆体截面面积

对于钢绞线或预应力螺纹钢筋：

$$A_s \geqslant \frac{N_d}{f_{py}} \tag{6-65}$$

对于普通钢筋：

$$A_s \geqslant \frac{N_d}{f_y} \tag{6-66}$$

式中：A_s 为锚杆杆体的截面面积，mm^2；f_{py} 为预应力螺纹钢筋或钢绞线的抗拉强度设计值，N/mm^2；f_y 为普通钢筋抗拉强度设计值，N/mm^2。

f_{py}、f_y 可参考《混凝土结构设计规范》（GB 50010）选取。此外，锚杆杆体的张拉控制应力 σ_{con} 还应满足《岩土锚杆与喷射混凝土支护工程技术规范》（GB 50086）等规范的要求。

（2）锚固段长度

锚固段长度可根据计算或工程类比法确定，对于Ⅰ、Ⅱ级边坡应同时采用现场拉拔试验验证。锚杆或单元锚杆的锚固段长度可由式（6-67）和式（6-68）确定，并取两者间的较大值：

按锚固体与杆体间的黏结强度计算：

$$L_a \geqslant \frac{N_d}{n\pi d\xi f'_{ms}} \tag{6-67}$$

按锚固体与地层间的黏结强度计算：

$$L_a \geqslant \frac{F_a N_d}{\pi D f_{mg}\psi} \tag{6-68}$$

式中：L_a 为锚杆锚固段长度，m；n 为钢筋或钢绞线根数；d 为钢筋或钢绞线的直径，mm；D 为锚杆锚固段的钻孔直径，mm；F_a 为锚固段注浆体与地层间的黏结抗拔安全系数；ξ 为界面的黏结强度降低系数，采用2根或2根以上钢筋或钢绞线时，取0.70~0.85；f'_{ms}为锚固段注浆体与杆体间的黏结强度设计值，MPa；f_{mg} 为锚固段注浆体与地层间的黏结强度标准值，MPa；ψ 为锚固段长度对极限黏结强度的影响系数。

f'_{ms}、f_{mg}、ψ 需由试验确定，当无试验资料时，可参考《岩土锚杆与喷射混凝土支护工程技术规范》（GB 50086）选取。一般而言，拉力型与压力型锚杆的锚固段长度宜为3~8 m（岩石）和6~12 m（土层）。在软岩或土层中，当拉力或压力型锚杆的锚固段长度超过8 m（软岩）和12 m（土层）时，宜采用压力分散型或拉力分散型锚杆。压力分散型与拉力分散型锚杆的单元锚杆锚固段长度宜为2~3 m（软岩）和3~6 m（土层）。

（3）自由段长度

锚杆自由段长度应根据锚杆与潜在滑面、边坡坡面的交点间距确定，一般不应小于5.0 m。此外，自由段应穿过潜在滑面至少1.5 m，并将锚固段布设于合适的地层内，以保证锚固系统的整体稳定性。

(4)传力结构与锚头

表层为土层或软弱破碎岩体的边坡，宜采用框架梁型钢筋混凝土传力结构；Ⅰ、Ⅱ级及完整性好的Ⅲ级围岩边坡宜采用墩座或地梁型钢筋混凝土传力结构；有条件时应优先采用预制的传力结构。

锚头的结构构造和形状尺寸应根据锚杆的设计荷载、岩土地层条件、支挡结构和施工条件确定，并保证有足够的强度和刚度，不得产生有害的变形，从而有效地保持锚杆预应力值的恒定。

4)锚杆初始预应力

锚杆张拉需有序进行，张拉顺序应避免邻近锚杆的相互影响。正式张拉前，可取0.1~0.2的拉力设计值，对锚杆预张拉1~2次，使杆体完全平直、各部位接触紧密。

对地层和被锚固结构位移控制要求较高的工程，锚杆初始预应力值宜为锚杆拉力设计值；对地层和被锚固结构位移控制要求较低的工程，锚杆初始预应力值宜为锚杆拉力设计值的0.70~0.85倍；对具有明显流变特征的高应力低强度岩体，初始预应力宜为锚杆拉力设计值的0.5~0.6倍；对用于特殊地层或被锚固结构有特殊要求的锚杆，其初始预应力可根据设计要求确定。

6.5.4 抗滑桩工程

抗滑桩是将桩插入滑面以下的稳固地层内，利用稳定地层岩土体的锚固作用以平衡滑坡推力，从而提高边坡稳定性、稳定滑坡的一种结构物。抗滑桩工程抗滑能力强、支挡效果好，能有效防止古滑坡复活及因开挖坡体松弛而形成滑坡，已广泛应用于矿山、铁路、公路、工业与民用建筑基坑、港口等边坡工程。

1. 抗滑桩类型

抗滑桩按不同的分类标准可划分为若干种类型，如表6-30所示。实际工程应用中，应根据滑坡类型及规模、地质条件、滑床岩土体性质、施工条件和工期要求等因素选择适宜的桩型。常见的抗滑桩形式如图6-80所示。

表6-30 抗滑桩类型划分

序号	划分方式	抗滑桩类型
1	桩身材质	木桩、钢桩、混凝土桩、钢筋混凝土桩等
2	桩身横截面形状	圆形、管形、方形、矩形、十字形、H形、箱形、多边形等
3	桩身纵截面形状	柱状桩、板桩、楔形桩、锥形桩等
4	成孔工艺	打入桩、钻孔桩、挖孔桩
5	施工工艺	预制桩、灌注桩
6	结构型式	单排或多排式单桩、承压台式桩、排架桩等
7	桩头约束条件	普通桩、锚拉桩等
8	桩身变形状况	刚性桩、弹性桩
9	桩身受力状态	全埋式桩、悬臂桩、埋入式桩

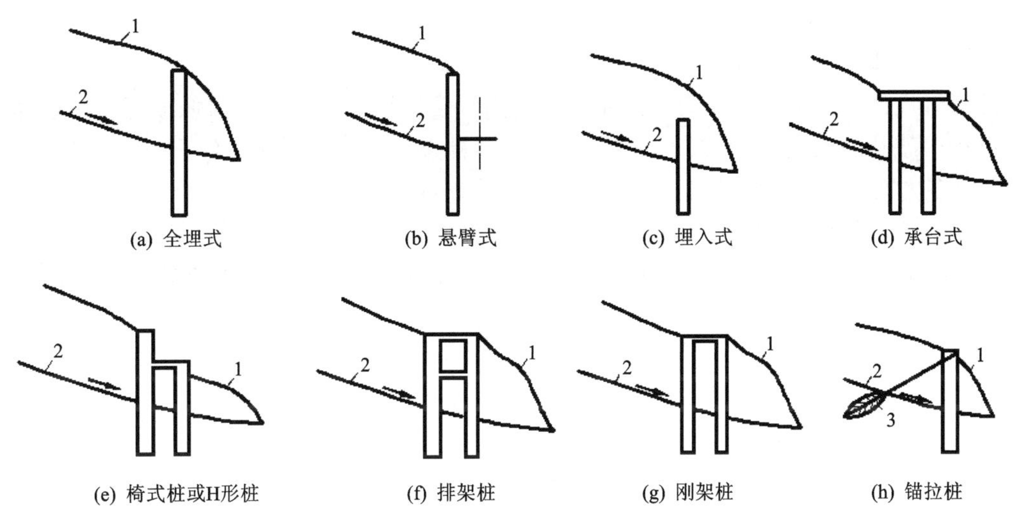

1—原地面；2—滑面；3—锚索。

图 6-80　常见的抗滑桩形式

当治理大型和特大型滑坡时，由于滑体厚度和滑坡推力大，桩身截面、埋深大，导致工程造价高、施工困难，一般采用锚拉抗滑桩，如图 6-81 所示。与普通抗滑桩相比，锚拉抗滑桩具有下列优点：①改变普通抗滑桩的受力状态，减小桩身弯矩和剪力，从而减小桩身截面面积及埋深，节省材料并降低造价；②锚索可控制桩顶位移量，由普通桩被动受力变为主动施力，使其成为主动抗滑结构，可有效减小滑体位移量，利于保证滑带（潜在滑带）的强度；③可较快控制滑坡。

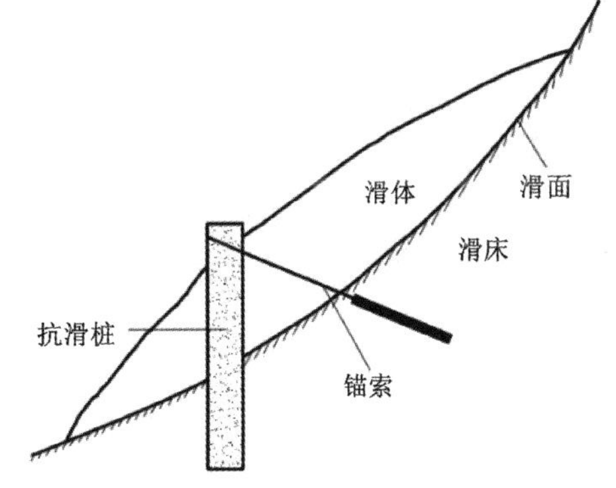

图 6-81　锚拉抗滑桩示意图

2. 抗滑桩设计

1）基本要求

抗滑桩是一种被动抗滑结构，只有当边坡产生一定的变形后，才能充分发挥作用。因此，抗滑桩宜用于潜在滑面明确、对变形控制要求不高的土质边坡、土石混合边坡和碎裂状、散体结构的岩质边坡。

抗滑桩宜布置在滑体中下部且滑面较平缓的地段；当滑面长、滑坡推力大时，可与其他加固措施配合使用，或沿滑动方向布置多排抗滑桩，多排抗滑桩宜按梅花形布置。对于流塑性地层，可在桩间设置连接板或联系梁，或采用小间距、小截面的抗滑桩。此外，抗滑桩设计还应满足下列要求：

（1）通过桩的作用可将滑坡推力传递到滑面以下稳定地层中，使滑体边坡安全系数达到规定值；保证滑体不越过桩顶，不从桩间挤出；

（2）桩身有足够的稳定性。桩的截面、间距及埋深适当，锚固段的横向应力在容许值内；

（3）桩身有足够的强度。钢筋配置合理，能够满足截面内力要求；

(4)保证施工过程安全、方便，且经济合理。

2)设计流程

抗滑桩设计主要是确定桩的平面布置、锚固深度、截面尺寸和结构强度等。一般而言，设计过程中涉及的问题较为复杂，必须做好各项调查、分析和研究工作。对于大型滑坡工程，需要多方案比较，以便做出正确、合理的设计方案。

(1)研究滑坡原因、性质、范围、厚度，分析滑坡的稳定状态、发展趋势；

(2)根据滑坡地质剖面及滑面处岩土体的抗剪强度指标，计算滑坡推力，如图 6-82 所示；

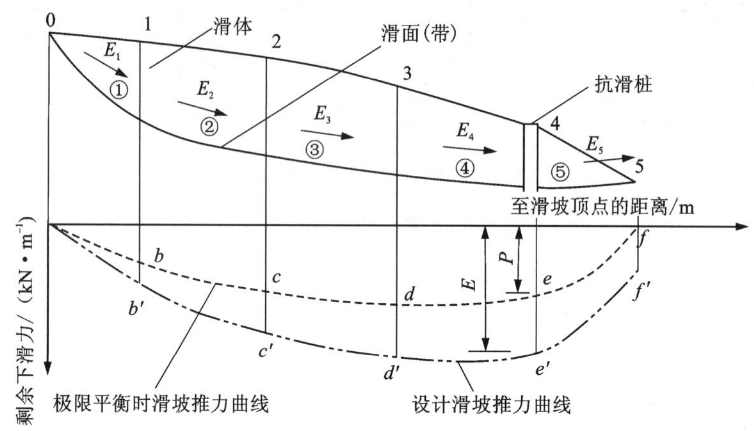

E_n 为下滑力；E 为桩后滑体推力；P 为桩前滑体抗力。

图 6-82 滑坡推力计算过程及推力曲线示意图

(3)根据地形、地质及施工条件等确定设桩位置及范围；

(4)根据滑坡推力大小、地形及地层性质，拟定桩长、锚固深度、桩截面尺寸及桩间距；

(5)确定桩的计算宽度，并根据滑体的地层性质，选定地基系数；

(6)根据选定的地基系数及桩的截面形式、尺寸，计算桩的变形系数及其计算深度，据此判断是否按刚性桩或弹性桩进行设计；

(7)根据桩底的边界条件，采用相应的公式计算桩身各截面的变位、内力及桩侧应力等，并计算最大剪力、弯矩及其位置，计算抗滑桩桩身内力时，国内大多采用悬臂桩法和地基系数法；

(8)校核地基强度，若桩身作用于地基的横向压应力超过地层容许值或小于容许值过多时，则应调整桩的埋深、截面尺寸或间距，重新计算，直至满足相关要求；

(9)根据计算结果，绘制桩身的剪力图和弯矩图；

(10)对于钢筋混凝土桩，根据上述计算结果进行配筋设计。

3)设计计算

目前，国内大多采用悬臂桩法和地基系数法，悬臂桩法将滑面以上视为悬臂梁，滑面以下视为 Winkler 弹性地基梁，由于其对桩体实际受力状况的简化偏于安全，因而对桩的内力计算结果是过于保守的；地基系数法把整根桩作为弹性地基梁来处理，通常认为其较接近抗滑桩的实际受力状况。国外通常采用线弹性地基系数法计算抗滑桩内力，将滑面以上按悬臂梁考虑，并采用一般静力学方法求解其内力，而滑面以下采用有限差分法求解其内力。抗滑桩设计计算过程较为烦琐、复杂，具体内容可参考《铁路路基支挡结构设计规范》(TB 10025)等相关规范。

初步确定桩位原则：多数滑坡体上部滑面陡，张拉裂缝多，不易设桩且在此部位设桩并不能对潜在滑体的中下部发挥作用，故效果较差；中部滑面深，下滑力大，设桩的工程量大，施工较为困难；潜在滑体的下部，滑面较缓，下滑力较小或系抗滑地段，布桩容易，且基本上能对整个潜在滑体起到抗滑作用，工程实践中多将抗滑桩布设在该部位。

初步选定布桩参数时，抗滑桩中心距可为 6~10 m，且宜大于桩的横截面短边或直径的 2.5 倍；锚固深度可为桩长的 1/4~1/3。工程上通常从控制锚固段桩周地层的强度来考虑桩的锚固深度，即要求抗滑桩传递到滑面以下地层的横向压应力不大于地层的横向容许承载力。此外，当桩的位移需要控制时，应考虑最大位移不超过容许值。实践表明，土层或软质岩层中锚固深度为 1/3~1/2 桩长，完整、较坚硬的岩层可采用 1/4 桩长。

抗滑桩主要采用矩形(包括方形)和圆形两种，但考虑到桩的受力条件和施工方便，抗滑桩一般采用矩形截面。当滑体滑动方向明确时，宜采用矩形截面，其长边宜与滑动方向一致；当滑体滑动方向难以准确确定时，宜采用圆形截面。抗滑桩的截面尺寸应根据单桩承受的滑坡推力大小、锚固段地层横向容许承载力和桩间距等因素确定，且桩最小边宽度不宜小于 1.25 m。初步选定时，矩形截面的短边边长可为 1.5~3 m，长边边长不宜小于短边边长的 1.5 倍；圆形截面的直径可为 1.5~5 m。

在设计过程中，应充分考虑采用抗滑桩处治的边坡工程可能出现的破坏形式，具体包括：①抗滑桩间距过大、滑体含水量高并呈流塑状，滑动土体从桩间挤出；②抗滑桩抗剪能力不足，桩身在滑面处被剪断；③抗滑桩抗弯能力不足，桩身在最大弯矩处被拉断；④抗滑桩锚固深度及锚固力不足，桩被推倒；⑤抗滑桩桩前滑面以下岩土体软弱，抗力不足，产生较大塑性变形，使桩体位移过大而超过允许范围；⑥抗滑桩超出滑面的高度不足或桩位选择不合理，桩虽有足够强度，但滑体从桩顶以上剪出。

4)锚拉桩设计

在锚拉抗滑桩设计计算中，由于普通抗滑桩的刚度与锚索刚度相差较大，锚索的变形量对桩的内力影响较为显著，因此一定要控制锚索伸缩量，使之与桩的变形相协调。因此，锚拉桩设计时假定其可简化为受横向变形约束的弹性地基梁，根据变形协调原理，锚拉处桩的位移应与锚索伸长量相等，然后进行桩的内力计算，其余设计计算与普通抗滑桩基本一致。

6.5.5　锚固硐塞

锚固硐塞是指将水平长条形洞内填满钢筋混凝土而形成的一种用于阻止边坡滑动的加固结构，如图 6-83 所示。锚固硐塞的长轴方向通常与该处边坡变形滑动方向基本一致，锚固硐塞结构中的主钢筋(或钢管)起主要抗拉作用，另外，为掌握锚固硐塞的工作状态，可通过钢筋计、多点位移计等传感器监测结构主筋的应力、位移变化。

与抗滑桩相比，锚固硐塞具有主筋(或钢管)的抗拉效率高、水平硐易于施工且较为安全等优点。具体设计中可依据地质条件将其分为重点加固段和一般加固段。根据工程地质条件的不同，在施工过程中可与预应力锚索、锚杆等联合使用。

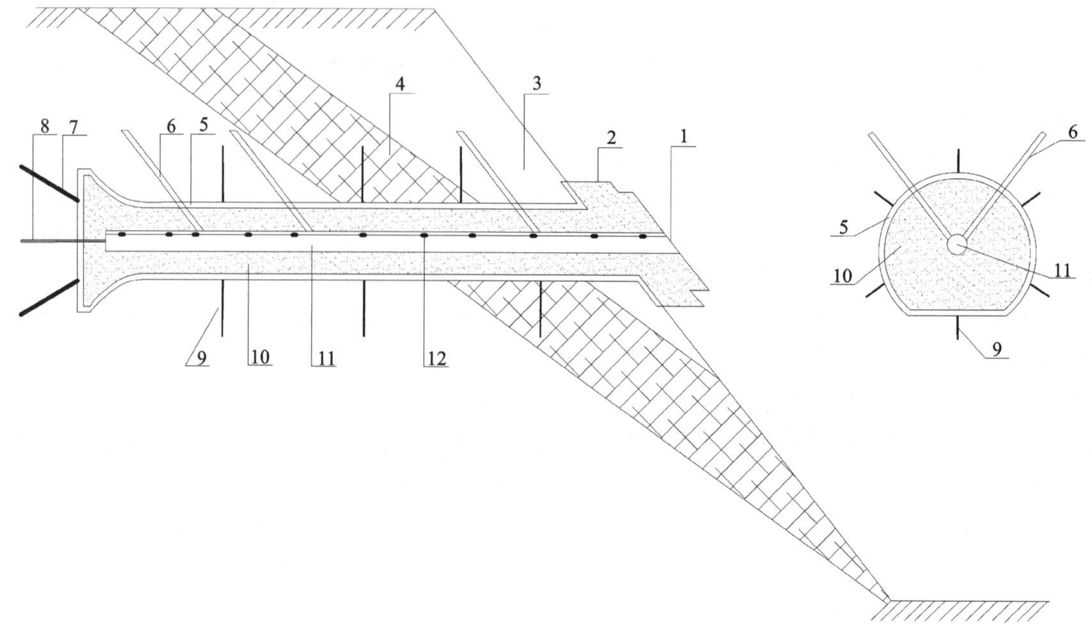

1—锚固硐外端部；2—组合锚梁；3—边坡；4—断层；5—喷层；6—排水孔；
7—锚索；8—伸长计；9—锚杆；10—钢筋混凝土；11—排水通道；12—多点伸长计测点。

图 6-83 锚固硐塞结构示意图

锚固硐塞的特点主要包括：

(1)一般加固段可采用中空的厚壁钢筋混凝土设计。主钢筋(或钢管)按硐轴方向布置于厚壁中，并通过浇注混凝土使其与洞壁紧密胶结在一起，以提高边坡的抗滑能力。

(2)重点加固段可采用整体钢筋混凝土结构，主要设置在断层带和风化带等出露的地质薄弱段，特殊条件下可与预应力锚索等组成锚拉锚固硐塞结构，使其承载能力大幅度增加，可有效防止边坡沿薄弱层位错动或滑移。

(3)鉴于排水在边坡处治工程中的重要性，在锚固硐塞结构中可采用放射状的排水孔和中空部位组成的通道实现地下水疏排。

6.5.6 落石防护

落石灾害具有高速运动、高冲击能量、多发性、在特定区域发生时间和位置的随机性、运动过程复杂等特征，危害巨大。常用防护方法包括防落石棚、挡墙加拦石栅、柔性防护网等进行拦截支挡。

柔性防护系统是以阻止或延缓灾害性地质作用的发生，避免或减轻其带来的危害为根本防护理念的防护系统，目前应用广泛。该系统以柔性网为主要特征承力构件，通过加固(如主动系统)、拦挡(如被动系统)和引导(如维护系统)等基本形式来防治落石、浅表层滑动或泥石流等坡面地质灾害。

1. 主动防护系统

主动防护系统是通过将柔性网紧贴坡面实现的，由柔性网、锚杆和连接构件三部分组成，根据锚杆和柔性网网片的布置方式，可分为矩阵式锚固的网片单元式布置系统和梅花形锚固的网片连续布置系统，如图6-84所示。

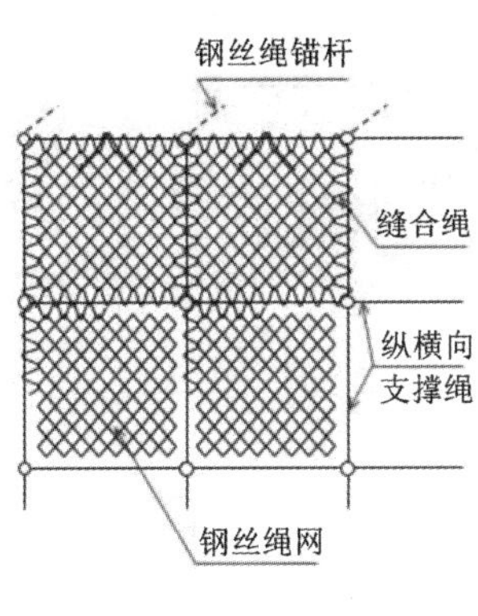

(a)矩阵式锚固主动网防护系统

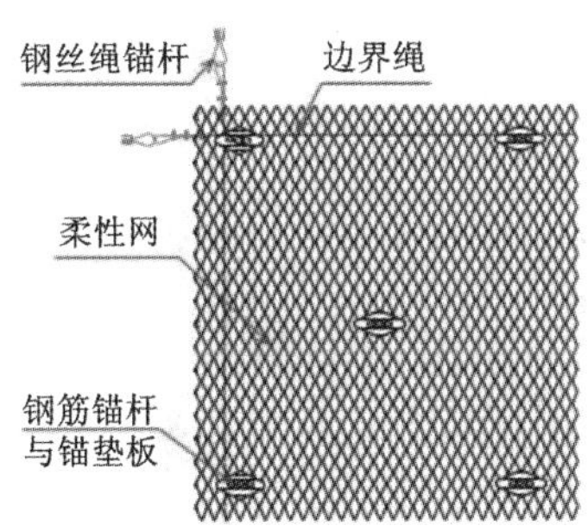

(b)梅花形锚固主动网防护系统

图6-84　主动防护系统及结构示意图

该系统可实现坡面孤危石及浅表层岩土体的加固，避免落石或局部崩塌的发生，抑制浅表层岩土体的变形移动或运动，阻止或缓解各种自然营力对坡面的侵蚀作用。

与传统的边坡防护措施相比，主动防护系统具有下列特点：易铺展性；局部受载，整体作用；施工简便、安全、工程进度快，造价相对低；环保、美观；使用寿命长，维修方便。

2. 被动防护系统

被动防护系统，又称为拦石网，是一种能拦截和堆存落石的柔性拦石网，如图6-85所示。整个系统由钢丝绳网、固定系统(锚杆、拉锚绳、基座和支撑绳)、减压环和钢柱等4个主要部分构成。

系统柔性主要来自钢丝绳网、支撑绳和减压环等结构，钢柱与基座间亦采用可动铰连接以确保整个系统的柔性匹配。当落石冲击拦石网时，其冲击力通过网的柔性得以消散，并将剩余荷载从冲击点向绳网系统周边逐级加载，最终传到锚固基础和稳定地层。

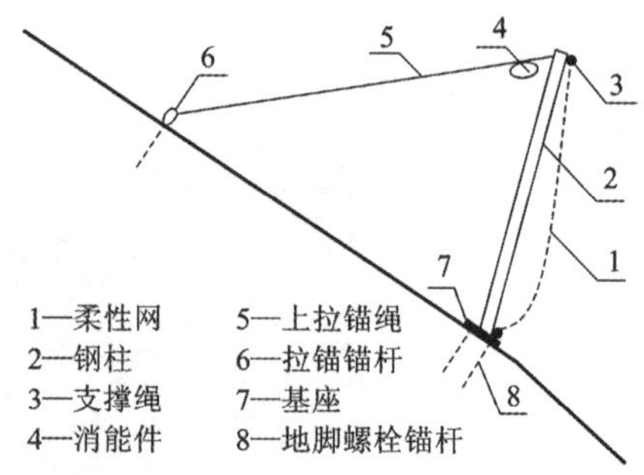

图 6-85　被动防护系统及结构示意图

6.5.7　应用实例

白云鄂博铁矿是包钢的主要原料基地，是举世闻名的稀土之乡，其中白云鄂博铁矿主矿和东矿是该矿区开采历史最长的矿坑。开采过程中，东矿采场 B 区出现了较为严重的边坡失稳问题，最早始于 1996 年 3 月，滑坡的产生给东矿安全生产带来严重影响，主要表现为：下方开采无法安全靠界、清扫平台被滑塌体截断，无法完成清扫功能，急需对失稳边坡进行处治。

1997—2012 年，随矿区各采场的不断加深，为保证边坡稳定，白云鄂博铁矿先后在东矿、主矿等边坡潜在不稳定区域进行了 11 期边坡治理工程，有力保障了白云鄂博铁矿的安全生产。

1. 区域地质构造

白云鄂博铁矿东矿位于内蒙古高原大青山北部，属于阴山—天山巨型纬向构造带中段，地质构造复杂，断层构造发育，现已查明 108 条，各断层展布方向主要为东西向，其次为北西向、北东向和南北向。其中，B 区边坡范围内断层发育，影响较大的主要有 F_1、F_8、F_{22}、F_{100} 和 F_{101} 断层，其中 F_{22} 断层和 F_{100} 断层分别在+1502 m 平台和+1572 m 平台与 F_8 断层和 F_{101} 断层交汇后尖灭。东矿采场 B 区边坡及断层分布如图 6-86、图 6-87 所示。

图 6-86　白云鄂博铁矿东矿采场 B 区边坡

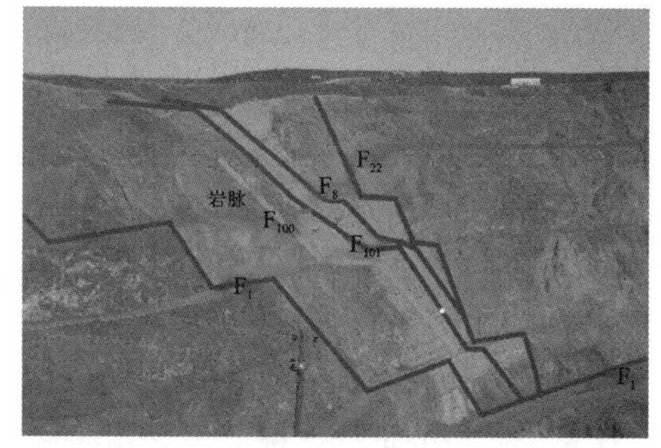

图 6-87　东矿采场 B 区断层分布示意图

2. 边坡变形破坏特征

白云鄂博铁矿东矿采场 B 区岩性为白云岩，岩体受 F_1 大断层断裂构造影响，挤压作用明显，岩体结构为镶嵌结构。自 2008 年以来，该区出现多次塌滑，如图 6-88 所示。滑动面为挤压构造节理面形成的圆弧形滑面，下缓上陡，下部滑动面倾角为 40°~55°，上部滑面近于直立，局部反倾，滑动面倾向与边坡倾向一致。另有一条岩脉在坡面上出露，岩脉走向与边坡走向斜交，交角为 21°，岩脉倾角为 80°~90°，受岩脉及压性滑动面的共同影响，造成该区域边坡多次滑动，严重威胁下方的采场安全生产。

图 6-88　东矿采场 B 区边坡滑塌体

3. 综合治理方案

为确保矿山采矿生产的安全，经对边坡地质结构及滑体稳定性的深入分析，制订了包括预应力锚固硐塞、预应力锚索(杆)肋柱式钢筋混凝土墙、水平疏干硐、精细控制爆破等技术在内的综合处治措施，综合治理方案示意图如图 6-89 所示。

1) 预应力锚固硐塞加固

该方法主要适用于露天矿工程、水利水电工程岩质高边坡中具有深层滑动面的滑体加固。

白云鄂博铁矿东矿利用勘察平硐施工锚固硐塞，实现对滑体深层滑面的加固。1460 m 平台设置 5 个、1446 m 平台设置 4 个锚固硐塞，水平间距 9~13.5 m(图 6-89)，在硐塞掘进过程中，对断层破碎带区段采用锚喷临时支护措施。预应力锚固硐塞配筋采取两种方式：

方式一：①采用 ϕ32 螺纹钢作为锚固硐塞受拉钢筋，箍筋采用 ϕ16 螺纹钢，硐内 C20 混凝土浇筑，二次注浆采用 M30 水泥(砂)浆；②利用硐室布设 4 根 2700 kN 预应力锚索。单位硐塞设计被动抗拉力 10000 kN，主动预应力 10800 kN。本方式在 2#、3#、4#、5#、6#、7#、8#、9#硐实施。

方式二：①硐室内设 5 根 3300 kN 永久补偿张拉型预应力锚索；②全硐采用锚杆挂网喷砼初期防护，钢拱架、钢格栅喷砼永久防护方式。单位硐塞设计主动预应力 16500 kN。本方式在 1#硐实施。

2) 预应力锚索(杆)肋柱式钢筋混凝土墙

预应力锚固工程在白云铁矿各矿坑边坡治理工程中得到了广泛应用，其主要形式为预应力锚索肋柱式钢筋混凝土墙。

以东矿 B 区 1432~1460 m 边坡为例，锚索索体采用 18 束 ϕ15.24 mm、1860 MPa 高强度低松弛钢绞线制作，锚孔孔径不小于 140 mm，设计锚固力为 2700 kN，布设 5 排，水平间距为 4.5 m，垂直排距为 4.5 m，长度为 55~60 m，锚头采用 C30 钢筋混凝土肋柱连接。钢筋混凝土墙厚度为 60 cm，设计强度等级 C20，墙内设置双层钢筋网，采用 ϕ16 螺纹钢绑扎，网眼尺寸为 30 cm×30 cm。最终施工效果如图 6-90 所示。

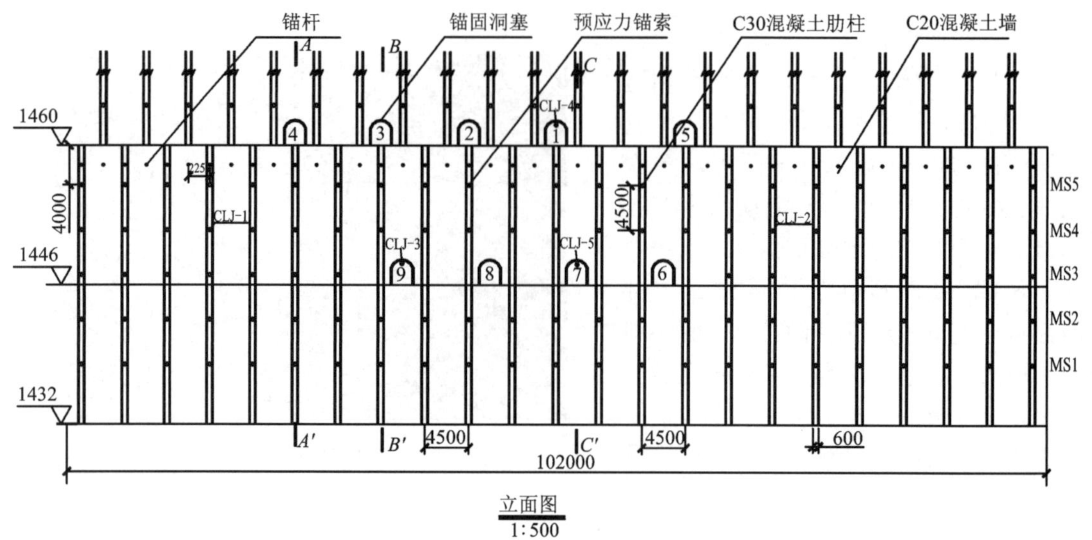

(a) B区综合治理方案立面图

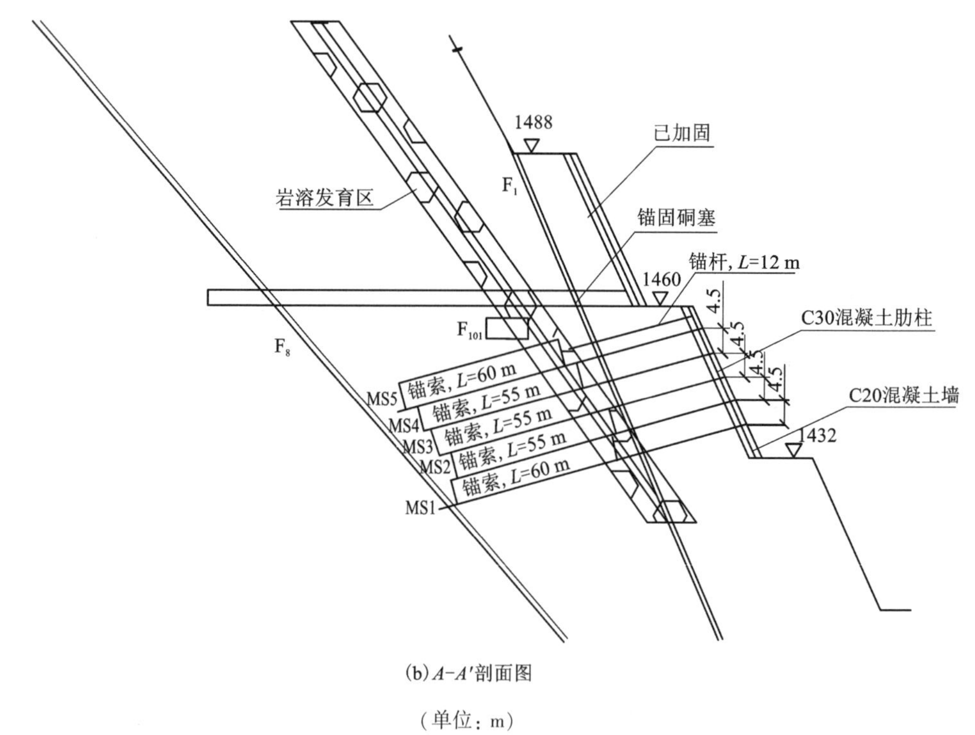

(b) A-A′剖面图

(单位: m)

图 6-89 综合治理方案示意图

3) 水平疏干硐技术

白云鄂博铁矿东矿 1460~1488 m 段边坡局部区段常年有裂隙水自坡面流出, 冬季坡面结冰, 最大处宽约 30 m, 如图 6-91 所示。该段岩体边坡曾多次产生局部滑塌, 直接影响上方边坡稳定及下方设备人员安全。最终采用水平疏干硐技术, 降低边坡岩体中的地下水位和水压力, 消除坡面流水造成的潜蚀、软化和冻胀破坏, 有助于提高边坡稳定性。

图 6-90　预应力锚固硐塞及预应力锚索肋柱式挡墙加固效果

为保证施工出渣方便及泄水孔穿孔工作，疏干硐设计宽度为 4.5 m，高度为 4 m，拱墙高度为 2.5 m，纵向坡度为 3%，掘进总长度为 80 m（穿过断层破碎带），施工完成后的水平疏干硐如图 6-92 所示。水平疏干硐内两侧拱墙分别布设两排泄水孔，纵向间距 4 m，孔深 30 m，上仰角为 15°，成孔直径为 110 mm，滤管采用外径为 90 mm 的 PVC 多孔管外包土工滤布；拱顶布设 3 排排水孔，成孔直径为 50 mm，滤管采用外径为 32 mm 的 PVC 多孔管外包土工滤布，纵向间距为 4 m，孔深 4 m，方向与拱顶垂直。

图 6-91　坡面渗水结冰图

图 6-92　现场疏干硐完成效果图

水平疏干硐施工完成后，水压计观测结果表明，边坡地下水位线明显降低（图 6-93），坡面渗水及冬季结冰现象消失。

4）精细控制爆破

精细控制爆破工法适用于露天矿裂隙密度>20 条/m，$RQD \leqslant 50\%$ 的低质量岩体区段靠帮爆破，尤其是滑坡区削坡减载爆破及滑坡区靠帮爆破。

白云鄂博铁矿东矿 B 区已有加固区段下方 1460 m 平台全部纳入控制爆破范围，主要技术措施包括：①爆区总长度为 80 m，宽度为 40 m，控制主爆区的药量和规模；②主爆孔采用小孔径垂直钻孔（ϕ110 mm），缓冲孔和预裂孔采用小孔径（ϕ110 mm）斜孔（50°～75°），形成完整预裂面，截断炸药爆炸产生的应力波及爆生高能量气体产生的主爆区岩体裂隙向保留岩

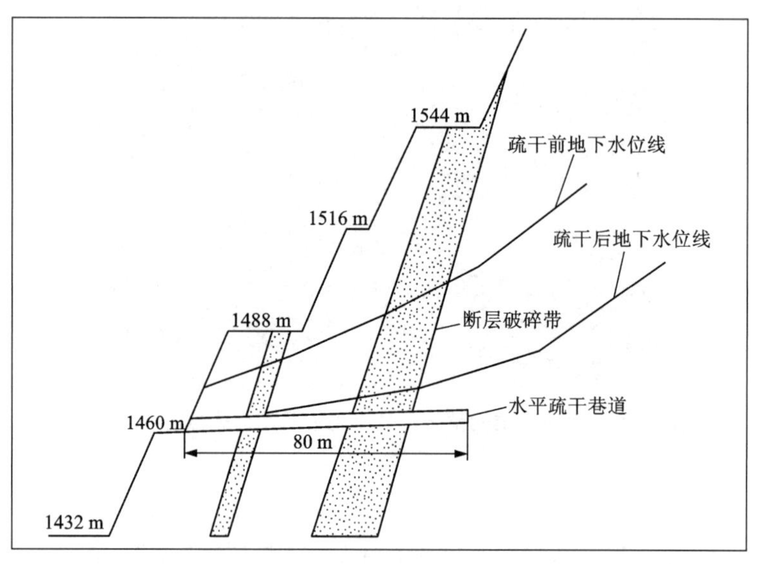

图 6-93　边坡地下水位线示意图

体(边坡岩体)延伸，降低爆破振动波的传播速度，缓冲孔减小爆破振动；③小孔径(ϕ110~150 mm)主爆孔减少单孔装药量和总装药量；④高精度数码雷管实现真正意义的主爆区逐孔起爆。

爆孔现场布置如图 6-94 所示，图中 1~12 排为主爆孔，13 排为缓冲孔，14 排为预裂孔。

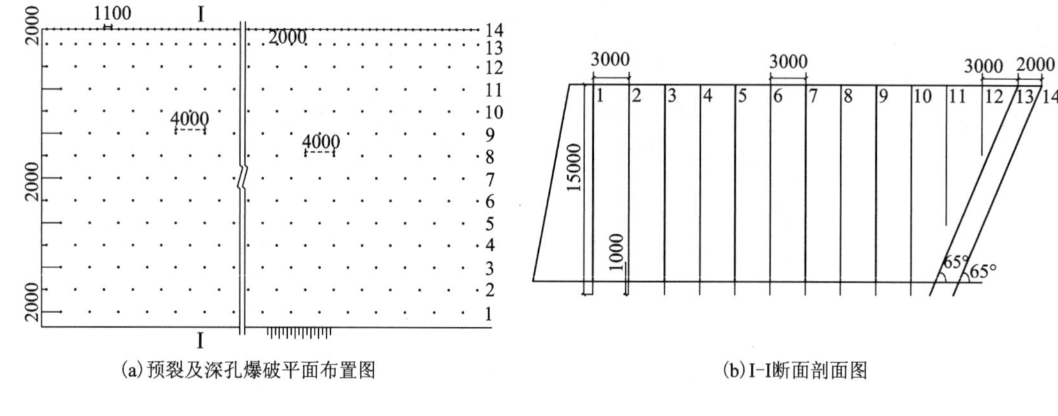

(单位：mm)

图 6-94　控制爆破爆孔布置图

白云鄂博铁矿东矿 B 区滑体治理工程实践表明，采用大吨位预应力锚索肋柱式混凝土墙、预应力锚固硐塞、水平疏干硐和靠帮精细控制爆破等综合治理方案产生了较好的工程效果，滑坡区加固后系统变形逐渐减小，保证了矿山深部开采的安全、顺利进行。

6.6 露天矿边坡稳定性监测

边坡稳定性监测是对影响边坡稳定性的因素和表征稳定性变化的边坡状况反复观测，以研究边坡稳定程度及其变化规律，是评价边坡设计性能与破坏风险、使风险最小化的重要举措之一。

需要认识到，经济合理的露天矿边坡设计，绝非不发生任何滑塌的保守设计(事实上也很难做到)，而是允许适量滑塌甚至局部一定规模滑塌的实用设计，但决不允许发生毫无预见的突发灾害性滑塌。由于岩土体特性的不均匀性，地质条件和力学作用机理的复杂性，以及这些影响因素本身的不确定性，边坡变形失稳机理非常复杂，且灾害性滑塌难以准确预见，而边坡稳定性监测可为灾害征兆识别提供宏观观察结果，并为边坡安全防范、稳定性分析与评判、滑塌灾害预报与加固技术应用提供基础分析数据。

边坡稳定性监测的主要任务包括：①描述边坡现状，调查边坡、滑坡区域工程水文地质情况；②确定边坡变形影响范围，识别潜在滑体的破坏机制和滑塌模式；③确定监测技术方案，建立边坡监测网(测点、测站)；④实施工程监测，提供可靠的第一手变形、应力等数据；⑤制订防灾减灾和减少危害的技术措施，甚至修改边坡设计；⑥评价滑坡治理的工程效果。

边坡稳定性监测一般分为两级：Ⅰ级监测是对总体边坡进行全面、定期监测，目的是测定边坡初始状态，较早发现不稳定区段，以便对不稳定边坡进行进一步观测、研究，为修改设计和治理边坡积累资料；Ⅱ级监测是对不稳定边坡进行监测，目的是确定不稳定区域范围，研究边坡破坏模式及破坏过程，预测边坡破坏发展趋势，制订合理处治方案，防止意外滑坡。

根据边坡稳定性及其工程结构特征，主要监测内容包括位移监测、岩体应力监测、水文气象监测、震动监测以及加固工程结构物荷载监测等，行业标准《金属非金属露天矿山高陡边坡安全监测技术规范》(AQ 2063)规定了采场边坡安全监测的原则、内容、方法和预警等技术要求，以及监测系统安装、维护和监测资料整理分析等管理要求。相对而言，各类监测方法中，边坡位移监测系统较易建立，且测值可靠，因此应用十分广泛。

6.6.1 边坡位移(变形)监测

露天矿边坡变形状态是边坡稳定性最直观、最灵敏的反映。大量资料表明，除局部坍塌或大爆破引起的边坡破坏外，具有一定规模的滑坡从开始变形到最后破坏，均有明显的位移过程。视边坡条件不同，这一过程持续时间从几个月到几年不等；累计位移量从数十厘米到数米不等。通过边坡变形监测，可以争取足够的时间，以采取各种滑坡防治补救措施。

目前，边坡工程变形监测技术正由早期的人工皮尺简易工具监测手段过渡到仪器监测，并向着自动化、高精度及远程系统发展。为适应边坡工程的复杂监测条件，已开发了多类不同的监测仪器和监测方法，并逐渐从常规变形监测向监测新技术应用转变，常规变形监测方法一般包括位移计、收敛计、测斜类仪器、测缝计、沉降仪和大地测量技术，变形监测新技术包括数字化近景摄影、激光扫描、3S 技术(包括地球信息系统、全球定位系统、遥感遥测系统)、光电技术(包括时域反射系统、分布式光纤测量系统)等，具体如表 6-31 所示。

表 6-31 边坡变形监测方法及仪器

常规变形监测方法	大地测量	水准仪、经纬仪、全站仪
	位移	电阻式位移计、钢弦式位移计、引张线式水平位移计、变位计、滑动测微计、三向位移计
	收敛	收敛计
	测斜	伺服加速度计式测斜仪、电阻应变片式测斜仪、固定式测斜仪、倾角计
	测缝	差动电阻式测缝计、二向及三向测缝计
	沉降	横梁管式沉降仪、电磁式沉降仪
变形监测新方法	数字化近景摄影测量	各类数码摄像系统
	三维激光扫描测量	激光扫描仪
	3S 技术	RS 遥感遥测系统、GPS 全球定位系统、GIS 地球信息系统
	光电技术	时域反射系统、分布式光纤测量系统

总体看，边坡位移监测可分为边坡表面位移监测和边坡内部位移监测，其中边坡内部位移监测不仅有助于确定边坡的变形破坏模式，还有助于寻找可能存在的滑面位置等，在位移监测方案制订中应高度重视。

为保证边坡位移监测的有效性和合理性，位移监测方案的设计原则应包括：

①可靠性原则；②多层次原则；③优先监测关键部位原则；④根据实际需要选择仪器种类、精度和量程的设计原则；⑤方便实用原则；⑥信息反馈高效原则；⑦无干扰和少干扰的设计原则；⑧地质信息和仪器监测信息并重的设计原则；⑨有利于测点和仪器保护的设计原则；⑩经济合理的设计原则。

1. 表面变形监测

边坡表面测点的位移可采用传统方法监测，即采用前方交会、极坐标、视准线等方法观测水平位移，水准测量或三角高程测量观测竖向位移；采用边角测量和摄影测量方法进行三维测量，同时测得水平和竖向位移；采用收敛计测量测点沿钢尺方向的相对位移，也是一种常用的监测方法。此外，多功能、高效率的光机电算一体化的大地测量新仪器、新技术，已逐渐成为表面位移的重要监测手段。

以下介绍几种边坡表面位移监测常用设备及方法：

1）收敛计及地表多点（水平）位移计

收敛计又称带式伸长计或卷尺式伸长计，可用于测量两个外露测点的相对位移，是一种简单有效、应用较为普遍的便携式仪器。在边坡表面位移监测中，主要用于监测固定在岩土体测点间的相对位移，可在施工期和竣工后定期观测边坡的表面位移。

地表多点（水平）位移计测量原理与收敛计类似，由大量程位移传感器、锚固装置、铟钢丝（或钢缆）、保护管、伸缩节及配重等组成，多用于边坡表面多点位移的同步测量，若边坡表面测点在传感器拉线方向产生位移，则通过一端固定在测桩上的铟钢丝（或钢缆）传递给位移传感器，从而得到测点处的位移。

2) 全站仪及自动全站仪地表位移监测系统

全站仪是边坡表面监测中最常用的测量仪器，可用来测量布设在边坡表面的反光棱镜的三维坐标。典型的全站仪是以电子测距仪与电子经纬仪的组合作为基本单元，全站仪读数(距离/角度)通常在工程区域内对所有棱镜可视的固定仪器平台上进行，根据读数可计算出棱镜位置及位移情况。

自动全站仪又称测量机器人，是一种集自动目标识别、自动照准、自动测角与测距、自动目标跟踪、自动记录于一体的测量平台。该监测方法只需在监测区域内布设一定数量的棱镜，在监测区域外布置测量机器人，即可定期自动完成目标识别、照准等测量工作，成本相对较低，监测精度可靠，且实施简单易行。

3) 雷达监测系统

雷达是一种用于边坡表面位移监测的先进设备，属边坡表面位移监测新技术，无须利用反射棱镜即可测得±1 mm 精度的位移。使用时系统生成图像，显示相对于整个边坡参考图像的空间变形，并可绘出图像中各点的变形曲线。

如图 6-95 所示，雷达发出的信号自边坡顶部向底部，或从底部向顶部反复进行扫描，每一次扫描均自动采集相应数据，比较两次扫描结果即可得到边坡表面各点位移。监测系统由坐标系统、目标识别与捕获系统、软件系统、电源系统、通信系统、计算机控制系统和各类集成传感器等组成。

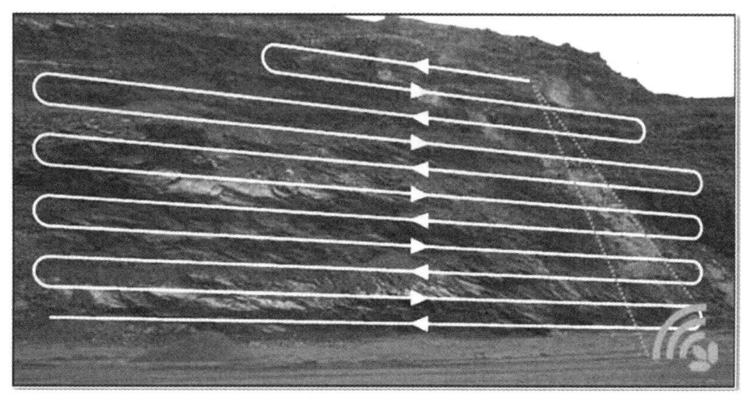

图 6-95　沿边坡走向扫描的 SSR 扫描线

雷达监测系统能以毫米级精度对监测区域进行大范围快速扫描；雨雪、烟雾、灰尘的干扰和影响较小，可实现 24 h 实时监测；可在监测现场方便、快捷移动；监测位置选取灵活，能远距离对存在隐患的区域进行监测；无须在边坡隐患区域布设固定监测设备，即使发生事故，也不会造成设备损失；可对边坡灾害进行全过程连续监测，并可在灾害后期对事故地段继续监测、评估；由软件对监测数据进行分析处理，操作简便直观，监测结果准确可靠；软件自动预警，能以图像、声音、短信等多种途径发出报警信号。

4) GPS 与北斗导航监测系统

(1) GPS 监测系统

GPS(global positioning system，全球定位系统)由空间部分(GPS 卫星星座)、地面控制部分(地面监控系统)、用户设备部分(GPS 信号接收机)等 3 部分组成，可进行全方位实时导航与定位，具有全天候、高精度、自动化、高效率等显著优点。采用双频接收机，可将GPS相位观测精度提高到毫米级。

GPS定位的基本原理是采用空间距离后方交会的方法，将高速运动的卫星瞬间位置作为已知的起算数据，以GPS卫星和用户接收机天线之间距离(或距离差)的观测值为基础，确定待测点的位置。

(2)北斗导航监测系统

北斗卫星导航定位系统是我国自主研发的导航定位系统，也是目前世界上继美国的GPS和俄罗斯的GLONASS之后第三个投入运行的卫星导航定位系统，其具备定位导航与通信功能，无须其他通信系统支持或配合。北斗卫星导航定位系统采用与GPS系统相同的被动式定位原理，即北斗用户只需接收来自北斗卫星发送的导航定位信号，即可准确解算出全部所需参数。

基于北斗卫星导航定位系统的边坡监测系统，是将布设在边坡上的北斗卫星导航定位系统终端所获取的信息，利用北斗卫星导航定位系统的通信功能转送到数据解析处理子系统，再按照北斗卫星导航定位系统的通信协议进行解析入库，数据综合管理子系统利用存储在数据库中的监测信息实现监测数据实时显示、历史监测数据统计分析等功能，监测系统结构如图6-96所示。

北斗卫星导航监测系统可以有效实现边坡实时、全自动、高精度监测，随着我国北斗卫星导航定位系统的发展，将会提供更高精度的监测信息。

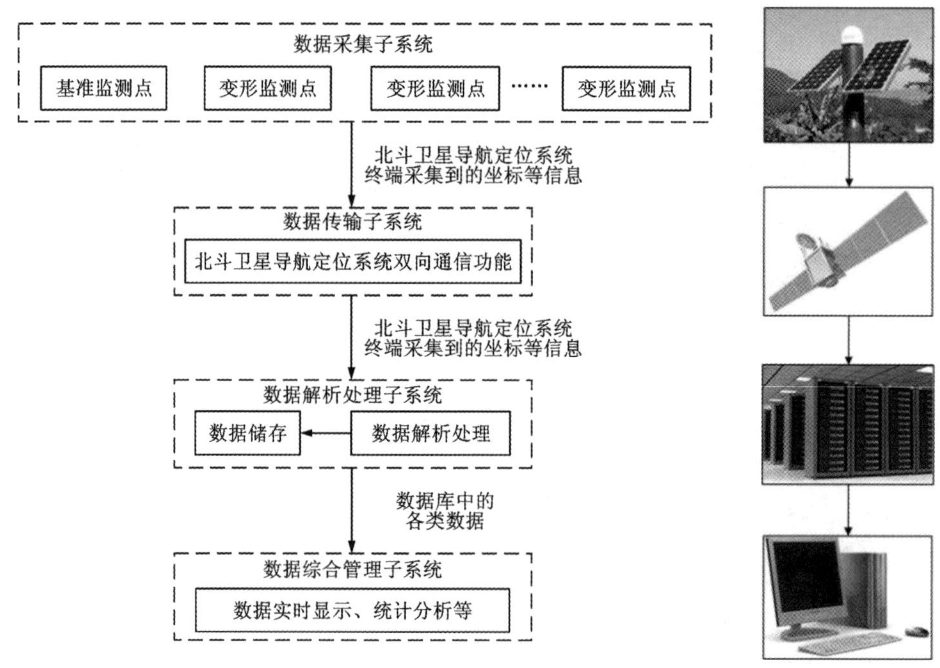

图6-96 北斗卫星导航监测系统结构示意图

5)CCD成像及三维激光扫描技术

CCD(charge coupled device，电荷耦合器件)是一种将光学信号转变为数字信号的微型图像传感器，结合无线收发模块用于边坡表面位移监测，可实现系统的远程控制，达到边坡监测过程数字化和无线化的目的。

CCD 是由光敏单元、输入结构和输出结构等组成的一体化光电转换器件，其突出特点是以电荷作为信号载体。当入射光照射到 CCD 光敏单元上时，光敏单元将产生光电荷，其与光子流速率、光照时间、光敏单元面积成正比。通过光敏单元接收到的标靶发出的电荷大小判断入射光源的位置变化情况，与设定好的初始状态进行比较，进而给出边坡的具体位移参数。

三维激光扫描技术又称实景复制技术，其核心是激光发射器、激光反射镜、激光自适应聚焦控制单元、CCD 技术和光机电自动传感装置。三维激光扫描技术能够快速、直接、高精度、非接触地获取观测对象表面三维空间数据，进而快速重构出边坡实体目标的三维模型及点、线、面、体、空间等各种制图数据，其独特的空间数据采集方式使其具有多方面的技术优势。与传统测绘技术相比，三维激光扫描技术自动化提取信息程度高、表达对象细节信息能力强、受环境条件影响小、数据采集效率高。

三维激光扫描技术获取的原始数据由离散的矢量距离点构成，称为“点云”。在边坡表面位移监测中，三维激光扫描仪可在每个测站获取大量的点云数据，点云中每个点的位置信息均在扫描坐标系中以极坐标形式描述。扫描前需在待扫描的边坡区域内布设“扫描控制点”，一般由 GPS 或者全站仪等传统测量手段获取控制点的大地坐标，将点云坐标转换为大地坐标，为边坡监测提供标准通用数据。获取数据后运用扫描数据处理软件进行坡体特征提取，生成边坡区域 DEM(digital elevation model，数字高程模型)，为边坡变形监测与灾害预报提供基础数据，如图 6-97 所示。

(a)激光扫描仪

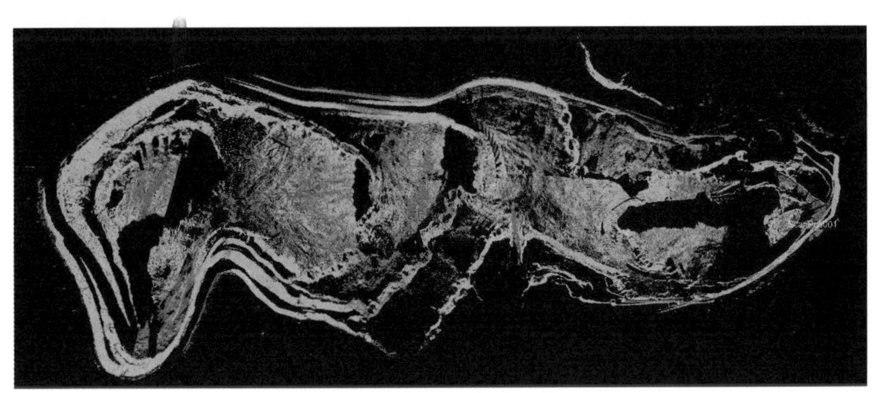

(b)露天矿边坡扫描点云图

图 6-97　三维激光扫描系统

2. 内部变形监测

监测边坡内部变形可确定边坡岩土体内滑面(带)的位置及破坏情况，一般可通过钻孔或边坡内的坑道实施监测，主要仪器包括钻孔位移计、多点位移计、倾斜仪、TDR 时域反射系统等。

1)钻孔位移计

钻孔位移计可用于测量岩石、土体等的钻孔轴向变形，在边坡内部位移监测中广泛使用。钻孔位移计的主要测量器件是振弦式应变计及配有滑动杆的精密线性弹簧。

2)多点位移计

多点位移计可在同一钻孔中沿其长度方向设置不同深度的测点 3~6 个(国外可多达 10 点),测量各测点沿长度方向的位移,适用于边坡不同深度的位移监测。

多点位移计主要由锚头、传递杆、护管、支承架、护筒、传感器以及灌浆管(或压力水管)等部件组成。传感器可用人工测读的机械式测微仪表,也可用远程传输的电测传感器如线性电位器式位移计、差动电阻式位移计、振弦式位移计等。

钻孔中各锚固点岩土体产生的位移,经传递杆传到基准端,各点位移量均可在基准端进行量测。

3)倾斜仪(倾角计)

倾斜仪可分为垂直测斜仪与水平测斜仪,通常在测斜管内使用,通过测量测斜管轴线与铅垂线或水平线之间夹角变化量,监测土、岩石或建筑物的水平或垂直位移。倾斜仪又可分为活动型和固定型两种,活动型倾斜仪带有导向滑动轮,可在测斜管中逐段测出产生位移后轴线与铅垂线或水平线的夹角;固定型是把测斜仪固定在测斜管某个位置上,连续、自动、遥控测量仪器所在位置的倾斜角变化。

倾斜仪传感器型式有多种,如伺服加速度计式、MEMS(微机电系统)式、电位器式、振弦式、电感式、差动变压器式等。

4)TDR 时域反射系统

时域反射法(time domain reflectometry)是一种远程电子监测技术,广泛应用于物体形态检测和空间定位中。时域反射技术开始于 20 世纪 30 年代,其工作原理如下:通过信号发射器对同轴电缆发送窄脉冲测试信号,脉冲信号在同轴电缆中以电磁波的形式传播,当信号遇到电缆变形时,窄脉冲信号产生回波信号,信号接收器采集到回波信号,通过对发射信号和回波信号的比较,从而确定同轴电缆变形的位置及变化的大小,最终对监测结果作出分析。

20 世纪 80 年代,TDR 技术逐步应用于工程地质和岩土工程领域,通过 TDR 监测技术可及时掌握滑坡深部的变形情况,实现对滑坡体的实时监测。安装时首先需要在滑坡合适位置钻孔,并将同轴电缆安放在钻孔中,在钻孔中灌注水泥砂浆,使同轴电缆与周围岩土体紧密结合,以保证同轴电缆与周围岩土体同步变形。TDR 监测系统实现流程如图 6-98 所示。

与传统监测方法相比,基于 TDR 技术的滑坡监测系统具有突出优势:

①TDR 系统价格低廉,性价比高;②测试时间短,具有较高的数据采集效率和质量(一般 3~5 min 可测读一次数据);③无线数据遥测功能,大幅提高采集效率,可进行实时监控,尤其在极端气象条件下避免频繁现场采集数据,安全性高。

6.6.2 水文气象监测

水文气象监测包括渗流压力、地下水位、渗流量及降雨量监测等内容,其中地下水作为影响边坡稳定性的一个重要因素,会降低岩体及弱面的抗剪强度,对坡体产生浮托力,诱发和加速坡体的滑移,是边坡变形和滑坡灾害的主要触发因素之一,因此,地下水动态长期监测是边坡监测的重要内容,其中渗流压力、渗流量是重点监测项目。

地下水监测的主要目的包括:①检验稳定性计算时的预测地下水状态,如果实际与预测结果有较大差异,则应重新评价边坡稳定性;②监测水压变化,预报不稳定坡体的破坏状态;

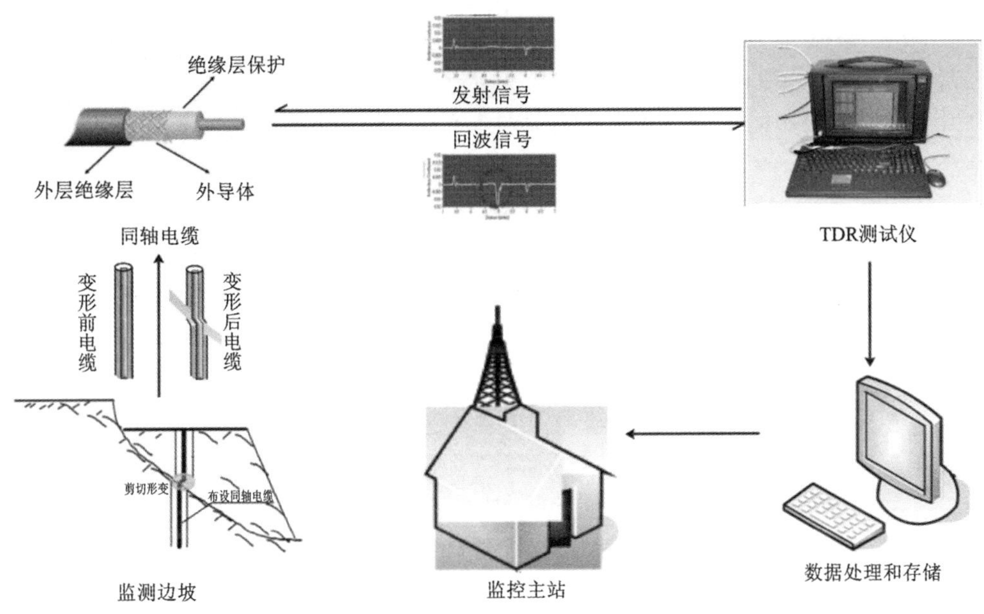

图 6-98　TDR 监测系统实现流程图

③对于露天矿而言，使用早期地下水压、水量的观测资料，可预测边坡向下延深过程中的地下水状态；④检验疏干效果。

地下水监测点位置和深度可根据地质情况、边坡潜在滑动面位置、排水设备型式、可能产生的渗透变形情况、渗水部位、汇集条件、渗流量大小并结合所采用的观测方法等因素确定。对于比较均匀的岩土体，一般布置2~3个基面，每个基面设3~5个测点；对于非均质且地质构造比较复杂的岩土体，应根据岩土体分布情况在每一类岩土体相应深度布置2~3个基面，每个基面布置3~5个测点，且尽量将测点布设在强透水层中，以观测各层中渗流压力的变化。

1. 地下水监测仪器

用于渗流压力观测的仪器可统称为孔隙水压力计，可用于边坡工程地下水流情况监测。水压计型式有多种，一般分为竖管式、水管式、气压式和电测式4类。电测式又根据传感器不同分为振弦式、电阻应变片式和压阻式等。国内多采用竖管式、水管式和振弦式孔隙水压力计。

各种孔隙水压力计的优缺点列于表6-32。

除定期进行水压监测外，应辅以边坡涌水量、降雨量监测，绘制边坡地下水等水头线图。边坡渗流量监测应根据渗水部位、汇集条件、渗流量大小并结合所采用的观测方法布置观测点。渗流量监测仪器主要有量水堰、量水堰渗流量仪和管口渗流量仪等。

地下水监测周期视工程水文地质条件而定，一般在雨季、不稳定迹象出现地段、疏干系统开始工作期应加密观测次数。监测资料较完整时，可分别绘制涌水量、水头、影响半径以及边坡渗出段高度随潜水面下降值的变化曲线等，为边坡稳定性分析提供基础数据。

表 6-32 各种孔隙水压力计的优缺点

水压计类型	优点	缺点
竖管式 测压管式	构造简单，观测方便，测值可靠，无须复杂的终端观测设备。使用耐久，无锈蚀问题	埋设复杂，钻孔费用高，易受施工干扰破坏。存在冰冻问题。竖管套管要尽量竖直放置，易堵塞失效
水管式 双水管式	测读响应快，观测直观可靠，能利用观测井集中测量。双管式还可测出负孔隙压力，相对竖管式不易受施工干扰破坏	存在冰冻及与水有关的微生物滋生堵塞问题，要用脱气水定期排气，长期运行失效率达 30%。要在下游设观测井，费用高，施工有干扰，高程不能高过测头位置 6 m
振弦式	读数方便，维护简易，响应快，灵敏度高。能测负孔隙压力，能实现遥测。测头高程与观测井高程无关，无冰冻问题。输出频率信号可长距离传输，电缆要求较低，使用寿命长	偶有零点漂移，有时会停振，对气压敏感，室外须有防雷击保护
电阻应变片式	响应快，灵敏度高。可长距离传输，能实现遥测。加工制作简单，无冰冻问题。测头高程与观测井高程无关。能测负孔隙压力，适宜动态测量	对温度敏感，有零点漂移缺陷。对电缆长度和连接方式的改变敏感。其长期稳定性有疑义
气压式	测头高程与观测井高程无关，无冰冻问题。响应快，易于维护，测头费用低。可直接测出孔隙压力	须防止湿气进入管内。使用时间较短，需操作人员熟练

2. 地下水监测注意事项

地下水监测方案制订及监测实施过程，应注意以下几点：

①地下水位观测点，应以长期观测钻孔为主；②当边坡内同时存在多个含水层时，应分层观测水位；③地下水位监测点应布置在有代表性的剖面上，特别是边坡稳定性较差区段，包括设计边坡最高、最陡处；岩性软弱或存在不利方位结构面；水文地质条件不利地段等；④剖面线数量及每一剖面布设的水压力传感器个数取决于地下水对边坡稳定性影响的重要性、水文地质结构的复杂程度、工程规模等；⑤对矿山边坡而言，随边坡施工的进行，潜水位可能不断下降，导致部分水压计失效，需增补新水压计，以跟踪监测地下水位。

6.6.3 震动监测

震动监测包括爆破振动监测和岩石破裂监测，其中岩石破裂监测主要包括地音(声发射)和微震监测。

1. 爆破振动监测

利用日常生产爆破，测量地震波在边坡岩体中的传播速度、加速度及其变化，可描述各部分岩体的相对完整性及其变化过程，进而推断边坡稳定性的变化，测量方法详见本卷第 4.8 节。

2. 地音(声发射)与微震监测

工程活动引起的震动现象可划分为两种：一种是震动较为强烈、能量为 $10^2 \sim 10^8$ J(里氏震级为-2.0~+2.5 级)，震动频率通常小于 200 Hz 的事件，属于微震(简称 MS)范畴；另一种是震动能量较弱，震动频率高，通常大于 1000 Hz 的事件，则视为地音(简称 AE)现象，实验室又称声发射现象。事实上，微震、地音(声发射)本质是一致的，均为岩石破裂产生弹性波的传播现象，根据其能量、频率的不同而人为划分，实质上无明确界线。

及时监测重点危险区域的地音现象，可在危险萌芽阶段对岩石破裂风险进行控制；准确的微震事件监测，则可对监测区域内的高能量事件分布进行区域划分，有效判断岩体内的能量释放情况，以采取更具有针对性的处治措施。

1) 地音监测

地音技术在边坡稳定性监测方面的应用源于 20 世纪 30 年代末的硬岩矿山声波试验研究。20 世纪 60 年代末—70 年代初美国矿山局 Paulsen 等开始利用 AE 技术研究加州某露天矿的边坡稳定性，成功监测预报了露天矿边坡的破坏过程。图 6-99 为某边坡岩体变形地音监测系统结构示意图。

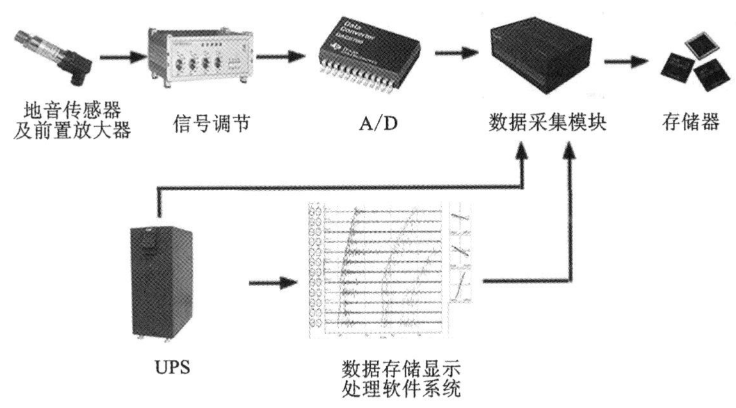

图 6-99　某边坡岩体变形地音监测系统结构示意图

地音监测原理：岩石受力产生变形和微破坏，同时产生地音现象。地音信号的数量、强弱等指标的变化反映了岩体受力情况。一般而言，表征地音的参量包括分级事件数、总事件数、能率、地音信号频率、事件延时与事件时差等，其分别反映了地音信号或地音事件的不同特征。

地音监测方法一般分为两类，一类是间断性的监测方法，采用不定期流动监测方式，根据地音参量的变化，判断岩石破坏趋势，评价岩体结构稳定性，预报灾害发生，为安全生产提供可靠信息；另一类是连续监测方法，该方法一般采用大型的地音监测系统，同时使用多个通道，监测范围大，可实现地音信息的连续、实时监测与集中处理，系统分析地音事件频度、能率、频率、延时等一系列参量，掌握地音活动规律，可判断岩体受力状态和破坏进程，评价岩体稳定性。

2) 微震监测

近年来，作为一种岩体微破裂三维空间监测技术，微震监测技术得到了迅速发展。

(1)微震监测原理

岩石承载过程中，其内在缺陷被压裂或扩展或闭合，此时产生能级很小的声发射，当裂纹扩展到一定规模、岩石承载接近其破坏强度的一半时，开始出现大范围裂隙贯通并产生能级较大的声发射，称之为“微震”或 MS。

边坡微震监测技术是利用岩体开挖或者受到施工扰动后本身发射出的弹性波监测工程岩体稳定性的技术方法。岩石微破裂以弹性能释放的形式产生弹性波，每一个微震信号都包含岩体内部状态变化的丰富信息，并可被安装在有效范围内的传感器接收，利用多个传感器接收这种弹性波信息，通过反演方法可得到岩体微破裂发生的时刻、位置和性质，即地球物理学中所谓的“时、空、强”三要素。根据微破裂的强度、集中程度、破裂密度，则可推断岩石宏观破裂的发展趋势。

(2)微震监测系统组成

微震监测系统主要包括加速度传感器、数字信号采集系统、数字信号处理系统、电缆光缆、数据通信调制解调器以及三维可视化软件等。微震监测系统覆盖区域范围内，分布于不同高程的传感器可对边坡深部岩体卸荷产生的微破裂事件实施 24 h 连续监测，获取大量微震事件的时空数据、震级以及能量等多项震源参数，通过对采集数据的处理，提供震源信息的完整波形与波谱分析图，自动识别微震事件类型，进而为岩体破裂机制研究提供基础数据。

6.6.4 工程结构物荷载监测

某些具有滑动危险或已经失稳的边坡需采取适当的加固处治措施，同时需在处治工程施工和运营时对支护结构进行监测。常用的支护结构包括土钉、锚杆、抗滑桩、挡土墙等。

锚杆(锚索)荷载及挡土墙侧压力，一般采用测力计测量，常用的测力计包括差动电阻式测力计、电阻应变测力计和钢弦测力计等多种类型，可制成压缩式，也可制成拉伸式。根据测量结果绘制载荷-时间变化曲线，如果载荷变化，应及时分析监测结果的变化原因，为边坡支护方案的调整提供依据。

1. 锚杆轴力量测

锚杆轴力量测的目的在于了解锚杆实际工作状态，结合位移量测，修正锚杆的设计参数。主要的锚杆轴力量测传感器包括振弦式锚杆测力计和电阻应变片式锚杆测力计。

2. 预应力锚索监测

预应力锚索应力监测，其目的是分析锚索的受力状态、锚固效果及预应力损失情况，通过监控锚固体系的预应力变化可以了解被加固边坡的变形与稳定情况。

一般情况下，锚索测力计用于测量加载液压千斤顶上的荷载及锚索长期应力变化，属于负载传感器，其具体作用包括：确认锚索、岩石锚杆等在预应力施加过程中千斤顶上的液压荷载；提供对锚索、岩石锚杆及其他重型荷载的全过程监测，提供自动数据采集的电信号输出，实现远程监测。

锚索测力计安装是在锚索施工期进行的，其安装过程包括：测力计室内标定、现场安装、锚索张拉、孔口保护和建立观测站等。

3. 抗滑桩监测

抗滑桩是用于处治滑坡、承受侧向荷载的支撑结构物，其穿过滑体在滑床一定深度处锚固，发挥抵抗滑体下滑力的作用。抗滑桩监测主要包括两方面内容：一是监测抗滑桩的加固效果和受力状态；二是监测抗滑桩正面边坡坡体的下滑力和背面坡体的抗滑力。

监测抗滑桩的受力状态常采用钢筋计和混凝土应力计。常用的钢筋计有振弦式和光纤光栅式等，其中振弦式钢筋计与前述振弦式锚杆测力计相同。

6.6.5 智能监测系统

边坡工程往往工期长、涉及内容多、安全监测延续性要求高，且很多情况下人工监测不便，所以通常应进行监测系统整体设计，并在条件许可的情况下，考虑提高监测系统的自动化水平。

1. 智能监测系统结构模式

智能监测系统按采集方式分为集中式、分布式和混合式三种结构模式。

1)集中式智能监测系统

集中式智能监测系统，是将现场数据采集自动化、数据运算处理自动化及资料异地传输均集中在专设的终端监测室内进行。布设在各处的传感器经集线箱(或切换装置)与监测室内采集装置相连，通过集线箱切换对传感器进行巡测或选测。集线箱到采集装置之间传输电模拟量，抗干扰能力差，可靠性低，且不同传感器需用不同集线箱和专用测量装置。因此，集中式智能监测系统适用于仪器种类少、测点数量不多、布置相对集中和传输距离不远的中小型工程中。

2)分布式智能监测系统

分布式(集散式)智能监测系统，是一种分散采集、集中管理的结构，是将测控单元(MCU)分布在传感器附近，且MCU具有模拟量测量、A/D转换、数据自动存储和与上位机进行数据通信等功能。每个测控单元可看作频率、脉冲、电压、电阻等某种测量信号的一个独立子系统，各子系统采用集中控制，所有监测数据经总线输入上位计算机集中管理。

分布式智能监测系统的优点是：测控单元与传感器距离近，缩短了模拟量传输距离，即使一个子系统发生故障也不会影响整个系统运行。分布式采集方式适用于工程规模大、测点数量多且分散的监测系统。

3)混合式智能监测系统

混合式智能监测系统是介于集中式和分布式之间的一种结构模式，其具有分布式布置的外形，而采用集中方式进行采集。设置在传感器附近的遥控转换箱类似MCU，虽可汇集其周围传感器信号，但不具备MCU的A/D转换和数据存储功能，其传输的模拟信号汇于一条总线中，传输到监控站进行集中测量和A/D转换，然后将数字量送入计算机进行存贮处理。混合式监测系统较好地解决了模拟量的长距离传输问题，既有分散汇集大量传感器的灵活性和扩展性，又只需一套测量与控制装置。

2. 智能监测系统设计

智能监测系统采用互联网技术将传感器采集的信号无线接入通信基站或云平台，控制中心进行数据分析、图表推送、滑坡预警等工作。智能监测系统一般由监测传感器、数据采集装置、通信装置、监测计算机及相关设备、数据采集与预警软件等组成。

智能监测系统应有统一的时间和空间基准，并根据边坡类型和工作年限来确定。监测系统的控制单元是工程安全的控制单元，对边坡而言，应掌控滑动面、切割面、临空面、边坡加固结构单元以及有关建筑和设施等重点对象的相关信息。

图 6-100 为边坡智能监测系统结构示意图，通过在潜在滑体适当位置布置专门的监测仪器，监测滑坡体表面裂缝、深层位移、倾斜变形、地下水位以及环境降雨量等。上述监测仪器通过专门的数据采集装置进行自动采集并记录，再通过 GPRS 或其他无线传输方式发送到远程中心数据接收站，远程中心数据接收站只需要一台计算机配合相应通信模块，通过配套的数据采集软件即可实现数据的现场采集、实时监控、异常测值报警等目的，从而远程监控滑体表面裂缝开合位移、深层变形和相应变形速率以及环境量变化等实时状况，对动态监控滑体变形发展及预测可能的破坏规模均具有重要意义。

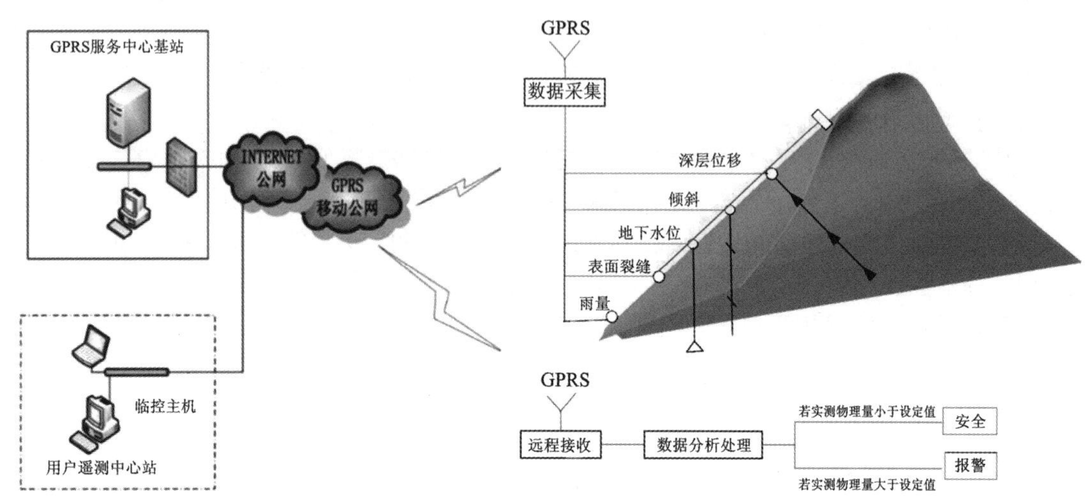

图 6-100　边坡智能监测系统结构示意图

6.6.6　应用实例

以南非英美铂业公司露天矿为例。

Potgietersrust Platinums Ltd(PPRust)是英美铂业公司旗下唯一的露天金属矿山，矿区位于南非 Limpopo 省 Mokopane 以北 35 km 处的布什维尔德杂岩体北翼中心。矿区北翼有一约 100 m 厚的板状矿体，南北走向，倾角约 45°，矿体延深大于 1200 m。布什维尔德杂岩体 Platreef 矿床属于铂族金属矿床，含大量具有经济价值的铂、钯、铑、金、银、铜、钴、镍等金属。该露天矿具体地质情况如图 6-101 所示。

Potgietersrust Platinums Ltd(PPRust)矿区分为 Sandsloot、Zwartfontein South 和 Overysel 三个露天矿。其中 Sandsloot 露天矿于 1992 年开采，2006 年矿坑长约 2 km，宽约 600 m，深 260 m；Zwartfontein South 露天矿位于 Sandsloot 露天矿北 1 km 处，于 2002 年 8 月开采，矿坑长 1 km，宽 400 m，深 100 m，开采期为 20 年。两矿坑每年开挖约 5700 万 t 岩石和 480 万 t 矿石；Overysel 露天矿于 2006 年初开始基建，开采期大于 90 年。

露天矿岩石边坡随时间产生变形，变形量和变形速度取决于矿山的地质条件、采矿方法和边坡设计。为保证采矿作业顺利进行，降低作业风险，需研究边坡的失稳机制，但由于岩土体的不均匀特性、地质条件等影响因素的不确定性，边坡失稳机理非常复杂。边坡稳定性监测可为灾害征兆识别提供宏观结果，为边坡安全防范、稳定性评判、滑塌灾害预报等提供

图 6-101　Platreef 矿床 Sandsloot 露天矿地质情况

基础资料。因此，合理的监测方案将大幅降低矿山边坡失稳产生的风险。

PPRust 矿区最主要的边坡稳定问题是 Sandsloot 露天矿西帮的失稳问题，如图 6-102 所示。截至 2006 年，PPRust 公司已在 Sandsloot 露天矿安装了多种先进的监测系统：①ISSI 微震监测系统安装在 Sandsloot 露天矿的下盘边坡，通过监测岩石边坡内部的脆性破坏产生的微震事件进行边坡失稳预测；②边坡表面位移监测主要采用 GeoMoS 自动棱镜监测系统，棱镜无法覆盖区域采用 Prismless Riegl 激光扫描仪进行监测；③采用 GroundProbe 边坡稳定雷达（SSR）进行边坡失稳破坏的早期预警；④在已监测到的危险裂缝处布设裂缝计；⑤地下水监测装置。为补充可视化监测，采用 SIROVISION 数码摄影测量对边坡进行测绘，预测可能发生破坏的区域。根据各监测系统提供的初期监测数据，分析预测可能发生滑坡的危险区域，然后将 SSR 雷达系统布设在该区域，在滑坡发生前发布警报，保证采矿作业的安全进行。边坡监测预警系统架构如图 6-103 所示。

图 6-102　Sandsloot 露天矿西帮滑坡

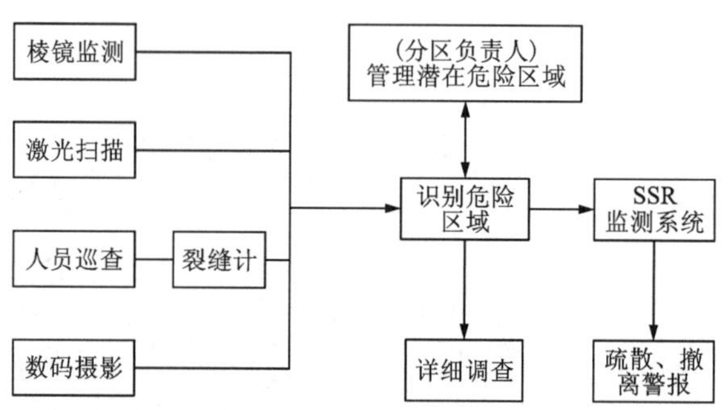

图 6-103 边坡监测预警系统架构

(1)棱镜监测。为节约时间、增加测量次数、提高测量准确度，该公司于 2003 年 10 月在矿区安装了三台自动全站仪用于边坡位移监测。其中，棱镜按固定间隔(水平 50 m 和垂直 45 m)安装在边坡及矿坑关键区域，如图 6-104 所示。自动全站仪每 4 h 测读一次数据，由监测部门负责维护设备、收集和储存数据，然后交由工程师分析数据，并及时上报潜在的失稳区域。

图 6-104 Sandsloot 露天矿棱镜监测网络布设图

其中两台自动全站仪固定安装在 Sandsloot 露天矿西侧、东侧山顶的稳定岩石上。监测数据通过无线传输到监测办公室，并保存在 GeoMoS 软件系统中。经过 GeoMoS 软件系统的分析，当监测点位移大于 30 mm 或变形速度大于 50 mm/2 h 时，系统发出警报。

(2)激光扫描监测。在 Sandsloot 和 Zwartfontein 露天矿东帮山顶的监测基站中安装了两台 Riegl LPM-2K 激光扫描仪，用于监测边坡变形，如图 6-105 所示。

激光扫描仪通过 3DLM 软件操控，用户可指定单个监测点或点群及其监测频率。Sandsloot 露天矿边坡的监测范围水平方向达 2 km，垂直方向达 100 m，将边坡分为 10 个区域，监测点间隔 5 m，扫描精度达 20~50 mm，同时将激光扫描监测数据与 GeoMoS 系统的监测数据进行比较，确保最终监测结果更为可靠。

(3)雷达监测。PPRust 于 2003 年 11 月将 GroundProbe 公司开发的边坡稳定雷达监测系统(SSR)用于监测 Sandsloot 露天矿西帮，如图 6-106 所示。该雷达监测系统每分钟扫描范围可达 10000 m^2，可及时发现边坡失稳的早期征兆以便提前疏散现场工作人员，减少矿山损失，同时该系统受雨雪、烟雾等不良气候条件的干扰和影响较小，可实现 24 h 实时监测。

SSR 属于可移动系统，现场安装调试时间约 1 h，可实现现场方便快捷移动，监测位置灵活选取。系统记录到的相位差均转换为毫米级的计量数据，并可在电脑上以二维图像的冷暖色表示坡体变形大小与方向。

图 6-105　激光扫描监测

图 6-106　GroundProbe 边坡稳定雷达监测系统(SSR)

(4)数码摄影测量。SIROVISION 是应用于矿山和岩土工程领域的三维数字摄影测量和岩体结构分析系统，能对危险、人员难以到达的边坡进行安全、全面地测绘，可快速、准确提供坡面岩土体随时间发生变形的情况。使用时，在一个已知点安装一个高分辨率数码相机，朝向被监测的坡面(须包含一个参考点)拍照；然后向左移动一定距离(比如 50 m)至另一个已知点，朝向相同的坡面再拍第二张照片，移动的距离取决于相机和坡面的距离且两张照片须重合 90%以上，如图 6-107 所示。

SIROVISION 由 SIRO3D 和 SIROJOINT 两部分构成。SIRO3D 用来导入图像和测读坐标，然后可合并、转换成 3D 图形，其定位精度可达 1°。SIROJOINT 可以测量分析岩体的结构面参数，并通过导入的三维图像进行可视化岩体结构分析。该系统可大幅提高技术人员识别潜在边坡失稳的概率，进而有效预测其对下部台阶稳定性的影响。

用 SIROVISION 系统对 Sandsloot 露天矿西帮进行定期测绘，将每个失稳面和潜在失稳面

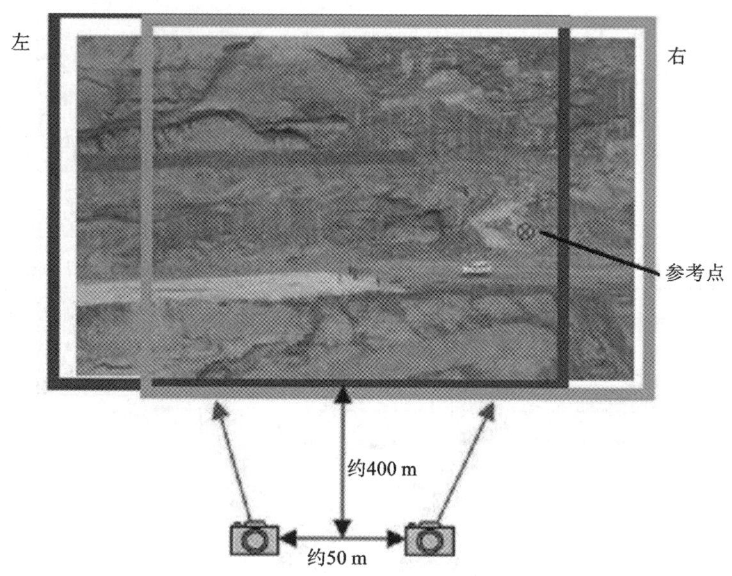

图 6-107 SIROVISION 数码摄影系统

导出到 Datamine，并进行滑坡演示来推测下方的失稳范围，如图 6-108 所示。

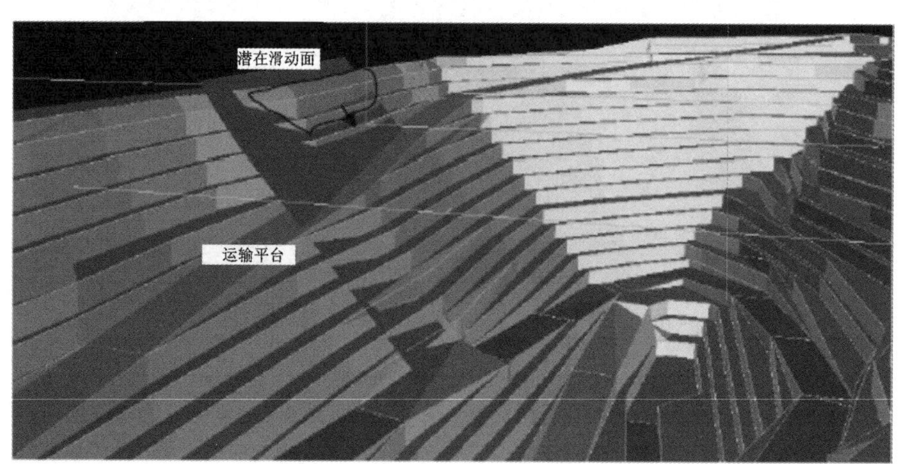

图 6-108 上部台阶结构面监测结果用于下方台阶稳定性评价

采用 SIROVISION 等可视化监测系统，在确定高风险区域、选择有效监测系统等工作中发挥了重要作用。施工区域的日常检查由助理工程师执行，监测到的隐患都将报告给矿山相关工作人员；在高风险区域应进行详细检查，以便查明导致坡体失稳的原因，且可为岩土工程师选择正确的监测仪器提供依据；每月的综合检查由确定该监测区域风险系数的工程师执行。

(5)微震监测。微震监测的目的是通过边坡内部岩石脆性破坏产生的微震事件进行边坡失稳预测。微震监测系统早期应用于地下矿山，近年应用于露天矿边坡。该系统由一系列安装在露天矿边坡上的检波器组成，如图6-109所示，检波器可记录的最低岩体震动振幅约0.001 mm。对微震信号进行监测分析，若发现微震活动趋于活跃，便可为边坡失稳提供早期预警。另外，利用多个检波器接收微震信号，通过反演方法确定震源位置，则可通过微震信号变化趋势找出潜在失稳面。Navachab露天矿在使用微震监测系统中发现，在大型边坡失稳中，该系统比棱镜系统监测到的岩体不稳定信息提前近6周。

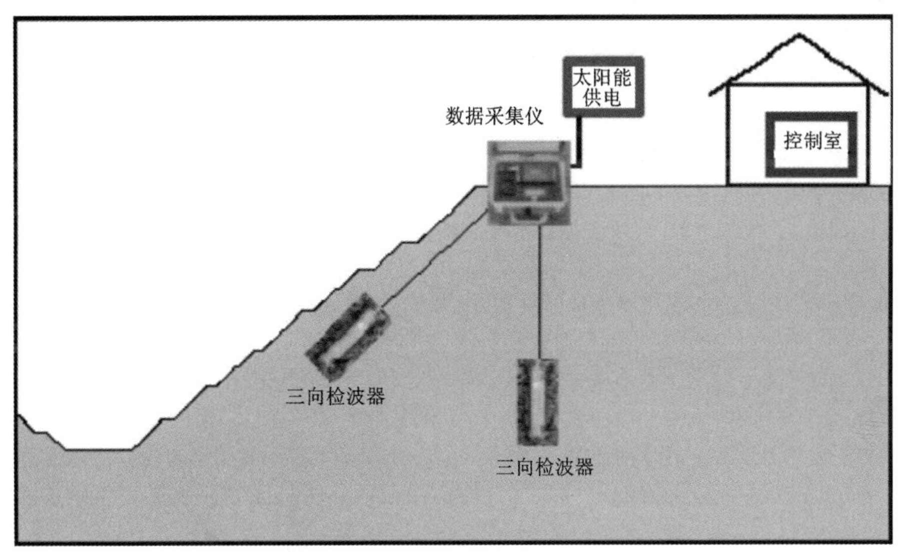

图6-109　露天边坡微震监测系统布设示意图

(6)地下水监测。PPRust露天矿所处地区年降雨量约350 mm。受地质结构影响，地下水流向从东北到西南，虽然并不是影响边坡稳定性的主要因素，但却难以处治。一般的排水方法，比如边坡趾部排水和抽水，都没有明显效果。目前采用的方法是定期测量边坡周围的测压管、保持边坡周围的排水沟顺畅并从下方的平台面持续抽水、每日检查雨量计和每周测读一次压力计读数。

参考文献

[1] 王启明.我国非煤露天矿山大中型边坡安全现状及对策[J].金属矿山，2007(10)：1-5，10.

[2]《采矿手册》编辑委员会.采矿手册3[M].北京：冶金工业出版社，1991.

[3] 中国冶金百科全书总编辑委员会《采矿》卷编辑委员会.中国冶金百科全书：采矿[M].北京：冶金工业出版社，1999.

[4] 中国矿业学院.露天采矿手册[M].北京：煤炭工业出版社，1985.

[5] 于润沧.采矿工程师手册[M].北京：冶金工业出版社，2009.

[6] 李志成，夏阳.露天开采[M].昆明：云南大学出版社，2009.

[7] READ J，STACEY P. Guidelines for Open Pit Slope Design[M]. Netherlands：CRC Press/Balkema，2009.

[8] 国家安全生产监督管理总局，中钢集团马鞍山矿山研究院有限公司.金属非金属矿山露天采场边坡监测技术研究[R].马鞍山：中钢集团马鞍山矿山研究院有限公司，2012.

[9] 王运敏. 现代采矿手册[M]. 北京：冶金工业出版社，2012.
[10] 周剑. 露天矿边坡工程技术的发展与展望[J]. 山西建筑，2008，34(19)：101-103.
[11] 吴顺川，金爱兵，刘洋. 边坡工程[M]. 北京：冶金工业出版社，2017.
[12] 蔡美峰. 岩石力学与工程[M]. 2 版. 北京：科学出版社，2013.
[13] 张倬元，王士庆，王兰生. 工程地质分析原理[M]. 2 版. 北京：地质出版社，1994.
[14] 孙广忠. 工程地质与地质工程[M]. 北京：地震出版社，1993.
[15] 陈剑平. 岩体随机不连续面三维网络数值模拟技术[J]. 岩土工程学报，2001，23(4)：397-402.
[16] 吴斌，唐洪，张婷，等. 两种新颖的离散裂缝建模方法探讨——DFN 模型和 DFM 模型[J]. 四川地质学报，2010，30(4)：484-487.
[17] 郑松青，姚志良. 离散裂缝网络随机建模方法[J]. 石油天然气学报，2009，31(4)：106-110，425.
[18] GB/T 50266—2013. 工程岩体试验方法标准[S]. 北京：中国计划出版社，2013.
[19] GB 50330—2013. 建筑边坡工程技术规范[S]. 北京：中国建筑工业出版社，2014.
[20] 吴顺川，周喻，高利立，等. 等效岩体技术在岩体工程中的应用[J]. 岩石力学与工程学报，2010，29(7)：1435-1441.
[21] 吴顺川，周喻，高永涛，等. 等效岩体随机节理三维网络模型构建方法研究[J]. 岩石力学与工程学报，2012，31(S1)：3082-3090.
[22] 吴顺川，周喻，高永涛，等. 自适应连续体/非连续体周期边界单元耦合技术在等效岩体中的应用研究[J]. 岩石力学与工程学报，2012，31(S1)：3117-3122.
[23] ZHOU Y，WU S C，GAO Y T，et al. Macro and meso analysis of jointed rock mass triaxial compression test by using equivalent rock mass (ERM) technique[J]. Journal of Central South University(English edition)，2014，21(3)：1125-1135.
[24] HOEK E，DIEDERICHS M S. Empirical estimation of rock mass modulus[J]. International Journal of Rock Mechanics and Mining Sciences，2006，43(2)：203-215.
[25] Grimstad E，Barton N. Updating the Q-system for NMT：Proc. int. symp. on sprayed concrete-modern use of wetmix sprayed concrete for underground support，Fagernes[C]. 1993.
[26] RYAN T M，PRYOR P R. Designing catch benches and inter-ramp slopes，SME，Colorado[C]. 2000.
[27] HOEK E. Estimating the stability of excavated slopes in opencastmines [J]. Institution of Mining and Metallurgy，1970，A105-A132.
[28] Sjöberg J. Analysis of large scale rock slopes[D]. Luleå：Luleå tekniska universitet，1999.
[29] HAINES A，TERBRUGGE P J，Carrieri G. Preliminary estimation of rock slope stability using rockmass classification systems：7 th ISRM Congress[C]. 1991.
[30] 祝玉学，张绪珍，王国中. 露天矿边坡优化设计方法[J]. 岩土工程学报，1989，11(3)：11-21.
[31] 陈祖煜. 土质边坡稳定分析：原理 · 方法 · 程序[M]. 北京：中国水利水电出版社，2003.
[32] 李广信. 高等土力学[M]. 北京：清华大学出版社，2004.
[33] 张东明，尹光志，许江，等. 多台阶山坡露天矿边帮稳定性分析[M]. 北京：科学出版社，2012.
[34] GB 51016—2014. 非煤露天矿边坡工程技术规范[S]. 北京：中国计划出版社，2014.
[35] HOEK E，BRAY J W. 岩石边坡工程[M]. 北京：冶金工业出版社，1983.
[36] 陈祖煜，汪小刚，杨健，等. 岩质边坡稳定分析：原理 · 方法 · 程序[M]. 北京：中国水利水电出版社，2005.
[37] 周培峰，谷飞宏，谭维佳. 赤平投影法确定稳定边坡角[J]. 中国水运(下半月)，2011，11(11)：267-268.
[38] 佴磊，徐燕，代树林. 边坡工程[M]. 北京：科学出版社，2010.
[39] 孙玉科，古迅. 赤平极射投影在岩体工程地质力学中的应用[M]. 北京：科学出版社，1980.
[40] 谢谟文，蔡美峰，江崎哲郎. 基于 GIS 边坡稳定三维极限平衡方法的开发及应用[J]. 岩土力学，2006，

27(1)：117-122.
[41] 陈祖煜，弥宏亮，汪小刚. 边坡稳定三维分析的极限平衡方法[J]. 岩土工程学报，2001，23(5)：525-529.
[42] 王金安，王树仁，冯锦艳. 岩土工程数值计算方法实用教程[M]. 北京：科学出版社，2010.
[43] 吴顺川，金爱兵，高永涛. 基于遍布节理模型的边坡稳定性强度折减法分析[J]. 岩土力学，2006，27(4)：537-542.
[44] 吴顺川，金爱兵，高永涛. 基于广义 Hoek-Brown 准则的边坡稳定性强度折减法数值分析[J]. 岩土工程学报，2006，28(11)：1975-1980.
[45] 李健，高永涛，吴顺川，等. 露天矿边坡强度折减法改进研究[J]. 北京科技大学学报，2013，35(8)：971-976.
[46] 王涛，韩煊，赵先宇，等. FLAC3D 数值模拟方法及工程应用[M]. 北京：中国建筑工业出版社，2015.
[47] 田瑞霞，焦红光. 离散元软件 PFC 在矿业工程中的应用现状及分析[J]. 矿冶，2011，20(1)：79-82，89.
[48] 胡海浪，王小虎，方涛，等. 现代数值分析方法在岩体工程问题的应用综述[J]. 灾害与防治工程，2006(2)：69-75.
[49] 严琼，吴顺川，周喻，等. 基于连续-离散耦合的边坡稳定性分析研究[J]. 岩土力学，2015，36(S2)：47-56.
[50] 张铎，刘洋，吴顺川，等. 基于离散-连续耦合的尾矿坝边坡破坏机理分析[J]. 岩土工程学报，2014，36(8)：1473-1482.
[51] 谭文辉，蔡美峰. 边坡工程广义可靠性理论与实践[M]. 北京：科学出版社，2010.
[52] MEYERHOF G G. Safety factors and limit states analysis in geotechnical engineering [J]. Canadian Geotechnical Journal，1984，21(1)：1-7.
[53] 肖术. 基于可靠度理论的露天矿节理岩体边坡稳定性及设计优化研究[D]. 北京：北京科技大学，2016.
[54] 北京科技大学. 穆利亚希露天矿边坡稳定性评价与控制技术研究[R]. 北京：北京科技大学，2013.
[55] 赵明阶，何光春，王多垠. 边坡工程处治技术[M]. 北京：人民交通出版社，2003.
[56] 姜德义，朱合华，杜云贵. 边坡稳定性分析与滑坡防治[M]. 重庆：重庆大学出版社，2005.
[57] 高永涛，吴顺川. 露天采矿学[M]. 长沙：中南大学出版社，2010.
[58] GB 50086—2015. 岩土锚杆与喷射混凝土支护工程技术规范[S]. 北京：中国计划出版社，2015.
[59] 铁道部第二勘测设计院. 抗滑桩设计与计算[M]. 北京：中国铁道出版社，1983.
[60] 杨志法，张路青，祝介旺. 四项边坡加固新技术[J]. 岩石力学与工程学报，2005，24(21)：3828-3834.
[61] 夏禄清. 柔性防护系统在矿山扩帮边坡滚石防治中的应用[J]. 西部探矿工程，2004，16(1)：173-174.
[62] 李有志，彭伟，阳友奎，等. 论 SNS 边坡柔性防护工程实践中的几个问题[J]. 中国地质灾害与防治学报，2004，15(S1)：47-50.
[63] 金志伟，邓永煌. SNS 主动柔性防护网在边坡防护中的应用[J]. 土工基础，2013，27(2)：38-40.
[64] 窦波元. SNS 被动防护系统在龙滩水电站进场专用公路边坡防护中的应用[J]. 企业科技与发展，2012(12)：57-60.
[65] 李健. 大型顺层边坡稳定性分析方法及处治技术优化研究[D]. 北京：北京科技大学，2015.
[66] AQ/T 2063—2018. 金属非金属露天矿山高陡边坡安全监测技术规范[S]. 中华人民共和国应急管理部，2018.
[67] 饶运章. 岩土边坡稳定性分析[M]. 长沙：中南大学出版社，2012.
[68] 隋海波，施斌，张丹，等. 边坡工程分布式光纤监测技术研究[J]. 岩石力学与工程学报，2008，27(S2)：3725-3731.
[69] 北京咏归科技有限公司. 澳大利亚 SSR 边坡稳定性监测雷达[R]. 北京：北京咏归科技有限公司，2012.
[70] 付相超，刘玉福. 边坡稳定性雷达在黑岱沟露天煤矿的应用[J]. 露天采矿技术，2010，25(6)：28-30.

[71] 北京博泰克机械有限公司. IBIS-L 在大坝微变形监测方面的应用[R]. 北京：北京博泰克机械有限公司, 2013.

[72] 徐钟馗, 王桂林. SSR 在露天矿高台阶变形监测中的应用[J]. 露天采矿技术, 2010(6)：1-3, 6.

[73] 高杰, 尚岳全, 孙红月, 等. CCD 微变形监测技术在边坡远程监控中的应用[J]. 岩土力学, 2011, 32(4)：1269-1272.

[74] 邢正全, 邓喀中. 三维激光扫描技术应用于边坡位移监测[J]. 地理空间信息, 2011, 9(1)：68-70, 12.

[75] 赵小平, 闫丽丽, 刘文龙. 三维激光扫描技术边坡监测研究[J]. 测绘科学, 2010, 35(4)：25-27.

[76] 北京基康科技有限公司. 滑坡体地质灾害自动监测方案[R]. 北京：北京基康科技有限公司, 2014.

[77] 中国地质调查局. TDR-1H 型滑坡位移监测系统[J]. 地质装备, 2007, 8(1)：15.

[78] 谭捍华, 傅鹤林. TDR 技术在公路边坡监测中的应用试验[J]. 岩土力学, 2010, 31(4)：1331-1336.

[79] 邬晓岚, 涂亚庆. 滑坡监测的一种新方法——TDR 技术探析[J]. 岩石力学与工程学报, 2002, 21(5)：740-744.

[80] 李健, 吴顺川, 高永涛, 等. 露天矿边坡微地震监测研究综述[J]. 岩石力学与工程学报, 2014, 33(S2)：3998-4013.

[81] 夏永学, 蓝航, 魏向志. 基于微震和地音监测的冲击危险性综合评价技术研究[C]. 第十二届全国岩石动力学学术会议暨国际岩石动力学专题研讨会, 北京, 2011：144-150.

[82] 齐庆新, 李首滨, 王淑坤. 地音监测技术及其在矿压监测中的应用研究[J]. 煤炭学报, 1994(3)：221-232.

[83] 李庶林, 尹贤刚, 郑文达, 等. 凡口铅锌矿多通道微震监测系统及其应用研究[J]. 岩石力学与工程学报, 2005, 24(12)：2048-2053.

[84] 张宗文, 王元杰, 赵成利, 等. 微震和地音综合监测在冲击地压防治中的应用[J]. 煤炭科学技术, 2011, 39(1)：44-47.

[85] 徐奴文, 唐春安, 沙椿, 等. 锦屏一级水电站左岸边坡微震监测系统及其工程应用[J]. 岩石力学与工程学报, 2010, 29(5)：915-925.

[86] LITTLE M J. Slope monitoring strategy at PPRust open pit operation: Proceedings of the international symposium on stability of rock slopes in open pitmining and civil engineering situations[C]. 2006.

第 7 章

露天转地下开采

7.1 概述

矿床延伸较大而覆盖层较薄时，矿床的上部通常采用露天开采，而下部则转为地下开采，简称为露天转地下开采。由露天转入地下开采的矿山，通常是矿体延伸较深，覆盖岩层不厚，且多为厚或中厚的急倾斜矿床。这类矿床初期采用露天开采，具有基建投资少、投产快、贫化损失小、短期内能达到较优的技术经济指标等优点。随着露天开采的不断延深，逐步向地下开采过渡，最终全面转为地下开采。在转换过程中，为了保持生产连续，往往有一段时间是露天开采与地下开采同时存在的。要求露天转地下开采的矿山，在进行露天转地下开采设计时，对前期(露天)和后期(地下)开采应统一全盘规划。露天开采后期的开拓系统要考虑地下巷道的利用，同时在向地下开采过渡时，地下开采也应尽可能利用露天开采的已有工程及设施，使露天开采平稳地过渡到地下开采，并保持矿山产量和经济效益的稳定。露天转地下开采归纳为两大类：露天转地下开采和露天地下同时开采。

近十几年来，国外露天转地下开采的矿山逐渐增多，涉及的矿山有金属矿山、非金属矿山和煤矿等，部分露天转地下矿山如表 7-1 所示。矿山根据地质、资源、生产、环境和经济等因素不同，对合理确定露天开采的极限深度、露天开采向地下开采过渡时期的产量衔接、露天坑底盆的顶柱与缓冲层、露天开采与地下开采开拓系统的衔接、露天开采的边坡管理与残柱回采、坑内通风与防排水系统等主要问题进行了研究，取得了较好的效果。

表 7-1　近年国外部分露天转地下矿山

矿山名称	生产能力/(万 t · a^{-1})	开拓方式	地下采矿方法	过渡时间
瑞典 Kiruna 矿	2300~2500	竖井-斜坡道	无底柱分段崩落法	1952—1962 年
南非 Palabora 铜矿	30000 t/d	竖井	自然崩落法	1996—2002 年
南非 Finsch 金刚石矿	380	竖井-斜坡道	上部：分段空场法 下部：阶段崩落法	1978—1991 年
芬兰 Pyhäsalmi 矿	—	竖井-斜坡道	分段空场法	2003—2009 年

瑞典 Kiruna 矿的矿床由三个透镜状矿体组成，长 7000 m，倾角为 55°～70°，其中 Kiruna 矿走向长 3000 m，平均厚度为 80 m，矿山生产能力为 2300～2500 万 t/a。深部露天的矿石用溜井通过坑内巷道运出，减少了露天剥离量并缩短了运输距离；地下采用竖井斜坡道开拓，使凿岩、装运等无轨设备可直接进出坑内采场工作面；井下运输提升全部实现自动化控制。

芬兰 Pyhäsalmi 矿为黄铁矿矿床，矿体埋深在地表以下 500 m，走向长 650 m，中部宽 65 m，两端变窄，矿体倾角北部为 50°～60°，其余部分为垂直。该矿采用露天、地下同时开拓建设，露天超前地下开采的方式，并利用统一的地下巷道，使过渡时期拉长，确保地下开采有充分的时间进行采矿方法试验；露天转地下共同使用井下破碎站和提升系统，减少了基建投资和露天剥离量；深部露天开采的矿石经溜井下放到地下开采的运输系统中，采用竖井提升方式提升至地表，比地面汽车运输节约运输成本；地面有斜坡道直通井下各个工作面，有利于提高采场的机械化程度和设备效率。

据统计，近十几年来我国有 20 余座大中型露天矿进入深凹露天开采阶段，已有部分矿山转入地下开采，如表 7-2 所示。其中攀钢尖山铁矿、河钢石人沟铁矿、武钢大冶铁矿等已转入地下开采，马钢南山铁矿、鞍钢眼前山铁矿、太钢峨口铁矿等正准备或正在实施露天转地下工程。

表 7-2 近年国内部分露天转地下矿山

矿山名称	生产能力/(万 $t \cdot a^{-1}$)	开拓方式	地下采矿方法	过渡时间
攀钢尖山铁矿	650	竖井	无底柱分段崩落法	2007—2010 年
武钢大冶铁矿	40	竖井	上部：无底柱分段崩落法 下部：分段空场嗣后充填法	2001—2006 年
马钢南山铁矿凹山采场	30	平硐-风井开拓、露天台阶转载运输	有底柱分段崩落法	2008—
鞍钢眼前山铁矿	400	竖井箕斗	无底柱分段崩落法	2013—
太钢峨口铁矿	200	斜坡道	无底柱分段崩落法	2012—

国内学者就露天采场安全开采技术进行了研究，采用露天矿边坡控制爆破技术、地下空区层位及形态探测技术、合理规划露天开采顺序和边坡稳定性监控等研究方法和手段，实现露天矿安全生产，同时确保了地下开采正常进行。

对于露天和地下联合开采矿山，其开采特征是：露天爆破作业对地下作业面的严重破坏作用完全可以人为控制，采用多排孔微差爆破技术，合理控制装药量，控制爆破对地下巷道稳定性的影响，确保不会发生冒顶和严重开裂；同时，将地震波影响范围内的地下工作人员撤离到安全地点，及时清顶检查，保证人员安全。

7.1.1 露天转地下开采安全技术问题

金属矿露天转地下开采安全技术是确保矿山生产持续稳定、体现矿山安全生产主导思想

“安全第一、预防为主”不可缺少的基础。

(1)采场地压

露天转地下开采过程中，露天和地下在垂直方向上同时开采，形成了露天开采坑、境界矿柱和挂帮矿开采、主矿体地下开采的多个采空区，其空间形态及结构十分复杂。同一个矿体区段上受到数个应力场的共同作用，使采场应力状态与变形规律十分复杂，造成了一系列地压问题。主要包括应力变化规律、岩体变形与破坏模式、采动对边坡稳定影响、露天开采及地下开采的回采顺序等。

(2)露天采场边坡

露天采场边坡稳定是确保露天开采安全生产的关键，其稳定性主要受边坡体内的地质构造等因素影响。由露天转向地下开采的过渡时期就形成了由露天和地下开采相互影响的应力场，其变化有可能导致边坡失稳。目前，国内外主要通过工程地质调查、计算机数值模拟分析等研究手段，揭示地下巷道、边坡周围应力变化特性，并采取必要的工程措施，以确保露天开采时边坡稳定，同时还要制定露天转地下开采过渡时期边坡管理办法，纳入矿山生产管理之中。

(3)过渡层厚度

露天转地下开采过渡层的安全状况对地下安全开采意义重大。过渡层厚度过薄，在露天大型器械及爆破循环荷载作用下，易造成采空区大面积冒落、岩移，甚至突然垮塌引起高速气浪及冲击波，造成人员伤亡和财产损失。过渡层厚度选取过大，虽然生产安全得到保证，但浪费大量矿产资源。目前广泛使用的过渡层厚度计算方法有：厚跨比法、荷载传递线交汇法、结构力学简化梁法、普氏拱理论估算法、K. B. 鲁佩涅依特理论估算法及三维数值模拟计算法等。

(4)爆破地震波影响

露天转地下过渡期，当露天与地下在垂直方向上同时开采时，露天爆破产生的冲击波转化为应力波，从震源位置传播到隔离顶柱，以应力波的形式作用于顶柱，使顶柱产生拉伸或者剪切破坏，从而降低了顶柱稳定性。为了避免或防止露天爆破对地下井巷和采场的破坏作用，在地下工程与露天采场底之间应保持足够距离。临近露天坑底穿爆作业不要超深、控制爆破装药量，采用分段微差爆破或挤压爆破等减振措施，同时还要防止露天与地下爆破的相互影响。

(5)通风与疏干排水

露天转地下开采后，地下开采通风系统与一般的地下开采矿山基本相同，但是在考虑地下开采通风系统时，要考虑露天与地下之间贯通通道对地下通风效果的影响。地下开采的防洪排水措施包括地表和地下两部分，为了使雨季洪水不至于全部泄入露天采场盆地，减少对井下生产安全的威胁，应设置截洪沟，减小汇水面积，采取切实有效的防洪排水措施。

7.1.2　露天转地下开采的特点

过渡期间矿山生产的特点如下：

(1)由露天转入地下开采设计，要充分考虑利用露天开采原有设施，注意研究通向地表的井巷位置、过渡时期露天开采运输系统、地下采矿方法等方案。露天转入地下过渡之前，要充分研究深部矿体地质资料，必要时要进行补充勘探工作；

(2)露天转地下开采的矿山，其地下开采工程量相当于一个新建地下矿山，也有一个工艺熟悉的过程，过渡时期的建设周期较长，因而必须研究其持续生产和提前开拓的问题，妥善解决露天转地下开采生产能力的衔接问题；

(3)露天转地下矿山，一般随地下开采下降，在地下开采的上部逐渐形成塌陷区(除充填法外)，并有较多井巷与露天采场连通。因此，在过渡期可能出现通风短路、漏风严重或露天大爆破有毒气体侵入井下巷道，以及在地表集中降雨时引起短时径流量大等问题。故应根据矿山特点，采取有效通风、防寒以及防洪措施；

(4)露天转地下开采过渡期间，露天开采向深部发展，地下已形成一些开拓井巷和采空区，要充分利用这些条件，研究过渡期的联合开拓以及采矿方法方案，特别是对过渡期较长的矿山；

(5)需要回采露天境界外部的挂帮矿体，且回采时可能引起边坡失稳时，必须根据需要及时进行边坡加固处理。

7.1.3 露天转地下开采的基本原则

露天转地下开采的矿山应按以下原则进行规划：

(1)在划分露天与地下开采界限时，应本着充分发挥露天开采优越性的原则，合理地确定露天开采境界；

(2)过渡期间选择地下采矿方法时，应避免发生露天开采与地下开采作业间的不协调现象，并易于实现安全生产；

(3)因地制宜地选择边缘矿体(段)的回采方法和顺序，制订边坡处理方案；

(4)确定合理的露天转地下开采过渡方式。当矿体走向长度大时，应选用分期、分区(或分段)交替过渡方式，以简化过渡期复杂的时空关系，有利于维持过渡期间的生产能力；

(5)确定提前进行地下开拓、采准和切割工程的时间。这主要决定于露天矿减产的起始时间及地下开拓、采切工程量，以及施工进度等，一般为3~5年；

(6)制定各项维持过渡期矿山生产能力和生产的措施，编制好过渡期产量平衡表。

7.2 露天转地下开采的矿床开拓

露天转地下开采的主要开拓工程——井筒位置的选择，既要考虑已有选矿厂的位置，以缩短地面运输距离；也要充分利用露采已形成的工业场地，降低工程建设投资；还要合理利用露采已形成采坑，将井筒布置在采坑内缩短井筒长度；并将井下废石堆存于露采坑内，以减少建设用地。如甘肃金川镍矿露天转地下开采时，将主斜坡道布置在露天坑内，大大缩短了斜坡道长度；山东金岭铁矿、安徽铜官山铜矿露天转地下开采时，将副井布置在露天坑附近，井下掘进的废石提出地表后，直接排往露天坑内。同时，露天矿多用汽车运输，其相应的道路和汽修设施已配套建成，且选矿厂原矿卸载站也是按露天汽车卸载要求建成，多数选矿厂建有粗碎设施。露天转地下开采的矿山，也应充分利用这些已有的运输及配套设施。

7.2.1 露天转地下开采主要开拓方法

根据露天和地下采矿工艺联系紧密程度的不同，露天转地下开拓系统类型分为：露天与地下独立开拓系统、局部联合开拓系统和联合开拓系统三种。

1. 露天与地下独立开拓系统

在深部矿体储量大、服务时间长，或在露天开采深度大、露天采场底平面狭窄、采场边坡稳定性差，难以保证井巷工程出口安全的情况下，地下开拓工程一般布置在露天采场之外，露天和地下各自使用独立的开拓运输系统。其优点是具有两套生产系统，相互干扰小，露天开采结束后无须继续维护边坡等。其缺点是两套开拓系统基建投资大，基建时间长，露天深部剥离量大，一般仅在矿床地质与地形条件特殊的情况下采用。

这种方式主要适用于埋藏深和缓倾斜矿床，或由于历史原因设计时未考虑露天与地下联合开拓的情况。目前，我国不少露天转地下开采的矿山采用该方式。如白银的折腰山、火焰山铜矿。但国外近 10 多年来使用露天和地下独立开拓系统的矿山较少。

2. 露天与地下局部联合开拓系统

露天部分矿石利用地下开拓系统出矿，或者地下开拓系统局部利用露天矿开拓工程，这种方式国内外矿山均有介绍。如开采露天底柱、边坡外残留矿体，可从地下开拓巷道运至地面。铜官山铜矿、凤凰山铁矿、南非科菲丰坦金刚石矿都应用了这种开拓系统。当开采露天矿深部剩余矿量不多时，若露天矿边坡稳定，或采深较浅，可从露天坑底的非工作帮开掘平硐、斜井以开拓地下矿体，大大减少了井巷工程量。金川公司露天转地下开采部分开拓工程的主斜坡道、探矿措施井都设在露天采场内。适用条件如下：

(1) 倾斜或急倾斜矿床残留矿体(包括露天矿底柱和挂帮矿)开采，通常利用地下开拓系统运至地面。

(2) 露天开采到设计境界后，下部矿体储量不多，服务年限较短，通常自露天坑底的非工作帮掘进平硐、斜井或竖井形成地下开拓系统。如图 7-1 所示平硐-斜坡道开拓地下矿体的系统，具有井巷工程量和基建投资少，投产快，可充分利用已建的露天矿开拓运输系统优点。缺点是井巷施工与露天生产同步进行，干扰较大。

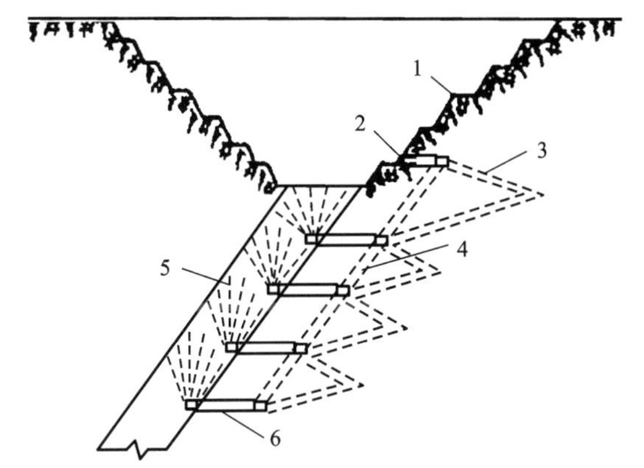

1—露天边帮；2—平硐；3—斜坡道；4—溜井；5—深孔；6—装矿横巷。

图 7-1　平硐-斜坡道开拓系统

3. 露天与地下联合开拓系统

据国内外经验，除特殊矿床地质条件外，一般较少采用露天与地下各自独立开拓系统，应根据条件尽可能采用露天与地下联合开拓或局部开拓系统。该系统实质是露天与地下采用统一的地下巷道开拓。既可以从露天开采开始就用地下巷道开拓，也可以在露天深部与地下共同开拓。该系统国外近20年来使用很广泛，如瑞典Kiruna铁矿、苏联阿巴岗斯基铁矿等。据介绍，当露天采深超过100 m时，露天深部与地下联合开拓是合理的，可以大大减少露天剥离量和运距，缩短基建时间，有利于露天排水与疏干。国外在设计露天开采主矿体时，对深部和侧翼矿体也进行地下开采设计，便于同时进行露天与地下开采基建，使矿山顺利转入地下开采。露天与地下联合开拓系统主要包括如下方式：

(1)露天坑内外联合开拓

在露天坑较低台阶有足够空间的情况下，可以在坑内布置斜坡道或风井等辅助井巷，而把主井和主要运输巷道布置在坑外。如凤凰山铁矿(如图7-2所示)和瑞典Kiruna铁矿。优点是开拓工程量少，达到提前见矿、保持矿石产量稳定的目的。

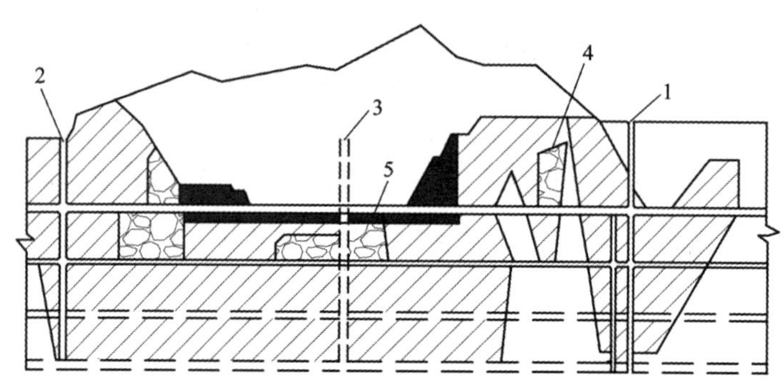

1—主井；2—副井；3—风井；4—矿房；5—境界矿柱。

图7-2 凤凰山铁矿露天坑内外联合开拓系统

(2)共用地下井巷运输的联合开拓

共用地下井巷运输的联合开拓是露天和地下开采的矿石都从地下井巷运出，如图7-3所示。露天矿采用斜井和石门开拓，地下用盲竖井开拓。露天采下的矿石用汽车经石门运到斜井，用斜井箕斗运到地面，运输线路长度比汽车缩短了一半，降低了运输费用。

其优点是：露天矿开拓运输系统简单，线路短，在露天开采深度大于100~150 m时，利用石门斜井开拓可使运距缩短50%~60%，大大降低了运输费用；可加大露天矿最终边坡角，减少剥离量和基建投资；可利用地下巷道排水和疏干矿床，改善露天矿生产条件；缩短露天转地下开采的过渡期，能较快达到地采设计生产能力。

当露天采用地下运输的联合开拓系统时，在露天坑内设立破碎站，减小矿岩块度，可有效控制井巷断面尺寸。4 m^3斗容电铲装载矿岩最大块度为1.0~1.2 m，而目前国产坑内用矿车的容许矿岩块度一般小于0.7 m，竖井翻转式箕斗和底卸式箕斗的容许块度分别小于0.35 m和0.25 m，斜井箕斗容许块度小于0.65 m，斜井胶带输送机块度控制在0.25~0.3 m。如果不设立露天采场破碎站，必须扩大箕斗规格，导致井巷断面加大，使基建费用骤增。也可以通过设立井下破碎站的方式来解决减小矿岩块度的问题。

国内外大量矿山生产实践(表7-3)表明，露天转地下开采矿山除特殊地质条件外，应尽可能选用露天和地下联合开拓或部分联合开拓。但采用地下巷道联合开拓时，设计应考虑兼顾上下矿开采的需要。露天开采的矿岩送入地下溜井运输，可减少运输巷道宽度，提高最终

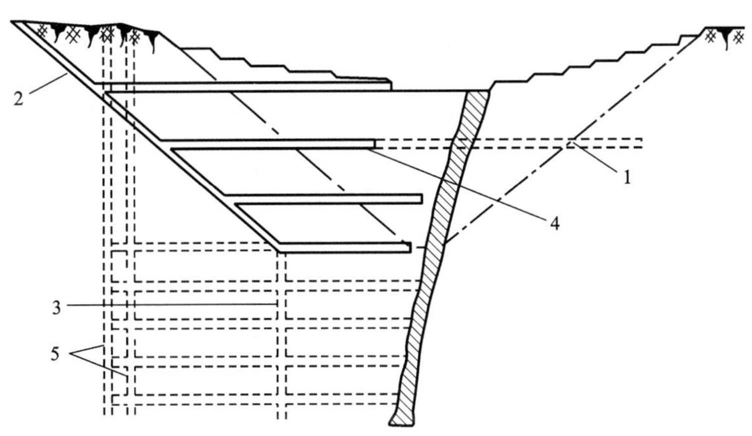

1—露天最终边界；2—斜井；3—盲竖井；4—石门；5—竖井。

图 7-3　共用地下井巷运输的联合开拓

边坡角，减少露天剥离量；露天矿水文地质复杂，降雨量较大，需考虑利用地下工程排水；露天矿周围要留有建地下矿的地表工业场地。对露天开采较深的露天矿，使用公路开拓运输时，汽车运距长运输成本高，应提前利用露天转地下开拓运输工程分流露采矿岩。露采剥离废石送入井下作为地下开采的充填料或排入地采陷落区，既可以减少废石堆场，又可降低开采成本。

表 7-3　国内外部分矿山开拓系统

矿山名称	露天与地下开拓结合程度	开拓系统	
		露天	地下
宝山铅锌矿	独立开拓	公路开拓，汽车运输	主平硐-竖井开拓
折腰山铜矿	独立开拓	公路开拓，汽车运输	主副井开拓
松树卯钼矿	独立开拓	公路开拓，汽车运输	主副井开拓
龙泉镍矿	部分结合开拓	公路开拓，汽车运输	斜坡道、竖井-斜井开拓
铜官山铜矿	部分结合开拓	公路开拓，汽车运输-溜井-竖井	主副井开拓
铜山铜矿	部分结合开拓	公路开拓，汽车运输-溜井-竖井	主副井开拓
凤凰山铁矿	部分结合开拓	公路开拓，汽车运输-溜井-竖井	主副井开拓
冶山铁矿	独立开拓	斜坡道开拓，串车提升	竖井-盲竖井开拓
漓渚铁矿	独立开拓	漏斗-平硐开拓	平硐-溜井-竖井开拓
利国铁矿	独立开拓	斜坡道开拓，串车提升	竖井开拓
盖斯克铜矿	独立开拓联合开采	公路开拓，汽车运输	竖井开拓
基德克里克铜锌矿	独立开拓	公路开拓，汽车-胶带输送机运输	竖井-斜坡道开拓
奎斯塔钼矿	独立开拓	公路开拓，汽车运输	竖井-斜井开拓
皮哈萨尔米铜矿	独立开拓	公路开拓，汽车运输-溜井-竖井	竖井-斜坡道
基律纳铁矿	独立开拓	公路开拓，汽车运输-溜井-平硐	竖井-斜坡道

7.2.2 露天采场与开拓工程位置的相对关系

开拓方案的选定除应满足地下矿山开拓设计所需要考虑的各种因素和要求外，还需要根据矿山的赋存条件、过渡期联合开采的特点、露天采场与开拓工程位置的相对关系，以及露天与地下开拓工程是否共用，确定最终的开拓方案。

1. 开拓工程位于露天采场内

该形式一般应用于深部矿石储量不多、地下开采规模不大、服务年限较短及露天采场边坡稳定的条件下，特别在露天采矿很深且仅残留少量的矿体时，如澳大利亚新南威尔士Ardlethan矿和建安大波古平公司露天金矿。在露天开采达到设计深度后，从露天坑底(台阶)掘斜坡道(斜井)用VCR法开采露天坑底(侧部)矿体。该方案的优点是井巷工程量小、基建投资少、投产快，可利用原有的露天运输系统和若干提升设施，生产衔接简单。缺点是在露天开采未结束前进行井巷施工，对露天生产有干扰。

2. 开拓工程位于露天采场外

将开拓工程均布置于露天采场外，形成一套独立系统。适于深部矿体储量大、地下开采时间长(露天矿服务年限相对较短)，或因露天采矿边坡稳定性差、开采深度大、露天采场底部窄，难以保证井巷工程出口安全的矿山。国内不少矿山采用此方案，如铜山铜矿、松树卯钼矿以及白银厂铜矿。其优点是直接接通地表的井巷均在露天采场外，相互之间干扰小，对施工和生产运输带来方便条件；露天开采结束后，边坡可不再维护。其缺点是井巷工程量大，基建时间长，投资大。

3. 露天采场内和采场外联合开拓

该类开拓是上述两类开拓方式的组合，一般用于上部露天开采服务年限较长、边坡稳固的矿山。允许在露天转地下开采过程中，在露天坑较低标高台阶上布置或开掘井巷工程，以节省开拓量和达到提前见矿目的，保持矿山持续稳产。场外布置的井巷大多是矿石提升和主运输巷道，场内开拓的工程大多是斜坡道或风井等辅助井巷。例如凤凰山铁矿、金岭铁矿以及加拿大Kidd Creek多金属矿、瑞典Kiruna铁矿等。

4. 露天矿运输利用地下井巷的联合开拓

该方案一般用在：

(1)露天开采。这种矿山的露天开采服务年限短，矿山建设初期即建有地下井巷工程，而选厂和公用设施等工程均以地下开采为主进行布置。如铜官山铜矿、铜山铜矿和芬兰Pyhäsalmi铜锌矿。

(2)露天开采境界深度大、转入地下联合开采过渡时间长的矿山。此时，露天矿在转入地下开采时深度较大，地面运输距离越来越长，运输成本增高，深部露天开采采用地下井巷工程开拓。如Phbopocah铁矿区、美国共和铁矿、板石沟铁矿等。

(3)高山地区矿床平硐溜井开拓的露天转地下矿山或地下转露天开采的矿山。

利用地下巷道的开拓系统具有以下优点：

①露天采场可不开挖主运输道路；可能增大露天的最终边坡角，使剥离量大量减少，综合基建投资可有所节省。

②根据国外一些矿山统计与计算，当露天开采深度超过100~150 m时，利用地下巷道运输矿石，要比地面汽车运输费用低，其运距仅为汽车运输的50%左右。

③露天矿可以利用地下巷道排水疏干改善露天生产条件。如凤凰山铁矿，在-100 m 水平掘进疏干巷道后，使穿孔效率提高 40%，年下降速度由 10 m 提高到 12 m。

④利用露天开采的地下开拓巷道，可缩短过渡期地下开采的建设周期，提早进行采矿方法试验和工人培训等。

7.3　露天转地下开采过渡期采矿方法

露天转地下开采矿山都存在着露天向地下开采的过渡阶段。在此期间露天产量逐渐减少，地下产量逐渐增加，直至露天结束，地下矿达到设计产量。露天开采尚未结束、地下开采已开始的阶段称为第一阶段。在这一阶段内(一般是 3~5 年或者更多)，露天和地下必须同时进行生产作业。因此，过渡阶段采矿方法问题是一项极其复杂的技术难题，不仅要处理好上部露天作业对地下开采的影响，还要考虑产量衔接，给地下开采特别是第一阶段的采矿方法提出了许多特殊要求。露天转地下开采的地下采矿方法是指露天转地下开采的过渡期间，地下开采第一阶段与露天坑底之间矿体的回采方案。

露天转地下开采过渡期的采矿方法，据国内外的经验有三种方式：①空场采矿法或暂留临时境界顶柱或嗣后充填的方法；②崩落采矿法不留境界顶柱开采的过渡方案；③开采第一阶段矿体时分步骤进行，即在阶段上把矿体划分为矿房与矿柱，先用房柱法回采矿房，后用崩落法回采顶柱间柱。

7.3.1　预留境界顶柱

1. 境界顶柱安全厚度确定方法

境界顶柱的安全厚度可用多种理论方法和数值方法计算，但由于影响采场地压的因素很多且极为复杂，因此，理论计算的结果一般仅供设计参考。

1) K. B. 鲁别涅依他公式

K. B. 鲁别涅依他等人主要考虑到空区跨度及保安矿柱岩体特性(强度及构造破坏特性)对保安矿柱厚度的影响，同时也考虑了台阶上作业设备的影响，提出的安全厚度计算公式如下：

$$H = K[0.25rb^2 + (r^2b^2 + 800\sigma_B g)^{1/2}]/98\sigma_B \tag{7-1}$$

其中：$\sigma_B = \sigma_{n3}/(K_0K_3)$，$K_0 = 2\sim3$，$K_3 = 7\sim10$，$\sigma_{n3} = (7\%\sim10\%)\sigma_c$，$g = G/(2lb_r)$。

式中：H 为安全矿柱厚度，m；K 为安全系数；r 为顶板岩体容重，t/m³；b 为采空区跨度，m；σ_B 为弯曲条件下考虑到强度安全系数 K_3 和结构削弱系数 K_0 条件下顶板强度极限，MPa；σ_{n3} 为弯曲条件下的岩石强度极限，MPa；σ_c 为岩石单轴抗压强度，MPa；g 为电铲及其他设备对顶板的压力，MPa；G 为电铲或设备质量，kg；l、b_r 为电铲履带的长和宽，m。

2) B. И. 波哥留波夫公式

在 K. B. 鲁别涅依他等人公式基础上，B. И. 波哥留波夫提出了安全顶柱厚度计算公式。它除考虑空区跨度、保安矿柱岩体特性(抗拉特性)之外，还考虑了台阶爆破动荷载影响。公式如下：

$$H = K[rb^2 + (r^2b^2 + 16\sigma_{n3}P_n)^{1/2}]/g\sigma_{n3} \tag{7-2}$$

$$P_n = rH_\gamma K_\mu(K_c + K_{nep})/K_p \tag{7-3}$$

式中：P_n 为由于岩体爆破形成的动荷载，MPa；H_γ 为梯形高度，m；K_c 为爆破时梯段高度降低系数；K_{nep} 为超钻系数；K_μ 为动力荷载系数；K_p 为矿岩松散系数；H、K、r、b、σ_{n3} 的意义同前。

3）平板梁理论

该理论假设矿柱是一个两端固定的平板梁结构。徐长佑提出矿柱合理厚度的计算方法。他认为：对于露天-地下联合开采矿山合理保安矿柱的计算，比较实际而可靠的方法是工程计算法。该法考虑了岩石的物理力学特性、结构削弱系数和一系列的其他因素。其中假设：①矿房长度大大超过它的宽度；②矿房的数量多，足以消除边界跨度的影响。

使用的条件是把复杂的三维厚板计算简化为理想弹性理论的平面问题。计算简图见图 7-4，确定应力的公式如下：

$$\left.\begin{aligned}\sigma_x &= \sigma_x^0 + \sigma_{xl}\\ \sigma_y &= \sigma_y^0 + \sigma_{yl}\\ \tau_{xy} &= \tau_{xy}^0 + \tau_{xyl}\end{aligned}\right\} \tag{7-4}$$

$$\sigma_x^0 = \sigma_y^0 - 9.8\gamma(h-y) \tag{7-5}$$

此处，$\sigma_{xy}^0 = 0$

式中：γ 为矿柱矿石容量，t/m³；h 为矿柱的厚度，m；L 为矿柱中心至矿房间柱中心之间的距离，m；a 为矿柱宽度的一半，m。

$$\sigma_{x1} = \sum_{i=1}^{n} A_n \cos a_n x[(K_n - a_n y L_n)\text{sh}a_n y + (1 - 2L_n + a_n y K_n)\text{ch}a_n y] \tag{7-6}$$

$$\sigma_{y1} = \sum_{i=1}^{n} A_n \cos a_n x[(K_n + a_n y L_n)\text{sh}a_n y - (1 + a_n y K_n)\text{ch}a_n y]n \tag{7-7}$$

$$\tau_{xy1} = \sum_{i=1}^{n} A_n \sin a_n x[(1 + a_n y L_n - L_n)\text{sh}a_n y - a_n y L_n \text{ch}a_n y] \tag{7-8}$$

式中：$a_n = n\pi/l$

$$A_n = (-1)^n \times 2 \times 9.8\gamma h \frac{\sin a_n a}{a_n a}$$

$$K_n = \frac{\text{sh}a_n h\text{ch}a_n h + a_n h}{\text{sh}^2 a_n h - (a_n h)^2}$$

$$L_n = \frac{\text{sh}^2 a_n h}{\text{sh}^2 a_n h - (a_n h)^2}$$

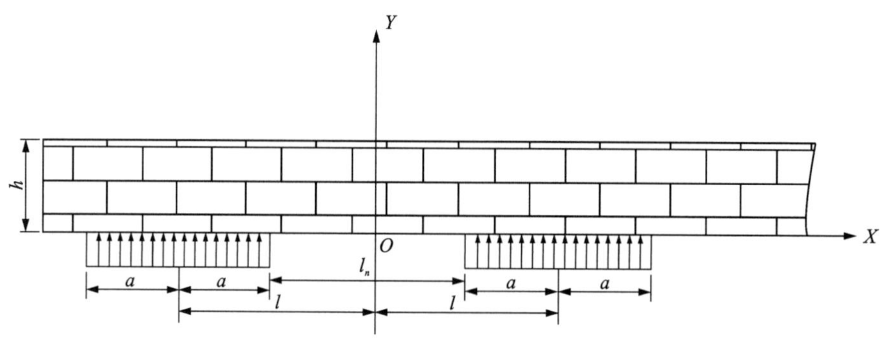

图 7-4 在自重作用下矿柱计算图

隔离层的跨度：　　　　　　$l = 2(l - a)$

将露天设备重量引起的应力考虑进去，便可得到矿柱的全应力公式：

$$\left.\begin{aligned}\sigma_x^n &= \sigma_x^0 + \sigma_{xl} + \sigma'_x + \sigma''_x\\ \sigma_y^n &= \sigma_y^0 + \sigma_{yl} + \sigma'_y + \sigma''_y\\ \tau'_{xy} &= \tau_{xyl} + \tau''_{xy}\end{aligned}\right\} \tag{7-9}$$

式中：σ'_x，σ''_x，σ'_y，σ''_y，τ'_{xy}，τ''_{xy}均为在矿柱中，由荷载产生的应力。

在此基础上，一些学者根据材料力学的公式，推导出了简化的保安矿柱厚度公式为：

$$H = Krb^2/2\sigma_t \tag{7-10}$$

式中：σ_t 为矿柱岩石抗拉强度，其他符号意义同前。

4）松散系数理论

假设空区发生塌陷，只要矿柱厚度大于塌陷岩石填满空区所需高度就是安全的。由此推算出矿柱安全厚度公式为：

$$H = h/(K_p - 1) \tag{7-11}$$

式中：h 为空区高度，m；K_p 为松散系数。

5）经验类比法

理论计算结果一般仅供设计参考，多数矿山仍参照类似矿山经验选取。顶柱厚度根据矿岩的稳固性，一般为 10~30 m；矿岩稳固时，厚度一般为 10 m 左右；有的矿山按回采矿房跨度的一半取值。俄罗斯学者认为当矿岩坚固性系数为 5~12 时，境界顶柱的厚度必须等于或大于矿房的跨度，实际顶柱厚度为 10~30 m。通常境界顶柱的厚度，因露天开采爆破影响，比地下开采的顶柱厚度大。境界顶柱的稳定性随采空区存在时间的增加及其面积的扩大而削弱。因此，缩短回采周期、减小采空区暴露面积，对增强境界顶柱稳定性十分重要。

表 7-4 为国内外部分露天转地下矿山境界顶柱实际厚度，可以根据矿区的工程地质条件，经分类比较最后确定适合自己矿山的境界顶柱厚度。

表 7-4　国内外部分露天转地下矿山境界顶柱的实际厚度

矿山名称	坚固性系数	境界顶柱厚度/m
蒙阴金刚石矿二矿区	4~8	20
凤凰山铁矿	8~12	7~10
铜官山铜矿	6~10	6~7
铜山铜矿	6~12	10
石人沟铁矿	8~14	16~22
建龙铁矿	8~12	20~25
克里沃罗格矿区	4~10	20~30
尼基托夫斯基	8~10	15~30
维什涅沃戈尔	12~14	10~15
海达尔岗斯基	8~12	15~20
依也尔多雅克夫斯基	14~16	10

2. 分段空场法回采预留境界顶柱

该方案的特点是在露天采场底板与地下采场之间预留一定厚度的境界隔离矿柱，先用空场法回收地下矿石，最后回收境界隔离矿柱，基本模式如图 7-5 所示。

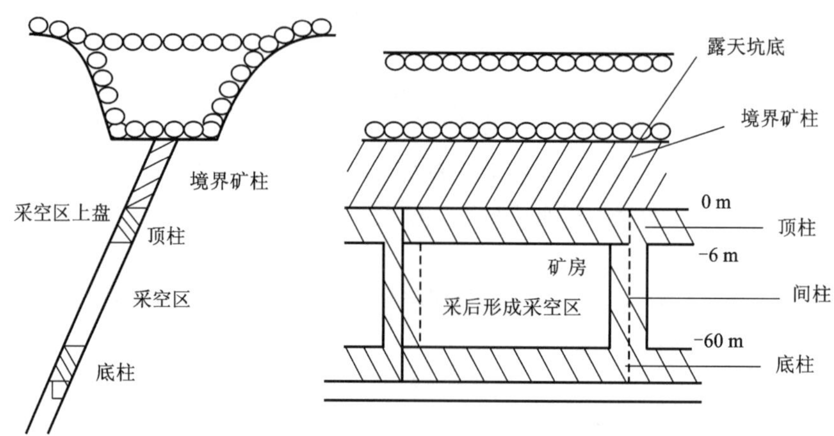

图 7-5 分段空场法回采预留境界顶柱基本模式

使用该类方法时，露天和地下不仅可在同一垂直面内同时作业，而且过渡技术简单，能够保持坑内通风、防洪排水和露天矿边坡的安全可靠。但该方法对地下采场的暴露面大小、间柱强度对露天和地下爆破的规模都有严格的控制和要求，所受条件限制比较多。该种方案在国内外的露天转地下过渡开采中被广泛采用，例如凤凰山铁矿、冶山铁矿、铜山铜矿、铜官山铜矿、加拿大 Kidd Creek 矿及芬兰 Pyhäsalmi 矿等。

用分段留矿法在境界顶柱以下回采矿体时，如果顶柱厚度不够，难以维护地下开采安全时，应该在露天开采结束后进行。凤凰山铁矿应用实例见图 7-6。在露天坑底保留 7~12 m 厚的境界顶柱。顶柱以下的矿体划分为矿房和矿柱，用分段空场法回采矿房并暂留矿柱。在矿房回采过程中，放出 30%左右的崩落矿石。露天采矿作业结束后，用潜孔钻机从露天坑底向下凿岩，爆破境界顶柱，同时崩落一定数量的上盘围岩形成覆盖层，在覆盖层下放出顶柱矿石和采场所有存留矿石，下部矿体则用阶段崩落法回采。

其优点是露天开采末期，地下与露天开采可同时进行，可弥补露天开采末期减少的产量。当露天开采结束后，再全部过渡到地下开采，可维持矿山持续均衡生产。同时，在境界顶柱回采之前，对露天采场内积水的渗透起减缓作用，并可降低井下开采的漏风量。其缺点是境界顶柱的矿石回采率低、贫化率大、掘进工程量和投资较大。

3. 胶结充填回采矿房方法

此种方案是国外露天转地下矿山过渡时期较常用的一种方法。其矿房回采工艺基本与留境界顶柱的分段空场法方案相同；不同之处是矿房回采以后，用废石胶结充填采空矿房，使露天矿的回采作业更安全可靠。如加拿大 Kidd Creek 多金属矿在过渡期间留安全矿柱支撑露天坑底的顶柱。地下采用分段空场法，矿房长 30 m，宽 15 m，高 60~90 m，间柱宽 14~45 m，露天坑底的顶柱厚 9 m。之后用碎石混凝土(水泥占 5.4%)胶结充填，先回收 30%的矿石储量，这主要是因为深孔矿房的尺寸比较保守，留有纵向和横向矿柱，以支撑露天顶柱，待露

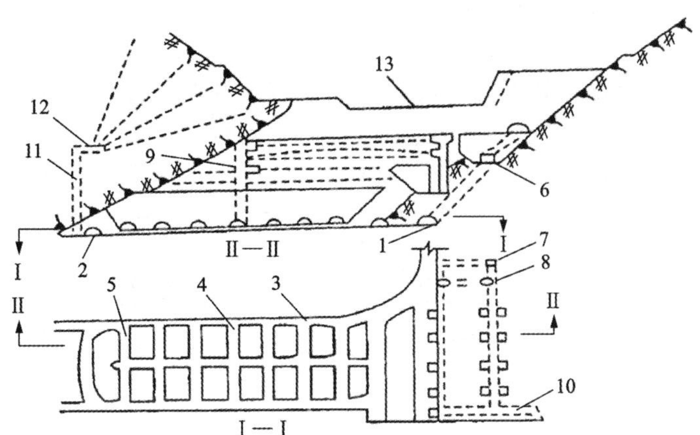

1—脉外运输平巷；2—脉内运输平巷；3—运输横巷；4—装矿巷道；5—切割平巷；6—电耙道；7—人行天井；8—溜矿井；9—凿岩天井；10—回风道；11—放顶天井；12—放顶凿岩硐室；13—境界顶柱。

图 7-6　凤凰山铁矿境界顶柱的分段留矿法方案

天结束以后再回采(图 7-7)。露天与地下矿的境界顶柱距台阶高度不同，变动范围为 9~75 m，此部分矿量在露天开采结束后从露天坑凿岩回采。

此方案多用于开采价值较高的贵金属和多金属或其他富矿体。优点是地下与露天可较长时间同时开采，生产相对安全；在露天采场内，境界顶柱可阻止地表水灌入地下，并可减小地下采区的漏风系数；境界顶柱矿石回收率高、贫化率低。缺点是回采充填工艺复杂，生产成本高。此种方法中常用的有阶段矿房法嗣后胶结充填和下向胶结充填法。

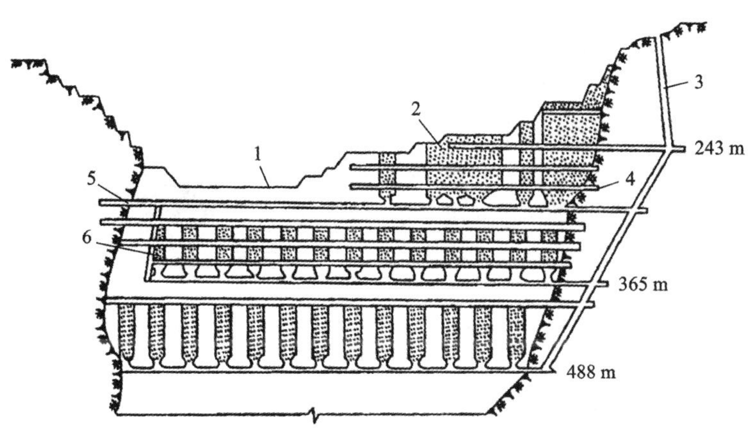

1—露天坑底；2—露天矿边坡下的矿房；3—通风天井；4—分段平巷；5—运输出矿巷道；6—露天坑底的矿房。

图 7-7　胶结充填回采矿房法

1) 阶段矿房法嗣后胶结充填

ГаИСКИЙ 矿为了克服废石充填存在的问题，第一次试验应用了碎石混凝土胶结充填法。实践认为，胶结充填用于联合开采可保证矿床生产安全可靠，总的生产能力比单一开采提高

50%，境界顶柱可由原设计的100 m降为60 m。混凝土柱的强度要求应不低于5 MPa（开始认为要10 MPa）。

ГаИСКИЙ矿露天与地下联合开采境界顶柱留设与矿房回采之间的回采顺序如图7-8所示。

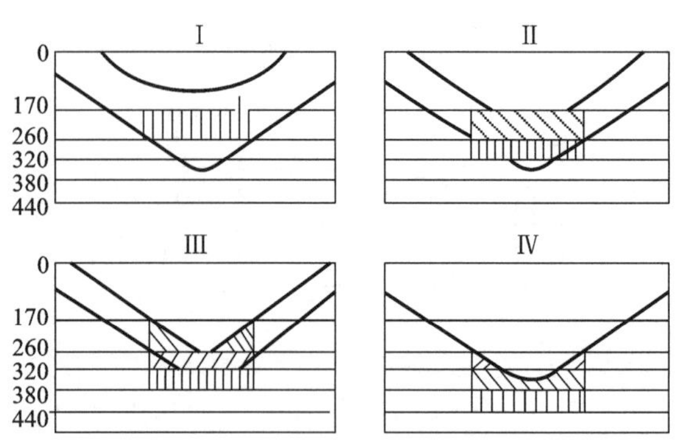

Ⅰ—第一期回采境界矿柱；Ⅱ—露天矿最终境界线；
Ⅲ—胶结充填矿柱范围；Ⅳ—废石充填预留矿柱的范围。

图7-8 ГаИСКИЙ矿露天地下联合开采回采顺序

该矿自采用胶结充填以来，已与露天同时开采达20多年，效果良好：①矿床总的生产能力提高50%，保证了高品位铜矿长期均衡生产，露天与地下开采作业高度协调；②提前开采品位较高矿石，所获利润为建设投资的三倍；③矿石回收率高达95%，贫化率低；④生产作业安全；⑤不另增投资，很好地解决了露天开采排水问题；⑥解决和排除了内因火灾的可能性。

2）下向胶结充填法回采

这种方法适用于矿床围岩均不稳固，构造发达的富矿体联合开采。如苏联ЗОДСК多金属矿，地下开始用留矿法和分段空场法回采，后改用上向水平分层开采，均因作业不安全（即10~12 m^2断面，发生大面积冒顶和塌落）、矿石结块无法溜放矿石、贫化损失大（20%）等原因失败。后改用无轨开采的下向胶结充填法获得成功。露天与地下同时开采时的境界顶柱厚100~125 m，此段矿柱将在露天结束后再用地下开采回收。

4. 废石充填法回采方法

该法主要用于矿岩十分稳固，露天开采矿体面积不大，价值一般以及矿柱矿量不大或不再回采矿柱的矿山。如芬兰Pyhäsalmi铜锌矿，露天坑底面积大约13000 m^2，其过渡开采的第一阶段和露天矿侧翼矿体采用分段空场法回采，用露天矿剥离废石或选场尾砂充填采空区，第二阶段坑内开采留设20 m顶柱，后改用分段崩落法回采，如图7-9所示。

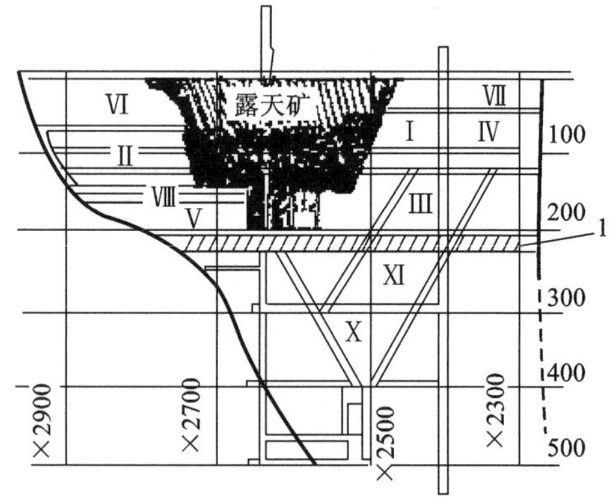

Ⅰ~Ⅶ—地下开采的回采顺序；1—临时矿柱
（单位：m）

图7-9 Pyhäsalmi矿纵投影图

该法比胶结充填法工艺简单，废石利用率高和成本较低，缺点是贫化损失较大。

铜官山铜矿地下开采矿房用水平分层废石充填法回采，露天剥离废石作充填料，暂留境界矿柱和矿房底柱和顶底柱，在露天开采结束后再用分段崩落法回采矿柱。露天坑底与地下之间的境界矿柱厚约 10 m，铜官山铜矿露天地下联合开采见图 7-10。

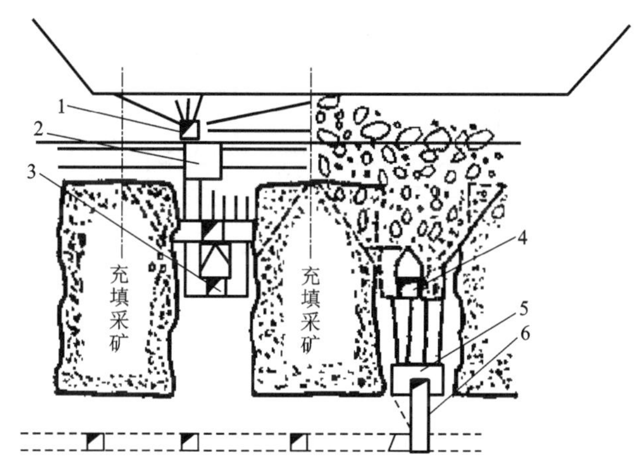

1—上分段耙道；2—凿岩硐室；3—上分段采准耙道；4—上分段出矿耙道；
5—上向扇形深孔硐室；6—下分段采准耙道。

图 7-10　铜官山铜矿露天地下联合开采

5. 应用实例

1）石人沟铁矿

石人沟铁矿位于河北省遵化市西北 10 km，于 1975 年 7 月建成投产，是一个采选联合企业，露天开采，设计规模为 150 万 t/a。矿山经过近三十年的生产，露天开采结束时，已形成了南北长 2.8 km、东西宽 230 m 的露天采坑。

矿区露天采场由南向北分为三个采区，以勘探线作为采区边界线，28～18 线为南区，18～8 线为中区，8 线以北为北区。2003 年露天开采结束后转入地下开采，地下采场以 16 线为界分为南北两个采区。开采主要集中在-60 m 中段水平，采矿方法以浅孔留矿法为主，年产量约 130 万 t/a。

根据首采区段矿体赋存条件，为避免井下与露天开采相互干扰，降低井下开采的初期排水费用，露天坑底预留境界顶柱，矿柱厚度为 20 m。浅孔留矿法矿块长 50 m，沿矿体走向布置，中段高度为 60 m，顶柱高度为 6 m，间柱宽度为 5 m，矿块宽度同矿体厚度。分段采矿法按矿体厚度布置矿块，中厚矿体一般沿走向布置矿块，厚矿体垂直矿体走向布置矿块。境界顶柱下浅孔留矿法采场布置如图 7-11 所示。主要技术经济指标：损失率为 20%；贫化率为 15%。

2）大冶铁矿

2003 年以前大冶铁矿一直采用露天开采，已经形成的深凹露天坑东西长约 2400 m，南北宽约 1000 m。狮子山矿段露天坑底标高为-48 m，现已回填到±0 m 形成转载场；尖山矿段从 30 号勘探线起往东，坑底梯次下降到-168 m 尖山矿段露天坑底。露天坑北帮标高为

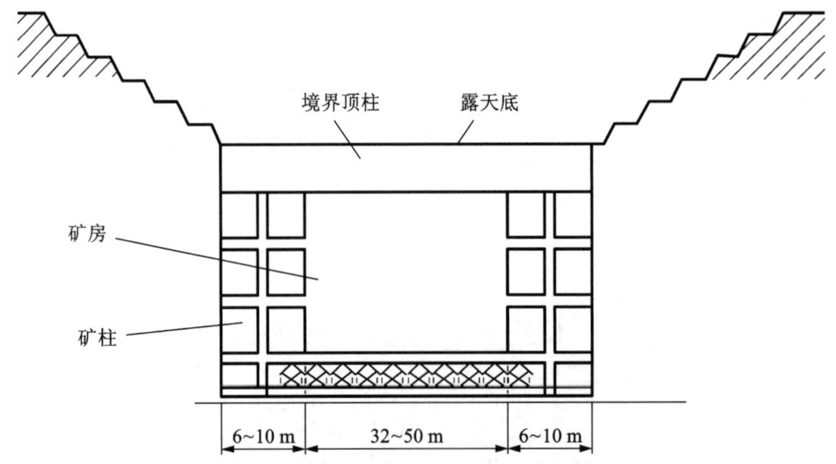

图 7-11 境界顶柱下浅孔留矿法采场布置图

170~270 m，南帮标高为 86~200 m。露天矿边坡角一般为 38°~43°，局部到 53°，边坡高度为 230~430 m。按照设计，错动角为上下盘 60°，东西两端 65°，开采至-168 m 时，地表错动面积约为 0.45 km^2。2003 年，大冶铁矿由露天开采转为地下开采，开采对象为狮子山矿段和尖山矿段-24~-120 m 的矿体，年产量 40 万 t，工程地质剖面如图 7-12 所示。

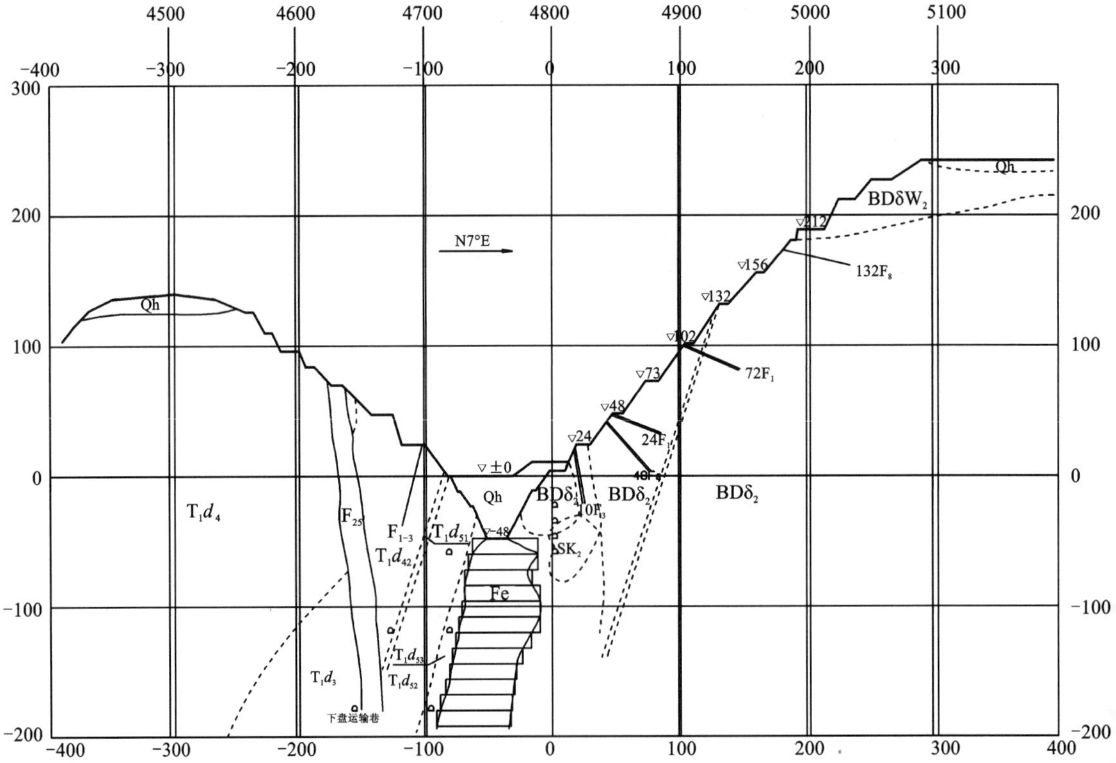

（单位：m）

图 7-12 大冶铁矿露天转地下开采工程地质剖面图

考虑到以下几方面原因，2008 年大冶铁矿狮子山矿体改为分段空场嗣后胶结充填采矿方法。①大冶铁矿是首批国家矿山公园，露天开采形成的完整高陡边坡需要长期保护。东采车间回采到-72 m 水平，狮子山露天矿边坡已经发生了局部的开裂，若继续采用无底柱分段崩落法开采到-120 m 分段以下，边坡的变形破坏将进一步加剧，地下开采诱发大面积滑坡的可能性比较高。②大冶铁矿的矿石具有多金属伴生的特点，矿石中除了铁金属之外，还含有 Cu、S、Co 及 Au 等，充填法开采的矿石损失率低、贫化率低，经济效益显著。③塌陷区和新建尾矿库的征地与搬迁不仅费用越来越高，而且不符合国家节能减排的产业政策，审批将愈加严格和困难。而采用充填法开采尾矿可以 100%充填采空区，不需要新建尾矿库。④研究区域矿石和围岩稳固性好、矿体倾角较陡、矿体形态比较规整，选择合理的高效充填采矿法可以有效克服充填法效率低的缺点。

地下-120～-180 m 采用分段空场嗣后胶结充填法(图 7-13)，采场自西向东划分为 19 个矿块，矿块分矿房和矿柱。矿块沿矿体走向布置，阶段高度为 60 m，矿块长 30~45 m，矿房、矿柱宽均为 15 m，回采过程为“隔一采一”，先回采矿房，矿房回采完毕后进行一次充填，待充填体强度达到自稳强度后，再回采矿柱，采完后充填。

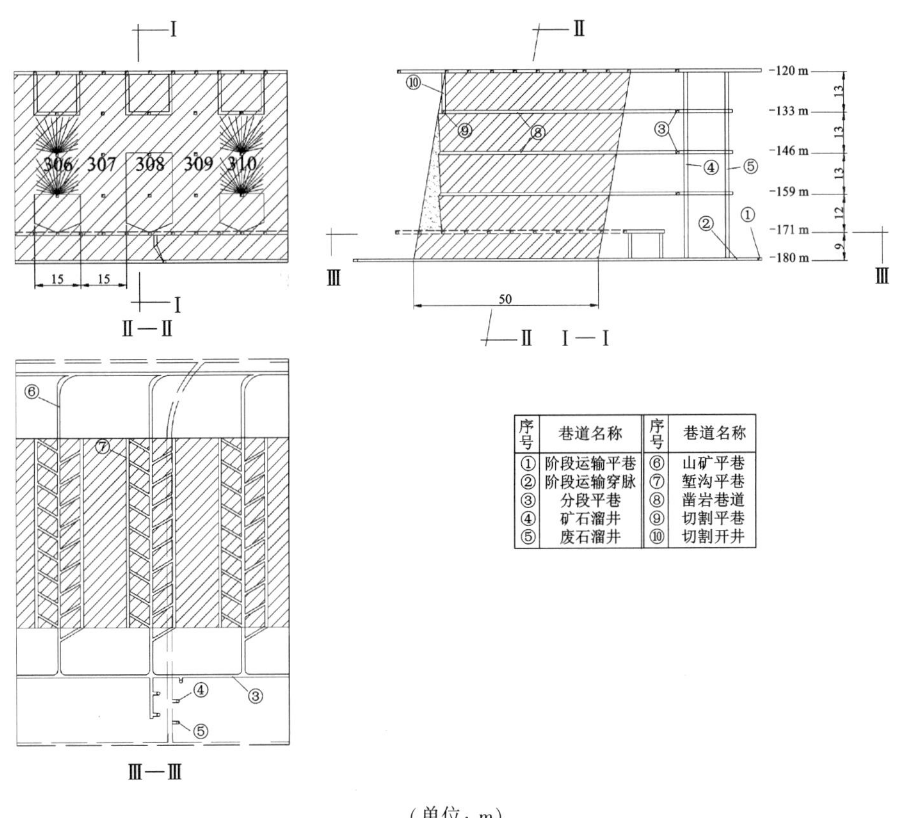

(单位：m)

图 7-13　分段空场嗣后胶结充填法

矿块分为四个分段水平凿岩，即-133 m、-146 m、-159 m 及-171 m 水平，其中-171 m 水平为底部结构。矿房开采初期，各分段铲运机将铲装矿石经各出矿平巷及溜井联络道倒入各分段溜井，待矿块上下贯通后，经-171 m水平底部结构集中出矿，经过溜井至-180 m阶段平巷运输，通过-180 m井底车场由罐笼提升至地表。回采顺序是自上而下，分段内回采顺序是由上盘向下盘后退式回采。

-180 m阶段开拓工程仍沿用崩落法已有的竖井双罐笼提升矿石、人员、材料和设备。-120~-180 m阶段布置了提升井，担负各分段的人员、材料及-180 m的废石提升。

采场切割工作为在矿块底部掘出矿平巷，出矿横巷形成底部结构，沿矿体上盘边界凿顺路切割天井。各分段平巷位于矿体下盘，与分段联络道、矿岩溜井、进风天井相通；阶段斜坡道与各分段平巷相通，作设备、材料和人员通道之用。

采用Bommer104型液压凿岩台车在各水平巷道水平浅孔掘进和Simba H157液压采矿凿岩台车钻凿上向扇形中深孔进行回采，孔径为60~65 mm，孔深为10~16 m，孔底距为2.0~2.5 m，排距为1.5~1.8 m。爆破使用BQF-100型装药器装2号岩石炸药，然后用非电起爆系统、导爆管、导爆索复式起爆，每次爆破2~3排炮孔。为避免孔口段药量过于集中，相邻炮孔的装药位置和填塞长度应不相同。

采用ST-2D型1.9 m^3电动铲运机铲运出矿，将铲装的矿石经出矿平巷及溜井联络道倒入矿石溜井，溜至阶段水平，再经振动放矿机装矿车运至井下车场。配置TORO151型柴油铲运机，除作为掘进装渣外，另作为采场部分材料运搬及采矿凿岩台车转段的牵引等。

铲运机生产能力按13万~14万t/a，采出原矿块度为0~450 mm，若矿岩块度大于450 mm，则采用7655型浅孔凿岩机打眼，集中在班末使用炸药进行二次破碎。

井下通风状况良好，新风主要由-120 m平硐口进入，经-120 m阶段平巷、-120~-180 m进风井、-180 m阶段平巷、采场进风井进入采场；采场配备JK58-1N04型局扇，污风经回风联络道、上阶段回风平巷及-133 m回风平巷、-120~-133 m回风天井、-120 m回风平巷、-50~-120 m总回风井、-50 m回风平巷入总回风系统。为防止粉尘污染，出矿前在爆堆洒水降尘。

主要技术经济指标：采场综合生产能力为120 t/d，铲运机出矿效率为80 t/台班，回收率93.7%，贫化率为6.9%。

3）青海山金果洛龙洼金矿

青海山金果洛龙洼矿区位于青海省都兰县南部，矿体产于中新元古代万保沟群，由南向北划分出Ⅰ、Ⅱ、Ⅲ、Ⅳ、Ⅴ、Ⅵ等6条金矿带，金矿带走向近东西，倾向南，倾角陡缓变化大，一般为45°~75°，主矿体一般为55°~75°。矿带出露范围东西长约3.0 km，南北宽约1.0 km，矿体真厚度为0.931~3.361 m，金品位一般为1.3~13.608 g/t，单样最高为110 g/t，产状为180°∠(50°~70°)。

矿体及上下盘围岩稳固，矿体厚度较小、品位高，呈倾斜、急倾斜产出。矿山设计以地下开采为主，但对Ⅳ矿体49~70勘探线的3905 m标高以上实施露天开采。地下开采以废石充填法为主。因此，果洛龙洼金矿属于典型的露天与地下联合开采方式。露天开采开拓方式为公路开拓，地下开拓方式为平硐-斜坡道联合开拓，果洛龙洼金矿开拓系统纵剖面图如图7-14所示。

地下开采采用嗣后废石充填中深孔采矿法，适用于开采矿体厚度为0.5 m以上，倾角为55°以上，品位为3 g/t以上的矿体。采场沿走向布置，长度为100 m，在采场端部施工切割天井，分段高度为15 m，中段高度为40 m。采矿方法如图7-15所示。

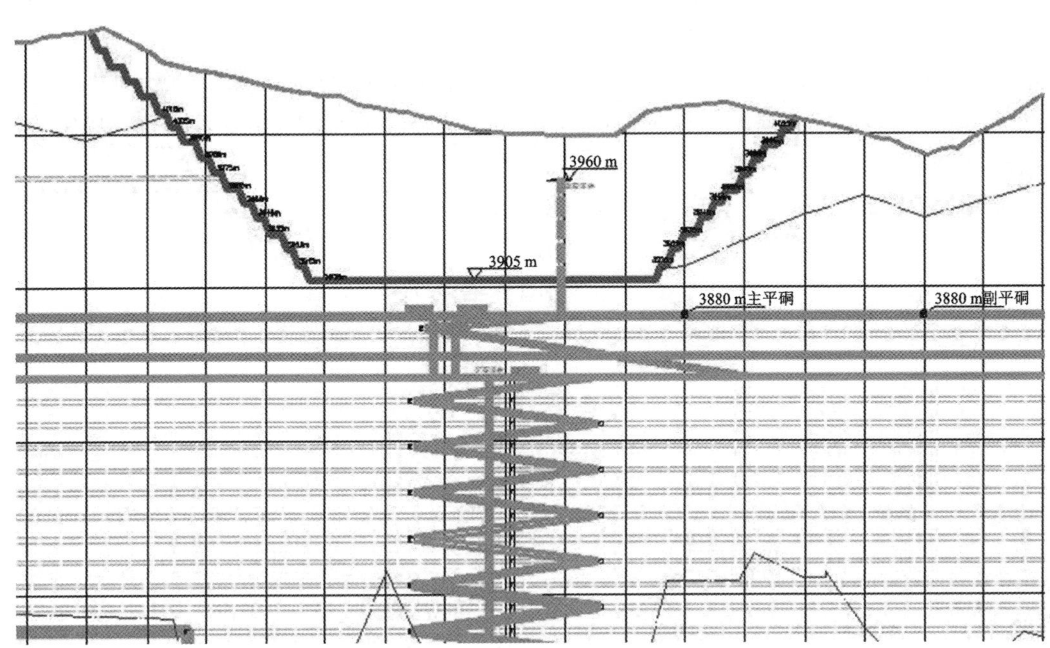

图 7-14　果洛龙洼金矿开拓系统纵剖面图

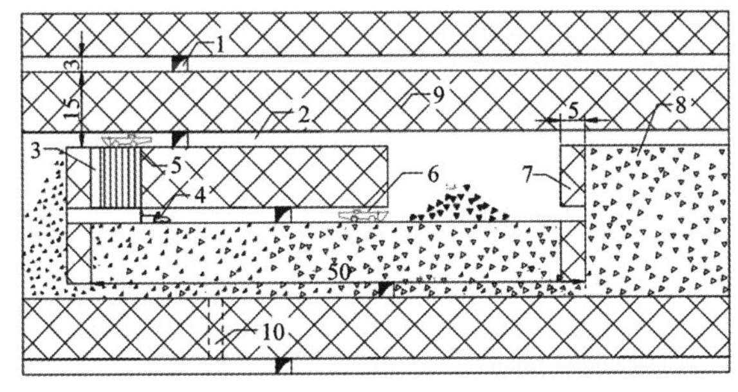

(单位：m)

1—斜坡道联络道；2—沿脉巷道；3—切割天井；4—凿岩台车；5—回采中深孔；6—铲运机；7—低品位矿柱；8—废石充填料；9—矿体；10—放矿溜井。

图 7-15　地下开采采矿方法示意图

采场综合生产能力：150 t/d(地下开采)，440 t/d(露天开采)，钻工台班效率为 69.52 m/班(地下开采)；铲运机台班出矿效率为 92.21 t/班(地下开采)，损失率为 5%(地下开采)，贫化率为 30%(地下开采)，采切比为 74.4 m/kt(地下开采)。

4)新桥硫铁矿

新桥硫铁矿隶属安徽省铜陵化学工业集团公司，年采选设计能力为 150 万 t/a，分地下、露天两部分开采，西翼地下开采 60 万 t/a，东翼露天开采 90 万 t/a。矿床以硫为主，成因类型属中-高温热液交代型。露天地下联合开采区内地层走向 NE，倾向 SW，倾角上部约为 50°、下部约为 20°。矿体本身多为致密块状构造，稳固性好；矿体顶板主要为大理岩化灰岩、大理岩、局部为闪长岩、闪长玢岩等，稳固性好；矿体底板主要为石英砂岩，少部分为粉砂岩(含泥质)，稳固性好。

露天开采范围为11~29线-156 m水平以上矿体，采用上盘移动坑线、公路开拓、汽车运输方式，组合台阶陡帮剥离，沿走向横向采矿，露天坑底位于13~29线，长度约为900 m，水平宽度为25~65 m，平均宽度为50 m。

西翼地下开采范围为21线以西-180 m水平以下矿体，采用侧翼竖井开拓，主、副井均设置在矿体西翼端部，采矿方法为上向水平分层充填法，共设-230 m、-270 m、-300 m和-330 m四个开采中段，-180 m水平为回风水平。露天地下联合开采如图7-16所示。采场综合生产能力为1818 t/d(地下开采)，2727 t/d(露天开采)，损失率为16%(地下开采)，贫化率为5%(地下开采)，采切比为16 m/kt(地下开采)。

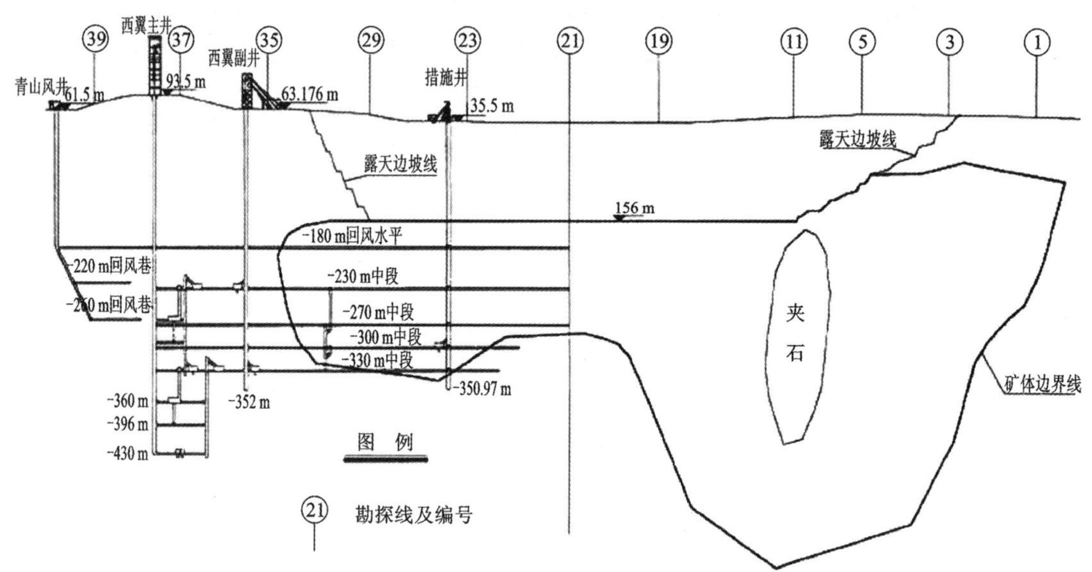

图7-16 新桥硫铁矿露天地下联合开采示意图

5)芬兰Pyhäsalmi矿

Pyhäsalmi矿位于芬兰Oulu省，距Pyhäsalmi镇4 km。矿石类型为含铜黄铁矿，矿体赋存于片麻岩中，矿体露头南北。走向延长650 m，矿体中间宽度为75 m。生产初期为露天开采，其开采深度达125 m，而后由露天转入地下，截至2003年，处理含铜1.2%、锌3.1%、金0.46 g/t和银14.6 g/t的矿石达到3820万t，矿石剩余储量为1560万t。

Pyhäsalmi矿露天开采结束后转为地下开采，开拓方式为竖井-斜坡道方式，如图7-17所示。

从露天转向地下开采初期的采矿方法是分段崩落法，以后又改用分段空场法，矿房尺寸曾采用过160 m×30 m×30 m，单个采场矿量达到55万~60万t。因围岩较软且地压大，在开采过程中围岩片落严重，致使贫化率高达35%。因此该矿改为6万t的小采场，使贫化率降到10%~12%。目前该矿分段空场法占采矿量的85%，总回采率80%以上。

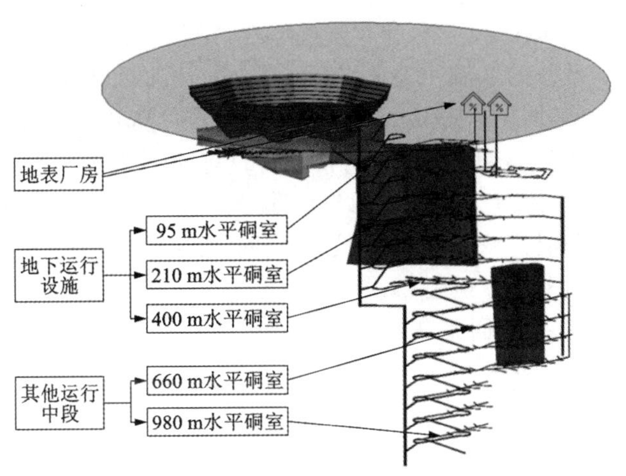

图 7-17　Pyhäsalmi 矿竖井-斜坡道开拓示意图

7.3.2　不留境界顶柱

1. 覆盖层的形成

为了形成崩落法正常回采条件和防止围岩大量崩落发生安全事故，一般在崩落矿石层上面覆以岩石层，即为覆盖层。覆盖岩层的形成主要根据矿体赋存条件、距地表深浅、地面和井下现状、废石来源等情况确定。对于侧向挤压爆破且端部出矿的无底柱分段崩落法来说，覆盖层的厚度不应小于 20 m，且大于分段高度的 2 倍左右，二者取其较大值。采用低贫化放矿时，覆盖层的保有厚度基本上可等于分段高度。选择形成方式首选自然冒落，其次再考虑强制崩落。

(1) 自然冒落法：顶盘围岩不稳固时，采用自然冒落形成覆盖层。有自然冒落条件的矿山应尽量采用这种方法，并辅之少量爆破处理。

(2) 人工回填废石：露天转入地下开采，上部矿体面积大，且废石来源充足、运距短，可以采用废石做覆盖层，同时也可缓解排石场占地问题。

(3) 强制崩落法：顶板围岩不能自然冒落的矿山，应采用强制崩落形成覆盖层，使回采工作尽早正常化，具体如下：

①无废石回填时，采用大爆破崩落两盘边坡围岩形成覆盖层。该种方法费时少，投资省，安全可靠。

②矿体上部先采用其他方法开采，下部采用崩落法，可崩落上部矿柱及围岩形成覆盖层。

③盲矿体直接采用无底柱分段崩落法，围岩较稳固时，一般均采用深孔或中深孔强制崩落形成覆盖层。

(4) 暂留矿石为覆盖层：对于急倾斜矿体可以预留崩落的矿石作为覆盖层，待顶板围岩崩落后或开采结束时，再放出覆盖层的矿石层。

2. 分段空场法回采不留境界顶柱

该方法不需专门留设境界顶柱，而将其划归为过渡阶段矿石量，使用空场法一起回收，可以达到提前开拓、露天与地下同时开采出矿的目的。

金岭铁矿的铁山矿区东3号、4号和5号矿体在过渡开采时未留境界顶柱，直接采通了露天坑，形成一个上口敞开的空洞。井下采用分段空场法回采矿房，中深孔崩落法回采矿柱。间柱宽6~10 m，矿房长32~50 m，中段高40 m，分段高8~13 m。当露天采矿结束后，分区逐段回采矿房。待矿房回采结束，在回收矿柱的同时，爆破一定数量的上盘围岩充填采空区，其余采空区的处理依赖上盘围岩的自然崩落。一般情况下，矿柱放矿1~2个月后，顶盘岩石逐渐冒落形成覆盖层，下部矿体采用崩落法回采，如图7-18所示。

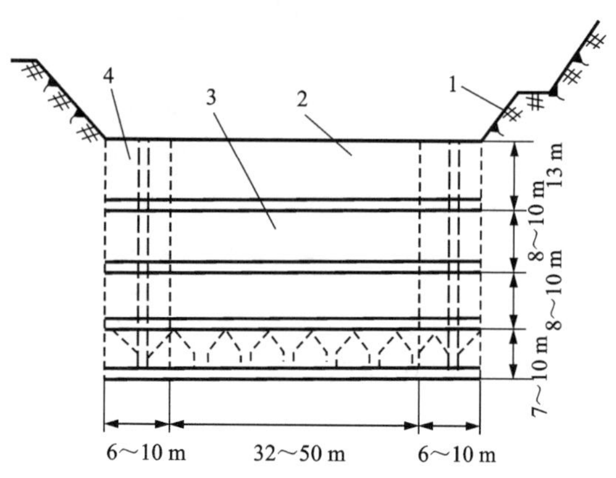

1—露天矿；2—空场法最上分段；3—矿房；4—矿柱。

图7-18 金岭铁矿不留境界顶柱的分段空场法方案

该法的优点是没有回采境界顶柱和爆破围岩的作业，可提高矿石回采率，降低矿石贫化率。缺点是在露天开采末期，地下不能与露天在同一垂直面内同时回采，且在露天采场内的积水垂直灌入井下，增加地下排水设施及其工程量和排水费用，增加地下开采初期的漏风量，对于雨量较大且汇水面积较大的露天矿不宜采用。再者对于上盘围岩很不稳固的矿山和稳定性不好的露天高陡边坡，不宜采用，以免地下采掘引发地表沉陷和露天矿边坡滑落，造成人员伤亡、设备损坏或其他事故。金岭铁矿亦因为排水等问题，后期改为分段崩落法过渡回采。该法在国内外的应用并不广泛。

3. 无底柱分段崩落法回采方法

该方法的适用条件是露天坑底允许陷落，矿石中等稳固以上，急倾斜或缓倾斜厚大矿体。需剔除矿石中夹石成分或分级出矿时，采用该法最为有利。其特点是在回采过程中不需要将矿块划分为矿房和矿柱，而以整个矿块作为回采单元，按一定的回采顺序用崩落法进行连续回采，所以不必留设境界顶柱。为了安全生产和挤压爆破以及放矿的需要，应留有一定厚度的岩石(或矿石)作覆盖层。如大冶铁矿东露天狮子山矿、小汪沟铁矿、攀钢集团兰尖铁矿(图7-19)、河北板石沟铁矿(图7-20)、内蒙古融冠铁锌矿(图7-21)、印度Malanjhkhand铜矿。

该方法的优点是回采效率高、生产能力大、成本低、结构简单、机械化程度高、生产安全。缺点是在同一矿区中没有其他矿段可以调节产量时，在形成覆盖岩层的短时期内，必将停止生产而影响矿山的持续生产，且形成覆盖岩层的工程量也较其他方法大，与预留顶柱的方法相比，渗水和漏风大。另外，使用崩落法矿山贫化大，坑内通风、排水条件差。这种过渡方法一般在价值不高且矿区较大，有调节余地而不致严重影响生产均衡的矿山应用较好。

4. 联合穿爆地下出矿采矿工艺

联合穿爆地下出矿的采矿工艺中，主要采用梯段空场法-空场分段采矿法的变形方案，该方法成功应用于非洲科菲丰坦和韦塞尔敦矿露天转地下开采。其实质是从露天坑底向下每隔15~30 m划分生产分段，在每一分段生产水平上，围绕矿体的边缘在围岩中开掘联络运输巷道，从联络运输道向矿体开掘互相平行的凿岩巷道(中心间距为17~18 m)，在矿体中央开掘一条与凿岩巷道相垂直的切割槽，作为分段扇形深孔崩矿自由面，炮孔向切割槽方向爆破。上部分段超前下部分段回采，崩落矿石一部分运到矿石溜井，下放到主要运输水平，其余的矿石则从最下分段的漏斗中放出(见图 7-22、图 7-23)。

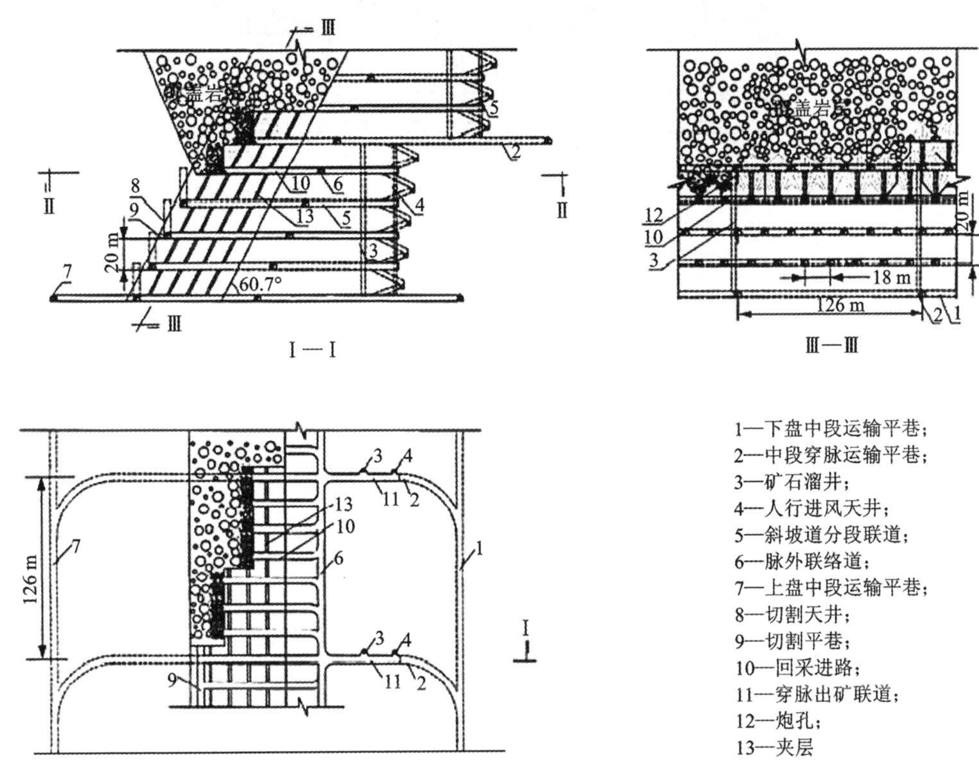

1—下盘中段运输平巷；
2—中段穿脉运输平巷；
3—矿石溜井；
4—人行进风天井；
5—斜坡道分段联道；
6—脉外联络道；
7—上盘中段运输平巷；
8—切割天井；
9—切割平巷；
10—回采进路；
11—穿脉出矿联道；
12—炮孔；
13—夹层

图 7-19　兰尖铁矿露天转地下开采图

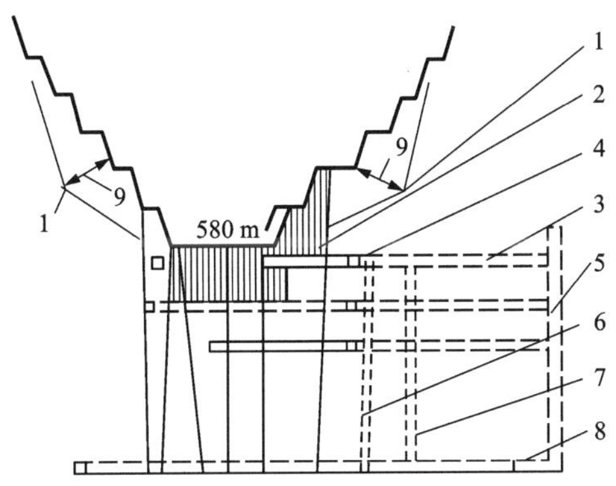

1—凿岩硐室；2—扇形炮孔；3—分段巷道；4—分段联络道；5—设备井；6—溜矿井；7—废石溜井；8—阶段运输巷；9—崩落覆盖层的最小抵抗线。

图 7-20　板石沟铁矿露天转地下开采图

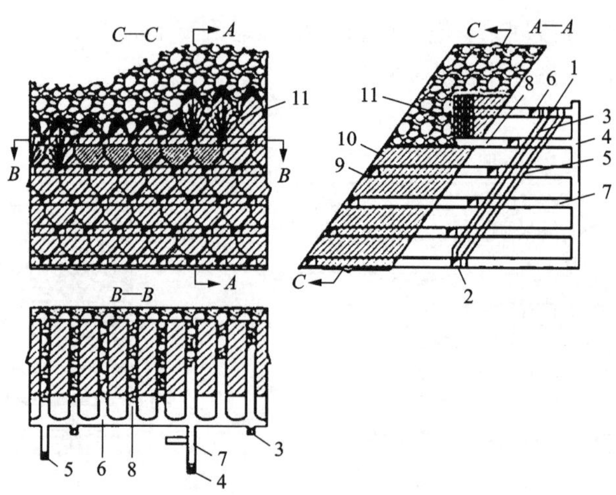

1—上中段沿脉巷道；2—下中段沿脉巷道；3—溜井；4—电梯井；5—回风天井；6—脉外沿脉巷；7—电梯井联络道；8—凿岩巷道；9—切割巷道；10—矿体；11—上向扇形孔。

图 7-21 内蒙古融冠铁锌矿露天转地下开采图

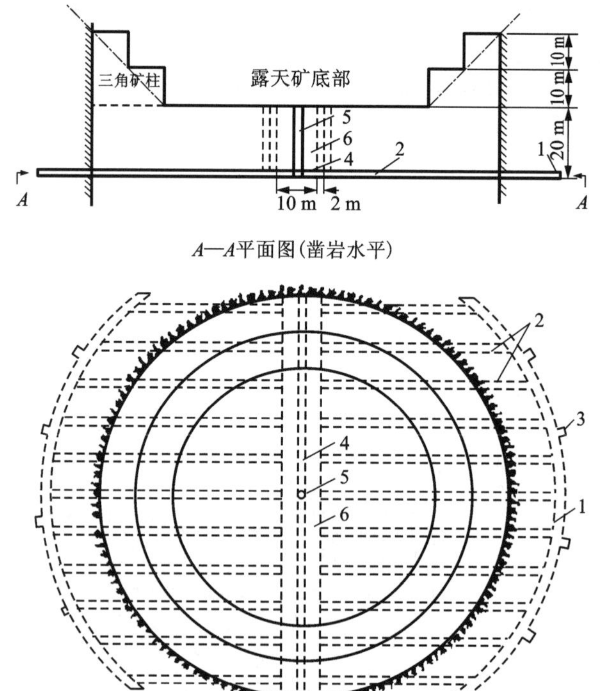

1—环形运输巷道；2—凿岩巷道；3—矿石溜井；4—切割平巷；5—切割天井；6—切割槽。

图 7-22 梯段空场法采准切割巷道布置图

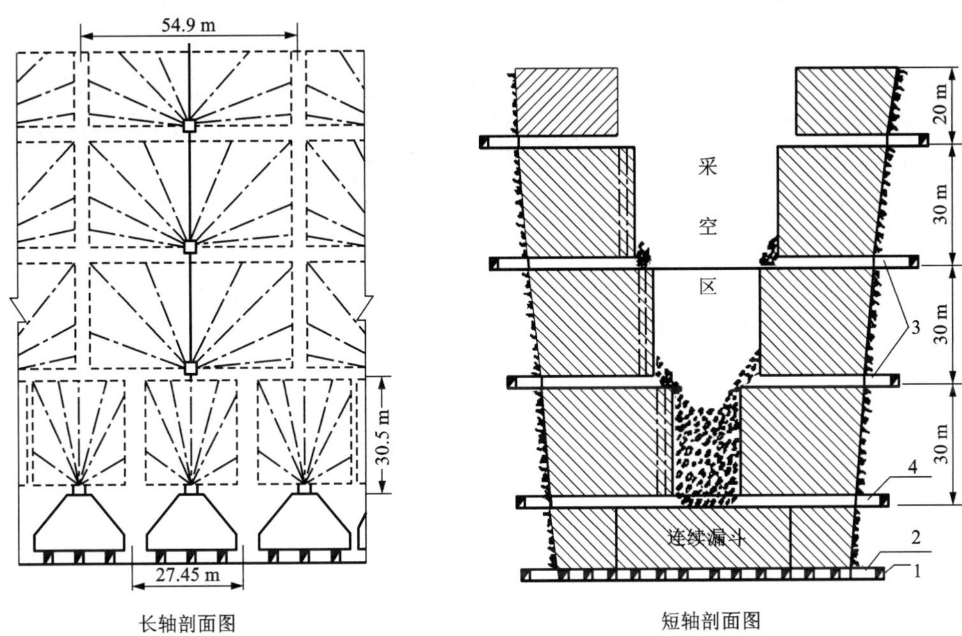

1—运输巷道；2—格筛巷道；3—分段凿岩巷道；4—拉底巷道。

图 7-23 用铲运机转运的梯段空场采矿法

这种采矿工艺主要适用于围岩坚硬，矿石稳定的大型矿山。可以用来开采露天坑底的第一阶段矿体，也可以用来回采露天上盘残留的三角矿柱。具有投产快、机械化程度高、劳动生产率大、生产安全、通风条件良好、矿石回收率高(95%以上)、工艺简单、管理方便等优点。缺点是当两帮围岩控制不好时，易混入废石，增大矿石的贫化率；凿岩巷道与露天采场直接连通，容易受地面气候和雨水影响，对地下通风系统和排水都很难控制。

5. 露天漏斗法采矿工艺

这种采矿法又称 VCR 采矿方法(图 7-24)，是将露天开采与坑内运输结合起来，由坑内向露天采场打溜井，然后将溜井口扩大形成漏斗状，从上往下逐步扩大漏斗来回采矿石的过程。采下的矿石依靠自重溜入溜井，通过溜井闸门在运输平巷装车。这种方法既具有露天开采的优点，同时又大大简化了回采工艺，而且露天采矿与地下开采能紧密衔接，当露天开采达到预定的境界时，可以立即转入地下开采。由于采用露天采矿，贫化率比地下开采低，还可以提高矿石回采率。

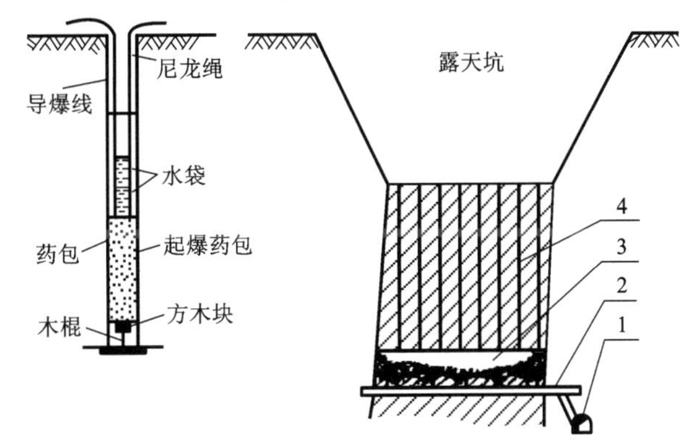

1—运输巷道；2—电耙巷道；3—拉底空间；4—大直径深孔。

图 7-24 VCR 采矿方法

金河磷矿马槽滩矿区和岳家山矿区，对部分矿段先后成功地采用了露天漏斗采矿法，达到了工效高、成本低、贫损低和消耗低的效果。

近年来，国外许多露天转地下开采的矿山，较广泛地使用 VCR 采矿法回采露天坑底的矿体。该法是从露天坑的底部向地下矿房钻凿垂直的下向大直径(d=165 mm)平行深孔，在完成矿房的切割拉底后，运用球状药包爆破机理，从切割空间顶板至药包的最佳距离(一般 ω=3~4 m)，安放球形药包。堵塞炮孔后分次起爆，将矿石崩入拉底空间。

随着矿房放矿，自下而上逐次分段崩矿，一直回采到露天坑底为止。最后一次崩矿高度须能保证作业人员安全，然后进行大量出矿，矿石全部由地下巷道运出。球形药包爆破不仅使炸药能量得到充分利用，而且爆破漏斗是朝下的，在矿石重量作用下，使爆破漏斗的效果得到更好的发挥。因此，这种采矿法的生产能力是普通法回采的 3 倍，它适用于矿岩较稳定、矿体较厚的任何露天转地下矿山开采的矿山，如澳大利亚新南威尔士 Ardlcthan 矿。

6. 工程实例

1)攀钢兰尖铁矿

兰尖铁矿是国内十大露天铁矿之一，西南地区最大的露天铁矿山，承担攀钢集团有限公司钢铁钒钛的原矿生产任务。矿区有兰山、尖山、营盘山和徐家山四个采区，矿区工业储量为 2.96 亿 t。矿体呈东西向展布，倾向北，倾角为 40°~50°，矿体平均厚度为 200 m，矿石品位为 44%。

尖山矿区原采用露天开采，随后转入地下开采。露天采场上口尺寸为 850 m×650 m，露天底标高为 1300 m，最高地面标高为 1690 m。根据设计的露天境界，地下开采设计分为三个区段进行回采：露天底 1300 m 标高以上挂帮矿体开采区、1042~1300 m 标高内的下部矿体开采区、1042 m 标高以下的深部开采区。上部矿体进行露天开采，露天境界外矿体采用地下开采方式，采场露天境界底标高为 1300 m，一期地下开采最低开采水平为 1000 m。

开拓方案设计为：密兰平硐口胶带斜井开拓方案设胶带斜井、破碎系统回风竖井、辅助斜坡道、辅助竖井、回风竖井、1200 m 中段运输平巷、1100 m 中段运输平巷、1000 m 中段运输平巷、井下矿石破碎系统、中央排水系统和辅助硐室。分 1300 m、1200 m、1100 m、1000 m 共四个生产中段，其中 1300 m 中段、1200 m 中段和 1000 m 中段为基建中段；1300 m 中段为无轨中段，主要开采挂帮矿体，为首采中段，1200 m 中段、1100 m 中段和 1000 m 中段为有轨运输中段。

露天转地下采矿方法为高分段大间距无底柱分段崩落法，分段高度为 20 m、进路间距为 18 m。将 1300 m 以上挂帮矿体统一为一个中段进行回采，回采标高为 1300~1420 m，回采高度为 120 m。西翼 1420 m 标高以上的矿石崩落后，作为矿石垫层。如图 7-25~图 7-28 所示。

根据尖山采场露天开采情况、矿体赋存条件、地下开采部分矿体产状特征，确定 1300 m 标高以下中段高度为 100 m。地下开采设计划分为 1300 m、1200 m、1100 m 和 1000 m 四个中段进行回采，中段之间采用自上而下的开采顺序。1300 m 中段采用全无轨开采，开采 1300 m 标高以上的挂帮矿体，中段内各分段崩落矿石通过 TORO1400E 电动铲运机运至采场溜井下放到 1300 m 水平，再通过 JKQ-20 井下运矿卡车运至新建的密兰平硐主溜井卸载，由溜井底部振动放矿机直接把矿石装入 KF5-100 型液压自动倾翻车中，用 150 t 电机车牵引，经密兰平硐准轨铁路运往选矿厂破碎站。

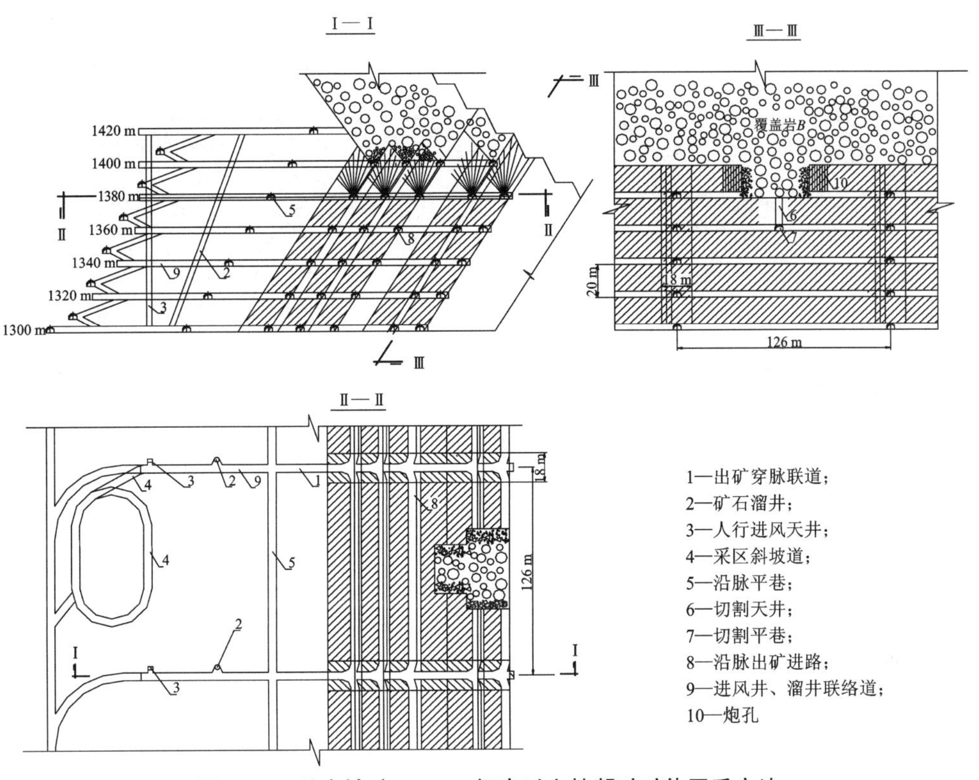

图 7-25　兰尖铁矿 1300 m 标高以上挂帮矿矿体回采方法

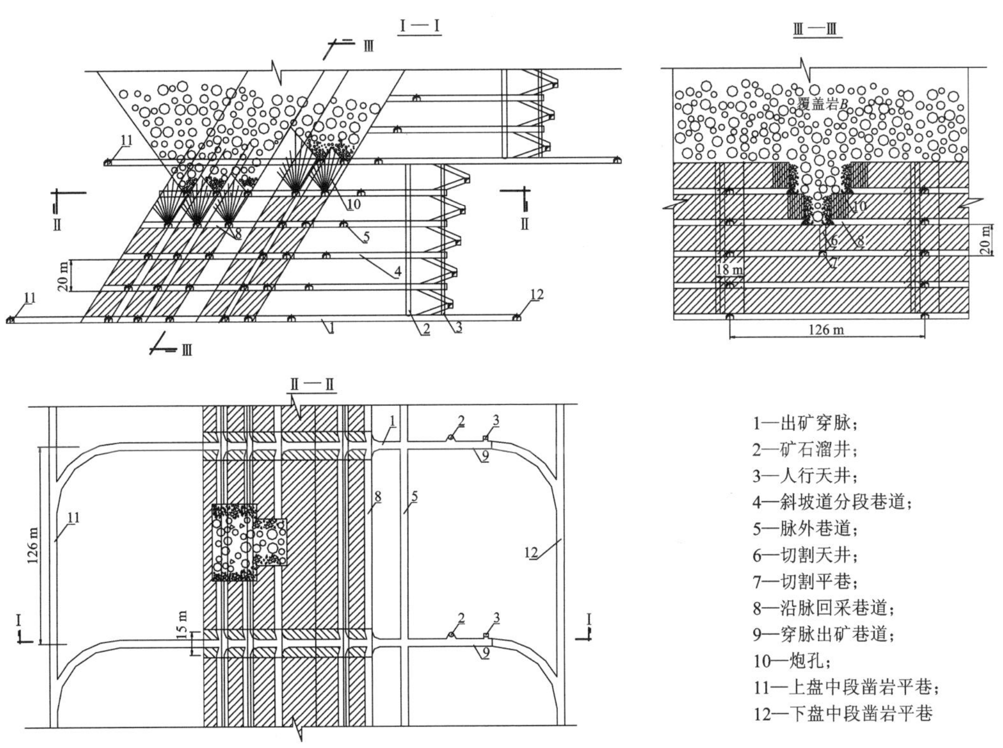

图 7-26　兰尖铁矿 1300 m 标高以下矿体回采方法

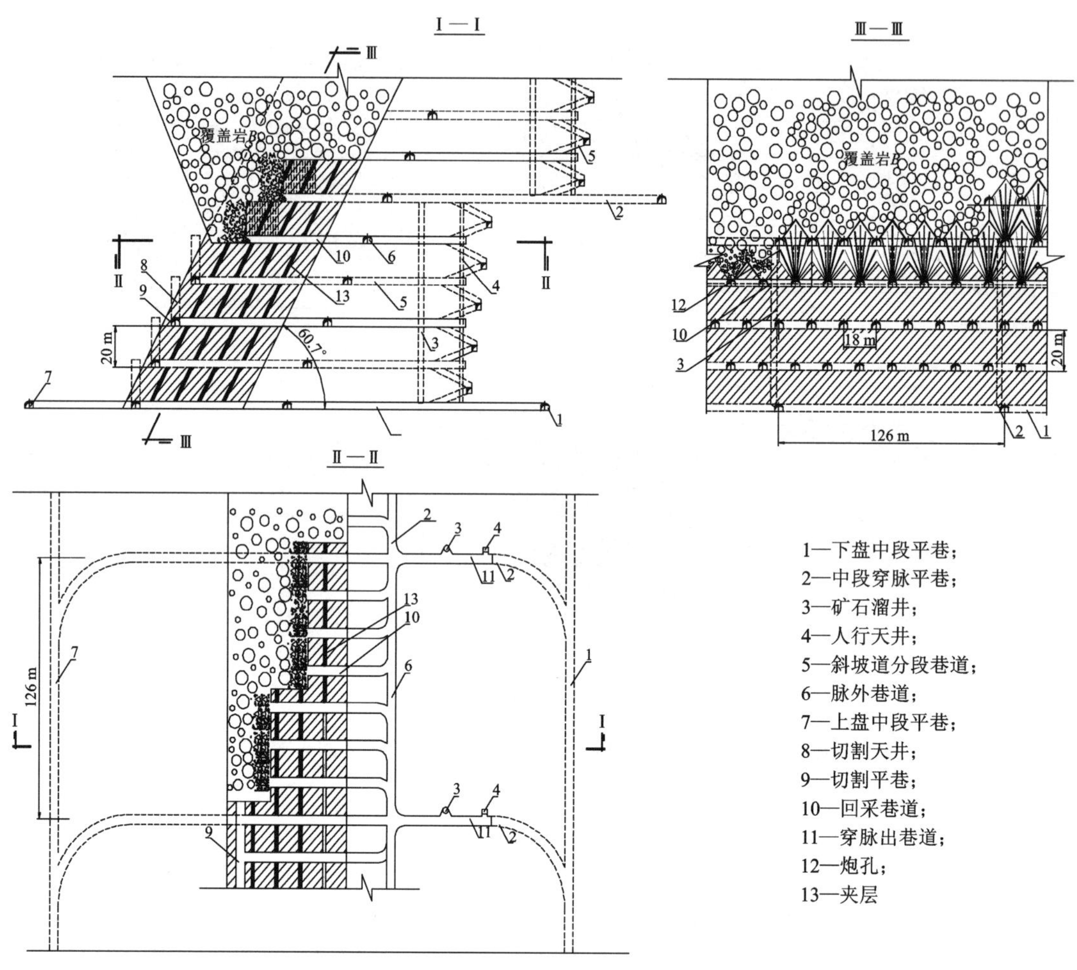

图 7-27 兰尖铁矿单层厚大矿体崩落法示意图

1200 m 有轨运输中段，各分段崩落矿石通过 TORO1400E 电动铲运机运至采场溜井下放至 1200 m 运输水平，再通过电机车中段运输至溜井车场卸载，下放到井下破碎硐室进行粗碎，破碎后的矿石经 1#和 2#胶带提升出地表，再由地表采 3#、采 4#转运胶带输送至原密兰平硐运输线路上方新建的转运矿仓，经转运矿仓下的振动放矿机向准轨电机车列车组装矿，通过原密兰平硐运输系统将矿石运输至选厂。

1100 m 有轨运输中段，各分段崩落矿石通过 TORO1400E 电动铲运机运至采场溜井下放至 1100 m 运输水平，再通过电机车运输至溜井车场，下放到井下破碎硐室进行粗碎，破碎后的矿石经井下 1#和 2#皮带提升出地表，再由地表 3#及 4#胶带转载至密兰平硐运输线路上方新建的转运矿仓。

1000 m 有轨运输中段，各分段崩落矿石通过 TORO1400E 电动铲运机运至采场溜井下放至 1000 m 运输水平，再通过电机车运输至溜井车场，下放到井下破碎硐室进行粗碎，破碎后矿石通过 1#、2#、3#及 4#胶带转载至转运矿仓。

地下开采采用无底柱分段崩落法，各中段分段数一般为 5 个，中段内各分段自上而下回

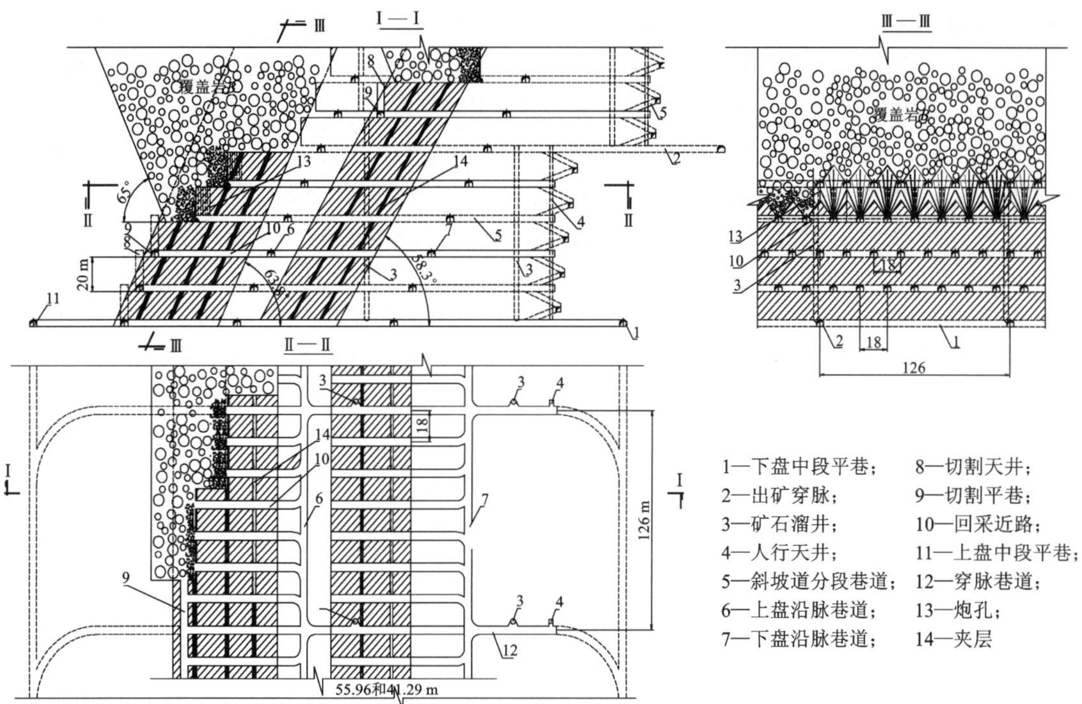

图 7-28　兰尖铁矿双层矿体崩落法示意图

采，一般有 2~3 个分段同时作业，上分段回采超前下分段。

中段内沿走向的回采顺序可以考虑两个方案：从矿体西部向东部的单翼后退式回采方案和从中部开始向东西前进式的双翼回采方案。

从矿体西部向东部单翼后退式方案，通风方向与回采方向相协调，污风流动方向与回采方向相反，通风效果好，分段巷道易维护，但回采作业与运输集中于一翼，组织与管理难度大，产量保证性差。

从矿体中部地段开始，往东西两翼前进式回采方案，可以使用的工作面增加一倍，且距离通地表的无轨斜坡道较近，基建的分段沿脉长度短，可减少基建采准工程量，但西翼地段的通风方向与回采方向不协调，增加了一定的通风难度。

主要技术经济指标：年生产能力为 650 万 t/a，损失率为 20%，贫化率为 15%。

2) 南非 Palabora 矿

Palabora 矿(图 7-29)位于南非北部省约翰内斯堡东北 560 km，地面标高为 400 m，为一大型斑岩型铜矿，岩石类型主要为黄铜矿和黄铁矿。矿体为火山岩，呈直立椭圆柱体，其长轴和短轴分别为 1400 m 和 800 m，矿体距地表 1800 m 以下还未封闭，矿体中心铜品位约为 1%。

露天矿 1966 年投产，生产规模为 30000 t/d，铜产量为 62000 t/a。之后逐步发展到矿石 82000 t/d，铜产量 135000 t/a。露天开采台阶高 14 m，露天坑采深 820 m，露天坑上部 720 m 边坡角为 47°，下部 100 m 边坡角为 57°。露天矿于 2003 年闭坑。

开拓工程从 1996 年 7 月开始，1999 年完成了主、副井，达到地表以下 1280 m，两井相距 72 m。副井直径为 10 m，井深 1280 m，井架高 86 m，装备有单层罐笼，固定罐道，20 人的辅助罐笼是钢绳罐道，主罐笼载重为35 t，一次可装155人，额定速率为12 m/s，辅助罐笼的提升机速率为8 m/s；主井直径为7.4 m，井深1280 m，井架高106 m，装备4个32 t的箕斗，钢绳罐道，最大提升能力为42000 t/d，采用塔式摩擦轮提升机，两个提升机功率为5500 kW，为全自动。通风井直径为5.76 m，深924 m，由天井钻机钻凿。

地下采用自然崩落法开采，设计生产能力为30000 t/d。拉底水平在地表以下1200 m，距最终露天坑底460 m。采用前进式拉底。拉底巷道采用树脂注浆锚杆、钢筋网和喷射混凝土联合支护。初始拉底为菱形拉底，最小拉底范围为140 m×140 m，5条穿脉即达到最小水力半径35 m。

生产水平位于拉底水平以下18 m。生产水平的出矿进路采用分支人字形布置，放矿点间距17 m，聚矿槽为长方形的倾斜帮，生产巷道(穿脉)间距34 m，断面尺寸为4.5 m×4.2 m，6.5 m^3铲运机装矿。崩落发展早期大块较多，采用凿岩破碎大块，使用炸药和非炸药破块。处理放矿点悬顶先用高压水冲洗，再用高举升臂台车打眼，装普通炸药爆破，台车可将大臂伸到21 m高位置，该台车装备有三维可视系统，人员不进入放矿点(如图7-30所示)。

出矿设备为9台TORO柴油铲运机、10台德国ELEPHOSTONE1700柴油铲运机。铲运机将矿石运到沿北部边界的4个破碎机，平均单程运距为175 m。

图7-29 南非Palabora矿鸟瞰图

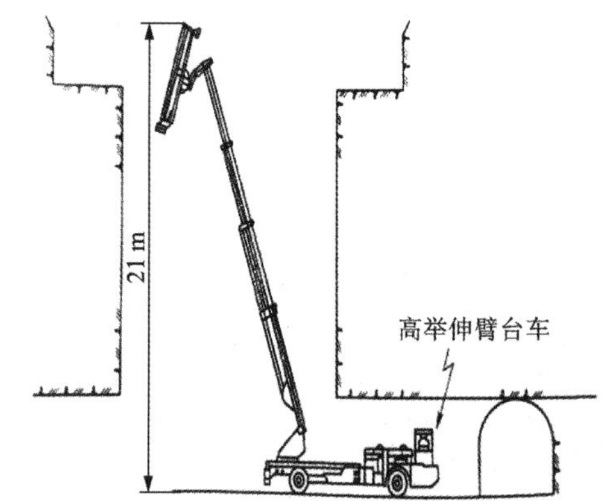

图7-30 高举伸臂凿岩台车

3)南非Finsch矿

Finsch金刚石矿位于南非的Kimberley—钻石城西北165 km处。1964年开始露天开采，1990年露天坑底达到430 m以后转入地下开采。围岩不稳固对矿块2和3所用的空场采矿方法带来了很大挑战，矿块4开采改用自然崩落法，如图7-31和图7-32所示。

出矿水平位于630 m水平，拉底水平位于610 m水平，拉底水平之上的开采段高为80~100 m。矿体面积约为900 m×350 m，共布置了320个出矿点，出矿点间距为15 m×15 m，出矿巷道尺寸为4 m×4 m。

初始拉底面积为100 m×100 m，即*HR*(水力半径)为25 m，拉底从一端按矿体对角线方向进行推进。矿山年产量380万t，出矿采用8台TORO 007柴油铲运机，铲运机将矿石装到6台TORO 50D(载重50 t)型无人驾驶卡车上，之后由其运矿至破碎站。卡车由地面控制室操作，其运行速度从原来手动操作时的16 km/h提高到30 km/h。

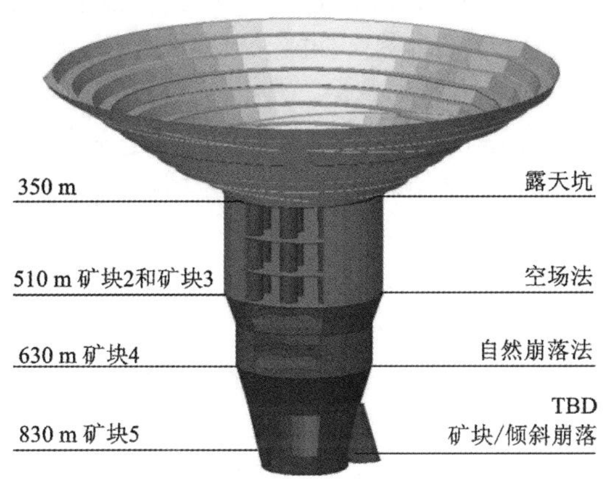

图 7-31　南非 Finsch 矿床开采示意图

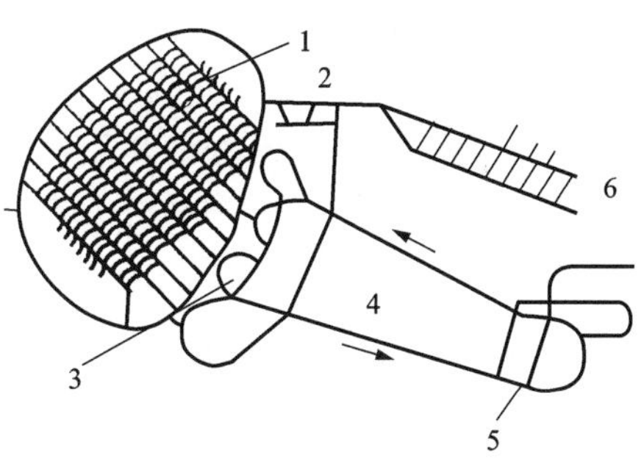

1—放矿点；2—加油站；3—矿石转载点；4—运输环道；5—旋回破碎机；6—维修车间。

图 7-32　Finsch 矿出矿水平布置图

4)印度 Malanjhkhand 铜矿

Malanjhkhand 铜矿是印度最大的铜矿床，资源储量约 26792 万 t，矿石品位为 0.97%，位于印度中央邦巴拉卡德镇东北 90 km 处。矿区中部花岗岩中有一倾角 60°~70°的大型石英岩脉(长 2600 m，宽 60 m，深 600 m)，倾向 90°。矿体平均倾角为 60°，厚度为 130~250 m，平均为 190 m，露天开采底板标高为 340 m。地下采用无底柱分段崩落法开采，中段高度 60 m，分段高度 15 m，进路间距 20 m，崩矿步距 3.5 m，进路断面尺寸为 6 m×3 m。露天转地下后，矿山生产规模为 500 万 t/a，其露天转地下开采模型如图 7-33 所示。

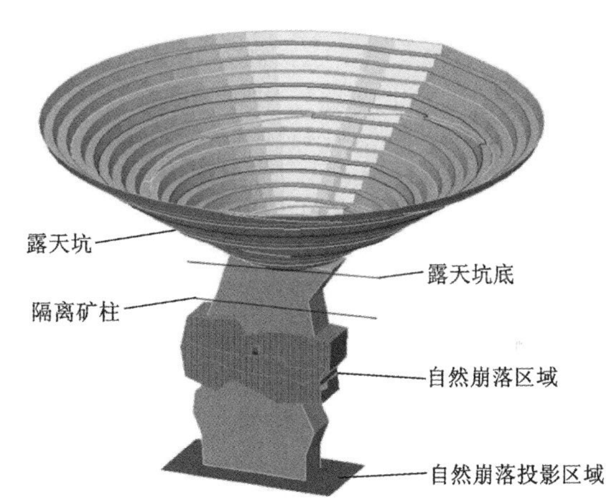

图 7-33　Malanjhkhand 铜矿露天转地下开采模型

7.4　露天矿残留矿柱的安全回采

露天矿残留矿柱(体)是露天矿底柱、边帮残留矿体、顶底盘残留三角矿柱和永久路堑下矿体的总称，矿量往往相当大。据国内外统计资料，露天开采结束后，残留在露天境界周围的矿量占开采总储量的 5%~16%，大部分可以回收。

残留矿柱开采同样面临着众多难题，主要表现在三个方面：①确保边坡的稳定性及采矿作业的安全性；残留矿是在已经形成的边坡上强制进行开采(残留矿为边帮残留矿体及盲矿体)，存在较大风险。例如，在矿区周边有断层存在，有的甚至拥有数条；在采场四周有承压水层，一旦破坏，大量地下水涌出，人员设备安全难以保证；以前的爆破安全距离失效，坡面松散石头较多，爆破对邻近村庄、炸药库等将形成威胁。②在现有生产系统条件下，选用合适的采矿方法，形成新的采矿系统。矿山开拓基建投产多年，已经形成了固有的运输系统，新采矿系统必须尽量与原有系统配套。③新的采矿方法面临难题。如露天开采和地下开采可能相互影响，相互制约。

为了实现安全、高效、经济开采，须保证稳定的露天矿边坡，选用合理的回采工艺，严格遵循各矿体间的回采顺序。此外，还应该采用先进的边坡监测技术和高效的回采工艺，促进残留矿体开采工艺技术的发展。

7.4.1 露天坑底矿柱回采

露天坑底矿柱是指在露天坑底至地下采场之间的隔离矿柱。确定露天底部矿段的采矿方法是露天转地下开采核心问题。因为它与产量衔接、通风、防寒和防水等问题密切关联。

坑内采用崩落采矿法回采时，露天坑底就不存在底柱开采问题。若采用房柱式采矿法回采地下第一阶段水平的矿体时，根据选用的采矿方法不同，底柱的回采方式也不一样。有些采矿方法，在采完第一阶段矿房时就继续用该法回采露天矿底柱，最后与矿房的矿石一起从地下运出，如留矿法、VCR 法、水平分层充填法等。

(1)崩落采矿法开采露天矿底部矿段。用这种方法需要事先采出三角矿柱，处理完边坡，形成覆盖岩层。但它的主要问题在于其产量不易衔接，通风和防洪问题比较复杂。

(2)露天采矿、地下系统出矿的采矿方法。在露天转入地下开采的第一阶段，可用露天设备落矿，用地下系统出矿的方法，如图 7-34 所示。这类方法适于气候干燥，降雨量小的矿山。

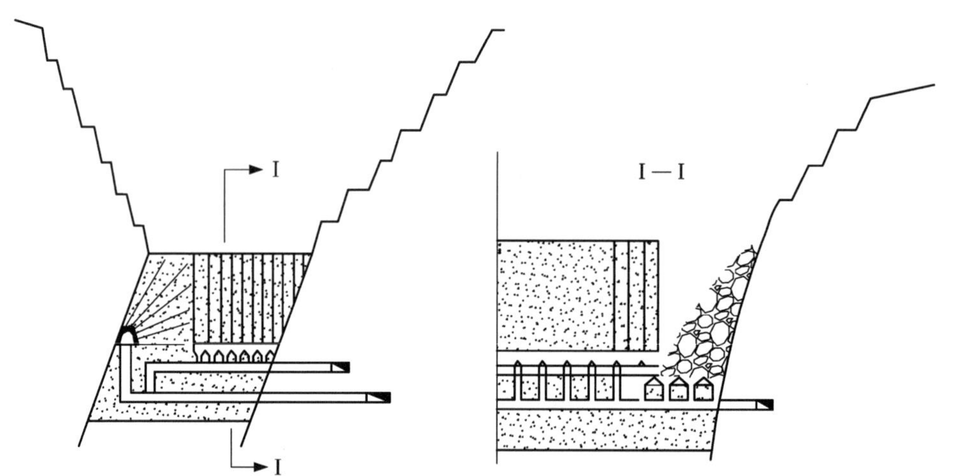

图 7-34 深孔穿爆电耙出矿露天坑底矿柱回采方法

对于厚大急倾斜矿体，可用留横撑棱柱的露天-地下联合法开采露天坑底矿柱(图 7-35)，使用该法也可以不扩帮向下开采(深度可达 60~80 m)。实质是先用地下采矿法开采矿房，矿房宽 15~25 m，长度等于露天采场的宽度。矿房的回采是从分段平巷崩落矿石，或者用阶段强制崩落法崩矿。崩落的矿石从漏斗放出，经运输平巷运到井口提运至地表。放完矿石后用混合充填料充填，这样便形成横撑棱柱体。横撑棱柱体之间为露天采矿场。这部分矿体用露天法开采，靠近棱柱体留的边坡角为 85°，棱柱体沿走向距离可取 300~500 m，依据露天开采的边坡稳定性来确定。露天采场的矿石，通过采场中心的矿石溜井放到地下开采的运输水平运出，露天开采的采场空区用剥离废石充填。用露天-地下联合法开采底柱，比用露天法开采更合理，其经济效益也优越得多。

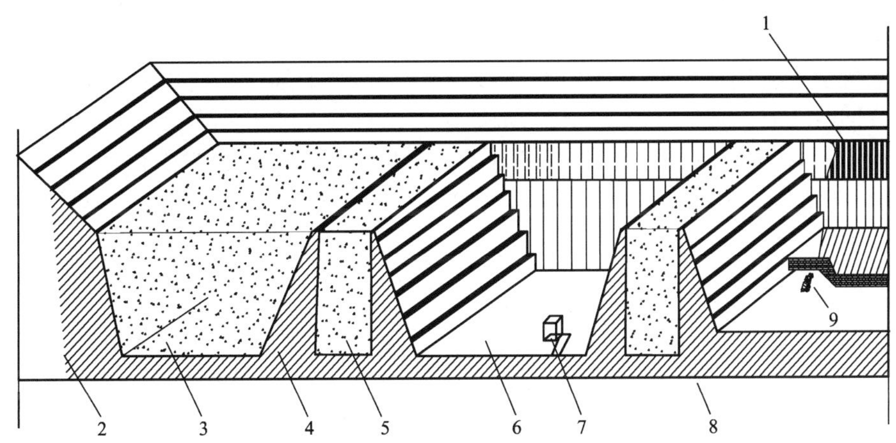

1—露天底；2—矿体边界；3—剥离废石；4—矿体；5—充填棱柱体；6—露天采矿场；7—放矿溜井；8—运输平巷；9—装载机。

图 7-35　留横撑棱柱的露天-地下联合法开采露天坑底矿柱方案

(3)空场法或充填法开采。采用这类采矿方法开采露天矿底部矿段时，需保留一层较厚的境界顶柱。在露天向地下开采过渡时期也不存在露天底柱，而是将露天底柱过渡阶段的矿房，用空场法(阶段矿房法)开采(图 7-36)。开拓工作是从露天边帮开掘斜坡道作为凿岩和装载设备用的运输巷道(阶段高可达 50~80 m)。为了通风可开掘斜井或通风深孔与地面相通，深孔从露天底或在分段凿岩巷道中进行。矿房中的矿石放出后，用剥离废石或尾砂充填。矿房的间柱在矿房充填后用与矿房同样的方法回采，也可用水平分层充填法回采。该法的优点是：①可以不扩帮继续向下开采(50~80 m)而不留三角矿柱，使剥离量减少，回采率提高；②生产能力大，且有利于保证边坡稳定；③为地下采用崩落采矿法提供了有利条件。

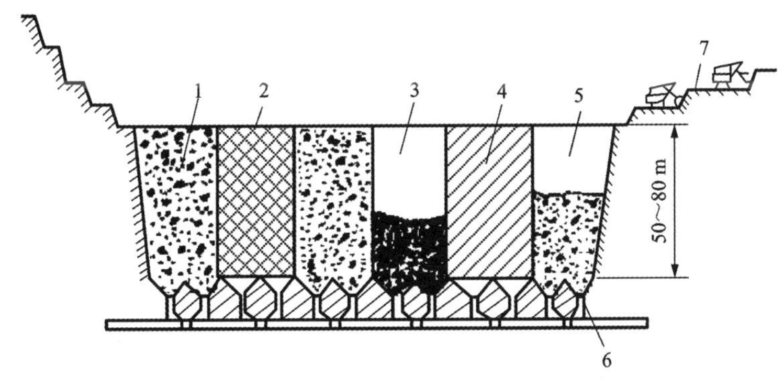

1—充填体；2—深孔；3—放矿矿房；4—矿柱；5—充填矿房；6—挡墙；7—露天工作帮。

图 7-36　露天底柱矿房的空场开采方法

7.4.2 露天挂帮矿回采

挂帮矿是露天境界外延伸的部分矿体，在露天开采时大规模地开挖对周围岩体造成较大应力扰动，而且在坑底坡脚处形成应力集中，对边帮残留矿体的回采将形成更加复杂的次生应力场，引起边坡围岩的进一步变形破坏，甚至出现滑坡失稳和巷道变形等工程灾害。

1）充填法回采边坡挂帮矿

当露天坑境界矿柱用充填法回采时，露天矿非工作帮的挂帮矿体可采用充填法回采，不但可以充分回收矿石，而且有利于保持边坡稳定，控制采场围岩变形，从根本上解决边坡矿体开采过程中的安全技术问题。但该法的回采成本较高，劳动生产率较低。该方法主要适用于矿岩破碎、价值高的矿床，如金川龙首矿（图 7-37）、盘石镍矿七采区、大冶铁矿等。

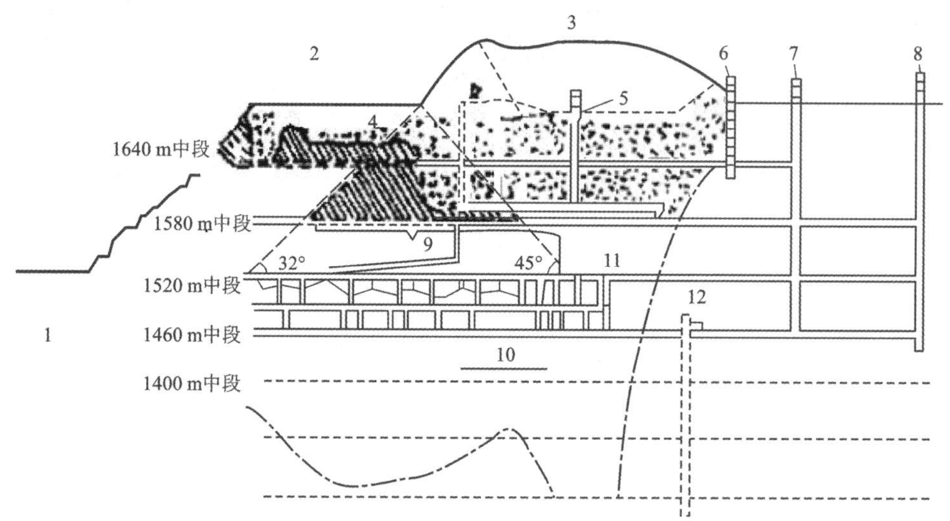

1—露天矿；2—露天矿东部；3—小露天开采区；4—原地下崩落法开采区；5—充填井；6—2 号井；
7—老 1 号井；8—新 1 号井；9—下向充填法采区；10—三角矿柱区；11—上向水平分层充填法采区；12—盲井。

图 7-37 金川龙首矿区边坡下矿体回采纵投影图

2）崩落法回采边坡挂帮矿

当露天坑底矿柱和地下第一阶段选用崩落法回采时，挂帮矿可用崩落法回采。此时，地下的回采顺序应向边坡后退进行，使边坡附近的塌落漏斗逐渐发展，形成比较平缓的崩落区，使露天矿下部台阶免受滚石的威胁，在定期进行岩移观测并采取相应措施的情况下，对露天矿的安全生产影响很小。如加拿大的 Craigmont 镍矿、杏山铁矿、攀钢兰尖铁矿、峨口铁矿、冶山铁矿、海城滑石矿、高山铁矿。

大冶铁矿研究表明，用无底柱分段崩落法开采挂帮矿体，如果能用废石把原有的露天采坑充填，则可使挂帮矿体从原有临空的二维受力状态变为侧向受充填废石挤压的三维受力状态，并且在挂帮矿体的开采过程中，边坡内采场生产爆破产生的地震波传递到边坡岩石与充填废石的接触面时，一部分地震波可穿透接触面进入露天采坑内的充填废石内，被废石所吸收，避免过多的地震波从接触面反射回去，形成对边坡岩体的拉应力。上述两种作用都改变了边坡岩体通常所处的不利受力状态，有利于保持采场稳定。

3）露天间隔回采边坡挂帮矿

在露天矿非工作帮为矿体的情况下，可以用露天方法开采 100~200 m 长的区段，在两个区段之间留 20~40 m 宽矿柱（图 7-38）。各台阶的深孔均钻至露天底标高，区段爆破出矿后即用剥离废石充填，可省去开采这部分矿石的剥离费，作业安全。

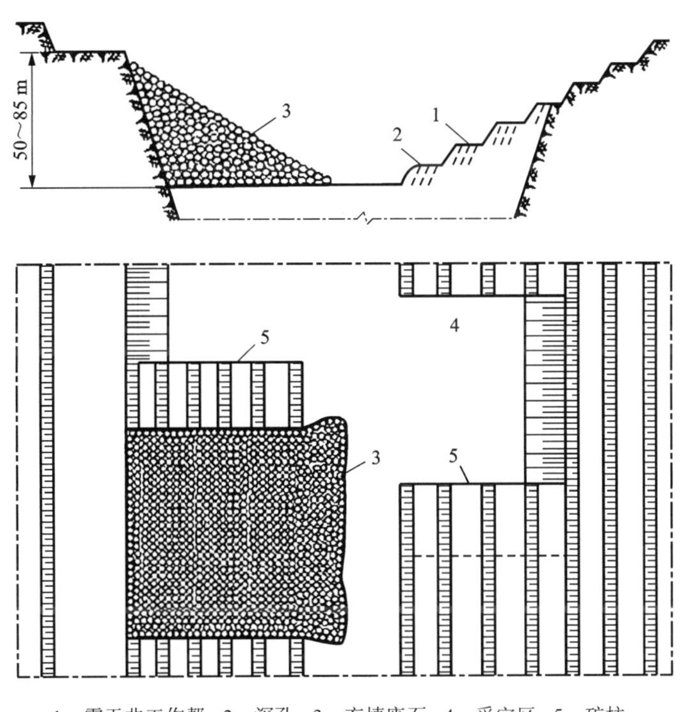

1—露天非工作帮；2—深孔；3—充填废石；4—采空区；5—矿柱。

图 7-38　露天间隔回采边坡挂帮矿

7.4.3　应用实例

大冶铁矿挂帮矿位于东采露天坑北东帮，为尖山主矿体的残留矿，走向长 60~70 m，厚度为 30~50 m，垂直高度在-84~-144 m 水平。边帮残留矿体所在边坡垂直高度达 300 多米，成为挂帮矿开采过程中所面临的最大安全隐患。前期采用露天人工滑架深孔凿岩、高陡帮开采、露天坑底出矿的露采方法进行开采，采出矿石约 20 万 t，-96 m 水平以上的矿体基本采完。2006 年采用浅孔留矿法对其进行开采，采用垂直矿体走向上盘平硐开拓，从露天坑向矿体掘进两条平硐作为开拓巷道进行开采，采出矿量约为 9 万 t。-144 m 水平在边坡内部形成了一个高 13 m 左右的大空场，空场面积为 1202 m^2。空场中留有不规则矿柱，厚度约为 4 m，并与露天矿边坡之间留有一个 6 m 宽的条形矿柱，保持边坡的稳定和完整。矿体内部的空场顶板较好，在-144~-156 m 水平，仍留有高品位矿石约 20 万 t。

采用上向水平分层胶结充填采矿法进行开采。每一采场设有矿房、矿柱。采场的长轴沿矿体走向布置，厚度为矿体厚度，沿矿体走向方向每 20 m 留一矿柱，矿柱厚 5 m。采场不留底柱，底柱采用平底结构。为确保边坡稳定，在露天矿边坡侧留斜顶柱，斜顶柱真厚度为5 m。从斜坡道掘进一条采场联络道联通斜坡道与采场，在采场下盘沿矿体走向方向掘分层巷道，然后从分层巷道向矿体上盘每20 m掘进一条采矿进路，每2~3个矿房施工一条人行通风充填天井，充填天井内安装人行铁梯，以形成两个安全出口，内设来自充填站的充填管。以采矿进路为自由面扩大到矿房边界，形成拉底空间，具备采矿能力，矿房间通过分层巷互相连通。

回采工作自下而上进行，先回采下一分层的矿房，待该矿房采完充填后再回采上一分层的矿房。回采时按设计要求留好矿柱。本分层的凿岩爆破、出矿、充填完成一个循环后，即可转层，回采时采用后退式回采。分层高度为4.0 m，形成的采空区高度为6.0 m。汽车经斜坡道进入采场空区中，采场出矿采用铲运机直接装运矿石至汽车，汽车经井下斜坡道运矿至尖山露天坑。

每层矿房回采结束后即可进行充填，充填前在采场各个出口(采场联络道)砌筑封堵墙。封堵墙采用粉煤灰空心砖砌墙，内附1~2层麻袋片或蚊帐布，采场中部架设1~2个PVC滤水管，以增加滤水效果。封堵墙的四周用水泥砂浆抹缝，以防跑浆、漏浆。

每分层充填高度为4.0 m，其中下部3.5 m为普通充填，上部0.5 m为铺面；普通充填时灰砂比为1∶8，采场铺面时灰砂比为1∶5。充填后采场留2.0 m空间作为上分层回采的自由面。充填滤水经斜坡道泻至-168 m水平集水巷，经水泵排至尖山露天坑的集水处。充填后需养护7~10 d，方可继续上采。充填到预定高度后将采场内充填管拆除，等铺面强度达到生产要求后再安排人员和设备开始采矿，如图7-39所示。当采场凿岩爆破、出矿、充填完成一个循环后转层时，在斜坡道摆动段从后向前进行挑顶爆破，使斜坡道与采场联结处向上转一分层，保持采场与外部连接，使采矿作业在上一分层继续进行。共回采挂帮矿45.87万t，回采率为82.3%。

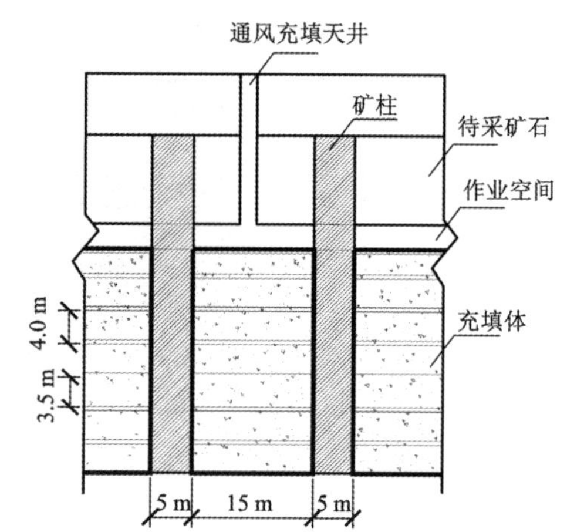

图7-39 上向水平分层充填开采

7.5 露天转地下开采过渡期的产能衔接

7.5.1 产能衔接的原则

露天开采向地下开采过渡分两种方式，即停产过渡和不停产过渡。停产过渡虽然具有开采技术简单、露天地下开采相互影响小等优势，但也存在矿山产量波动大、投资回收周期长、不能充分利用井下井巷工程等缺点。不停产过渡是在不影响露天生产的前提下，提前对露天转地下开拓系统进行基建，与露天系统衔接，使矿山提前主动转入地下开采，在露天矿山产量减少之前，地下开采就开始投产。不停产过渡的实质是过渡期内露天与地下联合开采，其衔接方式明显优于停产过渡。具备良好条件且规划得当的矿山采用不停产过渡，可使矿山产能不出现大的波动甚至实现稳产；地下开采可提前出矿，早见成效；有充分的时间探究适宜地下开采技术条件的最优采矿方法；对于露天坑底面积较小，新水平准备困难的矿山，可利用地下井巷工程贯穿露天，以加速新水平准备。当然，不停产过渡也存在采矿技术难度大、生产组织困难、露天地下同时开采相互影响显著等不足。在露天转地下过渡期产能衔接一般应遵循以下几个原则：

1）地下开采系统工程量最小原则

在满足各种工程使用功能的前提下，最大限度地减少地下开采系统的基建工程量对加快开采系统的建设速度，减少工程建设资金投入和降低工程维护费用都具有重要意义。

2）地下开采系统建设工期最短原则

加快地下开采系统的建设速度，对于矿山生产能力的平稳过渡有重要作用。露天矿生产后期，随着露天坑的开采深度不断加大，边坡的稳定性问题也越来越大，矿山的生产能力也不断下降，提高各类工程的施工速度和尽可能减少关键线路上的开拓工程量，是缩短地下开采系统建设工期的关键问题。

3）露天矿生产系统及设备利用程度最高原则

露天转地下开采的矿山，应充分利用矿山已有的运输设备及其配套设施，最大限度地发挥露天生产设备设施的潜能，提高其利用率。

7.5.2　平稳产能衔接的技术措施

1. 确定合理的衔接时间

露天转地下开采涉及时间、空间、生产能力上的衔接问题，以及两种不同开采工艺系统的复杂关系，直接影响露天转地下开采的稳定性。如果过渡效果不理想，将严重影响整个矿山的正常生产。露天和地下作业在时间上的结合程度系数 K_t：

$$K_t = t_k / T \tag{7-12}$$

式中：t_k 为露天和地下同时生产时间，a；T 为矿床开采总时间，a。

按时间上的结合程度不同，联合开采可分为 3 种。采矿工作在时间上完全结合，即露天和地下采矿工作，从开始至结束均同时进行，则 $K_t=1$；采矿工作在时间上部分结合，即露天和地下采矿间隔一段时间，为顺序–平行开采，则 $0<K_t<1$；采矿工作在时间上顺序进行，则 $K_t \to 0$，但亦属联合开采，因为在露天结束和地下开始阶段，两者在相当一段时间内并行，即实际上 $K_t \neq 0$。

露天和地下作业在空间上的结合程度系数 K_n：

$$K_n = S_k / S_a \tag{7-13}$$

式中：S_k 为露天和地下同时开采的矿床面积，m^2；S_a 为矿床平均断面总面积，m^2。

一般情况下，K_n 在 1 和 2 之间变化。假设矿床沿走向全长的平均厚度相同，那么 K_n 就是露天地下同时开采长度与矿床总长度之比。按露天和地下的采矿工作在空间上的结合程度，联合开采亦可以分为 3 种（见图 7–40）。

（1）露天和地下开采在垂直面上沿矿床全断面同时进行［图 7–40(a)］，K_n 可达到最大值 2，空间上的结合程度系数可用下式确定：

$$K_n = \frac{L_o + L_u}{L_m} = \frac{S_o + S_u}{S_m} \tag{7-14}$$

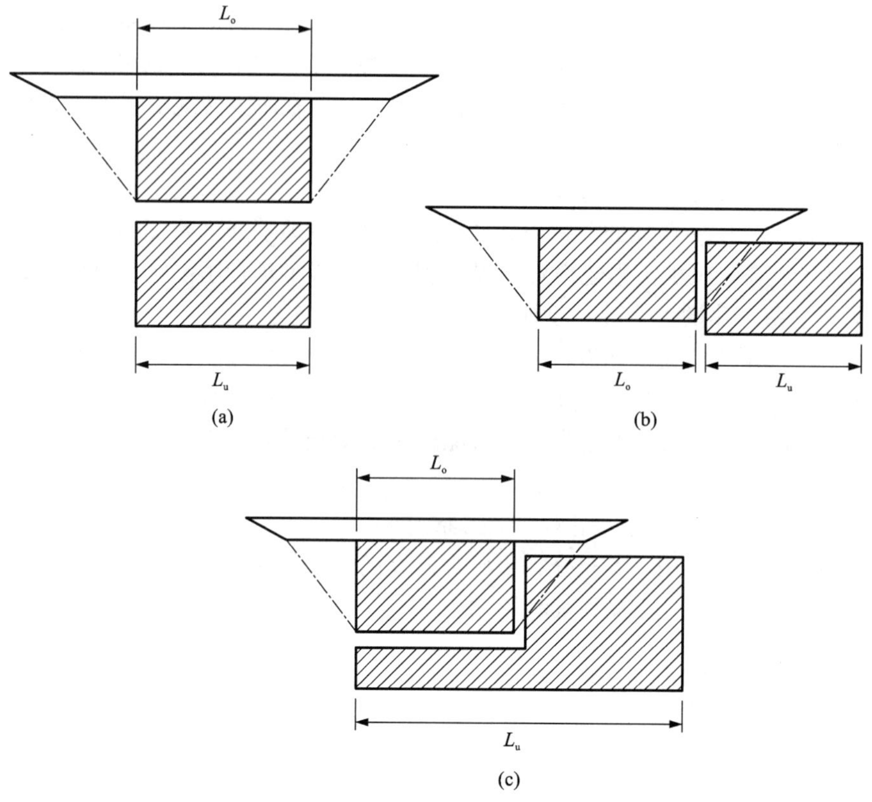

图 7-40 联合开采示意图

式中：L_o、S_o 为露天边界内矿床平均长度和面积；L_u、S_u 为地下井田内矿床平均长度和面积；L_m、S_m 为矿床沿走向平均长度和面积。

当 $K_n=2$ 时，$L_o=L_u=L_m$、$S_o=S_u=S_m$，在某垂直面上同时进行露天和地下开采，两者开拓系统和采矿过程在空间上关联度极高；

(2)露天和地下在水平面上完全结合[图 7-40(b)]，$K\to1$，仅在露天和地下开采交界处关联很大，且仅包括矿床开拓、采准、疏干、通风和其他工艺等；

(3)在矿床的部分区段，露天和地下在水平面上和垂直面上同时进行开采[图 7-40(c)]，$1<K_n<2$。

矿床综合开采生产能力可利用系数 K_u 确定：

$$K_u = A/A_{max} \tag{7-15}$$

式中：A 为矿床在空间和时间上同时生产的综合生产能力，t/a；A_{max} 为矿床最大的可能生产能力(当 $K_n=2$、$K_t=1$ 时)，t/a。

当 $A=A_{max}$ 时，$K_u\to1$，综合产能利用程度最充分；$0.5<K_u<1$ 时，程度中等；$0<K_u<0.5$ 时，程度较低。此 3 种情况，实质上是依据露天和地下在时间和空间上的结合程度划分的。当 $K_n=2$、$K_t=1$ 时，则 $K_u\to1$，综合产能可能达到峰值；如果露天和地下采矿作业在时间和空间上顺序进行，则 $0<K_u<0.5$，综合产能利用程度较低。

对于露天转地下开采的矿山，要使地下开采能在规定的时间内投产和达产，则要求地下开拓能按时完成，由于矿井开拓速度相对固定，则要求确定合适的地下开拓开始时间。

下面对露天减产时间节点和地采基建开始时间节点进行分析。

1)露天减产时间节点

在充分了解露天减产规律的基础上，通过合理确定挖掘机的数量，布置挖掘机的位置，提高挖掘机的效率，选择最佳车铲比，调整工作平台宽度即工作帮坡角来提高露天矿的开采强度。编制新的采掘进度计划，可以适当延迟露天矿的稳产时间，确定出露天矿减产的起始时间，这是矿山生产过程中的关键时间节点。在此时间点之后，露天矿的产量将会急剧下降，矿山的总产量需要通过露天矿挖潜产量、地下开采产量甚至外购矿石来补充，这样才能维持矿石总产量的稳定。

2)地采基建开始时间节点

理论上，当露天开始减产时，地下矿山就应开始出矿，以保证矿山产量的稳定。在实际工作中，许多矿山虽然通过露天矿挖潜来补充一部分矿石，但总的来说，这部分矿石的产量并不大，矿石供给的持续性也不强。故考虑重点还是地下矿山能按时地投产并达产，为了实现这一点，须提前做好规划，确定最佳基建开始时间。基建时间开始过早，不但会积压资金，对企业的资金流造成不利的影响，而且会增加井巷工程的维护费，造成资金的浪费。而基建时间过晚，不能按时完成巷道的掘进或矿块的采准和切割工程，造成地下矿开采进度严重滞后，导致矿山矿石总产量剧烈波动，对企业的经济效益产生严重影响。

在计算基建开始时间时采用反推法，以露天开始减产时间为时间节点，作为地下开始出矿时间，分别计算巷道掘进的时间、井筒掘进的时间、地表工业建筑时间、基建准备时间，地下矿的建设期采用国家规定的生产定额指标确定。此外计算时还应该考虑地表工业建筑和交通线路的建设时间。因此，地下建设总时间(T_d)按以下公式计算：

$$T_d = t_1 + t_2 + t_3 + t_4 \tag{7-16}$$

式中：t_1、t_2、t_3、t_4 分别为基建准备、地面公共工程准备、井筒掘进和水平巷道掘进的时间。

t_3、t_4 可由以下公式计算确定：

$$t_3 = \frac{L_C}{V_3} \tag{7-17}$$

$$t_4 = L_h / V_4 \tag{7-18}$$

式中：L_C 为竖井(斜井)计算长度；L_h 为水平巷道的长度，V_3、V_4 分别为井筒和水平巷道掘进速度，可按国家规定的生产定位指标或矿山实际平均指标取用。

2. 露天转地下开采过渡的关键问题

1)露天转地下开采过渡方式与回采顺序

露天转地下开采的过渡期一般为 3~5 年，有的可达 5~10 年。这段时间露天和地下同时进行生产作业，不仅要处理好上部露天作业对地下开采的影响和互相干扰问题，同时还要考虑到产量的衔接问题。过渡期的长短与过渡方式有关。国内外许多矿山由于及时开展地下开采工作，做到了不停产过渡。

缩短过渡期的主要经验是：①要提前进行地质勘探补充工作，一般在露采结束前 10~15 年进行，并且要求设计生产与勘探部门紧密结合，使勘探工作更有效地开展。②提前抓好总体规划，要处理好露采何时过渡到地下开采，如何过渡，产量如何衔接等问题。③要研究露天转地下开采的技术难题，如露天矿边坡与地下开采的关系、边帮矿体的开采、上部界外矿体的开采及回采顺序、防排水问题等。

在处理界外矿体开采过程中应严格遵循先采上部矿体后采下部矿体，先采上盘矿体后采下盘矿体的回采顺序。应加速上部界外残矿的开采，要避免破坏矿床整体开采顺序，以免造成损失。但是，如果露天开采尚未结束，按正常开采顺序回采边坡矿体，则难以维护露天矿边坡，给露天开采带来不安全因素。露天转地下开采回采顺序既要考虑正常开采顺序，资源的充分回收，又要考虑先期经济效益。在条件许可时，最好在地下开采基建期间，提前布置工程，在保证安全条件下把边坡残矿采完，一般回采残矿工作需要3~5年。

2)露天转地下开采的通风、防洪排水

露天转地下开采矿山特点是露天坑已存在多年，未来的地下开采要造成塌落区、崩落区，地下采场与露天坑相通。即使是留有境界矿柱或垫层，随着地下采矿下降，地表也要下沉。尤其是用崩落法开采的地下第一个水平风流失控，漏风严重。若是深凹露天矿，则废气流散失更困难。有时露天爆破气体渗入井下，造成井下空气污浊。

加强通风管理的经验是：①设计时可考虑分区通风，使网络短，漏风少，并力求抽压结合，负压低；②尽可能使地下与露天隔绝，密闭采空区或加强风门控制；③采用大风量通风，除了用抽压结合的系统外，加大口径管道及辅扇通风的分区通风方式。

露天转地下开采的特点是水大。上部露天坑底蓄水，加上露天外围汇水，有时汇水面积达十几万平方米，降雨渗流直接影响地下排水，给地下生产造成危害。其防洪排水措施是，首先在研究采场外围地形地貌基础上，合理圈定汇水面积，计算地表迁流量，便于采取防洪排水措施。一般都利用露天排水沟、截水沟将水截至界外。其次，采取预防为主，防、排、堵、贮并举的原则，可利用露天坑底贮水，也可以采取有准备淹没井下巷道的办法贮水。如铜山铜矿在开采−55 m阶段时，曾利用井下−55 m阶段做贮水阶段，以此调节洪峰，减少了排水设施。另外在雨季做好预报工作，做到有备无患。在与露天相通的巷道，设置防水墙、防水闸门。

3)露天矿边坡的防护

露天采场边坡的稳定是确保露天转地下开采安全生产的关键。为此，应采取如下措施：①对原露天开采建立的监测点要继续利用，适当配备专职的技术管理人员，加强对地下开采点附近的观察；②对原露天矿边坡采取的疏干排水措施，应尽可能充分利用，保持原有排水系统的完整；③对原露天开采与边坡下的残留矿体和深部矿体同时进行地下开采时，必须确保露天开采的生产安全，注意露天与地下回采工作的相互配合，采取控制爆破等相关防护措施；④要经常对边坡岩体位移进行监测，掌握其移动规律，适时做出边坡可能滑动预报，及时采取相关措施。

7.6 过渡期生产安全问题

7.6.1 露天转地下开采对边坡及地下开采的影响

1. 露天转地下开采时边坡稳定性的影响及边坡变形破坏机制

1)地下开采对边坡稳定性影响分析

地下开采对边坡稳定性产生四方面影响：一是地下开采区上覆岩体中将产生冒落带、裂隙带等，露天矿边坡岩土体的结构被一定程度地破坏，致使边坡岩土体强度降低；二是改变了边坡坡体内原有应力平衡状态，应力发生重分布，致使在采动影响域内边坡不同位置处形成不同的应力变化空间；三是地下开采后在地表形成移动盆地，不同位置地表下沉值间的差异导致不同区域边坡坡度发生改变，改变了地表边坡形态；四是改变了边坡的水文地质条件。

2)露天转地下开采的边坡变形机制

边坡岩体由于受到自然因素如降雨、风化以及自身流变性影响，会产生一定变形量 u_i，受岩体自重影响，其位移矢量方向大致沿坡面向下。此时地下工程开挖，破坏岩体内原有应力平衡关系，应力场重新分布，由此引起位移变形 w_i，矢量方向大致指向采空区。两者合成矢量为 v_i，合成后矢量方向视各自分量影响大小而定。随着地下工程量的增加，边坡受到损害程度逐渐增加，变形剧烈。一般来说，地下采动效应对边坡体的不同空间位置或不同区域的影响与边坡岩体本身变形所产生的叠加结果是不同的，如图 7-41 所示。

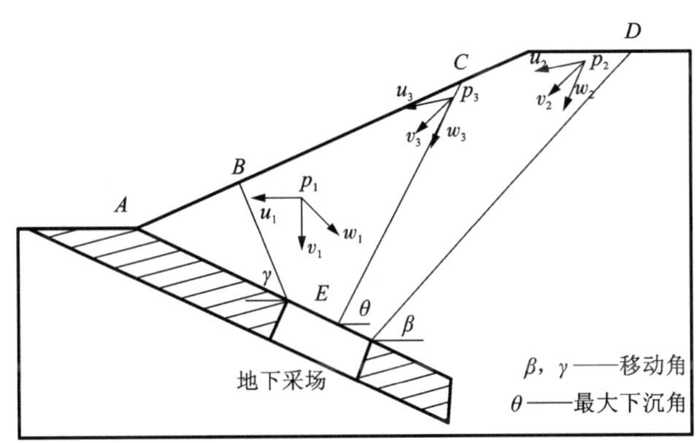

图 7-41　露天转地下开采边坡变形机制示意图

先进行的露天开采，形成边坡轮廓 AC，边坡体基本上处于稳定状态，并形成了新的应力场。如果假定原岩应力状态为 $\boldsymbol{\sigma}_0$，由露天开采引起的应力变化为 $\Delta\boldsymbol{\sigma}_{\mathrm{L}}$，当岩体达到稳定后，应力场变为 $\boldsymbol{\sigma}_1=\boldsymbol{\sigma}_0+\Delta\boldsymbol{\sigma}_{\mathrm{L}}$。地下开采所引起的应力变化为 $\Delta\boldsymbol{\sigma}_{\mathrm{D1}}$；由于两采动影响域相互重叠，边坡岩体内的应力场变为 $\boldsymbol{\sigma}_2=\boldsymbol{\sigma}_1+\Delta\boldsymbol{\sigma}_{\mathrm{D1}}$。采动引起的应力变化依次为 $\Delta\boldsymbol{\sigma}_{\mathrm{D2}}$、$\Delta\boldsymbol{\sigma}_{\mathrm{D3}}$ 至 $\Delta\boldsymbol{\sigma}_{\mathrm{D}i-1}$，边坡岩体内的应力场变化依次为 $\boldsymbol{\sigma}_3=\boldsymbol{\sigma}_2+\Delta\boldsymbol{\sigma}_{\mathrm{D2}}$、$\boldsymbol{\sigma}_4=\boldsymbol{\sigma}_3+\Delta\boldsymbol{\sigma}_{\mathrm{D3}}$ 至 $\boldsymbol{\sigma}_i=\boldsymbol{\sigma}_{i-1}+\Delta\boldsymbol{\sigma}_{\mathrm{D}i-1}$，从而构成了一个复合动态叠加体系。

一般情况下，当地下采区开采量达到一定强度时，在倾向主断面内 P_1、P_2 和 P_3 点的合成矢量方向是不一致的，这主要是由于两种采动影响大小和方向在空间位置上的不同引起的，其中从地下采区下山边界至上山边界，两种采动影响方向之间的夹角逐渐增大，经过走向主断面之后，在某一位置上两矢量之间的夹角将大于 90°，此时两矢量合成后开始相互抵消一部分，且随着其夹角的增大，相互抵消增多，合成矢量逐渐变小。一般情况下，合成矢量更多地表现出影响较大采动效应的属性。如 P_1 点合成后的矢量方向将指向地下采区，也就是该单元体将向地下采区方向移动。但与单一地下开采相比还是有一定的差别，主要表现在合成后的矢量方向一般不再指向采区几何中心或最大下沉点位置，而向上山一侧移动(在充分采动时)。从上山方向移动边界线至走向主断面 EC 之间下沉值呈递增规律，其变形结果使坡角减小。单从这方面来考虑，这对边坡稳定性是有利的。但对于地下采区下山边界与走向主断面之间的边坡体而言，两种采动影响方向在同一象限内，两矢量合成后增大，同时由地下采区走向主断面 EC 至下山移动边界线区域，下沉值呈递减规律，因而移动与变形结果使得该区域坡角增大，如 P_2 点所处区域就是如此，这对边坡稳定是不利的。主断面上 C 点下沉值最大，又由于位于地下采区移动边界区域受拉伸变形(上山方向边界除外)，尤其是地下采区下山方向的最大拉裂缝，很容易构成滑坡体的后缘。沿地下采区倾向边界附近的拉裂缝，构成滑体的侧边缘，使滑体与滑床分离、减少了侧阻力。特别是当地下采区沿走向长度不大时，如再有大气降雨等因素的诱发作用，将有可能导致滑坡，这是很危险的。如果走向长度很大，则形成整体滑坡的相对难度大一些。

一般在地下采区不同空间位置上，矢量具有三维特性，所以，上山方向一侧边坡体的合成矢量方向要视地下开采量大小及该测点的空间位置而定，并不能肯定指向地下采区，也有可能指向坑内，这种变形机制是对边坡表层一定深度以上部位而言。但对于边坡体一定深度以下部位来说，由于露天采动影响逐渐减弱，并在某一深度以下露天采动几乎没有影响，那么，在这些区域的岩体变形将表现为地下采动特性。

3)露天转地下开采的边坡破坏机制

地下开采采空区上覆边坡岩体移动受坡面和采空区双重效应控制，并受坡面力学环境的作用以及覆岩移动的影响，表现为岩体出现塌落、倾倒、拱屈、弯曲和滑动等变形规律，导致边坡地表发生下沉、崩塌、膨胀、开裂以及滑坡等连续性和非连续性的变形破坏。基于地下采动对边坡稳定性的影响因素分析以及露天地下联合开采边坡变形机制，可综合判断露天地下联采作用下边坡将整体出现两种典型的滑动现象，一是岩体沿坡面下滑，二是岩体向深部采空区下滑。

(1)岩体沿坡面下滑

地下开采影响初期，露天矿边坡岩体基本处于稳定状态，地下工程开挖以后，边坡应力条件改变，应力重新分布，采空区上覆岩体变形，使边坡上潜在的滑面带上的岩体松动，抗滑力降低，边坡岩体出现不稳定。由于边坡的下沉或塌陷坑的出现，加大了斜坡上的局部台阶坡面角，改变了原来斜坡岩体的边界条件，促使滑坡发生。

(2)岩体向深部采空区下滑

基于露天地下共同作用边坡变形机制，在地下采空区上山边界线与下山边界线之间走向主断面上，会出现最大沉降值点，发展至地表后，则会造成边坡倾向主断面上，以采空区走向为界，上部边坡局部边坡角加大，下部边坡局部边坡角减小。露天矿边坡下地下工程开挖，造成了坡面以下，采空区以上部分岩体出现松动，存在着滑向采空区临空面的趋势。尤其当露天矿边坡内存在着通向地下采空区的节理、断层或层面等软弱结构面时，岩体优先沿这些软弱结构面滑向采空区。条件成熟时，会出现采空区上覆边坡体大面积塌垮现象。

2. 空场法开采的影响作用

从开采的时空对应关系上看，露天开采作用不仅影响到其自身区域内的岩体应力场，同时对地下开采体系的应力场也有干扰和破坏作用，使得两种开采体系之间相互扰动和相互诱发，组成了一个复合动态变化系统，因而岩体的变形机理更加复杂。根据国内外开采经验，露天转地下开采矿山，其边坡稳定性比单一露天开采降低了 10%~20%，地下开采可能诱发上部边坡岩体滑移，对矿山安全生产造成危害。

1) 露天开采对地下开采的影响

露天开采会对地下开采产生影响，因此要求地下第一阶段矿块采矿方法及其结构的设计应该有利于安全生产。主要体现在边坡滑坡影响、露天坑积水影响及露天爆破影响。

(1) 露天矿边坡对地下开采影响

露天转地下开采的矿山，大多存在高陡边坡，如果发生滑坡，会对地下开采造成危害。首先边坡滑坡使地下开采巷道稳定性受到较大影响，采准切割巷道易遭受破坏，尤其是在露天坑底附近的巷道，容易发生局部冒落、顶板岩体破碎、巷道帮壁坍塌、渗水量加大等现象。另外，由于露天采空区一般处在地下开采矿体的上盘，边坡滑坡使地压活动明显加剧，造成井下生产的安全隐患。

(2) 露天采坑积水的影响

地下开采活动的上部就是露天采坑，露天采坑一旦与地下采场贯通，汇集的大气降水会直接侵入地下生产系统，危害井下的安全生产。在确定地下开采的防排水措施时，不仅要考虑井下正常基岩裂隙涌水，更为重要的是要考虑暴雨期雨水的径流汇集和渗入的防洪。

(3) 露天爆破的影响

露天矿爆破产生的振动会威胁到地下开采系统的安全，损坏的方式及严重性主要受地下采区附近的地面振动幅值及所开采范围内的围岩质量影响。

露天矿爆破产生的振动会使地下巷道受到影响，地下巷道周围起爆的炸药总量、每段延期的最大炸药量、露天矿爆破起爆次序等，是影响地下巷道振动的重要因素。露天矿山与地下硐室距离较近时，由露天生产爆破引起的爆破地震效应可能威胁到附近地下硐室的稳定性。露天矿爆破产生的爆破振动还会威胁到其附近地下矿的通道、矿柱、通风及隔火墙、防水墙等设施的安全性。

2) 地下开采对露天开采的影响

当露天转地下采用空场法开采时，根据是否留设境界隔离矿柱分为两种情况。当不留设境界隔离矿柱时，将其划归为过渡阶段矿石量使用空场法一起回收。该方案可以做到提前开拓采准和露天与地下同时开采出矿的目的，且没有回收境界顶柱和爆破围岩的作业，可提高境界顶柱的矿石回收率，降低矿石的贫化率。但采用该方案时，在露天开采末期，地下不能与露天在同一垂直面内同时回采，且在露天采场内的积水将直接进入井下，增加地下排水难度，对于含泥多、上盘围岩很不稳固的矿山和露天矿边坡高、陡、稳定性不好的矿山，采用该方法容易发生露天矿边坡滑落，甚至引发井下泥石流。因此，该方案目前应用较少。

对于留设境界矿柱的方案，需要在露天采场底和地下采场之间留设一定厚度的境界隔离矿柱，首先采用空场法回收地下矿石，最后回收境界隔离矿柱，基本模式如前所述。

根据不同的开采技术条件可分为境界矿柱下浅孔留矿法开采和分段空场法开采。分段空场法如图 7-42 所示。

若地下采空区的面积较大，围岩不够稳固，可能因岩层移动而在地面形成塌陷坑，呈漏斗形状，直径可达几米到几百米，深度为几米至几十米，漏斗壁倾角通常为 85°～105°。根据形成速度的不同，可分为崩塌型塌陷坑和岩移型塌陷坑。前者往往是在地表出现较大的变形以前，突然崩塌形成直壁塌陷坑。影响其形成的主要因素是岩石的物理力学性质、开采深度、矿体厚度、采空区的尺寸与形状、岩层的地质条件等，它多在开采深度不大的矿体回收顶柱和间柱时形成。岩移型塌陷坑形成的速度缓慢，通常是在开采急倾斜矿体时，崩落带向

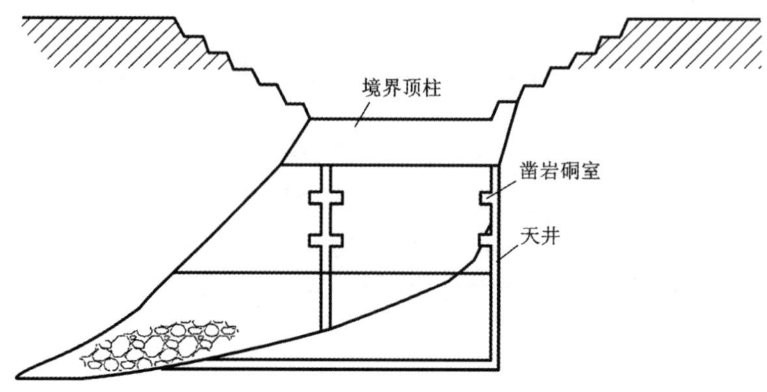

图 7-42 境界矿柱下分段空场法示意图

上发展而形成的。影响其形成的主要因素是矿体倾角、矿体厚度，岩石的自然安息角、岩层的产状及其非均质性和各向异性，回采顺序、采空区位置及其上方崩落岩石的高度，顶柱和间柱的稳定性等，形成地点较难准确预测。

3. 充填法开采的影响作用

根据采场结构布置、回采顺序等参数的差异，充填采矿法可分为嗣后充填法及分层充填法等。嗣后充填法矿房回采工艺与留境界顶柱的空场法方案基本相同，不同之处是矿房回采以后，用废石或胶结材料充填采空区。分层充填采矿法由于一次开采空间小，扰动小，因此可有效维护岩体稳定性，对露天矿边坡稳定性影响也较小。

当采用充填法进行地下开采时，露天开采对地下开采的影响主要体现在边坡滑坡、露天坑积水及露天爆破。由于充填体强度远远小于原围岩强度，因此露天对地下开采的影响，主要体现在对充填体稳定性的影响。采用充填法进行地下开采，由于及时对采空区进行了充填，因此可以有效地控制采场地压、控制岩层移动、限制围岩变形，避免地表塌陷和不均匀沉降破坏，保证露天坑底及边坡的稳定性，对露天的影响可最大限度地减小。

由于露天开采地形特殊，露天转地下第一中段采场离地表较浅，开采工作面周围介质不同，所以，露天转地下开采第一中段采矿工作面周围介质中的应力分布有其独特的规律。这一中段距露天矿坑底部平面的深度较小，由岩层自重及开采后应力重分布引起的采矿工作面周围的应力也较小，并随采矿工作面上升而相应减小。但由于充填体强度较矿体低，所以随采矿工作面上升，充填高度加大，周围拉应力区也增大。当开采靠近边坡的地下采场时，上部地面的地形一边是露天采场底部平面，另一边是陡然上升的露天矿边坡，由于地下开采第一中段到露天底部的深部较浅，因此相对升起很高的露天矿边坡对主要由岩体自重造成的采矿工作面周围应力场有很大影响。再加之采场接近围岩，围岩和矿体的物理力学特性不同，对采场周围应力场分布也有影响，因此采矿工作面顶板最大拉应力并不在顶板中部，而是一般偏向于地形高的一侧。

随着开采深度的增加，工作面顶板上的应力集中系数变化可由下式表示：

$$K_f = 0.17e^{\frac{14}{H_w}} \tag{7-19}$$

式中：K_f 为应力集中系数；H_w 为工作面开采深度。

由式(7-19)可知，采矿工作面越向上发展，应力集中系数增加愈快。主要是由于随着采矿工作面向上发展，充填高度加大，而充填体强度较矿体小，引起应力集中系数增大。另外，采矿工作面越向上发展，离露天矿坑底部平面越近，对露天坑边坡特殊地形的影响越大。

4. 崩落法开采的影响作用

由于崩落采矿法不留矿块顶底柱，在矿块开始回采之前，为了安全生产、爆破、放矿需要，必须在露天坑底形成一层一定厚度的覆盖岩石层作为缓冲层。因此，采用崩落采矿法的露天转地下开采矿山，露天和地下通常不能同时生产作业，或者在一个垂直面上不能同时开采。一般要求露天分段结束后，地下开采再按分段投入生产，露天开采和地下开采基本上是顺序进行的。

目前，尚未对露天开采和地下开采两者之间的相互作用特点与规律形成统一认识，而地下开采的不断延深使得采深和坡角不断增大，边坡岩体变形量值及变形范围已远超过了原有的单一采动理论认识。

露天转地下开采的影响因素很复杂，因其采动时间与空间对应关系不同步，甚至间隔较长时间，且露天矿边坡体位于地下采动影响域内，边坡岩体先后受到两次采动的严重影响，且第二次采动极大地影响其应力分布，并诱发上部边坡体产生滑移而失稳，边坡岩体受到的这种综合叠加作用，有人称其为复合开采效应。其变形机制有别于单一开挖且变形规律更加复杂，尤其是采用崩落法开采，爆破振动大，对应力扰动大，使岩体受力及变形更加复杂。

崩落法地下开采对边坡岩体将产生三方面的作用。首先，经露天开采作用，地下采动影响域内的边坡岩体整体强度已降低；其次，根据原露天开采活动对边坡的影响可知由于上覆边帮移动与变形结果，使原有岩体与弱面分布等地质情况恶化，岩层分布受露天开采岩屑与表土的渗透影响；第三，改变了地下采动影响域内边坡岩体的应力分布状态。

采用崩落法开采首先要在采场上方形成覆盖层，这些覆盖层不但形成挤压爆破和端部放矿的条件，还能保证露天矿边坡的稳定性，开采过程中，覆盖层的及时回填对露天矿边坡及地下采场的稳定有重要作用。宋卫东等采用FLAC2D数值模拟软件对大冶铁矿露天转地下崩落法开采对高陡边坡稳定性的影响进行了研究，模拟了回填与不回填对边坡稳定性的影响。通过对露天转地下开采的模拟计算得到崩落法开采与露天相互影响规律为：

(1)露天转入地下开采，初期随着开采深度的增加，围岩所承受的采动应力不断增加，当开采到一定深度时，达到最大值。之后，随着开采深度的增加，采动应力值会有所下降。回填体对左右两侧的高陡边坡产生一定的侧向支撑作用，降低了开挖空区底部的应力集中现象，使整个围岩的受力状况得到不同程度的改善，主要表现为压应力、拉应力和剪应力水平降低。但与不回填相比较，其应力分布规律并未发生大的变化。

(2)回填体对围岩塑性区的影响较小，随着开挖深度的增加，过去曾经屈服，但目前仍是弹性区的区域不断扩大，转入地下开采部分明显大于上部露天矿边坡面的区域。开挖过程中，剪切破坏主要集中在开挖空区底部两侧的边角部位，而拉伸破坏主要集中在靠近露天坑底的左右两侧边坡面上。

(3)水平方向位移变化的规律性较强，无论是上盘还是下盘，越靠近露天坑坑底台阶面的位移越大。随着开采深度的增加，沿着边坡面方向位移变化的速率明显增大，而且随着开采深度的增加，边坡坡面相应点的位移变化量是先增大而后有所下降。

垂直方向的位移变化较为复杂，上盘侧由于初期开挖的卸荷作用导致垂直方向的位移向上，但数值很小。随着开挖深度的增加，位移方向逐渐改变，最后基本垂直向下。下盘侧垂直位移的变化规律与上盘侧基本一致。随着开采深度的增加，沿着边坡面垂直方向的位移绝对值变化的基本规律是越靠近地下开采引起的塌陷区，位移变化的速率越明显。

回填体给边坡提供了部分侧向支撑压力，有效限制了高边坡岩体的位移发展。塌陷区回填改善了岩体的受力状态，减小了发生塑性屈服的区域，提高了边坡的稳定程度。回填条件下错动范围随开采深度变化图如图 7-43 所示。

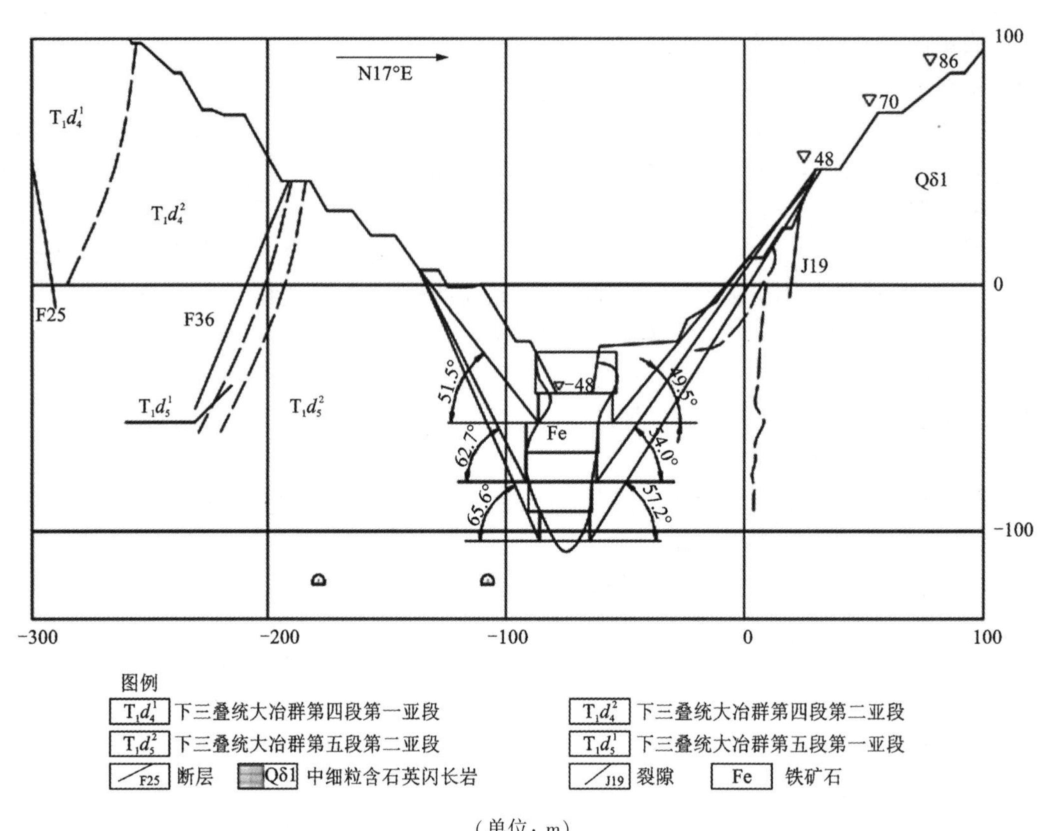

图 7-43 回填条件下错动范围随开采深度变化图

7.6.2 露天转地下开采地质灾害防治

露天转地下开采或露天地下联合开采已经成为当前和今后一段时间国内矿山的热点之一，随之所产生的地质灾害问题，也是各个矿山面临的新问题。近年来，露天转地下开采的矿山事故频发，严重威胁人民生命及财产安全。由露天转地下开采所带来的灾害问题也变得越来越严重。

1. 露天采场边坡失稳及防治

露天开采结束后，露天矿边坡长期经受着风化作用和雨水侵蚀，同时还经受着地下采矿爆破振动及矿岩运动等各方面的影响。因此，在露天转地下开采过程中，边坡极易滑落形成边坡灾害，主要表现为边坡失稳形成大面积滑坡。

1) 露天矿边坡失稳灾害的主要表现形式

露天矿边坡失稳灾害的主要表现形式为坍塌和滑坡。由于边坡过高、过陡，边坡角的岩体受压破坏或人工开采破坏形成散岩，上部岩体原有的应力平衡被打破，在次生应力的作用下，使其根部折断或压碎而突然脱离基岩，造成坍塌。底角破坏的范围越大，坍塌的体积和范围就越大，造成的危害也就越严重。

而滑坡是指边坡上的岩体沿着某一滑动面向下滑移。该滑动面通常是由各种地质构造形成的弱面，以及不稳定的软岩夹层或遇水膨胀的软岩面形成的弱面。极不稳定的软岩夹层和遇水膨胀的软岩面可能会沿弱面产生大面积滑落。当结构面的倾向、走向与边坡一致，倾角小于边坡的倾角，滑体两侧有自由面或其他结构面下部被采空时，就容易发生岩层滑落现象。

2) 露天转地下开采露天矿边坡稳定性影响因素

对于处于露天转地下过渡阶段的边坡，与单一露天部分边坡存在着一些差别，该阶段边坡既保留了原露天部分开采的影响，同时又受地下开采部分制约。因此，在总体上影响露天转地下开采岩体边坡稳定性的因素是很多的，从性质上来说，基本可分为三类：一是环境方面的自然因素作用，如地下水的入渗软化影响、气候引起的冻融效应、地震的液化效应、风化引起的岩石强度削弱等的影响。二是边坡岩体工程地质条件。三是工程活动方面的人为因素影响，如施工方法与开挖顺序的影响、爆破荷载作用等的影响。这些因素在实际过程中都是相互交叉作用的，都对露天矿边坡的稳定性有着不同程度的影响。露天转地下边坡稳定的影响因素如图 7-44 所示。

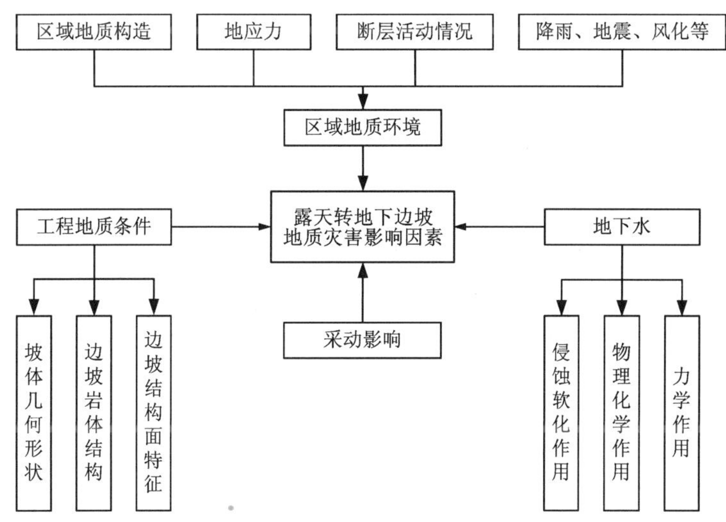

图 7-44　露天转地下边坡稳定的影响因素

3) 地下开采作用对边坡稳定性的影响机理

对于露天转入地下开采的矿山，后期的地下采矿活动将对边坡的稳定性产生重要影响，其影响机理主要分为以下几个方面：

(1) 改变边坡岩体应力平衡

露天开采阶段，边坡经过开采等影响，边坡的应力等不断发生变化，当边坡稳定时，边坡岩体形成了应力平衡状态。露天转入地下后，地下开采将打破原有的应力平衡状态，形成二次应力状态，发生应力重分布的现象。

(2)恶化水文、工程等地质条件

地下开采活动诱发边坡岩体强度、工程地质条件、水文地质条件改变。地下采矿活动开始后，围岩出现应力集中，岩体也开始发生移动。当应力的集中程度超过围岩承受能力时，或是岩体移动变形超过岩体的极限变形时，岩体产生破坏，将对采空区上覆岩层结构的完整性和连续性产生一定程度的影响，甚至可以诱发新裂隙的生成，并使原有裂隙扩展、贯通，在一定程度上影响原裂隙面结构的闭合、充填状况，降低边坡岩体的强度，其中内聚力降低最为明显。

另外，地下采场的存在为地下水提供新的水力联系途径，围岩破坏导致新裂隙的产生，原有结构面的扩展、贯通，使边坡岩体的渗透系数增大，加强了不同含水层之间的水力联系，严重恶化了边坡岩体的水文地质条件。

(3)诱使边坡沿滑面或采空区方向滑动

在露天和地下开采两种采动效应共同作用下，边坡将出现两种滑动现象：

一是岩体沿坡面下滑。露天部分开采时，边坡内部或潜在滑动带内已存在孤立的塑性区。地下开采时，由于采空区上覆岩体的不断移动，使潜在滑动带内的岩体松动，导致岩体的强度降低，因局部应力集中最终会引起滑动带内的塑性区范围扩大以致贯通，促使边坡失稳。地下采矿活动形成大面积采空区，可引起地表沉陷，也会导致边坡下沉或塌陷，这将会使原斜体边坡局部的台阶角增大，促使边坡滑坡。

二是岩体向采空区移动。露天转地下开采作用边坡岩体的变形机制可用图 7-45 表示。*A* 块为采空区上覆岩层，其厚度不一，对采空区两侧的岩体产生侧压，当两侧 *B*、*C* 两块存在软弱夹层时抗滑能力下降，则 *A* 块下落，滑向采空区后，*B*、*C* 约束解除，继而滑向采空区，发展到地表后，造成边坡倾向主断面上，以采空区走向为界，上部边坡的局部边坡角加大，下部边坡的局部边坡角则减小。

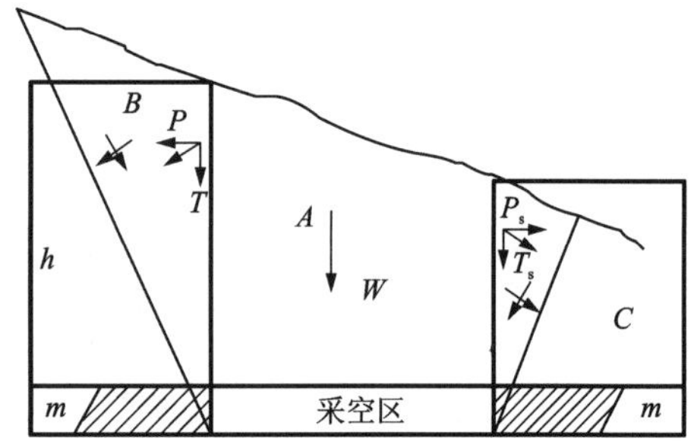

A—采空区上覆岩层；*B*、*C*—采空区侧边上覆岩层；*W*—*A* 块的自重应力；*P*—*A* 块施加给 *B* 块的侧向应力；*T*—*B* 块的自重应力；P_s—*A* 块施加给 *C* 块的侧向应力；T_s—*C* 块的自重应力；*h*—上覆岩层高度；*m*—矿体高度。

图 7-45 采空区上覆岩层滑移模式

4)露天矿边坡失稳灾害防治

边坡灾害的防治技术基本上是边坡稳定性控制治理技术。一方面主要是控制边坡维持稳定现状，另一方面是预防未来灾害的发生，或是灾害发生后的边坡治理。边坡治理的基本方法包括地表排水、削坡减载、压坡脚、安装抗滑桩、实施锚喷或框架销固结构，以及压力注桩等。近年来，随着科学技术的不断发展与创新，许多新的防治技术措施不断地运用到工程实践中来。如运用到边坡防护领域和结合生态重建的生态护坡技术，主要有生态植被链坡面植被恢复技术、钢筋混凝土框架坡面防护与植被恢复技术、预应力框架地梁坡面防护与植被恢复技术等；又如边坡的防渗治理技术，主要有土工合成材料防渗技术、注浆防渗加固技术等等。总结常见的露天矿边坡灾害的防治措施见表 7-5。

表 7-5　露天矿边坡灾害的防治措施

类型	方法	作用	适用条件
削坡、压坡脚	缓坡处理	对滑体上部或中上部进行削坡，减小边坡角，从而减少下滑力	滑体确有抗滑部分存在才能应用。可及时调入采运设备的滑坡区段采用
	减重压坡脚	对滑体上部削坡，使下方滑力减小，同时将土岩堆积在滑体下部抗滑部分，使抗滑力增大	滑体下部确有抗滑部分存在，并要求滑体下部有足够的宽度以容纳滑体上部的土岩
增大或保持边坡岩体强度	疏干排水	将滑体内及附近岩体地下水疏干。从而减小动、静水压，使岩体强度不降低反而提高	边坡岩体内含水多，滑床岩体渗水性差
	爆破滑面	松动爆破滑面，使滑面附近岩体内摩擦角增大，使滑体中地下水渗入滑床下的岩体中	滑面单一、弱层不太厚。滑体上没有重要设施
	破坏弱层间填岩石	用采掘机械破坏弱面，并立即回填透水岩石，回填以后的岩石内摩擦角大于弱面内摩擦角	滑面单一的浅层顺层滑坡
	注浆	用浆液充填岩体中裂隙，使岩体整体强度提高，并堵塞地下水活动的通道；或用浆液建立防渗帷幕，阻截地下水	岩体中岩块较坚硬，裂隙发育，连通，地下水丰富，严重影响边坡稳定
人工建造支挡物	大型预应力锚杆(索)加固	用锚杆(索)，并增加预应力以增大滑面上的正压力和抗滑力，使岩体的稳定性有所提高	潜在滑面清楚，岩体中的岩块较坚硬，可加固深层滑坡
	抗滑桩支挡	桩体与桩周围岩体互相作用，桩体将滑体的推力传递给滑面以下的稳定岩体	滑面较单一，清楚。滑体完整性较好的浅层、中厚层滑坡
人工加固	挡墙	在滑体下部修筑挡墙，以增大抗滑力	浅体较松散的浅层滑坡；要求有足够的施工场地和建材供应
	超前挡墙法	在滑体下部的滑动方向上预先修筑人工挡墙	一般在山坡排土场的下部应用

露天转地下开采引起的边坡变形现场监测可以提供边坡稳定性分析基础资料，还可以依据观测资料了解和掌握滑坡的形态、规模和发展趋势，是开展边坡稳定性预测预报和了解失稳机理的重要手段之一。同时，边坡变形现场监测是促进计算手段日益成熟与可靠的重要途径，在工程开挖领域，监测技术及方法对计算理论、工程施工技术水平以及周围环境产生了巨大和深刻的影响。

滑坡监测是一项集地质学、测量学、力学、数学、物理学、水文气象学为一体的综合性技术，始于 20 世纪 30—40 年代，主要内容包括滑坡的成灾条件、成灾过程、防治过程监测，以及防治效果的监测反馈。滑坡监测已广泛应用于生产实践和科学研究领域，成为了掌握边坡动态、确保工程安全、了解失稳机理和开展边坡稳定性预警预报的重要手段。国内外对边坡稳定性监测的内容主要有变形监测、应力监测、水的监测、岩体破坏声发射监测等。

监测手段已经由过去单一的大地测量进入综合性、多手段互为验证阶段，监测仪器及自动化程度得到较大的提高，近年来，地理信息系统 GIS(geographic information system 或 geo-information system)、全球卫星定位系统 GPS(global positioning system)以及我国自行研发的北斗卫星导航系统 BDS(BeiDou navigation satellite system)成为各类监测活动的支柱技术，已经应用于边坡变形监测中。

以大冶铁矿为例，由于狮子山矿段露天坑底回填了 48 m 厚的废石，完全可以达到隔离矿柱厚度的要求；露天矿已闭坑，少量的挂帮矿开采造成的爆破对地下巷道的稳定性产生的影响也较小；采区的截排水问题也已得到了有效解决。所以，对于大冶铁矿，露天转地下开采的关键是要保证露天矿边坡的稳定性。

东露天矿边坡经过国家“七五”和“八五”科技攻关，采取了陡帮开采等一系列先进技术，保证了边坡的稳定性，并取得了显著的经济效益。但这些边坡已存在 10 年以上，加之大气降水的影响，安全系数在 1.0 至 1.1 之间，基本上处于极限平衡状态，并且局部已经发生较大规模的坍塌破坏。露天转地下开采正是在这种条件下，在坡脚和底部采用崩落法开采，对露天矿边坡的稳定性产生了极其严重的影响。为保证露天转地下开采过程中，露天矿边坡的稳定性，大冶铁矿先后开展了多项科学研究工作，并采取了有效措施，保证了开采过程中露天矿边坡的稳定性。武汉工程大学大冶铁矿边坡研究课题组与大冶铁矿经过多年的研究建设，建立了完整的地下及露天矿边坡灾害预警。基于 GPS 和 GIS 系统，建立了高陡边坡监测预警系统。

2. 泥石流及防治

当矿山的表面或者浅层已经没有矿产或者矿产已被开采完毕时，需要在地下开挖巷道进行开采活动。尤其在采用崩落法开采的金属矿山，大量矿石被开采出的同时，地表会发生塌陷和错动。地表几十米厚的黄土层、风化的岩石碎屑便可能在大量雨水的作用下进入塌陷区，进而引发井下泥石流地质灾害。

与地面灾害相比，井下泥石流的形成过程更为复杂，关键在于其受到复杂的地层结构、多变的采场边界条件以及众多采矿因素的影响，在采场围岩中还存在着大小不同和形状各异的空区、空洞。同时，介质的力学性质、变形破坏机理以及空区、空洞在复杂多变的采矿因素影响下，随空间和时间动态地变化。因此，对井下泥石流灾害的控制、治理尚无成套技术。

1)泥石流产生原因分析

(1)矿山泥石流形成影响因素分析

① 地形条件

地表塌陷坑形状及规模：地表塌陷区的产生，一是改变了矿区原有的岩土结构及水理性质；二是连通了井下采场与地表，为泥石流的产生提供了通道；三是为地表大气降雨的大量汇集提供了可能。因此，地表塌陷坑的存在是矿山井下泥石流暴发的关键要素之一，它决定地表水的汇集程度，井下泥石流形成和发生过程的快慢。塌陷坑范围越大，坑的纵比降越大，越有利于地表水和土的汇集，越容易形成井下泥石流，且泥石流对井下的破坏性也越大。

地面表土层厚度及力学特性：地面表土保护着岩石免遭破坏。产生井下泥石流的地域上，有无土壤和坡积土层覆盖也影响到井下泥石流冲出物的成分。若产生井下泥石流坡地上有土壤和土层覆盖，井下泥石流冲出物成分中将含有一定数量的黄泥。若产生泥石流的坡地上无土壤和土层覆盖，则井下泥石流固相物质主要是粗粒碎屑物质。

地表植被情况：地表植被因素在井下泥石流形成中起着非常重要的作用。一般地说，坡地上长有根系发达而树冠郁闭的乔木林的地区，暴发井下泥石流的可能性较小。树木根系本身能固结土壤，使土壤免遭破坏。树冠、草本植物和枯枝落叶层保护着基岩，免遭冲刷和日光作用。因而受侵蚀作用和物理风化作用锐减。树冠本身遮挡了大部分降水，有助于削减径流量，并能分散汇流时间，而枯枝落叶层能降低土壤的透水性，此外树林能堵住某些漂石和碎石的运动路径，甚至阻断泥石流流路。

② 地质条件

矿岩性质：凡井下泥石流发生的地方，其地质构造复杂，断裂褶皱发育。在地质构造的控制下，岩性与井下泥石流的形成也有很大关系。软硬相间或软弱的岩层更容易遭到破坏，从而为井下泥石流提供便利的通道和足够数量的松散固体物质。

开采范围内节理裂隙、断层分布情况：断层、节理裂隙的大量存在，不仅切割破碎岩体，而且也为地下水及流态物质的流通提供了通道。

水源条件：水是泥石流形成不可或缺的部分，也是泥石流的搬运介质。从井下泥石流形成过程看，水既是黄泥的重要组成成分，又是黄泥激发的重要条件和搬运介质。水的作用主要表现在对地表黄土的浸润饱和作用，使地表黄土形成易流动的泥水，达到超饱和状态，天然含水率超过液限处于流塑状态，多日连续降雨后，饱和黏土越来越多，逐渐液化，沿塌陷坑逐步往采场渗漏，致使采场上覆岩层物质结构破坏，摩擦力减小，滑动力增加，处于塑化状态，在整体上形成易滑动的滑动体，从而为井下泥石流的产生创造了有利条件。矿山井下泥石流水的来源主要有大气降雨、人为排水和地下水三种。

③ 矿体条件

矿体倾角：矿体倾角的陡缓决定井下泥石流流动路径形成的难易程度。通常矿体倾角越陡，井下泥石流的流动路径越容易形成。

埋藏深度：矿体的埋藏深度决定井下泥石流形成的难易程度。矿体埋藏越深，地表塌陷的程度越轻微，地表水汇集的可能性越小，井下泥石流发生的可能性越小。

开采深度：井下泥石流的发生要同时具备两个先决条件，即有岩石碎块、断层泥、风化物和具有高水头的承压水。因此，开采深度决定了井下泥石流形成的能量大小，开采深度越大，发生井下泥石流的可能性越大，其破坏力也就越强。

④ 人为因素分析

人类活动对井下泥石流的形成和发育是多方面且极为复杂的，地下采矿是矿山活动中最为频繁的地下活动，对井下泥石流的发生影响最为明显，主要表现在以下几个方面：

地下爆破：地下爆破是井下开采的重要组成部分，但是地下爆破引起的振动可能导致岩层破碎，岩体强度降低，从而降低岩体的抗压抗剪强度，同时上覆岩层下移，甚至崩塌从而引起地表下沉，并且频繁的爆破振动，也可能使一些回采过程中的进路上方处于临界状态的泥石流层获得向下的空间，迅速下涌，从而导致泥石流的发生。

放矿扰动及出矿强度：在采矿活动中，由于出矿的扰动，一方面使覆盖层中的废石变得松散，另一方面也可能使覆盖层上方的黄土层发生变形。随着连续出矿，黄土层有可能产生拉破坏，而黄土层产生破坏的位置，极易使其上方的水透过黄土层进入覆盖层，由于覆盖层中的废石已经由于放矿的扰动变得十分松散，因此泥水便迅速透过覆盖层进入进路口。如果黄土层上方的泥水量过大，那么会有大量的泥水随矿石一起冲出进路口，造成泥石流。因此，在出矿的扰动下，只要地表降雨量较大，就非常容易发生泥石流现象。同时，出矿强度的高低直接影响着井下泥石流的形成与否。单一位置出矿强度高，其对应的上覆岩层下沉速度快，为井下泥石流的形成提供了流动通道。

覆盖层厚度：覆盖层使地下采场和地面隔开，延缓雨水下渗速度，错开洪峰，对地下采场的安全起到重要的作用。

(2)矿山泥石流形成机理

泥石流是物源、地形地质地貌、降雨等因子非协同异变耦合作用的必然结果。水土与泥石流沟中的松散物质相互作用，致使土体发生吸水蠕变，到土体强度非线性衰减，再到物质启动，最终形成泥石流，过程主要分为四部分：蠕变、滑移、流动、固结。

① 土体吸水蠕变过程：初期土体蠕变是松散土体滑移转变为泥石流体的第一步。松散土体吸收天然降雨或者地表渗流水后逐渐饱和，土体稳定性逐渐从稳定向失稳转化。蠕变过程中，整个土体的容重会逐步增长，土体的内聚力与摩擦角会降低。随着土体的不断饱和，土体表面会随之出现由于土体张拉应力造成的裂隙。矿山地区，表面松散坡积物非常丰富，经过降雨后吸水饱和，土体迅速发生蠕变。

② 土体蠕变滑移过程：松散土体吸水饱和后，土体与沟床的剪切强度逐步衰减，饱和土体的非稳定区域迅速扩大。整个土体的容重持续增长，土体的内聚力与摩擦角继续降低。土体中的裂隙水对土体的失稳有着三个方面的直接作用。首先，裂隙水将土体继续软化；其次，对沟谷中的土体产生渗流压力；第三，不断增加土体中水的比例。解体后的滑动土体从源地滑出后，由于重力作用在陡峭的地形条件下出现加速运动，运动形式为滑动、碎屑流或流动。在运动过程中地表水汇流及雨水在土体中融合，使土体含水量增大，流动性增强，土体在运动过程中进一步对沿途的地表松散物质侵蚀，融入更多的碎屑物或由于其侵蚀能力弱而沿途被地表不断刮削。

③ 土体流动过程：当发生暴雨时，坡面就会在短时间内出现较为明显的水流汇集。沟谷松散物质开始跟随水流汇入沟中，并与水流混合后形成可压缩的固液两相流。沟内两相混合物通过冲击、磨蚀逐步将沟谷扩大并进一步汇入更大的沟谷中。在这个阶段，固相颗粒、黏土颗粒、水与泥浆、空气已经形成初始泥石流体。采矿引起矿山地质环境的改变，使得矿山原有应力状态出现失衡导致地面变形，在暴雨激发下发生滑坡、崩塌，最终造成泥石流。

④ 泥石流体固结过程：随着动能及机械能的耗散，泥石流体在泥石流沟出口处逐渐沉积，并形成泥石流沉积扇。泥石流沉积扇由泥石流体中的黏性土体与固相颗粒组成。当泥石流体沉积物黏度小于103 Pa・s时，泥石流体沉积的沉积扇就比较薄，沉积扇的面积也随之增加。

2)泥石流灾害防治

(1)泥石流监测与预报

通过泥石流监测来进行灾害预报是较为经济实用的减灾方法，受到了政府和科技人员的重视。20世纪60年代，在广泛开展泥石流定点观测的同时，借鉴水文观测方法，发展了一系列泥石流断面观测技术，实测泥石流的泥位、流速、流量，采集流动过程中的样品进行物质组成和流变特性分析，调查推求泥石流的最大流速、峰值流量和弯道超高等运动参数。在此基础上，于20世纪80年代相继研发了泥石流自动采样系统、CL-810型测速雷达仪、UL-1

型超声波泥位计和泥位报警器、NCH－1型遥测数传冲击力仪、压电陶瓷式地声传感器和NJ－2型遥测地声警报器等一系列泥石流监测仪器。20世纪90年代到21世纪初，又研制出模拟泥石流浆体流动剪切状态的平板式泥石流流变仪、泥石流降雨监测系统、泥石流次声警报器以及泥石流运动观测的近景摄影观测系统和结构光栅观测系统。

泥石流预报是泥石流减灾的重要手段之一。泥石流预报是一个十分年轻的学科方向，在整体上还处于探索阶段。起初是对区域和沟谷泥石流的评估，后来发展到对泥石流事件的预测、预报，随着对泥石流认识的深入和科学技术的发展，又提出了泥石流要素预报和灾害结果预报。在研究方法上从初期的定性评估、半定量评估，发展到定量化评估和预报，目前的泥石流预报研究处在三种方法并存，侧重发展定量化方法的阶段。在定量化研究上，目前以统计方法为主，正在向以泥石流形成机理为主的机理预报方向探索。

① 泥石流区域空间预报：泥石流区域空间预报一般是中、长期预报，主要采用泥石流危险度区划方法。目前这一方面的研究主要有三种方法，第一种是利用对区域内泥石流发育环境要素的分析和评估，确定不同区域的泥石流危险程度，为间接指标评价方法；第二种是利用泥石流沟的密度、规模、频率等关于泥石流发育和活动状况的直接指标，评价区域泥石流危险程度，为直接指标方法；第三种是将前两种方法结合起来，为直接指标和间接指标相结合的方法，适合于泥石流资料较丰富的地区。

② 泥石流区域时间预报：泥石流区域时间预报几乎都是基于降水统计的预报，根据区域内的历史灾害事件和地貌、地质、植被等影响因素确定泥石流发生的临界雨量。临界雨量的准确确定十分困难，并且目前降水预报的准确度还很低，所以根据不准确的降水预报和不准确的临界雨量进行泥石流预报具有很高的不确定性。

③泥石流单沟空间预报：泥石流单沟空间预报主要是对泥石流沟流域进行危险区划分，确定泥石流灾害在流域的空间分布。随着泥石流运动方程的建立和计算机技术的发展，通过对泥石流运动数值模拟进行泥石流危险区划分的研究，使泥石流单沟空间预报更加科学和准确。

④ 泥石流单沟时间预报：泥石流单沟时间预报是泥石流预报的重点也是难点，对其预报的精度要求也最高。目前的研究主要是根据统计方法获取泥石流形成的临界雨量或建立临界雨量经验公式。因观测到的有完整降水过程和泥石流形成过程的泥石流事件极其有限，使得该方法的准确性仍处在较低的水平。

⑤ 泥石流要素预报：泥石流流速、流量和规模等要素的预报对泥石流减灾十分重要，目前的研究主要参照水文计算方法，并结合流域环境要素的评估建立经验公式，这些研究都建立在同频率的降水导致同频率泥石流的假设基础上。以此为基础，也可以利用泥石流运动数值模拟的方法预报泥石流流速、流量等要素在堆积扇的时空分布，指导泥石流堆积扇区的减灾预案。

⑥ 泥石流灾害结果预报：随着泥石流灾害规模、流量等要素预报的不断发展，对泥石流泛滥的范围、灾害造成的损失等灾害结果的预报也开始受到重视，成为泥石流预报研究的一个新方向。

(2)露天矿山泥石流的防治措施

目前，针对露天矿山泥石流灾害防治措施的研究不多，由于矿山泥石流形成与边坡稳定密切相关，而土力类泥石流的产生也是在边坡失稳的条件下发生的，因而露天矿山泥石流防治可有效借鉴滑坡防治的工程技术和管理措施，主要有以下几类：

① 拦挡工程。在边坡外设置截水沟，阻止水流侵入边坡；在上游严重冲刷地段修筑“J”坝，使水流转向。

② 排导工程。在边坡上设置排水沟，将边坡上的降水排走；在边坡前抛石、设石笼、修钢筋混凝土排管，将坡脚上方的水排走。

③ 水土保持。首先要保护原有的植被，将废石废渣运到荒地，必要时平整山坡、种植树木，保持水土平衡。

④ 管理措施。选址时尽量避免在河流、水库的水力影响范围内设立矿山建设项目和布置相关工程；雨前，对截洪沟、排水沟进行检查疏导；雨后，对工作面上方的边坡和危岩进行检查；对排洪设施进行定期检查维护。

⑤ 工程技术。严格按照设计规范的要求，分台阶或者由上而下分层开采；爆破作业时尽量多打眼、少装药，采取分段毫秒延期爆破，优先采用中深孔爆破技术，维持边坡稳定；定期或长期对边坡进行监测，对有滑动迹象的台阶要及时地进行削坡减载。

(3)矿山井下泥石流防治措施

井下泥石流影响因素复杂多变，对井下泥石流机理及预测预报的研究还很少，对井下泥石流灾害控制、治理尚无成套技术，目前较为行之有效的防治措施如下：

① 预防措施。定期对采空区进行调查，及时封堵废弃的巷道和溜井，提前对有可能发生突泥事故的重点采场采取预防措施；修建采矿区域的地表防洪及泄排水工程，填平积水坑，截断形成井下泥石流的水源；对地表进行定期或者长期监测观察，发现有积水现象时，停止下部采场作业，尽快将地表塌陷区中积水排出，待覆盖层干涸方可继续作业。

② 治理措施。当开采区域已经发生井下泥石流时，可以采取打钻注浆方式加固冒落区岩体，然后快速施工通过冒落区。具体做法如封堵采场泥石流突发点周围通往下一分段的各通道，进行凿岩爆破，利用爆破堆渣封堵各进路口，同时补充覆盖层，然后砌筑全断面隔离墙，将该区域完全隔离。

③ 管理措施。杜绝在塌陷区及其周边的非法采矿及耕植行为，减少人为因素对地表塌陷区的破坏，制止在塌陷区及其周边的选矿及碎石加工行为，减少尾砂及工业用水向塌坑排灌，在具备条件的情况下，考虑对地表塌坑进行回填处理。

④ 技术措施。坚持“贫富兼采、难易兼采”原则，杜绝丢弃采矿排位及采场现象；加强中深孔爆破质量管理，并及时处理“鸡窝” “立槽”等爆破质量问题；如果矿体的形态变化较大，首采以及下一个分层出矿时要预留一定量的垫层。

7.6.3 露天爆破与井下爆破

1)露天采矿对地下采矿爆破的影响

当地下开采选用空场采矿法时，露天和地下开采可以在一个垂直面内同时作业，但要求在露天坑底部到地下采场顶部之间保留一定厚度的隔离顶柱。同时，对地下采场的暴露面积、间柱的强度、露天与地下爆破的规模等均须严格要求与控制。当地下开采选用崩落采矿法时，要求采区上部有一个安全缓冲垫层。

2)地下采矿对露天采矿爆破的影响

露天爆破对地下工程的破坏性影响主要是爆破所产生的地震波在岩体界面产生拉伸作用

所致，尽管岩体中赋存大量节理、裂隙和软弱夹层等会严重阻碍应力波的传播，加剧应力波的衰减，但由于采场每天都进行生产爆破，频繁爆破产生的振动应力加剧裂隙的发展，仍会对境界顶柱、采场围岩造成剧烈的伤害。为避免或防止露天爆破对地下井巷和采场的破坏作用，在地下工程与露天采场底部之间应保持足够的距离。临近露天坑底的穿爆作业不要超深，控制露天爆破的装药量，采用分段微差爆破、挤压爆破等减振爆破，同时还要防止露天与地下爆破的相互影响。

3）露天转地下开采的爆破安全对策

（1）加强地质与测量工作

编制露天和地下所有巷道、崩落区边界线、开采区段的地质构造特征、开采状况等测量资料，进行边坡和地下岩层的位移观测。通过钻孔的观测，确定采空区充填程度，并预测地下空洞的发展，查出可能突然发生崩落危险的区段等。

（2）空洞处理与边坡整治

根据观测资料与预测，编制空洞处理设计方案，对露天安全生产有威胁的空洞可采用爆破法或充填法等尽快消除，爆破法处理空洞的顺序通常是从空洞的中央向边界用深孔毫秒延时爆破进行。同时应全面检查露天作业的安全条件。

（3）露天凿岩爆破的安全措施

在编制地下开采影响区内的凿岩爆破设计时，必须在综合平面图、剖面图和垂直投影图上标出采空区的边界线、矿房顶底板的标高、井巷的位置、崩落区的边界线等，采用岩芯钻探法确定已采矿房顶板实际位置。当需要从露天坑底向境界顶柱下向钻凿爆破深孔时，护顶柱安全厚度的经验数据如下：当矿房跨度在 10 m 以内时，护顶柱厚度不应小于矿房跨度的 2 倍；当矿房跨度大于 10 m 时，原则上不应小于 2.5~3 倍。在顶柱上进行生产凿岩前，应先确定顶柱的稳定状况。

（4）降低爆破振动

编制合理的爆破作业图表，采取减振爆破技术措施，降低爆破地震波对露天矿底部的破坏作用。

7.6.4　井下防洪排水

1）井下洪水来源

（1）自然因素

主要有降雨和融雪、地表水体（河流、湖泊、水库、池塘等）、地质条件（地下含水层，岩石孔隙、裂缝，断层破碎带与地表水或地下水相通，喀斯特溶洞等）。

（2）人为因素

主要有废弃巷道或采空区积水、未封闭或封闭不严的勘探钻孔、采矿施工错误造成与含水层或水源相通、露天转地下坑底积水、地下采空区塌陷造成地表陷坑积水与地下水相通。

2）矿井治水

在露天转地下工程中，尤其是处在多雨地区的矿山，水对采场的稳定性具有重大影响。如果顶柱中节理裂隙发育，地表迁流将沿着裂隙渗入至顶柱中，并对顶柱的稳定性带来明显的影响。

防治过程中必须建立健全“排、堵、储”制度，采取切实可行的防洪排水措施，如：①露天排水：露天开采的下盘及两帮塌落界限以外部分均不在塌陷区内，所以可在两端塌陷区外各掘一足够大的储水池在暴雨时储水，然后排出露天坑底，同时要在露天封闭圈以上局部向坑内汇水地段挖掘排水沟，截留汇水；②地下排水：在塌落界线以内的露天底及露天矿边坡的降雨迁流汇入地下再由泵排出，为了减少、延缓雨季迁流汇入地下，可在露天坑内回填废石，回填层厚度应在 20 m 以上。国内外一些露天转地下开采矿山的实践证明：回填废石可有效地调节洪降，使井下涌水平缓，从而减少井下排水设施，安全经济；③如果露天和井下直通，泥沙多，清理工作量大，在采区排水泵站前应增设排泥系统。

3) 矿井防水

为减少初期排水费用，应充分利用现有露天采场排水系统，露天采场内积水由该系统直接排出采场。为保障水仓容积，水仓要及时清理。

井巷掘进至断层时，打超前探测孔，观察断层与地表的水力联系和含水量，对顶板加强维护，避免突水现象发生。生产中要注意收集水文地质资料，为坑内防排水提供可靠数据。

(1) 堵塞迁流通道，降低渗透系数

对露天转地下开采的矿山，在选择采矿方法时最好采用胶结充填采矿法，防止地下开采引起露天坑塌陷，切断地下开采与露天坑的迁流通道。但大多数露天开采矿山的矿石价值不高，只要地表允许塌陷，常常选用崩落和空场采矿法，崩落的废石充填物高度以 20～30 m 为宜，充填物在高度上的级配，下部以大块石，中部以中小块石，上部以表土、碎石为宜。

(2) 充分利用露天矿的已有防排水设施，减少井下排水量

保护好露天矿封闭圈以上的截水沟，以减少地表汇水对地下的入渗。转入地采的初期，可尽量使露天坑底作贮水池，利用露天开采时期已形成的排水设施排水，推迟井下大型排水泵站的投入。

(3) 做好雨季的预报，采取"防、排、堵、贮"并举的措施

对各种条件下的大气降水，矿山应从管理上采取措施：与当地气象站建立业务关系，做好雨季的雨量预报，并相应按照"防、排、堵、贮"的原则，有准备地采取防水措施；提前修复截水设施，检查堵塞措施，试运转排水设施等；有准备地停止排水中段的作业，关闭防水门，允许淹没部分巷道等，以应对特大降水的危害。

(4) 防洪排水沟的设置

在露天矿境界外周围设置防洪排水沟，并充分考虑到最大涌水季节的涌水量，配置防洪排水设施；露天境界内也要设置防洪排水系统，在露天坑底设置贮水池等设施，并配置防洪排水设施。

7.6.5 井下通风

针对国内金属矿床的赋存特征，当矿床由露天转地下开采后，其地下开采的通风系统与一般的地下开采矿山基本相同，但要考虑露天与地下之间已经沟通这一因素对地下通风的影响效果，需要重点做好如下工作：

(1) 及时封闭井巷和空区，保持垫层的密实性，隔绝井巷与露天坑的连通；

(2) 过渡期必须调整通风系统，推荐选用抽压结合、中央对角的分区通风系统，具有网路短、漏风少和负压低的特性，适宜于过渡期的通风要求；

(3) 在寒冷地区的矿山，采用在风井井口附近专设锅炉房和热风机房的方法预热空气，

将达到预定温度的热风送至主扇风机吸风口，与冷空气混合；或通过增加露天坑底覆盖层厚度的方法，以满足冬季井下防寒要求。

参考文献

[1] 孟桂芳.国内外露天转地下开采的发展现状[J].化工矿物与加工，2009，38(4)：33-34.

[2] 于润沧.采矿工程师手册(上)[M].北京：冶金工业出版社，2009.

[3] 裴文田，吴志波.露天转地下安全开采研究[J].中国矿山工程，2016，45(2)：61-63，67.

[4] 李元辉，南世卿，赵兴东，等.露天转地下境界矿柱稳定性研究[J].岩石力学与工程学报，2005，24(2)：278-283.

[5] 田泽军，南世卿，宋爱东.露天转地下开采前期关键技术措施研究[J].金属矿山，2008(7)：27-29，159.

[6] 陆广，罗周全，刘晓明，等.露天转地下开采隔层厚度安全分析[J].采矿与安全工程学报，2011，28(1)：132-137.

[7] BAKHTAVAR E，SHAHRIAR K，ORAEE K. A model for determining optimal transition depth over from open-pit to underground mining[C]. 5 th International Conference and Exhibition on Mass Mining. Lulea Sweden. 2008：393-400.

[8] BAKHTAVAR E，SHAHRIAR K，MIRHASSANI A. Optimization of the transition from open-pit to underground operation in combined mining using (0-1) integer programming[J]. The Southern African Institute of Mining and Metallurgy，2012，112(12)：1059-1064.

[9] 王运敏.冶金矿山采矿技术的发展趋势及科技发展战略[J].金属矿山，2006(1)：19-25，60.

[10] 邵登陆，岳宗洪.采矿系统工程的发展现状与新趋势[J].中国矿业，2008，17(9)：99-102.

[11] 章启忠.大冶铁矿深凹露天转地下开采的几个安全问题研究[D].武汉：武汉科技大学，2007.

[12] 王云飞，焦华喆，王立平，等.露天转地下开采边坡变形和应力特性研究[J].矿冶，2016，25(1)：5-9.

[13] BRUMMER R K，LI H，MOSS A. The transition from open pit to underground mining：an unusual slope failure mechanism at Palabora[J]. The South African Institute of Mining and Metallurgy，2006(10)：411-420.

[14] 邹光安，郑建明，任凤玉.无底柱分段崩落法在 Malanjhkhand 铜矿的应用[J].现代矿业，2012，27(10)：65-66.

[15] 卢宏建，南世卿，甘德清，等.大型铁矿山露天转地下开采过渡方案优化[J].金属矿山，2014，32(11)：1-6.

[16] 刘艳章，张群，叶义成，等.挂帮矿开采低段高无底柱留矿嗣后充填采矿法[J].金属矿山，2014，43(12)：40-44.

[17] 郭金峰.金属矿山露天转地下开采的发展现状与对策[J].云南冶金，2003，32(1)：7-10.

[18] 阙赟鹏，许登伟.牛苦头铅锌矿露天与地下联合开采方案的探讨[J].湖南有色金属，2016，32(1)：1-4.

[19] 何荣兴，任凤玉，宋德林，马姣阳，付煜，刘清福.大结构参数无底柱分段崩落法的发展及技术问题探讨[J].金属矿山，2015，44(6)：1-5.

[20] 徐士申.大红山铁矿露天地下联合开采衔接地压问题研究[J].矿业研究与开发，2016，36(2)：32-38.

[21] 万德林.青海某矿露天与地下联合开采方案的可行性分析[J].现代矿业，2012，27(9)：65-68.

[22] HASSAN S A，SCHUNNESSON H，GREBERG J，et al. Transition from surface to underground mining in the Arctic region：a case study from Svartliden gold mine，Sweden[C] //Mine Planning and Equipment Selection. Proceedings of the 22nd MPES Conference. Germany：Dresden，2014，1397-1408.

第 8 章

砂矿床开采

地壳中的原岩或原生矿床一经暴露地表，就要受到大自然的风化、侵蚀、剥离、搬运、分选和沉积等一系列作用，整个过程使其形成碎屑沉积物质，其中部分沉积物质中的有用矿物富集程度达到具有工业开采价值时，便称之为砂矿床。砂矿床又称为机械沉积矿床，它是由含有自然金属或有用矿物颗粒的松散岩石或胶结层组成的次生矿床，具有强度低(相对于整体岩石而言)、松散和透水性强等特点。砂矿床是有色金属、稀有金属以及非金属矿物的重要来源之一。砂矿床矿产品种很多，其中以金、金刚石、铂、锡等矿产较为重要，这些矿物在国防工业、冶金工业、尖端工业和对外贸易方面占有极其重要的地位。

砂矿床开采是采选(粗选)紧密结合的工艺系统，无论采用何种开采方法，选矿过程几乎都是先用湿式重选法进行粗选，然后送入精选厂进行精选。随着砂矿床开采技术的进步，以及人们对矿产资源的需求不断增大，砂矿床开采逐渐向海洋砂矿床开采方向发展，尤其采砂船的技术进步，可以推动浅海砂矿床乃至海底锰结核开采技术的发展。

8.1 砂矿床成因及其分类

尽管砂矿床种类较多，成矿条件各不相同，但在沉积成矿过程中，均服从按粒度和比重不同而分别沉积的规律。在垂直方向上，大部分重矿物主要富集在冲积层底部的砂砾石或砾石卵石层中，而在矿床底板或底板基岩裂隙中，通常是重矿物最富集的地方。此外，沿河谷走向重矿物的富集规律是上游比下游含矿品位高，河床宽地段比窄地段含矿品位高。对于现代河床，在河流转弯处的凸岸、河流由窄变宽处以及主支流汇合的地方含矿品位较高。

8.1.1 砂矿床成因

根据形成砂矿的搬运介质不同，砂矿床主要分为风成砂矿、冰川砂矿和水成砂矿三大类。

1. 风成砂矿

风成砂矿是由于风力的侵蚀、搬运作用，在适合沉积的地貌条件下，堆积而成的砂矿。按照其分布特点，分为海岸风成砂矿和内陆风成砂矿。海岸风成砂相邻的沉积相带为滨海浅海相，在垂直层序上，海岸风成砂的下伏层为海滩或泻湖沉积，成为海进海退层序的组成部分。内陆风成砂相邻的相带为山前冲积扇等陆相层，其相邻时代的下伏层也为陆相层，通常难以存在海相标志。

2. 冰川砂矿

冰川砂矿是由含有有用矿物的冰川泥砾，在随冰川迁移、融化的过程中沉积而成的。它又分为冰碛砂矿和冰水砂矿，前者矿物富集程度较差，后者矿物富集程度较好。

冰川砂矿是在特定的环境和条件下形成的，它的成矿控制条件比较严格，受原生物质来源、气候及风化作用、新构造运动与地貌、搬运堆积作用等条件的综合控制。原生物质经风化剥蚀及冰川作用为砂矿形成提供了物质来源。气候及风化作用决定了原生含矿岩石的破坏程度，这关系到供给砂矿物质的多寡。冰川的搬运堆积作用对砂矿形成影响极大，当冰川冰体厚度巨大时，搬运能力较强，搬运距离较远，其堆积物成分复杂，堆积厚度也较大。

3. 水成砂矿

水成砂矿是由于水的搬运作用而形成的砂矿，其分布范围最广，种类也最多。按其成因不同可分为残积砂矿、坡积砂矿、洪积砂矿、冲积砂矿和滨海砂矿等，其中以冲积砂矿和滨海砂矿最为常见。

1) 冲积砂矿

冲积砂矿是由河流的搬运作用形成的砂矿，形态如图 8-1 所示。机械风化的产物在被流水搬运过程中，按碎屑物质的粒度大小和密度分别沉积。其特点是物料圆滑，经分选后，重矿物富集于沉积层底部。这类砂矿一般多形成于河流的中游和中上游地段，其成矿地点一般是在河床由窄变宽、支流汇合、河流穿过古河道、河床凹凸不平或河床坡度由陡变缓等地带。冲积砂矿床根据埋藏地带的地貌特征不同，又可进一步分为河床砂矿、河谷砂矿和阶地砂矿。

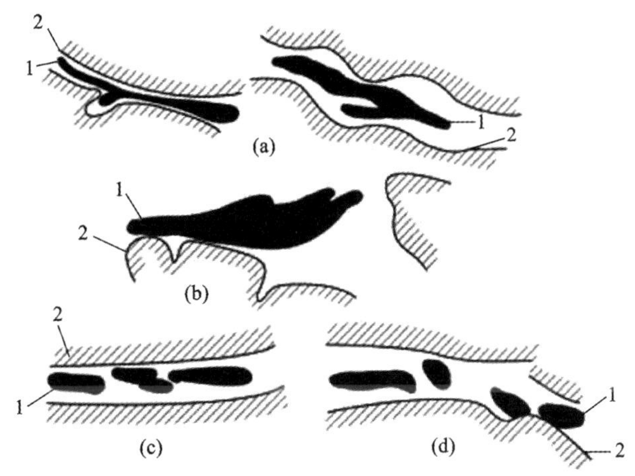

(a) 条带状；(b) 无规则状；(c) 串珠状；(d) 鸡窝状；
1—矿体；2—河岸。

图 8-1　冲积砂矿形态

(1) 河床砂矿

产于现代河流的河床本身或直接产于河床底部的砂矿即属于河床砂矿。其特征是沉积物厚度较小，碎屑物质颗粒较粗，细砂及黏土较少。形成河床砂矿的有利条件是周围有原生矿体或早期形成的砂矿。河床砂矿在我国分布较广，在湖南、广西、四川、云南、湖北、河南以及东北地区均已发现，并已形成规模开采。

(2)河谷砂矿

河谷砂矿是由于河道侧向迁移，使早期形成的河床砂矿露出水面或被冲积物覆盖，其矿床一般产在河谷的底部及其附近的河漫滩冲积层内，特点是埋藏深度和矿层厚度变化都较大，沿着河流作长条形分布。矿层分布较广，规模比河床砂矿大。

在沉积物的沉积剖面上，河谷砂矿的矿层分布有一定的规律。标准的砂矿层剖面从下到上依次是基岩、矿层、小砾石层、炭层、土壤层、植物层，各层厚度之和通常为 8~15 m。重矿物主要产在矿层及小砾石层中。典型的河谷冲积砂矿床剖面图如图 8-2 所示。

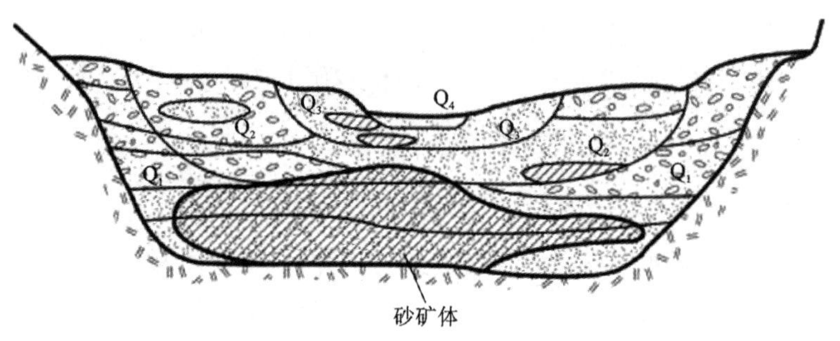

Q_1—老冲积层；Q_2—新冲积层；Q_3—河漫滩冲积层；Q_4—河床冲积层。

图 8-2 某河谷冲积砂矿床剖面图

(3)阶地砂矿

在地壳上升地区，河流下切作用强烈，河床逐渐加深，最后使没有受到河流侵蚀的河谷砂矿高出矿床早期形成的砂矿，残留在高出河床水平之上，这些赋存于现代河谷两旁阶地上的砂矿即为阶地砂矿。阶地砂矿的特点是矿体不连续，其沉积特征和河谷砂矿相似，但往往黏土含量较大；由于阶地砂矿生成较早，故胶结致密；在阶地砂矿中金属分布不均匀，常发现有很富的地带和矿巢，如我国四川西南部及湖南泸溪的阶地砂金矿就属于这类矿床。

上述各类冲积砂矿是在比较近的时期(第三纪或第四纪)形成的；特点是砂矿体大致平行于地面分布，离地面较近，沉积物比较疏松。

2)滨海砂矿

滨海砂矿是机械沉积成矿作用的结果，是在前滨带、沙咀、连岛沙洲或浅水区海底的第四纪松散沉积物中形成的有用矿物的堆积。矿床中有用矿物的来源有两个：一是由河流从大陆搬运来的有用物质；二是海岸附近被海蚀破坏的岩石。在滨海砂矿形成过程中，波浪是最重要的海洋动力因素。滨海砂矿平行于海岸分布，一般呈狭长条带形，出现在海水高潮线和低潮线之间。

滨海砂矿分布广泛、矿种繁多，一般富集有 20 种以上具有重要经济意义和开采价值的矿物，在海洋矿产资源中占有重要地位。勘探表明，我国滨海砂矿的矿物种类达 60 余种，其中具有工业价值的矿产主要有钛铁矿、磁铁矿、锆石、金红石、独居石、磷钇矿、铌(钽)铁矿以及非金属矿产石英砂。

8.1.2　砂矿床土岩分类

对于砂矿床土岩，不同的工业部门根据其工程特点有不同的分类标准，然而在砂矿床开采中至今还没有比较完善的统一分类表。归纳起来，国内外现有的土岩分类标准有两种，即按土岩的粒度和土岩的可采性进行分类。按土岩的可采性，对砂矿石进行分类如下。

根据陆上砂矿和水下砂矿的开采特点分别进行分类，总结我国砂矿开采的经验并参考国外数据，常用的陆上砂矿土岩分类如表 8-1 所列，水下砂矿土岩的分类如表 8-2 所列。此外，当采用链斗式采砂船开采时，对土岩的详细分类，可参考采砂船开采的土岩分类（表 8-3）。

表 8-1　常用的陆上砂矿土岩分类

类别	土岩特点	松散系数
Ⅰ	没有植物根的表土及泥炭；细砂、粉砂状；松散的砂质土；松散的湿黄土；非黏结性的石英、长石质矿砂；选矿厂尾砂堆积物；预先松散的干燥黏土	1.1~1.2
Ⅱ	大孔隙轻砂质黏土；有植物根或含少量砾石及碎石的表土层和泥炭；正常湿度（15%~20%）含小卵石或有碎石（小于 10%）的砂-淤泥质土；胶结弱的砂质砾石土；软质亚黏土；一般黄土；含少量卵石或碎石的填方土；较紧密的中大粒砂	1.2~1.3
Ⅲ	油性中软黏土；重砂黏土；含有大量 10~40 mm 的砾石土；致密黄土；含有砂和砾石的致密亚黏土；人工堆积的（含 20%~30%卵石、砾石或碎石）砂黏土	1.25~1.35
Ⅳ	含 30%卵砾石（或碎石）的致密黄土、硬质黏土；胶质的致密亚黏土；胶结弱的砾岩；含碎石的重砂黏土；含砾石、碎石及漂石的砾黏土	1.25~1.4
Ⅴ	黏性特强的黏土；黏土胶结紧密的氧化锰结核；胶结致密的小碎石；含块石的粗粒花岗岩、斑岩的强风化壳；含 40%卵砾石的致密质黏土；冻结的Ⅰ~Ⅱ级土岩；含石率为 40%的砂质砾石土；弱胶结的黏土质粉砂岩	1.3~1.55

表 8-2　水下砂矿土岩分类

类别	土岩性质	贯击次数 N63.5[①]/次	选用采砂船类型的次序
Ⅰ	流动性淤泥；软塑淤泥；淤泥质土；松散砂；软黏土；松软亚黏土	0~4	吸，绞吸，链斗
Ⅱ	中等致密的砂；夹杂有砾石（质量分数小于 5%）的砂；中等致密的亚砂土；软塑的亚黏土	5~15	绞吸，轮斗吸，链斗
Ⅲ	中硬塑亚黏土；中硬黏土；中硬砂质土；含有卵石及粒径大于 50 cm 且质量分数为 1%~10%的杂粒砂	15~30	链斗，轮斗吸，绞吸抓斗，铲斗
Ⅳ	紧密的杂粒砂（含砾石和卵石少于 20%，粒径大于 50 cm 的颗粒占 1%~3%）；含卵石和砾石少于 10%的亚黏土；硬质砂质土；含砾石和卵石小于 10%的亚黏土	30~50	链斗，铲斗，抓斗，轮斗吸

续表8-2

类别	土岩性质	贯击次数N63.5[①]/次	选用采砂船类型的次序
Ⅴ	含砾石达30%~40%，粒径大于50 cm的颗粒占3%的砂砾石类土岩；紧密的砾石和卵石；超硬质砂质土；很硬的黏土；被黏土胶结的砾石、卵石、砂，泥质粗粒砂岩	>50	链斗，铲斗，抓斗
Ⅵ	强风化的硬岩石；软岩石；冻结土岩；残积碎石		铲斗，链斗[②]

注：①N63.5为触探试验、锤重63.5 kg时的贯击次数；②在Ⅵ级土岩条件下，当采用链斗式采砂船开采时，对于硬岩石要预先用冲击法或爆破法破碎

表8-3 采砂船开采土岩分类表

类别	土岩性质	松散系数
Ⅰ	无树根泥炭、松散植物层、泥炭卵石和尾砂堆，非黏结的中粒和粗粒石英和石英-长石砂，有时混有少量卵石和碎石，非黏结的砂石、很少有大卵石的淤泥质或夹有少量的亚黏土杂质，砂质-黏土(亚砂土，有时夹有卵石和碎石)，黏结性弱的砂-碎石-卵石土岩。这类土岩易于用挖斗从基岩上分离出来，易于冲洗，此时满斗系数大于1，而每分钟通过的斗数最多	1.12
Ⅱ	夹有少量卵石和碎石(30%)的砂-卵石或卵石充填压实或胶结的土岩(黏土胶结)。这种土岩要用一定的力才能挖出，因而降低了挖斗速度和生产能力	1.20
Ⅲ	夹有砾石的黏土(粒径小于50 cm的颗粒占15%以上)、残积层、有棱角的底岩碎块(碎石、条石、片石)，碎块黏土质、砂质-黏土质、炭质、云母质和石灰质片岩。 该类土岩比较致密，挖斗运动速度不小于Ⅱ级，冲洗性不好。满斗系数小，必须停船清扫溜矿口和斗架	1.25
Ⅳ	夹有砾石的黏土(粒径大于50 cm的颗粒占30%)、没有破坏黏土胶结的泥灰岩和砂岩、带裂隙的火成岩、胶结弱的砾岩。 挖掘此种土岩时，挖斗运动速度小于Ⅲ级，且由于冲洗性不好，底板坚固，挖斗满斗系数小。为清除漂石、打扫斗架和溜矿口、观察挖斗是否夹住以及处理脱链等，必须停船	1.30
Ⅴ	黏性特别强的黏土(不易从挖斗卸下)、带有砾石(粒径大于50 cm的颗粒占50%)半破碎的大块砂岩、砂-黏土质和云母片岩、裂隙发育的火成岩，黏土(胶结)质岩石(易于挖掘但冲洗性不好)。 挖掘该类土岩时，要经常检查挖斗是否被夹。挖斗常脱链且不易倒空，所以满斗系数下降。底板坚硬，也导致满斗系数下降。为排除砾石以及打扫斗架和矿溜口，必须常停船	1.35
Ⅵ	冻结土岩(永久和季节冻土)、节理发育的未松动的变质结晶页岩、火成岩和坚硬沉积岩。 该类岩石很坚硬，所以满斗系数最小，但挖斗运动速度变大，因为挖斗在土岩上打滑	1.40

8.2　砂矿床开采方法及其分类

我国的砂矿床资源丰富，开采技术进步很快，开采规模不断增大，开采矿种不断增多，从陆地到水下砂矿床的开采都得到迅速发展。从世界范围来说，砂矿床开采保持高速发展的态势。最近十年来，英国、法国、美国、俄罗斯和日本等国都把注意力转向了海底砂矿床开采，应用普通挖掘船在近海开采水下深度 40~100 m 的含金、锡、铁和金刚石的砂矿床。

砂矿床的开采主要分为陆地砂矿床开采和水下砂矿床开采两大类，详见表 8-4。目前陆地砂矿床露天开采方法主要为水力机械化开采、机械开采、人工开采以及联合开采，而水下砂矿床开采主要有机械开采及采砂船开采。

表 8-4　砂矿床开采方法分类

类别	开采方法分类	开采工艺	国内应用概况
陆地砂矿床	水力机械化开采	水枪冲采—砂泵加压水力输送 水枪冲采—自流水力输送	云南锡业公司
	机械开采	单斗挖掘机—汽车运输 单斗挖掘机—窄轨铁道 推土机—铲运机 推土机—前装机—胶带输送机 推土机—胶带输送机 推土机—索斗铲—汽车 推土机—索斗铲倒堆—单斗挖掘机—胶带输送机 推土机—单斗挖掘机—胶带输送机	金盆金矿、小金沟金矿； 601 金刚石矿，广泛用于表土剥离； 内蒙古转金召金矿
	人工开采	人工采挖—小型人工淘选设备	很广泛
	联合开采	人工采挖—小型的运输及洗选机械设备 单斗挖掘机—水力运输 推土机采掘—水力冲运	广泛 云锡公司 海南省南港钛矿
水下砂矿床	机械开采	陆上索斗铲采掘倒堆—陆上运输 陆上索斗铲采掘—漂浮式选矿厂	抚顺砂石矿
	采砂船开采	链斗式采砂船 抓斗式采砂船 绞吸式采砂船 轮斗吸扬式采砂船	广泛应用

由于砂矿床具有分布广、埋藏浅、矿层厚度一般不大、品位低、采矿工程推进速度快等一系列特点，因此，在确定开采矿区和选择开采方法时就有相应的要求。

1）合理规划矿区（或矿点）开采顺序

在进行规划时，地质部门提交的最低工业品位固然是重要依据，但必须根据矿床赋存条件和技术经济条件、产品的市场价格、矿砂的可选性等进行分析，确定适合露天开采的最低工业品位值，以此作为开采矿区或开采顺序规划的依据。

2)选择开采方法时应考虑的因素

(1)开采工艺和复垦工艺要统一考虑。无论采用哪种开采方法，表土都应分开剥离和堆放，或者将表土直接用于复垦。

(2)尽量减小剥离、采矿和尾矿的运输距离。一般应合理划分采区尺寸，以利于实现内排土、内排尾矿(砂)，这样既有利于降低开采成本，又有利于缩短复垦周期。

(3)要高度重视环境保护。采用水力机械化开采和采砂船开采时，大量含泥量高的浑水排出会污染临近水源。因此无论在任何情况下，都应尽可能使水得到循环利用和采取必要的净化措施。

(4)人工开采法，从技术观点看是落后的，但是用人工开采零星分散品位高的砂矿，却是很有效的，对充分利用地下资源是很有利的。

(5)选用的开采方法，工艺要简单，设备移动要方便。因此，一般应选用自行式或拆移式的设备，以适应开采矿区分散、储量小的小型砂矿床。

综上所述，应根据砂矿床的具体条件，合理地选用开采方法，而且一个矿山要善于将几种开采方法联合起来进行开采。

本章将着重介绍水力机械化开采和采砂船开采，机械开采请参考本卷相关章节。

8.3　砂矿床水力机械化开采

水力机械化开采是砂矿床开采方法之一，所采用的主要方法是水枪开采法。水枪开采法具有投资少、见效快、设备简单、劳动生产率高等优点。

水枪开采法是利用水枪喷射出的高压水射流来破碎、冲采较松散的土岩，冲采下来的土岩与水混合形成矿浆，并沿运矿沟流入矿浆池，然后用砂泵或自流水力运输方法将矿浆送往选厂。水枪开采法所采用的设备主要有水枪、砂泵、水泵和管路等。

8.3.1　矿床开拓

水枪开采时，开拓工作是指挖掘供安装设备的基坑(或堑沟)及开辟采矿工作面，建立供水、供电和水力运输等生产系统。

水枪开采的开拓方法主要有基坑开拓法、堑沟开拓法和平硐溜井开拓法。

1. 基坑开拓法

基坑开拓法就是在适当位置，挖掘一个具有一定尺寸的基坑，坑底标高应达到矿床的底板；在坑内设置砂泵和水枪，然后对矿床进行开采。这种方法一般在矿床赋存条件不具备采用自流水力运输方法运输矿浆时采用。

(1)基坑位置的选择。选择基坑位置时，应考虑基坑位于矿床赋存最低地段，这样可以使冲采工作面由基坑逆矿床底板倾斜方向推进，有利于采场内矿浆自流运输进入砂泵的矿浆池。另外，还要考虑基坑尽可能位于供水、供电条件好的地点。

(2)基坑尺寸。基坑尺寸应能满足安置砂泵和供水管路以及使水枪能正常进行冲采工作所需要的空间。基本尺寸可参考图 8-3 来确定。

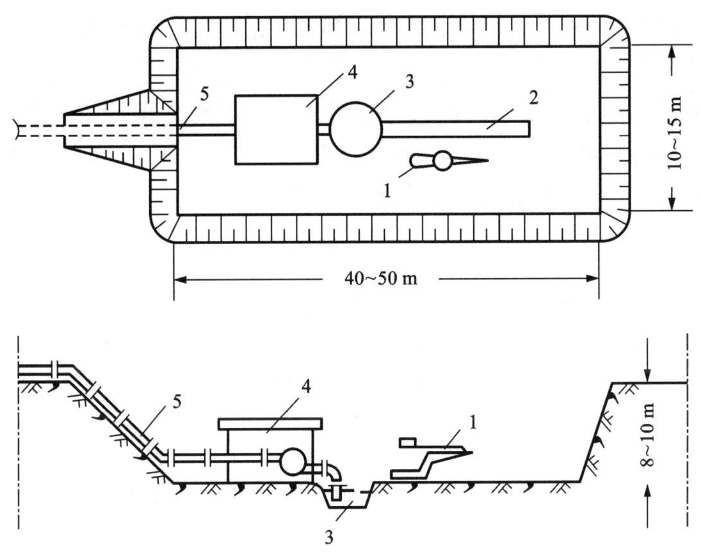

1—水枪；2—冲矿沟；3—矿浆池；4—泵房；5—输浆管。

图 8-3　基坑尺寸

2. 堑沟开拓法

当矿床地形和矿床埋藏条件适合自流水力运输矿浆时，可采用堑沟开拓法。

堑沟开拓是掘进明沟通达矿床，为自流运输矿浆开拓出一条通道。如图 8-4 所示，堑沟的坡度可根据自流运矿沟所要求的坡度确定。堑沟的位置应根据地形和矿床赋存条件确定，尽可能使一个块段的绝大部分矿量能自流进入运矿沟，同时又要使掘沟工程量尽可能小。

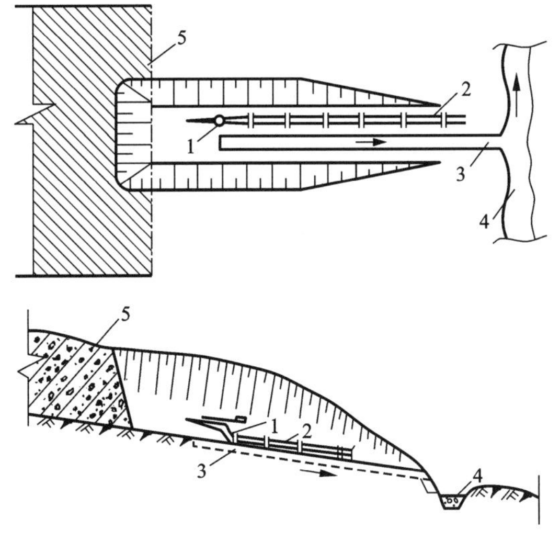

1—水枪；2—供水管；3—冲矿沟；4—主运矿沟；5—矿体。

图 8-4　堑沟开拓

堑沟的宽度可根据运矿沟和供水管路的敷设要求以及开挖堑沟所用设备要求的工作空间来确定。如我国云锡公司采用的堑沟底宽度为 25 m，堑沟帮坡角为 45°。

3. 平硐溜井开拓法

对于具有水力自流运输高差和储量大的封闭式或山坡砂矿床，因地形复杂，不能在地面布设运矿沟槽时，可用平硐溜井开拓，如图 8-5 所示。该法虽然基建工程量大、投资高、建设周期长，但经营费用较低，在合适的条件下应用可取得较好的经济效益。

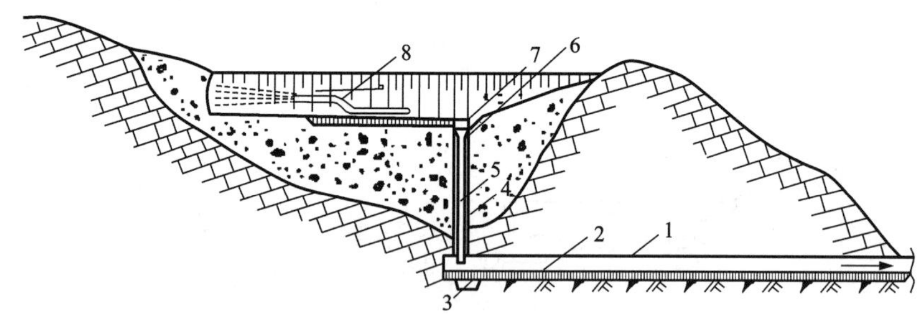

1—平硐；2—运矿沟；3—缓冲池；4—溜矿井；5—矿浆管；6—漏斗 7—格筛；8—水枪。

图 8-5 平硐溜井开拓示意图

8.3.2 采矿方法

采矿方法是矿床开采的核心内容之一，是矿床贫损指标、回采效率的关键影响因素，也是设计过程中的关键部分。广义上的采矿方法是自矿块内采出矿石所进行的采准、切割和回采工作的总称。狭义上的采矿方法是指在回采工作面内部合理配置人员设备、移动方式、循环方式，从而将有用矿石剥离、运输的方法。

本节主要针对狭义的采矿方法进行介绍。砂矿床回采工艺包括冲采方法、工作面构成要素、辅助工作方法、水量损失。

1. 冲采方法

按水枪射流的喷射方向与冲采下来的矿浆流动方向的相对关系，水枪开采法可分为逆向、顺向和逆-顺向三种冲采方法，如图 8-6 所示。

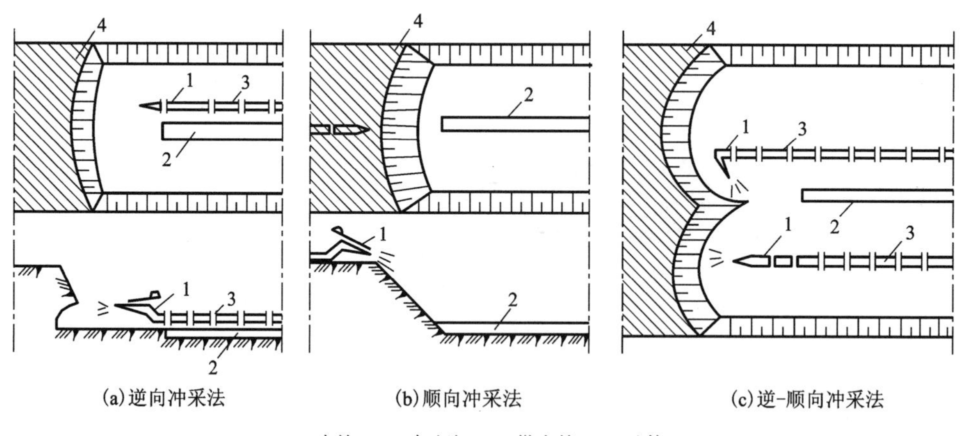

1—水枪；2—冲矿沟；3—供水管；4—矿体。

图 8-6 冲采方法

(1)逆向冲采法

逆向冲采法是水枪开采普遍采用的方法，如图 8-6(a)所示。冲采时水枪位于工作面台阶的下平盘，射流垂直工作面冲采。首先在工作面最下部掏槽，以使上部的土岩失去支撑而塌落，然后再冲采塌落下来的土岩，按此顺序反复进行。冲采时形成的矿浆逆射流方向流入矿浆池或运矿沟内，然后通过自流运输或砂泵输送至洗矿厂。

(2)顺向冲采法

顺向冲采法如图 8-6(b)所示。水枪位于台阶的上平盘靠近工作面处，射流方向与矿浆的流运方向一致，可利用水枪射流推赶矿浆，并将大块砾石冲离工作面。缺点是由于水枪射流顺工作面，水枪的有效冲击力大大减小；特别是台阶高度增大时，冲采面的坡面角减小，射距增大，冲击力更小，冲采效率将明显下降，单位矿砂耗水量增大，也不能利用矿岩的重力崩落土岩。顺向冲采法适用于矿床厚度为 3~5 m、土岩松散、胶结性差、含砾石较多且难于流运的砂矿。

(3)逆-顺向冲采法

逆-顺向冲采法是在吸取逆向冲采和顺向冲采优点的基础上提出来的，如图 8-6(c)所示。水枪安装在台阶的下平盘上，首先用逆向冲采法形成超前工作面，然后用顺向冲采留下大部分土岩(实质上是侧顺向冲采)。这时，射流的喷射方向与矿浆流运方向一致，从而改善了矿浆的流运条件。冲采时，先在台阶下部掏槽，利用土岩的自重崩落土岩，再冲采已崩落的土岩。因此，逆-顺向冲采法的效率较高。

2. 工作面构成要素

开采工作面的设计由多个关键要素构成，包括水枪与工作面的距离、水枪采掘带宽度、设备的移动。这些要素决定了工作面的回采效率和回收率。

1)水枪与工作面的距离

水枪距工作面的最小距离主要根据人员设备的安全条件确定，即需保证土岩崩落时人员设备不受损伤。根据土质的不同可按式(8-1)计算：

$$l = \beta \cdot H \tag{8-1}$$

式中：l 为水枪与工作面的距离，m；H 为阶段高度，m；β 为系数，其值与土岩性质有关，对于致密黄土及黏土，$\beta=1.2$；泥质土，$\beta=1.0$；砂质黏土，$\beta=0.6\sim0.8$；砂质土，$\beta=0.4\sim0.6$，当夹有块石较多时，其值应大些。

2)水枪采掘带宽度

对于水枪采掘带宽度，致密土质为 15~20 m，松散土质为 20~30 m。采掘带的平均宽度可由式(8-2)和式(8-3)联立求出：

$$B = (1.0 \sim 1.5)L \tag{8-2}$$

$$L = (1.0 \sim 1.5)L_0 = (0.346 \sim 0.52)H_0 \tag{8-3}$$

式(8-2)~式(8-3)中：B 为采掘带的平均宽度，m；L_0 为水枪的有效射程，m；L 为水枪最大射程，m；H_0 为射流工作压头，10^4 Pa。

3)设备的移动

为提高冲采强度，水枪应尽可能靠近工作面。在开采过程中，冲采工作面不断向前推移，当超过水枪的有效射程时，水枪必须向工作面方向移动，其移动步距 a 见式(8-4)：

$$a \leqslant L_0 - l \tag{8-4}$$

式中：l 为水枪与工作面的距离，m；L_0 为水枪的有效射程，m；a 为常取的每节管长，一般为 6 m 左右，为提高冲采效率，也可取 2~3 m。

矿泵的移动较为困难，一般每 50~100 m 移动一次，也有 200 m 移动一次的。可将砂泵吸入管加长 50~60 m 后，再移动砂泵，以减少移动工程量。

3. 水量损失

水量损失包括工作面的水量损失、冲矿沟的水量损失、水沟中的水量损失和排弃场中的水量损失，应将这几个水量损失相加，作为水力机械化开采水量补充的依据。

1）工作面的水量损失，见式(8-5)：

$$Q = VqP \tag{8-5}$$

式中：Q 为水量损失，m^3；V 为冲采的砂矿体积，m^3；q 为单位耗水量，m^3/m^3；P 为水量损失的百分数，砂质土岩为 10%，黏土为 15%~20%。

工作面的水量损失主要是由工作面底板渗透和蒸发消耗造成的。旱季工作面水量损失较大，占总耗损水量的 70%~80%，而雨季几乎没有损失。

2）冲矿沟的水量损失

冲矿沟的水量损失主要是矿浆溢出和蒸发耗损，占总耗损水量的 10%~15%。

3）水沟中的水量损失 σ

可按式(8-6)计算：

$$\sigma = \frac{1.9}{Q^{0.4}} \tag{8-6}$$

式中：σ 为每公里水量损失的百分数，%；Q 为水的流量，m^3/s。

水沟中的水量损失主要是水沟的漏水、渗透和蒸发损失，占总耗损水量的 10%~15%。

4）排弃场中的水量损失

可按式(8-7)计算：

$$q_0 = V(m - \omega) \tag{8-7}$$

式中：q_0 为排弃场水量损失，m^3；V 为排弃场自然状态下的砂土体积，m^3；m 为砂土的孔隙度，%；ω 为砂土的自然湿度，%。

排弃场中的水量损失占总用水量的 15%~20%，旱季为 20%~25%，雨季为 5%~10%。

8.3.3 开采设备

水力机械化开采的设备有水枪、水泵、砂泵和管道。水枪是水力机械化开采的主要设备，该设备的选型及工艺技术参数是采矿方法得以成功应用的基础。水泵和管道详见“8.3.5 供水系统”，砂泵部分详见“8.3.4 水力运输”。

水枪设计选型的关键内容包括水枪设备基本类型、单位耗水量与工作压头、水枪的水力计算和水枪的设备参数计算。

1. 水枪设备基本类型

水枪是形成高压水射流、对矿床进行冲采的主要设备。它主要由枪筒、喷嘴、球形活动接头、水平旋转结构、上弯管、下弯管、操纵杆、锥形管及稳流器组成，如图 8-7 所示。其中枪筒和喷嘴是水枪的关键部件，它们直接影响射流质量的好坏。

(1)喷嘴。通常采用圆形收敛形状，如图 8-8 所示。水流经过喷嘴收敛后，形成高压水射流喷射出来，其射流冲击强度的大小取决于喷嘴结构参数、加工质量以及水源压力大小。

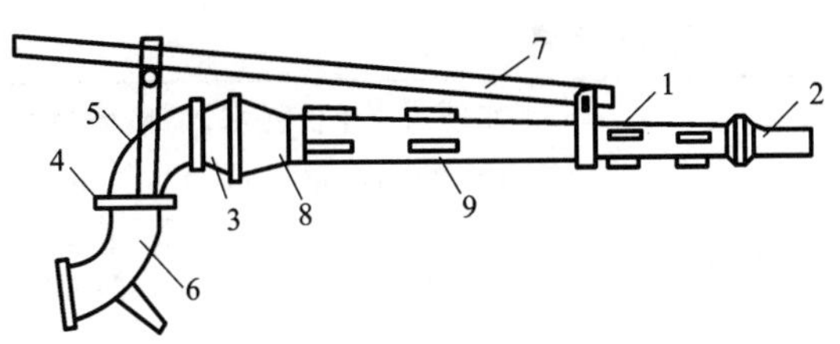

1—枪筒；2—喷嘴；3—球形活动接头；4—水平旋转结构；5—上弯管；6—下弯管；7—操纵杆；8—锥形管；9—稳流器。

图 8-7　水枪结构

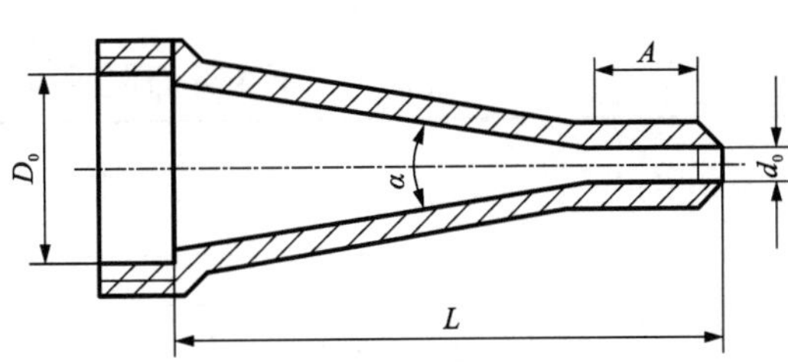

A—圆柱段；α—锥角；d_0—喷嘴出口直径；D_0—喷嘴入口直径；L—喷嘴长度。

图 8-8　喷嘴结构

(2)枪筒。枪筒长度通常为 1.2~2.3 m，一般采用圆锥收敛形状，它一端与球形活动接头连接，另一端与喷嘴连接。枪筒的主要作用是收缩压力水流，以增加射流速度。为充分利用压力水能量，使喷嘴射出的水流集中和加大射流的有效射程，枪筒内必须安装稳流器。

(3)常用水枪类型。我国砂矿床开采中，常用的水枪类型主要有 SQ 型和平桂型两种，其技术性能见表 8-5。

表 8-5　水枪技术性能

技术性能	水枪型号				
	SQ-80	SQ-150	SQ-250	平桂Ⅰ	平桂Ⅲ
进水管径/mm	80	150	250	100	150
喷嘴直径/mm	25，30，35	44.5	45，55，60，65，70，80	43	38，44，50
枪筒长/mm	1458	2302	2290	1100	1200
水平转角/(°)	360	360	360	360	360
上，下仰俯角/(°)	30	30	30	26	29
外形尺寸 长×宽×高 /(mm×mm×mm)	2081×360×1088	2807×398×1297	4800×500×1500	—	2239×350×1200
总质量/kg	59	160	275	50~60	90

(4)胶管水枪。当开采底板起伏不平的砂矿床时，适宜用体积小、质量小、操作灵活方便的胶管水枪，胶管水枪由喷嘴、枪管、支柱、操作杆、旋转三通、胶管组成。

2. 单位耗水量与工作压头

耗水量和压头可经水采试验得出，或参照类似矿山选取，参见表 8-6，也可参考表 8-7 选取。水枪的工作压头可根据砂矿的性质，由式(8-8)求得：

$$H_0 = (1.1 \sim 1.3)K \tag{8-8}$$

式中：H_0 为工作压头，10^4 Pa；K 为砂矿的松散孔隙渗透系数。

表 8-6 部分砂矿水枪工作压头和耗水量

矿山名称	土岩性质	工作压头/(10^4 Pa)	单位耗水量/($m^3 \cdot m^{-3}$)	阶段高度/m
平桂矿务局	残坡积、冲积及风化壳砂矿。土岩为砂质黏土、含砾石黏土、局部油性黏土。厚度几米至几十米	50~100	7~10	5~10
云锡公司	残坡积、冲积矿床。上部为人工堆积，中部为棕红色、黄色及黑色黏土层，黏性较大。厚度几米至几十米	100~120		8~15
八一锰矿	堆积氧化锰矿。表土为砂质黏土，含矿层为黏性黄色土	50~90		3
东湘桥锰矿	残坡积氧化锰矿。表土为亚砂土及黏土，最厚 5 m，含矿层为黏土及亚黏土	60~70	6.3~7	3~4
海南乌场钛矿	海滨砂矿。中粒砂、部分有大粒砂，平均厚 9.5 m	20	1.2~1.5	8~9
南山海稀土矿	海滨砂矿。黄色细砂层为主，平均厚 4 m	10~30	4.8~5.3	9
板潭砂锡矿	河床冲积砂矿。表土为砂质黏土和砂土，含矿层为砂层和砂砾层，最厚 14.4 m，平均厚 5 m	40~60	4.7~8.7	7~11
永汉 泰美	永汉为冲积砂矿。砂黏土层、砂层和砂砾层。 泰美为风化壳矿层。形成残坡积和山间冲积砂矿	50~100	2.8~6.4	3~9

表 8-7 水枪工作压头和耗水量

土岩组别	土岩名称	阶段高度/m								
		3~5			5~15			>15		
		单位耗水量/($m^3 \cdot m^{-3}$)	压头/(10^4 Pa)	工作面最小允许坡度/%	单位耗水量/($m^3 \cdot m^{-3}$)	压头/(10^4 Pa)	工作面最小允许坡度/%	单位耗水量/($m^3 \cdot m^{-3}$)	压头/(10^4 Pa)	工作面最小允许坡度/%
Ⅰ	预先松散的非黏结性土	5	30	2.5	4.5	40	3.5	3.5	50	4.5
Ⅱ	细粒砂 粉状砂 轻亚砂土 松散黄土 风化泥炭	6	30 30 30 40 40	2.5 2.5 1.5 2.0 —	5.4	40 40 50 50 —	3.5 3.5 2.5 3 —	4	50 60 50 60 60	4.5 4.5 3 4 —
Ⅲ	中粒砂 重亚砂土 中等亚砂土 轻砂质黏土 致密黄土	7	30 40 50 60 —	3 1.5 1.5 2 —	6.3	40 50 60 70 —	4 2.5 2.5 3 —	5	50 60 70 80 —	5 3 3 4 —

续表8-7

土岩组别	土岩名称	阶段高度/m								
		3~5			5~15			>15		
		单位耗水量/($m^3 \cdot m^{-3}$)	压头/(10^4 Pa)	工作面最小允许坡度/%	单位耗水量/($m^3 \cdot m^{-3}$)	压头/(10^4 Pa)	工作面最小允许坡度/%	单位耗水量/($m^3 \cdot m^{-3}$)	压头/(10^4 Pa)	工作面最小允许坡度/%
Ⅳ	大粒砂 重亚砂土 中及重砂质黏土 瘦黏土	9	30 50 70 70	4 1.5 1.5 1.5	8.1	40 60 80 80	5 2.5 2.5 2.5	7	50 70 90 90	6 3 3 3
Ⅴ	含砾石土 半油性黏土	12	40 80	5 2	10.8	50 100	6 3	9	60 120	7 4
Ⅵ	含卵石土 半油性黏土	14	50 100	5 2.5	12.6	60 120	6 3.5	10	70 140	7 4.5

3. 水枪的水力计算

1) 水枪射流出口的速度：

$$v = \varphi\sqrt{2gH_0} \tag{8-9}$$

式中：v 为出口速度，m/s；φ 为喷嘴速度系数，$\varphi=0.92\sim0.96$，通常取 $\varphi=0.94$；H_0 为喷嘴出口处的射流压头，10^4Pa；g 为重力加速度，9.8 m/s^2。

2) 射流流量

$$Q = \mu\omega\sqrt{2gH_0} \tag{8-10}$$

式中：Q 为射流流量，m^3/s；μ 为流量系数，如射流未经压缩，则 $\mu=\varphi$；ω 为喷嘴出口的断面积，$\omega=\frac{1}{4}\pi d_0^2$，$m^2$；$d_0$ 为水枪喷嘴直径，m。

简化上式，得式(8-11)：

$$Q = 3.29\, d_0^2\sqrt{H_0} \tag{8-11}$$

3) 水枪的单位耗电量：

$$E = 3.2\times10^{-3}H_0 \tag{8-12}$$

式中：E 为单位耗电量，$kW\cdot h/m^3$。

4) 水枪的射程 L_1：

$$L_1 = \frac{v^2}{g}K\sin2\alpha \tag{8-13}$$

或

$$L_1 = 1.8KH_0\sin2\alpha \tag{8-14}$$

式(8-13)~式(8-14)中：L_1 为射程，m；K 为空气阻力系数，$K=0.9\sim0.95$；α 为枪筒倾角，(°)。

当 $\alpha=45°$时射程最大，最大射程为

$$L = 1.71H_0 \tag{8-15}$$

实际有效射程 L_0 要小得多

$$L_0 = (0.2 \sim 0.3)L \tag{8-16}$$

5)水枪射流的冲击力

$$P_L = \left(\frac{m}{\frac{L}{d_0} + 30}\right)^2 P_0 \tag{8-17}$$

式中：P_L 为距离喷嘴 L 处射流断面上平均单位面积的冲击力，0.1 MPa；P_0 为喷嘴出口处射流断面上平均单位面积的冲击力，0.1 MPa，$P_0=0.2H_0$；L 为射流计算断面距喷嘴出口处的距离，m；m 为系数，随 H_0 和 L 的变化而变化，当 $d_0 \geqslant 50$ mm 且 $\frac{L}{d_0} \geqslant 10.7$ 时，m 值可取 40.7。

6)水枪内部和喷嘴的压头损失

水枪内部压头损失按式(8-18)计算：

$$h = kQ^2 \tag{8-18}$$

式中：h 为压力损失值，10^4 Pa；Q 为水枪流量，m^3/s；k 为系数，对于国内常用的水枪，建议取 $k=80 \sim 100$，水枪俯冲时取大值，仰冲时取中间值，平冲时取小值。

喷嘴压头损失 h 按式(8-19)计算：

$$h = \xi \frac{v^2}{2g} \tag{8-19}$$

式中：ξ 为系数，可取 0.06；其余符号同前。

常用的水枪压头喷嘴直径和流量的关系见表 8-8。

表 8-8 喷嘴工作压头、流速、流量和单位能耗

喷嘴出孔的射流压头/(10^4 Pa)	喷嘴出孔的射流速度/($m \cdot s^{-1}$)	单位能耗/($kW \cdot h \cdot m^{-3}$)	水枪喷嘴直径/mm											
			32	38	44	50	62.5	75	87.5	100	125	150	175	200
			喷嘴流量/($m^3 \cdot h^{-1}$)											
10	13.32	0.032	38	64	72	96	148	212	288	378	602	893	1153	1593
20	18.80	0.064	54	76	102	133	209	294	407	537	840	1207	1620	2125
30	23.07	0.096	66	93	125	166	256	368	504	656	1027	1477	1980	2675
40	26.60	0.123	76	108	144	191	292	425	576	765	1188	1703	2226	2860
50	29.70	0.166	85	121	182	212	328	475	648	846	1315	1890	2630	3310
60	32.60	0.192	94	132	177	230	360	522	702	925	1440	2070	2770	3710
70	35.2	0.224	101	143	191	248	389	558	760	1010	1548	2250	2835	4016
80	37.6	0.256	108	152	204	268	414	594	817	1073	1657	2412	3205	4260
90	39.9	0.288	115	161	217	284	439	630	868	1139	1764	2598	3420	4600
100	42.10	0.320	121	170	228	299	464	666	915	1195	1854	2686	3000	4720
110	44.15	0.352	127	179	240	313	486	702	958	1258	1940	2810	3745	4940
120	46.15	0.384	132	187	250	328	508	731	1000	1370	2027	2930	3910	—
130	48.00	0.416	138	194	261	339	529	760	1044	1365	2110	3053	4050	—
140	49.80	0.118	143	202	271	349	547	787	1080	1420	2188	3168	—	—
150	51.60	0.480	148	208	278	360	565	817	1116	1470	2267	3278	—	—

4. 水枪的设备参数计算

1) 水枪生产能力

$$A = \frac{Q}{q} \tag{8-20}$$

式中：A 为水枪生产能力，m^3/h；Q 为水枪射水量，m^3/h；q 为土岩单位耗水量，m^3/m^3。

阶段高为 11~15 m 时，水枪的生产能力可参见表 8-9。当阶段高度小于 11 m 或大于 15 m 时，水枪生产能力应乘以修正系数，修正系数参见表 8-10。

表 8-9　水枪生产能力

水枪射水量/($m^3 \cdot h^{-1}$)	土岩分类				
	Ⅱ	Ⅲ	Ⅳ	Ⅴ	Ⅵ
	水枪生产能力/($m^3 \cdot h^{-1}$)				
360	72	60	45	33	20
540	108	90	68	49	30
720	144	120	90	65	40
900	180	150	112	82	50
1080	216	180	135	98	60

表 8-10　修正系数

阶段高度/m	修正系数	阶段高度/m	修正系数
<6	0.80	11~15	1.00
6~10	0.95	>15	1.10

(2) 水枪台数 M

$$M = \frac{Q_1}{Q} \tag{8-21}$$

$$Q_1 = \frac{V_1 q}{t_1 t\eta} \tag{8-22}$$

式(8-21)~式(8-22)中：M 为水枪台数；Q_1 为按土岩生产能力计算的所需水量，m^3/h；V_1 为土岩生产能力，m^3/a；t_1 为年工作天数，d；t 为昼夜工作小时数，h；η 为工作时间利用系数，采场无备用砂泵时，$\eta=0.65 \sim 0.75$，具有 50%的备用砂泵时，$\eta=0.75 \sim 0.85$。

水枪的备用量根据冲采作业条件，如矿块分布情况、对矿浆质量的要求(品位、含泥量等)以及工作面辅助作业的设施情况等因素而定，其备用量为 20%~100%。

8.3.4　水力运输

水力机械化开采所产生的矿浆(固水混合物)通常采用加压水力运送或自流水力运输，在特殊的条件下可采用倒虹管水力运输。

1. 自流输送

经验表明，自流水力运输是经济而又可靠的运输方法，地形条件适宜时，应优先采用。自流输送主要分为管道自流输送和明渠自流输送两种。

1) 自流运输的使用条件

矿浆(或泥浆)在沟槽中的流运是依靠沟槽的坡度而产生的重力分量来实现的。因此，采用自流水力运输的必要条件是起点的标高必须高于终点的标高，并满足式(8-23)。

$$\frac{H_1 - H_2}{L} \geqslant i \tag{8-23}$$

式中：H_1 为矿浆(泥浆)起点的标高，m；H_2 为矿浆出口(终点)的标高，m；L 为运输距离，m；i 为自流水力运输必要的水力坡度。

此外，矿区地形地质条件要具有建设运输工程的可能性和经济的合理性，或者具有建立平硐溜井自流水力运输系统的有利条件。

2) 自流水力运输基本参数的确定

自流水力运输时，沟槽的输送能力取决于矿浆流速和有效断面，矿浆流速又决定于沟槽底面的坡度、沟槽的断面形状和尺寸、沟槽壁面的粗糙度。它们之间的关系用式(8-24)～式(8-26)表示：

$$Q_j = \omega \cdot V_j \tag{8-24}$$

$$V_j = C\sqrt{R \cdot i} \tag{8-25}$$

$$i = \frac{V_j^2}{RC^2} \tag{8-26}$$

式(8-24)～式(8-26)中：Q_j 为矿浆流量，m^3/s；ω 为沟槽内矿浆过流断面面积，m^2；V_j 为矿浆的实际流速，m/s；C 为谢才系数，$C=R^{\frac{y}{n}}$；当 $R>1$ 时，$y=1.3\sqrt{n}$；当 $R<1$ 时，$y=1.5\sqrt{n}$；n 为沟槽壁面的粗糙系数，见表 8-11；R 为矿浆的水力半径，m，可表示为：

$$R = \frac{\omega}{X} \tag{8-27}$$

式中：X 为过流断面的湿周长，m。

表 8-11 沟槽壁面的粗糙系数

沟槽或管的名称	n
木槽	0.0125
铁槽	0.0130
混凝土槽	0.0140
砾石槽	0.0150
木管槽、铸石面管槽	0.012～0.013
金属管槽	0.0120
水泥砂浆抹面或混凝土管槽	0.013～0.015

3)矿浆流速及沟槽坡度的确定

实践表明，以临界自流状态输送矿浆是合理的。影响临界流速和坡度的主要因素有固体颗粒的平均粒径、矿浆浓度、泥粒级含量、沟槽的结构及其内壁的粗糙度。近似的沟槽坡度可参考表 8-12 选取。

表 8-12　不同沟槽的水力坡度

土岩性质	不同沟槽的水力坡度 i/%		
	木质沟	混凝土沟	土沟
淤泥，细黏土，松散的黄土	0.8~1.5	—	1~2
含细砂 15%以下的黏土	1.0~2.0	1.5~2.5	2~3
细粒砂，含细粒的黏土	1.5~2.5	2.5~3	3~4
中粒砂	2.5~3.0	3~3.5	4~5
粗粒砂	3.0~4.0	3.5~5	5~6
含细粒的粗砂	4.0~6.0	5.0~7	—
砾石	6.0~9.0	7.0~10	8~12

4)沟槽水力最佳断面尺寸的确定

按水力学原理，过流断面一定时，沟槽的水力最佳断面形状应该是半圆。但是在生产中砌筑半圆沟槽技术上复杂，故生产中一般多采用梯形断面的沟槽，只有当服务年限很短或流量不大的情况下才采用矩形断面沟槽。

沟槽内矿浆流深度必须是固体物料最大块度的 1.5~2 倍。考虑到生产的不均匀性，如有时流量增大及浪头的原因，沟槽的实际砌筑高度应等于矿浆流深度的 1.5~2 倍。

2. 加压输送

加压水力运输一般采用单级离心式砂泵加压，矿浆由管道输送，加压供水管道系统如图 8-9 所示。加压输送原理与充填采矿中的浆体管道输送理论基本相同。

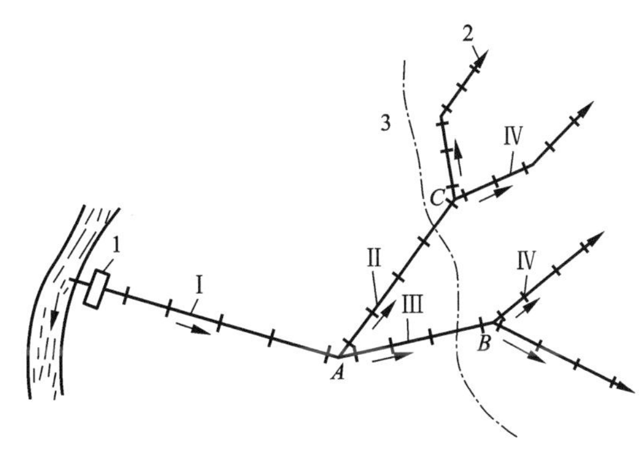

Ⅰ—主干管；Ⅱ、Ⅲ—分支干管；Ⅳ—工作面管道；
1—水泵站；2—水枪；3—采场境界。

图 8-9　加压供水管道系统示意图

3. 倒虹管道运输

当水力运输线路要跨过溪谷或洼地又具有足够的正向高差时，不需架设栈桥，可利用地形铺设倾斜向下(20°~30°为宜)、水平和倾斜向上的管道系统，形成倒虹管水力运输系统，如图 8-10 所示。由于各组成部分的管道所处的条件不同，从而各部分的运输参数也就不相同。这是倒虹管水力运输的基本特征，即下向段、水平段、上向段的管道直径是依次减小的，它们的运输流速是依次增大的。倒虹管水力运输的原理是利用系统流向正高差形成的自然压力克服倒虹管路的沿程压力损失。其实质是压力管道输送。倒虹管水力运输必须满足公式(8-28)：

$$H_1 - \sum h - \Delta h \geqslant H_2 \tag{8-28}$$

式中：H_1 为倒虹管进液面标高，m；H_2 为倒虹管排出口的标高，m；$\sum h$ 为管线全长内的阻力损失和，m；Δh 为排出口余压，可取 1.5~2 m。

判断系统的可行性要分析管路纵剖面各管段的分布，逐段计算各管段的阻力损失，若满足不等式(8-28)，运输就可靠。

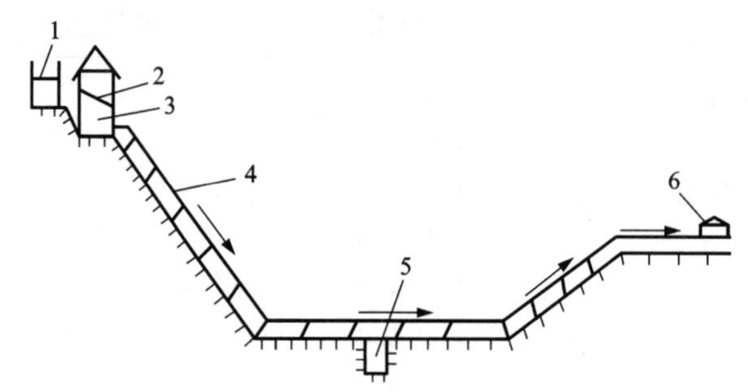

1—清水池；2—格筛；3—矿浆池；4—管路；5—事故贮浆池；6—选厂。

图 8-10 倒虹管水力运输系统示意图

8.3.5 供水系统

为使水力开采工作能正常进行，必须向采场工作面供应足够的水量。因此，供水问题能否解决是采用水力机械开采的先决条件。

1. 水泵的选择

冲采所需要的水量按式(8-29)计算：

$$Q_0 = \frac{K \cdot V_T \cdot q}{T} \tag{8-29}$$

式中：Q_0 为水泵流量或自流供水量，m^3/h；V_T 为采场日冲采土岩量，m^3；q 为冲采矿砂的单位耗水量，m^3/m^3；K 为水的储备系数，一般取 $K=1.2$；T 为日工作小时，一般 $T=18 \sim 21$ h。

供水设备(或自然压头)应达到的扬程按式(8-30)计算：

$$H_0 = \frac{p_0 + \sum h}{K} \tag{8-30}$$

式中：H_0 为水泵的扬程，Pa；p_0 为水枪出水口的压头，Pa；$\sum h$ 为供水系统的各种压力损失和，Pa；K 为扬程利用系数，机械加压供水时，$K=1$，利用自然压头供水时，据云南锡业公司的经验，$K=0.75$。

加压供水时，根据所需要的供水量 Q_0 及供水扬程 H_0，在水泵产品系列中选择合适的水泵类型。所选用的水泵型号必须能保证水泵在稳定区域内工作，当单台水泵的扬程或流量不能达到所需要的总扬程或总流量时，应采取串联或并联方式来提高扬程和流量。串联工作时须采用流量相同的水泵；并联工作时最好选用相同特性曲线的水泵，否则，并联工作难以实现或调整很困难。

2. 供水方式

按生产用水是否重复利用可分为单向供水与循环供水两种方式。为了节约水资源和减少对邻近水系的污染，无论何时，均应尽可能采用循环供水方式。

1）单向供水

水源的水量（Q_u）必须大于生产用水的水量 Q_0，即式（8-31）成立：

$$Q_u \geqslant K_D Q_0 \tag{8-31}$$

式中：K_D 为单向供水的水量损失系数，如表 8-13 所列；Q_0 为生产用水的水量，m^3/h。

表 8-13　单向供水的水量损失系数

供水方法	加压供水		自然压头供水	
供水系统距离 L/km	$L \leqslant 1$	$L>1$	$L \leqslant 10$	$L>10$
水量损失系数 K_D	1.02	1.02+0.005(L-1)	1.15~1.25	(1.15~1.25)+0.013(L-10)

当采用自然压头供水时，通常采用水沟引水进入高位水池，再用管道输入水枪。供水沟中的最大水流速度应由水沟种类确定，如表 8-14 所列。

表 8-14　供水沟内允许的最大水流速度　　单位：m/s

水沟种类	水沟内不同水流深度条件下的流速			
	<0.4 m	0.4~1 m	1~2 m	≥2 m
黏质砂土	0.34	0.4	0.5	0.56
砂质黏土	0.85	1.0	1.25	1.40
黏土	1.02	1.2	1.50	1.68
沟底与沟帮草皮护面	1.36	1.6	2.00	2.24
干砌块石	1.70	2.0	2.50	2.80
浆砌块石（或砖）	2.55	3.0	3.75	4.20
混凝土	3.40	4.0	5.00	5.60
硬岩石	3.40	4.0	5.00	5.60

2）循环供水

所需水量主要取自排土场或尾矿库的澄清水，取自水源的水量仅用于补充在循环使用过程中损失的水量，即：

$$Q_u \geqslant K_x Q_0 \tag{8-32}$$

式中：K_x 为水的循环损失系数，通常 K_x=0.2~0.25；Q_0 为循环使用过程中损失的水量，m^3/h。

水的循环损失包括冲采工作面、引水沟、排土场等方面的水量损失。雨季损失少，旱季损失大。为了减少水的损失量，必须加强技术组织管理。

3. 供水管道的选择计算

1）供水管道直径按式（8-33）计算：

$$D = 1.128\sqrt{\frac{Q_0}{v}} \tag{8-33}$$

式中：D 为供水管道直径，m；v 为管道中水流平均速度，m/s，为了减少管道系统总的压力损失，应按其长度大小确定 v 值，$L>1$ km 时，$v=1.0\sim1.5$ m/s；$L\leqslant1$ km 时，$v=2.0\sim3.0$ m/s；Q_0 为供冲采的水量，m^3/s。

矿山供水管道系统实际上是由主干管、分支干管和工作面管道组成的并联系统，如图 8-9 所示。各段管道与生产中段的服务期限是不相同的，所以，各段的管径应分别按流量予以选取。

2）管壁厚度的确定

供水管道的壁厚应与管内水体的压力相适应，可按式（8-34）计算：

$$\delta = \frac{pDK}{2[\sigma]} + c \tag{8-34}$$

式中：δ 为管道壁厚，m；p 为管内水体压力，一般取 $p=1.3p_0$，Pa；p_0 为水枪喷嘴出口压力，Pa；D 为管道内径，m；K 为安全系数，一般取 $K=2$；$[\sigma]$ 为许用应力，Pa，无缝钢管取抗拉屈服极限的 70%，焊接钢管取抗拉屈服极限的 40%，铸铁管取 $[\sigma]=7.8\times10^7$ Pa；c 为考虑管道的缺陷和锈蚀的附加厚度，$c=0.5\sim1$ mm。

实际生产中，主管道很少移动，可取较厚管壁；分支干管移动较少，一般取管壁厚 6 mm 左右的钢管；工作面管道移动频繁，一般应取薄壁钢管。

3）供水管路的阻力损失

供水管路的阻力损失可按 H. H. 巴甫洛夫斯基公式计算，如式（8-35）所示：

$$i_0 = 9800 \times 1.621 \times \frac{4^{2y} + n^2 Q_0^2}{D^{5+2y}} \tag{8-35}$$

式中：Q_0 为水流量，m^3/s；D 为管道直径，m；n 为管道内壁粗糙度系数，可由表 8-15 查得；y 为指数，当水力半径 $R>1$ m 时，$y=1.3\sqrt{n}$；当 $R<1$ m 时，$y=1.5\sqrt{n}$；i_0 为供水管道阻力损失，10^4 Pa。

当采用钢管供水时，式（8-35）可简化为：

$$i_0 = 9800 \times 0.00112 \times \frac{Q_0^2}{D^{5.312}} \tag{8-36}$$

表 8-15 管道的粗糙度系数

管道种类	n 值
新无缝钢管	0.0093~0.0114
新铸铁管（未涂漆）	0.012~0.014
旧铁管（未涂漆）	0.014~0.018
很旧的铁管（未涂漆）	0.018
使用数年的无缝钢管	0.0115
光滑混凝土管	0.012~0.014
橡胶管	0.0091~0.0114

8.3.6　水力排土场

水力排土场是处置水力剥离物的场所，是水力机械化开采矿山的重要组成部分。

1. 排土场的位置选择

选择水力排土场位置时，应仔细研究设立排土场后对毗邻地区的农业、渔业及水系等方面的影响，在选择位置时应遵循下列原则：

(1) 充分利用经济价值较小的谷地、沼泽地等，应尽一切可能利用采空区，而且尽可能与改造和复垦农田结合起来。

(2) 充分利用山谷且谷底窄的地形，没有或少有地质断层及溶洞，以使初期筑坝工程量小和避免水力剥离物的流失。

(3) 应避免在村庄、城镇、工厂、主要公路或铁道的上方，以免发生土坝崩塌事故时造成重大损失。

(4) 有利于回水条件，便于组织循环供水，同时要考虑污水的处理问题。

2. 容积计算

其所需容积(V)计算如式(8-37)：

$$V = KV_1 + V_2 \tag{8-37}$$

式中：V 为所需水力排土场的容积，m^3；V_1 为需要向排土场堆放的表土(实体)，m^3；K 为排放物料的膨胀系数，黏土类 $K=1.5\sim2$，砂黏土类 $K=1.2\sim1.5$，亚砂土 $K=1.05\sim1.15$，粉砂类 $K=1.1$，纯砂类 $K=1$；V_2 为澄清池的容量，m^3，黏性土岩 $V_2=(5\sim6)Q_d$，砂质土岩 $V_2=(3\sim4)Q_d$，Q_d 为每天灌入排土场的泥浆量，m^3。

3. 排土场的组成

水力排土场由挡土坝、澄清池、溢水井、泄洪道、泄水管和排浆管组成，如图 8-11 所示。

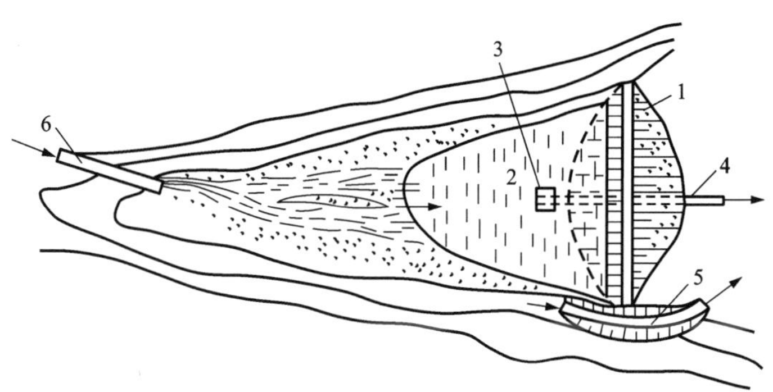

1—挡土坝；2—澄清池；3—溢水井；4—泄水管；5—泄洪道；6—排浆管。

图 8-11　水力排土场组成示意图(端部排灌式)

建设排土场的初期，用人工或机械构筑初始坝，以后随着排弃土岩量的增加而逐次加高。加高坝的方法有干式筑坝与排灌筑坝两种，前者从外面用人工或机械取土来筑坝加高；后者则直接将排浆管沿坝轴线铺设，再从排浆管接出许多短管向内坡面排灌，利用排灌泥浆沉积的粗粒物自然地加高坝，而坝顶轴线逐渐向内移动。溢水井大多采用钢筋混凝土圆形井，并在四周相距一定高度布有许多进水孔，根据控制溢水层厚度要求关闭或开启进水孔；在服务期限短及排土场深度小于 10 m 时，可采用木质溢水井，泄水管从溢水井底部将水引出坝外。溢水井距挡土坝的距离不小于 10 m。

4. 水力排灌方法

根据排浆管在排土场的布置特点，可分为端部排灌与环状排灌方法。图 8-11 所示为较典型的端部排灌法，即排浆管布置在某一位置，排灌是从管端部逐层进行，每层排灌完毕后，再向前加接管道。端部排灌法的主要优点是管路短，架设管道栈桥的工程量少，日常生产管理工作简单；其突出缺点是不能利用排灌的土岩来加筑挡土坝。

环状(周边)排灌法的泥浆管沿排土场土坝周边铺设，并用支托栈桥将泥浆管支托一定高度，自输浆管向内侧接出泄浆短管，短管间距离为 8~10 m，每个短管的截面积约为输浆管截面积的 20%，同时泄浆短管数为 7~8 个，以保证流向输浆管末端的浆体小于每个短管泄放的量。环状排灌法的突出优点是能利用排放的土岩加高土坝，同时泥浆分散排灌有利于固体物料的迅速沉降；但因为环状排灌时布设管路长，生产管理较复杂，所以实际生产中常采用端部排灌与环状排灌联合的排灌方法，如图 8-12 所示。

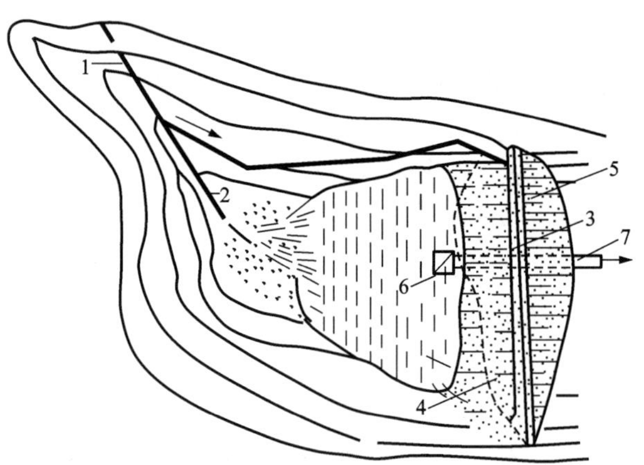

1—输送泥浆主管道；2—端部排灌管道；3—环状排灌输浆管道；
4—泄浆短管；5—挡土坝；6—溢水井；7—泄水管。

图 8-12 端部-环状联合排灌示意图

5. 水力排土场澄清池水面长度

水力排土场澄清池水面如图 8-13 所示，合理的水面长度 L 可用下式表示：

$$L = K\frac{v_c}{\omega} \times h \tag{8-38}$$

式中：ω 为要求沉降在排土场的最小固粒的沉降速度，m/s；h 为控制的溢水层厚度(一般为 0.10~0.12 m)，m；v_c 为澄清池中泥浆流速，m/s，

$$v_c = \frac{Q_j}{Bh} \tag{8-39}$$

式中：Q_j 为排灌的泥浆流量，m^3/s；B 为澄清池水面起点与溢水井之间流动宽度，通常 $B=$

30~50 m；K 为备用系数，K=1.2~1.5。

实际生产中，L 为 150~350 m。溢水井距挡土坝距离不小于 10 m。

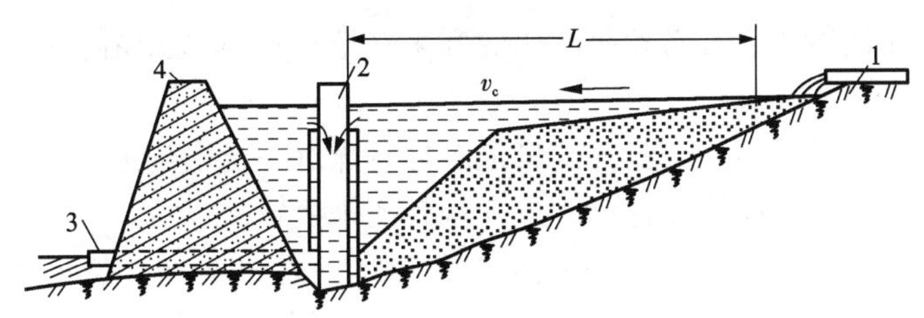

1—排浆管；2—溢水井；3—泄水管；4—挡土坝。

图 8-13　澄清池水面示意图

6. 溢流井流量的计算

采用木质溢水井时，其流量按式(8-40)计算：

$$Q_m = \mu bh\sqrt{2gh} \tag{8-40}$$

式中：b 为溢水井的进入宽度，m；h 为溢水层厚度，一般 h=0.12~0.15 m；μ 为流量系数，μ=0.3~0.55；Q_m 为木质溢水井流量，m^3/h。

当采用钢筋混凝土溢水井时，其流量 Q_m 按式(8-41)计算：

$$Q_m = \mu S\sqrt{2gh} \tag{8-41}$$

式中：μ 为孔口流量系数，μ=0.64；S 为孔口断面面积，m^2；h 为溢水井外水面与孔口中心间的高差，m；Q_m 为钢筋混凝土溢水井流量，m^3/h。

8.3.7　水力开采法评价

1) 水枪开采的适用条件

应用水枪开采法的开采条件是，矿床应具有一定的储量，服务年限不小于 3 年；土岩松散，胶结性差，埋深不大于 15 m 的矿体，且矿床底板裂隙不发育，渗透性小；大块砾石(粒径大于 100 mm)质量分数不超过 10%，小块砾石(50~100 mm)质量分数不超过 30%的矿床；矿区有足够的水源和电源。

2) 水枪开采法的优缺点

采用水枪开采埋深浅、土岩松散、胶结性差的小而富的矿体，能获得较好的经济效果。

水枪开采法的主要优点是设备简单、易于维修、投资少、见效快；工艺具有连续性、开采效率较高；对于底板凹凸不平的矿床，开采适应性较强，资源回收率高。

水枪开采法的缺点是耗水量和耗电量大，通常耗电量为 6~10 kW·h/m^3。开采条件困难时，可高达 20 kW·h/m^3；开采中工作面废石清理工作较复杂；设备磨损快，且移动频繁。

8.3.8　应用实例

云南锡业公司位于云南省南部的个旧矿区，地处亚热带。地表拥有丰富的砂锡矿资源，无覆盖物，绝大部分赋存于+1300~+2600 m 喀斯特地形的山坡或山洼盆地中。

按其成因主要分为残积、坡积-洪积、洪积-冲积及溶洞堆积等四类砂矿床。矿石为红黄色松软的黏土层，含泥量高，粒度不均，分选程度差，砂砾成分的磨圆度低，并有大量人工堆积物（前人采选抛弃的尾矿、砾石等）掺杂其中。

1.开拓方式

为适应矿床的不同特点，云锡砂锡矿床的开采一般运用基坑开拓、平硐溜井开拓以及两种以上组合形式的开拓。

基坑应选择在矿床的最低点，服务矿量最多并且靠近主运输沟道的位置。基坑的规格按选用的基坑开挖方式、砂泵房的布置形式与安全距离来决定。

平硐溜井开拓如图 8-5 所示，开拓平硐溜井 33855 m，获开拓矿量 1.2 亿 t，占云锡砂锡矿总采矿量的 80.6%，在云锡砂矿生产中发挥了重要作用。平硐溜井开拓具有工艺简单、便于管理、生产可靠、水电消耗少、采矿成本低等优点。

2.冲采方法

砂矿床形态复杂，给开采带来一定困难。为做到大小、难易、厚薄、贫富兼采，提高回采率的目的，该矿采取下列措施。

（1）按不同的矿床类型，灵活选用采矿方法。对于厚度大、矿石致密、黏结性强、难冲采的洪积砂矿，多用逆向法采矿。

（2）初期采用逆向掏槽，直接用水枪产生的水柱沿台阶坡底线切割高 0.3～0.4 m、深 0.3～0.5 m 的横槽，促使砂矿滑塌，然后顺浆流走。

（3）为提高冲采效率，降低水耗，后期采用了爆破预先松动矿石，随后再冲运的方法，效果较好。

（4）对于黏结性不强、含砾石多的坡积、残积薄层砂矿，采用顺向法采矿。对于厚度较大又不宜分台阶冲采的砂矿床或易塌落的尾矿，多用逆向与顺向组合的侧向冲采法。

3.开采设备

水力机械化开采砂锡矿的主要设备是水枪及砂泵。为适应形态复杂的各类砂矿床的开采条件，厚大矿床除选用国家统一生产的喷嘴直径分别为 250 mm 和 150 mm 的两种类型的水枪外，云南锡业公司还研制了如图 8-14 所示的胶管小水枪。技术性能见表 8-16。

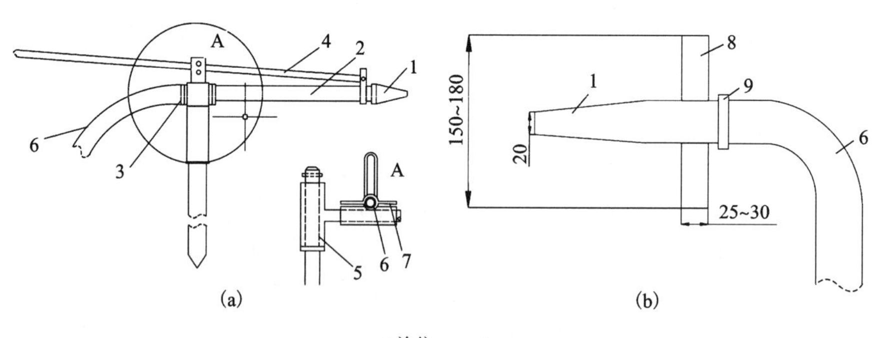

（单位：mm）

1—喷嘴；2—枪筒；3—支柱；4—操纵杆；5—旋转三通；6—胶皮管；7—支撑卡环；8—平衡盘；9—车圆枪。

图 8-14　胶管小水枪示意图

表 8-16　胶管小水枪技术性能

类型	进水口直径/mm	喷嘴直径/mm	枪筒长度/mm	水平转角/(°)	上仰角度/(°)	下仰角度/(°)	进口压力/($kg·cm^{-2}$)	出口压力/($kg·cm^{-2}$)	总重/kg
栽桩式	100	20、30、38	500	360	25	25	12	12	42
手持式	50	20	500	360	25	30	8	8	15

8.4　采砂船开采

采砂船是一种漂浮在水上开采砂矿的采选联合装置。采砂船具有挖掘、洗选、动力供应、供水、排弃尾矿和行走移动等功能，其开采特点是在船艏采挖矿砂，船上洗选矿物，船艉排弃尾矿。

采砂船开采具有生产能力大、劳动生产率高、开采成本低、投资少、见效快等优点，因此广泛地用于内陆和大陆架砂矿床开采，而且应用范围有日益扩大的趋势。采砂船开采的主要缺点是其对矿床开采条件要求严格，若矿区水源不足、矿床储量小、矿床含巨砾或黏土多，则不适于采砂船开采。此外，采砂船在开采中机动灵活性较差。

8.4.1　采砂船使用条件

桩柱式链斗采砂船是内陆砂矿床的主要开采设备，为充分发挥其技术性能，要求砂矿床必须具备如下开采条件。

1)水源条件

应用采砂船开采的砂矿，一个最重要的条件是矿区要有充足的水源，其水量不仅要能保证船在水池中处于漂浮移动状态，而且还要满足船的生产用水需要。此外，为有利于选矿工作，还要不断地向采池输送清洁水以替换混浊水，始终保证采池中的水有一定的清洁度。不同斗容采砂船每秒钟所需补充的水量见表 8-17。

表 8-17　适合采砂船开采的砂矿床开采条件

斗容/L	砂矿厚度(不考虑剥离表土厚度)/m					河谷坡度	采池最小补充清水量/($L·s^{-1}$)	允许最大巨砾尺寸/mm	最小矿床宽度/m	矿砂储量/(10^4 m^3)	服务年限/a
	全厚	水上	水下								
			最大	最小							
				夏季	冬季						
50	7	1	6	1.7	2	0.025	50	300	30~40	>150	5~8
100	9	1.5	7.5	2.2	2.5	0.025	75	350	45	200~250	8~10
150	11	1.7	9.3	2.5	2.7	0.020	100	400	50	300~500	8~10
210	13	2	11	3.1	3.3	0.015	150	500	55	1200~1500	10~12
250	14.5	2.5	12	3.7	4.0	0.010	150	600	60	1200~1500	12~15

续表8-17

斗容/L	砂矿厚度(不考虑剥离表土厚度)/m					河谷坡度	采池最小补充清水量/(L·s^{-1})	允许最大巨砾尺寸/mm	最小矿床宽度/m	矿砂储量/(10^4 m^3)	服务年限/a
	全厚	水上	水下								
			最大	最小							
				夏季	冬季						
380	18.4	3	15.4	4.5	5.2	0.010	200	700	70	1800~2300	12~15
380①	30	4	30	4.8	5.6	0.010	250	700	90	1800~2300	12~15
600	60	10	50	5.2	6	0.010	300	800	120	3000	12~15

注：①深挖型380 L采砂船。

2)开采技术条件

为保证采砂船开采的经济合理性，要求矿床具有足够的储量来保证采砂船能有一定的合理服务年限。矿床储量、采砂船生产能力和服务年限三者之间必须有合理的关系。不同斗容采砂船合理服务年限和其所要求的矿床储量，见表8-17。

(1)矿床宽度。采砂船受其自身外形尺寸限制，存在一个最小挖掘宽度。若矿床宽度小于此值，则开采时矿石将严重地贫化。不同斗容采砂船所要求的最小矿床宽度见表8-17。

(2)矿床底板坡度。矿床底板坡度一般要求小于0.025。

3)土岩性质

(1)基岩情况。砂矿底板基岩应比较平坦，凹凸不平的喀斯特地形形成的底板不适合采砂船开采。

(2)矿床巨砾含量。砾石尺寸大于采砂船挖斗宽度2/3者称巨砾。矿床中巨砾质量分数不应超过10%，否则严重影响船的生产能力。不同斗容采砂船对巨砾规格的要求见表8-17。

(3)砂矿的可选性。矿砂应容易冲洗碎散，含泥量少。黏土含量过多的矿砂会使挖斗卸矿困难，同时也难以碎散和洗选。

8.4.2 采砂船分类及原理

在大陆架砂矿开采中，当水深在50 m以内时，基本的采掘设备是链斗式采砂船。除此外，常用的还有吸扬式、铲斗式和抓斗式采砂船等。

1. 链斗式采砂船开采

链斗式采砂船依据设备行走方式，分为桩柱式与钢绳式。

1)桩柱式链斗采砂船工作原理

桩柱式链斗采砂船的挖掘装置是一条由许多挖斗组成的挖斗链(2)，工作时斗链被上导轮带动回转，而上导轮则是由主驱动(14)传动的。当上导轮转动时，斗链由斗桥(1)上的托辊和下导轮(3)引导，以一定的速度围绕上下导轮及斗桥运转，其挖斗在重力作用下铲入土岩，并将其切削挖掘上来，如图8-15所示。

挖斗挖掘上来的土岩随挖斗沿斗桥提升到上导轮处翻卸，并通过受矿漏斗卸入圆筒筛。圆筒筛的主要作用是冲洗、碎散和筛分土岩。经筛分的筛上砾石和杂物由排砾皮带机(20)排到船艉采空区。排砾皮带机是由传动装置(19)带动，并由钢绳(18)悬吊在后桅架(17)上。

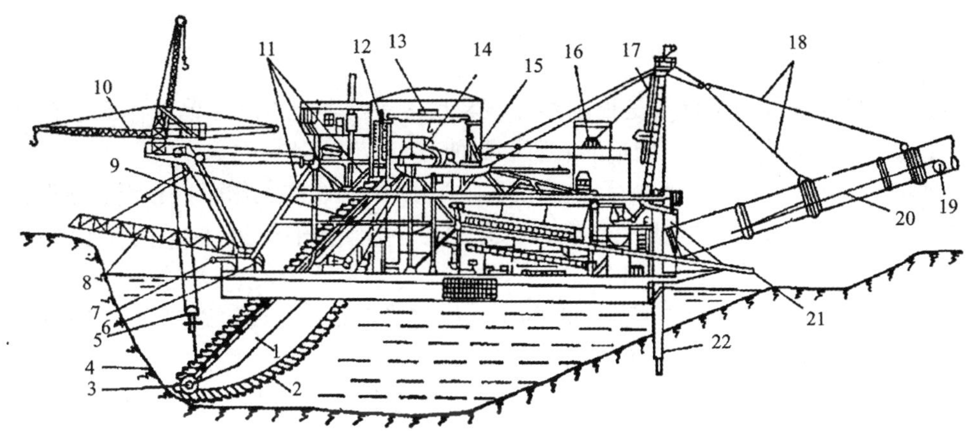

1—斗桥；2—挖斗链；3—下导轮；4—工作面；5—提升斗桥滑轮组；6—浮桥；7—水枪；8—上岸桥；9—前桅架；10—艏起重机；11—主架；12—电梯；13—桥式起重机；14—主驱动；15—桩柱绞车；16—皮带机绞车；17—后桅架；18—排砾皮带机固定钢绳；19—皮带机传动装置；20—排砾皮带机；21—尾砂溜槽；22—桩柱。

图 8-15　桩柱式链斗采砂船

排砾皮带机可通过绞车(16)进行起落来调整高度。

筛分下来的矿砂进入选别设备进行选矿，选别出来的细泥砂尾矿由尾砂溜槽(21)排弃到船艉采空区。

船的移动主要是靠两个桩柱(22)进行的。移动前先将斗桥提升到地表以上，然后通过两个桩柱交替提升和下放，同时船配合其进行往复回转，从而实现向前移动一个步距。

船挖掘时，先放下斗桥，然后开动横移绞车，使斗桥由工作面的一角转到另一角。挖掘一个分层后，斗桥再下放一个分层厚度，开动返程绞车，向另一角回转并挖掘下一分层矿岩。如此反复，由地表一直挖到砂矿底板为止。当一个步距由上至下采完后，船再向前移动一个步距，然后放下斗桥再进行挖掘。

综上所述，采砂船整个工艺过程大致分为挖掘、卸矿、碎散筛分、选矿、尾矿排弃、移动进船等环节。

2)钢绳式链斗采砂船开采

这种船的开采特点是挖掘宽度大，其最大挖宽可达艏绳长度的 1/3 以上；尾砂堆排弃均匀平坦，有利于复垦；船的前进和后退是利用艏绳控制的，不用停船即能完成进船工作，故可减少占用的生产时间。

钢绳式采砂船开采的缺点是，挖掘较坚硬土岩时，由于钢绳具有弹性，使船在挖掘时产生后退现象，以至于船不能有效地回收矿物，特别是清理矿床底板时，将会增加砂矿的损失。

由于上述特点，钢绳式采砂船适于开采土岩较松软的砂矿床。

(1)定位和移动

①钢绳式采砂船的定位。钢绳式采砂船开采时，一般用五根锚缆定位，即一根艏锚缆，四根边锚缆。开采现代河床砂矿时，艏锚和钢绳之间可接链条，接用链条的钢绳容易固定。

②钢绳式采砂船的移动。钢绳式采砂船的前移或后退是由艏锚缆的收放绳来实现的，而船向两侧移动是靠边锚缆的收放绳实现的。一般应在前甲板靠近艏锚绞车前部的适当位置，设一个钢制的门形架，以架的横梁作为参照物。在艏绳上每隔 10 m 用颜色做标记，通过观察

标记可知船的移动距离。

(2)挖掘方法

钢绳式采砂船在开采中调头是很困难的，因此它一般多用于纵向单工作面上行开采法。其挖掘方法主要有平行、斜向、扇形、十字形四种。

① 平行挖掘法。如图 8-16 所示，船在开采中，其中心线与工作面中心线始终保持平行。该法的缺点是挖斗的满斗系数低，且横移吃力。在开采现代河床砂矿时，只有当河水流速较大时，才用此法。

② 斜向挖掘法。如图 8-17 所示，船的中心线与工作面中心线始终斜交。该法的优点是挖斗的满斗系数较高，且不易脱缆，故这种方法常被采用。

③ 扇形挖掘法。如图 8-18 所示，船开采时，船艏横移，但船艉基本不动。该法主要适用于开采较窄矿体和矿体边界处水深不足的情况。

④ 十字形挖掘法。采用十字形挖掘法时，船艏和船艉都围绕船体中心移动，如图 8-19 所示。此种方法适用于开采现代河床砂矿。

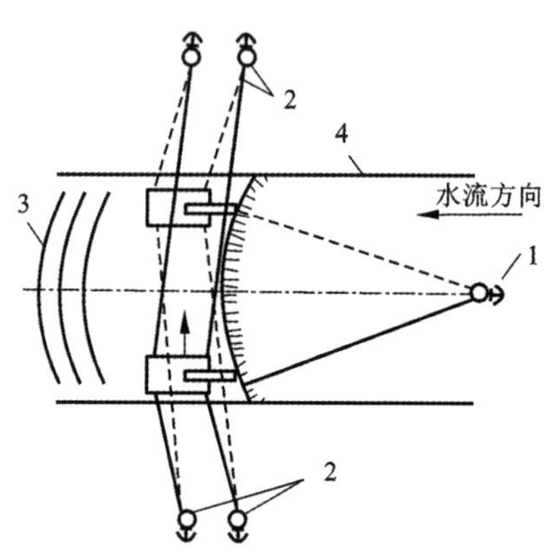

1—艏锚；2—边锚；3—尾砂堆；4—矿体边界。

图 8-16 平行挖掘法

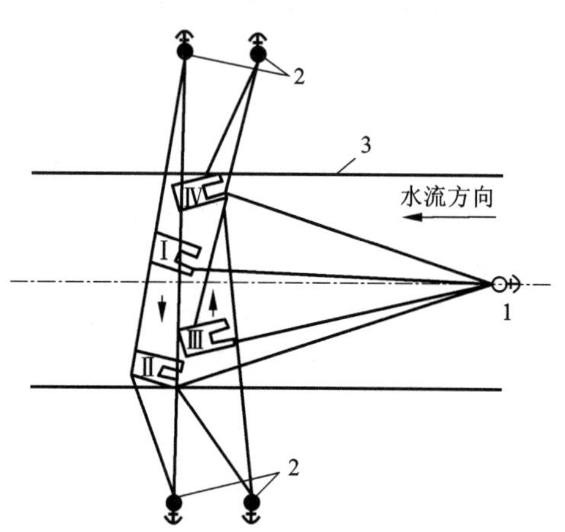

1—艏锚；2—边锚；3—矿体边界；

Ⅰ、Ⅱ、Ⅲ、Ⅳ—采砂船移动顺序。

图 8-17 斜向挖掘法

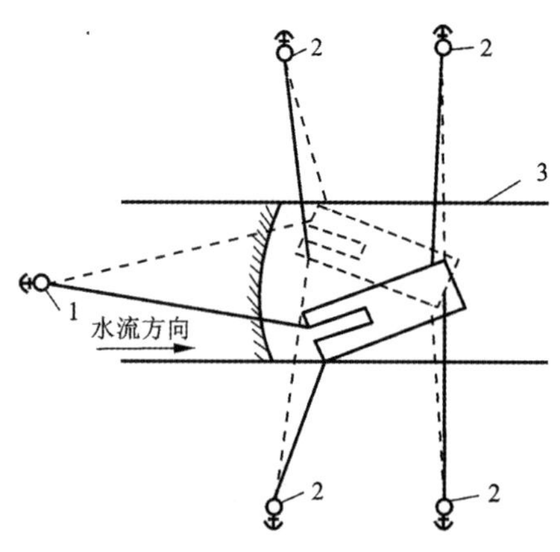

1—艏锚；2—边锚；3—矿体边界。

图 8-18 扇形挖掘法

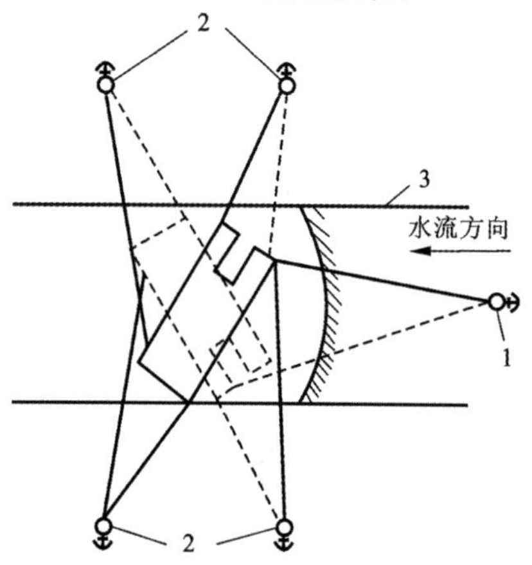

1—艏锚；2—边锚；3—矿体边界。

图 8-19 十字形挖掘法

2. 吸扬式采砂船开采

吸扬式采砂船是利用吸头附近水流的能量使土岩与整体分离，并随之被吸扬上来，如图 8-20 所示。吸头周围形成的具有一定速度的水流，通常是利用安装在平底船中的离心式砂泵在吸管中造成负压而形成的。

吸扬式采砂船与链斗式采砂船相比较，具有结构简单、船体轻、基本投资少等优点。

吸扬式采砂船适用于开采较松散的土岩，而且要求卵石及砾石含量少。对于致密土岩，为提高吸扬式采砂船的开采效率，须对土岩采取预先松动，边松动边吸扬的措施。土岩进行预先松动的方法有绞刀切削式（见图 8-21）、轮斗挖掘式（见图 8-22）、水力冲碎式（见图 8-23）三种。目前应用广泛的是绞刀切削式，即绞吸式采砂船。

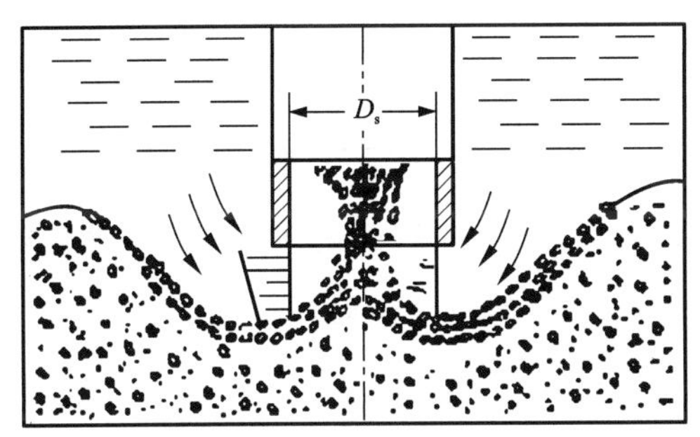

图 8-20　吸扬式采砂船吸取土岩原理示意图

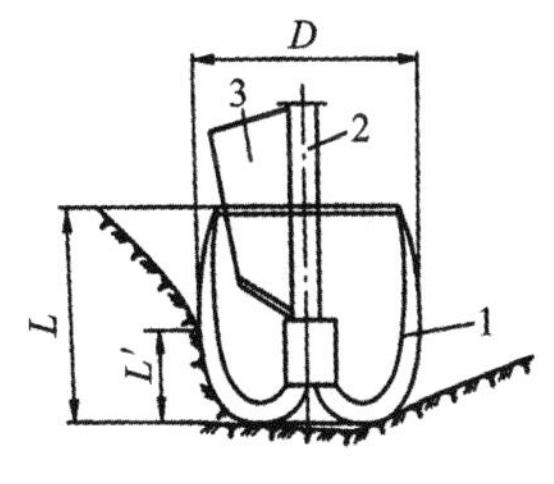

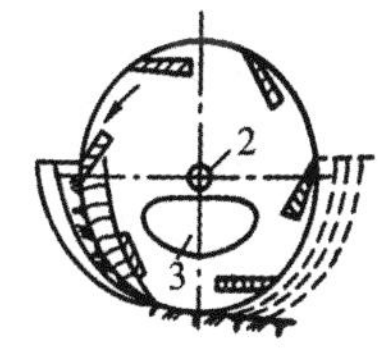

1—绞刀片；2—绞刀传动轴；3—吸浆管。

图 8-21　绞刀切削式切削土岩原理示意图

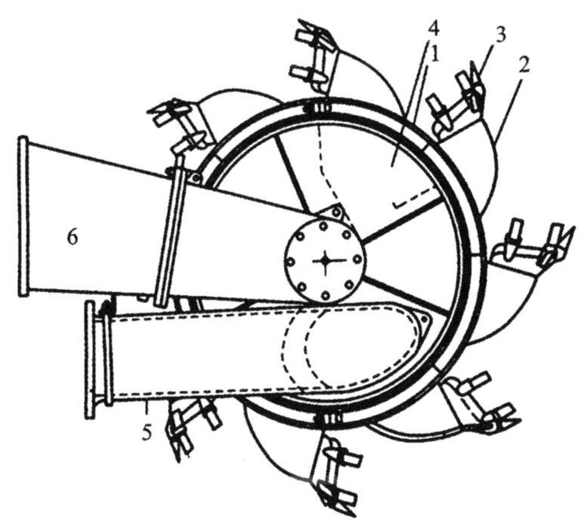

1—轮斗组；2—铸造挖斗（无底板）；3—挖斗边唇；4—受矿挖斗；5—吸浆管；6—大架。

图 8-22　轮斗挖掘土岩原理示意图

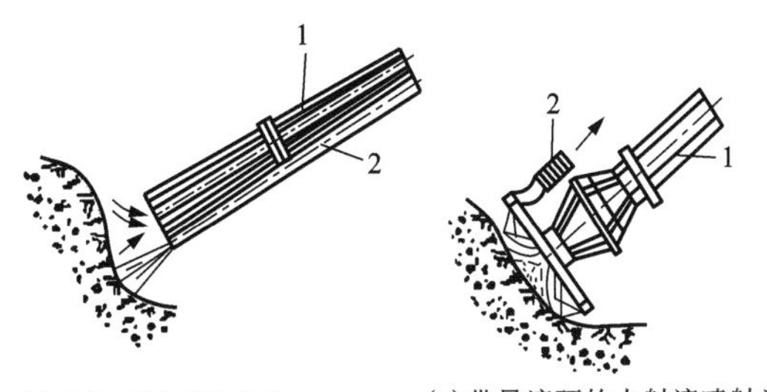

(a) 水枪喷射式吸泥头　　(b) 带导流环的水射流喷射头

1—压力水管；2—吸浆管。

图 8-23　水力冲碎器工作原理示意图

1）吸扬式采砂船工作参数

吸扬式采砂船正常工作的主要参数有吸口深度、台阶高度、采取宽度。

吸扬式采砂船工作的首要条件是吸头被水淹没一定深度（吸口深度），避免空气进入吸管。淹深值与船的生产能力有一定关系，生产能力越大吸口所需深度越大，其值不得低于

1.5 m。

正常工作所需的台阶高度也随生产能力的增大而增高，如表 8-18 所列。工作台阶分水上和水下两部分，水下部分挖深与船型有关；水上部分干帮高度确定的原则是该高度下土岩崩落过程中不损坏设备和设施，若干帮过高，可借助水枪冲采使土岩塌落后再进行回采，有时也用推土机铲推的方法降低干帮高度。

表 8-18 吸扬式采砂船台阶高度

船的清水生产能力/($m^3 \cdot h^{-1}$)	最小台阶高度/m	台阶水下部分最小高度/m
<1200	2.4	1.5
1200~2000	3.2	2.5
2000~4000	4.8	3.5
>4000	6.4	5

吸扬式采砂船回采方法有扇形、平行和扇形-平行式三种，如图 8-24 所示。选择回采方法和采幅时，应考虑管路长度和阻力。吸扬式采砂船合理挖宽见表 8-19。此外，工作中应满足最小水面操作宽度，见表 8-20。

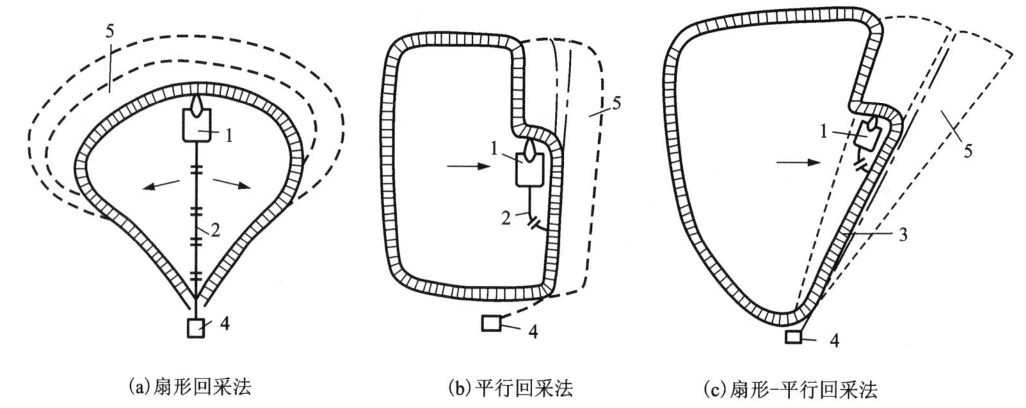

1—吸扬式采砂船；2—浮管；3—岸上干管；4—砂泵站；5—采掘带。

图 8-24 吸扬式采砂船回采方法

表 8-19 吸扬式采砂船合理挖宽

生产能力/($m^3 \cdot h^{-1}$)	合理挖宽/m	生产能力/($m^3 \cdot h^{-1}$)	合理挖宽/m
<1200	20	2200~4000	35
1200~2000	26	>4000	40

表 8-20　吸扬式采砂船最小水面操作宽度

船型	最小水面操作宽度
绞刀式	绞刀架升至水面时采砂船外形长度
耙吸式(不带隔横移绞车)	采砂船长度
耙吸式(有隔横移绞车)	采砂船长度的 1.5 倍

2)绞吸式采砂船开采

绞吸式采砂船得到较广泛的应用，我国云南锡业公司在开采尾矿库中的尾矿时，即采用绞吸式采砂船。

绞刀的作用是切削土岩，并将其导入吸管。绞刀由绞刀轴、前端轴壳、刀架、刀片以及后端支承环组成。刀片用锰钢铸造，其他部分用铸钢制造。

绞刀有开式和闭式两大类。开式绞刀的挖掘力较大，挖黏土时不易糊住绞刀，更换刀片较容易，但碰到砾石时容易变形，对切削下来的土岩没有导向吸管的作用，故一般多用于砂质或无黏结性的土岩。封闭式绞刀坚固，不易变形，对切削下来的土岩有导向吸管的作用，残留的土岩很少，故目前得到广泛的应用。封闭式绞刀多用于挖泥，要求切片厚度小，矿浆浓度可达到 25%~30%(一般为 10%~15%)。

3)轮斗吸扬式采砂船开采

绞吸式采砂船开采的主要缺点是矿浆浓度一般很难超过 20%，因此其能耗较高。为了扩大吸扬式采砂船的适用范围和提高其经济效益，目前国外已较为普遍地应用了轮斗吸扬式采砂船，这也是近代采砂船开采方面的一大成就。用轮斗挖掘的土岩直接送入吸管，达到强制送料的目的，如图 8-22 所示。这种船也可以挖掘较硬的砂矿床，生产能力高，矿浆浓度可提高到 20%~40%，且节能。对于有巨砾石的砂矿床，国外曾在吸管口内安装一台破碎机，以防大块进入砂泵。

轮斗吸扬式采砂船、绞吸式采砂船和链斗式采砂船开采技术经济指标的对比见表 8-21。

表 8-21　不同类型采砂船开采技术经济指标对比

项目	链斗式采砂船	绞吸式采砂船	轮斗吸扬式采砂船
初期投资	大	小	小
生产成本	低	略高	低
砂矿粒度	不怕砾、卵石	怕大块	不怕大块
矿物密度	不限	较小	不限
最大开采深度/m	50	30	30
生产能力/($m^3 \cdot h^{-1}$)	100~500	78~2523	76~3060
与粗选厂关系	采选合一	采选分体	采选分体
机动性	—	好	好
风浪影响	大	小	小
零件磨损	大	小	小

轮斗机又称“轮斗铲”，全称“轮式多斗挖掘机”。依靠等间隔装在转动轮周边的铲斗来挖掘土岩，然后经转载器装入胶带输送机系统，再运到卸载点。轮上安装 6~12 个大小相等的铲斗，其每分钟转动次数是可调的，轮斗分有格式、无格式和半格式。

目前国外砂矿床开采中使用轮斗铲的实例很多，并有进一步发展的趋势，主要用于剥离工程。例如印度尼西亚在采砂船开采的矿区，用轮斗铲预先剥离；在纳米比亚，在大西洋沿岸开采的砂金矿，采用轮斗铲剥离的厚度达 70 余 m，并用轮斗铲开采砂矿层；在西南非洲开采海滨金刚石砂矿时，采用轮斗铲并配备皮带机、索斗铲、铲运机等进行剥离，其厚度达 40 m。1964 年南非开采铝土矿时，采用索斗铲和水力机械剥离的表土厚度为 15~18 m。现在已改用轮斗铲剥离，其小时生产能力为 453 m^3，矿石开采量增加 2~3 倍。

我国采盐工业于 20 世纪 60 年代首先研制了小型轮斗铲，在生产中已显示出其优势；20 世纪 70 年代中期杭州重型机械厂已着手研制剥离用的轮斗铲。经验表明，轮斗铲在砂矿表土剥离和开采海滨砂矿床中具有很大的优越性。

4)其他新型吸扬式采砂船

近年来，为了扩大吸扬式采砂船的适用范围，增加挖深，大陆架砂矿开采中除了采用传统的吸扬式、绞吸式采砂船之外，还出了几种新型吸扬式采砂船。其基本情况如下：

(1)压气泵采砂船。压气泵采砂船用压气泵取代了砂泵，其工作原理如图 8-25 所示。当压缩空气沿辅助管道进入混合室后，就与砂浆混合而成三相流，管道内的砂浆密度减小，由于海水的压力，管内砂浆就被提升上来。当砂浆提升上来后，空气就与砂浆分离，并分别排出。压气泵采砂船如图 8-26 所示，可以用来开采较深的砂矿，但它的效率低，并且不能用作砂浆的水平或倾斜运输。

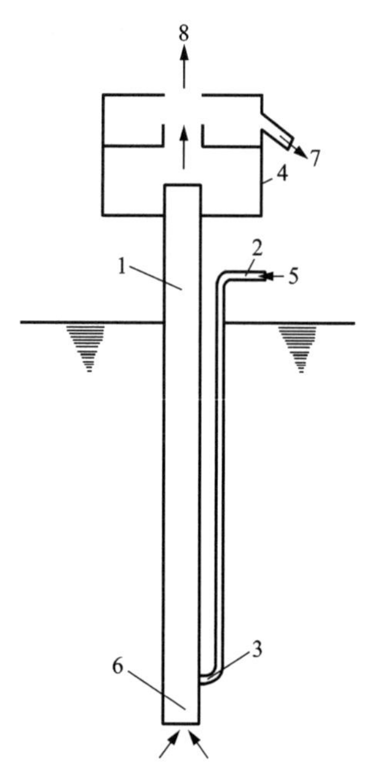

1—提升管道；2—辅助管道；3—混合室；
4—空气分离器；5—压缩空气入口；6—吸管；
7—砂浆出口；8—空气出口。

图 8-25 压气泵提升原理图

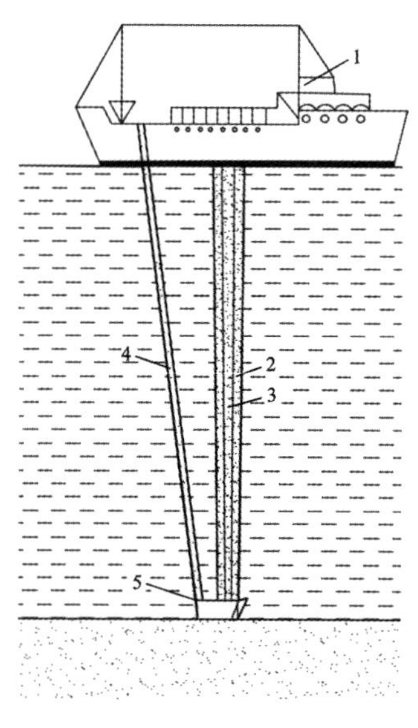

1—采砂船；2—砂浆管道；3—压气管道；
4—射流水管；5—喷嘴。

图 8-26 开采中的压气泵采砂船

(2)喷射泵采砂船。喷射泵采砂船可以是自航式的，也可以是非自航式的。当高压水经过冲水管上的喷嘴高速喷出后，就在它的附近形成一个低压区，这样就使土岩及少量的水经过吸管被吸上来。当砂浆进入混合室后，它就借助于高压射流进入排管，最后将砂浆输送到船舱或者砂泵。高压水由水泵供给。

(3)潜入式砂泵采砂船。在吸扬式采砂船的吸管中，有时还安装潜入式砂泵，这不但可以提高砂浆浓度和船的生产能力，还可以增加船的开采深度，扩大其应用范围。潜入式砂浆泵可以是轴流式的，也可以是离心式的；可以是高速的，也可以是低速的。按其动力可以分为密闭空气电传动的、充油电传动的、液压传动的和长轴传动的几种。

综上所述，目前用于大陆架开采的采砂船类型很多，但使用最多的还是链斗式和吸扬式采砂船，它们连续生产的效率高、成本低。

3. 铲斗式采砂船开采

这是一种带桩柱的非自航式采砂船，船上安装有正向机械铲作为其采掘设备，如图 8-27 所示。这种船是利用吊杆及斗柄将铲斗伸入水中，推压斗柄，拉紧钢绳使铲斗切入土岩中进行挖掘的，而后由绞车牵引钢绳将铲斗吊离水面至适当高度，由回转装置转至卸矿点卸载。卸完后再转至挖掘点，如此循环作业。

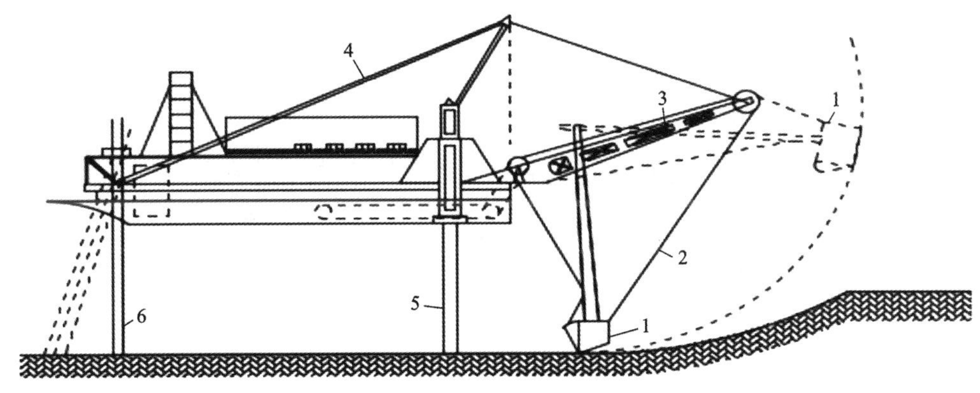

1—铲斗；2—铲斗提升钢绳；3—吊杆；4—拉索；5—艏桩；6—艉桩。

图 8-27　铲斗式采砂船

铲斗的容积一般为 2~4 m^3，大的有 8~10 m^3。通常有轻、重不同类型的铲斗，用于挖掘不同类型的土岩。

这种船作业时，可以利用自身的铲斗、斗柄、前桩及后桩(有时配合锚缆)移动船位。

铲斗式采砂船的生产能力主要取决于铲斗容积和工作循环时间，而工作循环时间又与斗容有关，通常在 30~50 s。

铲斗式采砂船不适用于砂土和黏性土，因为砂土(特别是细砂)有一部分从铲斗中漏出，而黏性土又很难卸载，所以这种船主要用来建设海港码头和可防风浪冲击的海湾中开采较坚硬的有用矿物。但在采掘坚硬的矿物之前，必须使用带有冲击锤的船将土岩预先破碎。

4. 抓斗式采砂船开采

如图 8-28 所示为抓斗式采砂船。抓斗是挖掘机构，悬挂在吊杆上，吊杆倾角在 30°至 60°范围内变化。新型的抓斗式采砂船上有 1~6 个独立的带抓斗的吊车。

如图 8-29(a)所示，抓取土岩时，张开的抓斗从水上落入水底，在斗自重和下落惯性作用下，斗的抓斗唇打开，再拉紧相应的钢索，抓斗关闭并装满土岩，如图 8-29(b)所示。然后提起装满土岩的抓斗并转到卸载位置开斗卸载。

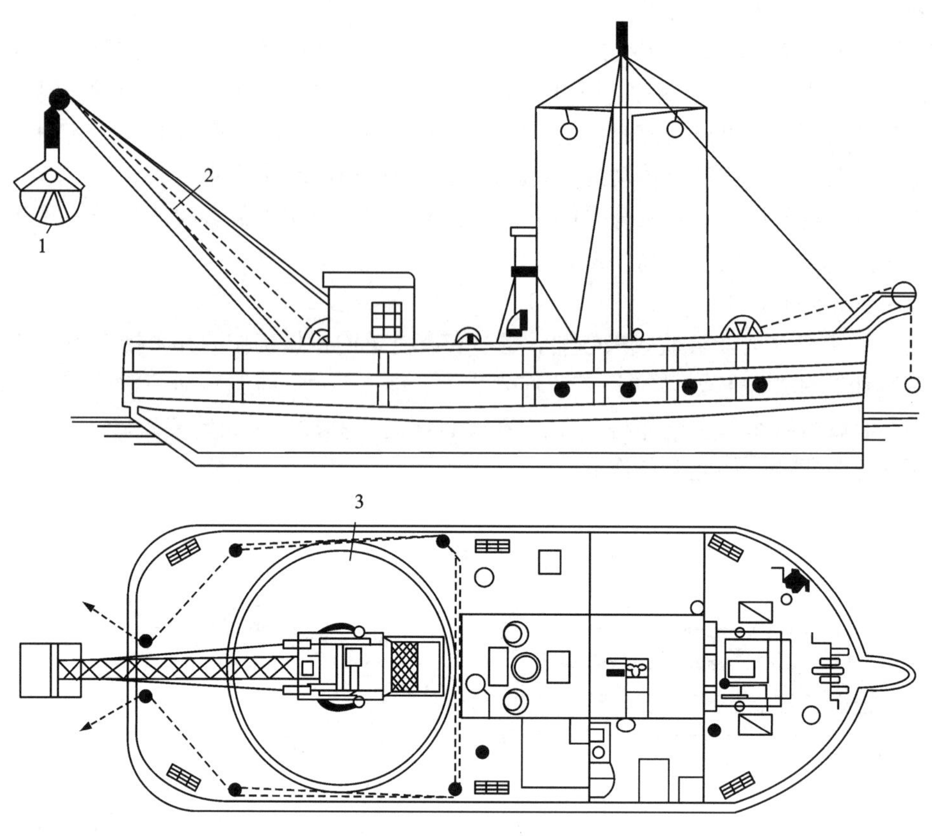

1—抓斗；2—吊杆；3—回转平台。

图 8-28　抓斗式采砂船

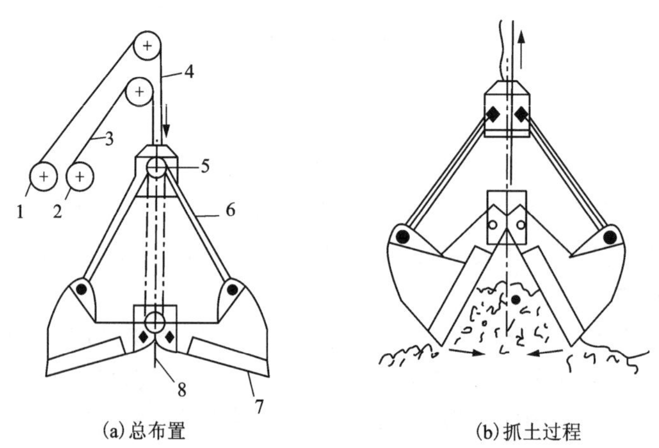

1—闭斗和提升绞车；2—开斗绞车；3—开斗和悬斗钢索；4—起升和闭斗索；5—抓斗头部；6—闭合臂；7—抓斗唇；8—中央铰链。

图 8-29　双索抓斗

抓斗的类型很多，砂矿开采中最常用的是两壳瓣的蟹钳型。当挖掘泥和黏土类的砂矿时，斗唇刃上不带齿；当挖掘砂、硬黏土或砂砾层时，斗唇刃上带有短齿。此外，还有带爪的球瓣型和猫爪型抓斗，它们主要用于挖掘坚硬的含石多的砂砾和石块。

抓斗斗唇的掘削力随抓斗自重、形状而变化，通常以容重比表示其能力。抓斗的容重比可以根据式(8-42)进行计算：

$$C_k = W_G / V_1 \tag{8-42}$$

式中：C_k 为容重比，t/m^3；W_G 为抓斗自重，t；V_1 为抓斗容积，m^3。

一般而言，大型抓斗的效率通常比小型抓斗的效率要高。以斗容 3～4 m^3 做参考，土岩类型与容重比的关系大致如表 8-22 所列。

表 8-22　土岩类型与容重比的关系

土岩类型	抓斗容重比 C_k	抓斗类型
软　泥	1～2	轻型
软质土	2～3	轻-中型
中质土	3～4	中-重型
硬质土	4～5	重-特重型
软岩土	5	特重型

抓斗容积 V_1 与斗宽 b_1 的关系如式(8-43)所示：

$$b_1 = (1.05 \sim 1.28) V_1 \tag{8-43}$$

一个抓斗在不同土质条件下，小时生产能力按式(8-44)计算：

$$Q_h = \frac{V_1 \times \eta \times Z}{1000} \tag{8-44}$$

式中：Q_h 为小时生产量，km^3；V_1 为抓斗容积，L；η 为满斗系数，见表 8-23；Z 为每小时抓斗作业循环次数。

表 8-23　抓斗满斗系数的估算数值

土岩类型	η
泥土	0.75
松砂	0.70
密实砂	0.60
砂和黏土	0.50
石块	0.35
碎岩石	0.20

8.4.3　开采工艺

开采工艺包括开采顺序、开拓工作、采准工作以及采矿方法，是采砂船开采的主要内容。

1.开采顺序

开采顺序是在考虑主要影响因素的基础上，合理选择开采推进方向。

1)确定开采顺序应考虑的主要因素

采砂船是具有相对独立开采系统的生产单位，在开采时，不但要注意生产安全，而且必须遵守贫富兼采、厚薄兼采、难易兼采和综合回收的原则。

此外，在确定开采顺序时还应考虑以下因素：

(1)地形条件。采砂船开采内陆砂矿时，一般是在现场组建采砂船，建船地点的地形坡度一般应在0~3%，占地面积一般不得小于10000 m^2。所以，确定开采顺序应与选择建船地点紧密结合起来，有时建船地点会起决定作用。

(2)通过矿区的铁路、公路、水利设施等重要建筑以及河流，是在确定开采顺序时必须考虑的重要因素。例如，湖南省汨罗砂金矿床上部有京广铁路及公路通过，又无法改道，因此必须分三个小采区进行开采，并确定其开采的先后顺序。

2)开采推进方向分类

当划定矿区及采区后，采砂船开采的起始位置及其推进方向，通常是按采砂船开采推进方向和顺序与河流方向或矿床底板倾斜方向的相对关系进行分类，可分为上行、下行及上行与下行联合推进开采三大类。采砂船开采推进方向分类及其主要优缺点见表8-24。

表8-24　采砂船开采推进方向分类及主要优缺点

开采推进方向分类	特点	主要优点	主要缺点	使用条件
上行式开采	自矿体下游端部，逆河流上行开采	供水条件好，有利于提高选矿回收率； 底板容易清理，损失贫化小； 洪水期更安全； 管理简单，生产安全可靠； 有利于尾砂排弃	不能先选择富矿段开采； 当需要采用筑坝开拓时，损失贫化大； 若矿体下游端发现延伸，可能增加基建投资	矿体下游端部封闭； 矿体品位均匀，无须选择首矿段； 多艘船时，矿体宽度应大于二倍最小采幅
下行式开采	自矿体上游端部，顺河流下行开采	筑坝开拓时，矿砂损失贫化小； 补充水源小时，易保持采池水位	不能先选择富矿段开采； 若矿体的上游端发现延伸，可能增加基建投资； 可能增加基建投资(与上行开采优点相反)	矿体下游端部封闭； 矿体品位均匀，无须选择首矿段； 多艘船时，矿体宽度应大于二倍最小采幅； 严禁水直冲水池； 有洪水威胁的矿体，船应设在待避区，不得停止挖掘

续表8-24

开采推进方向分类		特点	主要优点	主要缺点	使用条件
联合开采	向心开采	采砂船分别自矿体的两端向储量中心开采	矿山开采末期，仍可保持高产量； 可根据矿床地质特点合理组织，减少损失贫化	不能先选择富矿段开采； 建船的工程随采砂船数量而变化	一个矿区内有两艘以上采砂船同时开采； 矿体上下游端部封闭； 选择基坑位置时，不受征租农林、移民以及产地所属权的限制
	向心返航开采	与向心开采基本相同，但开采中须留下单采幅或多采幅矿段用作返航时开采	与向心开采基本相同	比向心开采经营费用高； 矿砂损失贫化较大	一个矿区内有两艘以上采砂船同时开采； 矿体宽度不得小于最小采幅的 2 倍； 矿体上下游端部封闭
	相背开采	多艘船同时位于储量中心，以相反的方向开采	易于利用富矿区作为首采区； 易于开采矿体两端的延伸矿量	划归每艘船开采的储量不易平衡，故矿山末期产量可能不稳定； 采掘计划复杂	采用多艘采砂船同时开采的矿床； 矿体两端没有封闭； B 级储量位于矿量中心附近； 在征租土地、移民等方面无困难； 勘探可靠，储量无大变化

在一般情况下，上行开采用得比较多，其主要原因是可防止工作面被细泥尾砂污染，可以利用尾矿筑坝提高水位，有利于尾矿场的布置等，因而可以提高采砂船的生产能力。如果矿区内有废弃的矿坑和空洞，上行开采可避免采池突然漏水而发生拖船事故。

当补给水的流量小和采用筑坝开拓时，宜采用下行开采。

2. 开拓工作

开拓工作首先要选择开拓位置，在考虑开拓的基本要求后，合理选择开拓方法。

1）开拓位置的选择

开拓位置的选择主要是考虑建船地点和工业场地的关系。开拓位置决定着矿山工程发展顺序，对矿床开采的技术经济效果影响很大。确定合理的建船地点，主要应考虑以下因素：

（1）矿床勘探程度。采砂船应安装在勘探程度较高的地段，避免开采中产生损失和贫化。

（2）矿物富集程度。为能在建矿初期取得好的经济效益，建船地点应选择在富矿段或其邻近的块段上。

（3）供水条件。矿区供水条件决定船的开采顺序，当水量不足时，船应建在上游，采用下行开采顺序。

（4）采砂船的数目。当在同一矿区采用两艘船时，应将两艘船集中建在矿区的储量中心位置，并尽可能靠近高品位地段。

(5)外部条件。建船地点应尽可能靠近公路、输电线路、河流，以保证有较好的运输、供电、供水条件。

2)开拓的基本要求

开拓工作通常是指修筑或挖掘建船所需要的基坑，并保证采砂船以漂浮状态出基坑，且工作面深度抵达矿床底板。基坑位置一般设在矿床外围附近，以减少挖掘基坑时的矿砂损失，特殊情况下，也可设在矿体内。

(1)基坑类型

基坑类型一般与船型大小、组装方式和施工设备等因素有关。基坑类型主要有平地船坞型、基坑船坞型和主副基坑船坞型三种，如图 8-30 所示。一般最常用的是基坑船坞型。

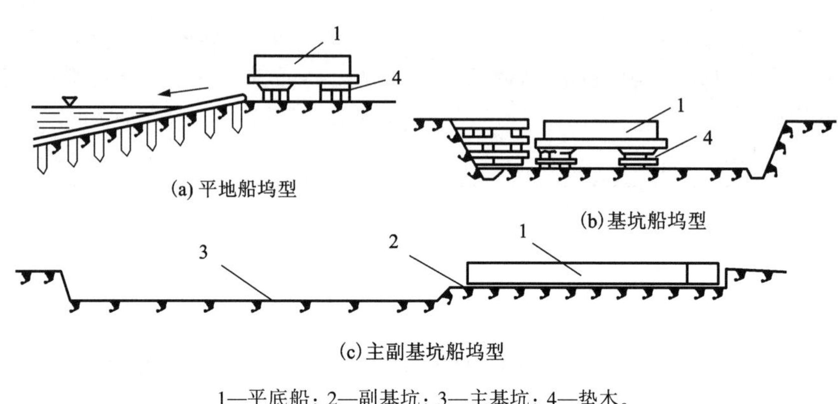

1—平底船；2—副基坑；3—主基坑；4—垫木。

图 8-30 基坑类型

(2)基坑尺寸

为确保采砂船建成后能在基坑内漂浮移动，基坑尺寸应进行精确计算。基坑长度可按式(8-45)计算：

$$L_h = 1.25\sqrt{(L_{ch} + L_w)^2 + D^2} \tag{8-45}$$

基坑宽度：

$$B_h = 2e + \sqrt{L_{ch}^2 + D^2} \tag{8-46}$$

基坑水下深度：

$$H_k = 0.8\ h_{ch} + h_d + e_b \tag{8-47}$$

式(8-45)~式(8-47)中：L_{ch} 为平底船长度，m；L_w 为尾砂溜槽长度，m；D 为平底船宽度，m；e 为船舷至基坑边帮安全间距，3~5 m；h_{ch} 为平底船工作吃水深度，m；h_d 为垫木高度，1.0~1.6 m；e_b 为备用高度，0.8~1.5 m，当土岩渗透系数大时取大值。

(3)采砂船基坑

船在基坑内建成后，要靠其自身以漂浮状态，挖掘出基坑通道并抵达矿体。同时，要求出基坑通道的宽度不能小于船的最小挖掘宽度，且通道终端工作面深度应达到矿床的底板，以实现对矿床的开采。为保证船能以自由漂浮状态出基坑，避免触及挖掘通道时排弃的废石堆，要求出基坑通道底板应按一定的加深角逐渐加深，最终抵达矿床底板，如图 8-31 所示。其加深角以不触堆为原则，一般为 7°~12°。

(4)最小安全水位

为使采砂船经常处于自由漂浮状态，如图 8-32 所示，必须至少保持平底船与采池底板之间有安全间隙 $e_1(e_1=0.5\sim1.5\ \text{m})$；保持排砾皮带机与砾石堆有安全间隙 $e_2(e_2=0.7\sim1.5\ \text{m})$；保持尾砂溜槽与尾砂堆有安全间隙 $e_3(e_3=0.7\sim1.3\ \text{m})$；保持船尾部斜面与下部尾砂堆有安全间隙 $e_4(e_4=0.5\sim0.7\ \text{m})$。

为满足上述条件，开采中常需筑坝来提高水位或船自行超挖底板。如果水上干帮高度过大，则必须由其他设备预先将表土剥离到采区以外，以防止废石堆过高而产生触堆危险。

最小安全水位是指能保证采砂船自由漂浮移动，由水面至矿床底板的最小深度，其计算公式为：

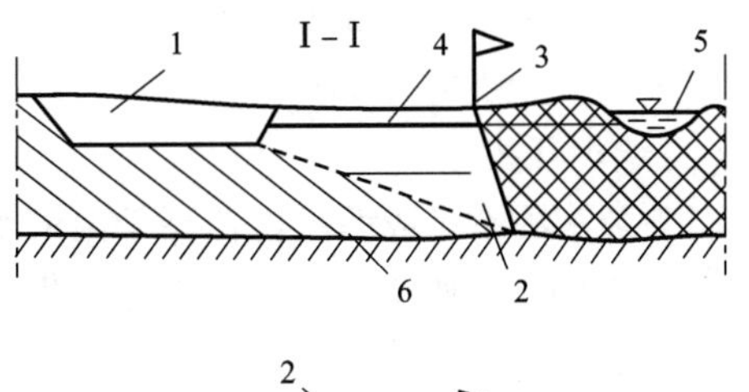

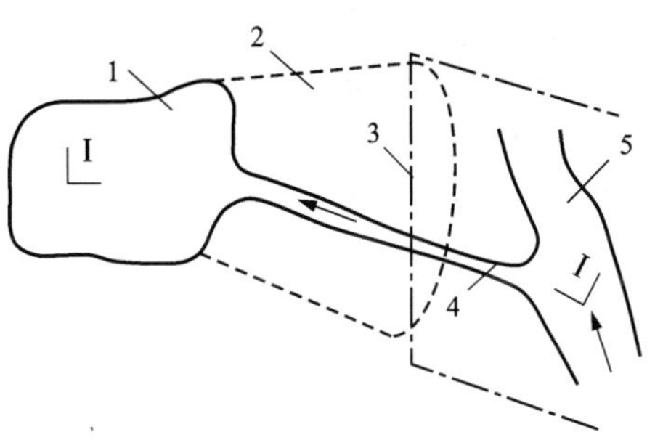

1—基坑；2—出基坑通道；3—矿体界线；4—引水渠；5—河流；6—底板基岩。

图 8-31　采砂船基坑

$$H_a = h_{ch} + e_1 + \varepsilon_0 L_a \tan\alpha \tag{8-48}$$

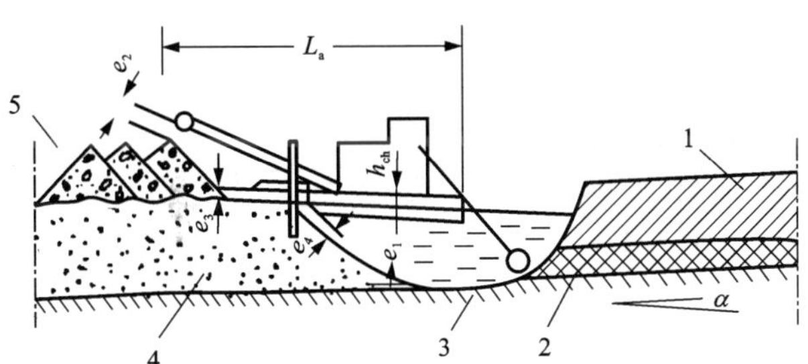

1—表土层；2—含矿层；3—矿床底板；4—尾砂堆；5—砾石堆。

图 8-32　采砂船最小安全水位

式中：H_a 为采池最小安全水位，m；e_1 为船底与采池底板安全间隙，m；L_a 为船艏至砾石堆峰的水平距离，其值可由式(8-49)计算：

$$L_a = L_{ch} + R_x + W \tag{8-49}$$

式中：R_x 为砾石卸载半径，m；W 为艉至桩柱中心距离，m；ε_0 为底板升高系数；船沿河谷纵向布置时，$\varepsilon_0=1.0$，船沿河谷横向布置时，$\varepsilon_0=0.8\sim0.9$；α 为矿床底板倾角，(°)。

3)开拓的基本方法

采砂船开采砂矿的开拓方法主要有基坑开拓法、筑坝开拓法和联合开拓法。

(1)基坑开拓法

基坑开拓法就是首先在矿体附近挖掘一个具有一定尺寸的基坑，船在基坑中安装组建，船建成后即可出基坑。之后再挖掘一条通向矿床底板的通道，通道加深角一般为 7°～12°。基坑尺寸可按前面公式计算。

基坑开拓法具有投资省、施工简单、供水容易等优点，一般适用于埋藏位置低于河流水位的矿床，如河滩冲积砂矿。

(2)筑坝开拓法

当矿区水源不足或埋藏位置高于河流水位时，如高漫滩和阶地砂矿，常需要在河谷中横向筑坝，以提高采池水位到一定高度，使船能够接近矿体，如图8-33所示。

①筑坝类型。采砂船开拓所需的筑坝，一般是渗水坝，如砾石木条坝。当渗水量较大，无法保证采池所需水位时，可采用半渗水坝，如土坝和草袋坝。

②筑坝参数。筑坝参数主要包括坝高、坝顶宽度、坝体坡度、坝间距离。

如图8-34所示，坝高主要取决于采池最小安全水位和筑坝间距，其值可由式(8-50)计算：

$$h_b = H_a - H + L_b \sin\alpha + h_v \tag{8-50}$$

式中：h_b 为坝高，m；H_a 为采砂船的安全水位高度，m；H 为混合砂层厚度，m；L_b 为两坝中心斜距，m；h_v 为备用高度，风大时，取1.2~1.5 m，反之，取0.8~1.0 m。

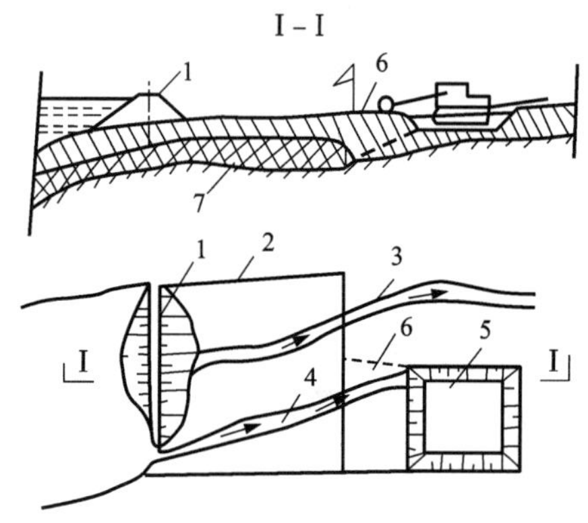

1—坝；2—矿体界线；3—河流；4—引水渠；5—基坑；6—出基坑通道；7—矿体。

图8-33　筑坝开拓法

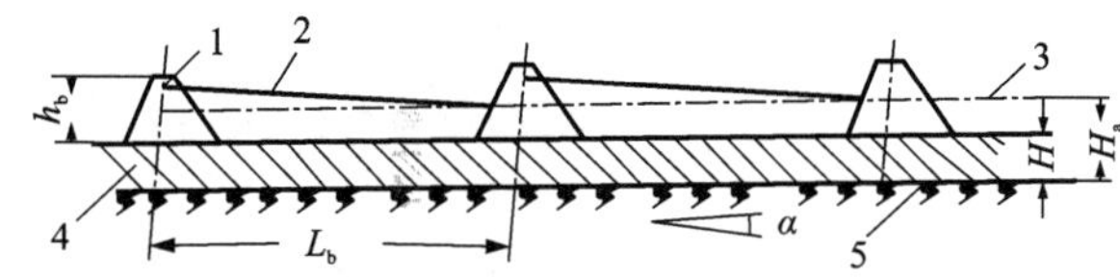

1—坝；2—水位线；3—船安全水位线；4—矿体；5—矿床底板。

图8-34　采砂船最小安全水位

坝顶宽度与坝的高度有关。当坝高小于10 m时，顶宽可为2.5 m；坝高10~20 m时，顶宽可为3 m。

为节省筑坝工程量，筑坝位置应选择在河谷较窄地段，因此要综合考虑坝高和坝间距离的合理性，尽可能使工程量最小。当坝高确定后，坝间距离可由式(8-51)计算：

$$L = (h_b + H - H_a - h_v)\cot\alpha \tag{8-51}$$

式中：L 为坝间水平距离，m。

实践表明，筑坝开拓法的主要优点是保证较深的采池水位，因此船的排尾空间较大，可避免船触礁，对地形适应性强，能较充分地回收矿产资源，有利于严寒地区冻土的防冻和解冻。其缺点是开拓工程量大，成本高。

在有些情况下，若开采所需要提高的水位不大时(小于2 m)，可利用采砂船排弃的尾砂砾石围堰来提高水位。此时只要将采池后面所有溢流通道堵死，即可提高水位。这种方法称为围堰开拓法。

(3)联合开拓法

联合开拓法是根据矿床赋存条件，取基坑开拓与筑坝开拓的特点进行联合开拓。

3. 采准工作

采砂船开采前的采准工作主要有采区清理和表土预先剥离、采区供水、供电和生产勘探，在严寒地区还需进行冻土的预防和解冻。

为使采砂船正常高效地作业，开采前必须清理开采区段内的树墩、灌木丛等障碍物，并预先剥离表土。剥离表土可采用推土机、铲运机、索斗铲和前装机等设备，其中实际应用较多的是推土机。

在严寒地区还需进行冻土的预防和解冻，这一部分内容不是重点，不再赘述。下面详细介绍采区供水的问题。

1)水量平衡

采砂船生产中除了满足船的安全水位之外，还要保证采池内的水质。生产过程中，采池水中的含泥量及杂草等会逐渐增加，将严重影响企业技术经济效益。现场测定表明，采池水中悬浮物浓度增大时，选矿回收率相对下降，因此必须及时补充清水和泄放污染水。

采池中的水量平衡条件如式(8-52)所示：

$$Q_b + Q_c + Q_k = Q_{sh} + Q_p \tag{8-52}$$

式中：Q_c 为地下涌水量，m^3/s；Q_k 为地表径流量，m^3/s；Q_b 为补充水量，m^3/s；Q_{sh} 为采池渗水量，m^3/s；Q_p 为采池泄水量，m^3/s。

由于涌水量和渗水量在生产实践中难以预测，无法确定补充水量，所以生产中一般应用补给新水量的概念。

2)供水方法

(1)引水渠供水。引水渠供水是从位置较高的水源地开掘引水渠道向采池供水，此法在我国被广泛应用。

(2)筑坝供水。在河的上游修筑拦河坝，以此提高水位来向采池供水的方法称为筑坝供水。由于投资和经营费高，需做经济比较后方可应用。

(3)水泵供水。由于采池与外部水系的高差较大，无法采用上述两种方法时应用此法。如我国桦南金矿局小型采砂船(50 L)开采砂金矿时曾应用过，其效果尚可。

(4)联合供水。同时采用两种以上方法向采池供水的方法称为联合供水法。我国常用的是拦河坝-引水渠联合供水法。

无论采取何种供水方法，开采中一定要考虑对周围水系的影响。由于船采中洗选矿砂会引起水中悬浮物(特别是淤泥)含量急剧增加，如不加处理直接排放，不仅影响下游居民的饮水水源，而且会导致河道堵塞，污水泛滥，严重影响周围居民的正常生活和农业生产。

3)供水系统

采砂船开采的供水系统有直流供水系统、循环供水系统及封闭式供水系统三大类。

(1)直流供水系统。由于直流供水系统工程量少、节约投资、工艺简单，因此在船采中应用广泛。它的适用条件是污水有足够的沉降距离，对外部水系无影响，或者砂矿床的含泥量小于5%。如果含泥量大，则必须采取设有沉淀池的直流供水系统。

①沉淀池-直流供水系统可减少下游河流的污染，如图8-35所示。应当指出，自然澄清的污水处理方法并不是非常有效的。

②沉淀池-絮凝站-直流供水，如图 8-36 所示，为了达到排放工业污水的环保要求，增设絮凝站。国外曾用过高分子阳离子絮凝剂，如苏联采用树脂和电解质[Al_2O_3、$AlCl_3$、$Al_2(SO_4)_3$]作絮凝剂，在半小时内即可收到良好效果，但费用高。

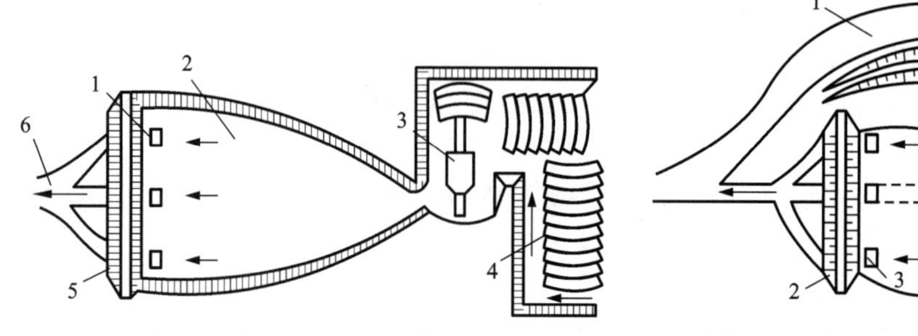

1—泄水井；2—沉淀池；3—采砂船；4—尾砂堆；5—坝；6—河。

图 8-35 沉淀池-直流供水系统

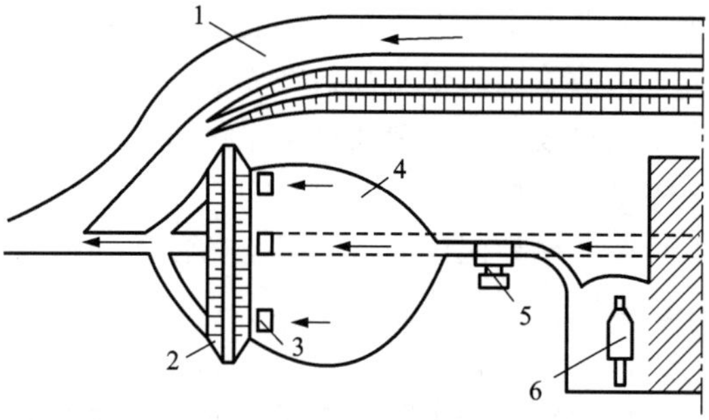

1—河流；2—坝；3—泄水井；4—沉淀池；5—絮凝站；6—采砂船。

图 8-36 沉淀池-絮凝站-直流供水系统

(2)循环供水系统。为了减少污染、节约用水，循环供水系统使污水进入沉淀池，经适当澄清后，再用水泵供给采池，而少量剩余水则由水沟排出，如图 8-37 所示。此法需建设较大的清水池和供水站，成本高，管理复杂。

(3)封闭式供水系统。其特点是采池之内污水反复使用，不用排出，外部少量的水只补充渗漏损失的水量，如图 8-38 所示。该系统适用于洗选性好的砂矿，有用金属(或矿物)的颗粒较粗，以及砂矿床含泥量很少，即采池中水的含泥量不会超过 50~200 g/L。

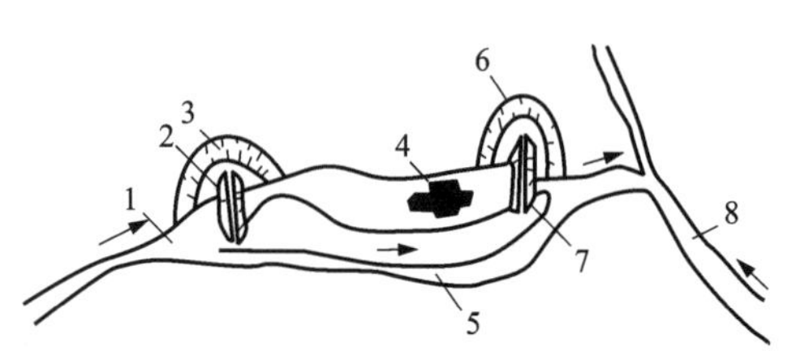

1—小溪河；2—拦河坝；3—水渠；4—采砂船；5—改河渠；6—污水沟；7—坝；8—河。

图 8-37 循环供水系统

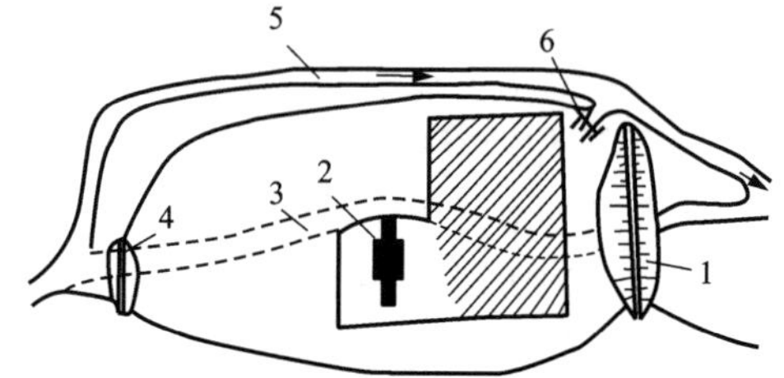

1—拦河坝；2—采砂船；3—老河道；4—坝；5—改河渠；6—有闸门的引水沟。

图 8-38 封闭式供水系统

4. 采矿方法

采矿方法是采砂船开采的主体工艺，涉及开采路线分类、开采方法、采场构成要素、排尾方法以及采矿要素。

1)开采路线分类与使用条件

一般船采中，回采路线分为纵向(沿走向)、横向(垂直走向)和混合回采路线三大类。选择回采路线时一般考虑下列因素：

(1)矿体边界的准确性和矿体宽度变化程度。勘探程度低，矿体较宽(大于 180 m)，矿体界线不清时，一般采用横向回采路线。

(2)剥离后地形高差变化程度。当机剥后地形高差超过采砂船允许的水上最大干帮高度时，为了提高矿砂回收率，应调整回采路线。

(3)矿砂损失贫化率。中层以上且较宽的矿体，当采用桩柱式采砂船单幅回采路线时，尾矿堆一般压矿，增加矿砂损失贫化率，因此常用多幅回采路线。

(4)输电线路、供水和绳窝等的施工难易性及其工程量大小往往影响回采路线的选择。

(5)机剥排土场的位置和设备效率。混合回采路线如图 8-39 所示。若用横向回采路线，表土运到矿体界线之外，推土机平均运距达 200 m，效率降低 60%；若用双幅纵向和单幅横向混合回采路线[图 8-39(a)]，其运距缩短到 100 m，可见采用混合回采路线是较佳方案。

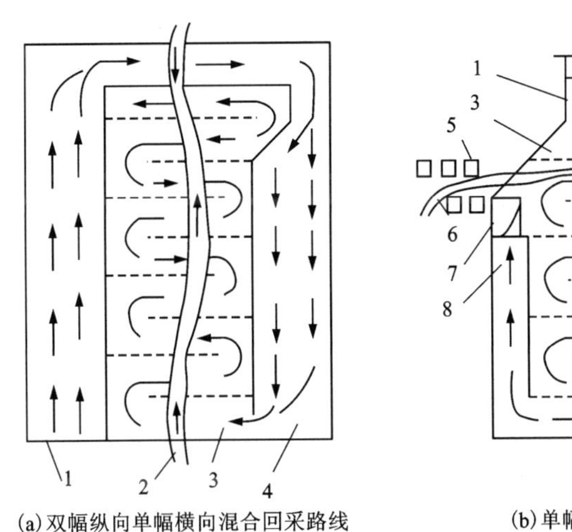

(a)双幅纵向单幅横向混合回采路线　　(b)单幅纵向和横向混合回采路线

1—矿体界线；2—河流；3—单幅横向；4—双幅纵向；5—居民区；6—公路；7—基坑；8—单幅纵向。

图 8-39　混合回采路线

(6)尽可能利用已有的交通运输等有利条件。为了充分利用公路附近的现有设施，加快基建速度，将基坑设于公路一侧并靠近居民区的矿体上部，如图 8-39(b)所示。

(7)停船时间。采砂船正常回采中需停船的因素有移步、调船、电缆换向或采幅间移船等。在同一矿段里采用不同回采路线，其停船时间差别较大。如窄矿体采用横向回采路线，比纵向法停船时间长 1.5~2.0 倍。

(8)采幅与生产能力。对于桩柱链斗式采砂船，随采幅的增宽，生产能力下降。因此，确定采幅时，需考虑采砂船生产能力对企业技术经济效果的影响。

(9)环境保护。确定回采路线时，须考虑是否有利于复垦、河道的自然疏通以及生态平衡。

2)开采方法

采砂船开采方法的分类通常是按照采砂船的移动方向和采池中布置的工作面数目划分的，其种类主要有单工作面开采法(单幅纵向、单幅横向)、多工作面开采法(双幅横向、多幅纵向、多幅横向)以及联合开采法，如图 8-40 所示。

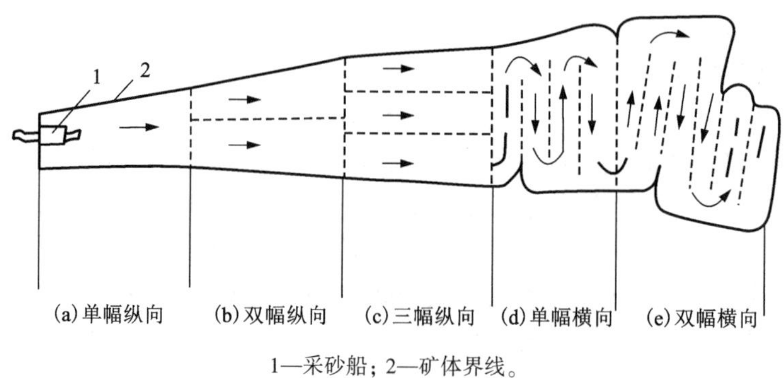

1—采砂船；2—矿体界线。

图 8-40 采砂船联合开采方法

(1)单工作面开采法

这种方法就是船以单一工作面在采池全宽范围内进行开采。相对多工作面开采法而言，单工作面开采宽度较窄，且开采时不存在来往于工作面之间的频繁调船，故该法具有时间利用率高、生产能力大、船的调头和横移钢绳敷设工作简单等优点。

该法的主要缺点是船排弃的废石分布不均匀，不利于采后复垦；当开采埋深大的矿床时，船排弃的废石易压侧部矿体，造成在开采侧部矿体时产生损失和贫化。

① 单幅纵向开采法。如图 8-40(a)所示，船是沿矿体走向上行或下行前进开采的。当矿床宽度较窄时，可一次开采矿体全宽；当矿床较宽时，应将矿床划分为几个具有合适宽度的条带，船依次对其进行开采。条带长度一般为 0.3~0.4 km。船采完一个条带后，调转 180°，再开采相邻条带。划分的条带数目应是奇数，以使采砂船能返回原来的方向，继续前进开采。

这种开采法的优点是，开采时，调船工作简单灵活；遇障碍物(如冻土)时，易于改变开采方向，对不规则矿体适应性较强；由于船沿矿体走向一次开采长度较大，故可减少船的 180°调头次数和调头时间，提高船的生产能力，简化船采管理工作。

该法的主要缺点是，当矿体界线不清时，船开采中的盲目性较大，易产生矿砂的损失和贫化；当开采埋深较大的矿体时，船排弃的废石易压侧部矿体。

② 单幅横向开采法。如图 8-40(d)所示，要求船垂直矿床走向移动开采。

这种方法的主要优点是，船可以保持较合理的挖掘宽度；对于边界不清的矿体，船在开采中可边采边探，资源回收率高；当开采中需要横向筑坝提高采池水位时，可利用船横向排弃的废石堆筑坝。

该法的主要缺点是，当矿体较窄时，船的 180°调头次数频繁，占用生产时间多并使船采的管理工作复杂；当逆向开采时，由于尾砂堆的渗水性强而不易保持采池水位。为保持采池水位，需沿走向每隔一定距离留设横向保水矿柱，于是又增加了矿石损失。

为减少采砂船 180°调头次数，单幅横向开采法要求矿床宽度大于采砂船最小挖掘宽度的 2~3 倍。

(2)多工作面开采法

多工作面开采法，如图 8-40(b)、(c)、(e)所示，要求采砂船在采池全宽范围内，以几个工作面轮流进行开采，工作面数目通常为 2~3 个，最多为 6 个。开采中工作面之间应有一定的超前距离，其值一般为 2~4 倍的移动步距。

多工作面开采时，船的调动工作如图 8-41 所示。

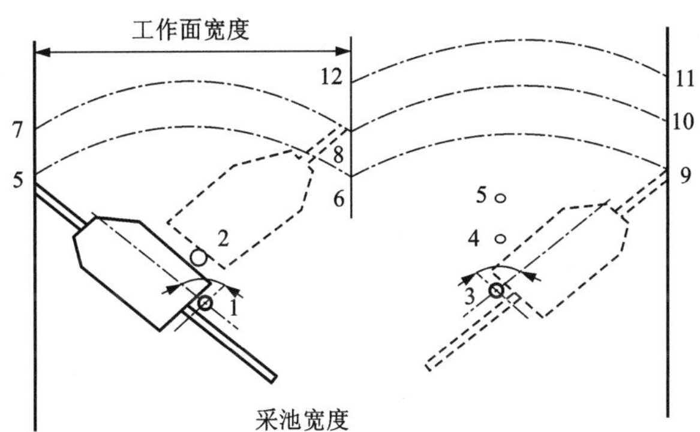

1、2、3、4、5 为采砂船工作桩依次工作的位置；5—6、7—8 为工作桩在 1、2 位置工作时的工作面位置
6—9、8—10、11—12 为工作桩在 3、4、5 位置工作时的工作面位置。

图 8-41　多工作面开采时船的调动工作

船在点 1 以右桩为工作桩开采工作面 5—6。当船向前推进 2~4 个移动步距到达 7—8 工作面的位置时，船便开始向相邻右工作面调动。调动时，先将船停在 2—6 的位置，然后提起斗桥并把它放在点 6 的位置，提起工作桩并借助横移钢绳使船向右移动。在移动过程中，可以利用斗链的正反转使船前进或后退来配合调船。最后将左桩放在点 3，此时调船工作结束。如此反复调动进行开采。船每调动一次所用时间为 20~30 min。

多工作面开采法的主要优点是船排弃的废石分布均匀，废石堆较平缓，有利于采后复垦工作；当开采深埋矿床时，可减少因废石堆压侧部矿体而产生的矿砂损失和贫化。

该法的主要缺点是船来往于工作面之间的调船次数较多，故占用生产时间长，且开采管理工作复杂；由于采池宽度较大，横移钢绳敷设工作较复杂；排弃的尾砂堆较宽，使采池的渗水损失量较大。

按采砂船开采方向平行或垂直矿体走向，多工作面开采法可分为多幅纵向开采法和多幅横向开采法。

① 多幅纵向开采法。如图 8-40(b)、(c)所示，其优点是一次可采完矿体全宽，避免了因废石堆压矿而产生的损失和贫化。其缺点是当矿体界线不清时，开采中易产生损失和贫化。

② 多幅横向开采法。如图 8-40(e)所示，其主要优点是当开采的矿体边界不清时，因船是垂直矿体走向推进，故船在开采中可边采边探。其缺点是当矿床宽度较窄时，船的 180°调头次数频繁；开采中采池之间存在因废石堆压矿而产生的矿砂损失和贫化。多幅横向开采法多用于开采宽度大于 500 m 的矿床。

(3)联合开采法

所谓联合开采法，即上述开采法的综合应用。因为沿矿体走向，矿体宽度往往是变化的，故需根据各地段矿床宽度的不同，采用不同的开采方法，于是便有了联合开采法。

3)采场构成要素

采场构成要素包括挖掘半径、采砂船移动步距、工作平台宽度、采幅宽度这四种。

(1)挖掘半径

① 桩柱链斗式采砂船的挖掘半径。桩柱链斗式采砂船的挖掘半径是指从工作桩中心到斗唇与回采面交点的水平距离，如图 8-42 所示，它是随挖深变化的函数，见式(8-53)~式(8-55)：

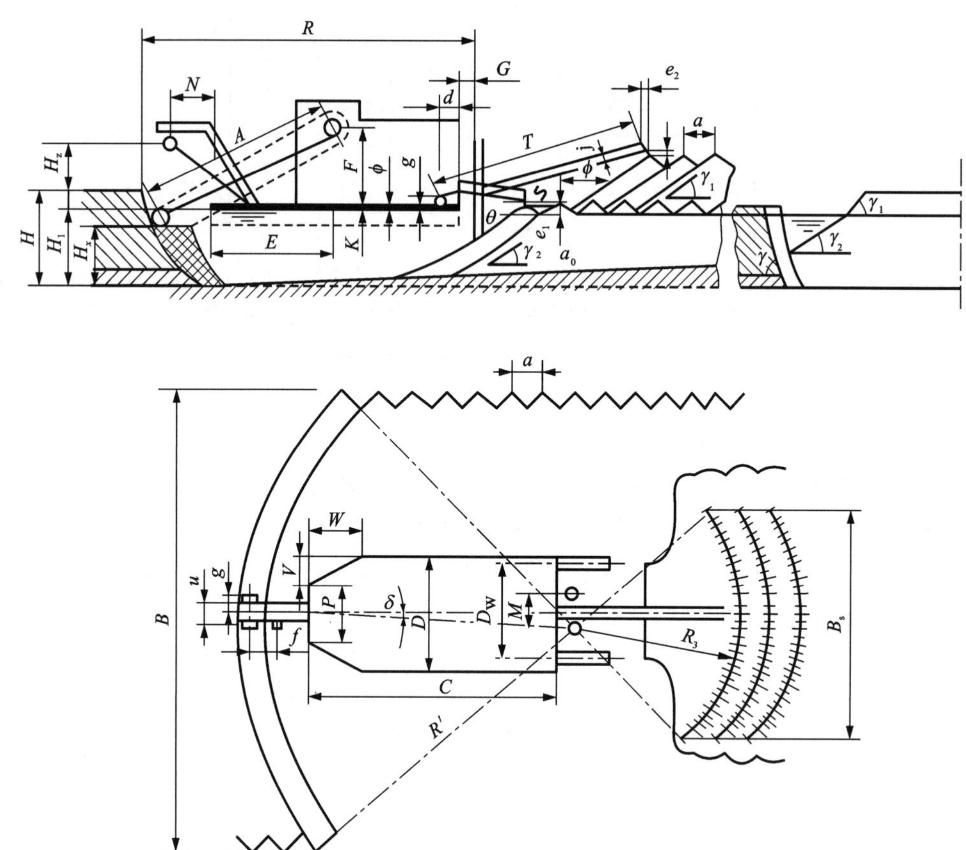

图 8-42 桩柱链斗式采砂船开采技术参数示意图

$$R = C + G - E + \left(1 + \frac{r}{A}\right)\sqrt{A^2 - (F + K - r - H_z + H_x)^2} \tag{8-53}$$

$$R_p = C + G - E + \left(1 + \frac{r}{A}\right)\sqrt{A^2 - (F + K - r - H_z + 0.5H_x)^2} \tag{8-54}$$

$$R' = \frac{R}{\cos\delta} \tag{8-55}$$

式(8-53)~式(8-55)中：R 为伪挖掘半径，m；R_p 为平均伪挖掘半径，m；R'为挖掘半径，m；C 为平底船长，m；G 为艉到桩柱中心的距离，m；r 为下滚筒挖掘半径，m；A 为斗桥长，m；F 为甲板到上滚筒中心的距离，m；K 为干弦高，m；E 为艏到上滚筒中心的水平距离，m；H_z 为干帮高，m；H_x 为不同水平总挖深，m；δ 为艏纵轴线与斗缘到工作桩连线的夹角。

由于 δ 一般小于 3°，由此产生的误差不超过 0.15%，因而设计和生产中常用伪挖掘半径。

② 钢绳链斗式采砂船的挖掘半径。钢绳式采砂船的挖掘半径分为内外两种：外挖掘半径指以艄绳绳窝为中心的挖掘半径，内挖掘半径指以上滚筒为中心的挖掘半径。由于内外挖掘半径计算较复杂，可分别按式(8-56)和式(8-57)进行近似计算：

$$R_y = L_s - N \tag{8-56}$$

$$R_n = \left(1 + \frac{r}{A}\right)\sqrt{A^2 - (F + K - r - H_z + H_x)^2} \tag{8-57}$$

式(8-56)~式(8-57)中：R_y 为外挖掘半径，m；L_s 为艄到艄绳窝中心的水平距离，m；N 为艄到艄绳滑轮中心的水平距离，m；R_n 为内挖掘半径，m；其他符号同前。

(2)采砂船移动步距

采砂船开采中，移动步距是很重要的参数。移动步距过大，将增加砂矿床底板上矿石的损失，而砂矿底层一般含矿品位较高，特别是砂金矿；移动步距过小，会增加船的非生产时间，降低采砂船的效率。

① 桩柱链斗式采砂船的移动步距 a(见图 8-43)

在实际工作中，由于条件是多变的，如底板的软硬、砂矿品位的高低、开采的深浅等不同，因此同一类型采砂船的移动步距不应统一为一个固定的移动步距，应视情况区别对待。底板上砂矿品位高，移动步距要取小值；挖深大，即斗桥倾角已接近其临界值，移动步距应取小值，反之取大值；采用分层回采法时，移动步距不应大于下导轮挖掘半径的 2 倍；对埋藏浅和品位低的砂矿(小于额定挖深)，移动步距不应大于下导轮挖掘半径的 3 倍。故合理的移动步距可用式(8-58)表示：

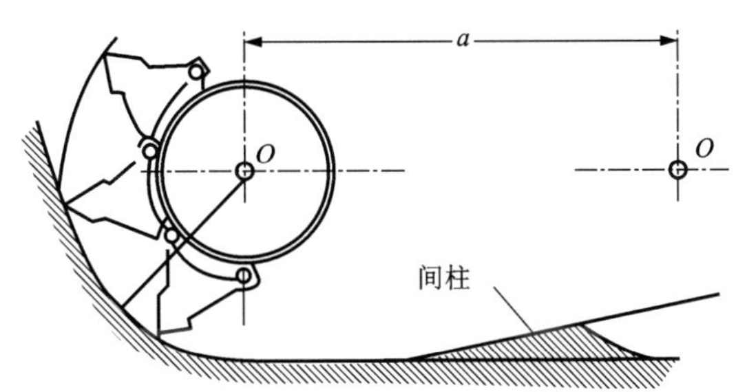

图 8-43　移动步距之间的间柱

$$a = (1.8 \sim 2.8)r' \tag{8-58}$$

式中：r'为下导轮挖掘半径，m。

② 钢绳链斗式采砂船的移动步距

钢绳链斗式采砂船移动步距的确定原则与桩柱链斗式采砂船类似，差别在于钢绳链斗式采砂船的回采工作平台宽度保持不变，移动步距通常比桩柱式采砂船小。

桩柱链斗式采砂船的常用移动步距见表 8-25，钢绳链斗式采砂船的移动步距见表 8-26。

表 8-25　桩柱链斗式采砂船的常用移动步距

型号或厂家	斗容或船型 /L	水下最大挖深/m	移动步距 a/m		设计取用值 /m
			船结构允许最大值	回采中常用值	
桦南金矿局	50	6.6	3.0	1.5~3.3	2.0
黑河金矿局	100	7.5	5.5	1.5~3.3	2.5

续表8-25

型号或厂家	斗容或船型/L	水下最大挖深/m	移动步距 a/m		设计取用值/m
			船结构允许最大值	回采中常用值	
150-Ⅰ	150	9.6	7.0	2.2~4.3	3.0
150-Ⅲ	150	12	7.0	2.2~4.3	3.0
长春黄金设计院	200	15	8.5	2.8~4.6	3.2
	250	12	8.5	3.0~4.8	3.5
	250A	16	8.5	3.4~5.3	4.0
	300B	21	9.5	3.4~5.3	4.0

表 8-26 钢绳链斗式采砂船的移动步距

土岩类别	土岩性质	移动步距 a/m
Ⅰ	极软	1.8~2.0
Ⅱ	软	1.5~1.8
Ⅲ	较软	1.0~1.5
Ⅳ	较硬	0.5~1.0
Ⅴ-Ⅵ	硬	0.3~0.5

(3)工作平台宽度

由于钢绳式采砂船的工作平台是呈同心圆式的，其宽度恒等于移动步距，生产效率不受采砂船回转角的影响。桩柱链斗式采砂船的工作平台是两个具有不同半径的同心圆组成的，其宽度随回转角增大而变窄，如图 8-44 所示。

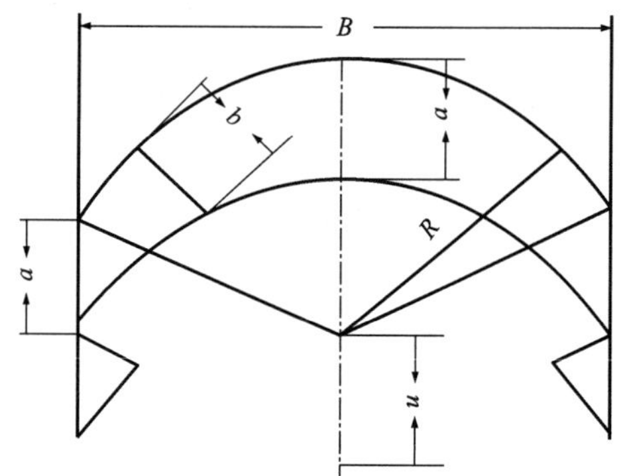

图 8-44 桩柱链斗式采砂船工作平台宽度变化示意图

采场角隅处的生产能力比采场中心附近低 10%~80%。工作平台宽度和平均宽度分别按式(8-59)~式(8-60)计算：

$$b = R + a\cos\beta_1 - \sqrt{R^2 - a^2\sin^2\beta_1} \qquad (8\text{-}59)$$

$$b_p = a \times \frac{\sin\beta_1}{\beta_1} \qquad (8\text{-}60)$$

式(8-59)~式(8-60)中：a 为移动步距，m；b 为工作平台宽度，m；b_p 为工作平台平均宽度，m；β_1 为回转半角，(°)。

(4)采幅宽度

采砂船采幅宽度有最小采幅工作宽度(正常工作所需最小宽度)、最小调转宽度(调船 90°所需最小宽度)、最大宽度(船允许的最大回转时的宽度)、最优宽度(达到最佳生产能力时的宽度）。

① 最小采幅工作宽度。最小采幅工作宽度是指始终不会把采砂船夹住的最小工作面宽度。采砂船回转到艏斜面与采池侧帮平行时，其回转角为最小回转角。此最小回转角所对应的采幅宽度即为最小采幅宽度。单工作面开采时，按式（8-61）计算：

$$B_{min} = 2R\sin\beta_{1min} \tag{8-61}$$

式中：B_{min} 为最小采幅宽度，m；β_{1min} 为最小回转半角，(°)。

② 最小调转（90°）采幅宽度。当采砂船改变其推进方向时，应保证船能回转 90°，如图 8-45 所示，按式（8-62）进行计算：

$$B'_{min} = R_{ch} + l + e_p - (a_{max} + G) \tag{8-62}$$

式中：B'_{min} 为保证调动 90°的最小采幅，m；l 为尾砂溜槽长度，m；e_p 为尾砂溜槽与采池边帮之间的安全距离，根据干帮高度，取 2~6 m；R_{ch} 为平底船底部水平的挖掘半径，m；a_{max} 为采砂船最大可能的移动步距，m；G 为船艉与定位桩中心线的距离，m。

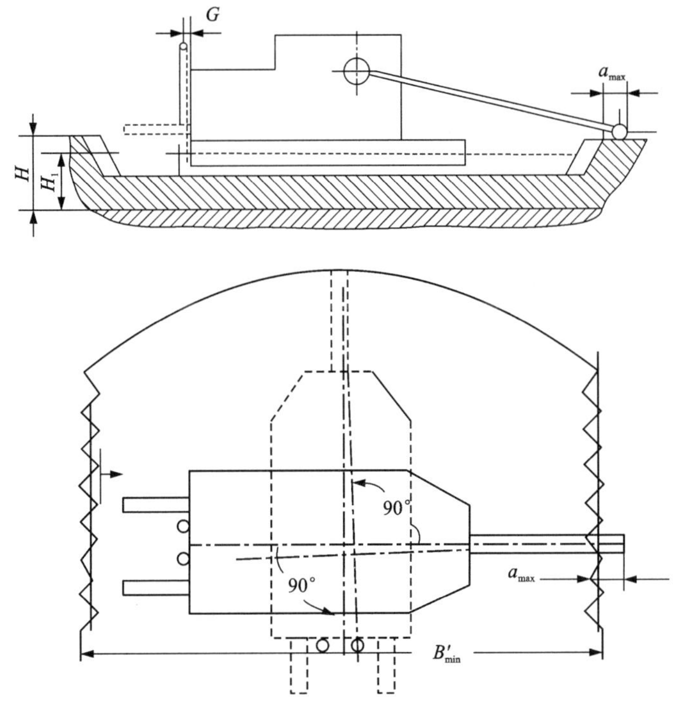

图 8-45　回转 90°采砂船示意图

我国不同类型桩柱链斗式采砂船的最小采幅宽度（水上面的）见表 8-27。

③ 单工作面最大采幅宽度。随着采幅宽度的增加，采砂船在角隅处的满斗系数将变小，船的生产能力随之下降。理论上最大回转角为 180°，但当回转角为 174°~176°时，满斗系数为零。此外，当船在角隅处工作时，绞车电机的有效利用率下降，船艏横移钢丝绳与船舷容易产生摩擦。因此，在特殊情况下，才允许采砂船以较大的调动角持续工作。

表 8-27 各类桩柱链斗式采砂船的最小采幅宽度

挖斗的斗容或船型/L	工作状态	
	正常工作①B_{min}/m	回转 90°状态② B'_{min}/m
60	30.5	40.0
100	40.4	45.6
150 Ⅰ	43.0	63.5
150 Ⅱ	42.5	65.9
150 Ⅲ	39.9	71.1
250	55.7	66.6
300	49.1	56.2
引进 300	80.0	80.0

注：① 计算时取船艏斜面与采池边帮凸出部分的间隙为 1 m；② 计算时，取 e_p 为 2 m。

对于桩柱式采砂船，在机械设备和设施许可范围内，最大采幅宽度的生产效率不能比合理采幅宽度的生产效率低 10%～15%。

在实际生产中，我国桩柱链斗式采砂船的最大回转角在 110°和 120°之间波动，保证挖斗的挖掘满斗系数最低在 0.5 以上。最大采幅宽度如式(8-63)所示：

$$B_{max} = 2R\sin\beta_{1max} \tag{8-63}$$

式中：R 为采砂船的挖掘半径，m；β_{1max} 为最大回转半角，(°)。

④ 最优采幅宽度。保证采砂船昼夜生产能力最高的采幅宽度称为最优采幅宽度。最优回转半角可分别按式(8-64)或式(8-65)计算：

$$\beta_{1u} = 47.8\sqrt[3]{1000\frac{v_p h}{RH_c}\left(t_1 + \frac{H_c}{h}\times t_2\right)} \tag{8-64}$$

或

$$\beta_{1u} = 12.2\sqrt[3]{1000\frac{v_p d_j nh}{v_s RH_c}\left(t_1 + \frac{H_c}{h}\times t_2\right)} \tag{8-65}$$

式(8-64)和式(8-65)中：H_c 为采空区高度，即实际采挖厚度，m；t_1 为一次移步时间，min，t_2 为分层回采时，船在角隅处一次的停船时间，min；β_{1u} 为最优回转半角，(°)；h 为斗架下放值，m；v_p 为平均横移速度，m/s；v_s 为斗链线速度，m/s；n 为卸斗速度，个/min；d_j 为链斗节距，m；其余符号同前。

已知最优回转半角，按式(8-66)计算最优采幅宽度：

$$B_u = 2R\sin\beta_{1u} \tag{8-66}$$

式中：B_u 为最优采幅宽度，m；其他符号意义同前。

我国桩柱链斗式采砂船的采幅宽度见表 8-28。

表 8-28　我国桩柱链斗式采砂船采幅宽度

船型及斗容(L)	最大采幅		最小工作采幅		最优采幅		备注
	回转角/(°)	采幅/m	回转角/(°)	采幅/m	回转角/(°)	采幅/m	
桦南 50	115.533	50.22	64.142	31.52	43.213	21.86	取采砂船设计挖深；移动步距取设计推荐值；以水面为基准面。
黑河 100	123.819	62.00	75.058	43.30	58.071	34.11	
桦南 150 Ⅰ	119.373	80.40	53.742	42.10	50.620	39.82	
桦南 150 Ⅱ	113.313	80.40	47.747	38.95	47.096	38.45	
桦南 150 Ⅲ	111.555	88.00	41.028	37.30	45.483	41.14	
长黄院 200	113.358	94.60	41.834	40.42	46.360	44.56	
珲春 250	110.195	91.60	58.931	54.94	40.699	38.84	
长黄院 300A	115.304	105.20	45.185	47.84	39.154	41.73	
长黄院 300B	109.416	116.80	43.241	52.73	39.394	48.22	

4）排尾

采砂船开采中，需及时地将筛分选别下来的废石和杂物排弃到船艉采空区，而后必须进行采后复垦工作。目前采砂船的排土方法主要有常规法和反常规法，如图 8-46 所示。

（1）常规法。如图 8-46（a）所示，其特点是由尾砂溜槽将选别后废弃的尾砂排弃到采空区下部，而大于圆筒筛孔的筛上砾石和杂物，则由排砾皮带机排弃在细尾砂堆上。这种排土方法的缺点是，由于砾石堆在排土场上部且孔隙较大，经平整复垦后，因其渗水性较强，不利于农田的保墒和农作物生长。

（2）反常规法。如图 8-46（b）所示，其特点是筛上砾石和杂物由砾石溜槽排弃到采空区下部，而选别后废弃的尾砂则由砂泵扬送，并经水力旋流器扩散排弃到砾石堆之上。由于细尾砂在排土场上部，且有一部分细尾砂渗入充填到下部的砾石堆缝隙中，使排土场结构致密和孔隙小，故经平整复垦后，农田易保墒。

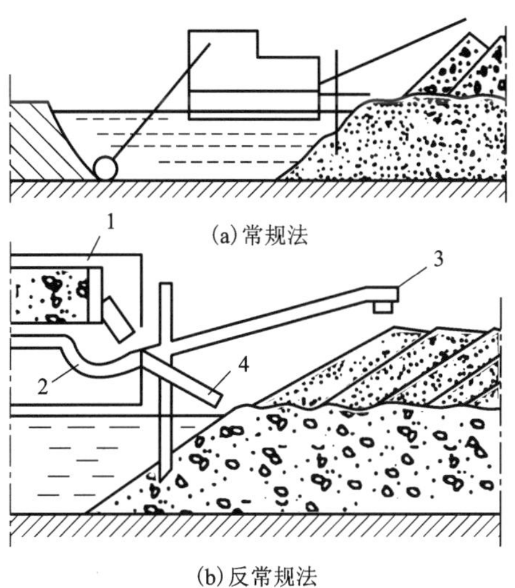

1—圆筒筛；2—砂泵；3—旋流器；4—排砾石溜槽。

图 8-46　排土方法

5）采矿要素

（1）最小采幅。最小采幅的确定一般考虑两种因素：其一是尽量使采砂船最小采幅小于或等于最优采幅；其二是结合矿床类型及网度确定切实可行的最小采幅。

（2）最大挖深。最大挖深是决定如何选择采砂船结构和斗容大小的关键性参数。一般应考虑如下因素：

①以正常潜水位为基准，比较不同挖深时可采储量的大小来确定最优挖深。

②备用挖深一般为 1~4 m，根据各时期的水位变化幅度选取。

(3)砾石皮带长度和尾砂溜槽长度。根据矿砂粒度分级、土岩容重、安息角、松散系数和含泥量等参数，以不同的回采方法验证砾石皮带长度和尾砂溜槽长度。

8.4.4 生产能力确定

矿山生产能力除了与采砂船的类型有关以外，还与工作制度有关，可分析计算不同时段的生产能力。

1. 采砂船选型

采砂船选型就是根据开采矿床的具体条件，经技术分析比较，选择一定斗容的采砂船进行开采。

1)影响斗容选择的主要因素

(1)矿床埋深。确定斗容时，矿床的埋深应是首要考虑因素。选择一定斗容的采砂船时，必须使其水下最大挖掘深度与矿床底板埋深相适应，以充分地回收矿床资源。

(2)矿床储量。为保证采砂船开采的经济合理性，要求矿床具有足够的储量，来保证船能有一定的合理服务年限。

(3)巨砾尺寸。巨砾尺寸大，相应挖斗容积也应增大。

2)斗容的确定

不同斗容采砂船的水下挖深、合理服务年限以及对矿床储量、巨砾尺寸的要求，见表 8-17。依据砂矿床具体的开采条件，参考表 8-17 确定斗容规格合适的采砂船。

2. 工作制度

(1)日工作制度。船上工人为每日三班制；岸上工人为每天 1~2 班制；剥离工人为每天 1~2 班制；管理和服务人员为每天一班制。班工作时间为 8 h。

(2)时间利用系数。时间利用系数一般取 0.625~0.75(日纯挖掘时间为 15~18 h)。采砂船各班的纯挖掘时间有所差异，一般早、晚班较长，白班最短。

(3)年工作天数。矿山年工作 306 d 或 330 d，采砂船年工作天数一般为 200~300 d。

3. 采砂船生产能力

(1)小时生产能力如式(8-67)所示：

$$Q_h = \frac{60nq}{\rho}\eta_w \tag{8-67}$$

式中：Q_h 为船小时生产能力，m^3/h；n 为平均卸斗速度，28~34 个/min；q 为挖斗容积，m^3；η_w 为平均满斗系数；ρ 为土岩平均松散系数。

土岩平均松散系数可由式(8-68)计算：

$$\rho = \sum_{i=1}^{n}\rho_i h_i \Big/ \sum_{i=1}^{n} h_i \tag{8-68}$$

式中：ρ_i 为不同土岩松散系数；h_i 为不同土岩分层厚度，m。

平均满斗系数的计算公式：

$$\eta_w = \rho\sum_{i=1}^{n} h_i \Big/ \sum_{i=1}^{n} \frac{\rho_i h_i}{\eta_{wi}} \tag{8-69}$$

式中：η_{wi} 为不同土岩满斗系数。

(2) 日生产能力

$$Q_d = 24Q_h\eta_s \tag{8-70}$$

式中：Q_d 为采矿船日生产能力，m^3/d；η_s 为时间利用系数，0.65~0.75，也可按式(8-71)计算：

$$\eta_s = \frac{T_d}{24} \tag{8-71}$$

式中：T_d 为船日纯运转小时数，h。

(3) 年生产能力 Q_a

$$Q_a = Q_dT_a \tag{8-72}$$

式中：T_a 为船年平均运转天数，d。

8.4.5　应用实例

1. 案例一：海南某石英砂矿床开采

海南某石英砂矿床为滨海沉积石英砂矿床，地表广布第四系。第四系之下还有白垩系下统鹿母湾组和燕山早期第二阶段的花岗岩，分布面积约为 20 km^2。由下而上分为白垩系下统鹿母湾组泥质页岩层、第四系下更新统秀英组、中更新统北海组、上更新统八所组沉积层及全新统风成堆积层和洪冲积层。其中中更新统北海组、上更新统八所组沉积层、全新统风成堆积层及洪冲积层为主要含矿层，厚度分别为 10~25 m、0~4.5 m、0.2~2.6 m，石英砂密度为 1.60 t/m^3。

1) 采矿方法

根据本矿区的地形及水文地质条件，该矿选择采砂船开采。采砂船开采法具有生产能力强、劳动生产率高、成本低、投资小、见效快以及节能等很多优点。对供水条件好的砂矿床，采砂船开采的优越性更明显。

本矿采矿工艺流程为：推土机剥离→采砂船开采→输送管道水力输送→四流矿浆分配器→格筛→浓缩斗脱泥脱水→选矿厂原砂矿浆池。

轮斗式采砂船可以适应各种不同的土质，特别适用于三类以上的硬土挖掘，而且生产效率高、排距远。

轮斗式采砂船的特点是：

(1) 轮斗上的斗只有切削刃边，没有斗底；

(2) 轮斗上装有刮泥刀，它能将斗刃切割下的泥土刮入腔室；

(3) 轮斗上装有分布均匀的数量众多的泥斗，能保证切割下的泥土被泥泵均匀地送入管道，大块等障碍物进不了斗与斗的间隔空间，减少了叶轮堵塞概率；

(4) 轮斗有合理的切削角，无论向右横移还是向左横移，挖砂切土功效均相同；

(5) 轮斗切削力的横向分力比纵轴式绞刀小，所以可减少横移绞车拉力。由于本矿的砂层下部存在硬质层，轮斗式采砂船较其他类型更为合适。轮斗式采砂船采掘示意图如图 8-47 所示。

2) 采矿工艺流程

(1) 剥离

因砂矿直接裸露于地表，只有杂草需要清除，故采用 2 台 T160 直倾铲推土机即可。开采

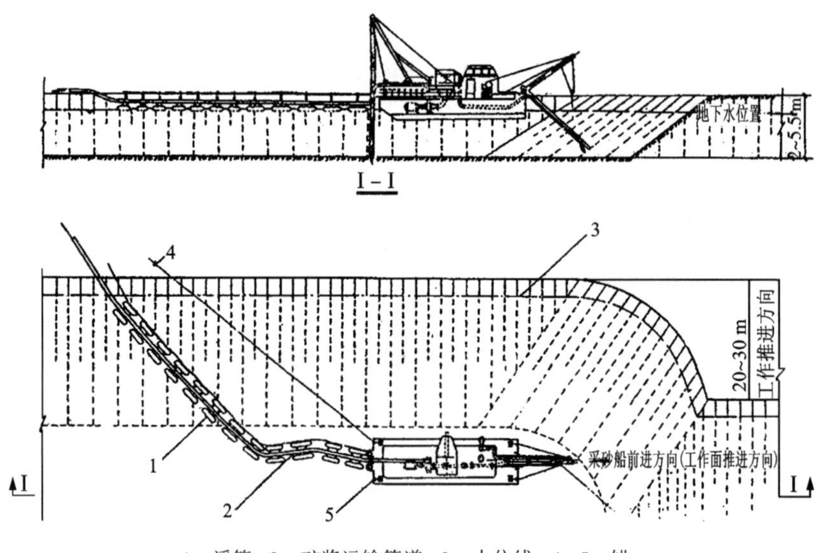

1—浮筒；2—矿浆运输管道；3—水位线；4、5—锚。

图 8-47　轮斗式采砂船采掘示意图

初期，先将表土等弃置于采区以外 100 m 左右的范围内，待采空区形成后，再有计划地将剥离物回填至采空区。

(2)基坑开拓

采砂船要进行正常的工作，需要将其安置在一定的水平上，并使其在漂浮的状态下接近矿体和进行开采。为了使采砂船处于漂浮状态，首先在矿体附近挖掘一个具有一定尺寸的基坑，采砂船在基坑中进行组建。当采砂船组建好以后，即可开始扩大基坑，并挖掘一条通向矿体的通道。为了保证采砂船工作时能自由调动，其基坑尺寸为 60 m×40 m。

(3)生产水源的补给

根据矿床水文地质资料，矿层也是主要含水层，其厚度>10 m，水位埋深为 0.50~2.85 m，单位涌水量为 0.37L/(s·m)，渗透系数为 5.35 m/d。采砂船开采初期，每昼夜需水量为 4320 m^3/d。但由于基坑较小，计算出其平均单位涌水量为 1310 m^3/d，所以至少应向基坑内添加 3010 m^3/d 的水，才能使其正常运行。但随着开采基坑的扩大，基坑内的涌水量会逐渐增多。同时，选矿车间里的脱泥水由泵回到采坑，就不再需要新的补加水了。

(4)矿浆水力输送

根据采砂船的相关参数，采区内移动管道选取 ϕ203 mm×6 mm 热轧无缝钢管，长 150 m；采区内固定管道选用 ϕ273 mm×6 mm 螺旋焊接钢管，内衬为内径 200 mm、壁厚 25 mm 的铸石管，长 600 m。原砂从采砂船采出，经水力输送管道直接输送到选矿车间的原砂脱水贮存系统，经脱泥斗浓缩后给入原砂砂浆池。

2.案例二：海南保定海锆钛砂矿开采

保定海锆钛砂矿矿区位于海南省万宁市保定海(或乌场镇)一带以南的南海近岸浅海区域，行政区划属海南省万宁市管辖。矿区内锆、铁矿矿体赋存于海底表层，基本无顶板围岩，据钻探揭露，矿体底板围岩主要为中粗砂，其次为黏土。底板围岩与矿层清晰易辨，界线清楚。矿区内大部分区域的矿体中含粉砂质黏土夹层，但一般为几十厘米厚，达不到剔除厚度，且平均品位能达到最低边界品位要求，可算入矿层中。原矿石中主要矿物成分为石英，占矿物总量的 90%以上。矿石矿物以锆英石为主，伴生有钛铁矿，可综合利用。其他少量矿物有电气石、磁铁矿、白铁石、金红石、绿泥石，微量矿物有锐钛矿、蓝晶石、石櫂石、绿帘石、磷钇矿、独居石、长石等。矿石中含泥量为 1.28%~15.27%，平均为 5.3%。

1) 矿区矿体形态特征及资源储量

矿体呈似层状，产出于保定海浅海区海底地层。平面上大致呈矩形展布，延展连续性较好，形态规则，平缓似层状产出，垂直等深线向南东倾斜，其纵向长度为 13350 m，宽度为 500~5700 m。最宽处为 5716 m，最窄处为 446 m。平均宽度为 3110 m，中部宽两端窄。矿层最厚为 19.20 m，最薄为 0.5 m，平均厚度为 10.08 m，厚度变化系数为 53.21%，属于厚度变化较大的矿体。

其中探明的经济资源量，锆英石平均品位为 1.53 kg/m^3，钛铁矿平均品位为 7.40 kg/m^3。控制的经济资源量，锆英石平均品位为 1.77 kg/m^3，钛铁矿平均品位为 7.29 kg/m^3；推断的内蕴经济资源量，锆英石平均品位为 1.92 kg/m^3，钛铁矿平均品位为 8.18 kg/m^3，以中品位矿石为特征。

2) 开采工艺

采用射吸式采掘法，射吸式属吸扬式的一种。吸扬式工程船又称直吸式工程船，是水力式吸砂中较为简单的一种，其工作原理主要是依靠船上离心力的作用，在吸入管中产生一定的真空度，经吸入管顶端的吸砂头将水底泥砂与水一起吸起并提升出水。

设计采砂船的开采工艺路线如下：

(1) 采砂船的矿块定位

进行矿区施工设计，做好采区规划，采区划分为若干个矿块，采砂船通过微波定位系统或 DGPS 定位系统或精度更高的 GPS-RTK 定位和电子图形显示器导航，航行到指定的矿块位置后，由一条或多条锚缆定位(如图 8-48 所示)。

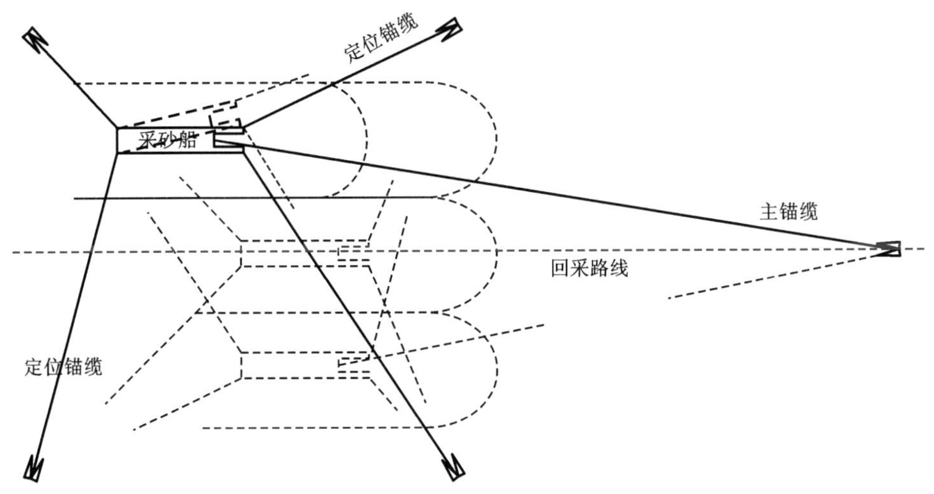

图 8-48　射吸式采砂船的工作模式

(2)吸砂头采砂及船舶移动

吸砂管悬挂在平底船前(尾)部开挡处，管上可安装水管和水击器直接侵蚀海床以增加吸砂口吸入的矿砂量，靠近吸砂口一端的吸砂管则悬挂在船上的支架或 A 形架下，借由绞车系统控制吸砂管的位置及吸砂口离底高度。吸砂作业过程中，船舶借由锚链绞车系统或者自航动力缓慢移动。

(3)原矿处理及泵送装置的输送

将砂泵射吸至水面船上的矿砂直接在船上粗选环节进行粗选。

(4)采砂船的回采路线

采砂船采用折返式移动回采路线，如图 8-49 所示。

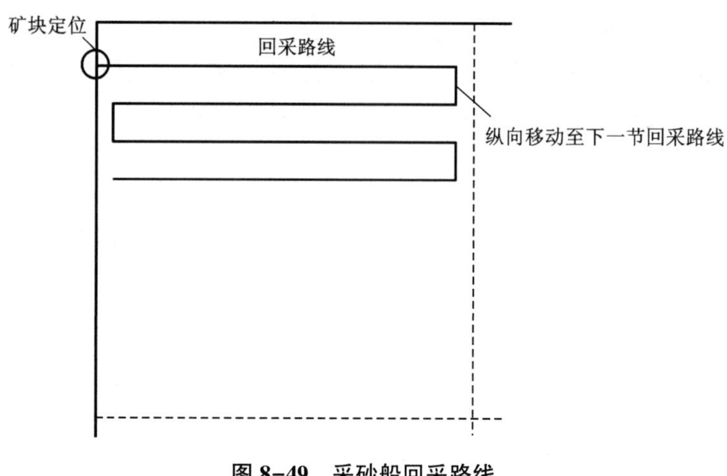

图 8-49 采砂船回采路线

3)船舶及装备选型

该矿区开采采用的是采选一体的射吸式采砂船，直接海上开采，在船上粗选后，尾矿通过管道排入采空区，粗精矿经船运上岸。采区工作的主要船舶有：一艘采选船，两艘砂驳。各船上人员的通勤，船舶淡水、油料的输送以及无动力船舶的移动等由多功能船舶来实现。

4)开拓方案设计

因滨海砂矿开采海上作业的特殊性，根据开采矿区内的矿体赋存条件、海底地形等因素，宜采用采选船直接水下开采、划分矿块、逐块开采、依次回填的开拓方式。

3. 案例三：印度尼西亚某砂矿床开采

印度尼西亚邦加和勿里洞岛附近海域的链斗采砂船开采。砂床属冲积和残积，位于分水岭处，以及谷的台地和谷中。全部采用头缆型链斗采砂船(表 8-29)，并有一支庞大的辅助船队。

首先超前一个短距离进行剥离(砂、黏土覆盖层)，继而后退采矿。采幅宽度为 100 m，船左右摆动一次需 15 min。每次下放斗架深度 80 cm，遇到硬土岩时，只下放 50 cm。前移步距为 1.5 m，在头缆上做记号，使船长掌握每次前移距离。水浅时，利用船前方的标杆核对侧向移动距离，或在侧缆上做记号。测量人员利用六分仪和海岸上高标杆的标志确定船的精确位置。

表 8-29　印度尼西亚邦加和勿里洞岛使用链斗采砂船技术指标

技术指标	卡里马塔号	达荣格号	荷兰的六艘船	美国的两艘船	邦加 1 号
长度/m	75	69.6	66	75	92
宽度/m	23	22.86	20	23.2	24.5
高度/m	4	3	4.2	3.8	4.2
最大挖深/m	30	26	30	30	40
每分钟挖掘斗数	24	17	22	30	28
柴油动力设备/kW	1409	1484	1342	1958	2792
辅助马达/kW	179	26	179	179	—

船采路线由矿床宽度而定，采用单采幅回采或多采幅推进。在正常情况下，当采用三个采幅推进时，其步骤是：先在右边采幅 100 m 宽度上向前推进，轮流剥采覆盖层和采矿，一直到采矿工作面超过中间采幅大约 30 m；然后将船移到中间采幅，采掘推进 30 m；再将船移到左边采幅，挖掘推进 60 m；随后船又回到中间采幅推进 30 m；再移向右采幅，在此推进 60 m；如此反复循环。

假期除外，全年总的工作时间利用率为 80%。开采成本组成中，工资占 34%，材料及燃料占 30%，运输占 11%，修理费用占 7%，其他费用占 18%。

8.5　砂矿床开采损失与贫化

砂矿床在开采中的损失与贫化是矿山设计和生产中必须重视的问题。当前，我国采用露天机械和水力机械开采的矿山，矿砂的损失率一般为 5% 左右，贫化率比较高，一般为 10%~20%；采砂船开采的损失率达到 5%~10%。

8.5.1　损失与贫化的原因及计算

1. 造成损失与贫化的原因

1) 造成损失的原因

从多年的生产实践中我们认识到，造成砂矿开采损失的情况有两种，一是采下损失，二是未采下损失。

(1) 砂矿采下损失的主要原因

①机械开采时，由于机械振动等影响，在装运过程中产生漏矿、撒矿而形成的损失。

②水力机械开采时，采场内矿浆漫流，渗入基岩的溶洞和裂隙中的矿砂，以及自流水力运输发生堵塞而溢出的损失。

③采砂船开采时，卸矿时的漏矿。矿砂进入圆筒筛后，在被筛分过程中产生的损失，主要包括由于矿砂被筛分冲洗不充分，使部分矿砂随筛上砾石、黏土块被排到废石堆而产生的损失以及水中悬浮细粒物的流失等。

(2) 砂矿未采下损失的主要原因

所谓未采下损失，是指还未挖掘就损失了的地质储量。比如在水力机械化开采的砂矿床中，埋深大于采砂船最大挖掘深度的矿砂，其主要原因表现在以下五方面：

① 由于矿体赋存形态的变化，如底板起伏变化大，特别是底部为喀斯特地貌的砂矿以及处于狭小低凹溶斗中的矿砂，无论采用何种开采方法都不可能清扫干净。采场的边角也常残留矿砂等。

② 渗透到坚硬底板裂隙中的矿砂或金属矿物，一般难以回收。

③ 桩柱链斗式采砂船开采时，由于其生产工艺固有的特点，在移动步距间以及相邻采掘工作面间残留的矿砂亦为未采下损失，如图 8-50 所示。

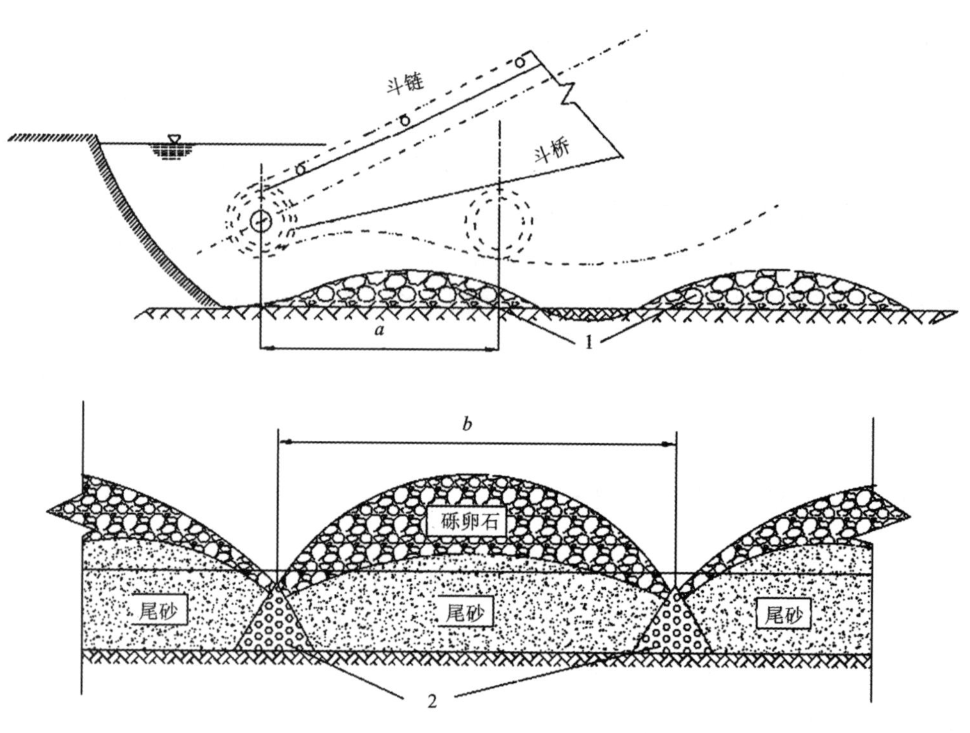

1—未采下的矿砂；2—残留的三角体矿砂。

图 8-50　链斗式采砂船开采时残留的矿砂示意图

④ 当划分块段开采时，回填采空区的废石(尾砂和表土)在边界压矿。

⑤ 在设计中为保护重要水渠、工厂等不宜迁移的建筑物所保留下的保安矿柱。

2)造成贫化的原因

从理论上来讲，砂矿开采过程中的贫化基本有以下五个原因：

① 覆盖矿体的表土未被剥除或未被完全剥除，总要留下 0.2~0.5 m 厚的矿层保护层。

② 矿体内含有较厚的土岩夹层未被剔除。

③ 开采了工业矿体圈定范围以外的低品位的矿体以及无矿的土岩。

④ 矿体的底板松软或破碎，在清底过程中混入了废石。

⑤ 由于高品位富矿的损失而使采下的砂矿贫化等。

砂矿开采中的损失和贫化主要取决于矿床赋存条件和所采用的开采方法及其工艺过程。一般来说，矿床赋存条件越复杂，矿砂的损失和贫化就越大。同时，开采中的技术管理工作也是影响损失贫化的重要因素。

2. 损失与贫化的计算

1) 基本概念

矿砂损失率是砂矿的工业储量与采出的矿砂量之差同工业储量比值的百分数，如式(8-73)所示：

$$K = \frac{Q - Q_1}{Q} \times 100\% \tag{8-73}$$

式中：K 为损失率，%；Q 为砂矿的工业储量，t；Q_1 为实际采出的矿砂量，即进入选厂的量，t。

如果采出的砂矿量 Q_1 是贫化后的量，则按上式计算的损失率为视在损失率。若 Q_1 是纯砂矿量，则计算所得的损失率为实际损失率。

贫化的实质是指在开采过程中，由于混入表土、夹层及其他未含矿或含微量矿物的土岩，而引起采出矿砂的品位降低。

视在贫化率(ρ')按式(8-74)计算：

$$\rho' = \frac{\alpha - \alpha'}{\alpha} \times 100\% \tag{8-74}$$

实际贫化率(ρ)为：

$$\rho = \frac{R}{Q} \times 100\% \tag{8-75}$$

或者按式(8-76)计算：

$$\rho = \frac{\alpha - \alpha'}{\alpha - \alpha''} \times 100\% \tag{8-76}$$

式(8-74)～式(8-76)中：α、α'分别为矿砂的工业品位和采出矿砂的品位；α''为混入矿砂中的土岩的平均品位；R 为混入矿砂中的土岩量，t。

很明显，$\alpha''=0$ 时，则 $\rho'=\rho$。在实际生产中应采用实际的损失率和贫化率指标，便于评价开采的经济效果及矿产资源利用情况。

2) 损失率与贫化率的计算方法

损失率和贫化率的计算方法，实质上是指取得参与运算的各项数据的方法，通常有直接法和间接法两种，即：

(1) 直接法。即所有参与运算的数据是通过直接测定而得到的，见式(8-77)。

$$K = \frac{Q - Q_1}{Q} \times 100\% = \frac{Q_2 + Q_3}{Q_1 + Q_2 + Q_3} \times 100\% \tag{8-77}$$

式中：Q_1 为实际采出的矿砂量，t；Q_2 为未采下的矿砂量，t；Q_3 为采下后损失的矿砂量，t。

将实际测定出来的表土、夹层等混入矿砂中的总土岩量代入式(8-75)，即可求得实际贫化率。

(2) 间接法。即参与运算的数据是根据取样化验取得的，见式(8-78)：

$$K = \left(1 - \frac{Q_1}{Q} \times \frac{\alpha' - \alpha''}{\alpha - \alpha''}\right) \times 100\% \tag{8-78}$$

贫化率仍利用式(8-76)计算。

实践证明，采用直接法计算的结果比较符合实际情况。而间接法计算的结果往往与实际出入很大，因此采用间接法时，应特别重视多年的统计数据的综合分析。间接法的优点是可以得出总的损失率及贫化率。

3)水力机械化开采时的数据采集方法

(1)未采下矿砂量(Q_2)的数据采集

由地测人员在采空区进行实际数据的采集。当砂矿床底板起伏变化不太复杂时，可以采取挖槽取样和测量的方法，分别计算出残留在底板和边角的矿砂量。但当底板起伏变化特别复杂时，实测未采下的矿砂量很困难，则可采用单位面积取样测定法，即在采空区按12.5 m×12.5 m的网度，在网点上将1 m^2 面积内的矿砂全部取出来，得到单位面积内的矿砂损失量，将各网点上矿砂的损失量平均，再用平均损失值乘以采空区的总面积，即可求出未采下矿砂量 Q_2。

平均单位面积内矿砂量损失按式(8-79)计算：

$$q_{cp} = \frac{q_1 + q_2 + \cdots + q_n}{n} = \frac{\sum q_i}{n} \tag{8-79}$$

式中：q_1，q_2，…，q_n 分别为各测点上单位面积内未采下的矿砂量，kg/m^2；q_{cp} 为平均单位面积内未采下的矿砂量，kg/m^2；n 为测点数目。

则未采下的矿砂总量，可按式(8-80)计算：

$$Q_2 = Sq_{cp} \tag{8-80}$$

式中：S 为采空区的面积，m^2。

(2)采下后矿砂损失量 Q_3 的测定

水力机械开采时，采下后矿砂的损失主要是在隔除废石时所带走的矿砂量。损失量测定方法有两种：一是直接测量单位体积废石中所含矿砂量，得出废石中的含砂率，再乘以废石总体积，即得损失的矿砂量。二是定期测定每一车废石中所含的矿砂量，再乘以废石车数，即得损失的矿砂量。前者适用于采场废石堆的测定，后者适用于水力筛隔除的废石。

8.5.2 降低损失与贫化的主要措施

1)降低损失的主要措施

① 加强生产勘探工作，及时摸清矿床边界。

② 加强底板残留矿层及富矿的回收。机械开采时，应配置推土机等清底，必要时还需配合人工清扫。水力开采时，工作面应逆底板倾斜方向推进，也应配置推土机等清理底板残矿。

③ 山坡上的薄层砂矿，在保证安全的前提下采用胶皮管小水枪冲采，搜光采尽。

④ 加强表土剥离与格筛隔除废石的管理工作，做到剥离不带矿，废石不含砂。即要求剥离时一定要留下矿层表土保护层，对隔除的废石要用小水枪冲洗，回收矿砂。

⑤ 加强矿砂装运作业的管理，减少漏矿。自流水力运输时，避免堵塞而引起浆体流失。

⑥ 加强喀斯特低凹部分矿砂回采工艺和设备的研究。

2)降低贫化的主要措施

① 加强表土剥离工作。实践证明，预先剥离表土然后采矿，除极薄表土层外都是合理的。不仅减少了贫化，而且会提高整个开采的技术经济效果。

② 加强生产勘探工作，及时掌握各块段砂矿品位的变化。在充分回收工业储量的同时，要避免大量非工业储量或无矿土岩的混入。

③ 减少采场底板废石的混入。采用水力机械开采时，若底板稳固，尽量用大水枪一次冲采干净；如果底板破碎，大水枪冲采时应留厚 1 m 左右的底板保护层，再改用小水枪冲采底板上的保护层，这样可大大减少废石的混入。

④ 采用其他机械或采砂船开采时，应根据底板是否含矿等因素，合理地确定底板超挖深度。

参考文献

[1] 袁见齐，朱上庆，翟裕生. 矿床学[M]. 北京：地质出版社，1979.

[2] 毕利宾 A. 砂矿地质学原理[M]. 周济群，等译. 北京：科学出版社，1964.

[3] 张宝林. 砂金矿与其他类型砂矿床的差异性[J]. 矿物岩石地球化学通报，1994，13(4)：205-206.

[4] 陈国山. 露天采矿技术[M]. 北京：冶金工业出版社，2008.

[5] 夏建波，邱阳. 露天开采技术[M]. 北京：冶金工业出版社，2011.

[6] 杨加庆，左琼华，朱婉明. 云南钛铁砂矿床基本特征及成因探讨[J]. 矿产与地质，2013，27(3)：222-225.

[7] Ю. А. 马马耶夫，В. С. 利特温采夫，С. И. 科尔涅耶娃，刘贺方. 技术成因砂矿床的特征及其开发原则[J]. 国外金属矿山，1995(8)：1-2.

[8] 李从先，陈刚，王秀强. 滦河以北海岸风成砂沉积的初步研究[J]. 中国沙漠，1987，7(2)：12-21.

[9] 唐川林，廖振方. 滨海砂矿开采新方法的研究[J]. 重庆大学学报(自然科学版)，1999，22(3)：79-84.

[10] 曹雪晴，谭启新，张勇，姜玉池，原晓军. 中国近海建筑砂矿床特征[J]. 岩石矿物学杂志，2007，26(2)：164-170.

[11] 胡泽松，张裕书，杨耀辉，李潇雨，周满赓. 海滨砂矿开发中应注意的问题及建议[J]. 矿产综合利用，2011(4)：3-6.

[12] 李元松，张小敏，周春梅，蔡路军. 岩土力学[M]. 武汉：武汉大学出版社，2013.

[13] TB10077—2001. 铁路工程岩土分类标准[S]. 北京：中国铁道出版社，2001.

[14]《采矿手册》编辑委员会. 采矿手册 3[M]. 北京：冶金工业出版社，1991.

[15] 黄玉山. 露天砂矿土地复垦[M]. 西安：陕西人民出版社，1994.

[16] 东北工学院采矿教研室. 国外砂矿开采近况[J]. 有色金属(采矿部分)，1975(02)：31-36.

[17] 葛鹏图. 砂矿床的露天机械开采及展望[J]. 黄金，1985，6(4)：1-10.

[18] 孙盛湘. 砂矿床露天开采[M]. 北京：冶金工业出版社，1985.

[19] 陈峰. 砂矿开采冲矿沟自流水力运输探析[J]. 有色金属设计，2014，41(4)：20-24，31.

[20] 莫友怡. 我国砂锡矿床的露天水力开采[J]. 有色矿山，1998，27(2)：1-4 .

[21] 谭福琳，李木林. 云锡砂锡矿水力机械化开采[J]. 有色矿山，1983，12(1)：15-21.

[22] 文贵强. 斗轮式采砂船在硅质砂矿中的应用[J]. 建材世界，2011，32(1)：70-73.

[23] 曾轩. 保定海锆钛砂矿资源开采系统方案研究[D]. 长沙：中南大学，2014.

[24] 张虎，王为平，王天祥. 水力机械化开采在云南锡业公司砂锡矿床的应用与发展[J]. 有色金属，1987，39(2)：1-9.

第 9 章

溶浸采矿

9.1　概述

9.1.1　溶浸采矿概念

溶浸采矿是建立在化学反应与物理化学反应的基础之上，利用某些能溶解矿石中有用成分的浸矿药剂，有时还借助某些微生物（细菌）及催化剂、矿石表面活性剂的作用，以溶解浸出矿石或矿体中的有用成分，使之从固态矿物转入浸出液中，然后回收，以达到开采目的的新型采矿方法。

与常规的开采方法相比，溶浸采矿法的主要优点为：

(1) 基建费用少，设备简单，成本较低，建矿速度快，容易实现自动化；

(2) 能源消耗量较低；

(3) 劳动条件好，作业安全；

(4) 对环境污染较少；

(5) 能较充分回收矿产资源。

溶浸采矿的主要缺点是浸出过程慢，生产周期长，而且适用条件苛刻。

9.1.2　溶浸采矿分类

溶浸采矿按浸出工艺和方法不同，可分为原地浸出、就地破碎浸出、地表堆浸、盐类矿床钻孔水溶开采、盐湖矿床开采等。

1. 原地浸出

原地浸出简称地浸，是用溶浸液直接从天然埋藏条件下的非均质矿石中选择性地浸出有用组分的地、采、选、冶联合开采方法，采出来的不是矿石，而是含有用组分的溶液，这种溶液称为浸出液。原地浸出工艺如图 9-1 所示。原地浸出有两种方式：一种是通过地表注液工程向含矿层注入溶浸液，称为地表钻孔原地浸出；另一种是抽注液工程不从地表施工，而从地下（矿床埋藏深度较大）巷道中施工，称为地下钻孔原地浸出。

原地浸出技术不是对任何矿床都适用，其对矿床的地质条件有一定的要求，即矿石（矿层）要有较高的渗透性、矿体顶底板隔水性好、矿石的组成与可浸性好等。

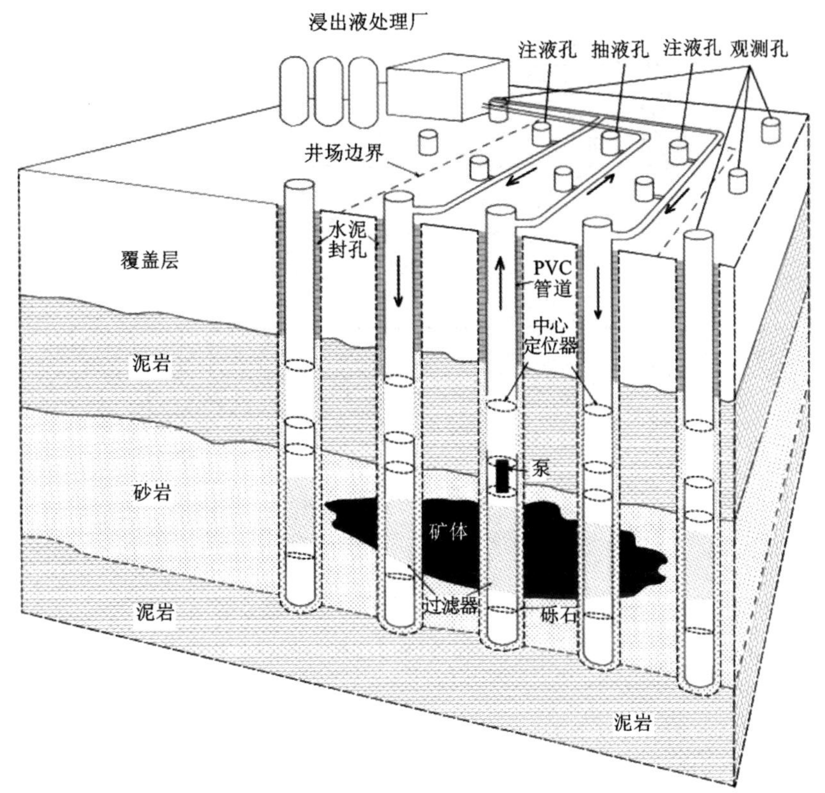

图 9-1　原地浸出法工艺示意图

与常规采冶方法相比，地浸法的主要优点有：①无井巷或剥离工程，也无须矿石与废石运输和破碎等，矿山基建投资少，建设周期短，生产效率高，生产成本低；②环保措施容易实现，基本不破坏农田和森林，无废石场和矿石场，不严重污染地面环境；③从根本上改善了生产人员的劳动和卫生条件；④使复杂易出事故的采矿工作实现化学化、工厂化、管道化、生产连续化和全盘自动化；⑤能充分利用贫矿、埋深大的孤立矿体、分散小矿体等用常规采矿法无法经济有效开采的资源。

原地浸出法的缺点：①适用条件苛刻，受地质、水文地质、矿石性质、地球化学和浸出位置等条件限制；②如果矿化不均匀，矿层各部位的矿石胶结程度和渗透性不均匀，或者矿石中部分有用组分难于浸出，或酸浸矿山部分矿石含钙量超过 3%~5%，则资源回收率比较低；③地表管线多，安装、防冻、防滴漏、维护工作量大；④地下浸出受到地球化学规律的制约比较明显，浸出速度可调节幅度较小。

2. 就地破碎浸出

就地破碎浸出法是利用露天或井下碎胀补偿空间，通过爆破或地压方法将矿石就地进行破碎，然后进行淋浸，并通过集液系统将浸出液送往提取车间，制成合格产品。

就地破碎浸出法的工艺过程包括：崩落矿块内的矿石，并运出由于爆破造成松散而膨胀的那部分矿石；安装淋浸和集液设施；矿堆淋浸；收集处理浸出液及使贫液返回作溶浸液。就地破碎浸出工艺如图 9-2 所示。

利于就地破碎浸出的矿床条件主要有：矿石坚硬易碎；矿石有效孔隙率大于 20%；团状

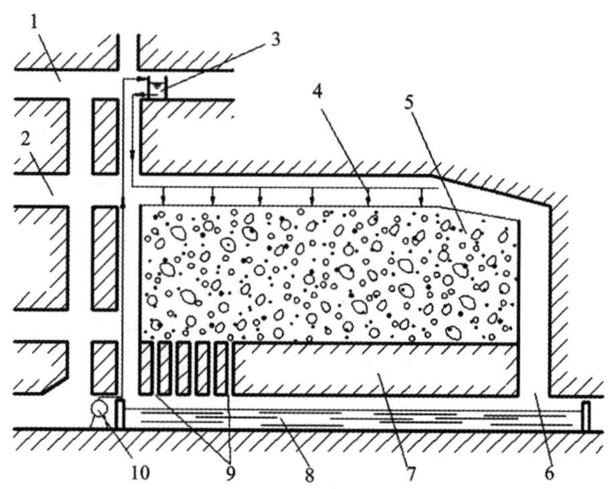

1—段；2—分段；3—蓄液池；4—喷淋系统；5—崩落矿石；
6—上山；7—矿柱；8—集液池；9—钻孔；10—泵。

图 9-2 就地破碎浸出工艺示意图

矿体，急倾斜矿体；矿石有用成分可浸性好，矿石其他物质成分不妨碍浸出；易于获得破碎矿石所需的补偿空间。

就地破碎浸出法的优点：①70%~80%的崩落矿石留在采场中，不必进行大量的搬运、井下运输和提升及地面运输工作；②既免去了采空区处理工序，又少占地面废石和堆浸场地，减少了卸堆工作量；③矿堆高度较大，可达 30~60 m，筑堆可采用大规模爆破方法，筑堆成本低；④与堆浸法相比，生产成本降低了 15%~20%；⑤由于对矿体进行预处理，改善了溶液的渗透性，其应用范围比原地浸出法更加广泛。

就地破碎浸出法的缺点：①对于缓倾斜矿体，或局部膨胀、收缩、分支矿体，可能出现溶浸死角；②为了形成必要的补偿空间，必须运出部分矿石，地表还需形成一个小堆场；③在采场中构筑矿堆难以进行人工二次破碎，矿石平均块度较大，不利于提高浸出速度和浸出率；④受井下条件限制，井下淋浸、集液、输送液管线布置制约程度较高，工作条件和环境较恶劣；⑤在浸出过程中对淋浸和集液工作面进行地压管理，工程维护量大。

3. 地表堆浸

堆浸是堆置浸出法的简称，是指在不渗漏水的场地上堆置适宜粒度的开采矿石或表外矿石，采用从矿堆顶部向下喷洒浸出剂的方法，通过浸出剂在矿石堆中的渗滤过程，选择性溶解矿石中的有用组分，使之转入溶液中，以便进一步提取或回收的一种方法。地表堆浸可分为非筑堆浸出法和筑堆浸出法，如图 9-3 所示。

非筑堆浸出法是指向未经专门筑堆的矿石和废石直接布液进行浸出并对浸出液进行回收，提取金属。

筑堆浸出法是将经过加工或粗碎、中碎的矿石或低品位矿石按一定规格和几何形状堆好，在底板经过特殊处理的堆场上进行淋浸，并从浸出液中提取出金属。其特点是堆的几何形状、尺寸、结构、堆场的规格和布液方式等均按设计和要求进行，对浸出周期和浸出率、堆场管理均有严格的规定。其工艺过程包括铺底、围堰、筑堆、淋浸、集液、提取及卸堆等。

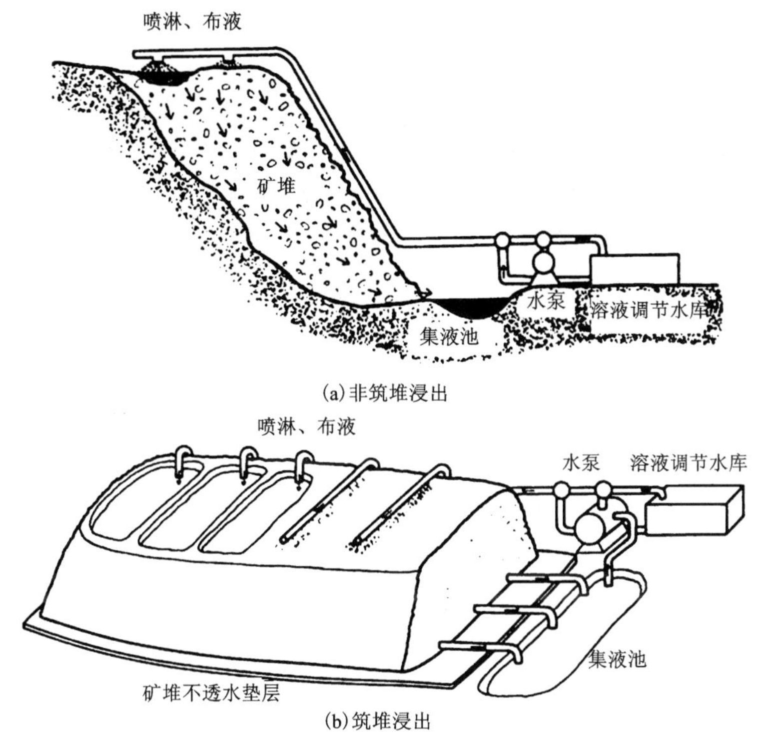

图 9-3　堆浸工艺示意图

堆浸法的适用范围：①处于工业边界品位以下，但其所含金属量仍有回收价值的贫矿或废石；②品位虽在边界品位以上，但氧化程度较深的难处理矿石；③化学成分复杂，并含有有害的伴生矿物的低品位金属矿石；④被遗弃在地下、暂时无法采出的采空区矿柱、充填区或崩落区的残矿、露天坑底或边坡下的分支矿段或其他孤立小矿体；⑤其中金属含有量仍有利用价值的选厂尾矿、冶炼加工过程中残渣与其他废料。

堆浸法的优点：①投资省、成本低、见效快、工艺简单、能耗低；②矿堆可在井下，也可在地表，尾渣可返回井下作充填料，作业安全，对环境污染少；③能回收常规采冶不能回收的贫矿、残矿和偏远地区的小矿点的矿石，提高了资源利用率。

堆浸法的缺点：浸出周期长和回收率低。

4. 盐类矿床钻孔水溶开采

盐类矿床是盐类物质在地质作用过程中，在适宜的地质条件和干旱的气候条件下，水盐体系天然蒸发、浓缩而形成的天然卤水和化学沉积矿床。钻孔水溶开采是根据大部分盐类矿物易溶于水的特性，把水作为溶剂注入矿床，在矿床赋存地进行物理化学作用，将矿床中的盐类矿物就地溶解，转变成流动状态的溶液，然后进行采集、输送的一种采矿方法。

按生产工艺，钻孔水溶开采可分为简易对流法、油(气)垫对流法、对流井溶蚀连通法、水力压裂法、定向井连通法等。

钻孔水溶开采适宜开采埋藏深度为几十米至两三千米、各种厚度、品位高、裂隙较发育的可溶性盐类矿床。矿层顶底板较稳固、难溶于水、裂隙不发育的隔水层、矿区地质构造和水文地质条件简单、无大的断裂破坏，也是需要具备的条件。

钻孔水溶开采的优点主要为：①工艺简单，钻井代替了常规的地下井巷，开拓工程量少，基建时间短，基建投资不到常规开采的1/4，生产成本下降80%~90%；②增大了开采深度，扩大了可采储量。常规开采深度超过1000 m后会遇到深部地压和地热增温等困难，而水溶开采深度已达3000 m，在一定条件下提高了矿石利用率；③改善了劳动条件，提高了劳动生产率。由于水溶开采生产工序大大简化，采矿原料和产品输送全部实现管道化，有利于生产过程的自动控制；④减轻了环境污染，盐类矿物溶解后取走，矿渣留在原地，不对地面环境造成污染。

钻孔水溶开采的缺点主要是采收率低。

5. 盐湖矿床开采

盐湖矿床是第四纪以来可溶盐分聚集于成盐盆地，矿化水经过浓缩，盐类矿物逐渐沉积而形成的现代矿床。现代盐湖矿床依矿体的产出状态可分为固体矿床和液体(卤水)矿床两大类。

固体矿床，根据矿石的采出方式和作用原理，开采方法分为直接采出固体矿石的露天法和矿石经固-液转化后以液体形态采出的溶解法两类。赋存条件简单、矿石品位高的矿床，用露天法开采；赋存条件复杂、矿石品位低的矿床，利用盐类矿物的易溶性，用溶解法开采。

液体矿床开采方法，分管井式、渠道式和井渠结合式三种。渠道式开采法只适用于开采水位埋深接近地表、含水层厚度小于10 m的潜水型含水层，水位埋深大和含水层厚度大的液体矿采用管井或井渠结合式开采法。

9.2 原地浸出采矿法

9.2.1 工艺流程和工程设施

原地浸出的工艺流程，虽因矿种和溶浸液等的不同而有所差异，但工艺流程基本相同，如图9-4所示，主要为：溶浸液在制备处配制好以后，通过地表输液管送入注液孔，溶浸液通过矿层与矿石中的有用组分起化学作用，选择性地将其溶解到溶浸液中，并在压力驱动下向抽液孔汇集，然后利用气升泵(或深井潜水泵)将浸出液提升至地表，浸出液通过富液汇集管流入沉淀池，澄清后，用泵将澄清富液泵送至水冶厂加工处理。浸出液经吸附后，合格产品经过处理压干运出，尾液通过溶浸液制备处的管道返回使用。原地浸出的工程设施主要由开采(原地浸出)系统、产品溶液水冶加工处理车间和辅助设施三大部分组成。表9-1为某铀矿原地浸出企业的工程设施。

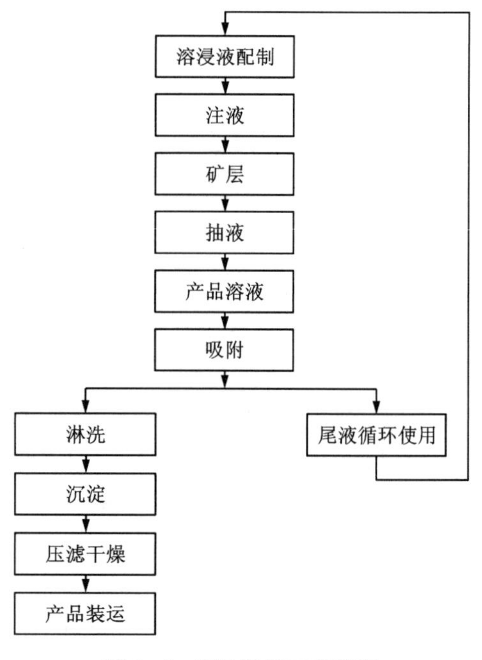

图9-4 原地浸出工艺流程

表 9-1　某铀矿原地浸出企业的工程设施

<table>
<tr><td rowspan="6">开采
（原地浸出）
系统</td><td>注液和抽液工程
（钻孔工程）</td><td>抽液钻孔、注液钻孔、观测钻孔、检查钻孔和孔口装置</td></tr>
<tr><td>溶浸液配置设施</td><td>配液设备、酸（碱）贮罐</td></tr>
<tr><td>注液和抽液设备</td><td>不锈钢潜水泵或气升泵，耐腐蚀定比例泵</td></tr>
<tr><td>输送管道</td><td>溶浸液输送管，抽出液输送管，压缩空气输送管（如使用气升泵），供水、供热管</td></tr>
<tr><td>各种用途贮池（槽）</td><td>配液池和注液池，抽出液沉淀池和贮存池</td></tr>
<tr><td>自控装置</td><td>电脑控制室，溶浸液配置自动装置，抽液和注液自控装置，向水冶车间自动输送产品溶液装置</td></tr>
<tr><td>水冶车间</td><td colspan="2">因矿种、溶浸液和产品溶液类型不同，水冶设施也不同，处理含铀产品溶液的常用水冶设施有：产品溶液贮池、离子交换树脂吸附塔和淋洗塔、酸（碱）和其他原材料贮槽、淋洗液配置和贮存槽、沉淀池、压滤干燥设备、化验分析室以及产品库等，此外还有“三废”处理设施</td></tr>
<tr><td>辅助设施</td><td colspan="2">运输道路、车辆和车库、输电线路和供电所、供水设备、加工修理间、备用材料设备库、洗澡卫生间，以及各项生活设施（只供生产人员使用的设施）</td></tr>
</table>

9.2.2　主要工艺技术

1. 钻孔工程

原地浸出的钻孔不仅起着矿床开拓和采准的作用，而且还担负着圈定采区、控制溶浸液流动以及监控产品溶液量和质量等工作的部分任务。对原地浸出钻孔的要求是：能承受一定的注液压力，有较大的抽注液能力；能向不同品位矿石和不同渗透性的矿段注入不同数量的溶浸液；能长期保持稳定的抽注液能力。与钻孔工程有关的技术问题主要是钻孔结构、施工技术和钻孔布置。

1）钻孔结构

抽、注液钻孔以及其他可能作为抽注液使用的钻孔，目前国内外大都采用相同的结构，使之既可作抽液用，又可作注液用。原地浸出钻孔结构，系指钻孔深度和直径、套管直径和下入深度、孔壁和管壁之间的固井填料、过滤器类型等，一般分为两大类：①用同一直径的钻头钻穿矿层，然后下套管固井，在矿体部位扩孔或射孔；②用某种直径的钻头钻进至距矿层 2~5 m 处，下套管和注水泥浆固井，之后用小一级直径的钻头钻穿矿层。

钻孔深度取决于矿层埋深，直接影响钻孔的开孔直径、钻头换径次数和套管材料的选择。按不同深度分为三类：0~200 m 为浅孔，用聚氯乙烯塑料硬管作套管和过滤管；200~400 m 为中深孔，用不锈钢管或衬有钢丝的塑料管作套管和过滤管；大于 400 m 为深孔，用不锈钢管作套管和过滤管。

钻孔直径取决于矿层埋深、矿石渗透性和抽液设备等条件。对数十米深的浅孔，常设计大直径的钻孔，开孔直径为 350~400 mm，终孔直径为 200~250 mm。目前多采用小直径钻孔，下入孔内套管直径为 100~150 mm，但在矿体部位的孔径通常扩大到 400 mm 左右。

钻孔过滤器、固井和固井材料等，与供水钻孔的基本相似，要针对就地浸出特点合理选择和正确施工。

2)施工技术

原地浸出钻孔施工中的重要技术有扩孔、过滤器加工和安装、溶浸液在孔内不同部位的定量分配、水泥封孔、人工隔塞、高压射孔以及快速洗孔等。钻孔工程质量的好坏，除与钻孔结构的设计是否合理相关外，还与能否掌握和运用上述施工技术有关。

3)钻孔布置

钻孔布置是指各个钻孔之间的距离以及它们在平面上的分布形式。钻孔布置与矿体埋深、矿体形态、大小和渗透性等条件有关。对于渗透性较好的大矿体，钻孔常呈行列式排列；对于小矿体或渗透性较差的矿体，钻孔常呈网格排列，如图9-5所示，其中，实心圆与空心圆为可互换的抽液钻孔和注液钻孔。要确定技术经济上的最佳钻孔间距，需要根据与其有关的各种条件和试验参数，列出多种方案，然后进行分析比较和选择，通常采取的钻孔间距为15~20 m。

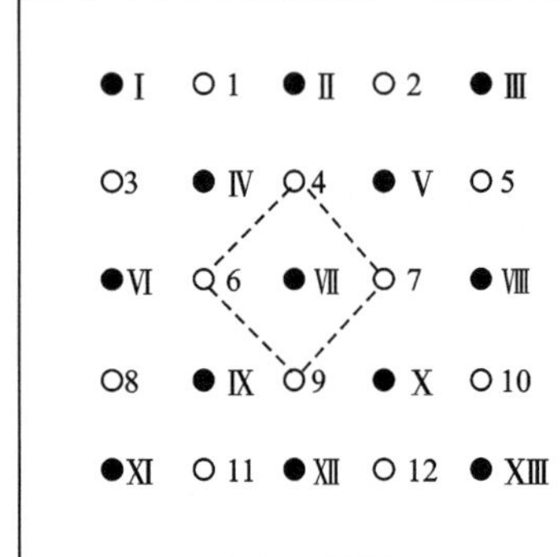

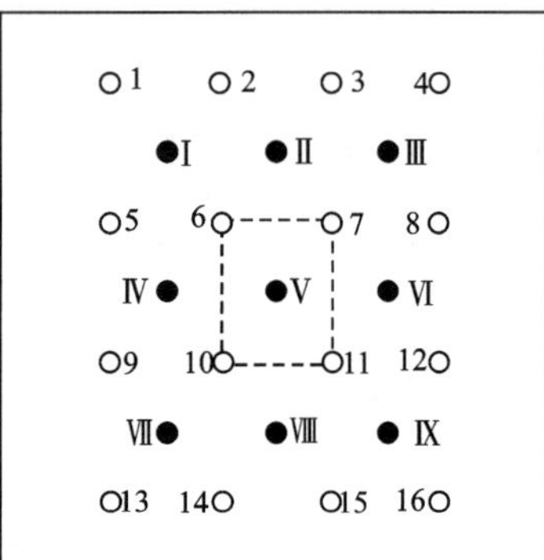

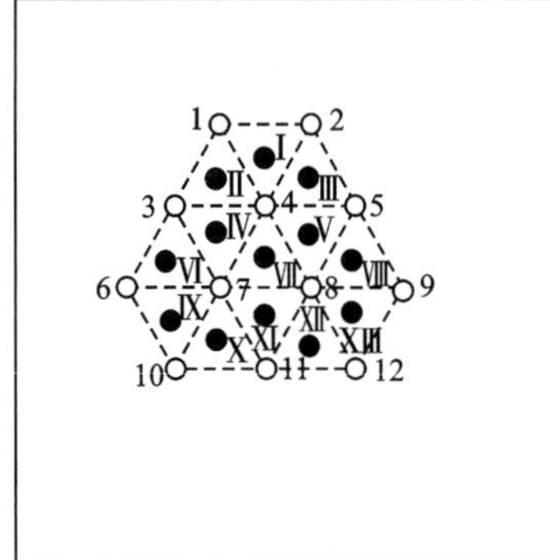

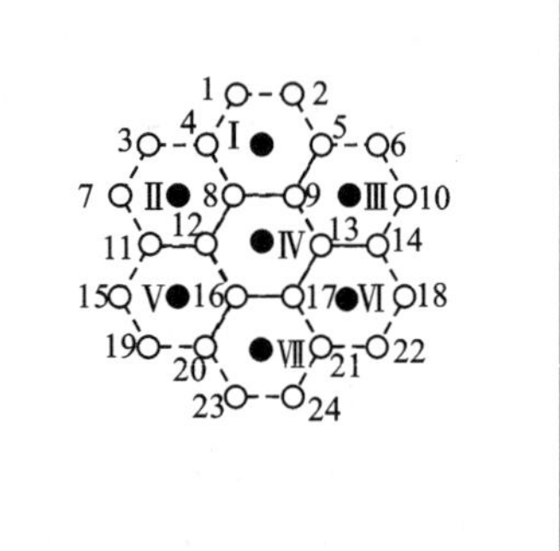

图9-5 钻孔布置形式

2. 溶浸液配备和使用

溶浸液是由天然水(最好是地下水)、矿井水或水冶厂尾液与溶浸剂和氧化剂按一定比例配制而成的。用于地浸的溶浸液，其配方和使用方法与堆浸和常规水冶厂的配方和使用方法不完全相同。

1)基本要求

用于原地浸出的溶浸液，其配方和使用方法与堆浸和常规水冶厂有所不同，必须满足如下基本要求：①保证矿石中的有用成分能较完全地进入溶浸液；②有选择地浸出；③不会导致矿层堵塞而恶化其渗透性；④对所用的材料和设备无严重腐蚀性；⑤价格便宜。

2)溶浸剂和氧化剂的选择

溶浸剂和氧化剂的选择，主要取决于矿种、矿石物质成分和化学成分等条件。用于原地浸出的溶浸剂有 H_2SO_4、HNO_3、HCl、Na_2CO_3 和 $NaHCO_3$、$(NH_4)_2CO_3$ 和 NH_4HCO_3、NaCN、KCN 等。用于原地浸出的氧化剂有氧气、高锰酸钾、含氮氧化物、三价铁盐和过氧化氢等。

用氧气作氧化剂的方法有两种：一种是把含氧剂(包括空气)压入矿层，排挤地下水，待矿石氧化后，再注入溶浸液；另一种是把地表氧化罐中的液态氧气化后，压入注液钻孔底部，使之溶于溶液中，并达到氧化矿石所需的浓度。

用三价铁盐作氧化剂，使其再生的方法有：以氮的氧化物作催化剂，用氧来氧化 Fe^{2+}；用酸性废液与 NO_2 和纯氧的混合物氧化 Fe^{2+}；在 H_2SO_4 存在的条件下，用含氧气体(如空气)和氮的氧化物氧化 Fe^{2+}；用活性炭，借助氧来氧化 Fe^{2+}；还有用软锰矿或细菌使 Fe^{3+} 再生。

3)溶浸液配方

对铀、铜、金和稀土矿，可供参考的原地浸出溶浸液配方如表 9-2 所列。

表 9-2　原地浸出溶浸液配方

矿种	配方种类	溶浸剂和氧化剂	溶浸液质量分数/%
铀矿	1	H_2SO_4 $O_2/30\%H_2O_2$	0.5~2 0.03~0.05/0.05~0.1
	2	H_2SO_4/Fe^{3+}	0.5~2/0.03
	3	$Na_2CO_3+NaHCO_3$ $O_2/30\%H_2O_2$	0.5~1.5 0.03~0.05/0.05~0.1
	4	$(NH_4)_2CO_3+NH_4HCO_3$ $O_2/30\%H_2O_2$	0.5~1.5 0.03~0.05/0.05~0.1
	5	利用空气中的氧，注入 CO_2， 也是常用的氧化剂和溶浸剂	
铜矿	1	H_2SO_4	0.03~0.3
	2	H_2SO_4/Fe^{3+}	0.03~0.3/0.03~0.05
	3	矿井水	
	4	$(NH_4)_2CO_3+NH_4OH$	0.5~1.5
金矿	1	KCN 或 Na_2CN	0.02~0.3
	2	$CS(NH_2)_2/H_2SO_4/Fe_2(SO_4)_3$	0.5~2.0/1.0~ 3.0/0.3~0.4
	3	I^-	
稀土矿	1	$(NH_4)_2SO_4$	1~5

初期使用高浓度 H_2SO_4 溶液，在注液钻孔附近的矿层中，溶浸液会含有大量铁和铝等杂

质；溶浸液向抽液钻孔运动的过程中，酸度要降低，这些杂质可能沉淀而堵塞矿层。

使用氧作为氧化剂，如注入量过少，不能满足氧化矿物的需要；如注入量超过一定压力下的溶解度，会造成气堵。因此，使用氧作氧化剂时，应保持适当的注氧量和注液压力。

9.2.3 应用实例

1. 新疆铀矿

新疆 512 矿床是我国第一座大型地浸铀矿山，矿床矿化带产于侏罗纪含铀煤层的疏松矿岩中，含水层上下均为 4~40 m 的不透水层，矿层呈东西走向，长 4 km，由南向北倾斜，倾角为 4°~19°。矿石埋藏深 110~200 m，矿石品位为 0.03%~0.15%，厚度为 0.3~8 m，含矿层渗透系数为 1.5 m/d。矿石属于高硅低钙镁硅酸盐类型矿石，铀在矿石中主要以分散吸附的形式存在，铀矿物为沥青铀矿和铀黑及铀的有机络合物。矿样中 U^{4+} 质量分数约占 65%，U^{6+} 质量分数约占 35%。

512 矿床的抽液孔、注液孔均采用相同的结构，钻孔结构以托盘结构为主。最大开孔直径为 300 mm，终孔直径为 90~150 mm，提升方式采用压缩空气提升。钻孔布置形式分别采用等腰三角形布孔和正方形布孔形式，如图 9-6 和图 9-7 所示，布孔类型参数比较如表 9-3 所列。从表 9-3 可知，三角形布孔间距小，地浸工艺钻孔数量多，建井费用高，溶浸液在矿体中没有充分反应就抽出地表，造成铀质量浓度低，也不适宜 512 矿床卷状矿体；而采用正方形布孔则较为合理。生产过程中，采用的抽液孔、注液孔数比例为 1∶2。

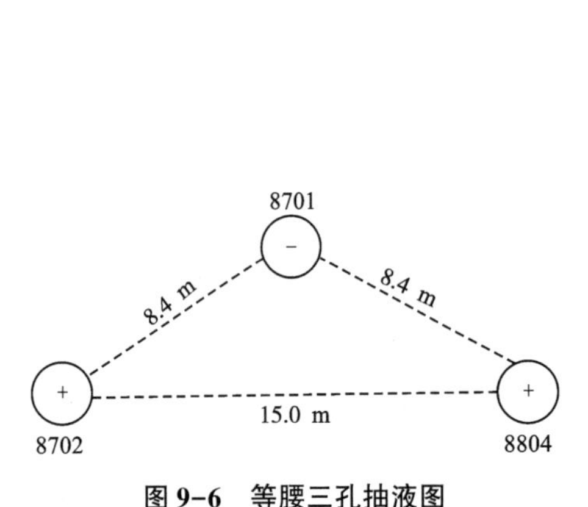

图 9-6 等腰三孔抽液图

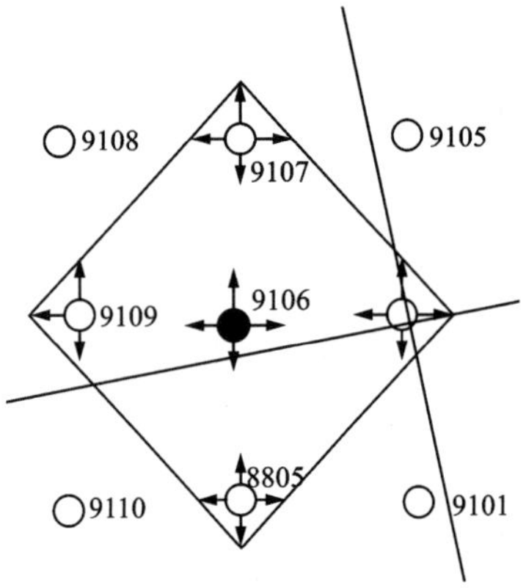

图 9-7 正方形布孔

表 9-3 布孔类型参数比较

类型	间距	循环期/d	ρ(U)/(mg·L^{-1})	抽水体积 D/(m^3·d^{-1})	渗透系数/(m·d^{-1})	试验天数/d	金属量/kg	钻孔结构
等腰三角形	8.4 m×8.4 m×15.0 m	7	30~35	3	1.0	132	110.59	充填式
正方形	25 m×25 m	15	45~55	5	1.6	96	304.66	托盘式

根据 512 矿床含矿层岩石特性，开采时采用硫酸浸出，矿石不仅耗酸量少，且在浸出过程中不易产生化学堵塞。溶浸采铀工艺分为三个阶段，第一是酸化阶段，第二是强烈溶浸阶

段，第三是溶浸完成(洗涤)阶段，其中酸化阶段是工艺流程的关键阶段。根据512矿床地质特征，在酸化阶段，配制15~20 g/L高酸度的溶浸剂注入矿层以加快酸化速度、缩短酸化时间，使采场尽快投入生产使用，512矿床酸化时间在40~45 d，就可以使浸出液pH≤2，结束酸化阶段；进入强烈溶浸阶段时，矿层大部分铀金属已被溶解，在这一阶段，保持一定的酸度，防止铀金属因酸度过低(pH>2时)，而产生再次沉淀；当浸出液中的铀质量浓度下降到处理标准后，采场进入第三阶段，即溶浸完成阶段，在此阶段，溶浸剂配制方法是在溶浸液中不加酸，利用余酸将矿层中的铀金属洗涤出来，并且慢慢恢复地下水。

2. 六汤稀土矿

六汤稀土矿位于广西壮族自治区崇左市，属低山丘陵地貌，矿区的风化壳离子吸附型稀土矿床的赋矿层位是中酸性火山岩体的风化壳。矿体形态呈港湾状、不规则状，矿体埋深一般在0~5 m，矿体东西长2.6 km，南北宽0.93~2.3 km，倾向随风化岩体朝向各有所异，倾角为0~25°；平均矿厚4 m，离子相品位为0.03%~0.244%。矿体上方为黏土层(残坡积层)及全风化层，底板为半风化层或原岩。六汤稀土矿采用1%~2%的硫酸铵液浸矿，网格布孔的方式注液，收液系统主要为集液巷道加导流孔组合方式，同时设置观测井和环保井进行三级监测。

工程措施主要包括供液与供水工程、注液工程、集液与母液输送工程、避水、监测工程等。

(1)开采单元划分。矿山在划分采场时，根据实际生产情况布置浸矿矿块，规格布置为宽(40~90)m×长(50~200)m，单个采场布置的浸矿矿块个数为1~4个。

(2)供液与供水工程。高位水池一般设置在矿区地形标高较高处，有效蓄水量应能满足矿山至少一个班的浸矿用水量。供液与供水管网：水冶车间浸矿液配液池制备的浸矿液，用泵送至高位池，输送管采用PVC管，敷线方式为地上敷设，按一定间距设置止回阀。

(3)注液工程。注液孔分布采用菱形均匀布置，孔径为ϕ300 mm左右，孔深为0.5~3.5 m，网度为2 m×2 m。每个注液孔安装注液管道及闸阀控制注液量。注液管网由注液管自流至各个注液孔，注水管与注液管共用，注液管采用PVC管，分类总管、支管和注液分管管径分别为ϕ110 mm、ϕ25 mm、ϕ18 mm，敷线方式为地上敷设，可移动，可重复使用。

(4)集液与母液输送工程。集液巷道布置在矿体下盘半风化岩石中，巷道断面规格为1.2~1.8 m，长度根据矿体的延伸而定，一般主平巷长60~200 m，间距为20~25 m。再在集液主巷中按8~15 m的间距，在两侧布置垂直收液支巷；若矿体底板倾角稍大，集液叉巷距矿体较远，不利于矿液渗漏，必要时可在巷道顶板施工扇形钻孔，形成网格状收液系统。巷道底板修浅沟(梯形断面，尺寸规格为0.2 m×0.3 m)，并且刷上水泥砂浆，形成人工防渗假底，在浅沟铺茅草等，同时在浅沟上加盖水泥盖板，集液巷道在掘进过程中根据现场实际情况进行局部砌碹支护。

集液导流沟断面为梯形，尺寸规格为0.2 m×0.3 m。集液导流沟刷上水泥砂浆，并以HDPE防渗膜进行覆盖，形成人工防渗假底。所有的集液导流沟沟顶铺顶盖，防止雨水进入收集系统。母液中转池一般布置在采场外最低的位置处，池的容积按照浸矿液的流量来进行设计，母液中转池采用砖混结构，池直径为13~16 m，深4 m，池底和池壁使用HDPE防渗膜进行覆盖，防止浸矿液腐蚀池壁和池底。母液输送是通过母液输送管将母液中转池中的浸出母液泵送至水冶车间除杂池。在母液输送管线路沿线低洼处，适当布置事故井，在管线破损泄漏时可以收集母液。

(5)避水和监测工程设置。在集液导流孔口上部采场水平长方向布置一条0.2 m×0.3 m的梯形断面避水沟，长度与集液导流沟相近，以防下雨时雨水流到集液沟。母液监测采用三级监控收集系统：第一级为集液巷道母液监控收集系统；第二级为水平孔监控收集系统；第三级为垂直孔监控收集系统。

浸矿完成后立即对注液孔进行回填、复垦。矿块闭坑后，对集液沟、集液巷道等进行回填、复垦。母液中转池等永久性废弃地形成后及时覆土、及时复垦。注液孔回填时，先注入一定量的碱性液体，然后在回填土中拌入适量生石灰回填注液孔，具体用量根据现场而定。

3. 钱家店铀矿

钱家店铀矿床是我国首个工业化应用 CO_2+O_2 地浸采铀工艺开采的现代化矿山。钱家店的砂岩型铀矿体平均埋深为285 m，平均厚度为9.01 m，平均品位为0.03%，平均含铀量为4.95 kg/m³。矿体厚度较稳定、矿化均匀、岩性变化小、渗透性均匀。矿体发育比较稳定、连续，产状近水平，倾角小于10°，矿层渗透系数为0.18 m/d。含矿砂体顶底板为泥岩，分布连续，厚度为6~8 m，为天然隔水层，厚度较稳定，隔水性能较好。含矿含水层水位埋深为5.39~7.06 m，承压水头高度为232.98~264.28 m，渗透系数为0.025~0.233 m/d，涌水量为27.20~108.86 m³/d，单位涌水量为0.01~0.036 L/(s·m)。

铀矿床主矿体中碳酸盐质量分数平均为4.03%，铀矿石中铀的存在形式主要有铀矿物、吸附铀及含铀矿物。铀矿物为沥青铀矿，吸附铀主要为有机质和黏土吸附。矿石中 $w(U^{6+})/w(U^{4+})$ 为0.26%~1.11%，平均为0.767%。

井场钻孔布置采用七点型的布置方式，单井注液量平均为2~4 m³/h，抽注比为1∶2.5。抽液井开孔直径为311 mm，抽液井采用填砾式钻孔结构，套管为 ϕ148 mm×10 mm PVC管，管箍连接，矿层位置段采用 ϕ160 mm环形外骨架过滤器设计，过滤器周围投放3~5 mm直径的石英砂，浸出液采用潜水泵提升；注液孔开孔直径为215 mm，安装 ϕ100 mm×10 mm PVC套管，环形外骨架式过滤器，填砾式钻孔结构。

针对矿床碳酸盐和地下水中 HCO_3^- 含量高的特点，采用了 CO_2+O_2 浸出工艺。浸出过程中利用天然铀矿层地下水中的 HCO_3^- 作为浸出剂，通过加入少量 CO_2 来补充 HCO_3^- 在浸出过程中的消耗；浸出过程加入 CO_2 是保证溶液中 HCO_3^- 平衡的有效方法，二氧化碳采用直接管道加入法，配置浓度为0.2~0.4 g/L，可控制地下水中pH在中性范围，水溶液中主要成分为 H_2CO_3 和 HCO_3^-，几乎不存在 CO_3^{2-}，维持了一个有效避免沉淀产生的环境，抑制了 $Ca(Mg)CO_3$ 的生成。氧气配制浓度为0.2~0.4 g/L，在注入井井口经水力切割器与浸出剂混合，再经钻孔内注氧管注入含矿含水层。

现场的运行数据表明，七点型的井网布置方式适用于钱家店铀矿床的开采，地下浸出剂的覆盖率大，采区范围内溶浸死角小，能均匀浸出抽注单元内的金属，单位金属钻孔费用及钻孔服务年限合理，且满足了抽注平衡的要求。

4. 美国 Florence 铜矿

Florence 铜矿位于美国亚利桑那州皮纳尔郡 Florence 镇中心西北4 km处，其原地浸铜工程所在区域经纬度约为北纬33°02′49″，西经111°25′48″。Florence 铜矿床由氧化带和硫化带组成，硫化带位于氧化带下方，二者之间为0~16.76 m厚的过渡区。氧化带的含铜矿物主要为硅孔雀石、黑铜矿、赤铜矿、自然铜、蓝铜矿和水胆矾等，硫化带主要矿物为黄铜矿、黄铁矿、辉钼矿及少量的辉铜矿和铜蓝。氧化带和硫化带的铜品位接近，分别为 0.36% 和 0.27%。

硫化带深度大、品位低、渗透性差的特点导致其既不适用传统方法开采也不适用原地浸出的方法开采，故 Florence 铜矿原地浸出工程仅针对氧化带进行。氧化带距地表约 122 m，其厚度从 12.2 m 到 304.8 m 不等，平均厚度为 121.9 m。Florence 铜矿将利用原地浸出-萃取-电积的方式回收铜，其主要工艺设施如下：

(1)井场。在井场中，萃余液通过高密度聚乙烯管网从萃余池泵入注液井，浸出富液采用潜水泵从抽液井中进行抽取，并在管网中汇集后输送至富液池。利用抽、注液流量平衡来维持井场的水力梯度，溶液进、出溶剂萃取车间的额定流量为 41.64 L/min。

当一个区域浸出完成后，对该区域进行清洗，回收溶液并使含水层恢复到相应水质标准。清洗过程使用与浸出过程相同的抽、注液井。清洗过程是与水处理车间联合进行的，以尽量减少该过程中的淡水需求。

(2)过程溶液池。过程溶液池包括富液池和萃余池，位于井场以东，设计的溶液停留时间均为 10 h，从而为溶剂萃取车间和原地浸铜井场提供了操作上的灵活性。过程溶液池采用双层高密度聚乙烯防渗系统，符合 BADCT 标准。萃余池设有泵送系统，可将萃余液输送至井场；富液池同样设有泵送系统，以向溶剂萃取车间供应富液。

(3)溶剂萃取车间。溶剂萃取车间位于过程溶液池的东部，由四个逆流式混合澄清器和相关设施组成。该车间用于处理额定流量为 41.64 L/min，铜的质量浓度为 2 g/L 的浸出富液。

其中三个混合澄清器处于串并联结构，用于从富液中萃取铜。这一阶段有选择地将铜从富液转移到含有特定萃取剂的有机溶液中。在串并联结构中，一半富液通过两个串联的混合澄清器，另一半富液则通过另一混合澄清器。溶液混合完成后，将被输送至用于分离有机溶液和水溶液的澄清器中。分离完成后，水溶液中游离酸的质量浓度将被调至 10 g/L，并将其转移到萃余池中，循环到井场进行使用。

第四个混合澄清器用于从萃取阶段产生的有机溶液中分离铜，并将铜转移到电解质溶液中。有机溶液被强酸性的电解液除去铜，然后在澄清器中对混合溶液进行分离，除铜后的有机溶液被重新循环到萃取阶段，含铜电解液通过罐区过滤器后进入电积车间。

(4)罐区。罐区位于溶剂萃取车间的南部，由过程贮槽和辅助设施组成，以支持溶剂萃取车间和电积车间。罐区配套工艺设备由电解液过滤器、电解液换热器和有机回收系统组成。电解液过滤器用于阻止固体或有机溶液进入电积车间，有机回收系统用于回收有价值的有机物。

(5)电积车间。电积车间位于罐区和溶剂萃取车间的南部，由两排各 50 个采用永久阴极板的电积槽组成。从罐区过滤和加热后的电解液被输送至电积槽，两个整流器产生的直流电以串联的方式进入电积槽。电流由整流器流过每个电积槽中的电解质溶液，使铜从电解液转移到不锈钢阴极板上。经过约一周时间，铜将镀在阴极板上，利用起重机将阴极板由电积槽转移至自动剥离机进行铜的剥离。

(6)水处理车间。Florence 铜矿将以零排放标准运行，对原地浸铜过程产生的多余水进行水处理以实现最大化的再利用。水处理过程由中和、过滤和反渗透等工序组成，被处理的水主要来自地下水液压控制泵，及浸出完成区的清洗水和过程车间的过量溶液。

自 2017 年 9 月以来，Florence 开展了为期 1～2 年的生产测试，其包括 24 个钻孔布置、原地浸出溶液的注入和回收、99.999%纯度阴极铜的制造、地下水质量和其他环境条件的观察和监测。该阶段原地浸出井场由 4 个注液井、9 个抽液井、4 个取样井和 7 个观测井组成，每一个注液井被 4 个抽液井包围。生产测试阶段所使用的溶液由 99.5%的水和 0.5%的硫酸制成，溶浸液将被注入地下 142～366 m 的含铜区域。

9.3 就地破碎浸出采矿法

9.3.1 开采工艺

1. 矿石准备

1) 矿床开拓与采准

矿床开拓与常规开采方法基本相同，往往利用常规法原有的工程系统和设施。若设计单一的就地破碎浸出矿山，要考虑以下因素：

(1) 由于 2/3 的矿石不运出地表，所以井巷规格、运输提升设备型号均应相应地减小；

(2) 地表工业场地也应相应缩小，但要考虑 1/3 左右矿石的地表堆浸场地；

(3) 通风系统不但要考虑排废气要求，而且要考虑排出溶液析出气体的需要；

(4) 对水泵、风机及泵房均考虑防腐蚀要求；

(5) 要考虑防治地下水的污染；

(6) 运输巷道不但要考虑矿床所要求的坡度，还要考虑浸出液输送的水力坡度要求等。

浸堆工程包括凿岩天井或平巷、通风人行道、为形成补偿空间而准备的井巷、观察井巷、集液巷道、输液或集液孔、集液池、淋浸液通道和空间等。

2) 崩矿筑堆方法

就地破碎浸出筑堆方法以爆破落矿工艺作为分类的依据，主要分为深孔爆破筑堆法、中深孔爆破筑堆法和浅孔爆破筑堆法三大类，如表 9-4 所列。

表 9-4 就地破碎浸出筑堆方案分类

筑堆方案分类	筑堆方案分组	典型筑堆方案	适用条件	优点	缺点
深孔爆破筑堆	向松散矿堆的深孔挤压爆破筑堆	阶段强制崩落连续留矿筑堆法	矿体厚度大于 10～15 m；矿体形态比较规整；矿石价值不大，围岩含有一定量的有价金属；围岩渗透性差	开采效率高、崩落成本低、大块率低、粉矿少	每次爆破后进行局部放矿，易形成沟流
	均匀布置切割槽的深孔挤压爆破筑堆	阶段强制崩落留矿筑堆法		同上，且爆破一次成堆、级配良好、作业安全	爆破块度较大，夹制性强

续表 9-4

筑堆方案分类	筑堆方案分组	典型筑堆方案	适用条件	优点	缺点
深孔爆破筑堆	向自由空间的深孔爆破筑堆	水平深孔爆破留矿筑堆法	矿岩较稳固、倾斜或急倾斜厚大矿体，以及极厚的水平和缓倾斜矿体	块度均匀、工效高、采切工程量小、安全性好	崩落效果受矿体赋存状况影响较大
		垂直后退式回采留矿筑堆法		结构简单、爆破效果好、堆形规整、安全性好	不能通过挤压爆破来改善爆破质量
中深孔爆破筑堆	向松散矿堆的中深孔爆破筑堆	无底柱崩落留矿法筑堆	急倾斜厚矿体或缓倾斜极厚矿体；矿岩稳固性好；节理裂隙不发育；围岩渗透系数小	简单灵活、安全性好、生产率高、矿石块度小	采场通风条件差
	带切割槽中深孔分段挤压爆破筑堆	中深孔分段落矿留矿法筑堆	产状要素不稳定和硫化不均匀的急倾斜矿体	工艺简单、安全性好、爆堆规整、块度均匀	
	中深孔抛掷爆破筑堆	中深孔抛掷爆破留矿法筑堆	倾斜的中厚或厚大矿体；矿体下盘透水性差，节理裂隙不发育		
浅孔爆破筑堆	留矿法爆破筑堆	浅孔留矿法爆破筑堆	矿体厚度为0.5~5.0 m，倾角不小于60°的稳固岩石	对开采设备要求低、工艺简单	采掘比大、灵活性差、筑堆效率低
		浅孔全面留矿法爆破筑堆	矿体倾角小于65°		

2. 布液方法

布液是由布液系统来完成的，其主要设施为配液池、高位池、输液管、布液支管与布液器等管线、泵、流量控制和计量装置。布液的方法可分三类：矿堆表面布液、矿堆内部预埋管网布液和钻孔布液。

1）矿堆表面布液

对于倾角大于75°的急倾斜矿体，矿石和围岩比较稳固，允许在堆表形成布液空间的条件下，在堆表布液。这种方法的优点是管线可在堆表移动，布液均匀，喷淋系统简单，工作量小，成本低。其缺点是适用范围小，尤其是当矿体倾角小于75°时，必须崩落上盘围岩，矿石贫化大。堆表布液方式与地表堆浸布液方式相似，不再详述。

2）矿堆内部预埋管网布液

采用浅孔爆破筑堆时，可采用分段（或分层）预埋管网对矿堆进行布液。每采一（或几）分层，待放出三分之一的矿石后，在矿堆表面开挖沟渠，将事先加工好的多孔出流管用透水防护层包裹好后，放入沟渠，并回填矿石，平整好矿堆表面后，继续进行上一分层的回采。该方法的优点是安装操作较为简单，布液均匀，可有效减少上盘浸出死角。缺点是管材消耗多，在爆破落矿和放矿的过程中，易造成预埋管网的破坏，且破坏后不易被发现。

3）钻孔布液

采用中深孔分段爆破筑堆或深孔阶段爆破筑堆的矿体，若矿体倾角小于75°或矿体形态变化较大，则必须采用钻孔布液或以钻孔对矿堆进行补充布液。

（1）在矿堆上盘的布液巷施工布液孔进行钻孔布液。在矿堆上盘适当位置沿矿体走向施工布液巷，巷道长度与采场长度一致。之后，在布液巷每隔一定距离施工一排扇形布液孔（见图9-8）。此方法虽然能基本消除上盘溶浸死角，但井巷工程量大，施工周期较长。

（2）分段水平钻孔布液。沿垂直方向将矿堆分为若干分段（一般2～3 m为一段），在脉外天井内靠矿堆一侧，按分段高度施工凿岩硐室，从硐室向矿堆上盘钻水平孔对矿堆进行布液，如图9-9所示。矿堆内的布液管多采用多孔出流管，管底封堵。此种布液方法可充分利用原有井巷工程，布液工程量相对较少，但施工时钻机需在脉外天井频繁移动，劳动强度较大。

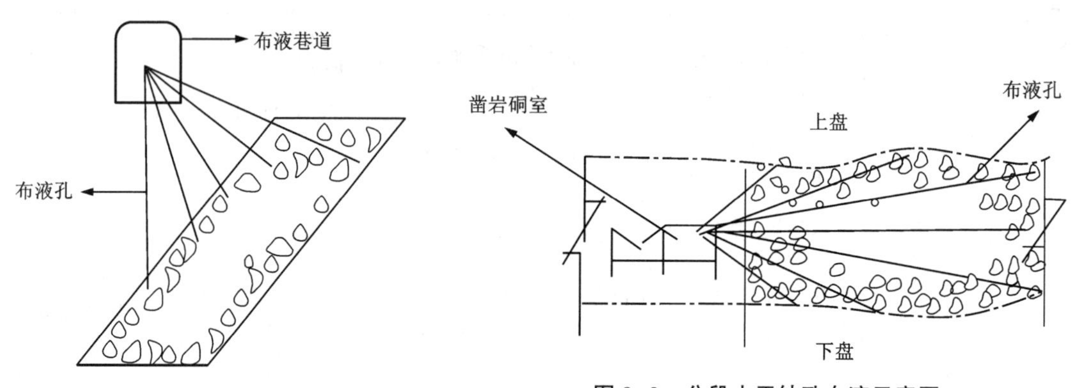

图9-8 从布液巷向矿堆钻孔布液示意图

图9-9 分段水平钻孔布液示意图

（3）在矿堆顶部切顶空间沿矿堆上盘钻孔布液。在矿岩较稳固的情况下，可考虑沿矿体边界将矿堆顶部全部拉开，而后沿矿体走向每隔一定距离平行矿堆上盘边界布液，布液孔内安装多孔出流管进行布液浸出，如图9-10所示。此种钻孔布液方法工程量最少，布液也较均匀，但对爆破筑堆设计要求较高。在矿体形态变化较大时，需爆破部分上盘岩石，造成矿石贫化。此外，在破碎矿堆内钻孔的深度较大，对布液孔施工的技术要求较高。

3. 集液及防渗漏系统

所谓集液是指喷淋的溶浸液在矿堆中与矿石进行化学反应后形成的浸出液经过一定的路径汇集到矿堆底部再流入集液池的全过程。集液与防渗漏是集液系统内的两个技术重点，两者密不可分，相辅相成。

1）集液方法

集液方法根据底部结构构筑方式可划分为巷道集液和钻孔集液两种形式；根据矿体产状和矿堆高度可划分为阶段集中集液和分段集液两种形式。阶段集中集液适用于各种急倾斜矿体；分段集液适用于缓倾斜矿体和采用浅孔留矿法的各种矿体。集液系统底部结构的构成要素有防渗漏层、集液坡度、渗透层、集液口或集液孔，其结构如图9-11所示。

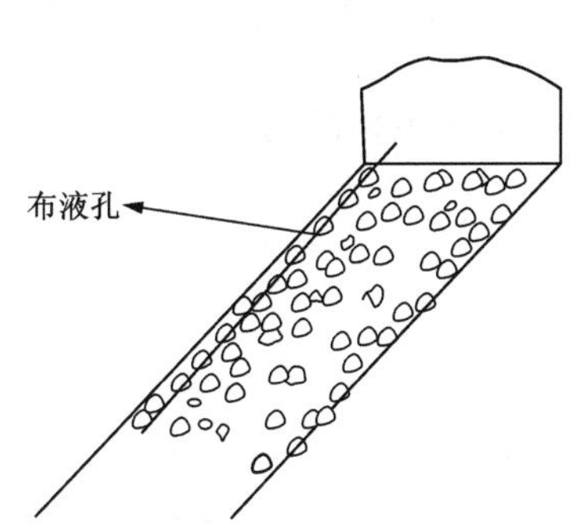

图 9-10　在矿堆顶部沿上盘钻孔布液示意图

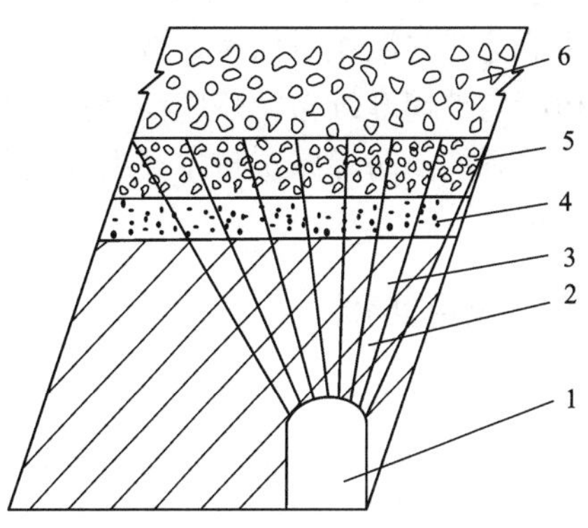

1—集液巷道；2—集液钻孔；3—底部矿柱；
4—防渗漏层；5—渗透层；6—矿堆。

图 9-11　钻孔集液系统底部结构示意图

防渗漏层的铺设材料一般采用混凝土、PVC 塑料板、沥青、环氧树脂、黄土等，特殊情况下还要采取注浆措施。集液坡度一般为 0.5%~1.0%，浸出液水平流动的路径越长坡度越大。所谓渗透层是指浸出液到达矿堆底部后向集液口汇集的过滤通道，主要起渗透和沉淀过滤作用。渗透层的材料一般采用卵石或砾石，厚度在 0.3~0.5 m。集液口或集液孔是浸出液从矿堆底部汇集后流出采场的出口。集液口常用于底柱稳固且无裂隙的条件下，若底部结构不稳固，且节理裂隙发育，则采用集液孔集液。

2）集液工作

集液工作包括注水试验、取样分析、浸出液峰值浓度观测、浸出液中转、集液结果统计与分析等内容。

注水试验是集液日常工作的第一道工序，其主要目的和任务是：调试布液喷淋系统；检查矿堆的渗漏情况；测定矿堆的吸水率；测定矿堆的渗透率；冲洗矿堆中的矿物粉尘等。

分析工作包括常规分析和全分析。常规分析包括金属质量浓度分析、余酸及 pH 分析。全分析除常规分析项目外还包括铁、钙、镁、铝、锰及二氧化硅等元素及化合物的含量分析，其目的是了解上述元素及化合物在浸出液中的存在状态，通过调整浸出工艺参数，控制其存在状态朝着有利于浸出和后处理的方向发展，从而避免或尽量减少其产生的有害影响。

峰值浓度的监测手段是集液过程中的取样与分析工作，通过绘制浓度-时间特性曲线获取峰值浓度，掌握矿物浸出规律及评判浸出性能好坏。

集液中转，根据浸出液中的金属离子浓度把浸出液分为合格液与非合格液。合格液直接转到计量池供地表水冶时进行处理，非合格液中转到配液池重新加酸后进行布液浸出。

3）防渗漏技术

防渗漏技术按集液系统分为采场防渗漏、底部结构防渗漏、集液池防渗漏及中转系统防渗漏四个部分。

采场防渗漏最有效的方法是采用帷幕注浆技术，浆液在注浆压力作用下渗透灌入岩石的孔隙或节理裂隙内，浆液凝结后使破碎的岩石重新胶结为一体，从而起到防渗加固作用。

底部结构防渗漏，主要在矿体比较稳固、节理裂隙不发育的地段，铺设混凝土假底，然后再铺设一层 PVC 塑料软板作防渗漏层。当无法切割拉底时，只有采用水平旋喷注浆技术。

集液池防渗漏相对而言比较容易，根据选用的防渗材料主要有三种，即沥青防渗漏法、环氧树脂与玻璃纤维布粘贴防渗漏法、PVC 防渗漏法。

中转系统的防渗漏工作主要在安装与调试阶段进行，主要包括阀门、中转泵、管路的安装与调试。

9.3.2 应用实例

1. 法国勃鲁若矿

该矿的工业矿石已基本采完，余下的贫矿为含铀黑和少量沥青的铀矿。矿化程度与受正断层切割和挤压强烈的破碎花岗岩有关。沥青铀矿产于主裂隙中，矿体形态极不稳定。

留矿矿房内的崩落矿石的块度为 0~350 mm，块度小于 50 mm 的矿石量大致占 20%，矿石铀质量分数为 0.02%~0.07%。图 9-12 所示为法国勃鲁若矿就地破碎浸矿法一矿房剖面，崩落的矿石用硫酸溶液浸出。矿房上部为具有一定高度供淋浸用的空场。

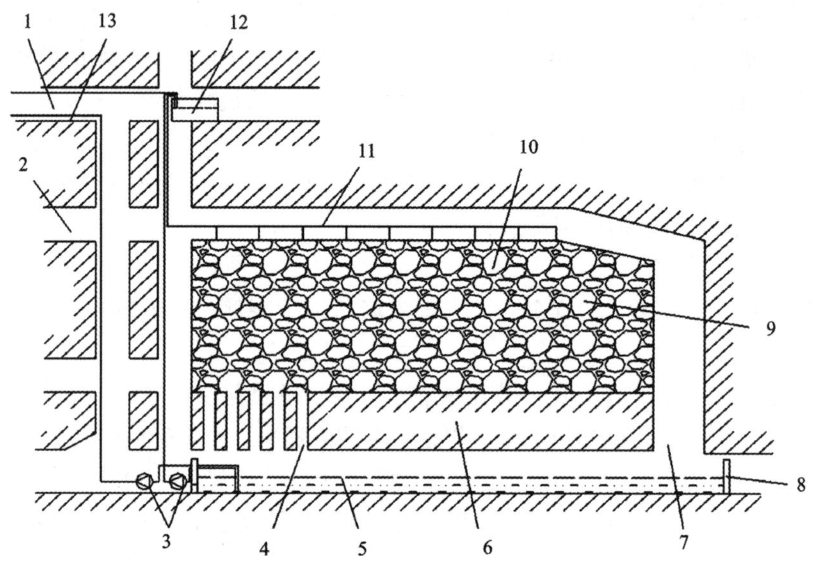

1—阶段平巷；2—分段平巷；3—泵；4—集液钻孔；5—集液池；6—矿房底柱；7—矿块天井；8—集液池挡墙；9—矿石堆浸硐室；10—淋浸硐室；11—淋浸管道；12—井下配液槽；13—抽液管。

图 9-12 法国勃鲁若矿就地破碎浸矿法某矿房剖面

在宽度为 4.5 m 的矿房柱上布置直径为 32 mm 的钻孔 145 个，孔距为 0.7 m。从矿房渗出的浸出液沿钻孔流入集液池。该池位于矿块下部沿脉巷道内，用混凝土墙隔开而成。采用间歇式淋浸，强度为 1.3 $m^3/(m^2 \cdot h)$，硫酸质量浓度为 10 g/L。通过循环，铀质量浓度达 1.14 g/L 后，称为产品溶液。淋浸持续 86 昼夜，每吨矿石的酸耗量为 20 kg。

2. 郴县铀矿

1) 浸矿地区概况

郴县铀矿形态为不规则的扁柱状、透镜状，倾角急陡。矿石与围岩均稳固坚硬，f = 14~

18，不结块。矿石的主要成分：SiO_2 质量分数为 83.18%，FeS_2 质量分数为 6.63%，Al_2O_3 质量分数为 2.69%。矿石为沥青铀矿，其结构为浸染状和角砾状，以后者为主，属硅酸盐、铝硅酸盐类型，浸出性能好。

该矿主要采用上向水平干式充填采矿法，1988 年，对矿山提出使用上向水平干式充填法与井下就地破碎浸矿法相结合的细菌浸铀法。

2）方法特点和工艺流程

该矿在主矿带 130 m 阶段的 22 号矿块内采用细菌浸铀法，其生产工序分为矿石破碎和淋浸两个阶段。矿石破碎时，首先将高品位矿石破碎并运走，然后将低品位矿石和矿块上下盘表外矿石崩落下来，留在矿块内作为浸出对象。

淋浸分两阶段进行：第一阶段是分层向上回采时，在留矿堆上洒水；第二阶段是破碎结束后，安装管道进行淋浸。淋浸时使用清水，与铀矿石中的 FeS_2 及 O_2 发生作用，产生“细菌、硫酸铁、硫酸”化学反应。浸出液从矿块内的天井流入污水收集系统，归汇于地表污水处理车间，通过水冶获得铀浓缩物产品，其流程如图 9-13 所示。

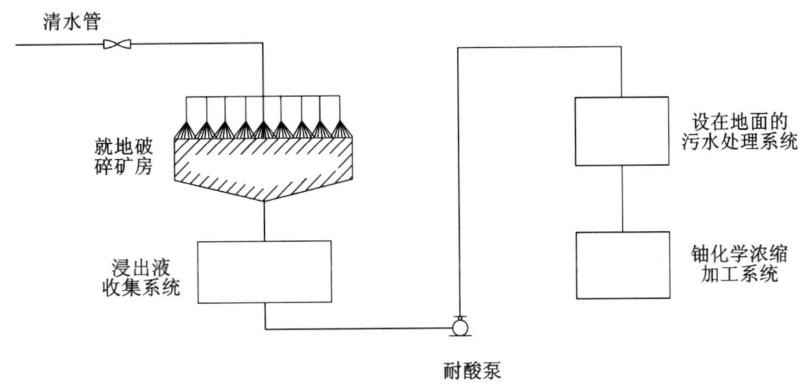

图 9-13　淋浸系统工作流程示意图

3）淋浸方式及制度

采用雾式淋浸，控制雾滴大小。间歇式淋浸制度，即连续淋浸至浸出液浓度下降至某一数值后，停止淋浸 2~5 d。淋浸强度为 6~11 L/(m^2 · h)，淋浸时不断进行取样分析和流量统计。

4）浸出效果

浸出的经济效果十分明显，金属回收率可达到 82.11%，节省了占浸出成本 1/3 左右的浸矿剂费用，产品成本低，扩大了矿产资源利用率。矿石中含有一定数量的 FeS_2 是应用本法的前提条件。

3. 铜矿峪铜矿

铜矿峪铜矿在 5#矿体实施了就地破碎浸出提铜技术，使该矿用常规采选工艺无法经济开采的低品位氧化矿得以开发利用。1999 年铜矿峪电解铜生产规模为 500 t，4 年后生产规模已达 1500 t/a，成为我国应用就地破碎浸出提铜技术最成功的示范企业之一。

1)地质概况

5#矿体探明氧化矿量为1700万t以上，分布在930 m标高以上的氧化矿量有1200万t，铜品位为0.65%，铜金属量为7.8万t，氧化率大于50%，结合率为10%~40%。5#矿体岩性为变质花岗岩、闪长斑岩，其顶板为绢云母石英片岩，底板为绿泥石、石英片岩，局部为绢云母石英岩。矿石内节理裂隙较为发育，以张裂隙为主，有利于矿石浸出。矿体内无大的断裂构造存在，有利于溶液的防渗漏。矿床水文地质条件简单，围岩中的地下水以构造裂隙水为主，岩层渗透系数为0.07~0.38 m/d，氧化矿的湿孔隙度平均为1.75%。因大部分矿体位于侵蚀基准面以上，故矿石浸出过程中大部分溶液将沿地下溶浸采场垂直下渗，侧向扩散率<8%，有利于集液。

2)爆破技术

现场主要采用自拉槽、小补偿空间、分段和两段微差一次挤压爆破技术。其爆破参数为：扇形炮孔按前后排交错布置，深孔直径为60 mm，孔底距为2.6~3.0 m，排距为1.0~1.2 m，补偿系数为15.08%，炸药单耗为0.441 kg/t，起爆间隔为50 m/s，每米崩矿量为5.54 t，起爆方案为毫秒微差非电导爆管与导爆索复式网络起爆。

3)地下溶液防渗漏技术

根据受浸矿块的工程布置特征及地理位置，采用注浆防渗和导流孔导流相结合的技术。注浆防渗是在受浸矿块的下部，即在集液巷道内钻凿向上倾斜的注浆孔。浆液注入岩层后，在其底部形成结石，一方面堵塞岩层中的裂隙和大的地质构造，另一方面又在底部形成锅底状的防渗层，增强受浸矿块底部岩层的隔水性能。注浆工艺参数：孔排间距为2 m，注浆压力为1.5~2.0 MPa，浆/灰质量比为(1~2):1，浆料为水泥+水玻璃，集液率为92.18%。导流孔导流是在受浸矿块边界设置集液导流孔，使浸出液沿集液导流孔进入集液巷道，以防流出试验采场边界进入采空区或外泄。

4)布液与集液系统布置

生产中采用钻孔注液与导流孔导流相结合的布液集液技术方案。

(1)布液。利用溶浸采场上部已开拓的958 m及968 m水平废巷道作为布液巷道，并在布液巷道底部钻凿下向垂直扇形中深孔为布液孔，将930 m水平硐口配液池内配制的浸矿液泵到布液巷道后，通过布液孔压进受浸采场。布液孔参数：布液孔排距为4 m，孔距为3 m，溶液扩散距离为2.0~2.5 m。地下采场浸矿工艺参数为：浸矿液硫酸质量浓度为10~20 g/L，布液强度为10~12 L/(m^2·h)，布液制度是每天16 h喷淋，8 h休闲，布液量为160~200 m^3/d。经5个月的生产指标检测，铜的浸出综合回收率达到71.06%，试验初期浸出液铜质量浓度>1 g/L。

(2)集液。利用溶浸采场原受浸矿块下部中段已开拓的930 m水平废巷道为集液巷道。在集液巷道顶板钻凿上向扇形孔作为集液导流孔，使溶浸采场中的浸出液通过导流孔流入集液巷道并汇至集液井。当浸出液铜质量浓度大于0.8 g/L时，泵入地表萃取电积提铜车间，小于此质量浓度则经配酸后返回溶浸采场继续浸出，浸出液集液率达到92.18%。

9.4　地表堆浸

9.4.1　堆浸基本设施及工艺流程

1. 底垫铺设

1) 底垫的功能及材料的选择

底垫是堆浸设施中一个重要组成部分，其功能是保证溶液不泄漏，使浸出液经排液沟流入贮液池。底垫的材料需具有很低的渗透系数，一般要求其渗透系数小于 5×10^{-7} cm/s。底垫材料最好能就地取材，不与浸出液发生化学反应，在堆浸期间稳定。底垫材料的选择也受底垫使用次数、堆场设备以及堆浸场地大小等因素的影响。

2) 几种常用的底垫材料

最常用的底垫材料有三种：黏土、膨润土；沥青、混凝土；高密度聚乙烯膜（板）（HDPE）。黏土底垫可分三层压实，每层约 150 mm 厚。在黏土中添加 4%的膨润土，可使黏土的渗透性大大降低，该种底垫铺设简单、造价低，要求地基压实，坡度小，以防堆浸过程底垫受到冲刷。沥青、混凝土的防渗抗压强度与其厚度有关，通常为 150～200 mm 厚，这种底垫造价较高，易开裂。高密度聚乙烯底垫厚度为 1～2.5 mm，抗刺破能力属中等，对粒度小于 20 mm 的矿石是适用的，能反复使用多次，尽管成本较高，但可以现场黏接，施工简便，工程量小，国外大型堆浸场底垫多选用此种材料。

3) 底垫结构

底垫可分为单层底垫、双层底垫和多层底垫。

单层底垫使用黏土、沥青及混凝土时，其承受应力相当高，与地基一起可以控制矿堆的稳定性，其结构如图 9-14 所示。

双层底垫由两种底垫材料组成，如图 9-15 所示，可直接接触，也可在两种材料之间加一层排水层或缓冲层。其上层底垫常为工作垫层，以确保浸出液的回收；下层底垫为后备层，以防止溶液向环境泄漏。工作垫层用合成材料、后备层用黏土的双层底垫是较常用的双层底垫。

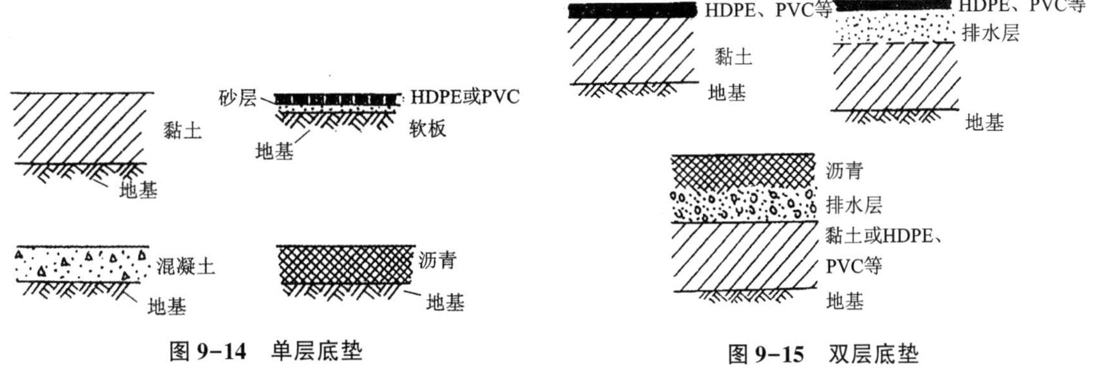

图 9-14　单层底垫

图 9-15　双层底垫

多层底垫常用一层 PVC 或 HDPE 软板和两层黏土层或者由两层 PVC 和一层黏土构成。多层底垫的矿堆滑动可能性较大。为防止滑动，在底垫层之间至少要有一层排水层。目前，多层底垫较少使用。

4)底垫的铺设

底垫铺设技术和质量严重影响底垫的功能。铺设黏土底垫应避开雨季或干旱季节，严防底垫失水干裂。在铺设合成材料时，地基要平滑无尖锐物，以防刺破底垫层。一般在平整好的地基上先铺一层黏土或细尾砂等，然后铺合成材料，最后在合成材料上铺一层卵石和砂作保护层，以防底垫被筑堆机械轧破。另外，堆浸场底垫面积应略大于矿堆的实际底面积。

2. 矿石筑堆

1)矿堆的高度与规模

矿堆高度是影响矿堆渗透性和金属浸出率的重要因素。矿堆高，堆浸场地的利用率也高，可以有效扩大堆浸的规模和降低生产成本。但是，矿堆越高，矿堆的渗透性越差，浸出周期越长，对筑堆技术要求越高。另外，高矿堆可能带来矿块自动滑塌、矿石密实或堆表面陷落等问题。矿堆高度与矿石性质有关，应通过室内实验确定，也要考虑堆浸场地、设计规模、筑堆技术及生产成本等因素。

2)矿堆的结构与渗透性

矿堆的形状可为梯形、圆形，也可利用原地形在山谷中筑堆。无论何种形状的矿堆，一般应包括底垫、保护层、排液管、喷淋管、集液沟、贮液池和矿堆周围的防洪沟和保护平台。

为了提高矿堆的渗透性，矿堆顶部应尽可能有较大的表面积，矿堆形状为扁平状。为了畅通排液，在堆底部铺设大块矿石，并埋入带孔的塑料管(碱浸时用金属管)。必要时，可通过管子压入空气以改善下部矿石的氧化及矿堆的渗透性能。

3)筑堆方法

筑堆方法直接影响到矿堆的渗透性和浸出率，所以要采取合适的方法保证矿石的松散系数。常用筑堆方法包括多堆筑堆法、多层筑堆法、斜坡道筑堆法和移动桥式吊车筑堆法等。

多堆筑堆法指先用皮带运输机将矿石堆成许多堆，然后用推土机推平筑堆的方法，如图 9-16 所示。该方法的缺点是矿石易产生偏析及矿堆表面易被压实。

多层筑堆法的实质是堆的形式是分层筑成，每层高 1.5 m 左右，筑堆过程中，颗粒较粗的矿石在每层的下部，较细的矿石在堆的上部，这样溶浸液分布较好，减少了垂直沟流形成的可能性。在筑堆时，从最底层到最上层形成 2%~10%的斜面，使溶液顺畅流出，如图 9-17 所示。如果堆场底板斜度较大，则首先筑成溶液流出所需的坡度，再筑第二层。如果被浸矿

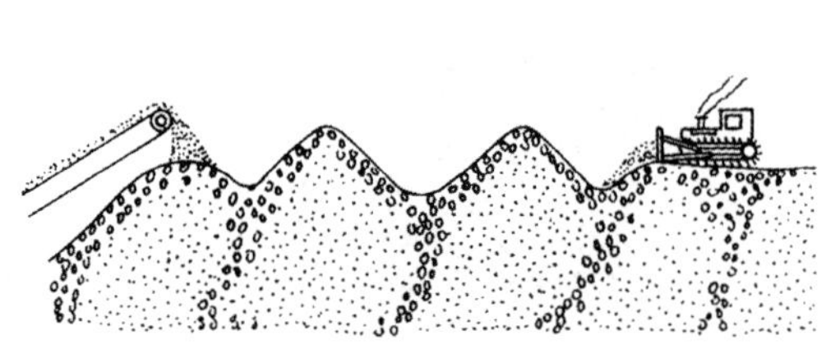

图 9-16　多堆筑堆法

图 9-17　多层筑堆法

石较粗，要求较短时间浸出，可以连接筑成第三、四层矿石，形成多层筑堆淋浸。如果矿石较细，可以只铺筑一层矿石，以较大的速度浸出，浸出结束后将废石运出，再铺设新层。也可以浸完第一层后，浸渣不运出，往上铺设第二层，实行分层堆放、逐层浸出。

斜坡道筑堆法是先用废石筑一条与矿堆同一高度的斜坡道，专供运矿卡车行走。卡车把矿石卸至行车道两旁，再用推土机将矿石推向斜坡道两旁，推土机机座为履带，比卡车压实矿石的程度要低，推平矿石后，再将斜坡道顶层矿石疏松，如图9-18所示。

移动桥式吊车筑堆法首先应用于美国新墨西哥州奥蒂兹矿，如图9-19所示。吊车的基座沿矿块长边的堆外专用线移动，桥臂伸向矿堆上方，桥内安装了移动式装矿口，沿着矿堆横向(短边)移动。这种能减轻或避免筑堆设备对矿堆的压实程度，也减少了筑堆过程中的矿石离析现象。其缺点是设备比较笨重，换堆移动不便，一般适用于堆场比较平坦的大型堆。

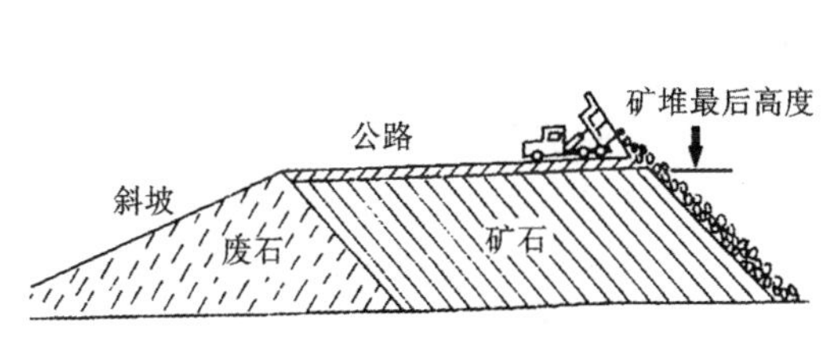

图9-18 斜坡道筑堆法

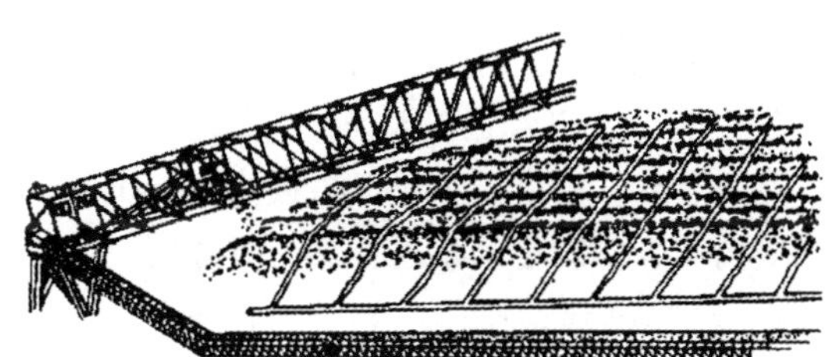

图9-19 移动桥式吊车筑堆法

4)筑堆设备

随着堆浸技术和规模不断发展和扩大，国内外十分重视筑堆设备的研制，筑堆设备可分为以下几个阶段：

初期阶段：一般采用推土机、自卸汽车、装载机等筑堆。但这些设备易压实矿堆，降低矿堆渗透性，影响浸出效果，尤其对于制粒堆浸和泥质含量大的矿石，这种方法完全不适用。

第二阶段：皮带运输机筑堆。由于堆浸工艺日趋完善，堆浸规模不断扩大、永久性堆场的建立，美国奥蒂兹公司首先采用永久性桥式运输机筑堆，开创了带式运输机筑堆的先河。之后，美国托诺坝斯矿首先使用了延伸式运输机筑堆，艾姆博依等矿使用了多段皮带运输机。

第三阶段：弧形筑堆机。这种筑堆机一次筑堆宽度大，筑堆灵活、方便、效率高；建成的矿堆透水性能好，不同粒级矿石离析少，分布均匀，克服了多段皮带运输机系统的不足，很快成为美国堆浸生产中筑堆系统的主要设备。

3. 矿堆布液

布液一是要保证浸出所要求的喷淋强度，二是要保证浸出剂均匀地喷淋全矿堆。为此，需要一个完好的布液系统，特别是要采用合适的布液方式和设备。

1)布液系统

布液系统由配液池、泵、输液管、高位槽以及置于矿堆上的分支管和布液器组成，如图9-20所示。

2)布液方式

堆浸布液方式有池灌式、喷淋式和滴灌式。

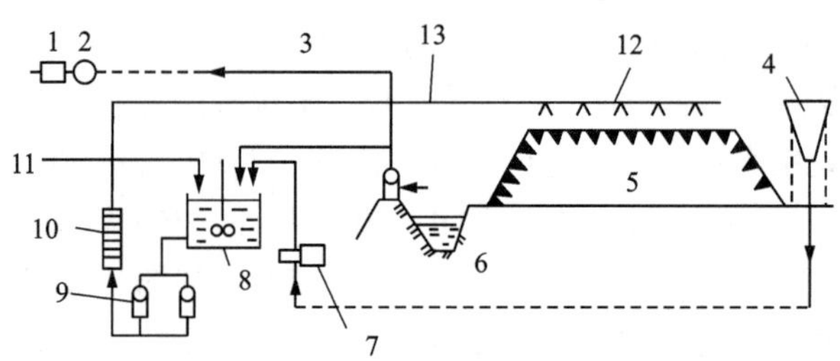

1—自动取样器；2—流量计；3—浸出液后处理；4—硫酸贮槽；5—矿堆；6—富液池；
7—酸泵；8—硫酸配制槽；9—喷淋液泵；10—流量计；11—尾液；12—喷淋器；13—输液管。

图 9-20 堆浸布液系统

(1)池灌式。在矿堆顶部表面筑堤堰围成若干浅池或沟，将溶浸液打入使其缓慢渗漏。可在矿堆上铺以合适的材料，如微孔滤膜材料为渗透层，以利于均匀地布液。池灌式布液操作简单、节省动力，适合于海拔高的矿山堆浸使用。然而，此法受到矿石渗透性的限制，易产生沟流，特别是当矿堆由含一定黏土的细碎矿石构成时这种危险性更大。

(2)喷淋式。通过均匀分布在支管上的小孔或喷淋器将溶液喷洒在矿堆上，其关键设备是喷淋器。喷淋器已经更新三代：初期为固定式，中期为雨鸟式，现在基本上使用的是既能摇摆又能旋转的塞尼格喷淋器。

固定式喷淋系统是一种喷淋口地点固定不变的喷淋装置，此类装置的特点是水流向圆周或部分圆周同时喷淋，射程短，通常雾化程度较高。这种系统的优点是结构简单，没有旋转部分，工作可靠，要求的工作压力较低，但布液不均匀，喷孔易被堵塞，易出现沟流问题。

雨鸟式喷淋器比固定式喷淋的布液要均匀，喷头工作管压力为 0.14~0.28 MPa，可获得 11~15 m 的覆盖半径。然而，这种喷头对钙盐敏感，在喷头上易结垢，结垢严重时妨碍溶液流动，此时需拆下喷头除垢。

塞尼格喷淋器是目前最常见的喷淋设备，既能摇摆又能旋转，喷淋均匀，覆盖面积大(喷淋直径达 10 m)，容易控制喷淋强度。

(3)滴灌式。这种布液系统是在矿堆表面铺设主给液管，放在栅格中心，从主管每隔一定距离分出支管，支管与主管垂直，沿支管每隔一定距离布置一个滴头。滴头是关键部件，其作用是将溶液滴入矿堆，每个滴头的液流量应基本相等。滴头的形状和品种很多，其结构和工作原理也不相同，按消能方式可分为微管式滴头、管式滴头和孔口式滴头。

与喷淋式相比，滴灌式布液方式的优点是：在常年气候条件下都能操作；布液强度可大范围调节；试剂和水用量少，是喷淋式用量的 2/3；蒸发量小，环境安全方面得到改善；投资较小。其缺点是埋入矿堆的毛管不能利用，毛管在矿堆内结垢后无法有效处理；滴头布置很密，布液面积小。

3)布液强度

适当增大布液强度，可以缩短浸出时间，提高浸出率，与此同时加强了溶浸液在矿石之间的渗透过程，起到强化扩散的作用。据相关资料，我国堆浸矿山的喷淋强度一般为 8~12 L/(m^2 · h)，国外为 10~20 L/(m^2 · h)。喷淋强度大虽然有一定的优点，但过大的喷淋强度会导致布液的浓度明显下降，从而使得杂质浓度升高，故喷淋强度过大对生产也是不利的。在实际堆浸中，必须通过室内试验确定最佳布液强度。

4）喷淋作业制度

为了提高金属浸出率，目前国内外许多矿山采用间歇喷淋作业制度。这是因为：一是有利于空气进入矿堆，为细菌提供氧气；二是有利于矿石表面干燥、风化，使得矿堆的渗透性变强，从而有利于金属的浸出；三是减少药剂的消耗，节省浸出成本。德兴铜矿采用"喷一休二"作业制度，即喷淋 1 个月，休息 2 个月的轮流作业制度。中国核工业总公司七二一矿也采用间歇喷淋作业制度，其淋停比为 1∶5。

4. 溶液收集

集液通过集液系统进行。集液系统由堆底排液管、集液沟、集液总渠和富液池组成。浸出液自堆底排液管流入各矿堆下方的集液沟，汇入集液总渠后进入富液池，经澄清、净化，视浸出液中金属浓度的高低，或送往金属回收工序进一步处理，或转入配液池配制浸出剂，然后用泵送往堆浸场，供反复浸出使用，直至其金属浓度达到规定要求。

堆浸作业从布液到集液为一闭路循环系统，为补充蒸发损失和其他损耗，也需加入少量水和浸出剂。此系统内管道、泵、阀门、布液器及其配件均应由耐酸碱、抗腐蚀的材料制造。

5. 金属回收

浸出液富集与回收的方法很多，这里简单介绍置换沉淀法、离子交换法、溶剂萃取法、活性炭吸收法和电积法。

1）置换沉淀法

置换沉淀法是指用铁置换铜、用锌置换金和银，分别获得铜、金与银的沉淀物，然后提纯、熔炼、铸锭，该法是最早用来从富液中提取金属的方法。置换沉淀法具有设备简单、过程速度较快等优点，但成品中金属含量较低，且沉淀剂耗量较大。

2）离子交换法

在酸性或碱性介质中及在适宜的 pH 范围内，一些合成树脂具有将自身的离子与介质中的同号电荷离子进行交换的能力。利用这种特性，有选择地吸附溶液中的金属离子，使之形成络合复盐或螯合物，从而达到分离和回收金属的目的。吸附金属已达饱和后的树脂，可用洗脱液将被吸附的金属解吸出来，解吸后富液既清除了杂质，又提高了浓度，可通过电积回收或送水冶厂处理。离子交换的优点是能够富集起始浓度低的金属，并能将其分离和纯化。

3）溶剂萃取法

溶剂萃取实际上就是液体离子交换。用不溶于水的有机溶剂，从水溶液中提取金属离子，使该金属富集或除去其他杂质，然后将分离后的有机相与某种水溶液混合，使金属重新转入水相中的方法，即溶剂萃取法，操作步骤如图 9-21 所示。萃取法的最大优点是可以获取纯度很高的金属富集液，但萃取剂较昂贵。

4）活性炭吸附法

活性炭吸附法有两个步骤，即吸附和解吸。吸附装置有固定床和流化床两种，前者炭量较省，但容易堵塞，故广泛采用流化床。

（1）吸附。炭吸附是在多段逆流连续吸附装置内进行的，它由 5 个以上炭吸附塔串联而成。富液以 1～1.7 L/s 的流速从下而上泵入，如图 9-22 所示。其通过炭床的流速，可以使粒径为 6×12 目或 16×30 目的粒状活性炭保持流化状态。富液与活性炭逆向运动，即新鲜富液首先在最后一个塔与载金量最多的活性炭接触。以后依次通过载金量逐次递减的活性炭，最后以贫液从第一个塔流出。待饱和载金炭含金量为3500~7000 g/t时，即可取出载金炭进行解吸。

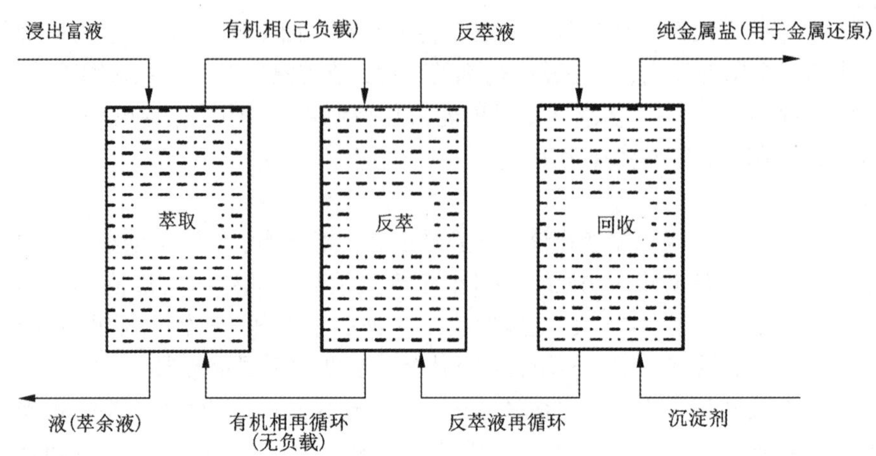

图 9-21 溶剂萃取法操作步骤

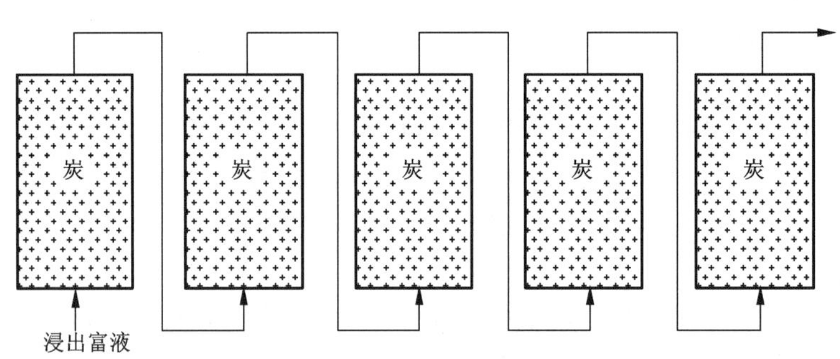

图 9-22 炭吸附作业示意图

(2)解吸。从载金炭上解吸金银的方法一般有三种，即常规法、甲醇法和高温加压法。常规法即传统的扎德拉(Zadra)法，解吸液为1.0% NaOH+0.1% NaCN的热溶液，温度为93℃，需时24~48 h，即可将载金炭中的金解吸进入溶液中。甲醇法是在解吸液中加入20%的甲醇或乙醚，解吸时间为5~6 h。高温加压法是用0.4%的NaOH溶液，在150~200℃的温度下和0.35~0.63 MPa压强下解吸，解吸时间只需数十分钟。

炭吸附法的主要优点是能从含金银的悬浮液吸附金银而无须澄清和过滤，也不必真空除气，金的质量浓度低至0.0015 g/L时还能吸附，对环境的影响也较其他方法小。

5)电积法

经过离子交换，或溶剂萃取，或活性炭吸附予以富集和提纯的浸出富液，其中金属离子浓度和杂质含量已达到规定标准时，即可进行电积，以获取最终的金属产品。电积是在电积槽内进行的。以铜为例，一般采用铅银合金、铅锑合金作不溶极，用紫铜作始极板。与置换沉淀法相比，电积法的优点是能获得最丰富的金属成品，而不需冗长的富集处理工序和随后为精炼所做的准备作业，因而大大降低了试剂单耗。

9.4.2 强化堆浸过程新技术

随着溶浸技术的日益推广，工业上不断尝试应用超声波技术、高温菌、制粒技术、薄层筑堆法、强制加气等技术强化堆浸效果，使溶浸采矿有了更大发展。20 世纪 70 年代，超声波技术使尾矿中铜的浸出率由 60%提高到 80%；1993 年澳大利亚 Giralambone 铜矿首次对浸矿堆实施强制加气，为堆内细菌生长繁殖提供 O_2 和 CO_2，取得较好效果。智利 QuebradaBlanca 铜矿海拔 4400 m，将矿石破碎到 9 mm 以下，用硫酸和热水制粒后筑堆浸出，克服了高海拔、寒冷、缺氧等不利因素。

1. 制粒—薄层浸出

堆浸物料中含有过量的-50 mm 的粉矿时，常常会降低矿堆渗透速度，并使矿堆内部出现沟流和未浸区，造成浸出时间长、浸出效果差的问题。制粒—薄层浸出，就是将含泥铜矿石加入适合的黏结剂，在制粒设备中形成团粒即粒矿，粒矿筑堆后经数天堆放固化使其具有一定湿强度，再用浸矿剂喷淋浸出，将浸出液收集进行萃取电积，产出阴极铜。该技术适用于含泥黏土矿、选矿尾矿和粉矿量大的矿石。

制粒堆浸的工艺特点是：①通过制粒提高矿石本身和矿堆的渗透性；②在制粒过程中预加溶浸剂使之与矿石提前接触并预先反应从而加快金属的浸出速度；③薄层堆浸可以保证布液均匀和有利于空气流通。其综合效果是改善渗透性、提高金属浸出率、缩短浸矿周期、降低溶浸剂消耗。制粒堆浸与常规堆浸相比，金属浸出率提高 20%~40%；浸矿周期缩短 1/3~1/2；溶浸剂消耗降低 20%~30%；浸出液金属浓度提高 2~3 倍，溶液循环量减少 50%以上。

2. 洗矿分级浸出

洗矿分级浸出指在矿石破碎处理的基础上，通过洗矿、螺旋分级手段，将矿石按颗粒大小进行分级，不同粒度的矿石采用不同的浸出工艺。通过破碎、水洗与分级，将矿石分成块状矿、粉状矿与泥质矿，分别通过皮带、装载机与管道送到堆浸、槽浸与搅拌浸出工段。用以解决矿石含泥量高造成的堆场板结问题，并且粉状矿与泥质矿石都得到了充分利用，资源利用率高。

北京矿冶研究总院设计的内蒙古金中矿业有限公司巴彦哈尔金矿，采用破碎—洗矿—重选—堆浸—炭浸工艺流程。洗矿工艺保证了堆浸矿石的渗透性，洗出的矿泥经过重选回收颗粒金后进入炭浸工艺，该工艺最大限度地回收了原矿中可回收的金，在原矿品位仅为 0.8 g/t 的情况下，年处理能力为 2500 kt，金的综合回收率可达 77.6%。

北京科技大学对羊拉铜矿堆浸工艺进行研究，采用一段洗矿两段分级的工艺流程，主要是针对原料车间的细碎矿进行洗矿。水洗机中的矿粉经桨叶搅拌擦洗后实现分级，其中细粒级(-5 mm)从溢流口溢出进入螺旋分级机，粗粒级(+5 mm)则被桨叶带到返砂口排出。螺旋分级机处理-5 mm 以下的物料以及水洗矿的溢流部分，返砂(+1 mm)从返砂口排出，溢流进入矿浆池。经过水洗以后，入堆矿石+1 mm 粒级回收率达到 90.84%。

3. 充气强化浸出

浸矿微生物一般为好氧菌，同时吸收大气中的 CO_2 作为碳源，持续供给 O_2 及 CO_2 是细菌生长繁殖和保持活性的必需条件。研究表明，细菌生长中实际消耗的氧比水中溶解的氧多两个数量级，仅靠自然溶解在水中的氧远不能满足细菌需要，除了机械搅拌溶液或加速溶液渗滤循环以强化供氧之外，提高溶液中的溶解氧浓度可进一步提高浸出速度。提高浸堆中溶解氧浓度的方法大致有两种：一种方法是往溶浸液中加入过氧化物(如 H_2O_2 等)，另一种方法是往溶浸液中直接充氧。堆浸过程中向堆内充入空气可提高浸出率和缩短浸出时间，特别是对高堆、含耗氧矿物多的矿石以及硫化矿效果更明显。利用加压通气满足细菌生长对 O_2 和 CO_2 的需求，可以加强浸出。但过度充气也会影响细菌活性。一般控制充气速度为 0.05~0.10 $m^3/(m^3 \cdot min)$，此时除保证供氧之外，随空气带入的 CO_2 一般也能满足细菌对碳的需求。但有时为加快细菌繁殖速度，需在供气中补加1%~5%的 CO_2。

9.4.3 应用实例

1. 紫金山铜矿

紫金山铜矿是中国最大的次生硫化铜矿，拥有铜平均品位为 0.43%的矿石量 4 亿 t，铜金属储量为 1720 kt。2005 年 12 月年产 10000 t 阴极铜的地下采矿-生物堆浸-SX-EW 工艺的商业化矿山投入运营。2006—2009 年共处理平均品位为 0.38%的矿石 1313.9 Mt，累计生产阴极铜 37.6 kt，平均生产成本为 1.42 万元/(t·Cu)，生物堆浸工艺在中国第一次成功获得商业应用。

紫金山铜矿矿物化学成分和矿石组成分别如表 9-5 和表 9-6 所列。紫金山铜矿采出块度为 1000 mm 以下的矿石，经两段破碎至粒度为 40 mm 以下。破碎后的矿石用胶带输送机运至粉矿仓，经自卸汽车运至堆场，采用汽车+推土机筑堆。堆场底部整平后铺上 1 m 厚的黄土和细砂，压实后铺设 PE 薄膜，然后再铺上网格状的塑料缓冲膜。随后开始筑堆，采用逐层叠加筑堆方式，每层堆高 8~10 m，喷淋 2~3 个月后，再筑第二层，共筑三层，堆场面积为 20 万 m^2。筑堆完成后用推土机对矿堆表面松堆。用喷淋泵将萃余液扬至堆场喷淋，采用鸟式和旋转喷头布成 3 m 管间距的网格状后进行喷淋，喷淋强度为 12~16 $L/(m^2 \cdot h)$，采用定期喷淋和休闲的作业制度。入堆矿石粒度较大，矿石入堆前无须制粒，汽车筑堆亦可保持良好的渗透性。喷淋结束后不卸堆，直接在旧堆上筑新堆，开始下一轮堆浸作业。

表 9-5 紫金山铜矿矿物化学成分

元素	Cu	TS	SO_3	Fe	As	CaO	MgO	Al_2O_3	SiO_2	K_2O	Na_2O
质量分数/%	0.35	5.16	4.18	3.5	0.021	0.032	0.14	12.22	67.19	1.58	0.11

表 9-6 紫金山铜矿矿石组成

矿物	黄铁矿	蓝辉铜矿	铜蓝	硫砷铜矿	石英	地开石	明矾石
质量分数/%	6.3	0.23	0.2	0.1	64.2	11.67	15.24

萃取工段采用二级萃取、一级洗涤、一级反萃流程，处理能力为 700 m^3/h。萃取剂为 ZJ988，稀释剂为260#煤油，萃取剂质量分数为6%~10%，混合相比(O/A)为1∶1。反萃液采用电积贫液，硫酸质量浓度为 180 g/L，Cu^{2+}质量浓度为 35 g/L。有机相定期排放絮凝物，絮凝物经三相澄清槽、离心机分离后回收的有机相返回有机循环槽，三相渣用活性黏土搅拌后堆存。反萃富液经双介质过滤器脱除残余有机相后进电积车间，部分萃余液经石灰石中和系统中和自由酸后进贫液池返回堆浸作业。脱除残余有机相后的反萃富液送至电积工段的电积

前液贮槽，泵至板式换热器加热至45℃左右进入高位槽和分液槽，最终进入各电积槽。电积槽内供液采用下进上出的循环方式，电积贫液返回萃取工段。铜始极片做阴极，阳极为Pb-Ca-Sn不溶阳极板，铜始极片和不溶阳极板按同极距100 mm排列，电积生产周期为5.7 d，经过一个阴极生产周期，产品阴极铜经洗涤、打包后送成品库。

2. 智利Escondida铜矿

智利Escondida铜矿公司，于1999年开始原生硫化矿生物堆浸，矿石含铜品位为0.3%~0.7%。该矿石含有低品位铜硫化矿、铜氧化矿以及铜氧化硫化矿，其中低品位硫化铜矿的矿物组成为辉铜矿、铜蓝和黄铜矿。通过柱浸试验、试验厂规模试验(300 kt矿石堆浸)证明Escondida的铜矿石适宜采用堆浸工艺浸出。

2004年，Escondida铜矿正式启动低品位硫化矿生物堆浸项目，所处理的低品位矿石是前两年已筑堆的废石。废石堆采用内衬地垫，管道集液，同时建立了强制充气管网。堆底尺寸为4.9 km×2.0 km，分7层筑堆，每层18 m，堆高126 m。浸出液通过集液管道流入PLS内衬的集液池，母液经两条流量为4500 m^3/h的输送管线送至萃取-电积厂。萃取残液转至余液池，经立式涡轮泵抽到堆顶循环喷淋。后续可能剥离更高品位的矿石也采用相同的处理工艺，预计商业化运作后阴极铜产量为180 kt/a。

3. 赞比亚卢安夏穆利亚希铜矿

卢安夏穆利亚希项目位于赞比亚北部铜带省卢安夏市(Luanshya)以西12 km，矿区及附近有铁路、公路可与首都卢萨卡及铜带省的其他城市相连。矿区距首都卢萨卡市(Lusaka)约320 km，距基特韦市(Kitwe)约49 km，距恩多拉市(Ndola)约30 km。穆利亚希项目是中色卢安夏重点投资项目，主要开发穆利亚希北部的氧化铜钴矿，该矿铜金属储量为84万t，钴金属储量为1.5万t，建设规模为产量40 kt/a阴极铜，其中堆浸21 kt/a，于2010年10月开始建设，2012年4月产出第一批阴极铜。其堆浸工艺主要如下：

硬岩原矿由汽车运至硬岩矿粗碎车间原矿仓，经2.4 m×10 m重型板式给料机给入JC615颚式破碎机进行粗碎，其排矿(0~300 mm)由1号B1200胶带输送机送往筛分车间，经两台3060重型双层圆振动筛筛分，筛下产品(-6 mm)由12号B800胶带输送机，经粉矿中间矿堆送入搅拌系统转运站；筛上产品(+50 mm)卸至3号B1200胶带输送机并送入细碎缓冲矿仓，经细碎皮带给料机给入细碎圆锥破碎机破碎，其排矿(-50 mm)排入6号B1000胶带输送机；筛中产品(6~50 mm)经4号B800和5号B800胶带输送机也卸入6号B1000胶带输送机，运往硬岩矿中间矿堆，再由7号B1000胶带输送机，给入圆筒混合机，并加入部分浓硫酸熟化后，由8号B1000胶带输送机送往堆浸场地，再经侧式悬臂给料车、轮胎移动式胶带输送机、轮胎移动式布料机筑堆。每堆矿石约2556 kt，堆高6 m，筑堆完成后，纵向铺设DN150喷淋管(间距为50 m)、横向铺设DN10滴淋管(间距为0.6 m)进行喷淋。

喷淋浸出周期为250 d，第一个50 d用萃余液喷淋，产生的高品位富浸出液中铜的质量浓度达到5.26 g/L，之后送至萃取作业；第二个50 d用萃余液喷淋，产生的低品位富浸出液中铜的质量浓度达到2 g/L，之后也送至萃取作业；最后的150 d喷淋的中间液可返回第二堆进行喷淋作业。若下雨则停止喷淋，堆中初期流出的雨水，质量浓度为1~2 g/L时进贫液池，质量浓度为0.1~1 g/L时进调节池，便于不同品位浸出液的喷淋调整。喷淋中间液达不到萃取的要求时，仍返回到喷淋作业。

萃取采用串并联流程，混合时间取2.5 min，澄清速率按3.6 $m^3/(m^2 \cdot h)$计。采用三级混合室设计，每个萃取混合室有效容积为 38.22 m^3，共 15 个。每个萃取澄清室有效面积为 764.33 m^2，共 5 个。电积槽单槽尺寸为 6900 mm×1400 mm×1650 mm，电积槽总数取 168 个，分二列，每列 4 组，每组 21 个电积槽。电流密度为 300 A/m^2，槽电压为 1.8~2.2 V，阴极尺寸为 1010 mm×1029 mm×3.25 mm，每槽阴极数为 63 块；阳极尺寸为 1120 mm×880 mm×13 mm，每槽阳极数 64 块，同极距为 100 mm。

穆利亚希项目首次研发了硬岩矿浓硫酸熟化堆浸工艺技术，缩短了浸出周期，提高了铜的浸出率，铜萃取采用串并联结构提高了处理能力，开发设计的折返式萃取槽提高了澄清速率，铜电积集成了多项国内外的新技术，使电流密度达到 300 A/m^2，并保证了阴极铜的质量。

9.5 盐类矿床钻孔水溶采矿法

9.5.1 钻孔水溶法溶解机理

1. 盐类矿物溶解机理

盐类矿物溶解机理：溶剂与盐类矿物接触的同时发生溶解与结晶作用，当溶解与结晶达到动态平衡时，形成饱和溶液；此过程中伴随着热动力学现象，即有热量的放出和吸收。在盐类矿床水溶开采过程中，由于组成矿石的矿物组分复杂，其溶解过程也是各种各样的，复盐矿物与单盐矿物的溶解机理有所不同。

（1）组成复盐矿物的单盐相差不大时，在水溶过程中不形成中间产物。如钾芒硝矿物 $K_3Na(SO_4)_2$，其单盐 Na_2SO_4 和 K_2SO_4 的溶解度相差较小，属于这种情况。

（2）各单盐的溶解度相差较大且均易溶时，溶解度较小的单盐在水溶过程中形成暂时稳定的中间产物，但随时间的增长，这个中间产物也会被溶解。如光卤石矿物 $KMgCl_3 \cdot 6H_2O$ 由单盐 KCl 和 $MgCl_2 \cdot 6H_2O$ 组成，均易溶；在 10~20℃时，溶解度较小的 KCl 可形成暂时稳定的中间产物，但溶解时间增长后，中间产物亦被溶解。

（3）各单盐的溶解度相差较大，且其中一种单盐难溶于水时，这种单盐在水溶过程中形成的中间产物不再溶解，如钙芒硝 $Na_2Ca(SO_4)_2$ 的单盐 Na_2SO_4 易溶，$CaSO_4$ 难溶，所以在水溶开采钙芒硝矿床时形成大量的中间产物石膏（$CaSO_4 \cdot 2H_2O$），不再溶解。

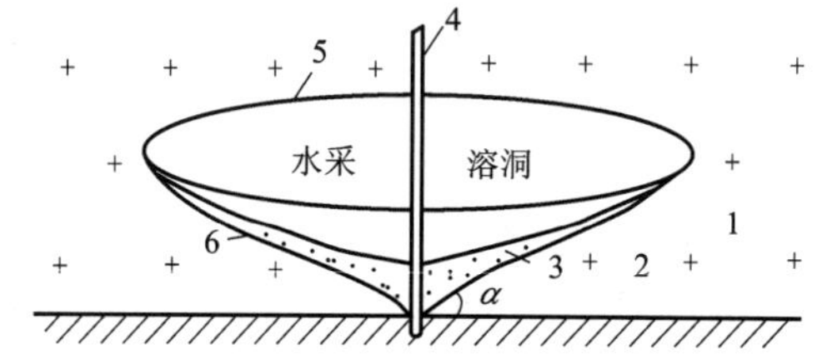

1—石盐矿层；2—盐层底板；3—水不溶残渣；4—钻井；5—溶洞顶板；6—溶洞底板；α—侧溶底角。

图 9-23 水采溶洞侧溶底角示意图

2. 侧溶底角

由于盐类矿床水采溶洞中的溶液呈现垂直分带性：上部浓度低，下部浓度高，导致溶洞上下部分侧溶速度的差异性，上部侧溶速度快，下部侧溶速度慢。盐类矿石中的不溶残渣不断沉积于溶洞底部，覆盖底部未溶盐类矿石，最后在溶洞底部形成一个以钻井（或初始硐室）为中心，形似空心倒圆锥体的倾斜底面。溶洞的倾斜底面与理想水平面的夹角 α，称侧溶底角（图 9-23）。侧溶底角的大小，与盐类矿石品位有关，并影响矿石采收率。云南三个盐矿在坑道与溶洞中实测的侧溶底角为24°~42°。

9.5.2 矿床开拓

钻孔水溶法开采盐类矿床，是通过从地表向矿体钻凿一系列盐井来实现的。因此，钻井是开采盐类矿床的开拓工程。盐井钻凿完毕，需进行测井工作，并在此基础上根据设计的盐井结构进行固井作业。

1. 钻井工程

钻机是建井的主要机械，一般分为旋转式和冲击式两大类。在生产实践中多采用旋转式钻机。钻井设备类型的选择要根据矿床的地质条件、盐井的深度来确定。钻井一般分为三个阶段：

(1)准备阶段。包括测量井位，划拨土地，平整井场，安装供水、供电、通信线路，钻井用的各种机械设备的搬迁和安装，井口安装工作。

(2)钻进阶段。包括提取岩芯、循环泥浆、保护井壁、处理井下事故、加深井眼、维持钻进等工作。

(3)完井阶段。包括电测井、盐固井、试产、移交生产等工作。

2. 地球物理测井

地理物理测井是把安装在绝缘电缆上的探头通过绞车放入钻孔内，当电缆缓慢提升或下降时，仪器便可沿井轴或贴井壁移动，测量出地层中一种或多种物性参数。

目前，在使用钻孔水溶法的盐类矿床中，普遍利用电阻率测井法、伽马-中子测井法、密度测井法、声波测井法。

根据电测井及其他来源所取得的资料，可以确定岩盐和钾盐矿层的位置、套管安装的具体位置、下放深度以及压裂的两井间盐层是否连续等。

3. 固井作业

固井作业是指盐井钻凿完毕，并经测井以后尚需进行下套管和注水泥浆等作业。要完成上述作业，需要确定盐井结构，然后才能确定固井的施工方案和工艺。

1)盐井结构

盐井结构包括下入井中的套管和固井的水泥环。下入套管的层数、各层套管的直径与下入深度、钻孔直径、套管外水泥环封固的高度等相适应。

盐井一般设两层套管，即表层套管和技术套管。表层套管用来封隔松软地层、砂砾层和地下含水层等具有腐蚀性的层位，用来安装井口装置，控制井喷、支承技术套管和井中其他生产用管的重量。技术套管用来封隔盐层上部的岩层，防止井壁垮塌，满足采矿工艺要求。

2)套管安装及注浆封固作业

套管安装时还需要一些套管附件，其中包括注浆套管、套管接箍、磁管扶正器、注浆除泥器、专用的分级注浆工具、注浆头及注浆塞等。

套管下入前或下入后都必须对钻孔中的泥浆进行冲洗，使孔中泥浆分布均匀，密度符合钻孔及地层的其他要求。

当钻井穿过的岩层不能支承整个环形空隙中水泥浆柱的静压力时，可采用分级套管接箍的分级注浆工具对井壁进行分级封固。套管的封固必须采用经久耐用，并有足够强度的水泥密封材料将整个环形空隙全部填满。

9.5.3 简易对流法

简易对流法是水溶采矿常用的一种工艺，它具有系统简单、流程简便、劳动强度低、容易操作等优点。其缺点是在长期生产过程中，盐井中的生产用管可能发生弯曲、变形，若矿层顶板稳固性差，容易产生顶板垮塌、套管破裂等事故，影响盐井使用寿命和矿石回收率。

1. 盐井布置

简易对流法盐井的布置原则是：在合理开发地下资源的同时，取得最大的经济效益；对于浅部的盐类矿床，应防止过早的大面积连通；盐井生产终止，溶洞还可以利用。

若矿床赋存深度大，地面不存在下沉问题，盐井间距可按最大溶蚀半径的两倍布置。如果考虑到因采矿而引起的地面下沉，开采区内必须划分若干矿段，矿段之间留保安矿柱；在矿段内的井距仍可按最大溶蚀半径的两倍布置。

溶蚀半径的确定，应考虑开采矿层厚度、矿石品位以及采卤工艺改进。溶蚀半径过大时，开采达不到边界，就会降低单井的采收率；取值过小，则影响单井的服务年限。

2. 采卤方式

简易对流法的采卤方式有两种：一是正循环，即从中心管注入淡水，溶解盐类矿层，生成卤水后，利用注水余压使卤水从中心管与技术套管的环隙返回地面；二是反循环，即从中心管与技术套管环隙注入淡水，卤水则从中心管返回地面。

建槽期以正循环为主，辅以反循环；生产期则以反循环为主，辅以正循环，两种采卤方式交替进行。

3. 生产阶段

1）建槽期

在建槽期，一般采用正循环注水作业，能有效清除井底碎屑堆积物，提高矿石采收率。建槽期实际上是盐井正式投产的准备阶段，其所需的时间约为盐井服务年限的2%~5%。实践证明，简易对流法的建槽期一般为1~6个月。

2）生产期

盐井建槽后，水溶开采溶洞直径扩大，连续注淡水能生产合乎工业要求的卤水，此时盐井进入生产期。此阶段盐井的生产时间最长，一般占盐井服务年限的70%~80%；而且生产的卤水浓度较高，产卤量较大，生产持续稳定。生产期的作业方式以反循环为主，正、反循环交替进行。

3）衰老期

盐井经长期开采，水溶开采溶洞已接近最大可采直径，顶板充分暴露、垮塌，溶洞底部堆积了大量碎屑物，溶解面缩小，溶解速度递减，卤水浓度和产量已达不到设计要求，连续开采已无经济价值。衰老期的生产时间较短，占盐井服务期限的15%~20%。

9.5.4 油（气）垫对流法

油（气）垫对流法是以一口井为一个开采单元，利用油（气）、水互不相溶且油（气）密度小、油（气）不溶解盐类的特性，在井内三层同心管的密闭系统中，从技术套管与内套管环隙间歇性地注入油（气），使其在水溶开采溶洞顶部形成一个很薄的油（气）垫层，将水与矿体隔开，控制上溶，迫使溶解作用往水平方向进行。当建立的圆盘状盐槽达到设计的溶采直径后，再自下而上地进行水溶开采；从内套管与中心管环隙注入淡水，溶解盐类矿层，再利用注水余压使卤水从中心管返回地面。一般油(气)垫对流井的井身结构如图9-24所示。

在实际生产中，由于油垫法垫层稳定，但带砂能力弱，适用于含盐品位高的盐类矿床；气垫法垫层稳定性差，但带砂能力强，适用于含盐品位较低的盐类矿床。尽管人们感到使用油垫安装费用较高，但因为油垫比相同气垫柱的重量大，盐井工作压力较低，维护费用较少，故常用油作为垫层材料。使用气垫时，若用空气作为垫层材料易造成盐井生产用管和设备的腐蚀。若用 CO_2 或 N_2 做垫层材料，费用较高，故目前应用较少，主要在坑道开采的老矿山应用。因此，本节内容主要对油垫对流法进行介绍。

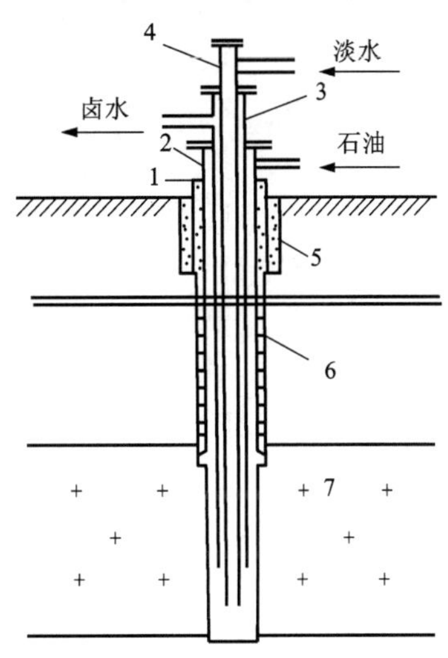

1—表层套管；2—技术套管；3—内套管；4—中心管；5—固井水泥；6—井径；7—盐类矿层。

图9-24　油垫对流井井身结构示意图

1. 油垫对流法工艺流程

油垫对流法工艺流程比简易对流法增加了注油-油水分离及回收系统，其采卤工艺与简易对流法相同。

在盐井中下入内套管柱和中心管柱，安装好井口装置后，往井内注入饱和卤水，充满技术套管和中心管。然后用油泵将贮油罐中的石油从技术套管与内套管环隙注入，替换出该环隙的卤水，直至环隙与溶洞顶部充满石油，以控制上溶。此时，开始用注水泵往井下注淡水，进行正循环建槽。建槽时返出的含油卤水，经油水分离槽分离，分离出的石油回输到贮油罐；分离出的卤水，当浓度低时，将其输至淡卤池，继续进行循环建槽。当卤水浓度达到工业要求时，则将其输往卤水池，然后输往生产厂加工。

2. 油垫对流法的生产阶段

用油垫对流法开采盐类矿床时，盐井生产分为三个阶段，即建槽期、上溶生产期和衰老期。

1）建槽期

在进行厚至巨厚和巨厚层盐类矿床开采时，建槽作业有所不同，建槽直径亦不相同。

开采矿石品位>90%，厚度为15~50 m的厚至巨厚盐类矿层时，建槽直径为60~80 m，约需有效作业时间300~360 d，平均侧溶速度为0.1~0.11 m/d。

开采矿石品位一般在70%以上，厚度>50 m的巨厚矿层时，整个建槽有效作业时间约为500 d，建槽直径为80~100 m，平均侧溶速度为0.08~0.1 m/d。

2）上溶生产期

上溶生产期的长短视矿层厚度而定，短者数年，长者数十年。提升上溶开采的方法有两种，即连续提升井管法和分段提升井管法。

连续提升井管法在上溶生产时，每天提升井管一次，每次提升高度为15~20 cm，需时5~10 min。此法建成的溶洞形状近似圆柱状[见图9-25(a)]，矿石采收率高；溶洞顶板呈穹隆状；耗油量较小，约为1.5 kg/t盐。但这种方法操作繁杂，劳动强度大，较少采用。

分段提升井管法[图9-25(b)]是按一定的时间间隔和梯段高度提升井管。此法建成的溶洞洞壁呈锯齿形，但溶洞总的形状近似圆柱状。耗油量约为 3 kg/t 盐。这种方法操作简单，劳动强度小，应用广泛。

3）衰老期

生产能力下降后油垫对流井仍能维持生产所持续的时间，称为衰老期。衰老期在盐井服务年限中所占比例主要取决于开采矿层厚度，矿层厚度愈大，衰老期所占比例愈小。

(a)连续提升井管法 (b)分段提升井管法

图 9-25 上溶开采法溶洞形状示意图

3. 优缺点及适用条件

油垫对流法具有许多优点：卤水产量大、浓度高，服务年限长，盐井的生产能力比简易对流法高；矿石采收率较高，一般可达 25%～35%；溶洞的稳固性好，可永久性地储存化学工业的有害有毒物质、放射性废料以及石油、天然气等。

主要缺点：建槽时间长，建成直径 60～100 m 的盐槽需 300～500 d；耗油量一般为 1～3 kg/t 盐，矿石品位越低，油耗越大；常发生井下管柱弯曲、变形和断落等事故。

油垫对流法适用于矿石品位较高（>70%）、矿层较厚（厚度大于 15 m）的易溶性盐类矿床。

9.5.5 对流井溶蚀连通法

对流井溶蚀连通法是以两井或多井为一个开采单元，在单井对流法水溶开采过程中，随着水采溶洞直径的扩大，当两井（或邻井）的溶洞相互溶蚀连通后，改从其中一口井注入淡水，溶解矿层，生成卤水后，再利用注水余压使卤水从另一口井返出地面的开采方法。

对流井溶蚀连通法根据单井对流水溶开采时是否控制上溶和控制上溶方法的不同，可细分为三种方法：自然溶蚀连通法、油垫建槽连通法和气垫建槽连通法。

1. 自然溶蚀连通法

自然溶蚀连通法是以两井或多井为一个开采单元，各井早期用简易对流法开采，对井下矿层的溶解作用不加控制，随着水溶开采溶洞直径的扩大，当两井（或多井）的溶洞相互溶蚀连通后，改从其中一口井（或分井）注入淡水，溶解矿层，生成卤水，再利用注水余压使卤水从另一口井（或其他井）返出地面的开采方法。此法用于开采矿石品位较高的盐类矿床。

自然溶蚀连通法的优点主要有：可以起出中心管，简化井身结构，减少了井下事故；卤水浓度提高、产量增大，开采薄矿层时尤为显著；有助于提高矿石采收率。因此，这种方法已成为用简易对流法开采的矿山进行后期开采的重要方法。其缺点是：简易对流法开采井到生产后期才能在水采溶洞的上部连通；水溶开采溶洞侧溶底角以下的矿层难以继续溶解，影响矿石采收率。

2. 油垫建槽连通法

油垫建槽连通法是以 2～3 口井为一组开采单元，各井先在矿层下部用油垫对流法建槽，控制上溶，拓展侧溶，促使邻井在矿层下部溶蚀连通，再自下而上地进行水溶开采，从其中一口井注入淡水，溶解矿层，生产卤水，利用注水余压使水从另一口井返出地面的开采方法。

生产实践证明，油垫建槽连通法虽然存在连通时间较长、耗油等缺点，但是具有连通部位可控、卤水产量大、浓度高［$w(NaCl)>300$ g/L］、矿石采收率较高（20%～30%）、盐井服务年限较长等突出优点。油垫建槽连通法适用于开采矿层厚度较大、矿石品位较高的盐类矿床。

3. 气垫建槽连通法

气垫建槽连通法是以两井(或多井)为一组(即开采单元)，各井先在开采矿层下部用气垫对流法建槽和生产，通过间歇性上溶生产和连续上溶生产，扩大溶采直径，使两井(或多井)在矿层下部溶蚀连通，再分梯段连续进行上溶生产；从一口井注入压缩空气和淡水，溶解矿层，生成卤水，利用压缩空气膨胀和注水余压使卤水从另一口井返出地面的开采方法。

气垫建槽连通法的优点与油垫建槽连通法相同，不再详述。其缺点主要有：为使气垫层较稳定，需连续输气，动力消耗多；卤水中溶解的空气多，使井下管柱和采卤设备腐蚀严重，使用寿命缩短；由于空压机的工作压力有限，其开采深度受到制约。气垫建槽连通法适用于开采矿石品位较低(40%~60%)、矿层厚度大(50~100 m)的易溶性盐类矿床。

9.5.6　水力压裂法

1. 水力压裂法实质

水力压裂法是在开采同一矿层时，以两口井(或多口井)为一个开采单元，利用水力传压的作用、水体积的不可压缩性和水对盐类矿床的溶解性，从其中一口井注入高压淡水，迫使井下矿层形成压裂裂缝与另一口井贯通，并将裂缝迅速溶蚀、冲刷、扩展成压裂通道；然后从其中一口井注入淡水，溶解矿层，生成卤水后，利用注水余压使卤水由另一口井返回地面的开采方法。

水力压裂法从矿层开始压裂到矿层压裂连通、投产，根据裂缝的形成、延伸与扩展状况，可以分为三个阶段，即压裂期、扩展期和生产期，如图 9-26 所示。

(1)压裂期。指压裂井从注入高压水开始，到压裂裂缝形成、裂缝延伸并与目标井贯通为止。根据压裂裂缝形成和延伸状况又细分为两个小阶段，即破裂压裂阶段和压裂连通阶段。

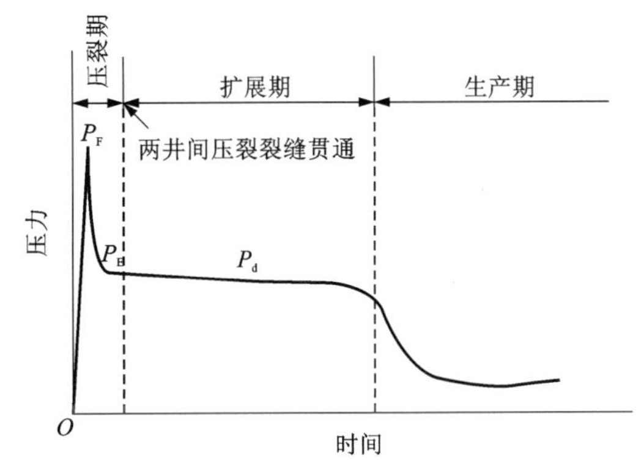

图 9-26　压裂建井阶段示意图

破裂压裂阶段即压裂裂缝开始形成的阶段。用压裂设备往井内注水后，经几分钟到几十分钟，压力上升到峰值，井筒开始破裂，形成压裂裂缝，注水压力陡然下降至延伸压力 P_F。

压裂连通阶段一般需要几小时到几天的时间，裂缝形成后，继续在压裂井注水，高压水迫使裂缝向远处延伸，最后与目标井贯通。

(2)扩展期。扩展期实质是将压裂裂缝扩大成一定直径的生产性溶蚀通道所需的时间，一般需要几天到几周，甚至几个月的时间，是压裂建井的一个重要阶段。

(3)生产期。压裂井组进入生产期的主要标志，一是注水压力骤降至正常采卤压力，二是出卤量剧增至与注水量近于相等。压裂井组连续生产时的卤水量一般为 30 m^3/h，有的达 40~50 m^3/h，卤水浓度为 23~24°Bé，总含盐质量浓度大于 300 g/L。

2. 压裂井结构及布置

压裂井组布置合理与否，直接关系到能否顺利实施压裂连通。这个问题包括压裂井组的布置方向、布置形式、井距和组距等。

(1)压裂井组的布置方向。是指压裂井(注水井)和目标井(出卤井)连线在地层构造中所处的方位。压裂裂缝在两井贯通，需具备两个条件：一是形成的主裂缝为水平裂缝；二是压裂井组的布置与压裂裂缝延伸方向基本一致。

(2)压裂井组的布置形式。在实践生产中，多采用对井布置和三角形布置。各井组间留保安矿柱，以防地面沉陷。开采多层、薄层盐类矿床，当矿层埋深较浅时，易于形成水平裂缝，此时采用对井布置比较合理。对矿层埋藏深度近 1000 m、压裂不易成功的矿区，可以采用三角形布井，即以三井为一组，要求组距大于井距的两倍，以防止井组之间过早连通。

(3)压裂井井距与组距。井距越大，可采矿量越多，其服务年限越长。但是井距又不宜过大，井距过大时，一是不容易压裂连通，二是连通初期如果不连续采卤，易造成通道结晶堵塞，导致连通失败。压裂井组之间的距离较大，一是为了防止井组之间压裂窜槽，形成不合理通道；二是将未溶矿层留作保安矿柱。一般来说，组距为井组的 1.5~2.0 倍。

3. 优缺点及应用条件

与单井对流法相比，水力压裂法的优点体现在：钻进井径较小，节省了一套中心管，节约了钻井费用；同等规模的水溶矿山，压裂法所需钻井数量减少一半，节省了基建投资；生产的卤水浓度高、产量大、成本低；井下事故较少。

压裂法的主要缺点是：压裂主裂缝的延伸方向和连通部位不能有效控制，而受地质构造条件制约；易造成邻近井组间压裂窜槽和地层充水。

压裂法适用于埋深较浅的盐类矿床，目前最大开采深度已达 1500~1700 m；矿石品位较高的易溶性盐类矿床；产出于碎屑系中的多层、薄层盐类矿床，矿层顶底板泥砂岩抗压、抗剪强度高，隔水性能好。对于埋藏虽然较浅，但构造裂隙很发育的盐类矿床，断裂带附近的盐类矿床和矿层顶底板有破碎带、含水层的盐类矿床，不适宜用压裂法开采。

9.5.7 定向井连通水溶开采法

定向井连通水溶开采法有两种类型，即定向斜井连通水溶开采法和定向水平井连通水溶开采法。随着钻井技术的进步，定向井连通法已由最初的定向斜井连通法发展到中小半径水平井连通法，目前正在向智能化方向发展。同时，径向水平井连通法亦逐步得到应用。

1. 定向斜井连通水溶开采法

定向斜井连通水溶开采法就是以 2 口井为一个开采单元，朝目标井(直井)钻一口倾斜水平井，使两井在开采矿层下部连通，形成初始溶解硐室，然后从一口井注入淡水，溶解矿层，生成卤水，再利用注水余压使卤水从另一口井返出地面的开采方法，如图 9-27 所示。

2. 中小半径水平井连通水溶开采法

中小半径水平井连通水溶开采法就是以 2 口井为一开采单元，从其中一口中小半径水平井朝目标井(直井)进行定向钻井(图 9-28)，或者两口中小半径水平井朝设计的同一“靶点”进行定向钻进(图 9-29)，使两井在开采矿层下部连通，形成初始溶解硐室。然后从其中一口井注入淡水，溶解矿层，生成卤水，再利用注水余压使卤水从另一口井返出地面的开采方法。

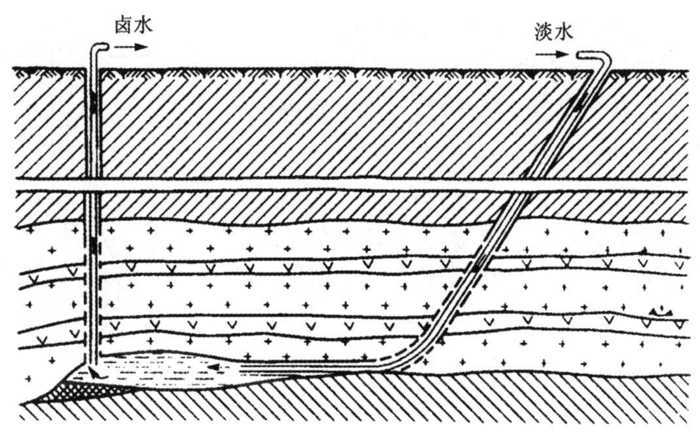

图 9-27 定向斜井连通水溶开采法示意图

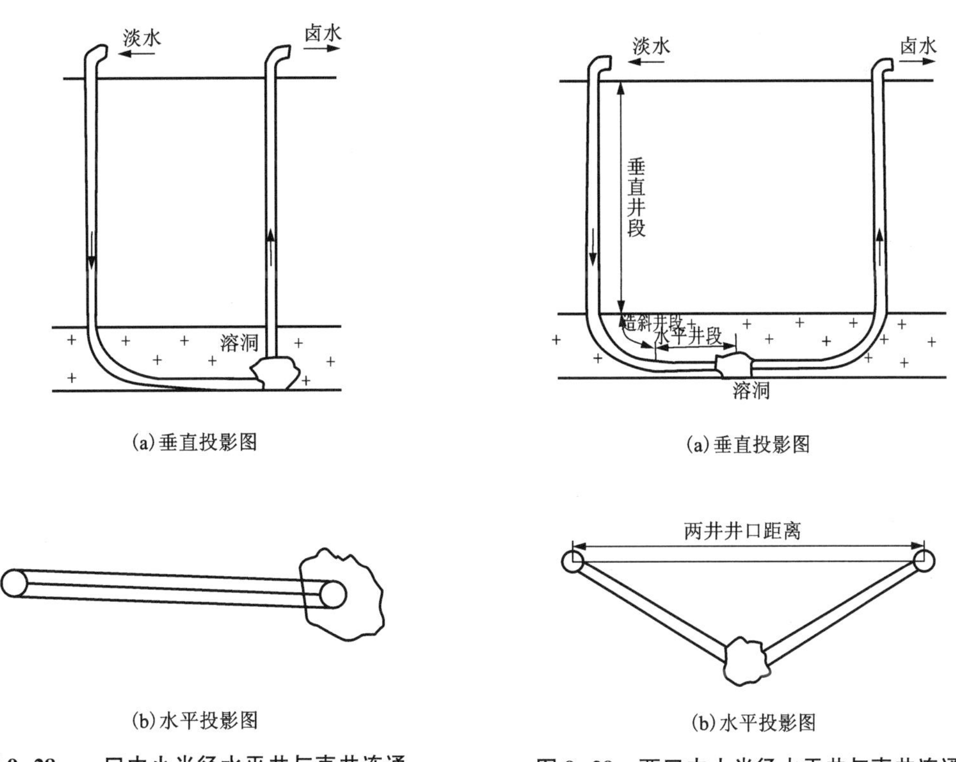

图 9-28 一口中小半径水平井与直井连通

图 9-29 两口中小半径水平井与直井连通

3. 径向水平井连通法

径向水平井连通法，就是在两口井完钻后，在其中一口直井(目标井)进行对流建槽，在另一口直井下部盐类矿层中建成直径为 600 mm 以上的溶洞后，下入高压油管柱和造斜器(下端)，如图 9-30 所示，由滑道和滑轮组成的双曲线导向机构，经定向后，在尾端接有随钻速控制装置的高塑性钢管和喷射钻头(下端)，下入高压油管下端造斜器内，喷射钻头内装有电子测斜仪，高塑性钢管内泵入定位测量装置——V形曲率半径探测器。地面压裂泵将淡水泵入高压油管柱内，高压油管柱内的高塑性钢管在液体静压力作用下，迅速通过造斜器各节滚轮和滑道，从垂直转向水平，其出口指向目标井。高塑性钢管尾端的钻速控制装置调控钻进速度，高塑性钢管前端喷嘴喷射的高压液流切削矿层，将盐类矿石破碎，并将碎屑溶解带出地表，在矿层底部建成水平井段。定位测量装置可随时测出水平井段的方位角和倾角。喷射钻头中上/下控制装置对水平井眼轨迹在上、下方向作适当修正，最后实现与目标井的连通。

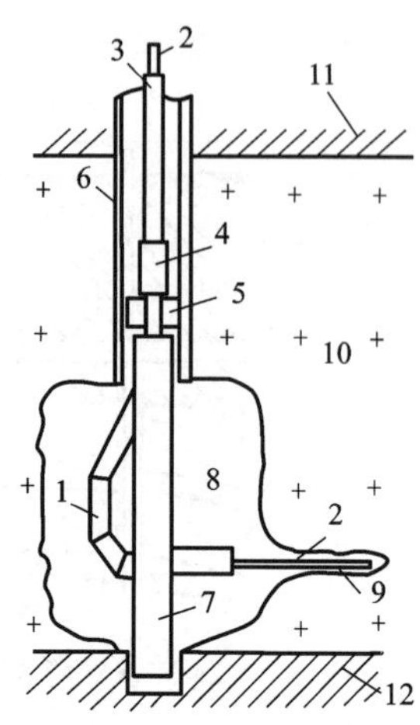

1—造斜器；2—高塑性钢管；3—高压油管；4—速控器；5—卡爪；6—技术套管；7—造斜器侧板；8—盐层溶洞；9—水平井段；10—盐类矿层；11—盐层顶板；12—盐层底板。

图 9-30　造斜器示意图

9.5.8　应用实例

1. 自贡大山铺盐矿简易对流法

自贡大山铺盐矿是我国最早应用简易对流法开采的盐矿。该矿体呈薄层状产出于下三叠统嘉陵江组四段四层。该石盐矿共有两层，A1 为主矿层，厚度为 1.38~8.0 m，A2 为次矿层，厚度为 1~5 m，两层盐间距为 25~39.2 m。A1 矿层埋深为 1289.55~1427.77 m，A2 矿层埋深为 1285.5~1381.16 m。A1 矿层分布面积为 0.86 km^2，A2 矿层分布面积为 0.48 km^2。石盐矿石 NaCl 储量约为 4.4 Mt。

盐井井身结构以早期投产的流 25 井、流 33 井为例，如表 9-7 所列。

表 9-7　流 25 井、流 33 井井身结构简表

<table>
<tr><td colspan="2">项目</td><td>流 25 井</td><td colspan="2">流 33 井</td></tr>
<tr><td colspan="2">终井深度/m</td><td>1435</td><td colspan="2">1444</td></tr>
<tr><td colspan="2">A1 层石盐厚度/m</td><td>1327.69~1330.69</td><td colspan="2">1408.68~1411.77</td></tr>
<tr><td rowspan="2">表层套管</td><td>规格/m</td><td>8</td><td>12.75</td><td>8</td></tr>
<tr><td>下入深度/m</td><td>313.08</td><td>27.63</td><td>454.39</td></tr>
<tr><td rowspan="3">技术套管</td><td>规格/m</td><td>5</td><td colspan="2">4.625</td></tr>
<tr><td>下入深度/m</td><td>1299.94</td><td colspan="2">1401.38</td></tr>
<tr><td>固井情况</td><td>水泥浆未返回地表。固井后，
管内试压 8 MPa，30 min 下降 0.6 MPa</td><td colspan="2">水泥浆未返回地表。固井后，
管内试压 15 MPa，30 min 下降 1.5 MPa</td></tr>
<tr><td rowspan="2">中心管</td><td>规格/m</td><td>2.5</td><td colspan="2">3(上部)+2.5(下部)</td></tr>
<tr><td>下入深度/m</td><td colspan="3">每次修井后，中心管下入深度不同。
中心管斜距石盐矿层底板 0.2~0.4 m 时，生产效果最佳</td></tr>
</table>

建槽期为4~6个月，主要用正循环作业，建槽期最大卤水产量为460 m^3/d，最高卤水浓度达23.5°Bé。生产期主要采用反循环作业，随着溶洞直径的扩大，单井卤水产量和浓度显著提高，相应的最大卤水产量达700 m^3/d，最高卤水浓度达20.3°Bé。

经过长期开采，1978年5月开始发现邻井盐层逐步溶蚀连通。至1989年初，在11口盐井中，除大20井仍用简易对流法开采外，其他各井盐层均先后溶蚀连通，改用井组连通法生产，如图9-31所示。用井组连通法生产的卤水浓度高、产量大，可提高矿石采收率。井组连通法最高日产量达11000 m^3，卤水成本1.791元/m^3，比外购卤水价格降低了33%。

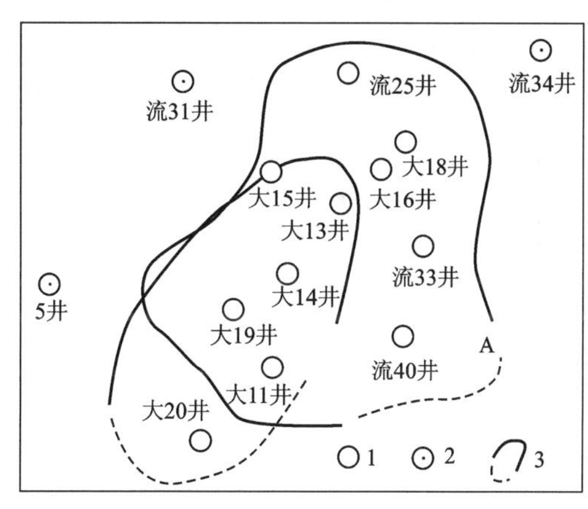

1—开采井；2—未见盐钻井；3—矿体分布范围。

图9-31 大山铺盐砂钻井开采工程布置示意图

2. 河南吴城天然碱矿水力压裂法

1) 矿床地质

吴城天然碱矿属于古生代内陆湖相沉积石盐-天然碱矿床，分布于吴城盆地中心偏北的缓坡上，形似不规则的椭圆，分布面积为4.66 km^2，矿层倾向南南东，倾角为8°~10°，区内无断层存在。矿层埋藏深度为42.76~973.78 m，一般为650~850 m。

矿层呈层状、似层状，产出于古近系始新统五里堆组下段。下部含矿段为天然碱矿段，有15层天然碱矿，单层厚0.5~1.5 m，组合为Ⅰ、Ⅱ、Ⅲ三个矿组。上部含矿段为盐碱矿段，共有21层石盐和天然碱矿层，单层厚1~3 m，组合为Ⅳ、Ⅴ、Ⅵ、Ⅶ四个矿组，为中型天然碱矿床。矿层顶、底板为油页岩、泥质白云岩，矿层与顶、底板界面清晰。

矿石品位：Na_2CO_3 平均品位为41.68%，其中上矿段平均为33.96%，下矿段平均为54.9%。上矿段NaCl平均品位为45.55%，水不溶物质量分数较低，一般小于10%；下矿段水不溶物质量分数较高，一般在20%以内。

2) 压裂井组布置

为了解该矿区压裂连通方向，以3口井为一井组，共布置2个井组，见图9-32。以101、102和采3井为例，3口井略成直角三角形布置，101和102井沿走向分布，井底距离为133 m；采3井位于101井倾斜下方，井距为106 m。

3) 井身结构

为适应多层矿开采工艺，需电测井、射孔和下水力封隔器，其井身结构为：开孔井径为 ϕ311 mm，ϕ245 mm×10 mm表层套管下入深度为17~18.81 m，封隔第四系含水层。第二次钻进井径为 ϕ216 mm，ϕ140 mm×8 mm技术套管下入深度为794.8~819.6 m，均下至采矿层顶板，采用后期完井方式。

4) 101-102井组压裂建井阶段

压裂期：101井压裂作业开始后，注水压力迅速上升至11.5 MPa，当矿层开始形成压裂裂缝后，注水压力降至8 MPa。为加速压裂裂缝延伸，加大了单位注水量，平均为34.06 m^3/h。经过4 h 33 min压裂作业，压裂期注水量为155 m^3，压裂裂缝与102井贯通，102井开始出卤，该井进入扩展期。

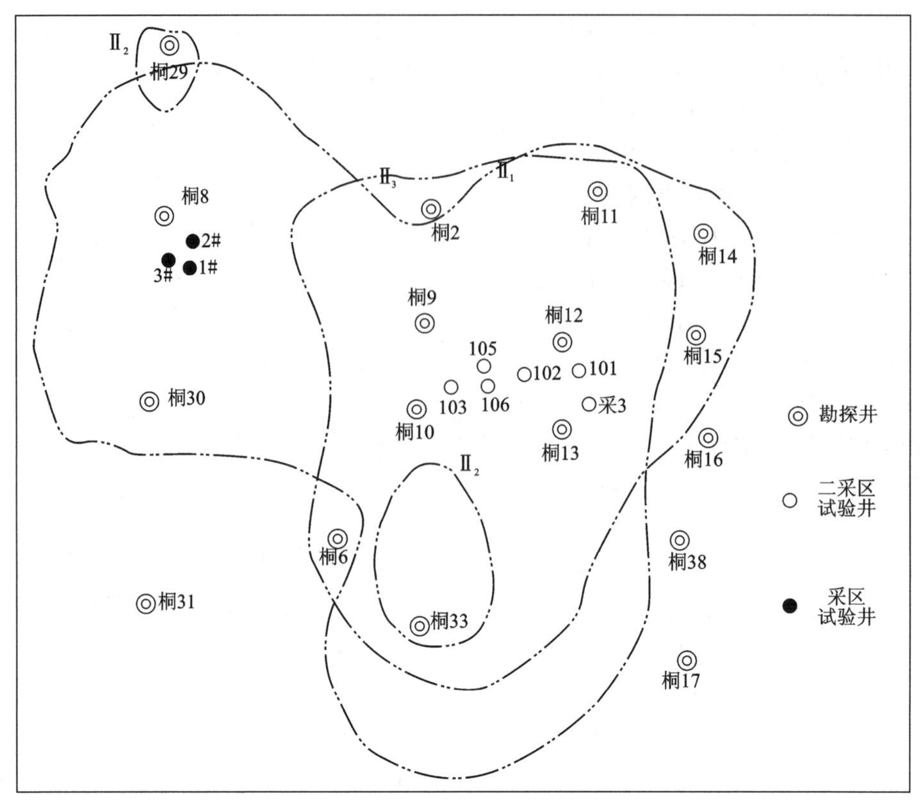

图 9-32　吴城天然碱矿试验井平面位置示意图

扩展期：扩展期注水压力有所下降，由 8 MPa 逐渐下降至 6 MPa，单位时间注水量为 22.46 m^3/h，经过 17 h 27 min 压裂，扩展期注水量为 392 m^3，压裂裂缝经过溶蚀冲刷，扩展成一定直径的压裂通道后，注水压力骤降至 2~2.3 MPa，表示生产期到来。

生产期：经过 6 个月的试生产，以 NaOH 平均质量分数为 5.40%的杂水为溶剂，平均日采卤 18 h 26 min，平均采卤量为 300 m^3/d，卤水总碱度为 9.61%，日采卤折纯碱量为 31.11 t/d。

3. 老挝万象平原钾盐矿床定向钻井连通法

1) 老挝万象地质概况

矿区地质概况：万象平原钾盐矿位于老挝人民民主共和国首都万象及其以北地区，南以湄公河为界，面积为 8366 km^2，初勘面积为 1970 km^2，首采矿区面积为 300 km^2。

矿体特征：矿体呈层状，宽缓平透镜体状。区内构造不发育，以褶皱为主，断裂次之，未见岩浆岩，仅在勘查区北部推测一区域性断层。勘查区内以成盐后的盐背斜为主。万象平原全区含盐，其基底西高东低，最大埋深 1400 m，其中三勘区盐岩体埋深 174.33~437.10 m，首采区矿体厚 18.39~110.94 m，KCl 平均品位为 8.37%~25.67%，钾镁盐矿直接顶底板为含石膏石盐岩，钾盐矿石以光卤石型为主，其中光卤石质量分数为 43.11%~60.08%，石盐质量分数为 23.69%~48.81%，溢晶石质量分数为 0.10%~23.75%，钾石盐质量分数为 0~1.18%，水氯镁石质量分数为 1.40%~3.91%，Br 含量超过综合评价指标。

矿石的可溶性：根据实验室的模拟试验，光卤石矿溶解性能良好，水溶卤水质量浓度为

1285 g/L。侧溶角为10°~38°，综合溶解速率为12 kg/(m^2·h)，可采用水采方法开采。

2)定向钻井连通水溶开采法

从老挝万象钾盐矿地质条件分析，该矿KCl品位较高，平均品位为14.48%，平均厚度为56.92 m，分布面积大，矿体埋藏较浅，矿体相对封闭，矿层呈层状、似层状，产状平缓且稳定，矿层分布连续，矿体顶板为泥岩和盐岩，间接顶板为大厚度盐岩。适用于钻井水溶开采方法，但需解决建槽暴露矿层面积、保护矿层顶板、采出所需的成分这三个方面的问题。钻井水溶开采投资少、成本低、安全性好、占地少、对环境无污染，是开采老挝钾盐矿最理想的方法。

9.6　盐湖矿床开采

我国是一个盐湖资源大国，盐类资源种类全，数量多，主要分布于青海、新疆、西藏、内蒙古等地，主要盐类资源有石盐、芒硝、石膏、天然碱、光卤石、钾石盐等。液体矿床中含有钾、钠、钙、镁、硼、锂、溴等元素。盐湖矿产资源的开发利用在国民经济中占重要地位。

9.6.1　盐湖固体矿床开采

盐湖固体矿床的开采，常用推土机、铲运机、挖掘机等采掘设备，其开采工艺和工作组织与一般露天矿大体相同。限于篇幅，下面仅针对盐湖固体矿床的特殊性，介绍轨道式联合采盐机和溶解开采法。

1. 轨道式联合采盐机开采

轨道式联合采盐机采掘盐矿层时，往返行驶在平行于台阶坡面铺设的轨道上，能顺序完成盐盖剥离、盐层松碎、盐卤混合、汲取和运输、固液分离、固盐洗涤和装车等一套完整的采装工序，在我国的盐湖固相矿床开采中主要用来开采石盐。

1)设备类型及其选择

联合采盐机的结构类型是多种多样的，根据轨距不同，分准轨式和窄轨式两种；根据动力来源，分内燃机式和电动式两类。根据供电方式，电动式又分为内部供电式和外部供电式两种；根据是否完成洗选作业，分为带洗选装置和不带洗选装置两种等。

2)联合采盐机开采工艺

开采工艺流程如图9-33所示，包括轨道铺设和移置，盐盖的剥离、装车和排弃，开掘回转坑，采掘盐层，矿石装运等工序。

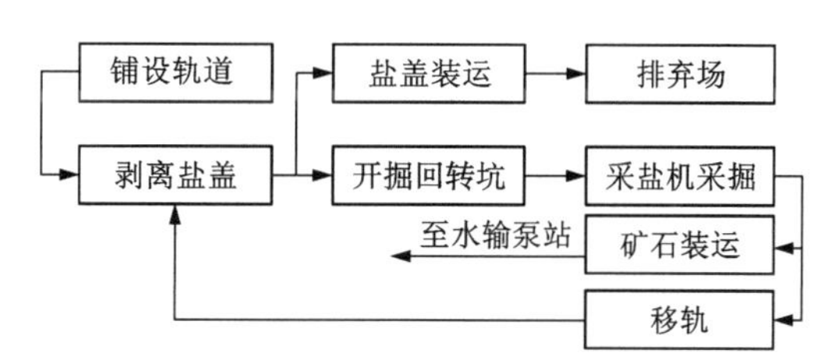

图9-33　联合采盐机开采工艺流程

(1)铺设铁道线路。采区或开采单元采掘盐层前，先沿其边缘铺设供采盐机行驶的铁路线路。若与采盐机配合的运输车辆是汽车，只铺一条线路；若是各种轨道式车辆，则必须平行铺设两条以上的线路，一条作采盐机的作业线，其他作车辆装载运输线。

(2)剥离盐盖。剥离盐盖的方法有两种：一种是推土机聚堆，前端式装载机装车外运；另一种是直接采用采盐机的剥离盐盖装置(图9-34)剥离。

(3)挖掘回转坑。联合采盐机切盐器的直径和长度均约为 1 m。因此，它在轨道上行驶一趟的切盐厚度一般为 0.8~1 m。盐层厚度较大时，要往返几次才能采完一个条带。故联合采盐机采掘盐层前，必须在采掘作业线的两端或其中间先挖掘回转坑。

(4)采掘盐层。采盐机作业工序包括：切盐器切割松碎盐层，松碎下来的盐粒与卤水混合成悬浮浆；盐浆泵通过汲盐管汲取矿浆经管道输送；旋流器和弧形筛固液分离；固体盐冲洗、提升和装车。

切盐传动装置是采盐机的主要工作机构(图 9-35)。根据矿层厚度，选用相应长度的切盐杆。采盐机一个行程的采厚等于切盐杆长度。采完一个条带矿层全厚要往返几个行程。

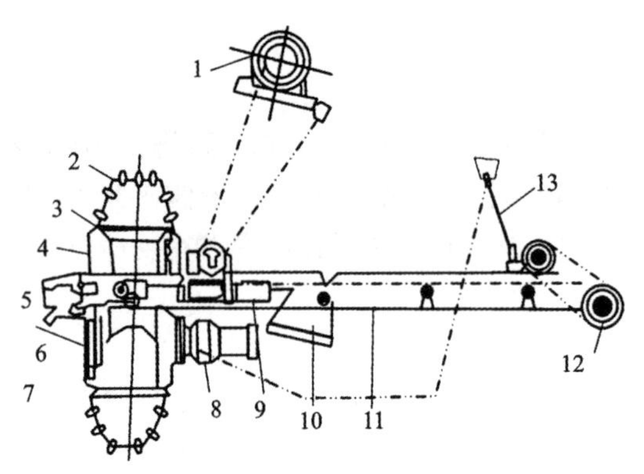

1—提升机；2—斗轮；3—外壳；
4—内壳；5—支承受板；6—内齿圈；
7—尼龙滑块；8—减速器；9—悬臂梁；
10—支座；11—托架；12—皮带运输机；13—拉杆。

图 9-34 剥离盐盖装置

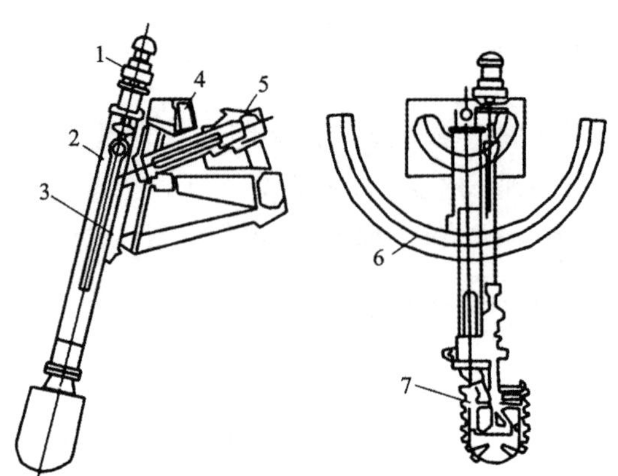

1—摆线针轮减速器；2—切盐杆；3—卡爪；
4—支座；5—球接头；6—半圆挡；7—切盐器(绞刀)。

图 9-35 切盐传动装置

切盐器切割盐层的方式有沟槽式和条带式两种(图 9-36)。前者无间隔矿柱，分条带连续推进；沟槽间留 0.1~0.15 m 宽的矿柱。沟槽式采掘的优点是松碎固体矿不会被旋转的切盐器抛向采空区一边，提高了吸盐效率。卤水具有再结晶能力，形成新的盐层供二次开采。

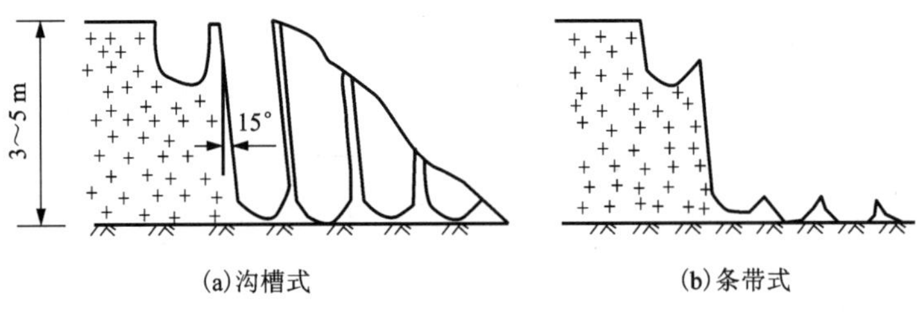

图 9-36 采掘盐层方式

(5)轨道移置工作。采盐机每采掘一个条带(或堑沟)，其作业线路(和运输线路)要做相应的平移。条带式采掘时，移动距离等于切盐器直径，沟槽式采掘时，移动距离为 1.1~1.2 m。可用移道机或用拖拉机整体牵引，辅以人工拨直。

3) 采盐机的生产能力

采盐机的技术生产能力与切盐传动装置参数、盐泵工作状态、采掘宽度、单行程采厚、工作行驶速度有关。提高采盐机的生产能力，应着重从两方面入手：一是切盐器、盐浆泵的正确操作和合理确定工作状态；二是进行合理的工作组织，加强设备维修保养等。切盐器、盐浆泵参数和工作状态直接影响采盐机的生产能力。

4) 适用范围

轨道式联合采盐机的最大优点，在于它能同时完成盐盖剥离和盐层采掘，机械化程度高，工人的劳动条件好；同时，采盐过程中以卤水为介质进行盐的洗涤，提高了采盐质量。

主要缺点是轨道铺设在平坦并具有相应承载能力的盐矿层表面。卤水水位最好与盐矿层表面一致；水位低于层面太多，则第一次采掘卤水量不足，盐浆泵无法正常工作；盐浆泵设在操作室，受吸入高度限制。只能开采大于 1 m、小于 8 m 的盐矿层。

2. 溶解开采

盐湖固体矿床天然沉积旋回中受风积泥沙污染。矿石一般要经溶解、净化、物理分选和化学加工。利用盐类矿物易溶于水的特点，采用溶解法开采，将采矿和矿物加工结合实现经济最优。

1) 溶解开采实践

盐湖固体矿床初露地表或浅埋，根据布液、集液方式及手段，有地表漫流布液溶采、沟槽集液溶采、钻孔和热液射流穿孔溶采几种方式。

(1) 地表漫流布液溶采实例：内蒙古额吉淖尔盐湖，天然沉积一层石盐矿，地表布液溶采，溶剂为大气降水、盐湖或湖底低矿化水。每年雨季利用大气降水和草原水汇入盐湖，漫流溶解表层石盐，经日晒蒸发再结晶，析出石盐。

(2) 沟槽集液溶采实例：新疆七角井盐湖，上部石盐层初露地表，厚 1~2 m，岩层除含泥沙等不溶物外，还发育有泥垄、泥柱(图 9-37)，采用沟槽集液溶采。打井把湖区外地下承压淡水通过沟渠引流入湖，灌入沟中，灌水深度为 0.2~0.3 m，溶解沟底和两侧盐层，卤水达到饱和后就地蒸发结晶析出成品石盐。

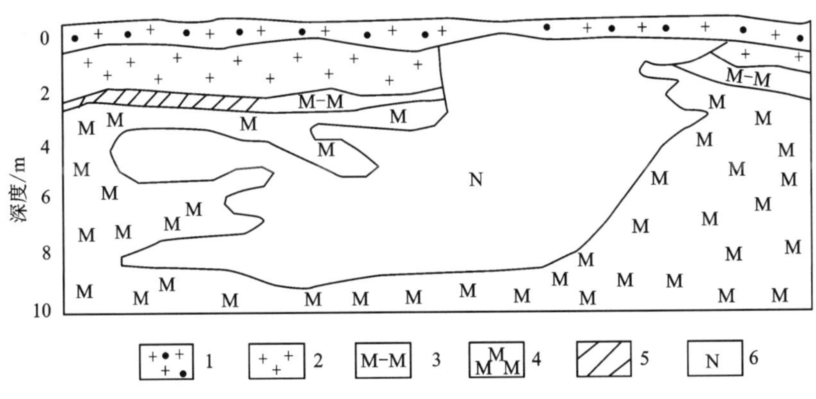

1—盐壳；2—石盐层；3—无水芒硝层；4—芒硝层；5—黏土层；6—泥柱。

图 9-37　不规则状泥柱示意图

(3)热液射流穿孔溶采实例：加拿大麦地斯科湖面积为1.64 km^2，芒硝矿层厚可达9~17 m。矿体含15%~50%的有机质、黏土和砂的混合物。该湖芒硝为热液射流穿孔溶采，如图9-38所示。

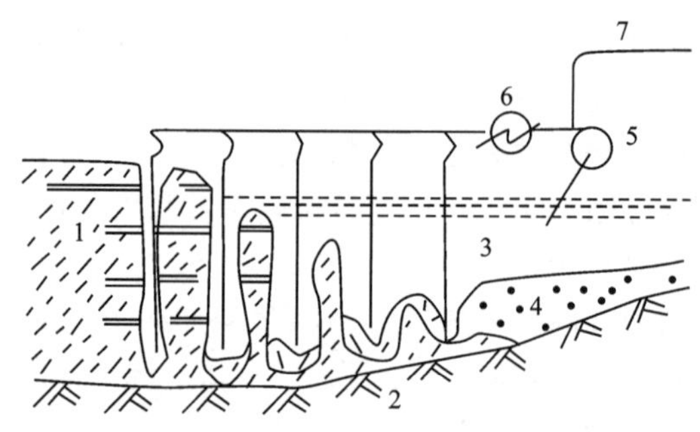

1—芒硝、泥砂互层；2—黏土、砂底板；3—卤水；4—残留泥砂；5—泵；6—加热器；7-至加工厂管道。

图9-38 芒硝热液射流穿孔溶采工艺

2)盐湖矿床溶解开采评价

首先，从技术的难易程度和经济的合理性看，矿体厚度大、埋藏深的充水矿床，用常规的开采方法或疏干开采工程量大，很难直接采掘，而溶解开采在技术和经济上是合理的。泥垄、泥柱充填的矿层，与泥砂成互层的薄矿层，只能用溶解法开采。

其次，盐湖矿床赋存条件上有许多利于溶解开采的因素：

(1)盐湖盐类矿物通常具有良好的可溶性。

(2)水是溶解开采的基本“工具”。

(3)盐湖地处干旱地区，具有良好的蒸发和冷冻条件。

9.6.2 盐湖液体矿床开采

1.采区划分

采区划分主要取决于工业储量分布、矿床赋存条件、水化学类型和水质分布特征，并与开采规模、对水质要求、工程地质和水文地质条件相关。

(1)矿床赋存条件和工业储量是采区划分的基础，决定采区大小、开采规模和服务年限。首采区应选择在勘探程度高、工业储量大、品位高、赋存条件好、水量充足的丰水地段。

(2)矿床水化学类型及其水质空间分布对采区划分起支配作用。同一盐湖不同地段水化学类型和水质不同时，应分别规划采区。

(3)同一水化学类型卤水，化学成分相对稳定，应尽量划归一个采区。

(4)水位埋深和含水层厚度。含水层厚度和埋深相同的地段，应尽量划归一个采区。

2.采卤构筑物及其选择

采卤包括合理地布置开采系统和有效地实现开采工艺。由一系列工序组成，其中，基本工序是采卤和输卤。不同的采卤方法，采用不同的采卤、输卤构筑物。

地下水位浅但含水层厚度大于10 m，或水层埋深在10 m以下时多选用管井开采，用深井泵抽卤。水位埋藏浅、含水层水量丰富、透水性良好、厚度大于3 m时，可选用大口井开采。含水层透水性差时，可考虑选用辐射井。地下卤水水位埋深接近地表，含水层厚度小于10 m时采用渠道开采。含水层厚度小于5 m时宜采用完整渠，大于5 m时可采用非完整渠、井渠结合开采，一般以渠作为集卤构筑物，并作为取卤构筑物。

地表卤水开采，一般用固定式或趸船式(浮式)取卤构筑物。斜槽式采卤布置系统适用于湖水浅的情况，通过修筑斜槽来加深湖底，建固定式泵站抽卤。引水渠采卤布置系统适用于卤水不饱和的情况，通过渠道蒸发浓缩达饱和后再供入盐田。拦坝式采卤布置系统适用于湖底有淤泥的情况，能筑坝分隔湖湾建造盐田。趸船式采卤系统适用于湖底不能建造泵站，湖水水位变幅大的条件。用趸船使泵的吸入高度恒定，不受湖水涨落影响。

3. 液-固转化的利用和防治

开采条件下，地下卤水渗流场、水化学场、热力学条件均发生变化，液体、固体间的平衡关系受到破坏，要建立新的平衡，就产生溶盐和析盐的液-固转化。液-固转化在液体矿开采中有十分重要的意义。掌握一定条件下卤水的蒸发析盐规律，可按卤水的析盐阶段确定矿床的水化学和水质分区；确定矿床储量和水质指标，达到合理开发利用的目的。

1）晶间卤水水质指标的确定

以察尔汗盐湖察尔汗区段的卤水为例分析：统计察尔汗区段晶间卤水的水化学分析资料，绘于 K^+、Na^+、$Mg^{2+}/Cl^- - H_2O$ 四元体系 25℃ 相图上，所有点都位于 NaCl 相区，见图 9-39。由图可知，任何一点做等温蒸发，在达到 NaCl 与 KCl、$MgCl_2$、$MgCl_2 \cdot 6H_2O$ 共饱和线之前，$w(MgCl_2)/w(KCl)$ 的比值是恒定的，因此它对衡量卤水水质具有重要意义。

2）矿床的水质分区

根据钻孔水样分析资料，做晶间卤水比重等值线图和 $w(MgCl_2)/w(KCl)$ 值平、剖面等值线图。根据相图分析确定水质分区。根据水质要求圈定出采区。在采区内根据卤水含水层厚度、埋藏深度、水质分异规律确定采卤构筑物类型，布置采卤工程。

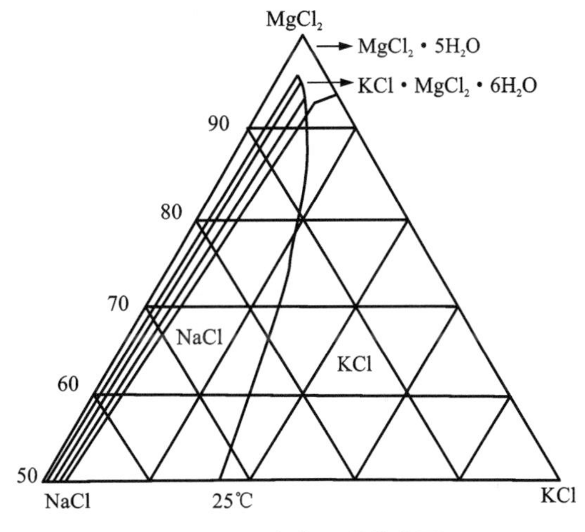

图 9-39　卤水组成分布图

3）结盐及其防治

防治设备结盐的方法分化学药剂法、物理法、机械除盐法和加淡水法等四类。目前，美国及我国盐湖采矿中均采用加淡水防结盐的方法。在开采晶间卤水时加入一定量淡水防止抽、输卤工艺设备结盐的方法，是在井或渠内平行吸管引入淡水管，并在吸口下设置喷水环。加淡水防结盐的方法，具有工艺设施简单、成本低、无毒性、效果好的优点。

4. 采卤构筑物的防腐蚀

卤水和卤水蒸气、盐层和盐渍土对金属有很强的化学和电化学腐蚀作用，因此，对抽、输卤及供水设备、管道防腐问题应引起足够重视。

防腐蚀方法归纳起来有三类，即选择抗腐蚀材料、采用防腐涂料和阴极保护，有时可几种方法同时采用。管井的腐蚀和建井材料、卤水的化学成分有密切关系。在选取井管和滤水管材料时，根据卤水化学成分和 pH，分别选用高硅铸铁管、普通铸铁管、耐腐蚀低碳合金钢管以及耐腐蚀非金属材料管。防腐涂料很多，对保护井管、输卤和输水管有显著效果，可根据卤水组成、pH 选用，如酚醛树脂耐化学腐蚀；环氧树脂耐碱性不耐酸性；呋喃树脂耐酸、碱性能良好；沥青类耐水、防湿、耐酸、碱；环氧沥青漆对铸铁管防腐好。阴极保护是防止电化学腐蚀、延长管道寿命最经济且有效的可靠办法。阴极保护可用外加电流法或牺牲阳极法，如图 9-40 所示。

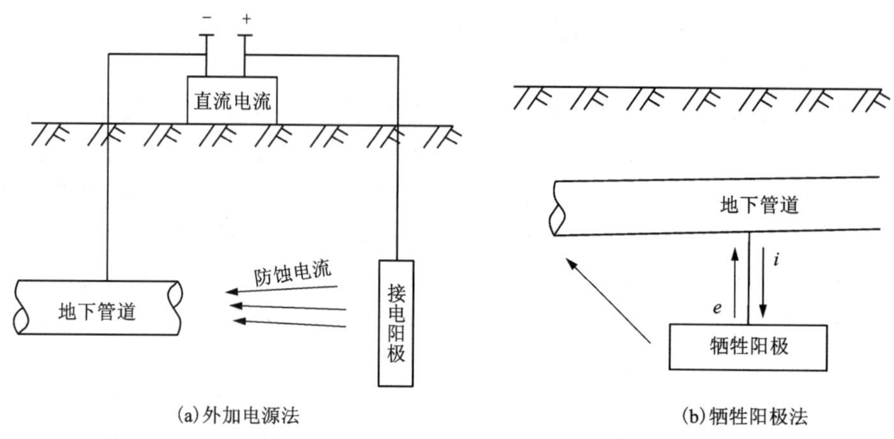

(a)外加电源法　　(b)牺牲阳极法

e—电子流动方向；i—电流流动方向。

图 9-40 阴极保护防腐蚀原理

9.6.3 应用实例

罗布泊盐湖位于新疆维吾尔自治区塔里木盆地东端，隶属于巴音郭楞蒙古自治州若羌县，距离哈密市 300 km。罗布泊盐湖南北长 115 km，东西宽 90 km，面积达 10350 km^2，盐湖所在地区地形平坦，平均海拔 780 m，属于典型的大陆干旱气候，年降雨量仅为 38.5 mm，年蒸发量达 4696.9 mm。

罗布泊钾盐矿床面积约 1344 km^2，属于超大型钾盐矿床，KCl 平均品位为 1.4%。钾盐储量 1.45 亿 t，资源量达 2.51 亿 t。潜在经济价值达 5000 亿元以上，开发周期可达 30~100 年，有望成为我国未来最大的钾盐生产地。

当前，罗布泊盐湖是固液体矿并存的大型钾盐矿床，共生有液体石盐矿及镁盐矿，伴生有固体石盐、钙芒硝矿床等。钾盐资源量以 KCl 为主，达 2.5 亿 t。其中，液体矿是以钾为主，共生有钠、镁，伴生锂、硼等稀有元素的综合性矿产，富钾卤水主要以晶间卤水形式赋存于盐类矿物的晶间。固体钾盐矿主要以钾盐镁矾等形式出现，储量很少。

罗布泊盐湖的生产以开采富钾晶间卤水为主，卤水主要赋存于钙芒硝岩中，由 1 个潜卤水层、5 个承压卤水层共同构成。卤水水化学类型属于硫酸镁亚型，具体而言，其卤水组成点在 K^+、Na^+、Mg^{2+}//Cl^-、SO_4^{2-}、H_2O 五元水盐体系 25℃ 相图上位于白钠镁矾($Na_2SO_4 \cdot Mg_2SO_4 \cdot 4H_2O$)相区，靠近软钾镁矾($Na_2SO_4 \cdot Mg_2SO_4 \cdot 6H_2O$)相区，罗布泊盐湖卤水的组成特征有利于直接从盐田获得软钾镁矾和钾盐镁矾($KCl \cdot Mg_2SO_4 \cdot 3H_2O$)混盐，进而生产硫酸钾。卤水蒸发时的结晶顺序为：石盐→石盐+白钠镁矾→石盐+白钠镁矾+软钾镁矾→石盐+软钾镁矾+泻利盐($Mg_2SO_4 \cdot 7H_2O$)→石盐+泻利盐+光卤石。

罗布泊盐湖钾盐生产工艺流程如图 9-41 所示。由于钾盐析出区间较长，致使混盐中钾含量偏低，因此，在罗布泊结晶工艺中采用了兑卤方法。控制卤水成分点在软钾镁矾相区中间位置，使钾分别以钾盐镁矾混盐和光卤石矿物的形式集中析出。将钾盐镁矾转化为软钾镁矾，光卤石矿通过冷分解浮选工艺得到 KCl，经过复分解反应直接生产出硫酸钾产品。

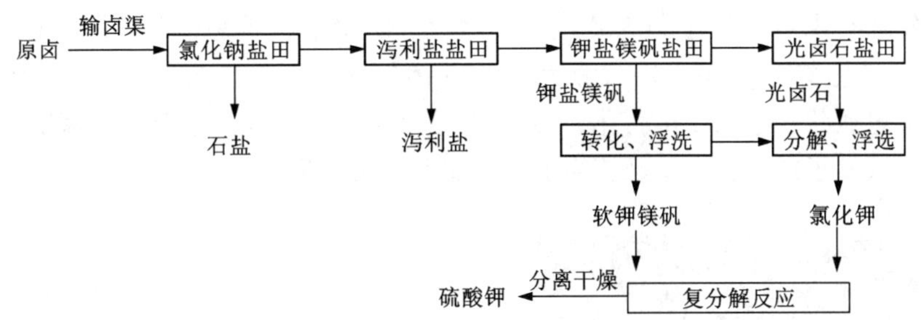

图9-41 罗布泊盐湖钾盐生产工艺流程

9.7 浸矿微生物的研究与应用

20世纪40年代以来，高效浸矿微生物的选育、改良及浸矿作用机理等成为应用难点和发展方向。所谓微生物浸矿，是指利用浸矿微生物，通过物理化学作用，浸取矿石中有价元素的溶浸采矿方法。与传统采选方法比较，该方法可以有效处理矿物共生关系密切、有用成分被其他元素或载体矿物所包裹的矿石，具有高效、经济等优点，被广泛应用于铜、锰、铀浸取和难处理金矿石的氧化预处理。

9.7.1 浸矿微生物种类及其生理特性

据统计，浸矿微生物有几十种，按最佳温度分为常温菌、中等嗜热菌与高温菌。常见硫化矿浸出细菌，如表9-8所列。

表9-8 常见硫化矿浸出细菌

类型	细菌名称	菌属
常温菌 *Mesophile*	氧化亚铁硫杆菌(*Thiobacillus ferrooxidans*)	硫杆菌属
	氧化硫硫杆菌(*Thiobacillus thiooxidans*)	硫杆菌属
	氧化亚铁微螺菌(*Leptospirillum ferrooxidans*)	微螺菌属
中等嗜热菌 *Moderate thermophile*	*Thiobacillus caldus*(简称 *T*·*caldus*)	硫杆菌属
	嗜热铁氧化钩端螺菌(*Leptospirillums thermoferrooxidans*)	微螺菌属
	Sulfobacillum thermosulfidooxidans(简称 *S*·*t*)	*Sulfobacillus*
高温菌 *Extreme thermophile*	硫化叶菌(*Sulfolobus sp.*)	硫化叶菌属
	氨基酸变性菌(*Acidans sp.*)	酸菌属

1. 常温菌

最佳生长温度为25~40℃，45℃以上失活，以无机物为营养源，嗜酸，最适酸度为pH=1.5~2.0。微生物浸出中应用最广泛的菌种有氧化亚铁硫杆菌($T \cdot f$)、氧化硫硫杆菌($T \cdot t$)和氧化亚铁微螺菌($L \cdot f$)三种。

$T \cdot f$菌以氧化亚铁离子或其盐或低价硫为营养源，它栖居于含硫温泉、硫和硫化矿矿床、煤和含金矿矿床。这类细菌为革兰氏阴性菌，形状呈圆端短柄状，长 1.0~1.5 μm，宽 0.5~0.8 μm，端生鞭毛，如图 9-42 所示。*T*·*t* 菌仅能以低价硫为营养源，栖居于硫和硫化矿矿床。圆头短柄状，宽 0.5 μm，长 1 μm，端无鞭毛，常以单个、双个和短链状存在。*L*·*f* 菌只能氧化亚铁离子或其盐，呈螺旋弯曲状，如图 9-43 所示。

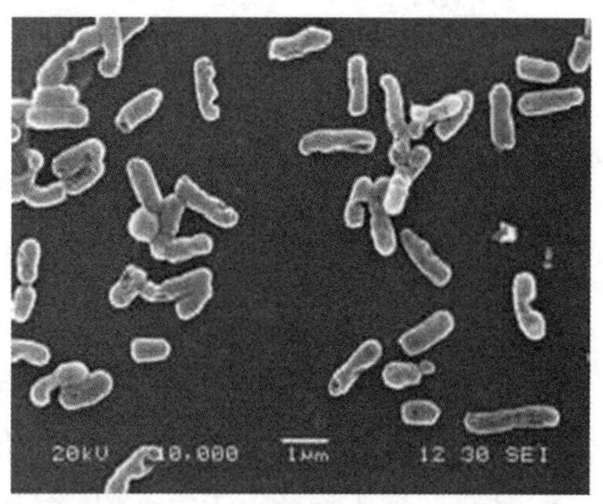

图 9-42 氧化亚铁硫杆菌细胞形态

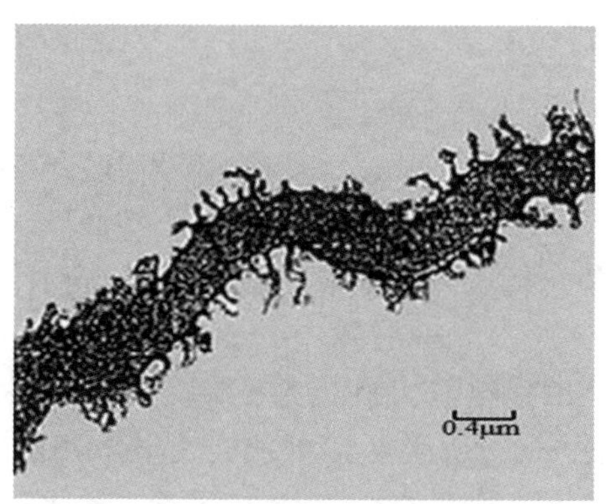

图 9-43 *L*·*f* 菌电子显微镜照片

2. 中等嗜热菌

1976 年 Golovacheva R. S. 等发现 *Sulfobacillus* 菌属，首株命名 *Sulfobacillus thermosulfoodans*，极端嗜酸兼性自养菌，可氧化亚铁、硫、硫代硫酸根和硫化矿，最佳生长温度为 50℃，广泛存在于硫化矿或富含铁、硫或硫化矿酸热环境。1992 年，分离出一种中等嗜热菌 *L*·*thermoferrooxidans*，如图 9-44 所示。该细菌适应温度为 45~50℃，最佳 pH 为 1.65~1.9，只能氧化水溶液与矿物中亚铁。

3. 高温菌

嗜酸嗜高温古细菌(*Thermocidophili archaebacteria*)是微生物进化的一个独支系，共四个种属能氧化硫化物，即硫化叶菌(*Sulfololus*)、氨基酸变性菌(*Acidanus*)、金属球菌(*Metallosphaera*)和硫化小球菌(*Sulfurococcus*)，极端嗜高温、嗜酸，球状无鞭毛，直径为 1 μm，多分布在含硫温泉中。云南热温泉中发现的一种无机化能自养型嗜热嗜酸菌，如图 9-45 所示。该细菌可在 65℃高温下浸出黄铜矿，浸出速率为氧化亚铁硫杆菌的 6 倍。

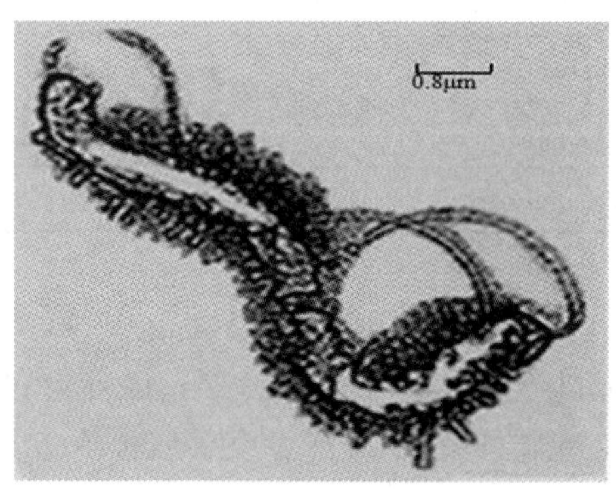

图 9-44 *L*·*thermoferrooxidans* 的电子显微镜照片

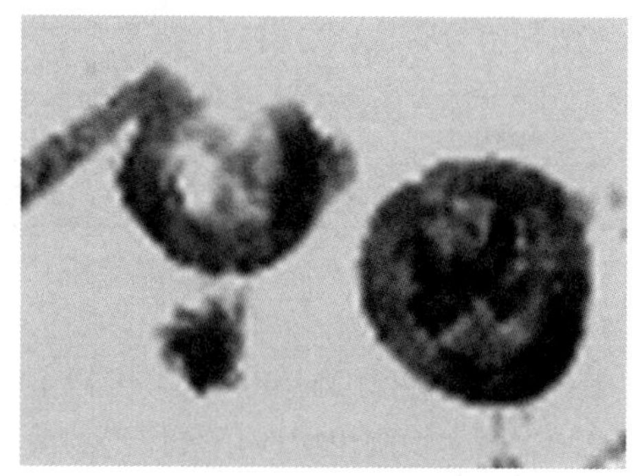

图 9-45 云南温泉的高温菌

9.7.2　浸矿微生物的选育方法

浸矿微生物广泛分布于铜矿、金矿、铀矿和煤矿酸性矿坑水中。通过自然界取样、实验室内富集培养、驯化转代等选育方法，可有效提高微生物浓度与活性，获得高效浸矿微生物。

1. 浸矿微生物的培养基

微生物赖以生存和繁殖的介质叫培养基。按物理状态可分为液体和固体两种培养基。液体培养基用于粗略地分离培养某种微生物，固体培养基用于微生物的纯种分离；按化学成分可分成合成与天然两种培养基。

常见的常温菌培养基配方如表 9-9 所列。培养基为细菌的生长提供足够的养料。常温菌的培养基主要是无机培养基，而中等嗜热菌和高温菌的培养基是在无机培养基的基础上添加一些有机物组成的。

表 9-9　常见的常温菌培养基配方　　单位：g/L

氧化亚铁硫杆菌			氧化硫硫杆菌			氧化亚铁硫杆菌*	
组成	Leathen	9K	组成	Waksman	ONM	组成	Colmer
$(NH_4)_2SO_4$	0.15	3.0	$(NH_4)_2SO_4$	0.2	0.2	$Na_2S_2O_3 \cdot 5H_2O$	5.0
KCl	0.5	0.1	$MgSO_4 \cdot 7H_2O$	0.5	0.03	K_2HPO_4	3.0
K_2HPO_4	0.5	0.5	$CaCl_2 \cdot 2H_2O$	0.25	0.03	$(NH_4)_2SO_4$	0.2
$MgSO_4 \cdot 7H_2O$	0.5	0.5	$FeSO_4 \cdot 7H_2O$	0.01	0.0001	$MgSO_4 \cdot 7H_2O$	0.1
$Ca(NO_3)_2$	0.01	0.01	K_2HPO_4		0.4	$CaCl_2$	0.2
蒸馏水	1000 mL	700 mL	蒸馏水	1000 mL	1000 mL	蒸馏水	1000 mL
$FeSO_4 \cdot 7H_2O$	10%溶液 10 mL	14.7%溶液 300 mL	硫磺粉末	10	10		
pH	2.0	2.0	pH	2~3.5	2~3.5	pH	1.5~2.0

*：除 Colmer 培养基外，氧化亚铁硫杆菌还可以使用 Leathen 和 9K 培养基。

2. 微生物采集、分离和培养

浸矿细菌分布很广，相对比较集中的地方是金属硫化物矿和煤矿等酸性矿坑水。最常见的氧化亚铁硫杆菌的采集、分离、培养和驯化方法简述如下。

取 50~250 mL 细口玻璃瓶，洗净并配好胶塞，用牛皮纸包好瓶口，置于 120℃ 烘箱灭菌 20 min，冷却后即可用作细菌采集瓶。取样时首先将牛皮纸取下，用一只手拔去瓶塞，另一只手接取或舀取水样，须留一定空气层。取样后立即盖好瓶塞用牛皮纸包好瓶口取回。培养基用蒸汽灭菌 15 min，无菌操作条件下将培养基分装于数个洗净并灭菌的 100 mL 三角瓶中，每瓶装 25 mL 培养基，然后用洗净干燥的吸液管取 1~5 mL 矿坑水样加到各三角瓶中，塞好棉塞放在 20~35℃ 恒温条件下静置或振荡培养 7~10 d。培养基的颜色由浅绿变为红棕色，并渐渐在瓶底出现氢氧化铁沉淀。选择变化最快、颜色最深的三角瓶，从瓶中取 1 mL 培养液，接种到装有新培养基的三角瓶中以同样方式培养，至少 10 次，随转移次数增加培养液接种量逐渐减少，最后只需 1~2 滴就可以。在转移过程中，借助培养基的高酸度，可杀死淘汰掉一批不耐酸的杂菌，氧化亚铁硫杆菌则得到初步分离且越来越活跃。用如下方法对细菌浓度进行检查鉴定：

(1)肉眼观察。如有该菌生长，培养基中的 Fe^{2+} 氧化成 Fe^{3+}，培养基的颜色由浅绿变为红棕色，最后产生高铁氢氧化物沉淀。

(2)重铬酸钾容量法测定。用重铬酸钾容量法测定培养基中亚铁氧化变成高价铁的数量，变化快的说明细菌生长旺盛，数量大。

(3)显微镜下观察。通过显微镜观察培养基中生成的细菌。

3. 微生物育种

由于原始浸矿微生物的浸矿能力差、环境适应性弱，采用快速高效的育种方法对现有菌株进行改良，以期获得优良工业用菌，主要有驯化育种、诱变育种以及基因工程育种 3 种方法。

驯化育种是在外界条件逐渐变化的情况下，对细菌进行转移培养，最终培育出适应性、耐受性较强的目的菌株，是一种定向培育的方法。驯化技术是目前最常用、最简单、最基本的细菌培育方法，大多数细菌堆浸场所用菌种为驯化菌种。诱变技术由于其非定向突变因素使得育种工作量大、周期长，但经诱变育种的菌株适应性及氧化能力发生了质的飞跃，是最常用的一种育种方法。基因工程改良是今后育种的一个重要方向，但主要局限于前期探索。

4. 细菌的计量

培养的菌液计量，一般用以下几种方法，其中比浊法和直接计数法可计量一定体积菌液中所含细菌的总数(包括死菌和活菌)。

(1)比浊法。比浊法原理是利用菌液所含细菌浓度和液体浑浊度不同，用分光光度计测定菌液光密度的方法进行计量。由光密度大小和标准曲线进行对比，可以推知菌液的浓度。

(2)直接计数法。利用血球计数器，取菌液样品直接在显微镜下观察读数。

(3)平皿计数法。将稀释成一定倍数的菌液，用固体培养基制成平板，然后在一定温度下培养，使其长成菌落，计算菌落数目，再乘以稀释倍数，则为所测菌液的活菌浓度。

(4)稀释法。将菌液按 10 的倍数在培养基中连续稀释成不同的浓度进行培养。观察细菌能够生长的最高稀释度，可按总的稀释倍数计算出原菌液中所含活菌的浓度。

9.7.3 微生物浸矿试验方法

目前，微生物浸矿试验方法主要有实验室小型试验、扩大试验和半工业试验，通过对矿样采集加工、浸矿试验、工艺流程及设备优化的研发，可有效提升微生物活性与浸矿性能等。

1. 矿样采集加工

根据矿床的大小规模，矿石品位，金属的分布情况、赋存状态及变化规律，脉石的种类和性质以及和有用组分的关系等因素，按取样规则准确采取具有代表性的矿石样品，取样的数量由所进行试验的要求(分探索、小型、扩大及半工业性试验)而定。最好采取井下刻槽取样，样品采完后，按正规方法进行破磨和缩分加工，然后取加工好的代表性样品进行物相分析和岩矿鉴定。此部分操作程序可参见有关取样及样品加工的专业书籍。

2. 实验室小型试验

首先对所试矿样进行一般性能测试，测定矿石的耗酸耗碱性和氧化还原性能。用搅拌浸出法测定矿物在不同酸度和温度及电位条件下的溶解性能。根据矿样的岩矿鉴定和物化分析，结合试验室测定的矿样性能，制订出矿样的浸出方案和试验计划。

1) 摇瓶试验

将所试矿样(原矿或精矿)磨至一定粒度(-200 目、-300 目等)，取一定量矿粉，加到 300~500 mL 三角瓶中，并加入细菌培养基制成质量分数为 5%~10%的矿浆。边搅拌边用稀酸中和矿物碱性并酸化至所需 pH，然后接种入细菌，塞上棉塞，置于恒温摇床上振荡浸出。测定金属含量、总铁及亚铁、电位、pH 和 SO_4^{2-} 浓度等。用加入酸化水或培养基的办法补充每次取样的体积。浸出结束时，过滤出浸出渣，分析其中金属含量和其他组分含量。获得样品的金属浸出率、酸耗、产酸量等数据，分析矿样可浸性。摇瓶试验还可用于筛选菌种，包括不同菌种和用不同方法培养的同一菌种的不同菌株，以便选取一种最合适的菌种用于进一步试验研究。

2) 渗滤柱浸出试验

为了试验矿石的渗滤浸出性能，可将矿石装在渗滤柱中进行细菌浸出，渗滤柱可以用玻璃、陶瓷、塑料和水泥等多种材料制成，渗滤装置结构形式如图 9-46 和图 9-47 所示。

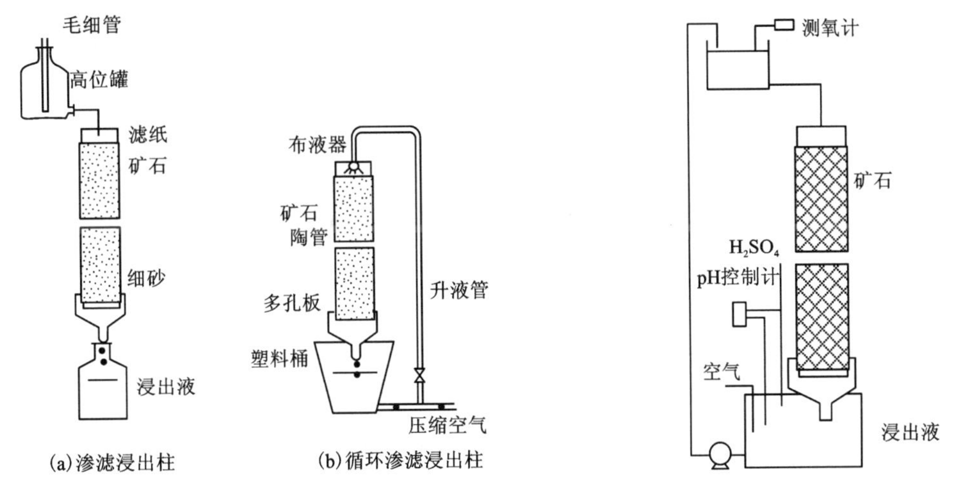

(a) 渗滤浸出柱　(b) 循环渗滤浸出柱

图 9-46　渗流柱浸出试验装置

图 9-47　可自动调节酸度的渗流柱浸出装置

用于渗滤浸出的矿石，粒度一般为 3~50 mm，粒度越大，用的矿石越多。在渗滤柱底部装设一个多孔板(塑料或陶瓷板)，板上部铺一层 2~5 mm 碎石，碎石上再铺一层 2 cm 左右厚度的粗砂，然后装入具有代表性重量的矿石。装矿时应力求均匀，避免各种粒度矿石自然分级，影响矿层渗透性或产生沟流。矿用酸化水将矿石充分润湿并中和矿石中的碱性矿物，待浸出液达到浸出剂的 pH 后，再通入接种细菌的浸出剂，为使细菌生长旺盛，可在浸出剂中不断通入空气等。

浸出液定时取样，分析金属浓度、酸度、电位、Fe^{2+}、Fe^{3+}、SO_4^{2-} 及其他成分的含量，直至达到所要求的浸出率为止，浸出结束时，用一定体积酸化水洗涤矿石柱，洗出矿层中存留的部分浸出液，然后卸下矿石，充分烘干并磨细后取样分析，测定浸出渣中金属及其他组分含量，根据浸出渣分析结果。

3)搅拌浸出试验

细菌搅拌浸出通常用于浸出金属硫化物精矿及难浸金精矿的细菌预氧化试验研究，这类物料粒度较小，金属硫、砷等元素含量较高，试验装置如图 9-48 和图 9-49 所示。试验装置的特点是可以通气，备有搅拌器，还可进行温度及酸度控制。

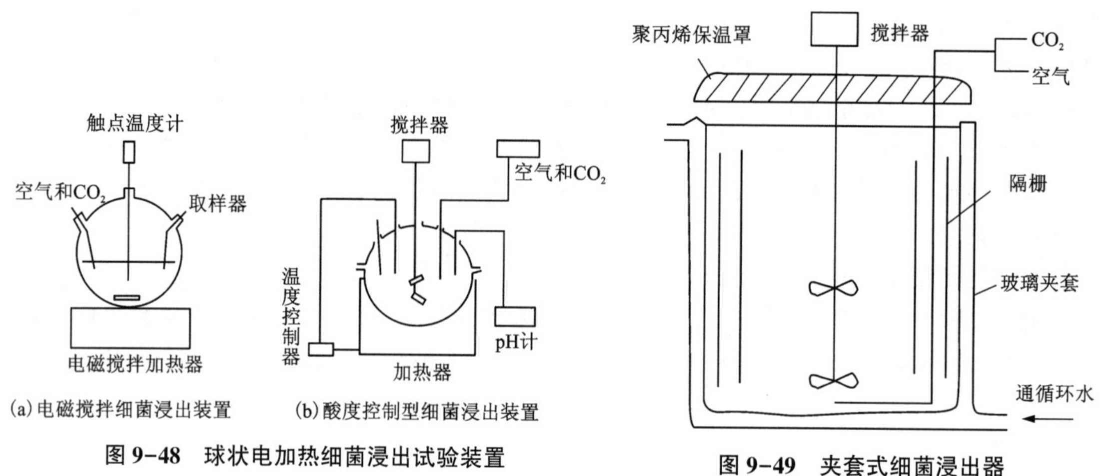

图 9-48　球状电加热细菌浸出试验装置

图 9-49　夹套式细菌浸出器

试验时，在反应器中装入磨细的矿石或精矿，加入稀酸开动搅拌器，中和矿物中的碱性物质，直到矿浆酸度稳定在细菌所要求的范围，记下所用酸量。加入培养基并接种入细菌，配成一定浓度的矿浆，开动搅拌器并恒温加热，通入空气及 CO_2 气体，进行恒温恒酸细菌浸出。

3. 扩大试验

扩大试验是用放大的设备和试验规模对小型试验中得到的工艺参数进行考察和验证。搅拌浸出每次用矿量为 50~100 kg，渗滤浸出和堆浸每次用矿量为 500~1000 kg。搅拌浸出可用不锈钢或搪瓷反应器及帕丘卡浸出槽，装有液气计量仪表及连续测定酸度、电位和温度等参数的仪器。以扩大试验为准对某些与小型试验有出入的参数和工艺指标进行调整，获得准确稳定的各项工艺参数和指标，为半工业及工业规模试验及生产设计提供依据。

4. 半工业试验

通过半工业试验，准确得到各项工艺参数及工程指标，包括原材料及动力消耗、操作人员配置等情况，根据这些资料对工艺流程及工程建设进行技术经济分析，为正式工厂建设及运行提供可靠依据。通过细菌浸出试验研究及生产实践认识到，工艺规模对细菌浸出的某些工艺参数影响不大，如浸出 pH、电位、营养成分、细菌的氧化浸出率、浸出渣的脱水及洗涤等，可用较小规模的试验确定下来。但物料停留时间-矿浆密度-充气率之间的关系、反应器的设计、热量平衡等工艺条件与参数，只有经过较大规模的专门工艺研究后才能确定。

9.7.4　细菌浸出工艺流程及设备

细菌浸出工艺流程由以下几个基本工序组成，如图 9-50 所示。

(1)矿石准备工序。包括配矿、破碎、堆矿或装矿。搅拌浸出包括配矿、破碎和磨矿。

(2) 浸出工序。包括浸出剂制备、粗矿块或细矿粒堆浸，渗滤浸出、搅拌浸出等。

(3) 固液分离工序。过滤得到清液或者通过逆流倾析和洗涤得到含固量很低的浸出液后回收金属，也可经粗砂分离后直接用矿浆吸附工艺回收金属。

(4) 金属回收工序。包括置换沉淀、电解沉积、离子交换和溶剂萃取等多种方法。

(5) 细菌浸出剂再生工序。将回收金属的澄清含 Fe^{2+} 尾液，用细菌氧化设备全部或部分地氧化再生以便返回浸出工序，浸出矿石。

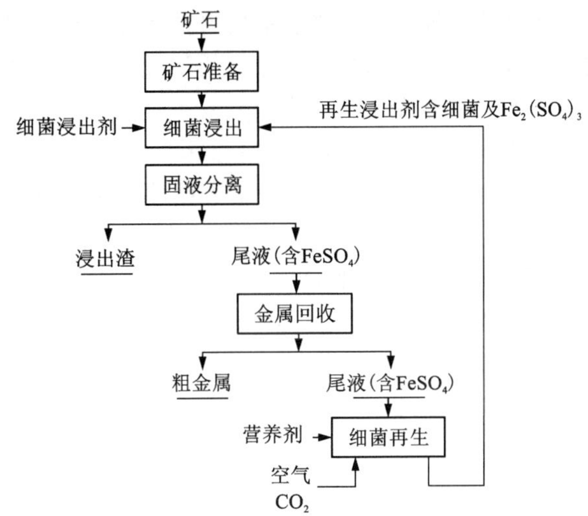

图 9-50　铁氧化细菌浸出工艺流程

1. 浸矿细菌培养设备

工业生产培养细菌包括间断式培养、连续式培养两种。间断式培养通常用带有通气装置的槽式培养器，结构见图 9-51。在培养槽中装满培养基，接种入细菌，通入空气或混有 CO_2 的空气进行培养。培养好的菌液由排出口排出，剩余菌液作为菌种，进行下一次培养。

常见连续培养设备如图 9-52 所示。在操作时连续进料，培养好的菌液由排放口连续排出。设备底部设一出口与泵连接，将未培养好的菌液经泵再返回培养槽继续培养。料液由料液进口 6 进入，空气由空气进口 1 引入，经气体分散器 4 分散开并与培养基充分混合，通过装置 7 测定 pH 和电位，掌握细菌增殖过程。

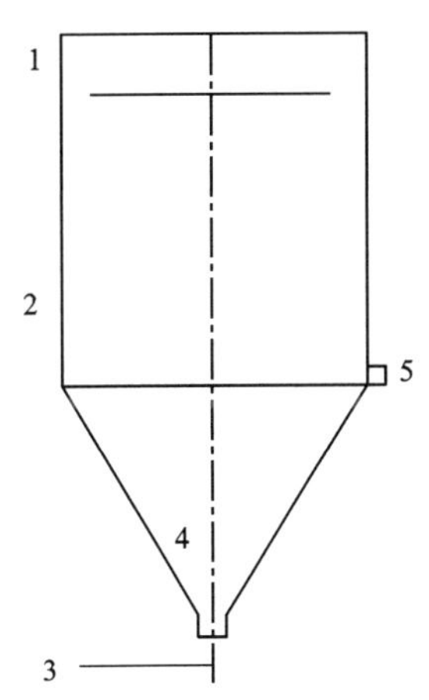

1—料液入口；2—槽体；3—空气入口；4—空气喷嘴；5—菌液排出口。

图 9-51　间断式细菌培养槽

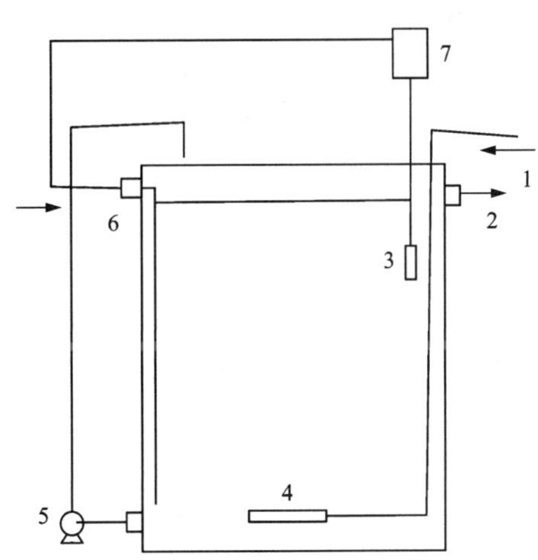

1—空气进口；2—菌液出口；3—电极；4—气体分散器；5—水泵；6—料液进口；7—pH 和 E_h 测量与控制。

图 9-52　细菌连续培养设备示意图

2.细菌浸出剂连续制备与再生设备

一般细菌浸出过程用的浸出剂是循环使用的，在一个连续化的细菌浸出工艺流程中，要不断地将回收金属后的尾液，用细菌氧化再生并返回浸出工序浸出新的矿石，细菌浸出剂的氧化再生设备是不可缺少的。细菌再生设备形式多种多样，比较常见的有以下几种。

1)垂直板式细菌氧化设备

将一组垂直塑胶板(玻璃钢纤维板)安装在溶液槽之上，板间距约1.3 cm，在槽下部设一溶液出口并与水泵连接，塑胶板上方循环喷淋浸出剂，见图9-53。在塑胶板上附有培养好的细菌膜，当料液沿板流下时，被膜上细菌氧化，氧化好的浸出剂由出口用泵送往浸出工序。

2)旋转盘式细菌氧化器

将一组圆盘固定在轴上，圆盘随轴转动，在盘的下部设一溶液槽，盘的一部分浸没于槽内溶液中，在盘上附有细菌膜，用马达驱动轴和盘转动，控制盘的转速使圆盘经常处于润湿状态，用于氧化的料液由槽的一侧进入，氧化好的溶液由另一侧排出，见图9-54。

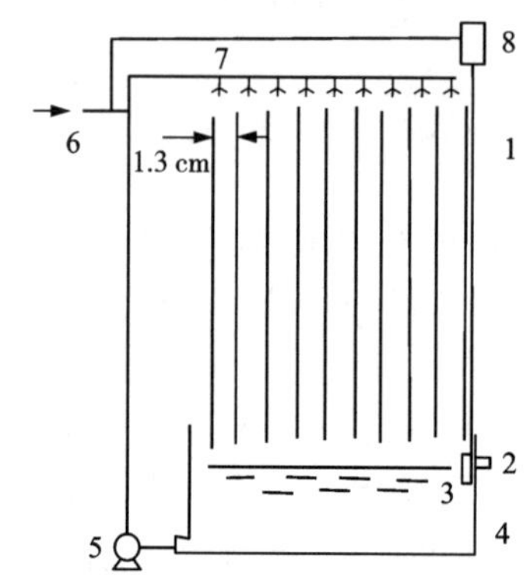

1—玻璃钢纤维板；2—再生液出口；3—电极；4—溶液槽；5—泵；6—料液入口；7—喷头；8—pH控制器。

图9-53 垂直板式细菌氧化器

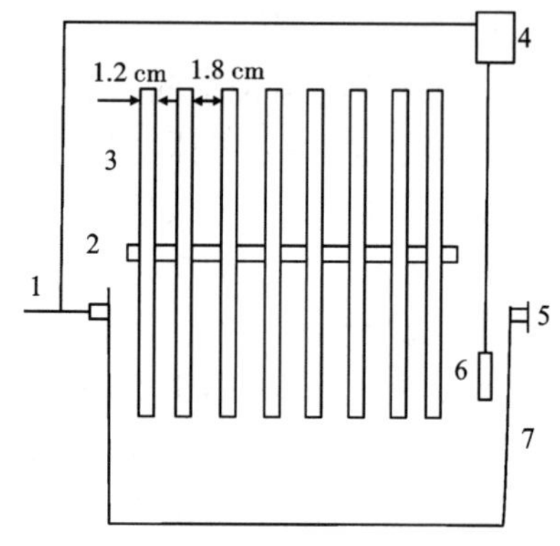

1—料液进口；2—轴；3—转盘；4—pH控制器；5—再生液出口；6—电极；7—溶液槽。

图9-54 旋转盘式细菌氧化器

3)填料塔式细菌氧化器

用金属或塑料制成填料塔，内装填料，填料通常为塑料制的拉西环或瓷环。将填料不规则地装入塔内，塔的下部是一个多孔的假底，在填料上培养好细菌膜。料液及循环液用泵通过喷头喷洒于填料上部，溶液沿填料自由流下，被细菌氧化再生，见图9-55。

4)浸没蜂窝式细菌氧化器

槽内装有蜂窝状的塑料填料，在填料上附有培养好的细菌膜，槽底部通入空气及CO_2，使溶液与气体混合流动。Fe^{2+}氧化为Fe^{3+}，氧化好的溶液由槽的另一侧排出，见图9-56。

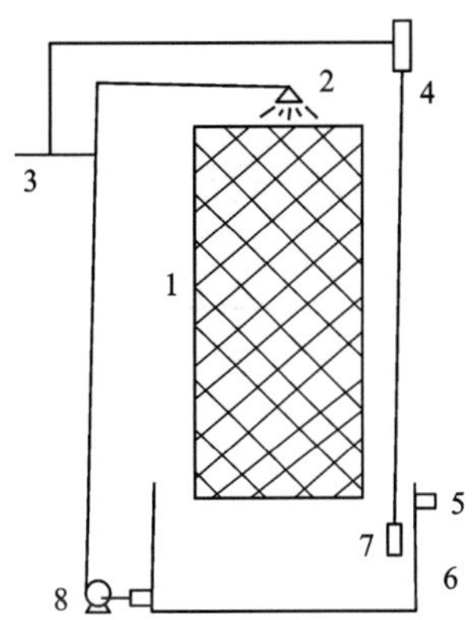

1—填料；2—喷头；3—料液入口；4—pH 控制器；
5—再生液出口；6—溶液槽；7—电极；8—泵。

图 9-55　填料塔式细菌氧化器

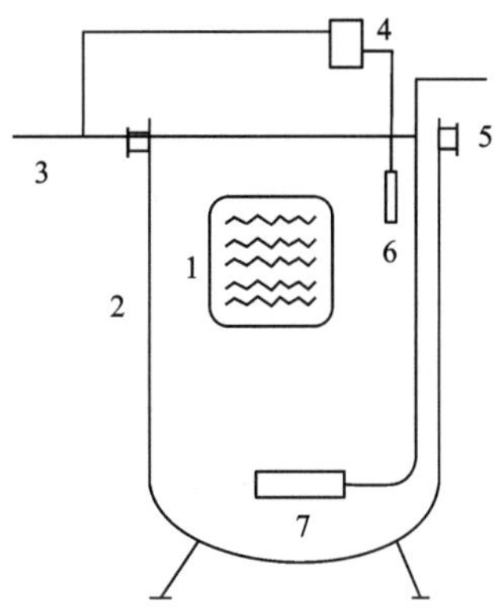

1—蜂窝式填料；2—筒体；3—料液入口；
4—pH 控制器；5—再生液出口；6—电极；7—空气分配器。

图 9-56　浸没蜂窝式细菌氧化器

9.7.5　应用实例

1. 铜矿微生物浸出实例

1) 柏坊铜铀矿的微生物浸出

湖南省常宁县水口山矿务局所属的柏坊铜矿，属于铜铀共生矿，经浮选和重选得到精矿，用火法冶炼生产铜，采用细菌渗滤浸出工艺回收尾矿、炉渣和井下贫矿，如图 9-57 所示。

浮选尾砂：粒度 -0.074 mm 占 99%，含 U 0.204%，Cu 0.224%；重选尾砂：粒度 -0.074 mm 占 95%，含 U 0.0344%，Cu 1.151%；矿泥：粒度-0.074 mm，含 Cu 0.621%；炉渣：粒度 0.0147 mm，含 U 0.0326%，Cu 1.557%；井下贫矿：粒度 -0.074 mm，含 U 0.00759%，Cu 0.523%。以上几种物料分别用四个渗滤池浸出：浮砂、重砂与矿泥混合(1∶1)、炉渣与矿泥混合(1∶3)、井下贫矿石。

浸矿菌为氧化铁硫杆菌，来自安徽铜官山酸性矿坑水。金属回收率为 Cu 85%～90%，U 68%～80%，铁消耗为 1.5～2.5 kg/kgCu。浸出剂循环使用。浸出结果见表 9-10。

表 9-10　含 Cu 物料细菌浸出结果

矿物	粒度	原矿 Cu 品位 /%	浸出时间 /d	浸出渣含 Cu/%	液计浸出率 /%	渣计浸出率 /%
浮砂	未加工	0.202	21	0.02	—	90.1
重砂矿泥(1∶1)	未加工	1.00	50	0.10	—	90.0
炉渣矿泥(1∶1)	炉渣-0.150 mm	1.557	70.75	0.23	98.74	85.2
井下贫矿	-2 mm	0.56	31	0.08	91.22	85.7

回收铀后的尾液，用废铁置换回收铜，结果如表 9-11 所列。

表 9-11 铁置换沉淀铜结果

浸出液组成/(g·L^{-1})				温度/℃	时间/h	母液组成/(g·L^{-1})				Cu 置换率/%	海绵铜/%
Cu^{2+}	Fe^{2+}	Fe^{3+}	pH			Cu^{2+}	Fe^{2+}	Fe^{3+}	pH		
4.25	1.90	3.24	2.0	17~18	22	0.067			7.5	98.41	63.71
6.24	0.015	6.12	2.0	25~19	10	0.10		16	4.5	98.40	61.60

2) RumJungle 铜矿的微生物堆浸

澳大利亚的 ConzineRiotinto 公司从 1965 年开始用细菌堆浸法从 RumJungle 铜矿的废矿石堆中回收铜。该地区气候温暖干燥，常年平均气温接近 32℃。矿物主要为黄铜矿等硫化矿及易碎氧化矿。硫化矿堆铜的质量分数为 1.61%，氧化矿堆铜的质量分数为 2%，平面布置如图 9-58 所示。

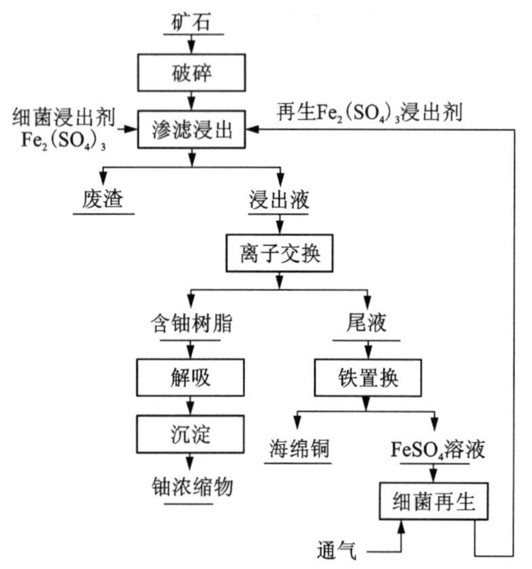

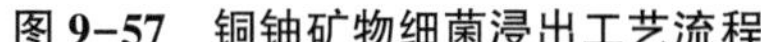

图 9-57 铜铀矿物细菌浸出工艺流程

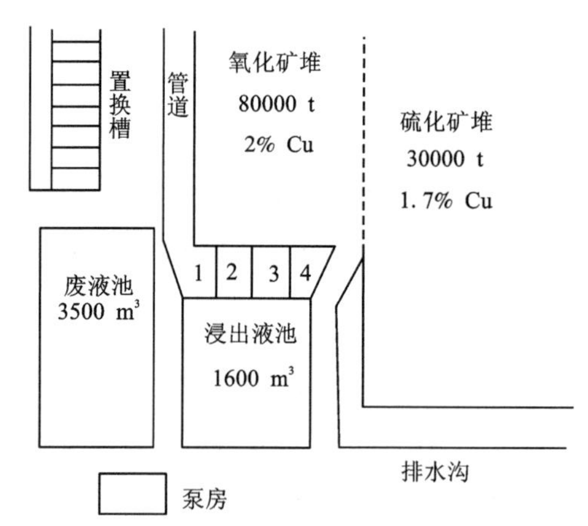

图 9-58 RumJungle 铜矿堆浸场地平面布置图

堆浸流程见图 9-59。先用细菌浸出硫化矿，产生的酸性浸出液再去浸出氧化矿。使用部分附近铀水冶厂的酸性尾液，增加浸出酸度。当 pH>2 时，会产生铁沉淀影响浸出，为防止产生沉淀，浸出液的 pH 最好为 1.3 左右。浸出过程的电位维持在 400 mV 以上。为使流入硫化矿堆的溶液中铁的质量浓度小于 5 g/L，要排掉部分尾液。

3) 废铜矿石细菌堆浸

(1) 概况。美国铜矿山所采矿岩中有 60% 的废石，废石中铜的质量分数为 0.15% ~ 0.75%。美国亚利桑那州大多数矿山使用细菌堆浸法从废石中生产铜的实践证明，利用细菌堆浸法从废石中浸出铜是有利可图的。美国几家公司的废石细菌堆浸情况如表 9-12 所列，废石细菌堆浸系统的布置如图 9-60 所示。

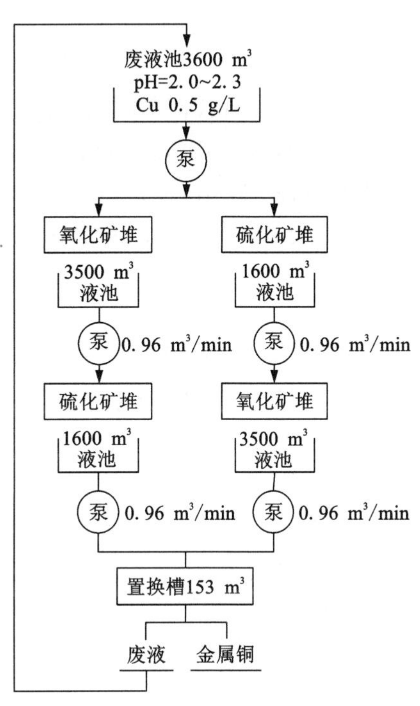

图 9-59 RumJungle 铜矿堆浸流程图

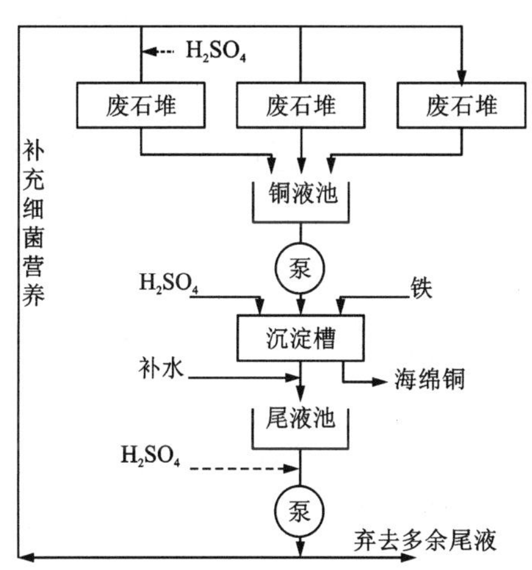

图 9-60 美国废石细菌堆浸系统

表 9-12 美国几家公司的废石细菌堆浸

矿山或公司	废石产量/($t \cdot d^{-1}$)	废石堆含 Cu/%	海绵铜产量/($t \cdot a^{-1}$)	浸出、沉淀工人数
Bagdad 矿	36000	0.25~0.75	7800	18
Cananea 矿山公司	49000	0.2~0.4	3300	7
Chino 矿	52000	0~0.5	27000	23
CopperQueen 矿	60000	0.3	5000	
Esperanza 矿	18000	0.15~0.4	2000	3
Inspiration 矿	26000		3800	6
Miami 铜公司	28000		13000	
Ray 矿	5000	0.24	9000	11
SilverBell 矿	2000		2400	4
Utah 矿			20000	21

(2)细菌管理。通过检测证明，在废石堆中通常存在一些浸矿细菌，但新采出的废石中不一定有，所以在浸出时需要接种细菌，可以通过对溶液中 Fe^{3+} 及 Fe^{2+} 的分析及 pH、电位测量，间接地掌握细菌的生长状况。一般堆浸作业中，细菌需要的 O_2 和 CO_2 及无机营养，都直接来自空气和矿石。经测定确实需要增加某种营养时，应及时给予补充。硫化矿的氧化反应放出的热量，通过矿石堆中循环溶液的流动，可使矿堆均衡保暖。

2. 铀矿微生物浸出实例

1)湖南某铀矿贫铀矿石的细菌堆浸

1967—1969 年，北京铀矿选冶研究所和中国科学院微生物研究所合作对湖南某铀矿贫铀矿石进行了细菌浸出研究。矿石品位为 0.017%，粒度为-30 mm 和-10 mm，细菌为该矿矿坑水中分离出来的氧化铁硫杆菌。用 pH=1.5 的细菌浸出剂堆浸，浸出时间为 40 d，浸出率为 50%~60%，浸出渣含铀为 0.01%以下。和同样条件下稀硫酸堆浸相比，可节省 80%的硫酸。

(1)矿石性质

该矿床属于沉积变质类型矿床，矿石主要成分为碳质石英岩和硅质页岩。矿石坚硬致密，SiO_2 的质量分数为 80%以上。铀矿物以吸附状态和细分散状态存在的沥青铀矿为主，含有少量铀黑、铁铀云母和硅铀石。

(2)堆浸试验

堆浸用矿量为 30 t，矿石粒度为-50 mm，矿石堆在一块不透水的地面上，矿石层高 1.85 m。浸出分周期进行，每周期为 2~4 d。在每周期内浸出剂循环喷淋，整个浸出过程浸出剂用量为矿石量的 34.5%。浸出剂喷洒速度为 20~40 L/(m^2 · h)，浸出期间温度变化为 25~37℃。总浸出时间为 42 d，每天淋浸 12 h，停歇 12 h。堆浸试验流程如图 9-61 所示。

(3)试验结果

不同粒度矿石浸出率见表 9-13。堆浸半工业试验每吨矿石产生浸出液 0.3 m^3，平均铀质量浓度为 0.24 g/L。平均酸耗为 2.43 kg，酸耗仅相当于该矿搅拌浸出酸耗的 3%~4%。$c(Fe^{3+})/c(Fe^{2+})$ 大于 1，以后各周期 Fe^{2+} 几乎全部被氧化为 Fe^{3+}(图 9-62)。

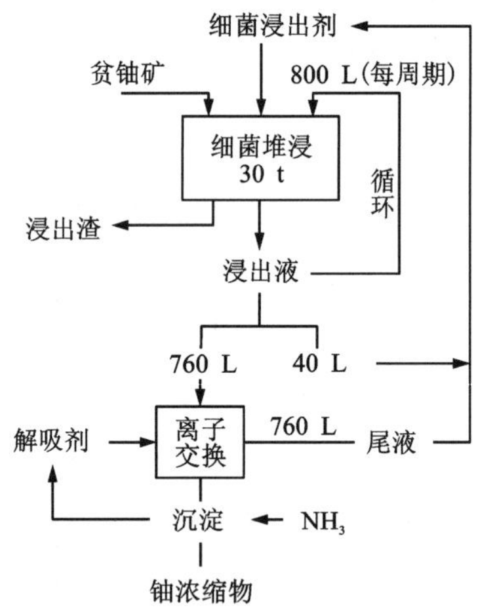

图 9-61 细菌堆浸试验流程图

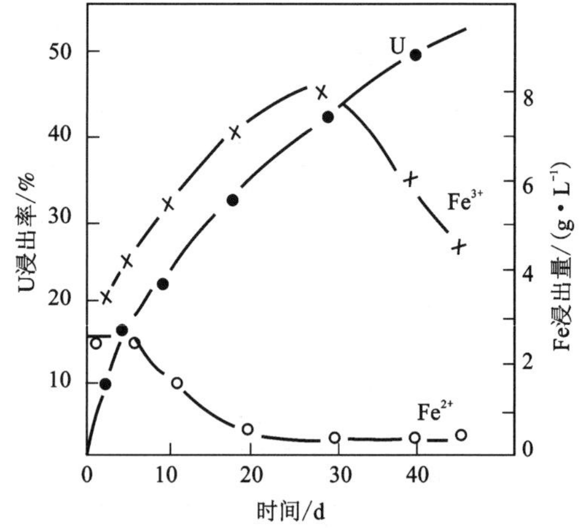

图 9-62 堆浸过程中铀浸出率和铁浸出量随时间的变化

表 9-13 不同粒度矿石的浸出率

粒级	-50 mm	-30~-50 mm	-30 mm
原矿品位/%	0.0177	0.0156	0.0204
渣品位/%	0.0102	0.0122	0.0095
浸出率/%	42.3	21.8	53.5

(4)工业生产的试用效果

该矿建有一酸法堆浸场，采用质量分数为2%的 H_2SO_4 浸出，矿石粒度约为-100 mm。共有三个矿堆，每堆矿石量约2000 t，矿石层高约2 m。三个堆轮流浸出，每个堆浸3个月，矿石品位为0.02%左右，铀浸出率约为35%。

2)加拿大斯坦洛克铀矿的细菌浸出

加拿大的斯坦洛克铀矿于1964年10月起全部采用细菌浸出回收矿柱及低品位矿中的铀，每月生产6800~7300 kg U_3O_8。由于坑内存在细菌，用高压水冲洗工作面，将含铀矿坑水集中后用泵送至地面回收铀。为保持产量，将该矿的东部采区充入水，充水量为10万~15万t，矿石中的铀溶入水中，然后通过离子交换过程回收铀，尾液再返回采区循环浸出，流程如图9-63所示。后来该矿又在西部采区充水，至今，该产地已浸出成百万吨贫铀矿石。

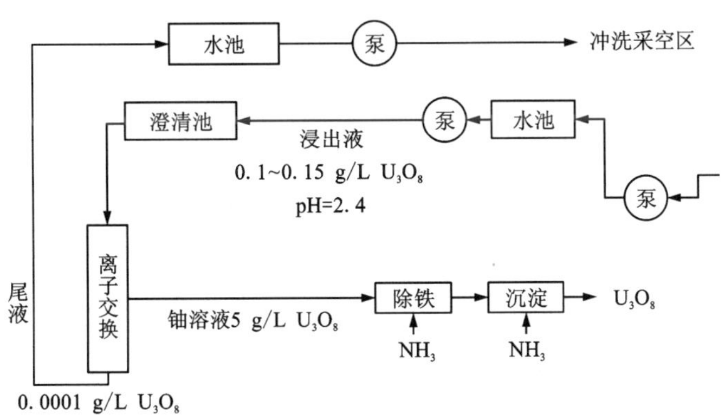

图 9-63 斯坦洛克铀矿生产流程

3)铀矿石的细菌搅拌浸出

加拿大对伊利奥特湖地区铀矿进行细菌搅拌浸出研究，发现在常规搅拌浸出条件下，当矿浆浓度大于35%时，细菌会很快死亡，而浓度在35%以下时生产成本太高，经济不合算。细菌活性随矿浆浓度增加，细菌活性小，铀浸出率随之下降。

因此，改用一种半连续化的逆流倾析系统(continous countercurrent decantation, CCD)进行细菌浸出研究。建立细菌浸出中间试验厂，浓密机直径为0.95 m，高4.5 m，6台浓密机串联。新矿浆由第一槽加入，浸出渣由第六槽排出。工艺流程见图9-64。

浸出铀矿石品位为0.12% U_3O_8，粒度-0.074 mm占65%，矿浆浓度为35%，在浓密机中加热至32℃，浸出剂为pH=1.8含 $Fe_2(SO_4)_3$ 6 g/L的细菌氧化溶液，矿石与浸出剂逆向流动，矿物停留时间为5 h，空气搅拌并供给细菌 O_2 和 CO_2。第6台浓密机排出浸出渣，铀浸

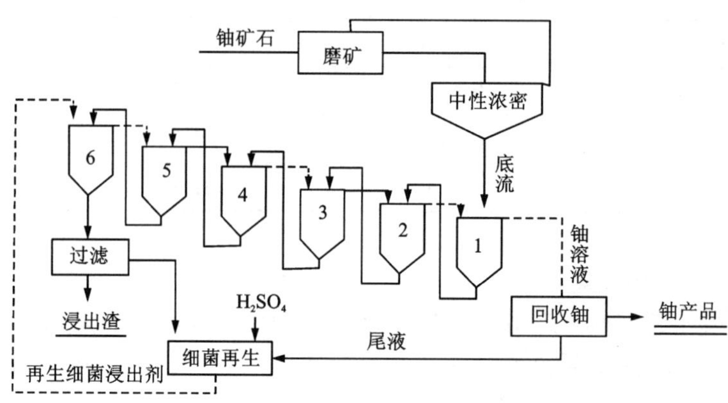

图 9-64　铀矿细菌搅拌浸出流程图

出率为 86%。当浸出时间延长至 45 h 后，铀浸出率增至 90%。

9.8　溶浸液控制

9.8.1　地表堆浸溶浸液控制

1. 溶液化学控制

1) 基本参数控制

在浸出操作中需要控制循环溶液的化学成分，使其基本参数控制在最佳范围。基本参数可以通过加入化学试剂和改变操作条件实现控制。例如，金矿石氰化堆浸，循环溶液的碱度、氰根浓度、溶氧量、溶解固体量以及浸出液中金属浓度均为基本控制参数。此外，循环液中溶解的有机物、硫氰酸盐、亚铁氰化物对金的溶解也有影响。

2) 防结垢

水和矿石中都含有钙，浸出过程中容易生成碳酸钙或硫酸钙。结垢将妨碍浸出、阻碍溶液的流动、影响设备正常运转。因此，防结垢是堆浸作业中的一项重要工作。

在堆浸作业中可通过在某些部位添加阻垢剂来抑制结垢现象，常用的阻垢剂为多磷酸盐，如六偏磷酸钠、聚四磷酸钠。阻垢剂的加入量视水的硬度、溶液的酸碱度和矿石的性质而定，通常加入量为 10~40 mg/L。

2. 水平衡

在设计堆浸装置和操作方法时，要认真考虑对地表水的控制，杜绝或减少溶液因暴雨和从矿堆底垫溢出的损失，应降低喷淋损失和堆表面的蒸发量。做好工艺循环和自然水循环，以使水平衡。

工艺循环指堆浸中可确定其属性的稳定流体，包括加入的试剂溶液、补充水、洗堆水以及从系统中放出的部分溶液。自然水循环指降雨、融雪及蒸发水，自然循环水应叠加在工艺流体上。堆浸操作的水循环过程如图 9-65 所示。

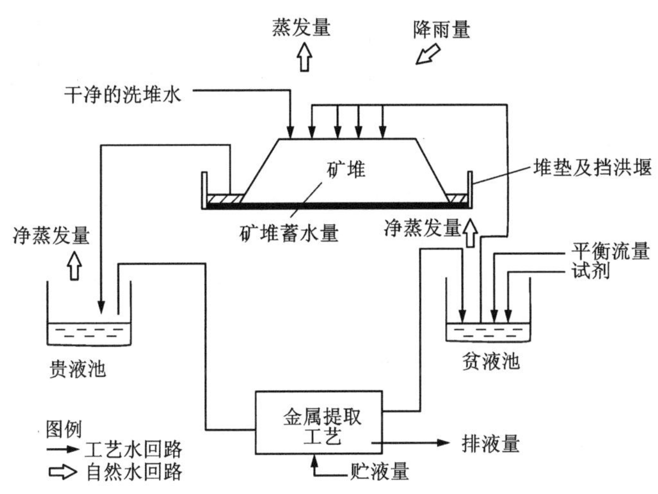

图 9-65 堆浸操作的水循环过程

9.8.2 原地浸出液范围控制

所谓原地浸出液范围的控制是指注入矿层的溶浸液的控制，包括溶浸液不漏失、稀释；能控制在所需浸矿范围内，而不分散流失；要使控制范围内所有矿石都能与溶浸液充分接触而不出现“溶浸死角”。控制溶浸范围的技术，主要应用于固定溶浸范围(面积)；在设计过程中，帮助合理布置钻孔，检查设计工作的合理性；在生产过程中，帮助监控和调节溶浸液在矿层中的分布。

溶浸范围的大小和溶浸液分布形状取决于多方面因素，归纳起来主要有以下方面：①矿层的渗透性；②矿层顶底板岩石的隔水性；③注液压力和抽液孔液位降深值；④抽注液孔、观测孔的布置方式；⑤钻孔结构；⑥抽液量和注液量及两者之间的比例；⑦生产钻孔之间的距离；⑧矿床的埋藏深度；⑨地下潜水面的位置及承受压力的大小；⑩地下水量的大小和流向；⑪大气降雨量及地表水体情况；⑫生产中的工作制度。

1. 溶浸液不流失技术

液体能够把它受到的压强向各个方向传递，矿层中的液体只能从高压处向低压处渗透，这便是解决“溶浸液不流失”问题的理论依据。

使注入矿层中的溶浸液不流失的一条重要原则是：抽液钻孔和注液钻孔同时工作时，抽液量要大于注液量。当抽液量大于注液量时，抽液钻孔不仅能抽出注入矿层中的全部溶浸液，而且还要抽出矿层中的部分地下水。由于从矿层抽出部分地下水，地浸作业区的液面，总体来讲，要比地浸作业区外部的液面低；这样，相对地浸作业区外部而言，地浸作业区成了低液压区。在低液压区范围内，抽液钻孔部位在低液压处，注液钻孔部位在高液压处。在地浸作业区范围内的溶浸液，只能向低液压处(抽液钻孔)渗透，不可能向地浸作业区外部渗透。

如果抽液量超出注液量过多，即过多地抽出了地下水，就会大量稀释抽出液中的有用成分。因此，在生产中抽液量比注液量多3%~8%较为合理。在这种情况下，既不会大量稀释有用成分，又不会使溶液流失。

在生产实践中，地浸的开始阶段当抽出液中的有用成分很低的时候，注液量超过抽液量没有害处。但是，当发现抽出液中的有用成分开始大幅度升高时，就应立即开始保持抽液量大于注液量的状况。

2. 圈定溶浸面积的原理和方法

在多个抽液钻孔和注液钻孔同时工作时，抽液量大于注液量条件下，地浸作业区地下水的液面是凸凹不平的。总体讲，要比地浸作业区外部地下水的液面低；在这个低液压区内，有若干个高液压区（注液钻孔部位）和若干个小低液压区（抽液钻孔部位），好像一个盆地中有若干个小山丘和若干个小低谷。

溶浸范围与钻孔分布、注液压力和抽液孔内的液位降深值等条件有关。用地下水动力学公式可计算出抽液孔影响范围内任意点的液位降深值为 S_M（当抽液量大于注液量），因而可以绘出等液位线、液流线和圈出溶浸范围。

在同一含矿含水层中有若干个抽液孔同时工作时，在这些钻孔工作影响范围任意点 M 处的液位降深值 S_M，按液位叠加原理应等于各孔单独工作时该点处形成的液位降深值和上升值的代数和，可表示为：

$$S_M = \sum_{i=1}^{n} S_{i-M} - \sum_{i=1}^{m} S_{i-M} \tag{9-1}$$

任一钻孔单独抽液时于 M 点形成的液位降深值可仿裘布依公式写为：

$$S_{i-M} = \frac{Q_i}{2\pi K_\varphi M'} \ln \frac{R_i}{r_{i-M}} \tag{9-2}$$

全部抽液孔同时工作时于 M 点处形成的液位总降深值为：

$$\sum_{i=1}^{n} S_{i-M} = \frac{1}{2\pi K_\varphi M'} \sum_{i=1}^{n} \left(Q_i \ln \frac{R_i}{r_{i-M}} \right) \tag{9-3}$$

全部注液孔同时工作时于 M 点处形成的液位总上升值为

$$\sum_{i'=1}^{m} S_{i'-M} = \frac{1}{2\pi K_\varphi M'} \sum_{i'=1}^{m} \left(Q_i \ln \frac{R_{i'}}{r_{i'-M}} \right) \tag{9-4}$$

因此，当一群抽注液孔同时工作时，于 M 点处形成的液位降深值为：

$$S_M = \frac{1}{2\pi K_\varphi M'} \left(Q_1 \ln \frac{R_1}{r_{1-M}} + Q_2 \ln \frac{R_2}{r_{2-M}} + \cdots + Q_n \ln \frac{R_n}{r_{n-M}} \right) - \frac{1}{2\pi K_\varphi M'} \left(Q_{1'} \ln \frac{R_{1'}}{r_{1'-M}} + Q_{2'} \ln \frac{R_{2'}}{r_{2'-M}} + \cdots + Q_m \ln \frac{R_m}{r_{m-M}} \right) \tag{9-5}$$

式中：n、m 分别为抽液孔和注液孔的数量；i、i' 分别为抽液孔和注液孔的编号；Q_1，Q_2，…，Q_n 和 R_1，R_2，…，R_n 分别为 1，2，…，n 号抽液孔的抽液量和影响半径；$Q_{1'}$，$Q_{2'}$，…，$Q_{n'}$ 和 $R_{1'}$、$R_{2'}$，…，$R_{n'}$ 分别为 1，2，…，m 号注液孔的注液量和影响半径；Q_i、R_i 分别为任一钻孔单独抽液时的抽液量和影响半径；$Q_{i'}$、$R_{i'}$ 分别为任一钻孔单独注液时的注液量和影响半径；K_φ 为矿层渗透系数；M' 为 M 点所在矿层厚度；r_{1-M}，r_{2-M}，…，r_{n-M} 和 $r_{1'-M}$，$r_{2'-M}$，…，r_{m-M} 分别为各个抽液孔和注液孔到 M 点的距离。

图 9-66 是根据以上公式计算数据和观测孔测试资料绘制的等液位线。

圈定溶浸面积是一项难度较大的技术。运用上述原理和方法，可以圈定出溶浸面积；知

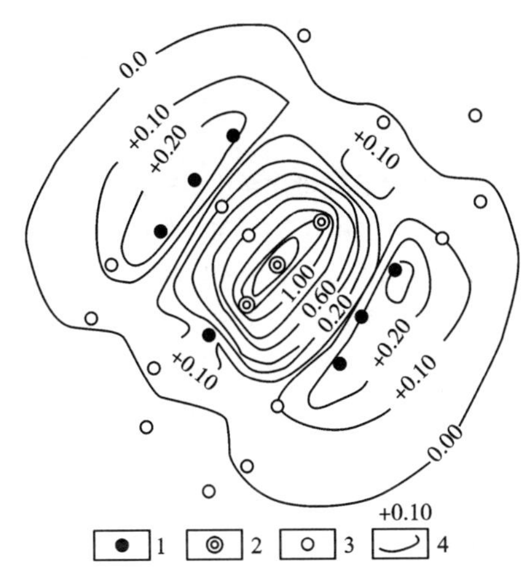

1—注液孔；2—抽液孔；3—观测孔；4—液位降低或升高值。

图 9-66　等液位线

道了溶浸面积，便可计算出某些地浸工艺参数和技术经济指标。在生产周期长的过程中，如要保持溶浸面积的大小和溶浸液在矿层中分布的平面形状不变，则应保持抽液量和注液量等条件不变。

3. 避免“溶浸死角”的方法

避免“溶浸死角”有几种方法，这里只介绍一种常用的方法：

经过一段时间(常为 2 个月左右)的生产后，将抽液钻孔与注液钻孔互换，这样可改变溶浸液在矿层中的渗透方向和分布范围，从而可使所有的矿体都与溶浸液接触。在改变溶浸液渗透方向和分布范围的条件下，溶浸面积的最终边界是各阶段溶浸面边界叠加后的最大边界，如图 9-67 所示。

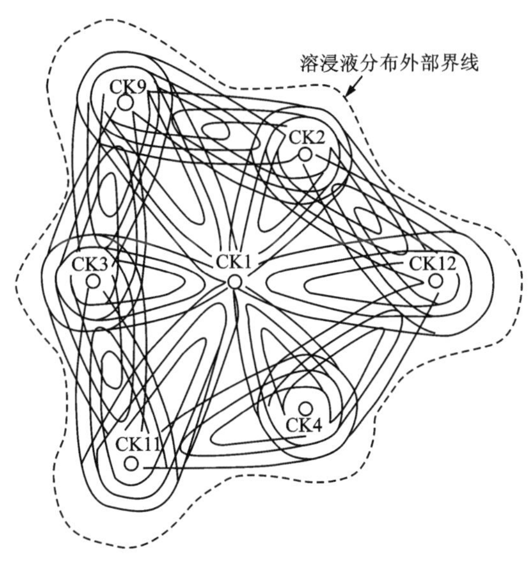

图 9-67　溶浸液分布重叠图

参考文献

[1] 邹佩麟，王惠英. 溶浸采矿[M]. 长沙：中南工业大学出版社，1990.
[2] 谭凯旋，王清良，伍衡山. 溶浸采矿热力学和动力学[M]. 长沙：中南大学出版社，2003.
[3] 张卯均，余兴远，邓佐卿. 浸矿技术[M]. 北京：原子能出版社，1994.
[4] 王昌汉. 溶浸采铀(矿)[M]. 北京：原子能出版社，1998.
[5] 梁发，陆安丛，潘晓锋. 浅谈广西六汤稀土矿开采工艺特点[J]. 采矿技术，2018，18(3)：9-11.
[6] 邱欣，池汝安，徐盛明，朱国才. 堆浸工艺及理论的研究进展[J]. 金属矿山，2000(11)：20-23.
[7] 王少勇，吴爱祥，王洪江，尹升华，顾晓春. 高含泥氧化铜矿水洗-分级堆浸工艺[J]. 中国有色金属学报，2013，23(1)：229-237.
[8] 曾伟民，邱冠周. 硫化铜矿生物堆浸研究进展[J]. 金属矿山，2010(8)：102-107，111.
[9] 谷晋川，刘亚川. 堆浸提金强化技术评述[J]. 矿产综合利用，1999(4)：32-36.
[10] 阮仁满. 紫金山铜矿生物堆浸工业案例分析[D]. 长沙：中南大学，2011.
[11] 阮仁满，衷水平，王淀佐. 生物提铜与火法炼铜过程生命周期评价[J]. 矿产综合利用，2010(3)：33-37.
[12] CLARKA M E，BATTYB J D，VAN BUURENB C B，DEW D W，EAMON M A. Biotechnology in minerals processing：technological breakthroughs creating value[J]. Hydrometallurgy，2006，83(1)：3-9.
[13] 王清明. 石盐矿床与勘查[M]. 北京：化学工业出版社，2007.
[14] 王清明. 盐类矿床水溶开采[M]. 北京：化学工业出版社，2003.
[15] 张彭熹. 沉默的宝藏：盐湖资源[M]. 北京：清华大学出版社，2000.
[16] 郑绵平. 论中国盐湖[J]. 矿床地质，2001，20(2)：181-189.
[17] 郑喜玉，张明刚，李秉孝. 中国盐湖志[M]. 北京：科学出版社，2002.
[18] 李宝祥. 采矿手册 3[M]. 北京：冶金工业出版社，1999.
[19] 杨洪英，杨立. 细菌冶金学[M]. 北京：化学工业出版社，2006.
[20] 李宏煦. 硫化铜矿的生物冶金[M]. 北京：冶金工业出版社，2007.

第 10 章

海洋矿床开采

地球表面的 71%被海洋所覆盖，其中 3/4 为深海盆地，浩瀚的海洋蕴藏着极其丰富的资源。随着陆地资源的日益枯竭，海洋资源已成为世界各国瞩目的对象。西方各国从 20 世纪 50 年代末开始投资进行海洋资源调查活动，抢先占有颇具商业远景的多金属结核富矿区，并于 20 世纪 70 年代进行了采矿系统的海上试验，基本完成了开采前的技术储备。20 世纪 80 年代以来，在富钴结壳、热液硫化物、天然气水合物研究开发方面不断加大投资力度，已具备对富钴结壳、多金属硫化物等资源的矿区申请条件，以鹦鹉螺矿业公司为代表的多家国际矿业公司开始进行多金属硫化物矿的开采准备工作。韩国、印度等新兴工业国家，在成为多金属结核矿区先驱投资者之后，也加大了对富钴结壳、多金属硫化物和天然气水合物的调查勘探力度。我国的深海采矿技术研究始于“八五”计划，1991 年启动，由中国大洋矿产资源开发研究协会(以下简称“大洋协会”)负责组织并协调，代表性的研究机构包括长沙矿山研究院、中南大学和长沙矿冶研究院等。“九五”期间研制了履带式集矿机样机，并于 2001 年在云南省抚仙湖进行了 135 m 水深的部分采矿系统试验。“十三五”期间启动了“深海多金属结核采矿试验工程”国家重点研发计划项目，在中国南海完成 1000 m 级的海上整体联动试验。

相比陆地矿床，海洋矿床的开发有着如下特殊性：

(1)资源多层次复合性特点。许多资源在同一海区共存，既有生物资源，也有非生物资源，海底矿产资源赋存环境复杂，形成机理各异，这种状况要求任何海区矿床的开发利用都必须建立在对区域基础功能和价值的客观了解与分析基础之上，即对该区全部的可利用资源进行科学评价。

(2)需要遥测、遥控勘探技术。由于受海水阻隔，海洋矿产资源多采用遥测和遥控的方式进行勘探，因此深海矿产资源勘探需要发展一些现代化的勘探设备和方法，例如深海照相设备、高速拖曳深海电视系统以及各种海底遥控取样工具等。

(3)开采难度大。海洋矿床所处特殊的赋存环境，使得海洋资源开发比陆地复杂得多，海上风浪、海水运动、中高纬度冬季海冰活动、海底地质地貌动态、远距离补给、海底低温高压以及海水腐蚀等都给海洋矿床开发带来一系列的困难和问题。要解决这些矛盾，关键要依靠海洋矿床开采和相关领域的高新技术。

(4)可持续发展与环境问题备受关注。由于海洋综合管理机制尚未建立起来，海洋开发技术落后，加之一些部门急功近利，导致部分海洋矿产资源开发利用不合理、海域环境污染等影响可持续开发利用和海洋生态环境问题的出现，海洋矿床开采活动受到部分民间环保人士和团体组织的抵制。

(5)资源权益争夺日趋激烈。随着对海洋开发的日趋重视，有关海洋资源的权益争夺也日趋激烈。多数海洋矿床资源分布在国际海域或具有争议的近海海域，谁将从这些海域的矿床开采中获益就成了有关国家争论不休的问题，并成为影响这些海域海洋矿床资源开发的一个重要政治因素。

随着深海矿产勘查、开发和利用技术的不断进步，人类利用深海矿产资源的能力将不断提高。目前，多金属结核、富钴结壳和多金属硫化物等海洋矿藏的开采在技术上已基本具备可行性。国际金属市场的价格是制约海底矿产资源开发利用的首要因素。随着陆地矿产资源日益枯竭，海底金属矿产资源的开采成为现实的可能性日益增加，有望在2025年形成商业化试开采技术体系。

10.1 海洋矿产资源

10.1.1 多金属结核

1. 矿床特征

多金属结核分布在水深4000~6000 m深海底沉积物表层，以半埋状为主，其次为埋藏状和裸露状。结核的大小不等，一般直径为0.5~10 cm，其中大多数为3~6 cm，最大达到24 cm。结核形状多变，主要有菜花状、盘状、椭球状、杨梅状、碎屑状、连生体状。太平洋北赤道区以菜花状和盘状为主，而南太平洋则以球状为主。不同形状反映了不同的形成过程。结核的内部结构各异，有些显示出同心圆状，有些含有沉积物、岩屑、古结核碎片、有机物碎屑等核心，有些则没有明显的内核，见图10-1。

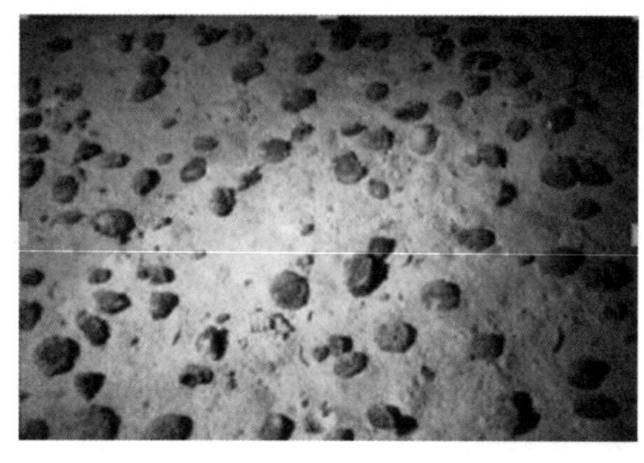

(a)散布在海底的多金属结核

(b)单个多金属结核形态

图10-1 深海多金属结核

2. 矿物组成及化学元素

多金属结核是铁锰氧化物，主要矿物组成为水锰矿。包括钙锰矿、钠水锰矿和针铁矿、纤铁矿。结核化学成分不均一，视锰矿物的类型、尺寸和核心特性不同而变化。表10-1列举了有经济价值的化学成分质量分数的平均值。目前被列为有工业价值的金属主要有镍、铜、钴(综合达到 3%湿重)和锰，还含有微量的钼、铂和其他贱金属。

表 10-1　多金属结核主要化学成分

化学元素	锰	铁	硅	铝	镍	铜	钴	氧
质量分数/%	29	6	5	3	1.4	1.3	0.25	1.5
化学元素	氢	钠	钙	镁	钾	钛	钡	稀土
质量分数/%	1.5	1.5	1.5	0.5	0.5	0.2	0.2	—

3. 分布地区

全球海洋多金属结核分布见图 10-2。综合可查到的各国和机构对大洋多金属结核的调查勘探结果，按资源最低平均湿丰度 5 kg/m^2、最低平均品位 Cu+Ni 为 1.5%，基本可以确定具有商业价值的区域。

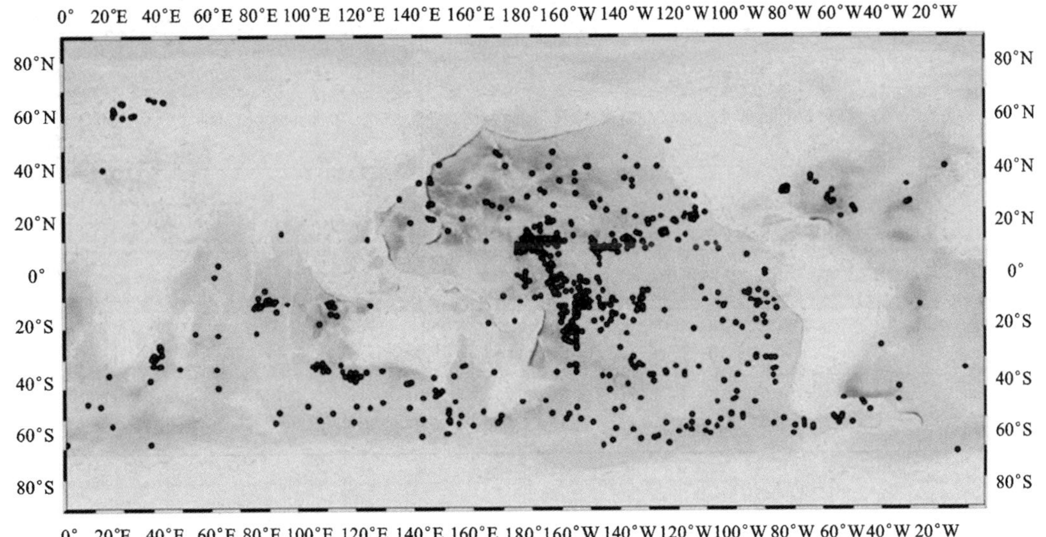

图 10-2　全球海洋多金属结核分布

最具商业前景的结核赋存区域位于中偏东北太平洋克拉里昂和克里帕顿(简称 C-C 区，5°N—25°N，270°E—210°E)，金属品位明显高于其他海域，且丰度相对稳定，该区域多金属结核勘探矿区目前已被各国瓜分完毕，并得到国际海底管理局认可，见图 10-3。

印度洋只有中印度洋海盆有可能提供第一代采矿区域。此外，几乎不可能找到可开采矿床。南太平洋海域结核丰度高但品位很低，只有靠近大陆的秘鲁海盆，水深较浅，也许高丰度可补偿低品位，需进一步评价。北中太平洋结核分布具有多变性，不适于开采。澳大利亚西南(40°S—80°S 和 70°E—95°E)和西北(10°S—25°S 和 95°E—105°E)其他区域分散分布丰度为 2 kg/m^2 的结核。然而金属品位一般较低，镍铜综合品位仅 2%，也不适于开采。在 180°E 和 220°E 之间的克拉里昂区域边缘的太平洋赤道以南地带发现的结核丰度达到 8 kg/m^2。

其他地点很少见。在东太平洋海隆和南美之间的区域例外，丰度达到 6 kg/m²。世界大洋多金属结核总量估计约 5000 亿 t。

图 10-3 C—C 区多金属结核勘探矿区分布图

表 10-2 多金属结核分布区域的资源指标

分布地区		中偏东北太平洋 CCZ 区	中太平洋	夏威夷西南	西太平洋	克拉里昂区边缘的太平洋赤道南地带
地理坐标		5°N—25°N，270°E—210°E	280°E 以北和 180°E—200°E	5°N—10°N，180°E—190°E	5°N 和赤道，160°E—200°E 很多孤立矿点	
丰度	平均丰度	10 kg/m²	10 kg/m² 大部分	10 kg/m² 大部分	6 kg/m²	8 kg/m²
	局部区域	0~30 kg/m²				
金属品位	锰	30%	20%	10%		
	铜	1.5%	1.0%	1.0%		
	钴	0.4%	0.4%	0.4%	8%	
	镍	1%	1%	0.5%		
	镍铜综合	3.5%	2.0%	2.0%	2%~3%	2%

续表 10-2

分布地区		中偏东北太平洋 CCZ 区	中太平洋	夏威夷西南	西太平洋	克拉里昂区边缘的太平洋赤道南地带
金属含量	锰	3 kg/m^2	1.5 kg/m^2	2.0 kg/m^2		
	铜	80 g/m^2	60 g/m^2	10 g/m^2	150 g/m^2	
	钴	25 mg/m^2	40 mg/m^2	10 mg/m^2	2.25 mg/m^2	
	镍	0.2 kg/m^2	0.75 kg/m^2	0.025 kg/m^2	0.05 kg/m^2	
说明		特有经济价值				

4. 中国多金属结核矿区概况

中国大洋多金属结核矿区位于东太平洋海盆，克拉里昂和克里帕顿两大断裂带之间(C—C 区)，分为东、西两个区，东区有三块，地理坐标在 141°W—148°W、7°N—10°N，西区有两块，在 151°W—155°W、8°N—11°N。东、西区中心点距夏威夷火奴鲁鲁港分别为 2050 km 和 1800 km，至上海航线距离约为 8000 km。

中国大洋多金属结核矿区面积合计为 75000 km^2，总平均丰度为 7.96%，总平均铜钴镍品位为 2.52%。详见表 10-3。

表 10-3　中国保留矿区面积、平均丰度和品位

保留矿区	面积/km^2	丰度/(kg·m^{-2})	品位/%					
			Mn	Cu	Co	Ni	Cu+Co+Ni	Ni 当量
东区	35521.47	5.54	29.64	1.23	0.20	1.43	2.86	4.46
西区	39478.29	10.31	24.91	0.83	0.25	1.11	2.20	3.85
合计	74999.76	7.96	27.24	1.03	0.23	1.27	2.56	4.15

矿区内干结核量 4.2 亿 t，铜钴镍金属总量 1000 万 t，详见表 10-4。

表 10-4　中国矿区多金属结核资源量　　单位：10^4t

矿区	湿结核	干结核	锰金属	铜金属	钴金属	镍金属	铜钴镍	镍当量
东区	19681.71	13777.19	4079.61	168.83	26.91	197.09	392.83	614.05
西区	40689.42	28482.60	7095.91	237.57	71.58	317.33	626.48	1100.06
合计	60371.13	42259.79	11175.52	406.40	98.49	514.42	1019.31	1714.11

矿区地处东太平洋海盆低纬度热带海域，一年分为冬(11 月—次年 5 月)、夏(6—10 月)两季。冬季受太平洋副热带高压南侧的东北信风带控制，风力大，海况较差，但能见度好，具有信风带气候特征。夏季受热带辐合带控制，风浪小、气温高、湿度大、降水多，热带低压和气旋频繁出现，但气旋都从我国矿区以北通过，具有典型的热带海洋性气候特征。矿区气

象的基本参数见表 10-5。

表 10-5　中国矿区气象

参数		特点与指标
云	特点	一条呈东西带状多积云区
	阴天	52.0%
	多云	24.3%
	晴天到多云	23.6%
雾	特点	常年无雾
	能见度	≤10 km 的占 8%
降水	特点	常见，范围小、时间短、强度大，间有短时大风。持续时间一般在半小时之内，个别达到十余小时
	频率	44.2%
	日数频率	74.4%
	年降雨量	4000 mm
气温	特点	低纬度热带海洋，太阳辐射强，气温高
	平均	平均 26.7℃
	范围	25~28℃的约占 84.6%
		日气温变化仅为 1~2℃

参数				特点与指标
相对湿度	特点			空气湿度较大
	平均			81%
	变化范围			67%~98%
				低于 75%的仅占 3.4%
风	风向	特点		处于东北信风带控制下，风力稳定，风向集中，以东北和东向风为主
		东北和东向风		52.4%
		西北向风仅		3.4%
	风力	特点	冬季	东北信风为主向，风力强 5~6 级大风为主风力小
			夏季	一般为 3~4 级
		出现频率	5 级	26.0%
			4 级	23.4%
			≥7 级（7 月）	1.5%，最大风速达 16 m/s，平均 7.8 m/s
热带气旋	6—10 月份，年平均 16 次，每次 1~2 天			
	中心风力高达 50~70 m/s			
	生成于 120°W 以西洋面，以西移为主，从中国矿区北边缘擦过			

通过对气象数据分析可以看出，商业开采系统设计时，平均风速应定为 16 m/s。同时，应考虑每年因大风影响有 30~40 天不能进行海上作业。

矿区海浪，特别是风浪主要受风场的作用和影响，其分布和变化与风场相似。盛行浪向以东北和东向为主，该向风浪和涌浪出现的频率分别为 55.8%和 62.9%，而西向最少，分别只占 2.9%和 0.8%。浪高平均为 1.7 m，冬季为 3~4 m，夏季为 1~2 m，低于 2 m 的浪最多，占 71.4%，高于 2.5 m 的大浪占 10%，高于 3 m 的仅占 2%。1.5~2.4 m 的中浪为 56.2%。不难看出，商业开采系统设计时浪高应定为 4 m，即 6 级海况。

矿区上层海流包括漂流、地转流、潮流、热盐环流等总体运动。一般潮流和热盐环流量级很小，如潮流约为 1 cm/s。因此，漂流和地转流为海流的主体。矿区海流都在赤道逆流控制下，流向自西向东，在东矿区附近偏向东北，流速一般为 0.4~0.6 m/s，最大可达 1.5 m/s。

流速自水面向下呈递减分布，并且随时间和位置不同而不断变化。海底流以南极为起点，东部流向基本上为东北—东，西部为东北方向，流速一般为0.01~0.1 m/s，有时能达到0.14~0.15 m/s，局部地区流动状态受地形和海潮影响。

10.1.2 富钴结壳

1. 矿床特征

富钴结壳呈黑色块状或薄片状，厚度平均为4 cm，最大为24 cm。它在水深400~4000 m的海底表层形成，最厚和大多数结壳形成于800~2500 m的各种地貌（海山顶面、边缘、坡面、山脊、海岛岛坡）表面、各种基岩和底层水流流速高的区域。

富钴结壳类型和表面结构通常取决于厚度和赋存深度，随着厚度和深度的增加，表面变得较为平坦，但是常有例外。根据表面形态特征，钴结壳可分为板状、砾状和结核状三类：

（1）板状结壳。个体较大，长径平均大于9 cm，最大接近1 m。主要为黑色、褐黑色。表面光滑，呈瘤状、鲕状，较平坦，底面粗糙。多呈连续分布，厚度变化不大；

（2）砾状结壳。呈球状、椭球状，可见板砾状、不规则等外形。核心有玄武岩和磷酸盐化灰岩；

（3）结核状结壳。结核粒径变化于1~5 cm。呈圆球状或近圆球状，表面光滑，致密坚硬。核心为磷块石和老结壳等。

富钴结壳不同表面结构出现率按下列次序递减：粗糙的、粒状花纹的、平滑的、卷羊毛状的、葡萄状的和多孔状的。海山富钴结壳形态见图10-4。

富钴结壳内部结构的主要特点是平行带状结构和分层性，分层数与赋存水深无关，形成年代是决定因素。结壳形成分为三个历史时期（早期、中期和晚期），与其对应的分层为：最坚固的“似无烟煤”下层（厚1.5~9.5 cm）、强度最低的“多孔隙”中层（厚2~10 cm）、上层“褐煤”层（厚0.5~5.0 cm）。此外，有时还有较晚的“硬质”层。这些分层主要按结构构造分开，只有一部分是按物质成分分开的。图10-5为我国深海钻机（长沙矿山研究院有限责任公司研制）在大洋23航次中取得的富钴结壳岩芯样品。

图10-4 海山富钴结壳形态

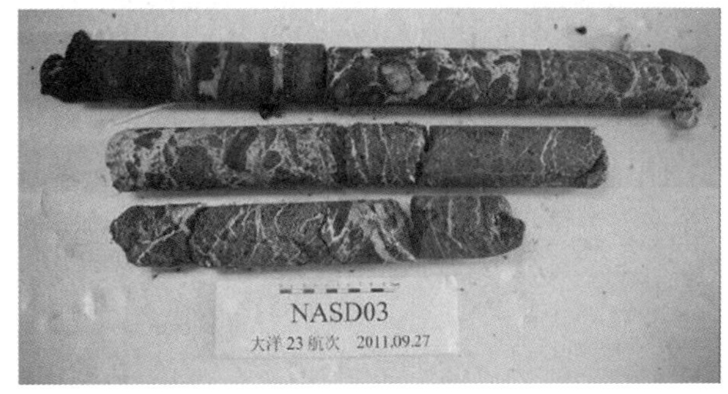

图10-5 我国钻取的富钴结壳岩芯样品

2. 矿物组成及化学元素

钴结壳为铁锰氢氧化物（$\delta-MnO_2$ 和 FeOOH）的共生体，碳酸盐氟石磷灰石也很普遍，多数结壳含有少量石英和长石。钴结壳含有多种矿物，其中包括：主要锰矿物——偏锰酸矿、铁偏锰酸矿；主要铁矿物——针铁矿和非晶质氢氧化物；伴生矿物——赤铁矿、磁铁矿、水赤铁矿、白铁矿、钾硬锰矿、软锰矿等；非金属矿石——石英、方石英、蒙脱石、伊利水云母、方解石、氟磷灰石、长石、尖晶石、紫苏辉石，以及自生成因和沉积与生物成因的其他岩石；包含在锰和铁矿物中的不形成钴、镍、铜、锌、钼及其他固有矿物相的“少量元素”。

钴结壳富集了30多种元素，其中钴的品位比在多金属结核中高1.4~2.7倍，还有钛、铈、镍、铂、锰、铊、碲及其他稀土元素的潜在资源也非常重要。在中太平洋的勘探中查明了结壳富含钴、铁、铈、钛、磷、铅、砷和铂，但与多金属结核相比，锰、镍、铜和锌的含量相当低。

钴结壳中的主要有用元素为钴、锰、镍和铁，伴生有用元素为铜、镍、铬和稀土元素；其特点是钴平均品位超过0.4%，铜和镍的总品位低于0.7%，锰的平均品位超过20%。伴生有用元素的品位：铂平均品位为3.8×10^{-7}（$1.6\times10^{-7}\sim6.4\times10^{-7}$），金品位不高于$7\times10^{-8}$，银品位为$3\times10^{-6}$，钼平均品位为0.04%（0.03%~0.05%），铬品位为0.0034%，钡品位达到0.22%，锡品位达到0.001%，稀土元素品位高达0.15%，其中主要为铏和镧。而有害物质氟的平均品位为0.164%，汞的品位为4.4×10^{-6}，砷的品位为0.016%。

可采矿区钴结壳的边界品位一般定为：钴0.6%，镍0.45%，锰22%。

3. 分布地区

太平洋、印度洋和大西洋都有钴结壳的积聚。最大的钴结壳区域集中在西太平洋近赤道北部地带，特别是约翰斯顿、夏威夷、马绍尔群岛和密克罗尼西亚联邦周围专属经济区。其次在中太平洋地带。在赤道以北（皇帝海山、小笠原群岛）和以南（菲尼克斯群岛、库克群岛等）分布一些较小的矿带，如图10-6所示。

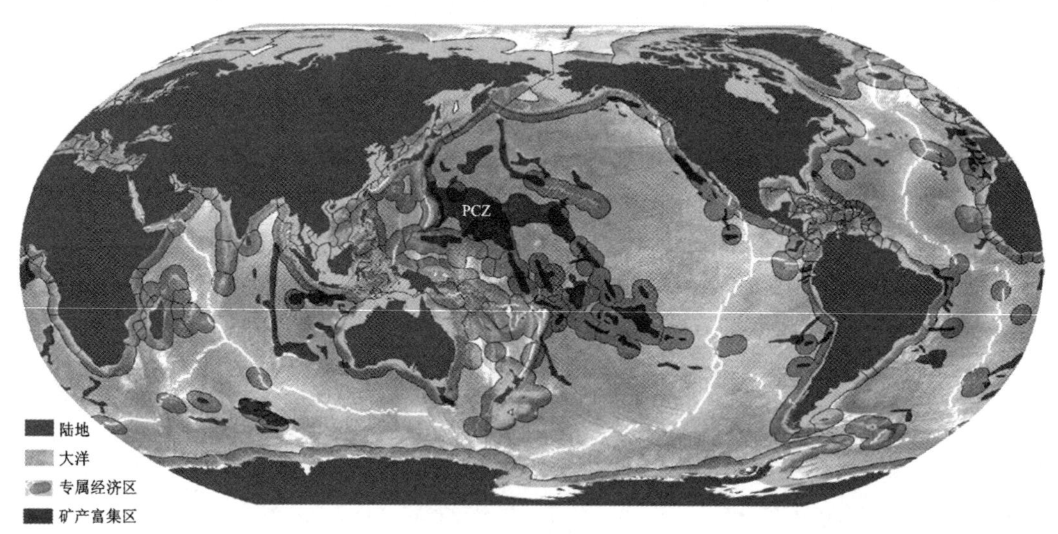

图10-6 大洋富钴结壳分布

根据目前所掌握的资料，在西太平洋近赤道北部地带各国专属经济区以外的国际海域，富钴结壳的潜在资源量达18亿t以上，中太平洋国际海域钴结壳的潜在资源量达5亿t，包括美国夏威夷专属经济区在内达7.66亿t，分布面积达4万km^2，其中5个地区发现了储量达 100 万 t 的最大矿床。美国专属经济区的钴结壳资源总量达 3 亿 t。按目前调查资料估计太平洋约有 50000 座海山，其中 15 座已做了不同详细程度的绘图和取样。大西洋和印度洋几乎没有海山，其大多数结壳形成在延伸的海脊。对分布于独立海山和海脊的结壳了解得很少，且矿床的物理化学特性变化很大。因此，目前的地质资料尚不足以确切地评估其储量及可采矿量。粗略估计全球海底约 1.7% 被结壳所覆盖，面积达 635 万 km^2，折算成钴约 10 亿 t。

4. 中国富钴结壳矿区概况

中国申请的富钴结壳矿区位置见图 10-7，在 154.6°E—156.9°E，12.5°N—16.0°N，由 A-Ⅰ和 A-Ⅱ两区(海山)组成。A-Ⅰ和 A-Ⅱ两区各 50 个区块，共计 100 个区块，申请区面积为 3000 km^2。两区位于 550 km×550 km 区域范围内。经过勘探放弃了 75%，最后保留矿区面积为 500 km^2。

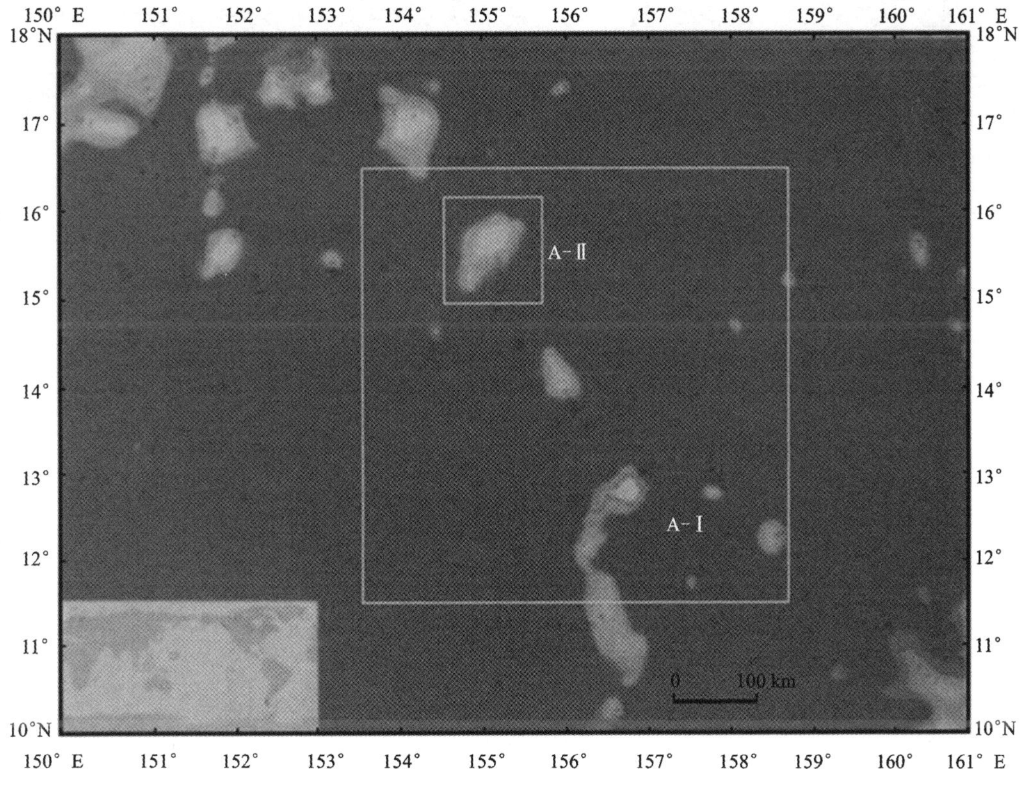

图 10-7　中国申请的结壳矿区位置

当采矿系统回采率达到乐观值 70%时可保证年产 100 万 t 开采 20 年。按目前技术水平估计，初期采矿系统回采率有可能仅达到 50%，这种情况下只能保证开采 14 年或年产 70 万 t 开采 20 年。如果矿区丰度达到 70 kg/m^2，这时 500 km^2 矿区才有可能确实保证年产 100 t 开采 20 年。

10.1.3 多金属硫化物

1. 矿床特征

多金属硫化物以烟囱、小丘、沉积层、块状、球状、角砾岩形态赋存在水深较浅的(100~2000 m)海底，多数为块状矿体，露在海底表面并延伸至底面以下100多m，个别为深海软泥。块状多金属硫化物矿见图10-8。我国深海钻机(长沙矿山研究院有限责任公司研制)在大洋39航次多金属硫化物矿区调查中取得的岩芯样品如图10-9所示。

图 10-8 块状多金属硫化物矿

图 10-9 我国钻取的多金属硫化物岩芯样品

矿床内部结构随深度变化，从表面延续至深部大致为：氧化矿物角砾岩、碎屑状硫化物、块状硫化物、矿脉和接触交代基岩，未变质基岩中密集网状小矿脉和基岩内大矿脉。硫化物的颗粒很细，强度很低。硫化物烟囱微粒为10 μm~1 cm，黄铁矿、闪锌矿、黄铜矿的晶粒尺寸为1~600 μm，抗压强度为3.1~38 MPa。一般矿床都不大，储量为100万t~1亿t。

2. 矿物组成和化学元素

硫化物矿为细粒结晶的复杂共生硫化物和脉石(硅石、重晶石、硬石膏)。多数海底多金属硫化物含有各种特性磁铁矿、黄铁矿/白铁矿、闪锌矿/纤维锌矿、黄铁矿、斑铜矿和砷黝铜矿。一些块状多金属硫化物位于海沟附近的扩张中心，还含有方铅矿(铅硫化物)和原生金。在不同地段海山也发现锡、镉、锑、汞等其他硫化矿物，参见表10-6。

表 10-6 海底热液硫化物矿床的矿物组成

矿物	海岛弧后矿床	洋中脊矿床
铁硫化物	黄铁矿、白铁矿、磁黄铁矿	黄铁矿、白铁矿、磁黄铁矿
锌硫化物	闪锌矿、纤维锌矿	闪锌矿、纤维锌矿
铜硫化物	黄铜矿、异构方黄铜矿	黄铜矿、异构方黄铜矿
硅酸盐	无定型硅石	无定型硅石
硫酸盐	硬石膏、重晶石	硬石膏、重晶石
铅硫化物	方铅矿、次硫酸盐	
砷硫化物	雌黄、雄黄(二硫化砷)	
铜砷锑硫化物	砷黝铜矿、黝铜矿	
天然金属	金	

黑烟囱的高温流和硫化物堆积体内部一般由黄铁矿、与磁黄铁矿共生黄铜矿、异构方黄铜矿和局部斑铜矿构成。外部一般由低温沉淀物构成，如闪锌矿/纤维锌矿、白铁矿和黄铁矿，这些也是低温白烟囱的主要硫化矿物。硬石膏在高温集合物中是主要的，但是被后来的硫化物、无定形硅石或低温重晶石所取代。弧后扩张中心矿物组成与洋中脊的类似。一般是黄铁矿和闪锌矿占主导地位。重晶石和无定形硅石是最多的非硫化物。弧后裂谷矿物组成与前两处的区别在于次要和微量矿物的多样性。如方铅矿、砷黝铜矿、黝铜矿、辰砂、雄黄、雌黄、杂岩、非常规组分 Pb-As-Sb 硫酸盐。第一明显的例子是劳海盆南部低温(<350℃)白烟囱样品证实了存在原生金和贫铁闪锌矿，原生金以粗粒状(18 μm)伴同沉淀物出现在块状硫化物中。

近 1300 个海底硫化物样品化学分析表明，不同火山和地壳结构构造的矿床，含有的金属元素质量分数是不同的。见表 10-7 和表 10-8。

表 10-7　大多数海底硫化物的主要化学组分

元素		洋中脊		大洋背脊	
		火山岩型	沉积岩型	洋内背脊	陆内背脊
铁(Fe)	%	23.6	24.0	13.3	7.0
锌(Zn)		11.7	4.7	15.1	18.4
铜(Cu)		4.3	1.3	5.1	2.0
铅(Pb)		0.2	1.1	1.2	11.5
砷(As)		0.03	0.3	0.1	1.5
锑(Sb)		0.01	0.06	0.01	0.3
钡(Ba)		1.7	7.0	13.0	7.2
银(Ag)	10^{-6}	143	142	195	2766
金(Au)		1.2	0.8	2.9	3.8
样品数	个	890	57	317	28
矿址实例		马里亚纳海槽，马纳斯海盆，北斐济海盆，劳海盆	冲绳海槽	Explorer、Endeavour 洋脊，Axial 海山，Cleft，东太平洋海隆，Galapagos 裂谷，TAG，Snakepit	Escanaba 海槽，Guaymas 海盆
特点		沉积物少，在安山岩环境中的玄武岩中生成	流纹岩和安山岩环境。富含铅、锌，银、砷和锑品位高	无沉积物，在安山岩环境中的玄武岩上生成，硫化物大量沉淀在烟囱口周围，矿床小，金属含量高	多沉积物，出现品位低和不同特性的金属。方解石、硬石膏、重晶石和硅石是主要成分

表 10-8 现代海底块状多金属硫化物中金的品位

地区		范围/$(g \cdot t^{-1})$	平均/$(g \cdot t^{-1})$	样品数/个
圆锥海山岩浆浅温热液系统（巴布亚新几内亚）		0.01~230	26	40
未成熟弧后洋脊	劳海盆	0.01~28.7	2.8	103
	冲绳海槽	0.01~14.4	3.1	40
	中心马纳斯海盆	0.01~52.5	30	10
	东马纳斯海盆	1.30~54.9	15	26
	伍德拉克海盆	3.80~21.2	13.1	6
成熟弧后洋脊	马里亚纳海槽	0.141.7	0.8	11
	北斐济海盆	0.01~15	2.9	42
洋中脊		0.01~6.7	1.2	1256

有用金属主要有金、银、铜、锌和铅，还有钴、镍、钒和铬等，高品位金和银，其含量为陆地经济可采矿床的 10 倍以上，经济价值可观。

3. 分布地区

迄今已对 300 个以上的强烈热液喷口进行了调查，其中至少 100 个高温黑烟囱喷发物形成块状多金属硫化物矿址。其中又有 11 个区域具有足够的可采品位和储量。大多数在东太平洋、东南太平洋和东北太平洋的洋中脊，如图 10-10 所示。有开采前景的矿址见表 10-9。然而，这仅占 6 万 km^2 世界海山的 5%。目前，32 个探矿区中有 12 个分布在国际海域。

表 10-9 具有开采前景的海底硫化物矿床矿址

矿床名称	海域	水深 /m	管辖权	国家
Atlantis Ⅱ Deep	红海	2000~2200	专属经济区	沙特阿拉伯
Middle Valley 海下谷	东北太平洋	2400~2500	专属经济区	苏丹
Explorer 洋脊	东北太平洋	1750~2600	专属经济区	加拿大，中部海槽
Lau 海盆	西南太平洋	1700~2000	专属经济区	汤加
North Fiji 海盆	西南太平洋	1900~2000	专属经济区	斐济
Eastern Manus 海盆	西南太平洋	1450~1650	专属经济区	巴布亚新几内亚
Central Manus 海盆	西南太平洋	2450~2500	专属经济区	巴布亚新几内亚
conical 海山	西南太平洋	1050~1650	专属经济区	巴布亚新几内亚
Okinawa 海沟	西太平洋	1250~1610	专属经济区	日本
Galapagos 裂谷	东太平洋	2600~2850	专属经济区	厄瓜多尔，加拉巴哥群岛
EPR13°	东太平洋	2500~2600	国际海域	
TAG	中心大西洋	3650~3700	国际海域	

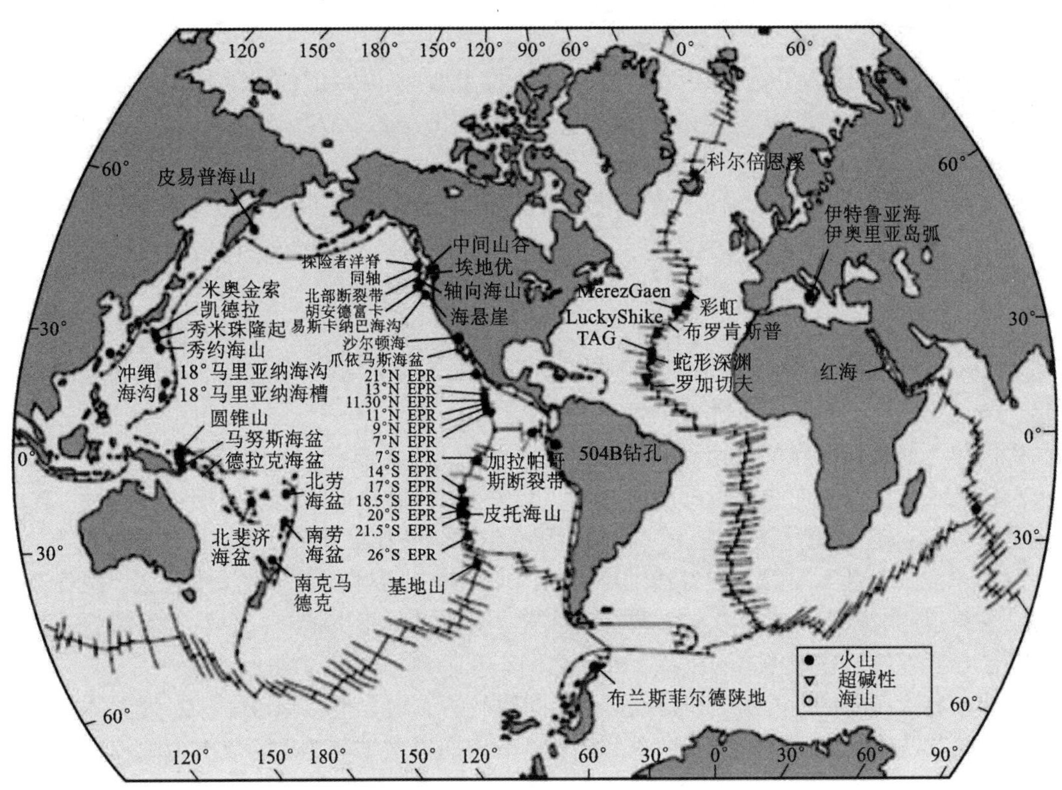

图 10-10　大洋多金属硫化物分布

根据 20 世纪末国外对大洋硫化物矿潜在资源的评估，按铜、铅、锌、金和银五种主要金属计算，硫化物矿的潜在资源达 14 亿 t，见表 10-10。因此，世界大洋硫化物矿成为世界各国的关注热点。

表 10-10　世界大洋硫化物矿的潜在资源评估

区域		矿石或金属资源量											
		矿石		铜		锌		铅		银		金	
		kt	%	kt	%	kt	%	t	%	t	%	t	%
太平洋	合计	895540	69.3	1980192	37.6	109143.8	6.4	31840.1	99.9	45429.6	91	1317.4	58.0
	断裂山脊	245540	8.0	5371.9	10.2	9173.8	7.3	1420.1	4.5	57379.6	4.2	1085.5	10.2
	岛屿	650000	61.3	14430.0	27.4	99970.0	79.1	30420.0	95.4	388050.0	58.8	231.9	10.2
大西洋		2194406	5.2	16872.1	32.0	7415.4	5.9	—	—	14919.5	3.3	509.2	22.4
印度洋		245204	1.7	11821.7	22.4	789.2	6.2	39.0	0.1	20305.1	4.9	315.1	13.9
北冰洋		4982	3.8	4228.1	8.0	1858.4	1.5	—	—	3738.8	0.8	127.6	5.7
世界大洋		415132	100	52723.0	100	126309.8	100	31879.1	100	452393.0	100	2269.2	100

4. 中国海底多金属硫化物矿区概况

中国申请的海底多金属块状硫化物勘探矿区位于西南印度洋洋脊，约 30 万 km^2 的长方形区域，四角坐标为：46°10.83′E，39°46.21′S；45°17.4′E，37°9.27′S；55°26.71′E，33°32.76′S；56°20.98′E，36°10.87′S。

矿区处于南半球西风带。预选区生成和出现热带气旋的频率极低。预选区有较明显的西南向涌浪，平均浪高 1.0 m，最大浪高 2.3 m，出现在 12 月。预选区南端离西风带大风中心近，引起的涌浪更加明显。风浪多为 0.5～1.0 m，最大风浪高 1.5 m，出现在 12 月。多数海况为 3 级，较强时达到 5 级。南端以 4 级(1.3～1.9 m)为主，较强时为 5～6 级。表层海流的流速为 30～50 mm/s，流向为西南、西北向，底层流的流速为 15～25 mm/s。从上述数据可以看出，10 月至次年 2 月是最佳作业时期。

矿区位于西南印度洋的慢速到超慢速扩张脊，呈北东走向，水深为 1300～3900 m。海底地形总体上表现为与走向线平行的隆洼相间，反映了与洋脊走向垂直的周期扩张运动。洋脊被一系列 N—S 向转换断层(如亚特兰蒂斯Ⅱ和梅尔维尔转换断层)切割，造成洋脊扭转。洋脊中段和东段地形相对平缓，裂谷浅而窄，而西段中轴裂谷宽而深，水深变化大，裂谷宽约 6 km，谷深超过 1000 m，地形复杂，裂谷两壁发育有小的地形突起，谷底发育有海丘。邻近这些断层显露蛇纹岩化橄榄岩，在两个断层之间有几十到几百米高的小海山。

主要矿物为黄铁矿、黄铜矿和白铁矿，不同样品的矿物含量相差很大。对烟囱体分析表明，内部以黄铁矿为主，含少量黄铁矿和闪锌矿；中间以黄铁矿为主，依次为闪锌矿和黄铜矿；外部以黄铜矿和黄铁矿为主，黄铜矿较少。烟囱体从内到外，矿物晶粒变小，晶形变差，矿物间空隙逐渐发育。

经过对含矿带 22 个样品的分析，主要有用金属品位：铜 1.72%～2.47%，铅 0.10%～0.12%，锌 2.4%～15.95%，金 1.07～1.17 g/t，银 192.10～239.70 g/t。中国预选区铜的平均品位高于太平洋热液区，但明显低于大西洋 TAG 和罗加乔夫热液场和 Solwara 1 矿床；锌的品位高于大多数其他区域；金的品位与其他区域相当，而银的品位明显高于其他区域。

10.1.4 国内外深海矿产资源开发历程

从 1973 年联合国召开第三届海洋法会议开始，又经历了十年风雨，最终于 1982 年《联合国海洋法公约》(简称《公约》)得以通过。《公约》是一部全面调整世界海洋关系的根本大法。1994 年 11 月 16 日《公约》正式生效，标志着新的海洋法律制度的确立和人类和平利用海洋、全面管理海洋新时期的开始。截至 1996 年 6 月，已有近百个国家批准了《公约》，中国于 1996 年 5 月 15 日批准了《公约》。1994 年国际海底管理局成立，代表人类组织和控制“区域”内的活动和对资源进行管理。

国际上大规模的深海固体矿产资源开采技术研究始于 20 世纪 50 年代末对多金属结核开采技术的研究，出现过多种技术原型。

1. 美国

1970 年，在佛罗里达州岸外水深 1000 m 的大西洋布莱克高地进行了第一次结核采矿原型系统试验。“深海探险”公司在 6750 t 的货轮“深海采矿者”号上装置了一个高 25 m 的吊杆和一个 6 m×9 m 的月池(采矿装置即由此下放)。结核采用在 250 m 矿井中完成试验的气举系统输送。1970 年末，美国三大财团在太平洋用水力采矿系统进行采矿试验。海底结核由一挖掘装置采集，传送到悬在海面船只下方的提升管的底部。海洋管理公司(OMI)使用动力定位的钻探船“SEDC0445”号。船上装有吊杆，用常平架支撑，以减少船体运动对提升管的影响。试验的两种升举系统为：用装在提升管内水深1000 m处的离心轴流泵吸送；在水深1500 m和2500 m之间注入压缩空气进行提升(气举)。提升管后边拖着两个采集装置：一个带喷水器的水力吸入式挖采装置和一个配备反向传送带的机械采集器，第一个采集装置不幸因操作失误丢失。不过，在夏威夷以南1250 km处进行的三次实验共采集到约600 t结核。可以认为，美国已基本完成了深海多金属结核采矿的技术原型及中试研究，一旦时机成熟，便能组织工业性试验并投入商业开采。

2. 法国

1979年，法国工程师提出自由穿梭采矿系统的概念，该系统由螺旋推进装置、支承装置、采集装置、车内传输装置、压载物和矿核贮存室、浮力材料、蓄电池和辅助推进系统组成。采矿车以高能蓄电池为动力，借助贮存室内的压载物和自重进行下沉，在接近海底时要卸载减慢下沉速度，使采矿车轻轻着地，采集装置将采集的锰结核装入存贮室后，将压载物完全卸净，通过推进器上升至采矿船上回收系统卸净矿核，再装上压载物进行穿梭式采矿。可行性研究表明系统过于昂贵，但这种采矿车的采运原理被视为有前途的采集技术。

3. 印度

印度拥有一个预算庞大的深海资源开发研究计划，在采矿技术研究方面，采取与德国Siegen大学合作的方式进行，特点为全软管输送。已开发研制了一种海底采矿车，2000年便进行了410 m水深的海滩行走采集试验，2006年和2008年进行了500 m水深的采集试验。

4. 日本

20世纪60年代，日本便致力于深海采矿技术研究。除一些企业参与了20世纪70年代OMI的海试外，日本政府一直将多金属结核采矿系统研究与开发列为国家计划，投巨资予以支持。日本的东北大学、公害资源研究所在高30 m、管径157.2 mm的扬矿试验系统中进行了模拟结核的水力提升试验，在此基础上，在200 m深的竖井中进行了提升泵的试验，研制加工了2台8级离心式深潜电泵。1997年，日本在北太平洋2000 m水深的海试系统中采用的是拖曳式集矿机。2017年9月，日本经济产业省和日本石油天然气金属矿物资源机构(JOGMEC)宣布在世界上首次成功试验从冲绳县近海水深约1600 m的海底热液矿床中开采出约16.4 t矿石。

5. 韩国

韩国的研究由其国家“深海采矿技术开发与深海环境保护”项目支持，多金属结核采矿系统采用以OMA系统为原型的管道输送系统。2000年，韩国KIGAM公司建成了高30 m的扬矿试验系统，并进行了水力和气动提升试验；韩国KRISO公司在20世纪90年代末开始进行履带式采矿车基础理论和关键技术研究，并于2003年建立了采矿车水池实验系统，目前已进入水池实验与中试采矿系统设计的阶段，2007年前后进行水下提升试验；2009年和2010年进行了100 m水深的部分采矿系统浅海试验，2013年成功进行了1370 m水深多金属结核采集试验。

6. 德国

德国虽然直到2005年才向国际海底管理局申请矿区，但几十年来从未停止过深海采矿技术的研究。德国的H. E. Engelman利用管径200 mm、高30 m的水力提升试验系统，以4种不同粒径的模拟结核进行了扬矿试验，提出了扬矿管道稳定流的水力计算方法，并对粗颗粒在上升管流中的运动和受力状态进行了研究。在此研究成果基础上，德国 KSB 泵业公司于 20 世纪 70 年代为 OMI 的海试研制了 2 台六级混流式深潜电泵。其后，德国一些大学和研究所一直在政府资助下开展深海多金属结核开采采集、行走和输运技术研究，提出了全软管输送方案，并通过与印度的合作进行了海试。2008 年，由 BGR 牵头重新开始深海矿物资源开发技术研究，旨在培养人才和保持对深海资源的占有。

7. 比利时

比利时 GSR 公司(全球海洋矿物资源公司)计划于 2019 年完成 4500 m 采集系统试验，2023 年完成整体集成测试(包括采矿车、提升泵/管、水面处理系统、转运系统等)，2026—2028 年完成整体采矿系统建设，实现商业化试开采。

8. 加拿大

2006 年，加拿大鹦鹉螺矿业公司通过在一个 ROV 上加装陆地上使用的旋轮式切削刀盘、泵、旋流器和储料仓等在海底进行了原位多金属硫化物矿的切削及采集试验，整个试验在 13 个地点回收了大约 15 t 矿石，证明了应用该开采方案原理进行海底多金属硫化物采矿作业的可行性；2011 年，获得巴布亚新几内亚政府颁发的索尔瓦拉 1 项目租约，这也是世界第一个专属经济区深海多金属硫化物资源采矿租约；2018 年 3 月，生产支持船顺利出坞；2018 年 4 月，海底采矿系统运达巴布亚新几内亚并开展了水下试验。

9. 中国

我国的深海采矿技术研究始于“八五”计划，1991 年启动，由中国大洋协会负责组织并协调，开展了国家专项“大洋多金属矿产资源勘探与开发技术”研究。我国优先发展的深海采矿系统是集矿机-流体提升泵-采矿船为主体的开采系统。国内科研院所在“八五”期间的深海采矿技术研究主要是基础试验研究，尤其侧重于单体技术研究，研究了集矿、采矿、输送和海底行驶机构的工作原理、合理结构和工作参数。在中国大洋协会统一协调下，还进行了深海采矿、矿物提升和运行测控等三个子系统的试验研究。长沙矿冶研究院对矿浆泵扬矿技术、气力扬矿技术和射流泵扬矿技术进行了对比试验研究，长沙矿山研究院提出了可减小泵磨损的清水泵扬矿系统新技术并成功进行了试验研究，研制了具有国际先进水平的水力式和水力机械复合式两种集矿模型机。在“九五”期间，完成了深海采矿系统中集矿机和扬矿设备等部分子系统的设计与研制，确定了履带式行走方案及水力复合式集矿方法，并于 2001 年在云南省抚仙湖进行了 135 m 水深的试验，验证了从湖底采集并输送模拟结核到水面船的工艺流程的可行性和正确性，但并没有完全掌握采矿系统整体的协调运行与控制技术。“十五”期间，长沙矿山研究院完成了基础研究综合实验室的建设，对扬矿输送软管及输送工艺进行了试验研究，仿真分析了输送软管对集矿机的作用力，并进行了采矿项目部分子系统相应的联调试验。中南大学采用虚拟样机技术研究了深海采矿作业过程中集矿机及扬矿子系统的结构和动态特性。中国大洋协会经过总结和归纳，提出了《中国大洋多金属结核采矿中试系统总体方案》，确定了 1000 m 海试采矿系统的扬矿子系统由软管-中间舱-硬管组成的输送系统以及采矿船上脱水与存储系统两大部分组成，并完成了“1000 m 海试总体设计”和集矿、扬矿、水声及检测等水下部分的详细设计。“十一五”至“十二五”期间的深海采矿技术研究重点进行了采矿系统关键部件的研制开发、开采全过程动力学分析和系统稳定性、安全性评价等，在中国大洋协会的专项资助下，国内相关科研院所继续进行深海采矿系统的实验室试验和水下综合模拟试验研究，深入研究其运行的可控性和稳定性。“十三五”期间，我国启动了“深海多金属结核采矿试验工程”国家重点研发计划项目，研制 3500 m 级的深海采矿试验系统及成套技术装备，完成不小于 1000 m 级的海上整体联动试验，开展采矿前后深海底海洋环境的调查，建立相应的环境影响评价模型。

10.1.5 国内外法律环境

1. 国外法律环境

1982 年《联合国海洋法公约》(简称《公约》)明确了国际海底开发制度的法律概念和基本原则——在国家管辖范围外的海床、底土及其资源属于人类共同继承的财产，对其一切开发、管理活动均应以和平为目的，为全人类谋求福利。国际海底管理局于 1994 年 11 月 16 日《公约》生效之日起成立，总部设在牙买加首都金斯敦。根据《公约》的安排，国际海底区域的所有活动归国际海底管理局管理，以确保基本原则的实现。

当前，国际海底区域内活动所依据的法律制度主要来自《公约》第 11 部分“区域制度”、1994 年《执行协定》相关修正以及国际海底管理局制定的《勘探规章》《开发规章》(目前已经生效的 3 个规章是《“区域”内多金属结核探矿和勘探规章》《“区域”内多金属硫化物探矿和勘探规章》《“区域”内富钴铁锰结壳探矿和勘探规章》)。

目前深海海底区域正处于从勘探到开发的转型时期，深海海底区域商业开发活动已见端倪，而一系列为深海海底区域资源开发的国际法律制度将陆续出台，这将涉及商业开发缴费机制、惠益共享、税收缴纳等问题。虽然《开发规章》尚未制定完成，但对于缴费机制，已经生效的《公约》(第 82 条为主要依据)和 1994 年《执行协定》均有所规定。

2. 国内法律环境

《中华人民共和国深海海底区域资源勘探开发法》(简称《深海法》)在 2016 年 2 月 26 日经第十二届全国人大常委会第十九次会议审议通过，于 5 月 1 日正式实施，是首部规范中国公民、法人或者其他组织在国家管辖范围以外海域从事资源勘探、开发相关活动的法律。2017 年 4 月 27 日起，我国首部《深海法》配套法规《深海海底区域资源勘探开发许可管理办法》实施，2017 年 12 月 29 日《深海法》配套法规《深海海底区域资源勘探开发样品管理暂行办法》和《深海海底区域资源勘探开发资料管理暂行办法》实施，对国际海底矿产资源的开发提出了明确的法规要求，鼓励企业参与和从事“区域”海洋矿产资源开发。这为“区域”内海洋矿产资源开发提供了法律保障。

10.2 深海矿产资源勘探

1. 国内外深海矿产资源勘探历程

1) 多金属结核资源探查概况

1868 年在俄罗斯卡拉海发现锰铁结石，1873—1876 年“挑战者号”船环球探险发现了许多深黑色小球，命名为锰结核。大约 1900 年在东太平洋的多数取样发现有锰结核(中国称多金属结核，或简称结核)。

第二次世界大战后，国外开始了对大洋的广泛调查，发现结核广泛分布于深海区域。自 20 世纪 60 年代起，开始对大洋多金属结核进行大规模的调查，到 70 年代达到高潮。

美国于1957年才在中太平洋勘查发现有工业价值的多金属结核。进入20世纪60年代，肯尼柯特财团(KCON)和新港造船公司(1962)开始进行取样航次，研究结核地球化学与冶炼加工技术。从1965年起，以美国为首的四个跨国财团(有法国、日本、加拿大和欧洲其他发达国家参加)的海洋采矿公司(OMA)、海洋矿物公司(OMCO)和海洋经营有限公司(OMI)等新公司相继成立，进行了重要的资源调查、开采和冶炼加工研发工作。1972年美国国家科学基金会制订了研究结核成因的15年科学实验计划。1974年OMA向美国国务院提交了一份“发现已拥有采矿专属权及其要求对其投资进行外交保护”文件，10年后即1984年底四大财团获得美国国家海洋和大气局(NOAA)执照的勘探区公布于众。

德国于1973年和1974年在印度洋进行了调查，对5个地区的评价认为，只有中印度洋海盆有可能提供第一代采矿的矿区，评价标准为Co+Cu+Ni的平均品位2.4%，边界品位为1.8%。印度于1981起在印度洋进行了调查，于1983年向联合国海底管理局筹委会提出了矿区申请，1987年获准，成为第一个先驱投资者。法国在1970—1981年对南太平洋波利尼西亚海域进行了调查，未发现有可采矿区。南太平洋近海矿物资源联合探矿委员会(CCOP/SOPAC)自1972年起进行的调查发现，在南太平洋中东部地区有边界丰度5 kg/m^2、边界品位Ni+Cu+Co为2%的远景矿区。德国矿物原料开发公司(AMR)于1978—1979年在秘鲁海盆北部进行了普查。日本(日本金属矿业会社等)于1974—1978年在中太平洋北部进行了调查，表明结核分布多变，不利于开采。

苏联于20世纪40年代末利用“勇士号”科考船开始在太平洋进行大洋结核资源的调查，到70年代末完成了区域性调查，1981年完成了太平洋和印度洋结核区的评估。1982年集中在太平洋克拉里昂—克里帕顿区域(C—C区)探查，1983年向联合国海底管理局提出矿区申请，1987年取得了“先驱投资者”资格，获得7.5万 km^2 探采区。

中国自20世纪80年代末启动大洋结核资源调查，1990年成立了大洋协会，开始实施中国大洋矿床资源研究开发工作的国家计划。1991年3月，联合国海底管理局通过了我国大洋矿床资源开发“先驱投资者”的申请，我国成为继印度、日本、苏联和法国之后第五个先驱投资者。结核资源调查主要集中在中太平洋海域，经过十几年的调查，于1996年3月完成了国际海底区域7.5万 km^2 中国专属探采区的圈定和向国际海底管理局的申报。2015年7月20日，国际海底管理局理事会核准了中国五矿集团公司提出的东太平洋海底多金属结核资源勘探矿区申请，中国五矿集团公司获得该国际海底矿区的专属勘探权和优先开采权，这是我国在国际海底区域获得的第二块多金属结核探矿区。2019年10月18日，北京先驱高技术开发公司与国际海底管理局在中国北京签订了多金属结核勘探合同，是继中国大洋矿产资源研究开发协会、中国五矿集团有限公司之后，我国第三个国际海底勘探合同矿区承包者。

2)钴结壳资源探查概况

20世纪50年代初以来，研究人员发现了铁锰结壳与太平洋岛屿和海山有关，人们就已经认识到铁锰结壳中富含钴。在60年代末和70年代初，夏威夷地球物理研究所的科学家们对夏威夷群岛海域的结壳进行了调查。1981年，由德国人用声呐在中太平洋莱恩群岛(基里巴斯)完成了第一次有计划的海上调查，发现中太平洋海域较大范围内赋存有巨大经济价值的钴结壳潜在资源。随后相继进行了一系列航次调查，对太平洋海域的钴结壳资源分布、地球物理和地球化学特性及矿床成因做了系统研究。

这一调查结果立即引起美国的重视。美国地质调查所于1983—1984年对太平洋、大西洋等海域进行了一系列航次的调查研究，发现在太平洋岛国专属经济区(包括马绍尔群岛、密克罗尼西亚和基里巴斯群岛联邦)的赤道太平洋和美国专属经济区(夏威夷、约翰斯顿群岛)以及中太平洋国际海域 800~2400 m 水深的海山处，存在许多有开采价值的富钴结壳矿床。法国则在法属波利尼西亚海域进行了调查。

苏联从 1986 年开始有计划地进行钴结壳的地质勘探工作。1986—1993 年对西太平洋近赤道北部地带进行了 23 个航次的调查，调查面积达 200 万 km^2，通过区域性调查在麦哲伦海山、南马库斯—威克海山、马绍尔群岛海山、莱恩岛海山区域划出了钴结壳矿带，并对前两个海山区域进行了普查。并且于 1998 年 9 月率先向国际海底管理局提出“富钴结壳开采先驱投资者”的报告。

日本政府在 20 世纪 80 年代初以前对钴结壳的调查持消极态度，认为日本专属经济区内没有钴结壳。直到 1986 年“白令丸 2 号”在米纳米托里西马群岛区域采集到了富钴结壳样品，证明日本科学家进行研究的必要性，日本自然资源和能源方面的机构于 1986 年 3 月成立了钴结壳调查委员会，对美国进行了访问，研究其经验和了解工作情况。受通产省的委托，国营金属矿业会社于 1987 年 7—8 月在水深 550~3700 m 的米钠米—威克群岛海域进行了调查，找到了一些平均厚度为 3 cm 的钴结壳矿层，其钴含量为陆地矿的 10 倍以上。由于工作卓有成效，日本立即着手制订和开始实施大洋钴结壳的调查与开采的 10 年地质研究计划。1991 年对西太平洋的第 5 号 Takuyou 海山进行了调查，此外在海底沉积物下还发现大量的钴结壳。日本最感兴趣的调查区域也是中、西太平洋海域，即威克—贝克、马绍尔群岛、麦哲伦、基里巴斯、夏威夷和莱恩群岛海域。

中国自 1997 年正式开始对中太平洋海山区(位于中太平洋海盆北缘，夏威夷—天皇海山链以西，美国威克专属经济区与夏威夷专属经济区之间的国际海域)进行有计划的前期调查。经过几个航次的调查，初步掌握了钴结壳矿床的分布、矿物组成、大地构造、海底地形、结壳和基岩物理力学特性，以及水文气象状况，为选定目标区奠定了基础。2014 年，大洋协会与国际海底管理局签订国际海底富钴结壳矿区勘探合同，标志着中国在西北太平洋海底获得了 3000 km^2 的富钴结壳矿区。此次签订的合同矿区位于西北太平洋海山区，面积 3000 km^2。根据合同，未来 15 年内，大洋协会将在该区域内开展资源评价、环境调查、采矿和选冶系统开发与试验等工作，履行培训发展中国家科技人员的义务，并在勘探合同签订后 10 年内放弃勘探区面积三分之二的区域，保留 1000 km^2 留作享有优先开采权的矿区。2018 年 9 月 11 日，在西太平洋我国富钴结壳合同区执行科考任务的“海洋六号”科考船，通过深海浅钻(长沙矿山研究院有限责任公司研制)取样，获取结壳厚度为 33 cm 的岩芯样品。这是我国自 1997 年开展海山富钴结壳资源调查以来获得的结壳厚度最大的岩芯样品。

3)多金属硫化物资源探查概况

早在 20 世纪 50 年代，科学家们发现了红海中海水的温度和盐度异常，60 年代，在红海海底进一步勘探，发现了金属软泥。70 年代，德国 Preussag 公司做了仔细评估，在其所调查的 17 个海渊中有 10 处软泥富含金属，最有潜在生产能力的是阿特兰蒂斯Ⅱ海渊。

1978 年 2 月，法国载人潜水器 Cynna 号在一个区域发现了火山渣构成的高大圆锥堆。几个月后取样证明含有大量锌和铜的硫化物。一年后，美国载人潜水器 Alvin 号在东太平洋北纬 21°加利福尼亚的巴甲附近，3700 m 水深台地活动断裂带的上覆岩浆室内，首次发现了高温黑烟囱、块状硫化物，它们含有具有潜在商业价值的金属元素铜、锌、铅、银、金和钡。随后引起许多发达国家的关注，不仅在扩张脊，而且在弧后俯冲区和板块内火山也发现了许多黑烟囱和块状硫化物堆，迄今已对100个以上的强烈热液活动区域进行了调查，包括至少25个高温黑烟囱喷发物矿址。

苏联于1985年开始了大洋多金属硫化物的调查工作。初期在东太平洋海隆开展工作，自1987年起，在中大西洋海底山脉裂谷地带发现了硫化物构造，之后的调查工作集中到24°N—26°N地区。在普查勘探基础上，拟以北纬15°和TAG两个目标区作为优先开发的矿田。TAG矿田是1985年发现的死火山硫化物山丘。远东海洋地质研究所于1991年利用载人潜水器确定了3个含矿带，在1992—1993年利用电视传真剖面和抓斗取样进一步研究，完成了绘图工作。

日本金属矿业会社于1985年开始进行海底热液矿床调查。利用自己研制的岩芯钻机，于1999年12月8—27日在伊豆—小笠原群岛父岛以西24 km的海底火山，用20天时间钻出5个10 m深的岩芯孔。其中3个孔显示出具有黄铁矿、黄铜矿和闪锌矿特征，成为在海岛第一个可回采的现代热液硫化物矿床。1999年日本海洋科学技术中心(JUMSCTEC)在明神海盆发现大规模的热液矿床，准备进行矿区申请。日本深海资源开发公司(DORD)在冲绳伊是名海盆进行了矿区申请。2017年9月，日本在冲绳县近海域进行了海底热液硫化物矿床开采试验，作业水深1600 m，试验期间共开采出约16.4 t矿石。

初期大多在洋中脊和海山发现块状硫化物，近来在海岛弧中心和大陆边缘断裂带也有所发现，有些达到上亿吨资源量。此外，还发现许多低温热液富金银硫化矿，如1994年发现并于1998年确认的巴布亚新几内亚Lihir岛附近的圆锥山，含金高达14.2 g/t。

20世纪80年代中期，德国Preussag公司对86°W的Galapagos扩张中心进行了调查，未发现有可经济开采的足够大和连续的硫化物矿床。

大洋硫化物矿已成为世界各国的关注热点。我国于2005年“大洋一号”船全球航行考察中开始了对海底热液硫化物的调查，并取得了样品。2011年，大洋协会在西南印度洋国际海底区域获得了1万km^2具有专属勘探权的多金属硫化物资源矿区，并在未来开发该资源时享有优先开采权。这是自国际海底管理局2010年5月7日通过《“区域”内多金属硫化物探矿和勘探规章》后接受和核准的第一份矿区申请。

2. 深海矿产资源勘探方法

为了合理有序地进行海上作业，海洋矿产资源的勘探过程一般分为4个阶段，不同的海底矿产资源，其勘探方法大同小异。下面以多金属结核为例，简要介绍海洋矿产资源勘探的一般方法。

1) 概查阶段

概查的主要目的是证实多金属结核富集有利地段，作为勘查工作的依据，最后筛选矿区，并估算出多金属结核概查资源量。

本阶段概查研究程度为：

(1)概略了解多金属结核的类型、产状、丰度、品位、覆盖率与分布特征；

(2)详细研究矿石物质组分，概略了解其选冶性能；

(3)概略了解影响开采的海底地形、水文与气象条件；

(4)进行矿床概略技术经济评价；

(5)测网距：测线和测站距均为28 km×28 km(或15′×15′)。

2)勘查Ⅰ阶段

本阶段勘查的目的是在已证实具潜在商业价值的矿区中，圈出富矿区作为勘查Ⅰ阶段工作的依据，并估算出多金属结核勘查Ⅰ阶段的资源量。

本阶段勘查研究程度为：

(1)大致查明多金属结核矿床的边界；

(2)大致查清多金属结核类型、产状、丰度、品位、覆盖率与分布特征；

(3)对矿石进行初步加工性能的试验；

(4)大致查明影响矿床开采的海底地形、水文、气象条件；

(5)大致查明多金属结核成矿地质条件及其在区域上的宏观分布规律；

(6)进行矿床初步经济评价；

(7)测网距为：测站 14 km×14 km(或 7.5′×7.5′)；地球物理测线 7 km×7 km(或 3.75′×3.75′)。

3)勘查Ⅱ阶段

本阶段的勘查对象是上述阶段已圈出的矿区，筛选出富矿块，为矿区设计提供科学依据，并估算出多金属结核相应阶段的资源量。

本阶段勘查研究程度为：

(1)初步查明多金属结核矿床边界；

(2)初步查明多金属结核类型、产状、丰度、品位、覆盖率与分布特征；

(3)对矿石进行详细的冶炼性能试验；

(4)初步查明开采的海底地形、障碍物、水文气象特征；

(5)初步查明结核的生长阶段、形成环境及其成矿规律；

(6)对矿床进行详细技术经济评价；

(7)以点、线、面结合投入现场工作量：所谓“点”是指在矿区内选择若干个具代表性的小区(7.5′×7.5′)，将其测站加密到 1.875′×1.875′，进行解剖，探讨多金属结核各种变化趋势；“线”是指在 SeaBeam 测量基础上，在矿区内布置若干条声(旁侧声呐)、像(摄像)断面调查；“面”是指全区测站的布置用 7.5′×3.75′间距作扫面勘查；

(8)开展环境调查，进行生态地质剖面测量和海底搅动试验；

(9)用深海声呐测量研究结核丰度与地形之间的关系，剔除障碍物，并在声呐剖面上研究 30~150 m 厚度沉积物上部透声层的内部构造和矿块地质条件；

(10)通过摄像剖面调查，区分和圈定矿块，并研究其内部结构、结核埋藏条件、地质采样条件，确定含矿系数等；

(11)SeaBeam 系统测量，绘制详细地形地貌图。

4)勘查Ⅲ阶段

本阶段勘查的对象是经Ⅱ阶段已圈出的富矿块。本阶段勘查的目的是圈定矿址。部分矿址达到开采的目的。

本阶段勘查研究程度为：

(1)基本查清多金属结核富矿块或矿址的边界；

(2)基本查明富矿块或矿址中多金属结核类型、产状、丰度、品位、覆盖率与分布特征；

(3)圈出富矿块或矿址中不同类型结核，并分别对其进行详细的冶炼性能和可行性的加工试验；

(4)基本查明矿块或矿址局部地形地貌、障碍物、水文气象特征；

(5)基本研究结核的质量、各种类型结核中物质成分及矿物组成；

(6)基本查明结核成矿地质环境条件、矿床特征、分类及其局部分布规律；

(7)论证结核冶炼加工的流程，扩大生产规模进行工艺试验；

(8)完善采矿技术，并进行对试验开采时大洋环境污染的研究。论证开采时环境的保护措施；

(9)对矿床进行详细的可行性技术经济评价；

(10)以线、面结合投入现场勘查工作：在上阶段工作基础上，视具体情况将测站网度局部加密到3.75′×3.75′；不可平均使用声、像剖面调查工作量，即在矿块或矿址内，布置一定量的声、像断面调查，查明结核分布规律；多频探测和SeaBeam测量视具体情况布设工作量，以控制矿块或矿址变化为原则。

多金属结核调查方法包括地质取样和综合地球物理调查。地质取样是以自返式抓斗为主，结合有缆抓斗、箱式采样和拖网直接获取多金属结核样品；地球物理调查是以多频探测为主，结合海底照相、海底电视获取多金属结核分布数据资料和照相资料。

对于大洋多金属结核调查的更多要求参见1998年发布的国家标准《大洋多金属结核矿产勘查规程》。

多金属结核调查的基本要求包括：

① 走航测量主测线要尽量横穿构造走向；

② 不同调查船调查区的接边要有超边重叠测量，以便于资料的验证和解释；测网间距和测线、测站的布设，按不同勘查阶段的要求进行各种样品的采集，其测站布置、数量和采样技术以及样品的处理均尽量照顾到各专业要求；

③ 在多金属结核调查中，表层采样(抓斗或箱式)的站数不应少于总站数的10%；而柱状采样(重力、重力活塞或无缆自返式)站数不应少于总采样站数的5%；

④ 采样站的分布力求均匀合理，各种取样方法的布设应通盘考虑；

⑤ 调查船到采样站时，必须先进行水深测量，了解地形特征，然后进行抓斗或箱式采样，最后才能进行柱状采样；

⑥ 在进行有缆采样时，每项必须单独进行，但两个或多个无缆采样可同步进行；

⑦ 在采样过程中，采样器下放到水面之前，开始回收仪器离开海底之前，以及采样器出水后提放到甲板时，绞车速度必须放到最低挡进行操作，在采样器施放与回收过程中，切忌绞车突然刹车或超挡变速；

⑧ 有缆取样作业必须配有声脉冲发生器(pinger)或其他测深装置，以便随时掌握采样器的深度；

⑨ 采集的多金属结核样品要及时加海水浸泡保存。

3. 深海矿产资源主要勘探装备

深海矿产资源勘探过程中发展了一些现代化的勘探设备和方法，例如深海照相设备、高速拖曳深海电视系统、各种海底取样工具、物探系统、船用卫星导航系统以及深海声学定位系统等(图10-11)。近年来，旁侧声呐系统的研究与应用为锰结核资源的勘探增添了新的手段；船用计算机系统的采用使调查信息的处理实现了自动化，从而大大提高了效率。

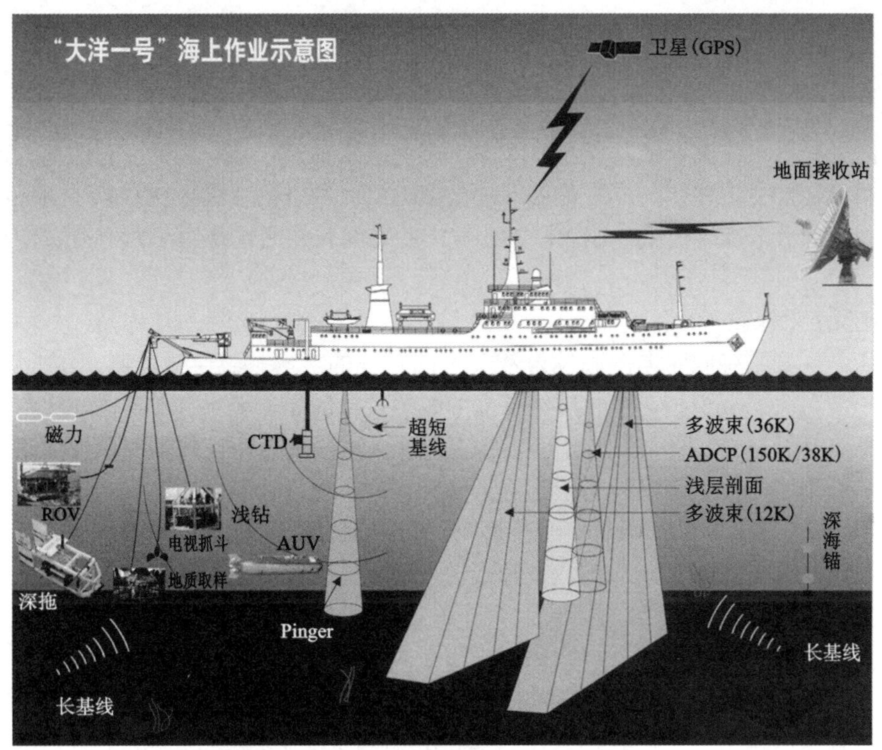

图 10-11　海底矿产资源勘探常用的部分设备

1)多波束测深系统

多波束测深系统，又称为多波束测深仪、条带测深仪或多波束测深声呐等，最初的设计构想就是为了提高海底地形测量效率。与传统的单波束测深系统每次测量只能获得测量船垂直下方一个海底测量深度值相比，多波束探测能获得一个条带覆盖区域内多个测量点的海底深度值，实现了从"点—线"测量到"线—面"测量的跨越，其技术进步的意义十分突出。多波束测深技术可满足海洋经济发展和海洋管理对海底地形测量的新需求。

同时，多波束测深系统除了能高精度测量海底地形特征、自动进行海底拼图、分辨矿区中障碍物以外，通过对其接收海底反射率的分析，还能获取海底结核富集程度方面的信息，对矿区资源评价、成矿环境研究、开采方法合理性分析都具有重要的意义。

2)声学探测系统

(1)侧扫声呐

侧扫声呐通过反向散射回声成像来探测海底表面特征及多金属结核分布特征。根据发射和接收声信号的拖鱼的拖曳深浅不同，深海大洋中的侧扫声呐可大致分成两类。

一类是侧扫声呐的声换能器安装在水面船体的两侧，其工作频率较低，一般在 10 kHz 以下。这类在大洋水面附近拖曳，用中、大型侧扫声呐能较快地、大范围地进行海底拼图，并能定性地提供一些有关结核区域性分布方面的信息，但分辨率不高。

另一类是离海底数十米高度的深拖侧扫声呐。深拖侧扫声呐工作频率高，分辨率也高，能用来详细观察矿区海底地形、微地貌和障碍物的分布，并且声呐图像还能直观地反映两侧作用距离内的海底结核覆盖率与分布状况，尤其对于埋藏型结核矿区，声波能透过几厘米的沉积物到达结核形成散射图像。有些系统已考虑同时在拖体中融进水下照相或电视设备，成为观测海底结核分布细致变化的最直接、有效的手段。从应用效果方面来看，声学深拖系统采用近海底探测的方式进行测量，不仅缩减了声波在水中的传播时间、提高了脉冲跟踪频率，而且也可避免水体温跃层的折射和反射，避免了水面声干扰，因此，有效地提高了探测精度和对目标体的分辨率。与同样能够开展类似近海底调查的 AUV、ROV 等技术相比，深拖侧扫声呐操作方便、安全性高、能源限制小、作业时间长，更适合用于对海底资源进行面积调查。

(2)多频声学探测

多频声学探测系统同时向海底发射数个不同频率的声脉冲，通过检测、分析回声信号，主要根据声波对海底沉积物与多金属结核上的散射特征的显著差异，来定性和定量地确定海底结核丰度、覆盖率、粒径大小等分布信息。多频探测系统按声换能器安装位置也有水面和深拖之分。装于水面船上的多频系统能在高达 14 kn 的航速下走航探测，经济、高效，但易受船舶噪声、深水散射层(DSL)等的干扰影响。而深拖系统一般工作频率较宽，特别是高频方向扩展，受干扰小、分辨率高，但效率低、费用高。

3)海洋地震探测系统

地震声学剖面探测通过地震声波在海底地层的反射特征来探测地层结构、沉积物特征及地质构造、火山岩浆活动等，直接和间接地提供大洋多金属结核矿床地质、结核分布特征、开采条件等方面的重要信息。根据工作频段、分辨率高低与穿透地层深浅，大洋多金属结核调查中的地震学剖面探测可分成浅地层剖面探测和反射地震剖面探测两类。

按声换能器所处水深不同，浅地层剖面仪又有水面浅地层剖面仪和深拖浅层剖面仪之分。前者一般安装在水面船壳内，也有一些是拖于船后一定距离，它们工作效率很高，航速可达 8~10 kn，且价格低，但是资料质量要比深拖的差得多，深拖浅层剖面仪装在高于海底数十米的拖鱼中，且常与高分辨率的侧扫声呐装在一起，其分辨率、穿透地层深度皆佳，但效率低，且仪器贵、操作复杂。浅地层剖面探测提供测区沉积层特征等矿床地质方面的基础宝贵资料，也给海底结核分布、开采条件等直接提供信息，如根据剖面上部“透明层”的厚度来定性分析结核富集程度，结合底质取样来分析沉积物工程力学性质的区域性变化及探测海底障碍物等。总之，浅地层剖面探测是大洋多金属结核调查的重要手段，各国调查中都将它列为不可缺少的项目。

反射地震剖面探测穿透深度大，提供整个沉积层乃至上部基岩的地质信息，是绝大多数国家在调查中都会进行的项目。反射地震剖面探测有单道剖面探测与多道数字地震探测两种，由于成本较低，使用较方便，多金属结核富集区沉积层厚度仅数百米等，使用单道反射地震剖面探测的较多。

4)光学图像系统

海底摄像作为可视化直观观测调查手段，在大洋科考调查中发挥着极其重要的作用。该系统由甲板控制单元、甲板供电单元、通信单元，以及水下电子舱、摄像头、高度计、深水灯等组成。海底摄像系统自 20 世纪 90 年代末一直应用至今，已成为大洋海底常规的作业手段。由于海底摄像使调查人员可以对海底直接目视观测，故可选用适当的采样手段(抓斗、浅钻等)，选择合适的采样点，采集泥样、水样、气样，并可将声学、热学、力学、电化学等多种传感器搭载到摄像拖曳体上进行多参数综合探测。通过高分辨率水下电视与录像对海底进行直接、连续的地质观察，可获得宝贵的图像信息，有经验的地质专家可从中识别出各种地形、地貌、地质和构造现象。摄像拖体上搭载的各种原位探测传感器的数据信息，可用于分析近海底海水中与矿产有关的异常信息，对海底矿产成因的研究和确定新的找矿靶区有指示作用。

深海底视像探测包括海底照相及海底电视，前者以照片的方式反映小范围(测线或短测线)的海底状态，后者以录像带的方式反映测线内的海底状态。海底照相有两种工作方式，一种是单次照相，即在无缆取样器或有缆取样器上安装一个深海照相机，在取样器着底获取样品(多金属结核、沉积泥样等)的同时，拍摄一张海底照片。另一种是连续照相，这种连续照相既可以自成体系用万米深海钢缆绞车作业，也可以将照相机安装在深拖载体上或深潜器(水下机器人)上，沿设计的测线连续拍照。

在大洋多金属结核调查中，海底摄像探测是重要的调查手段。通过深海底的拍照和录像，可直观、形象地观察结核及沉积物的分布状态，用于锰结核产状和覆盖率的计算。

5)(电视)抓斗

抓斗取样器是最早发明的取样设备之一，由斗体与释放板两部分组成，操作方法简单。主要用于采取海底 0.3～0.4 m 深的浅表层土砂样，按其张口面积的大小可分 0.025 m^2、0.1 m^2 和 0.25 m^2 等不同规格，取样器质量为 20～300 kg。

电视抓斗是一套海底摄像连续观察与抓斗取样器相结合的可视地质取样器(图 10-12)，系统由机架、斗体、电池供电单元、液压动力装置和甲板监控单元等组成。电视抓斗通过铠装电缆把抓斗下放至海底，在甲板上可视的情况下，通过指令控制抓斗的开合。它是集多种设备于一体的深海底采样设备。主要由抓斗、铠装电缆和船上操控系统组成。抓斗上装有海底电视摄像头、光源及电源装置，通过铠装电缆将抓斗与船上操控板及显示器相连接。电视抓斗主要用于海底块状硫化物、多金属结核、结壳及其他沉积物的采样。由于可以在甲板直接进行海底观察的同时进行遥控定点采样，故而很大程度上提高了采样的有效率和成功率。此套设备在大洋中应用广泛，是先进的采样取样器。

6)无缆自返式抓斗

无缆自返式抓斗是用于自动获得结核的采样装置。自返抓斗主要由浮球、压载筒及卸载装置组成。取样器触底后，会自动卸去压载物，抓斗合拢捕获结核上浮，主要用于大洋结核调查。无缆电视抓斗是可潜入海底的无缆设备，离海底一定高度时通过浮重变化，触发摄像头，紧接着抓斗收集材料样品，抓斗合上后，负重释放，设备自浮至水面进行回收。

图 10-12　深海电视抓斗

7)箱式取样器

箱式取样器是获取海底无扰动的沉积物和多金属结核样品的设备。国内常用的 QNC-2-35 型系列不锈钢箱式取样器由箱体、铲刀和释放板组成，重物可拆卸。具有体积小、易搬运、易装卸、易操作和取样效率高的特点。由于所获取的样品易进行分层和插管取样，适用于各种底质类型及地形的海区作业。

箱式取样器能较好地保留海底沉积物的原型。取样过程如下：取样器着底时释放装置脱离卡槽，箱式取样器大部分插入海底沉积物中，主钢缆回收时，闭合装置起作用，由两边往中间闭合，关闭箱式取样器下方样品进口，样品便保留在箱式取样器中。

8）沉积物柱状取样设备

柱状取样器是获取海底柱状沉积物样品的设备。最简单的柱状取样器是重力取样器，由重锤、取样管组成，通过自身的重量将取样管插入沉积物中，一般只能取到 1~3 m 的柱状样品。重力活塞取样器由重锤、取样管、释放器系统、活塞系统等组成，除了自身重量以外，主要是利用静水压力和取样管内的活塞装置取样。取样器以自由落体的方式冲入沉积物中，连接钢缆的活塞被拉起，同时海底沉积物也跟随活塞在衬管内往上运行，在衬管内形成负压环境，减少了样品与样管的摩擦力，当活塞到达样管顶端时闭合密封，采样器完成取样过程。重力活塞取样器可以取到长的柱状样，“海洋 4 号”船在太平洋利用这套设备取到 10 m 以上的柱状样。多管取样器可以同时取到 3~8 管的表层柱状样，柱状样长度一般为 30~80 cm。

多管取样器用于海底的沉积物和上覆水取样，主要由支架、加重铅块、样管等组成。具有采集样品量大、原始性保持好、质量高、采样稳定性强和同时获取沉积物上覆水等优点，是目前世界上获取表层沉积样品和短柱样品最好的设备。其采用了缓冲静压原理的活塞，使得采样管取样时较缓慢匀速插入沉积物，保证了原状样品的真实状态而不被扰动。采样管封盖采用先封上盖技术，由于真空吸附原理，在提升过程中以尽可能小的行程封住下盖，保证沉积物样品不被破坏。

9）深海潜水器

深海潜水器是进入深海的不可或缺的重要运载作业装备。目前，深海潜水器主要分为载人潜水器（HOV）和无人潜水器（UUV）。其中，无人潜水器（UUV）又分为缆控无人深潜器（ROV）和无缆自治深潜器（AUV）。

载人潜水器（简称 HOV）可以携带海洋科学家进入海洋深处，在海底现场直接观察、分析和评估，还可操作机械手实现高效作业。我国自主研发了“蛟龙号”载人潜水器（图 10-13），并成功进行了 7000 m 级海试任务。缆控无人深潜器（简称 ROV），可以由甲板控制人员通过遥控机械手和电视，进行长时间、大功率的水下作业。无缆自治深潜器，又称自治水下机器人，可以水下预编程航行，特别适用于区域性详细勘查。根据目前的技术水平，三种不同的潜水器各有使命，互为补充。AUV 可实施长距离、大范围的搜索和探测，不受海面风浪的影响；ROV 可将人的眼睛和手“延伸”到 ROV 所到之处，信息传输实时、可以长时间在水下定点作业；HOV 可以使人亲临现场进行观察和作业。

深海潜水器被广泛应用于大洋海底调查活动，特别是锰结核、富钴结壳、热液硫化物和深海生物等资源的勘查取样。

10）深海岩芯取样钻机

深海岩芯取样钻机是进行深海海底矿产资源勘探、深海海底地质调查等不可缺少的重大技术装备。它通过万米脐带电缆或光纤电缆可视遥控操作，从几千米深的海底定点钻取表层岩芯。在中国大洋协会和科技部“863”计划的支持下，长沙矿山研究院有限责任公司研制了 1 m、1.5 m、3 m 和 20 m 等系列的深海岩芯取样钻机（图 10-14），在我国“大洋一号”科考船的深海资源调查航行中大显神威，完成了多座海底矿山的普查勘探任务。

其中，深海 20 m 中深孔岩芯取样钻机工程样机，解决了深海钻进钻杆接卸、分段取芯、万米通信动力复合缆船上高压供电和遥控测控、大型装备的回收等关键技术。深海中深孔岩芯取样钻机工程样机，由机架、支腿系统、钻进动力头、钻杆抛弃机构、钻孔冲洗机构和换管系统组成的水下钻机本体、甲板供电与通信控制子系统、通信动力复合缆及水下高压变电电源系统、水下控制计算机及通信系统、传感器及彩色视频监控系统、甲板操作控制子系统、船上高压供变电和水上水下通信子系统及钻杆钻具等组成，其最大作业水深为 4000 m，钻进岩石为硬岩，最大钻孔深度为 20 m。

图 10-13　“蛟龙”号载人潜水器

图 10-14　中深孔岩芯取样钻机在“大洋一号”作业现场

10.3　深海底多金属结核开采

10.3.1　开采工艺方法和系统

鉴于目前多金属结核采矿系统仅经过海上中试规模的试验，尚未进入实际生产阶段，这里主要介绍最有发展前景的第一代多金属结核商业开采工艺方法和系统，即自行式集矿机-水力提升开采工艺方法和基本设备，并给出一些公认的基本参数值和经过实验验证的参考数据。

1. 矿床开采条件

中国大洋多金属结核矿区开采条件和作业环境参考数据见表 10-11。

表 10-11　中国大洋多金属结核矿区开采条件和作业环境参考数据

开采条件		技术指标
作业水深		6000 m
作业海况	商业系统 6 级海况	1. 平均风速为 16 m/s。 2. 海浪：浪高 4 m，浪涌周期为 10 s。 3. 海流：海面洋流速度为 1.7 m/s；海底流速度为 0.15 m/s
	中试系统 4 级海况	1. 平均风速为 8 m/s（国外为 10 m/s）。 2. 海浪：浪高 2.5 m；浪涌周期为 10 s。 3. 海流：海面洋流速度为 1.7 m/s；海底流速度为 0.15 m/s
	起伏补偿	高度为±2.5 m（国外最高为±4 m）；补偿周期为 10 s（国外为 8～12 s）

续表 10-11

开采条件	技术指标
海水	1. 海面水温为 22~30.2℃，平均为 28.2℃。 2. 海底水温为 1~2℃。 3. 海水密度：表层为 1.022 g/cm^2；5000 m 深处为 1.052 g/cm^2
海底地形	1. 总体坡度≤5°，局部坡度≤15°，>10°的只占 10%。 2. 相对高差为 100~300 m。 3. 绕行障碍：露头或礁石高度>0.5 m；堑沟宽度>1 m
海底沉积物	最小剪切强度≥3 kPa；摩擦角为 4.5°~5.6°；湿密度为 1.2~1.5 kg/m^2
结核矿	1. 采集深度为 10 cm。 2. 采集结核粒径为 2~10 cm。 3. 采集结核平均丰度为 6 kg/m^2(国外为 10~15 kg/m)，干重最高达 20 kg/m^2。 4. 湿密度为 1.7~2.16 g/cm^3，平均湿密度为 2 g/cm^3。 5. 含水率为 30%。 6. 抗压强度为 5 MPa
矿区尺寸	1. 单个可采矿体宽度为 3~8 km，长度为 100~200 km。 2. 最小可采矿块为 10 m×1 km

2. 开采工艺方法

深海多金属结核开采工艺过程是：由水力集矿头贴近海底的两排喷嘴低压射流，将赋存在沉积物 10 cm 以浅的结核吹起、经附壁喷嘴参数的负压输送到集矿机上的破碎机内，然后由设置在离海底约 100 m 高度的中间仓内的矿浆泵经软管抽吸到矿仓内，再由设在垂直钢管中间离海面一定深度的管道泵，把矿浆经垂直提升管输送至船上，再经脱水存入矿仓。

3. 开采工艺系统

1)采矿系统的选定

目前，从实现规模开采的技术实际可行性、经济性、资源回收率、环境保护要求等方面考虑，国际上公认的第一代采矿系统，首选自行式集矿机-矿浆泵水力(或气力)提升采矿系统。随着技术进步，未来有可能出现新的实际可行开采系统。

确定开采工艺系统的准则：

(1)适应矿区开采条件。

(2)为使深海采矿在经济上合理，必须有与陆地采矿的竞争力，因此系统必须简单。

(3)系统必须具有高度的可靠性，无故障连续作业时间≥1000 h。

(4)系统可在矿区任何气候条件下作业并保持完好(而中试系统则按无飓风条件设计)。

(5)应保证采矿系统净采矿率，不得无规则开采或破坏未采区，造成资源浪费。

(6)尽量减少风险投资，尽可能利用标准型船体，如有可能可以租赁。

(7)自动化程度要高，以尽可能减少海上恶劣环境下的操作人员数量。

(8)对海洋自然生态平衡破坏降到可接受程度，满足海洋环境保护法规要求。

(9)以国内外已有成熟高新技术和产品为基础进行技术集成。

2)系统功能和组成

采矿系统的基本功能是在海上将海底结核采集起来，提升到海面，并运输到港口。为此，采矿系统由以下4个子系统组成：

(1)海底采集子系统——在海底按规定路线最大限度地采集结核，去除沉积物和破碎，并送往提升系统。

(2)提升子系统——将结核从海底提升到海面。

(3)监控子系统——开采系统的导航定位、作业控制和管理。

(4)水面支持系统——包括采矿作业平台和运输支持系统。采矿作业平台为海下设备提供存放、收放、悬挂、拖曳、动力、维修、存储功能和向矿石船转运矿石，以及支持人员生活；运输支持系统将矿石运输到港口，向采矿作业平台供应补给品及支持人员轮换。

3)开采生产能力

采矿系统生产能力的选定是极为重要的，它不仅取决于矿床开采条件特别是结核的丰度和品位，而且决定着技术设备的规格和采矿经济效益。

采矿系统年生产能力主要基于冶炼厂经济生产最小规模，经济分析趋向以2套150×10^4 t干结核的采矿系统实现年产300×10^4 t矿山生产规模。

考虑到采矿船进入船坞、驶往采区、向运矿船转运矿石、计划维修、气候条件及不可预见的停工时间，采矿系统年有效工作日约为250天。每天实际有效作业时间约为20 h。

4)开采规划

(1)规划原则

大洋多金属结核赋存于水深达4000~6000 m的海底沉积物表层，尽管总体是比较平坦的，但局部有海山、沟壑等障碍，针对所确定的采矿系统，必须根据结核的分布情况、地形地貌、采矿系统的适应能力等多个因素来进行开采规划。

确定开采规划的基本原则是：轨迹平行分布好、重叠少，集矿机和船转向少，提升管线没有或只有少许扭曲，辅助作业时间短，剔除不利地形如沟壑、台阶、坡度大于5°等的地段，以及结核丰度低和无矿地段。依据是由200×200幅(每幅图50 m×100 m)组成的10 km×20 km面积的地形图和丰度图。

(2)可采单元划分、采集路径的规划方法

首先，根据地形图，排除坡度大于5°的不可采地段，对于宽度小于等于100 m的小障碍可不予考虑，由集矿机绕过，而整个采矿系统航线不变。再剔除低于边界丰度和无矿区而得到可采区。

然后，利用中间线曲线图法反映可采区(中间线每一点表示与基底的距离)，从而得到包括圆弧和曲线的水平影像。根据此曲线图给出可采单元，这些可采单元是由中间线相连形成的，并按结核丰度、可采矿量、表面积等加以分类，确定开采顺序。在图像分析中，亦可采用数学形态学、离散几何图形学等方法。

最后确定每个可采单元回采方式。中间线给出系统轨迹的大方向，得到连续的平行轨迹。这些直线单元，采用U形调头，调头过程仍可采集结核。把轨迹太短、采矿系统来回调头耗时太多的单元去掉，最后得到实际采区采矿系统的采集路径。

5)回采方式

回采方式有阿基米德螺线、扇形折返、直线折返等。目前，普遍提出的集矿机作业采集路径为直线折返路径。

根据采集过程中集矿机和采矿母船的协作运动模式，又可分为集矿机相对于母船纵向或横向折返式回采方式。纵向折返式回采，集矿机与船同向、同速行驶，可长距离采集。遇到障碍时，由于集矿机与中间舱用软管连接，允许集矿机左右偏离航向绕过，如图 10-15 所示，同时可以保证海底高度在一定范围内变化而无须通过加长或缩短扬矿硬管长度来改变中间舱离海底的高度；横向折返式回采，集矿机相对船横向左右行驶一定距离后折返，船行驶速度很慢。

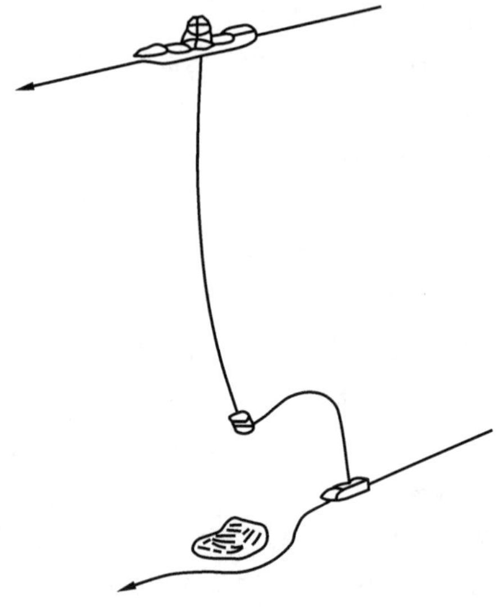

图 10-15 纵向折返式回采过程中绕障

横向折返式回采过程中，根据集矿机的转弯模式，又可分为“S”形采集路径和大转弯半径采集路径，如图 10-16 所示。

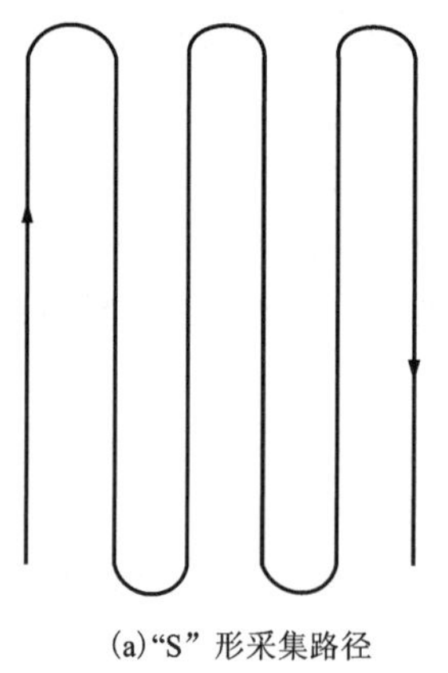

(a)“S” 形采集路径

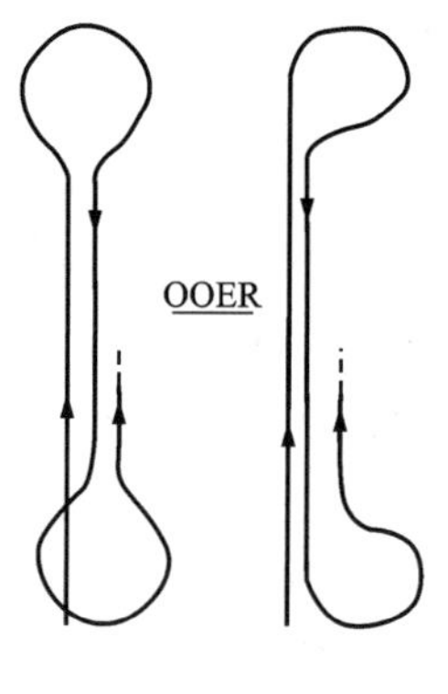

(b)大转弯半径采集路径

图 10-16 集矿机的转弯模式

6)总回采率估算

估算总回采率时要考虑的主要因素有：

(1)矿区内某些地段由于存在断层、悬崖、露头、过大坡度、凹陷，以及沉积物过于软弱等采矿机难以进入的地质因素。目前划定矿区的勘探程度，不足以对所述因素进行精确估计。一般认为，在实际矿区内，不能进行开采的地段将占 20%~25%。

(2)低于开采边界品位和丰度的分布因素。目前勘探程度难以精确有效地发现这些无矿点和低丰度区，集矿机无法回避的这类地段至少占整个矿区的 35%。

(3)采集机构原理决定的采集率因素。目前技术水平达到的采集率在 0.4~0.7，很难超过 0.85。

(4)受行走机构机动性和控制技术方面限制的采集覆盖率因素。采用拖曳式集矿机时，采集率一般只能达到 0.4~0.5，采用自行式集矿机和提高定位技术，有可能达到 0.7~0.75。

因此，采矿系统的总回采率可按下式估算：

$$\eta = \eta_s \times \eta_g \times \eta_p \times \eta_f \tag{10-1}$$

式中：η_s 为不可采地段影响系数；η_g 为无结核区或低丰度区影响系数；η_p 为集矿机采集率；η_f 为集矿机采集面积率。

4. 中国矿区可采储量估计

中国结核矿保留区面积共 7.5×10^4 km²，总体坡度≤5°，当量边界品位≥1.8%，东区以平均丰度≥5.5 kg/m² 圈定的矿区面积为 2.2×10^4 km²，西区以平均丰度≥8.4 kg/m² 圈定的矿区面积为 3.8×10^4 km²，干结核量分别为 1.37×10^8 t 和 2.73×10^8 t，整个矿区干结核总量为 4.1×10^8 t。

采矿系统年生产能力主要基于冶炼厂经济生产最小规模，经济分析趋向于年生产能力为 300×10^4 t，考虑到净采矿率为 0.24，则矿区储量足够开采 32 年。即使净采矿率为 20%，也能开采 27 年，或者矿区结核丰度降到 5 kg/m² 也可开采 21 年。

10.3.2　集矿子系统

1. 基本功能和技术要求

集矿的主要任务是将结核从海底采集上来，送至提升系统。为完成该任务，集矿子系统应具有的功能：从海底松动结核，拾取并集中；输送到破碎机，输送过程中冲洗掉大部分沉积物；将结核破碎到提升系统要求的粒径，并排除不能破碎的大块；将结核送至提升系统；支撑机体在海底可控制行驶，并确定和避开行驶路径上的障碍；监测系统本身的位置和作业状态，并向海面船发送信息和接受控制。

集矿子系统的基本技术要求：适应矿区开采条件，满足采矿系统总体要求（包括生产能力、与提升系统的匹配等）；采集结核粒径涵盖粒径分布的95%以上。根据统计结果，一般为 2~12 mm；采集率高，一般≥85%；采集结核时携带的沉积物最少，冲洗后含泥率一般≤15%；具有良好的稀软海底可行驶性，以及按预定开采路线行驶的操纵性。一般两平行轨迹间距偏差应≤1 m；具有避开障碍物的机动性。一般要能越过 0.5 m 高的巨砾和 1 m 宽的堑沟；具有流体动力稳定性，能正确布放、回收；工作机构对海底扰动和破坏最轻，对水体污染最小；在海底连续作业 1200 h 不减产，平均无故障连续作业时间≥2000 h；结构简单、坚固耐用、耐海水腐蚀、重量轻、维修容易、能耗低、可拆卸搬运。

2. 集矿原理和集矿机组成

1）集矿原理

集矿是采矿系统中技术最复杂、最关键的部分。尽管 1978 年的海上试验验证了采矿技术原则上是可行的，但要获得商业实用的最有效方案的道路仍然相当漫长。原因之一是还没有一种集矿机能无故障地连续工作几十小时，另一个原因是集矿机的结构原理造成从海底携带大量沉积物，要满足《联合国海洋法公约》关于海洋环境保护的要求仍有一定困难。

迄今为止，尽管出现上百种采集原理和机构专利，在技术和经济上有价值的采集原理主要有三类，即机械式、水力式和复合式，见表 10-12。

表 10-12 集矿原理主要类型

类型		原理图	类型		原理图
机械式	链带耙齿式	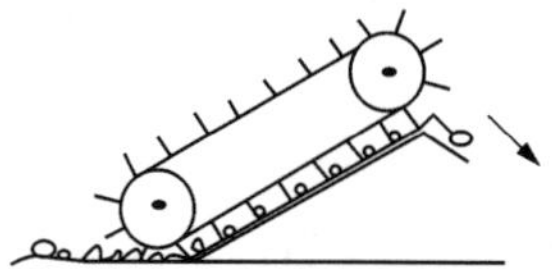	水力式	轴流泵吸扬式	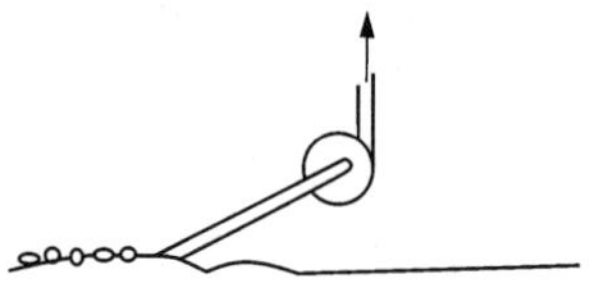
	滚筒耙齿式	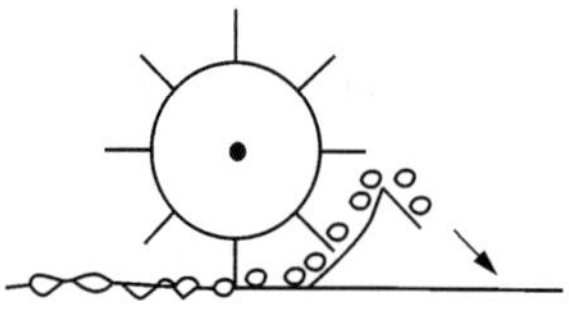		附壁喷嘴吸入式	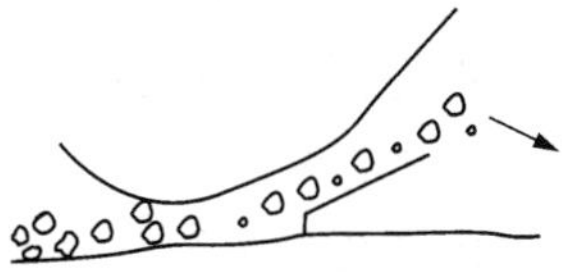
	链斗式	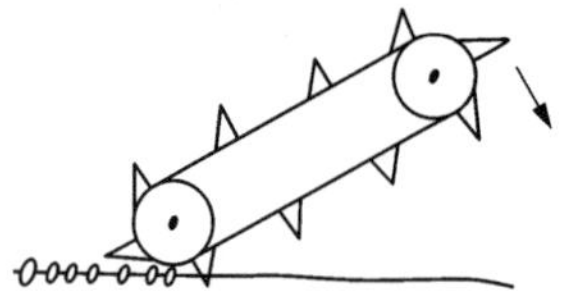		射流冲采-附壁喷嘴吸入式	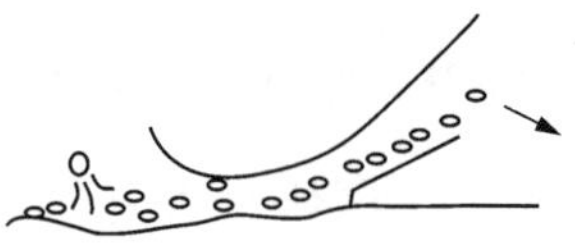
	轮斗式		复合式	单排喷嘴射流冲采-齿链输送式	
	滚筒耙齿-齿链输送式	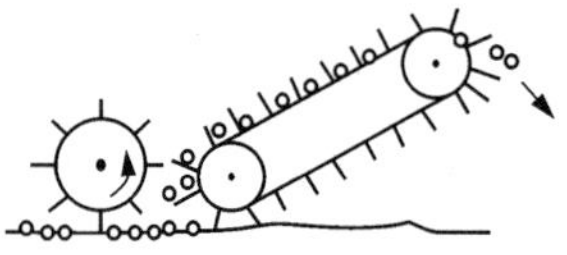		双排喷嘴射流冲采-齿链输送式	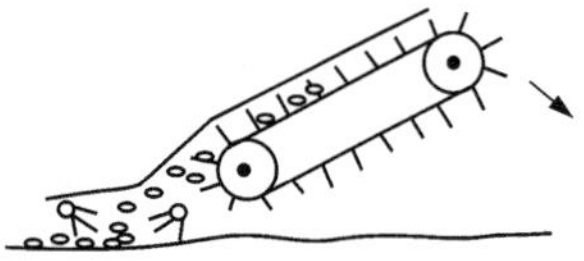

1978 年在太平洋验证了水力式集矿原理的可行性，水力式被认为是第一代商业集矿机最主要的结构形式之一。由于《联合国海洋法公约》生效，对海洋环境保护要求更加严格，极大地影响了集矿原理的选择。通过比较评价表明，水力式利用水射流冲采或产生负压抽吸结核，结构简单。其缺点是采集大量沉积物和有机物，对海底和水体产生的环境影响大；集矿口离底高度变化对采集效率影响极大，需采用定高随动措施减少这种敏感性；吸扬式水力效率很低。

机械式的采集效率较水力式的高，对环境的影响是可以接受的。其缺点是运动件较多、挖齿容易损坏；集矿口容易被大块堵塞；挖斗式卸载困难，结核易黏在斗内；滚筒耙齿-齿链输送式由于障碍物和置换流作用，结核多半被推入沉积层内。

复合式具有的优点是采集阻力小，通过障碍时采集机构不易损坏；喷嘴冲采过程中使结核上黏附的沉积物大部分被洗掉，齿链输送功率比负压输送小得多。其缺点是集矿口离底高度变化不能太大，否则影响采集率；水力系统参数和流道形状确定困难，需通过反复试验加以修正。

2）承载行驶原理

多金属结核赋存在稀软的沉积物表层，其承载力极低，摩擦系数接近于零，只能靠剪切力产生推进力，能适应这种底质条件的承载行驶车主要分为拖曳式和自行式两大类。见表 10-13。

表 10-13　承载行驶原理主要类型

拖曳式	自行式		
	螺旋桨推进式	阿基米德螺旋推进式	履带行走式
	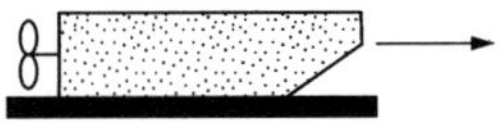		

拖曳式行驶机构是由海面采矿船通过提升管牵引雪橇式承载底盘行驶。优点是结构简单，对海底扰动和破坏小。缺点是不能精确定位，无法控制方向和按预定轨迹行驶，避开障碍困难，难以实现固定速度前进，采集速率变化，海底资源损失大。因此，这种承载行驶方式只适于首次在海上做采集原理试验用，不适用于商业性系统。

自行式机构是由采矿船通过电缆供电，操作者按自动、半自动和手动模式遥控行驶。这种机构可控制开采路线，越障或绕行，机动性好，采集覆盖面积大，资源回收率高，能根据结核丰度变化改变行驶速度，保持生产能力恒定。因此，自行式机构成为目前公认的集矿机承载行驶方式。

可行的自行方式主要有以下几种：

(1)螺旋桨推进式

这种机构的结构简单，但是牵引力小，精确定位、慢速行驶困难，对海底扰动严重，有可能将邻近采集路径内的结核吹走或埋入沉积层内，不能适应商业性深海采矿的需要。

(2)阿基米德螺旋推进式

这种行驶方式最初是美国海军为沼泽地带用车辆而开发的。最早的阿基米德螺旋行走车，为两条中心距为 1.8 m 的螺旋，长度为 5.4 m、外径为 0.98 m、螺旋叶片高 0.24 m，可载 2 人，载重 980 kg。在软泥地、沼泽、雪地上行走性能良好，但在硬岩上几乎不可能行走。美国 OMCO 公司于 1979 年在太平洋海域结核矿区稀软沉积物底质进行了行驶试验。随后，法国、德国、俄罗斯和中国对这种方式进行了广泛的研究。比较试验得到如下结果：

①静态压陷深度远大于履带式，即承载能力低。

②单位车重的牵引力远小于履带式，行走功率远大于履带式。

③越障和转弯困难。

④螺旋凹槽易被沉积物敷住，影响牵引力的产生，造成打滑，行走能力下降。

因此，阿基米德螺旋实际用于稀软海底行驶，尚待进一步研究和改进。

(3)履带行走式

履带车是通用行驶设备，1972 年开始用于海底行驶试验。由于履带接地面积比其他行驶方式的大得多，产生的牵引力也大，底质承载能力越低优越性越明显；履带车的可行驶性(包括越障或绕障)、操纵性、对环境影响程度均能很好地满足稀软海底行驶要求。因此，履带行走式成为首选行驶方式。

3)集矿机组成

根据对集矿功能的要求和工作原理，集矿机主要由以下部分组成：

①集矿机构：包括采集、冲洗、向破碎机输送结核等部件。

②破碎机构：包括受料口、破碎机本体、大块排出装置等部件。

③行走机构：包括牵引、悬挂、转向等部件。

④动力供应：包括电力和液压等部件。

⑤测控系统：包括采集、破碎、行驶控制、导航定位、工况参数检测等部件。

⑥对地比压调节构件：浮力件。

3. 采集机构

采集结核粒径应根据矿区结核粒径分布统计结果确定。若采集95%的结核，采集粒径为2~10 cm；若采集98%的结核，采集粒径应为2~12 cm。

结核黏附在沉积物中，欲将结核从其中剥离出来，需要一定的剥离力，这是设计水力集矿机构的重要基础数据。根据测定，直径为6.4 cm的0.14 kg重结核，从剪切强度3 kPa和6 kPa沉积物中的剥离力分别为25 N和32 N，而全埋加大一倍，单位面积最大剥离压强为0.02 MPa，考虑1.5倍保险系数，则设计时取剥离压强为0.03 MPa。剥离最大的12 cm结核需剥离力达88~110 N。

满足生产能力要求的一次行驶采集宽度按下式计算：

$$b = \frac{A}{aV\eta} \tag{10-2}$$

式中：A为生产能力，kg/s；a为结核平均丰度，kg/m^2；b为集矿宽度，m；V为采集行驶速度，m/s；η为采集率，%。

由上式可以看出，在生产能力和矿区结核丰度已经确定的情况下，集矿宽度取决于采集行驶速度与采集率。而行驶速度又取决于行走机构和海底土质特性。对于稀软沉积物底质，履带车行驶速度一般在0.3~1.0 m/s，根据试验研究，在剪切强度为2 kPa，履带行驶速度超过0.8 m/s时，将出现严重打滑。而阿基米德螺旋行走车行驶速度可达到1.5 m/s，甚至更高。

1）水力集矿机构

这里简介最有应用前景的双排喷嘴冲采-附壁喷嘴负压输送水力采集机构的技术要点。双排喷嘴冲采-附壁喷嘴负压输送水力采集机构原理见图10-17。其工作原理是：利用离海底一定高度的前后两排斜向海底的喷嘴产生水射流，将结核冲离沉积层，洗掉一部分沉积物，在形成的上升水流作用下将结核举起，在集矿装置向前移动和附壁喷嘴产生负压的作用下送入破碎机料口。

冲采喷嘴水力参数主要有喷嘴直径、排距、间距、方向角、距底高度（射距），以及射流压力和流量。由于流场空间形态复杂，实际设计中这些参数之间的关系都是用半经验公式进行估算。往往需要通过计算程序进行多方案比较，才能得到最佳匹配范围，然后通过模型试验进行修正。下面列出一些基本参数的估算式。

（1）喷嘴射距

喷嘴冲采起始段冲击力最大。对于喷嘴直径在2 cm以下、出口压力≤0.1 MPa的射流系统，保持射流冲击力最大的射距与喷嘴直径的关系如下：

$$L_s = (6.2 \sim 8) d_0 \tag{10-3}$$

式中：L_s为保持射流冲击力最大的射距，m；d_0为喷嘴直径，m。

（2）喷嘴出口射流速度

$$V_0 = C_d \sqrt{0.002P_0} \tag{10-4}$$

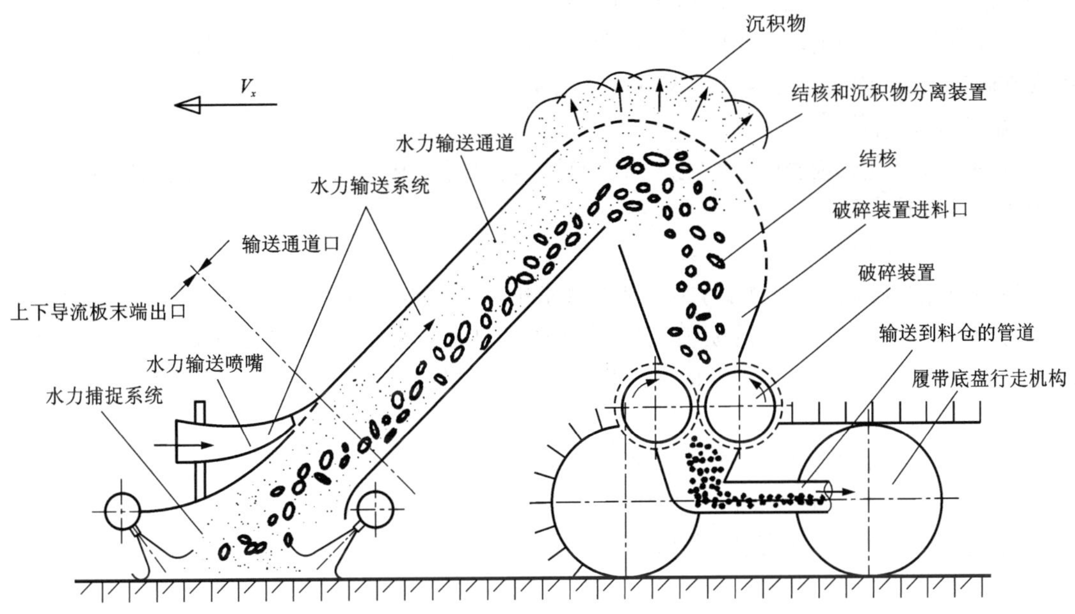

图 10-17　双排喷嘴冲采-附壁喷嘴负压输送水力采集机构原理图

式中：V_0 为喷嘴出口射流速度，m/s；P_0 为喷嘴出口处(工作)压强，Pa；C_d 为流速系数，试验测得 $C_d=0.918$。

实际设计时，射流速度取 10 m/s 左右(8~14 m/s)。

(3)喷嘴流量

单喷嘴流量可按下式计算：

$$Q_0=\mu S_0\sqrt{0.002P_0} \tag{10-5}$$

式中：Q_0 为单喷嘴流量，m^3/s；S_0 为喷嘴出口面积，m^2；μ 为流量系数，试验确定为 0.918。

$$S_0=\frac{\pi d_0}{4} \tag{10-6}$$

式中：d_0 为喷嘴直径，m。

确定流量时，还必须考虑到保证流道中流速大于结核临界沉降速度，并考虑泄漏量，一般流量≥5 m^3/s，以便将结核举起一定高度送入负压输送管道中或齿链输送带上。

(4)射流压强

射流最小工作压强可按下式计算：

$$P_0=\frac{P_y}{2\varphi} \tag{10-7}$$

式中：P_0 为射流最小工作压强，MPa；P_y 为射流冲动结核的最优冲击压强，MPa；根据试验一般 $P_y\geqslant 0.03$ MPa；φ 为冲击压强降低系数，对于小直径喷嘴、低压强射流可以近似取为 0.3。

(5)喷嘴直径

$$d_0=0.55\sqrt{\frac{Q/3600}{H_0^{1/2}}} \tag{10-8}$$

式中：d_0 为喷嘴直径，m；Q 为射流流量，m^3/h；H_0 为射流压头，m。

喷嘴直径大小的确定，要根据其离底高度的变动范围，保证合理的射距。当喷嘴离底高度在 60~200 mm 内时，喷嘴直径为 10~15 mm。

(6)射流方向角

各种参数组合试验表明，射流从水平向下倾斜角为 39°~45°，德国倾向于取较小值，而中国倾向于取较大值。

(7)喷嘴离底高度

喷嘴离底高度取决于喷嘴射距、射流对水平向下倾角和两射流交点在沉积物以下的深度。对于直径为 10~15 mm 的喷嘴，离底最佳高度为 60~85 mm。但是，车辆行驶时，离底高度有很大的波动，通过试验可以得到，当离底高度超过 180 mm 时采集效率骤然下降。

(8)喷嘴排距和间距

喷嘴排距由两射流交点到达沉积物表层以下的挖掘深度、最佳射流距离和喷射角决定。按最大离底高度 200 mm、下向倾角 45°计算，应为 200~600 mm。

喷嘴间距应考虑喷嘴直径、射流压力、结核丰度等因素，一般为 30~50 mm。

(9)采集机构结构要点

喷嘴导流罩：为了保证结核顺利进入输送管道，喷嘴两侧和后面均应设置弹性密封挡板，上部导流板形状需通过试验确定，高度尽量低，以保持上升流速达到 2 倍临界沉降速度。喷嘴离底高度对集矿效率影响极大，必须有高度保持机构。最好的是雪橇板式浮动机构，利用集矿头自重调节对地比压，随地形变化自动保持喷嘴离底高度。

前后排喷嘴能力分配：前排喷嘴主要起吹动举起作用，后排喷嘴主要起吹动举起和挡板作用。

附壁喷嘴输送系统参数主要有喷嘴位置、喷嘴出口角度和输送通道参数。

①附壁喷嘴位置

附壁喷嘴出口应设在下导流板终点至上导流板的最小距离的上导流板处。

②喷嘴出口角度

喷嘴出口应与上下导流板中心线成 30°~45°角。

③输送通道

输送通道为扁平结构，首先确定输送通道高度，应为输送结核最大粒径的 1.3~1.5 倍，而宽度近似等于或略小于采集宽度。倾斜输送通道的流体速度为：

$$V_s = \frac{2W_{gt}}{\sin\gamma} \tag{10-9}$$

式中：V_s 为倾斜输送通道的流体速度，m/s；W_{gt} 为结核临界沉降速度，m/s；γ 为输送管道对水平的倾角，(°)。

当采集最大粒径为 10 cm 的结核时，一般输送速度≥2.5 m/s。

管道流量为吸入的采集喷嘴流量和输送喷嘴流量之和。流量计算较为困难，一般通过试验确定输送喷嘴的流量和压力，然后校核计算射流速度。试验研究表明，每米采集宽度的输送通道流量为 0.044 m^3/s。

2)水力机械复合集矿机构

水力机械复合集矿机构是将上述双排喷嘴冲采机构与齿链输送机构相结合的机构，如

图 10-18 所示。这种结构的目的是避免纯机械式挖齿容易损坏和负压输送能耗高的缺点。

齿链输送机构主要有两种类型，即刮板链(底板固定)、齿板链(底板与链齿一起运动)。刮板链由刮板牵引链、驱动链轮、导向链轮、张紧链轮、输送台板、机架、侧挡板和驱动马达等组成。刮板由横板条和上下刮齿组成。多排上下齿相互间隔一定距离固定在横板条上，形成齿耙状。上齿为圆柱形，长度大于最大结核粒径，用于刮送结核，下齿较短，用于清理输送台筛条间隙，避免结核卡塞。多条刮板的两端安装在两条牵引链上。牵引链为耐磨环链，由液压马达驱动星轮带动。台板为筛条结构，便于输送过程中进一步清除掉黏附在结核上的沉积物。

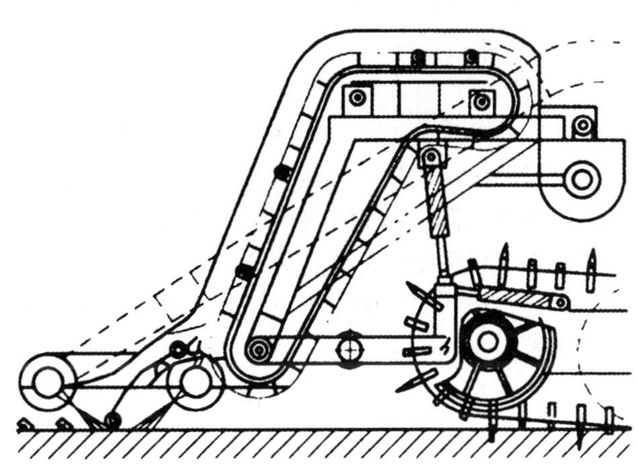

图 10-18 水力机械复合集矿机构原理图

有关双排喷嘴射流冲采机构，已在上节叙述过，这里仅对适应结核输送要求的齿链工作机构的主要参数进行概述。

(1)刮齿参数

刮齿高度：$h_c = 0.8d_{jmax}$(d_j 为结核粒径)

刮齿排距：$l_p = 1.2d_{jmax}$

刮齿和筛条间隙 $l_j = 0.8d_{jmin}$

刮板宽度：$L_d \leqslant b$(采集宽度)

(2)导流供料口尺寸

为保证任何时候都有一个齿槽可以进入结核，导流供料口高度 $H_k = 2l_p$，最小为 $1.5l_p$。

(3)链轮最小节圆直径

根据保证任何时候都有一个完整齿槽对着进料口的要求，进料口高度为 2 倍刮齿排距，下链轮一周最少应构成 7 个刮板槽，则链轮节圆直径近似为：

$$D_1 = \frac{7l_p}{\pi} \tag{10-10}$$

式中：D_1 为链轮节圆直径(m)；l_p 为链倾角。无盖板刮板链最大倾角为 66°~70°。

4. 履带行走机构

1)行驶条件参数

结核矿床赋存在稀软沉积物海底表层，沉积物的承载能力是决定履带接地面积、保证不深陷泥中、达到正常行驶的关键因素。很多学者已经提出多种载荷-压陷关系式，对于均质土壤最经典的是 Bekeer 经验公式：

$$P = \left(\frac{K_c}{b} + K_\varphi\right) Z^n \tag{10-11}$$

式中：P 为压板下的法向应力，MPa，即接地比压($P=\sigma$)；b 为压力板短边长度或圆板直径，

m；K_c 为内聚力，N；K_φ 为摩擦系数；Z 为压陷深度，m；n 为压陷指数。

实际上，至少要用大小不一的压板做 2 次压陷试验，才能确定参数关系。实际计算时，可利用下式求出近似解：

$$Z = a \cdot \exp(b\sigma) \tag{10-12}$$

式中：Z 为压陷深度，m；a、b 为系数，与沉积物的剪切强度有关，可表示为：$a=0.095\tau^{-1.76}$，$b=0.54-0.071\tau$；σ 为履带对地比压，kPa；τ 为沉积物剪切强度，kPa。

根据矿区贯入阻力试验结果，当压陷深度为 15~20 cm 时，承压强度为 5~8 kPa。值得注意的是，车首压陷深度超过履带齿高，并不会明显提高牵引力，只会随着压陷的加深使推土阻力加大。设计中，如果由于机重过大，对地比压超过沉积物承压强度，必须用浮力件调节机器在水中的重量，以使对地比压小于承载强度。

由于稀软沉积物颗粒很细，摩擦系数非常小(<0.08)，只能利用剪切强度产生牵引力，因此，沉积物的剪切强度是决定履带牵引力的关键因素。根据矿区试验结果，当压陷深度为 10~20 cm 时，沉积物的剪切强度≥2.5~3 kPa。值得注意的是，沉积物受到搅动后流体化，剪切强度仅为原始强度的 1/3，甚至更低。

2)履带车基本性能参数

试验表明，履带车行驶速度超过 0.8 m/s 时，履带打滑急剧加大。因此，履带车在稀软沉积物海底的行驶速度一般不超过这一极限值。如法国 Gemonod 设计的集矿机自行速度为 0.65~0.75 m/s。当履带牵引力接近沉积物所能产生的最大值时，履带打滑急剧加大，不可能立即将速度降下来，从而导致履带深深陷入由于极度打滑被流体化了的沉积物中。这一极限在 12%~15%打滑率处。因此，应当在打滑率达到 10%左右时，自动地将行驶速度降下来。

结核矿区总体坡度为 5°左右。考虑越障爬坡，爬坡能力一般为 15°。在采区端部车辆要掉头，绕障时要转弯，因此转弯半径是衡量履带车机动性的重要指标。考虑到原地转弯车辆会严重下陷不能自拔，一般最小转弯半径≥15 m。一般爬过障碍高度≤0.5 m，越沟宽度≤1/3 履带接地长度。

车首的压陷近似等于齿高且车尾压陷大于车首压陷时，后部履带齿才能接触到未搅动的沉积物，从而获得最佳牵引力，因此，履带行驶要有纵向仰角。这一角度一般为 2°~3°，最大不超过 5°。

履带牵引力取决于行驶阻力，行驶阻力包括内部阻力和外部阻力。内部阻力为行走动力和行走机构摩擦阻力。计算系统传动功率时用效率系数加以衡量，一般为 0.6~0.8。外部阻力除陆地车辆的土壤阻力、爬坡阻力、转弯阻力外，还包括水阻力和输送软管作用力。

3)牵引功率计算

(1)土壤阻力

挤压阻力

$$R_c = b_t\int_0^{Z_{\mathrm{II}}} \sigma d_z \tag{10-13}$$

式中：R_c 为挤压阻力，N；σ 为履带挤压沉积物的压强，可用沉积物剪切强度近似代替，Pa；b_t 为履带全宽(两条合计)，m；Z_{II} 为压陷深度，m。

推土阻力

$$R_b = 2bZ_{\mathrm{II}}\tau[\tan\delta + \tan(1 - \delta)] \tag{10-14}$$

$$\delta = \arccos\left(1 - \frac{Z_{\text{II}}}{r_d}\right) \tag{10-15}$$

式中：R_b 为推土阻力，N；b 为单履带宽，m；τ 为沉积物剪切强度，Pa；Z_{II} 为压陷深度，m；δ 为进入角，(°)；r_d 为前轮履带外圆半径，m。

(2)水阻力

按下列经典公式计算：

$$F_W = \frac{1}{2}\rho K_W A V^2 \tag{10-16}$$

式中：F_W 为水阻力，N；ρ 为海水密度，1028 kg/m³；K_W 为水阻力系数，与行走速度的关系见图 10-19；A 为迎水面积，m²；V 为行驶速度，m/s。

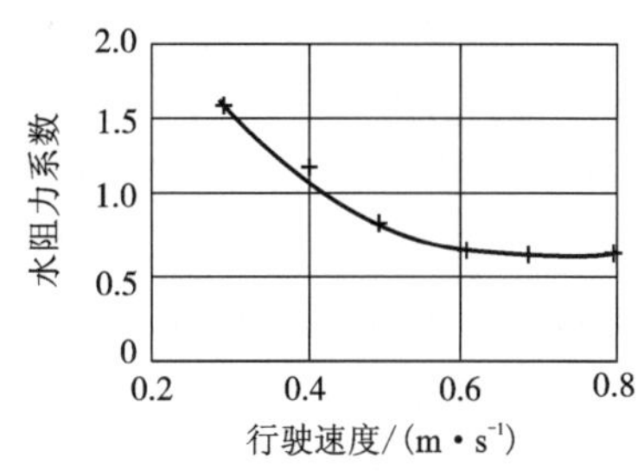

图 10-19　水阻力系数与行走速度的关系

(3)爬坡阻力

$$F_P = 9.8\,W\sin\alpha \tag{10-17}$$

式中：F_P 为爬坡阻力，N；W 为履带车质量，kg；α 为最大坡度，(°)。

(4)转弯阻力

对于一条履带制动，另一条履带传动转弯，按下式计算：

$$F_H = 9.8\frac{\mu WL}{2b}\left[1 - \left(\frac{2e}{L}\right)^2\right]^2 \tag{10-18}$$

式中：F_H 为转弯阻力，N；μ 为履带与地面摩擦系数，对于深海沉积物 $\mu = 0.08$；W 为履带车质量，kg；L 为履带车接地长度，m；b 为单履带宽度，m；e 为整机重心纵向偏心距，m，一般偏向重心之前，且小于 $L/30$。

(5)输送软管对履带车行驶的作用力

试验表明，在软管离履带车 20~30 m 处挂有浮力件，使其保持垂直向上，在中间舱段也设有浮力件，保持其呈驼峰状，软管对车的作用力较小。只有软管被拉倾斜至 45°以上才对履带车产生较大的水平作用力。设计时，一般保持这一作用力 F_G 不超过总牵引力的 10%。

(6)所需最大牵引力

$$F_{qmax} = R_C + R_b + F_W + F_P + F_H + F_G \tag{10-19}$$

式中：F_{qmax} 为所需最大牵引力，N；R_C 为挤压阻力，N；R_b 为推土阻力，N；F_W 为水阻力，N；F_P 为爬坡阻力，N；F_H 为转弯阻力，N；F_G 为输送软管对履带车行驶的作用力，N。

(7)可行驶性验算

稀软沉积物地面可产生的最大牵引力可按下式计算：

$$F_{tmax} = 1000A\tau\left(1 + \frac{2h_c}{B}\right) \tag{10-20}$$

式中：F_{tmax} 为稀软沉积物地面可产生的最大牵引力，N；A 为履带接地面积，m²；τ 为沉积物剪切强度，kPa。试验表明，扰动后沉积物剪切强度为原状强度的 1/3；h_c 为履带齿高度，m；B 为履带齿宽度，m。

为了保证车辆正常行驶，必须满足 $F_{qmax} \leqslant F_{tmax}$。

(8)牵引功率

$$N_{max} = \frac{F_{qmax}V}{1020\eta_1\eta_2} \tag{10-21}$$

式中：N_{max} 为牵引功率，kW；η_1 为液压系统效率，一般为 0.75；η_2 为履带传动效率，一般为 0.6；F_{qmax} 为所需最大牵引力，N；V 为履带车行驶速度，m/s。

4)履带车结构

一条履带接地长宽比应控制在 2.35~2.5。履带车的转向特性，除了取决于履带长宽比外，还取决于履带长度与轨距比，即转向比。对于低速履带车，转向比≤1.35。车上应设置可调节纵向位置的部件，以便调节重心的纵向偏心量，使压陷深度、纵向仰角和打滑率达到适当值。履带齿高度对于提高牵引力有一定作用，但是过高时由上行段转入下行段时对沉积物搅动大，因此履带齿高度一般在 8~12 cm；其两齿的间距为 1.4~1.6 倍齿高，履带板宽度等于 2 倍链条节距；履带齿形状以根部大于顶部的微三角齿为最佳。对于齿高 13 cm、齿距 20 cm、齿根宽 4 cm 的履带齿，当剪切强度为 3 kPa 时，履带车可承受的接地比压达 5 kPa，履带齿单位面积可产生的牵引力达 367 kg/m^2。履带张紧力必须达到保证倒车、转向时不脱轨，因此张紧装置应是可调式的。驱动轮应设置在车尾，以避免履带接地段出现波浪形拱起，影响剪切产生的牵引力，降低转弯时履带脱落的危险。支重轮直径应在满足接触强度条件下取最小值，可按下列经验公式估算：$d_z \geqslant 0.82(182+0.26F_{qmax})$。间距尽可能小，以使履带接地应力尽可能均匀，一般为履带板节距的 2 倍。

集矿行驶履带机构属低速类型，其悬挂机构的功能在于当地面不平时尽量使下行各履带板与地面紧密接触，以产生足够的牵引力，避免其深陷沉积物中。按支重轮与驱动轮、从动轮和机架的连接关系，履带悬挂机构主要有四种基本类型，见表 10-14。

表 10-14 履带悬挂机构

悬挂方式	刚性悬挂	半刚性悬挂	负载平衡杆悬挂	弹性悬挂
示意图				
特点	结构简单、结实； 缺点是地面不平时履带下出现应力集中	具有刚性悬挂的坚固性； 负载平衡摆动支重轮可明显降低履带下的应力集中	对地支承静力不定，履带必须有预应力；遇到障碍物时可与地面接触良好，履带下应力比较均匀	既可使履带下应力比较均匀，又可在高速时保持车辆的平稳； 结构复杂

5. 破碎机

破碎机的基本功能要求是：生产能力满足系统要求；体积小、重量轻；给矿尺寸为采集结核的最大尺寸，一般为 15 cm；排矿尺寸一般≤5 cm；过粉碎量≤20%；具有超硬或过大块自动排放功能。

根据结构简单、重量轻的要求和破碎对象强度低(平均抗压强度 5 MPa)的条件，选择单齿辊破碎机较为合适。单齿辊破碎机基本参数可按表 10-15 中的公式计算。

表 10-15　基本参数计算表

参数	公式	说明
齿辊直径/m	$D_c \approx (0.35\sim4)d_{max}$	d_{max} 为采集结核最大粒径，m
齿辊长度/m	$L_c=(0.3\sim0.7)D_c$； 破碎软料 L_c 可达 1.25 D_c	
齿辊转数	齿辊转数 n 与生产能力和破碎后块度有关。应用提升系统希望破碎后不产生过多粉碎物，应采用低速方式，齿辊圆周速度一般为 1.2~1.9 m/s，即转数为 25~50 min^{-1}	
生产能力 $/(t\cdot h^{-1})$	$Q=188d\mu evL_cD_cn$	式中：μ 为松散系数，$\mu=0.4\sim0.75$； e 为排料口宽度，等于排矿粒度，m； v 为物料密度，一般取 2 t/m^3
电动机功率/kW	$N=kL_cD_cn$	$k=0.85$。液压马达需考虑液压系统效率

10.3.3　提升子系统

1.矿浆泵水力提升系统

提升原理是按顺序将矿浆泵安装在不同水深处的提升管道上，通过泵提供的压头提升结核。第一组泵的位置视空穴作用而定，对于 6000 m 深度提升，一般第一组泵位于海面以下 1000~2000 m。为防止突然停电矿浆沉积而堵塞管道，在适当位置安装旁通阀，或者安装涡流抑制板以防止侧面涡流对管道产生的激振。

提升系统工艺参数是提升系统设计的核心。必须考虑工程的经济性、技术先进性、可靠性和现实性。水力提升参数主要有作业水深、生产能力、矿浆体积浓度、流速、管径、结核粒径、水力坡降、矿浆泵扬程、功率、提升泵效率等。这些参数可按下述方法计算，然后进行试验验证。

适合提升的结核粒径一般限制在 5 cm。法国提出高浓度浆体用柱塞泵输送方案，结核破碎到粒径为 1 cm。然而，这一原理的工业实现是相当困难的，以致目前还无法与普通矿浆泵提升匹敌。

提高泵的转速和流量，降低泵的扬程可增大泵的比转数，使其达到或接近混流泵的范围。但是提高泵的转速 n 会增大泵的磨损和结核的破碎粉化程度。因此，只能通过提高泵的流量 Q 和降低泵的扬程 H 来增大泵的比转数 n_s，这是粗颗粒物料水力提升参数设计中需要考虑的一个重要问题。降低矿浆体积浓度 C_v 正好可以达到增加泵的流量和降低泵的扬程的目的。离心泵输送矿浆体积浓度一般不大于 10%，最高有可能达到 15%；柱塞泵可达到 50%。

提升矿浆流量：

$$Q_m = \frac{Q_s}{\rho_s \cdot C_v} \tag{10-22}$$

式中：Q_m 为提升矿浆流量，m^3/h；Q_s 为提升的结核量，m^3/h；C_v 为矿浆体积浓度，%；矿浆

提升速度 V_m 必须大于结核最大颗粒临界沉降速度，一般为临界沉降速度的 2.5~3 倍，最低为 2.5 m/s，一般大于等于 3 m/s，软管较大弯曲段应大于等于 4 m/s。

不规则形状结核单颗粒临界沉降速度：

$$W_t = 1.601S_f^{0.815}\left(gd\frac{\rho_s - \rho_{sw}}{\rho_{sw}}\right)^{1/2} \tag{10-23}$$

结核颗粒群临界沉降速度：

$$W_{gt} = W_t e^{-(2.65C_v - 3.32C_v^{22})} \tag{10-24}$$

式(10-23)和式(10-24)中：W_t 为不规则形状结核单颗粒临界沉降速度；W_{gt} 为结核颗粒群临界沉降速度；d 为结核粒径，m；S_f 为形状系数，根据对天然锰结核的测定取 $S_f = 0.8$；ρ_s、ρ_{sw} 分别为结核密度和海水密度。

实验证明，实际结核的临界沉降速度低于光滑球体的临界沉降速度，根据法国 DEMONOD 研究，当结核粒径为 5 cm 时，两者的速度比为 1∶2.4，因而需要的输送压力要低一些(2%~3%)，所需功率则约低 8%。

管径是提升系统设计中一个很关键因素。它不仅影响提升效率，而且与浆体提升速度、体积浓度有密切关系，当提升速度一定时，小管径提升的体积浓度高，给定管径时，较高的体积浓度导致提升速度较低。扬矿管内径可按下式计算：

$$D = \left(\frac{4Q_m}{\pi V_m}\right) 1/2 \tag{10-25}$$

式中：D 为扬矿管内径。

提升管内径是以功率、压力最小和水力效率最高为目标，确定最佳流动条件。一般根据给定提升量，针对不同输送浓度和管径，计算压力、流速、功率的结果作为评价泵工作特性和进行设计的依据。管径有一最大值，超过该值会因体积和重量大造成装卸、提升、存放不切实际。

结核浆体提升水力坡降由位能水力坡降和摩阻水力坡降两部分组成，按下列公式计算：

$$J_m = C_v\frac{\rho_s - \rho_{sw}}{\rho_w} + 1.236\left[\lambda_w + 0.257\left(\frac{\sqrt{gD}}{V_m - W_{gt}}\right)^{2.9514} C_v^{1.1108}\frac{\rho_s - \rho_{sw}}{\rho_{sw}}\right]\frac{V_m^2}{2gD} \tag{10-26}$$

式中：J_m 为结核浆体提升水力坡降；C_v 为矿浆体积浓度，%；ρ_s、ρ_w、ρ_{sw} 分别为结核、清水、海水的密度，kg/m^3；D 为管道内径，m；V_m 为矿浆实际提升速度，m/s。按结核最大颗粒沉降速度的 2.5~3 倍计算；λ_w 为管道粗糙度，一般为 0.18 mm。

试验结果表明：当提升流速>3 m/s 以后，结核粒径对摩擦阻力的影响很小，提升结核的粒径可采用 $d \leqslant 50$ mm；当斜管垂向夹角为 10°时，其摩擦阻力较垂直管的摩擦阻力增值在 4%以内；提升流速为 3 m/s 时，摆动管摩擦阻力增值不超过 10%，升沉管摩擦阻力增值为 5.16%。

扬矿所需总功率：

$$N_m = \frac{Q_m H_m}{102} \tag{10-27}$$

式中：N_m 为泵功率，kW；Q_m 为泵流量，m^3/h；H_m 为泵扬程，m。

扬矿总扬程 H(m)以提升管长 L(m)为基础，考虑采矿船航行和海流造成的扬矿管弯曲变形而引起的管线长度和总扬程的增大加以确定。在没有管线形态分析之前，可以取1.1~1.2的近似系数。

1）系统主要部件

（1）垂直提升管

提升管选材，主要考虑保证其强度和降低自重两个因素。一般采用高屈服强度钢管，也可选择其他材料，如铝合金、复合材料等。国外部分提升管线技术数据见表10-16。

表10-16　国外部分提升管线技术数据

技术参数	OMI海试提升管线	OMA海试提升管线	OMCO海试提升管线	日本设计海试提升管线	Preussag红海试采提升管线	法国商业设计提升管线
内径/mm	215~224	160~241	150	148~226	—	382
外径/mm	245	178~298	450	168~298	127	406
每节长/m	11	11	30	12	—	27
总长/m	5250	4422	5000	5160	2200	4800
钢级	S135	P110	高强度钢	高强度钢	—	高强度钢
屈服强度/MPa	931	774	—	—	—	
抗拉强度/MPa	1000	879	—	1050	—	
联接方式	螺纹	螺纹与夹持器	螺纹	螺纹	—	快速接头
管线总重/t	—	—	—	666/580	—	750

提升管线外径设计主要考虑以下因素：很大的自重和下部悬吊设备的静载荷；因船的移动（自行集矿机及船调头惯性）或海流影响产生挠性变形的弯曲应力；在8~14 s波浪周期下船舶升沉摇摆运动（即使有升沉补偿也不可能全部抵消）的动载荷。

管线由若干管段组成，每段长度一般为10~30 m。管段过短接卸麻烦，影响作业时间，加大长度则受采矿船和吊放塔架高度的限制。连接方式以螺纹连接为主，另一种是快速卡箍。

（2）中间舱

中间舱的作用与功能是定量连续地向提升管给料，避免提升系统受结核丰度变化引起集矿量波动产生的影响，保证扬矿工艺参数稳定，提高扬矿效率；为水下系统提供设备仪器安装平台；起配重作用，有助于保持管线的垂直，改善管线的动态特性。

中间舱主要由联接装置、框架、矿仓、给料机、设备安装平台等部件组成。矿仓容积依采集路径无结核大于等于15 min的供矿量确定。仓顶开口，下部为锥形，要有利于排矿，防止结拱或设置破拱机构。仓内设置料位计。较好的给料机是弹性叶片轮式，可以解决卡堵现象，达到均匀给料，给料误差<5%。紧急排放阀安装在给料机与垂直提升管连接处下端。基本原理为电液关闭弹簧重锤开启阀。当系统停电或故障时自动开启排出管内的结核，防止提升管被沉积结核堵死，不能再次启动运行。设备安装平台主要安装软管输送系统中的矿浆

泵、输配电系统中的变压器、水密耐压电子舱、液压系统，以及定位声呐等。

(3)软管系统

软管系统的功能：从集矿机向中继舱输送多金属结核；保证集矿机有一定的自由活动区域，并有效隔离来自采矿船的扰动；悬挂水下电缆。

软管输送方式有压送式和吸送式两种。压送式，输送泵安装在集矿机上，管内压力高于管外海水静压，软管径向承受内张力，受力状态比较有利；吸送式，输送泵安装在中间舱上，管内压力低于管外海水静压，它既要具有较高抗压扁和拉伸强度，又要具有较好的柔性。从软管输送角度，采用压送式较好(如法国采矿系统)。但是，一台重约 2 t，功率达 150 kW 的输送泵安装在集矿机上，必然占用空间、增加机重；而输送泵安装在中间舱还能起到一定的配重作用，泵的选型也可不受限制，中国采矿系统则采用这种方式。

软管输送的特点是：开采过程中软管的形态时刻变化，且软管输送浓度随结核丰度和集矿产量变化而变化，引起输送参数不稳定。当软管变形或浓度高引起输送阻力加大时，泵的流量或管内流速就会下降，导致输送困难甚至堵管。因此，软管输送泵应具有硬工作特性，在管网阻力(输送压力)变化时，流量保持不变或变化很小。

容积泵是具有完全硬特性的输送泵，但输送粗颗粒物料有可能在活塞缸内产生沉淀，通过阀腔也比较困难，甚至很可能出现卡住现象，工作可靠性较差。离心泵结构简单，作业连续、可靠。但是输送粗颗粒物料要求叶轮通道足够宽敞，即工作轮叶片少、流道短而宽的高比转数离心泵或混流泵。这种泵的特点是具有软工作特性，扬程较低，流量较大，往往采用多级泵的形式。对于软管输送距离不长(400~600 m)、提升高度不大(100~200 m)，采用单级泵或双级泵即可满足输送扬程的要求。采用离心式矿浆泵进行软管输送时，泵作业点的扬程应按输送最不利的条件下所需的最大扬程设计。同时，为了更好地适应软管输送特性的需要，可考虑进行泵的自动调速。一般趋向于采用高比转数离心泵或混流泵。

软管空间几何形态随集矿机与中间舱之间的相对位置变化而变化。为了满足集矿机与中间舱之间相对位置的变化要求和有利于软管输送，在软管上适当布置浮力材料使其保持上拱形态(法国系统)或驼峰形态(中国系统)。并在集矿机以上几十米处布置一定数量浮力块，保持软管下端垂直，减小软管对集矿机行驶的影响。法国采用均匀分布的浮力材料，中国采用分两处集中悬挂浮力材料。

确定软管长度主要考虑的因素为：集矿机在海底工作需要的相对中间舱的自由运动范围；软管输送泵的扬程和功率。软管越长，自行式集矿机的活动范围越大，输送阻力也越大，软管的空间形态也越难以控制。同时，软管受到的流体动力作用增大，对集矿机行驶产生一定的影响。因此软管不宜过长。中间舱离地高度为 150 m，集矿机相对中间舱左右偏离 100 m，补偿地形高差变化 100 m，软管长度一般为 400~600 m，最长不超过 600 m。

软管结构应满足以下条件：具有足够的抗拉能力(吊放或故障时拖曳集矿机)，抗管内外压差能力(1~1.5 MPa)，具有规定的最小曲率半径，扭曲性好，在水中应保持零浮力状态。目前，能同时满足这些条件的主要是法国生产的海底采油金属软管。软管的结构为：里层是密封输送管；外层是保护层，由耐磨橡胶或耐磨的高分子弹性材料制成；第二层为抗径向压力层；第三层为抗拉力层，由扁钢带绕制成具有一定间隙的蛇皮管状的螺旋扣环，以满足抗拉和弯曲要求(软管结构见图 10-20)。软管可以制成整根绕在卷筒上储存。为消除扭矩，用球铰接头与集矿机和中间舱连接，并用浮子平衡重量。

(4)提升泵

国外 20 世纪 70 年代末采矿系统海上试验所使用的矿浆泵与通用潜水泵和配有混合流叶片的立式井泵基本相似，但根据水力提升系统要求做了如下适应性改进：

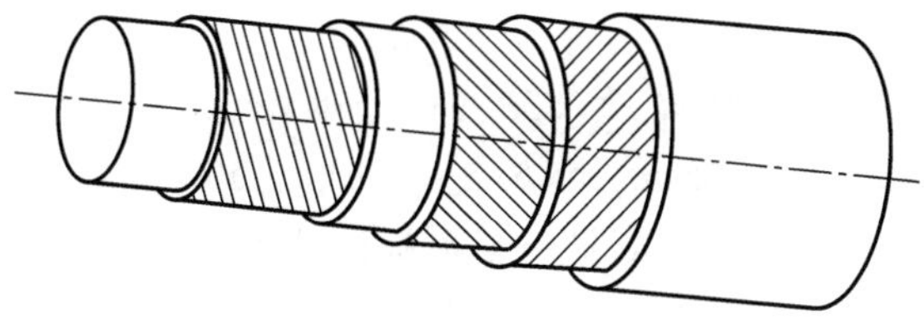

图 10-20　软管结构示意图

①泵中流体通过速度最小值定为 2.5 m/s。

②每级最高工作压力限定为 6 kg/cm^2，保持足够的寿命。

③泵内通过断面最小尺寸为 75 mm，叶轮为 3 片。

④泵内流体路径偏离轴线小，利于泵送或逆流时不堵塞。

⑤叶轮外边圆周速度尽可能低，以降低转速和减少磨损。

⑥泵的效率和扬程与提升能力曲线平滑，合理工作点区间大，如图 10-21 所示。

⑦泵的重量和外形尺寸适合安装在管道段之间。矿浆泵的结构示意图见图 10-22。

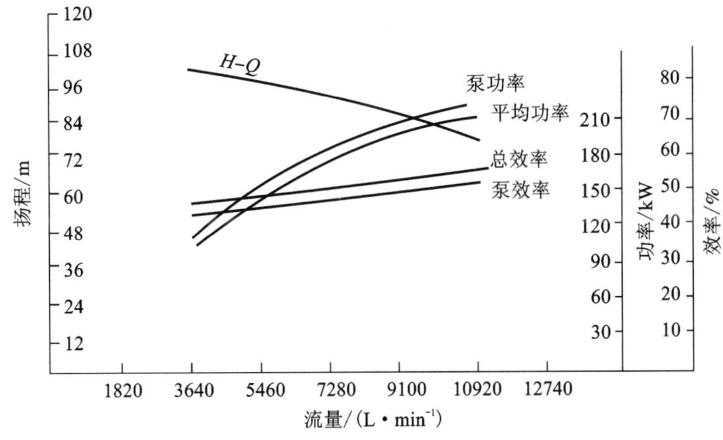

图 10-21　两级提升泵效率和扬程与提升能力曲线

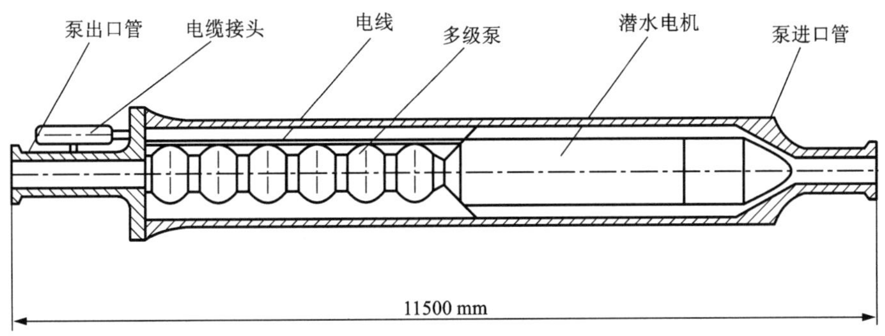

图 10-22　矿浆泵结构示意图

这种泵最初由德国 KSB 公司制造。排量为 500 m^3/h，扬程为 265 m，转速为 1726 r/min，功率为 800 kW，外径为 534 mm，长 6.65 m，重 5.5 t。法国为年产 150 万 t 干结核工业采矿系统设计了 4 台沿管道间隔串联泵，直径为 1.1 m，长度为 15 m，重 27 t.。

中国为中试采矿系统研制出的扬矿泵样机见图 10-23。

图 10-23 中国为中试采矿系统研制出的扬矿泵样机

德国 Preussag 公司和法国 Gemonod 专项研究组针对结核提升量 m_s=500 t/h、输送体积浓度 C_t=15%(最大 20%)做出了商业性提升系统泵的设计。根据 16 英寸(406 mm)外径提升管线的特性曲线，泵工作点的压力 P_{ges}=11.0 MPa，相应的输送流量 V_{ges}=1667 m^3/h。确定的泵基本参数见表 10-17：

表 10-17 德国和法国商业性提升系统泵的基本参数

技术参数	取值	技术参数	取值
泵台数	4	每台泵额定功率	2000 kW
每台泵级数	5	比转数	61
每级压力	0.5 MPa	转子类型	半轴流式
每级清水扬程	53.9 m	转子外径	478.5 mm
额定转数	1480 r/min	泵内自由通经	约 90 mm

在泵提升结核过程中，结核通过泵级时所产生的细粒物而造成的磨损是最为严重的问题。最薄弱部位是隔离环密封件。各种物料的磨损试验表明，用陶瓷代替铬钢，使隔离环的寿命大为改善，将提高 16 倍。

2)海试泵提升系统参数实例

(1)20 世纪 70 年代美国财团海试泵提升系统：作业深度为 5250 m，提升结核量为 25 m^3/h，矿浆体积浓度为 5%，浆体流量为 500 m^3/h，双级离心泵，每台泵扬程为 265 m、当矿浆密度为 1.1 t/m^3 时，泵压力为 3 MPa，泵效率为 75%，每台功率为 800 kW。

(2)中国中试采矿系统：作业水深 4800~5200 m，提升干结核量为 30 t/h，结核粒径为 5 cm，垂直提升段：矿浆提升速度为 3 m/s，体积浓度为 5%，提升矿浆量为 360 m^3/h，管径为 206 mm，2 台半轴流叶轮泵，比转数为 265，每台扬程为 350 m 水柱，流量为 360 m^3/h，功率为 1000 kW；软管段：矿浆提升速度为 3.5~4 m/s，体积浓度为 9%~10%，管径为 150 mm，管长 300 m，水力功率为 60 kW，泵功率为 120 kW。

(3)商业性系统设计参数实例：法国 Gemonod 设计的商业水力提升系统，作业水深为 5000 m，年生产能力为 150×10^4 t，提升能力为 500 t/h，固液体积比为 12%，配备 4 台总压头为 10 MPa 的轴流离心泵，功率为 2000 kW。

2. 气力提升系统

1)提升原理

气力提升是在一定水深处向提升管内注入压缩空气，使管道内产生负压，带动底部的结核向上运动。在注入口之上输送的为结核、空气和水混合物的三相流，在注入口之下输送的为水和结核混合物的两相流。

在气、液两相流中，当空气比较少时，空气产生的小气泡上升到液体中，集聚成大气泡，最终充满管道全断面，使液体只沿管道壁形成一圈环状薄膜，从而使管内气体和液体呈断续状态即活塞流。固体在三相流中，就是借助活塞流提升上去的。随着空气量不断增加，液体变成薄膜状，沿管壁上升，并逐渐成为水滴浮在空气中，最后使液体雾化沿管内上升。由于空气量过多，从而变成不连续提升固体状态。为此，空气注入深度和空气量的选择非常重要。同时，还必须考虑在上升管道途中设置气水分离装置，或在船上设置减压阀以控制空气膨胀。

2)系统主要部件

(1)空气压缩机

可用工业常用空气压缩机，活塞式空气压缩机无故障连续运行时间达 20000 h，透平式空气压缩机达 10000 h 或连续运行一年以上，都可以满足要求。但排气量直接影响提升的固体重量和提升效率。未来商业气力提升系统，需要研制大排量(100 万 m^3/h)和高压力(25 MPa)的透平空气压缩机及其发动机。

(2)提升管

气力提升管注气口以下管段与水力提升管基本一样，所不同的是管径要大。注气口以上管段为双层套管，内管壁上有许多小孔，其目的是产生小气泡以提高效率。

3)系统基本参数

决定系统提升能力的主要因素有最佳压缩空气供气量、空气注入口水下深度、提升管径、长度和倾角、固体的物理特性、输送流体的密度等。供气量是否恰当直接影响提升效率，供气量是最难控制的。

(1)颗粒结核临界沉降速度

单个颗粒的临界沉降速度可参照水力提升系统计算。在管径一定的情况下也可按下式计算：

$$v=\left(1-\frac{d^2}{D^2}\right)\sqrt{\frac{4}{3}\times\frac{gd(\gamma_s/\gamma_f-1)}{C_D}} \tag{10-28}$$

式中：v 为单个颗粒的临界沉降速度，m/s；D 为管道直径，m；γ_s 为固体容重，kg/m^3；γ_f 为液体容重，kg/m^3；C_D 为阻力系数；d 为固体颗粒平均直径，cm；g 为重力加速度，m/s^2。

当固体颗粒周围是层流时($Re<2\times10^5$)，阻力系数 $C_D\approx0.47$；紊流时($Re>2\times10^5$)，$C_D\approx0.1$。固体颗粒的形状、大小不同时，即使在直径相同的管道中，颗粒的临界沉降速度也不同。实际上，这是颗粒群在管壁、颗粒、液体三者之间相互作用下运行，临界沉降速度在理论上很难确定，只宜通过实验找出。

(2)两相流的压力损失

在固液两相流输送中，颗粒浮游必须克服固体颗粒、液体与管壁碰撞的压力损失，但是主要应考虑水的视在容重(水+固体)增加和固体体积浓度 F_S 较低(10%以下)时近似单相流体的摩擦损失(P_r)。

当 $F_S \ll 1$ 时，

$$\omega_{fo} - \frac{\omega_{so}}{F_S} \approx v \tag{10-29}$$

式中：F_S 为固体体积浓度，%；ω_{fo} 为纯水在管内流动的速度，m/s；ω_{so} 为纯固体在管内流动的速度，m/s；v 为固体颗粒和水的相对速度，m/s。

当 ω_{fo} 和 ω_{so} 已知时，可以确定 F_S，求出水的视在容重增加值(P_S)。

同样，当 $F_S \leqslant 1$ 时，假设当作纯水的压力损失 h_1，可按赫尔曼(Hermann)求出第二项的压头损失：

$$h_1 = \frac{\Delta P}{\gamma} = \lambda \times \frac{L}{D} \times \frac{\omega_{fo}^2}{2g} \tag{10-30}$$

式中：L 为管道长度，m；D 为管道直径，m；ΔP 为压力损失；γ 为结核真容重，kg/m³；λ 为管道摩擦因数。

(3)高压水中的空气压缩率和溶解度

在深海高压下的气力提升，不仅要重视海面下温度和注入空气量的影响，而且要考虑空气的压缩率和在水中的溶解度。根据亨利(Henrry)-道尔顿(Dalton)法则，在温度一定时，其饱和浓度与压力成正比。气液两相流上升时，有一高压区，但时间短，其溶解速度可用下式表示：

$$\frac{\mathrm{d}K}{\mathrm{d}t} = \alpha(K_\infty - K_t) \tag{10-31}$$

式中：K 为空气的溶解量，m^3 空气/m^3 水；K_∞ 为空气的饱和溶解量，m^3 空气/m^3 水；t 为时间，s；K_t 为某时间的空气溶解量，m^3 空气/m^3 水；α 为常数，$\alpha = 0.2978\ m^3/h$。

用 K_t 表示空气溶解量，即空气的损失量，因此仅需要增加输送 K_t 所必需的空气量。

(4)效率

效率是固体颗粒上升所需要的功 E_{out} 和压缩空气所做的功 E_{in} 之比，在理想状态下可用下式表示：

$$\eta = \frac{E_{out}}{E_{in}} \times \frac{\omega_{so}}{\omega_{goa}} \times \frac{(\gamma_s - \gamma_f)L}{P_a \ln(P/P_a)} \tag{10-32}$$

式中：ω_{so} 为纯水在管中的流速，m/s；ω_{goa} 为 1 个大气压下纯空气在管中的流速，m/s；γ_s 为固体颗粒容重，kg/m³；γ_f 为液体容重，kg/m³；L 为管道长度，m；P_a 为大气压；P 可以取为 $\gamma_f L$。

4)气力提升系统性能参数实例

20 世纪 70 年代末海试气力提升系统性能参数见表 10-18。

表 10-18　海试气力提升系统性能参数

海试系统	管径/mm	矿浆速度/(m·s^{-1})	矿浆密度/(kg·m^{-3})	海水密度/(kg·m^{-3})	平均生产能力/(m^3·s^{-1})
OMA	158	1.4~2.8	1031	1022	0.085
OMI	220	2.5~2.6	1030~1024	1022	0.16~0.10

德国提出的商业性气力提升系统是按年生产能力 300 万 t(500 t/h)进行设计的。在对设计参数做了广泛的变换后，选出了一种对直径进行分级处理的管线配置。主输送钢管的内径为 590 mm。扩径的管段内径为 800 mm，始于水面以下 20 m 处。所有的计算都是按一种半经验方法进行的。设计计算的原始数据见表 10-19，正常工作条件下系统的工作点参数见表 10-20。

表 10-19　德国商业性气力提升系统设计计算的原始数据

输入参数名称		参数值
固料	密度/(kg·m^{-3})	1970
	临界沉降速度/(m·s^{-1})	0.675
	粒径/mm	50
水	外部密度/(kg·m^{-3})	1039
	内部密度/(kg·m^{-3})	1050
管道	水面以上高度/m	14.0
	水面以下长度/m	5000
	空气注入口深度/m	2000

表 10-20　德国商业性气力提升系统工作点参数

技术参数	指标	技术参数	指标
结核输送能力	M_c = 500 t/h	注入空气压力	P_e = 163.6 kg/cm^2
输送体积浓度	C_t = 10.0%	注入口处功率	N = 7381.6 kW
正常条件下空气容积流量	V_{io} = 14.7 m^3/s	压缩机压力	P_c = 16.68 MPa
管线出口处的空气比例	E_1 = 87.8%	压缩机输出功率	N_c = 7409.0 kW

三相混合物的出口速度：空气 V_e = 33.1 m/s，水 V_w = 11.6 m/s，固料 V_s = 10.9 m/s。压缩机压力为 17 MPa、空气量为 54000 m^3/h。

3. 气力提升与泵提升的比较

对于结核商业开采系统选择合适的提升系统，既要考虑技术方面，也要考虑到经济方面的因素。要在这两种提升系统之间做一比较显然有些困难，因为只有少数准则可以量化，比如能耗及投资等。按目前的认识水平，这两种提升系统中没有一种能够为自己取得无可置疑的领先地位，谁胜谁负只有在实际条件下进行对比试验方能见分晓。然而，目前多数比较倾向于泵提升系统。

10.3.4 供电与测控子系统

深海矿床开采的供电与测控子系统涉及计算机、电子电气、电力、机器人、水声、光电复合铠装缆、导航定位、传感器、船舶航行和动力定位等多项技术，以及流体力学、多刚体力学、控制论、虚拟现实等多种理论，是一项复杂的系统技术。这些已超出本手册范围，本节仅涉及与深海采矿工艺直接相关的水下供电与测控的特殊技术要求以及技术概要。

1. 水下供电系统技术

水下供电与陆地供电有许多区别，特殊技术要求主要是：电缆必须耐水压，具有足够抗拉力的动力、数据和图像传输及控制芯线的复合缆；接头采用成品水密插配套件，分电箱与变压器为充油压力补偿式；为了降低输电电压损失和电动机重量，采用高压送电，水下充油电动机驱动，船上变频器控制；水下采矿系统供电主要分为集矿机供电，中间舱供电，扬矿泵供电和水下控制仪器设备供电。

(1)集矿机动力与供电：集矿机行走机构功率大，两条履带一般分别采用闭式回路液压系统驱动，电力由发电机发出低压交流电，经两路低压变频器(起动和调速)—升压变压器(如380/3300或6000 V)—滑环电缆绞车—复合铠装电缆送到水下集矿机分电箱—主高压电动机，驱动闭式回路行走液压泵和辅助泵。

(2)中间舱供电：中间舱软管抽吸矿浆泵电动机供电方式类似于集矿机主电动机。矿浆泵电动机同时驱动液压泵，向给料机提供液压动力源。

(3)扬矿泵供电：位于不同水深处垂直扬矿管提升泵主高压电动机供电方式与集矿机主电动机供电类似。

(4)仪器设备供电：集矿机、中间舱、扬矿泵处的仪器设备的照明、低压电，均由各自的分电箱-充油压力补偿变压器或耐压舱内小型干式变压器提供。

2. 测控系统技术

测控系统的对象是集矿机、扬矿系统、水面支持系统及采矿船。包括采矿系统下放/回收、集矿机行驶、采集作业、扬矿系统运行、水下系统导航定位和采矿船的协调航行控制等方面。

1)集矿机测控系统应具有的主要功能

(1)对集矿机设备进行起动、顺序、连锁控制，并实现设备运行参数监测和保护。

(2)集矿机下放和回收控制。调节下放速度，保持姿态、方位，实现平稳着底。

(3)集矿机行走路线和定位控制。以不受磁场干扰的光纤激光陀螺导航和声学定位修正控制原则，根据预先规划的采集路径，实时探测采集前方结核丰度、是否存在障碍和可能中断作业的不利地形、履带压陷深度，控制集矿机行驶速度，进行直线行驶或绕障、转弯调头，避免相邻采集路径重叠和实现间距最小，并实时显示和记录行走轨迹和相对中间舱的位置，保持在软管长度允许的范围内。

(4)集矿作业控制。按照作业程序控制集矿机构采集、输送、冲洗、破碎过程，调节工作参数实现高效率采集和供矿。主要监测工作参数包括：水力采集头离底高度或耙齿采集头插入海底深度、输送速度、冲洗喷嘴压力、破碎机转数和载荷、向软管供矿状态，以及采集前方海底结核丰度和海底地形特别是障碍图像等；并对采集作业参数、作业环境与工况数据实时采集、传输和处理，显示、打印、存贮和报警。

2）控制方式

行驶控制配置手动、半自动和自动操作方式：

（1）单条履带手动控制：两个手柄分别控制两条履带各自的速度和行驶方向。

（2）手动操纵转弯自动直线行驶控制：一个手柄控制车速，另一个手柄控制转弯。

（3）陀螺导航自动控制：设置车速和路径，自动行驶。

路径设定：根据开采计划预计的开采路径设定起点、方位角、行驶速度、终点和回转行程。

路径控制：根据陀螺测定的方位角和行驶速度，计算行程和位置，然后进行路径的反馈控制实现轨迹跟踪。系统利用路径环调节器的输出作为方位环设定值的修正量，根据路径偏差及时改变方位角的设定值，并以方位环输出作为左右履带速度设定值的修正量，根据方位角的偏差及时改变左右履带的速度设定值，从而改变行驶方向，实现路径控制。

路径修正：当行驶距离较长时，用声学定位系统测定的位置坐标加以修正，消除计算的累计误差，以使控制误差在 5%左右。行驶导航原理参见图 10-24。

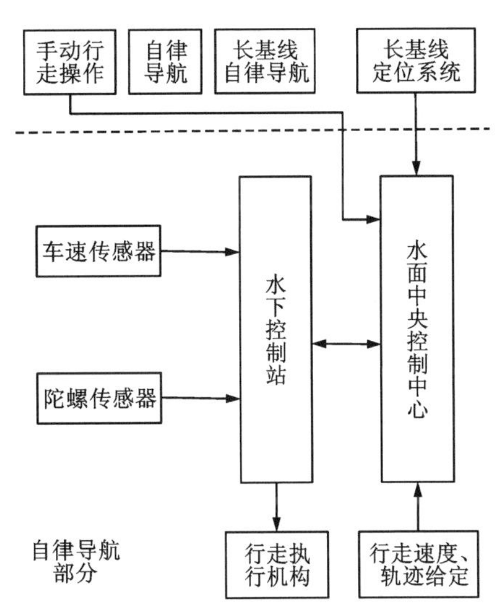

图 10-24 作业车海底行驶导航原理框图

收放过程中，集矿机受到浪、涌、下放速度和采矿船运动的作用，为保证平稳下放，避免下放过程因机体转圈损伤管线，或横移寻找合适地点，需要实时监测集矿机的状态、方位角、下潜速度、潜入深度、离底高度等参数，根据以激光陀螺导航为基础测得的信息，进行手动和自动控制螺旋推进器的速度和旋向，保持机体方位或平移。其操作方式为：单螺旋推进器手动控制；双推进器手动控制；陀螺导航方位自动控制；陀螺导航自控制和手动为主横向移动控制。

3）扬矿作业测控系统的功能

扬矿作业测控系统的功能包括：对扬矿系统设备进行起动、顺序、连锁控制，并实现设备运行参数监测和保护；对扬矿管内工艺过程参数——压力、流量、流速、浓度进行实时监控，并计量提升的干结核量；对扬矿管吊点应力进行实时监测和过载报警；进行管线形态监测，管线和中间舱位置定位；对中间舱的给料机定量给料和对料斗破拱机构进行控制，保证扬矿系统运行稳定；具有故障诊断、报警、趋势图显示、作业报表打印功能。

4）水面支持系统测控功能

水面支持系统测控功能包括：采矿船航行与定位控制，精确确定采矿船的坐标，检测其航速、航向，根据气象、海况和采矿系统动力学特性，控制主推进器和动力定位推进器，使采矿船跟随集矿机运动，保持采矿船与集矿机之间合理的相对位置；水下设备在船上的搬运、存放、吊放、回收过程和相应吊运设备控制，布放的顺序依此为：集矿机→软管→中继仓→硬管→扬矿泵→硬管，而复合缆同时下放，回收顺序则相反，动力与通信不能中断；除了集矿机姿态调节、收放速度等极少数几项可实施闭环自动控制外，一般不进行闭环自动控制；采出结核脱水或分离空气和海水、存储过程和设备控制；升沉补偿设备参数调节与控制；结核制浆泵送到运输船的作业过程和设备控制；生产过程集中监视、数据处理、协调调度与控制；具有生产统计、报表、开采计划安排、故障分析以及开采技术经济分析评价等功能。

5)测控系统配置

测控系统根据功能要求配置如下测控部件：

(1)测控系统供电、起动、保护系统。

(2)集矿机作业、扬矿管道、中间舱运行及作业参数监视系统：地形、结核丰度和工作机构运行状态观察摄像系统；地形观测声学测量系统，与电视摄像系统联合为避障提供依据；全球卫星导航定位和水下设备声学定位(三维坐标)系统，全球卫星导航定位系统主要测定采矿船的经度、纬度、方位、速度、航向等，水下设备声学定位(三维坐标)系统主要测定中间舱、集矿机的坐标和离底高度，以及软管空间形态；采矿船动力定位系统；水下设备吊放控制系统。

10.3.5 水面支持子系统

1.对水面支持系统的基本要求

海底多金属结核开采对水面支持系统的基本要求为：满足中国矿区开采条件和采矿工艺要求；具有能在6~7级海况下正常航行的能力；满载航速不低于13 kn(1 kn=0.51444 m/s)；在4级海况并考虑短时出现6级海况下，支持水下开采安全作业；具有足够的贮存湿结核能力，一般按3~5天的采矿量选择运输船；配备全球导航定位和声学定位系统；具有动力定位功能，定位误差<±30 m；具有良好的航行稳定性与回转性能；船上设置水下采矿设备的布放、回收、悬吊系统，动力及控制系统；配有包括风、浪、涌、水深及海流计等水文水气象测量系统；船中部设置收放设备的月池，具有足够的存放水下设备的空间及操作场地，并配有机械电气维修间。

2.水面支持系统的类型

水面支持系统主要有大型采矿船和半潜平台两种类型。

1)大型采矿船

根据船载水下采矿系统的重量、贮存湿结核矿石量、船上增设配套设备的重量，以及这些设备存放的面积和空间、作业时船体的稳定性，选择采矿船的基本参数。

对于年生产能力 150×10^4 t的采矿系统，采矿船的总载重量一般≥5万t，总长度达180~230 m，宽度达30 m，吃水深度约10 m，储存湿结核量达到4万t，用软管以矿浆形式向运输船转运的能力应达到0.5 t/s。以法国提出的动力定位船设计为例，配备输出功率约为3000 kW的2个艉推进器和3个艏推进器，输出功率为5000 kW的变螺距侧向推进器，航速达12 kn，推进和动力定位总功率达25 MW。动力定位主要为X/Y(横向/纵向)模式。配备30 MW的柴油发电设备。海洋采矿设备需要的功率约为12 MW。

2)船上采矿系统专用结构和配套设备

船上采矿系统专用结构和配套设备见图10-25。

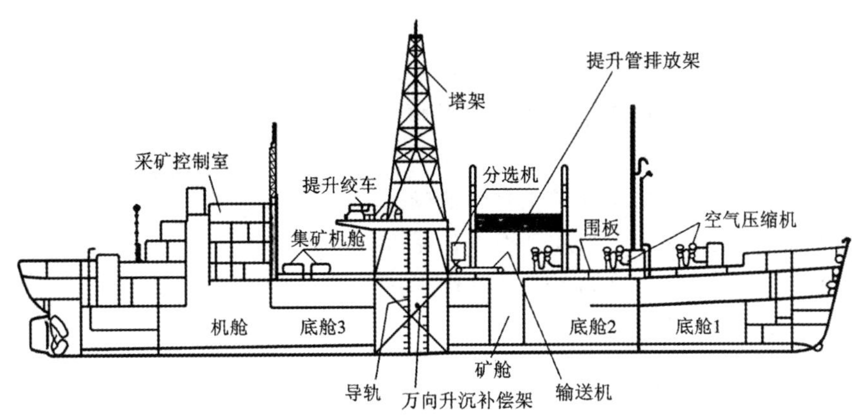

图 10-25　船上采矿系统专用结构和配套设备示意图

(1)大型月池

在船升沉摇摆运动最小的位置(中部)设置月池，用于集矿机、脐带缆、中间舱、提升钢管、扬矿泵等水下作业设备的布放回收和吊挂。月池的尺寸根据下放的设备大小决定，一般≥10 m×15 m。在月池下船底板开口处设活动拉门，合上后既可承载设备又可作工作平台。

(2)重型吊运设施和工作平台

在月池上方设置类似于钻井设备的采矿系统安装、收放和维护的塔架与工作平台，塔架顶部配备提升机、动滑轮和吊钩。即使采用浮力块减轻扬矿钢管的重量，吊挂的载荷也会达600~800 t。

(3)扬矿管悬吊、接卸和升沉摇摆补偿设备

通常采用配备万向悬架支撑水下作业系统、接卸扬矿管的升降液压缸和两端部液压卡、降低船舶升沉产生的动载荷的液压缸升沉补偿装置。

(4)电缆吊放绞车

在塔架甲板附近设置滑环电缆绞车。用于布放 400 m、800 m 深处扬矿泵控制-动力缆，布放 5000 m 海底中间舱和集矿机控制-动力缆。

(5)管架

在塔架侧面设置扬矿钢管排放架，排放扬矿钢管和软管。

(6)结核脱水系统及输送设备

塔架附近配备来自扬矿管的结核矿浆脱水系统，矿浆流进入格筛，大块结核从筛上滚到输送带上，被送往矿舱内，泥浆通过筛孔进入旋流器，粉矿由下口排入矿舱内，废水由上口用水泵排入水下。矿舱内积水适时用水泵排入水下。为减少对上层水体生态环境的影响，排入深度应达到 600~1000 m。

(7)导航定位设备

船上配备的导航设备主要有 GPS 系统、陀螺、磁罗经、全自动劳兰-C 导航仪、计程仪、测深仪、风速风向仪、流速流向仪、自动航迹仪、导航雷达等。

(8)通信设备与计算机网络系统

(9)甲板设备

包括各种锚泊设施、起重机、牵引绞车、A 型架、维修间等。

3)半潜采矿平台

半潜采矿平台的优越性在于更适于在支承桩之间吊放水下设备，而且受浪和涌作用产生的影响比采矿船小。

半潜采矿平台的结构类似于钻井平台。法国提出的设计方案基本参数为：总长度 110 m，宽度 70 m，高度 40 m，吃水深度 22 m，航移时排水量 28600 t，作业时的排水量 41600 t。

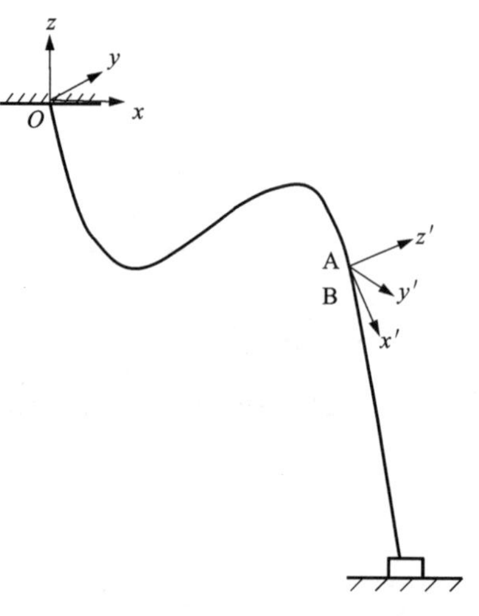

图 10-26 软管空间形态分析简图

10.3.6 管线动力学分析

1. 梁单元分析模型

一种把软管作为"梁"处理，并考虑软管的抗拉、抗弯、抗扭转及抗剪切能力，建立的非线性大变形的空间"梁"数学模型，通过计算实例、模型实验和湖试验证，比采用"索"单元更符合实际。软管空间形态分析简图见图 10-26。

软管的受力及其计算见表 10-21。

表 10-21 软管的受力及其计算

软管受力	单元力表达式	符号说明
重力	$\vec{G}_e=-\Delta l\gamma_s\vec{n}_g$	Δl—单元长度，γ_s—单位长度软管重力，$\vec{n}_g$—整体坐标系中 Z 方向的单位矢量
浮力	$\vec{F}_f=\rho_w gV$	ρ_w—海水密度，g—重力加速度，V—排开水的体积
内摩擦力	$\vec{F}=\Delta lf\vec{n}_v$	f—单位长度所受的内摩擦力，$\vec{n}_v$—矿浆流动方向的单位矢量
离心力	$\vec{F}_\rho=Kv^2m_e\vec{n}$	v—矿浆流速，m_e—单元内矿浆质量，$\vec{n}$—单元主法向单位向量，K—曲率
哥氏力	$\vec{a}_k=2\vec{\varpi}\vec{v}$ $\vec{F}_k=2m_e\vec{\varpi}\vec{v}$	$\vec{\varpi}$—软管转动角速度，$\vec{v}$—矿浆流速，$\vec{a}_k$—哥氏加速度
外部流体阻力	$\vec{F}_{dn}=1/2(C_D\rho D\|\vec{v}_n\|\vec{v}_n)$ $\vec{F}_{dt}=1/2(C_f\rho D\|\vec{v}_t\|\vec{v}_t)$	ρ—外部流体密度，D—软管直径，$\vec{v}_n$ 和 $\vec{v}_t$—外部流体对软管的法向和切向速度，C_D 和 C_f—法向(0.6~1.2)和切向(C_D/30)阻力系数。$\vec{v}_r$、$\vec{v}_c$、$\vec{v}_\rho$-外部流体相对软管的速度、外部流的速度、软管运动速度，$\vec{v}_r=\vec{v}_c-\vec{v}_p$
附加质量力	$\vec{F}_{mn}=C_m\rho\frac{\pi D^2}{4}\ddot{\vec{v}}_n$ $\vec{F}_{mn}=\alpha C_m\rho\frac{\pi D^2}{4}\ddot{\vec{v}}_t=\vec{F}_{mn}/120$	C_m—附加质量系数，α—常取 1/120，$\vec{v}_n$、$\vec{v}_t$—软管的法向和切向加速度，
约束力	中间舱和集矿机施加给软管的力	指定约束力时，直接加到软管两端。指定两端位移时，可以同内力一起计算出。
内力		每个单元内力增量可在整个软管位移增量求出后计算求得

1) 软管动力学分析有限元模型

利用空间梁单元离散输送软管，其动力分析有限元方程如下：

$$[\boldsymbol{M}]\{\ddot{\boldsymbol{u}}\}+[\boldsymbol{C}]\{\dot{\boldsymbol{u}}\}+[\boldsymbol{K}_T]\{\Delta\boldsymbol{u}\}=\{\boldsymbol{F}\}-\{\boldsymbol{N}\} \tag{10-33}$$

式中：$\{\ddot{\boldsymbol{u}}\}$为软管节点加速度向量；$\{\dot{\boldsymbol{u}}\}$为软管节点速度向量；$\{\Delta\boldsymbol{u}\}$为软管节点位移增量向量；$[\boldsymbol{M}]$为质量矩阵，它包含了软管自身的质量以及软管内外流体的附加质量；$[\boldsymbol{C}]$为阻尼矩阵；$[\boldsymbol{K}_T]$为切线刚度矩阵；$\{\boldsymbol{F}\}$为外力；$\{\boldsymbol{N}\}$为内力。

采用集中质量法，局部坐标下单元质量矩阵为一对角阵：

$$[\boldsymbol{M}_e]=\begin{bmatrix}
m_1+m_2+\alpha m_3 &&&&&&&&&&& \\
& m_1+m_2+m_3 &&&&&&&&&& \\
&& m_1+m_2+m_3 &&&&&&&&& \\
&&& 0 &&&&&&&& \\
&&&& 0 &&&&&&& \\
&&&&& 0 &&&&&& \\
&&&&&& m_1+m_2+\alpha m_3 &&&&& \\
&&&&&&& m_1+m_2+m_3 &&&& \\
&&&&&&&& m_1+m_2+m &&& \\
&&&&&&&&& 0 && \\
&&&&&&&&&& 0 & \\
&&&&&&&&&&& 0
\end{bmatrix} \tag{10-34}$$

式中：m_1、m_2、m_3 分别为单元软管质量、管内和管外流体的附加质量的二分之一。

假设节点附近软管的运动速度与节点的运动速度相同，局部坐标下单元阻尼矩阵：

$$[\boldsymbol{C}_e]=\begin{bmatrix}
\alpha_1|\dot{u}_{r1}| &&&&&&&&&&& \\
& \alpha_2(\dot{v}_{r1}^2+\dot{w}_{r1}^2)1/2 &&&&&&&&&& \\
&& \alpha_2(\dot{v}_{r1}^2+\dot{w}_{r1}^2)1/2 &&&&&&&&& \\
&&& 0 &&&&&&&& \\
&&&& 0 &&&&&&& \\
&&&&& 0 &&&&&& \\
&&&&&& \alpha_1|\dot{u}_{r2}| &&&&& \\
&&&&&&& \alpha_2(\dot{v}_{r2}^2+\dot{w}_{r2}^2)1/2 &&&& \\
&&&&&&&& \alpha_2(\dot{v}_{r2}^2+\dot{w}_{r2}^2)1/2 &&& \\
&&&&&&&&& 0 && \\
&&&&&&&&&& 0 & \\
&&&&&&&&&&& 0
\end{bmatrix} \tag{10-35}$$

式中：$\dot{u}_{r1}$、$\dot{v}_{r1}$、$\dot{w}_{r1}$、$\dot{u}_{r2}$、$\dot{v}_{r2}$、$\dot{w}_{r2}$ 分别为两节点相对于流体的运动速度：$\dot{u}_{r1}=\dot{u}_1-\dot{u}_c$，$\dot{v}_{r1}=\dot{v}_1-\dot{v}_c$，$\dot{w}_{r1}=\dot{w}_1-\dot{w}_c$，$\dot{u}_{r2}=\dot{u}_2-\dot{u}_c$，$\dot{v}_{r2}=\dot{v}_2-\dot{v}_c$，$\dot{w}_{r2}=\dot{w}_2-\dot{w}_c$；$\dot{u}_1$、$\dot{v}_1$、$\dot{w}_1$、$\dot{u}_2$、$\dot{v}_2$、$\dot{w}_2$ 为节点的绝对速度；$\dot{u}_c$、$\dot{v}_c$、$\dot{w}_c$ 为来流速度在局部坐标系下的三个分量；$\alpha_1=\frac{1}{4}\rho DC_f\Delta l$，$\alpha_2=\frac{1}{4}\rho DC_d\Delta l$；$\rho$、$D$、$C_f$、

C_d、Δl 分别为外部流体密度、软管外径、切向阻力系数、法向阻力系数、单元长度。

切线刚度矩阵：

$$[\boldsymbol{K}_T] = [\boldsymbol{K}_0] + [\boldsymbol{K}_\sigma] \tag{10-36}$$

式中：$[\boldsymbol{K}_0]$、$[\boldsymbol{K}_\sigma]$ 分别为线性刚度矩阵和几何刚度矩阵(初应力刚度矩阵)，在局部坐标系下：

$$[\boldsymbol{K}_{0e}] = \begin{bmatrix}
\frac{EF}{L} & 0 & 0 & 0 & 0 & 0 & \frac{EF}{L} & 0 & 0 & 0 & 0 & 0 \\
0 & \frac{2}{A_Y L} & 0 & 0 & 0 & \frac{1}{A_Y} & 0 & \frac{-2}{A_{YL}} & 0 & 0 & \frac{-1}{A_Z} & \frac{1}{A_Y} \\
0 & 0 & \frac{2}{A_Z L} & 0 & \frac{-1}{A_Z} & 0 & 0 & 0 & \frac{-2}{A_Z L} & 0 & 0 & 0 \\
0 & 0 & {} & \frac{GJ_d}{L} & 0 & 0 & 0 & 0 & 0 & \frac{-GJ_d}{L} & 0 & 0 \\
0 & 0 & \frac{-1}{A_Z} & {} & \frac{D_Z}{A_Z} & 0 & 0 & 0 & \frac{1}{A_Z} & 0 & \frac{C_Z}{A_Z} & 0 \\
0 & \frac{1}{A_Y} & 0 & 0 & 0 & \frac{D_Y}{A_Y} & 0 & \frac{-1}{A_Y} & 0 & 0 & 0 & \frac{C_Y}{A_Y} \\
\frac{EF}{L} & 0 & 0 & 0 & 0 & {} & \frac{EF}{L} & 0 & 0 & 0 & 0 & 0 \\
0 & \frac{-2}{A_Y L} & 0 & 0 & 0 & \frac{-1}{A_Y} & 0 & \frac{2}{A_{YL}} & 0 & 0 & 0 & 0 \\
0 & 0 & \frac{-2}{A_Z L} & 0 & \frac{1}{A_Z} & 0 & 0 & 0 & \frac{2}{A_Z L} & 0 & \frac{1}{A_Z} & 0 \\
0 & 0 & 0 & \frac{-GJ_d}{L} & 0 & 0 & 0 & 0 & 0 & \frac{GJ_d}{L} & 0 & 0 \\
0 & \frac{-1}{A_Z} & 0 & 0 & \frac{C_Z}{A_Z} & 0 & 0 & 0 & \frac{1}{A_Z} & 0 & \frac{D_Z}{A_Z} & 0 \\
0 & \frac{1}{A_Y} & 0 & 0 & 0 & \frac{C_Y}{A_Y} & 0 & \frac{-1}{A_Y} & 0 & 0 & 0 & \frac{D_Y}{A_Y}
\end{bmatrix} \tag{10-37}$$

式中：$A_Y = \dfrac{(1 + 12R_Y)L^2}{6EI_Z}$，$R_Y = \dfrac{EI_Z}{L^2\mu_Z GF}$，$C_Y = \dfrac{L(1 - 6R_Y)}{3}$，$D_Y = \dfrac{2L(1 + 3R_Y)}{3}$；

$$A_Z = \frac{L^2(1 + 12R_Z)}{6EI_Y},\ R_Z = \frac{EI_Y}{L^2\mu_Y GF},\ C_Z = \frac{L(1 - 6R_Z)}{3},\ D_Z = \frac{2L(1 + 3R_Z)}{3}$$

$$[\boldsymbol{K}_{\sigma e}] = P\begin{bmatrix} 0 & 0 & 0 & 0 & 0 & -0.1 & 0 & 1.2 & 0 & 0 & 0 & -0.1 \\ 0 & -1.2 & 0 & 0 & 0.1L & 0 & 0 & 0 & 1.2 & 0 & 0.1L & 0 \\ 0 & 0 & -1.2 & 0 & 0 & 0 & 0 & 0 & 0 & 0 & 0 & 0 \\ 0 & 0 & 0 & 0 & 0 & 0 & 0 & 0 & 0 & 0 & 0 & 0 \\ 0 & 0 & 0.1L & 0 & \dfrac{-L^2}{7.5} & 0 & 0 & 0 & -0.1L & 0 & \dfrac{L^2}{30} & 0 \\ 0 & -0.1 & 0 & 0 & 0 & \dfrac{-L^2}{7.5} & 0 & 0.1L & 0 & 0 & 0 & \dfrac{L^2}{30} \\ 0 & 0 & 0 & 0 & 0 & 0 & 0 & 0 & 0 & 0 & 0 & 0 \\ 0 & 1.2 & 0 & 0 & 0 & 0.1L & 0 & -1.2 & 0 & 0 & 0 & 0.1L \\ 0 & 0 & 1.2 & 0 & -0.1L & 0 & 0 & 0 & -1.2 & 0 & -0.1L & 0 \\ 0 & 0 & 0 & 0 & 0 & 0 & 0 & 0 & 0 & 0 & 0 & 0 \\ 0 & 0 & 0.1L & 0 & \dfrac{L^2}{30} & 0 & 0 & 0 & -0.1L & 0 & \dfrac{-L^2}{30} & 0 \\ 0 & -0.1 & 0 & 0 & 0 & \dfrac{L^2}{30} & 0 & 0.1L & 0 & 0 & 0 & \dfrac{-L^2}{7.5} \end{bmatrix} \tag{10-38}$$

式中：P 为单元所受的轴向压力。

2）求解方法

对有限元方程(10-33)需要在时间域内逐步积分求解。参见图 10-27，用$\{\Delta u_{i+1}^j\}$表示从 t 时刻到 $t+\Delta t$ 时刻的第 j 次迭代增加的位移增量，用$\{\Delta u^j\}$表示第 j 次迭代比 $j-1$ 次迭代增加的位移增量，得到

$$\{\Delta u_{i+1}^j\} = \sum_{j-1}\{\Delta u^j\} \tag{10-39}$$

完成由 $t-\Delta t$ 时刻到 t 时刻求解相应的位移增量及其他需求的物理量后，进入求 t 时刻到 $t+1$ 时刻的位移增量及其他物理量。迭代开始时，利用 t 时刻结构的位置、速度、外力、内力求解方程(10-33)的系数矩阵$[\boldsymbol{M}]$、$[\boldsymbol{C}]$、$[\boldsymbol{K}_T]$及$\{\boldsymbol{F}\}$与$\{\boldsymbol{N}\}$，进而解出 t 到 $t+\Delta t$ 时刻的位移增量$\{\Delta u^{j=1}\}$及结构的速度、内力等物理量的近似值。然后进入下一步迭代，直到迭代求得的位移增量$\{\Delta u^j\}$小于规定的误差为止(图 10-27)。

3）工况动力学分析、初始条件和边界条件

主要分析四种工况：

(1)中间舱不动，给定集矿机在海底的运动。这种情况下，软管两端的边界条件为：上端(中间舱端)6 个位移都为 0，即 6 个速度也为 0。软管下端，3 个转动约束反力矩为 0，转动位移待求；3 个平动自由度边界条件：垂直方向位移为 0，指定(集矿机)水平方向位移随时间的变化规律。

(2)中间舱运动，集矿机不动。软管上端给定 6 个位移随时间的变化规律；下端指定 3 个转动约束反力矩为 0，3 个平面位移为 0。

(3)中间舱位移，集矿机自由。软管上端条件与第二种情况相同，下端垂直位移为 0，其余 5 个自由度指定约束反力(矩)为 0。

中间舱和集矿机同时给定运动。软管上端边界条件与第二种情况相同，下端边界条件与第一种情况相同。

对于动力学问题，不仅要给出行驶路线，还要给出行驶路线上的速度和加速度。时域求解动力学问题涉及初始条件，开始时无法找到一种满足平衡及连续条件的运动着的初始条件，故初始状态采用静平衡状态。这时，初位移是已知的，初速度为0，由静力学程序预先算出。最简单的软管静平衡位置是软管垂直向下，不受任何外力。通过分步、按比例加载重力、浮力，逐步计算出平衡位置和约束反力(图 10-28)。

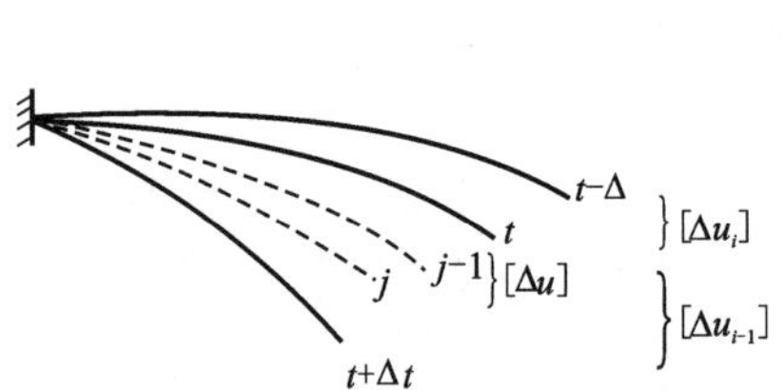

图 10-27 时间域迭代的位移增量图

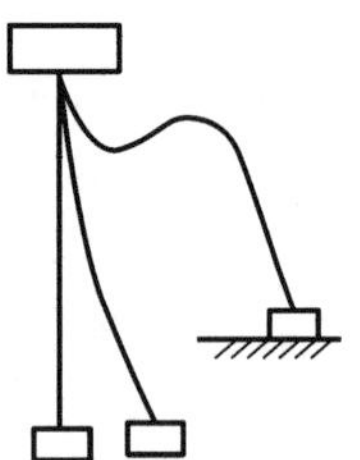

图 10-28 初始平衡位置寻找过程

采用静平衡状态作为初始条件，针对不同运动工况，通过时间域内逐步积分的处理方法对动力问题进行分析计算，可以得到软管对集矿机和中间舱的作用力和软管的空间形态，以及集矿机相对于中间舱的安全行驶区域。

举例：在集矿机行驶速度为0.5 m/s、中间舱离海底高度为100 m、软管长度为500 m、内摩擦阻力为0.008 kN/m、海流速度为0.3 m/s 的条件下，仿真结果得到：正常作业时集矿机端所受的水平力≤5 kN，软管弯曲半径>5 倍管径。计算得出集矿机安全行驶区域和突然停车时集矿机端约束反力变化曲线，见图 10-29。

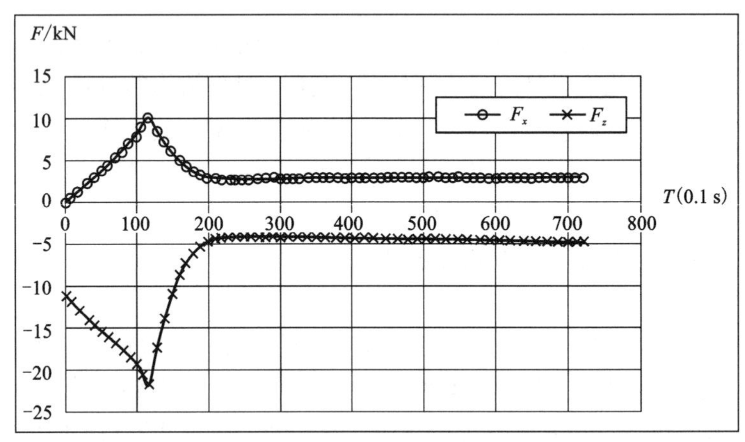

图 10-29 集矿机端约束反力变化曲线

2. 管线系统动力学“吊索”数值分析法

海洋中管线(石油管线和钻井船钻杆)动力学数值分析方面有很多比较实用的方法和计算程序。鉴于一些专用程序运用复杂，采矿系统管线曲率半径大，而影响弯曲刚度的主要是惯性载荷、轴向张力和外加力，因此可以使用具有类似悬链线特性的“吊索”法和程序(法国石油研究所 FLEXAN 程序)进行非线性大位移时域仿真，这样每个节点的自由度减少到 3 个，计算简单快捷。

1)“吊索”单元

作用于潜入水中的吊索单元的流体动力(阻力和惯性力)用 Morison 公式计算。这些力与重力和浮力一起沿单元平均分布，并作为分布合成载荷施加到吊索单元。在局部平面中，由悬链线方程的迭代解得出了几何尺寸、端部力和局部刚度矩阵。然后，将这些结果变换为全球坐标系统。外部力可视为恒定力，由于具有真正的悬链线形状，这种单元类型与一般用于吊索分析的铰接直连环模型比较可以更长。

2)静力分析

FLEXAN 程序采用改进的牛顿-拉普森(Newton-Raphson)迭代法寻找下述模型的平衡构型：

$$(\boldsymbol{Q})=0 \tag{10-40}$$

式中：$(\boldsymbol{Q})$为节点非平衡力矢量。平衡结点位置通过连续修正求出：

$$(X^{i+1})=(X^{i})+(DX^{i}) \tag{10-41}$$

$$(|\boldsymbol{K}_t^i|+|\boldsymbol{R}^i|)(DX^i)=(\boldsymbol{Q}^i) \tag{10-42}$$

式中：$\boldsymbol{K}_t$ 为全球切线刚度矩阵。$\boldsymbol{Q}$ 和 $\boldsymbol{K}_t$ 通过局部实体的经典汇编获得。$\boldsymbol{R}$ 为任选用户规定控制收敛速度的对角线矩阵。

3)动力分析

惯性反作用力(质量+附加质量)集中在产生对角线矩阵$|\boldsymbol{M}|$的节点上。时域分析通过采用通用 Adams 分布法对下式进行直接积分求得：

$$|\boldsymbol{M}|(\ddot{\boldsymbol{X}})=(\boldsymbol{Q}) \tag{10-43}$$

加之有效的时间步监控，这种算法具有很好的稳定性特性。

10.3.7　大洋多金属结核中试采矿系统

中国“大洋多金属结核中试采矿系统”是按商业系统生产能力 1∶10 设计的，由集矿子系统、扬矿子系统、测控与动力子系统和水面支持子系统组成，见图 10-30。

1. 系统结构

1)集矿子系统

利用集矿宽度为 2.4 m 的双排喷嘴低压大流量冲采结核、附壁喷嘴射流产生的负压输送矿浆到破碎机口的水力集矿头。配备 4 台 15 kW 水泵，流量为 960 m^3/h 时，压力为 0.05 MPa；结核通过 10 kW 的单辊破碎机破碎到 5 cm 排料；作业车采用尖三角金属高齿工程塑料履带板，2 条履带采用液压马达链条分别驱动，由变量油泵调速。总牵引功率为 160 kW，接地比压用车载 21 m^3 浮力件调节到 5 kPa；作业车上配备 2 台用于控制集矿机下水时的方位角的 1300 kN 推力螺旋桨；集矿头通过四连杆平行机构与作业车相连，用液压缸调节喷嘴离地高度和倾角；整机为液压驱动，由 2 台 175 kW 高压电动机带动 2 台主变量油泵和 4 台辅助定量油泵。行走和螺旋桨马达为闭式液压回路，电液比例阀控制，其余为开式回路。破碎机和水泵马达用调速阀改变转速，破碎机设有防卡回路。全部液压件装在压力补偿箱内。液压系统配有工作参数检测警报传感器。

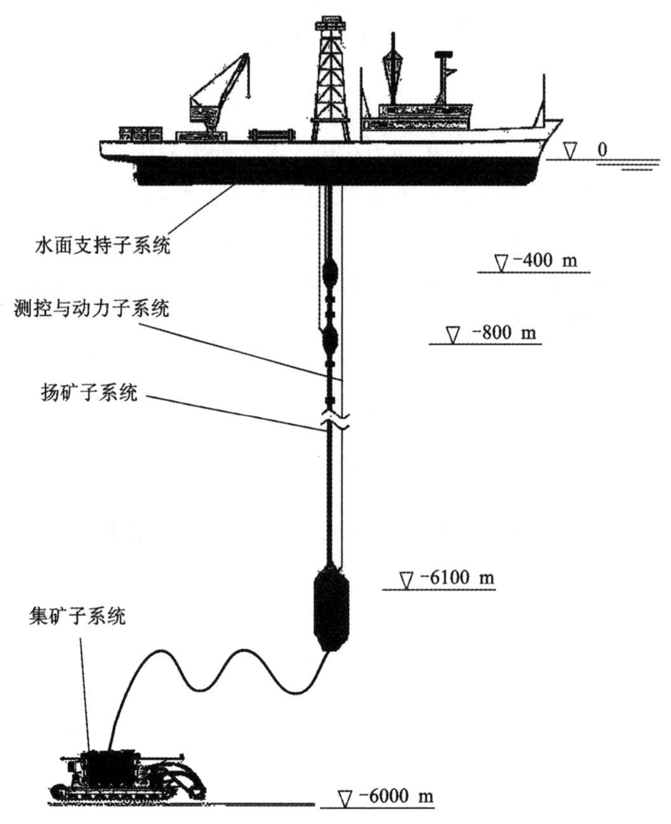

图 10-30 中国大洋多金属结核中试采矿系统

2)扬矿子系统

包括软管输送段、中间舱、硬管输送段和船上脱水与储存四部分：软管长 300 m、内径为 15 cm，其上装有浮力件，使软管在水下呈驼峰形，在集矿机和硬管间起缓冲调节作用。140 kW 软管输送泵安装在中间舱上，从集矿机破碎机出口抽吸结核矿浆并送入中间舱矿仓，流量为 255 m^3/ h，扬程为 70 m，输送速度为 3.5~4 m/s，体积浓度为 10%；中间舱通过万向节连接到硬管下端，离海底约 150 m，内设容积 13 m^3 上部开口的矿仓，可存储 15 t 湿结核，矿仓下部连接额定给矿能力为 44 t/ h 的弹性叶轮给矿机，由 10 kW 液压马达驱动，电液比例阀无级调速，实现给料调节，保持扬矿系统运行稳定。仓内设有破拱和料位检测装置；硬管扬矿段全长 5000 m，单根长 12 m，内径为 20.6 cm。2 台 800 kW 硬管提升半轴流矿浆管道泵分别安装在水下 400 m 和 800 m 处的硬管中间，流量为 360 m^3/h，扬程为 300 m；在软管输送泵出口和中间仓以上 20 m 处各安装 1 台紧急排放阀，当扬矿系统运行出现故障或突然停电时自动快速打开，将管道中的结核排入海中，防止管道和泵堵塞。系统最小输送速度为 2.3~2.7 m/s，体积浓度为 5%~10%。

3)测控与动力子系统

(1)供电系统配置包括船上 3.2 MW、380 V 发电机组，变配电站，用干式变压器升压至 4000 V，经 2 台 6000 m 电缆绞车和 1 台 1000 m 电缆绞车分别送至集矿机、中间舱和硬管提升泵。集矿机、矿浆泵电动机与本地压力补偿式分电箱直接相连，由船上低压侧的软启动器控制起停，低压用电由相应分电箱经变压器提供。

(2)控制系统配置为设在集矿机、中间舱、扬矿泵的三个水下计算机控制站和船上控制中心的集散结构，为光缆数字通信。水下控制站为一装在圆筒形压力舱内的具有数字量、模拟量和开关量处理能力及高速网络通信能力的微控制器系统，向控制装置提供低压交直流电、采集传感器信息、控制驱动装置、接受控制中心指令和上行传递信息数据；水面控制中心包括总控制台、集矿机与扬矿控制台、水面支持系统控制台。

(3)集矿系统控制。在控制中心集矿机操作台上操作自动顺序起停集矿系统；以罗盘导航和声学定位修正实现按预定开采路径行驶，利用电视摄像和图像声呐在线监测障碍与辅助寻找上次轨迹，自动、半自动及全自动控制履带车行驶，手动控制绕障和调头，并根据观测到的结核丰度及海底地形调节车速；手动调节集矿头离地高度；手动、自动控制集矿机下放过程的方位角和实现纵横向位移；操纵员通过监视器借助图形、图像、曲线、图表和动态画面实施如下作业过程监测：作业车下放速度、潜入深度、离底高度、管线受力监视，作业车行驶姿态、方位角、车速、压陷深度、履带张力与打滑率、行走轨迹的监视，车前地形与障碍物图形及参数监视，摄像头焦距、云台、照明的控制与显示；集矿机液压动力站工况及参数的监视，故障定位指示及声光报警等。

(4)扬矿系统控制。在控制中心扬矿操作台上操作自动顺序起停扬矿系统；通过控制中间舱给料机转速调节矿浆浓度；通过显示器监视矿浆浓度与流速；矿仓破拱、系统故障紧急排料监控；设备工况及参数监视。

(5)水下系统布放与回收控制通过控制中心操作台与塔架升降悬吊系统、电缆绞车本地控制站联合控制集矿机与电缆收放、扬矿管接卸、浮力件拆装的协调进行。

(6)采矿系统运行总体控制根据开采路线图和集矿机相对采矿船的安全作业位置包络图，按采矿船跟踪集矿机原则，利用全球卫星定位系统、水声基线定位系统、自动驾驶仪与动力定位系统，通过总控制台和船驾驶台实施采矿船-扬矿系统-集矿机协调运行控制与监视；并实施船上结核脱水与矿仓均衡存矿控制。

4)水面支持系统的基本配置

初步确定约 1.7×10^4 t 排水量的宽体船，主尺度为长度 110 m、宽度 30 m，航速 13 节，动力定位误差≤±30 m。船中央设 12 m×12 m 井口，设备出入水用双层船底，配备 20~30 m 高塔架和升沉摇摆补偿悬吊装置、600 t 液压升降接卸管机构，吊车、储管架、结核脱水和 3000 t 储矿仓等采矿专用设备，以及相应的实验室、维修间、水下设备存放空间以及通用船用设施。

2. 系统的主要技术性能

系统的主要技术性能见表 10-22。

表 10-22　中国大洋多金属结核中试采矿系统的主要技术性能

主要参数	指标	主要参数	指标
设计生产能力	15×10^4 t/a	采矿船定位精度	±30 m
作业水深	6000 m	采矿船储矿量	3000 t

续表 10-22

主要参数		指标	主要参数		指标
海况		4 级，短时 6 级	系统功率	装备功率	2 100 kW
海底地形	坡度	总体≤50°，局部≤150°		集矿机	350 kW
	相对高差	100~300 m		软管泵	140 kW
	绕行障碍	高度>0.5 m		硬管泵	1600 kW
		沟宽>1 m		中间舱给料机	10 kW
海底沉积物剪切强度		≥3 kPa	外形尺寸	集矿机	8.4 m×5.2 m×3.3 m
采集结核粒径		2~10 cm		中间舱	4.5 m×4.5 m×10 m
采集深度		10 cm		软管	内径 150 mm 长度 10 m，30 根
采集结核的最大丰度		20 kg/m^2			
采集覆盖率		75%		硬管	内径 206 mm 总长 5000 m
集矿头采集率		86%			
矿区矿石总回收率		24%	部件质量	集矿机	30 t(水中 16 t)
采集结核含泥率		≤15%		中间舱	30 t(水中 25 t)
扬矿管矿浆体积浓度		7%~12%		软管	15 t(水中 12 t)
集矿机行驶速度		0~1 m/s		硬管和泵	460 t
集矿机行驶轨迹偏差		±1 m	年作业时间		250 d/a，20 h/d

3. 系统湖试

中国中试采矿系统于 2001 年成功地在云南抚仙湖中国船舶重工集团公司七五〇试验场进行了部分采矿系统 135 m 水深的综合湖试。本次综合湖试的主持单位为长沙矿山研究院，参加单位有长沙矿冶研究院、沈阳自动化研究所、国家海洋二所、哈尔滨工程大学、七五〇试验场等。

湖试系统由集矿机子系统、软管输送子系统、测控及动力子系统和满足系统试验的简易水面支持子系统组成。系统简图见图 10-31。

试验环境条件见表 10-23。

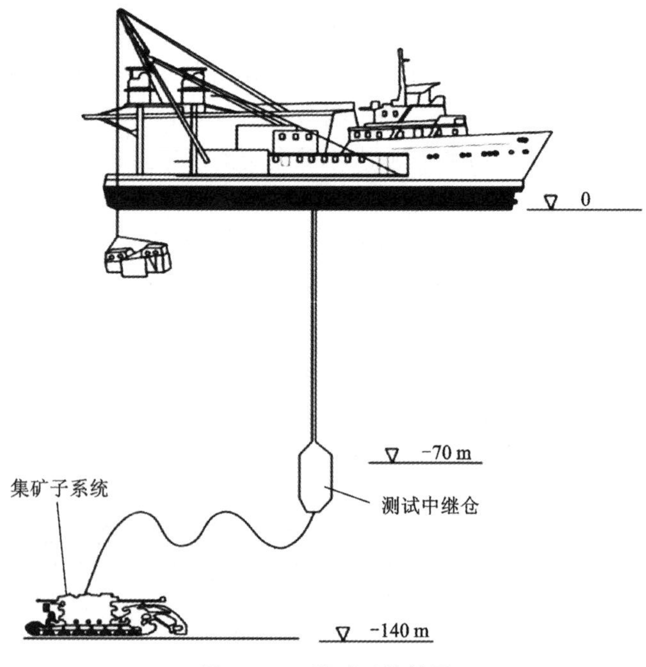

图 10-31 湖试系统简图

表 10-23　湖试环境条件

内容	试验条件参数
作业水深	120～140 m
湖面风浪	≤4 级
模拟结核铺撒平均丰度	5～10 kg/m^2
模拟结核粒径	3～5 cm
铺撒结核面积	300 m×100 m
湖底沉积物剪切强度	≥3 kPa
湖底地形坡度	≤5°

各参试设备经岸上安装调试完毕后装船驶向就位点，按指挥员口令下放集矿机，每下放 10 m 连接一根软管，并进行一次软管、吊索和脐带缆三者的固联。每根软管上布置 1 个管卡与主吊缆上缆卡相连。软管下放到合适位置时挂上浮力球，见图 10-32。

在试验区域进行了软管输送试验，依照吊放回收试验时的步骤，进行吊缆转钩、软管连接、系统各部分同步下放。中间仓下放照片见图 10-33。

图 10-32　软管系统下放

图 10-33　中间仓下放

根据中试系统技术设计，湖试首选纵向折返开采方式。船跟随集矿机一起直线行驶，到达矿区边缘时转弯反向行驶。如果通过第一试航，发现短基线定位系统在集矿机开动后因不能避免的干扰而无法正常运行，或者试验船无法按设计航迹航行(因漂移无法控制)时，则采用横向折返开采方式。湖试系统采集输送综合试验过程中，泥驳上的扬矿管道出口顺利收集到了采集的模拟结核(如图 10-34 所示)。

采矿试验获得成功，达到了初步打通采矿系统工艺流程的目的，设备运转达到基本正常，系统能从湖底采集模拟结核并输送到水面船上，性能达到技术设计要求。验证了我国确定的履带自行式水力集矿机水力管道提升大洋多金属结核采矿系统方案是正确的，技术上是可行的。

图 10-34　模拟结核采集

10.4　富钴结壳矿床开采

10.4.1　富钴结壳矿床开采条件和技术难点

1. 富钴结壳矿床开采条件

富钴结壳矿床开采条件中的决定因素包括海底大地貌和微地形、基岩类型、矿体厚度和连续性、沉积物分布、钴结壳和基岩的物理机械特性。2014 年，我国在西太平洋海域获得 3000 km^2 的富钴结壳勘探合同区，已开展了大量的地质取样与资源调查勘探任务，为结壳开采地质条件的确定奠定了基础。富钴结壳矿床开采地质条件的参考数据如表 10-24 所示。

表 10-24　富钴结壳矿山矿床开采地质条件参考数据

开采条件	技术指标
作业水深	800~3500 m
海底地形	1. 海底总体坡度：≤10°，局部坡度≤15°，坡度≥10°的只占 10% 2. 海底相对高差：100~300 m 3. 海底绕行障碍：露头或礁石高度≥0.5 m；堑沟宽度≥1 m
海底沉积物	表面剪切强度 3~14 kPa；摩擦角：3.1°~18.5°；湿密度：1.2~1.5 kg/m^3
基岩	抗压强度：20~50 MPa；密度：1.76~2.75 kg/m^3
结壳矿	1. 厚度：平均 4 cm，最大采掘厚度 10 cm 2. 平均丰度：60 kg/m^2（干重） 3. 湿密度：1.7~2.16 kg/m^3，平均湿容重 2 kg/m^3 4. 含水率：30% 5. 抗压强度：≤8 MPa
矿区尺寸	1. 单个可采矿体尺寸：宽 3~8 km，长 100~200 km 2. 最小可采矿块：10 km×1 km

2. 富钴结壳矿床开采难点

根据富钴结壳矿床赋存地质条件、结壳与基岩物理力学特性，可以得知富钴结壳的特性类似于煤。如果不考虑地形因素，用截煤机方法完全可以从基岩上剥离破碎下结壳，无须再对剥离破碎方法进行研究。然而，富钴结壳矿床赋存的地质条件极其复杂，除了一部分矿区在山顶边缘 2~3 km 地带较为平坦外，绝大部分富矿区都在坡度为 10°~20°的坡面上，存在着高 3~5 m 的悬崖峭壁、宽 3~5 m 的断裂、高达 100 m 的海蚀平台。微地形波动非常大，加之结壳厚度很薄，平均厚度只有 4 cm。因此，结壳的实际开采，在技术上比从海底收集结核困难得多。研发适应微地形变化的剥离破碎头，成为研发效率高、损失贫化率低的剥离破碎机构的主要技术难点。研发中必须解决的关键技术主要有以下几点：

(1) 适应微地形波动非常大的剥离薄层结壳的破碎方法、破碎头结构和适应性控制技术。要使回收的结壳中含基岩尽量少，以免因贫化而显著降低矿石的品位，同时应尽量少地漏采结壳，以降低资源损失。目前，可以考虑采用机械原理的浮动刀头或随动控制技术，以及两种方法相结合的技术加以解决。

(2) 截割深度检测和切割一定厚度结壳的控制技术。主要解决破碎刀头不超切基岩或漏切结壳的问题，使得采集的矿石损失贫化率最低。目前，可以考虑利用超声波或放射性辐射传感器探测结壳厚度和采用智能随动控制技术根据微地形变化控制进刀机构加以解决。

(3) 剥离破碎机构工作参数的匹配和工程设计计算方法。参数匹配应以额定工况为基准，并考虑破碎对象条件的变化，确定机构参数的可调范围，以便在工作过程中加以适应性调整。

10.4.2 富钴结壳矿床开采规模和能力

1. 生产能力确定

根据已知工业开采设计和可能的技术方案，目前宜于研发年生产能力为 25 万 t、50 万 t 和 100 万 t 干矿石的采矿系统。企业的开采年限一般为 20 年。

2. 总回采率估算

影响净采矿率的主要因素：

1) 地质因素

矿区或矿址内某些地段由于存在断层、悬崖、玄武岩露头、过大坡度、海蚀凹陷，以及沉积物过于软弱难以支承采矿机械，而无法进行开采，必须事先清除沉积层。目前，划定矿区的勘探程度，不足以对所述因素进行精确估计。一般认为，在实际矿区内，不能进行开采的地段将占 20%~25%。

2) 结壳厚度及其分布因素

结壳厚度一般为 2~12 cm，厚度为 4~6 cm 的矿体最稳定，只有在平顶海山支脉和卫星平顶海山范围内才形成厚度超过 8 cm 的结壳，并且具有明显的斑点特征。目前查明的结壳最大厚度为 24 cm，4~6 cm 厚的结壳约占 32%，6~8 cm 厚的结壳占 8.5%~13.1%，大于 8 cm 的结壳占 11.6%~24.3%。因此，很难采集结壳全厚，由此产生了损失贫化。

3) 结壳品位和丰度分布因素

低于边界品位和丰度的区域必须从矿区内剔除。从勘探数据可以看出，结壳丰度变化在很近的距离内也很明显，其间也有许多无结壳的空白点。实际上，目前勘探程度难以精确有效地发现这些空白点和低丰度区。采矿机无法回避的这类地段至少占整个矿区的35%。

4)技术因素

采矿有效率取决于两个主要因素：损失贫化率和采集覆盖率。

由于结壳厚度分布和微地形变化、采集机构原理、机器行走性能因素影响，切割头不可能完全切下薄层结壳，从而产生损失贫化，一般认为损失贫化率在15%左右。而破碎后的粉矿不可能完全被收集，根据俄罗斯所作的剥离破碎后粉矿粒度分析实验数据，小于1 mm的粉矿约占10%，即收集损失率约为10%。

由于行走机构的机动性和控制技术方面的限制，自行式集矿机采集覆盖率有可能达到90%。

3. 不同生产能力所需矿床面积

根据企业生产能力，所需矿床面积可按下式计算：

$$S = n\frac{Q}{\varphi\eta} \times 10 \qquad (10-44)$$

式中：S为所需矿床面积，km^2；n为矿区开采年限，a；Q为年生产能力，万t/a；φ为干结壳丰度，kg/m^2，一般为60 kg/m^2；η为回采率，一般取0.33。

经计算得到，对应于年生产能力为25万t/a、50万t/a和100万t/a，开采20年所需矿床面积分别为252 km^2、505 km^2和1010 km^2。

10.4.3 采矿系统与开采方法

结壳矿床开采包括五种作业工序：剥离、破碎、提升、挑选和分离。国外通常讨论的回收方法是海底履带采矿车、水力提升管系统和海面船组成的系统。采矿车提供自身前进力和约20 cm/s的移动速度。车上铰接剥离结壳的滚筒切割头，剥离下的材料在提升前通过重力选矿机选矿，剔除采集的基岩。其他可能的方法包括连续索斗法、水射流法和原地浸出技术等。这些开采系统需要进一步研究其可能性。

1. 履带自行多滚筒截割采矿机-管道提升矿石采矿系统

1)开采系统组成

这种由美国提出的采矿系统，由2条船(采矿船和运矿船)、矿石转运管线、海底采矿机和矿石气力提升系统组成，如图10-35所示。除采矿机为单独研制以外，其余部分与大洋多金属结核采矿系统完全一致。设定的开采条件见表10-25。

2)采矿机

采矿机主要由牵引车、剥离破碎机构和采集机构组成。牵引车为四条浮动履带；剥离破碎机构为布置在前后履带之间的多个悬臂式双滚筒截割头；采集机构为水力吸送系统。

在采矿过程中，采矿船跟随沿海底移动的采矿机航行。采矿系统的操纵性和移动速度能适应水深100 m左右的变化。

采矿机具有切割结壳、吸取及破碎矿石、向软管输送矿石机构的功能。主要技术参数见表10-26。

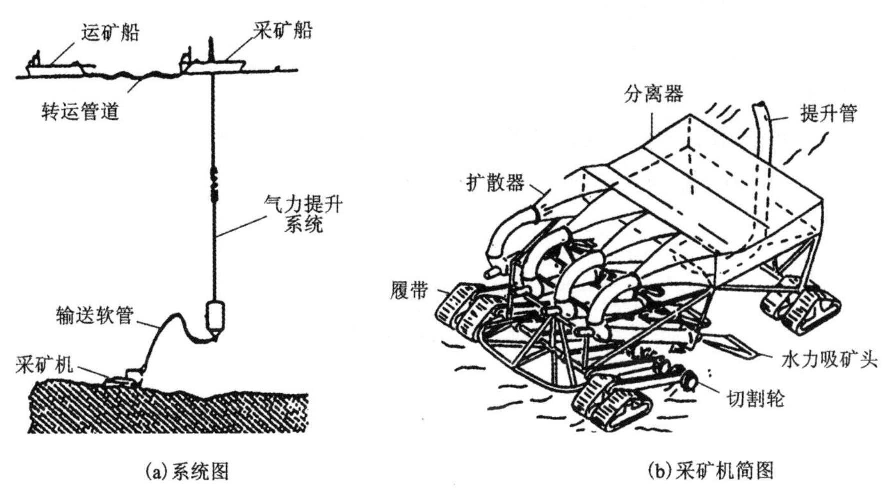

(a)系统图　　(b)采矿机简图

图 10-35　履带自行多滚筒截割采矿机-管道提升矿石采矿系统

表 10-25　履带自行多滚筒截割采矿机-管道提升矿石采矿系统设定的开采条件

<table>
<tr><th>条件参数</th><th>指标</th><th colspan="2">条件参数</th><th>指标</th></tr>
<tr><td>矿床的赋存深度</td><td>800～2400 m</td><td colspan="2">生产规模</td><td>100 万 t/a</td></tr>
<tr><td>海底面倾角</td><td>平均 10°(最大 20°)</td><td rowspan="5">年作业时间</td><td>连续作业时间</td><td>225 d</td></tr>
<tr><td>矿床面积</td><td>10～50 km²</td><td>恶劣天气时间</td><td>35 d</td></tr>
<tr><td>结壳矿床覆盖率</td><td>60%</td><td>故障时间</td><td>25 d</td></tr>
<tr><td>结壳厚度</td><td>平均 4 cm(最大 10 cm)</td><td>船补给时间(船入坞等)</td><td>35 d</td></tr>
<tr><td>矿石金属品位</td><td>Co：0.9%，Ni：0.5%，
Mn：28%，Pt：0.4 g/t</td><td>开采及技术条件准备时间</td><td>45 d</td></tr>
</table>

表 10-26　采矿机主要技术参数

<table>
<tr><th>内容</th><th>参数</th></tr>
<tr><td>沿海底行驶速度</td><td>0.2 m/s</td></tr>
<tr><td>作业功率</td><td>约 900 kW</td></tr>
<tr><td>采矿机行驶功率</td><td>500 kW</td></tr>
<tr><td>吸取破碎矿石功率</td><td>200 kW</td></tr>
<tr><td>向软管输送矿石功率</td><td>150 kW</td></tr>
<tr><td rowspan="2">外形尺寸</td><td>长度 13 m</td></tr>
<tr><td>宽度 8 m</td></tr>
<tr><td>空气中质量</td><td>100 t</td></tr>
</table>

这种采矿系统对于开采微地形变化莫测的钴结壳而言，是一种比较有效的方式，但必须解决切割头随微地形变化浮动的问题。

2. 绞车牵引挠性螺旋滚筒截割采矿机-管道提升矿石采矿系统

1) 系统组成

这种由俄罗斯提出的采矿系统，由采矿船、垂直提升管、潜水中间矿仓、提升软管和绞车牵引挠性螺旋滚筒截割采矿机组成。如图 10-36 所示。

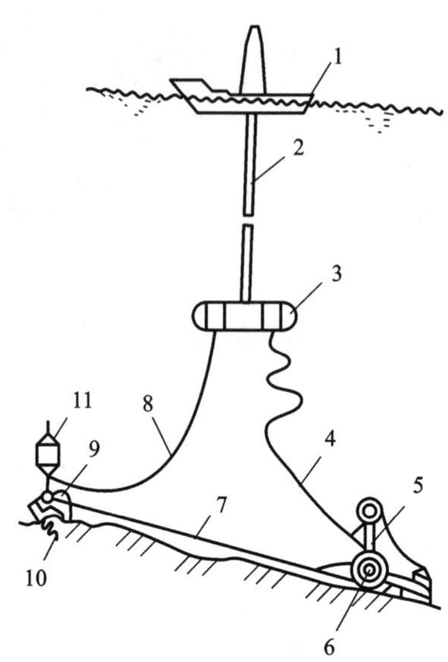

1—采矿船；2—提升管；3—潜水平台；4—输送软管；5—浮动机架；6—挠性螺旋滚筒截割采矿机；7—牵引钢丝绳；8—缆绳；9—牵引绞车；10—锚固绞车座；11—浮力体。

图 10-36 绞车牵引挠性螺旋滚筒截割采矿机-管道提升矿石采矿系统

2) 采矿机

如图 10-37 所示，采矿机挠性螺旋滚筒由左右螺旋两部分组成，每个螺旋的两端置于轴承座内，两螺旋滚筒分别由位于其外轴承座处的电动机经减速机驱动。螺旋滚筒外面装有切割刀和截齿，里面装有叶片，构成轴流泵。螺旋滚筒切割刀和截齿外面沿轴向设有两个弹性外罩，外罩用橡胶加固，用金属骨架铰接在一起，隔一定间隔用拉杆将螺旋滚筒轴与弹性外罩壁板连接起来。整个滚筒两端轴包括吸入管和软管与浮动机架相连，支承在行走轮上，并通过几根索链与牵引钢丝绳相连。

3) 矿石提升系统

矿石提升有两种方案：

第一种方案是泵提升。提升上来的矿石在船舱内沉积，而具有 3℃ 左右温度的澄清水和极细粒级结壳一起排入 400~1000 m 的水深处。船舱装满矿石后，采矿设备回收到船上，船驶回港口，在港口卸矿并为下一航次做好准备。如果采用运输船，船内要配置从矿浆中分离矿石并将其转运到散装船内的设备。

第二种方案是索斗提升。泵入管道内的矿石，在挂在垂直钢丝绳上的管内筛网料斗内沉

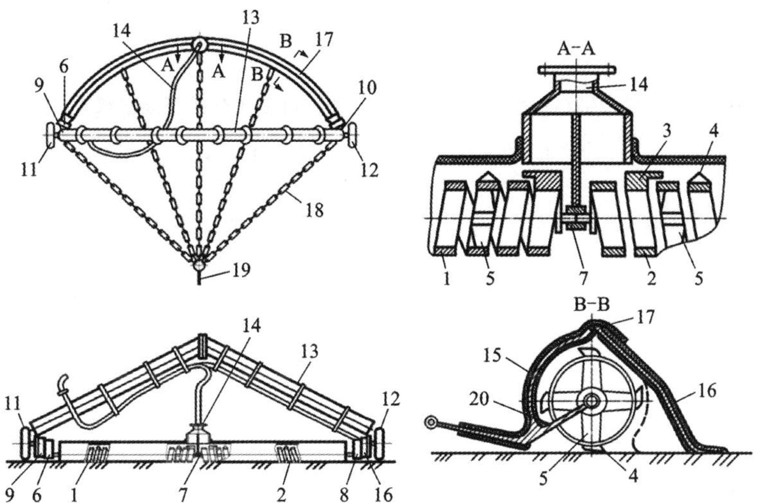

1、2—左右螺旋滚筒；3—切割刀；4—截齿；5—泵叶轮；6、7、8—滚筒轴轴承座；9、10—左右电动机和减速机；11、12—左右行走轮；13—浮动机架；14—破碎结壳吸入管；15、16—前后弹性外罩板；17—前后弹性外罩连接铰链；18—索链；19—牵引钢丝绳；20—挠性螺旋滚筒与外罩板的拉杆。

图 10-37　采矿机原理图

积并提升，空载段在管外下行。当筛网料斗的设计网孔为 0.2 mm×1.0 mm，料斗直径为 0.2 m，筛分面积为 0.126 m^2 时，为使过滤矿石量达到 60 L/s，1 min 要有 20 个料斗卸载，索斗提升驱动功率约为 250 kW。这种方案的优点是降低了提升能耗，由于管道内外压力相同，减轻了管道重量，只有单条管道有可能单独移动采矿机，管道可在海底架设支架，简化了采矿作业的控制，并减少了对环境的不利影响。

这种采矿系统对于开采微地形变化莫测的钴结壳而言，机构简单，是一种有前景的采矿系统。

4）系统开采作业方法

这种开采系统的作业方法如下：采矿船驶抵矿区，下放提升管、潜水平台，然后采矿机从潜水平台下放到海底。采矿船后退一定距离，装设用缆索与潜水平台连接的锚固绞车座。启动电动机，通过减速机驱动螺旋滚筒轴，滚筒上的切割刀和截齿切割结壳。相邻截线切割刀有一定重叠，避免漏切。当刀轴旋转时，泵叶片也旋转。叶片相互分开安装，以便保证沿外罩长度方向均匀分布吸入力，其数量要足够克服外罩下固液混合物运动的流体阻力。提升泵在从外罩吸入水和固体物料时，保证了外壁对海底所需的吸入力，因此可调节滚筒轴对工作面的力。外罩壁在外部压力作用下，借助铰链和拉杆保证滚筒轴对工作面所加的力。外罩前后壁用铰链连接，具有足够的挠性，可以靠紧各种地形的海底面。开采过程中，整个装置用绞车通过索链和钢丝绳拉向锚固绞车座。同时，滚筒轴的旋转要使整个装置在旋转力作用下也力图朝向锚固绞车座方向移动。为了不使滚筒轴叠加和不缩小横移带宽，安装了浮动机架，其上部比水轻，因此处于垂直状态。由于滚筒轴具有对地面的计算压力，可以切割下相当坚硬的结壳，而不能切割下在其上生长结壳的较坚硬的基岩。在切割进路结束时移动锚固绞车座，重复上述过程。

5)系统技术参数

这种采矿系统的技术参数见表 10-27。

表 10-27　绞车牵引挠性螺旋滚筒截割采矿机-管道提升矿石采矿系统技术参数

<table>
<tr><th colspan="2">技术参数</th><th>指标</th></tr>
<tr><td rowspan="9">采矿机</td><td>生产能力</td><td>30 m^3/h</td></tr>
<tr><td>一次切割分层厚度</td><td>6 cm</td></tr>
<tr><td>切割力</td><td>60 kN</td></tr>
<tr><td>钝刀单位切割阻力</td><td>2.5 MPa</td></tr>
<tr><td>滚刀切割器直径</td><td>0.6 m</td></tr>
<tr><td>切割功率</td><td>27 kW</td></tr>
<tr><td>推进力</td><td>20 kN</td></tr>
<tr><td>垂直切割力</td><td>42 kN</td></tr>
<tr><td>移动速度</td><td>0.028 m/s
(100 m/h)</td></tr>
<tr><td rowspan="8">提升系统</td><td>切割宽度</td><td>5 m</td></tr>
<tr><td>管道直径</td><td>250 mm</td></tr>
<tr><td>提升速度</td><td>1.24 m/s</td></tr>
<tr><td>通过最大块度</td><td>50 mm</td></tr>
<tr><td>固液比</td><td>1:6</td></tr>
<tr><td>矿浆密度</td><td>1.095 t/m^3</td></tr>
<tr><td>排水量</td><td>180 m^3/h</td></tr>
<tr><td>系统压头</td><td>114 m 水柱</td></tr>
</table>

<table>
<tr><th colspan="3">技术参数</th><th>指标</th></tr>
<tr><td rowspan="2" colspan="2">开采工作面</td><td>切割分层高度</td><td>5~6 cm(结壳厚度 4~24 cm)</td></tr>
<tr><td>工作线长度</td><td>2~3 km</td></tr>
<tr><td rowspan="7" colspan="2">水泵</td><td>台数</td><td>2 台</td></tr>
<tr><td>排水量</td><td>220 m^3/h</td></tr>
<tr><td>压头</td><td>71 m×2</td></tr>
<tr><td>转速</td><td>1450 r/min</td></tr>
<tr><td>通过断面</td><td>55 mm</td></tr>
<tr><td>电动机功率</td><td>75 kW×2</td></tr>
<tr><td>质量</td><td>296 kg×2</td></tr>
<tr><td rowspan="7">开采总回收率</td><td rowspan="4">回采损失率</td><td>未采全厚损失</td><td>≤50%</td></tr>
<tr><td>微地形不平损失</td><td>10%~15%</td></tr>
<tr><td>采集机构工作不协调损失</td><td>5%~10%</td></tr>
<tr><td>合计</td><td>25%</td></tr>
<tr><td colspan="2">提升损失率</td><td></td></tr>
<tr><td colspan="2">装入矿仓损失</td><td></td></tr>
<tr><td colspan="2">运输转载损失</td><td></td></tr>
<tr><td rowspan="2" colspan="2">系统总功率</td><td>生产能力 25 万 t 时</td><td>300 kW</td></tr>
<tr><td>生产能力 50 万 t 时</td><td>400 kW</td></tr>
</table>

3. 采矿机破碎-链斗管道提升采矿系统

这种采矿系统利用多排冲击器破碎结壳，破碎后的矿石由采矿机拖动提升链斗直接挖掘矿石并提升到海面，见图 10-38。该系统的采矿机能适应微地形变化莫测的钴结壳开采条件，但是链斗挖掘有一定困难，不是丢失很多矿石就是挖掘过多的废石，系统协调运行复杂，不如用水力送入中间舱再用链斗提升更切合实际。

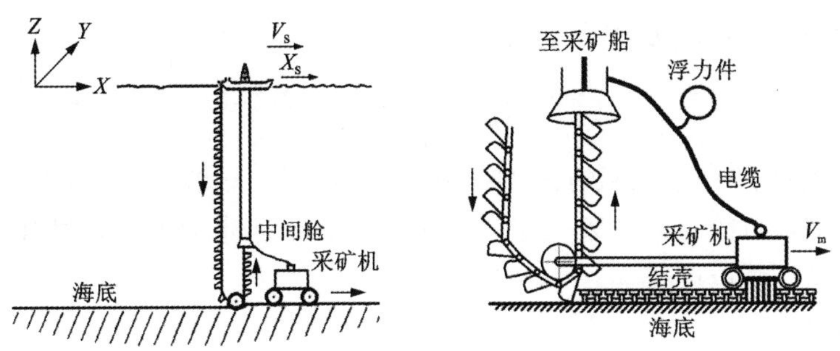

图 10-38　采矿机破碎-链斗管道提升采矿系统示意图

10.4.4　采掘机构设计

1. 采掘机构必须满足的技术条件

(1)生产能力，目前趋向于年生产能力 100 万~150 万 t；

(2)切割分层厚度，一般为结壳厚度；

(3)地形坡度和适应微地形变化值(每平方米面积内的起伏高度和间距)；

(4)海底底流速度；

(5)结壳丰度、覆盖率、品位和物理力学特性；

(6)基岩物理力学特性值；

(7)沉积物覆盖厚度及其物理力学特性；

(8)采集损失贫化率。

2. 滚筒截割机构设计

在给定生产能力和选定约定条件后，从保证截割能耗最小和破碎质量最优等出发，来选择工作机构的主要参数。

1)计算生产能力

根据给定的生产能力，考虑采掘时的损失率、贫化率和结壳含水率，工作机构的计算生产能力为：

$$Q_{js}=\frac{Q_{ed}}{\eta_p\eta_s\eta_w} \tag{10-45}$$

式中：Q_{ed} 为干结壳额定生产能力；η_p 为贫化率系数；η_s 为损失率系数；η_w 为结壳含水率系数。

2)截割机构功率

由于影响截割机构载荷的因素非常多，不易精确确定，实际上多利用比能耗的实验资料，按下式确定截割机构功率：

$$N_q=\frac{60Q_{js}H_{w.B}}{k_1k_2} \tag{10-46}$$

式中：Q_{js} 为计算生产能力；$H_{w.B}$ 为采掘结壳的比能耗；k_1 为功率利用系数，单机驱动时取 1；k_2 为功率水平系数，与走刀速度的调节方式、电动机的超载能力等因素有关。

3)牵引(走刀)速度

根据生产能力按下式确定牵引速度：

$$V_q = \frac{Q_{js}}{B_q . h_p . \gamma_j} \tag{10-47}$$

式中：B_q 为截割宽度；h_p 为截割深度，即采掘结壳的厚度；γ_j 为结壳湿密度，为 2 t/m³。

现代滚筒式截煤机的走刀速度一般为 6~10 m/min。当牵引速度超过合理范围时，必须通过加大截割总宽度予以调整。

4)截齿及参数

(1)截齿类型。

截齿的质量和工作性能、正确选用和安装，对提高采矿机的生产能力和降低生产成本具有重要意义。

对截齿的基本要求是：①耐磨性要好；②截齿的几何形状要能适应不同的岩性(结壳和基岩)和切割条件，截割单位能耗要低；③装卸简便迅速，固定可靠；④结构简单，便于制造和维护。

滚筒式采矿机所用截齿，基本分为两大类：扁截齿(径向截齿)和镐型截齿(切向截齿)。

① 扁截齿。前面是平的，截刃是直的。虽然硬质合金片镶焊得比较牢固，但截刃和侧刃不锋利，截割阻力大，生成粉尘多；前面呈屋脊状的扁截齿，强度较高，截割时形成的密实核较小，故截割阻力较小，生成的粉尘也较少。但因前面向两侧倾斜，侧向力较大，且两侧受力可能不平衡。同时，作用在径向截齿尖上的截割阻力和进刀力的合力，与齿尖运动轨迹切线之间的夹角为 25°~40°，故齿身受到较大的弯矩。

② 镐型截齿。为锥形，可转动，工作时磨损均匀，不会发生磨损面。齿身轴线位于齿尖合力作用方向的变化范围内，因而齿身受到的弯矩小，不易折断。工作时截角较小，对降低单位能耗有利，且形状简单，制作方便。但齿身和齿座的长度限制了截齿的安装密度。

(2)截齿破碎工艺参数。

① 截齿截割速度

根据截煤机的大量实验数据，破煤时齿尖线速度一般为 2.8~3.3 m/s；破岩时齿尖线速度为 1.85~2.7 m/s。考虑到有时会切割基岩，一般选定滚筒截齿截割速度为 2 m/s。

② 滚筒截齿刀头转数

按下式计算滚筒转数：

$$n_{zs} = \frac{60V_j}{\pi D_0} \tag{10-48}$$

式中：D_0 为滚筒截齿刀头外圆直径；V_j 为滚筒截齿截割速度。

③ 单齿一次截割过程的转角

单齿一次截割过程的转角可按下式计算：

$$\alpha_1 = \arccos\left(1 - \frac{h_f}{r}\right) \tag{10-49}$$

式中：r 为截割轮截齿处半径；h_f 为截割分层厚度。

④ 每条截割线上的齿数

根据转动角 α_1 确定每条截割线上的齿数 m_{xc}：

$$m_{xc}=\frac{360}{90\arccos(1-h_f/r)} \tag{10-50}$$

⑤ 单齿一次截割过程截割轮的走刀(牵引)距离

$$h_0=\frac{V_q}{m_{xc}\times n_{zs}} \tag{10-51}$$

⑥ 最大截割厚度

$$h_{max}=r-\sqrt{[\sqrt{r^2-(r-h_f)^2}-h_0]^2+(r-h_f)^2} \tag{10-52}$$

⑦ 截齿计算宽度

镐齿截割部分为锥形，截齿的计算宽度按下式计算：

$$b_j=[2\Delta\sin(\beta/2)/\sin\delta]\times(\cos\beta+\sin\beta\cot\alpha_h)^{1/2} \tag{10-53}$$

式中：Δ 为接触高度平均值，$\Delta\approx0.45h^{1/2}$；β 为刀尖角；δ 为截割角；α_h 为后角。

⑧ 平均截割厚度

平均截割厚度近似为：

$$h_p=0.64\,h_{max} \tag{10-54}$$

⑨ 截距

最佳平均截距($h>1$ cm)按下式计算：

$$t_{zj}=(1.25\,h_p+b_j+1.25)k_c \tag{10-55}$$

式中：k_c 为脆性程度影响系数，取 1.05。

(3)截齿结构参数。

① 同时工作截齿数。

同时工作齿数 $n_t=n_{jx}$。

② 截线数：

截线数为：

$$n_{jx}=\frac{B_q}{t_p}+1 \tag{10-56}$$

式中：B_q 为截割宽度；t_p 为平均截距。

③ 截齿数：

$$n_c=n_{jx}m_{xc} \tag{10-57}$$

式中：n_{jx} 为每个滚筒截线数；m_{xc} 为每条截线截齿数。

④ 镐齿安装角

借鉴截煤机经验，镐齿安装角一般为 45°左右。

⑤ 刀具伸出刀座长度

刀具伸出刀座长度必须≥最大截割分层厚度，其中要考虑镐齿安装角影响的加长值。

5)工作机构的最大装备功率

根据平均和最大截割力、同时工作齿数和滚筒半径计算得到截割机构平均和最大扭矩。然后根据滚筒转速，计算得到截割机构装备功率。而按比能耗估计的功率，选用液压马达时必须考虑 1.5 倍的过载能力。

3. 刀具受力的估算

结壳的机械性质数据较少，且波动范围大，但是总体来看类似于煤，可以借鉴采煤机的估算方法。而对于采煤机刀具的受力分析，同样因煤岩性质的变异、截割过程中受到较大的动载和随机性，用解析法有很大困难。目前主要用实验和数理统计方法，可以采用比较完善的苏联国家标准(OCT 12.47.001-73)进行刀具受力的估算。

1)刀具上的平均载荷

锐刀上的平均截割阻力：

$$Z_0 = \bar{A} h_p t_p \frac{0.35 b_p + 0.3}{(b_p + h_p \tan\psi) K_\varphi} K_m K_\alpha K_\tau K_c K_v \frac{1}{\cos\beta} \tag{10-58}$$

式中：Z_0 为锐刀上的平均截割阻力；$\bar{A}$ 为结壳平均截割阻力，一般取 250 N/cm^2；h_p 为平均截割厚度；t_p 为平均截距；b_p 为截齿计算宽度；K_φ 为脆塑性系数，按具有一定脆性考虑为 1；ψ 为截槽侧向崩裂角；K_m 为工作面暴露系数，当 t_p 大于最佳截距时

$$\tan\psi = (0.45 h_p + 0.023)/h_p \tag{10-59}$$

$$K_m = \left[1 + 21 \times h_p \left(\frac{t_p}{t_{zj}} - 1\right)^2\right] K_p = \left[1 + 21 \times 0.486 \left(\frac{4}{3} - 1\right)^2\right] \times 0.732 = 0.815 \tag{10-60}$$

式中：$K_p = 0.32 + 2/h_p$；K_α 为刀具截割角影响系数；K_τ 为刀具前面形状系数；K_c 为刀具配置影响系数，顺序配置为 1；K_v 为压张影响系数。按下式计算 K_v。

$$K_v = K_v' + \frac{J/H - c}{J/H + d} \tag{10-61}$$

式中：K_v'为工作面边缘处的压张系数，按脆性取 0.36；J 为工作机构的切深，等于 h_{max}；H 为平均截割结壳弦长；c、d 分别为 0.36、1。

钝刀上的平均截割阻力

$$Z = Z_0 + f'(Y_p - Y_0) = Z_0 + f'\sigma S_m k_r \tag{10-62}$$

式中：f'为抗截割阻力系数；σ 为岩石抗压强度；S_m 为截齿磨钝面在截割平面上的投影面积；k_r 为矿体应力状态体积系数。

锐刀上的平均进刀阻力：

$$Y_0 = K_b Z_0 \tag{10-63}$$

式中：K_b 为锐刀进刀阻力与锐刀截割阻力的比值，随截割厚度的增大以双曲线形式下降，并随脆性的减小而增大，借鉴截煤机截割韧性煤取为 0.7。

钝刀上的平均进刀阻力：

$$Y = Y_0(1 + CS_m) \tag{10-64}$$

式中：C 为参数，为 1.4~3.2，一般取 2.3；S_m 为截齿磨钝面积，即刀具磨钝面在截割平面上的投影面积。

平均走刀阻力和压下阻力：

平均走刀阻力：

$$F_q = Z\cos\alpha_1 \tag{10-65}$$

平均压下阻力：

$$F_y = Y\cos\alpha_1 \tag{10-66}$$

已知 α_1，将单个锐刀上的平均进刀阻力和钝刀上的平均进刀阻力分别代入式(10-66)，

得到单个锐刀上的平均走刀阻力与压下阻力，以及同时接触锐刀上的平均走刀阻力与压下阻力合力。

截齿上的平均侧向力：

平均侧向力是由截齿两侧面积上作用力之差所产生的，它与岩性、截割形式、截齿几何形状和磨钝程度有关。

对于顺序截割形式的侧向力可按下式计算：

$$X = Z\left(\frac{1.4}{h + 0.3} + 0.15\right)\frac{h}{t} \tag{10-67}$$

2）截齿上的最大载荷

参照 OCT 12.44.093-77，截齿上的最大载荷可按下式计算：

$$Z_f = \frac{5200(1 + 3.36\,h)t}{t + 1.8}k_{bz}k_{yz}k_{cz} \tag{10-68}$$

$$\overline{Z}_f = \frac{5200(1 + 2\,h)t}{t + 2.5}k_{bz}k_{yz}k_{cz}k_{\varphi z} \tag{10-69}$$

$$Y_f = \frac{20000(1 + 0.29\,h)t}{t + 3.7}k_{by}k_{\varphi y}k_{ky} \tag{10-70}$$

$$\overline{Y}_f = \frac{15700(1 + 0.26\,h)t}{t + 3.4}k_{by}k_{\varphi y}k_{ky} \tag{10-71}$$

式中：Z_f、$\overline{Z}_f$、Y_f、$\overline{Y}_f$ 分别为标准截齿上的截割阻力和进刀阻力的最大峰值及平均值；k_{bz}、k_{yz}、k_{cz} 分别为截齿宽度、截割角和截齿后刃面形状对截割力的影响系数；k_{by}、$k_{\varphi y}$、k_{ky} 分别为截齿宽度、截割角和截齿后刃面形状对进刀力的影响系数。

值得注意的是，在多次截割硬包裹体时，截割阻力的最大值有可能超过平均值的15倍，而进刀阻力则超过10倍。

3）截齿强度计算

根据刀具的受力、伸出刀座的长度，并考虑动载系数和结构特点，确定危险断面的最大弯曲应力，校核选定的刀具杆体强度。杆体受到截割阻力和进刀阻力的联合作用，考虑台阶影响系数0.78，动载荷系数3，求得杆体直径。不能满足要求时，可采取更换材料、改变热处理工艺或加大杆径的方式，但加大杆径时，必须考虑布齿密度的可能性。

4. 牵引机构最大牵引力的确定

牵引力主要考虑走刀阻力、车辆行驶阻力、启动惯性阻力，可按下式计算：

$$F_{qy} = F_q + F_f + F_g = F_q + f_j G_c + \frac{G_c}{g}\frac{dv}{dt} \tag{10-72}$$

式中：F_q 为走刀阻力；F_f 为车辆行驶摩擦阻力；F_g 为车辆行驶惯性阻力；f_j 为车轮摩擦系数。考虑轮缘在轨道上的摩擦，滚动轴承时静摩擦系数为0.04；G_c 为牵引车重力；g 为重力加速度（$9.8\ m/s^2$）；dv/dt 为启动加速度。

5. 截割设计

1）截齿在工作装置上的位置

根据截齿在工作装置上的位置可分为径向截齿和切向截齿。

在径向出刀量相同时，径向截齿的截割部长度较小，能保证纵向有很大的刚度和由侧向力产生的弯曲力臂较短。

采用切向截齿，可以很简单地解决齿座再次破碎的问题。同时，截齿上的合力方向与截齿轴方向相似，从而使截割力和进刀力形成的弯矩减小，改善了镶嵌硬质合金刀刃的工作条件。

2)截割形式

由于破碎体表面形态(裸露面的数目及其相互位置)、主刃面相对破碎表面的方位、切槽间距即截距和切屑厚度的搭配不同，将形成不同的截割形式，如图 10-39 所示。

(1)封闭(掏槽)截割形式[图 10-39(a)]

截割时形成切槽，相邻切槽互不影响，侧壁不会崩落。因此，单位能耗最高。这种情况仅在截冠等钻削式刀具工作中出现。

(2)半封闭(角状)截割形式[图 10-39(b)]

截割时截齿的一侧受到破碎体壁面的限制，切槽的这一壁面不会崩落，另一侧可以自由崩落。因此，具有很大的侧向挤压载荷和较高的能耗，但是比封闭式截割要小一些。这种情况多在边缘刀具处出现。

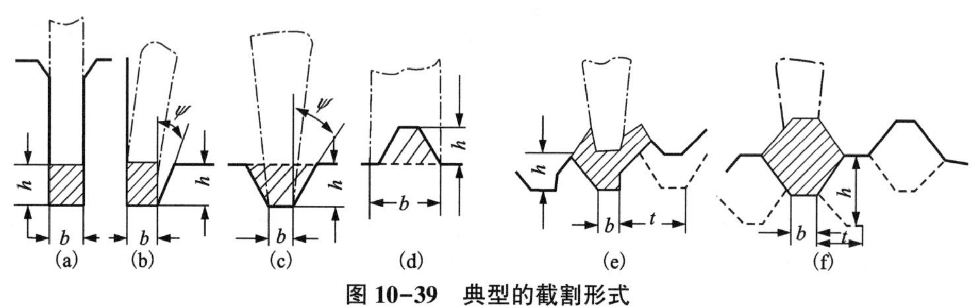

图 10-39 典型的截割形式

(3)平面截割形式[图 10-39(c)]

截齿截割表面平坦破碎体时，切槽两侧可以自由崩落，当截距 $t>b+(5\sim6)h$ 时，相邻切槽互不影响，就产生这种截割形式。由于截割后表面不会再保持原有平坦状态，这种形式不大可能出现。但是，平面截割形式是评价的标准状态。

(4)自由截割形式[图 10-39(d)]

截割时刀刃只有一面与破碎体接触，其余各面都是自由的，且切屑厚度与截齿宽度相接近时，形成自由截割形式。实际上不会出现这种切割条件。

(5)重复截割形式

截割时破碎体有两个自由面，相邻切槽相互影响，切槽能向两侧崩落而形成这种截割形式。大多数刀具在这种截割形式下工作。

在连续截割情况下，破碎体表面不平坦，重复出现一定的表面形状。当截割厚度为($b<t<b+2\ \tan g\psi$)时，在表面后的各层中，切屑将形成固定断面，而在每一个分层中破碎形状将等距地重复。

根据刀具的配置情况，切屑的断面形状是不同的。主要有两种：

①顺序重复截割形式[图 10-39(e)]

截齿一个紧挨着一个进行截割，在进刀方向的相邻截齿之间不能超前截割，切槽两面发生崩落。因而，截齿受到很高的侧向力。

②棋盘重复截割形式[图 10-39(f)]

截齿按一个跳过一个的次序进行截割，两相邻切槽都已超前切出，其厚度为该截割厚度的一半。每个齿两侧的载荷基本平衡，截割断面较大，形状接近对称，有利于降低截割单位能耗和侧向力。

3)截齿的排列与截割图

从采矿的单位能耗和破碎块度出发，合理的截齿排列，首先是在给定条件下能用最少的截齿剥落尽可能大的切屑断面积，并在保持最佳 t/h 值条件下使各个截齿的载荷减小和以均匀的次序进行切割。

截齿在滚筒上的排列，主要有三种形式：棋盘式、顺序式和组合式排列。

(1)棋盘式排列。两个相邻的截割其中之一必定是超前的，截割时可见切槽的两侧露出，每个齿两侧的受力基本是平衡的，切屑断面较大，形状接近对称，有利于降低截割单位能耗和截齿的侧向力。

(2)顺序式排列。实际上截齿没有相互超前，切槽总是单侧露出，因此出现单向的较大的侧向载荷。

(3)组合式排列。两个相邻的截割之一中的超前值不等于截割厚度的一半；截齿配置成截齿组以棋盘顺序进行截割，在截齿组内单个截齿按顺序截割。

由于煤层厚，截煤机工作时滚筒截齿刀头直径与煤层接触角为 180°。而结壳薄，工作时最小外径的滚筒截齿刀头与结壳接触角只有 25°~35°，每条截线接触区有一个截齿，截煤机滚筒每条截线上为 2 个截齿(即双头)，而结壳采矿机最小外径筒齿的每条截线上至少为 12 个截齿(即多头)，布齿的密度很大，最小筒齿外径必须根据截齿伸出刀座长度、刀座高度、筒内传动机构尺寸加以确定。滚筒式采矿机截割方法推荐参数见表 10-28，截割图的合理参数见表 10-29。以 7 条截线、每条截线 12 个齿、截距 4 cm、滚筒截齿刀头最小外径 0.6 m 为例，可行的四种典型截齿配置图和切屑断面图见图 10-40，其中(a)、(b)为顺序式排列，(c)、(d)为棋盘式排列。以(a)种截齿配置的最大截割力为基准，四种配置的截齿最大截割力比值及其波动率(载荷均匀度)比较列于表 10-30。可以看出，(d)种配置的最大截割力最小，(c)种配置的最大截割力波动最小，综合衡量采用(c)种配置较好。

截齿均匀分布的可能性与通过截齿尖的覆盖率有关。覆盖率可用式(10-73)~式(10-75)表示：

不能覆盖时：

$$(t/\tan\alpha_1)n_{jx} \leqslant \pi D_0/m_{xc} \tag{10-73}$$

不完全覆盖时：

$$2\pi D_0/m_0 > (t/\tan\alpha_1)n_{jx} > \pi D_0/m_{xc} \tag{10-74}$$

完全覆盖时：

$$(t/\tan\alpha_l) = 2\pi D_0/m_{xc} \tag{10-75}$$

式中：t 为截距；α_1 为螺旋角；n_{jx} 为截线数；D_0 为滚筒截齿处外径；m_{xc} 为每条截线上的齿数。

不能覆盖的条件：一条螺旋线的最后一个截齿和下一条线的第一个截齿沿圆周的距离等于螺旋线上截齿之间的距离；

完全覆盖的条件：一条螺旋线的截齿尖(在圆周上)投影，准确地位于另一截齿尖投影的中央。

表 10-28 滚筒式采矿机截割方法推荐参数

切屑平均断面/cm²		12	15	20	30
切屑最大厚度/cm	范围	3.5~5	4.5~6.3	5.5~7.7	6.9~9
	平均	4.5	5.5	6.2	7.5
切屑平均厚度/cm	范围	2.3~3.2	2.9~4	3.5~5	4~5.7
	平均	2.9	3.5	4	4.8

表 10-29 截割图的合理参数

工作机构	切屑面积/cm²	切屑厚度/cm
滚筒式	15~30	3~6

表 10-30 不同截齿配置方式最大截割力的比较

截齿配置方式	最大截割力比值/%	最大截割力波动率/%
(a)	0~100	100
(b)	64.3~76.2	18.5
(c)	71.4~78.6	10.1
(d)	62.0~71.4	15.5

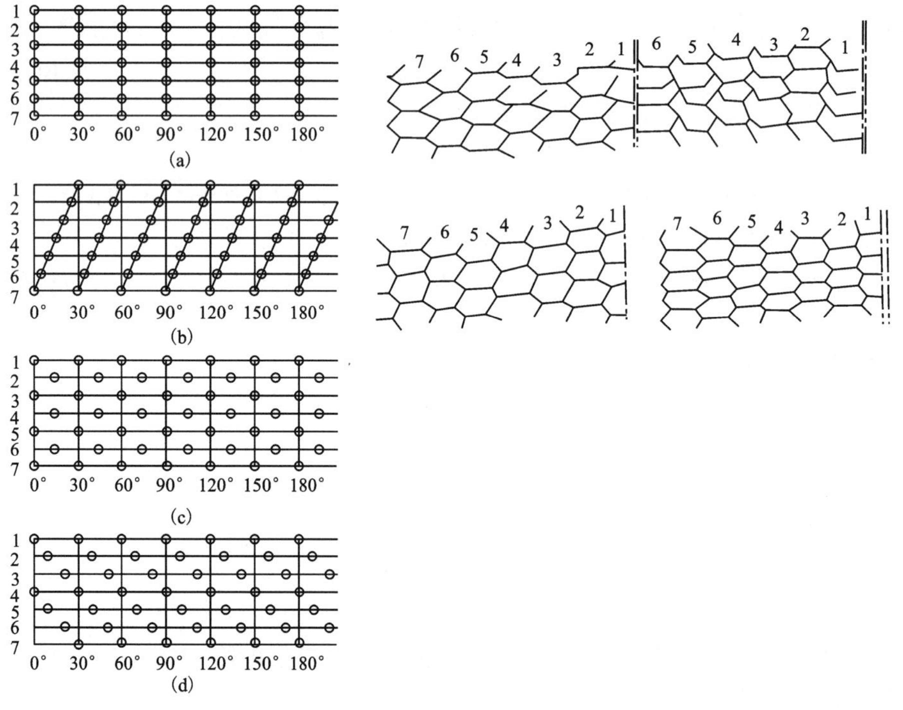

图 10-40 四种典型截齿配置图和切屑断面图

10.5　海底多金属硫化物矿床开采

目前，世界上发达国家正在着手海洋多金属硫化物矿床的开采和加工研究。由于缺乏对矿床精确的尺度和内部结构的认识，很难评价真实的金属品位及其可变性，阻碍了一系列工程研究。目前已经着手的可能的技术方案主要思路有：铲挖表面矿床、露天法挖掘矿床、液化矿石溶浸提取或调成浆体通过钻孔回采。

前两项建议是用大型铲斗和抓斗挖掘。这类方法应配置海底自行履带车和水力提升系统。即使矿床深度较浅，海底系统的控制也比采结核预想的技术更复杂，需要更多的创新。

溶浸开采方法在陆地矿床开采中已进行过尝试。由于难以避免矿床天然管路系统的渗透性，这种深海采矿方法的应用似乎在现实中做不到。

1981 年法国原子能委员会进行了捕获热液流的工程研究，以确定使用管道末端漏斗能否泵出热泉。钻孔直达矿床，与自然热液管路系统连接。然而，得出的结论是热泉逐渐破坏自然流并很可能在管道中沉积，将迅速损坏设备，而且热泉是自然断续的，不能可靠地连续工作。

10.5.1　块状多金属硫化物矿床开采

目前，世界上发达国家正着手海底块状多金属硫化物矿床的开采和加工研究。特别是世界上两个海底硫化物商业采矿公司即鹦鹉螺矿业有限公司和海王星矿业有限公司，已为进入实质性商业开采做了充分的准备，包括矿床的详细勘探与地质经济评价，采矿对环境影响的评价，采矿许可证的申请，开采技术方案、关键技术试验研究及采矿系统的设计与制造。

鹦鹉螺矿业有限公司于 2008 年 2 月完成了 Solwara 1 矿床资源评价，2009 年通过了环境评价，2011 年 1 月取得了巴布亚新几内亚(简称巴新)政府颁发的世界上第一个深海开采许可证，首期租赁 20 年，面积约 59 km^2，查明资源量 220 万 t，探明资源量 78 万 t(铜品位 6.8%，金品位 4.8 g/t)，计划生产能力为 130 万 t/a(包括铜 8 万 t，金 15 万~20 万盎司)。由于技术和成本问题，深海采矿在过去几十年间步履艰难。到 2012 年鹦鹉螺公司股价从 2.6 美元猛跌到 0.9 美元，现金流不到 1 亿美元，而整个项目仅完成 55%，公司受到经济危机影响，面临资金短缺，不得不决定推迟 Solwara 1 项目，取消采矿系统和采矿船的投资合同。随后公司又与巴新政府发生权益争议。经过 2 年的努力，鹦鹉螺公司终于解决了与巴新国的争端，并于 2014 年 6 月达成合作协议，成立了 Edakope(Solwara 1)有限公司控股的合资公司，并代表巴新政府向鹦鹉螺公司支付 700 万美元作为 Solwara 1 项目首次达产的勘探投资的 15%的利息，并向托管者支付 1.13 亿美元，以获取 15% 的股权，从而使项目起死回生，并通过海洋资产公司找到中国福建马尾造船厂建造采矿船，鹦鹉螺矿业有限公司租赁，预支 1000 万美元租金，租约于 2015 年 2 月生效。

海王星矿业有限公司自 2000 年获得了新西兰 Havre 海槽北部的勘探许可证后，针对 Kermadec 07 矿床进行了详细勘探和开采系统的研究和初步设计，以应对 2010 年后进行的商业开采。此外，日本已把伊豆诸岛附近的 900 万 t 储量的黎明(sunrise)矿床列为开采对象。俄罗斯将大西洋洋中脊的 2 个矿区列为首先开采对象。

2017 年 9 月，日本经济产业省和日本石油天然气金属矿物资源机构(JOGMEC)宣布在世界上首次成功从冲绳县近海的海底热液矿床中连续开采出大量矿石。矿石中除了有金和铜等金属外，还有对汽车等镀铁所不可或缺的锌。开采方式是将采矿车投入水深约 1600 m 的矿床，将矿石粉碎成 3 cm 大小，然后用吸水泵吸上来，试验期间，共进行了 16 次持续十几分钟的开采，成功开采出约 16.4 t 矿石。

1. 矿床开采的有利条件和可行性

国外一些采矿公司通过海底块状硫化物矿床的开采可行性初步研究，得到的基本认识概括如下：

(1) 随着遥控观测、水下定位和水下技术装备的不断创新和完善提高，采矿机已经可以在几千米水深的海洋进行开采工作。

(2) 硫化物矿床赋存水深较浅，仅为结核矿水深的一半。在浅水低温热液喷口附近发现了高品位金和银，其含量为陆地经济可采矿床的 10 倍以上，经济价值十分可观。

(3) 大部分硫化物矿床位于专属经济区内(如巴布亚新几内亚、日本、所罗门群岛和斐济等)，不受国际海底管理局约束。

(4) 酸性矿水可被碱性海水中和，开采对环境的影响相对较小。

(5) 具有成本优势。不需陆地矿山采尽时废弃的基建工程(昂贵的竖井掘进费和巷道费以及大量综合建筑)。大型采矿船或运输船可从一个矿点移动到另一个矿点，较小的矿体便于开采。

2. 采矿系统的研究和设计

海底块状硫化物开采的针对性设计还在研发中，尽管提出多种设想，但是从工程可行性角度出发，基本上是过去为开采多金属结核和结壳设计的采矿系统的混合，包括根据陆地采煤和海洋金刚石开采方法改进的技术。然而，由于海底块状硫化物矿床赋存条件不同，回采方法和采矿机仍需进行针对性的研发和设计。

目前可行的海底块状硫化物采矿系统方案，基本上为 2 种类型：①大型铲斗或抓斗挖掘；②滚筒式或掘进机式切割头破碎回采(海底自行式采矿机)的水力提升系统。即使矿床深度较小，海底采掘系统的控制也比结核采集系统预想的技术更加复杂，需要更多的创新。

本节仅重点论述海底块状硫化物采矿系统与结核和结壳采矿系统不同的采矿机设计原则，并列举了鹦鹉螺矿业有限公司和海王星矿业有限公司正在开发的采矿系统，鉴于第一代硫化物采矿系统的专属性，不可能作详尽的论述。其具体设计计算可参考多金属结核和结壳采矿系统设计的有关章节，以及采煤机设计相关书刊。

1) 矿山开采地质条件

海底块状硫化物矿床开采主要地质条件如下：

(1) 作业水深<2500 m。

(2) 开采主要集中在面积较小(大小类似于大型露天体育场)的海底表面或浅表层，深度可达 20~30 m，储量约为几千吨到上亿吨。要达到开采规模需十几个矿点。

(3) 回采不必剥离覆盖层，矿体由烟囱、烟囱倒塌物和致密熔凝矿物、再结晶硫化物与沉积物层组合构成，海底地形可能高低不平，需要按露天矿分台阶进行回采。

(4) 矿石湿密度平均为 3.3 t/m^3，抗压强度低(3.1~38 MPa)。需要研究高水压下岩屑的生成过程与扩散状态，确定破碎岩屑颗粒符合要求的刀具结构与工作参数，以及合适的抽吸装置结构与位置。

2) 采矿系统设计的基本要求

采矿系统设计的基本要求，可参见结核和结壳采矿系统设计，在此不做赘述。

3) 采矿能力和所需矿床矿量的确定

根据鹦鹉螺公司对 Solwara 1 矿床的评价、日本学者对日本专属经济区内 Sunrise 矿床的技术经济分析，年产 200 万 t、开采 10 年即可盈利(内部收益率 17%)。因此，目前认为年生产能力 200 万 t 为宜，若再高不仅投资大，确认的矿床储量也很难满足要求，而低于 150 万 t 有可能亏损。

按年产 200 万 t、开采 10 年、国外估计所需矿量为 2000 万 t，未考虑回采率因素，实际上最多能满足开采 8 年的矿量。

4) 采矿机的设计

海底采矿机是有缆遥控自行式回采设备，主要组成部分为采矿头(包括抽吸采集装置)、行驶底盘和机架、水下动力和控制单元。

由于硫化物表面土质软，易于破碎，目前提出的采矿机基本上是与采煤机类似的截齿式遥控连续采矿机。

(1) 切割头设计。当前，破碎硫化物主要有 2 种切割头方案：采煤使用的滚筒切割头；海底金刚石开采使用的 3 头螺旋切割头。滚筒切割头上的截齿设计应满足岩石破碎和产生过细颗粒最少的切屑要求，根据水力提升要求，切割破碎块度平均应为 50 mm、最大不超过 70 mm。

矿物中的天然晶粒尺寸取决于成矿过程，范围为 10~600 μm，因此，截齿接触岩石处始终会产生过细颗粒(<10 μm)，从而有可能形成羽状流。鹦鹉螺矿业有限公司海底试验表明，80%切屑尺寸小于 25 mm，而 20%切屑尺寸在 25~50 mm。切割头齿距和排列是受待采矿石的破碎特性支配的，截齿插入岩石，在破碎力作用下产生细破碎物，并在截齿与岩石之间形成“压力球壳”，随后破碎，形成岩石碎片。滚筒切割头制造费不高，且容易修改，但是开式结构仍然会产生羽状流问题，必须在滚筒后部增设抽吸装置。如果采用 3 头螺旋切割头，可使破碎的矿石移动到 3 头的中部，在此处设置抽吸口，将破碎矿石送往提升软管口，从而减少羽状流。

例如，根据硫化物的抗压强度为 3~38 MPa(岩石硬度系数 f=0.3~4)，最大单位能耗为 1~1.2(kW·h)/t，切割功率为 500~700 kW，不同矿床的精确值应通过水下切割试验确定。2006 年 6 月鹦鹉螺矿业有限公司将掘进机式切割头装在 ROV 上，在海底进行了采掘试验验证，如图 10-41 所示。

图 10-41　装在 ROV 上的海底试验掘进机式切割头

(2) 自行式底盘和机架。当前，采矿机自行式底盘主要有 2 种类型：履带式行驶底盘、迈步式行驶底盘。

履带式行驶底盘基本借鉴大洋底通信缆铺设挖沟机底盘或海洋金刚石采矿机底盘。与多金属结核集矿机履带底盘不同的是履齿结构和对地比压按硬海底设计。

迈步式行驶底盘为内外框架结构，切割头用安装在内框架上的液压支臂支撑，由支臂上下摆动切割分层的一个条带的矿石。外框架四角有伸缩液压缸，内框架有底座，由纵向滑轨与外框架连接。通过液压缸伸缩和内外框架的纵向相对滑动的配合实现底盘行驶，底座横移实现工作面宽度方向的回采。由于采矿机纵向推进速度约 7 m/h，这种底盘也是很实用的。

5）采矿机初次着底

由于海底地形高低不平，采矿机初次着底有一定困难，可能需要专用 ROV 削平底面第一层，为采矿机着底做好采准工作。如果找到相对平坦或坡度在允许范围内，可直接下放采矿机，利用自身切割头平场，经过采掘一个采矿机底盘长度后，工作面达到平坦。

3. 鹦鹉螺矿业有限公司 Solwara 1 矿床采矿系统

1）设计开采条件

（1）作业水深 1600 m。

（2）年产量 200 万 t。矿山寿命 10 年，采矿量 2000 万 t。首套系统年产 130 万 t。

（3）年作业时间 5000 h，采矿能力 400 t/h。

（4）Solwara 1 矿床由 2 个高品位露头构成，长度分别为 900 m 和 400 m，宽度变化为 80～200 m。矿床有 500 多个烟囱和破碎倒塌烟囱，烟囱高 2～10 m，最高 18 m。

（5）单个矿体尺寸为 200 m×200 m×20 m，矿石量平均为 200 万 t。满足 10 年采矿量需多个矿体。

（6）采矿船停在一个地点锚定一年，或包括几个矿床的更多矿区。采用分层回采方式，一个矿点开采完毕后，采矿系统整体移动部署到其他区域，移动距离可能达几公里。

（7）矿石品位：铜 6.8%，金 4.8×10^{-6}，银 1.7×10^{-4}，锌 0.4%。

2）采矿系统

鹦鹉螺矿业有限公司的采矿系统几经修改，2009 年提出的采矿生产系统由海底采矿机组、容积泵管道提升子系统和水面采矿船组成，如图 10-42 所示。

（1）海底采矿机组。海底采矿机组由 3 台设备组成：辅助采矿机、主采矿机和收矿机。

辅助采矿机：具有灵活的动臂切割头的履带行驶遥控机械，用于采准工作，往往在有烟囱存在的 20°～30°坡度上作业，连续截割处理不平坦地形和为主采矿机平整出平坦工作面，整机质量约 250 t，如图 10-43 所示。同时还将排除主采矿机不能达到的或有效开采的台阶边缘部分。

主采矿机：类似采煤用的滚筒式截煤机，在辅助采矿机开拓出台阶工作面后放入海底，具有较高的切割能力，如图 10-44 所示。一般滚筒宽度为 5 m，外径为 2 m，平均生产能力为 100 m^3/h，最大生产能力为 6000 t/d。截齿按破碎颗粒平均尺寸为 50 mm（最大 70 mm）要求设计，不产生或少产生细微颗粒。

收矿机：也是一台大型履带行驶遥控机械，用内装泵从海底抽吸收集 2 种采矿机截割下的矿物，以矿浆形式泵送到立管系统底部，如图 10-45 所示。

鹦鹉螺公司与英国 SMD（Soil Machine Dynamic）公司签订了海底采矿机及相关的船上配套设备设计制造合同，3 套专用采矿机共 8400 万美元，包括控制系统及相关的脐带缆、收放设备和甲板设备。

图 10-42　采矿系统示意图

(a) 三维效果图

(b) 辅助采矿机

图 10-43　辅助采矿机

图 10-44　主采矿机图

图 10-45　收矿机

(2) 立管与矿石提升子系统。提升子系统由大型容积泵和船上悬挂的钢制立管组成。用于将来自收矿机的矿浆经内径为 308 mm 的立管泵送到海面采矿船，如图 10-46 所示。

容积泵采用压力水驱动的多腔室容积泵，由 GE Hydril 设计和建造，该泵悬吊在垂直管下端，它由 2 组 5 腔室容积泵组成，以保持压力恒定和足够的输送能力，用内径 280 mm、长 150~200 m 的软管与收矿机连接，将收集的矿石与海水混合的浆体从收矿机输送到海底提升泵，经立管泵送到海面采矿船上。泵送系统由海底电子单元接收海面控制单元的动力和控制信号进行控制。泵组件装有自动卸荷阀，在系统出现故障时打开，将矿浆排入海中，防止堵管。提升泵质量约为 129 t，外形尺寸为 5.2 m×6.4 m×3.7 m。

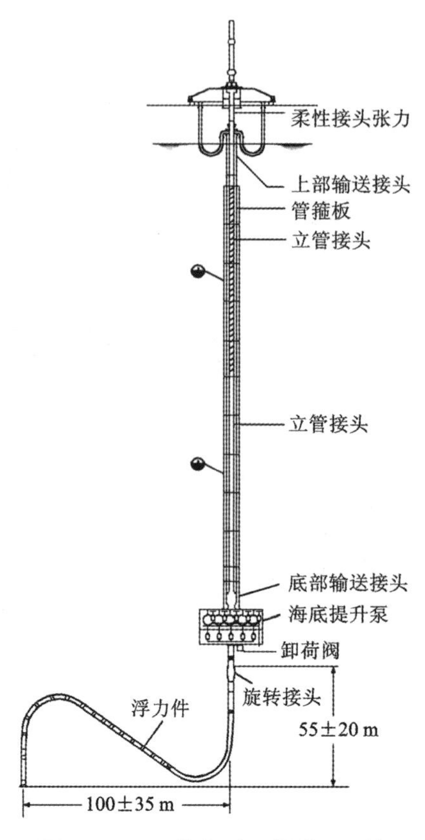

图 10-46 立管和矿石提升子系统

矿石脱水的海水在排入海水中之前用作驱动容积泵的液压动力，因此在提升立管上附加 2 条直径 194 mm 的压力海水管。驱动容积泵后的海水排入海底，可防止海面海水发生变化。

立管由船上塔架和布放回收系统放到海底。在水深 500 m 以上海流强烈区段，立管外壁有螺旋片，防止立管出现涡旋振动，从而可能引起系统损坏。鹦鹉螺矿业有限公司在 2008 年与法国德西尼布公司(Technip)签订了立管和提升系统的工程、采购和监造合同，包括立管布放回收设备、容积式矿浆泵、立管(包括船连接处底板和挠性接头)。

图 10-47 海面采矿船

(3)采矿船。海面采矿船如图 10-47 所示。采矿船除具有常规导航定位、通信、气象、水下探测仪器设备和甲板设施及生活设施外，还具有动力定位能力，并专门配备有水下采矿设备供电、吊放塔架及设备，包括立管存放和搬运设备、矿石脱水设施、废水排放管线和用水力(管道)和机械(运输带)将矿石转运到海运船上的设备。更重要的是要有存储 1 天生产能力的矿舱。采矿船采取福建马尾造船公司建造公司租赁方式。船长约 227 m，宽 40 m，总功率 31 MW，可容纳 180 人住宿。

提升到船上的矿石含水量达 90%，脱水后含水量约为 8%。利用 3 段脱水工艺：

第一段：过筛——采用双筛面振动筛；

第二段：分离砂子——采用水力旋流器和离心分离机；

第三段：过滤——采用压滤机。

将来自振动筛、离心分离机和压滤机的脱水矿石，通过输送带连续卸到系泊在母船旁的运输驳船上。

鹦鹉螺矿业有限公司与北海海运控股公司签订了提供采矿船和专家支持合同，船长 191 m，幅宽 30 m，吃水深度为 7 m，排水量为 2.4 万 t，舱位为 120 个。配备有为采矿系统供电的 21 MW 发电设备，工作载荷为 400 t 的吊放牵引绞车，吊放水深 2500 m。

4. 海王星矿业有限公司采矿系统

海王星矿业有限公司委托法国 TECHNIP 公司进行水深为 1200~2500 m 的块状硫化物矿床商业开发工艺技术的评估和系统集成工程研究。TECHNIP 公司以海上油气项目数据资料和经验为基础，对中试和全规模开发方案和预算费用进行了详细分析，重点进行了海底采矿设备和开采策略(岩石在海水高压下切割动态特性、切割头、履带车、抓岩机等)、矿石提升方案(间歇式提升、气力提升或泵提升)和矿石海面预处理等方面的比较和确定，以及开采对环境影响的可接受性分析研究。开采选择包括现有海洋设备和工艺技术的有效性、作业可靠性、能力和环境问题的评估，以及全规模开采验证的中试计划。海王星公司于 2008 年 4 月完成了矿石切割破碎、原矿提升、脱水等采矿技术的评价；在此基础上，提出了海王星公司采矿系统的概念设计。这一设计包括一艘具有动力定位的采矿船、柔性管道和气力提升泵组成的矿石提升系统，以及遥控水下切割破碎采矿机。该系统设计生产能力为每年 200 万 t，计划采矿时间为 10 年。

1)设计开采条件

(1)开采目标区。2008 年向新西兰提出的第一个采矿许可证申请矿区，新西兰近海 Kermadec 07 和 Colville-Monowai 07 勘探区。

(2)作业水深<2500 m。

(3)矿床由高达 13 m 的硫化物烟囱和海底硫化物堆包括倒塌的碎块构成，山丘长 180 m。

(4)设计年生产能力为 200 万 t，开采 10 a。中试规模为 50 万 t。

(5)年作业时间为 300 d。

(6)矿石品位平均约为金 11.2 g/t，银 122 g/t，铜 8.1%，锌 5%和铅 0.5%。

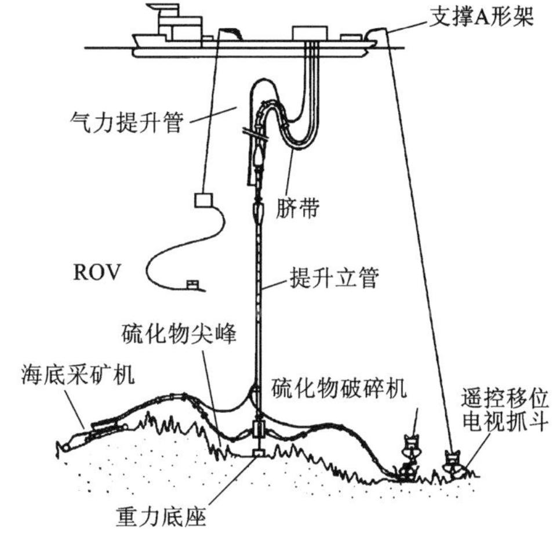

图 10-48　中试采矿总体系统示意图

2)采矿系统

中试采矿总体系统示意图如图 10-48 所示。系统由遥控抓斗和自行式采矿机两个采掘设备、作业型 ROV、软管气力提升子系统、海面脱水子系统和海面采矿船构成。

(1)海底采掘设备。为了适应海底块状硫化物矿石类型的多样性，配备两套海底采掘设备：

① 遥控螺旋推进器可视抓斗。作为初始回收硫化物烟囱和矿床顶层的基本设备，工作级遥控移位可视抓斗见图 10-49。抓斗由采矿船上的 A 形架布放和支持，保持在海底，并在采矿区与海底岩石破碎分级机之间游移，使筛下矿物尺寸为 25~50 mm。

② 履带自行式海底采矿机。配有切割工具、切屑吸取和将破碎矿石输送到提升立管底部的矿浆泵，能够用台阶方式采掘平坦工作面矿石，采矿机外貌如图 10-50 所示。这种车辆已经适应 1500 m 水深的海底作业，并且已广泛用于 Ormen Lange 天然气田开发达 2 年之久。切割工具为滚筒式。采矿机装备有仿真可视化系统。

(2) 矿石提升子系统。海王星公司根据效率、成本、可靠性和安全性评估，首选气力提升子系统，因为这种系统已在海上油气田中使用，经过了生产实践考验。

矿浆通过软管输送到海平面以下 1200~2500 m 的软提升立管底部。压缩空气在 1000 m 深度注入立管内，将矿浆提升到船甲板上。该公司认为，柔性管比钢管抗磨，并容易回收和安装。

鉴于开采的矿体范围小(不超过 200 m)，采矿时采矿船不动，因此提升立管底端用底锚固定。空气、水和固体混合物流入采矿船上的压力分离器，在这里空气以 0.8 MPa 排出，浆体通过堰闸箱降到 1 个标准大气压，并通过振动筛捕获大颗粒。底流通过水力旋流器进一步处理和真空带式过滤器脱水。筛上物和滤饼经运输带运到储矿舱，储矿舱具有几天的储矿能力。尾流中所含固体颗粒小于 50 μm，通过下到水深 200 m 以上的管道排放到海中。

图 10-49 工作级遥控移位可视抓斗

图 10-50 海底采矿机外貌图

(3) 海面采矿船。采矿船包括住舱、主动力间、空气压缩机、脱水设备、立管接卸和提升设备、水下设备下放回收系统和采矿机与作业级 ROV 的维修设备。

采矿船可采用合适吨位的标准抛锚定位的二手船或专门建造的具有动力定位系统的采矿船。中试系统采用包租的动力定位船加以改装，从而大大降低投资费用。

(4) 矿石海运。根据采矿地点与码头的距离和往返周期，用 2~3 艘 1 万~1.5 万 t 驳船将矿石运输到码头。

3) 防止环境污染措施

针对海底采矿和海面处理产生的羽状流危险，采取预先用真空净化沉积物、岩石破碎机和海底切割设备连续抽吸及废水精细过滤等措施。

5. 日本采矿试验系统

日本公布了一系列探索海底多金属硫化物矿床的计划，并进行了一系列现场测试。发展计划分为两个阶段：第一阶段（2009—2012 年）包括关于专属经济区已知海底多金属硫化物矿床的详细报告、海洋环境基线调查、环境影响预测模型的建立和海底多金属硫化物矿床采样机开发；第二阶段（2013—2018 年）包括新的硫化物矿床的勘探、环境影响验证实验和硫化物矿床取样采矿机的设计。该采矿系统由采矿支持母船、采矿机、潜水泵单元、提升管等组成，采矿机通过脐带缆远程控制。

试验采矿机的制造工作于 2012 年 3 月完成并交付日本 JOGMEC，2012 年 11 月在冲绳海槽 1600 m 深的海底进行了硫化物矿的采矿试验。2013 年 8 月和 2014 年 1 月分别利用该系统进行了陆地和现场测试，试验取得 25 kg 硫化物。图 10-51 展示了日本团队提出的硫化物矿床采矿机的结构，图 10-52 为日本团队设计的硫化物矿床采矿机采集头结构示意图。

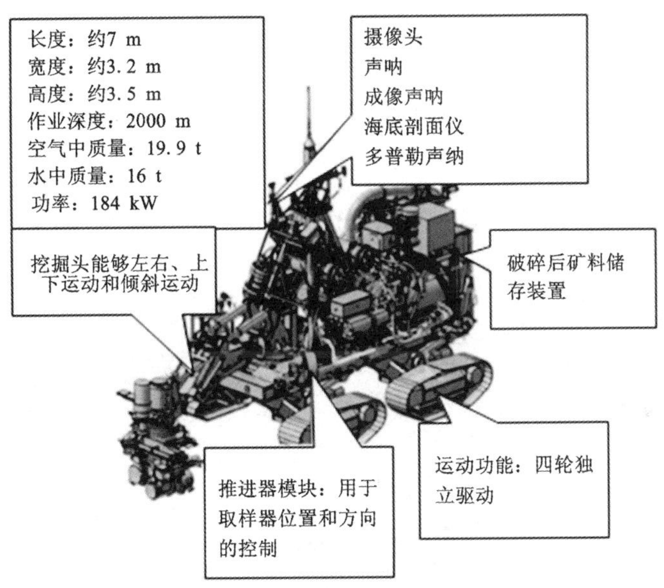

图 10-51　日本硫化物矿床采矿机结构示意图

2017 年 8 月中旬至 9 月下旬，日本在冲绳县近海的“海底热水矿床”连续大量开采出矿石，开采方式是将采矿机投入水深约 1600 m 的矿床，将矿石粉碎成 3 cm 大小的粒径，通过水泵将矿石传送到母船，现场如图 10-53 和图 10-54 所示。报道称试验期间，日本共进行了 16 次持续十几分钟的开采，开采出约 16.4 t 矿石。

图 10-52　日本硫化物矿床采矿机采集头

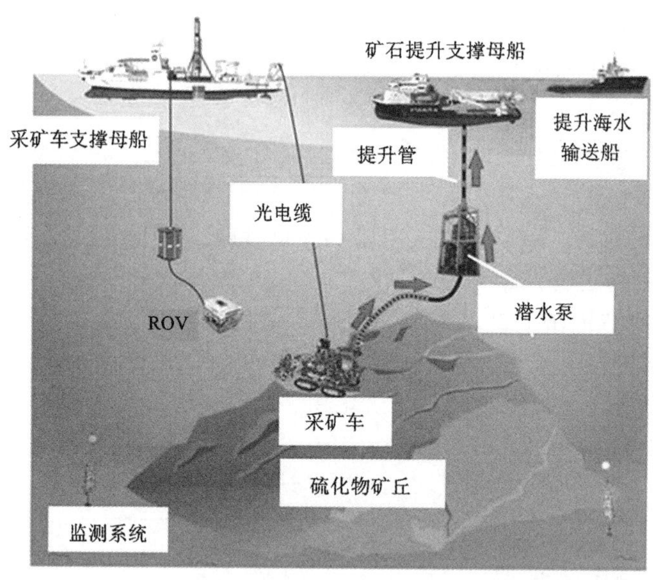

图 10-53 日本在冲绳海域的硫化物采矿系统

图 10-54 日本开发的深海多金属硫化物采样设备

10.5.2 软泥状热液多金属硫化物矿床开采

1. 软泥状热液多金属硫化物矿床

软泥状热液多金属硫化物最早于 1948 年在红海发现，主要分布在含有卤水的盆地。呈黑、白、蓝、黄、红等各种颜色，由未固结的泥、黏土质粉砂等沉积物组成。目前，在红海水深 1900~2000 m 的中央裂谷带，发现了 18 个这种盆地，所有盆地金属总量约 8000 万 t（2000 万 m^3）。其中"亚特兰蒂斯Ⅱ"海渊为不规则的长形盆地，最具商业开采价值，以 2000 m 等深线圈定，长 14 km，宽 4 km，最大深度为 2170 m。海底软泥上部有 5 万 km^3 的热卤水层，其含盐度比正常海水高 10 倍，盆地上部有 10 m 厚的金属软泥，软泥中含铁 29%、锌 3.4%、铜 1.3%、铅 0.1%、银 54 g/t、金 0.5 g/t，含金属量为铁 2430 万 t、锌 290 万 t、铜

106 万 t、银 4500 t、金 45 t，价值约 67 亿美元。从规模和品位看，远远超过陆地上的硫化物矿床。

2. 开采方法和设备

1975 年沙特阿拉伯和苏丹成立了“红海委员会”，制订了提炼金属价值为 1.7 亿美元的第一期开采计划，并与联邦德国普鲁萨克公司签订了 2000 万美元的开发可行性研究合同。

普鲁萨克公司研制出“振动吸头管道提升开采方法”。开采系统由采矿船、振动抽吸装置、提升立管与矿浆泵、浮选设备和脱水与尾矿排放管组成，见图 10-55。吸矿管由软泥泵、高压泵和钢管等组成，通过高压泵使钢管内形成很强的抽吸力，将软泥从海底提升到采矿船上。抽吸装置呈圆锥状，是钻采软泥的主要部件，它由钻采头、振动筛、水射流管和振动马达等组成。浮选设备安装在船上，由浮选槽、电动搅拌器和进气装置等组成。

采矿作业时，采矿船先定位，然后从船上下放一根长 2000 多 m 的钢管，管端安有抽吸装置。抽吸装置内的电控振动筛通过振动，使黏稠软泥变稀，钻采头进一步穿入软泥层。同时，抽吸装置内的管口喷射出高压海水，使黏稠软泥进一步变稀，然后通过吸入口将软泥吸入管内，经管道提升到采矿船上。稀泥在船上通过浮选处理，富集成含锌 32%、铜 5%、银 0.074%的技术浓缩物。浓缩物运往冶炼厂，经金属氯化物浸滤，就可得到主要金属。

1979 年普罗伊萨克公司从 2200 m 深的海底，采出 15000 m^3 的矿泥，1985 年扩大规模，进入中间试验阶段。但是，后来由于开采成本高而停止进一步开采。

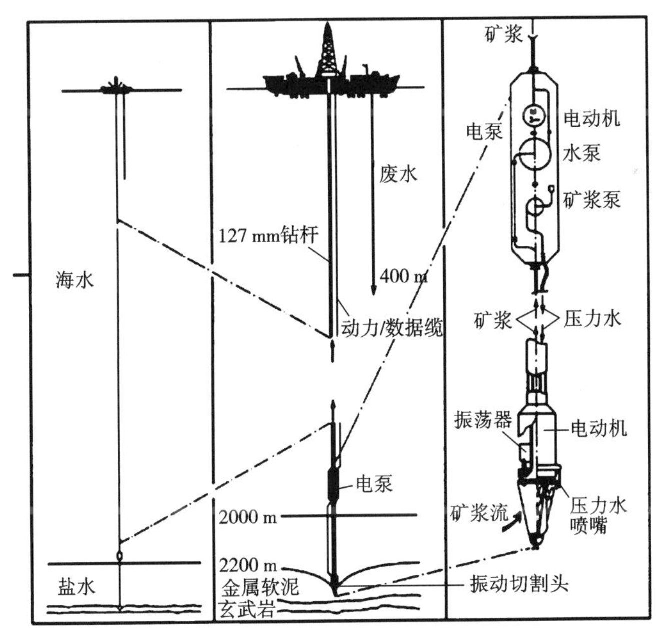

图 10-55　红海多金属软泥开采系统

10.6　深海采矿对海洋环境的影响

国际海底作为人类尚未开发的宝地，已经成为各国重要的战略目标和高新技术领域。未来大洋深海采矿可能引起的环境影响也引起了各国政府的重视，使大洋多金属结核勘探开发活动环境影响评价成为国际海底调查的热点。

10.6.1 国际法规的相关规定

保护海洋环境是《联合国海洋法公约》(简称《公约》)建立国际海洋法律秩序的基本原则之一，《公约》第12部分明确规定了缔约国有保护和保全海洋环境的义务，缔约国应按照《公约》对“区域”内活动采取必要措施，以切实保护海洋环境，不受这种活动可能产生的有害影响。与此同时，国际海底管理局应制定适当的规则、规章和程序来保护海洋环境。

国际海底管理局要求承包者参照法律和技术委员会提出的建议，收集环境基线数据并确定环境基线，供对比评估其勘探工作计划所列的活动方案可能对海洋环境造成的影响，并要求承包者制订监测和报告这些影响的方案。

另外，为明确海洋资源开发中的环境污染责任问题，《联合国海洋法公约》第194条规定：

(1)各国应在适当情形下个别或联合采取一切符合本公约的必要措施，防止、减少和控制任何来源的海洋环境污染。

(2)各国应采取一切必要措施，确保在其管辖或控制下的活动的进行不致使其他国家及其环境遭受污染的损害，并确保在其管辖或控制范围内的事件或活动所造成的污染不致扩大到其按照本公约行使主权权利的区域之外。

(3)依据本部分采取的措施，应针对海洋环境的一切污染来源。

(4)各国采取措施防止、减少或控制海洋环境的污染时，不应对其他国家依照本公约行使其权利并履行其义务所进行的活动有不当的干扰。

(5)按照本部分采取的措施，应包括为保护和保全稀有或脆弱的生态系统，以及衰竭、受威胁或有灭绝危险的物种和其他形式的海洋生物的生存环境，而有很必要的措施。

目前签署《联合国海洋法公约》的国家都积极响应保护海洋的号召，制定了相关的法律法规来规范自身国家海洋资源的开发利用。

10.6.2 开发活动对环境的影响

深海矿产资源的开发过程，要经过采矿、运输等程序，必然会给海洋造成一定的环境影响。在深海矿产资源的开发中，开采过程中如何保护环境是当前开发深海矿产资源中不可忽视的问题。

人们曾预计20世纪90年代为环境研究的10年，同时也能完成商业性开采深海矿物可行性方案。在过去几十年里，有不少国家对环境影响课题进行了研究，如法国、德国、日本、挪威、苏联和美国均进行了深海采矿方面的环境影响研究。

美国商务部海洋大气局的深海采矿环境研究(DOMES)计划始于20世纪70年代中期，首先从采矿集矿机和泥浆系统可能产生的影响入手，并于1978年对两次采矿实验进行了考察。1990年开始，美国和日本联合开展深海采矿所产生的环境影响的研究，日本主要负责海面环境问题，而美国重点对海底进行研究。德国也于1989年开始对南太平洋10.8 km^2区域进行了海底采矿干扰和生物恢复实验。

归纳起来，普遍认为大洋多金属结核开发对环境影响有3大主要问题，那就是海底采矿、采矿船上废水排放和岸上加工所产生的环境影响，其中海底采矿活动又是影响最为重要的。

1. 深海采矿过程对环境的影响

海洋水域从表面到海底分为 4 个生物层，1～200 m 为表面层，200～1000 m 为中层，1000～4000 m 为深海层，4000 m 以下为远深海层。其中表面层为水域中最为重要的一部分，海洋中 80%的生物均在此层活动。远深海层则被认为是相当稳定的，其水温只有 1～4℃。在多金属结核采矿活动中主要受影响的是远深海层，海面废弃物排放则影响到表面层。

关于深海底我们了解得并不多，对栖于深海底的生物的了解也有限，但我们可肯定除了少数受海底洋流影响较大和海底火山及多金属硫化矿“烟囱”区域外均是稳定的。另一个重要的特征就是营养素的供应极贫乏，所以海底生物再繁殖必须耗费大量的能量，海洋生物学家也认为海底存在相当多的生物种类，但每一种类存在量极少。鉴于此原因，对该区域微小的变化也必须引起注意。

深海采矿属于海洋深处所进行的大规模的采矿活动，在环境影响方面几乎没有经验可取。而且目前的采矿实验与将来工业开采相比又是很小规模的，所以这些实验所产生影响的重要性还不能确定，对于采矿实验所获数据的价值问题还有待考量。目前，认为深海采矿主要产生以下 3 方面的环境影响：

(1) 集矿线路上海底生物的搅动与破坏，以及海底沉积物的悬浮与混合；

(2) 悬浮沉积物的重新沉降可能伤害到一些水底生物或者影响到一些生物的再生期；

(3) 沉积物中一些化合物可能溶出，引起海底部分水化学的变化。

海底集矿机行进时会搅动海底沉积物和矿物使它们进入水中，形成海底羽状物，最高可达 50 m。而位于集矿机行进方向的生物即被破坏，被搅起的粗颗粒物料很快又沉降，再沉降时又会埋葬掉集矿机周围的海底区域，伤害到一些水底生物。由于质轻而沉降速度慢的细颗粒物料在水中停留很长一段时间，从而在海底较大区域内形成再沉降及羽状物的扩散。水中粒子物料形成干扰，减弱生物对营养的吸收，对最底层区域内生物造成影响。

海底开采时衡量环境影响的一个重要观点是考虑当初被破坏、损害的生物群恢复生长并达到原总数的速度问题。干扰速度为 *DR*(Disturbance Rate)，恢复速度为 *RR*(Recovery Rate)，若 *DR/RR* 接近 1，则表明该区域相对稳定。若 $DR/RR \geqslant 1$，则会减少或消灭个别生物。当然，海底一定区域内每一种生物的密度是很低的，而且海底存在的生物很少，还不至于使某一种生物灭绝。

德国对 1989 年南太平洋区域海底的采矿干扰实验进行跟踪研究，每两年在该区域取一次样品，监测其恢复状况，直到该海底区域形成一新的、稳定的海域。实验的初步结果是深海采矿严重破坏了生物群落，可未经破坏区的沉积物会向已采区迁移，进行再移植。悬浮的和再沉降的沉积物虽也会破坏附近的软体群落，但不能使距离较远处的生物消失，这些生物会逐渐向开采过的海底迁移，使这里的动物群得以恢复。

2. 海面活动对环境的影响

提升至船上的泥浆中有质量分数 10%～20%的矿物，则必须排出相当多的废水，明显会将不同物理和化学性质的水分带入表层水中。该废水由海底水、沉积物、结核碎屑和海底生物组成。其主要特点是温度低于表层水，排出水一般为 7～10℃(在提升过程中温度略有上升)，而表层水温为 26℃。温度是表层水中生物生存的重要参数，表层水生物一般有两种类型，一种为温度敏感型，当注入温度低于 10℃的水时，生物保持一段时间将会被消灭；另一种为抗温型，可在低温(约接近冰点)时生存；所以废水的排出会造成浮游生物部分死亡。

美国 DOMES 研究中曾分析了金属离子浓度，确定硅的浓度是增加的，表层水中硅量增加对浮游植物有刺激，会阻碍浮游植物的生长和光合作用。同时，排出废水中 Cu、Ni 浓度比表层水中高 20~40 倍，比 NO_3^- 浓度高 70 倍。

目前，所观测到的废水排放有几点还无法肯定，即围绕采矿船的表层水温下降程度及持续时间。但研究结果认为废水排放量相当少，而且很快被稀释下沉，这在几次采矿实验中均得到证实。美国 DOMES 研究在 1975—1980 年的实验阶段，对勘探结果进行了观测，发现表面羽状物非常少，涵盖范围只有几百米宽和几千米长，表面影响不是很大，排出物沉降速度比预计的快很多。所以可断定温度下降及颗粒物料只在有限的空间和短期内造成影响。

排出废水很快下沉是因为废水中沉积物与结核碎屑体积约占 2%，经计算排至海中的含颗粒物质的废水流量为 14 m^3/s，废水由于温度低和高含量颗粒物质而使其比重大于水，在横向扩散前，排出的废水将很快下降约 20 m。

为避免对浮游生物的影响。关于废水排放曾有专家建议，可将废水由管道泵入 200 m 以下区域，同时还建议尽可能快地返回尾渣至海底，或在海底进行分离，以减少排到海面的废物量及方便采矿船上的操作。

10.6.3 环境影响评价方法

目前进行环境评价的方法主要有深海环境影响实验、生态地质剖面调查研究和深海环境基线调查研究。

1. 深海环境影响实验

深海环境影响实验的目的在于保护和维护海洋环境，寻求防止、减少和控制采矿活动对海洋环境的污染和其他危害的办法。为联合国制定大洋环境保护条例提供科学依据。整个实验程序包括 3 个阶段，即扰动前调查阶段、扰动阶段和扰动后调查阶段。

(1)扰动前调查阶段。本阶段主要任务是选择扰动区，在选择的区域内进行地质取样和 CDT 测量、生物拖网以及物探调查，了解扰动前沉积物及水的物理化学性质、底栖生物群落结构及其生态环境，并为收集扰动后再沉积资料做准备，投放布设水下锚泊系统。

(2)扰动阶段。本阶段的主要任务是利用深海扰动器，模拟多金属结核开采，对海底沉积物进行扰动，造成海底再沉积。扰动器的工作范围不能偏离设计的拖曳带，以免拖坏布设在拖曳带附近的水下锚泊系统。

(3)扰动后调查阶段。扰动后调查阶段的任务是了解扰动后沉积物及水的物理化学性质变化，收集和分析生物对再沉积作用的反应，以及生物链的变化和恢复过程，查明再沉积过程和规模。本阶段调查的项目与扰动前调查阶段的项目类似，包括沉积多管取样和箱式取样、CTD 测量、表层浮游生物拖网、海底电视连续照相、旁侧声呐和浅地层剖面测量以及锚泊系统回收等调查测量项目。另外还应再布设一定的水下锚泊系统，进行扰动后较长时间的监测。

2. 生态地质剖面调查

多金属结核开采工作对深海环境产生的影响，可以随自然因素、地质因素等按照复杂的海洋环境运移，造成海洋环境污染和危害。生态地质剖面调查研究的目的，在于为今后建立“保护标准区”和“工作标准区”提供科学依据，为大洋多金属结核勘探开发活动环境影响评价提供各项基础数据，获取海洋物理、化学、生物和地质的环境基线资料。由于太平洋 CC

区各国开辟区彼此相连或靠近，应采取国际合作的方式，在 CC 区各国开辟区内多布置几条生态地质剖面，以便从空间上对多金属结核矿区做出环境评价。对于每一条生态地质剖面，最好能长期地观测（连续观测几年），以便从时间上对该区深海环境做出评价。

3. 深海环境基线调查

这是多金属结核勘探开发过程中必须进行的一项重要工作，目的是获取进行环境影响评价的环境参照区海洋学环境基线资料，提交包括海洋物理、化学、生物、地质四方面内容的环境基线报告。研究方式可分为大面站和加密小区两种，前者通过在开辟区内较均匀地布设环境基线调查测站，获取区内面上的基线资料，后者在选择的加密小区内布设测站，取到更详细更精确的物理、化学、生物和地质环境基线资料。

10.6.4　采矿环境监测

1. 环境基线参数

尽管现在并不知道开采多金属结核等深海资源的实际工艺方法，但是开采技术原理已很清楚，在一定程度上可以预测开采深海资源对环境的扰动。因此，国际海底管理局发布了采集环境基线数据的指导原则，有助于正确评估采矿对海洋环境可能造成的影响。对基线数据的要求见表 10-31。

表 10-31　对环境基线数据的要求

海洋物理	表征海洋学状态的基本参数包括海底以上的海流、温度和浊度，用于确定采矿羽状流的可能影响。 在排放深度测量海流和颗粒物，用于预测排放羽状流的状态。 表征基线环境条件需要在上层进行这些调查	
	海底水物理状态	观测海流时要考虑地形和区域上层水柱中与海面流体力学活动的影响。 至少需 4 个锚系，1 个达到密度跃层深度，锚系阵间隔 50~100 km。对于多变性必须测量上层海流和温度场。 锚系上的海流计数量取决于海底地形特征，最底的海流计离海底一般 1~3 m，上层海流计位置应超过地形最高点乘系数 1.2~2。 海流计离底高度分别为 5、15、50、200 m。 浊度计附在所有海流计上，记录微粒浓度
	排放深度和上层海流状况	长锚系上至少有 4 个海流计，其中至少有 1 个在密度跃层，1 个在排放深度以下。 从海底至海面测量 CTD 剖面，用于表征全部水柱分层特性。海流和温度场可用长锚系数据和 ADCP 剖面及其他海流测量法数据辅助推知。 了解区域内大概海面活动和大比例现象可用人造卫星数据分析
海洋化学	海底水化学	结核附着的海水用化学表征，用于评估沉积物和水柱之间的化学变化过程。 应测量溶解氧浓度及营养物，包括磷酸盐、硝酸盐、亚硝酸盐和硅酸盐、总有机碳（TOC）
	水柱化学	水柱化学特性对于评估向海水排放之前的本底是最基本的。 需要测量 TOC 垂直剖面，营养物包括磷酸盐、硝酸盐、亚硝酸盐和硅酸盐，以及温盐和溶解氧浓度及其随时间的变化。 如果是季节性的微量金属则不需确定，年度之间的变化可忽略

续表 10-31

沉积物特性	确定沉积物基本特性，包括土力学测量，对于充分描述地表沉积物沉淀和深水羽状流的可能来源是必须的。 沉积物取样至少要 4 个站位，测量水的成分、比重、容积密度、剪切强度和颗粒尺寸，以及从氧化物变为低值氧化物状态的沉积物深度。 应至少在沉积物 20 cm 或次氧化层以下测量沉积物中的有机碳和无机碳，以及营养物(磷酸盐，硝酸盐和硅酸盐)、碳酸盐(碱度)和空隙中氧化还原系统。 间隙水和沉积物的地质化学特征应在 20 cm 以下或次氧化层以下测定	
	生物扰动率	测量生物扰动率即沉积物与生物体混合率，用于分析开采前后表面沉积物数量。 由 Pb-210 放射性剖面计算出，每个区域至少 5 个多管取样器，每个管单独随机定位下放。放射性剩余量以每个管至少 6 个深度(0~1 cm，2~3 cm，4~5 cm，6~7 cm，9~10 cm，14~15 cm)为基础计算。 生物扰动率和深度由标准平流或扩散模型直接计算
	沉淀	上部水柱的物质流入深海，对海底栖息的有机生物的食物循环有重大影响。 推荐布放有 2 个沉积物采集器的双锚系，一个采集器在 200 m 以下，用于描述来自透光区域的颗粒流；另一个在海底以上 500 m，用于测量到达海底的物质流。 沉积物采集器至少放置 12 个月，每月采集一次样品，以检测季节性变化
海底生物	海底采矿对海底生物群落有重大影响。海上调查计划应结合最少 4 个站位的取样设计。关键环境因素如结核过多的量、地形地貌和深度都应纳入区域设计。每个站内随机取样。为了评估时间变化率，至少 1 年 1 次并观测 3 年	
	宏生物	大型动物分布、数量、种类和多样性数据应以每个调查现场最少 5 张覆盖 1 km 长、单张宽 2 m、最小尺寸分辨率>2 cm 的照片为基础确定。 照片还可评估结核丰度、尺寸分布和沉积物结构。 侧扫声呐深拖照相在海底以上 3 m 航行，绘出区域生态的一般情况。 大型动物、微量有机生物和表面沉积物结构记录可用于选择参照区和调查区
	微生物	微生物(>250 μm)丰度、物种、数量、多样性和深度分布(0~1 cm，1~5 cm、5~10 cm)以每个调查区 10 个多管取样器(0.25 m^2)为基础确定。 微生物一般应用 500 μm 和 250 μm 滤网过滤
	较小底栖生物	较小底栖生物(>32 μm 且<250 μm)丰度、物种、数量、多样性和深度分布(深度 0~0.5 cm，0.5~1.0 cm，1~2 cm，2~3 cm)以每个调查区 10 个多管取样器(0.25 m^2)为基础确定，每个管单独下放。 较小底栖生物应用套装的 1000 μm、500 μm、200 μm 和 32 μm 滤网过滤处理
	微生物数量	应采用腺苷三磷酸或其他标准化验确定，每个调查区随机分布 10 个多管取样器，间隔 0~1 cm，每个管单独下放

续表 10-31

海底生物	结核动物群落	结核动物群落的丰度和种类以每个调查区 10 个箱式样随机取 10 个结核进行分析
	底部食腐动物	每个调查区放置定时照相机至少 1 年，用于确定表面沉积物的物理动态和记录大型动物活动程度和再悬浮现象的频率。 诱饵照相机系统可用于描述水底食腐动物群落特性
	底栖、中部和深水有机物中微量金属	
浮游生物	深水浮游生物	必须评估深水浮游生物的构成和羽状流深度周围与深海底边界层中鱼类。推荐以至少 3 个深度分层取样为基础评估 1500 m 以上鱼类群落。一昼夜重复取样，评估深水浮游生物数量随时间的变化率
	海面水浮游生物	应描述 200 m 以上水柱中浮游生物群落的特征。测量浮游植物的构成、数量和生长速率，浮游动物的构成、数量，以及浮游细菌的数量和生长速率。应调查上部海水中浮游生物群落的时间变化率。 遥感可用于扩大调查范围，对结果的核准和数据有效性应予评估
	海洋哺乳动物	在基线调查中要记录海洋哺乳动物的视域，建议对站间横断面记录海洋哺乳动物的数量和习性。应评估海洋哺乳动物数量随时间的变化率

2. 采矿试验及环境监测

国际海底区域矿床开采承包商应向国际海底管理局提交试采计划。这个计划包括工程试验初期特征和合同有效期内实施的监测措施。试验详细资料(包括降低对环境影响的措施和附加的基线调查)必须经由法律和技术委员会审查，最后得到管理局的认可。

3. 采矿系统特性评价

国际海底管理局最关注以下两方面的评价：

(1)评价采矿系统对环境影响降低的程度是否已达到第一代工艺技术环境影响分析的程度；

(2)提供影响预测模拟试验工作的数据。

因此，对与结核采集、深海底排放或海面排放相关的采矿系统特性都要进行试验。管理局关注的工艺方法与参数见表 10-32。

表 10-32　管理局关注的工艺方法与参数

序号	工艺方法与参数	序号	工艺方法与参数
1	结核采矿方法	6	结核向海面输送方法
2	挖入海底的深度	7	采矿船上结核与粉矿分离系统和溢流排放
3	海底行驶机构	8	船上结核粉矿保留方案
4	海底沉积物分离包括结核冲洗方法（在海底以上排放深度和排放体积速率）	9	评估的平均结核回收率
		10	从海底采集结核的速度
5	结核破碎方法	11	结核生产能力的评估，包括每小时多少吨

4. 采矿试验前提交的数据

承包商在试采之前至少2年应向管理局提交下列数据：

(1)试验现场的位置和边界；

(2)试验方案(即开采方式和集矿机的速度)；

(3)区域内的运输通道。

10.6.5 降低深海采矿对环境影响的措施

降低深海采矿对环境的影响必须采取的有效措施主要有：

(1)采矿机压入沉积物中的深度应最小；

(2)避免扰动比较坚固的低氧化物沉积层；

(3)降低被旋起而进入底层海水中的沉积物数量；

(4)促进采矿机后面羽状流高速再沉积；

(5)减少排放到深水或海底的废料或污水量，确定最佳排放水深；

(6)提高沉降速度，降低废料的漂流。

参考文献

[1] 王明和. 深海固体矿产资源开发[M]. 长沙：中南大学出版社，2015.

[2] 于润沧. 采矿工程师手册(上册)[M]. 北京：冶金工业出版社，2009.

[3] 钮因健. 有色金属进展第二卷[M]. 长沙：中南大学出版社，2007.

[4] COMMEAU R, CLARK A, JOHNSON C, et al. Ferromanganese crust resources in the Pacific and Atlantic Oceans[C]// Oceans. IEEE, 1984: 62-71.

[5] YAMAZAKI T, SHARMA R. Morphological Features of Co-Rich Manganese Deposits and their Relation to Seabed Slopes[J]. Marine Geotechnology, 2000, 18(1): 43-76.

[6] 李军. 现代海底热液块状硫化物矿床的资源潜力评价[J]. 海洋地质动态，2007, 23 (6): 23-30.

[7] 联合国国际经济与社会事业局海洋经济与技术组编. 海底矿物丛书(1~5卷)[M]. 金建才，等译. 北京：中国大洋矿产资源研究开发协会，1995.

[8] GLASBY G P. Lessons Learned from Deep-Sea Mining[J]. Science, 2000, 289(5479): 551-553.

[9] GLASBY G P. Deep Seabed Mining: Past Failures and Future Prospects[J]. Marine Geotechnology, 2002, 20: 161-176.

[10] 中国大洋协会. 进军大洋十五年[M]. 北京：海洋出版社，2006.

[11] 采矿项目总师组. 中试采矿系统总体设计[R]. 北京：中国大洋矿产资源研究开发协会，1999.

[12] 采矿项目总师组. 中试采矿系统湖试试验报告[R]. 北京：中国大洋矿产资源研究开发协会，2001.

[13] 王明和，简曲等. 复合式集矿方法和模型机的研究[R]. 长沙：长沙矿山研究院，1995.

[14] 李力等. 自行式海底作业车的研制[R]. 长沙：长沙矿山研究院，2001.

[15] 唐红平等. 集矿机构和破碎机的改进与完善[R]. 长沙：长沙矿冶研究院，1999.

[16] 邹伟生等. 扬矿硬管系统工艺与参数研究[R]. 长沙：长沙矿冶研究院，1999.

[17] 金星等. 软管输送系统工艺和参数研究[R]. 长沙：长沙矿山研究院，1999.

[18] 郭小刚等. 深海采矿软管空间运动形态动力学分析[R]. 长沙：长沙矿山研究院，1999.

[19] 何清华，李爱强，邹湘伏. 大洋富钴结壳调查进展及开采技术[J]. 金属矿山，2005(5): 4-7, 43.

[20] PETER H. et al. Technical requirements for the exploration and mining of seafloormassive sulphides deposits

and cobalt-rich ferromanganese crusts[R]. Jamaica: International Seabed Authority, 2002.

[21] HALKYARD J. Technology for mining cobalt rich manganese crusts from seamounts[C]// Oceans. IEEE, 2011: 352-374.

[22] YU C A, ESPINASSE P. SS-Ocean Mining "Extending Deepwater Technology to Seafloor Mining"[C]. Offshore Technology Conference, 2009.

[23] LIU S J, HU J H, ZHANG R Q, et al. Development of Mining Technology and Equipment for Seafloor Massive Sulfide Deposits[J]. Chinese Journal of Mechanical Engineering, 2016, 29(05): 10-17.

[24] NARITA T, OSHIKA J, OKAMOTO N, et al. Summary of environmental impact assessment forminmg seafloor massive sulfides in Japan[J]. Journal of Shipping and Ocean Engineering, 2015(5): 103-114.

[25] Mustafa Z, Amann H M. The Red Sea Pre-Pilot Mining Test 1979[C]. Offshore Technology Conference. doi: 10.4043/3874-MS, 1980.

[26] 王春生，周怀阳，倪建宇. 深海采矿环境影响研究：进展、问题与展望[J]. 东海海洋，2003，23(1)：55-64.

[27] 邱电云，费雪锦，马莹. 大洋多金属结核开发对环境的影响[J]. 中国锰业，1997，15(2)：46-49，53.

[28] RYAN W B F, HEEZEN B C. Smothering of deep-sea benthic communities from natural disasters [R]. Washing ton, D C: NOAA, 1976.

[29] NO A A. Deep seabedmining final programmatic environmental impact statement[R]. Washington, DC: NOAA/OOM E, 1981.

[30] BURNS R E, ERICKSON B H, LAVELLE J W, et al. Observations and measurements during the monitoring of deep ocean manganese nodulemining tests in the North Pacific, March-May 1978 [R]. Boulder: Marine Ecosystems Analysis Program Office, NO AA, 1980.

[31] TRUEBLOOD D D, OZTURGUT E. The Benthic Impact Experiment: A study of the ecological impacts of deep seabedmining on abyssal benthic communities [A]. Proceedings of the Seventh International Offshore and Polar Engineering Conference [C]. Colorado: International Society of Offshore and Polar Engineers, 1997: 481-487.

图书在版编目(CIP)数据

采矿手册. 第四卷, 露天与特殊开采 / 吴爱祥主编.
—长沙: 中南大学出版社, 2022.7
ISBN 978-7-5487-3551-9

Ⅰ. ①采… Ⅱ. ①吴… Ⅲ. ①矿山开采—技术手册
Ⅳ. ①TD8-62

中国版本图书馆 CIP 数据核字(2021)第 054291 号

采矿手册　第四卷　露天与特殊开采

CAIKUANG SHOUCE　DISI JUAN　LUTIAN YU TESHU KAICAI

古德生 ◎ 总主编
吴爱祥 ◎ 主　编
吴顺川　王洪江 ◎ 副主编

□出 版 人　吴湘华
□责任编辑　刘小沛　汪凡云　刘石年
□封面设计　殷　健
□责任印制　唐　曦
□出版发行　中南大学出版社
社址: 长沙市麓山南路　邮编: 410083
发行科电话: 0731-88876770　传真: 0731-88710482
□印　　装　湖南省众鑫印务有限公司

□开　　本　787 mm×1092 mm　1/16　□印张 48.75　□字数 1247 千字
□版　　次　2022 年 7 月第 1 版　□印次 2022 年 7 月第 1 次印刷
□书　　号　ISBN 978-7-5487-3551-9
□定　　价　292.00 元